Jürgen Heinrich,
Günter Ziegler,
Waldemar Hermel,
Hermann Riedel
(Herausgeber)

Band VII

**Symposium 9
Keramik**

**Symposium 14
Simulation Keramik**

Der Kongreß Werkstoffwoche ist eine Initiative von:

Deutsche Gesellschaft für Materialkunde (DGM);
Deutsche Keramische Gesellschaft (DKG);
VDI-Gesellschaft Werkstofftechnik (VDI-W);
Bundesministerium für Bildung und Forschung (BMBF).

Das Kongreßprogramm 1998 war in 14 Symposien unterteilt. Die fachliche Betreuung erfolgte durch den Programmausschuß.
Für die einzelnen Symposien waren zuständig:

Symposium 1:
K. Kempter, Siemens AG, München
Symposium 2:
R. Stauber, BMW AG, München;
C. Liesner, Titan-Aluminium-Feinguß GmbH, Bestwig;
R. Bütje, DaimlerChrysler Aerospace Airbus GmbH; Bremen
M. Bannasch, Deutsche Bahn AG, Brandenburg-Kirchmöser
Symposium 3:
A. Kranzmann, ABB, Heidelberg
Symposium 4:
H. Planck, Institut für Textil- und Verfahrenstechnik, Denkendorf;
H. Stallforth, Aesculap AG, Tuttlingen
Symposium 5:
F. Klocke, RWTH Aachen
Symposium 6:
B.-R. Höhn, Technische Universität München
Symposium 7:
U. Gramberg, Bayer AG, Leverkusen
Symposium 8:
R. Kopp, RWTH Aachen; P. Beiss, RWTH Aachen;
K. Herfurth, Verein Deutscher Giessereifachleute, Düsseldorf;
D. Böhme, SLV München GmbH;
R. Bormann, Technische Universität Hamburg-Harburg;
E. Arzt, Max-Planck-Institut für Metallforschung, Stuttgart
Symposium 9:
J. Heinrich, Technische Universität Clausthal; G. Ziegler, Universität Bayreuth;
W. Hermel, Fraunhofer-Institut für Keramische Technologien und Sinterwerkstoffe Dresden;
Symposium 10:
W. Michaeli, RWTH Aachen; R. Mülhaupt, Universität Freiburg;
M. Möller, Universität Ulm
Symposium 11:
H. Dimigen, Fraunhofer Institut Schicht- und Oberflächentechnik, Braunschweig;
W. Paatsch, Bundesanstalt für Materialforschung und -prüfung, Berlin
Symposium 12:
J. Haußelt, Forschungszentrum Karlsruhe
Symposium 13:
W.J. Muster, Eidgenössische Materialprüfungs- und Forschungsanstalt, Dübendorf, Schweiz;
J. Ziebs, Bundesanstalt für Materialforschung und -prüfung, Berlin;
R. Link, Deutsche Gesellschaft für Zerstörungsfreie Prüfung, Berlin
Symposium 14:
H. Riedel, Fraunhofer-Institut Werkstoffmechanik, Freiburg

Jürgen Heinrich, Günter Ziegler,
Waldemar Hermel,
Hermann Riedel
(Herausgeber)

Werkstoffwoche '98

**Band VII
Symposium 9
Keramik**

**Symposium 14
Simulation Keramik**

MAT INFO WERKSTOFF-
INFORMATIONSGESELLSCHAFT

Weinheim · New York · Chichester · Brisbane · Singapore · Toronto

Prof. Dr. Jürgen Heinrich
Technische Universität Clausthal
Zehntnerstr. 2 A
D-38678 Clausthal-Zellerfeld

Prof. Dr. Waldemar Hermel
Fraunhofer-Institut für Keramische
Technologie- und Sinterwerkstoffe
Winterbergstr. 28
D-01277 Dresden

Prof. Dr. Günter Ziegler
Universität Bayreuth
Ludwig-Thoma-Str. 36B
D-95440 Bayreuth

Dr. Hermann Riedel
Fraunhofer-Institut für Werkstoffmechanik
Wöhlerstr. 11
D-79108 Freiburg

Das vorliegende Werk wurde sorgfältig erarbeitet. Dennoch übernehmen Autor, Übersetzer und Verlag für die Richtigkeit von Angaben, Hinweisen und Ratschlägen sowie für eventuelle Druckfehler keine Haftung.

Die Deutsche Bibliothek - CIP-Einheitsaufnahme

Keramik / Werkstoffwoche 98, Symposium 9
Simulation Keramik / Werkstoffwoche 98, Symposium 14
Jürgen Heinrich, ..., Hermann Riedel (Hrsg.)
(Der Kongreß Werkstoffwoche ist eine Initiative der Werkstoffwoche-Partnerschaft GbRmbH und des Bundesministeriums für Bildung und Forschung BMBF).
  1. Aufl. - Weinheim; New York; Chichester; Brisbane; Singapore; Toronto: Wiley-VCH, 1999
  (Werkstoffwoche 98; Bd. 7)
  ISBN 3-527-29944-0

Bd. 7 Keramik /Simulation Keramik - 1. Aufl. - 1999

© WILEY-VCH Verlag GmbH, D-69469 Weinheim
in Zusammenarbeit mit der Werkstoffwoche-Partnerschaft GbRmbH
(Federal Republic of Germany), 1999

Gedruckt auf säurefreiem und chlorfrei gebleichtem Papier.

Alle Rechte, insbesondere die der Übersetzung in andere Sprachen, vorbehalten.
Kein Teil dieses Buches darf ohne schriftliche Genehmigung des Verlages in irgendeiner Form - durch Photokopie, Mikroverfilmung oder irgendein anderes Verfahren - reproduziert oder in eine von Maschinen, insbesondere von Datenverarbeitungsmaschinen, verwendbare Sprache übertragen oder übersetzt werden. Die Wiedergabe von Warenbezeichnungen, Handelsnamen oder sonstigen Kennzeichen in diesem Buch berechtigt nicht zu der Annahme, daß diese von jedermann frei benutzt werden dürfen. Vielmehr kann es sich auch dann um eingetragene Warenzeichen oder sonstige gesetzlich geschützte Kennzeichen handeln, wenn sie nicht eigens als solche markiert sind.

Technische Herstellung: Druckerei Mack GmbH, D-71101 Schönaich
Printed in the Federal Republic of Germany

Vorwort

Deutschland hat sich zu einem bedeutenden Standort für die Werkstoffinnovation entwickelt. In zunehmendem Maße verlangt die Zusammenarbeit von Entwicklern, Herstellern und Anwendern bei innovativen Werkstoffanwendungen ganz neue Szenarien entlang der Wertschöpfungskette. Wo könnte das besser zum Ausdruck kommen als in einer themenübergreifenden interdisziplinären Leistungsschau?

Die Werkstoffwoche 98 vereinte die spezifische Kompetenz von 15 Fachgesellschaften mit den gesamtheitlichen Zielvorgaben des MaTech-Programms. Mit Kongreß und Ausstellung bot sie damit auf breiter thematischer Ebene ein Forum für den Informationsaustausch, die Schaffung neuer Kontakte und damit den Transfer neuer Werkstoffe in die Anwendung. Über 1900 Teilnehmer wurden allein beim Kongreß registriert. Weitere 3800 besuchten die Ausstellung, die erstmalig unter dem Namen Materialica durch die Messe München organisiert wurde.

Die Schwerpunkte des Programms waren auf innovative Werkstoffanwendungen ausgerichtet. Gleichermaßen wurden auf ganz verschiedenen Ebenen auch Grundlagen und verfahrenstechnische Aspekte bei den konventionellen Werkstoffen angesprochen. Insgesamt wurden mehr als 800 Vorträge bzw. Poster zu folgenden 14 Symposien angeboten:

Werkstoffanwendungen
1. Informationstechnik
2. Verkehrstechnik
3. Energietechnik
4. Medizintechnik
5. Fertigungstechnik
6. Maschinenbau
7. Werkstoffe und Korrosion

Grundlagen, Verfahren, Prüfung
8. Physik und Chemie der Metalle
9. Physik und Chemie der Keramik
10. Physik und Chemie der Polymere
11. Oberflächentechnik
12. Mikrotechnik
13. Werkstoffprüfung
14. Simulation

Der 10-teilige Tagungsband zu den Symposien mit nahezu allen Vortrags- und Posterbeiträgen liegt jetzt vor. Sie sind nach den 14 Symposien gegliedert. Einige Bände enthalten zwei Symposien. Symposium 14 ist nach Werkstoffklassen aufgeteilt und mit den jeweiligen Symposien 8, 9 oder 10 zusammengefaßt. Zusätzlich erscheint mit Abschluß des letzten Bandes ein Stichwortverzeichnis mit über Stichwörtern aus allen 10 Bänden. Damit liegt ein Kompendium der Werkstofftechnik vor mit den neuesten Ergebnissen aus Forschung
und Anwendung in Deutschland, das sich auf breiter thematischer Ebene und in einem weiten Feld von Expertennamen hervorragend zum Nachschlagewerk eignet.

Als Veranstalter freuen wir uns außerordentlich über den Erfolg dieser zweiten Werkstoffwoche, die die erste Veranstaltung 1996 in Stuttgart noch weit übertroffen hat. Ganz besonders möchten wir uns bei den Koordinatoren der einzelnen Symposien bedanken, die die schwierige und aufwendige Aufgabe übernommen haben, das attraktive Programm aus dem großen Angebot an Beiträgen zusammenzustellen und nun als Herausgeber der einzelnen Bände fungieren. Wir danken an dieser Stelle aber auch allen Autoren für ihr Vertrauen, das sie mit ihrer Vortragsmeldung der Veranstaltung entgegengebracht haben, und für die Mühe, der sie sich bei der Ausarbeitung der Manuskripte unterzogen haben. Wir sind zuversichtlich, daß dieser Erfolg auf die nächste Werkstoffwoche ausstrahlen wird.

Werkstoffwoche-Partnerschaft

Inhaltsverzeichnis

SYMPOSIUM 9a Verarbeitung Keramik

I. Precursorkeramik

Carbid- und Nitridkeramiken aus anorganischen Polymeren
*R. Riedel, L. M. Ruwisch, Y. Li, E. Lecomte, Ch. Konetschny,
Technische Universität Darmstadt*   3

Herstellung und Eigenschaften C-faserverstärkter
Verbundkeramiken mit Polysiloxan/füllerabgeleiteten
Matrizes
*O. Dernovsek, T. Schneider, P. Greil, Universität
Erlangen-Nürnberg*   11

Herstellung von Sprühgranulaten mit sehr enger
Partikelgrößenverteilung
*P. Sägesser, A. Siemers, B. Gut, Eidgenössische
Materialprüfungs- und Forschunganstalt,
Dübendorf (CH)*   17

Untersuchungen zur Verarbeitung von polymeren
Vorstufen durch Versprühen für keramische
Verbundstrukturen
*O. Görke, T. Heine, L. Nüsgen, H. Schubert,
Technische Universität Berlin*   21

Amorphe Si-(B)-C-N-Keramiken mit ungewöhnlich
hoher Kriechbeständigkeit
*R. Riedel, Ch. Konetschny, L.M. Ruwisch, Technische
Universität Darmstadt; L. An, R. Raj, University of Colorado,
Boulde, (USA)*   25

Fügen von Siliciumnitrid mittels Precursor-
basierten Klebern
*G. Boden, S. Siegel, Fraunhofer-Institut für
Keramische Technologien und Sinterwerkstoffe,
Dresden; F. Maspero, Ecole Polytechnique
Fédérale de Lausanne (CH)*   31

Herstellung und Charakterisierung von polysilazan-
abgeleiteten Si_3N_4/SiC Verbundwerkstoffen
*E. Lecomte, R. Riedel, Technische Universität Darmstadt;
P. Sajgalik, Slowakische Akademie der Wissenschaften,
Bratislava (SK)* 37

Warmpressen von Polysilazanen zur Herstellung von
Si-C-N-Keramiken
*Ch. Konetschny, R. Riedel, Technische Universität
Darmstadt* 43

II. Prototypen und Infiltrationsverfahren

Lasersintern keramischer Werkstoffe
*J.G. Heinrich, C. Ries, R. Görke, T. Krause,
Technische Universität Clausthal* 51

Werkstoff- und Technologieentwicklung zum
Mikrowellensintern von Hochleistungskeramik
*P. Stingl, CeramTec AG, Lauf; W. Bartusch, GERO-Hoch-
temperaturöfen GmbH, Neuhausen; G. Dhupia, Industrie
-Ofenbau Rudolf Brands GmbH, Düren; G.A. Müller,
Universität Stuttgart; M. Willert-Porada, Universität
Bayreuth; G. Wötting, CFI GmbH & Co. KG, Rödental* 57

Herstellung von Al_2O_3-$TiAl_3$-Verbundkörpern durch
reaktive Schmelzinfiltration
*F. Müller, T. Schneider, M. Feldmann, P. Greil,
Universität Erlangen-Nürnberg* 63

III. Sintern und Eigenschaften

Untersuchungen zum Sinterprozeß von Keramiken
mit 30 GHz Millimeterwellen
*S. Rhee, G. Link, L. Feher, M. Thumm,
Forschungszentrum Karlsruhe GmbH* 71

Einfluß der spezifischen Oberfläche auf das Erwärmungs-
und Sinterverhalten von TiO_2 im Mikrowellenfeld
J. Bossert, C. Ludwig, Universität Jena 77

Gesinterte offenporige anorganische Schaumstoffe -
ein Widerspruch?
H. Gödeke, Fraunhofer-Institut für Bauphysik, Stuttgart   83

Texturierte Porosität in oxidkeramischen Systemen
*T. Schmedders, S. Poehnitzsch, H. Schmidt, G. Grathwohl,
Universität Bremen*   89

Homogene Einbringung von Sinteradditiven in
Aluminiumoxid-Keramiken
*F. Stenzel, U. Köster, H. Schmidt, G. Ziegler,
Universität Bayreuth*   95

IV. Formgebung

Prozeßanalyse und -modellbildung für das Spritzgießen
keramischer Bauteile
*Ch. Hopmann, W. Michaeli, Rheinisch-Westfälische
Technische Hochschule Aachen*   101

Extrusion keramischer Fasern und Hohlfasern
*B. Gut, M. Wegmann, Eidgenössische Materialprüfungs-
und Forschungsanstalt, Dübendorf (CH)*   107

Laminieren von keramischen Grünfolien: Grenzen
und Möglichkeiten bestehender und neuer Verfahren
A. Roosen, Universität Erlangen-Nürnberg   113
Elektrophoretische Abscheidung aus wässrigen
Suspensionen - Einstellung von Konzentrationsgradienten
*A. Börner, R. Herbig, Technische Universität
Bergakademie Freiberg*   119

Spritzgießen und Entbindern von Aluminiumnitrid-
Bauteilen
*R. Lenk, Fraunhofer-Institut für Keramische
Technologien und Sinterwerkstoffe, Dresden;
G. Himpel, Technische Universität Dresden*   125

Bestimmung mechanisch-technologischer Kennwerte
in Fügezonen von aktivgelöteten Keramikverbunden
mittels Nanoindentation
*E. Lugscheider, I. Buschke, M. Lake, Rheinisch-
Westfälische Technische Hochschule Aachen*   131

Entwicklung eines wirtschaftlichen Herstellungverfahrens
für kompliziert geformte spritzgegossene
Siliciumnitrid-Bauteile
*L. Schönfelder, Cremer Forschungsinstitut GmbH & Co.KG,
Rödental; H. Lange, Bayer AG, Krefeld; C. Hopmann,
Rheinisch-Westfälische Technische Hochschule Aachen;
P. Greil, Universität Erlangen-Nürnberg*   141

Folien für den Fügeprozeß
*St. Dahms, M. Neuhäuser, Th. Furche, E. Zimmermann,
G. Köhler, Institut für Fügetechnik und Werkstoffprüfung
GmbH, Jena*   147

BAS (BaO Al_2O_3 SiO_2)-Gläser für Hochtemperatur-Fügungen
*K. Eichler, P. Otschik, G. Solow, W. Schaffrath,
Fraunhofer-Institut für Keramische Technologien
und Sinterwerkstoffe, Dresden*   153

Keramische Bauteile: Von der Prototypenfertigung
zur Kleinserie
*R. Lenk, B. Alm, C. Richter, Fraunhofer-Institut für
Keramische Technologien und Sinterwerkstoffe, Dresden*   159

Technische Keramik - Ein Werkstoff auch für kleine
und mittlere Unternehmen (KMU)
*M. Zins, Technologie-Agentur Struktur-Keramik
TASK GmbH, Aachen*   165

SYPOSIUM 9b Physik und Chemie der Keramik

V. Funktionskeramik

Naßchemische Herstellungsverfahren für die keramischen
Supraleiter YBCO und BPSCCO
*J. R. Binder, E. Günther, H. Wedemeyer, H.-J. Ritzhaupt-Kleissl,
J. H. Haußelt, Forschungszentrum Karlsruhe GmbH*   175

Eigenschaften verschiedener AlN-Keramiken für
Substratanwendungen
*P. Otschik, C. Kretschmar, T. Reich, K. Jaenicke-Rößler,
Fraunhofer-Institut für Keramische Technologien und
Sinterwerkstoffe, Dresden; G. Lefancz, Siemens AG, München*   181

Multispektral transparente Zinksulfid-Werkstoffe
*S. Siegel, Fraunhofer-Institut für Keramische
Technologien und Sinterwerkstoffe, Dresden;
B. Voigt, VITRON GmbH, Jena*   187

Hochtemperatur-Wärmetransport in transparenten
Keramiken
*F. Schmitz, H.R. Maier, Rheinisch-Westfälische
Technische Hochschule Aachen*   193

Mikrostrukturierung und elektrische Heizbarkeit
einer Al_2O_3/TiN Mischkeramik
*V. Winter, R. Knitter, Forschungszentrum
Karlsruhe GmbH*   199

VI. SiC-Keramik

Sinteruntersuchungen an LPS-SiC
*E. Schüsselbauer, J. Adler, K. Jaenicke-Rößler,
G. Leitner, Fraunhofer-Institut für Keramische
Technologien und Sinterwerkstoffe, Dresden*   207

Flüssigphasensintern von Siliziumcarbid: das
Additivsystem $AlN-Y_2O_3$
*G. Rixecker, I. Wiedmann, F. Aldinger, Max-Planck-Institut
für Metallforschung, Stuttgart; K. Biswas, Indian Institute
of Technology, Kanpur (India)*   213

Charakterisierung des Kornwachstums in
flüssigphasengesintertem SiC
T. Eschner, F. Aldinger, Max-Planck-Institut
für Metallforschung, Stuttgart ... 219

VII. Neue Mikrostrukturkonzepte

Keramische Werkstoffe mit biogenen Strukturen
S. Kleber, W. Hermel, Chr. Schubert,
Fraunhofer-Institut für Keramische
Technologien und Sinterwerkstoffe, Dresden ... 227

Biomorphe Siliciumcarbidkeramik
P. Greil, A. Kaindl, Universität Erlangen-Nürnberg ... 233

Keramiknetzwerke CeraNet®,
J. Adler, H. Heymer, G. Standke, Fraunhofer-Institut
Keramische Technologien und Sinterwerkstoffe, Dresden ... 239

Pyrolyse präkeramischer Polymere zur Erzeugung
hochporöser Membranen
D. Koch, H. Schmidt, G. Grathwohl, Universität Bremen ... 245

Herstellung von SiC-Verdampferbauteilen mit
Porositätsgradienten durch Druckfiltration
M. Dröschel, R. Oberacker, M.J. Hoffmann,
Technische Universität Karlsruhe ... 251

VIII. Pulver und Grünkörper

Nanokristalline keramische Nichtoxidpulver, hergestellt
durch Laserverdampfung
E. Müller, Ch. Oestreich, U. Popp, Technische
Universität Bergakademie Freiberg;
G. Staupendahl, Universität Jena ... 259

Gezielte Beeinflussung der Oberflächenchemie
von Siliciumnitridpulver
U. Breuning, H.-J Richter, Fraunhofer-Institut für
Keramische Technologien und Sinterwerkstoffe, Dresden ... 265

Messung der elektrokinetischen Schallamplitude (ESA)
zur Charakterisierung keramischer Suspensionen - Grenzen
und Möglichkeiten der quantitativen Auswertung
U. Welzel, W. Rieß, G. Ziegler, J. Kalus, Universität Bayreuth — 271

Vererbung der Suspensionstruktur beim Druckguß
bimodaler Teilchensysteme
*H. von Both, R. Oberacker, M.J. Hoffmann,
Universität Karlsruhe* — 277

Spannungsentstehung in trocknenden Keramikschichten
S. Lampenscherf, W. Pompe, Technische Universität Dresden — 283

Neue Verfahren zur Grünkörperbewertung
*T. Rabe, J. Goebbels, A. Kunzmann, Bundesanstalt
für Materialforschung und -prüfung, Berlin* — 289

IX. Precursorkeramik

Flüssigphasendarstellung von SiC
*E. Kroke, A.O. Gabriel, R. Riedel,
Technische Universität Darmstadt* — 297

Entwicklung maßgeschneiderter Si(C,N)-Polymere
J. Hacker, G. Motz, G. Ziegler, Universität Bayreuth — 303

Synthese und Charakterisierung titanhaltiger Polymere
für die Keramikherstellung
N. Hering, R. Riedel, Technische Universität Darmstadt — 309

Charakterisierung polymerabgeleiteter SiCN-Keramiken
mittels spektroskopischer Methoden
*S. Traßl, D. Suttor, G. Motz, G. Ziegler, E. Rössler,
Universität Bayreuth* — 315

Festkörper-NMR-spektroskopische Untersuchung
der Keramisierung anorganischer Precursorpolymere
zu Si-(B)-C-N-Keramiken
*J. Schuhmacher, K. Müller, Universität Stuttgart;
M. Weinmann, J. Bill, F. Aldinger, Max-Planck-Institut
für Metallforschung, Stuttgart* — 321

Untersuchung von Relaxationsphänomenen in
amorphen Si/C/N-Keramiken mittels Röntgen-
und Neutronenkleinwinkelstreuung
S. Schempp, P. Lamparter, J. Bill, F. Aldinger,
Max Planck Institut für Metallforschung, Stuttgart   327

Elektrische Eigenschaften polymerabgeleiteter
amorpher Si-C-N-Keramiken
M. Puchinger, D. Suttor, G. Ziegler, Stefan Traßl,
Ernst Rössler, Universität Bayreuth   333

Die Konstitution von Si-B-C-N-Keramiken
H.J. Seifert, J. Peng, F. Aldinger, Max-Planck-Institut
für Metallforschung, Stuttgart   339

Struktur und Gefügeentwicklung Polysiloxan/füller-
abgeleiteter Compositkeramiken
S. Walter, P. Buhler, P. Greil, Universität Erlangen-Nürnberg   345

Mechanische Eigenschaften polymer-abgeleiteter Si-C-N
-Keramiken
W. Weibelzahl, D. Suttor, G. Ziegler, Universität Bayreuth   351

Untersuchung zur Bildung von Mullit aus
Al_2O_3/SiO_2-Partikeln spezieller Morphologie
F. Siegelin, T. Straubinger, H.-J. Kleebe, G. Ziegler,
Universität Bayreuth   357

Phasengleichgewichte und Korngrenzenphasen für
Siliziumnitrid-Keramiken im System Nd-Si-Al-O-N
A. Kaiser, R. Telle, Rheinisch-Westfälische Technische
Hochschule Aachen; M. Herrmann, H. J. Richter,
W. Hermel, Fraunhofer-Institut für Keramische
Technologien und Sinterwerkstoffe, Dresden   363

X. Gefügeeigenschaften

Modellierung der Gefügebildung durch
anisotropes Kornwachstum
T. Eschner, F. Aldinger, Max-Planck-Institut für
Metallforschung, Stuttgart; Universität Stuttgart   371

Gefügeuntersuchungen an in-situ-verstärkten Keramiken
des Systems TiB_2-WB_2-CrB_2
*C. Schmalzried, R. Telle, Rheinisch-Westfälische
Technische Hochschule Aachen* — 377

Variation der Mikrostruktur von Si_3N_4-Keramiken
W. Lehner, H.-J. Kleebe, G. Ziegler, Universität Bayreuth — 383

Bruchzähe Keramiken aus Aluminiumoxid und
Zirkoniumnitridoxiden durch chemische
Randschichtverstärkung
J. Wrba, M. Lerch, G. Müller, Universität Würzburg — 389

Hochauflösende qualitative und quantitative
Gefügecharakterisierung von Keramikwerkstoffen
mit Nanostrukturen
*P. Obenaus, U. Gerlach ,Fraunhofer-Institut für
Keramische Technologien und Sinterwerkstoffe,
Dresden; P. Mondal, Technische Universität Darmstadt* — 395

ATEM-Analyse der Mikrostrukturentwicklung während
des Flüssigphasensinterns eines Si_3N_4/HfO_2-Composites
*H. Bestgen, Aventis Research & Technologies, Frankfurt;
C. Boberski, Clariant GmbH, Frankfurt* — 401

Reaktionen von Calciumaluminaten bei Hydratation
und thermischer Belastung
*S. Möhmel, W. Geßner, D. Müller, Institut für Angewandte
Chemie Adlershof e.V., Berlin; T. Bier, Lafarge
Aluminates, Paris (F)* — 407

Konstitutionsuntersuchungen im System Al/Si/C
und der Einbau von BN beim sogenannten "12R-Al_4SiC_4"
*F.D. Meyer, Universität Freiburg; H. Hillebrecht,
Universität Bonn* — 413

Eigenschaften drucklos gesinterter TiC-Keramik
und TiC/SiC-Composite
*Ch. Sand, J. Adler, Fraunhofer-Institut Keramische
Technologien und Sinterwerkstoffe, Dresden* — 419

Konstitutionsuntersuchungen im System Al/C/N und
die Herstellung von blauem AlN
*F.D. Meyer, Universität Freiburg; H. Hillebrecht,
Universität Bonn* 425

Borcarbid/Aluminium-Verbundwerkstoffe:
Charakterisierung bekannter und bisher unbekannter
Phasen
*F.D. Meyer, Universität Freiburg; H. Hillebrecht,
Universität Bonn* 431

Experimentelle Bestimmung des Festigkeitsverhaltens
von Al_2O_3 und $MgO\text{-}ZrO_2$-Keramiken unter
mehraxialer Beanspruchung
S. Krüger, H.J. Barth, Technische Universität Clausthal 437

TEM- und EELS-Untersuchungen an polymerabgeleiteten
Si-C-N-Keramiken
H. Müller, H.J. Kleebe, G. Ziegler, Universität Bayreuth 443

SYMPOSIUM 9c Neue Konzepte

XI. SPP*: Fasern/Matrix

Monokristalline Siliciumnitrid-Filamente durch
katalysierte chemische Gasphasenabscheidung
*B. Linner, M.A. Guggenberger, K.J. Hüttinger,
Technische Universität Karlsruhe* — 453

Untersuchungen zur Entwicklung eines neuen
SiC-Fasertyps
*E. Müller, H.-P. Martin, G. Roewer, Technische
Universität Bergakademie Freiberg; R. Richter,
BelChem fiber materials GmbH, Brand-Erbisdorf;
P. Sartori, W. Habel, Universität-Gesamthochschule
Duisburg* — 459

Die Synthese modifizierter Polycarbosilan als Precursoren
höchsttemperaturbeständiger Leichtbauwerkstoffe
*P. Sartori, W. Habel, L. Mayer, A. Moll, T. Windmann,
Universität-Gesamthochschule Duisburg; G. Roewer,
U. Herzog, Technische Universität Bergakademie Freiberg* — 465

Neue Konzepte des Ceramic Engineering für
keramische Verbundwerkstoffe
P. Greil, Universität Erlangen-Nürnberg — 471

XII. SPP*: Keramische Verbundwerkstoffe

Si_3N_4/SiC-Nanokomposite für Höchsttemperatur-
anwendungen
*H. Hübner, P. Rendtel, Technische Universität
Hamburg-Harburg; A. Rendtel, GKSS Forschungszentrum
Geesthacht GmbH* — 483

Saphirfaser - Verstärkung von reaktionsgebundenem
Alumiumoxid (RBAO)
*J. Wendorff, R. Janßen, Technische Universität
Hamburg-Harburg* — 489

---

* DFG-Schwerpunktprogramm „Höchsttemperaturbeständige Leichtbauwerkstoffe,
insbesondere keramische Verbundwerkstoffe"

Entwicklung eines Kohlenstoffaser-MoSi$_2$-Verbundwerkstoffes
S. Meier, J.G. Heinrich, Technische Universität Clausthal — 495

Die Festigkeit von kohlenstoff-faserverstärktem Kohlenstoff bei höchsten Temperaturen unter statischer und dynamischer Belastung
P.W.M. Peters, G. Lüdenbach, H. Döker, Deutsches Zentrum für Luft- und Raumfahrt e.V., Köln — 501

Einfluß der Mesostruktur auf die Eigenschaften von Faserkeramik
H.G. Maschke, M. Füting, K. Morawietz, R. Schäuble, Fraunhofer-Institut für Werkstoffmechanik, Halle; S. Wagner, Universität Karlsruhe — 507

XIII. SPP*: Schädigung durch Oxidation und mechanische Belastung

Oxidationsschutzschichten auf C/C- und C/SiC-Verbundwerkstoffen durch chemische Gasphasenabscheidung (CVD)
V. Wunder, N. Popovska, G. Emig, Universität Erlangen-Nürnberg — 515

Oxidationsverhalten von Si$_3$N$_4$-SiC-Mikrokompositwerkstoffen
W. Hermel, M. Herrmann, Chr. Schubert, H. Klemm, Fraunhofer-Institut für Keramische Technologien und Sinterwerkstoffe, Dresden — 521

Mullite Based Oxidation Protection for SiC-C/C Composites in Air at temperatures up to 1900 K
H. Fritze, A. Schnittker, G. Borchardt, Technische Universität Clausthal; T. Witke, B. Schultrich, Fraunhofer-Institut für Werkstoff- und Strahltechnik, Dresden — 527

Schädigungsverhalten von CFC-Werkstoffen unter mechanischer und thermischer Beanspruchung
B. Thielicke, U. Soltész, Fraunhofer Institut für Werkstoffmechanik, Freiburg — 533

---

* DFG-Schwerpunktprogramm „Höchsttemperaturbeständige Leichtbauwerkstoffe, insbesondere keramische Verbundwerkstoffe"

Thermomechanische Eigenschaften faserverstärkter
Keramiken unter oxidierenden Bedingungen
*G. Rausch, D. Koch, M. Kuntz, G. Grathwohl,
Universität Bremen* — 539

XIV. SPP*: Schädigung unter mechanischer und thermischer Belastung

Einfluß der Mesostruktur auf das Verformungs-
und Schädigungsverhalten von C/SiC-Verbundwerkstoffen
*F. Ansorge, A. Brückner-Foit, L. Hahn, R. Haushälter,
D. Munz, Technische Hochschule Karlsruhe* — 545

Röntgenographische Analyse der Last- und
Eigenspannungsverteilung in Keramikmatrix-Faser-
Verbundwerkstoffen
*M. Broda, A. Pyzalla, W. Reimers,
Hahn-Meitner-Institut Berlin* — 551

Untersuchungen zum Wachstumsmechanismus von
amorphen Si-N-O Fasern
*U. Vogt, Eidgenössische Materialprüfungs- und
Forschungsanstalt, Dübendorf (CH); H. Ewing,
University of Strathclyde, Glasgow (UK);
A. Vital, Eidgenössische Technische
Hochschule-Zürich (CH)* — 557

Entwicklung wirtschaftlicher Verfahren zur CMC-Herstellung:
Beschichtung keramischer Faserbündel mittels Laser-CVD
*V. Hopfe, R. Jäckel, K. Schönfeld, B. Dresler,
O. Throl, Fraunhofer-Institut für Werkstoff- und
Strahltechnik, Dresden* — 563

XV. Fasern, Matrix, Verbundwerkstoffe

Cellulosefasern und Borsäure als Ausgangsstoffe zur
Herstellung von Borcarbidfasern
*Y. Bohne, E. Müller, R. Thauer, Technische Universität
Bergakademie Freiberg; H.-P. Martin, De Beers
Industrial Diamond Devision, Johannesburg (Südafrika)* — 571

---

* DFG-Schwerpunktprogramm „Höchsttemperaturbeständige Leichtbauwerkstoffe, insbesondere keramische Verbundwerkstoffe"

Kristallisationskontrollierte SiC-Fasern
*M. Ade, H.-P. Martin, D. Kurtenbach, E. Müller,
C. Knopf, B. Rittmeister, G. Roewer, E. Brendler,
Technische Universität Bergakademie Freiberg* — 577

Grundlagen der Entwicklung hochtemperaturbeständiger oxidischer Werkstoffe: Herstellung von Saphir-Fasern mit Durchmessern < 30µm
U. Voß, A. Thierauf, D. Sporn, G. Müller, Fraunhofer-Institut für Silicatforschung, Würzburg — 583

Entwicklung einer hochtmperaturbeständigen Matrix für langfaserverstärkte Verbundwerkstoffe auf SiC-Basis
*G. Motz, W. Weibelzahl, J. Hapke, G. Ziegler,
Universität Bayreuth* — 589

Untersuchung der Entstehung des Rißmusters während der Pyrolyse von CFK-Vorkörpern zur Herstellung von C/C-Werkstoffen
J. Schulte-Fischedick, M. Frieß, W. Krenkel, Deutsches Zentrum für Luft- und Raumfahrt e.V, Stuttgart; M. König, Universität Stuttgart — 595

Beschreibung des Festigkeits- und Versagensverhaltens von Faserkeramik (C/C/SiC) unter komplexer mechanischer und korrosiver Beanspruchung im Bereich T> 1650 K
H.-P. Maier, K. Maile, Staatliche Materialprüfungsanstalt, Stuttgart — 601

Modellierung der elastischen Eigenschaften von texturierten, transversal isotropen Schichtphasen in unidirektional langfaserverstärkten Verbundwerkstoffen
S. Frühauf, E. Müller, Technische Universität Bergakademie Freiberg — 607

Zerstörungsfreie Charakterisierung von hochtemperaturbeständigen Faserverbundwerkstoffen mittels Ultraschallverfahren
S. Hirsekorn, A. Fery, A. Wegner, A. Koka, W. Arnold, Fraunhofer-Institut für zerstörungsfreie Prüfverfahren, Saarbrücken; S.U. Faßbender, Q-Net GmbH, Saarbrücken — 613

Faserinduziertes Versagen von CFC-Werkstoffen
*D. Ekenhorst, B. R. Müller, K.-W. Brzezinka,
M.P. Hentschel, Bundesanstalt für Materialforschung
und -prüfung, Berlin* 619

Verhalten von Keramik-Matrix-Faserverbundwerkstoffen
unter zyklischer oxidativer Belastung
K. Sindermann, F. Porz, R. Oberacker, Universität Karlsruhe 625

Beitrag zur Optimierung faserverstärkter Keramik
*B. Wielage, U. Zesch, Technische Universität
Chemnitz* 631

XVI. Funktionelle Eigenschaften/Schichten

Biomimetische Werkstoffsynthese - ein Weg zu
neuen Funktionskeramiken ?
*W. Pompe, M. Mertig, K. Weis, Technische Universität
Dresden; A. Schönecker, Fraunhofer-Institut für
Keramische Technologien und Sinterwerkstoffe, Dresden* 639

Verbundwerkstoffe mit integrierten piezoelektrischen
keramischen Fasern
*W. Watzka, D. Sporn, Fraunhofer-Institut für Silicatforschung,
Würzburg; A. Schönecker, Fraunhofer-Institut für Keramische
Technologien und Sinterwerkstoffe, Dresden; K. Pannkoke,
Fraunhofer-Institut für Angewandte Materialforschung, Bremen* 649

Großflächige elektrochrome Scheiben auf der Basis
von Sol-Gel-Techniken
*M. Mennig, S. Heusing, B. Munro, T. Koch,
P. Zapp, H. Schmidt, Institut für Neue Materialien
gem. GmbH, Saarbrücken* 655

Temperaturunabhängiger Sauerstoffsensor auf
der Basis von Sr(Ti,Fe)O_3
*H.-J. Schreiner, W. Menesklou, O. Wolf,
K.H. Härdtl, E. Ivers-Tiffee, Universität Karlsruhe* 661

Herstellung polymerer und keramischer Schichten
über modifizierte Polysilazane
G. Motz, G. Ziegler, Universität Bayreuth 667

Laser-CVD-Abscheidung von keramischen Schichten
auf Kohlenstoff-Fasern
*V. Hopfe, B. Dresler, K. Schönfeld, R. Jäckel, B. Leupolt,
Fraunhofer-Institut Werkstoff- und Strahltechnik, Dresden* 673

XVII. Spezielle Entwicklungen

Herstellung und mechanische Eigenschaften
metallverstärkter Keramik-Verbundwerkstoffe
*R. Günther, T. Klassen, R. Bormann, GKSS-
Forschungszentrum GmbH; B. Dickau,
A. Bartels, Technische Universität Hamburg-Harburg;
F. Gärtner, Universität der Bundeswehr, Hamburg* 681

Verfahrens- und Werkstoffentwicklung zur Herstellung
schrumpfungsfreier $ZrSiO_4$-Keramiken
*V.D. Hennige, J. Haußelt, Universität Freiburg;
H-J. Ritzhaupt-Kleissl, Forschungszentrum
Karlsruhe GmbH* 687

Bildung von Interfacephasen und Diffusionsvorgängen
im Diffusionspaar Ti-SiC
*E. Zimmermann, M. Witthaut, R. Weiß, A. v. Richthofen,
D. Neuschütz, Rheinisch-Westfälische Technische
Hochschule Aachen* 693

Mesoporöse, keramische Membranen für die Gassensorik
*T. Säring, D. Nipprasch, T. Kaufmann, Technische
Universität Ilmenau; M. Noack, Institut für Angewandte
Chemie Adlershof e.V., Berlin; I. Voigt, Hermsdorfer Institut
für Technische Keramik e.V.* 699

Untersuchungen zur Anwendung der
Vibrationsverdichtung für die Herstellung von
keramischen Hochtemperaturfilterwerkstoffen
*W. Schulle, K. Rudolph, F.-D. Börner, Technische
Universität Bergakademie Freiberg* 705

Bestimmung von Materialkenndaten an Si_3N_4 zur
Berechnung der Zuverlässigkeit keramischer
Ventilplatten in Dieseleinspritzpumpen
*R. Speicher, V. Knoblauch, Technische Universität
Hamburg-Harburg und Robert Bosch GmbH, Stuttgart;
G.A. Schneider, Technische-Universität Hamburg-Harburg;
W. Dreßler, H. Böder, Robert Bosch GmbH, Stuttgart* 711

Korrosionsverhalten von tetragonalem Zirkoniumdioxid
unter Einfluß von wasserhaltiger Atmosphäre
C. Reetz, H. Schubert, Technische Universität Berlin   719

Die Disilanfraktion der MÜLLER/ROCHOW-Synthese,
eine potentielle Quelle für SiC-Keramik-Precursoren
*G. Roewer, Th. Lange, E. Müller, H.-P. Martin,
Technische Universität Bergakademie Freiberg;
R. Richter, BelChem fiber materials GmbH, Brand-Erbisdorf;
P. Sartori, W. Habel, Universität-Gesamthochschule
-Duisburg*   725

XVIII. Nanocomposite

Elektrorheologische Flüssigkeiten auf Zeolithbasis
*H. Böse, A. Trendler, Fraunhofer-Institut für
Silicatforschung, Würzburg*   733

Herstellung von nanoskaligen TiN-Pulvern und deren
kolloidale Verarbeitung zu Al_2O_3/TiN-Nanokomposit-
keramiken
*R. Nonninger, M. Aslan, H. Schmidt, Institut für Neue
Materialien gem. GmbH, Saarbrücken; R. Naß
Gesellschaft für Neue Materialien und Technologie mbH,
Saarbrücken; R.L. Meisel, H.C. Starck GmbH & Co. KG,
Laufenburg; G. Brandt, AB Sandvik Coromant,
Stockholm, (S)*   739

Poröse oxidkeramische Membranen: Stand der Technik
und neue Ergebnisse zur Herstellung nanoporöser
Membranmaterialien
*S. Tudyka, H. Brunner, Fraunhofer-Institut für Grenzflächen-
und Bioverfahrenstechnik, Stuttgart; F. Aldinger, Max-Planck-
Institut für Metallforschung, Stuttgart*   745

Keramische Nanofiltrationsmembranen
*C. Siewert, H. Richter, A. Piorra, G. Tomandl,
Technische Universität Bergakademie Freiberg*   753

SYMPOSIUM 14

I. Umformen, Pressen und Sintern

Modellierung der Spannungsentwicklung und des
Verformungsverhaltens beim Co-Firing von Anode-
Elektrolyt-Verbunden für Hochtemperatur-Brennstoffzellen
*R. Vaßen, D. Stöver, Forschungszentrum Jülich GmbH;
A. Ullrich, M. Bobeth, W. Pompe, Technische
Universität Dresden* 761

Formgenaue, rißfreie und kostengünstige Bauteile
aus Keramik - Numerische Simulation des Pressens
und Sinterns
*H. Riedel T. Kraft, Fraunhofer-Institut für Werkstoff-
mechanik, Freiburg; P. Stingl, CeramTec AG,
Lauf; J. Greim, Elektroschmelzwerk Kempten GmbH* 767

II. Werkstoffeigenschaften

UniMog: Eine universelle Homogenisierungsmethode
zur Generierung von Werkstoffmodellgleichungen für
keramische Verbundwerkstoffe
J. Pleitner, H. Kossira, Technische Universität Braunschweig 775

Optimierung der Porenstruktur von Porenbeton durch
numerische Modellierung
*T. Schneider, P. Greil, Universität Erlangen-Nürnberg;
G. Schober, Hebel AG, Fürstenfeldbruck* 781

Berechnung der Verteilungsfunktion von Relaxationszeiten zur strukturfreien Modellierung der Hochtemperatur-Festelektrolyt-Brennstoffzelle SOFC
*H. Schichlein, A. Müller, F. Zimmermann, A. Krügel,
E. Ivers-Tiffée, Technische Universität Karlsruhe* 787

Jürgen Heinrich
(Herausgeber)

Band VII

**Symposium 9
Keramik**

Verarbeitung

I.
Precursorkeramik

Carbid- und Nitridkeramiken aus anorganischen Polymeren

Ralf Riedel, Lutz M. Ruwisch, Yali Li, Emmanuel Lecomte, Christoph Konetschny,
Fachbereich Materialwissenschaft, Technische Universität Darmstadt,

Einleitung

Die Synthese von Carbid- und Nitridkeramiken aus anorganischen Polymeren gewinnt zunehmend an Bedeutung für die Herstellung dichter als auch poröser keramischer Composit-Werkstoffe, Fasern oder Schichten. Ein entscheidender Vorteil der polymerabgeleiteten Keramiken ist deren potentiell einfache kunststofftechnologische Verarbeitung. So können komplexe Formteile durch Extrusion oder Spritzguß aus polymeren Massen hergestellt werden. Durch Kaltbearbeitung polymerer Formteile lassen sich auch Strukturen mit komplexer Geometrie formen. Die anschließende Thermolyse ergibt das keramische Bauteil unter Beibehaltung der zuvor festgelegten Gestalt. Die mit der Umwandlung vom Polymer zur Keramik einhergehende Volumenschrumpfung läßt sich durch Zugabe aktiver oder inaktiver Füller gezielt einstellen [1]. Darüber hinaus können auf diese Weise die chemischen und physikalischen Eigenschaften der Werkstoffe systematisch verändert werden.

Die Polymer-Pyrolyse erlaubt zum einen die Synthese neuartiger, kristalliner Materialien, die mit den konventionellen Methoden der Pulvertechnologie nicht zugänglich sind. Zum anderen können auch amorphe, metastabile Phasensysteme erhalten werden. Von grundlegendem und anwendungsorientiertem Interesse ist beispielsweise die ausgezeichnete Hochtemperaturstabilität amorpher Si(B)CN-Materialien. Hier zeigte der Einsatz sogenannter Einkomponenten-Vorläufer eine entscheidende Verbesserung der Hochtemperatureigenschaften der daraus hergestellten Keramiken. Diese besitzen eine von der Arbeitsatmosphäre unabhängige Stabilität gegen Zersetzung bis 2000 °C [2] und kristallisieren erst oberhalb 1900 °C [3].

Des weiteren lassen sich durch Pyrolyse der Polymere insbesondere amorphe oder teilkristalline ternäre und höherkomponentige Keramikpulver in Systemen wie beispielsweise Si(B,Ti)CN oder Ti(B)CN herstellen, die nachfolgend pulvertechnologisch weiterverarbeitet werden können.

Vorliegender Beitrag berichtet über die neuesten Entwicklungen zur Synthese und Verarbeitung anorganischer Polymere zur Herstellung keramischer Komponenten am Beispiel nicht-oxidischer Si-Polymere. Das Kristallisationsverhalten und die thermische Stabilität ausgewählter ternärer und quaternärer Zusammensetzungen wird beschrieben. Schließlich werden die mechanischen Eigenschaften der neuen Werkstoffe am Beispiel des Hochtemperatur-Kriechverhalten sowie der Härte und Bruchzähigkeit diskutiert.

Ergebnisse und Diskussion

System SiCN

Für die Herstellung amorpher und kristalliner Werkstoffe im ternären System SiCN wurden zwei kommerziell erhältliche Polymere verwendet. Diese zeigen in Abhängigkeit ihrer molekularen Struktur ein für die Verarbeitung relevantes charakteristisches Vernetzungsverhalten. In Tabelle 1 sind die elementaranalytischen Ergebnisse der eingesetzten nativen Polymere und der daraus abgeleiteten keramischen Materialien nach Pyrolyse bei 1100 °C zusammengestellt.

Polysilazan	T [°C]	Zusammensetzung [Gew.%]					empirische Formel
		Si	C	N	H	O	
P1	nativ	43,9	27,3	19,1	8,1	0,4	$SiC_{1.45}N_{0.87}H_{5.17}O_{0.15}$
	1100 °C	55,3	20,3	22,6	< 0,1	0,8	$SiC_{0.85}N_{0.81}O_{0.02}$
P2	nativ	44,0	26,4	22,0	7,7	< 0,5	$SiC_{1.4}N_{1.0}H_{4.9}O_{0.1}$
	1100 °C	55,4	14,2	28,3	0,2	1,1	$SiC_{0.61}N_{1.04}O_{0.03}$

Tabelle 1: Zusammensetzung verwendeter Polyorganosilazane und daraus hergestellter SiCN-Keramiken.

Während Polymer P1 Polyureamethylvinylsilazan (PUMVS) als farblose Flüssigkeit geringer Viskosität erhalten wurde, ist das Polyhydridomethylsilazan (PHMS) P2 im Anlieferungszustand ein bei 120-130 °C erweichender Feststoff. In diesem nativen Zustand sind die verwendeten Polymere nicht direkt zur Herstellung von Formkörpern einsetzbar und müssen durch thermische Vernetzung in nicht-schmelzende Precursoren umgewandelt werden. Aufgrund der unterschiedlichen Herstellungswege variieren die elementaren Zusammensetzungen der aus P1 und P2 erhaltenen keramischen Produkte. Daraus resultieren auch die abweichenden pyknometrisch bestimmten SiCN-Festphasendichten von 2,50 g/cm³ (P1) und 2,35 g/cm³ (P2). In Abhängigkeit von der Synthese und dem daraus abgeleiteten Vernetzungsverhalten wurden durch Erhitzen bei Temperaturen zwischen 300 und 400 °C unlösliche und während der Pyrolyse nicht-schmelzende Ausgangsmaterialien gewonnen. Nach anschließendem Mahlen und Sieben sind aus den Siebfraktionen mit einer maximalen Teilchengröße von 32 μm formstabile Grünkörper zugänglich. Die Verdichtung der Grünkörper erfolgte unter Verwendung einer uniaxialen Preßvorrichtung, welche radial bis 500 °C beheizt werden kann. Zur Verfügung standen zwei Preßmatrizen mit 9 und 40 mm Innendurchmesser. Die erreichbaren maximal Lasten von 40 KN (650 MPa) beziehungsweise 100 KN (300 MPa) wurden bei der Warmpreß-Formgebung eingesetzt. In Abbildung 1 ist ein auf diese Weise aus P1 geformter Grünkörper (A) und das daraus gewonnene keramische Bauteile (B) abgebildet.

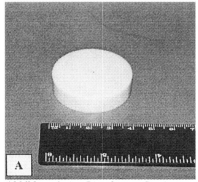
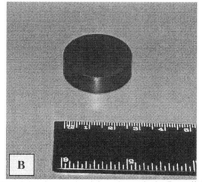

Abbildung 1: Aus P1 geformter Grünkörper (A) und das daraus abgeleitete keramische Bauteil (B).

Der erhaltene SiCN-Formkörper zeigt keine Risse und besitzt eine gleichmäßige, abriebfreie Oberfläche. Während der Pyrolyse verringert sich die Masse um 18 Gew.%, verbunden mit einer Volumenschrumpfung von ca. 60 %. Somit steigt die Bulkdichte des Formkörpers von 1.10 g/cm^3 auf 2,38 g/cm^3. Bezogen auf die theoretische Dichte von 2,50 g/cm^3 errechnet sich somit eine Restporosität von 4,8 Vol.%.

In einem zweiten Verarbeitungsschritt können an den warmgepreßten Grünkörpern durch einfache Bearbeitung wie Schneiden und Drehen Bauteile mit komplizierter Geometrie heraus gearbeitet werden. Abbildung 2 zeigt einen durch Drehen bearbeiteten Formkörper aus P1.

Abbildung 2: Aus P1 hergestellter und nachträglich bearbeiteter Formkörper.

In Anlehnung an den für P1 beschriebenen Verarbeitungsweg sind aus P2 ebenfalls hochdichte Formkörper zugänglich. Hierbei ist es allerdings notwendig die Prozeßparameter wie Vernetzungstemperatur und Preßtemperatur auf das hinsichtlich P2 abweichende Vernetzungsverhalten abzustimmen. Nach Pyrolyse werden ebenfalls formtreue Bauteile geringer Porosität erhalten. Die bisher erreichten Bulkdichten von 2,33 g/cm^3 von P2 ergeben eine rel. Dichte größer 98 %.

Eine weitere Möglichkeit, hochdichte, polymerabgeleitete Keramiken zu erzeugen, stellt die pulvertechnologische Weiterverarbeitung eines amorphen Siliciumcarbonitrid-Pulvers, das durch die Pyrolyse von Poly(hydridomethyl)silazan (PHMS) P2 hergestellt wurde, dar. Durch Zugabe von Sinteradditivgemischen wird eine sinterfähige Pulvermischung aufbereitet. Das aufbereitete SiCN-Pulver kann in einer Heißpresse oder im Gasdrucksinterofen bei ausreichender Temperatur und Preßdruck zu einem Si$_3$N$_4$/SiC-Verbundwerkstoff gesintert werden. Durch in-situ Kristallisation der zuvor amorphen Matrix, verbunden mit vollständiger Verdichtung, werden polykristalline Verbundwerkstoffe erhalten. Auf diesem Wege sind neue Composit-Keramiken mit interessanten Eigenschaften zugänglich. Der Einsatz verschiedener Sinteradditivgemische ermöglicht überdies die Herstellung von Si$_3$N$_4$/SiC-Verbundwerkstoffen mit ausgeprägtem mikro/nano-Gefüge. Über diesen Prozeß konnte das Pyrolysat von P2 z.B. mit einem Sinteradditivzusatz von 6 Gew.% Yb$_2$O$_3$ und 2 Gew.% Y$_2$O$_3$ verdichtet werden. Der geringe Volumenanteil an Sinteradditiven (2,6 Vol.%) verhindert in diesem System die Phasenumwandlung von α- zu β-Si$_3$N$_4$. Die Ergebnisse der Röntgenpulverdiffrktometrie zeigen neben der α-Si$_3$N$_4$ Phase auch Reflexe der β-Si$_3$N$_4$-Phase, jedoch mit deutlich geringerer Intensität. Daneben werden auch α- und β-SiC-Phasen nachgewiesen. Das Auftreten einer

$Yb_4Si_2N_2O_7$-Phase wird einer in den Korngrenzen stattfindenden Kristallisation der Sekundärphase zugeordnet, wodurch eine deutliche Verbesserung der Hochtemperatureigenschaften zu erwarten ist.

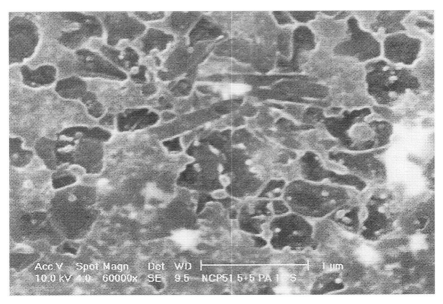

Abbildung 3: REM-Aufnahme eines Si_3N_4/SiC-Composits, der durch Heißpressen (30MPa) bei 1800 °C (120 min/0.1 MPa N_2) einer Pulvermischung aus 92 Gew. % P2-Pyrolysat, 6 Gew. % Yb_2O_3 und 2 Gew. % Y_2O_3 hergestellt wurde.

Das Gefügebild einer solchen Probe (Abbildung 3) zeigt neben globularen Si_3N_4-Körnern mit einer Korngröße < 0,3 µm auch langgestreckte Kristallite mit einer durchschnittlichen Länge von etwa 1 µm zu erkennen. SiC liegt intra- und interkristallin in der Si_3N_4-Matrix vor.
Die Härte keramischer Bauteile hängt stark von der Porosität und von der Phasenzusammensetzung Si_3N_4/SiC des Werkstoffes ab. Betrachtet man die Proben, die nach vollständiger Phasenumwandlung lediglich β-Si_3N_4 enthalten, so stellt man fest, daß sich die Härte mit zunehmendem SiC-Gehalt linear erhöht. In Abbildung 4 sind die gemessenen Härten verschiedener Composit-Werkstoffe gegen den SiC-Gehalt aufgetragen. Die eingetragene Gerade kennzeichnet die lineare Abhängigkeit der Härte vom SiC-Gehalt.

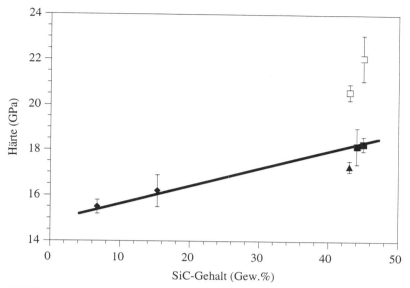

Abbildung 4: Härte polymerabgeleiteter Composit-Werkstoffe.

Die von P2 abgeleiteten Werkstoffe weisen nach Kristallisation einen SiC-Gehalt von etwa 45 Gew.% auf. Die mittlere Härte der Proben wurde bei vollständiger α- zu β-Si_3N_4 Phasenumwandlung (■) zu 18,1-18,4 GPa bestimmt. Dieses Ergebnis liegt im Bereich einer aus einer kristallinen Pulvermischung Si_3N_4/SiC mit 5,8 Gew.% Y_2O_3 gesinterten Probe gleichem SiC-Gehalts (▲). Bezogen auf Proben mit geringerem SiC-Gehalt (♦), ebenfalls aus P2 durch Zugabe von Si_3N_4 erhalten, wird die lineare Beziehung von Härte und SiC-Gehalt deutlich. Wird hingegen die Phasenumwandlung α- zu β- Si_3N_4 unterdrückt (□ = 6 Gew.% Yb_2O_3 + 2 Gew.% Y_2O_3), so weicht die Härte der Proben deutlich vom linearen Verlauf ab. Und zwar erhöht sich die Härte auf HV = 22,1 ± 1,0 GPa gemessen. Dieser Effekt wird auf die höhere Härte von α-Si_3N_4 zurückgeführt [Lit.]. Gleichzeitig erhöht sich die Bruchzähigkeit auf K_{Ic} = 6,2 ± 0,4 MPa√m. Proben ohne α-Si_3N_4-Anteil (■) weisen einen K_{Ic} = 5,2 ± 0,1 MPa√m auf. Dieses Ergebnis wird auf eine in-situ Wiskerverstärkung des Gefüges zurückgeführt (Abbildung 3).

Hochtemperatur-Kriechverhalten

Die Kriechuntersuchungen wurden an zwei unterschiedlich präparierten Proben aus P2 bei konstanter Last vorgenommen. Probe S1 wurde uniaxial warmgepreßt (230 °C, 30 min, 710 MPa) und S2 wurde isostatisch kaltgepreßt (25 °C, 2 min, 250 MPa). Nach der Pyrolyse (1100 °C, 240 min, Argon) betrugen die keramischen Bulkdichten 2,05 g/cm³ (S1), was einer offenen Porosität von 12 Vol% entspricht, und 1,78 g/cm³ (S2), entsprechend einer offenen Porosität von etwa 23 Vol%. Der Formkörper S2 wurde vor der Untersuchung für 10 h bei 1300 °C in Stickstoffatmosphäre ausgelagert. Die Messungen wurden bei Temperaturen zwischen 1080 und 1280 °C vorgenommen.

Beide Proben zeigten im Verlauf der Untersuchungen ein von drei Abschnitten gekennzeichnetes Kriechverhalten. In den ersten Minuten nach Aufbringen der Last erfolgte eine Verdichtung des Formkörpers und ein Ansteigen der Bulkdichte. Nachdem eine konstante Dichte erreicht wurde,

erfolgte eine lineare Deformation der Proben in Richtung der Lastwirkung, dem eigentlichen Kriechen. In diesem Bereich ergab die Auswertung der Meßdaten eine linear von der Last abhängige Kriechrate. Dieses verhalten deutet auf Newtonsches Fließen hin. Mit zunehmender Dauer der Belastung kam es zu einer materialspezifischen Verringerung der Kriechrate, was auf eine im letzten Abschnitt der Untersuchung auftretende Kriechhärtung zurückgeführt wird.
Durch Extrapolation kann die Glastransformationstemperatur (10^{12}-10^{13} Pa·s) der amorphen Si-C-N-Keramik zwischen 1400 °C und 1500 °C abgeschätzt werden. Im Vergleich zu Quarzglas zeigt das hier untersuchte Material bei 1280 °C mit 1,3-5,0 · 10^{13} Pa·s eine um den Faktor 10^3 höhere Viskosität.

System SiBCN
In einer systematischen Entwicklung neuer borhaltiger Polyorganosilazane wurden Precursoren mit unterschiedlichen Si:B-Verhältnissen hergestellt. Die eingesetzten, molekulare Vorstufen wurden durch Hydroborierung von Dichlormethylvinylsilan mit Boran-, Monochlorboran- und Dichlorboran-Dimethylsulfid erhalten. Nach darauf folgender Ammonolyse werden farblose Feststoffe mit > 90 % Ausbeute erhalten. Die Zusammensetzungen der Polyorganoborosilazane sind in Tabelle 2 mit den jeweiligen keramischen Ausbeuten bei 1000 °C aufgelistet. Auch im System SiBCN wurde eine Abhängigkeit der Festphasendichte von der elementaren Zusammensetzung der keramischen Produkte festgestellt. Mit zunehmendem Borgehalt nehmen die Festphasendichten der keramischen Produkte von 2.32 g/cm^3 auf 1.84 g/cm^3 ab.

Poly-boro-silazane.	T [°C]	Keramische Ausbeute (Gew.%)	Zusammensetzung [Gew.%]						empirische Formel
			Si	B	C	N	H	O	
B1	nativ	-	30,1	4,0	40,3	14,8	9,1	2,8	$Si_{3.0}B_{1.0}C_{9.3}N_{2.9}H_{25.3}$
	1000 °C	62	45,6	6,0	28,6	15,5	n.b.	3,8	$Si_{3.0}B_{1.0}C_{4.3}N_{2.0}O_{0.4}$
B2	nativ	-	26,3	5,3	36,5	17,8	9,2	0,7	$Si_{2.0}B_{1.0}C_{6.3}N_{2.7}H_{19.2}$
	1000 °C	68	39,6	7,4	28,4	22,2	n.b.	1,0	$Si_{2.0}B_{1.0}C_{3.4}N_{2.3}O_{0.1}$
B3	nativ	-	24,3	7,7	32,9	21,6	8,1	1,4	$Si_{1.2}B_{1.0}C_{3.9}N_{2.2}H_{11.5}$
	1000 °C	76	34,5	11,3	21,5	29,7	n.b.	1,5	$Si_{1.2}B_{1.0}C_{1.7}N_{2.0}O_{0.1}$

Tabelle 2: Zusammensetzung der verwendeten Polyorganoborosilazane und der daraus synthetisierten SiBCN-Keramiken.

Bemerkenswert sind die für die keramischen Produkte aus B1 und B2 ermittelten Hochtemperaturstabilitäten in bezug auf Zersetzung und Kristallisation. Diese zeigten in Auslagerungsversuchen über 20 Stunden in Argon- und Stickstoffatmosphäre bis 1700 °C nur geringe Masseverluste von bis zu 9 Gew.%. Auslagerungen an B3, das aufgrund der Synthese den höchsten Borgehalt aufweist, zeigten verglichen mit B1 und B2 eine deutlich geringere thermische Stabilität. Diese ist zwar gegenüber borfreien SiCN-Keramiken immer noch merklich verbessert, die Gewichtsverluste sind aber mit 16 Gew.% größer. Als mögliche Ursache wird hierfür die Ausbildung von Borazinringen während der Polykondensation im polymeren Netzwerk angenommen. Im Pulverdiffraktogramm der ausgelagerten Produkte konnten lediglich Reflexe geringer Intensität gemessen werden. Die Zuordnung mittels TEM ergab ausschließlich α-Si_3N_4 und β-SiC.

Hochtemperatur-Kriechverhalten

Das Kriechverhalten borhaltiger Siliciumcarbonitride wurde wie bei den borfreien SiCN-Keramiken an zylindrischen warmgepreßten Proben untersucht. Die eingesetzten Formkörper wurden zuvor bei 1500 °C in N_2-Atmosphäre ausgelagert.
Wie schon bei den amorphen SiCN-Keramiken konnte ein in drei Abschnitte unterteiltes Kriechverhalten festgestellt werden. Auch hierbei wurde ein linearer Zusammenhang der Kriechrate von der beaufschlagten Last gefunden. Somit ist auch SiBCN durch Newtonsches Fließverhalten gekennzeichnet. Die ermittelten Kriechraten haben gezeigt, daß die Viskosität von $Si_{2.0}B_{1.0}C_{3.4}N_{2.3}$ bei 1550 °C sogar um sechs Größenordnungen höher ist als die von Quarzglas. Der Glastransformationspunkt (T_g) wird für dieses System auf über 1700 °C abgeschätzt. Mit fortlaufender Messung erniedrigen sich die Kriechraten bis keine Veränderung mehr festzustellen ist. Nach dieser Kriechhärtung können aufgrund der geringen Probenlänge und der beschränkten Empfindlichkeit der Meßapparatur keine Kriechraten mehr angegeben werden. Es ist aber ein weiteres Absinken der Kriechrate zu erwarten.

Zusammenfassung

Die vorgestellten Ergebnisse zeigen, daß es möglich ist, durch Optimierung des Prozeßablaufs und der Prozeßparameter polymerabgeleitete Keramikbauteile mit geringen Porositäten herzustellen. Geeignete Verfahren hierfür sind Warmpressen präkeramischer Polymere oder Heißdrucksintern keramischer Pulver unter Zugabe von Sinteradditiven. Im ersten Fall können die erhalten Bauteile in metastabiler, amorpher Form vorliegen. Damit ist eine relativ geringe Festphasendichte zwischen 1.80 und 2.50 g/cm^3 verbunden. Derart geringe Dichten führen zu einer Gewichtseinsparung und ermöglichen vor allem in Bereichen, in denen Bauteile mit hohen Geschwindigkeiten bewegt werden, eine deutliche Verringerung der mechanischen Belastung.
Im zweiten Fall gelingt die Herstellung von Bauteilen durch Verwendung von oxidischen Sinteradditiven. Die damit verbundene Kristallisation führt zur Erhöhung der Festphasen- beziehungsweise Formkörperdichte. Der Einsatz von amorphem, polymerabgeleitetem Keramikpulver erbringt hier eine Verbesserung der Härte und gleichzeitig auch eine um 20 % höhere Bruchzähigkeit gegenüber den aus kristallinem Pulver hergestellten Bauteilen. Die Kombination von hoher Härte und Bruchzähigkeit ermöglicht den Zugang zu einer neuen Generation von Schneidwerkstoffen auf der Basis von Si_3N_4 und SiC.

Literatur

[1] P. Greil, M. Seibold; J. Mater. Sci. 27 (1992) 1053-1060.
[2] R. Riedel, A. Kienzle, W. Dreßler, L. Ruwisch, J. Bill and F. Aldinger; Nature 382 (1996) 796–798.
[3] M. Jansen, P. Baldus; Angew. Chem. 109 (1997) 338-354.

Herstellung und Eigenschaften C-faserverstärker Verbundkeramiken mit Polysiloxan/Füller abgeleiteten Matritzes

O. Dernovsek, T. Schneider, P. Greil, Friedrich-Alexander-Universität Erlangen-Nürnberg, Institut für Werkstoffwissenschaften, Lehrstuhl für Glas und Keramik, Erlangen

Einleitung

Faserverstärkte Verbundkeramiken zeichnen sich durch exzellente mechanische Hochtemperatureigenschaften und fehlertolerantes Bruchverhalten aus. Die thermomechanischen Eigenschaften des Verbundes werden durch die Phasenzusammensetzung, die Faser/Matrix-Grenzfläche [1,2] und den induzierten mechanischen Eigenspannungen beeinflußt. Das füllergesteuerte Reaktionspyroloseverfahren präkeramischer Polymere [3,4] ermöglicht den Aufbau keramischer Matrizes zur Herstellung langfaserverstärkter keramischer Verbundkörper (CMCs) nach der Pre-preg-Technologie [5].

Die Faserwickeltechnologie zur Herstellung faserverstärkter Polymer/Füller abgeleiteter Keramiken stellt gegenüber den zeit- und kostenintensiven Gasphasenprozessen wie CVD und PVD eine günstige Alternative dar [6]. Reaktive Füllstoffe reagieren mit den festen und gasförmigen Pyrolyseprodukten des Polymers zu den entsprechenden Carbiden und Nitriden, wobei die Volumenexpansion des umgesetzten Füllstoffes die Schwindung und die Porenbildung reduziert. Im Bereich der Matrixentwicklung wurde die nitridische Umsetzung Si-und Si/B gefüllter Polymere mit einem kostengünstigen und an Luft verarbeitbaren Methylsilsesquisiloxan bei Temperaturen von 1400 °C untersucht. Ziel ist es, die schwindungsinduzierte Eigenspannungen im Verbund zu reduzieren und die Füllstoffumwandlung zur Steuerung der Faser/Matrix-Anbindung einzusetzen, um ein fehlertolerantes Bruchverhalten zu erzielen.

Faserwickeltechnologie und Faserverbundherstellung

Die Herstellung langfaserverstärkter Keramiken auf der Basis von hochfesten C-Fasern (Tenax HT5131, Tenax Fibers GmbH & Co.KG, Wuppertal, Deutschland) mit einer polymerabgeleiteten Matrix erfolgte über die Flüssigphasenimprägnierung mit einer niedrigviskosen Polymethylsiloxan (NH2100, Nünchritz, Deutschland)/Füller Suspension nach der Pre-preg-Technologie [6]. Die Prozeßschritte zur Herstellung von Faserverbundkeramiken über das Naßwickelverfahren beinhalten das thermische Entschlichten der Faser, das Imprägnieren des Faserbündels im Polymer/Füller-Schlickerbad und das Ablegen der Faserbündel auf einem Wickelkern zu Prepregs. Den Polysiloxan / Propanol Mischungen wurden 40 bis 60 Vol.% der Füllstoffe Si und B (Fluka, Neu-Ulm, Deutschland, spez. Oberfläche 3,7 und 11,1 m²/g) zugegeben. Die zu infiltrierende Faser wird über eine pneumatisch/elektronische Bremseinheit mit einer definierte Fadenvorspannung auf einen Wickelkern abgelegt. Der Faservolumengehalt wurde in Abhängigkeit der Schlickerviskosität über eine CNC-gesteuerte Wickeleinheit im Bereich von 40 bis 50 Vol.% definiert eingestellt. Uni- und bidirektionale Prepregs (b = 50 mm, l = 100 mm) wurden in einer Laminatpresse bei Temperaturen von 230 °C und 2 MPa vernetzt und zu formstabilen Laminaten verpreßt. Abschließend erfolgte die pyrolytische Umwandlung der faserverstärkten präkeramischen Polymer/Füller- Körper in eine schwindungskontrollierte keramische Matrix bei Temperaturen von 1350 - 1400 °C in N_2-Atmosphäre. Bild 1 zeigt den Prozeß zur Herstellung faserverstärkter Keramiken.

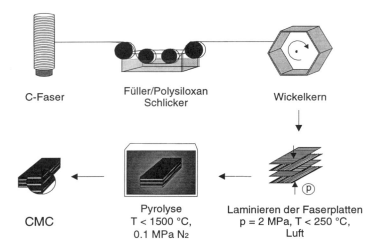

Bild 1: Herstellung faserverstärkter Keramiken nach dem Faserwickelverfahren.

Mit Hilfe der statistischen Versuchsplanung nach Taguchi wurden die für die Prozeßtechnologie signifikanten Parameter, der Wickelgeschwindigkeit, der Faservorschub, die Faservorspannung, die Viskosität des Polymer/Füller Schlickers bestimmt [7]. Die optimierte Prozeßführung mit definierter Fadenvorspannung, Wickelgeschwindigkeit und Schlickerviskosität führte zum Aufbau C faserverstärkter SiBNC(O) Matrizes mit einer homogenen Verteilung der Fasern in der Matrix und Faservolumengehalten von 45 - 55 Vol.%. Die flexible Fertigungstechnologie ist ebenso für rotationssymetrische Wicklungen wie Rohre und Scheiben als auch Plattenkörper geeignet (Bild 2).

Bild 2: Nach der Prepregtechnologie hergestellte langfaserverstärkte Verbundwerkstoffe.

Marixentwicklung im System SiBNC(O)

Als Matrixsystem werden Silicium bzw. Silicium/Bor-gefüllte Polysiloxane verwendet, die durch einen geeigneten Pyrolyseprozeß in eine schwindungskontrollierte keramische SiOC bzw. SiBNC(O) Matrix überführt werden. Die aktiven Füllstoffe Si und Bor reagieren in N_2-Atmosphäre mit einer Volumenzunahme von 23 bzw. 142 Vol.% zu Si_3N_4 bzw. BN [8,9], welche die Schwindung der polymerabgeleiten SiOC-Matrix bis zur Nullschwindung kompensiert. Thermogravimetrische und röntgenographische Untersuchungen belegen die Phasenumwandlung des Precursors in eine polymerabgeleitete SiOC-Phase im Temperaturbereich von 200 bis 1200 °C. Mit steigender Temperatur werden die Phasenbestandteile Si_3N_4, BN, die hochtemperaturstabile Phase Si_2N_2O [10] in einer amorphen SiOCN-Matrix gebildet

$$CH_3SiO_{1,5} + 5Si + B \xrightarrow{N_2(1350-1500\,°C)} SiO_xC_yN_z + Si_2N_2O + Si_3N_4 + BN + Gas \uparrow$$

und erreicht mit steigendem Borgehalt von 0, 10 und 20 Vol.% Bor im System 60 Vol.% (Si/B) / 40 Vol.% Polysiloxan bei Prozesstemperaturen von 1400 °C Nullschwindung (Bild 3).

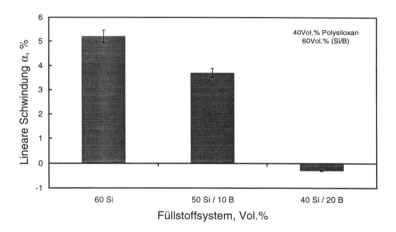

Bild 3: Lineare Schwindung in Abhängigkeit des Füllstoffsystem, bei 1400 °C pyrolysiert.

Die Umsetzung der reaktiven Füllstoffe während des Herstellprozesses, reduziert die schwindungsinduzierten Eigenspannungen der Matrix und damit die Rissbildung im Verbund [7]. Bild 4 zeigt das rissfreie Gefüge eines optimierten UD-Laminates mit C-Faser /SiBNCO Matrix im System 50 Vol.% / 10 B Vol.% / 40 Vol.% Polysiloxan bei 1400 °C in N_2-Atmosphäre pyrolysiert.

Bild 4: UD-Laminat C-faserverstärkter SiBNC(O) Matrizes.

Faserverbundeigenschaften mit Polymer/Füller abgeleiteten Matrizes

Die thermomechanischen Eigenschaften faserverstärkter Keramiken werden im wesentlichen durch die Grenzfläche und die physikalische Kompatibilität von Faser und Matrix bestimmt [1]. Die Spannungen im Faser/Matrix Verbund während des Pyrolyseprozesses wurden mit zweidimensionalen linear-elastischen FEM-Berechnungen untersucht. Die Berechnungen erfolgten im Temperaturbereich von 200 - 1400 °C. Die maximal auftretenden radialen und tangentialen Zugspannungen in der Matrix wurden ermittelt und auf die temperaturabhängige Biegefestigkeit des Matrixwerkstoffes normiert. Im Faserverbund wurde ein temperaturabhängiger E-Modul und Ausdehnungskoeffizient verwendet. Die Poisson Konstante der Matrix und der Faser betrug 0.25, der E-Modul der Faser 230 GPa und der Ausdehnungskoeffizient der Faser $6 \cdot 10^{-6} \cdot K^{-1}$. Bild 5 zeigt die zeitunabhängigen tangentialen Zugspannungen nahe der Faser-Matrix Grenzfläche während der Transformation vom polymeren in den keramischen Zustand.

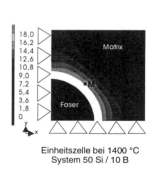

Einheitszelle bei 1400 °C
System 50 Si / 10 B

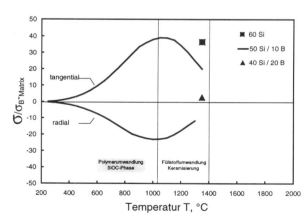

Bild 5: Tangentiale Matrix-Spannungen nahe der Faser/Matrix-Grenzfläche (•M) während des Pyrolyseprozesses bis 1400 °C.

Die Einheitszellenberechnungen unterscheiden ortsabhängige tangentiale Spannungen (s. Markierung •M in der Einheitszelle), die während der Phasentransformation vom polymeren in den keramischen Zustand entstehen. Bei großen Schwindungen überschreiten die berechneten Spannungen im Temperaturbereich der Polymerumwandlung von 230 - 1200 °C die Materialfestigkeiten um ein Vielfaches. Jedoch zeigen Gefügeuntersuchungen unabhängig vom Füllstoffsystem im Bereich der Polymerumwandlung bei 1200 °C keine Risse in der Faser/Matrix-Grenzschicht. Bedeutend ist hierbei die zeit- und temperaturabhängige Phasenumwandlung des Polymers vom visko-elastischem in den linear-elastischen Zustand der polymerabgeleiteten SiOC Keramik, um die schwindungsinduzierten Spannungen beim Übergang des Füllers vom „passiven" in den „aktiven" Bereich relaxieren zu können. Die Berechnungen zeigen, daß die Füllstoffumwandlung im Temperaturbereich von 1200 - 1400 °C den Spannungsverlauf umkehren und zu tangentialen Druck- bzw. radialen Zugspannungen in der Matrix führen.

Tatsächlich werden in Abhängigkeit des Füllstoffsystems mit steigendem Borgehalt oberhalb 1200 °C tangentiale Ablösungen der Faser/Matrix Grenzschicht beobachtet. In Übereinstimmung mit den tangentialen Ablösungen und den berechneten radialen Zugspannungen in der Faser/Marix Grenzschicht oberhalb 1200 °C führt die schwindungskontrollierte Reaktionspyrolyse im System 50Si/10B zum quasiduktilen Bruchverhalten (Bild 6).

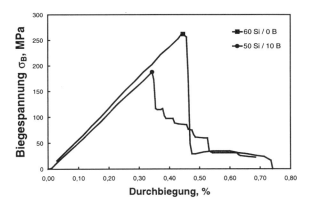

Bild 6: Biegespannung C-faserverstärkter polymerabgeleiteter Matrizes, bei 1400 °C in N_2-Atmosphäre pyrolysiert

Das spröde Werkstoffverhalten im System 60Si/0B zeigt, daß die Spannungen in der Faser/Matrix Grenzschicht und damit der Übergang spröd-duktil durch die Zugabe von Bor gezielt reduziert werden können. Die max. ermittelten Biegespannungen von 200 bis 270 MPa eines einfach infiltrierten Laminates mit einer unbeschichteten C-Faser zeigen das Anwendungspotential polymerabgeleiteter Faserverbundwerkstoffe [5].

Zusammenfassung

Die füllergesteuerte Reaktionspyrolyse ermöglicht den Aufbau schwindungskontrollierter keramischer Matrizes zur Herstellung C-faserverstärkter Keramiken über die Pre-preg-Technologie. Die pyrolytische Umsetzung der aktiven Füllstoffe Si und Bor in einer polymerabgeleiteten SiOC-Phase reduzieren die spannungsinduzierte Rißbildung während der Verbundherstellung. Erste Berechnungen mit der Finite Elemente Methode zeigen in Übereinstimmung mit Gefügeuntersuchungen, daß eine kontrollierte Umsetzung des eingesetzten Füllstoffs während des Pyrolyseprozesses tangentiale bzw. radiale Spannungen am Faser/Matrix Interface mit entsprechenden Rissen ausbildet. Es ist zu untersuchen, inwieweit schwindungsinduzierte Spannungen von Polymer/Füller abgeleiteten Matrizes „starke" bis „schwache" Faser/Matrix Grenzflächen ausbilden, um das thermo-mechanische Festigkeitsverhalten von CMCs im Bereich von spröd bis quasiduktil einzustellen. Die ermittelten Biegespannungen von 200 – 270 MPa bei Prozesstemperaturen von 1400 °C in Kombination mit dem kostengünstigen Prozeß des Naßwickelverfahrens zeigen das Potential der füllergesteuerten Reaktionspyrolyse zum Aufbau von CMCs.

Literatur

[1] A.G. Evans, F.W. Zok, „Review: The physics and mechanics of fibre-reinforced brittle matrix composites,,, Journal of Materials Science **29** (1994) 3857

[2] S. Kumaria, R.N. Singh, „Effect of Interfacial Shear Strength on Crack-Fiber Interaction Behavior in Ceramic Matrix Composites", Journal of the American Ceramic Society **79** [1] (1996) 199-208

[3] P. Greil, „Active-filler-controlled pyrolysis of preceramic polymers", Journal of the American Ceramic Society **78** [4] (1995) 835

[4] P.Greil, Polymer-Filler Derived Ceramics with Hierarchial Microstructures, in Key Eng.Mat. 159-60, Trans Tech Publ. Switzerland (1998) 339

[5] M.N. Nejhad, M.V. Chandramouli, A.A. Wereszczak, Processing and Performance of SiC/Blackglas ™ CFFCSs using Filament Winding", Cer. Eng. Sci. Proc. **17** [4] (1996) 449-459

[6] P.K. Mallik, „Fiber Reinforced Composites: Materials, Manufacturing and Design, Marcel Dekker Inc. New York (1988)

[7] O. Dernovsek, T. Schneider, P. Greil, Manufacturing of Carbon Reinforced Composites with Polysiloxane/Filler Derived S-B-N-C-(O) Matrices by Filament Winding", in to be publi. In CIMTEC 98 (1998)

[8] B. Q. Lei, „Mechanism of nitridation at the melting temperature of silicon", Journal of Material Science **15** (1996) 670

[9] M. Boyer, A. Moulson, „A Mechanism for the Nitridation of Fe-contaminated Silicon", Journal of Material Science **13** (1978), 1637

[10] P. Rocabois, C. Chatillon, C. Bernard, „Thermodynamics of the Si-O-N System: II Stability of $Si_2N_2O(s)$ by High Temperature Mass Spectrometric Vaporization", Journal of the American Ceramic Society **79** [5] (1996) 1361

Das diesem Vortrag zugrundeliegende Vorhaben wurde mit Mitteln des Bundesministeriums für Bildung, Wissenschaft, Forschung und Technologie im Programm MaTech unter dem Förderkennzeichen 03K100CO gefördert.

Herstellung von Sprühgranulaten mit sehr enger Partikelgrössenverteilung

P. Sägesser, A. Siemers, B. Gut, Eidgenössische Materialprüfungs- und Forschungsanstalt (EMPA), Dübendorf, Schweiz

Einführung

Keramische Sprühgranulate werden u.a. zum Pressen von Bauteilen und als Spritzpulver für dichte Schichten beim Flamm- oder Plasmaspritzen verwendet. Für Spritzpulver sollten die Granulate in einer engen Partikelgrössenverteilung vorliegen, damit ein gleichmässiges Aufschmelzen gewährleistet ist. Monodisperse, kugelförmige Granulate sind sehr gut rieselfähig und lassen sich vorzüglich dosieren. Gute Rieselfähigkeit ist beim Befüllen von Pressformen und beim Zudosieren in eine Flamme wichtig.

Zur Herstellung rieselfähiger, staubfreier Granulate mit einer Korngrösse im Bereich von 10 bis 150 µm eignet sich die Sprühtrocknung. Eine keramische Suspension (Schlicker) wird in heisses Gas zerstäubt und getrocknet (1). Die üblicherweise zur Zerstäubung eingesetzten Zweistoffdüsen erzeugen eine zu breite Tropfengrössenverteilung, vor allem für Spritzpulver. Ein weiterer Arbeitsschritt, nämlich die Klassierung durch Sieben oder Windsichten ist notwendig. Im günstigsten Fall können abgetrennte Fraktionen als solche anderweitig verwendet werden. Andernfalls erfolgt, nach einer Aufbereitung, die Rückführung in den Granulationsprozess, was einen nicht unerheblichen Aufwand darstellt.

In der vorliegenden Arbeit wird eine Methode vorgestellt mit der es möglich sein sollte, Granulate mit monomodaler Verteilung im gewünschten Korngrössenbereich zu erhalten.

Kontrollierter Zerfall eines Flüssigkeitsstrahls

Aufgrund der Oberflächenspannung zerfällt jeder Flüssigkeitsstrahl früher oder später in Tropfen. Prägt man durch Schwingung der Düse dem Strahl eine periodische Störung auf, so wird dieser in gleich bleibenden Abständen eingeschnürt. Aus den schwingungsmechanischen Betrachtungen von Weber (2) geht hervor, dass ein mit Geschwindigkeit v_S aus einer Düse mit Durchmesser d_S austretender Strahl einer niedrigviskosen Flüssigkeit durch eine Störung mit der Frequenz f in gleich grosse Tropfen des Durchmessers d_T zerfällt. Für optimale Bedingungen gilt:

$$f_{opt} = \frac{v_S}{\lambda_{opt}} = \frac{v_S}{\pi\sqrt{2} \cdot d_S} \quad \text{und} \quad d_T = 1.88 d_S$$

Die Gültigkeit dieser Gleichung ist durch drei wesentliche Bedingungen eingeschränkt. Erstens muss v_S in einem Bereich liegen, der gegen unten durch v_{min}, der Geschwindigkeit unterhalb derer die Flüssigkeit von der Düse abtropft, und gegen oben durch das Auftreten von Turbulenzen begrenzt ist. Zweitens muss die Wellenlänge der Störung λ zwischen 3.5 d_S und 7 d_S und drittens die Viskosität der Flüssigkeit kleiner als 50 mPas sein. Ein so hergestelltes Granulat besitzt infolge des stabilen Zerfalls eine sehr enge Partikelgrössenverteilung.

Über die Methode des kontrollierten Strahlzerfalls sind eine Vielzahl von Publikationen verfügbar, die sich mit der Vertropfung von reinen Flüssigkeiten und Lösungen befassen. Die erzielte Tropfengrösse lag fast ausschliesslich über 100 µm. Das Ziel dieser Arbeit ist die Vertropfung von keramischen Schlickern zu Granulaten kleiner als 100 µm. (3, 4, 5)

Experimentelles

Abbildung 1 zeigt schematisch den Versuchsaufbau um die Tropfenbildung an Schlickern zu studieren und die geeigneten Parameter Anregungsfrequenz, Düsendurchmesser und Viskosität zu evaluieren. Der Schlicker wird mit einem Druck zwischen 0.5 und 3 bar aus einer Saphirdüse gepresst. Die Düse wird über einen speziellen Lautsprecher transversal in Schwingung versetzt.Zur Beobachtung der Tropfenbildung werden der Strahl und die Tropfen mit einer Leuchtdiode stroboskopisch beleuchtet und mit Hilfe einer Videokamera auf dem Monitor sichtbar gemacht.

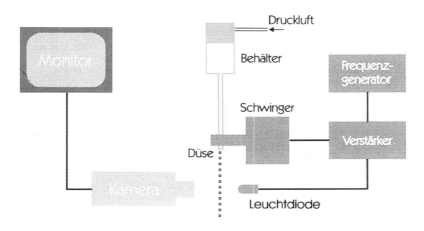

Abbildung 1: Versuchsaufbau zur Tropfengeneration

Es wurden wässrige Al_2O_3-Schlicker (A1000SG, Alcoa) mit Feststoffgehalten zwischen 10 und 40 vol% und Zusätzen wie Bindemittel und Verflüssiger hergestellt. Um ein Verstopfen der Düse zu verhindern, wurden die Schlicker beim Einfüllen durch ein 15 µm-Gewebe filtriert. Die für die Vertropfung optimalen Bedingungen wurden durch Variation des Drucks und der Anregungsfrequenz für die verschiedenen Schlicker ermittelt.

Als Trocknungsaggregat für die Tropfen wurde ein Sprühturm der Firma Niro verwendet (Typ „Minor Hi-Tec"). Der Tropfengenerator wurde auf dem Turmdeckel installiert und den Strahl auf eine 1.5 cm grosse Öffnung gerichtet.

Resultate

Mit dem kontrollierten Strahlzerfall konnten Granulate kleiner als 100 µm mit sehr engen Grössenverteilungen hergestellt werden. Das Granulat in Abbildung 2 wurde aus einem Schlicker mit 10 vol% durch eine 60 µm-Düse bei einer Anregungsfrequenz von 16.1 kHz und einem Druck von 1 bar vertropft. Der Einfluss von Verflüssiger, Binder und pH-Wert des Schlickers auf die Granulatform erwies sich als äusserst sensibel. Bei für Verflüssigung mit Dolapix CA oder PC21 (Zschimmer & Schwartz) typischen pH-Wert um 10 ergaben sich eingestülpte (Abbildung 3), bei einem auf 9.1 gesenkten pH aber massive Kugeln (Abbildung 4). Aufgrund der zu hohen Viskosität konnten Schlicker mit mehr als 20 vol% Al_2O_3 nicht kontrolliert vertropft werden.

Als problematisch erwies sich bei den angestrebten Tropfengrössen die Rekombination der einzelnen Tropfen, die zu bi- oder multimodalen Verteilungen führte. Abbildung 5 zeigt ein gesintertes Granulat mit Durchmessern von 78, 99 µm und grösser. Durch Überprüfen der Volumina wird ersichtlich, dass es sich bei den grösseren Körnern um zwei- und mehrfache Rekombination der generierten Tropfen handelt. Bei den vorliegenden Versuchsbedingungen folgen sich die Tropfen im Abstand von ca. 500 µm. Wegen unterschiedlichen Fluggeschwindigkeiten können sie sich treffen und rekombinieren. Vermutlich sind die Geschwindigkeitsdifferenzen bei niedriger Viskosität geringer, so dass, wie in Abbildung 2, kaum Rekombinationen auftreten.

Abbildung 2: Granulat aus 10 vol% Al_2O_3-Schlicker, pH = 9.1, 60 µm-Düse, 1 bar Druck, 16.1 kHz, Grünzustand

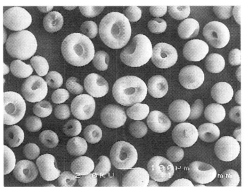

Abbildung 3: Granulat aus 20 vol% Al_2O_3-Schlicker, pH = 10.2, 60 µm-Düse, 1 bar Druck, 16 kHz, Grünzustand

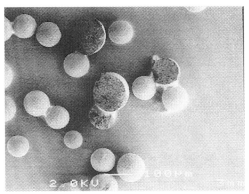

Abbildung 4: Granulat aus 20 vol% Al_2O_3-Schlicker, pH = 9.1, 60 µm-Düse, 1 bar Druck, 15.8 kHz, Grünzustand

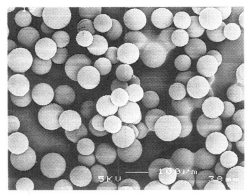

Abbildung 5: Granulat aus 20 vol% Al_2O_3-Schlicker, pH = 9.1, 60 µm-Düse, 1 bar Druck, 15 kHz, gesintert bei 1570°C

Zusammenfassung

Keramische Schlicker sind mittels kontrolliertem Strahlzerfall versprühbar. Durch eine geeignete Auswahl der Additive und Einstellen des pH-Wertes kann ein monomodales Granulat erhalten werden. Die Granulate sind kugelförmig und massiv. Das Material ist hervorragend rieselfähig und für thermisches Spritzen in idealer Weise geeignet.

Ziel weiterer Arbeiten ist grössere Mengen herzustellen. Dazu muss entweder eine Düse über längere Zeit oder mehrere Düsen parallel mit konstanten Bedingungen betrieben werden. In beiden Fällen müssen Möglichkeiten zum Verhindern der Rekombination der Tropfen gefunden werden.

Literatur

(1) K. Masters, „Spray Drying", 2nd ed., John Wiley & Sons, New York, 1976.
(2) C. Weber, „Zum Zerfall eines Flüssigkeitsstrahles", Zeitschrift für angewandte Mathematik und Mechanik, **11** [2] 136-54 (1931).
(3) W. von Ohnesorge, "Die Bildung von Tropfen an Düsen und die Auflösung flüssiger Strahlen", Zeitschrift für angewante Mathematik und Mechanik, **16** [6] (1936).
(4) A. Haenlein, "Über den Zerfall eines Flüssigkeitsstrahles", Forschung auf dem Gebiet des Ingenieurwesens, **2** [4] 139-49 (1931).
(5) R. Rajagopalan, C. Tien, „Production of Mono-Dispersed Drops by Forced Vebration of a Liquid Jet", The Canadian J. of Chem. Eng., **51** [Juni] 272-9 (1973).

Untersuchungen zur Verarbeitung von polymeren Vorstufen durch Versprühen für keramische Verbundstrukturen

O. Görke, T. Heine, L. Nüsgen, H. Schubert, Institut für Nichtmetallische Werkstoffe an der Technischen Universität Berlin

Einleitung
Die Herstellung keramischer Werkstoffe durch pyrolytische Umsetzung metallorganischer Polymere ist seit mehr als 30 Jahren bekannt und ist heute kommerziell hauptsächlich auf die Herstellung keramischer Pulver und Fasern beschränkt. Ein Problem stellen die bei der Pyrolyse entstehenden gasförmigen Zersetzungsprodukte dar, die zu einem starken Massenverlust führen (1,2). Die Vorteile gegenüber pulvertechnologisch hergestellten Keramiken liegen in den hochreinen Ausgangsstoffen definierter Zusammensetzung und der leichten und vielfältigen Formgebung (in Anlehnung an die Kunststofftechnologie). Das Interesse der Forschung konzentrierte sich bisher vor allem auf die Anwendung von polymeren Vorstufen zur Matrizierung von Faserverbundwerkstoffen durch Infiltrieren und zur Oberflächenbeschichtung mittels Spin- und Dip-Coating (3,4). Hierzu werden die Polymere als Lösung verarbeitet.

Ziel
Das Polymer-Sprühen wird als ein Formgebungsverfahren betrachtet, mit dem sich unterschiedlichste Bauteilformen realisieren lassen (Bild 1).

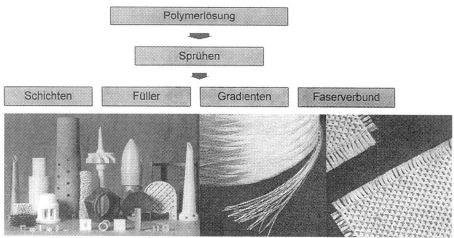

Bild 1: Verfahrensübersicht

Experimentelles
Zu Beginn dieses Projektes stand die Entwicklung der Sprühtechnik zur Verarbeitung der polymeren Vorstufen im Vordergrund. Es wurde eine Düse entwickelt, welche die unterschiedlichen Anforderungen der zu verarbeitenden Precursoren erfüllt.

Die Düse ist modular aufgebaut und läßt so ein breites Spektrum von Sprühversuchen zu. Für den Großteil der durchgeführten Beschichtungsvorgänge hat sich eine Konfiguration als günstig erwiesen, die zu einem Öffnungswinkel des Sprühkegels von ca. 20° führt. Es zeigt sich ein proportionales Verhalten zwischen Gasdruck und Dispersphasenvolumen. Außerdem konnte eine vollständig drallfreie Strömung erzeugt werden. Charakteristisch für das Sprühverhalten der konstruierten Zweistoffdüse mit kreisförmigem Vollstrahl ist die gaußsche Niederschlagsverteilung. Zuerst wurde das Polymer-Sprühen verfahrenstechnisch untersucht, wobei luftunempfindliche Siloxane zur Anwendung kamen. Die Siloxane wurden sowohl hochviskos, als auch in Form von feinem und grobem Granulat verwendet.

Das Zerstäuben der in Lösung gebrachten Precursoren geschah mit Hilfe einer optimierten Zweistoffdüse (5). Bei diesem Zerstäubungsprozeß wird die notwendige Energie durch komprimierte Luft eingebracht. Das Zerteilen der Flüssigkeitsvolumina in feine Tröpfchen erfolgt unmittelbar vor dem Düsenaustritt (extern mischende Zweistoffdüse). Dieses Verfahren soll das gezielte Aufbringen von homogenen Beschichtungen vor der Keramisierung möglich machen.

Die Auswahl des Substratmaterials fiel auf weit verbreitete foliengegossene Al_2O_3-Substrate, die ohne weitere Präparation einen mittleren Rauhigkeitswert von $R_a < 0{,}6$ µm aufweisen.

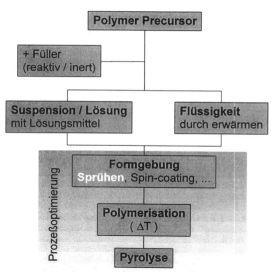

Bild 2: Verfahrensablauf

Ausgehend von einem kommerziellen Precursor kann die für das Sprühverfahren erforderliche Viskosität zum einen durch Verwendung eines Lösungsmittels oder durch eine Temperaturerhöhung eingestellt werden (Bild 2). Der Einsatz von inerten bzw. reaktiven Füllern ist bei diesem Verfahren ebenfalls möglich. Zur Beschichtung der hier verwendeten Substrate wurde ausschließlich eine 10-prozentige Lösung des Methylhydroxypolysiloxans NH2100 der Firma Hüls und des Phenylmethylvinylhydrogenpolysiloxans der Firma Wacker verwandt. Als Solvens wurde ein kommerzielles Lösungsmittel der Firma Merck verwendet, worin beide ausgewählten Polymere vollständig löslich sind.

Nach dem Versprühen der Lösung erfolgte eine Temperung in einem Trockenschrank bei 250°C für eine halbe Stunde, wobei es zum Entweichen des Lösungsmittels und zur Teilvernetzung der Precursorschicht kam. Die sich anschließende Pyrolyse erfolgte in einem Rohrofen unter Schutzgas (Stickstoffatmosphäre) bei 1000°C.

Ergebnisse

Als vordringlichstes Ziel bei der Anwendung der Sprühtechnik gilt die Herstellung von dichten und homogenen Schichten während des gesamten Prozeßverlaufes. Die Verwendung eines Lösungsmittels ermöglicht die Bildung einer hinreichend dünnen Beschichtung auf einem Substrat, so daß es nach den Zersetzungsreaktionen im Laufe der Pyrolyse nicht zur Rißbildung kommt (Bild 3). Sowohl die Volumenschwindung des Precursors, als auch die Differenz des Ausdehnungskoeffizienten zwischen Beschichtung und Substrat darf nicht zur Zerstörung der Schicht führen. Rißfreie und gut haftende Beschichtungen konnten bisher besser auf unbehandelten und unpolierten Substraten erzielt werden. Die mittlere Rauhigkeit der Schicht läßt sich im Vergleich zum Substrat auf ca. 0,2 µm verringern (Tabelle 1). Die erzielten Schichtdicken liegen im Bereich von 0,5 bis 3 µm. Auch Mehrfachbeschichtungen der bereits pyrolisierten Proben waren möglich.

R_a (Substrat)	R_a (Beschichtung)
< 0,6	< 0,2

Bild 3: REM-Aufnahme einer pyrolisierten Schicht   **Tabelle 1:** Mittlere Rauhigkeitswerte

Literatur
(1) I. Hurwitz, P. Heimann, S. C. Farmer: J. Mat. Sci. 28 (1993), pp. 6622-6630.
(2) W. Rice: Ceram. Bull. 62 No. 8 (1983), pp. 889-892.
(3) E. Walker, R. W. Rice, P. F. Becher, B. A. Bender, W. S. Coblenz:
     Ceram. Bull 62 (1983), pp. 916-923.
(4) Narisawa, S. Kitano, K. Okamura: J. Am. Ceram. Soc. 78 (1995), pp. 3405-3408.
(5) A. Yule, J. Dunkley: Clarendon Press, Oxford (1994).

Dieses Projekt wird im Rahmen des Forschungsvorhabens Schu 679/7-1 von der DFG gefördert.

Amorphe Si-(B)-C-N – Keramiken mit ungewöhnlich hoher Kriechbeständigkeit

Ralf Riedel, Christoph Konetschny, Lutz M. Ruwisch, FB Materialwissenschaft, FG Disperse Feststoffe, Technische Universität Darmstadt;
Linan An, Rishi Raj, University of Colorado, Department of Mechanical Engineering, Boulder (USA)

Einleitung

Polymerabgeleitete Si-(B)-C-N–Keramiken liegen bis zu Temperaturen um 1700 °C amorph vor und sind daher von besonderem Interesse für materialwissenschaftliche Untersuchungen. Aufgrund der relativ geringen Dichte dieser Materialien bieten diese eine Alternative zu polykristallinen Keramiken in Bereichen, in denen Bauteile bewegt werden. Erste Untersuchungen auf dem Gebiet amorpher Siliciumcarbonitride wurden 1996 von F. Aldinger et al. beschrieben. Diese zeigten in Versuchen konstanter Last an keramischen Proben aus Polyvinylsilazan eine zeitlich abnehmende Kriechrate. Bei Temperaturen von 1400 °C und 1500 °C wurden Lasten zwischen 100 und 300 MPa an Luft beaufschlagt. Aus der Norton-Gleichung wurde ein Kriechexponent von 0,7 und eine Aktivierungsenergie von 260 kJ/mol für dieses System bestimmt [1].

Ergebnisse und Diskussion

Die Experimente wurden unter einaxialer Kompression bei konstanter Last in Stickstoffatmosphäre an zylinderförmigen Proben unterhalb der Kristallisationstemperatur durchgeführt. Als Ausgangsmaterial wurde zur Herstellung der Si-C-N-Keramiken ein kommerziell erhältliches Polyhydridomethylsilazan, NCP 200 (Hersteller: Chisso, Tokio, Japan) verwendet. Das borhaltige Polyorganosilazan wurde über eine selbstentwickelte Synthese mittels Hydroborierung und anschließender Ammonolyse hergestellt. Um den Einfluß von Verdichtungsprozessen während der Untersuchungen auszuschließen, wurden die eingesetzten SiBCN-Formkörper zuvor in Stickstoffatmosphäre bei 1400 beziehungsweise 1500 °C für 30 min ausgelagert. Die damit verbundenen Änderungen von Bulkdichte, Länge und Durchmesser verwendeter Si(B)CN-Formkörper der empirischen Summenformel $Si_{2,0}B_{1,0}C_{3,4}N_{2,3}O_{0,1}$ sind in Tabelle 1 zusammengestellt.

Probenbezeichnung	Temperatur [°C]	Länge [mm]	Durchmesser [mm]	Masse [mg]	Dichte [g/cm^3]
B1	1000	5,76	6,56	344,7	1,78
nach Kriechversuch		5,46	6,25	343,4	2,05
B2	1000	5,62	6,53	341,8	1,82
	1500	5,33	6,24	338,3	2,08
nach Kriechversuch		5,32	6,24	337,7	2,08
B3	1000	5,76	6,56	344,7	1,78
	1500	5,41	6,25	340,2	2,05
nach Kriechversuch		5,32	6,27	337,0	2,05

Tabelle 1: Bulkdichten, Längen und Durchmesser verwendeter keramischer Bauteile.

Die nach der Pyrolyse (1100 °C, 240 min, Argon) erhaltenen Si-C-N-Keramiken besitzen eine mittlere chemische Zusammensetzung gemäß $Si_{1,7}C_{1,0\pm0,1}N_{1,5}$, die zur Untersuchung herangezogenen keramischen Formkörper sind in bezug auf Dichte und damit verbundene Porosität in Tabelle 2 charakterisiert. Der Grünkörper der Probe S1 wurde über isostatisches Kaltpressen (Temperatur = 25 °C, Haltezeit = 2 min, Druck = 250 MPa), der Preßling der Probe S2 wurde über uniaxiales Warmpressen (Temperatur = 230 °C, Haltezeit = 30 min, Druck = 710 MPa) hergestellt.

Probenbezeichnung	Dichte [g/cm³]	Relative Dichte [%]	Offene Porosität [Vol.%]
S1	2,05	88,0	12,0
nach Kriechversuch	2,30	98,7	n. b.
S2	1,78	76,4	23,0
nach Kriechversuch	2,30	98,7	n. b.

Tabelle 2: Charakterisierung der Si-C-N-Keramiken.

Für beide Systeme läßt sich das Kriechverhalten in drei Stadien mit kontinuierlichem Übergang unterteilen. In Abbildung 1 ist am Beispiel einer SiBCN-Keramik, der elementaren Zusammensetzung $Si_{2,0}B_{1,0}C_{3,4}N_{2,3}O_{0,1}$, die zeitliche Änderung der Kriechrate dargestellt. Im ersten Stadium ist eine mit der Zeit abnehmende Kriechrate zu erkennen, was auf eine strukturelle Umordnung der amorphen Materialien hinweist. Das zweite Stadium zeichnet sich durch eine konstante Kriechrate aus, dem stationären Kriechen.

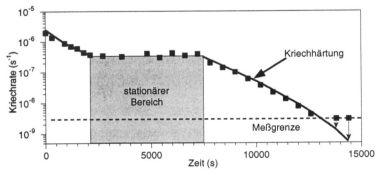

Abbildung 1: Temporäre Abhängigkeit der Kriechrate bei 1500 °C bei einer Belastung von 75 MPa.

Im dritten Stadium wird eine signifikante Abnahme der Kriechrate nachgewiesen. Mit Dauer der Untersuchung erreicht die Kriechrate eine Größenordnung, die mit den zur Verfügung stehenden Methoden nicht mehr aufgelöst werden konnte. Die dort auftretende Kriechhärtung ist nach ersten Untersuchungen nicht auf einsetzende Kristallisation der amorphen Matrix zurückzuführen und ist derzeit Gegenstand weiterführender Untersuchungen.

Als Grundlage der folgenden Diskussion wurden bei der Berechnung die im zweiten Stadium konstanter Kriechrate ermittelten Daten ausgewertet. In Abbildung 2 sind die last- und temperaturabhängigen Kriechraten zweier SiBCN-Proben (B1+2) bei Belastung von 30, 45, 60 und 75 MPa dargestellt.

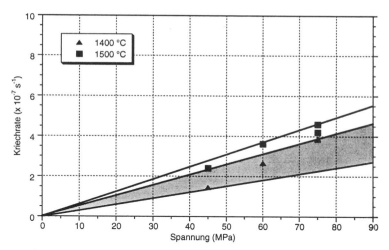

Abbildung 2: Abhängigkeit der Kriechrate amorpher Si-B-C-N-Keramik vom aufgelegten Druck bei 1400 °C und 1500 °C.

Abbildung 3 zeigt die Entwicklung der Kriechrate unterschiedlich präparierter Si-C-N-Formkörper (S1 unten, S2 oben) als Funktion der Spannung im Lastbereich zwischen 20 und 80 MPa bei einer Temperatur von 1280 °C.

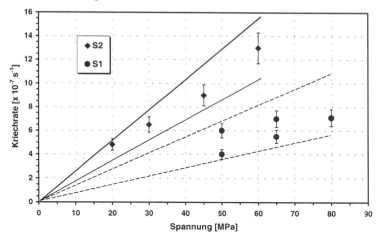

Abbildung 3: Abhängigkeit der Kriechrate amorpher Si-C-N-Keramiken vom aufgelegten Druck bei einer Temperatur von 1280 °C.

Es zeigt sich, daß die Probenherstellung und die chemische Zusammensetzung einen signifikanten Einfluß auf die resultierenden Kriechraten der amorphen Keramik haben. Über den gesamten Lastbereich zeigt die aus dem uniaxial warmgepreßten Grünkörper abgeleitete Keramik niedrigere Kriechraten.

In beiden Auftragungen ist eine lineare Abhängigkeit der Kriechrate von der aufgelegten Last erkennbar. Somit liegt in beiden keramischen Systemen viskoses Fließen vor. Nach v. Mises kann die auf diese Weise ermittelte uniaxiale Viskosität bei einaxialen Kriechuntersuchungen in die Scherviskosität konvertiert werden.

$$\eta_N = \frac{\sigma_s}{3\dot{\varepsilon}_s}$$

Aus dem Vergleich der ermittelten Viskositäten in Abbildung 2 ist neben der Probenherstellung und Zusammensetzung auch ein Zusammenhang zwischen Temperatur und Kriechrate zu entnehmen. Mit steigender Temperatur erhöht sich die Kriechrate, was eine geringere Viskosität zur Folge hat. Bei 1400 °C berechnet sich die Newtonische Viskosität aus der einaxialen Kompression zu η_N = 8,69 (±2.15) x 10^{13} Pa s (grau hinterlegter Bereich). Bei 1500 °C ergibt sich eine erhöhte Kriechrate und damit eine geringfügig niedrigere Viskosität von η_N = 5,953 (±0.59) x 10^{13} Pa s.

SiCN-Keramiken zeigen in diesem Bereich ebenfalls eine lineare Zunahme der Kriechrate mit steigender Last. Die berechnete Viskosität beträgt 1,3 – 5,0 x10^{13} Pas bei 1280 °C. Im Vergleich zu Quarzglas liegt die Viskosität bei dieser Temperatur um den Faktor 10^3 höher. Borhaltige Siliciumcarbonitride weisen gegenüber Quarzglas bei 1280 °C sogar eine um den Faktor 10^4 erhöhte Viskosität auf. Abbildung 4 zeigt die berechneten Viskositäten der amorphen Si(B)CN-Keramiken im Vergleich zu Quarzglas [2] und polykristallinem (PX) Si_3N_4 [3].

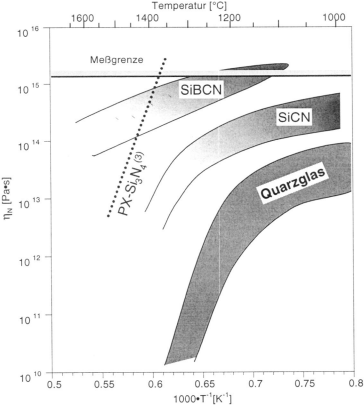

Abbildung 4: Viskositäten der amorphen Si(B)CN-Keramiken im Vergleich zu Quarzglas und polykristallinem Si_3N_4 (PX).

In einer vereinfachten und phänomenologischen Betrachtung kann das Fließverhalten amorpher Gläser in Form einer Stokes-Einstein-Gleichung wiedergegeben werden. Durch Modifikation der Gleichung kann ein allgemeiner Zusammenhang zwischen Scherviskosität und Diffusionskoeffizient hergestellt werden.

$$\eta_{effektiv}^{shear} = \frac{kT}{6\pi} \sum_i \left(\frac{\alpha_i n_i}{a_i c_i D_i} \right)$$

Darin bezeichnet n_i die durchschnittliche molare Konzentration aller Bestandteile ("i") und D_i ist der Diffusionskoeffizient in Abhängigkeit vom Sprungabstand und -frequenz der Spezies. Die molare Löslichkeit und Größe der Spezies wird durch c_i und a_i berücksichtigt. Der Faktor α_i beschreibt die Segregation beziehungsweise die Phasenseparation im mikrostrukturellen Maßstab. Somit besitzen borhaltige Siliciumcarbonitride bei Temperaturen > 1400 °C die geringste Diffusionsrate und Löslichkeit.

Basierend auf der Norton-Gleichung lassen sich in einer Arrhenius-Auftragung bei konstanter Last und variierenden Temperaturen die Aktivierungsenergien (Q) für den vorliegenden Kriechmechanismus in den untersuchten Systemen bestimmen.

Norton-Gleichung:
$$\dot{\varepsilon}_s = A_0 \, \sigma^n \exp\left(-\frac{Q}{RT}\right)$$

$$Q = -R \frac{d(\ln \dot{\varepsilon}_s)}{d(1/T)}$$

Danach ergibt sich für SiBCN-Keramiken bei Temperaturen zwischen 1300 °C und 1500 °C eine Aktivierungsenergie von ca. 198 kJ/mol. Für Si-C-N-Keramiken wird im Temperaturbereich zwischen 1100 und 1300 °C eine Aktivierungsenergie von 138 kJ/mol errechnet und liegt damit um 60 kJ/mol niedriger als für SiBCN.

Bei konstanter Temperatur läßt sich der Lastexponent (n) in Abhängigkeit von der Last bestimmen [4].

$$n = \frac{d(\ln \dot{\varepsilon}_s)}{d(\log \sigma)}$$

Für borhaltige Siliciumcarbonitride ergibt sich aus Abbildung 2, daß mit steigender Temperatur ein Übergang des Lastexponenten von n (1400 °C) = 1.9 und n (1500 °C) = 1.2 zu rein Newtonischem Fließen (n = 1) eintritt. Durch Abschätzung ist dies bei ca. 1600 °C, also im Temperaturbereich einsetzender Kristallisation, für SiBCN-Keramiken zu erwarten. Für borfreie Si-C-N-Keramiken wird dagegen bei einer Temperatur von 1280 °C im Lastbereich zwischen 50 und 80 MPa ein Lastexponent von n = 1 bestimmt.

Zusammenfassung

In Hochtemperatur-Kriechuntersuchungen bis 1550 °C unter konstanter Last zeigen Si(B)CN-Keramiken eine außergewöhnlich hohe Viskosität. Diese ist gegenüber Quarzglas, welches ebenfalls Newtonische Viskosität besitzt, um einige Größenordnungen höher. Damit liegt die Glastransformationstemperatur ($\eta_N = 10^{13}$ Pa s) im Falle von Siliciumcarbonitrid bei T < 1400 °C und für SiBCN-Keramiken oberhalb 1800 °C. Dies ist ein wichtiges Kriterium für den Einsatz von Siliciumborcarbonitriden in allen Bereichen, in denen hohe mechanische Beanspruchung bei extremen Temperaturen auftreten. Gleichzeitig wird durch die für diese Materialien geringe Kristallisationsneigung eine Langzeitbeständigkeit mit konstant bleibenden Materialeigenschaften erreicht.

Literatur

1 J. Bill, F. Aldinger; Z. Metallk. 87 (1996) 827-840.

2 W.D. Kingery, H.K. Bowen, D.R. Uhlmann; in: " Introduction to Ceramics " 2nd Ed., Wiley Interscience Publication, New York (1976) ISBN 0-471-47860-1, 764.

3 F.F. Lange, B.I. Davis, D.R. Clarke; J. Mater.Sci. 15[3] (1980) 601-618.

4 R.W. Evans, B. Wilshire; " Introduction to Creep ", ISBN 0-901462-64-2.

Fügen von Siliciumnitrid mittels Precursor-basierten Klebern

G. Boden, S. Siegel, Fraunhofer-Institut für Keramische Technologien und Sinterwerkstoffe, Dresden
F. Maspero, Ecole Polytechnique, Laboratoire de Technologie des Poudres, Lausanne / Schweiz

Einleitung

Die Herstellung kompliziert geformter Bauteile aus nichtoxidischen Hochleistungskeramiken wie Siliciumnitrid und Siliciumcarbid wird in der Phase der Endbearbeitung vor allem durch aufwendige Scheif- und Polierprozesse der gesinterten Körper mit Diamantwerkzeugen realisiert. Um die dabei anfallenden hohen Kosten zu reduzieren, werden für statisch eingesetzte keramische Bauteile Füge- und Klebeverfahren vorgeschlagen, bei denen die einzelnen fertig gesinterten Komponenten über Metallote, keramische Grünfolien oder Precursormaterialien verbunden sind (1-4). Als Precursoren werden dabei vorwiegend sauerstoffenthaltende Siloxane verwendet, die bei der Pyrolyse je nach der Zusammensetzung der Temperatmosphäre Si-O-C, SiO_2/SiC- oder SiO_2-Schichten ergeben, deren thermische Stabilität vor allem auf Grund von SiO_2-Modifikationsumwandlungen begrenzt ist. Im folgenden werden Untersuchungsergebnisse vorgestellt, die eine Nutzung stickstoffhaltiger Silazane als arteigene Fügematerialien für gesinterte Si_3N_4-Proben beschreiben.

Herstellung des Polysilazan-Precursors

Das für das Fügen von Siliciumnitrid verwendete Polysilazan wurde durch Umsetzung des bei der Methylchlorsilansynthese (Müller-Rochow-Synthese) anfallenden Destillationsrückstandes mit gasförmigem Ammoniak in einem unpolaren Lösungsmittel erhalten (5). Dieser Destillationsrückstand besteht aus einem Gemisch unterschiedlich substituierter Methylchlordisilane, die bei der Reaktion mit Ammoniak in sich überlagernden Substitutions- und Kondensationsreaktionen ein Gemisch von Polysilazanen ergeben (Gl. 1):

$$n\ Si_2(CH_3)_2Cl_4 + 7nNH_3 \rightarrow [Si_2(CH_3)_2(NH)_3]_n + 4nNH_4Cl \qquad (1)$$

Während das dabei gleichfalls gebildete Ammoniumchlorid aus der Reaktionsmischung ausfällt und durch Filtration oder Zentrifugieren abgetrennt wird, bleibt das Polysilazangemisch im Lösungsmittel (bevorzugt Dichlormethan, Chloroform, Toluen) gelöst und kann durch Destillation auf die gewünschte Konzentration (50 - 80 %) und Konsistenz (dünnflüssig bis hochviskos) gebracht werden.

Während der Wärmebehandlung des gefügten Verbundes pyrolysiert das Polysilazan mit etwa 70 %iger Ausbeute zu Siliciumcarbonitrid (Gl. 2), das die zu fügenden Teile durch Sinterprozesse miteinander verbindet:

$$[Si_2(CH_3)_2(NH)_3]_n \rightarrow [Si-C-N]_x + CH_4 \uparrow H_2 \uparrow C \downarrow NH_3 \qquad (2)$$

Durchführung der Fügeversuche

Für die Fügeversuche wurden Biegebruchstäbe (3 x 4 x 50 mm) aus gesintertem Si_3N_4 verwendet, die in der Mitte geteilt wurden. Die 70 %ige Polysilazanlösung, die als Sinterhilfsmittel 5 % Al_2O_3 und 8 % Y_2O_3 - bezogen auf das bei der Polysilazanpyrolyse gebildete Siliciumcarbonitrid enthält, wurde auf die zu fügenden Flächen aufgebracht und in einer Klebevorrichtung (Abb. 1) unter definierten Bedingungen (Gewichte zwischen 20 und 200g zur Erzeugung eines reproduzierbaren Anpreßdruckes, Klebezeit 1 - 24h) verbunden.

Dabei entstanden stabile und handhabbare Verbindungen. Zur Kompensation der Schwindung, die durch die ca. 70 %ige keramische Ausbeute beim Übergang vom Polysilazan zum Si-C-N-Material hervorgerufen wird, wurden der viskosen Polysilazanlösung neben den Additiven noch Füller (Pulver auf Basis Silicium bzw. Siliciumnitrid) zugemischt, wobei das Verhältnis Polysilazan : Füller 1 : 1 bis 1 : 10 betrug. Die gefügten Proben wurden zur Durchführung der Pyrolyse unter Stickstoff bis 1200°C getempert und anschließend in einem Drucksinterofen bei 1800°C und 20 bar Stickstoffdruck gesintert. Die Biegebruchfestigkeit der gefügten Proben wurde in einer 4-Punkt-Biegeprüfeinrichtung gemessen. Fraktographische Analysen dienten der Bewertung bruchauslösender Defekte.

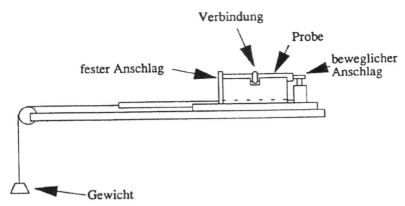

Abb. 1: Vorrichtung zum definierten Fügen von Biegebruchstäben

Versuchsergebnisse
Ohne Zusatz der Füllermaterialien Silicium und Siliciumnitrid konnten keine mechanisch belastbaren und thermostabilen Fügeverbindungen zwischen den gesinterten Siliciumnitrid-Stäben reproduzierbar erzeugt werden. Der Grund hierfür ist in der nicht ausreichenden keramischen Ausbeute bei der Pyrolyse vom Polysilazan zum Si-C-N-Material zu sehen. Durch den Gasaustritt bei der Pyrolyse (Gl. 2) bilden sich Schwindungsrisse in der keramischen Fügeschicht, die zu einer nicht vollständigen Belegung der zu fügenden Flächen mit Si-C-N-Material führen. Auch kann - trotz Reinigung der Fügeflächen - eine unvollständige Benetzung der Si_3N_4-Oberfläche mit Polysilazan nicht völlig ausgeschlossen werden.

Mit Füllermaterialien lassen sich jedoch mit guter Reproduzierbarkeit mechanisch belastbare und thermostabile Fügeverbindungen herstellen. Dabei nimmt die Biegebruchfestigkeit mit steigendem Anteil Füller im Klebegemisch bis zu einem Verhältnis von Polysilazan : Füller von 1 : 6 signifikant zu. Verhältnisse von 1 : 10 zeigen keine darüberhinausführenden Effekte. Die Ergebnisse zeigen, daß die Füllermaterialien Silicium und Siliciumnitrid keine prinzipiellen Unterschiede in ihrer Wirkung hervorrufen (Abb. 2). Dies ist darin begründet, daß das feinverteilte Siliciumpulver in der Aufheizphase des Drucksinterprozesses unter Stickstoff in Siliciumnitrid umgewandelt wird und somit die gleiche Wirkung wie das zugesetzte Siliciumnitrid erzielt.

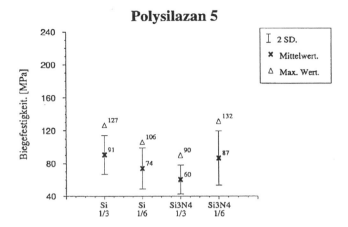

Abb. 2: Biegebruchfestigkeiten von mit Polysilazan-Füller-Gemischen gefügten Klebeverbindungen an gesinterten Si_3N_4-Proben (4-Punkt-Biegeprüfung)

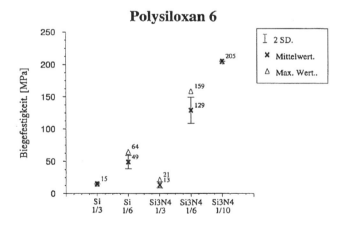

Abb. 3: Biegebruchfestigkeiten von mit Polysiloxan-Füller-Gemischen gefügten Klebeverbindungen an gesinterten Si_3N_4-Proben (4-Punkt-Biegeprüfung)

Mit Polysilazan als Fügematerial wurden entsprechend Abb. 2 Biegefestigkeiten bis 130 MPa gemessen. Vergleichsuntersuchungen mit dem sauerstoffhaltigen Polysiloxan als Fügematerial ergaben Biegefestigkeiten bis 200 MPa, wobei sich im untersuchten Konzentrationsbereich eine stetige Zunahme mit wachsendem Flülleranteil andeutet (6), s. Abb. 3.

Die gebrochenen Klebeverbindungen zeigen im allgemeinen eine gute Benetzung der zu fügenden Flächen mit dem Polysilazan-Füller-Gemisch und eine homogene Verteilung des Füllers im Polysilazan. In einigen Fällen sind die bruchauslösenden Defekte als Kombination von lokal nicht vollständiger Benetzung und mit Schrumpfungsrissen durchzogenen lokalen Polysilazananreicherungen zu erkennen (Abb. 4).

Abb. 4: Bruchfläche einer mit Polysilazan / Silicium (1 : 6) gefügten Verbindung an gesintertem Si$_3$N$_4$

Schlußfolgerungen
Die Untersuchungen zeigten, daß dicht gesintertes Siliciumnitrid mit Hilfe von kostengünstig aus den Destillationsrückständen der Methylchlorsilansynthese hergestellten Polysilazanen gefügt werden kann. Eine mechanisch belastbare und thermostabile Fügeverbindung entsteht dabei auf Grund der Schrumpfung des Polysilazans bei der Wärmebehandlung nur unter Zusatz von Füllermaterialien wie Silicium oder Siliciumnitrid. Das Verhältnis von Polysilazan zu Füller kann dabei zwischen 1 : 1 bis 1 : 10 betragen, wobei ein Verhältnis von 1: 6 besonders geeignet ist.
Während für statische Beanspruchungen wie Tiegelmaterialien und metallurgische Formen die bisher erzielten Biegebruchfestigkeiten von 150 - 200 MPa oft ausreichen, sind für dynamische Beanspruchungen wie Rotoren und Motorteile noch deutliche Verbesserungen der Festigkeiten erforderlich. Wege hierzu werden dabei in der Erhöhung der keramischen Ausbeute des Polysilazans, in der Verbesserung des Benetzungsverhaltens der Fügemischung und in der gezielten Einstellung eines Null-Schrumpfungsgemisches aus Polysilazan und Füller gesehen.

Literatur
(1) G. Fox, "Assemblage et Jonction de Ceramiques", Report EPFL-DMX-LC 1996

(2) M. Neuhäuser, S. Spauszus, G. Köhler, U. Stössel, "Fügen von Technischen Keramiken mit Keramik-Grünfolien", cfi/Ber. Dt. Keram. Ges. 72, 17 (1995)

(3) S. Yajima, K. Okamura, T. Shishido et al., "Joining of SiC to SiC using polyborosiloxane", Am. Ceram. Soc. Bull. 60, 253 (1981)

(4) P. Colombo, V. Sglavo, E. Pippel, J. Woltersdorf, "Joining of reaction-bonded SiC using a preceramic polymer", J. Mater. Sci. 33, 2405 (1998)

(5) G. Boden, "Si-N-C-Materialien durch Precursorpyrolyse von modifizierten Recyclingprodukten", Werkstoffwoche '96, Stuttgart 28.-31.5.96, Symposium 7, S. 651 - 655

(6) F. Maspero, Diplomarbeit Ecole Polytechnique Lausanne 1997

Herstellung und Charakterisierung von aus Polysilazan-abgeleiteten Si$_3$N$_4$/SiC Verbundwerkstoffen

E. Lecomte, R. Riedel, Fachbereich Materialwissenschaft, Fachgebiet Disperse Feststoffe, Technische Universität Darmstadt; P. Šajgalík, Slowakische Akademie der Wissenschaften, Institut für Inorganische Chemie, Bratislava (Slowakische Republik)

Einleitung

Bei der Entwicklung von keramischen Materialien für Hochtemperaturanwendungen bis 1500°C stellen die Si$_3$N$_4$/SiC-Verbundwerkstoffe eine besonders erfolgversprechende Werkstoffgruppe dar. Kürzlich wurde über eine deutlich erhöhte Kriech- und Oxidationsbeständigkeit gegenüber monolitischen Si$_3$N$_4$-Werkstoffen berichtet (1). Dieses verbesserte Eigenschaftsniveau ist zum einen durch die Behinderung des Korngrenzengleitens infolge der Nano- bzw. Mikro-SiC-Einlagerungen in den Korngrenzen zwischen den Si$_3$N$_4$-Körnern bedingt. Zum anderen sind diese Ergebnisse auf eine Modifizierung der interkristallinen Korngrenzphasenzusammensetzung durch die SiC-Einlagerungen zurückzuführen (2).

Experimentelles

In dem folgenden Beitrag werden die Si$_3$N$_4$/SiC-Verbundwerkstoffe durch pulvertechnologische Aufbereitung eines amorphen Si-C-N-Pulvers hergestellt. Dieses Pulver wird durch die Pyrolyse von Poly(hydridomethyl)silazan (PHMS) erhalten. Das amorphe Si-C-N-Pulver weist einen Überschuß an C von ca. 6 Gew. % und einen Gehalt an O von ca. 2 Gew. % auf. Durch die Zugabe von Sinteradditiven wird eine sinterfähige Pulvermischung erhalten. Die Pulvermischungen werden in einer Heißpresse bei 1800°C für zwei Stunden mit 30 MPa Stempeldruck unter 0,1 MPa N$_2$-Druck gesintert.
Die Phasenzusammensetzung der gesinterten Si$_3$N$_4$/SiC-Verbundwerkstoffe wurde durch Röntgenbeugung mit CuK$_\alpha$-Strahlung bestimmt. Vickers-Eindrücke mit einer Last von 10 kg wurden an polierten Oberflächen erzeugt, um die Härte und die Bruchzähigkeit durch die ICL-Methode zu bestimmen. Die Schetty-Gleichung wurde für die Berechnung der Bruchzähigkeit verwendet. Die Gefügeuntersuchungen am REM wurden nach Plasma Ätzung durchgeführt.

Ergebnisse und Diskussion

Sinterverhalten

In Tabelle 1 sind die im weiteren verwendeten Probenbezeichnungen sowie die Sinteradditivzusammensetzungen der Proben zusammengestellt. Das Sinterverhalten der hergestellten Si$_3$N$_4$/SiC-Verbundwerkstoffe wurde in Abhängigkeit der Sinteradditivzugabe untersucht. Die Benetzung des amorphen Si-C-N-Pulvers von der sich während des Sinterprozesses bildenden flüssigen Phase, der Volumenanteil an Sinteradditiv und die Viskosität der flüssigen Phase bestimmen das Sinterverhalten. Um das Sinterverhalten zu bewerten, sind der Volumenanteil an Sinteradditiv und die tiefste Eutektikumtemperatur des entsprechenden Sinteradditivsystems in Tabelle 1 aufgelistet. Das Sinterverhalten wird anhand der während des Sinterns aufgenommenen Schrumpfungskurven (Abbildung 1) diskutiert. Der Verlauf dieser Kurven kann in drei Phasen eingeteilt werden. Jede Phase ist durch Ablauf eines Verdichtungsmechanismus gekennzeichnet, wobei die beschriebenen Mechanismen sich teilweise überlagern.

Proben-bezeichnung	5Y/5S	5Y/2S	5Y/3Al	6Yb/2Y
Sinteradditive	5 Gew. % Y_2O_3 + 5 Gew. % SiO_2	5 Gew. % Y_2O_3 + 2 Gew. % SiO_2	5 Gew. % Y_2O_3 + 3 Gew. % Al_2O_3	2 Gew. % Y_2O_3 + 6 Gew. % Yb_2O_3
tiefste Eutektikum-temperatur [°C]	1650	1650	1380	ca. 1550
Volumenanteil an Sinteradditiv [%]	7,1	4,3	4,3	2,6

Tabelle 1: Zusammensetzung und Volumenanteil der Sinteradditive in den Ausgangspulvermischungen sowie die tiefsten Eutektikumtemperaturen der entsprechenden Sinteradditivsysteme.

Die Phase I ist unterhalb von 1600°C durch eine Umlagerung der Pulverteilchen der Ausgangspulvermischung, die einem Stempeldruck in der Heißpresse unterworfen ist, geprägt. Dieser Mechanismus wird bei den Proben 5Y/3Al und 6Yb/2Y von dem Auftreten einer flüssigen Phase (Tabelle 1) unterstützt. Die Untersuchungen über die Änderung des N-Gehaltes während des Sinterzyklus unter den in dieser Arbeit verwendeten Heißpressbedingungen haben gezeigt, daß überschüssiger C erst oberhalb von 1600°C mit Si_3N_4 zu SiC und N_2 reagiert. Parallel zum Ablauf dieser Reaktion findet eine in-situ Kristallisation der amorphen Pulverteilchen statt. Dies führt zum einen zur Freisetzung von N_2 und zum anderen zu einer Zerlegung der Pulverteilchen.

Oberhalb von 1750°C überlagern sich die Schrumpfungskurven. Dies deutet darauf hin, daß der Verdichtungsprozess von der in-situ Kristallisation und der N_2-Entwicklung gesteuert ist. Am Anfang der Phase II ist bereits bei jeder Probe eine flüssige Phase aufgetreten, die zu einer Verringerung der Reibungskräfte zwischen den Teilchen beiträgt. Folglich resultiert eine Umlagerung der teilkristallisierten Teilchen, die durch die Zerlegung der Pulverteilchen der Ausgangspulvermischung entstanden sind. Innerhalb dieser Phase unterscheidet sich der Verlauf der Schrumpfungskurve der Probe 5Y/2S von den anderen Schrumpfungskurven. Dieser Effekt ist auf die höhere Viskosität der flüssigen Phase dieser Probe zurückzuführen. Der Mechanismus der Teilchenumlagerung trägt zur Hälfte der gesamten Schrumpfung bei und ist als ein wesentlicher Bestandteil des Verdichtungsprozesses zu betrachten.

Am Anfang der Phase III unterscheidet sich der Verlauf der Schrumpfungskurven. Gleichzeitig nehmen die Sinterraten ab. In diesem Verdichtungsbereich findet der diffusionskontrollierte Lösungs/Wiederausscheidungs-Mechanismus der α- zu β-Si_3N_4 Phasenumwandlung statt. Dadurch hängen die Sinterraten stark von den Viskositäten der flüssigen Phasen ab. Die Proben 5Y/2S und 5Y/3Al weisen den gleichen Volumenanteil an Sinteradditiv aber unterschiedliche Viskositäten der flüssigen Phase bei der Sintertemperatur auf (Tabelle 1). Dies ist deutlich in dem Verlauf der entsprechenden Schrumpfungskurven zu bemerken. Während die Schrumpfungskurve der Probe 5Y/3Al nach 40 Minuten Haltezeit ein Plateau erreicht hat, steigt die Schrumpfungskurve der Probe 5Y/2S kontinuierlich weiter. Vergleicht man den Verlauf der Schrumpfungskurven der Proben 5Y/5S und 5Y/3Al, so geht hervor, daß ein kleinerer Volumenanteil an Sinteradditiv durch eine niedrigere Viskosität der flüssigen Phase (Probe 5Y/3Al) kompensiert werden kann.

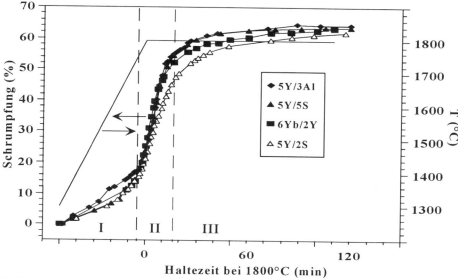

Abbildung 1: Schrumpfung während des Heißpressens bei 1800°C der Proben 5Y/3Al, 5Y/5S, 6Yb/2Y und 5Y/2S. Probenbezeichnungen siehe Tabelle 1.

Probe	5Y/5S	5Y/2S	5Y/3Al	6Yb/2Y
Gewichtsverlust während des HP [%]	14,3	12,5	11,8	11,3
Dichte [g·cm^{-3}]	3,22	3,22	3,24	3,33

Tabelle 2: Gewichtsverlust während des Heißpressens bei 1800°C und Dichte der gesinterten Si_3N_4/SiC-Verbundwerkstoffe.

In Tabelle 2 sind die Dichten und der Gewichtsverlust während des Heißpressens (HP) der Proben aufgeführt. Wie bereits angedeutet, reagiert der Überschuß an C des amorphen Si-C-N Pulvers mit Si_3N_4 zu SiC und N_2. Der Ablauf dieser Reaktion führt infolge der Freisetzung von N_2 zu einem Gewichtsverlust von 10 %. Es ist außerdem der Tabelle 2 zu entnehmen, daß der Gewichtsverlust mit zunehmenden SiO_2-Gehalt in der Ausgangspulvermischung steigt. Dies ist auf die Reduzierung von SiO_2 durch C zurückzuführen. Bei der Reaktion zwischen SiO_2 und C entstehen CO und SiO, die entweder freigesetzt werden oder weiter mit Si_3N_4 reagieren. Daraus resultiert ein zusätzlicher Gewichtsverlust.

Bei allen Proben wurde nach zwei Stunden Haltezeit bei 1800°C eine nahezu vollständige Verdichtung erreicht.

Gefüge- und Phasenentwicklung

Aus den Röntgen-Untersuchungen geht hervor, daß die gesinterten Si_3N_4/SiC-Verbundwerkstoffe Proben unterschiedliche Stadien in der α- zu β-Si_3N_4 Phasenumwandlung aufweisen. Während die Proben 5Y/3Al und 5Y/5S lediglich β-Si_3N_4 aufweisen, konnte auch α-Si_3N_4 in den restlichen Proben nachgewiesen werden. Die Probe 6Yb/2Y enthält fast ausschließlich Si_3N_4 in der α-Modifikation. Darüber hinaus enthalten sämtliche Proben ein Gemisch aus α- und β-SiC. Zusätzlich wird in Probe 6Yb/2Y eine SiYbON-Phase nachgewiesen, was auf eine partielle Kristallisation der Korngrenzenphase hindeutet. Raman-Untersuchungen an den gesinterten Materialien zeigen kein Vorliegen von freiem C.

Die im Rahmen unserer Untersuchungen hergestellten Si_3N_4/SiC-Verbundwerkstoffe weisen ein ausgeprägtes mikro-nano Si_3N_4/SiC-Gefüge auf (Abbildungen 1 bis 4). Ein geringer Teil des SiC wird als intragranulare Einschlüsse innerhalb der Si_3N_4-Körner gefunden. Vergleicht man die Gefüge der Proben 5Y/2S (Abbildung 1) und 5Y/5S (Abbildung 2), so ist ein signifikanter Unterschied festzustellen. Während das Gefüge der Probe 5Y/2S ausschließlich aus globularen Körnern besteht, sind langgestreckte Si_3N_4-Körner im Gefüge der Probe 5Y/5S zu erkennen. Außerdem weist der Werkstoff 5Y/2S ein deutlich feineres Gefüge als das der Probe 5Y/5S auf. Neben einzelnen sphärischen Si_3N_4-Körnern im Gefüge von 5Y/2S, deren Größe zwischen 0,5 und 0,7 µm liegt, besitzen die globularen Si_3N_4 und SiC-Körner der Matrix eine mittlere Korngröße, die kleiner als 0,1 µm ist. Die Mikrostruktur der Probe 5Y/2S kann annäherungsweise als nano-nano Gefüge bezeichnet werden.

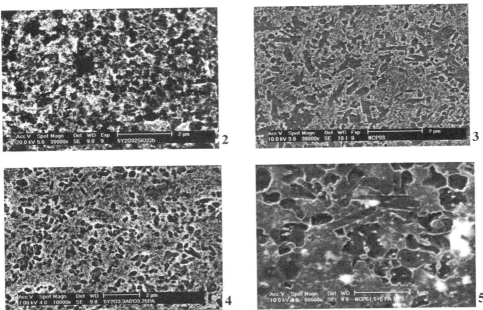

Abbildung 2: REM-Gefügebild der Probe 5Y/2S, **Abbildung 3**: REM-Gefügebild der Probe 5Y/5S, **Abbildung 4**: REM-Gefügebild der Probe 5Y/3Al und **Abbildung 5**: REM-Gefügebild der Probe 6Yb/2Y

Deutliche Unterschiede sind ebenfalls zwischen dem Gefüge der Probe 5Y/5S (Abbildung 2) und der Probe 5Y/3Al (Abbildung 3) festzustellen. Die röntgenographischen Untersuchungen haben gezeigt, daß die α- zu β-Si_3N_4 Phasenumwandlung in beiden Proben vollständig abgelaufen ist. Die Morphologie der Si_3N_4-Körner im Gefüge der Probe 5Y/3Al ist globular während langgestreckte Si_3N_4-Körner im Gefüge der Probe 5Y/5S zu erkennen sind. Es fällt außerdem auf, daß sich

Ansammlungen von Si_3N_4-Körnern im Gefüge von 5Y/3Al gebildet haben. Das Gefüge der Probe 5Y/5S zeigt einen größeren Feinanteil (< 0,1 µm) an Si_3N_4-Körnern und eine größere Si_3N_4-Teilchendichte mit einer durchschnittlichen Si_3N_4-Korngröße von ca. 0,2 µm. Dagegen ist das Gefüge der Probe 5Y/3Al gröber und weist eine mittlere Si_3N_4-Korngröße von 0,3 µm auf. Die SiC-Körner weisen in 5Y/5S eine mittlere Größe von ca. 0,3 µm auf. Im Gefüge der Probe 5Y/3Al sind SiC-Körner mit einer Größe im Bereich 40nm - 200 nm zu erkennen.

Die Probe 6Yb/2Y besitzt eine außergewöhnliche Mikrostruktur, charakterisiert durch langgestreckte Kristallite mit einer durchschnittlicher Länge von etwa 1 µm neben globularen Si_3N_4-Körnern mit einer Korngröße < 0,3 µm.

Mechanische Eigenschaften

Die Härte von Si_3N_4/SiC-Verbundwerkstoffen hängt von ihrer Porosität und Phasenzusammensetzung ab. Da die hier untersuchten Werkstoffe vollständig verdichtet wurden, ist die Härte im wesentlichen durch den Gehalt an SiC und α-Si_3N_4 bedingt. Abbildung 6 zeigt, daß eine lineare Abhängigkeit zwischen der Härte der Proben, die eine vollständige α- zu β-Si_3N_4 Phasenumwandlung durchlaufen haben, und dem SiC-Gehalt besteht. Die mittlere Härte wurde bei vollständiger α- zu β-Si_3N_4 Phasenumwandlung zu 18,2-18,3 GPa (Proben 5Y/3Al und 5Y/5S) bestimmt. Die Proben mit geringerem SiC-Gehalt wurden durch Zugabe eines Anteils an kristallinem Si_3N_4 zu der Ausgangspulvermischung der Probe 5Y/3Al erhalten. Ist die α- zu β-Si_3N_4 Phasenumwandlung nicht vollständig abgelaufen (Probe 6Yb/2Y: □, b/2 und □, b/4), so weicht die Härte deutlich von dem linearen Verlauf ab. Dieser Effekt ist auf die höhere Härte von α-Si_3N_4 zurückzuführen.

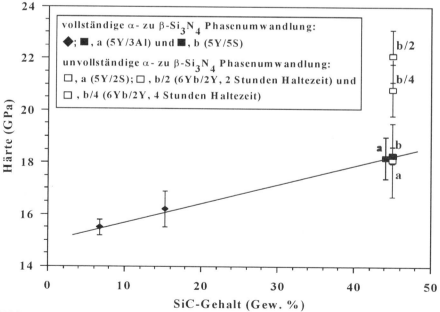

Abbildung 6: Härte von Si_3N_4/SiC-Verbundwerkstoffen aus Poly(hydridomethyl)silazanen in Abhängigkeit vom SiC-Gehalt und vom α-Si_3N_4-Anteil

Probe	5Y/5S	5Y/2S	5Y/3Al	6Yb/2Y
Härte [GPa]	18,3 ± 0,6	18,1 ± 1,4	18,2 ± 0,8	22,1 ± 1
Bruchzähigkeit K_{IC} [MPa$\sqrt{m}$]	4,6 ± 0,4	5,5 ± 0,3	5,2 ± 0,1	6,2 ± 0,4

Tabelle 3: Härte und Bruchzähigkeit der Proben 5Y/3Al, 5Y/5S, 6Yb/2Y und 5Y/2S

Die Bestimmung der Bruchzähigkeit der Si_3N_4/SiC-Verbundwerkstoffe (Tabelle 3) zeigt, daß die Probe 6Yb/2Y einen verbesserten K_{IC}-Wert von 6,2 MPa$\sqrt{m}$ gegenüber den der anderen Proben mit K_{IC} = 4,6-5,5 MPa$\sqrt{m}$ aufweist. Dieses Ergebnis deutet auf eine in-situ Whiskerverstärkung der langgestreckten Körner (Abbildung 5) im Gefüge hin. Zusätzlich kann die zum Teil kristallisierte Korngrenzphase zu dieser Verbesserung beitragen.

Zusammenfassung
Anhand der hier dargestellten Untersuchungen wurde gezeigt, daß ein amorphes, polymerabgeleitetes Keramikpulver mit einem C-Überschuß durch Zugabe eines geringen Volumenanteils an Sinteradditiven unter Heißpreßbedingungen vollständig verdichtet werden kann. Das Gefüge der erhaltenen Si_3N_4/SiC-Verbundwerkstoffe kann durch den Volumenanteil der zugegebenen Sinteradditive und durch das ausgewählte Sinteradditivsystems variiert werden. Insbesondere sind auf diese Weise Si_3N_4/SiC-Verbundwerkstoffe mit nano-nano Si_3N_4/SiC-Gefüge zugängig.
Das amorphe Si-C-N Pulver konnte u. a. mit einer Sinteradditivzugabe von 6 Gew. % Yb_2O_3 und 2 Gew. % Y_2O_3, was einem Volumenanteil von 2,6 % der Ausgangspulvermischung entspricht, vollständig verdichtet werden. Der erhaltene Si_3N_4/SiC-Verbundwerkstoff weist eine hohe Härte von bis zu 23 GPa vereint mit einer hohen Bruchzähigkeit von ca. 6 MPa$\sqrt{m}$ auf. Das Zusammenspiel von hoher Härte und Bruchzähigkeit ist eine interessante Eigenschaft für die Anwendung als Schneidwerkstoff. Der hier vorgestellte Werkstoff weist gegenüber herkömmlichen Si_3N_4-Schneidwerkstoffen in dieser Hinsicht eine deutliche Verbesserung auf. Aufgrund des geringen Volumenanteils an oxidischer Sekundärphase sowie aufgrund der kristallisierten Korngrenzenphase wird dieser Werkstoff in unserem Laboratorium im Hinblick auf dessen Hochtemperatureigenschaften untersucht.

Danksagung
Dieses Forschungsprojekt wurde finanziell von der europäischen Gemeinschaft im Rahmen des Marie Curie Programmes unterstützt. Die Autoren danken außerdem dem DAAD und dem BMBF für die Finanzierung des wissenschaftlichen Austauschprogrammes zwischen der Technischen Universität Darmstadt und der Universität Bratislava sowie der slowakischen Akademie der Wissenschaften in Bratislava.

Literatur
(1) Rendtel, A.; Hübner, H.; Herrmann, M.; Schubert, C.: Silicon Nitride/Silicon Carbide Nanocomposite Materials; Part II: Hot Strength, Creep and Oxidation Resistance; Journal of the American Ceramic Society, **81**, [5], (1998), 1109-1120

(2) Klemm, H.; Herrmann, H.; Schubert, C.; Pezzoti, G.: Influence of Nano-Sized SiC Dispersions on Creep Behavior and Lifetime of Silicon Nitride Materials, eingereicht bei dem Journal of the American Ceramic Society

Warmpressen von Polysilazanen zur Herstellung von Si-C-N-Keramiken

Christoph Konetschny, Ralf Riedel, Technische Universität Darmstadt, Fachbereich Materialwissenschaft, Fachgebiet Disperse Feststoffe, Darmstadt

Einleitung
Die Pyrolyse von dreidimensional vernetzten Si-, C- und N-haltigen Polymeren, sogenannten Polyorganosilazanen, ist eine Methode zur Herstellung amorpher und kristalliner Si-C-N-Keramiken [1, 2]. Durch den Verzicht auf den Zusatz von Sinteradditiven während der Polymer-Keramik-Transformation lassen sich über diese Methode signifikant verbesserte Hochtemperatureigenschaften einstellen [3]. Diese Materialien besitzen allerdings einen Anteil an offener Porosität in ihrer Mikrostruktur, der zu unbefriedigenden mechanischen Eigenschaften führt. Die Ursache für den Porengehalt ist weitgehend auf Packungslücken zwischen den einzelnen Polymerpartikeln während der Grünkörperherstellung zurückzuführen. An dieser Stelle wird ein neu entwickeltes uniaxiales Warmpreß-Verfahren vorgestellt, welches die Fertigung hochdichter präkeramischer Formkörper erlaubt. Als Precursor findet ein kommerzielles Poly(hydrido)methylsilazan (NCP 200, Nichimen Corp., Tokio, Japan) Anwendung. Nach der Pyrolyse werden formtreue und hochdichte Si-C-N-Keramiken erhalten.

Precursor-Präparation
Das Precursormaterial (Einwaage = 100 g NCP 200) wird in einem Glasstandzylinder unter strömender Argonatmosphäre (Volumenstrom = 6 l/h, Druck = 1013 mbar) bei 380 °C 75 min lang vernetzt. Im Anschluß daran erfolgt ebenfalls bei 380 °C eine Vakuumdestillation von 30 min Dauer, das Endvakuum beträgt 10^{-3} mbar. Durch diese Aufbereitung wird zum einen die Schmelzbarkeit des Precursors aufgehoben und zum anderen der Gehalt an oligomeren Bestandteilen eingestellt. Nach der Vernetzung des Precursors wird ein Massenverlust von 10,8 Gew% festgestellt. Das Reaktionsprodukt wird auf gasdicht verschließbare Mahltöpfe (HDPE, V = 400 ml) verteilt, als Mahlhilfe werden 10 ZrO_2-Kugeln zugesetzt. Die Ansätze werden mit einer Planetenkugelmühle für eine effektive Dauer von 8 h bei einer Frequenz von 150 min^{-1} aufgemahlen. Es resultiert ein gelbgefärbtes, rieselfähiges Pulver. Für die weitere Verarbeitung des Pulvers wird mit einer automatischen Siebmaschine die Partikelfraktion d < 32 µm isoliert, die Ausbeute beträgt 90 Gew%.

Grünkörper-Präparation
Zur Fertigung der präkeramischen Formkörper wird eine ölhydraulische Presse (PW-40, Fa. Paul-Otto-Weber GmbH) verwendet. Als Preßform dient eine zylindrische Stahlmatrize (d_i = 9 mm) mit beweglichem Ober- und Unterstempel. Warmpressungen werden durch ein die Matrize vollständig umgebendes, Heizband ermöglicht. Dabei werden die gewählten Preßtemperaturen (25 °C – 340 °C) mit einer programmgesteuerten Regeleinheit exakt vorgegeben. Um die Reibung zwischen der Innenwandung der Preßform und dem Grünkörper zu minimieren wird die Oberfläche der Matrize mit einem Trennmittel belegt (Teflonspray für Preßtemperaturen ≤ 260 °C, Bornitridspray für Preßtemperaturen > 260 °C). Durch diese Behandlung wird zusätzlich eine Isolation des sauerstoff- und feuchtigkeitsempfindlichen Precursors gegen die Atmosphäre realisiert [4]. Die Grünkörper werden bei einem Druck von 710 MPa gefertigt, wobei die Haltezeit generell 30 min beträgt. Nach dieser Zeitspanne wird drucklos auf 80 °C abgekühlt und entformt. Grünkörper, die bei Temperaturen zwischen 25 °C und 240 °C gefertigt werden sind weiß gefärbt und lichtundurchlässig. Werden höhere Preßtemperaturen angewendet resultieren gelb gefärbte und zunehmend transparente Grünkörper.

Polymer-Keramik-Transformation

Die Grünkörper werden in Quarzglas-Schlenkrohre (h = 40 cm, d_i = 3 cm) überführt und in einem senkrecht montiertem Rohrofen pyrolysiert. Die Pyrolyse erfolgt in strömender Argonatmosphäre (Volumenstrom = 6 l/h) nach folgendem Temperatur-Zeit-Programm:

Heizrate = 24 K/h
Haltetemperatur = 1100 °C
Haltezeit = 240 min.
Kühlrate ≈ 150 K/h.

Nach der Pyrolyse liegen schwarz gefärbte, homogen dreidimensional geschrumpfte, keramische Formkörper mit glänzender Oberfläche vor. Alle Materialien sind in der Lage, Glas ohne meßbaren Eigenverschleiß zu ritzen.

Temperaturabhängige Entwicklung der Gründichte

Mit steigenden Preßtemperaturen wird ein signifikanter Anstieg in den resultierenden Gründichten festgestellt, Tab. 1. Gegenüber der pyknometrisch bestimmten Festphasendichte des vernetzten Precursormaterials (ρ = 1,21 g/cm^3) erfolgt eine stetige Zunahme der relativen Dichte der Grünkörper beobachtet, Tab. 1. Während die Mikrostruktur kaltgepreßter Grünkörper (Preßtemperatur = 25 °C, Druck = 710 MPa, Haltezeit = 30 min) zahlreiche Zwickelräume zwischen benachbarten Precursorpartikeln aufweist ist die Mikrostruktur uniaxial warmgepreßter Grünkörper (Preßtemperatur = 340 °C, Druck = 710 MPa, Haltezeit = 30 min) vollständig geschlossen, Bild 1 und Bild 2. Im Falle von uniaxialen Warmpressungen können Packungslücken zwischen benachbarten Pulverpartikeln unter den wirkenden Preßbedingungen geschlossen werden, was von einer Erhöhung der Gründichte begleitet wird. Die wirkenden Verdichtungsmechanismen beruhen auf verschiedenen Ursachen. Bei Preßtemperaturen von 25 – 150 °C trägt hauptsächlich druckinduziertes Gleiten von Precursorpartikeln und die Verlagerung von oligomeren Bestandteilen in die Zwickelräume zur Verdichtung bei. Werden die Grünkörper bei höheren Preßtemperaturen (150 – 320 °C) gefertigt, so resultiert durch die einsetzende plastische Verformung der Precursorpartikel eine weitere Verdichtung. Bei Preßtemperaturen von 340 °C treten verstärkt Vernetzungsreaktionen zwischen reaktiven Zentren auf der Oberfläche der Precursorpartikel und der homogen verteilten Oligomerphase ein. Diese reaktive Kopplung führt zu hochdichten, mechanisch stabilen und transparenten Grünkörpern. Bild 3 faßt die verschiedenen Verdichtungsmechanismen zusammen.

Probe	Preßtemperatur [°C]	Dichte [g/cm^3]	Relative Dichte [%]
UWP-1	25	1,030	85,1
UWP-2	75	1,040	85,9
UWP-3	100	1,045	86,4
UWP-4	150	1,060	87,6
UWP-5	200	1,070	88,4
UWP-6	230	1,086	89,8
UWP-7	250	1,099	90,8
UWP-8	260	1,120	92,6
UWP-9	300	1,128	93,2
UWP-10	320	1,136	93,9
UWP-11	340	1,142	94,4

Tabelle 1: Entwicklung der Gründichte uniaxial kalt- und warmgepreßter präkeramischer Formkörper in Abhängigkeit von der Preßtemperatur (Druck = 710 MPa, Haltezeit = 30 min).

Bild 1: REM-Aufnahme (x 500) der offenen Mikrostruktur eines uniaxial kaltgepreßten Grünkörpers (Preßtemperatur = 25 °C, Druck = 710 MPa, Haltezeit = 30 min).

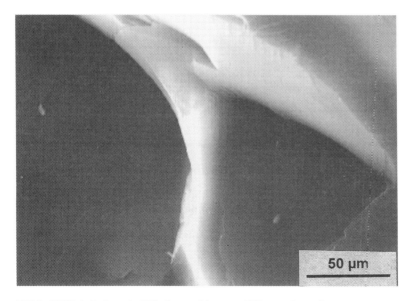

Bild 2: REM-Aufnahme (x 500) der geschlossenen Mikrostruktur eines uniaxial warmgepreßten Grünkörpers (Preßtemperatur = 340 °C, Druck = 710 MPa, Haltezeit = 30 min).

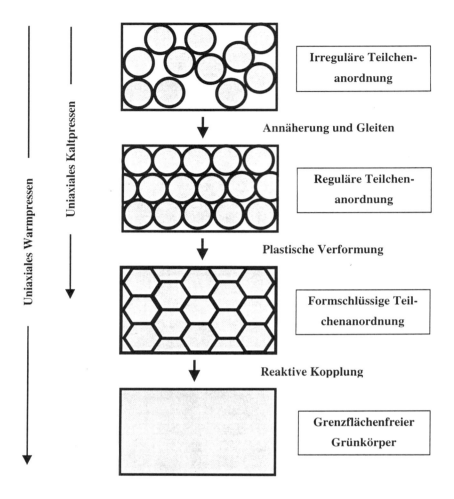

Bild 3: Modell zur Erklärung der unterschiedlichen Verdichtungsmechanismen während der Grünkörperpräparation unter verschiedenen Preßbedingungen.

Entwicklung der keramischen Dichte als Funktion der Gründichte

Die eingestellte Gründichte wirkt sich signifikant auf die keramische Dichte der Si-C-N-Formkörper nach der Pyrolyse aus, Tab. 2. Damit wird festgestellt, daß sich die offene Mikrostruktur in kaltgepreßten (Preßtemperatur = 25 °C, Druck = 710 MPa, Haltezeit = 30 min) Grünkörpern direkt auf die offene Porosität in den keramischen Formkörpern auswirkt, Bild 4. Mittels Quecksilber-Druckporosimetrie wird für dieses Material eine offene Porosität von 18,5 Vol% bestimmt. Im Falle eines uniaxial warmgepreßten Grünkörpers (Preßtemperatur = 340 °C, Druck = 710 MPa, Haltezeit = 30 min) resultiert im keramisierten Zustand ebenfalls eine geschlossene Mikrostruktur, Bild 5. Die Quecksilber-Druckporosimetrie weist in diesen Proben eine offene Porosität von 1,7 Vol% nach.

Probe	Preßtemperatur [°C]	Dichte [g/cm³]	Rel. Dichte [%]
P-UWP-1	25	1,90	81,5
P-UWP-2	75	1,93	82,8
P-UWP-3	100	1,97	84,5
P-UWP-4	150	2,00	85,8
P-UWP-5	200	2,03	87,1
P-UWP-6	230	2,05	88,0
P-UWP-7	250	2,13	91,4
P-UWP-8	260	2,15	92,3
P-UWP-9	300	2,16	92,7
P-UWP-10	320	2,18	93,6
P-UWP-11	340	2,29	98,3

Tabelle 2: Entwicklung der keramischen Dichte uniaxial kalt- und warmgepreßter präkeramischer Formkörper in Abhängigkeit von der Preßtemperatur (Druck = 710 MPa, Haltezeit = 30 min) nach der Pyrolyse.

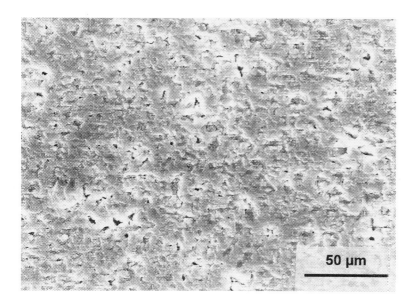

Bild 4: REM-Aufnahme (x500) der offenen Mikrostruktur einer Si-C-N-Keramik nach der Pyrolyse eines uniaxial kaltgepreßten Grünkörpers (Preßtemperatur = 25 °C, Druck = 710 MPa, Haltezeit = 30 min).

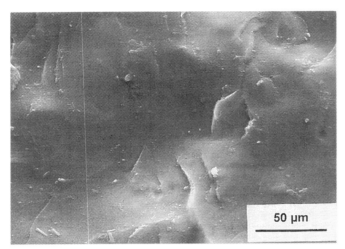

Bild 5: REM-Aufnahme (x500) der geschlossenen Mikrostruktur einer Si-C-N-Keramik nach der Pyrolyse eines uniaxial warmgepreßten Grünkörpers (Preßtemperatur = 340 °C, Druck = 710 MPa, Haltezeit = 30 min).

Literatur

[1] Lavedrine A., Bahloul D., Goursat P., Choong Kwet Yive N., Corriu R., Leclerq D., Mutin H., Vioux A., Pyrolysis of Polyvinylsilazane Precursors to Silicon Carbonitride. *J. Eur. Ceram.Soc.* **8** (1991) 221-227.

[2] Riedel R., Kleebe H. J., Schönfelder H., Aldinger F., A Covalent Micro/Nano Composite Resistant to High Temperature Oxidation. *Nature*, **374** (1995) 526-528.

[3] An, L., Riedel, R., Konetschny, C., Kleebe, H.J., Raj, R., Newtonian Viscosity of Amorphous Silicon Carbonitride at High Temperature. *J. Am. Ceram. Soc.* **81** (1998) 1349-1352.

[4] Produktspezifikation "NCP 200", Nichimen Corp., Tokio, Japan.

II.

Prototypen und Infiltrationsverfahren

Lasersintern keramischer Werkstoffe

Jürgen G. Heinrich, Christian Ries, Reinhard Görke, Tobias Krause
Technische Universität Clausthal, Institut für Nichtmetallische Werkstoffe

Kurzfassung

Laserunterstütztes Sintern bietet sehr vielversprechende Ansätze für eine formfreie Herstellung kompliziert geformter Prototypen aus keramischen Pulvern ohne organische Additive. Nach Design in einer CAD-Workstation wird ein Bauteil in Schichten zerlegt. Der angesteuerte Laser sintert die einzelnen Schichten und baut das Werkstück sukzessive auf. In ersten systematischen Studien wurden Porzellan- und Al_2O_3-Sprühgranulate mit Laserleistungen zwischen 50 und 500 W bei Vorschubgeschwindigkeiten zwischen 0,5 und 50 mm/s gesintert. Zur Beschreibung der Ergebnisse dient die Eindringtiefe des Laserstrahls in das zu sinternde Pulver, die röntgenographisch ermittelte Phasenzusammensetzung und die Beobachtung von Sintereffekten im Rasterelektronenmikroskop.

1. Einleitung

Die Herstellkosten keramischer Bauteile werden stückzahlabhängig mehr oder weniger massiv durch die Formenkosten beeinflußt. Insbesondere bei Kleinserien und Prototypen spielen die Aufwendungen für Modelle und Formen bei der Kalkulation eine große Rolle. Die Hersteller von polymeren und metallischen Bauteilen haben aus diesen Tatsachen längst Konsequenzen gezogen und an Entwicklungen gearbeitet, die eine formenfreie Bauteilherstellung erlauben [1-7]. Beim Lasersintern hat sich gezeigt, daß die von einem Laser in ein Pulverbett eingebrachte Energie je nach physikalischen und thermischen Eigenschaften des zu sinternden Werkstoffs sehr unterschiedliche Wechselwirkungen mit dem Pulver zeigt. Zum Sintern von Granulaten werden wegen ihrer hohen Strahlleistung in der Regel CO_2-Laser eingesetzt. Die vom Pulverbett absorbierte und in Wärme umgewandelte Laserenergie wird je nach Eigenschaften des zu sinternden Materials durch Wärmeleitung in das Pulverbett transportiert oder sie geht durch Konvektion und Strahlung verloren. Diese von Materialdaten abhängige Wechselwirkung führt zu unterschiedlicher Sintertiefe und zu einem unterschiedlichen Temperaturprofil im zu sinternden Pulverbett [8]. Die Höhe der Temperatur und das sich einstellende Temperaturprofil ist auf der anderen Seite dafür verantwortlich, wie groß die Bereiche sind, die durch den Energieeintrag mittels Laser gesintert werden können.

Die ersten Lasersinterversuche mit keramischen Materialien konzentrierten sich bislang meist auf Pulver, die mit organischen Additiven gecoated waren. Durch den Energieeintrag mittels Laser wurden die Pulverteilchen miteinander verklebt. Die organischen Polymere mußten später wieder ausgeheizt werden [9]. Beim Lasersintern reiner keramischer Pulver ist aufgrund der entstehenden Temperaturgradienten mit nicht unerheblichen Spannungen in den Bauteilen zu rechnen, die vermutlich von Material zu Material unterschiedlich sein werden. Der Energieeintrag läßt sich außerdem über die Strahlqualität, charakterisiert durch den Strahldurchmesser und die Fokussierung sowie durch die Vorschubgeschwindigkeit des Lasers beeinflussen. Diese Parameter sind auf den zu sinternden Werkstoff abzustimmen. Am Beispiel von Porzellan- und Aluminiumoxidpulvern wird dazu in dieser Arbeit ein erster Versuch unternommen.

2. Experimentelles

2.1 Ausgangsmaterialien

Als Probenmaterialien für die Lasersinterversuche standen zwei Porzellanmassen der Fa. KPCL und ein 92%iges Aluminiumoxid der Fa. Nabaltec zur Verfügung. In allen Fällen handelte es sich um Sprühgranulate, die im ungeglühten Zustand geringe Anteile an organischen Additiven (< 1%) enthalten. Um auch völlig organikfreie Ausgangsmaterialien verarbeiten zu können, wurde aus diesem Grund ein Teil des Porzellansprühgranulats bei 960 °C vorgeglüht.

Probenmaterial	Bemerkung	Korngrössenverteilung			chem. Analyse			
		D10 (μm)	D50 (μm)	D90 (μm)	SiO_2 Gew.-%	Al_2O_3 Gew.-%	K_2O Gew.-%	Na_2O Gew.-%
Porzellanmasse	Sprühgranulat (ungeglüht)	167	272	433	63,3	24,1	3,62	0,18
Porzellanmasse	Sprühgranulat (geglüht 960°C)	121	261	416	68,5	26,1	3,92	0,20
Al_2O_3-92	Sprühgranulat	8,8	217	681	n.b.	92,0	n.b.	0,30

Tabelle 1: Ausgangsmaterialien für die Lasersinterversuche

Die chemische Analyse der beiden Porzellansprühgranulate ist nahezu identisch (Tab. 1), die Mittelwerte der Granulatgrößenverteilung liegen zwischen 200 und 300 µm, wodurch eine gute Rieselfähigkeit gewährleistet ist. Die Kristallitgrößenverteilung innerhalb der Granulate liegt um mehr als eine Zehnerpotenz unter den Mittelwerten der Korngrößenverteilung der Granalien (Porzellan: $d_{50} \approx$ 5 µm, Al_2O_3: $d_{50} \approx$ 1,50 µm).

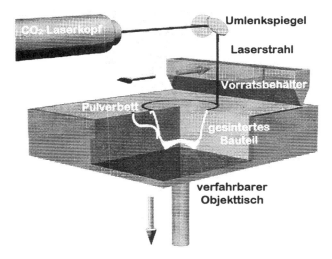

Bild 1: Schematische Darstellung einer Lasersinteranlage

2.2 Technische Laserdaten

Der Energieeintrag in die keramischen Pulver erfolgte mit Laseranlagen der Firmen DTM und Trumpf (Tab 2). Beide Laseranlagen sind mit einem CO_2-Laser ausgerüstet. Der Laser von DTM weist bei einem Strahldurchmesser von 0,4 mm und einer Wellenlänge von 10,6 µm eine maximale Ausgangsleistung von 100 Watt auf. Der Strahldurchmesser des Trumpf-Lasers liegt bei 18 mm, die maximale Ausgangsleistung beträgt 2500 Watt.

Lasertyp	TLF 2500	DTM
Lasersystem	CO_2	CO_2
Wellenlänge	10,6 µm	10,6 µm
Ausgangsleistung max.	2500 W	100 W
Strahldurchmesser	18 mm	0,4 mm (fokussiert)
Pulsfrequenz	0,1 - 10 kHz	-
Pulsbreite	100 µs	-

Tabelle 2: Technische Laserdaten

Beide Laseranlagen sind stufenlos verstellbar, die Laserleistung wurde für die hier durchgeführten Versuche zwischen 50 und 500 Watt variiert (Tab. 3). Bild 1 zeigt in der schematisierten Lasersinteranlage den Strahlengang des Laserstrahls. Der Vorratsbehälter mit dem Pulverbett kann in XY-Richtung mit unterschiedlicher Geschwindigkeit verfahren werden. Mit diesen Einstellungen wurde die Vorschubgeschwindigkeit zwischen 0,5 und 50 mm/s variiert (Tab. 3).

Proben-bezeichnung	Bemerkung	Lasereinstellungen		Phasen in Gew.%				
		Leistung (Watt)	Vorschub (mm/s)	Feldspat	Quarz	Tonsub.	Mullit	Glasphase
Ausgangs-material *)	-	-	-	23	27	50	-	-
500 / 0,5	Sprühgranulat 960° geglüht	500	0,5	-	3	-	2	95
500 / 1,0	Sprühgranulat 960° geglüht	500	1,0	-	7	-	2	91
500 / 2,0	Sprühgranulat 960° geglüht	500	2,0	-	10	-	4	86
300 / 1,0	Sprühgranulat 960° geglüht	300	1,0	-	10	-	1	89
50 / 50	Sprühgranulat ungeglüht	50	50	2	11	-	18	69
Konvent. Schrühbrand	-	-	-	-	12	-	24	64

*) Herstellerangaben

Tabelle 3: Mineralische Zusammensetzung der Porzellanproben als Funktion der Lasereinstellungen

Wenn die Laserparameter optimal auf die zu sinternden Pulver abgestimmt sind, ist geplant, den Vorratsbehälter auch in Z-Achse zu verfahren, um letztendlich dreidimensionale Bauteile herstellen zu können.

2.3 Gefügeanalyse

Die gesinterten Proben wurden im Hinblick auf ihren Phasengehalt halbquantitativ röntgenographisch charakterisiert. Dazu wurden an Einzelaufnahmen Peakflächenanalysen durchgeführt. Als Referenzmaterial dienten reine Mineralphasen. Erfahrungsgemäß verhalten sich Eichkurven im System mit den Hauptkomponenten Al_2O_3 und SiO_2 nahezu linear. Die Glasphase wurde als Differenz zu 100% angegeben. Die Gefügeausbildung der lasergesinterten Proben wurde darüber hinaus mit einem Rasterelektronenmikroskop Typ JSM U3 Fa. JEOL, Japan untersucht. Die Sintertiefe wurde rein geometrisch an den gesinterten Proben ermittelt.

3. Ergebnisse und Diskussion

Die mineralogische Zusammensetzung des Ausgangsmaterials betrug 23 Gew.-% Feldspat, 27 Gew.-% Quarz und 50 Gew.-% Tonsubstanz (Tab. 3). Wenn diese Materialien konventionell verarbeitet und dem Glühbrand unterzogen werden, reagieren die Bestandteile in bekannter Art und Weise und bilden Glasphasen und Mullit aus, wobei ein Restquarzgehalt von ca. 12 Gew.-% erhalten bleibt.
Es war Ziel dieser Untersuchungen, durch Variation der Vorschubgeschwindigkeit und der Laserleistung zunächst einen ähnlichen Phasenbestand in den lasergesinterten Proben zu erreichen. Dieses Ziel wird am ehesten mit einer Laserleistung von 50 Watt und einer Vorschubgeschwindigkeit von 50 mm/s erreicht. Der Glasphasenanteil liegt in diesen Proben bei 69 Gew.-%, Mullit bei 18 Gew.-%, Quarz bei 11 Gew.-% und Feldspat bei 2% Gew.-%. Bei höheren Leistungen erhöht sich der Glasphasenanteil drastisch, wobei dies insbesondere zu Lasten des Mullit- und des Quarzgehaltes geht. Die im Pulverbett entstehenden Temperaturen sind ganz offensichtlich bei einer Laserleistung zwischen 300 und 500 Watt deutlich höher als die in einem konventionellen Glühbrand. Dies bedeutet nun nicht automatisch, daß mit Laserleistungen von 300 Watt und darüber nicht gearbeitet werden kann. Es ist durchaus denkbar, daß durch Erhöhung der Vorschubgeschwindigkeit die mineralische Zusammensetzung der gesinterten Proben beeinflußt werden kann. Zukünftige Untersuchungen sollten sich also im Hinblick auf einen rascheren Bauteilaufbau auf die Erhöhung der Vorschubgeschwindigkeit bei höherer Laserleistung konzentrieren.

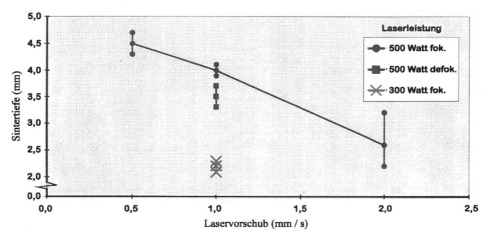

Bild 2: Geometrische Sintertiefe in Porzellanproben in Abhängigkeit von der Laserleistung

Je langsamer der Laser über das Pulverbett bewegt wird, desto größer sind die Bereiche, die durch Sintermechanismen verfestigt werden (Bild 2). Bei einer Steigerung der Laserleistung von 300 auf 500 Watt und einer Reduzierung der Laservorschubgeschwindigkeit von 2,0 mm/s auf 0,5 mm/s erhöht sich die Sintertiefe von ca. 2,0 mm auf 4,5 mm. Bei Verringerung der Laserleistung nimmt die Sintertiefe also ab, wobei diese Untersuchungen noch vervollständigt werden müssen. Die Eindringtiefe des Laserstrahls und die Temperaturverteilung in diesem Bereich wird auch unterschiedliche Spannungsprofile entstehen lassen. Dies wird beim Aufbau komplizierter Bauteile Bedeutung haben und wird Gegenstand weiterer Untersuchungen sein.

Die lasergesinterten Porzellanproben zeigen an den Stellen, an denen der Laser für Aufschmelzungen gesorgt hat, die für Sintervorgänge typische Sinterhalsbildung. Auch die für Porzellangefüge typische Mullitnadelausbildung und Bereiche der Glasphase sind im Elektronenmikroskop deutlich zu beobachten (Bild 3). Wie diese Gefügeaufnahmen zeigen, ist das entstandene Probenmaterial stark porös. Da auch die Sprühgranalien hohe Porosität aufweisen, werden diese Proben sicherlich nicht die Dichte von vergleichbaren Glühbrandproben erreichen. In nachfolgenden Untersuchungen sollen daher Ausgangsmaterialien zum Einsatz kommen, die im ungesprühten Zustand ihre ursprüngliche Kornfeinheit erhalten haben. Ziel ist letztlich eine Gesamtporosität bzw. eine Porengrößenverteilung einzustellen, die dem Glühbrandzustand entspricht. Dies würde möglich machen, daß diese Teile konventionell weiter bearbeitet, d.h. glasiert, dekoriert und gesintert werden können.

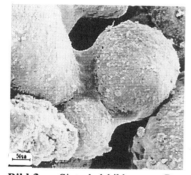

Bild 3a: Sinterhalsbildung am Porzellangranulat Bruchfläche, REM, SE Laserdaten: 50 Watt, 50 mm/s

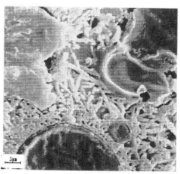

Bild 3b: Mullitbildung nach Laserbeschuß Anschliff, geätzt, REM, SE Laserdaten: 50 Watt, 50 mm/s

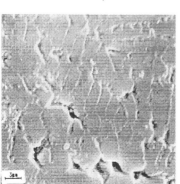

Die Aluminiumoxidpulver wurden mit einer Laserleistung von 500 Watt und einer Vorschubgeschwindigkeit von 1 mm/s behandelt. Das Gefüge dieser Proben zeigt eine deutliche Texturbildung in Richtung der Laserbewegung (Bild 4). Inwieweit derartige Texturen zu Ausbildungen von Spannungen in Bauteilen beitragen, muß Gegenstand weiterer Untersuchungen sein.

Bild 4: Texturbildung in lasergesintertem Al_2O_3 Anschliff, thermisch geätzt, REM, SE Laserdaten: 500 Watt, 1 mm/s

4. Ausblick

Die vorliegenden Untersuchungsergebnisse sind eine erste Orientierung, unter welchen Bedingungen keramische Pulver mit Laserenergie gesintert werden können. Es wird deutlich, daß für jedes Ausgangspulver Lasereinstellungen wie Leistung, Vorschub und Fokussierung optimiert werden müssen. Aber auch die Ausgangspulver müssen im Hinblick auf ihre Korngrößenverteilung und ihre chemische Zusammensetzung dem Lasersinterprozeß angepaßt werden. Beim mehrschichtigen Aufbau von Bauteilen wird sich zeigen müssen, ob eine zusätzliche mechanische Bearbeitung notwendig ist und ob durch thermische Nachbehandlungen Spannungen abgebaut werden müssen. Ziel dieser Arbeiten ist darüber hinaus, die Wechselwirkung zwischen dem Laserstrahl und der zu sinternden Materie im Hinblick auf die konventionellen Sintertheorien zu überprüfen. Thermodynamische und kinetische Betrachtungen sollen diese Arbeit in Zukunft abrunden.

5. Literatur

1. Stehen, W.M.: Laser Material Processing. Springer-Verlag, Berlin-Heidelberg, New York, 1998.

2. Herziger, G., Loosen, P.: Werkstoffbearbeitung mit Laserstrahlung. Carl Hauser Verlag, München, Wien, 1993.

3. Gebhardt, A.: Rapid Prototyping. Carl Hanser Verlag, München, Wien, 1996

4. Bourell, D.L., Marcus, H.L. and Beaman, J.J., Crawford, R.H., Barlow, J.W.: Selective Laser Sintering of Metals. Manufacturing Science and Engineering, 68-2, 1994, 519-528.

5. Fessler, J.R., Merz, R., Nickel, A.H. and Prinz, F.B., Weiss, L.E.: Laser Deposition of Metals for Shape Deposition Manufacturing. Proceedings Solid Freeform Fabrication Symposium, The University of Texas, Austin, Texas, 1996.

6. Klocke, F., Celiker, T. and Song, Y.-A.: Rapid metal tooling. Rapid Prototyping Journal 1, 1995, 32-42.

7. Lewis, G.K.: Direct Laser Metal Deposition Process Fabricates Near-Net-Shape Components Rapidly: Mat. Tech. 1995, 51-54.

8. Bourell, D.L., Marcus, H.L., Barlow, J.W. and Beaman, J.J.: Selective Laser Sintering of Metals and Ceramics. International Journal of Powder Metallurgy 28, 1992, 369-381.

9. Greul, M.: Entwicklung und Optimierung eines Rapid Prototyping Verfahrens zur Herstellung metallischer und keramischer Prototypen. Dissertation TU Clausthal, 1996.

Werkstoff- und Technologieentwicklung zum Mikrowellensintern von Hochleistungskeramik [*]

P. Stingl, CeramTec AG, Lauf; W. Bartusch, GERO-Hochtemperaturöfen GmbH, Neuhausen; G. Dhupia, Industrie-Ofenbau Rudolf Brands GmbH, Düren; G. A. Müller, Universität Stuttgart; M. Willert-Porada, Universität Bayreuth; G. Wötting, CFI GmbH & Co. KG, Rödental

0. Einleitung und Problemstellung

Das Mikrowellensintern keramischer Bauteile wird seit mehreren Jahren als Alternativverfahren zum konventionellen Sintern diskutiert. Die Erwärmung eines keramischen Körpers erfolgt bei konventioneller Heizung nur über die Oberfläche, was zu Temperaturgradienten im Bauteil führt.
Bei der Erwärmung mit Mikrowellen kann eine Durchwärmung schneller und homogener erreicht werden, da die Mikrowellenstrahlung in das Bauteil eindringt und dort im gesamten Volumen in Wärme umgesetzt wird. Dies führt zu einer gleichmäßigen Erwärmung des Bauteiles. Voraussetzung dazu ist, daß die Eindringtiefe der Mikrowellenstrahlung deutlich größer ist als das Bauteil selbst.
Bis heute ist es noch nicht gelungen, die Mikrowellensinterung von technischer Keramik im industriellen Maßstab nutzbar zu machen.

1. Zielsetzung

In diesem vom BMBF geförderten Vorhaben haben sich zwei Universitätsinstitute, zwei Ofenbaufirmen sowie zwei Hersteller von Hochleistungskeramik zu einem Verbundprojekt zusammengeschlossen. Während die **prinzipielle** Anwendbarkeit der Mikrowellentechnologie zum Sintern von Keramik in einem Vorläuferprojekt nachgewiesen werden konnte, steht die Umsetzung in ein technisch anwendbares Verfahren noch aus. Projektziel ist die Weiterentwicklung der Mikrowellen-Sintertechnologie zu einem **serientauglichen** Produktionsverfahren zur Herstellung von keramischen Hochleistungsbauteilen.
Werkstoffseitig liegen die Arbeitsschwerpunkte bei Al_2O_3, Al_2O_3/TiC, AlN und Si_3N_4. Die materialwissenschaftliche Zielsetzung des Vorhabens konzentriert sich auf die Erschließung einer neuen drucklosen Sintertechnologie. Nach Festlegung einer mikrowellenoptimierten Werkstoffzusammensetzung erfolgt die Umsetzung der im Labormaßstab gewonnenen Ergebnisse auf den Produktionsmaßstab. Die Sinterversuche werden sowohl bei 2,45 GHz als auch bei 28 GHz durchgeführt. Das up-scaling erfolgt mittels zwei Pilotöfen mit einem Nutzvolumen von 150 l bzw. 400 l.
Neben werkstoffkundlichen Fragestellungen sind wirtschaftliche Aspekte im Sinne einer kostenoptimierten, konkurrenzfähigen Sintertechnologie von Beginn an ein wichtiger Projektbestandteil (z. B. drucklose Sintertechnologie für Si_3N_4).

---

[*] Gefördert vom BMBF im Programm "Neue Materialien - MaTech"

2. Stand der Arbeiten
Werkstoffkundliche Aspekte der Mikrowellensinterung von Oxid- und Nitiridkeramik

♣ Uni Dortmund, FB Chemietechnik
Ziel ist die Werkstoff- und Brennhilfsmittelentwicklung für das Mikrowellensintern von Oxid- und Nitridkeramik.
Untersucht wird der Einfluß von Grünlingszusammensetzung und Morphologie auf das Erwärmungsverhalten bei Bestrahlung mit Mikrowellen der Frequenz 2,45 GHz. Durch Veränderung der Sinterprofile, der Haltezeiten und der Haltetemperaturen erfolgt eine Charakterisierung des Verdichtungsverhaltens, des Kornwachstums, der Ausbildung offener und geschlossener Porosität sowie der Phasenumwandlungen beim Mikrowellensintern im Vergleich zu konventioneller Sintertechnologie. Basierend auf den Untersuchungen des Erwärmungsverhaltens der Werkstoffe sind aktive und passive Brennhilfsmittel entwickelt worden.
Die Mikrowellensinterung von kommerziellen Al_2O_3-Keramikversätzen (Fa. CeramTec AG) bewirkt im Vergleich zu konventioneller Sinterung eine Verringerung der geschlossenen Porosität, bei nahezu unveränderter Korngröße und Dichte. Beispiele für das Verhältnis von offener zu geschlossener Porosität in unterschiedlichen Stadien der Verdichtung sind in der nachfolgenden Abbildung 1 angegeben.

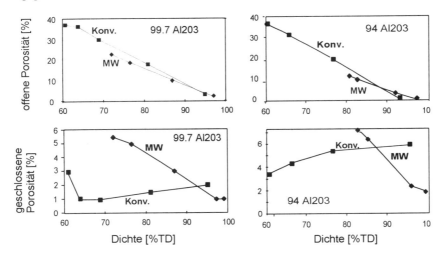

Abb. 1: Entwicklung der offenen und geschlossenen Porosität als Funktion der Dichte bei Mikrowellensinterung (abgekürzt MWS) im Vergleich zu konventioneller Sinterung (CS) bei kommerzieller Al_2O_3-Keramik (94-% Al_2O_3, 99,7-% Al_2O_3).

Beim Mikrowellensintern von Nitridkeramik der Fa. CFI ist der Einfluß elektrisch leitfähiger Zusätze sowie unterschiedlicher oxidischer Zusätze auf das Erwärmungs- und Verdichtungsverhalten genauer untersucht worden. Besonders gut lassen sich Versätze mit elektrisch leitfähigen Additiven, wie z.B. SiC, Ti(C,N), $MoSi_2$ sintern. Die mittels Mikrowellen gesinterten Versätze sind bei nominell gleicher Dichte feinkörniger als die konventionell gesinterte Siliciumnitridkeramik. Zum Wachstum größerer Stengelkristalle sind bei 2,45 GHz Haltezeiten von 2-3 h bei 1700°C erforderlich.

Als aktive Brennhilfsmittel, d.h. als Materialien, die selber eine gewisse Aufheizung mittels Mikrowellen aufweisen, sollten Werkstoffe gewählt werden, die wie die Bauteile ebenfalls eine größere Eindringtiefe der Mikrowellen aufweisen, so daß die darauf positionierte Sintercharge noch ausreichend mit Mikrowellen beaufschlagt wird. Oxid-Carbid-Mischkeramiken, bestimmte Carbidkeramik oder aber poröse Nichtoxidkeramik sind hierfür geeignet. In Kombination mit einer optimierten Sinteranordnung konnte gezeigt werden, daß auch größere Chargen von Si_3N_4-Ventilen gleichmäßig gesintert werden konnten.

♣ Uni Stuttgart, Institut für Plasmaforschung

Die Untersuchungen am Institut für Plasmaforschung beinhalten die Anwendung der Mikrowellenfrequenz von 28 GHz, welche um eine Größenordnung höher liegt als 2.45 GHz. Die für die Sinterexperimente verwendete Apparatur besteht aus einem 0.75 m^3 großen zylindrischen und evakuierbaren Gefäß aus Edelstahl, das über eine spezielle Antenne mit bis zu 12 kW Mikrowelle bei 28 GHz von einem Gyrotron her gespeist wird. Zur Erzielung einer homogenen Mikrowellenintensität im Inneren des Gefäßes sind feste und bewegte Diffusoren für Mikrowellen eingebaut, welche für die Vergleichmäßigung des Strahlungsfeldes sorgen. Die Optimierung der Einstrahlantenne, sowie der Diffusoren wurde anhand von Messungen der Intensitätsverteilung des Mikrowellenfeldes durchgeführt.
Zum thermischen Einschluß des Sintergutes wurde eine Kapselung mit Faserkeramik verwendet, welche ausreichend transparent für Mikrowellen ist und somit eine Volumenheizung des Sintergutes durch die Mikrowelle ermöglicht. Die Erzielung eines homogenen thermischen Strahlungsfeldes ist schwierig, da dies voraussetzt, daß der Wärmedurchgang durch die Kapselwand gleichverteilt ist und keine Strahlungslecks vorhanden sind. Diese Bedingungen können im Aufbau der Kapsel nur annähernd erfüllt werden. Ein für den Wärmehaushalt der Thermoisolation schädlicher Prozeß ist das Ausgasen von Sinteradditiven aus dem Sintergut. Diese Additive kondensieren innerhalb der Faserisolation und erhöhen die Mikrowellenabsorption so stark, daß es zum lokalen Aufschmelzen der Faserkeramik kommt, und damit zur Zerstörung der Thermoisolation.
Unter Beachtung all der genannten Randbedingungen konnten in der beschriebenen Apparatur Probekörper und Bauteile aus Aluminiumoxid und Aluminiumnitrid, sowie Siliziumnitrid mit Mikrowelle gesintert werden. Durch die Volumenheizung bedingt, konnten hohe Heizraten bis zu 80 K/min realisiert werden. Die erzielten Materialdaten lagen weitestgehend im Bereich der mit klassischen Sinterverfahren erzielten Werten. Bei Aluminiumoxid mit höherem Additivanteil konnte eine höhere Verdichtung mit Mikrowelle erzielt werden.
Die Entwicklungen zur Kommerzialisierung des Mikrowellensinterns bestehen darin, die kritische Kapselung der Bauteile dadurch zu vermeiden, daß ein Mikrowellenapplikator mit klassisch von außen geheizten Wänden eingesetzt wird. Ein solcher, in Zusammenarbeit mit der Fa. GERO entwickelter Prototypofen ist derzeit in Erprobung.

♣ CFI GmbH & Co. KG, Rödental

Zum Nachweis der Beeinflussung des Sinterverhaltens und der Gefügeentwicklung beim MW-Sintern (2,45 GHz) im Vergleich zum konventionellen Sintern wurde eine Vielzahl gezielt modifizierter Si_3N_4-Ausgangszusammensetzungen zwischen 1250 und 1650 °C nach den beiden Verfahren thermisch behandelt und wichtige Werkstoffeigenschaften wie Dichte, Gefügebeschaffenheit, Porengrößenverteilung und mineralogische Zusammensetzung analysiert. Aus der Fülle dieser Daten ergibt sich eindeutig und reproduzierbar, daß die Verdichtungsverläufe bei beiden Verfahren praktisch identisch sind, bei der MW-Sinterung jedoch eine raschere α/β-Umwandlung eintritt (Abb. 2). Diese Erkenntnis wird bei den Folgearbeiten zur gezielten Modifizierung der Gefügebeschaffenheit bei dichtgesinterten SN-Werkstoffen eingesetzt.

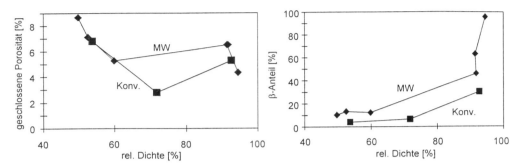

Abb. 2: Vergleich des Verdichtungsverhaltens von mikrowellen- und konventionell gesinterten Si_3N_4

Während die Sinterung von Si_3N_4-Standardzusammensetzungen unter 28 GHz bezüglich des Ankoppelns bei Raumtemperatur problemlos erfolgt, ist dies bei der bevorzugten, da technisch einfacheren und kostengünstigeren 2,45 GHz-Frequenz kritischer. Um dies zu verbessern, wurden der Si_3N_4-Basiszusammensetzung elektrisch leitfähige Substanzen mit höheren dielektrischen Verlusten in steigenden Konzentrationen zugesetzt und das MW-Absorptionsverhalten bis zu Temperaturen von 500 °C analysiert. Hierbei zeigte sich, daß Zusatzkonzentrationen bis ca. 5 Gew.-% das Absorptions- bzw. Aufheizverhalten nur geringfügig beeinflussen. Höhere, diesbezüglich günstigere Zusatzkonzentrationen führen jedoch zu einer deutlichen und unerwünschten Veränderung des Eigenschaftsspektrums des resultierenden Werkstoffes, so daß diese Maßnahme nicht angewandt werden kann.

Eine Lösung dieses Problems konnte simultan mit der Entwicklung von MW-geeigneten Brennhilfsmitteln erreicht werden. Durch Einstellung spezieller mineralogischer Zusammensetzungen bei der Herstellung dieser Teile oder durch Zusätze von stärker MW-absorbierender Substanzen, wie sie auch für den Si_3N_4-Werkstoff getestet wurden, kann das MW-Absorptionsverhalten bei niedrigen Temperaturen gezielt eingestellt werden. Damit heizen sich die Brennhilfsmittel rascher auf und übertragen Wärme auf das Sintergut, bis auch dieses ausreichend Mikrowellen absorbiert und sich auf die angestrebte Sintertemperatur erhitzt ("aktive Brennhilfsmittel"). Mit diesem Verfahren gelingt es, bezüglich des MW-Sinterverhaltens optimierte Si_3N_4-Ausgangszusammensetzungen nicht nur in Form von Proben, sondern auch in Form komplex geformter Teile auch mit der MW-Frequenz 2,45 GHz nahezu vollständig zu verdichten. Bei Sinterungen unter 28 GHz wird eine weitgehend identische Si_3N_4-Werkstoffqualität wie nach konventioneller Sinterung, jedoch ohne zusätzliche Druckanwendung, erreicht.

Diese Erkenntnisse werden in der letzten Projektphase auf die Nutzung der 400l-GERO MW-Sinteranlage übertragen, die, wie beschrieben, sowohl mit 2,45 als auch 28 GHz MW-Quellen ausgestattet ist. Zum Einsatz kommen hierbei auch die entwickelten "aktiven Brennhilfsmittel" in Form großvolumiger Stützen und Platten.

♣ CeramTec AG, Lauf

Zwei Aluminiumoxidwerkstoffe unterschiedlicher Reinheit (94 % bzw. 99,7 % Al_2O_3-Gehalt) wurden mit verschiedenen Anteilen von "mikrowellenaktiven" Zusätzen dotiert. Bei Zusätzen von MgO bzw. ZrO_2 zu 99,7 %-igem Al_2O_3 wurden bei der Mikrowellensinterung keine merkbaren Unterschiede im Vergleich zur konventionellen Sinterung festgestellt. Auch bei $AlPO_4$-Zusätzen wurden die erwarteten Effekte nicht erzielt. Bei der flußmittelreichen 94%igen Aluminiumoxidkeramik konnten ebenfalls bzgl. Gefüge und Materialkennwerten keine Verbesserungen erzielt werden. Aufgrund dieser Ergebnisse wurden diese Arbeiten eingestellt und dafür das Mikrowellensintern von Al_2O_3-TiC-Mischkeramik und Si_3N_4-Werkstoffen für Schneidkeramik-Anwendungen in das Arbeitsprogramm aufgenommen.
Erste Sinterversuche mit Al_2O_3/TiC-Proben erbrachten sowohl bei 2,45 GHz als auch bei 28 GHz unbefriedigende Ergebnisse bezüglich Gefüge und Dichte. In der Außenzone kommt es zur Ausbildung einer "glasartigen", übersinterten Randzone, die das Probeninnere von den Mikrowellen abschirmt, so daß es zu einer sehr inhomogenen Gefügeausbildung kommt. Hier sind noch Optimierungsarbeiten (insbes. Brennprofil und Brennatmosphäre) notwendig.
Bei mikrowellengesinterten Si_3N_4-Proben sind teilweise ungewöhnlich hohe Härtewerte gemessen worden, deren Ursache(n) noch nicht verstanden werden. Es werden im Vergleich zu konventionell gesinterten Proben sehr ähnliche Gefüge erhalten. Durch die Erwärmung von innen heraus bildet sich beim MWS eine andersgeartete Atmosphäre. Dadurch sind homogenere Sinterbedingungen innerhalb des Ofens zu erwarten. Die Sinterdichten der nachgehipten Proben liegen mit 99,6 % der theoretischen Dichte durchweg im Bereich konventionell gesinterter Bauteile. Erste Bauteiltests (Wendeschneidplatten zum Drehen von Grauguß) im sogn. Bremsscheibentest ergaben unter Praxisbedingungen ein dem Standardwerkstoff ähnliches Verschleißverhalten. Beim Mikrowellensintern von AlN werden bezüglich Dichte, Gefüge und Wärmeleitfähigkeit Eigenschaften erreicht, die den Zielwerten bereits sehr nahe kommen. Sowohl bei 2,45 GHz als auch bei 28 GHz konnten Sinterdichten von bis zu 3,33 g/cm³ erzielt werden; die Wärmeleitfähigkeit betrug 172 W/mK (Zielwert > 180 W/mK).

♣ Fa. GERO-Hochtemperaturofen GmbH, Neuhausen

Die Firma GERO hat in Zusammenarbeit mit dem Institut für Plasmaforschung der Universität Stuttgart, in dem bisher eine Versuchsanlage mit einem Nutzvolumen von 20 l bei einer Frequenz von 28 GHz betrieben wurde, einen Prototyp-Ofen für die industrielle Mikrowellensinterung von Materialien mit niedrigem dielektrischem Verlustfaktor zum Betrieb unter Schutzgasatmosphäre entwickelt. Der Prototyp-Ofen MWS 400/17, mit dem im Verbundprojekt die Anwendbarkeit der Mikrowellensinterung als industrielles Verfahren erforscht und nachgewiesen werden soll, hat ein Nutzvolumen von 400 l, erlaubt Prozeßtemperaturen bis 1750 °C und kann wechselweise bei den Frequenzen 2,45 GHz und 28 GHz betrieben werden.
Daß sich derartige Mikrowellensinteröfen bisher nicht im industriellen Einsatz befinden, rührt von mehreren grundlegenden physikalischen und technischen Problemen her, die bei der Mikrowellenerwärmung auftreten. Das Hauptproblem ist die mangelhafte Homogenität des elektrischen Feldes im Mikrowellensinterofen. Die Unterschiede der elektrischen Feldstärke in den meisten Mikrowellenapplikatoren können eine oder zwei Zehnerpotenzen betragen. Eine weitere Schwierigkeit ist die Überhitzung im Zentrum von großen Sinterstapeln, die bei reiner Mikrowellenheizung auftritt. Ein letztlich ebenso gravierendes Problem ergibt sich aus der Absorption der Mikrowellenstrahlung in der thermischen Isolation, die zwar niedrig, aber doch so erheblich ist, daß ein geringer Heizwirkungsgrad und die Beschädigung der thermischen Isolation nach wenigen Bränden resultieren.

Auf Basis der neuartigen Konzeption des Prototyp-Ofens MWS 400/17 sind diese Schwierigkeiten gelöst worden. Bei der Frequenz von 28 GHz gewährleisten spezielle Diffusoreinrichtungen die außerordentlich gute Homogenität der elektrischen Feldstärke von ± 20 % im gesamten Nutzvolumen. Bei der Frequenz von 2,45 GHz übernimmt die Frequenzdurchstimmung von 144 MHz bzw. 6 % diese Aufgabe.

Der Prototyp-Ofen besitzt einen „heißen Resonator" und ist als Hybridofen ausgelegt, der die Mikrowellenerwärmung mit konventionellen elektrischen Heizern kombiniert. Dabei wird der Sinterstapel durch die Mikrowellenenergie erwärmt, die elektrische Zusatzheizung dient der Erwärmung des Mikrowellenresonators und zur Kompensation der Wärmeabstrahlung des Sinterstapels. Dies ist eine Voraussetzung für den wirtschaftlichen Betrieb von industriellen Mikrowellensinteröfen.

Durch die Hybridheizung wird außerdem erreicht, daß im gesamten Sinterzyklus im Mikrowellenresonator nahezu keine Temperaturgradienten entstehen und so die Überhitzung im Innern des Sinterstapels nicht auftritt. Technologische Vorteile des neuen Verfahrens liegen in der geringeren Zykluszeit von < 30 %, der Energieeinsparung von > 50 % und in der höheren Prozeßflexibilität.

♣ Industrie-Ofenbau Rudolf Brands GmbH, Düren

Im Rahmen des Verbundprojektes wurde ein Pilotofen zur Sinterung von Hochleistungskeramik in oxidierender Atmosphäre entwickelt. Es handelt hierbei um einen Ofen, der nur mit Mikrowellen der Frequenz 2,45 GHz betrieben wird. Aus Gründen einer möglichst gleichmäßigen Feldhomogenität basiert das Ofenkonzept auf die Einkoppelung der Mikrowellenenergie über mehrere Schlitzhohlleiter. Eine Überprüfung dieses Konzeptes über einer Simulierung mit Hilfe der FDTD-Methode am Institut für Höchstfrequenztechnik, Karlsruhe zeigte deutlich, daß die gewählte Einspeisung über dreiseitig angeordnete Schlitzhohlleiter zu einer wesentlich homogeneren Feldverteilung führt. Der Ofen hat eine Mikrowellenleistung von 18 kW, die über neun Schlitzhohlleiter eingebracht wird. Der Energieeintrag pro Hohlleiter ist getrennt regelbar.

Der Ofen wurde für eine Maximaltemperatur von 1700 °C konzipiert. Die bisherigen Versuche wurden bei 1650° C durchgeführt. Das Nutzvolumen beträgt ca. 100 - 150 Liter.

3. Zusammenfassung und Berwertung

Ziel des Projektes ist, die Mikrowellensintertechnologie zu einem Stand fortzuentwickeln, der einen kostengünstigen und prozeßsicheren Einsatz in der Serienfertigung von keramischen Hochleistungsbauteilen ermöglicht. Diese neuartige Technologie soll dazu führen, die Werkstoffeigenschaften und die Bauteilzuverlässigkeit, unter Ausnutzung der gleichmäßigen und homogenen Volumenheizung, weiter zu steigern.

Dazu wurden im Projekt folgende Schwerpunktthemen bearbeitet:
- hinsichtlich der Mikrowellentechnik optimierte Werkstoffe ("mikrowellenaktive" Zusätze bei Al_2O_3 und Si_3N_4)
- Einfluß der Brennbedingungen auf Gefüge und Eigenschaften
- auf die Mikrowellensinterung abgestimmte Brennhilfsmittel
- Bau von zwei Pilotöfen für oxidierende und reduzierende Atmosphäre.

Bezüglich der "Sinterbarkeit" im Mikrowellenfeld (2,45 und 28 GHz) sind insbes. 94 %-iges Al_2O_3 als auch Aluminiumnitrid hervorzuheben. Es konnten auf Anhieb die Eigenschaften konventionell gesinterter Referenzwerkstoffe erzielt werden.

Bei Si_3N_4 erscheint eine drucklose Sinterung mit flankierenden Maßnahmen (Werkstoffdesign, Brennhilfsmittel) möglich.

Die Verifizierung dieser Laborergebnisse in den beiden Pilotöfen steht noch aus. Die Inbetriebnahme erfolgt im letzten Quartal 1998.

Herstellung von Al$_2$O$_3$-TiAl$_3$-Verbundkörpern durch reaktive Schmelzinfiltration

Frank Müller, Thomas Schneider, Martina Feldmann und Peter Greil;
Institut für Werkstoffwissenschaften, Universität Erlangen-Nürnberg;

Abstract

Al$_2$O$_3$-TiAl$_3$-Verbundkörper für mechanisch hochbeanspruchte Verschleißbauteile wurden durch reaktive Schmelzinfiltration drucklos hergestellt. Titanoxidvorformen unterschiedlicher Oxidationsstufen wurden mit Aluminiumschmelze bei Temperaturen von 900 °C bis 1400 °C infiltriert und dabei durch alumothermische Reduktion des TiO$_x$ (x = 2, 1.67, 1.5, 1) in den Al$_2$O$_3$-TiAl$_3$-Verbundwerkstoff umgewandelt. Durch Optimierung des Titanoxid/Aluminium-Verhältnisses über die gezielte Beeinflussung der Porosität des TiO$_x$-Vorkörpers wurde ein vollständig dichter Verbundkörper erreicht, in dem kein Restmetall mehr vorlag. Durch den Einsatz nichtreaktiver Füllstoffe (TiC, Al$_2$O$_3$) ließen sich die Werkstoffzusammensetzung des Verbundkörpers, der Durchdringungsgrad der keramischen und intermetallischen Phase und somit die Werkstoffeigenschaften beeinflussen. TiAl$_3$-Kristallgrößen zwischen 4 µm und 800 µm konnten durch Veränderung der Prozeßparameter eingestellt werden. Es wurden Biegefestigkeiten > 400 MPa erzielt.

Einleitung

Keramik/Metall-Verbundwerkstoffe verbinden durch Kombination der keramischen und metallischen Phase deren Eigenschaften. Sie weisen hohe Festigkeiten bei gleichzeitig hoher Bruchzähigkeit auf, sind hochtemperaturfest und oxidationsbeständig. Dies macht sie für zahlreiche Hochtemperaturanwendungen interessant. Jedoch sind sie derzeit für einen weitläufigen kommerziellen Einsatz zu teuer. In dem Bestreben die Herstellungskosten zu senken wurde eine Reihe neuer In-situ-Techniken, wie das DIMOX-Verfahren [1] oder die Reaktionsinfiltration nach dem C[4]-Verfahren [2] entwickelt. Al$_2$O$_3$/Titanaluminid-Verbundwerkstoffe wurden durch Reaktionssintern von TiO$_2$ und Al bei Temperaturen über 1400°C [3,4] bzw. Reaktionsdruckguß [5] hergestellt.

Die reaktive Schmelzinfiltration stellt ein kostengünstiges Net-Shape-Verfahren zur Herstellung dichter Keramik/Metall-Verbundwerkstoffe komplexer Geometrie dar [6-8]. Die Kostenreduzierung wird hierbei insbesondere durch den niedrigen Schmelzpunkt des Aluminiums (T$_s$ = 660°C) begünstigt. Durch diffusionsgesteuerte Austauschreaktionen zwischen der metallischen Schmelze und dem porösen keramischen Preformmaterial kommt es während der Infiltration zur Bildung neuer Verbindungen, die eine Anwendung bei Temperaturen über der Herstellungstemperatur ermöglichen. Austauschreaktionen zwischen Aluminium und Metalloxiden können durch

$$(x + 2)Al + (3/y)MO_y \rightarrow Al_2O_3 + Al_xM_{3/y}$$

beschrieben werden [4], wobei MO$_y$ sowohl ein binäres, als auch ein komplexeres Oxid darstellen kann.

In dieser Arbeit wird ein Weg beschrieben, die Benetzung und spontane Infiltration von Titanoxid-Vorformen bei möglichst niedrigen Temperaturen zu realisieren, um durch die während der Reaktionsinfiltration stattfindenden Austauschreaktionen einen Al_2O_3/Titanaluminid-Verbundwerkstoff zu erzeugen.

Experimentelles Vorgehen

TiO_2 (Kronos3025, Kronos Titan, d_{50} = 1 µm) wurde mit Kohlenstoffpulver (Naturgraphit, Kropfmühl, d_{50} = 4.5 µm) im Mengenverhältnis 1:0.3, 1:0.2 bzw. 1:0.15 vermischt und als lose Pulvermischung 24 Stunden bei 1400°C in Argon geglüht. Dabei wird TiO_2 in Abhängigkeit von der eingesetzten Kohlenstoffmenge zu den Suboxiden TiO, Ti_2O_3 bzw. Ti_3O_5 reduziert. Das dabei entstehende TiC dient im herzustellenden Verbundwerkstoff als Inertfüller. Durch Zumischen weiterer Inertfüller, TiC (93-2205, Strem, d_{50} = 2 µm) bzw. Al_2O_3 (CT1200SG, Alcoa, d_{50} = 1 µm), kann die Phasenzusammensetzung in weiten Grenzen variiert werden. Reine Ti_2O_3-Pulver wurden durch Mischung von TiO_2 mit Titanpulver (00384, Alfa, 99.9 %) und anschließendem Glühen bei 950°C für 12 h unter Argon hergestellt.

Die so erhaltenen Pulvermischungen wurden mit einem Preßdruck von 6 MPa uniaxial zu Tabletten bzw. Stäbchen mit 50 Vol-% Porosität verpreßt. Die Infiltration der Vorkörper mit Al-Schmelze (Herrmann&Co, 99.5 %) erfolgte bei Temperaturen zwischen 950 und 1450°C unter Argonatmosphäre. Die Heiz- und Kühlrate betrug 10 °C/min, die Haltezeit 4 h. Bild 1 zeigt schematisch die Vorgänge während der Infiltration.

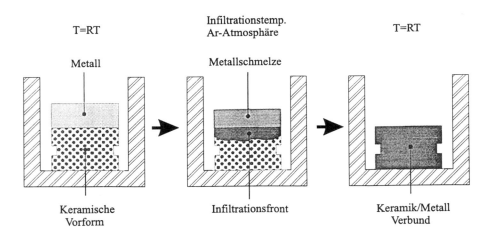

Bild 1: Schematische Darstellung der reaktiven Schmelzinfiltration

Die Restporosität wurde mittels Helium-Pycnometer (Accupyc 1330, Micromiretics, USA) bestimmt, die Phasencharakterisierung erfolgte durch Röntgendiffraktometrie (D 500, Siemens, D) und die Mikrostruktur wurde mittels REM (Stereoscan 250 Mk3, Cambridge Instruments, GB) analysiert. E-Modul, 4-Punkt-Festigkeit, Vickershärte und Bruchzähigkeit wurden mit standartisierten Verfahren gemessen.

Ergebnisse und Diskussion

Die Benetzung und spontane, drucklose Infiltration von TiO_2 mit Aluminiumschmelze erfolgt erst bei Temperaturen über 1450°C. Durch die thermodynamisch begünstigte Reduktion des TiO_2 mit Hilfe von Kohlenstoff [9] gemäß den Gleichungen

$$TiO_2 + C \rightarrow TiO + CO \qquad \Delta G_{1400°C} = -6 \text{ kJ/mol},$$
$$2TiO_2 + C \rightarrow Ti_2O_3 + CO \qquad \Delta G_{1400°C} = -44 \text{ kJ/mol},$$
$$3TiO_2 + C \rightarrow Ti_3O_5 + CO \qquad \Delta G_{1400°C} = -60 \text{ kJ/mol}$$

und
$$TiO_2 + 3C \rightarrow TiC + 2CO \qquad \Delta G_{1400°C} = -47 \text{ kJ/mol}$$

kann die Infiltrationstemperatur für Ti_3O_5 auf 1050°C und für Ti_2O_3 sogar auf 950°C verringert werden. Im Falle des TiO erfolgt eine spontane Infitration bei 1350°C. Eine Erklärung hierfür liefert die Youngsche Beziehung $\gamma_{sv} - \gamma_{sl} = \gamma_{lv} \cos\theta$, bei der γ_{sv} und γ_{sl} die Grenzflächenenergien des Festkörpers gegen die Atmosphäre bzw. die Flüssigkeit, γ_{lv} die Oberflächenenergie der Flüssigkeit gegenüber der eigenen Dampfphase und θ den Kontaktwinkel darstellen. Durch die Reduzierung des TiO_2 zu den Suboxiden Ti_3O_5 und Ti_2O_3 nimmt γ_{sl} ab, und als Folge davon wird der Kontaktwinkel kleiner. Eine spontane drucklose Infiltration erfolgt bei niedrigeren Temperaturen. Bei einer weiteren Reduzierung zu TiO nehmen γ_{sl}, θ und damit die Infiltrationtemperatur wieder zu.

Die in Bild 2 dargestellten XRD-Spektren weisen auf folgende Reaktionen zwischen dem porösen, reduzierten Preformmaterial und der infiltrierten Al-Schmelze hin:

$$Ti_2O_3 + 8 Al \rightarrow 2 TiAl_3 + Al_2O_3$$
$$3 Ti_3O_5 + 37 Al \rightarrow 9 TiAl_3 + 5Al_2O_3$$

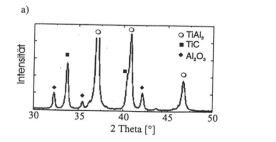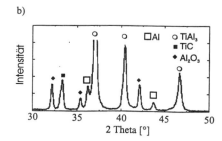

Bild 2: XRD-Spektren einer mit Al-Schmelze infiltrierten a) Ti_2O_3/TiC- und b) Ti_3O_5/TiC-Preform.

Bild 3 zeigt das sehr homogene Gefüge einer bei 950°C Al-infiltrierten Ti_2O_3-Probe. Ergebnis der Infiltration ist ein dichter (Porosität 0 %) Verbundwerkstoff, dessen Volumenänderung gegenüber dem Preformmaterial < 1 % beträgt (Net-Shape). Al_2O_3-Partikel liegen isoliert in einem durchgehenden dreidimensionalen Netzwerk aus Titanaluminid vor. Die mechanischen Eigenschaften der Verbundwerkstoffe sind in Tabelle 1 aufgeführt. In Al-infiltrierten TiO-Proben wachsen die TiAl₃-Körner bedingt durch die höhere Infiltrationstemperatur (T = 1350°C) zu Kristallen mit einer Größe bis zu 800 µm.

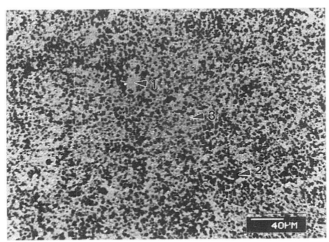

Bild 3: REM-Gefügeaufnahme einer Al-infiltrierten Ti₂O₃-Probe mit 1: Al₃Ti, 2: Al₂O₃ und 3: TiC.

	TiAl₃-Al₂O₃ (Ti₂O₃ + Al(l))	TiAl₃-Al₂O₃ (Ti₃O₅ +Al(l))
Festigkeit (MPa)	> 400	> 400
Härte (GPa)	7	6
Bruchzähigkeit (MPam$^{1/2}$)	6	7
Dichte (g/cm³)	3.77	3.57
Porosität (%)	0	0
E-Modul (GPa)	230	200
Volumenänderung (%)	< 1	< 1

Tabelle 1: Eigenschaften der Verbundwerkstoffe.

Die durch thermodynamische Berechnung (Equitherm V2.0) erfolgte Abschätzung des Phasenbestandes nach der Infiltration von TiO₂ mit Al-Schmelze in Abhängigkeit von der Menge an verfügbarem Aluminium ist in Bild 4 dargestellt. Mit zunehmendem Al-Gehalt wird TiO₂ unter Bildung von Al₂O₃ zu den Suboxiden Ti₃O₅, Ti₂O₃ und TiO reduziert. Erhöht man den Al-Gehalt, bildet sich unter Zurückdrängung des TiO-Anteils zuerst TiAl, das bei einer weiteren Erhöhung des Al-Gehaltes zu TiAl₃ umwandelt. Durch Zugabe von Al-Schmelze im Überschuß lassen sich Verbundkörper mit der zweiphasigen Zusammensetzung Al₂O₃ und TiAl₃ herstellen.

Entsprechend des eingesetzten Inertfüllergehaltes (TiC, Al₂O₃) und der Porosität der Vorform ist die Kontinuität der Phasen, deren Durchdringungsgrad und der Restmetallgehalt beeinflußbar. Ab einem Inertfüllergehalt > 10 Vol-% ist der Verbundwerkstoff frei an Restaluminium. In Bild 5 ist das Ergebnis der Abschätzungen des Phasenbestandes nach der Infiltration von Titanoxid mit Al-Schmelze in Abhängigkeit vom Inertfüllergehalt TiC dargestellt. Mit zunehmendem Inertfüllergehalt steigt der Massenanteil an intermetallischer Phase $TiAl_3$ an, der Al_2O_3-Anteil wird zurückgedrängt.

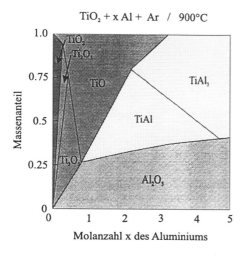

Bild 4: Abschätzung des Phasenbestandes in Abhängigkeit vom Al-Gehalt.

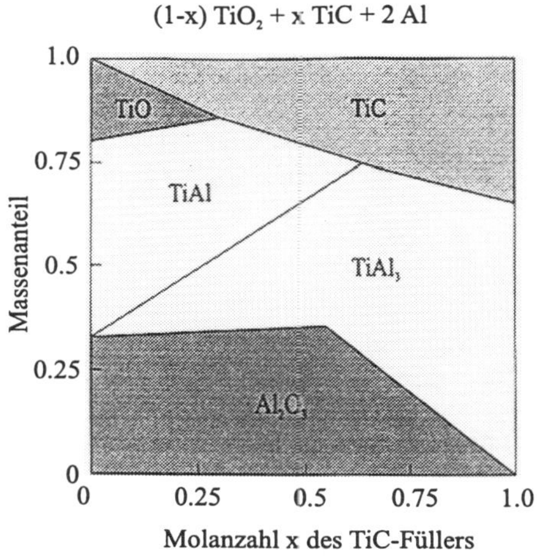

Bild 5: Abschätzung des Phasenbestandes in Abhängigkeit vom TiC-Inertfüllergehalt.

Zusammenfassung

Durch reaktive Infiltration von porösen Titanoxidvorformen mit Aluminiumschmelze lassen sich vollkommen dichte Al_2O_3-$TiAl_3$-Verbundkörper herstellen. Die Volumenänderung während der Reaktion beträgt < 1 %. Eine spontane, drucklose Infiltration erfolgt in Abhängigkeit von der Grenzflächenenergie der Al- Schmelze gegen das jeweilige Titanoxid bei 950°C für Ti_2O_3, 1050°C für Ti_3O_5, 1350° für TiO und 1450°C für TiO_2. Die infiltrierten Verbundwerkstoffe verbinden die Eigenschaften der keramischen und metallischen Phasen. Sie weisen hohe Festigkeiten (> 400 MPa) bei gleichzeitig hoher Bruchzähigkeit (7 $MPam^{1/2}$) auf. In Abhängigkeit vom Titanoxid/Al-Verhältnis, der Porosität der Preform und der Menge an zugesetztem Inertfüller läßt sich die Kontinuität der Phasen, deren Durchdringungsgrad und der Restmetallgehalt gezielt beeinflussen.

References:

[1] A. W. Urquart, „Novel Reinforced Ceramics and Metals: a Review of Lanxide´s Composite Technologies", *Mat.Sci.Eng.*, **A144** 75-82 (1991).

[2] M. C. Breslin, J. Ringnalda, J. Seeger, A. L. Marasco, G. S. Daehn und H. L. Fraser, „Alumina/Aluminum Co-Continous Ceramic Composite (C^4) Materials Produced by

Solid/Liquid Displacement Reactions: Processing Kinetics and Microstructure", *Ceram.Eng. Sci.Proc.*, **15** [4] 104-112 (1994).

[3] N. Clausen, D. E. Garcia und R. Jansen, „Reaction Sintering of Alumina-Aluminide Alloys (3A)", *J.Mater.Res.*, **11** [11] 2884-2888 (1996).

[4] W. G. Fahrenholz, K. G. Ewsuk, R. E. Loehmann und A. P. Tomsia, „Formation of Structural Intermetallics by Reactive Metal Penetration of Ti and Ni Oxides and Aluminates", *Metall.Mater.Trans.*, **27A** [8] 2100-2103 (1996).

[5] H. Fukunaga und X. Wang, „Preparation of Intermetallic Compound Matrix Composites by Reaction Squeeze Casting", *J.Mater.Sci.Let.*, **9** 23-25 (1990).

[6] W. B. Hillig, „Making Ceramic Composites by Melt Infiltration", *Am.Ceram.Soc.Bull.*, **73** [4] 56-62 (1994).

[7] M. Singh und D. R. Behrendt, „Reactive Melt Infiltration of Silicon-Molybdeneum Alloys into Microporous Carbon Preforms", *Mat.Sci.Eng.*, **A194** 193-200 (1995).

[8] J. Rosenlöcher, M. Feldmann und P. Greil, „Non-Oxide CMC Formation by Reactive Melt Infiltration", *Key Eng.Mater.*, **132-136** 1882-1885 (1997).

[9] O. Knacke, O. Kubaschewski und K. Hesselmann, „Thermochemical Properties of Inorganic Substances", Springer Verlag, Berlin (1991)

III.

Sintern und Eigenschaften

Untersuchungen zum Sinterprozeß von Keramiken mit 30 GHz Millimeterwellen

S. Rhee[1], G. Link[1], L. Feher[1], [1]Institut für Technische Physik, Forschungszentrum Karlsruhe;
M. Thumm[1,2], [2]Institut für Höchstfrequenztechnik und Elektronik, Universität Karlsruhe

Zusammenfassung

Der Sintervorgang gehört zu den kritischsten Phasen bei der Herstellung von Keramiken. Seit vielen Jahren werden am Forschungszentrum Karlsruhe Experimente zur Verarbeitung von keramischen Werkstoffen durchgeführt. Ein Schwerpunkt der Arbeiten liegt seit 1994 auf der Materialprozeßtechnik im Millimeterwellenfeld. Dazu wird am Institut für Technische Physik eine Technologie-Gyrotron Anlage genutzt. Diese Pilotanlage dient zur Untersuchung des Einflusses von Millimeterwellen auf den Sinterprozeß. Untersuchungen an unterschiedlichen Struktur- und Funktionskeramiken zeigen im Vergleich zu konventionellen Technologien eindeutige Vorteile bei der Verwendung von Mikro- bzw. Millimeterwellen.

Mikro-/Millimeterwellen in der keramischen Prozeßtechnik

Die Materialprozeßtechnik mit Mikrowellen unterscheidet sich fundamental von den konventionellen Heiztechniken, welche über Infrarot-Wärmestrahlung Energie in einer dünnen Oberflächenschicht des keramischen Grünkörpers deponieren. In das Materialinnere gelangt die Wärme nur durch Wärmeleitung, da die Infrarotstrahlung keine entsprechend hohe Eindringtiefe aufweist. Die dadurch entstehenden Temperaturgradienten bedingen sehr kleine Aufheizraten, um große thermische Spannungen im Material zu vermeiden. Dies führt zu sehr langen Prozeßzeiten. Die Mikrowellenstrahlung hingegen durchdringt das Material und heizt es gleichmäßig und instantan im gesamten Volumen auf. Diese Besonderheit erlaubt zusammen mit anderen charakteristischen Eigenschaften neue Möglichkeiten in der Materialprozeßtechnik zur Verbesserung der Materialqualität und zur Herstellung von neuen Materialtypen mit deutlich höheren Prozeßgeschwindigkeiten, die sich mit konventionellen Verfahren nicht oder nur mit großem Aufwand herstellen lassen.

Heutzutage werden bereits die Vorteile des Mikrowellenheizens in vielen industriellen Bereichen, wie der Nahrungsmittel-, Gummi-, Textil- und Holzindustrie genutzt. Solche Systeme arbeiten bisher ausschließlich im Dezimeter-Wellen, (dm-Wellen)-Bereich, bei den von internationalen Gremien der Telekommunikation und Radiotechnik für industrielle, wissenschaftliche und medizinische Anwendungen freigegebenen Frequenzen, ISM-Frequenzen. Im dm-Bereich liegen diese Frequenzen bei 915 MHz bzw. 2,45 GHz, d.h. bei Wellenlängen von 32,8 cm bzw. 12,2 cm. Für das Sintern von Keramiken sind jedoch Mikrowellen kürzerer Wellenlänge von Vorteil, da sie den steigenden Anforderungen an die Homogenität der Feldverteilung gerecht werden. Darüber hinaus lassen sich mit kurzwelligen Mikrowellen technisch interessante, keramische Materialien, wie Al_2O_3 oder Blei-Zirkonat-Titanat, die sehr niedrige dielektrische Verluste aufweisen, effizienter heizen.

Millimeterwellen-Anlage am Forschungszentrum Karlsruhe

Um die grundlegenden Vorteile höherer Frequenzen bei dem Sinterprozeß genauer untersuchen zu können, wurde 1994 im Institut für Technische Physik des Forschungszentrums Karlsruhe eine kompakte Millimeterwellen (mm-Wellen)-Anlage für die Materialprozeßtechnik aufgebaut (Bild1).

Als mm-Wellen Quelle dient ein Gyrotron, welches im Dauerbetrieb eine Hochfrequenzleistung von 10 kW bei 30 GHz erzeugt.

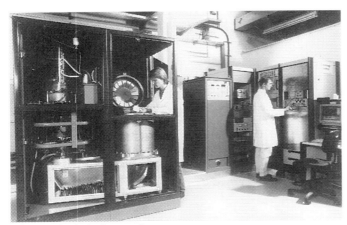

Bild 1: Technologie-Gyrotron System

Eine unverzichtbare Voraussetzung für die homogene Materialerwärmung, sei es in einer einzelnen großen Probe oder in einer ganzen Charge von Proben, ist die homogene Verteilung der elektromagnetischen Felder im Applikationsofen. Hierbei wird grundsätzlich zwischen zwei Typen von Öfen unterschieden. Zum einen kennt man Monomode-Öfen, bei denen die Ofenabmessung L mit der Wellenlänge λ der eingesetzten Mikrowellenstrahlung vergleichbar ist. Dieser Typ stellt einen Mikrowellenresonator mit einem Resonanzspektrum dar, dessen Resonanzfrequenzen so weit auseinanderliegen, daß sich nur einzelne Resonanzen, auch Moden genannt, anregen lassen. Mit zunehmender Ofengröße bzw. kleineren Wellenlängen, d.h. mit steigendem Verhältnis L/λ rücken die Resonanzfrequenzen näher zusammen, womit sich zunehmend mehr Moden gleichzeitig anregen lassen. Dieser Ofentyp wird deshalb auch Multimode-Ofen genannt. Durch die Überlagerung von mehreren Moden entstehen im Ofen immer komplexere Feldstrukturen bis hin zu einer völligen Homogenisierung der Feldverteilung (1). Dabei nimmt die Zahl der anregbaren Moden mit der dritten Potenz des Verhältnisses L/λ zu. So lassen sich in einem Ofen einer definierten Dimension mit 30 GHz-mm-Wellen mehr als 1000 mal mehr Moden anregen als mit 2,45 GHz bzw. 915 MHz dm-Wellen.

Eine gängige Methode, die Feldverteilung in Ofenraum zu verbessern, ist der Einsatz eines sogenannten Modenrührers. Dies ist im Prinzip nichts anderes, als ein rotierender Propeller oder aber ein Drehteller, wie man sie in den meisten Mikrowellen-Haushaltsgeräten findet. Man erreicht dadurch eine periodische Änderung der geometrischen Anordnung im Ofen und damit auch eine periodische Änderung des Modenspektrums. Dies wiederum ermöglicht das Anregen mehrerer Moden in einem schmalen Frequenzband, woraus im zeitlichen Mittel eine homogenere Feldverteilung resultiert. Die Verwendung von höheren Frequenzen ist jedoch deutlich effektiver, als der Einsatz von Modenrührern (2).

Numerische Feldberechnung im Anwendungsofen

Um große Keramikproben oder große Chargen von Proben gleichmäßig erwärmen zu können, ist es notwendig, eine homogene Feldverteilung im Ofen zu erzeugen. Durch numerische Modellierung ist es möglich, ohne großen apparativen Aufwand die Ofengeometrie dahingehend zu optimieren. Lokale Feldüberhöhungen, die zu einer starken räumlichen Einschränkung des Nutzvolumens im Applikator führen, lassen sich dadurch vermeiden. Herkömmliche numerische Methoden, wie Finite Differenzen oder Finite Elemente implizieren für die Berechnung stationärer 3-dimensionaler Feldverteilungen in Multimoderesonatoren einen enormen Speicherbedarf und lange Rechenzeiten. Mit Hilfe eines wellenoptischen Ansatzes und dem daraus entwickelten Software-Paket MiRa, **Mi**crowave **Ra**ytracer, der sich durch relativ geringe, flexible Speicheranforderungen und Parallelisierbarkeit auszeichnet, wurden Simulationen elektromagnetischer Feldverteilungen unterschiedlicher Ofengeometrien durchgeführt (3). Die damit erstellten Computersimulationen machen sichtbar, wie homogen die Feldverteilung im Volumen des Applikators ist. Messungen mit Thermopapier und korrelierende Simulationen haben bestätigt, daß der zylindrische Applikator mit sphärischem Deckel zu starken Feldüberhöhungen führt. Diese sind auch durch die Einführung eines Modenrührers im Deckel des Applikators nicht vollständig zu vermeiden. Als Ergebnis der Optimierung wurde festgestellt, daß eine hexagonale Symmetrie des Applikators ein Optimum an Homogenität des elektromagnetischen Feldes bietet (siehe Bild 2).

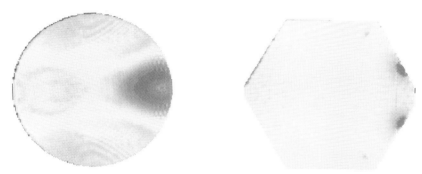

Bild 2: Direkter Vergleich der Feldverteilung vergleichbarer Querschnittsebenen im zylindrischen Ofen mit Modenrührer und im hexagonalen Ofen ohne Modenrührer

Mikrowellenheizung
Die Wechselwirkung elektromagnetischer Wellen mit dielektrischen Materialien wird durch die dielektrische Funktion $\varepsilon^* = \varepsilon_r' + i\varepsilon_r''$ charakterisiert, wobei der Realteil ε_r' als Permittivität und der Imaginärteil ε_r'' als dielektrischer Verlustfaktor bezeichnet wird. Die absorbierte Leistung P_{abs} im Dielektrikum ist proportional zur Frequenz f, zum dielektrischen Verlustfaktor ε_r'' und zur angebotenen Leistung, d.h. zum Quadrat der elektrischen Feldstärke $|E|^2$:

$$P_{abs} \sim f \varepsilon_r''(T,f) |E|^2 .$$

Dabei ist der dielektrische Verlustfaktor eine temperatur- und frequenzabhängige Funktion. Sehr reine, technisch interessante Keramiken wie z.B. Al_2O_3, zeichnen sich durch sehr geringe dielektrische Verlustfaktoren aus. Um dennoch eine ausreichende Energieabsorption zu gewährleisten, ist dies durch die Installation einer höheren Einstrahlungsleistung zu kompensieren. Der gleiche Effekt kann jedoch effektiver durch die Verwendung einer höherfrequenten Quelle erzielt werden, was durch die im allgemeinen frequenzabhängige Zunahme des dielektrischen Verlustfaktors noch unterstützt wird.

Während das Heizen solcher Materialien mit industriellen Frequenzen nur schwer möglich ist, läßt sich die Heizeffizienz durch die Wahl einer höheren Frequenz, wie 30 GHz, um ein bis zwei Größenordnungen steigern.

PZT Piezokeramik
Das Ausgangsmaterial für die Sinterversuche mit Piezokeramik stellt Niob-dotiertes Blei-Zirkonat-Titanat, PZT, der Firma Megacera Ltd. (Japan) dar, welches durch die Zusammensetzung entsprechend der morphotrophen Phasengrenze maximale ferroelektrische Eigenschaften aufweist. Zur Erhöhung der Fließfähigkeit des Pulvers und besseren Kompaktierbarkeit wurde das Edukt mit Verflüssiger und Bindern in entionisiertem Wasser dispergiert und sprühgranuliert. Uniaxiales Pressen des Granulates liefert zylindrische Grünkörper mit Dichten von 58-65 %$_{theor}$ (% der theoretischen Dichte) von PZT.

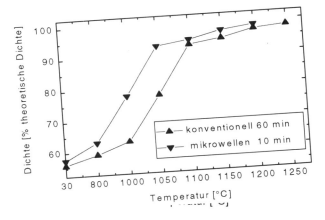

Bild 3: Sinterdichte von konventionell gesintertem PZT und mikrowellengesintertem PZT in Abhängigkeit von der Temperatur

Die systematische Untersuchung der Prozesse im Millimeterwellenfeld sowie im konventionellen Ofen umfaßt die Variation der entscheidenden Sinterparameter Heizrate, Sintertemperatur und Haltezeit. Dabei kann die Heizrate für PZT um den Faktor 20 von den üblichen 1.5 – 2.0 K/min im konventionellen Ofen auf 30 K/min im Gyrotron erhöht werden, was eine drastische Verkürzung der Aufheizphase von 13 h auf ca. 40 min bewirkt. Daneben sind im Millimeterwellenfeld nur noch Haltezeiten von 10 Minuten bei der Endtemperatur notwendig, so daß die gesamte Prozeßzeit auf weniger als 6 % der üblichen Zeit reduziert werden kann. Des weiteren zeigt sich, daß die Sintertemperatur für die PZT-Proben im Mikrowellenfeld um etwa 50°C niedriger liegt (Bild 3). Zudem wurde das Problem der PbO-Verluste, welche durch Verdampfung von der Oberfläche der Sinterproben auftreten, gelöst. Der durch hohe Sintertemperaturen und lange Haltezeiten im konventionellen Ofen verstärkt auftretende Bleioxidverlust liegt trotz fehlenden Pulverbetts im Mikrowellenprozeß unter 0.5 Gewichtsprozent.

Die unterschiedliche Prozeßführung macht sich ebenfalls im Mikrogefüge der gesinterten Proben bemerkbar. Durch die volumetrische Aufheizung im Mikrowellenfeld erreicht man eine gleichmäßige Aufheizung der gesamten Probe, so daß der Sintervorgang ebenfalls homogen über die gesamte Probe einsetzt. Man erhält ein Mikrogefüge, das kaum einen Gradienten in der

Korngröße aufweist, während standardmäßig hergestellte Proben ein erhöhtes Kornwachstum an der Oberfläche aufweisen.

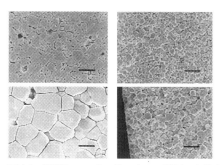

Bild 4: PZT konventionell gesintert (96%$_{theor}$) (links), PZT mikrowellengesintert (97%$_{theor}$) (rechts) (jeweils: unten Probenrand, oben Probenmitte), Maßstabslinien 10µm

TZM Sonderkeramik
Eine noch deutlichere Reduktion der Prozeßzeit wurde beim mm-Wellen-Sintern von Mischkeramiken aus dem System TiO$_2$, ZrO$_2$ und MgO beobachtet. Im konventionellen Sinterprozeß waren für unterschiedliche Mischungsverhältnisse dieser drei Komponenten Haltezeiten von 24 h bei 1500°C notwendig, um Dichten von 95%$_{theor}$ zu erzielen. Die Prozeßführung mit Millimeterwellen ermöglichte ein Erreichen der gleichen Dichten bei 1400°C nach nur 20 min Haltezeit. Die Proben zeigen ein wesentlich feiner kristallines Gefüge auf (Bild 5), welches sich in einer Verbesserung der Rißzähigkeit auswirkt. Die mit Hilfe der Eindrucksmethode bestimmten K$_{1c}$-Werte lagen bei 2,2 – 2,8 MPa√m, während die konventionell gesinterten Proben aufgrund ihrer Sprödigkeit nicht zu messen waren.

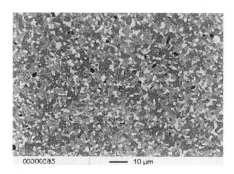 

Bild 5: TZM mm-Wellen gesinterte Probe (1400 °C, 20 min) (links) und eine konventionell gesinterte Probe (1500 °C, 24 h) (rechts).

Aluminiumoxid Nanokeramik
Diese bisher gezeigten, mit Millimeterwellen erzielten feinskaligen Gefügestrukturen sind im Hinblick auf das Sintern von nanoskaligen Ausgangspulvern besonders interessant. Während mit

konventionellen Sintertechnologien aufgrund der langen Prozeßzeiten ein Sintern ohne starkes Kornwachstum praktisch nicht möglich ist, eröffnet das mm-Wellen-Sintern durchaus die Möglichkeit eine nanokristalline Keramik zu produzieren, von der man neben verbesserten mechanischen Eigenschaften ein plastisches Verhalten erwartet.

Für erste Sinterversuche wurde mittels der Drahtexplosionsmethode (4) hergestelltes, nanoskaliges Keramikpulver aus Al_2O_3 verwendet. Die BET-Analyse dieses Pulvers ergibt eine gemessene spezifische Oberfläche im Bereich von 55 bis 60 m^2/g, was einer mittleren Korngröße von etwa 30 nm entspricht. Aus diesem Pulver wurden mittels Magnetpulstechnik (5) Proben mit einem Durchmesser von 15 mm und Höhen zwischen 1 und 1,5 mm kompaktiert. Diese Technik erlaubt mit Druckpulsen bis 2,8 GPa ein Trockenpressen zu Dichten über 80 %$_{theor.}$ was gerade bei nanoskaligen Pulvern aufgrund der oft beobachteten Agglomeration kein triviales Problem darstellt. Mit diesen Proben wurde die Sinterkinetik unter dem Einfluß des mm-Wellen-Feldes untersucht. Dazu wurden die Proben mit Heizraten von 30 °C/min bzw. 50 °C/min auf die gewünschte Sintertemperatur erhitzt, ohne sie jedoch bei dieser Temperatur zu halten. Es zeigt sich, daß mit diesen einfachen Sinterprozessen Al_2O_3-Keramiken bereits bei 1150°C ohne extremes Kornwachstum auf über 93 %$_{theor}$ verdichtet werden können (6).

Schlußfolgerungen
Die Materialprozeßtechnik mit Mikrowellen zeichnet sich gegenüber konventionellen Heiztechnologien durch die Möglichkeit zum instantanen, gleichmäßigen Erwärmen von dielektrischen Materialien im gesamten Volumen aus. Daraus ergeben sich vielfältige Anwendungsmöglichkeiten, die teilweise bereits nutzbringend in industriellen Produktionsprozessen realisiert sind.
Millimeterwellen aus Gyrotrons mit Frequenzen deutlich höher als 2,45 GHz bieten insbesondere beim Sintern von Keramiken entscheidende Vorteile. Sie ermöglichen eine homogenere Feldverteilung in Anwendungsöfen und gleichmäßigeres Heizen von Materialien mit geringen dielektrischen Verlusten. In einer kompakten 30 GHz, 10 kW Gyrotron-Anlage wurde demonstriert, daß das Sintern im Einfluß des mm-Wellen-Feldes beschleunigt abläuft. Dies erlaubt nicht nur eine deutliche Reduktion der Prozeßzeiten bei gleichzeitig reduzierten Sintertemperaturen, sondern ermöglicht auch das Feingefüge diverser Struktur- und Funktionskeramiken positiv zu beeinflussen, was sich in verbesserten mechanischen Eigenschaften äußert.

Danksagung
Für die finanzielle Unterstützung eines Teils der dargestellten Forschung im Rahmen des europäischen INCO-COPERNICUS Projektes IC15-CT97-0713 sei der Europäischen Kommission gedankt.

Literatur
(1) Johnson, A.C. et al.: MRS Symp. Proc, Vol. 347; (1994), 453-458.
(2) Feher, L., Link, G., Thumm, M.: Conf. Proc. Microwave and High Frequency Heating 1997, Fermo; ed. A. Breccia, R. De Leo, A.C. Metaxas, 443-446.
(3) Feher, L. : Dissertation, Universität Karlsruhe, FZK-Bericht Nr.5885, August 1997
(4) Beketov, I.V., et al.: Conf. Proc. Fourth Euro Ceramics Vol. 1, (1995), 77-82.
(5) Ivanov, V., et al.: Conf. Proc. Fourth Euro Ceramics Vol. 2, (1995), 169-176.
(6) Feher, L., Link, G., Thumm, M.: Conf. Proc. Microwave and High Frequency Heating 1997, Fermo; ed. A. Breccia, R. De Leo, A.C. Metaxas, 439-441.

Einfluß der spezifischen Oberfläche auf das Erwärmungs- und Sinterverhalten von TiO$_2$ im Mikrowellenfeld

Jörg Bossert, Carlos Ludwig, Technisches Institut, Friedrich-Schiller-Universität Jena

Einführung

Der Einsatz von Mikrowellen in der Werkstofftechnik hat sich bereits dort etabliert, wo eine Wechselwirkung zwischen Mikrowellen und Wasser vorherrscht, also vorwiegend bei Trocknungsprozessen (1, 2). Anwendungen für die Behandlung von Festkörpern wie etwa das Sintern oder Fügen ist weitestgehend auf den Labormaßstab beschränkt. Gründe hierfür sind einerseits darin zu sehen, daß über die temperaturabhängigen dielektrischen Verluste unzureichende Informationen vorliegen, andererseits es außerordentlich schwierig ist, ausreichend große Kammern zu konstruieren, in denen eine homogene Feldverteilung hoher Leistungsdichte vorhanden ist. Ein Lösungsansatz hierzu ist die Verwendung von kürzeren Wellenlängen (3). Eine Beschreibung der grundsätzlichen physikalischen Hintergründe sowie Anwendungsbeispiele findet sich in der Literatur (4, 5, 6, 7).

Vorteile der Mikrowellenerwärmung verspricht man sich vor allem durch die volumetrische Erwärmung, das heißt dadurch, das das zu behandelnde Material aufgrund seiner dielektrischen Verluste selbst im Volumen erwärmt. Da das Material an der Oberfläche Wärme verliert, führt dies zu einem inversen Temperaturgradienten im Vergleich zu konventioneller Erwärmung: die Temperatur im Innern des Materials ist höher als an seinem Rand. Nun erhöhen sich aber in den meisten Fällen die dielektrischen Verluste (tanδ) mit der Temperatur, ja in der Regel ist es sogar so, daß bei Raumtemperatur keine ausreichende Verluste auftreten, um das Material effizient zu erwärmen. Die Bestimmung des Verlustwinkels in Abhängigkeit der Temperatur ist jedoch außerordentlich schwierig und somit sind Werte hierzu selten anzutreffen. Darüber hinaus ergibt sich erst aus der Felddichte und den dielektrischen Verlusten einerseits und den Abstrahlverlusten andererseits eine Energiebilanz, welche über die effiziente Erwärmung durch die Absorption von Mikrowellenenergie entscheidet.

Wird die in eine Anlage eingebrachte Mikrowellenenergie konstant gehalten, so bewirken höhere Verluste, d. h. ein höherer Verlustwinkel, daß mehr von der angebotenen Energie im Material umgesetzt und damit die Temperatur erhöht wird. Da bei höherer Temperatur die Verluste meist ebenfalls größer sind, kann noch mehr von der in der Kammer eingebrachten Energie in Wärme umgesetzt werden. Aus dem Temperatur-Zeitverlauf, bzw. aus der Temperaturveränderung lassen sich daher Rückschlüsse auf die Effizienz der Mikrowellenerwärmung ziehen.

Im Prinzip ließe sich durch die Messung des Temperaturverlaufes der Verlustwinkel berechnen, wenn davon ausgegangen werden könnte, daß die Felddichte in der Probe konstant bliebe. Da dies aber mit Sicherheit nicht der Fall ist, ändert sich gleichzeitig die Feldstärke mit. Somit kann lediglich eine kombinierte Größe aus Verlustwinkel (tanδ) und Feldstärke (E) ermittelt werden. Diese kann durch die Berechnung der Wärmeverluste und durch die Messung der Temperaturdifferenz zwischen der Probentemperatur und einer Referenzprobe (T-Tref), die keine Mikrowellenenergie umsetzt, ermittelt werden. Gleichung 1 zeigt den Zusammenhang (8).

Gleichung 1 $$tan\delta \cdot |E|^2 = \frac{m \cdot c \cdot \frac{T - T_{Ref}}{\Delta t} + s_B \cdot A_o \cdot (T^4 - T_{Ref}^4)}{\omega \cdot \varepsilon_0 \cdot \varepsilon_r' \cdot V}$$

m: Masse, c: spezifische Wärmekapazität, s_B: Stefan-Boltzmann-Strahlungskonstante A_o: Probenoberfläche, ε_0: Dielektrizitätskonstante, ε_r': Realteil der relativen Dielektrizitätszahl, ω: Kreisfrequenz der elektromagnetischen Wellen, V: Probenvolumen

In dieser Arbeit soll der Einfluß der spezifischen Oberfläche von Titanoxidpulver auf das Erwärmungsverhalten im Mikrowellenfeld untersucht werden. Da die Oberflächenenergie die Triebkraft für den Sintervorgang darstellt, ändert sich in Abhängigkeit der spezifischen Oberfläche natürlich auch das Sinterverhalten. Um beide Einflüsse gleichzeitig untersuchen zu können, wurde die Mikrowellenkammer mit einem Dilatometer ausgerüstet.

Versuchsablauf

Die am Technischen Institut der Friedrich-Schiller-Universität Jena zur Verfügung stehende Anlage besteht aus einer zylindrischen Kammer mit einem Durchmesser von 30 cm und einer Länge von 62 cm, in welche die Mirkowellenleistung mittels einer Richtantenne eingebracht wird. Die Mikrowelle mit einer Frequenz von 2,45 GHz wird von einem Magnetron erzeugt und über einen Hohlleiter zur Richtantenne geführt. Die maximale Leistung beträgt 2 kW. Die Temperaturmessung erfolgt durch ein Pyrometer. Die Kalibrierung des Pyrometers wird dadurch ermöglicht, daß in der selben Kammer die Erwärmung auch durch eine HF-Spule erfolgen und somit eine Vergleichsmessung zwischen Pyrometer und Thermoelement durchgeführt werden kann.

Die Proben wurden in ein Dilatometer der Firma Netzsch - ausgerüstet mit einer speziellen Probenhalterung - gegeben. Die Probe wird durch das verschiebbare Dilatometer in die Kammer und in das Isolationsmaterial (Casceting) eingebracht. Auf diese Weise wird sichergestellt, daß sich die Probe immer in der exakt gleichen Position in der Kammer befindet und sich keine Veränderungen in der Kammer ergeben können. Eine detailliertere Darstellung der Multimode-Anlage findet sich in (9,10).

Ein wesentlicher Umstand bei dieser Untersuchung ist, daß Titanoxid zu jenen Materialien gehört, welches - zumindest in dieser Anlage - keine ausreichende dielektrischen Verluste bei Raumtemperatur aufweist, um direkt durch Mikrowellen erwärmt zu werden. Aus diesem Grunde wurden links und rechts der Probe SiC-Platten plaziert und diese so - da SiC bei Raumtemperatur Mikrowellenenergie aufnimmt - indirekt erwärmt. Zur Verringerung der Abstrahlverluste sind die Probe und die SiC-Platten von Aluminiumoxid - Faserplatten umgeben.

Als Proben wurden zylindrische Presslinge durch uniaxiales Pressen (15 MPa) hergestellt. Diese wurden anschließend isostatisch mit einem Druck von 600 MPa nachverdichtet. Die sich so ergebenden Zylinder hatten eine Länge von ca. 15 mm und einen Durchmesser zwischen 12 und 13 mm. In den Mantel des Zylinders wurde eine Bohrung bis zur Mitte der Probe eingebracht, in welche der Meßfleck des Pyrometers gerichtet wurde. Auf diese Weise erfolgte die Temperaturmessung im Innern der Probe.

Um die spezifische Oberfläche in einem weiten Bereich variieren zu können, wurde das Titanoxidpulver nach dem Hydroslyseverfahren dargestellt und bei unterschiedlichen Temperaturen in einem Kammerofen kalziniert . Die Aufheizrate lag bei 5 K/min. Die spezifische Oberfläche wurde mit einer Mehrpunkt BET (Gemini-Micromeritics) ermittelt.

Die Ausgangsleistung wurde konstant bei 800 Watt gehalten.

Versuchsergebnisse

In Bild 1 wird der typische Temperatur-Zeitverlauf dargestellt, wie er bei Titanoxid zu beobachten war. In derselben Graphik ist der Temperatur-Zeitverlauf einer mikrowellentransparenten Aluminiumoxidkeramik eingezeichnet. Das Aluminiumoxid zeigt sehr geringe dielektrische Verluste und wird nahezu ausschließlich durch die SiC-Platten erwärmt. Es ergibt sich ein kontinuierlicher Temperaturanstieg, der aufgrund der Abstrahlverluste sich mit zunehmender Temperatur verlangsamt. Bei der Titanoxidprobe ist der Verlauf zunächst mit dem des Aluminiumoxids identisch. Offenbar erfolgt die Erwärmung auch hier ausschließlich durch das benachbarte SiC. Erst bei einer Temperatur von ca. 870°C erfolgt ein plötzlicher steiler Temperaturanstieg. Erst hier wird die Mikrowellenenergie effizient von der Keramik in Wärme umgewandelt.

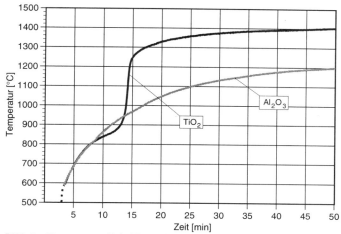

Bild 1: Temperatur-Zeit Verlauf einer Titanoxidprobe bei einer Leistung von 800W (9)

Die Veränderung der spezifischen Oberfläche erfolgte durch eine Variation der Kalzinierungstemperatur. Das Ergebnis ist in Tabelle 1 sowie in Bild 1 graphisch dargestellt.

Kalzinierungs-temperatur	spez. Oberfläche [m²/g]
600 °C	49,98
650 °C	37,66
700 °C	28,17
750 °C	15,42
800 °C	8,05
850 °C	4,09
900 °C	3,27
950 °C	1,28

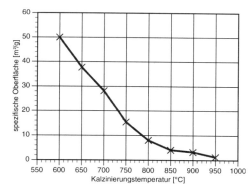

Tabelle 1 und Bild 2: Zusammenhang zwischen der spezifischen Oberfläche und der Kalzinierungstemperatur von Titanoxid (8)

Es ergibt sich ein nahezu linearer Zusammenhang im Temperaturbereich zwischen 600°C und 800°C. Aber auch oberhalb 800°C bewirkt jede Erhöhung der Kalzinierungstemperatur um 50°C etwa eine Halbierung der spezifischen Oberfläche.

Wie bereits erwähnt, läßt sich aus dem Temperatur-Zeitverlauf eine kombinierte Größe aus Verlustwinkel und Feldstärke errechnen. Diese Größe ist in Bild 3 in Abhängigkeit der Temperatur aufgetragen. Aus diesem Verlauf wird deutlich, daß die bei 650°C kalzinierte Probe ab ca. 870°C erhöhte Verluste aufweist, wohingegen die bei 950°C kalzinierte Probe erst bei etwa 920°C einen Anstieg der Verluste zu verzeichnen hat. Die anderen Verläufe liegen dazwischen, wobei offenbar in der Tat eine Verringerung der spezifischen Oberfläche eine systematische Verschiebung der Verluste hin zu höheren Temperaturen zur Folge hat. Erklärbar ist dieses damit, daß je mehr Grenzfläche vorhanden ist auch entsprechend mehr Strukturdefekte vorhanden sind, die als Dipole wirken und Mikrowellenenergie dissipieren können. Es ist allerdings auch festzustellen, daß obgleich die spezifische Oberfläche um den Faktor 30 variiert, die Ankopplungstemperatur nur um etwa 70°C verändert wurde. Grenzflächen beeinflussen somit entweder den Verlustwinkel oder die Feldverteilung, bzw. beides, sind aber zumindest bei diesem Material kein bestimmender Parameter.

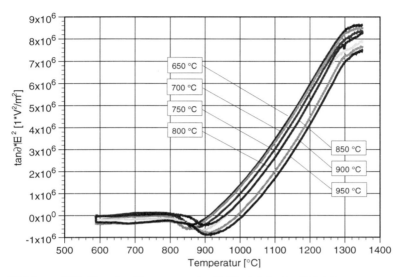

Bild 3: $tan\delta |E|^2$ über der Temperatur in Abhängigkeit der Kalzinierungstemperatur (8)

Andererseits allerdings bewirkt eine Erhöhung der spezifischen Oberfläche eine Verringerung der Sintertemperatur. Es zeigte sich, daß das Maximum der Schwindungsgeschwindigkeit der bei 950°C kalzinierten Probe bei etwa 1100°C lag, wohingegen die bei 650°C kalzinierte Probe ihre maximale Schwindungsgeschwindigkeit bei 870°C hatte. Diese Probe setzt die Mikrowellenenergie zwar am frühesten in Wärme um, der Sinterprozess ist aber zu diesem Zeitpunkt bereits nahezu abgeschlossen. Von einem reinen Mikrowellensintern kann daher kaum noch gesprochen werden. Dahingegen fällt bei der mit 750°C kalzinierten Probe das Maximum der Schwindungsgeschwindigkeit mit dem Maximum der Aufheizrate zusammen. Dies heißt, daß hier wirklich ein Mikrowellensintern statt findet. Es zeigte sich auch, daß die bei 870°C kalzinierte Probe eine Enddichte von 92% theoretischer Dichte aufwies, wohingegen die andere Probe einen Dichte von 96% TD erreichte.

Zusammenfassung

Durch ein Hydrolysverfahren wurde Titandioxidpulver hergestellt. Eine Veränderung der Kalzinierungstemperatur erbrachte eine deutliche Variation der spezifische Oberflächen in einem Bereich zwischen ca. 37 m^2/g und 1,3m^2/g. Es zeigte sich, daß bei Proben mit einer höheren spezifischen Oberfläche Mikrowellenenergie früher, d. h. bei tieferen Temperaturen, in Wärme umgewandelt wird, als bei Proben mit einer geringen spezifischen Oberfläche. Das verwendete Titanoxidpulver beginnt in einem Temperaturbereich zwischen 870°C und 920°C effizient Mikrowellenenergie zu absorbieren. Der Sinterbeginn liegt jedoch zwischen 800°C und 940°C. Wird zum Mikrowellensintern eine Hybridheizung - wie bei den meisten Anlagen der Fall - verwendet, muß sichergestellt sein, daß der Sinterbeginn erst bei Temperaturen oberhalb jenes Bereiches liegt, bei dem das Material selbst ausreichende dielektrische Verluste aufweist. Anderenfalls kann nicht von einem reinen Mikrowellensintern ausgegangen werden.

Literatur:

(1) Orth, G., Walter, J.: Mikrowellenerwärmung-Anwendungen in der Industrie, Elektrowärme international, Edition B, August 1991
(2) Italina Ceramic Center Bolonga: Infrared Radiation and Microwaves in the drying Process for the Production of Ceramics, Ceramics & Energy 4/90
(3) S. Rhee, G. Link, L. Feher, M. Thumm: Untersuchungen zum Sinterprozeß von Keramiken mit 30 GHz Millimeterwellen, Werkstoffwoch 1998
(4) Sutton, W.H.: Microwave Processing of Ceramic Materials, Ceramic Bulletin, Vol. 68. No.2, 1989
(5) Binner, J.G.P.: Advanced Ceramic Processing and Technology, Noyes Publications New Jersey 1990
(6) Willert-Porada, M.; Mat. Res. Soc. Vol. 347, 1994 S. 57-69
(7) Tinga, W.R.: Mat. Res. Soc. Vol 124, 1988, S. 33-43
(8) Ludwig, C.: Dissertation an der Technischen Fakultät des Saarlandes 1998
(9) Bossert, J., Ludwig, C.: Mat.-wiss- u. Werkstofftech. 28, 241-245, 1997
(10) Bossert, J., Ludwig, C.: Key Engineering Materials Vols. 132-136, S.1022-1025, 1997

Gesinterte offenporige anorganische Schaumstoffe - ein Wiederspruch?

H. Gödeke, Fraunhofer-Institut für Bauphysik, Stuttgart

Aufgabenstellung:
Die kontroverse Diskussion über die Toxizität von Faserdämmstoffen [1] führte in den letzten Jahren innerhalb des Baugewerbes zu einer großen Nachfrage nach faserfreien Dämmstoffen für den Schall- und Wärmeschutz. Dieser Bedarf war der Beweggrund für die Entwicklung neuer faserfreier Baustoffe am Fraunhofer-Institut für Bauphysik (Fh-IBP). So wurde bereits in den letzten Jahren ein mineralorganischer Gips-Schaum auf der Basis von REA-Gips, der als Sekundärrohstoff bei der Rauchgasentschwefelung anfällt, Wasser und einem prepolymeren MDI (Methylendi-(phenylisocyanat)) formuliert, der heute mit Erfolg als faserfreier Absorberwerkstoff in mobilen Trennwandsystemen eingesetzt wird [2, 3]. Nicht zuletzt seit der Brandkatastrophe im Düsseldorfer Flughafen im April 1996 wird der Brennbarkeit von Baustoffen ein immer größerer Stellenwert eingeräumt. Bedingt durch seine mineralorganische Natur erzielt der Gipsschaum jedoch maximal die Baustoffklasse B1 schwerentflambar, wodurch seine Verwendbarkeit limitiert ist. Da in vielen Anwendungsbreichen nichtbrennbare Baustoffe eingesetzt werden müssen, arbeitet das Fh-IBP seit geraumer Zeit an der Formulierung vollständig anorganischer Dämmstoffe [4].

Das Anforderungsprofil für einen neuen faserfreien Dämmstoff ist sehr vielfältig. Es enthält neben der Nichtbrennbarkeit und guten Verarbeitbarkeit, auch den Wunsch der Bauphysiker nach einem Baustoff, dessen wesentlichen bauphysikalischen Eigenschaften wie Wärmeleitfähigkeit, Schallabsorptionsgrad, Strömungswiderstand und Festigkeiten sich je nach Anwendungsfall maßscheidern lassen. Ferner muß der Forderung des Kreislaufwirtschaftsgesetzes nach einer kreislaufgerechten Produktentwicklung Rechnung getragen werden. Die Marktakzeptanz neuer Baustoffe korreliert eng mit seinem Immissionsverhalten. So ist nicht nur die Emission von Fasern zu betrachten, sondern auch die Freisetzung von flüchtigen organischen Komponenten (VOC) oder ionisierender Strahlung.

Werkstofflicher Ansatz:
In der Bauindustrie werden seit Jahren poröse silikatische Schüttgüter wie z.B. thermisch expandiertes Perlite, Vermiculite, Blähton sowie Blähglas als Dämmstoffschüttung oder Leichtzuschlagstoff für Leichtbeton, Leichtmauermörtel und Putzsysteme eingesetzt. Die Verwendung der Schüttgüter sind jedoch bedingt durch ihre Produktform sehr eingeschränkt. Werden diese Leichtzuschlagstoffe mit Hilfe eines Bindemittels gebunden, oder gar in eine Bindemittelmatrix eingelagert, so werden deren vorteilhaften bauphysikalischen Eigenschaften wie geringe Wärmeleitfähigkeit, hohes Schallabsorptionsvermögen, etc. negativ beeinflußt, da das Porengefüge vornehmlich die offene Porosität reduziert wird.

Dem Fh-IBP gelang es ein Herstellverfahren zu entwickeln, das es ermöglicht silikatische Leichtzuschlagstoffe zu versintern ohne die Porosität maßgeblich zu verändern. Sintern ist in der Regel ein Prozeß bei dem die Porosität reduziert wird, um eine Festigkeitssteigerung zu bewirken. Da die Porosität jedoch auch eine entscheidende Rolle auf die wesentlichen bauphysikalischen Kenngrößen ausübt, muß sie bei der Versinterung von Schüttdämmstoffen möglichst konstant bleiben. Eine Festigkeitssteigerung kann demzufolge nur über eine Erhöhung der intergranularen Bindekräfte erreicht werden.

Sintern eines anorganischen Schaumstoffes:
Hohe intergranularen Bindekräfte zwischen silikatischen Leichtzuschlagstoffgranulaten lassen sich durch die Ausbildung eines Sinterhalses an deren Kontaktstellen erzielen. Um dies zu erreichen werden die fraktionierten Granulate im Verlauf des neuen Herstellverfahrens mit einer wässrigen Sinterhilfsmittelformulierung beschichtet. Die Formulierung dient zum einen als temporäres Bindemittel bei der Grünkörperherstellung und zum anderen als Sinterhilfsmittel während der Versinterung. Beim Beschichtungsvorgang bildet sich eine formbare Masse aus, die mittels konventionellen Formgebungsverfahren (Rütteln, Pressen, Extrudieren) weiterverarbeitet wird. Dabei können auch Formkörper mit einer komplexen Geometrie und die Integration von Befestigungselementen einfach realisiert werden. Durch die große offene Porosität entstehen nach kurzen Trocknungszeiten Grünkörper, die bei Bedarf nachbearbeitet werden können. Die so gebildeten Grünkörper werden im Anschluß daran gebrannt, wodurch eine Flüssigphasensinterung hervorgerufen wird, bei der ein Ionenaustausch zwischen der Flüssigphase und den Granulaten erfolgen muß.

Die Prozeßführung während des Brandes sowie die Sinterhilfsmittelformulierung muß auf die thermischen Eigenschaften der Leichtzuschlagstoffe abgestimmt werden. Die maßgeblichen Größen sind deren Erweichungsverhalten, die unter Verwendung von thermoanalytischen Untersuchungen (STA) zu bestimmen sind. Die Temperaturführung muß so gesteuert werden, daß es primär nur an den Kontaktstellen der Granulate zu einer Flüssigphasenbildung kommt, ein Aufschmelzen der Granulate aber unterbleibt.

Während des Sintervorgangs muß der Erzielung einer homogene Temperaturverteilung innerhalb der Bauteile besondere Aufmerksamkeit geschenkt werden, da bei diesem Prozeßschritt ein Dämmstoff mit einer geringen Wärmeleitfähigkeit gesintert wird. Zur Verkürzung der Entwicklungszeiten, werden deshalb großformatige Bauteile unter Nutzung der CAD-Daten diskretisiert und die Temperaturverteilung mit Hilfe von dreidimensionalen instationären wärmetechnischen Berechnungen in Abhängigkeit von den Prozeßparametern bestimmt. Somit lassen sich die Sinterparameter ohne eine Vielzahl von Vorversuchen optimieren.

Durch die Trennung des Blähprozesses zur Schaumgenerierung vom eigentlichen Formgebungsverfahren, besteht zum einen eine größere Variabilität für die Gestaltung des Porengefüges sowie die Möglichkeit einer endkonturnahen Formgebung und zum anderen werden die Eigenspannungen innerhalb des Schaumstoffes reduziert. Die geringen Eigenspannungen ermöglichen bei der Bauteileherstellung hohe Abkühlgeschwindigkeiten.

In Bild 1 ist das gesamte Verfahren zur Herstellung eines derartigen anorganische Schaumstoff am Beispiel der Versinterung von Blähglasgranulat von der Altglasscherbenaufbereitung bis hin zur spanabhebenden Bearbeitung der Sinterprodukte schematisch dargestellt. Ausgehend von Altglasscherben erfolgt, nach einem ersten

Aufbereitungsschritt ein Mahl- und Mischvorgang, wobei ein Blähhilfsmittel zugefügt wird. Im Anschluß daran findet die thermische Expansion der Granulate statt, die abschließend fraktioniert werden. Diese kommerziell verfügbaren Produkte werden wie oben beschrieben mit einer Sinterhilfsmittelformulierung beschichtet und ein Grünkörper hergestellt, der anschließend gesintert wird. Daraus resultiert der anorganische Schaumstoff REAPOR®.

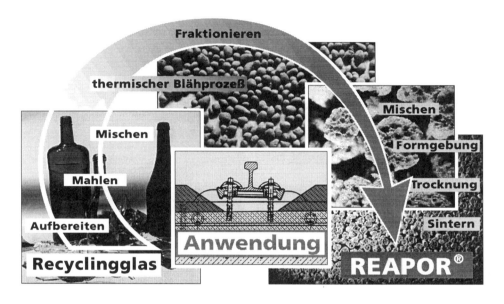

Bild 1: Schematische Darstellung des Herstellverfahrens am Beispiel der Versinterung von Blähglasgranulat

Der anorganische Schaumstoff REAPOR®:

REAPOR® ist ein poröses Glas aus **re**cycliertem **A**ltglas mit definiert einstellbaren Mikro- und Makro**por**en, das mit Hilfe des o.g. Sinterverfahrens aus dem Sekundärrohstoff Altglas hergestellt wird. Die verwendeten Blähglasgranulate werden in verschiedenen Körnungen von 250µm bis ca. 8000µm produziert. Je nach verwendetem Kornspektrum läßt sich, wie die Bilder 2 und 3 verdeutlichen, das Porengefüge von REAPOR® für den jeweiligen Anwendungsfall variieren. Deutlich zu erkennen ist sowohl der intergranulare als auch der intragranulare Porenraum sowie der große Anteil an offener Porosität. Desweiteren sind an den Kontaktstellen der Granulate die Sinterhalsbildungen erkennbar.

Bedingt durch die gute Recyclingfähigkeit der verwendeten Kalk-Natrongläser können mit REAPOR® Stoffkreisläufe im Sinne eines echten Recycling realisiert werden, die bislang bei Baustoffen nur vereinzelt z.B. beim Baustahl möglich sind.

86

Bild 2: Schaumgefüge des REAPOR® hergestellt aus Blähglasgranulat der Kornfraktion 250-400µm

Bild 3: Schaumgefüge des REAPOR® hergestellt aus Blähglasgranulat Kornfraktion 4-8mm

Die wesentlichen Charakteristika von REAPOR® lassen sich wie folgt zusammenfassen:

- poröses Kalk-Natron-Glas
- Altglasanteil >90%
- Porengefüge modifizierbar
- vollständig anorganisch
- wasserfest
- Frost-Tauwechsel-beständig
- nichtbrennbar
- druckbelastbar
- thermisch stabil bis ca. 450°C
- thermoschockbeständig
- säurebeständig
- schallabsorbierend
- wärmedämmend
- kreislaufgerecht
- emissionsarm

In Tabelle 1 ist das bislang erzielte REAPOR®-Eigenschaftsprofil als Übersicht dargestellt. Je nach Prozeßführung und verwendetem Kornspektrum wird eine Rohdichte von 300 bis 500kg/m³ erzielt. Dies wirkt sich entsprechend auf das erzielbaren Druckfestigkeitsspektrum (σ_D = 0,7-9N/mm²) aus. Wesentliche Merkmale sind der hohen Schallabsorptionsgrad (α_0>0,6) innerhalb eines breiten Frequenzbereichs (250-2000Hz) bei senkrechtem Schalleinfall sowie die geringe Wärmeleitfähigkeit ($\lambda_{10,tr}$=0,078W/mK). Neuesten Untersuchungen zufolge kann die Rohdichte nochmals um ca. 10% auf 250kg/m³ gesenkt werden, was zu einer weiteren Verringerung der Wärmeleitfähigkeit führen wird. Der hohe Wasserdampfdiffusionskoeffizient ist ein weiterer Beleg für die Offenporigkeit des porösen Glases.

Eigenschaft	Prüfmethode	Einheit	Wert
Druckfestigkeit	DIN 1164	[N/mm²]	0,7-9,0
Wasserfestigkeit	Schamotterichtlinie	[% MA]	0,0
Rohdichte	DIN 51065	[kg/m³]	300-500
Wärmeleitfähigkeit	DIN 52 612	[W/m·K]	0,078
Wasserdampf-durchlässigkeit	DIN 52 615	[-]	25
Schallabsorptionsgrad	in Anlehnung an DIN 52215-63	[-]	> 0,6
Dil. Erweichungstemperatur	DIN 51005	[°C]	540

Tabelle 1: Zusammenfassung der wesentlichen Eigenschaften des anorganischen Schaums REAPOR®

Anwendungsgebiete:
Aufgrund des Eigenschaftsprofils dieses neuen Werkstoffes stehen vielfältige Einsatzbereiche offen. Durch Variation des Porengefüges kann der Werkstoff für die einzelnen Anwendungsgebiete auch maßgeschneidert werden. So können beispielsweise durch Anpassung des Strömungswiderstandes die akustischen Eigenschaften optimiert werden. Diese Gefügeparameter sind in Kombination mit der chemischen Beständigkeit der Systeme aber auch für die Bioverfahrenstechnik und Biomedizintechnik von größter Bedeutung.

Die wesentlichen Einsatzgebiete sind dort zu finden, wo poröse Werkstoffe mit hohen mechanischen Festigkeiten sowie chemischen oder thermischen Beständigkeiten notwendig sind. Die vornehmlichen Anwendungsgebiete sind:

- Schallschutz (z.B.: flexible Büroraumgliederungssysteme)
- Wärmeschutz (z.B.: hochwärmedämmendes Mauerwerk)
- Brandschutz (z.B.: Brandschutzklappen)
- Ofenbau (z.B.: Mantelsteine)
- Fahrzeugbau (z.B.: Crash-Absorber)
- Bioverfahrenstechnik (z.B.: Katalysatorträger)
- Biomedizinische Technik. (z.B.: resorbierbare Implantate)

Schlußbetrachtung:
Wie die Ausführungen am Beispiel des REAPOR® belegen, ermöglicht das Sintern eines anorganischen Schaumstoffes eine Trennung des Blähprozesses von dem eigentlichen Formgebungsprozeß. Dadurch können komplex geformte, eigenspannungsarme Schaumstoffformkörper mit gezielt einstellbarem Porengefüge erzeugt werden.

Literatur:
[1] Dettling, F.: Technische Maßnahmen zur Verminderung der Risiken durch künstliche Mineralfasern (KMF) sowie Anforderungen an mögliche Alternativen. Forschungsbericht 101 01 131 (1998), UBA-FB 98-036

[2] König, N.:Schaumgips oder Gipsschaum - Eigenschaften und Einsatzmöglichkeiten eines neuen Baustoffes. Bauphysik 15 (1993), Heft 2, S. 33-36.

[3] Gödeke, H.: The Utilization of Gypsum from Flue Gas Desulphurization in Insulation Materials - Manufacture and Properties -. 5th International Conference on FGD and Synthetic Gypsum, Toronto (1997).

[4] Gödeke, H.; Babuke, G.: Gesintertes Porenglas als hochfester Schallabsorber. 1. ALFA-Kolloquium, Fraunhofer-Institut für Bauphysik, Stuttgart (1997).

Texturierte Porosität in oxidkeramischen Systemen

Tim Schmedders, Sabine Poehnitzsch, Harald Schmidt, Georg Grathwohl
Keramische Werkstoffe und Bauteile, Universität Bremen

Einleitung

Hochporöse Keramiken mit gezielt eingestellten Porositätsparametern finden zunehmend Einsatz in teilweise hochbeanspruchten Trenn- oder Austauschorganen, Analysegeräter., Sensoren und Reaktoren. Beispiele sind Flüssigmetall- und Heißgasfilter, Membranen und Diaphragmen für korrosive Medien sowie Meßfühler und Sensoren für den Einsatz bei erhöhten Temperaturen. Die parallele Ausrichtung gleichartiger Porenkanäle stellt dabei ein Strukturprinzip dar, das sich aus dem Ziel möglichst hoher Permeabilität und kleiner Druckverluste ergibt. Das immer stärkere Vordringen in den Bereich der Mikroporosität dient dem Ziel gesteigerter Selektivität und Kontrollierbarkeit der ablaufenden Prozesse.

Texturierte Porosität in Keramik wird durch neue Verfahren erreicht, die das gezielte Einbringen von Zylinderporen in eine dichte oder poröse oxikeramische Matrix erlauben. Zum Einsatz kommen Formgebungsverfahren, bei denen die eigentliche Texturierung über die Abformung einer Negativform erfolgt. Als solche Negativformen werden zum einen elektrisch leitende Einzelfasern mit dem Durchmesser von 5-8 µm verwendet, die elektrophoretisch beschichtet werden. Für die projizierte industrielle Umsetzung werden Textilfasern verwendet, die nach paralleler Fixierung über Beflockungstechniken mit einem flüssigen Precursor infiltriert und in einen faserbewehrten Vorkörper überführt werden. Die Faserlängen liegen im Millimeter-Bereich.

Vor oder während der Hochtemperaturkonsolidierung werden die Fasern zersetzt, verbrannt oder reaktiv verändert und hinterlassen auf diese Weise durchgängige oder einseitig geschlossene Zylinderporen. Die Matrix und räumliche Begrenzung dieser gerichteten Porosität wird je nach Stoffsystem und Sinterbedingungen durch ein Keramikgefüge gekennzeichnet, das wiederum dicht oder porös sein kann.

Sinterstudien zeigen, welche Abhängigkeiten und Wechselwirkungen zwischen den durch die Sintertriebkräfte verursachten Materialtransportvorgängen und der Schrumpfung der diskreten Porenkanäle während der Gefügeentwicklung bestehen.

Herstellungsverfahren

Die in diesem Projekt angewandten Herstellverfahren Elektrophorese, Freezecasting und Polymer-Pyrolyse dienen der Darstellung gerichteter Porosität in einer nichtmetallisch-anorganischen Matrix. Sie basieren auf dem gemeinsamen Ziel, orientiert eingebrachte Einzelfasern vorzugsweise durch eine thermooxidative Behandlung aus einem faserbewehrten Vorkörper zu entfernen, um Zylinderporen zu hinterlassen.

Die Einstellung der in Bild 1 schematisch skizzierten Orientierungen gerichteter Poren zielt auf die Erhöhung der Austauschfläche und -wege für Stofftrennprozesse. Gleichzeitig stellt sie eine Möglichkeit dar, die Austauschprozesse mit dem Umgebungsmedium während der Gefügebildung

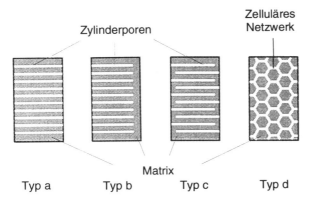

Bild 1: Varianten mikroporöser Keramiken mit gezielt eingebrachten Zylinderporen

(z.B. pyrolyseinduzierte Gasfreisetzung und Porenbildung) zu kontrollieren und zu optimieren. Dabei ergeben sich je nach Einbringung der ursprünglichen Platzhalterfasern oder -netzwerke verschiedene Varianten poröser Körper, die nicht mehr „nur" Membranen, sondern auch „continuous bed"-Strukturen bilden können. Alle Varianten sind durch eine makroporöse Kanalstruktur (Durchmesser der Zylinderkanalporen (z.B. 5 µm) und eine mikroporöse Matrix gekennzeichnet. Je nach Variante, Größe und Form des Keramikkörpers werden die Verfahren Elektrophorese, der Freezecast-Prozeß und die Polymer-Pyrolyse für die Herstellung eingesetzt.

Elektrophorese

Die Vorkörper werden mit Außendurchmessern zwischen 80 und 300 µm durch elektrophoretische Abscheidung von Keramikpartikeln (Al_2O_3, ZrO_2) (1) auf unterschiedliche Fasermaterialien (C-Faser, Al-Faser, W-Faser) mit Durchmessern von 5-8 µm hergestellt. Die Keramikpulver werden in einem unpolaren Lösungsmittel dispergiert. Die Oberflächenladung der Teilchen ist positiv, so daß die Fasern direkt als Kathode verwendet werden können. Bild 2 zeigt das Schema der elektrophoretischen Beschichtung.

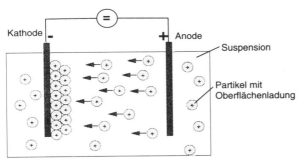

Bild 2: Partikelwanderung in einem elektrischen Feld

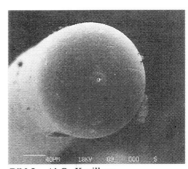

Bild 3: Al_2O_3-Kapillare

Nach der Trocknung wird die Faser entweder während der Sinterung ausgebrannt oder durch chemische Reaktionen zersetzt. In Bild 3 ist eine mit dieser Methode hergestellte Keramikkapillare mit einem Außendurchmesser von etwa 200 µm und einem Zentralkanal, der durch das Ausbrennen einer C-Faser entstanden ist, dargestellt. Durch inerte Sinterbedingungen kann die Verdichtung des Kapillarmantels auch unter Beibehaltung der Faser erreicht werden. Bild 4 zeigt in diesem Zusammenhang eindrucksvoll die Auswirkung der bei der Gefügeentwicklung entstehenden Sintertriebkräfte auf eine Faser. Die wirksamen Sinterspannungen führen aufgrund der Körperschrumpfung zum Bruch der Faser. Lange Haltezeiten bei Sintertemperatur führen zu Abschnürungen der Zylinderporen (Bild 5).

Ziel der Weiterentwicklung ist es, die simultane Entwicklung der Porenkanäle und der Gefügezustände durch Sinter-, Schrumpfungs- und Abschnürungsprozesse sowie des Kornwachstums zu untersuchen. Die Ergebnisse geben Auskunft über die ablaufenden Materialtransportvorgänge, die erreichbaren Kenngrößen der Kapillaren und die thermische Stabilität von Porenkanälen in keramischen Gefügen bei hohen Temperaturen.

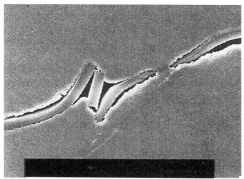

Bild 4: Einfluß der Sinterschwindung der Matrix auf eingelagerte Fasern

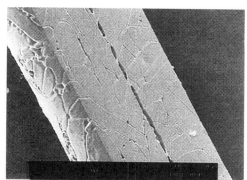

Bild 5: Abschnürungen einer Zylinderpore in einer Al_2O_3-Kapillare nach Langzeitglühung

Freezecast-Verfahren

Das seit Mitte der sechziger Jahre bekannte Formgebungsverfahren (2) nutzt den irreversiblen Modifikationswechsel einer kolloidalen Metalloxiddispersion (Sol) aus, der durch einen Wärmeentzug bis unter den Gefrierpunkt des Lösungsmittels eingeleitet wird und zu einer gelartigen Struktur führt. Bei vorheriger Zugabe eines Keramikpulvers zum Sol verbindet diese Gelphase die einzelnen Körner zu einem festen Formkörper. Das auskristallisierte Lösungsmittel wird aufgetaut und verdampft oder direkt sublimiert und hinterläßt auf diese Weise eine Matrixporosität, deren Porenspektrum je nach Abkühlgeschwindigkeit enger oder weiter ausfällt.

Die Vorteile dieses Verfahrens liegen in einer gesteigerten Festigkeit des Grünkörpers, einer hohen Maßhaltigkeit während der Trocknung und der für Schlickergußverfahren geltenden Möglichkeit zur Herstellung kompliziert geformter und kompakter Bauteile. Außerdem bietet das Verfahren die Möglichkeit, Strukturen wie Fasern oder Gewebe und Netzwerke in den Grünkörper einzubauen. Auf dem Hintergrund dieser Möglichkeiten wird das Verfahren weiterentwickelt, um filigrane Strukturelemente abformen zu können.

Entsprechend Bild 6 wird ein Aluminiumoxidpulver (d_{50} = 300 nm) in einem Siliziumoxidsol (d_{50} = 8 nm) dispergiert. Die Viskosität der homogenisierten Suspension beträgt bei einer Feststoffkonzentration von 38 Vol.-% etwa 370 mPas (Scherrate 150 s^{-1}). Für die Erzeugung der Zylinderporen werden Textilfasern mit unterschiedlichen Längen- zu Durchmesser-Verhältnissen (L/Ø = 50-1000) eingesetzt, deren Abmessungen von dem anzustrebenden Einsatzgebiet und der späteren

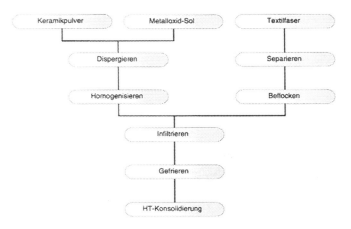

Bild 6: Prozeßverlauf des Freezecast-Verfahrens

Geometrie des Bauteiles abhängig sind. Die Einzelfaserorientierung erfolgt elektrostatisch auf Substraten nach vorheriger Separation der Flocks. Die nachfolgende Verfahrensstufe stellt mit dem Infiltrieren der ausgerichteten Fasern die erste Phase der Formgebung dar. Hierbei muß darauf geachtet werden, daß sämtliche Fasern von der Keramiksuspension benetzt werden. Hohlräume wie beispielsweise eingeschlossene Luftblasen führen im gesinterten Körper zu Makrodefekten, die die späteren Eigenschaften der Bauteile verändern. In der zweiten Formgebungsstufe wird durch Absenkung der Temperatur unter den Gefrierpunkt des Lösungsmittels die Suspension in oben erwähnter Weise verfestigt. Der Kälteeintrag in die Suspension erfolgt entweder über das Eintauchen der Substrate in ein Stickstoffbad (-190°C) oder indem die Formen in eine Kältekammer gestellt werden (-18°C). Je nach Abkühlgeschwindigkeit dauert der Gefrierungsprozeß 5 Minuten bis 1 Stunde. Die anschließende Hochtemperatur-Konsolidierung wird nach Entformung ohne vorheriges Auftauen des im Bauteil befindlichen kristallisierten Lösungsmittels eingeleitet. Diese Vorgehensweise ist darin begründet, daß während des Trocknungsprozesses kaum Schwindungen auftreten. Die folgenden Bilder zeigen zum einen REM-Aufnahmen (Bild 7 und 8) der Oberfläche und des ungerichteten Makroporengefüges eines Freezecast-Werkstoffes mit den charakteristischen Zylinderporen (Ø 40 µm) und zum anderen die dazugehörige Porenverteilung (Bild 9), die über das Quecksilber-Intrusionsverfahren bestimmt worden ist. In der trimodalen Porenverteilung sind neben den ungerichteten Mikro- und Makroporen der Matrix die Zylinderporen bei Ø 40 µm zu erkennen.

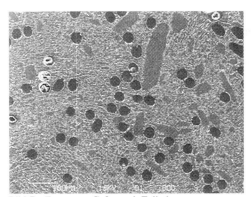

Bild 7: Freezecast-Gefüge mit Zylinderporen

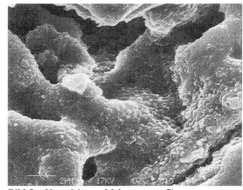

Bild 8: Ungerichtetes Makroporengefüge

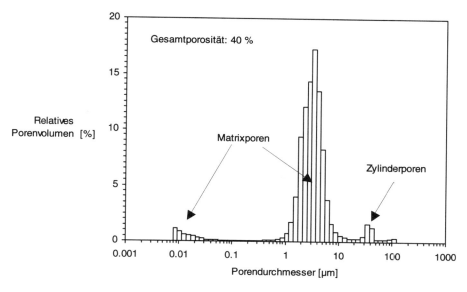

Bild 9: Porenverteilung einer Freezecast-Probe

Polymer-Pyrolyse

Die Herstellung polymerabgeleiteter keramischer Materialien erfolgt durch Pyrolyseprozesse siliziumorganischer Precursoren. Diese führen zusammen mit der thermischen Zersetzung orientiert eingelagerter Polymerfasern oder organischer Netzstrukturen zu keramischen Körpern mit gerichteter Porosität in einer mikroporösen Matrix. Das Verfahren (3) umfaßt zunächst die Herstellung von Formkörpern aus keramisierbaren Polymeren, die Fasern oder Schaumstoffe enthalten. Die Einbettung der Fasern gelingt durch die Trennung der Fasern als Einzelfasern, z.B. aus einem Faserbündel oder Flockfasern mittels elektrostatischer Aufladung. Die Einzelfasern lassen sich dann gezielt ausgerichtet in die vernetzbare und damit härtbare Polymermatrix einbringen und verteilen. Nach einem Vernetzungsvorgang werden die so hergestellten Polymer-Polymer Kompositkörper mittels Diamantsäge in dünne Scheiben unterschiedlicher Dicke quer zur Faserrichtung getrennt. Je nach Abfolge der Schritte zur Einbringung der Fasern/Schaumstoffe und Matrix bzw. je nach Lage der Trennschnitte werden dabei faserbewehrte Kompositkörper der Typen a, b, c oder d erhalten (Bild 1). Der anschließende Pyrolyseprozeß ist dadurch gekennzeichnet, daß die thermische Zersetzung der eingelagerten Polymerfasern und die Umwandlung der siliziumorganischen Precursormatrix sequentiell in aufeinanderfolgenden Prozeßstufen des Herstellverfahrens erfolgen. Dadurch wird erreicht, daß die zunächst entstehenden zylinderförmigen Porenkanäle den Zugang zu den inneren Bereichen des entstehenden Keramikkörpers öffnen, so daß die bei höherer Temperatur in der Folge von der Matrix abzuspaltenden Zersetzungsgase kontrolliert in die Umgebung freigesetzt werden können, ohne zusätzlich Makroporen und Risse zu erzeugen. Damit werden auch größere mikroporöse Keramikkörper herstellbar, die ansonsten wegen der geschilderten Gasdruckentstehung nicht möglich sind. Die resultierenden durchgängigen Porenkanäle (Bild 10) können je nach den eingesetzten Fasern unterschiedliche Durchmesser aufweisen (≥ 5 µm). Andererseits lassen sich Porenkanäle erhalten, die partiell mit Faserrückständen gefüllt sind oder in denen durch Pyrolyse neuerzeugte Fasern eingelagert sind.

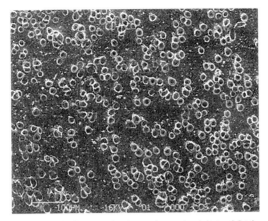

Bild 10: Zylinderporen in einer polymerabgeleiteten Matrix

Allgemein ist der Pyrolyseprozeß solcher präkeramischer Polymerprecursoren dadurch gekennzeichnet, daß im Temperaturbereich von etwa 400 - 800°C aufgrund der Strukturumwandlung sowie Abspaltung von gasförmigen Zersetzungsprodukten ein Maximum an spezifischer innerer Oberfläche (≥ 450 m²/g) und offener Mikroporosität erreicht wird. Bei weiterer Temperaturerhöhung bis ca. 1000°C kommt es zu einer Abnahme der offenen Porosität, oberhalb 1300°C erfolgt eine erneute Zunahme der offenen Porosität. Die thermische Stabilität der Precursoren bei Pyrolysetemperaturen oberhalb 1000°C kann zusätzlich durch Zugabe von vor-/teilpyrolysierten Matrixmaterial erhöht werden, wodurch die Mikroporosität und eine hohe spezifische Oberfläche von ≥ 65 m²/g bei diesen Temperaturen erhalten bleiben (4).

Ausblick

Für verschiedene Anwendungsfälle der analytischen und präparativen Chemie sowie für zahlreiche verfahrenstechnische Prozesse können die besonderen Vorteile hochporöser Keramikmodule mit definierten Parametern der Porosität im Makro- und Mikrobereich umgesetzt werden, wobei zwei Strukturprinzipien prägend sind: Der poröse Keramikkörper steht nicht als Membran mit einer extrem dünnen Funktionsschicht oder Partikelpackung, sondern als kontinuierlicher großvolumiger Körper zur Verfügung. Durch das Herstellverfahren bedingt, wird die geforderte Porositätscharakteristik mit optimierten Kenngrößen im Makro- wie im Mikrobereich im gesamten Körpervolumen eingestellt. Im Vergleich zu Trennmodulen der gegenwärtigen Prozeßtechnik sollten damit Vorteile beim Upscaling sowie bei den spezifischen Kosten erreichbar sein.

Literatur

(1) Harbach, F.; Nienburg,: J. Eur. Ceram. Soc.,18 (1998) 675-692
(2) United States Patent 5120477
(3) Deutsches Patent P198 38 263.4, angemeldet am 18.8.98
(4) Koch, D.; Schmidt, H; Grathwohl, G.: Werkstoffwoche 1998, Symposium 9b

Homogene Einbringung von Sinteradditiven in Aluminiumoxid-Keramiken

F. Stenzel, U. Köster, H. Schmidt und G. Ziegler,
Universität Bayreuth, Institut für Materialforschung (IMA I), Bayreuth

Einleitung

Wichtige Additive für die Sinterung von Aluminiumoxid-Keramiken sind Magnesiumoxid und Siliciumdioxid. MgO verhindert ein übermäßiges Kornwachstum (1-3) und kontrolliert somit das Gefüge. Deshalb ist MgO das in der keramischen Industrie am häufigsten verwendete Sinteradditiv. Desweiteren wird in vielen Fällen durch Flüssigphasensintern die Sintertemperatur reduziert und die Verdichtung gefördert. Dabei werden Additivkombinationen benutzt, die SiO_2 enthalten (4,5).
Normalerweise werden diese Sinteradditive in Form von Metalloxid-Pulvern verwendet. Diese Pulver werden mit den keramischen Pulvern durch zeit- und energieaufwendige Mahlprozesse vermischt. Die erreichbare Additivverteilung ist jedoch durch den mittleren Partikeldurchmesser beschränkt.
Das Ziel der Arbeit ist es, eine homogene Elementverteilung in gesinterten Al_2O_3-Keramiken zu erreichen, indem die Sinteradditive über Precursoren eingebracht werden. Dies wird am Beispiel von SiO_2 und MgO vorgestellt. Die Benutzung von Precursoren bringt zusätzlich den Vorteil, daß die durch Additive eingebrachten Verunreinigungen minimal sind und somit die Verfahrenstechnik eher kontrolliert und optimiert werden kann.

Experimentelle Durchführung

Das verwendete Al_2O_3-Pulver (A16 SG, Fa. Alcoa) hat einen Al_2O_3-Gehalt > 99,8 Gew.% und eine mittlere Partikelgröße von 0,9 µm. Die Mengen an organischen Additiven, Dispergator und Binder, sind auf den Feststoffgehalt bezogen.
Sinteradditiv SiO_2: Das Al_2O_3-Pulver wurde mit verschiedenen Silanen (Tetraethoxysilan (TEOS), Dimethyldiethoxysilan (DMDS), Aminopropyltriethoxysilan (AMEO), Methacryloxypropyltrimethoxysilan (MEMO) und Glycidopropyltrimethoxysilan (GLYMO), Fa. ABCR) in unterschiedlichen Konzentrationen (2 - 0,1 Gew.% SiO_2) beschichtet. Dazu wurde das keramische Pulver in Ethanol (Al_2O_3:EtOH = 1:1) dispergiert. Die Silane wurden in den gewünschten Konzentrationen in die Suspension getropft, die dabei stark gerührt wurde. Nach 24-stündigem Rühren wurde genau die Menge an Wasser, die für einen Schlicker mit 70 Gew.% Feststoffgehalt notwendig ist, zum Schlicker gegeben und der Alkohol mit einem Rotationsverdampfer abgezogen. 0,2 Gew.% Cellulose, gelöst in Wasser, wurde als Binder verwendet. Die Grünkörper wurden durch drucklosen Schlickerguß hergestellt und bei 1650 °C / 2 Stunden gesintert.
Sinteradditiv MgO: Als MgO-Precursor diente Magnesiumacetat-Tetrahydrat ($Mg(CH_3CO_2)_2 \cdot 4H_2O$, Fa. Merck). Zum Vergleich wurden dieselben Versuche mit MgO-Pulver durchgeführt (d_{50} = 4,1 µm, Fa. Merck). Es wurden wäßrige Al_2O_3-Schlicker mit 70 Gew.% Feststoffgehalt und 2 Gew.% Polyacrylsäure (PA 15, Fa. BASF) als Dispergator hergestellt. Nach 24stündigem Rühren erfolgte die Zugabe des Magnesiumacetats. Nach weiteren 2 Stunden wurde der Binder, 2 Gew.% eines an unserem Institut entwickelten Polyol-Derivats, zugegeben. Die Grünkörper wurden ebenfalls über drucklosen Schlickerguß hergestellt und bei 1650 °C / 2 Stunden gesintert.
Die Bestimmung der rheologischen Eigenschaften der Schlicker erfolgte mit einem Rheometer (Meßsystem: Koaxialer Zylinder, Fa. Physica) bei 20 °C. Die Dichte wurde gravimetrisch bestimmt.

Photoakustische Infrarotspektroskopie wurde mit einem Vector 22 FT-IR Spektrometer (Fa. Bruker) durchgeführt. Dazu wurden von den bei 80 °C getrockneten Grünkörpern Proben genommen und zu Pulver gemahlen. Das Sinterverhalten wurde mit einem DIL402E Dilatometer (Fa. Netzsch) analysiert. Dabei betrug die Heizrate 300 K/h und die Endtemperatur 1650 °C. Die Proben wurden mit einem REM/EDX (JSM6400, Fa. Jeol) charakterisiert, wozu die gesinterten Keramikkörper poliert und thermisch bei 1500 °C geätzt wurden.

Ergebnisse und Diskussion

Sinteradditiv SiO_2

Das homogene Einbringen von SiO_2 erfolgt durch Beschichten von Al_2O_3-Pulver mit siliciumorganischen Verbindungen, die in einer großen Anzahl kommerziell verfügbar sind. Das am häufigsten zum Beschichten von keramischen Pulvern verwendete Alkoxid ist TEOS (Tetraethoxysilan) (6-8). Die eigenen Untersuchungen bestätigen, daß die Oberfläche der Al_2O_3-Partikel mit TEOS modifiziert werden kann. Jedoch können die so erhaltenen Pulver nicht in Wasser dispergiert werden, da die Viskositätswerte der wässrigen Schlicker infolge fortschreitender Hydrolyse- und Kondensationsreaktionen in kurzer Zeit ansteigen.

Um diese Kondensationsreaktionen zu minimieren, wurden Silane mit einer oder zwei nichthydrolisierbaren organofunktionellen Gruppen ausgewählt. Die Experimente zeigten deutlich, daß die organofunktionellen Gruppen die rheologischen Eigenschaften der Schlicker beeinflussen. So wirkt das Silan GLYMO (Glycidopropyltrimethoxysilan) mit seiner Epoxy-Gruppe so stark verflüssigend, daß ein wässriger Schlicker mit 70 Gew.% Feststoffgehalt ohne zusätzlichen Dispergator hergestellt werden kann. Diese Schlicker zeigen gute rheologische Eigenschaften mit annähernd newtonischem Fließverhalten. Die erzielten Viskositätswerte sind reproduzierbar und vergleichbar mit Schlickern, die mit kommerziell verfügbaren Dispergatoren, z.B. Polyacrylaten, stabilisiert wurden. Die Viskositätswerte zeigen, wie erwartet, eine Abhängigkeit vom GLYMO-Gehalt (Bild 1). Die niedrigsten Viskositätswerte konnten mit 0,39 Gew.% GLYMO erhalten werden, was einer Dotierung mit 0,1 Gew.% SiO_2 entspricht.

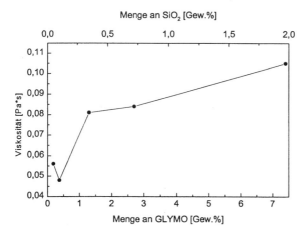

Bild 1: Viskositätswerte von Al_2O_3-Schlickern in Abhängigkeit vom Gehalt an GLYMO bzw. SiO_2 (Schergeschwindigkeit 1000 s^{-1}).

Die Dichtewerte der Grünkörper nehmen mit steigendem Gehalt an GLYMO von 61 bis 55 % th.D. ab. Die Werte der Sinterkörper liegen zwischen 96 und 92 % th.D. Die homogene Verteilung des Additivs SiO_2 in der Al_2O_3-Keramik konnte mit REM/EDX-Untersuchungen nachgewiesen werden, indem keine lokalen Anreicherungen von SiO_2 gefunden werden konnten. Das Gefüge zeigt, wie in der Literatur (9,10) mehrfach beschrieben, Riesenkornwachstum, was auch die relativ niedrigen Sinterdichten erklärt.

Sinteradditiv MgO

Für eine industrielle Anwendung ist eine einfache und umweltfreundliche Verfahrenstechnik wichtig. Aus diesem Grund ist es notwendig, Precursoren zu benutzen, die in wässrigen Schlickern löslich sind. Im Falle des Additivs MgO erfüllt Magnesiumacetat diese Anforderungen. Die Experimente mit dem Magnesiumacetat als Precurosr wurden zum Vergleich auch mit feinkörnigem MgO-Pulver durchgeführt.

Die rheologischen Eigenschaften der Schlicker sind in Bild 2 wiedergegeben. Das Fließverhalten ist, genauso wie im Fall von SiO_2, annähernd newtonisch. Die Viskositätswerte sind alle vergleichbar, mit Ausnahme von Schlickern, die MgO-Gehalte in Form des Acetatprecursors von 0,25 Gew.% enthalten.

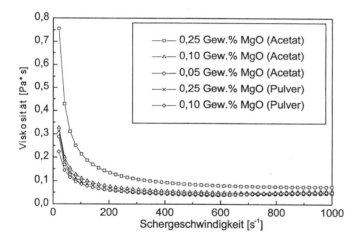

Bild 2: Viskositätswerte von Al_2O_3-Schlickern (Feststoffgehalt 70 Gew.%) mit verschiedenen Gehalten von MgO in Abhängigkeit von der Schergeschwindigkeit.

Die Gründichte nimmt mit steigendem Gehalt an MgO-Precursor von 58 bis 55 % th.D. ab. Untersuchungen mit einem Dilatometer zeigen, daß die Verdichtungsrate für Keramiken, die mit dem Mg-Acetat dotiert wurden, höher ist als für Dotierung mit MgO-Pulver. Außerdem sind die Dichtewerte der Sinterkörper mit Mg-Acetat-Dotierung geringfügig höher als mit MgO-Pulver Zugabe. Die homogene Verteilung des Additivs MgO konnte für beide Dotierungsverfahren mit REM/EDX nachgewiesen werden. Keine Agglomerationen von MgO konnten detektiert werden. Das Gefüge ist ebenfalls in beiden Fällen homogen und weist kein Riesenkornwachstum auf.

Interessanterweise zeigen jedoch die Mg-Acetat-Proben ein Gefüge mit einer kleineren mittleren Korngöße. Diese Bobachtungen werden durch die oben beschriebenen Ergebnisse der Dilatometeruntersuchungen bestätigt. Daraus folgt, daß die Einbringung des Sinteradditivs MgO über den Acetat-Precursor eine homogenere Verteilung liefert, die das Sinterverhalten der Al_2O_3-Keramiken positiv beeinflußt.

Einige Autoren (11,12) erhielten ähnliche Ergebnisse durch Einbringen des Sinteradditivs über Precursoren, z.B. Mg-Formiat oder Mg-Methanolat, obwohl in diesen Untersuchungen die Preßtechnik als Formgebungsverfahren benutzt wurde. In allen Fällen wurden jedoch, im Gegensatz zu dem hier vorgestellten Verfahren, organische Lösungsmittel verwendet, was für eine industrielle Anwendung nicht tragbar ist.

Zusammenfassung

Die homogene Einbringung der Sinteradditive SiO_2 und MgO in Al_2O_3-Keramiken wurde über verschiedene Verfahren erreicht.

SiO_2 wurde durch Beschichten von Pulverpartikeln mit siliciumorganischen Verbindungen homogen eingebracht. Dabei wurden die besten Ergebnisse in bezug auf die wässrige Verfahrenstechnik mit dem Silan GLYMO erzielt. GLYMO hat einen stark verflüssigenden Effekt auf den wässrigen Schlicker. Somit kann GLYMO als bifunktioneller Precursor beschrieben werden, der einerseits die homogene Einbringung des Sinteradditivs SiO_2 ermöglicht und andererseits als Dispergator fungiert.

Das Sinteradditiv MgO kann mit Hilfe des Precursors Magnesiumacetat einfach und effektiv in den wässrigen Schlicker homogen eingebracht werden. Vom Standpunkt der Anwendung hat diese Methode den Vorteil, daß das Ausgangsmaterial billig, kommerziell verfügbar und umweltfreundlich ist. Die homogene Verteilung des Sinteradditivs MgO resultiert in einer erhöhten Verdichtungsrate beim Sintern und einem besseren Gefüge.

Danksagung

Die Arbeit wurde dankenswerterweise über die Arbeitsgemeinschaft industrieller Forschungsvereinigung (AiF) aus Mitteln des Bundeswirtschaftsministeriums (BMWi) unter der Projekt-Nr. 10511 gefördert.

Literatur

(1) C.A. Handwerker, P.A. Morris, R.L.Colbe, J. Am. Ceram. Soc., **72** (1989) 130.
(2) S.J. Bennison, M.P. Harmer, J. Am. Ceram. Soc., **66** (1983) C90.
(3) S.I. Bae, S. Baik, J. Am. Ceram. Soc., **77** (1994) 2499.
(4) T. Koyama, A. Nishiyama, K. Niihara, J. Mater. Sci., **28** (1993) 5953.
(5) E. Kostic, S. Boškovic, S.J. Kiss, Ceramics International, **19** (1993) 235.
(6) D.C. Agrawal, R. Raj, C. Cohen, J. Am. Ceram. Soc., **73** (1990) 2163.
(7) S. Ebener, W. Winter, J. Eur. Ceram. Soc., **16** (1996) 1179.
(8) M. Sando, A. Towata, A. Tsuge, Advanced Powder Technol., **6** (1995) 149.
(9) S.I. Bae, S. Baik, J. Am. Ceram. Soc., **76** (1993) 1065.
(10) H. Song, R.L. Colbe, J. Am. Ceram. Soc., **73** (1990) 2077.
(11) A. Cohen, C.P. van der Merwe, A.I. Kinon, Advances in Ceramics, **10** (1984) 780.
(12) O. Göbel, K. Winkelmann, E. Zscech, cfi/Ber. DKG, **71** (1994) 483.

IV.

Formgebung

Prozeßanalyse und -modellbildung für das Spritzgießen keramischer Bauteile

Christian Hopmann, Walter Michaeli, IKV, Aachen

Für die Massenfertigung keramischer Bauteile mit komplexer Geometrie eignet sich das Pulverspritzgießverfahren in besonderem Maße. Hierbei wird in einem ersten Verfahrensschritt das keramische Pulver in einem polymeren Bindersystem dispergiert (1). Unter Bindesystem wird hierbei die Summe aller Zuschlagstoffe verstanden, die die Verarbeitung im Spritzgießverfahren ermöglicht. Dies können z.B. Gleitmittel, Trennmittel, Benetzungsmittel o.ä. sein.

Nach der Aufbereitung erfolgt die Formgebung durch Spritzgießen. Hierbei ist die Prozeßführung durchaus vergleichbar mit der Verarbeitung konventioneller thermoplastischer Kunststoffe. Allerdings kommt es wegen des hohen Anteils an keramischem Füllstoff zu einigen Besonderheiten, auf die nachfolgend näher eingegangen wird.

Im Anschluß an die Formgebung wird der Binder aus dem Bauteile entfernt. Dies kann beispielsweise durch eine thermische Behandlung erfolgen. Hierbei wird das Bauteil so weit aufgeheizt, bis der Binder verdampft und über Diffusionsvorgänge aus dem Bauteil entweicht. Alternativ stehen auch Formmassen zur Verfügung, die durch Lösungsmittel oder katalytisch entbindert werden. Abschließend werden die Bauteile auf Enddichte gesintert, so daß am Ende der Verarbeitungskette ein kompaktes keramisches Bauteil vorliegt.

Für die Verarbeitung von Keramikspritzgießformmassen sind deren spezifische rheologische und thermische Eigenschaften von besonderer Bedeutung (2, 3). Durch den hohen Füllstoffgehalt von etwa 60 Vol.-% steigt die Viskosität der Formmasse stark an. Dem wird begegnet durch eine entsprechende Komposition des Bindersystems, indem Bestandteile mit besonders niedriger Schmelzviskosität zugesetzt werden.

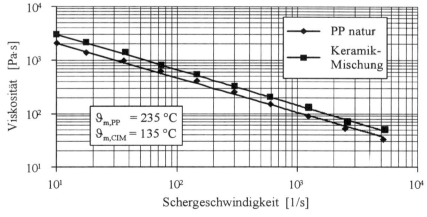

Bild 1: Fließverhalten der Keramikmischung

In Bild 1 dargestellt ist das Fließverhalten einer typischen Keramikmischung im Vergleich zu PP. Der Binder basiert hier auf einem Wachs/PP-System. Zwar liegt die Viskosität etwas oberhalb eines Standard-Thermoplasten, sie ist jedoch im Verarbeitungsbereich üblicher Thermoplaste, so daß eine sichere Verarbeitung gewährleistet werden kann.

Neben der Fließfähigkeit werden vor allem die thermischen Eigenschaften der Formmassen durch den hohen Füllstoffanteil geprägt. Betrachtet man die in Tabelle 1 dargestellten thermischen Stoffdaten Dichte, Wärmeleitfähigkeit und Wärmekapazität bzw. die daraus gebildete Temperaturleitfähigkeit, so stellt man fest, daß diese für die hier untersuchte Mischung im Vergleich zu Polypropylen um den Faktor 7 erhöht ist. Charakterisiert die Temperaturleitfähigkeit die Geschwindigkeit, mit der Temperaturausgleichsvorgänge im Spritzgießwerkzeug ablaufen, so bedeutet dies für die Verarbeitung, daß es hier zu einem extrem schnellen Einfrieren der Formmassen kommt. Die wirksame Nachdruckzeit ist erheblich reduziert, so daß zur Herstellung qualitativ hochwertiger Bauteile ein erhöhter Füll- und Nachdruck erforderlich ist. Bei der Formfüllung ist außerdem mit einer verstärkten Randschichtbildung zu rechnen. Die Einspritzgeschwindigkeit darf für eine sichere Füllung der Kavität daher nicht zu niedrig gewählt werden. Eine überhöhte Einspritzgeschwindigkeit hingegen führt zu Freistrahlbildung und Entmischungserscheinungen und hat damit ebenfalls negative Auswirkungen auf die Produktqualität. Insgesamt ergibt sich daher für die Verarbeitung keramikpulvergefüllter Formmassen ein im Vergleich zum Spritzgießen konventioneller Thermoplaste erheblich verengtes Prozeßfenster (4).

		Polypropylen	Keramikmischung
Dichte ρ	[g/cm^3]	0,9	2
spez. Wärmekapazität c_p	[kJ/kg]	2	1
Wärmeleitfähigkeit λ	[W/mK]	0,2	1,4
Temperaturleitfähigkeit a	[mm^2/s]	0,1	0,7

Tabelle 1: Thermische Eigenschaften im Vergleich

Zur Überwachung der Formteilqualität und zur Ermittlung der Zusammenhänge zwischen der Prozeßführung beim Spritzgießen und der auftretenden Formteilqualität sind im konventionellen Spritzguß statistische Prozeßmodelle entwickelt worden (5). Sie stellen ein hilfreiches Instrument bei der Analyse von Spritzgießprozessen dar. Aufgrund des stark differierenden Materialverhaltens der pulvergefüllten Kunststofformmasse können sie allerdings nicht direkt auf den Keramikspritzguß übertragen werden. Aus diesem Grund sind am IKV Untersuchungen zur Prozeßmodellbildung für das Keramikspritzgießen durchgeführt worden (6).

Ziel empirischer Untersuchungen ist die Bildung eines Prozeßzusammenhanges (Modell), der die Beziehungen zwischen Einflußgrößen und Zielgrößen für ein bestimmtes Prozeßverhalten in einem betrachteten Versuchsraum hinreichend genau beschreibt. Somit ist nach Bildung eines solchen Modells die Vorhersage von Zielgrößen anhand der betrachteten Einflußgrößen möglich und eine on-line-Prozeßüberwachung realisierbar.

Der Weg von der Messung bis zum Prozeßmodell ist in Bild 2 aufgezeigt. Ausgangspunkt ist das bestehende Prozeßwissen, mit dem festgelegt wird, welche Einstellgrößen in welchem Umfang die Zielgröße beeinflussen und von welchem Arbeitspunkt aus die Untersuchungen durchgeführt werden.

Darauf aufbauend wird ein Versuchsplan erstellt, der die Anzahl, die Abstände und die Anordnung der zu variierenden Einstellparameter und die Probenanzahl pro Versuchspunkt verbindlich festlegt. Die Einstellungen bewegen sich dabei in einem festen Rahmen um den Arbeitspunkt (Zentralpunkt).

Anschließend erfolgt die Versuchsdurchführung. Pro Maschineneinstellung wird die vorgegebene Probenanzahl entnommen und gekennzeichnet, so daß eine eindeutige Zuordnung zu den parallel aufgezeichneten Meßdaten möglich ist. Die rechnergestützt aufgenommene Meßdatendatei beinhaltet die zu jedem gefertigten Formteil gehörenden Prozeßkurvenverläufe, wie z.B. Schneckenweg oder Werkzeuginnendruck als Funktion der Zeit.

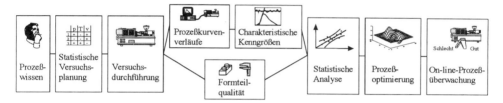

Bild 2: Bildung von Prozeßmodellen zur Qualitätsüberwachung

Aus diesen Prozeßkurvenverläufen werden charakteristische Kenngrößen gebildet, welche die Kurvenverläufe der gemessenen Prozeßdaten in der jeweiligen Prozeßphase gut beschreiben. Diese können beispielsweise mittlere Temperaturen oder maximale Drücke, Steigungen in der Druckkurve oder Integrale des Druckes in zeitlich verschiedenen Verarbeitungsbereichen (z.B. Einspritz- und Nachdruckphase) sein.

Nachfolgend werden die interessierenden Qualitätsmerkmale (z.B. Gewicht, Abmaße) gemessen und mit den Kenngrößen in Zusammenhang gebracht. Es folgt die rechnergestützte Auswertung, aus der ein Prozeßmodell resultiert, welches den Zusammenhang zwischen einem Qualitätsmerkmal und einigen relevanten Kenngrößen, aber nicht mit Einstellparametern oder realen Meßkurven wiedergibt.

Die aus dem Experiment ermittelten statistischen Prozeßmodelle geben einen physikalischen Zusammenhang nur näherungsweise wieder. Sie sind generell nur in dem betrachteten Versuchsraum gültig. Wird eine Extrapolation über den Versuchsraum hinaus durchgeführt, so gelten nicht mehr die im Versuchsraum abgesicherten Vorhersagewahrscheinlichkeiten (7).

Ziel der Untersuchungen ist es, den Zusammenhang zwischen relevanten Formteilqualitäten und Prozeßgrößen beim Keramikspritzgießen zu erfassen. Tabelle 2 zeigt in einer Übersicht die zu untersuchenden Einflußgrößen, die Zielgrößen und die zur Bildung von unabhängigen Prozeßkenngrößen gemessenen Prozeßgrößen. Zur Durchführung der Untersuchungen wurde ein vollständiger 3^3-Versuchsplan verwendet. D.h. die drei Einflußgrößen wurden auf drei Ebenen variiert. Es ergeben sich somit 27 Versuchspunkteinstellungen.

Einflußgrößen	Zielgrößen	Meßgrößen
Nachdruck	Gewicht	Werkzeuginnendruck
Massetemperatur	Maßhaltigkeit	Druck im Schneckenvorraum
Einspritzvolumenstrom	Rißbildung	Temperatur im Schneckenvorraum
		Hydraulikdruck der Maschine

Tabelle 2: Variationsparameter

Beispielhaft sind in Bild 3 die gemessenen und berechneten Grünlinggewichte einander gegenübergestellt. Dabei stellen die ausgefüllten Punkte die gemessenen, also die wahren Werte des Grünlinggewichts dar. Auf Basis dieser Werte wird unter Verwendung des Kenngrößensatzes das Modell gebildet, mit dem dann die vorhergesagten Werte, hier repräsentiert durch offene Kreise, berechnet werden. Im unteren Bildteil sind die variierten Maschinenparameter aufgetragen und den Gewichten zugeordnet.

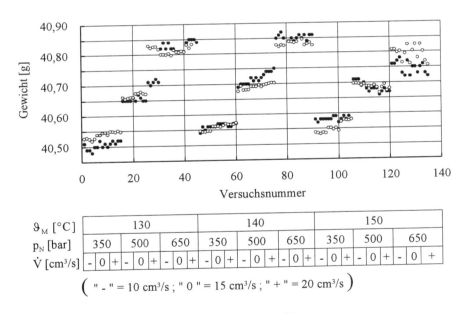

Bild 3: Vergleich gemessener und berechneter Grünlinggewichte

Bemerkenswert ist, daß sich in dieser Darstellung lediglich neun Bereiche enger Streuung der Formteilgewichte finden. Zu erwarten wären vielmehr analog zu den aus dem verwendeten 3^3-

Versuchsplan resultierenden 27 Versuchseinstellungen auch 27 solcher Bereiche. Betrachtet man aber die Wirkung einer jeden Einflußgröße isoliert (Bild 4), so ist zunächst festzustellen, daß die Massetemperatur einen ambivalenten Einfluß besitzt. Bei Erhöhung der Massetemperatur steigt das Formteilgewicht durch Zunahme der wirksamen Nachdruckzeit leicht an. Wird die Massetemperatur allerdings über einen kritischen Wert erhöht, so kommt es zu ersten Zersetzungserscheinungen niedrigschmelzender Binderkomponenten. Diese vergasen und führen somit zu einem geringeren Formteilgewicht.

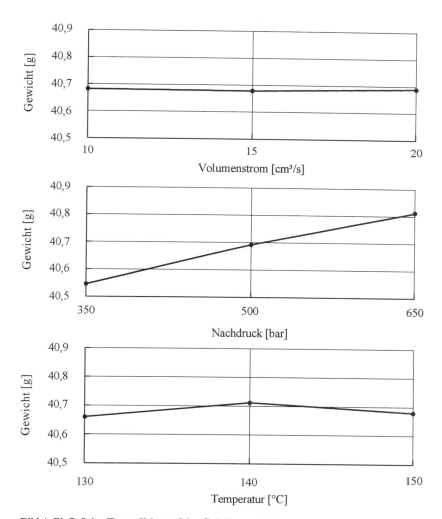

Bild 4: **Einfluß der Haupteffekte auf das Grünlinggewicht**

Deutlich zu erkennen ist, daß der Nachdruck mit Abstand den stärksten Einfluß auf das Formteilgewicht hat. Durch eine Erhöhung des Nachdrucks kann Schwindungserscheinungen effektiv begegnet werden, so daß eine Erhöhung des Formteilgewichts die Folge ist. Demgegenüber hat eine Veränderung des Einspritzvolumenstroms keinen besonders ausgeprägten Einfluß auf das Grünlinggewicht. Aus diesem Grund sind die Formteilgewichte hier in lediglich neun statt 27 Bereichen gruppiert.

Vergleicht man nun die wahren Werte mit den vom Modell prognostizierten, so ist festzustellen, daß das Modell nicht nur die absolute Lage dieser neun Bereiche und ihre Streubreite sehr exakt nachbildet, sondern auch die Tendenzen innerhalb dieser Gruppierungen exakt in der Lage ist vorherzusagen. Dabei wird die höchste Genauigkeit des Modells im Bereich um den Zentralpunkt des Versuchsplans erreicht.

Aufgrund der sehr guten Vorhersagegenauigkeit ist anhand der Prozeßmodelle gezeigt worden, daß die Prozeßführung beim Spritzgießen die Qualität des Grünlings und damit des gesinterten Fertigteils signifikant beeinflußt. Dabei ist die Herstellung qualitativ hochwertiger Grünlinge mit einer hohen Reproduzierbarkeit möglich. Eine Prozeßüberwachung ist mit Hilfe des gebildeten Modells denkbar. Allerdings ist zu berücksichtigen, daß beim Spritzgießen eingebrachte Fehlstellen unter Umständen erst nach dem Debindern des Bauteils sichtbar werden.

Wie beim Thermoplastspritzgießen tragen auch beim Keramikspritzgießen Prozeßmodelle zu einem vertieften Prozeßverständnis bei, mit ihrer Hilfe ist die Bauteilqualität im allgemeinen mit guter Genauigkeit vorhersagbar.

Literatur
(1) Spur, W. Merz, P.: Aufbereiten von Pulverspritzgießformmassen, ZWF 92 (1997) 4
(2) Kurzbeck, S., Kaschta, J., Münstedt, H.: Rheological behaviour of a filled wax system, Rheologica Acta 35 (1996) 5, S. 446-457
(3) Münker, M.: Untersuchung zur Spritzgießverarbeitung keramikpulvergefüllter Formmassen und rechnerische Simulation des Formteilbildungsprozesses, unveröffentliche Diplomarbeit am IKV, RWTH Aachen, 1995
(4) Hopmann, C., Knothe, J.: Verarbeitung von ultrahoch-gefüllten organischen Silizium/Siliziumnitrid-Dispersionen nach dem Pulverspritzgießverfahren, Abschlußbericht zum BMBF-Verbundprojekt 03 N 3000 C, IKV Aachen, 1997
(5) Vaculik, R.: Regelung der Formteilqualität beim Spritzgießen auf der Basis statistischer Prozeßmodelle, Dissertation an der RWTH Aachen, 1996
(6) König, K.: Entwicklung statistischer Prozeßmodelle für den Keramikspritzguß, unveröffentlichte Studienarbeit am IKV, RWTH Aachen, 1997

Dank
Die hier vorgestellten Ergebnisse wurden im Rahmen eines vom Bundesministerium für Bildung, Wissenschaft, Forschung und Technologie unter der Fördernummer 03 N 3000 C geförderten Projektes in Zusammenarbeit mit der Bayer AG, Krefeld, und der CFI GmbH & Co KG, Rödental, erarbeitet. Ihnen sei für die freundliche Unterstützung und die stets gute Zusammenarbeit herzlich gedankt.

Extrusion keramischer Fasern und Hohlfasern

Beat Gut, Markus Wegmann,
Eidgenössische Materialprüfungs- und Forschungsanstalt, Dübendorf (Schweiz)

Zusammenfassung

Verschiedene technisch interessante Keramikpulver mit Korngrössen im Submikronbereich wurden mittels konventioneller Verfahrenstechnik zu Fasern und Hohlfasern extrudiert. Aluminiumoxid, teilstabilisiertes Zirkonoxid, Siliziumnitrid, Siliziumkarbid, Lanthanstrontiummanganat, Bleizirkonattitanat und ein Gemenge aus SiC und Zirkondiborid wurden entweder mit thermoplastischen oder wasserlöslichen Bindern auf Cellulose- oder Polyäthylenglykolbasis vermischt und extrudiert. Die extrudierten Stränge wiesen einen Durchmesser zwischen 50 und 150 µm auf, der im Falle von Pasten auf Polyäthylenbasis durch Strecken der Schmelze auf ca. 40 µm reduziert werden konnte. Hohlfasern mit 150 µm Aussendurchmesser und 90 µm Innendurchmesser konnten ebenfalls hergestellt werden. Die Grünfasern wurden zu Filzen für die Anwendung als Gasverteiler/Stromsammler in einer experimentellen Brennstoffzelle weiterverarbeitet, zudem wurden einfache Fasergeflechte hergestellt. Die Fasern konnten erfolgreich entbindert und gebrannt werden. Bei Zirkonoxidfasern wurde beispielsweise durch druckloses Sintern eine Dichte von 99 % erzielt und an Fasern mit 78 µm Durchmesser Bruchspannungen bis 1.0 GPa gemessen.

Abstract

Submicron powders of several technically interesting advanced ceramics have been conventionally extruded as fibers and hollow fibers. Alumina, partially stabilized zirconia, silicon nitride, silicon carbide, lanthanum strontium manganate, lead zirconate titanate and a silicon carbide/zirconium diboride particulate composite have each been blended with thermoplastic binders or water soluble cellulose or polyethylene glycol-base binders and extruded. The green extrudates have diameters ranging between 50 and 150 µm, and the polyethylene-base 150 µm extrudate can be drawn down to approximately 40 µm diameter. Hollow fibers with 150 µm outer and 90 µm inner diameter can also be produced. Green fibers have been processed into chopped fiber felts for use as gas distributors/current collectors in an experimental SOFC, and the first attempts at producing simple weaves have been successful. The fibers, tubes, and felts have been successfully debound and sintered. Characterization of the sintered PSZ fibers, for example, has revealed a density in excess of 99% and failure stresses up to 1.0 GPa for 78 µm diameter fibers.

Einleitung

Die Nachfrage nach keramischen Fasern für Anwendungen wie Faserverstärkungen, Katalyse, thermische Isolation, Mikrotechnik sowie Membranen für die Gas- und Flüssigkeitsfiltration ist in den vergangenen Jahren kontinuierlich angestiegen, was die Entwicklung von zahlreichen Verfahren bewirkt hat [1]. Meist werden dabei Lösungen, Sole oder Gele entsprechender Ausgangssubstanzen versponnen und über diverse chemische Reaktionen und physikalische Prozesse zu keramischen Fasern umgewandelt. Beschränkend für diese Verfahren sind zum einen, dass die notwendigen Ausgangssubstanzen nicht immer verfügbar sind und zum anderen, dass sich nicht jede gewünschte keramische Phase durch pyrolytische Zersetzung und Phasenumwandlung

herstellen lässt. Lanthanstrontiummanganat (LSM) ist ein Beispiel, bei dem beide Einschränkungen zutreffen.
Im Rahmen des schweizerischen Energieforschungsprogramms *Brennstoffzellen und Akkumulatoren* sollten Fasern aus LSM hergestellt, zu Filzen verarbeitet und als Luftverteiler bzw. Stromsammler eingesetzt werden. Die Fasern konnten durch Extrusion von in thermoplastischem Binder gebundenem Pulver hergestellt werden. Konsequenterweise wurde die Methode auch für weitere, technisch interessante Keramiken wie Siliziumnitrid (Si_3N_4), Siliziumcarbid (SiC), Aluminiumoxid (Al_2O_3), teilstabilisiertes Zirkonoxid (PSZ), Bleizirkonattitanat (PZT) und einen Verbundwerkstoff aus SiC, Borkarbid und Zirkonborid (ZBSC) mit Korngrössen < 1 µm angewandt, wobei auch wasserlösliche Bindersysteme erfolgreich eingesetzt wurden.

Versuchsdurchführung
Die in dieser Arbeit verwendeten Keramikpulver wurden entweder selbst hergestellt oder extern bezogen (Tabelle 1). Die im eigenen Labor hergestellten Pulver wurden mittels Nassmahlen zu Submikronpulver aufbereitet, die im Handel bezogenen Pulver wurden wie geliefert verwendet. Jedes Pulver wurde bezüglich Korngrösse (Laserlichtstreuung; Mastersizer X, Malvern Instruments Ltd, GB), Dichte (Heliumpyknometrie; AccuPyc 1330, Micrometrics Instrument Corp., USA), Morphologie (Rasterelektronenmikroskopie, JSM-6300F, Jeol Corporation Ltd., Japan) und spezifische Oberfläche (BET; Automated BET Sorptometer, Porous Materials Inc., USA) analysiert. Von den polymeren Bindern (Tabelle 2) wurden die charakteristischen Temperaturen (TGA/DTA; Thermowaage STA 409, Netzsch-Gerätebau GmbH, D) und die Dichte (Heliumpyknometrie) bestimmt.

Werkstoff	Si_3N_4	SiC	Al_2O_3	PSZ	$(La_{0.8}Sr_{0.2})_{0.98}MnO_3$	PZT	ZrB_2/SiC B_4C
Herkunft	Handel	Handel	Handel	Handel	EMPA	Handel [1]	EMPA [2]
Additive (gew %)	1.4 MgO 3.6 Al_2O_3	3.0 C 0.5 B	-	5.4 Y_2O_3	-	-	-
ρ_{th} (g/cm³)	3.18	3.21	3.98	6.08	6.50	8.08	4.80
d_{50} (µm)	0.78	0.67	0.30	0.25	0.88	0.88	0.59
spez. Oberfläche (m²/g)	12.3	20.5	11.1	11.1	7.0	-	9.6

[1] vom Active Materials and Structures Lab, Massachusetts Institute of Technology, USA, zur Verfügung gestellt
[2] kommerzielle Pulver von EMPA konditioniert

Tabelle 1: Eigenschaften der verwendeten Keramikpulver

Bezeichnung	PEW	HOS	PEG4K & PEG10K	MEC
Typ	thermoplastisch	thermoplastisch	wasserlöslich	wasserlöslich
Zusammensetzung	Polyäthylen/ Wachs-Mischung	Polyolefin/ Wachs-Mischung	Polyäthylenglycol a) PEG4K: $M_n \approx 4000$ +70 gew% dest. H_2O b) PEG10K: $M_n \approx 10,000$ +85 gew% dest. H_2O	Methylcellulose $M_n \approx 86,000$ + 85 gew% dest. H_2O

Tabelle 2: Bindersysteme

Die Extrusionspasten wurden in einem Laborkneter aufbereitet (Rheocord 9000, HAAKE Mess-Technik GmbH, D). Die thermoplastischen Massen wurden bei 150°C geknetet, die kaltplastischen Massen auf Wasserbasis bei Zimmertemperatur. Die Pasten wurden mit einem niedrigen Feststoffgehalt angesetzt und keramisches Pulver dazu gegeben, bis der höchstmögliche Feststofffüllgrad erreicht wurde. Drehmoment und Pastentemperatur wurden während des Knetens aufgezeichnet und eine Paste wurde als genügend homogenisiert betrachtet, wenn das Drehmoment während einiger Minuten konstant blieb.

Ein Einschneckenlaborextruder (Rheomex 202HF, HAAKE Mess-Technik GmbH, D) wurde für die Extrusion der Pasten eingesetzt. Die kaltplastischen Massen wurden mittels einer hydraulischen Kolbenpresse auf die Schnecke gefördert und bei Zimmertemperatur extrudiert. Die erstarrten thermoplastischen Massen wurden mit einem Backenbrecher zerkleinert, über einen Vibrationseinfülltrichter in den Extruder eingezogen und zwischen 140 und 160°C extrudiert. Saphirdüsen mit 150, 100 oder 50 µm Düsendurchmesser dienten als Mundstücke (Bild 1).

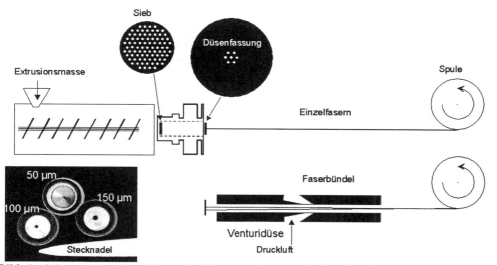

Bild 1: Schematische Darstellung des Faserextrusions- und Streckverfahrens (Photo: Optische Aufnahme der eingesetzten Saphirdüsen)

Die Düsen wurden einzeln oder in 3er-, 5er-, oder 7er-Gruppen in Stahlfassungen eingelegt. Zwischen dem Schneckenende und der Mundstückfassung wurde ein Sieb mit zahlreichen 100 µm Düsen eingesetzt, um Überkorn und grössere Agglomerate zurückzuhalten. Bei Verwendung einer 150 µm Düse als Mundstück wurden bei thermoplastischen Pasten Extrusionsdrücke zwischen 15 und 25 MPa und bei kaltplastischen Pasten kleiner 7.5 MPa gemessen.

Die Einzelfasern wurden direkt auf eine Spule mit stufenlos regulierbarer Rotationsgeschwindigkeit aufgewickelt (Bild 1). Die Faserbündel wurden mittels einer Venturidüse vom Mundstück weggezogen und dann auf die Spule aufgewickelt. Je nach Bindersystem konnten die Fasern durch Erhöhung der Rollengeschwindigkeit auf einen kleineren Durchmesser gedehnt werden. Die Einlage eines Kerns in das Mundstück ermöglichte auch die Extrusion von Hohlfasern mit 150 µm Aussen- und 90 µm Innendurchmesser.

	Si_3N_4 (vol%)	SiC (vol%)	Al_2O_3 (vol%)	PSZ (vol%)	LSM (vol%)	PZT (vol%)	ZBSC (vol%)
PEW	55.1	55.1	x	53.4	58	50	55
HOS	59.7	54.1	x	x	x	-	-
PEG4K	47.5	-	50.0	-	x	-	-
PEG10K	-	52.5	-	42.0	x	-	-
MEC	49.0	52.0	51.5	42.3	x	-	-

x: nicht gelungen   -: nicht versucht
Tabelle 3: Feststoffgehalt der Extrusionsmassen

Faser	SiC	Al_2O_3	PSZ	LSM	PZT	ZBSC
Bindersystem	PEW	PEG4K	PEW	PEW	PEW	PEW
ρ (g/cm^3)	3.06	3.93	6.08	6.40	7.4	4.80
% th. Dichte	96.1	98.7	100	99.0	92.8	100
Schwindung (%)	bis 15	bis 15	bis 22	bis 25	bis 25	-
Bruchspannung (GPa)	-	Ø118 µm: 9 Proben, 780 ± 250 Ø78 µm: 3 Proben 1000 ± 170			-	-

Tabelle 4: Eigenschaften von gesinterten Fasern

LSM- und PSZ-Fasern wurden im unbehandelten Zustand zu Filzen weiterverarbeitet. Dazu wurden die Fasern auf ca. 10 mm Länge zugeschnitten und in einer wässrigen Celluloselösung bei Zimmertemperatur dispergiert. Über axiales Filterpressen wurden die Suspensionen entwässert und die Filze geformt. Kontinuierliche LSM-Einzelfasern wurden auch auf eine Spindel aufgewickelt, um eine einfache textile Struktur zu erzeugen.

Die Entbinderung erfolgte thermisch, wobei die Zersetzungstemperaturen der verwendeten Polymere berücksichtigt wurden; für die SiC- und ZBSC-Fasern unter Stickstoffatmosphäre und für die anderen bearbeiteten Werkstoffe in stehender Luft. Druckloses Sintern erfolgte mit optimierten Temperaturprogrammen, die mittels Sinterdilatometerversuchen an schlickergegossenen oder axialgepressten Proben der entsprechenden Keramikpulver erarbeitet wurden. Die Al_2O_3-, LSM-, PZT- und PSZ-Fasern wurden in Luft, die SiC- und ZBSC-Fasern unter Argon und die Si_3N_4-Fasern in Stickstoff gesintert.

Die Sinterdichte der Fasern wurde mit einem Heliumpyknometer bestimmt, die Gefüge mit einem Rasterelektronenmikroskop analysiert. An teilstabilisierten Zirkonoxidfasern wurde ausserdem die Zugfestigkeit bestimmt (Zwick 1478, Zwick GmbH, Ulm, D), wobei die Messlänge 10 mm betrug.

Ergebnisse/Diskussion

Jedes der verwendeten Pulver konnte mit mindestens einem Bindersystem erfolgreich zu 150 µm Fasern extrudiert werden (Bilder 2 und 3; Tabelle 3). Die Dehnung der Fasern war nur mit dem PEW-Bindersystem möglich. Die eingehende Untersuchung des Dehnverhaltens der LSM/PEW-Paste ergab, dass die Fasern bei der optimalen Extrusionstemperatur und unabhängig vom Düsendurchmesser nicht dünner als auf 40 µm gezogen werden konnten.

Bei Verwendung der 50 µm-Düsen war die Verstopfung des Mundstückes mit Agglomeraten oder Überkorn ein grosses Problem. Durch Bestücken des Siebes vor dem Mundstück mit 50 µm- anstelle 100 µm-Düsen, konnte die Blockierung der Mundstücksdüsen vermieden werden, was allerdings mit einer erheblichen Verringerung des Massendurchsatzes verbunden war. Hierzu muss die Pulverkonditionierung noch weiter optimiert werden.

Ein weiteres Problem bei 50 µm Düsen war die Entmischung. Bei kaltplastischen Pasten, wo Wasser aus der Düse austrat, war dies deutlich erkennbar und wird mit unzureichender chemischer Abstimmung zwischen Bindersystem und Keramikoberfläche erklärt. Auch die erzielbaren, niedrigen Feststoffgehalte deuteten auf schlechte chemische Abstimmung hin. Eine detaillierte Charakterisierung der Pulveroberflächen und deren Wechselwirkungen mit dem Binder/Plastifizierersystem, wie sie z.B. von Rosen und Seitz [2] propagiert wird, sollte helfen, diese Bindersysteme besser auf die Keramiken abzustimmen.

Trotz Verwendung von Submikronpulvern mit hoher Sinteraktivität waren die Sinterdichten der SiC- und Al_2O_3-Fasern nicht zufriedenstellend (Tabelle 4). Die niedrige gemessene Dichte von 7,4 g/cm^3 der PZT-Fasern, gegenüber 8,1 g/cm^3 des Ausgangspulvers und die Tatsache, dass die Mikroskopie ein nahezu dichtes Material zeigt, wird mit dem Verdampfen von Blei während des Sinterns erklärt. Wie erwartet, haben sich die Si_3N_4-Fasern während des drucklosen Sinterns zersetzt, weshalb keine brauchbaren Fasern hergestellt werden konnten. Sintern unter erhöhtem Stickstoffdruck steht noch aus.

Erste Versuche, textile Strukturen aus PEW-gebundenen Grünfasern herzustellen, waren erfolgreich (Bild 2). Nur die Grünfestigkeit der Fasern mit PEW-Binder erlaubte eine solche

Bild 2: Wickel von 150 µm-Durchmesser LSM/PEW Grünfasern

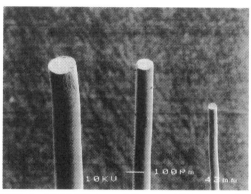

Bild 3: REM-Bild von 150 µm-, 100 µm- und 50 µm-Durchmesser SiC/HOS Grünfasern

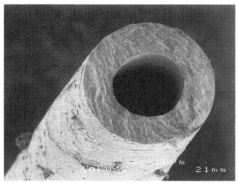

Bild 4: REM-Bild einer gesinterten LSM/PEW Hohlfaser

Bild 5: Gesinterter LSM/PEW Filz bereit zum Testen in einer experimentellen Brennstoffzelle

Weiterverarbeitung, jedoch auch bei diesen Fasern reichte die Festigkeit nicht aus, um eine endlose Faserverarbeitung mit einem automatisierten Webstuhl zu ermöglichen.
PSZ- und LSM-Filze aus gemischten Kurzfasern mit 40 µm- bis 150 µm konnten bereits erfolgreich gesintert (Bild 5) und letztere in einer experimentellen Brennstoffzelle getestet werden [3]. Der Faseranteil dieser Filze betrug ca. 35 vol%. Mechanische Druckversuche in Dickenrichtung haben gezeigt, dass die verwendeten Fasern im Mittel noch zu dick sind, um in gesintertem Zustand ausreichend elastisch für den Ausgleich kleiner Unebenheiten zu sein. Es ist zu prüfen, ob ein Filz aus nur 40 µm Fasern erhöhte Elastizität zeigt, oder ob zwingend Fasern mit noch dünnerem Querschnitt notwendig sind, deren Herstellung mit den bisher verwendeten Bindersystemen nicht gelungen ist.

Ausblick
Das Ziel, keramische Fasern über ein konventionelles Extrusionsverfahren herzustellen, konnte erreicht werden. Die erforderlichen Verfahrensschritte konnten erfolgreich entwickelt werden, Verbesserungen bezüglich der Pulverkonditionierung und speziell der Pulver/Binder-Kompatibilität zur besseren Herstellbarkeit und Verarbeitbarkeit der Fasern sind noch notwendig. In dieser Hinsicht erwies sich das Polyäthylen/Wachs-System als geeignete Binderzusammensetzung, jedoch muss die Grünfestigkeit und der maximale Dehnungsgrad der Fasern noch gesteigert werden, um wirklich flexible gesinterte Keramikfasern zu erhalten.
Die erzeugten Fasern könnten für unterschiedliche Anwendungen eingesetzt werden. ZrO_2-Hohlfasern könnten sich als Mikro-Abgassensoren in Verbrennungsmotoren oder Mikro-Spritzkanülen in der Medizinaltechnik eignen und gebündelte poröse SiC-Hohlfasern als Hochtemperatur-Gasfilter. Piezoelektrische PZT-Fasern wurden in der Absicht hergestellt, sie als Aktivkomponente in einem Faserverbundwerkstoff für vibrationsdämpfende Anwendungen zu integrieren. Der besonders verschleißfeste und elektrisch leitfähige ZrB_2/SiC-Verbundwerkstoff wurde als Elektrodenmaterial für Funkenerosionswerkzeuge entwickelt, jedoch sind Mikro-Elektroden, hergestellt aus extrudierten Fasern oder Profilen, denkbar.

Danksagung
Die Autoren bedanken sich bei allen Beteiligten der EMPA und der Ingenieurschule Interkantonales Technikum Rapperswil, CH, für ihren Einsatz und dem Active Materials and Structures Lab, Massachusetts Institute of Technology, USA, für die Zusammenarbeit mit den PZT-Fasern. Die Arbeiten wurden durch das Schweizerische Bundesamt für Energie (BFE), die Kommission für Technologie und Innovation (KTI) und die EMPA finanziell unterstützt.

Literatur
[1] T. F. Cooke: Inorganic Fibers - A Literature Review. J. Am. Ceram. Soc. **74** (1991) [12] 2959-2978
[2] A. Roosen und K. Seitz: Oberflächeneigenschaften und Verarbeitungsverhalten keramischer Pulver. Fortschrittsberichte der Deutschen Keramischen Gesellschaft; Werkstoffe, Verfahren, Anwendungen, **8** (1993) [4] 123-130
[3] B. Gut und M. Wegmann: La-Perovskite Felts as Air Distributors/Current Collectors in SOFCs. 3rd European SOFC Forum, Nantes, Frankreich, 2.-5. Juni 1998, Oral Presentations 161-169

Laminieren von keramischen Grünfolien: Grenzen und Möglichkeiten bestehender und neuer Verfahren

A. Roosen; Friedrich-Alexander Universität Erlangen-Nürnberg, Institut für Werkstoffwissenschaften, Lehrstuhl Glas und Keramik, Erlangen

Einleitung

Das Laminieren von keramischen Grünfolien wird im großen Maßstab zur Fertigung von Gehäusen, Mehrlagenschaltungen, Kondensatoren, Piezoaktoren und Gassensoren angewendet. Unter Laminieren versteht man in der keramischen Folientechnologie die Herstellung einer Verbindung zwischen Grünfolien, die nach dem Sinterprozeß als eine einheitliche keramische Struktur vorliegt, in der die ursprünglichen Trennflächen nicht mehr erkennbar sind. Dabei ist die Qualität der Laminat-Verbundfläche sowie ihre Beständigkeit während des Binderausbrandes und Sinterns entscheidend für die Qualität des Endproduktes. Laminiert wird üblicherweise nach dem Thermokompressions-Verfahren. Hierbei werden die Binder der Grünfolie bei erhöhter Temperatur und Druck verklebt und die Pulverteilchen der ungesinterten Folien ineinander verschoben. Hierzu sind bestimmte Anforderungen an die Grünfolien zu stellen. Das Thermokompressions-Verfahren kann unter uniaxialem und isostatischem Druck mit und ohne Laminierhilfen durchgeführt werden. In jedem Fall tritt ein Fließen der Polymer-Komponenten auf. Aus diesem Grunde ist der Einsatz von Druck und Temperatur vor allem bei komplexen dreidimensionalen Strukturen problematisch. Es besteht großes Interesse an Laminier-Verfahren, die bei geringen Drücken und Temperaturen arbeiten. Ein solches Kaltniederdruck-Verfahren auf Basis einer Klebefolie wird vorgestellt. Der Wirkmechanismus des Verfahrens wird in Abhängigkeit der eingesetzten Polymere erklärt, technologische Vorteile werden angesprochen.

Laminieren

Bei der Herstellung von mehrlagigen Keramiken werden die nach dem Foliengießverfahren hergestellten Folien geschnitten, gegebenenfalls metallisiert, gestapelt, laminiert und anschließend einer thermischen Behandlung zur Verdichtung unterzogen [1,2]. Das Laminieren muß dabei als qualitätsbestimmender Prozeßschritt eine derartige Verbindung zwischen den Grünfolien herstellen, daß nach dem Sinterprozeß eine einheitliche keramische Struktur entsteht. Dabei darf sich während des Laminierens die Lage von gedruckten Metallisierungen und Vias oder anderer Strukturen in den verschiedenen Ebenen nicht gegeneinander verschieben. Der Laminier-Prozeß muß so geführt werden, daß Metallisierungen hohlraumfrei von Keramik umgeben sind und jede Delamination ausgeschlossen ist, wenn die im Mehrfachnutzen hergestellten Laminaten vereinzelt, ausgebrannt und gesintert werden. Das Verfahren wird häufig erwähnt, aber nur von Gardner et al. [3], Utsumi [4] und vor allem Hellebrand [5] näher beschrieben.

Laminierverfahren

Thermokompressions-Verfahren

Die verbreitetste Laminier-Methode ist das Thermokompresions-Verfahren. Bei diesem Verfahren werden die gestapelten Grünfolien unter axialem Druck bei Temperaturen oberhalb des Glasübergangstemperatur der Binder miteinander verschweißt. Typische Drücke, Temperaturen und Haltezeiten sind 3 bis 30 MPa, 50 bis 80 °C und Haltezeiten von 3 bis 10 min [6]. Um eine gute homogene Verbindung zwischen den zu verbindenden Folien zu erhalten, ist es wichtig, daß die Teilchen beider Folien sich ineinander schieben. [5] weist darauf hin, daß dazu ein bestimmtes Verhältnis von Binder, Teilchen und Porosität in der Grünfolie vorhanden sein muß, d.h. es muß eine bestimmte Grünkörperstruktur vorhanden sein (Bild 1). Danach ist eine bestimmte Porosität erforderlich, in die die Pulverteilchen hineingeschoben werden können. Das Erweichen der Binderphase bei erhöhten Temperaturen erlaubt eine Teilchenbewegung, wobei der Binder die Teilchen weiterhin zusammenhält. Diese Teilchenverschiebung und die Adhäsion der Binder führt zu einem belastbaren Folienverbund. Bei diesem Verfahren müssen der Folienstapel sowie der Ober- und Unterstempel planparallel sein, um in dem Folienstapel einen homogenen Druck zu erzeugen.

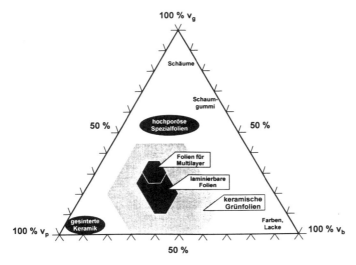

Bild 1: Bereiche laminierbarer Folien im System „Pulver - Organik - Porosität" nach [5]

Die Ober- und Unterseite der Grünfolie unterscheidet sich im Bindergehalt, der von der Gießunterlage zur Folienoberfläche zunimmt [7], sowie in der Oberflächenrauhigkeit. Diese wird im wesentlichen von der Kornfeinheit, der Oberflächen-Qualität der Gießunterlage und der Oberflächenspannung an der Grenzfläche Schlicker/Luft abhängt. Aus diesem Grunde werden bevorzugt die Unterauf die Oberseiten laminiert. Darüber hinaus weisen die Grünfolien z.T. Schwindungsanisotropien auf. Deshalb werden die Folien häufig um 90 ° gegeneinander gedreht gestapelt.
Bei dem Thermokompressions-Verfahren kommt es zu einem Massefluß, der von der Plastizität des Binder/Weichmacher-Systems abhängt. Der Massefluß nimmt stark mit steigender Temperatur und Druck zu. Um geometrische Veränderungen der Metallisierungen, Bohrungen oder anderen Abmessungen zu minimieren, wird das Laminieren in einer beheizbaren Preßform durchgeführt. Damit wird der Massefluß in die vorhandene Porosität gezwungen. Bei diesem Verfahren ist es üblich, bei 1/3 des maximalen Druckes eine Haltezeit zur Ausbildung einer homogenen Temperaturverteilung im gesamten Folienstapel zu erhalten, bevor der maximale Druck angelegt wird.
Gedruckte Schaltungen oder andere Metallisierungen müssen während des Laminierens in die Folie eingedrückt werden [3], um einen Kontakt zwischen den keramischen Grünfolien herzustellen (Bild 2), wozu weiche Binder mit guter Kompressibilität geeignet sind. Bei diesem Vorgang sinkt die Porosität im Metallisierungsbereich. Dies kann zu Gründichte-Gradienten führen, die wiederum Rißbildungen während des Sinterns verursachen können. Bei der Fertigung von mit Elektroden ver-

sehenen Kondensatoren und Piezoaktoren wird steigender Druck gezielt angelegt, um eine Reorientierung der Teilchen im gesamten Volumen zu erreichen, wodurch Dichtegradienten eliminiert werden und eine Dichteerhöhung auftritt. Dieser Anstieg in der Gründichte beeinflußt wiederum das Sinterverhalten. Weist der Binder nur eine geringe Kompressibilität auf oder ist der Anteil an Binder oder Poren zu gering, dann werden die Metallisierungen nur ungenügend in die Folie gedrückt, kleine Hohlräume verbleiben im Bereich der Metallisierung. Während des Binderausbrandes können sich in diesen Hohlräumen Zersetzungsgase ansammeln, was zu Delaminationen führen kann.

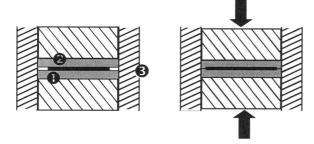

Bild 2: Laminieren metallisierter Grünfolien. Links: vor Druckbeaufschlagung. Rechts: eingebettete Metallisierung nach Druckbeaufschlagung. 1: metallisierte Grünfolie, 2: unmetallisierte Grünfolie, 3: Metallisierung

Harte Binder werden zur Herstellung feiner komplexer 3-D Strukturen mit unregelmäßigen Außenkonturen oder inneren Hohlräumen bevorzugt. Um einen Druckdurchgriff durch den Folienstapel zu erreichen, müssen die Matrizen für jedes Design entsprechend angefertigt werden. Da die präzise Bearbeitung der Matrizen und Stempel hohe Kosten verursacht, hat sich hier das Lamieren unter isostatischem Druck bewährt.

Isostatische Druckaufbringung
Das Laminieren unter isostatischem Druck [8] erlaubt die flexible Herstellung auch kleiner Serien komplexen Strukturen (Bild 3). Es könne hohe Drücke angelegt werden, so daß eine Erwärmung des Folienstapels nicht notwendig ist. Der Nachteil dieser Methode ist das notwendige Einschweißen der zu laminierenden Folienstapel, um sie gegen die druckübertragende Flüssigkeit abzudichten. Moderne isostatische Laminiermaschinen arbeiten nach dem Dry-Bag-Verfahren.

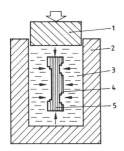

Bild 3: Laminieren von Folienstapeln mit Aussparungen unter isostatischem Druck [8]. 1: Druckstempel, 2: Druckkessel, 3: Druckmedium, 4: Abdichtungshülle, 5: Laminat

Solche Strukturen gewinnen z.B. auch für die auf Grünfolien basierenden Rapid-Prototyping-Techniken an Bedeutung [9]. Verfahren sind hier interessant, bei denen die Aufbringung von Druck und Temperatur günstiger gestaltet ist und die im Folgenden beschrieben werden.

Einsatz von Laminierhilfen
Die Adhäsion zwischen den Folien kann durch den Einsatz einer Laminierhilfe verbessert werden. Diese enthält im wesentlichen eine Binder-Lösemittel-Mischung, die den Binder in den Grünfolien anlöst und somit bei geringeren Drücken/Temperaturen zu einer festen Verbindung führt. Das Füllen der Laminierhilfen mit geeigneten anorganischen Zugaben fördert das Zusammensintern. Eine Laminierhilfe aus polymeren Precursoren setzen Soldan et al. [10] ein. Die thermische Umsetzung der Precursoren führt zur Bildung einer keramischen Phase, die die stofflich aus dem gleichen Material bestehenden Folien miteinander verbinden soll.

Kaltniederdruck-Verfahren
Ein neues Verfahren zur Lamination basiert auf dem Einsatz von Klebefolien [11,12]. Die Grünfolien werden mit einer doppelseitigen Klebefolie von 46 µm Dicke versehen und bei Raumtemperatur mit leichtem Druck von ca. 3 MPa verklebt. Bild 4 zeigt Anschliffe durch ein gesintertes Laminat aus solchen verklebten Al_2O_3-Folien. Laminierte Grünfolien des Typs A haben nicht zu einer grenzflächenfreien Struktur geführt (Bild 4a). Die Verwendung des gleichen Klebebandes aber anderer Grünfolien (Typ B) führte zu einer monolithischen Struktur (Bild 4b). Die Folien unterscheiden sich im wesentlichen durch ihre Porenstruktur: Typ A weist ein Maximum der Porenradien bei 0.1 µm auf, Typ B eines bei 0.6 µm. Obwohl die Grünfolien durch das Klebeband räumlich getrennt werden und damit kein direkter Kontakt zwischen den Folien besteht, also auch kein Ineinanderschieben der keramischen Pulverteilchen auftreten kann, konnte ein homogen dicht gesintertes Laminat erhalten werden. Untersuchungen konnten den Mechanismus klären.

Der polymere Trägerfilm der doppelseitigen Klebefolie besteht aus einer 20 µm starken Polyethylentherephthalat (PET)-Folie, die mit Acrylatklebern beschichtet ist. Diese Klebefolie zersetzt sich ebenso wie das Binder/Weichmacher-System der Grünfolie in einem Temperaturbereich zwischen 160 und 460 °C. Beim Aufheizen schmilzt das PET und das Polyvinylbutyral/Dibutylphthalat- Bindersystem auf. Ein deutlicher Unterschied besteht nun in der Viskosität dieser Schmelzen (Bild 5). Während das Bindersystem der Folie bereits ab 50 °C eine meßbare Viskosität aufweist, die bei 130 °C bereits unterhalb 100 Pa sec liegt, erreicht das PET erst bei Temperaturen oberhalb 260 °C ähnliche Viskositäten. Da das Bindersystem fein verteilt um die keramischen Partikel angeordnet ist und dies zu einer katalytisch bedingten Erniedrigung der Zersetzungstemperatur führt [13,14], wird der Weichmacher und Binder zuerst thermisch zersetzt. Die im Vergleich zu den Binderschichten dicke PET-Trägerfolie wird im wesentlichen durch ein Abfließen der Polymerschmelze in das kapillare Grünkörpergefüge der Grünfolie reduziert. Bild 6 bestätigt dies. Bei den angegebenen Temperaturen von 350 und 400 °C sind unzersetzte PET-Folienreste von 14.7 und 5.4 µm Dicke zu erkennen.

Bild 4: REM-Aufnahmen von gesinterten Laminaten [12]. a): Folie A, b): Folie B

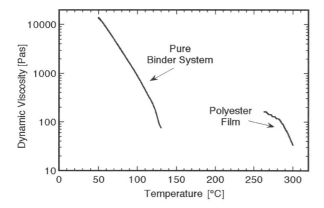

Bild 5: Messung der dynamischen Viskosität des PET-Films und des Bindersystems der Folie [12]

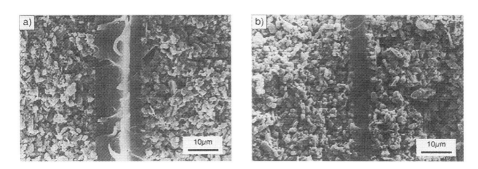

Bild 6: REM-Aufnahmen von Bruchflächen der Laminate, die bei unterschiedlichen Temperaturen aus dem Ofen entfernt wurden [12]. a): nach 350 °C, b): nach 400 °C. In der Mitte ist jeweils der verbliebene PET-Film erkennbar.

Das Abfließen der PET-Schmelze ist auf Kapillarkräfte zurückzuführen, die beim Kontakt zwischen Schmelze und dem feinporösen Festkörpersytem entstehen. Kleinere Kapillaren erhöhen dabei den Kapillardruck. Andererseits ziehen kleine Kapillaren ein geringeres Schmelzvolumen ab. Die Kapillarkräfte und die vorliegende Polymerschmelze führen zu einer Umlagerung der Teilchen in der Grenzfläche der beiden Folien. Es kommt zu einem Ineinandergreifen der Pulverteilchen. Im Gegensatz zum Thermokompressions-verfahren erfolgt dies aber erst bei dem Ausheizschritt. Unter Einbeziehung der entsprechenden Gleichungen von LaPlace und Poiselle [6] ergibt sich eine Gleichung für den Volumenabfluß, der proportional zum Porenradius ist. Dies erklärt, warum bei der feinporigen Folie vom Typ A keine ausreichende Umordnung der Teilchen erfolgen konnte.

Weiterverarbeitung von Laminaten
Laminate, die im Mehrfachnutzen hergestellt wurden, können über Stanzen oder Laserbearbeitung vereinzelt werden. Diese Prozesse müssen ebenso wie das Ausheizen und Sintern ohne Delaminationen durchführbar sein. Da Laminate einerseits eine hohe Teilchen-Packungsdichte und einen hohen Organikanteil aufweisen und andererseits die gasförmigen Zersetzungsprodukte durch die Po-

renkanäle an die Laminat-Oberfläche diffundieren müssen, ist ein konntrolliertes Ausheizen notwendig, um irreparable Schädigungen in den Folien wie Rißbildung oder Delaminationen zu verhindern. In Gegenwart von Glasphasen mit geringer Viskosität können Risse ausheilen.

Charakterisierung von Laminaten
Die Laminate können hinsichtlich ihres geometrischen Verzuges und Dichteänderung charakterisiert werden. Das Brechen des Laminates im grünen oder gesinterten Zustand gibt durch den Bruchverlauf eine Aussage über die Qualität der Lamination: ein stufenförmiger Bruch zeigt Schwachstellen im Verbund der Grenzflächen der Folien an. Prescher [15] konnte mit Stirnabzugstest an unterschiedlich hergestellten Laminaten eine qualitative Aussage über die Laminatfestigkeit im grünen Zustand machen. Anschliffe des Grün- oder Sinterkörpers zeigen ungenügend verbundene Laminatstrukturen, die auch die Festigkeit im 4-Punktbiege-Versuch herabgesetzen.

Zusammenfassung
Bei der Anwendung des Thermokompressions-Verfahrens tritt ein Massefluss auf, der beim Laminieren gezielt zu einer Verdichtung der Folien wie bei der Herstellung von Kondensatoren und Piezoaktoren genutzt wird. Zum Laminieren komplexer Strukturen ist das Verfahren ungeeignet. Deshalb finden Verfahren steigendes Interesse, die bei geringeren Temperaturen und Drücken arbeiten oder auf anderen Mechanismen beruhen. Diese neuen Verfahren bedürfen im Hinblick auf Anwendungen einer weiteren Entwicklung.

Literatur
[1] R.E. Mistler, D.J. Shanefield, R.B. Runk,"Tape casting of ceramics"; pp. 411-448 in Ceramic Processing before Firing. Edited by G.Y. Onoda and L.L. Hench. J. Wiley & Sons, New York, 1978
[2] A. Roosen,"Foliengießen: Verfahren zur Herstellung planarer und dreidimensionaler keramischer Strukturen"; pp. 42-53 in Keramisches Jahrbuch. Edited by H. Reh. Bauverlag, Wiesbaden, 1997
[3] R.A. Gardner, R.W. Nufer,"Properties of multilyaer green sheets". So. State Techn., May 1974, 38-43
[4] K. Utsumi,"Development of Multilayer Ceramic Components Using Green-Sheet Technology". Amer. Ceram. Soc. Bull. 70 (1991) 1050-1055
[5] H. Hellebrand,"Tape Casting", pp. 190-265 in Processing of Ceramics, Part 1, Edited by R.J. Brook. VCH Verlagsgesellschaft, Weinheim, Germany, 1996
[6] J.S. Reed, Principles of Ceramics Processing. 2nd ed., John Wiley & Sons, New York, 1994
[7] A. Roosen,"Tape Casting of Ceramic Green tapes for Multilayer Device Processing", in Proc. Intern. Symp. on Multilayer Ceramic Devices. The Am. Ceram. Soc., Westerville, Ohio, in press
[8] P. Gottschalk,"Dickschichttechnik", pp. 182-184 in Hybridtraeger. Edited by H.J. Hanke. Verlag Technik, Berlin, 1994
[9] J.D. Cawley, A.H. Heuer, W.S. Newman, B.B. Mathewson:"Computer-Aided Manufacturing of Laminated Engineering Materials", Amer. Ceram. Soc. Bull. 75 (1996) 75-79
[10] C. Soldan, J.G. Heinrich,"Präkeramische Polymere als Laminiersysteme für die Herstellung von AlN-Vielschichtbauteilen in Folienbauweise", Fortschrittsberichte der Dt. Keram. Ges. 12 (1997) 193-205
[11] M. Piwonski, Diplomarbeit, Universität Erlangen-Nürnberg, Lehrstuhl Glas und Keramik, 1997
[12] M. Piwonski, A. Roosen,"Low Pressure Lamination of Ceramic Green Tapes by Gluing at Room Temperature", J. Eur. Ceram. Soc., in press
[13] S. Masia, P.D. Calvert, W.E. Rhine, H.K. Bowen,"Effect of Oxides on Binder Burn-out During Ceramics Processing. J. Mater. Sci. 24 1907-1912 (1989)
[14] E. Wessely, T. Frey, A. Roosen,"Influence of Different Parameters on Binder Burn-Out of Ceramic Green Bodies, pp. 435-439 in Euro-Ceramics II. Edited by G. Ziegler, H. Hausner, DKG, Köln, 1993
[15] T. Prescher, Diplomarbeit, Universität Erlangen-Nürnberg, Lehrstuhl Glas und Keramik, 1998

Elektrophoretische Abscheidung aus wässrigen Suspensionen - Einstellung von Konzentrationsgradienten

Astrid Börner, Reinhard Herbig, TU Bergakademie Freiberg, Institut für Keramische Werkstoffe

Einleitung

Das Verfahren der elektrophoretischen Abscheidung beruht auf der Wanderung elektrisch geladener Partikeln in Richtung des elektrischen Feldes. Die elektrophoretische Mobilität von Partikeln in Suspensionen ist gemäß Gl. (1) von den Eigenschaften des Dispergiermediums und vom ζ-Potential der Teilchen abhängig /1/. Die Wanderungsgeschwindigkeit wird durch Mobilität und elektrische Feldstärke bestimmt (Gl. (2)).

$$\mu = \frac{\varepsilon_0 \cdot \varepsilon_r}{\eta} \cdot \zeta \quad (1)$$

$$\nu = \mu \cdot E \quad (2)$$

μ — elektrophoretische Mobilität
ζ — ζ - Potential
η — Viskosität des Dispergiermediums
$\varepsilon_0 \cdot \varepsilon_r$ — Dielektrizitätskonstante des Dispergiermediums
ν — Wanderungsgeschwindigkeit der Partikeln
E — elektrische Feldstärke

Das ζ- Potential als stoffliche Einflußgröße kann durch Elektrolytzusätze verändert werden. In Systemen mit zwei Feststoffkomponenten ist die Einstellung unterschiedlicher Mobilitäten und damit ein schnellerer Transport der mobileren Komponente im elektrischen Feld vorstellbar, vorausgesetzt, es findet keine durch Agglomeration verursachte kollektive Wanderung statt. Von MORITZ /2,3/ wurde für das System AlN-Y_2O_3 in organischen Suspensionen festgestellt, daß sich aufgrund unterschiedlicher Auflaudung der Komponenten eine Gradierung einstellen kann, die mit abnehmendem Feststoffgehalt stärker wird. Ähnliche Ergebnisse werden von BÖRNER /4/ für wässrige Al_2O_3-ZrO_2-Suspensionen diskutiert. HECTOR /5,6/ fand bei der EPA aus Tonsuspensionen keine Gradierung.

Die Herstellung von Gradientenmaterialien mittels EPA ist ebenfalls möglich, indem die Zusammensetzung der Suspension kontinuierlich verändert wird /7,8/.

Suspensionseigenschaften

Für die EPA wurden ZrO_2- und Al_2O_3- Pulver aufgrund ihrer elektrokinetischen Eigenschaften ausgewählt. Eine Übersicht gibt Tabelle 1. Die Angaben für Dichte, Korngröße und spezifische Oberfläche sind Herstellerangaben. Der inhärente Suspensions-pH ist der pH-Wert der Suspension, der sich nach der Dispergierung des Pulvers in deionisiertem Wasser einstellt. Am isoelektrischen Punkt sind die Oberflächenladungen durch Gegenionen neutralisiert, so daß die elektrophoretische Beweglichkeit den Wert 0 erreicht.

Als oberflächenaktiver Stoff wurde Dolapix PC21 (Fa. Zschimmer & Schwarz) ausgewählt. Es handelt sich dabei um einen alkalifreien, anionischen Polyelektrolyten, dessen Ladungseintrag in wässrigen Dispersionen im pH- Bereich 8 bis 11.5 nahezu konstant ist.

Zur Bewertung der elektrostatischen Stabilisierung der Suspensionen wurden elektroakustische Messungen mit dem Gerätesystem ESA 8000 (Fa. Matec) durchgeführt. Aus dem ermittelten ESA-Signal (Electroacoustic Sonic Amplitude) lassen sich die dynamische und elektrophoretische

Mobilität sowie das ζ-Potential berechnen. Zusätzlich wurden Sedimentationsversuche durchgeführt.

	mittlere Korngröße/ µm	spezifische Oberfläche/ m^2/g	inhärenter Suspensions-pH	isoelektrischer Punkt/ pH- Einheiten
ZrO$_2$ **Dichte: 5.8 g cm^{-3}**				
TZ-3Y (Tosoh Corp.), tetragonal, dotiert mit 3mol.-% Y$_2$O$_3$,	0.3	14-16	5.8	9.0
Al$_2$O$_3$ **Dichte: 3.95 g cm^{-3}**				
CS-400 (Martinswerk)	0.5	9-12	9.4	6.8

Tabelle 1: Charakteristik der verwendeten ZrO$_2$- und Al$_2$O$_3$- Pulver

Wie Bild 1 zeigt, ändern die Al$_2$O$_3$-Partikeln ihre Beweglichkeit unter dem Einfluß des Additivs Dolapix PC21 nur wenig. ZrO$_2$ kann durch geringe Zusätze von PC21 negativ aufgeladen werden, wobei ein deutlicher Mobilitätsunterschied zwischen den Komponenten besteht, der für die Gradientenbildung ausgenutzt werden soll.

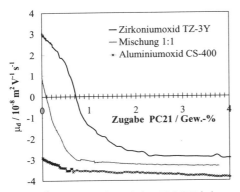

Bild 1: Änderung der dynamischen Mobilität bei Zugabe von Dolapix PC21

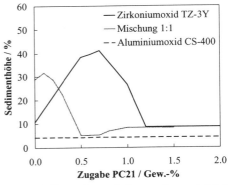

Bild 2: Sedimentationsverhalten von Suspensionen mit PC21-Zusatz

Die ESA-Kurve für die Mischsuspension setzt sich nicht additiv aus den Kurven der Einzelkomponenten zusammen. Die Sedimentationsversuche (Bild 2) zeigen, daß eine Zugabe von 0.5% PC21 zur Stabilisierung bereits ausreicht. Vermutlich sind die Partikeln bei geringer Zugabe nicht genügend stabilisiert, um Agglomeration völlig auszuschließen, so daß sich kleine, in sich stabile, Agglomerate bilden können. Dadurch würde die gradierte Abscheidung der Komponenten beeinträchtigt. Eine zweite Ursache ist darin zusehen, daß der Ausgangs-pH der Mischsuspension höher liegt als der pH der ZrO$_2$-Suspension. Der Polyelektrolyt liegt erst im basischen pH-Bereich dissoziiert vor und kann folglich nur bei basischen pH-Werten die Pulveroberfläche aufladen.

Durchführung der EPA

Die EPA aus wässrigen Suspensionen wird gemäß Gl.(3a und b) von Elektrolysevorgängen begleitet. Die Entstehung von gasförmiger Reaktionsprodukte an den Elektroden führt zur Bildung von Blasen in der Schicht.

Kathodenreaktion: $\quad 4H^+ + 4e^- \rightarrow 2H_2 \uparrow \quad$ (3a)

Anodenreaktion: $\quad 4OH^- \rightarrow O_2 \uparrow + 2H_2O + 4e^- \quad$ (3b)

Aus diesem Grund wurden die Abscheideversuche nach dem Membranverfahren /5,6,9/ durchgeführt. In Bild 3 ist schematisch der Unterschied zwischen einer einfachen EPA- Zelle (ohne Membran) und der Membranmethode dargestellt. Im unteren Teil ist zu erkennen, daß die Abscheidung der Partikeln und die Elektrolyse räumlich voneinander getrennt werden, wenn eine für die Ionen durchlässige und die Partikeln undurchlässige Membran (Dialysemembran mit Porendurchmesser von ca. 3 nm) zwischen Kathode und Anode eingebaut wird.

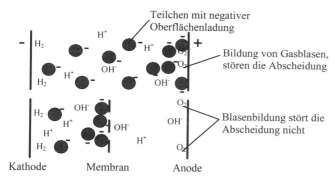

Bild 3: Elektrophoretische Abscheidung ohne und mit Membran

Bei dem beschriebenen Aufbau handelt es sich um eine Reihenschaltung von Ohmschen Widerständen. Der Spannungsabfall zwischen Kathode und Schichtoberfläche sollte während der gesamten Abscheidedauer hoch sein, um gemäß Gl. (2) die Wanderungsgeschwindigkeit zu erhöhen und damit eine hohe Abscheiderate zu erzielen. Das bedeutet, daß die Suspension einen besonders hohen Ohmschen Widerstand bzw. eine niedrige elektrische Leitfähigkeit im Verhältnis zu den anderen Komponenten aufweisen soll. Insbesondere sollte die elektrische Leitfähigkeit der Elektrolytlösung in der Anodenkammer hoch sein. Die Kationen der Elektrolytlösung können durch die Membran in die Suspension in Richtung Kathode wandern und sollen die Suspensionseigenschaften und die Eigenschaften der Keramik nicht beeinflussen. Die Eignung verschiedener Elektrolytlösungen wurde untersucht.

Bei der Verwendung stark verdünnter Suspensionen sind lange Abscheidezeiten notwendig. Um dabei Sedimentationserscheinungen zu vermeiden, wurde eine Schlauchpumpe zum Umwälzen der Suspension eingesetzt.

Die elektrische Leitfähigkeit und der pH von Suspension und Elektrolyt wurden vor und nach jedem Abscheideexperiment bestimmt. Die Trocknung der Proben erfolgte an Luft. Anschließend wurden abgeschiedene Feststoffmenge und Schichtdicke ermittelt.

Der Nachweis der Gradierung erfolgte durch chemische Analyse der Proben mittels ICP sowie durch quantitative Gefügeanalyse an Schliffflächen.

Ergebnisse

Zunächst wurde das Verhalten einiger basischer Elektrolyte in der Anodenkammer und deren Auswirkung auf die EPA untersucht. Ausgewählt wurden eine Lösung des in der Suspension verwendeten Polyelektrolyten, NaOH, kommerzielle Pufferlösung (pH=10) sowie $Na_2B_4O_7$-Pufferlösung (Borax) in verschiedenen Konzentrationen. Die nachstehend beschriebenen Versuche wurden mit Suspensionen mit einer Feststoffkonzentration von 2.5 Vol.-% je Komponente und einem Zusatz von Dolapix PC21 von 1.2 Gew.-% bezogen auf den Feststoffanteil durchgeführt. Die angelegte Spannung betrug 60V, das entspricht einer durchschnittlichen Feldstärke von 10 Vcm^{-1}.

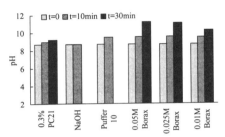

Bild 4a:
Änderung des Suspensions-pH bei Verwendung verschiedener Elektrolyte

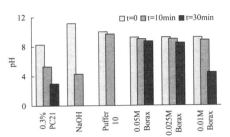

Bild 4b:
Änderung des pH der verschiedenen Elektrolytlösungen

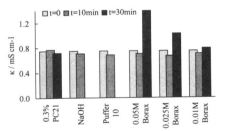

Bild 5a:
Änderung der elektrischen Leitfähigkeit der Suspension bei Verwendung verschiedener Elektrolyte

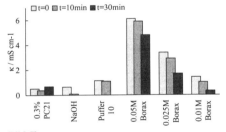

Bild 5b:
Änderung der elektrischen Leitfähigkeit der verschiedenen Elektrolytlösungen

Die Bilder 4a,b und 5a,b zeigen die Änderung der Suspensions- und Elektrolyteigenschaften. Der pH der Suspension erhöht sich, da die in der Suspension vorliegenden Protonen zur Kathode wandern und dort zu H_2 oxidiert werden. Zusätzlich können aus der Anodenkammer Kationen in die Suspension gelangen und deren basischen Charakter verstärken (z.B. Na^+).
In der Elektrolytkammer läuft die Gegenreaktion ab und senkt den pH, wobei die absolute Änderung von der Elektrolytkonzentration und vom Dissoziationsgrad abhängt. Hochkonzentrierte, aber schwach dissoziierte Lösungen wie die 0.05M Boraxlösung können den Verlust an OH$^-$-Ionen am besten kompensieren.
Die elektrische Leitfähigkeit der Suspension steigt bei langen Abscheidezeiten proportional zur OH$^-$-Konzentration an. Die sinkende Ionenkonzentration im Elektrolyten setzt die Leitfähigkeit teilweise sehr stark herab. Aus den Leitfähigkeitsänderungen in beiden Kammern resultiert eine Herabsetzung des Spannungsabfalls in der Suspensionskammer, die zur Verringerung der

Abscheiderate und der erzielten Schichtdicke führt (Bild 6). Bei Verwendung der 0.05M Boraxlösung konnten ca. 40% des dispergierten Feststoffs im Zeitraum von 30 min abgeschieden werden.

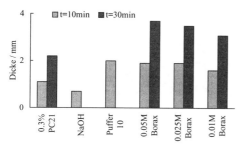

Bild 6: Erzielte Schichtdicken bei Verwendung verschiedener Elelktrolytlösungen

Aufgrund der guten Ergebnisse wurde für die Mehrzahl der Versuche 0.05M Natriumboratlösung (Borax) verwendet. Jedoch ist die Kontamination der Suspension und der erzeugten Schichten mit Natrium aus der Elektrolytlösung relativ hoch.
Daher wurden weitere Elektrolytlösungen auf ihre Verwendbarkeit hin getestet. Es sollte sich dabei um organische Substanzen handeln, deren Kationen aus der Schicht ausgebrannt werden können. Wegen der gewünschten Pufferwirkung wurden Mischungen aus schwach dissoziierten organischen Säuren (Essigsäure, Zitronensäure, Bernsteinsäure) mit Tetramethylammoniumhydroxid (TMAH) hergestellt. Die ausschließliche Verwendung von TMAH, wie von CLASEN /8/ beschrieben, ist für die hier nötigen langen Abscheidezeiten ungeeignet. Die EPA würde in diesem Fall ähnlich verlaufen wie bei Verwendung von NaOH als Elektrolyt. Es zeigte sich, daß bei Einsatz derartiger Lösungen in geeigneter Konzentration die Bedingungen in Suspension und Elektrolyt über längere Zeit konstant gehalten werden können. Aufgrund der günstigen Leitfähigkeitsverhältnisse wurden hohe Abscheideraten erzielt.

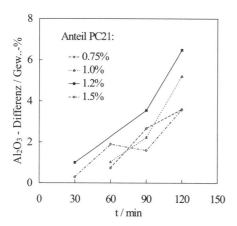

Bild 7: Unterschiede in der chemischen Zusammensetzung zwischen Membranseite und Suspensionsseite der erzeugten Schichten

Der Einfluss des Verflüssigers auf die Abscheiderate ist gering bei Gehalten von mehr als 0.7 Gewichts-%. Die Einstellung eines Konzentrationsgradienten hängt jedoch in starkem Maße vom Elektrolytgehalt ab. In Bild 7 sind die durch chemische Analyse der Grünkörper ermittelten Unterschiede in der Zusammensetzung zwischen Membranseite und Suspensionsseite dargestellt.
Der Mobilitätsunterschied zwischen den Komponenten führt zur bevorzugten Abscheidung des Al_2O_3. Während des Prozesses verringert sich die Abscheiderate aufgrund des abnehmenden Al_2O_3-Gehaltes in der Suspension, das Konzentrationsverhältnis in der Schicht verändert sich kontinuierlich.
Die optimale Stabilisierung der Suspension ist die Voraussetzung für die gradierte Abscheidung. Bei geringerer Elektrolytzugabe tritt verstärkt kollektive Wanderung auf, da die Partikeln wahrscheinlich nicht ausreichend separiert sind. Höhere Zugabemengen verringern den erforderlichen Mobilitätsunterschied.

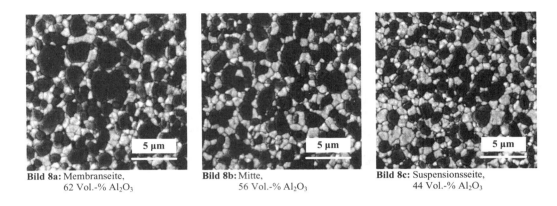

Bild 8a: Membranseite, 62 Vol.-% Al_2O_3

Bild 8b: Mitte, 56 Vol.-% Al_2O_3

Bild 8c: Suspensionsseite, 44 Vol.-% Al_2O_3

In den REM-Aufnahmen (Bilder 8a-c) ist der höhere Al_2O_3-Gehalt auf der Membranseite (dunkle Phase) deutlich erkennbar. Im Zusammenhang mit dem Konzentrationsgradienten bildet sich ein Gradient in der Korngröße aus, da im ZrO_2-reichen Gebiet das Kornwachstum des Al_2O_3 behindert wird.

Literatur

/1/ J. Hennicke, H. W. Hennicke: Formgebung durch Abscheidung aus Schlickern im elektrischen Feld (Elektrophorese). Handbuch der Keramik, Freiburg, Verlag Schmid GmbH

/2/ K. Moritz, E. Müller: Gemeinsame Abscheidung von nitridischen Pulvern und Sinterhilfsmitteln über Elektrophorese. Werkstoffwoche '96, Stuttgart, Symp. 6 Werkstoff- und Verfahrenstechnik, DGM Informationsgesellschaft, Frankfurt 1997, S. 563-568

/3/ K. Moritz, E. Müller: Shaping of Ceramic Bodies from Oxide/ Nonoxide Powder Mixtures by Electrophoresis. Int. Conf. „Ceramic Processing '97", St. Barbara (USA)

/4/ A. Börner, R. Herbig: ESA Measurement for electrophoretic deposition of ceramic materials. Int. Symp. „Electrokinetic Phenomena '98", Salzburg (Austria) 1998

/5/ I. Hector, S. Janes, R. Clasen: Herstellung von Formkörpern durch elektrophoretische Abscheidung aus wässrigen Tonschlickern. DKG- Jahrestagung 1995, Aachen, S.86-88

/6/ I. Hector, R. Clasen: Electrophoretic deposition of compacts from clay suspensions. Ceramic Engineering and Science Proceedings, Am. Ceram. Soc. **18** (2) 1997, S.173

/7/ P. Sarkar, X. Huang, P. S. Nicholson: Zirconia / Alumina Functionally Gradiented Composites by Electrophoretic Deposition Techniques. J. Am. Ceram. Soc. **76** (1993) 4, S. 1057-60

/8/ P. Sarkar, T. Umegaki: Electrophoretic forming of functionally graded Barium/Strontium Titanate Ceramics. 4th Int. Symp. on Functionally Graded Materials, Tsukuba, Japan, 1996, S.221-226

/9/ R. Clasen: Forming of compacts of submicron silica particles by electrophoretic deposition. In: 2nd Int Conf. on Powder Processing Science, Berchtesgaden 1988. DKG, Köln, S. 633-640

Die Autoren danken der DFG für die finanzielle Unterstützung dieser Arbeiten (HE 2157/2).

Spritzgießen und Entbindern von Aluminiumnitrid-Bauteilen

R. Lenk, Fraunhofer-Institut für Keramische Technologien und Sinterwerkstoffe Dresden
G. Himpel, Technische Universität Dresden

Einführung

Aluminiumnitrid mit seinen herausragenden Eigenschaften hoher thermischer Leitfähigkeit und hoher elektrischer Isolation ist gegenwärtig sowohl Keramikern als auch der Elektrotechnik / Elektronik als Werkstoff bekannt. Die Voraussage dieser Stoffmerkmale wurde schon zu Beginn der 70er Jahre anhand der Kristalldaten vorgenommen. Wärmeleitfähigkeitswerte, gemessen an Einkristallen von 200 $W\ m^{-1}\ K^{-1}$ und größer, belegten die theoretischen Betrachtungen und deuten auf das Entwicklungspotentials dieses Materials hin, obwohl zur gleichen Zeit für polykristallines Aluminiumnitrid, gesintert nur 32 $W\ m^{-1}\ K^{-1}$ und heißgepreßt 66 $W\ m^{-1}\ K^{-1}$ gemessen wurde (1). Erst systematische Werkstoff- und Verfahrensentwicklungen in den 80er Jahren, auf den Gebieten der Herstellung hochreiner Ausgangsmaterialien und der Verdichtung über Flüssigphasensintern, bei dem insbesondere der herstellungsbedingte Sauerstoff im Aluminiumnitridgefüge in Sekundärphasen gebunden wird, führten zu einem starken Anstieg der Wärmeleitfähigkeit von Aluminiumnitridkeramik.

Gegenwärtig erfordert die steigende Leistungsfähigkeit der elektronischen Bauteile in den Bereichen der Informations-, Kommunikations-, Verkehrs- und Steuertechnik neben der Entwicklung der eigentlichen Elektronik Lösungen, die eine höhere Wärmeableitung gewährleisten. Zur schnellen Abführung der durch die höhere Leistungsdichte bedingten Wärme sind Werkstoffe mit einer erhöhten thermischen Leitfähigkeit und ausreichend hohen elektrischen Isolation zwingend notwendig. Die Wärmeleitfähigkeit des Aluminiumoxides mit 25 - 30 $W\ m^{-1}\ K^{-1}$, das wegen seines guten Preis- / Leistungsverhältnisses als Isolatormaterial am Markt etabliert ist, läßt sich nicht weiter steigern. Alternativ dafür kann Aluminiumnitrid eingesetzt werden, daß mit Wärmeleitfähigkeiten von 100 - 200 $W\ m^{-1}\ K^{-1}$ angeboten wird. Neben der Hauptanwendung als flaches Substratmaterial in der Leistungselektronik und für Hochfrequenzanwendungen im GHz-Bereich ist auch ein Bedarf für dreidimensionale Komponenten wie Gehäuse und Kühler entstanden. Kleinere Teile können auch durch Laminieren einer Anzahl von unterschiedlich strukturierten Folien gefertigt werden (2). 1994 wurde der erste Leistungskühler, hergestellt über isostatisches Pressen und anschießende Grünbearbeitung, präsentiert (3). Gegenwärtig werden wassergekühlte Kühlkörper aus Aluminiumnitrid über Trockenpressen gefertigt. Das erreichte Qualitätsniveau der entwickelten keramischen Kühlelemente, die einer dauernden Druckbelastung und einer zyklischen Temperaturbeanspruchung unterliegen, wird den Einsatzanforderungen in S- und U-Bahntriebfahrzeugen gerecht (4).

Für die Erschließung neuer Anwendungsfelder von Aluminiumnitridkeramik gilt es, Formgebungstechnologien für Aluminiumnitridkörper komplexer Gestalt zu entwickeln, die es gestatten, über ein endkonturgenaues Formgebungsverfahren kleine bis relativ großformatige Teile herzustellen und dabei gleichzeitig eine Methode der Binderfreisetzung einzusetzen, die auch für dickwandige Formkörper vertretbare Fertigungszeiten verspricht. Als Erprobungsteil für eine Fertigungstechnologie diente ein AlN-Kühlelement, das aus zwei Halbschalen über Spritzgußtechnik hergestellt wurde. Ausgewählt wurde ein Polyacetal-Bindersystem, um die organische Hauptkomponente möglichst schnell über Katalyse (5) nach der Formgebung freizusetzen. Erschwerend für die Umsetzung der Aufgabe ist die starke Hydrolyseempfindlichkeit des Aluminiumnitridpulvers. Das erfordert eine wasserfreie Technologie, insbesondere bei den Temperaturen, die bei der katalytischen Entbinderung erforderlich sind.

Durchführung

Zur Herstellung des Keramikkörpers standen als Ausgangsmaterial vier international verfügbare Aluminiumnitridpulver zur Auswahl. Als Sinteradditiv wurden 4% Yttriumoxid verwendet. Die Gießmassen werden in Tabelle 1 vorgestellt. Bild 1 zeigt das Formteil mit seinen Abmessungen. Aus dem Feststoffgehalt der Spritzgußmasse von 50 % Volumenanteil resultiert bei vollständiger Verdichtung eine lineare Schwindung von 20,6 %. Die Massen des Formkörpers und des dichten Keramikteils betragen 110 g bzw. 78 g. Tabelle 2 gibt die wichtigsten Prozeßparameter für die Prozeßschritte, Katalyse des Binders, Pyrolyse der Dispergatoren und Sinterung zur Keramik wieder.

Gießmasse		A	B	C	D
Partikelgröße d10	µm	0,46	0,41	0,34	0,55
d50	µm	1,09	1,91	1,77	2,79
d90	µm	2,59	6,34	9,09	6,15
Kornverteilung		monomodal	bimodal	stark bimodal	leicht bimodal
spez. Oberfläche	$m^2 g^{-1}$	4,29	3,17	3,89	2,44
Sauerstoffgehalt	%	1,52	1,40	1,24	1,28
Polyacetal	Masse, %	25,5	25,9	25,9	25,9
Dispergatoren	Masse, %	3,2	2,7	2,8	2,6
Schmelzindex	ml (10 min)$^{-1}$	25	70	78	56
Leitfähigkeit	$W m^{-1} K^{-1}$	133	119	141	109

Tabelle 1: Materialien, Schmelzindex der Gießmasse, Wärmeleitfähigkeit der Keramik

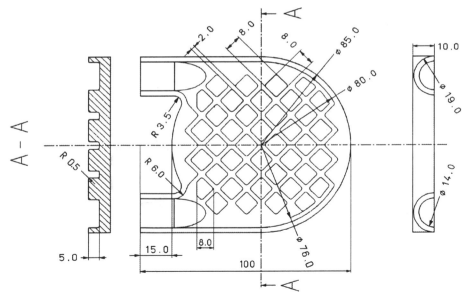

Bild 1: Keramisches Formteil

Spritzguß	Temperatur, Druck, Werkzeug	175°C, 1020 bar, 130-140°C
Katalyse	Zeit, Temperatur, Atmosphäre	12 h, 140°C, 250 l h^{-1} N$_2$
	Katalysator	70 ml h^{-1} Oxal-/ Essig-/ Ameisen-säuregemisch
Pyrolyse	Heizrate, Temperatur, Haltezeit	5 K min^{-1}, 1150°C, 2 h, N$_2$
Sintern	Heizrate, Temperatur, Haltezeit, Druck	20°K min^{-1}, 1850°C, 4 h, 50 bar N$_2$

Tabelle 2: Herstellungsbedingungen für die AlN-Keramik-Kühlelemente

Ergebnisse

Beim Spritzgießen mit Bindern auf Polyacetalbasis ist gegenüber Massen mit Polyethylen oder Polypropylen eine höhere Temperatur der Spritzgußmasse erforderlich, da Polyacetal vor allem gegenüber Polyethylen eine höhere Schmelztemperatur und gegenüber Polypropylen eine höhere Schmelzenthalpie aufweist. Auch die Werkzeugtemperatur muß höher sein, damit keine Bindenahtprobleme auftreten. Für die Fließfähigkeit der Spritzgußmasse ist bei gleichen Feststoffgehalten die Korngrößenverteilung der Pulver von Bedeutung. Pulver A weist das kleinste Korn und eine enge monomodale Kornverteilung auf. Seine Spritzgußmasse hat den kleinsten Schmelzindex. Daß nicht die Korngröße, sondern die Verteilungsbreite dominant ist, belegt der Vergleich mit den anderen Spritzgießmassen. Die Masse aus dem Pulver D mit dem gröbsten Korn und mit nahezu monomodaler Kornverteilung zeigt die zweitniedrigste Fließfähigkeit. Den höchsten Schmelzindex hat die Formgebungsmasse aus dem Pulver C mit breiter und ausgeprägter bimodaler Kornverteilung. Die Masse B zeigt eine nur wenig niedrigere Fließfähigkeit als die Masse C. Ursache ist die nicht so ausgeprägte bimodale Kornverteilung.

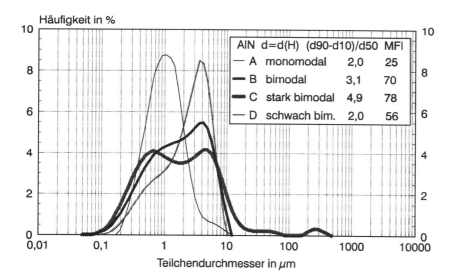

Bild 2: Einfluß der Partikelgrößenverteilung auf den Schmelzindex (MFI)

Für die katalytische Freisetzung des Binders aus dem Aluminiumnitridformkörper ist es notwendig, eine wasserfreie Lösung von Oxalsäure in einem Essigsäure-Ameisensäure-Gemisch einzusetzen und die für andere Massen bewährte Salpetersäure nicht zu verwenden. Diese Maßnahme ist erforderlich, um den Sauerstoffgehalt des Aluminiumnitrids nicht unzulässig zu erhöhen. Auf die Entbinderungsgeschwindigkeit hat neben Katalysator und Temperatur auch der Belegungsgrad des Reaktionsraumes mit Formteilen einen nicht zu vernachlässigenden Einfluß. Für die Entbinderungstiefe von 5 mm bei einer maximalen Bauteildicke von 10 mm ist für ein Formteil nur eine Entbinderungszeit von 3 h unter den in Bild 3 dargestellten Bedingungen erforderlich. Die Abbildung zeigt die Entbinderungszeiten, die in Abhängigkeit der Formkörpermasse im Reaktionsraum für die vollständige katalytische Entbinderung gewählt wurden. Ursache für eine Verlängerung der Entbinderungsdauer sind die erheblichen Mengen Formaldehyd, die bei der Katalyse des Polyacetal entstehen und die Katalysatorkonzentration effektiv verringern. Zu beachten ist, daß die Entbinderung zwar unterbrochen werden kann, die Formteile aber nicht abgekühlt werden dürfen, da es sonst zu Rissen aufgrund der unterschiedlichen thermischen Ausdehnungskoeffizienten zwischen entbinderten Bereich und dem binderhaltigem Kern kommt.

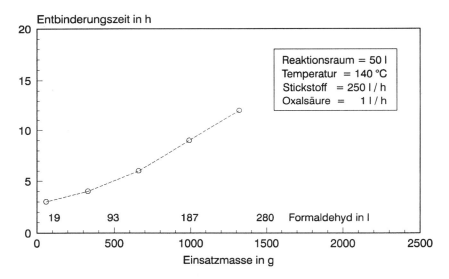

Bild 3: Einfluß der Reaktionsraumbelegung auf die Entbinderungszeit

Die Pyrolyse der Dispergatoren ist unproblematisch, da der keramische Körper nach der katalytischen Entbinderung entsprechend dem entfernten Polyacetalanteil ausreichend offene Porosität aufweist. Zu erkennen ist ein Einfluß der Atmosphäre auf den thermischen Abbau der organischen Additive (Bild 4). Oberhalb 240°C verläuft die Freisetzung in Stickstoff langsamer und unvollständig. Ob die verbleibenden Rückstände einen Einfluß auf die Werkstoffeigenschaften haben, konnte noch nicht nachgewiesen werden. Bis 500°C kann Aluminiumnitrid auch an trockener Luft thermisch entbindert werden, ohne daß sein Sauerstoffgehalt steigt. In Bild 5 sind Parameter der Formkörper nach der katalytischen und thermischen Binderfreisetzung, charakterisiert durch die Quecksilberhochdruckporosimetrie, dargestellt. Zu erkennen ist das aus der Korngrößenverteilung der Ausgangspulver resultierende Größenspektrum der Porenkanäle, die zuvor mit dem Bindersystem gefüllt waren.

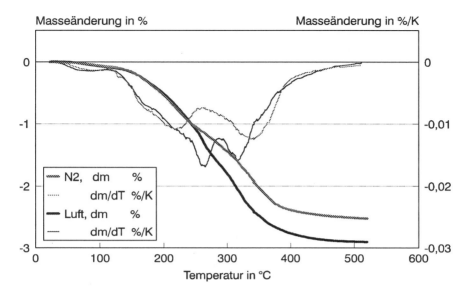

Bild 4: Thermogravimetrie bei Austreiben der Dispergatoren

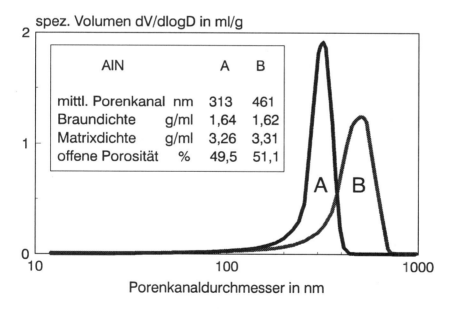

Bild 5: Die Porenverteilung im Formkörper nach der Binderfreisetzung in Abhängigkeit vom Ausgangspulver

An den Sinterprozeß werden folgende Anforderungen gestellt: Den adsorbierten Sauerstoff und die Feuchte vor einer Reaktion mit Aluminiumnitrid durch Vakuum vor dem Aufheizen zu entfernen, über Flüssigphasensintern eine nahezu vollständig verdichtete Keramik zu erreichen, durch eine Haltezeit die Diffusion von Gittersauerstoff in die Flüssigphase zu ermöglichen, den Masseverlust zu minimieren, verzugs- und rißfreie Keramikteile zu erhalten. Die vier Pulver lassen sich aufgrund ihrer Partikelfeinheit alle gut über Flüssigphasensintern verdichten. Trotz der Sinterung in Aggregaten mit Graphitheizer wurde eine inerte Verdichtung und keine Reaktion mit Kohlenmonoxid oder gar Kohlenstoff angestrebt, um die Einflüsse der Formgebung und Binderfreisetzung auf die Wärmeleitfähigkeit zu kontrollieren und nicht über eine Reduktionsnitridierung der oxidischen Sekundärphase die Wärmeleitfähigkeit zu steigern. Während für Prüfstäbe Sintertemperaturen von 1800°C zur Dichtsinterung ausreichten, wurde es erforderlich, die Temperatur zu erhöhen, um die Bauteile in einer größeren Sinteranlage zu verdichten, den Verzug zu minimieren und mehrere Etagen im Ofenraum zu nutzen. Für die Senkung des Massverlustes ist eine Drucksinterung unter Stickstoff notwendig. Bedeutsam für eine nahezu verzugsfreie Schwindung ist die Sinterunterlage.

Das Sinterteil selbst ist rißanfällig an Stellen mit drastischer Änderungen der Wandstärke. Ungünstig für eine verzugsfreie Verdichtung sind lange, dünnwandige Bauteilbereiche, wie die Rohrhälften der Kühlkörperteile. Beide Ursachen sind konstruktiv zu berücksichtigen. Vor dem Verbinden von zwei spiegelsymmetrischen Halbschalen sind diese generell an den Fügeflächen zu schleifen. Das gilt auch für die Kontaktflächen der Kühlkörper für die Halbleiterbauelemente, damit sowohl Druckkräfte und Verlustwärme beim Einsatz gleichmäßig auf den Kühlkörper übertragen werden.

Zusammenfassung
Die über Spritzgießen herzustellenden Bauteile aus Aluminiumnitrid lassen sich besonders in der Leistungselektronik für die vielfältigen Kühlprobleme einsetzen. Durch Anwendung der katalytischen Binderfreisetzung bei der Herstellung von Keramikteilen aus Aluminiumnitrid wird die nachteilige Seite der aufwendigen thermischen Binderentfernung nach der eleganten, endkonturgenauen Formgebung über Spritzguß abgelöst. Damit kann dieses Formgebungsverfahren auch für größere und dickwandige Teile angewendet werden. Die Wärmeleitfähigkeit der geformten AlN-Keramik hängt von der Ausgangspulverqualität und dem Reinheitsniveau der Verarbeitungstechnologie ab. Die erreichten Werte der thermischen Leitfähigkeit reichen für die meisten technischen Anwendungen aus. Um diese Eigenschaft der Keramik noch steigern zu können, ist eine genaue Kontrolle der Änderung der anionischen und kationischen Verunreinigungen während der Prozeßschritte erforderlich, um Maßnahmen zur Reduzierung des Eintrages von Fremdstoffen beim Mischen, Formen, Entbindern und Sintern festzulegen.

Literatur
(1) Borom, M. P., Slack, G. A., Szymasek, J.W., Thermal Conductivity of Commercial Aluminum Nitride, Am. Ceram. Soc. Bull. 51 (1972) 11, 852-856
(2) Müller, H., Laserbearbeitung technischer Keramik - Abtragen, Schneiden, Bohren, DKG Jahrestagung, Weimar, 6.-8. Oktober 1993, S.97-99
(3) Brunner, D., ANCeram innovativster Mittelstandsbetrieb Bayerns, cfi/Ber. DKG /1 (1994) 4, 178-179
(4) Weiler, L., Baumann, H., Kranzmann, A., Szasz, P., Prooftest für keramische Stromrichter - Kühlelemente, DKG/DGM Symposium Zuverlässigkeit, Qualitätssicherung und Lebensdauer keramischer Bauteile, Karlsruhe, 1./2. Oktober 1996
(5) Sterzel, H.-J., Spritzgießen komplexer keramischer Bauteile, in Technische Keramische Werkstoffe von J. Kriegesmann, Deutscher Wirtschaftsdienst, Köln 1995

Bestimmung mechanisch-technologischer Kennwerte in Fügezonen von aktivgelöteten Keramikverbunden mittels Nanoindentation

E. Lugscheider, I. Buschke, M. Lake (Lehr- und Forschungsgebiet der RWTH-Aachen)

1 Einleitung

Zum Fügen von Hochleistungskeramiken ist das Aktivlöten eine bereits bewährte Technologie mit hohem Zukunftspotential. Aktivkomponenten des aufgeschmolzenen Lotes, wie Titan oder Hafnium, reagieren mit der Keramik unter Bildung einer komplexen Reaktionsschicht. Diese Reaktionsschicht ist für die Lotmatrix benetzbar und wirkt gleichzeitig als effektive Diffusionsbarriere für keramikzersetzende Komponenten des Lotes. Die Morphologie sowie die mechanisch-technologischen Eigenschaften und Eigenschaftsänderungen in der Lötnaht und insbesondere der Reaktionsschicht sind entscheidend für die Festigkeit der Aktivlötverbunde. In der vorliegenden Arbeit wird das Verfahren der Nanoindentation eingesetzt, um die mechanisch-technologischen Eigenschaften einer Lötnaht bzw. einer Reaktionsschicht zu bestimmen. Hierzu werden exemplarisch verschiedene Fügeverbunde nichtoxidischer Ingenieurkeramiken mit dem Nanoindenter untersucht. Die Resultate der Nanoindentermessungen werden mit den umfangreichen für diese Fügeverbunde bereitstehenden metallografischen Ergebnissen verknüpft und mit vorliegenden Vierpunkt-Biegefestigkeitswerten korreliert. Die gewonnenen Erkenntnisse zur Verknüpfung mikroskopischer Kennwerte im Gefüge und makroskopischer Bauteilkennwerte stellt letztendlich einen wichtigen Ausgangspunkt zur weitergehenden Optimierung von Keramikverbunden dar.

2 Nanoindentation

Im Bereich der Dünnschichttechnologie hat sich das Verfahren der Nanoindentation als richtungsweisendes und innovatives Untersuchungsverfahren zur Bestimmung wichtiger physikalischer und mechanischer Kenngrößen und Eigenschaften beschichteter Oberflächen etabliert. Analog zu den konventionellen Mikrohärtemeßverfahren wird bei der Nanoindentation die Diamantspitze eines Berkovich-Indenters in den Prüfling eingebracht. Die Nanoindenteruntersuchung erfolgt als registrierende Messung, d.h. es werden Wertepaare von Last und Eindringtiefe aufgenommen, aus denen die Härte und der E-Modul des Prüfkörpers bestimmt werden können. Die Berechnungsroutinen und Meßstrategien für die Härte und den E-Modul werden detailliert in /2.1, 2.2/ vorgestellt. Die Untersuchungen erfolgten mit dem Nanoindenter XP™ der Firma Nanoinstruments, Oak Ridge, Tenesse, U.S.A. Für die Nanoindenteruntersuchungen werden die Proben einer Reinigung mit Alkohol im Ultraschallbad unterzogen, um Verunreinigungen der Oberfläche weitestgehend zu entfernen. Im Anschluß an die Reinigung erfolgt eine 12-stündige Auslagerung in einer temperaturgeregelten Klimakammer bei 20±1 °C um einen thermischen Einfluß der Proben auf das Meßergebnis auszuschließen. Im Rahmen von umfangreichen Vorversuchen wurde der für die Nanoindentermessung erforderliche Lastbereich ermittelt, um einerseits einen Einfluß der Spitzenverrundung bei kleinen Indenterlasten zu minimieren und andererseits ein gegenseitiges Beeinflussen der Einzelindents zu vermeiden.

3 Hochtemperaturlöttechnik

Das Hochtemperaturlöten ist nach DIN 8505 ein flußmittelfreies Löten unter Luftabschluß (Vakuum oder Schutzgas) mit Loten, deren Liquidustemperaturen oberhalb von 900 °C liegen. Der Vorgang beim Hochtemperaturlöten ist ein komplizierter physikalisch-chemischer Prozeß, bei dem durch Wechselwirkungen zwischen Lotwerkstoff und Grundwerkstoff eine unlösbare, stoffschlüssige Verbindung entsteht. Von entscheidender Bedeutung hierfür ist die Übergangsschicht an der Grenzfläche Lot-Grundwerkstoff. Die durch den Lötvorgang hergestellte Verbindung ist in ihrem Aufbau und ihrer Beschaffenheit inhomogen. Sie besteht i.d.R. aus der Lötzone, die sich meist in Zusammensetzung und Struktur vom Lotwerkstoff im nicht verlöteten Zustand unterscheidet, und der Diffusionszone, die die Übergangsschicht zwischen Lot und Grundwerkstoff darstellt /3.1, 3.2/.

3.1 Hochtemperaturlöten von Ingenieurkeramiken

Das Löten keramischer Werkstoffe mit metallischen Loten ist durch das Problem gekennzeichnet, daß Metalle und Keramiken einen unterschiedlichen Bindungscharakter besitzen. Während keramische Werkstoffe ionische und/oder kovalente Atombindungen aufweisen und daher eine sehr stabile Elektronenkonfiguration besitzen, liegen die Elektronen in Metallen nicht lokalisiert in Form einer Elektronenwolke vor. Somit kommt es beim Kontakt zwischen einer metallischen Lotschmelze und einer Keramik aufgrund der großen Diskontinuität in der Elektronenkonfiguration nicht zu einer Benetzung des Lotes und somit zu keiner haftfesten Verbindungsausbildung. Um nun dennoch eine Benetzung erzielen zu können, muß die Keramikfügefläche so modifiziert werden, daß sie einen metallischen oder metallähnlichen Charakter erhält /3.3/. Bei dem sogenannten Aktivlöten, als einem einstufigen Fügeprozeß, wird die Keramik direkt durch das sogenannte Aktivlot benetzt /3.4/. Hierzu sind die Aktivlote mit grenzflächenaktiven Elementen, wie Titan oder Hafnium, dotiert, die in der Lage sind, in eine chemische Wechselwirkung mit der Keramik zu treten. Hierbei kommt es zur Ausbildung von Reaktionsprodukten, bestehend aus Aktivmetall-KeramikVerbindungen, welche metallischen bzw. metallähnlichen Charakter aufweisen. Aufgrund der fortlaufenden chemischen Umsetzung des im metallischen Lot gelösten Aktivmetalls entsteht in der Nähe der Grenzfläche Keramik-Lot ein Konzentrationsgradient. Dieser Gradient stellt die Triebkraft für die nachfolgende Diffusion des Aktivmetalls aus der Lotschicht an die Grenzfläche zur Keramik dar. Im Verlauf des Lötprozesses kommt es somit zu der Ausbildung einer dichten Reaktionsschicht, die die gesamte Keramikfügefläche bedeckt und die Grenzflächenenergie zwischen schmelzflüssigem Lot und Keramik soweit herabsetzt, daß eine Benetzung durch die an Aktivmetall verarmte Lotmatrix erfolgen kann. Voraussetzung für das Zustandekommen der beschriebenen Grenzflächenwechselwirkungen ist die Bereitstellung einer ausreichenden thermischen Energie. Ein entscheidendes Problem beim Hochtemperaturlöten stellte zunächst das Einsetzen von Porenbildung in der Lotmatrix beim Hochtemperatur-Fügeprozeß von Si_3N_4 im Vakuum aufgrund der Freisetzung von Stickstoff aus der Keramik dar. Dieses konnte durch einen dem eigentlichen Hochtemperaturlötprozeß vorgeschalteten Aktivlötprozeß mit konventionellen Silber-Basis-Aktivloten zur Vormetallisierung entschärft werden, der eine Versiegelung der Keramikoberfläche bewirkt und so das Entweichen von Stickstoff aus der Keramik in das Lot verhindert.

4 Problemstellungen aus dem Bereich der Hochtemperaturlöttechnik für den Nanoindenter

Während sich die Nanoindentation im Bereich der Schicht- und Dünnschichttechnik als effektives Analyseverfahren zur Aufklärung verschiedener Fragestellungen etablieren konnte, sind Nanoinden-

teruntersuchungen an Lötverbunden bisher nicht bekannt. Dabei kann der kleinräumige Verlauf der Härte und des E-Moduls sowie die Kraft/Weg-Karakteristik der aufgenommenen Indentereindrücke insbesondere im Interfacebereich von Lot und Grundwerkstoff prinzipiell sowohl qualitative als auch quantitative Aussagen über
- Härtegradienten,
- Härtespitzen,
- Steifigkeitssprünge sowie
- Poren und sonstige nicht sichtbare Lötfehler

geben. Darüberhinaus sind Daten zum E-Modul beispielsweise in der Reaktionsschicht von Keramiklötverbunden eine erste Basis, genauer als bisher einen Lötverbund durch Finite-Elemente-Modelle beschreiben zu können, indem der Lötspalt nicht mehr als homogen angenommen wird, sondern dem vorliegenden Schichtaufbau Rechnung gertragen wird.

4.1 Ausgangssituation

Der erste Untersuchungsbereich bezieht sich auf das Forschungsgebiet der Entwicklung neuartiger Ni-Hf-Basislotlegierungen, welche keine der Metalloide Bor, Silizium und Phosphor enthalten, dennoch akzeptable Verarbeitungstemperaturen beim Fügen von Stählen und Superlegierungen aufweisen. Die neuen Ni-Hf-Basislote sind walzbar und bei ihrer Verarbeitung ergeben sich günstiger Weise im Gegensatz bei der Anwendung konventioneller, metalloidenthaltender Ni-Basisloten keine Sprödphasen in der Fügezone. Die Sprödphasenproblematik bei den konventionellen Ni-Basisloten läßt sich zwar durch enge Lötspalte und eine spezifische Diffusionswärmebehandlung entschärfen, dieses ist jedoch kostspielig /4.1/. Bei den realisierten Fügeverbunden mit den neuen Ni-Hf-Basisloten muß also ein Nachweis der Sprödphasenfreiheit insbesondere im Interfacebereich zwischen Grundwerkstoff und Lot erbracht werden. Der zweite Untersuchungsbereich bezieht sich auf das Forschungsgebiet des Fügens von Ingenieurkermik mittels Löttechnik. Beim Aktivlöten bildet sich günstiger Weise eine Reaktionsschicht am Interface zum keramischen Grundwerkstoff aus. Diese hat metallähnlichen Charakter und ist somit benetzbar durch die Lotmatrix. Gleichzeitig fungiert die Reaktionsschicht günstiger Weise als Diffusionsbarriere. Die meisten bisherigen Untersuchungen dieses Interfacebereiches beschäftigten sich mit der Aufklärung der Zusammensetzung bzw. Struktur. Allgemein anerkannt ist, daß bei Si_3N_4-Keramikverbunden diese wenige μm breite Schicht im wesentlichen aus Aktivmetallnitriden und Siliziden besteht. Untersuchungen zur Härte und zum E-Modul dieser Schichten sind bisher nicht durchgeführt worden.

4.2 Herstellung der Fügeverbunde

Die Tabelle 4.2.1 gibt zusammengefaßt einen Überblick über die im Rahmen dieser Arbeit hergestellten Fügeverbunde hinsichtlich Lot, Grundwerkstoff und den Prozeßparametern Löttemperatur und Haltezeit. Neben der Legierung Ni-7Hf-13Cr, die für den Ansatz walzbarer Legierungen zum Fügen des Wekstoffes Stahl 1.4301 und der Ni-Basislegierung Inconel 600 steht, wird das Lot Ni-40Pd-3Ti nach Vormetallisierung mit dem Ag-Basis-Aktivlot CB1zum Fügen von Si_3N_4 verwendet.

Verwendetes Lot Zusammensetzung in Gew%	Grundwerkstoff	Fügeparameter
Ag-26,5Cu-3Ti (CB4*)	Si_3N_4	900°C, 10 min
Pd-40Ni-3Ti mit Ag-19,5Cu-5In-3Ti (CB1*) vormetallisiert	Si_3N_4	1250°C, 10 min
Diffusionslötsystem Co-Nb-Co Foliensystem: 25 µm Co-25 µm Nb- 25 µm Co	Si_3N_4	1300°C, 5 min
Ni-7Hf-13Cr-Folie mit Ag-19,5Cu-5In-3Ti (CB1*) vormetallisiert	Si_3N_4	1250°C, 15 min
Ni-7Hf-13Cr-Folie	Stahl 1.4301	1235°C, 5 min
Ni-7Hf-13Cr-Folie	Inconel 600 (Ni-18Cr-6Fe)	1235°C, 5 min

Tab. 4.2.1:   Überblick über die hergestellten Fügeverbunde

Die Lötungen erfolgen in einem Hochvakuumofen, in dem bei Arbeitstemperatur ein Hochvakuum von kleiner $5 \cdot E^{-5}$ mbar erzielt wird. Der Anpreßdruck der Fügepartner wird über Gewichte zu 0,006 MPa eingestellt, welches einer Kraft von 600 N pro cm^2 Fläche entspricht. Die hergestellten Fügeverbunde werden metallografisch präpariert, indem polierte Querschliffe angefertigt werden.

4.3 Metallografische Analyse der Fügeverbunde

Die metallurgische Charakterisierung der in der vorliegenden Arbeit untersuchten Fügeverbunde ist bereits in umfangreichen Untersuchungen durchgeführt worden, so daß eine breite Datenbasis zum Abgleich der mittels Nanoindentation ermittelten Ergebnisse bereitsteht. Insbesondere sind bei /4.2/ umfangreiche Untersuchungen zur Analyse der Fügezone von Si_3N_4-Verbunden vorgestellt. Bei /4.3/ finden sich eingehende Unetrsuchungen zum Fügezonenaufbau von metallischen Verbunden, welche mit Ni-Hf-Basisloten gefügt worden sind.

4.4 Analyse der Fügeverbunde mittels Nanoindentation

Die Untersuchung der Fügeverbunde mit dem Verfahren der Nanoindentation erfolgte in mehreren Schritten. In einem ersten Schritt wurden die Härten des jeweiligen Grundwerkstoffes ermittelt. Diese Untersuchung erfolgte standardmäßig mit 100 mN als lastgesteuerte Messung. Das Ergebnis der Untersuchung wird nachfolgend in der Tabelle 4.4.1 vorgestellt.

Grundwerkstoff	Härte [GPa]
Keramik (Bu 1 CB 4)	22.5
Keramik (Bu 2 PdNiTi)	22.4
Keramik (Bu3 CoNbCo)	19.3
Keramik (Bu 4 80Ni7Ag13Cr)	18.5
X5CrNi18-10	23.5
Inconel 600	23.8

Tab. 4.4.1:   Härtewerte der Grundwerkstoffe

Für die Untersuchung der Härte und der E-Module wurde mit dem Nanoindenter ein im rechten Winkel zur Lötfuge angelegter Linescan durchgeführt. Der Abstand zwischen den einzelnen Indents betrug für alle untersuchten Lötfugen 5 µm, wie in der Abbildung 4.4.1 exemplarisch gezeigt wird. Die Messung erfolgte ebenfalls als lastgesteuerte Messung mit einer Indenterlast von 10 mN.

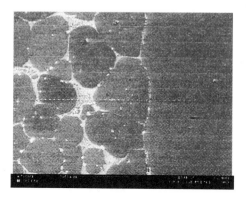

Abb. 4.4.1: Linescan über einen Inconel-Verbund mit einer Schrittweite von 5 µm (80Ni-7Hf-13Cr-Lot)

An ausgewählten Proben wurde die Reaktionszone unter einem Winkel von 10 ° gesondert untersucht. Die einzelnen Indents haben bei dieser Vorgehensweise einen Abstand von ca. 0,9 µm normal zur Lötfuge. Die Untersuchung der Reaktionszone erfolgte ebenfalls unter Verwendung von 10 mN als Indenterlast.

4.4.1 Keramikverbund gefügt mit einem Ag-Cu-Ti-Lot

Der untersuchte Keramikverbund wurde mit einem Ag-Cu-Ti-Lot bei einer Temperatur von 900 °C gefügt. Das Ergebnis der Nanoindenteruntersuchung wird in der Abbildung 4.4.1.1 vorgestellt. Die Abbildung zeigt den Härteverlauf über der Lötfuge ausgehend von dem Grundwerkstoff mit einer Härte von 22.4 GPa. Die Härte fällt über der Reaktionszone auf den Härtewert der Lötfuge von ca. 1 GPa ab.

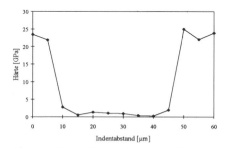

Abb. 4.4.1.1: Härteverlauf eines Keramikverbundes über der Lötfuge (Ag-Cu-Ti-Lot)

4.4.2 Keramikverbund gefügt mit Pd-Ni-Ti-Lot (vormetallisiert mit CB1-Lot)

In den nachfolgend gezeigten Abbildungen ist die Reaktions- und Fügezone eines Keramikverbundes im Querschliff dargestellt. Die Keramikpartner wurden mit einem Pd-Ni-Ti-Lot gefügt, wobei die Prozeßtemperatur 1250 °C betrug. Die Nanoindenteruntersuchung erfolgt einerseits als Linescan normal zur Lötfuge sowie im schleifenden Schnitt (gestrichelte Hilfslinie) zur Untersuchung der Reaktionszone. Bei den in Abbildung 4.4.2.2 gegebenen Fotografie der Probe

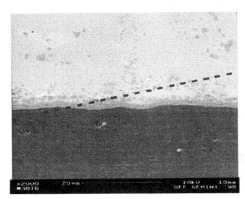 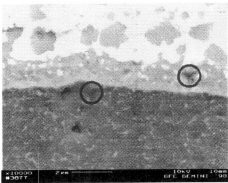

Abb. 4.4.2.1: REM-Aufnahmen der Lötfuge und der Reaktionszone

Abb. 4.4.2.2: REM-Aufnahmen der Reaktionszone

unter dem Feldemmissionsmikroskop bei 10000 facher Vergrößerung sind die hierauf befindlichen Eindrücke zum besseren Erkennen rotumrandet. Das Ergebnis der Nanoindenteruntersuchung zeigen die Abbildungen 4.4.2.3 und 4.4.2.4. In der Abbildung 4.4.2.3 wird der Härtewert, vom Grundwerkstoff ausgehend, über der Fügezone dargestellt. Die Härte fällt von dem Grundwerkstoffwert über der Reaktionszone auf den Härtewert der Fügezone ab. Eine detaillierte Untersuchung der Reaktionszone hat gezeigt, daß der Härtewert nahezu linear über der Reaktionszone abfällt, wie dies in der Abbildung 4.4.2.4 dargestellt ist.

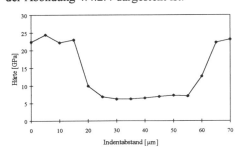 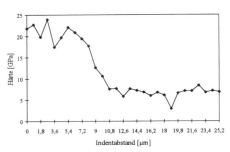

Abb. 4.4.2.3: Härteverlauf über der Lötfuge

Abb. 4.4.2.4: Härte über der Reaktionszone

4.4.3 Keramikverbund gefügt mit Co-Nb-Co-Diffusionslotsystem

Der untersuchte Fügeverbund bestand aus zwei Keramiken, die mittels eines Co-Nb-Co-Foliensystems diffusionsgelötet wurden. Die Untersuchung der Härte über der Lötfuge hat gezeigt, daß sich im Lötprozeß Hartphasen ausgebildet haben, die in einer weicheren Matrix eingelagert wurden. Die Abbildung 4.4.3.1 zeigt der Härteverlauf über der Lötfuge. Im Bereich der Lötfuge sind signifikante Änderungen der Härtewerte erkennbar, die auf eine Hartphasenbildung schließen lassen. Der mittlere Härtewert der Fügezone ist im Vergleich zu der Keramik, mit einem Härtewert von 18.5 GPa, geringer.

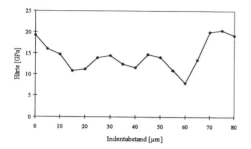

Abb. 4.4.3.1: Härteverlauf eines Keramikverbundes über der Lötfuge (Co-Ni-Co-Lot)

4.4.4 Keramikverbund gefügt mit 80Ni-7Hf-13Cr-Lot (vormetallisiert mittels CB1)

Der untersuchte Keramikverbund wurde mit einem 80Ni-7Hf-13Cr-Lot unter Vormetallisierung der Keramik gelötet. Das Ergebnis der Nanoindenteruntersuchung wird in der Abbildung 4.4.4.1 vorgestellt. Der dargestellte Härteverlauf weist einen signifikanten Abfall im Bereich der Reaktionszone auf. Die Härte fällt vom Grundwerkstoffwert von ca. 20 GPa auf einen Härtewert von ca. 6 GPa in der Fügezone. In der Reaktionszone des Lotspaltes waren makroskopisch Porositäten erkennbar, die zu Problemen bei der Nanoindentation führten. In der Auswertung zeigten sich Bereiche scheinbaren Fließens in der Belastungskurve, wie in der Abbildung 4.4.4.2 dargestellt ist. Diese Bereiche sind auf das Einbrechen des Indenters in einen Porensaum zurückzuführen.

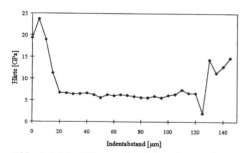

Abb. 4.4.4.1: Härteverlauf über der Lötfuge   Abb. 4.4.4.2: Einbruch des Indenters in einen Porensaum

4.4.5 Stahlverbund gefügt mit 80Ni-7Hf-13Cr-Lot

Die Härteuntersuchung des gefügten Stahlverbundes hat gezeigt, daß die Härte über der Lötfuge abfällt. Die Härte Beträgt im Bereich der Lötfuge weist ein Maximum in der Mitte der Lötfuge von ca. 5 GPa auf, wobei lokale Härtespitzen gemessen wurden. Die Abbildung 4.4.5.1 zeigt der Verlauf des Härtewertes über der Lötfuge. Die Härtespitzen sind auf das Ausbilden von lokalen Phasen mit höherer Härte zurückzuführen. Die Untersuchung der Randzone, dargestellt in der Abbildung 4.4.5.2, weist ebenfalls Schwankungen innerhalb der ermittelten Härtewerte auf.

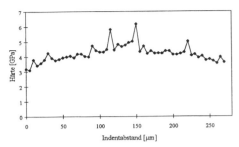
Abb. 4.4.5.1: Härteverlauf über der Lötfuge

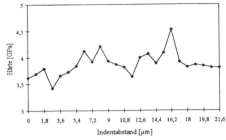
Abb. 4.4.5.2: Härte über der Reaktionszone

4.4.6 Inconel 600-Verbund gefügt mit 80Ni-7Hf-13Cr-Lot

Im Rahmen der Nanoindenteruntersuchung wurde ebenfalls ein Inconel 600-Fügeverbund untersucht. Als Lotwerkstoff wurde das Ni-Hf-Basislot 80Ni-7Hf-13Cr verwendet. Das Untersuchungsergebnis der Lötfugen wird grafisch in den Abbildungen 4.4.6.1 und 4.4.6.2 vorgestellt. Innerhalb der Lötfuge sind, wie bereits bei der vorausgegangenen Untersuchung festgestellt wurde, lokale Härteschwankungen erkennbar. Diese sind auf das Ausbilden von lokalen Hartphasen zurückzuführen. Eine Untersuchung der Reaktionszone im schleifenden Schnitt hat gezeigt, daß in diesem Bereich keine signifikante Härtesteigerung erreicht werden konnte.

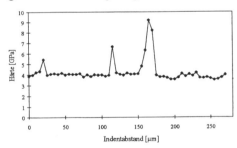
Abb. 4.4.6.1: Härteverlauf über der Lötfuge

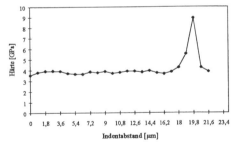
Abb. 4.4.6.2: Härte über der Reaktionszone

5 Zusammenfassung und Ausblick

Während sich die Nanoindentation im Bereich der Schicht- und Dünnschichttechnik als effektives Analyseverfahren zur Aufklärung verschiedener Fragestellungen etablieren konnte, sind Nanoindenteruntersuchungen an Lötverbunden bisher nicht bekannt. Dabei gibt der kleinräumige Verlauf der Härte und des E-Moduls sowie die Kraft/Weg-Karakteristik der aufgenommenen Indentereindrücke insbesondere im Interfacebereich von Lot und Grundwerkstoff prinzipiell sowohl qualitative als auch quantitative Aussagen über

- Härtegradienten,
- Härtespitzen,

- Steifigkeitssprünge sowie
- Poren und sonstige nicht sichtbare Lötfehler

Signifikant ist das an den untersuchten Keramikverbunden zu beobachtende Nachsetzen des Nanoindenters am Interface Keramik-Lot, welches auf nicht sichtbare Poren am Interface hindeutet. Anscheinend ist eine Vormetallisierung zur Problemvermeidung hier nicht ausreichend. Für die gelöteten Metallverbunde ergeben sich keine signifikanten Härtesprünge, die auf eine regelrechte Hartphasenbildung schließen ließen. Gleichwohl zeigen die Schriebe der Härteverläufe bei dem Inconelverbund eine deutlich höhere Schwankungsbreite als bei Stahlverbund, welches prinzipiell mit dem Vesagen des Inconelverbundes bei bereits kleineren Lasten im Gegensatz zum Stahlverbund einhergeht. Der Einsatz des Nanoindenters in der Löttechnik steht am Anfang der Entwicklung. Wie dargelegt, sind sinnvolle qualitative Aussagen bei Anwendung dieser hochmodernen Analysetechnik bereits möglich. Die quantitative Ergebnisauswertung muß mit Methoden der Finite-Elemente-Analyse gekoppelt weden, wobei die in der vorliegenden Arbeit gewonnenen Werte eine wichtige Basis bilden können.

6 Literatur

/2.1/ M.F. Doerner, W.D. Nix
J. Mater. Res. 1, 1986

/2.2/ W.C. Oliver, G.M. Pharr
J. Mater. Res. 7, 1992

/3.1/ E. Lugscheider, R. Sicking
Löten von Stählen
DGM-Seminar: Metallkundliche Fragen des Lötens, Aachen 1998

/3.2/ P. Zaremba
Hart- und Hochtemperaturlöten, Die schweißtechnische Praxis, Bd. 20
DVS-Verlag, Düsseldorf, 1988

/3.3/ L. Dorn et.al.
Hartlöten, Grundlagen und Anwendungen
Expert Verlag, 1985

/3.4/ M. Boretius, E. Lugscheider, W. Tillmann
Fügen von Hochleistungskeramik
VDI-Verlag, Düsseldorf, 1995

/4.1/ O. Knotek, E. Lugscheider
Aufbau und Eigenschaften von Nickel-Bor-Silizium-Legierungen
In: DVS-Berichte Band 38, 1975

/4.2/ W. Tillmann
Neue Verfahren zur Herstellung hochtemperaturbeständiger Keramikverbunde
Bennigsen-Foerderpreis des Landes Nordreinwestfalen 1994, Abschlußbericht,
Verlag Mainz, Aachen 1997

/4.3/ I. Buschke, E. Lugscheider
New Approaches for Joining High-Temperature Materials
Joining of Advanced and Speciality Materials
Proceedings from Materials Solutions Conference 1998, Rosemont, IL, USA

Entwicklung eines wirtschaftlichen Herstellungsverfahrens für kompliziert geformte spritzgegossene Siliciumnitrid-Bauteile

Lothar Schönfelder, CFI GmbH & Co. KG, Rödental; Horst Lange, Bayer AG, Leverkusen; Christian Hopmann, Institut für Kunststoffverarbeitung, Aachen; Peter Greil, Friedrich-Alexander-Universität, Erlangen-Nürnberg

1. Einleitung

Die technische Umsetzung und Nutzung des Potentials von dichten Siliciumnitrid-Werkstoffen erfordert die Entwicklung wirtschaftlicher Herstellungsverfahren für Bauteile. Besonders für komplex geformte Teile müssen Formgebungsverfahren einsetzbar sein, die eine endkonturnahe Herstellung, d.h. mit möglichst minimaler oder im Idealfall sogar ohne Nachbearbeitung, ermöglichen.

Es wurde ein kostengünstiger Siliciumnitrid-Werkstoff und ein wirtschaftliches Fertigungsverfahren für komplex geformte Bauteile durch Anwendung der Spritzgußformgebung von Silicium-Pulvern entwickelt. Dieses Verfahren wurden im Rahmen eines BMBF-MaTech-Projektes mit Tassenstößeln und Kurbelwellen als Modellbauteilen optimiert. Die weitere Umsetzung des keramischen Spritzgußverfahrens in eine Vielzahl von Siliciumnitrid-Bauteilen für Anwendungen zum Beispiel im Maschinenbau sowie der Verkehrs- und Medizintechnik gelang noch während der Projektlaufzeit.

2. Entwicklung eines normaldruckgesinterten SRBSN-Werkstoffes

Als dichter Siliciumnitrid-Werkstoff wurde unter wirtschaftlichen Gesichtspunkten das gesinterte, reaktionsgebundene Siliciumnitrid (SRBSN) verfolgt. Für diesen Werkstoff können kostengünstige Siliciumpulver als Rohstoff eingesetzt werden. Beim kommerziellen SRBSN-Verfahren ergeben sich jedoch aufgrund der exothermen Nitridierungsreaktion von Silicium relativ lange Ofenbetriebszeiten, da dieser Prozeß schonend gesteuert werden muß. Ein zu schneller Nitridierungsprozeß führt zu Siliciumausschmelzungen und damit zu Defekten im Werkstoffgefüge. Dadurch wird das Eigenschaftsniveau des Werkstoffes nachteilig beeinflußt.

Durch Verdünnen des Silicium-Rohstoffes mit inertem Siliciumnitrid-Pulver konnte dagegen eine drastische Reduktion der Nitridierzeiten erreicht werden (1). Der entwickelte Werkstoff kann unter Stickstoff-Normaldruck dicht gesintert werden. Das erreichte Eigenschaftsprofil dieses SRBSN-Werkstoffes (Tab. 1) ist mit kommerziellen Siliciumnitrid-Qualitäten, die z.B. durch Gasdrucksintern (HIP) oder ausgehend von Siliciumnitrid-Rohstoffpulvern hergestellt werden, vergleichbar (2,3).

Hersteller	**CFI**	HCT	CFI	CFI
Qualität	**N5301**	HCT 90[(2)]	N 7202	N 3208
Verfahren	**ND-SRBSN**	HIP-SRBSN	ND-SSN	GD-SSN
Dichte, (g/cm³)	3,28	3,27	3,22	3,23
RT-Biegefestigkeit, (MPa)	800	922	850	920
Weibull-Modul	13	19	>15	> 20
Härte (HV 10)(GPa)	15,8	15	15	15,3
Bruchzähigkeit (MPa m$^{1/2}$)	7	7	7	6,5

Tab. 1: Eigenschaften des entwickelten SRBSN-Werkstoffes – Vergleich mit kommerziellen Siliciumnitrid-Qualitäten

3. Spritzgießen von Siliciumnitrid-Bauteilen

Das Verfahren zur Herstellung spritzgegossener Siliciumnitrid-Bauteile (Abb. 1) beinhaltet das Aufbereiten thermoplastischer Pulver-Bindermischungen (Compounds), die Spritzgußformgebung, das Entbindern der Formteile sowie den Nitridier- und Sinterprozeß (4). Von zentraler Bedeutung ist die Herstellung mit Keramikpulver möglichst hochgefüllter Spritzgußcompounds. Zum Spritzgießen von Silicium wurde ein organisches Mehrkomponenten-Bindersystem auf Basis von Kunststoffen und niedermolekularen Wachsen entwickelt. Mit diesem System sind typischerweise spritzgußfähige Feststoffgehalte bis 85 Gew.%, entsprechend 64 Vol.%, erreichbar. Trotz dieser hohen Feststoffgehalte ist jedoch eine gute Fließfähigkeit, d.h. ein relativ niedrigviskoses Verhalten, gewährleistet. Dieses Bindersystem zeichnet sich außerdem durch ein günstiges Verarbeitungsverhalten bei der Spritzgußformgebung aus. Es wird bei Schmelzetemperaturen von 130°C bis 160°C und Einspritzdrücken von 300 bis 500 bar verarbeitet. Der Spritzgußcompound ist damit trotz des hohen Gehaltes an Keramikpulver bezüglich seines Verarbeitungsverhaltens durchaus vergleichbar mit ungefüllten Kunststoffen. Dies gilt vor allem auch für das Fließverhalten der hochgefüllten Masse (Abb. 2).

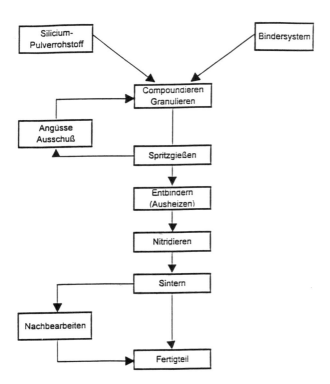

Abb. 1   Verfahrensablauf für das keramische Pulver-Spritzgußverfahren

Entscheidend für die optimale Eignung eines organischen Bindersystems für das keramische Pulverspritzgießen ist auch das Verschleißverhalten der Spritzgußcompounds. Aufgrund des geringen Bindergehaltes der Spritzgußcompounds besteht die Gefahr des Verschleißes an Misch- und Spritzeinrichtungen. Es muß deshalb eine optimale Benetzung (Umhüllung) der Feststoffpartikel mit dem organischen Bindersystem erreicht werden, um den Verschleiß zu minimieren. Mit der entwickelten Binderkomposition konnte aufgrund der Auswahl optimaler Gleit- und Benetzungskomponenten ein verschleißarmes Verarbeitungsverhalten erreicht werden. Selbst beim Einsatz ungehärteter Werkstoffe im Spritzgußwerkzeug und für die besonders verschleißanfälligen Maschinenteile der Spritzgußmaschine, wie der Rückstromsperre in der Düsenspitze sowie der Spritzgußschnecke, konnten keine kritischen Verschleißerscheinungen im Produktionsbetrieb beobachtet werden.

Unter Kostengesichtspunkten müssen die bei der Spritzgußformgebung anfallenden Angußteile, Materialreste oder fehlerhafte Teile, wiederverwendbar sein. Bei dieser Rückführung des sogenannten Regenerates in den Spritzgußprozeß muß eine thermische Schädigung des Bindersystems ausgeschlossen werden, die das Fließverhalten negativ beeinflussen würde. Das entwickelte thermoplastische System zeigt bei der Rückführung von 100% Material selbst bei einer mehrfachen Wiederverwendung keine Veränderungen in seinen rheologischen Eigenschaften (Abb. 2). Dadurch wird ein stabiler Spritzgußprozeß gewährleistet. In der Praxis werden in der Regel ca. 30% Regranulat dem Spritzgußgranulat wieder zugeführt.

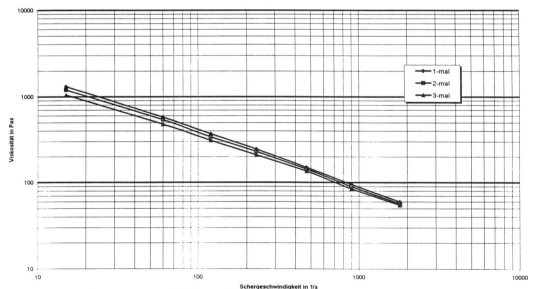

Abb.2: Fließverhalten des Silicium-Spritzgußcompounds nach bis zu dreimaliger Wiederverarbeitung.

4. Anwendung des keramischen Spritzgußverfahrens

Der entwickelte spritzgegossene SRBSN-Werkstoff wurde erfolgreich in die Produktion von Siliciumnitrid-Bauteilen überführt. Das Spritzgußverfahren als Near-Net-Shape-Formgebung konnte zu einem Stand entwickelt werden, der die kostengünstige Herstellung einer Vielzahl komplex geformter Bauteile ermöglicht. Aufgrund der nahezu uneingeschränkten gestalterischen Möglichkeiten dieses Formgebungsverfahrens können filigrane Teile mit hoher Präzision gefertigt werden. Dies gilt vor allem für Bauteile, die bisher nicht oder nur mit hohem Nachbearbeitungsaufwand hergestellt werden konnten. Mit diesem Formgebungsverfahren wurden bisher kleinste Wandstärken bis 0,3 mm und Innenbohrungen bis 1 mm Durchmesser realisiert. Das Verfahren kann bis zu Wandstärken von ca. 15 mm eingesetzt werden. Die typischen Bauteilgewichte liegen bei 0,04 – 40 g. Hervorzuheben ist, daß mit diesem Formgebungsverfahren Geometrien realisiert werden können, die mit anderen Verfahren wie Pressen oder Schlickergießen nicht möglich sind. Die vom Kunststoffspritzgießen bekannten gestalterischen Möglichkeiten können dabei durchaus auf das keramische Spritzgußverfahren übertragen werden. Dabei ist es möglich, Bauteile auch auf Endmaß innerhalb der geforderten Toleranzen zu fertigen, d.h. eine kostenintensive Nachbearbeitung kann in vielen Fällen durchaus entfallen, soweit nicht spezielle Anforderungen, zum Beispiel für Funktionsflächen mit hohen Oberflächengüten oder an Passungen bestehen.

Besonders geeignet ist dieses Verfahren zur Herstellung von Kleinteilen mit komplexen Geometrien. Innen- oder Außengewinde, Bohrungen oder auch Hinterschneidungen können damit realisiert werden. Die keramische Spritzgußtechnologie ist in erster Linie für die Produktion von mittleren bis hohen Stückzahlen geeignet, dazu kommen Mehrfachwerkzeuge zum Einsatz. Für eine Serienproduktion von Bauteilen können außerdem die in der Kunststoffspritztechnik seit Jahrzehnten eingesetzten Hilfsmittel, wie z.B. Handlings-Aggregate, auch für das keramische Spritzgießen genutzt werden.

Typische spritzgegossene Siliciumnitrid-Funktionsteile finden heute schon Anwendung im Motorenbau (Abb. 3), in der Medizintechnik (Abb. 4) und im Maschinenbau (Abb. 5).

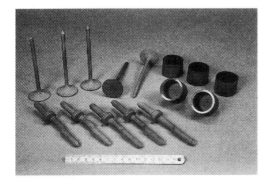 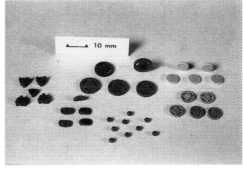

Abb. 3: Spritzgegossene Siliciumnitridbauteile für die Verkehrs- und Energietechnik

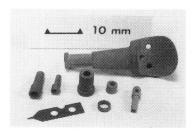

Abb. 4: Kleinstteile für medizinische Anwendungen, im Spritzgußverfahren auf Endmaß gefertigt.

Abb. 5: Spritzgegossene Siliciumnitridteile für den Maschinenbau (z. B. Pumpen-, Mahl-, Schweißtechnik).

Das dieser Arbeit zugrundeliegende Vorhaben wurde mit Mitteln des Bundesministers für Bildung, Wissenschaft, Forschung und Technologie im Programm MATECH unter dem Förderkennzeichen 03N3000 gefördert.

5. Literaturangaben
1. Schönfelder, L., Roth, S., Lange, H., Timmermann, R., Knothe, J., Greil, P.:
Entwicklung eines wirtschaftlichen Herstellungsverfahrens für kompliziert geformte, spritzgegossene Siliciumnitrid-Bauteile.
Werkstoffwoche 96, Symposium 6 Werkstoff- und Verfahrenstechnik, 587-592, Hrsg. Ziegler, G. 1997
2. Heinrich, J., Krüner H.:
Silicon Nitride Materials for Engine Applications.
cfi/Ber. DKG 72 (1995) 167-175
3. Wötting, G., Feuer, H., Frassek, C., Schönfelder, L., Leimer, G.:
Si_3N_4 Materials: Their Properties and Technical Applications.
cfi/Ber. DKG 75 (1998) 25-30
4. Schönfelder, L., Roth, S., Wötting, G., Gugel, E.:
Injection Moulded Si_3N_4 Structural Components
cfi/Ber. DKG 74 (1997) 141-145

Folien für den Fügeprozeß

St. Dahms, M. Neuhäuser, Th. Furche, E. Zimmermann, G. Köhler,
Institut für Fügetechnik und Werkstoffprüfung GmbH, Jena (D)

Einleitung

Am Institut für Fügetechnik und Werkstoffprüfung GmbH Jena wurde ein spezielles Fügeverfahren entwickelt. Dieses ermöglicht es, Bauteile aus oxidischen, nichtoxidischen und silikatischen Keramiken, Gläsern und Glaskeramiken über Folien dauerhaft miteinander zu verbinden. Es können sowohl Baugruppen aus gleichartigen als auch aus unterschiedlichen Werkstoffen miteinander verbunden werden. Erfahrungen liegen beispielsweise für folgende Werkstoffpaarungen (Tabelle 1) vor:

Keramik - Verbunde	Aluminiumoxid - Aluminiumoxid
	Zirkonoxid - Zirkonoxid
	Aluminiumnitrid - Aluminiumnitrid
	Cordierit - Cordierit
	Siliziumnitrid - Siliziumnitrid
	Siliziumcarbid - Siliziumcarbid
	Cordierit - Siliziumnitrid
	Aluminiumoxid - Aluminiumnitrid
Glaskeramik - Verbunde	Vitronit® - Vitronit®
	Bioverit® I/II - Bioverit® I/II
Glas - Verbunde	Duran® - Duran®

Tabelle 1: Verbunde von stofflich gleichen oder unterschiedlichen Werkstoffen

Folienherstellung

Die am IFW durchgeführten Entwicklungsarbeiten beschäftigten sich mit der Herstellung von Folien verschiedener Zusammensetzungen mit definierten thermischen Längenausdehnungskoeffizienten zwischen $-0.5 \ldots 10.0 * 10^{-6} K^{-1}$. Die Folien bestehen vorrangig aus Feststoffen gleicher chemischer Zusammensetzung wie die zu verbindenden Teile. Weiterhin enthalten sie organische Hilfsstoffe (Bindemittel, Weichmacher, Verflüssiger, Entschäumer). Sie müssen vor dem eigentlichen Fügebrand wieder vollständig und schonend entfernt werden. Diese Stoffe gewährleisten eine gute Bearbeitung der Folien im ungesinterten Zustand (Grünzustand).

Die Folienherstellung erfolgt nach dem „doctor-blade-Verfahren". Hierzu wird ein blasenfreier, homogener Gießschlicker hergestellt und über ein Rakel bei konstanter Transportbandgeschwindigkeit vergossen. Nach der Formgebung erfolgt ein Trocknungsprozeß, wobei sich eine flexible Grünfolie bildet. Entsprechend den gewünschten Fügegeometrien lassen sich die Grünfolien ausgezeichnet bearbeiten, z.B. strukturieren mit Hilfe eines Lasers.

Liegt keine bzw. eine geringe Differenz im linearen thermischen Längenausdehnungskoeffizienten zwischen den zu fügenden Bauteilen vor, so kann die Verbindung mit einer Folie realisiert werden. Besteht dagegen eine größere Differenz der Ausdehnungskoeffizienten (> 0,8 *10^{-6} * K^{-1}), so wird diese mit einem laminierten Folienpaket oder einer Gradientenfolie ausgeglichen.

Sinterprozeß
Die eigentliche Verbindungsbildung erfolgt in einem Spezialsinterprozeß. Die Fügetemperatur liegt etwa 150 K unterhalb der niedrigsten Erweichungs- bzw. Sintertemperatur der zu verbindenden Bauteile, um deren Verformung zu vermeiden. Die Sinterung der Grünfolien erfolgt nach einem optimierten Temperatur-Zeit-Regime, wobei die organischen Bestandteile ausbrennen. Im weiteren Sinterprozeß bildet sich eine dichte Matrix unter Beibehaltung der Eigenschaften der Ausgangsstoffe.

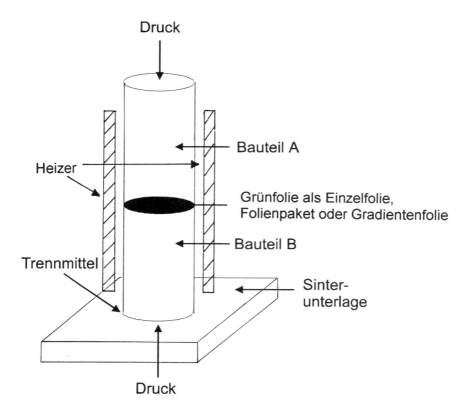

Bild 1: Grundprinzip des Fügeprozesses

Von Bedeutung für diesen Prozeß sind folgende Parameter:

* Ausheizregime für die organischen Bestandteile
  (Aufheizgeschwindigkeit, Temperaturen, Haltezeiten)
* Aufheizgeschwindigkeit bis zur Fügetemperatur
* Fügetemperatur
* Haltezeit bei Fügetemperatur
* Fügedruck
* Atmosphäre
* Abkühlregime
* eventuell Haltezeiten zur Keimbildung und zum Kristallwachstum (Keramisierung)

Diese Parameter müssen für jede Werkstoffpaarung optimiert werden.

Bei normaler druckloser Sinterung der Fügefolie tritt eine dreidimensionale Schwindung auf. Der Fügedruck muß so eingestellt werden, daß diese Schwindung nur noch in der Höhe (Dicke der Schicht) erfolgt. Bei einem zu hohen Druck kommt es zur Wulstbildung infolge von Fließprozessen. In den nächsten Darstellungen (Bild 2 - 5) ist die Abhängigkeit der Sinterschwindung vom Fügedruck dargestellt.

$$\text{Laterale Schwindung} = S_L$$
$$\text{Dickenschwindung} = S_D$$
$$\text{Volumenschwindung} = S_V$$

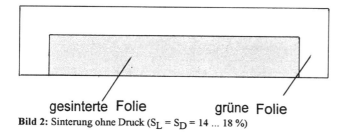

gesinterte Folie   grüne Folie

Bild 2: Sinterung ohne Druck ($S_L = S_D = 14 \ldots 18\ \%$)

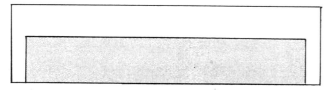

Bild 3: Sinterung mit zu geringem Druck ($S_L > 0\%$; $S_L < S_D$)

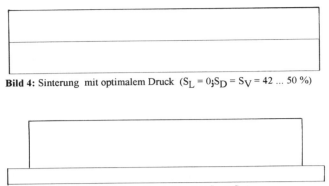

Bild 4: Sinterung mit optimalem Druck ($S_L = 0$; $S_D = S_V = 42 \ldots 50\,\%$)

Bild 5: Sinterung mit zu hohem Druck ($S_L < 0$; $S_D > S_V$)

Eigenschaften der Fügefolien und Applikationsbeispiele

Ein bedeutender Vorteil des Fügeverfahrens ist die nahezu gleiche stoffliche Zusammensetzung der Fügeschicht und der zu verbindenden Teile, d. h. die Zwischenschicht besteht aus arteigenen Materialien. Durch das Laminieren einzelner Folien bzw. durch Gradientenfolien können allmähliche Übergänge von Werkstoffeigenschaften realisiert werden.

Weiterhin können die Folien (Bild 6) neben der reinen Fügefunktion noch eine Geometriefunktion übernehmen. Durch Lasergravieren bzw. -schneiden können komplizierte Geometrien in die Fügeschicht vor der Verbindungsbildung eingebracht werden.

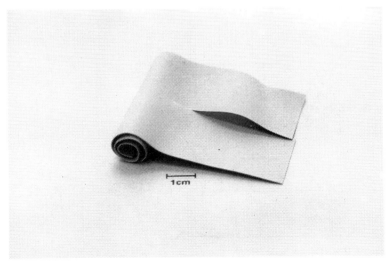

Bild 6: flexible Grünfolien

Die Festigkeit der Fügeverbindung liegt in Abhängigkeit von den zu verbindenden Teilen etwa bei 25 bis 35 % der Festigkeit der Basiswerkstoffe. Die Fügeschicht ist vakuumdicht, kann aber auch porös ausgebildet sein. Nachfolgend soll an Beispielen verschiedener Werkstoffkombinationen der Einsatz von Fügefolien demonstriert werden.

Bild 7: Verbunde (von links nach rechts)
Duran® / Duran® ; Duran®/Siliziumnitrid; Siliziumnitrid/Cordierit

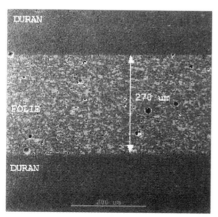

Bild 8: REM - Aufnahme einer Fügezone (Duran®/ Duran®)

Im Bild 9 wird der Einsatz einer Fügeverbindung zwischen bioinerter und biokompatibler Glaskeramik an einem 11 mm langen Gehörknöchelchen-Implantat gezeigt. Der Werkstoffverbund erfolgt an Blöcken beider Bioglaskeramiken. Die entsprechende Endform wird durch eine mechanische Nachbearbeitung des Fügekörpers realisiert.

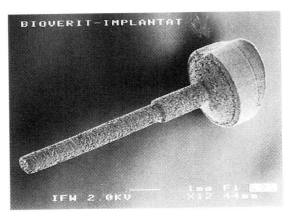

Bild 9: Gefügtes Gehörknöchelchen-Implantat (Vertrieb: COVOC Medizintechnik Vertriebs-GmbH Berlin)

BAS (BaO·Al$_2$O$_3$·SiO$_2$)-Gläser für Hochtemperatur-Fügungen

Klaus Eichler, Peter Otschik, Gerhard Solow, Winfried Schaffrath
Fraunhofer Institut für keramische Technologien und Sinterwerkstoffe, Dresden

Einleitung

Hochtemperatur-Fügungen sind ständig oder zyklisch Temperaturen von > 300°C ausgesetzt. Für Hochtemperatur-Fügungen von metallischen und keramischen Komponenten mit- und untereinander werden in steigendem Umfang Glaskeramiklote eingesetzt, weil diese Lote im Eigenschaftsbild sehr variabel sind. Für Fügungen mit elektrisch isolierenden Eigenschaften sind Glaskeramiklote unentbehrlich.

Eine Anwendung für derartige Fügungen ist die Hochtemperatur-Brennstoffzelle (Solid Oxide Fuel Cell, SOFC). Für diesen Einsatz werden an das Glaslot eine Vielzahl teils extremer Anforderungen gestellt. In dem planaren Konzept der SOFC, wie es in Deutschland von der Firma Siemens vertreten wird, müssen die einzelnen Stackbauteile - teils keramischer, teils metallischer Natur - mit- und untereinander verbunden werden. Durch diese Lotverbindungen werden die Brennräume an Kathode und Anode voneinander getrennt und nach außen hin hermetisch abgeschlossen. Gleichzeitig muß durch die Lotverbindungen die mechanische Festigkeit des Stacks gewährleistet werden. Die Arbeitstemperatur der SOFC liegt zwischen 800 ... 900°C. Die Zielsetzung für die Lebensdauer beträgt fünf Jahre. Dazu kommen folgende weitere Anforderungen an das Lot (1):

— Stabilität gegen oxidierende (Kathode) und feuchte reduzierende Atmosphäre (Anode),
— keine störenden chemischen Reaktionen mit den Fügeteilen während der Lebensdauer,
— definiertes Viskositätsverhalten (10^5 Pas bei Fügetemperatur von 1000°C,
     > 10^9 Pas bei Betriebstemperatur von 850°C),
— den Fügeteilen angepaßter thermischer Ausdehnungskoeffizient (ca. $11 \cdot 10^{-6}$ K^{-1}),
  um die Zyklierfähigkeit des Stacks zu gewährleisten,
— Randwinkel zu den Fügepartnern bei Fügetemperatur > 90° (Entnetzung),
— Dichtheit während der Lebensdauer (Leckrate < 10^{-7} mbar · l/s pro cm Länge),
— hoher elektrischer Widerstand (Flächenwiderstand > 2 kOhm cm^2),
— speziell beim Siemens-Design wird zudem nach dem Fügen bei Temperaturabsenkung auf 950°C eine Viskosität gefordert, die noch geringe Verrückungen der Fügeteile ermöglicht.

Diese Forderungen können nur mit einem langsam kristallisierendem Glas erfüllt werden. Zu beachten ist gegenüber üblichen Einsatzfällen von Glaskeramikloten die hohe Arbeitstemperatur. Bei diesen Temperaturen sind kinetische Hemmungen weitgehend abgebaut, d.h. das System strebt seinen thermodynamischen Gleichgewichtszustand an. Das ist insbesondere bei Temperaturänderungen zu beachten, da Kristallart und -menge nach dem ZTU-Diagramm temperaturabhängig sind. Ziel der Untersuchungen war, das Kristallisationsverhalten eines kommerzielles BAS-Glases in gelieferter und modifizierter Form zu testen und seine Eignung als Lot für die SOFC zu prüfen.

Experimente

Die Zusammensetzungen der verwendeten Gläser sind in Tab. 1 zusammengestellt. Das gelieferte AF45-Glas wurde in einer Planetenkugelmühle 24 h in Wasser gemahlen (d_{50} = 3.5 μm) und danach mit feinteiligem MgO-Pulver gemischt. Aus diesen Mischungen wurden Siebdruckpasten mit Ethylcellulosebinder hergestellt. Es wurden sowohl offene Schichten auf Al$_2$O$_3$ als auch Lötmusterproben aus Interconnectormaterial (Cr Fe5 Y$_2$O$_3$1) untersucht. Vor dem Fügen wurden die Schichten angeglast (800°C/0.2 h). Das Fügeprofil ist repräsentativ für die Stackfertigung bei der Fa. Siemens. Die Auslagerung bei 850°C simuliert einen Betrieb des Stacks.

RT $\xrightarrow{2\,K/min}$ 1000°C / 0.5 h $\xrightarrow{2\,K/min}$ 950°C / 3 h $\xrightarrow{2\,K/min}$ 850°C / t $\xrightarrow{2\,K/min}$ RT

Beim Fügen wurden die Teile mit 400 g/cm^2 belastet. Die Lotschichten hatten nach dem Fügen eine Dicke von ca. 200 µm.
Die Glaspulver wurden mit einem Erhitzungsmikroskop qualitativ charakterisiert. Es wurden Röntgenbeugungsaufnahmen an der freien Schichtoberfläche, im Schichtvolumen und an der Grenzfläche zum Substrat unter stets gleichen Bedingungen angefertigt. Zu einem quantitativen Vergleich wurden die jeweils stärksten Reflexe der einzelnen Kristallphasen herangezogen.

Glas	Al_2O_3	BaO	SiO_2	B_2O_3	As_2O_3	MgO
AF45 [a/b]	11.0	24.0	50.0	14.0	0.5	0
AF45 + 5 MgO[c]	10.4	22.8	47.5	13.3	0.5	5.0
AF45 + 10 MgO[c]	9.8	21.6	45.0	12.6	0.5	10.0

[a] 0.5 % andere Komponenten
[b] Fa. DESAG, Grünenplan (TEC (20 ... 300°C) = 4.5 · 10^{-6} K^{-1})
[c] Fa. Siemens, Erlangen (d$_{50}$ (MgO) = 1.5 µm)

Tab. 1: Zusammensetzung der Glaslote (Ma-%)

Ergebnisse und Diskussion

In den getemperten Proben werden folgende Kristallphasen beobachtet:
- Bariumaluminiumsilikat (BAS): $BaO \cdot Al_2O_3 \cdot 2\,SiO_2$ in den Modifikationen:
  - Celsian   (JCPDS 381456) $\alpha_{20...1000°C} = 2.29 \cdot 10^{-6}\,K^{-1}$ (2)
  - Hexacelsian   (JCPDS 280124) $\alpha_{20...300°C} = 7.1 \cdot 10^{-6}\,K^{-1}$ (2)
- Siliziumdioxid: SiO_2 in der Modifikation
  Cristobalit   (JCPDS 391425) $\alpha_{20...300°C} = 50 \cdot 10^{-6}\,K^{-1}$ (3)
  (mit der $\alpha \rightarrow \beta$-Umwandlung bei ca. 200°C)
- Magnesiumsilikat: $MgSiO_3$ (nur bei T ≥ 1000°C) in der Modifikation
  Protoenstatit   (JCPDS 110273) $\alpha = 11.0 \cdot 10^{-6}\,K^{-1}$ (4)

Durch den MgO-Zusatz entsteht keine neue magnesiumhaltige Phase (außer bei 1000°C). Das Glas AF 45 ist ein kristallisationsgehemmtes Glas. Eine Keimbildung mit nachfolgendem Kristallwachstum kann durch freie Oberflächen induziert werden. Bei Verwendung von Glaspulver in Siebdruckpasten erfolgt dadurch eine Volumenkristallisation. Eine Keimbildung kann ferner durch Zugabe von feinteiligem MgO-Pulver erreicht werden.
Bild 1 zeigt die Formänderung von Pulverpreßlingen mit steigender Temperatur bei unterschiedlichen MgO-Gehalten. Ein deutliche Erhöhung der Viskosität mit dem MgO-Anteil ist sichtbar. Dieser Effekt wird überwiegend durch Kristallisationsprozesse durch die MgO-Zumischung verursacht. Beim Glas AF45+10 MgO fließt bei 1150°C Restglas aus einem zylinderförmigen Körper aus, der durch ein kristallines Gefüge stabilisiert wird. Beim Kugelpunkt ist die Viskosität etwa 10^5 Pas, das entspricht dem angestrebten Wert für den Fügeprozeß. Der Randwinkel ist unterhalb von 1000°C entnetzend.
Bild 2 zeigt Kristallisationsergebnisse an freien Siebdruckschichten. Die Ergebnisse vom Schichtvolumen und der Substratgrenzfläche sind auch repräsentativ für Fügungen mit den entsprechenden

Siebdruckpasten. Durch die MgO-Zumischung wird die Kristallisation vor allem für Hexacelsian beschleunigt. Der Kristallisationsverlauf in Abhängigkeit von der Temperatur ist nahezu ideal für das Fügeprofil bei der Fa. Siemens (s.o.). Bei 950 ... 1000°C erfolgt nur eine geringe Kristallisation, so daß beim Fügen (1000°C) und dem anschließenden Absetzen (950°C) ein nahezu stabiler Glaszustand vorliegt und insbesondere die Viskosität sich nicht ändert. Bei Betriebstemperatur von 850°C setzt eine starke Kristallisation ein, erhöht die Viskosität um Größenordnungen und verfestigt somit die Fügenaht. In diesem Temperaturbereich ist das Glassystem im thermodynamischen Gleichgewicht. Bei Temperaturänderung und hinreichender Menge Restglasphase kommt es zu Änderungen bzgl. Kristallmenge und evtl. auch Kristallart. Das kann soweit gehen, daß sich eine einmal gebildete Kristallphase bei Temperaturerhöhung auf 1000°C vollständig wieder auflöst.

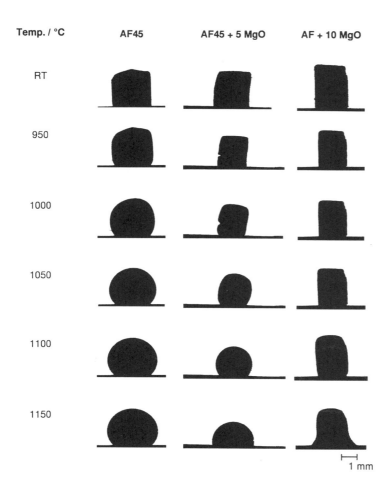

Bild 1: Formänderung von Pulverpreßlingen aus AF45 in Abhängigkeit von der Temperatur und einer MgO-Zumischung (Aufheizgeschwindigkeit: 10 K/min, Substrat: YSZ)

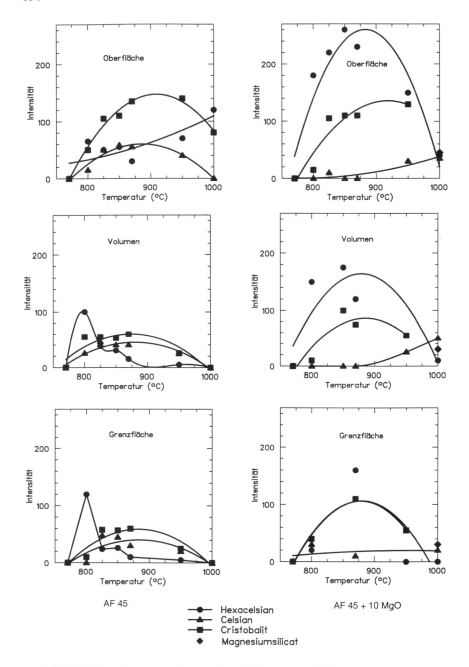

Bild 2: Kristallisation von siebgedruckten Schichten aus AF45 und AF45+10 MgO nach einer Wärmebehandlung: RT ⟶ T / 60 h ⟶ RT (2 K/min)

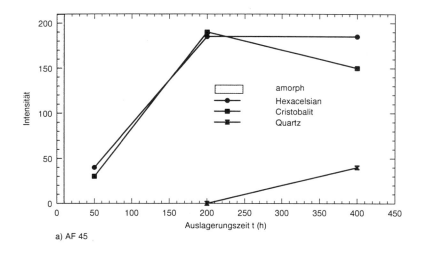

a) AF 45

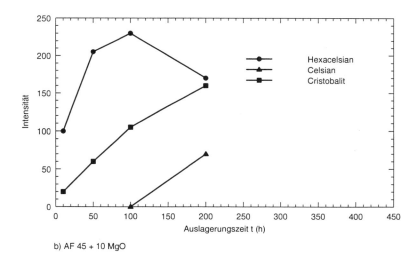

b) AF 45 + 10 MgO

Bild 3: Bildung von Kristallphasen in Lotmusterproben aus
a) AF45 und b) AF45+10 MgO nach einer Wärmebehandlung:
RT ⟶ 1000°C/0.5 h ⟶ 950°C/3 h ⟶ 850°C/ t ⟶ RT

Bild 3 zeigt die Kristallisation des Glases AF45 in Lotmusterproben und deren Beschleunigung durch eine MgO-Zumischung. Das Glas AF45 als ein langsam kristallisierendes Glas erreicht erst nach ca. 200 h den auskristallisierten Zustand. Im weiteren Verlauf beginnt eine Umwandlung von Cristobalit in Quarz, der in diesem Temperaturbereich stabilen SiO_2-Modifikation. Hexacelsian zeigt keine Tendenz zur Umwandlung in die thermodynamisch stabile Celsianphase. Auch an 5000 h ausgelagerten Proben wurde im wesentlichen Hexacelsian und nur geringe Spuren von Celsian nachgewiesen. Diese Umwandlung ist unerwünscht aufgrund des niedrigen Ausdehnungskoeffizienten von Celsian.

Das Glas AF45+10 MgO zeigt schon nach dem Fügeprozeß beim Halten bei 950°C Kristallbildung, die sich in der Auslagerungszeit bei 850°C fortsetzt. In diesem Fall ist eine beginnende Umwandlung von Hexacelsian in Celsian schon nach 100 h nachweisbar. Erdalkalimetalle scheinen die Celsianphase zu stabilisieren, von Strontium ist das bekannt (2). Die Ausbildung der Cristobalitphase wird durch die MgO-Zumischung behindert.

Zusammenfassung

Die Kristallisationsgeschwindigkeit des Glases AF45 ist über eine MgO-Zumischung in weiten Grenzen einstellbar, ohne das eine neue Mg-haltige Phase auftritt (T$\leq$ 1000°C). Als Kristallphasen treten unmittelbar Hexacelsian und Cristobalit auf, die beide bei 850°C thermodynamisch nicht stabil sind. Die Umwandlung in die stabilen Modifikationen treten sehr verzögert auf und hängen offenbar von dem MgO-Anteil ab. Das Glas AF45 + MgO stellt für die Stackfertigung für die SOFC einen geeigneten Fügewerkstoff dar, insbesondere wenn ein langsam kristallisierendes Glas auf technologischen Gründen erforderlich ist.

Literatur:
(1) Jansing, T., Fleck, R., Kleinlein,W., Schichl, H. & Nürnberger, S., Fügetechnik von Einzelzellen zu SOFC-Einheiten mittels Glasloten. Lecture, DGG-Glasforum, Würzburg, 29.10.97.
(2) N. P. Bansal, M. J. Hyatt: Ceram. Eng. Sci. Proc. 12 (1991) 1222
(3) Engineered Materials Handbook , vol. 4, Ceramics and Glasses, S. 499
(4) A. Petzold, W. Hinz: Silikatchemie, Leipzig 1976, S. 163

Keramische Bauteile: Von der Prototypenfertigung zur Kleinserie

R. Lenk, B. Alm, C. Richter, Fraunhofer-Institut für Keramische Technologien und Sinterwerkstoffe IKTS Dresden

Einleitung
Rapid Prototyping - Verfahren gewinnen zunehmend an Bedeutung für die schnelle Bereitstellung von Funktionsmustern. Während mit herkömmlichen generativen Fertigungsverfahren, wie der Stereolithographie [1], dem Selektiven Lasersintern [2], dem Laminated Object Manufacturing [3] oder dem Fused Deposition Modeling [4], bereits heute sehr komplexe Prototypen aus Kunststoffen, Wachsen, oder Papier gefertigt werden können, ist das Rapid Prototyping von Bauteilen aus Pulvermetall oder Keramik mit einer Reihe von Schwierigkeiten verbunden. Der schichtweise Aufbau der Bauteile führt zu rauhen Oberflächen. Fehler beim Ausfüllen des Bauteilvolumens vermindern die Festigkeit nach dem Sintern drastisch. Da bei den meisten Entwicklungen zum Rapid Prototyping von Keramik Pulver-Binder-Gemische verwendet werden [5, 6], liegen nach dem generativen Fertigungsschritt Grünkörper vor, die noch entbindert und gesintert werden müssen - mit allen damit verbundenen Problemen. Neben der Schwindung an sich, wirken sich vor allem die auf der schichtweisen Bauteilherstellung beruhenden Eigenspannungen negativ aus.

Ziel der Arbeit und Vorgehensweise
Im vorliegenden Beitrag wird ein indirekter Weg des Rapid Prototyping von Keramik vorgeschlagen: Ausgehend von einer 3D-Darstellung des herzustellenden Keramikbauteils und unter Berücksichtigung der voraussichtlichen Sinterschwindung werden Kunststoffbauteile durch Stereolithographie entwickelt und als Urmodelle verwendet. Mit Hilfe dieser Modelle werden durch Abformtechniken Kunststoff-Formen gefertigt. Diese Formen werden für die thermoplastische Formgebung von Keramik [7] verwendet. Die erhaltenen Formkörper werden entbindert, gesintert, in ihrer Maßhaltigkeit bewertet und in ihrer Funktion überprüft. Nach einer Korrektur der Schwindung bzw. Änderung der Bauteilgeometrie kann dann mit einem iterativen Schritt die Bauteiloptimierung abgeschlossen werden. In Abbildung 1 ist diese Vorgehensweise graphisch dargestellt.

Ergebnisse
1. Entwicklung von Spiralbohrern aus Hartmetall
Herkömmliche Metallbohrer dienten als Urmodell für die Entwicklung von Kunststoff-Formen. Das Werkzeug wurde mit einer metallischen Stützform versehen und durch Heißgießen mit einem thermoplastischen Hartmetallschlicker [8] gefüllt. Die Entformung der Grünkörper erfolgte entlang der Trennebene [9]. Nach dem Entbindern und Sintern wiesen die Bohrer eine Schwindung von ca. 15 % auf und waren ohne Nachbearbeitung einsatzfähig. Abbildung 2 zeigt gesinterte Bohrer aus Hartmetall und Nitridkeramik.

2. Panzerung einer Preßschnecke mit Keramik
Beim Extrudieren von abrasiven Pulverwerkstoffen werden die mit Masse in Berührung kommenden Maschinenteile extrem auf Verschleiß beansprucht. Um die Standzeit zu erhöhen und Verunreinigungen des Produktes auszuschließen, wurde eine verschleißfeste Panzerung aus Siliziumcarbid für die Preßschnecke eines Vakuumextruders (Firma Händle, Mühlacker) entwickelt. Dem größten Verschleiß unterliegen die Flanken der Schneckengeometrie in Preßrichtung. An dieser Stelle wurde eine bis zur Mitte der Schneckenlänge durchgängige Aussparung modelliert, in Segmente unterteilt und virtuell mit den dadurch erhaltenen, in sich

gedrehten, Plättchen aufgefüllt. Die mit dem voraussichtlichen Schwindungsfaktor skalierten CAD-Daten eines Plättchens bildeten die Grundlage für die Fertigung eines Kunststoffmodells mittels Stereolithographie (SFM GmbH Dresden). Es wurde eine Negativform aus Siliconkautschuk gefertigt, mit entsprechenden Stützvorrichtungen versehen und für die thermoplastische Formgebung verwendet. Die Formkörper wurden entbindert und gesintert. Beim Sintern der verwendeten SiC-Keramik unter Schutzgasatmosphäre bei 2100 °C trat eine Schrumpfung in der Länge von 19 % auf. Da diese Schwindung bereits bei der Entwicklung von Urmodell und Form berücksichtigt wurde, konnten die erhaltenen Keramikteile nach kurzer Prüfung mit Hilfe eines LOM-Models ohne weitere Nachbearbeitung in die Aussparung der Preßschnecke eingefügt werden. Abbildung 3 zeigt das LOM-Modell der Schnecke mit der Aussparung, sowie stereolithographisch gefertigte Urmodelle und daraus gefertigte SiC-Plättchen.

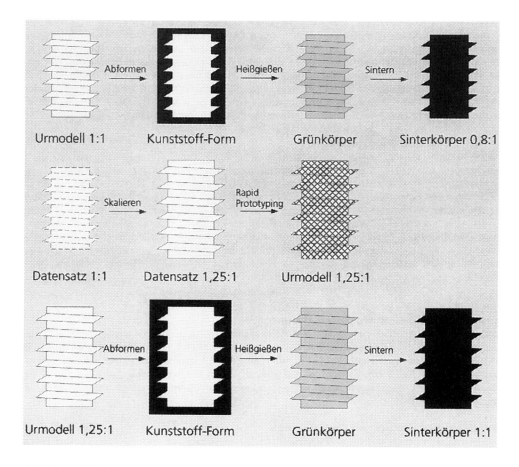

Abbildung 1: Fertigungsschema bei der thermoplastischen Formgebung in Kunststoff-Formen unter Nutzung von Urmodellen

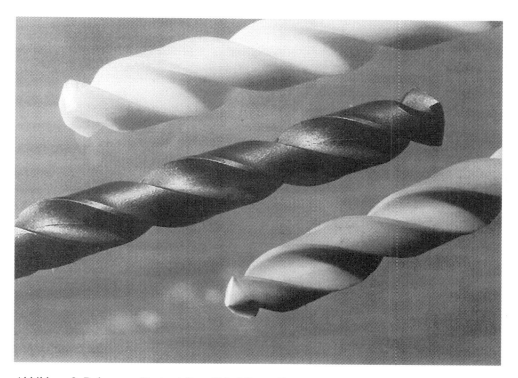

Abbildung 2: Bohrer aus Hartmetall und Nitridkeramik

3. Entwicklung von Uhrengehäusen aus schwarzem Zirkonoxid
Für die Erstellung einer Musterkollektion von Funkuhren wurden von einem Uhrenhersteller einzelne Gehäuse aus schwarzer Zirkonoxidkeramik benötigt. Ein mit Schwindungsaufmaß gefertigtes Urmodell aus Messing stand zur Verfügung, um daraus eine Negativform aus Kunststoff zu fertigen. In diese Form wurde die thermoplastische Zirkonoxidsuspension geformt. Die gefertigten Formkörper waren nun auf der Unterseite mit den für die weitere Montage erforderlichen Details (Vertiefungen, Bohrungen) versehen. Die Oberseite wurde nach dem Sintern auf Kontur geschliffen und poliert. Nach erfolgreicher Bemusterung wurden die Uhrengehäuse in Null-Serie gefertigt. Dafür wurde ein Serienwerkzeug aus gehärtetem Stahl verwendet. Für die Auslegung des Werkzeuges waren die gewonnenen Erkenntnisse zum Schwindungsverhalten der schwarzen Zirkonoxidkeramik hilfreich. Abbildung 4 zeigt das Urmodell, die Kunststoff-Form und einen Formkörper.

4. Entwicklung von Schrauben unterschiedlicher Geometrie
Schrauben unterschiedlicher Geometrie können kostengünstig in kleiner Serie gefertigt werden. Für die Herstellung metrischer oder Zollgewinde ist die Reproduzierbarkeit der Schwindung entscheidend. Die korrekte Einstellung von Pulver/Binder-Verhältnis durch Einwaage bei thermoplastischen Gießschlickern und die drucklose, bzw. unter nur geringen Drücken erfolgende

Formgebung, die praktisch zu keiner zusätzlichen Verdichtung des Bindemittels führt, bieten dafür günstige Voraussetzungen. Stellt man über das Feststoff/Binder-Verhältnis die jeweils gewünschte Schwindung ein, so können entsprechend vergrößerte metallische Schrauben als Urmodelle für die Formenherstellung verwendet werden. Abbildung 5 zeigt einige Schrauben aus unterschiedlichen Werkstoffen.

Abbildung 3: LOM-Modell der Schnecke mit der Aussparung, stereolithographisch gefertigte Urmodelle und SiC-Plättchen.

Abbildung 4: Urmodell, Kunststoff-Form und Formkörper.

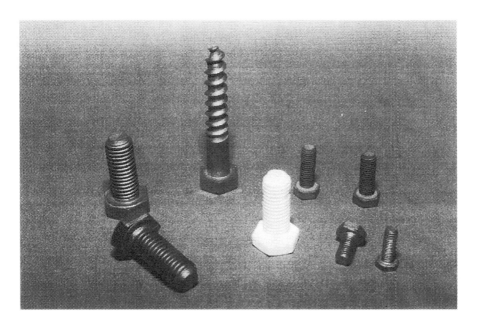

Abbildung 5: Keramische Schrauben unterschiedlicher Geometrie

Zusammenfassung

Es wurde eine Technologie zum indirekten Rapid Prototyping von Keramikbauteilen entwickelt. Ausgehend von einer 3D-Darstellung und unter Berücksichtigung der voraussichtlichen Sinterschwindung wurden Urmodelle gefertigt und durch Abformtechniken Kunststoff-Formen hergestellt. Diese Formen wurden für die thermoplastische Formgebung von Keramik verwendet. Für die Fertigung kleiner Musterserien wurden Formen aus Kunststoff verwendet, bei mittleren Serien wurden auf der Grundlage der korrigierten 3D-Datensätze Werkzeuge aus gehärtetem Stahl gefertigt. Diese Verfahrensweise erlaubte einen gleitenden Übergang von der Prototypenfertigung zur Kleinserie. Das Risiko wurde nicht nur für den Hersteller, sondern vor allem für den Anwender minimiert, da die Bauteileigenschaften aufgrund der identischen keramischen Fertigungstechnologie vergleichbar waren.

Literatur

[1] US-Patent 5014207
[2] US-Patent 4944817
[3] Maschkowski P.: L.O.M. - Laminated Object Manufacturing, Solid Freeform Manufacturing, Intern. Conf., Dresden, 29.-30.9.1994, p. 97-104, TU Dresden
[4] US-Patent 5121329
[5] Griffin C. et all: Desktop Manufacturing: LOM vs Pressing, Amer. Ceram. Soc. Bull, 73 (1994), 8, 109-113
[6] Greulich, M.; Greul, M.; Pintat, T.: Fast Functional Prototypes via Multiphase Jet Solidification. Rapid Prototyping Journal, No.1, p. 20-25, MCP University Press Ltd., West Yorkshire, 1995
[7] Lenk R.: Hot Moulding - An Interesting Forming Process, cfi, Ber. Dtsch. Keram. Ges., 72 (1995), Nr. 10, S. 636 - 642
[8] DE-PS 19546901
[9] DE-OS 19527695

Technische Keramik -
Ein Werkstoff auch für kleine und mittlere Unternehmen (KMU)

Michael Zins
Technologie-Agentur Struktur-Keramik TASK GmbH Aachen

1. Einleitung

Ein wesentlicher Faktor zur Sicherung der zukünftigen Wettbewerbsfähigkeit der produzierenden Industrie stellen die Hochleistungswerkstoffe auf der Basis von Metallen, Kunststoffen und Keramiken dar. Dabei besitzen besonders KMU ein hohes Potential für eine schnelle Umsetzung der Werkstoffentwicklung in neue Produkte. Die kleinen und mittlere Unternehmen haben sich in den letzten Jahren zu einem immer bedeutenderen Wirtschaftszweig in Deutschland entwickelt. Viele Anbieter von Produkten aus Hochleistungswerkstoffen assoziieren mit Kleinunternehmen immer noch einen niedrigen Technologielevel; in vielen Bereichen haben sich aber echte High-Tech Schmieden oder zumindest High-Tech Anwender entwickelt. Viele von diesen Unternehmen sind formal dem Handwerk zugeordnet.

Aufgrund ihrer Struktur hat die breite Masse der Betriebe aber erhebliche Schwierigkeiten bei der Einführung neuer Technologien und Werkstoffe. Die technische Keramik ist sicherlich ein solcher neuer Werkstoff. Im industriellen Einsatz haben sich stetig mehr Anwendungen etabliert. Die Produktpalette erstreckt sich heute von der verschleißfesten Schneidkeramik über Substratplatten für die Elektronikindustrie bis zu komplexen Strukturen wie dem Turbolader. Dieses Wissen ist bisher nur in Ausnahme verfügbar. Bei der Einführung keramischer Werkstoffe benötigen die Betriebe daher externe Unterstützung.

2. Übersicht „Keramische Werkstoffe"

Keramiksche Werkstoffe sind anorganisch-nichtmetallische Materialien, deren Eigenschaften im wesentlichen durch die kovalent-ionische Mischbindung und den polykristallinen Aufbau bestimmt werden.

Die Herstellroute ist sehr vielfältig. Das Material wird als Pulver aufbereitet. Je nach angezieltem Formgebungsverfahren müssen Additive und Bindersysteme beigefügt werden.

Die Urformgebung kann als Gießverfahren, als plastische Formgebung (Spritzguß, Strangpressen) oder als Preßformgebung (Axialpressen oder Isostatpresse) erfolgen.

Nach der Urformgebung müssen die sogenannten Grünteile getrocknet, bzw. entbindert werden. In dieser Phase besitzen die Teile etwa die Festigkeit von Kreide. Eine Bearbeitung in diesem Zustand ist mit geometrisch bestimmter Schneide mit relativ geringen Kosten möglich.

Die eigentliche Festigkeit erhalten die Bauteile im Brand, der als Sinter - oder Reaktionsbrand ausgeführt werden kann. Die Endbearbeitung erfolgt wegen der hohen Härte der keramischen Werkstoffe im allgemeinen durch Schleifbearbeitung mit Diamantwerkzeugen.

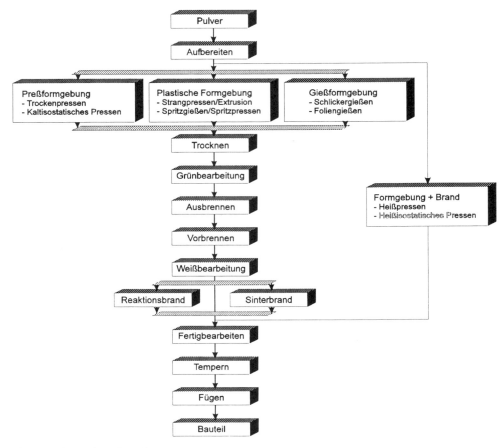

Bild 1: Der keramische Prozeß

Die Details der Fertigungsroute bestimmen ganz wesentlich die Eigenschaften der keramischen Bauteile. Für neue Einsatzbereiche muß der Werkstoff und das Herstellverfahren anwendungsorientiert ausgewählt werden.

Als Grobeinteilung können die keramischen Werkstoffe nach 4 Werkstoffgruppen unterschieden werden.
Die **silikatkermischen Werkstoffe** werden überwiegend im Bereich Gebrauchs-, Bau- und Feuerfestkeramik eingesetzt. Wesentliche Beispiele sind hier Steinzeug, Porzellan, Steatit und Schamotte. Die entsprechenden Produkte erreichen einen Umsatzanteil bezogen auf den gesamten Markt keramischer Produkte von mehr als 80%.
Die größte Werkstoffgruppe bei der technischen Keramik bilden die **oxidkeramischen Werkstoffe**. Dabei ist das Aluminiumoxid der wichtigste Vertreter. Weitere Beispiele sind Zirkonoxid (ZrO2) oder Magnesiumoxid (MgO).

Einen stark wachsenden Anteil zeigen die **nichtoxidkeramischen Werkstoffe**. Dabei sind speziell die Nitride (Siliziumnitrid, Bornitrid und Titannitrid) und die Karbide (Siliziumkarbid, Borkarbid und Titankarbid) zu nennen.

Die vierte Gruppe bilden die sogenannten **verbundkeramischen Werkstoffe**. Darunter versteht man z.B. siliziuminfiltriertes Siliziumkarbid oder whisker- bzw. faserverstärkte Keramiken und Beschichtungen.

Aufgrund der Vielfalt der Werkstoffe, Fertigungsverfahren und Kombinationsmöglichkeiten ist es schwierig und sehr umfangreich, allgemeingültige Werkstofftabellen zu erstellen. Als allgemeiner Überblick zu den Eigenschaften der keramischen Werkstoffe können aber die in der Tabelle dargestellten Vor- und Nachteile dienen.

Vorteile	Nachteile
niedrige Dichte	begrenzte Duktilität
hohe Formstabilität	niedrige Bruchdehnung
hohe Härte	niedrige Rißzähigkeit
chemische Beständigkeit	streuende Festigkeitseigenschaften
Hochtemperaturbeständigkeit	Thermoschockempfindlichkeit

Tabelle 1: Vor- und Nachteile technischer Keramik

Die Werkstoffe haben eine Dichte von 2 - 6 g/ccm bei gleichzeitig hoher Formbeständigkeit. Die Härte liegt zwischen 1000HV und 4500 HV. Aufgrund der chemischen Beständigkeit ist der Einsatz im gesamten pH-Bereich möglich. Dabei sind häufig auch hohe Temperaturen möglich. Viele keramische Werkstoffe sind bis zu Temperaturen über 2000°C verwendbar.

Dem stehen natürlich auch erhebliche Nachteile entgegen, die konstruktiv aufgefangen werden müssen. Aufgrund der begrenzten Duktilität können Spannungsspitzen z.B. nicht durch Fließen abgebaut werden. Die Bruchdehnung liegt zwischen 0,1 % und 0,5 %. Die niedrige Rißzähigkeit (4 - 10 MPa m$^{0.5}$) und die streuenden Festigkeitseigenschaften verlangen vom Konstrukteur eine keramikangepaßte Arbeitsweise. Und auch für den Hochtemperatureinsatz ergeben sich spezielle Verfahrenseinschränkungen, da die Thermoschockempfindlichkeit im Vergleich zu Metallen sehr hoch ist.

3. Einsatz in KMU

Für die erfolgreiche Einführung der technischen Keramik bei KMU müssen diese Eigenschaftsprofile beachtet werden. Bei der Suche nach neuen Anwendungsbereichen kann man folgende Bereiche unterscheiden.

Zum einen können die keramischen Werkstoffe verstärkt bei der Produktion nichtkeramischer Produkte verwendet werden. Zum andere können keramische Bauteile als eine Komponente in komplexen Produkten die Leistungsfähigkeit oder den Einsatzbereich des Systems erweitern.

Der potentielle Einsatz keramischer Komponenten als Hilfsmittel in der Fertigung beginnt z.B. im Gießereibereich. Dabei müssen verstärkt auch kleinere Unternehmen angesprochen werden. Von insgesamt ca. 360 Gießereien in NRW beschäftigen etwa 44% weniger als 20 Mitarbeiter. Sie decken mit ihrem Angebot spezialisierte Produkte ab, die für Großbetrieb häufig nicht wirtschaftlich herzustellen sind. Verarbeitet werden überwiegend Grau- Sphäro- und Temperguß sowie Aluminium, Magnesium und Buntmetalle.

Die Qualitätsanforderungen an die Produkte sind sehr hoch. Die Metallschmelzen können beim Vergießen nochmals mit einem keramischen Filter gesäubert werden können. Durch den Strömungsfilter werden Verunreinigungen zurückgehalten und das Fließverhalten der Schmelze positiv verändert. Durch die Strömungsgleichrichtung erfolgt außerdem eine bessere Formfüllung, so daß im Bauteil weniger Lunker entstehen. Insbesondere bei der Produktion von hochwertigen Bauteilen werden dadurch die Ausschußraten und damit die Produktionskosten verringert.

Die Betriebe müssen in diesem Bereich bei der Auswahl der Filtermaterialien und der Porengrößen, sowie bei der Integration der Filter in die Gießanlagen unterstützt werden. Je nach zu verarbeitendem Werkstoff sind unterschiedliche keramische Filter zu verwenden. Für die Filtration von Aluminium werden Systeme aus Al_2O_3 eingesetzt, deren Temperatureinsatzgrenze bei 1000°C liegt. Für die Verarbeitung von Buntmetallen sowie von Sphäro-, Grau- und Temperguß werden dagegen Filter auf SiC-Basis mit einer Einsatzgrenze von 1420°C eingesetzt. Die höchsten Anforderungen werden bei der Verarbeitung von Stählen gestellt. Die hohe Dichte verursacht höhere mechanische Beanspruchngen im Filter. Verbunden mit der Temperatur von bis zu 1700°C bedingt das den Einsatz von ZrO_2 Filtern.

Bei der Weiterverarbeitung der gegossenen Bauteile sind wiederum verschiedenste KMU involviert. In diesen Bereichen ist die Zerspanung der Werkstoffe eine wesentliche Aufgabenstellung. Im industriellen Einsatzbereich haben sich die keramischen Schneidstoffe hier seit langem etabliert. Kleinere Betriebe müssen die Wirtschaftlichkeit der Schneidstoffe erst noch für ihre Einsatzbereiche prüfen. Insbesondere im Bereich der Sonderanfertigungen besteht eine steigende Nachfrage nach verschleißfesten Werkzeugen. Eine Anbindung der KMU an Schnittwertdatenbanken ist notwendig, um die Erprobundphase mit diesen für sie neuen Schneidstoffen so kurz wie irgend möglich zu halten.

Für die verschiedenen Anwendungsbereiche existieren eine Vielfalt von Werkzeugtypen. Wendeschneidplatten, monolithische Fräser, Verbundwerkzeuge und Beschichtungen müssen zielgerichtet in diesen Unternehmen vorgestellt werden, um die Verbreitung zu beschleunigen.

Die Schnittgeschwindigkeit bei Schnellarbeitsstählen liegt zur Zeit bei etwa 40 m/min. Mit beschichteten Hartmetallen erreicht man immerhin schon mehr als 200 m/min. Keramische Schneidstoffe steigern aber den möglichen Bereich auf mehr als 1000 m/min. Außerdem ermöglichen es die keramischen Schneidstoffe die Zerspanung mit geometrisch bestimmter Schneide auf Werkstoffe auszudehnen, die bisher nur durch Schleifen bearbeitbar waren.

Insbesondere vor dem Hintergrund des 1996 eingeführten Kreislaufwirtschaftsgesetzes, das geschlossene Kreisläufe anstatt Entsorgung fordert, gewinnen keramische Membranen an Bedeutung. Kühlflüssigkeiten oder Abwässer aus Entfettungsbädern können nach einer Reinigung mit diesen Membranen in die Kreisläufe zurückgeführt werden. Die zu entsorgenden Mengen werden dadurch deutlich reduziert. In vielen Fällen wird auch eine Rückgewinnung von Wertstoffen möglich. Für den Betrieb sind gegenüber den Polymermembranen folgende Vorteile nutzbar:

- Reinigung der Medien bei Arbeitstemperatur, häufig > 70°C,
- Beständigkeit pH 0-14 erlaubt Reinigung mit nahezu allen Medien
- Formbeständigkeit erlaubt hohe Druckstöße und Rückspülung zum Abreinigen
- Verschleißfestigkeit gegen abrasive Partikel ist sehr gut
- Langzeitreaktionen mit den Medien treten nicht auf

Als Beispiele für die Optimierung von Systemen durch den Einsatz einer keramischen Komponente seien hier nur der Nachbrenner aus SiC für Heizungsanlagen, Verschleißschutzelemente aus ZrO2 für Anlagen zur Gießeraltsandregenerierung, vollkeramische Lager für den Einsatz in aggressive Medien und verschiedenste Düsen für die Schweiß- oder Trenntechnik genannt.

Durch den SiC-Nachbrenner werden beispielsweise die Rauchgase in Heizungsanlagen zwangsweise an den Brennraumwänden entlang geführt und verbessern dadurch den Wärmeübergang durch Konvektion. Der SiC-Körper adsorbiert außerdem das Licht der Flamme und wandelt dieses in Infrarotwärmestrahlung um. Dies führt zu einer Steigerung des Wirkungsgrades. Durch die Abgasrückführung wird die Schadstoffemission zusätzlich reduziert.

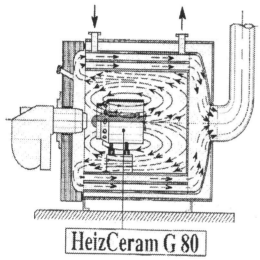

Bild 2: SiC-Nachbrennersystem G80 für Heizkessel

In der Kooperation mit der Handwerksinnung kann für die Verbreitung dieser Technologie bis zum Verbraucher ein Netz von mehr als 20.000 Betrieben in Deutschland genutzt werden. Damit steht den Entwicklungspartnern GSH GmbH Gesellschaft für sparsames Heizen und der CeramTec AG ein optimales Vertriebsnetz zur Verfügung.
Mit diesen Beispielen ist das Potential für den Einsatz lange noch nicht ausgeschöpft. Es existieren eine Vielzahl von weiteren Kooperationsansätzen.
Keramische Wärmetaucher sind von großem Interesse für Feuerungs- und Anlagenbauer. Es gilt hierbei ihnen bereits entwickelte Systeme wie die Komponente von Ceramtec in breitem Rahmen vorzustellen, um vorhandene Technologie nicht wieder zu verlieren. Verschiedene Vulkanisierbetriebe interessieren sich für die Integration keramischer Verschleißschutzelemente in die von ihnen angebotenen Laufbänder. Kermische Lager können bei extrem schnell laufenden Spindeln eingesetzt werden. Der handwerkliche Spezialmaschinenbau muß verstärkt über diese Möglichkeiten informiert werden. Auch bei der Entwicklung von Systemen für die Lebensmittelindustrie oder die chemische Verfahrenstechnik können diese Lager mit erheblichen Systemvorteilen eingesetzt werden.

Eine intensive Technologietransferarbeit ist hier gefragt. Transferstellen können neue Technologien und Werkstoffe der Industrie oder von Forschungsstellen aufgreifen, die wirtschaftliche Nutzbarkeit prüfen und die KMU bei der Einführung unterstützen. Speziell der Kontakt zu den Hochschulen ist bisher für viele dieser Unternehmen schwierig, da die Mitarbeiter nicht mit den Möglichkeiten und Arbeitsweisen der Institute vertraut sind.
Transferstellen müssen daher die technologischen Möglichkeiten und Bedürfnisse dieser Kleinbetriebe in der Industrie und in den Instituten vorstellen. Dann können diese Partner ihr Leistungsangebot anpassen und auch ihre Dienstleistungen und Produkte nutzen.
Im dichten Netz der Innungen können Handwerksbetriebe wie oben beschrieben z.B. der fehlende Multiplikator für eine weitere Verbreitung der Hochleistungskeramik bis hin zum Konsumenten sein. Die wirtschaftliche Bedeutung dieser Unternehmensgruppe zeigt sich anhand folgender Daten.

In den letzten zwei Jahrzehnten hat die durchschnittliche Größe der Handwerksunternehmen von 8 auf 12 Beschäftigte zugenommen. Der Jahresumsatz pro Beschäftigtem belief sich 1995 auf 137000 DM. Im Metallgewerbe war er mit 208.000DM überdurchschnittlich hoch.
In den alten Bundesländern sind etwa 100.000 Betriebe im Zulieferungs-, Fertigungs- und Dienstleistungsbereich der Industrie aktiv und beschäftigen dabei ca. 1.000.000 Mitarbeiter.
Die Bedeutung für die Wirtschaft zeigt sich auch anhand der Umsatzentwicklung von 138 Mrd. DM im Jahr 1995 auf 995 Mrd. DM im Jahr 1995.
In den beschriebenen Aufgabenbereichen müssen sich die Unternehmen zusehens der Konkurrenz aus dem In- und Ausland stellen. Das Zusammenwachsen Europas bedeutet auch für kleine Unternehmen neue Anforderungen, aber auch Chancen.
Eine Studie des Zentrums für Europäische Wirtschaftsforschung unter 50.500 Betrieben hat ergeben, daß neue Verfahren und Produkte in KMU stark berücksichtigt werden. Immerhin 49% der Betriebe haben Produkt und/oder Prozeßinnovation betrieben. In 26% der Unternehmen wurde Forschungs- und Entwicklungsarbeiten geleistet. Mit diesen Neuentwicklungen und Verbesserungen sichern die Unternehmen ihre Marktposition. Immerhin 25 % der Umsätze werden mit Produkten erreicht, die in den letzten beiden Jahren neu eingeführt oder erheblich verbessert wurden.

4. Zusammenfassung

Um den relativ kurzen akzeptierten Entwicklungszeiten für Neuerungen gerecht zu werden kann die Zielsetzung für die Verbreitung der keramischen Werkstoffe bei KMU nicht die Entwicklung neuer Materialien, sondern nur die konsequente, anwendungsorientierte Nutzung der verfügbaren Werkstoffe sein. Dabei könne KMU sowohl als Hersteller der Komponenten, als auch als Anwender in der eigenen Produktion eine große Rolle spielen. Die Bedeutung für die keramische Industrie liegt nicht in einem einzelnen Betrieb, sondern in der Summe der Unternehmen auf ähnlichem Arbeitsgebiet. Um diese große Gruppe zu erreichen, wird die Bedeutung eines funktionsfähigen Technologietransfers deutlich.

Günter Ziegler
(Herausgeber)

Band VII

**Symposium 9
Keramik**

**Physik und Chemie
der Keramik**

V.

Funktionskeramik

Naßchemische Herstellungsverfahren für die keramischen Supraleiter YBCO und BPSCCO

J. R. Binder, E. Günther, H. Wedemeyer, H.-J. Ritzhaupt-Kleissl, J. H. Haußelt, Forschungszentrum Karlsruhe GmbH, Institut für Materialforschung III

Einleitung

Von den zahlreichen Hochtemperatursupraleitern, deren kritische Temperaturen oberhalb des Siedepunkts von flüssigem Stickstoff liegen ($T_c > 77$ K), sind vor allem $YBa_2Cu_3O_{7-x}$ (YBCO) und $Bi_2Sr_2Ca_2Cu_3O_{10+x}$ (BSCCO) für die technische Nutzung von Bedeutung. BSCCO-Pulver eignet sich aufgrund der hohen Anisotropie besonders für die Fertigung von Drähten oder Bändern; YBCO wird hingegen als schmelztexturierte Volumenkörper oder als epitaktisch aufgewachsene Dünnschichten eingesetzt (1).

Die vorgestellten Synthesemethoden, ein Thermischer Zweistufenprozeß für die Gewinnung feinskaliger, bleidotierter BSCCO-Pulver und ein Sol-Gel-Prozeß für die Herstellung supraleitender YBCO-Dünnschichten, zeichnen sich durch die Verwendung chemisch gelöster Edukte aus. Dadurch wird eine homogene Elementverteilung bis in den molekularen Bereich erzielt.

Um Funktionskeramiken bester Güte zu erhalten, ist bei der Synthese der meist multinären, oxidischen Ausgangspulver eine sehr homogene Verteilung der heterometallischen Komponenten, insbesondere der Dotierungselemente, entscheidend. Deshalb sind hierfür die naßchemischen Herstellungsverfahren besonders geeignet. Sie ermöglichen zudem im Vergleich zu pulvertechnologischen Methoden kürzere Herstellungszeiten und die Pulver besitzen niedrigere Sintertemperaturen. Die Abriebskontaminationen, die beim traditionellen Mischmahlprozeß auftreten, können ebenfalls vermieden werden, so daß man Pulver von hoher Reinheit erhält.

Neben der Synthese von komplexen Mischoxid-Pulvern ist durch die Verwendung von löslichen Edukten auch die Herstellung von keramischen Dünnschichten möglich. Die naßchemische Schichtabscheidung stellt eine Alternative zu den physikalischen und chemischen Gasphasenverfahren dar. Der geringe apparative Aufwand bei der Synthese und Applikation zeichnet diese Methode aus. Die gleichmäßige Elementverteilung in der Lösung ist auch bei der Herstellung der Dünnschichten von Vorteil.

Herstellung feinskaliger, bleidotierter BSCCO-Pulver

Der Thermische Zweistufenprozeß ist ein Verfahren, mit dem in relativ kurzer Zeit multinäre Keramikpulver in guter Qualität gewonnen werden können (2,3). Dieser leistungsfähige Prozeß gliedert sich in zwei Schritte. Ausgehend von Lösungen metallorganischer Verbindungen oder anorganischer Salze wird im ersten Schritt durch Sprühtrocknung ein gut handhabbares Pulver hergestellt. In einem zweiten Schritt reagieren diese in der Wirbelschicht eines Hochtemperaturfließbettes miteinander, wobei unter Abspaltung der Zersetzungsprodukte die vollständige Umsetzung zum Mischoxid abläuft.

Beim Sprühtrocknen wird die Lösung durch die hohe Drehzahl eines Zentrifugalzerstäuberrads in feinste Tröpfchen zerteilt, denen innerhalb des Trocknungsturmes das Lösemittel entzogen wird. Das dadurch gewonnene, feine Pulver besteht meist aus kugelförmigen Granulaten, die aus feinskaligen Primärpartikeln aufgebaut sind. Die thermochemische Umsetzung dieses Pulvers verläuft in der Wirbelschicht eines Hochtemperaturfließbettes. Diese im FZK entwickelte

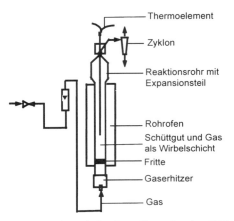

Bild 1: Schematische Darstellung der im FZK entwickelten Laborfließbettanlage (4).

Laborfließbettanlage (4) ist in Abbildung 1 schematisch dargestellt. Dabei strömt das vorgeheizte Gas von unten durch eine Fritte in das Reaktionsrohr und hält das Schüttgut in der Wärmezone des Ofens als Wirbelschicht in der Schwebe. Aufgrund der Geometrie des Expansionsteils wird durch die Verringerung der Strömungsgeschwindigkeit ein Materialaustrag verhindert. Erst eine Erhöhung des Gasstromes führt zu dem Austrag des Produktes, das anschließend in einem Zyklon abgeschieden wird. Die Teilchenmorphologie der gewonnenen Pulver ist größtenteils kugelförmig mit grob strukturierter Oberfläche. Dieses technologische Verfahren erlaubt thermische Prozesse bei Temperaturen bis zu 1200 °C und die Umsetzung von Feststoffmengen bis zu 1 kg.

Im folgenden soll die Leistungsfähigkeit des Thermischen Zweistufenprozesses am Beispiel der Synthese von BSCCO-Pulver demonstriert werden. Bei diesem System kommt der Stöchiometrie eine große Bedeutung zu, da die Supraleitfähigkeit von der Zusammensetzung $Bi_2Sr_2Ca_{n-1}Cu_nO_x$ abhängt (5). Die gewünschte Bismut-Drei-Schicht-Verbindung (n = 3) besitzt zum einen die höchste kritische Temperatur und hat sich zum anderen aufgrund der hohen Anisotropie für die Herstellung von supraleitenden Drähten mit dem „Pulver-im-Rohr-Verfahren" bewährt (1).

Für die Synthese der bleidotierten BSCCO-Pulver bieten sich einige Variationsmöglichkeiten bei der Auswahl der Edukte an. Ausgehend von einer reinen Acetatsynthese können sukzessive die Acetate der beteiligten Elemente durch ihre Nitrate ersetzt werden, bis letztendlich der Übergang zur reinen Nitratsyntheseroute vollzogen ist. Alternativ können auch lösliche Hydroxide verwendet werden. Aus einem Gemisch der Lösungen der beteiligten Elemente wird durch Sprühtrocknung ein röntgenamorphes Pulver gewonnen. Die REM-Aufnahme des Pulvers (Bild 2a) zeigt die für dieses Verfahren typische, kugelförmige Morphologie.

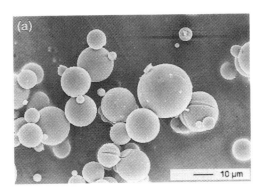 

Bild 2: REM-Aufnahmen: (a) sprühgetrocknetes BPSCCO-Pulver; (b) in der Wirbelschicht eines Hochtemperaturfließbettes kalziniertes BPSCCO-Pulver.

Das sprühgetrocknete Pulver wird in der Wirbelschicht des Hochtemperaturfließbettes zum keramischen Supraleiter umgesetzt. Während einer Gesamtzeit von 10 Stunden wird zuerst das Pulver bei Temperaturen bis 200°C getrocknet. Anschließend erfolgt bis 600°C die thermochemische Umsetzung und bis 800°C die Bildung der kristallinen Phasen. Hierbei entsteht zunächst ein Phasengemisch aus $(Bi,Pb)_2Sr_2Ca_{n-1}Cu_nO_x$ (n = 2 oder 3) und $CaCuO_2$, wobei sich vorzugsweise die sogenannte 2212-Phase (n = 2) bildet. In dem so hergestellten, aus agglomerierten Pulverpartikeln bestehenden Kalzinat (Bild 2b) kann durch thermomechanische Zyklierbehandlung in relativ kurzen Zeiträumen der Anteil der Bismut-Drei-Schicht-Verbindung stark vergrößert werden (6). Dieser schnelle Reaktionsablauf gelingt deshalb, weil wegen der homogenen Elementverteilung im Pulver keine langen Diffusionswege notwendig sind.

Die über den Thermischen Zweistufenprozeß gewonnenen, feinskaligen BPSCCO-Pulver bestehen aus Agglomeraten mit geringer Stabilität. Die mittlere Teilchengröße dieser Agglomerate liegt bei d_{50} = 39 µm. Der Übergang in den supraleitenden Zustand findet bei T_c = 98 K statt. Das Pulver zeigt zudem ein günstiges Sinterverhalten, und ein aus diesem Pulver hergestelltes Sprühgranulat besitzt gute Schüttguteigenschaften sowie eine hohe Kompaktierbarkeit. Es eignet sich deshalb sowohl als Ausgangsmaterial zur Herstellung supraleitender Formkörper (Bild 3) als auch für die Applikation beim Pulver-im-Rohr-Verfahren zur Fertigung supraleitender Drähte.

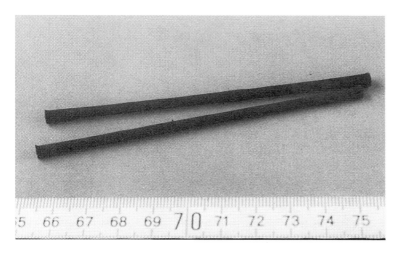

Bild 3: Isostatisch kalt gepresste (CIP) BPSCCO-Formkörper.

Herstellung supraleitender YBCO-Dünnschichten

Bei dem Hochtemperatursupraleiter YBCO spielen Dünnschichten eine wichtige Rolle. Viele für die technische Nutzung interessante Anwendungen sind nur dann möglich, wenn der oxidische Supraleiter in Form dünner orientierter Schichten hergestellt werden kann (1). Im Prinzip kann die Schichtabscheidung dabei entweder über die Gasphase oder aus der Lösung erfolgen. Bei den letzteren naßchemischen Verfahren wird häufig der Sol-Gel-Prozeß angewandt. Dabei wird von löslichen Verbindungen ausgegangen. Durch Hydrolyse, Kondensation oder Aggregation entstehen kolloidal gelöste Partikel, die durch weitere Kondensationsreaktionen letztendlich zu einem Feststoff mit eingelagerten Solvensmolekülen führen. Die Bildung der entsprechenden kristallinen

Metalloxide erreicht man durch thermische Behandlung (7,8). Aus chemischer Sicht sind beim Sol-Gel-Verfahren sowohl die Vorgänge in Lösung als auch die im Feststoff von Interesse. Für eine gezielte Verfahrenssteuerung können beispielsweise Informationen über die Prozesse, die während der thermischen Zersetzung ablaufen, sehr wertvoll sein. Dies umfaßt neben anderen Fragestellungen auch die Charakterisierung der Zersetzungsgase, wie sie etwa die Kopplung der Thermischen Analyse mit der FT-IR-Spektroskopie ermöglicht.

In Abbildung 4a sind die FT-IR-Spektren der Zersetzungsgase eines YBCO-Precursors im Bereich von 600 cm^{-1} bis 4000 cm^{-1} in Abhängigkeit von der Temperatur bis 600°C dargestellt. Der Precursor wurde aus den Acetylacetonaten von Yttrium, Barium und Kupfer hergestellt, wobei während der Synthese Essigsäure zugegeben wurde. Anhand der FT-IR-Spektren ist die Freisetzung von Acetylaceton (1620 cm^{-1}), Kohlendioxid (667 cm^{-1}, 2349 cm^{-1}) und Essigsäure (1799 cm^{-1}) zu beobachten. Aus den umfassenden Untersuchungen der thermischen Zersetzung dieses Precursors mit verschiedenen Charakterisierungsmethoden (9) geht hervor, daß die Entstehung von Acetylaceton mit einem starken Massenverlust verbunden ist und die Kohlendioxidentwicklung stark exotherm verläuft. Die wichtigste Erkenntnis ist jedoch, daß bei diesem Syntheseweg keine chemische Reaktion zwischen der Kupferverbindung und dem Bariumacetat, das sich durch die Zugabe von Essigsäure gebildet hat, stattfindet.

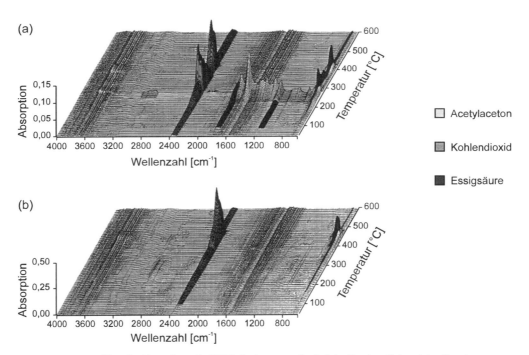

Bild 4: Temperaturabhängige Darstellung der FT-IR-Spektren von den bei der Pyrolyse freigesetzten Zersetzungsgase: (a) YBCO-Precursor aus Acetylacetonaten; (b) YBCO-Precursor aus Y(acac)$_3$, Ba(OC$_2$H$_4$OCH$_3$)$_2$ und Cu(acac)$_2$.

Der Pyrolyseverlauf verändert sich signifikant, wenn der oben beschriebene Syntheseweg variiert wird. Durch die Zugabe von Barium-2-methoxyethanolat anstelle von Bariumacetylacetonat steht dem System eine reaktivere Verbindung zur Verfügung und die Löslichkeit von Kupfer(II)-acetylacetonat wird durch die Komplexierung mit Ethylendiamin erhöht. Eine Veränderung kann bereits an der Farbe der Pulver festgestellt werden. Während man beim ersten Syntheseweg ein hellblaues Pulver erhält, entsteht beim zweiten Syntheseweg ein brauner Feststoff. Der Unterschied wird anhand der FT-IR-Spektren von den bei der thermischen Zersetzung freigesetzten, gasförmigen Reaktionsprodukten noch deutlicher. Bei der Pyrolyse des braunen Feststoffs sind im Temperaturbereich von 200°C bis 300°C aliphatische C-H-Valenzschwingungen zu beobachten, die allerdings aufgrund der geringen Absorption nicht eindeutig zugeordnet werden konnten (Bild 4b). Sicher ist indessen, daß bei der Zersetzung kein Acetylaceton entsteht. Dies bedeutet wiederum, daß zumindest das Kupfer(II)-acetylacetonat während der Synthese reagiert. Dadurch kommt es bereits in der Lösung zu einer Fixierung der homogenen Elementverteilung, sofern keine Entmischung auftritt.

Im Hinblick auf die Herstellung von supraleitenden YBCO-Dünnschichten bietet der zweite Syntheseweg gegenüber der Synthese, bei der nur Metallacetylacetonate eingesetzt werden, zwei entscheidende Vorteile. Auf der einen Seite bildet sich durch die Reaktionen in der Lösung ein viskoses Sol (η = 10 mPa s), das einen relativ hohen Metallgehalt (ca. 10 Massen-%) besitzt. Auf der anderen Seite kann wegen der Gelbildung eine homogene Elementverteilung in den naßchemisch hergestellten Dünnschichten gewährleistet werden. Die Beschichtung erfolgt über das Spin Coating Verfahren (10) und die Umwandlung der Gelschicht in den keramischen Supraleiter wird in einem konventionellen Rohrofen bei etwa 950°C durchgeführt. Als Substratmaterial werden einkristalline $SrTiO_3$-Substrate verwendet, da die Gitterparameter besonders gut mit denen von YBCO übereinstimmen. In Bild 5 ist das Röntgendiffraktogramm einer naßchemisch hergestellten YBCO-Dünnschicht auf einem (100)-orientierten $SrTiO_3$-Substrat dargestellt. Die Reflexe des Substrats sind mit S gekennzeichnet und überlagern charakteristische Reflexe der supraleitenden Schicht. Dennoch ist zu erkennen, daß überwiegend die (001)-Linien des YBCO vorhanden sind. Folglich liegt eine c-Achsen-Orientierung der supraleitenden Schicht vor.

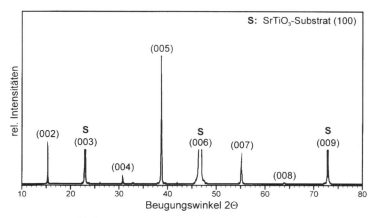

Bild 5: Röntgendiffraktogramm einer naßchemisch hergestellten YBCO-Dünnschicht auf einem (100)-orientierten $SrTiO_3$-Substrat (S).

Die Halbwertsbreite des (005)-Reflexes, die aus der sogenannten Rockingkurve entnommen werden kann, ist ein Maß für die Wachstumsgüte. Sie erreicht bei Dünnschichten, die über PVD-Verfahren hergestellt werden, einen Wert von $\Delta = 0,13°$. Im Gegensatz dazu beträgt die Halbwertsbreite von willkürlich orientierten Schichten einige Grad (11). Mit dem oben beschriebenen, naßchemischen Verfahren konnten supraleitende Dünnschichten hergestellt werden, die zum einen Halbwertsbreiten von $\Delta = 0,18°$ erreichen und zum anderen kritische Temperaturen bis zu 90 K besitzen. Die Schichtdicken liegen etwa bei 1 µm.

Zusammenfassung
Für die Herstellung der Hochtemperatursupraleiter YBCO und BPSCCO haben sich die naßchemischen Verfahren bewährt. Feinskalige, bleidotierte BSCCO-Pulver konnten über einen Thermischen Zweistufenprozeß gewonnen werden. Dabei entsteht ein Phasengemisch, dessen Anteil an $(Bi,Pb)_2Sr_2Ca_2Cu_3O_{10+x}$ innerhalb kurzer Zeit durch thermomechanische Zyklierbehandlung erhöht werden kann. Die Pulver besitzen gute Schüttguteigenschaften, eine hohe Kompaktierbarkeit und zeigen ein günstiges Sinterverhalten. Über einen Sol-Gel-Prozeß konnten supraleitende YBCO-Dünnschichten auf einkristallinen $SrTiO_3$-Substraten hergestellt werden, die eine c-Achsen-Texturierung aufweisen.

Literatur
(1) Rietschel, H.: Phys. Bl. **53**, 335 (1997).
(2) Günther, E.; Linder, D.; Maciejewski, U.: Proc. CHISA 96, Prag 1996.
(3) Hennige, V.D.; Weddigen, A.; Günther, E.; Ritzhaupt-Kleissl, H.-J.: J. Mater. Sci., im Druck.
(4) Gebrauchsmuster G 8902838.4 Forschungszentrum Karlsruhe (1989).
(5) Vanderah, T.A.: Chemistry of superconductor materials, Noyes Publications, Park Ridge 1992.
(6) Singh, J.P.; Joo, J.; Vasanthamohan, N.; Poeppel, R.B.: J. Mater. Res. **8**, 2458 (1993).
(7) Brinker, C.J.; Scherer, G.W.: Sol-gel science, Academic Press, San Diego 1990.
(8) Reuter, H.: Adv. Mater. **3**, 258 (1991).
(9) Binder, J.R.; Wedemeyer, H.; Reuter, H.: Adv. Mater. **9**, 1049 (1997).
(10) Bornside, D.E.; Macosko, C.W.; Scriven, L.E.: J. Imaging Technol. **13**, 122 (1987).
(11) Geerk, J., Linker, G. und Meyer, O.: KfK-Nachr. **23**, 203 (1991).

Eigenschaften verschiedener AlN-Keramiken für Substratanwendungen

P. Otschik, C. Kretzschmar, T. Reich, K. Jaenicke-Rößler,
Fraunhofer-Institut für Keramische Technologien und Sinterwerkstoffe, Dresden
G. Lefranc, Siemens AG München

Einleitung

AlN ist aufgrund seiner hohen Wärmeleitfähigkeit, eines dem Silizium ähnlichen thermischen Dehnungsverhaltens, seiner Nichttoxizität und seiner exzellenten elektrischen Eigenschaften ein attraktiver Substratwerkstoff für die Leistungs- und Mikroelektronik sowie für die Mikrowellen- und Mikrosystemtechnik. Mittels Dickschicht- bzw. Dünnschichttechnik oder DCB- bzw. AMB-Verfahren können Widerstände und Leitbahnen auf den Substraten realisiert werden.
Die AlN-Substrate verschiedener Anbieter unterscheiden sich hinsichtlich ihrer Eigenschaften erheblich. Insbesondere die Oberflächengüte und der Fremdphasengehalt an der Oberfläche können die Reproduzierbarkeit von Dickschichtstrukturen beeinflussen.
Es wurden verschiedene Substratqualitäten (as-fired, geschliffen, geläppt) von 7 Herstellern (A....G) untersucht.

Experimentelles

Die Mittenrauhwerte R_a wurden für eine Grenzwellenlänge von 0,8 mm nach dem Tastschnittverfahren mit dem Perthometer S8P gemessen. Die Gesamtmeßstrecke betrug 40 mm, verteilt auf beiden Substratseiten.
Zur Bestimmung des Y/N-Verhältnisses im Substratinneren wurde eine Bruchfläche von ca. 0,035 mm^2 mittels EDX gescannt. Ebenso wie für die REM-Aufnahmen wurde hierfür das System E260 der Firma Leica genutzt.
Mittels Röntgenbeugungsdiagrammen wurde der Phasenbestand an der Substratoberfläche mit dem Röntgendiffraktometer XRD7 bestimmt.

Meßbedingungen:	Cu-Ka-Strahlung	Meßabstand: 0,05 deg
	Meßbereich: 25...60 deg	Meßdauer: 10 s.

Die Widerstandspaste FK 9615 wurde mittels Siebdruck auf AlN-Substrate aufgetragen. Die getrockneten Schichtdicken lagen zwischen 19,5 µm und 21 µm. Die Widerstandsgeometrie betrug 2 mm x 1 mm. Als Kontaktpaste wurde die FK 1205 verwendet. Der Einbrand erfolgte in einem Durchlaufofen bei 850°C und einer Haltezeit von 10 min.
Die bei Raumtemperatur gemessenen Widerstände wurden auf eine Trockendicke von 22 µm normiert. Der Temperaturkoeffizient (TKR) wurde zwischen Raumtemperatur und 130°C bestimmt.
Die AgPd-Leitpaste FK 1205 wurde unter gleichen Bedingungen eingebrannt. Die Lotbenetzung wurde mit dem Lot Sn/Pb/Ag 63/35,5/1,5 (Flußmittel: Alpha 611, 220°C, 5 s) ermittelt. Die Haftfestigkeit F wurde mittels des 90°-wire-peel-Testes an 2 mm x 2 mm Pads gemessen.
Die Wärmeleitfähigkeit wurde aus der Temperaturleitfähigkeit berechnet. Diese wurde mittels LaserFlash-Verfahren mit dem Gerät LFA der Netzsch Gerätebau GmbH bestimmt.
Für die Ermittlung der Biegespannung wurde das three ball-Verfahren angewandt. Das Substrat liegt dabei auf drei um 120° versetzten, auf einem Kreis liegenden Kugeln. Die Belastung erfolgt über eine Kugelkalotte mit einem definierten Radius.

Ergebnisse und Diskussion
Oberflächenbeschaffenheit

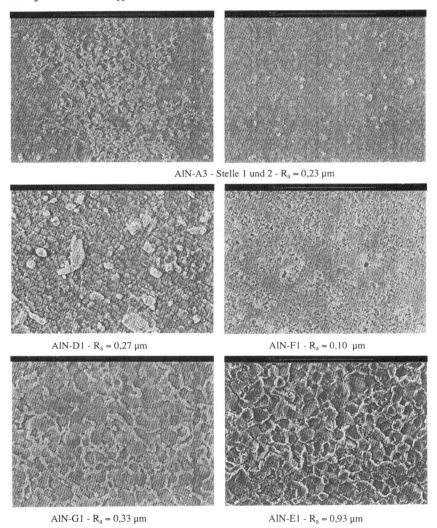

AlN-A3 - Stelle 1 und 2 - R_a = 0,23 µm

AlN-D1 - R_a = 0,27 µm　　　　　AlN-F1 - R_a = 0,10 µm

AlN-G1 - R_a = 0,33 µm　　　　　AlN-E1 - R_a = 0,93 µm

Bild 1: REM der AlN-Oberflächen und R_a-Werte.

REM-Aufnahmen von Oberflächen der AlN-Substrate verschiedener Hersteller zeigt Bild 1. Die Substrate unterscheiden sich hinsichtlich Korngröße (1µm...10 µm) und der Oberflächenqualität (A3, D1, G1 - as-fired, F1 - geschliffen, E1 - geläppt). Die Mittenrauhwerte liegen zwischen 0,10 µm und 0,93 µm.

Für den Sinterprozeß werden dem AlN-Pulver Yttriumverbindungen (z. B. Y_2O_3) zugesetzt, die das an der Oberfläche der AlN-Pulver vorhandene Al_2O_3 binden sollen. Das Y/ Al_2O_3-Verhältnis und

die Sinterbedingungen bestimmen, welche der Al-Y-O-Phasen ($Al_5Y_3O_{12}$, $AlYO_3$, $Al_2O_4O_9$) gebildet werden. Eine oder zwei dieser Phasen wurden auf allen untersuchten AlN-Substraten nachgewiesen (Tabelle 1).
Bei den as-fired Substraten sind die Al-Y-O-Phasen in unterschiedlichster Weise auf der Oberfläche verteilt. Während sie auf der Oberfläche von A3 sehr inhomogen verteilt sind, befindet sich das $AlYO_3$ auf G1 im wesentlichen an den Korngrenzen.

Dickschichten auf AlN

Die Oberflächenbeschaffenheit, insbesondere der Phasenbestand der AlN-Substrate beeinflußt die Finaleigenschaften von Dickschichten. Die Al-Y-O-Phasen verändern das Benetzungsverhalten der in den Pasten verwendeten Gläser auf der Substratoberfläche. Durch teilweises Lösen der Al-Y-O-Phasen in den Gläsern kann auch ihr Viskositäts-Temperaturverhalten und damit die Mikrostruktur von z. B. Widerstandsschichten beeinflußt werden.
Für die 50 Ohm/sq-Paste FK9615 wurden auf den verschiedenen Substraten Widerstandswerte von 30,9 Ohm/sq bis 50,2 Ohm/sq erhalten (Tabelle 1). Auf 5 von 10 Substraten lagen die Widerstandswerte sehr dicht beieinander (44,4 Ohm/sq bis 46,8 Ohm/sq). Die TKR-Werte waren alle kleiner 100 ppm/K.

Substrat	Phasenbestand			FK 9615		FK 1205		
	$Al_5Y_3O_{12}$	$AlYO_3$	$Al_2O_4O_9$	R (Ohm/sq)	TKR (ppm/K)	Lotbenetzung (%)	F[1] ($N/4mm^2$)	F[2] ($N/4mm^2$)
A1		x	x	39,6	68	100	31,6	23,9
A2			x	46,8	51	98	34,1	25,3
A3		x	x	n.b.	n.b.	99	30,3	26,2
B1	x	x		38,6	58	95	33,9	23,7
B2	x	x		44,6	56	90	31,9	23,3
B3	x			45,3	54	98	31,6	27,2
C1	x	x		44,7	56	99	31,7	26,1
C2	x	x		n.b.	n.b.	n.b.	n.b.	n.b.
D1		x	x	50,2	41	100	33,6	24,4
E1	x			49,6	57	100	30,4	24,5
F1	x	x		30,9	91	100	34,0	23,8
G1		x		44,4	67	98	35,1	25,4

[1] initial, [2] 100 h, 150°C

Tabelle 1: Phasenbestand von AlN-Oberflächen und Dickschichten auf AlN.

Die Lotbenetzung der AgPd-Leitschichten FK 1205 wird von den Phasen an der AlN-Oberfläche beeinflußt. Die schlechte Lotbenetzung bei Verwendung der Substrate B1 und B2 deutet auf schlechteres Benetzungsverhalten des Glases (FK 1205) auf AlN hin. Die Haftfestigkeiten der Schichten unterscheiden sich auch, sind aber auf allen Substraten sowohl im Initial- als auch im gealterten Zustand ausreichend.

Wärmeleitfähigkeit und Biegespannung

Der Bestand an Al-Y-O-Phasen im Substratinneren bestimmt neben dem Sinterzustand des AlN und eventueller Restmengen an Al_2O_3 die Wärmeleitfähigkeit und die Biegespannung der AlN-Substrate.

Al-Y-O-Phasen an den Korngrenzen im Substratinneren behindern den Wärmeübergang von AlN-Korn zu AlN-Korn und verringern damit die Wämeleitfähigkeit. Bild 2 zeigt, daß in der Tendenz mit steigendem Y-Gehalt im Substratinneren die Wärmeleitfähigkeit abnimmt. Ähnlich verhält sich die Biegespannung (Bild 3).

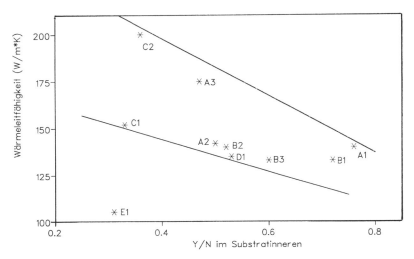

Bild 2: Wärmeleitfähigkeit von AlN-Substraten.

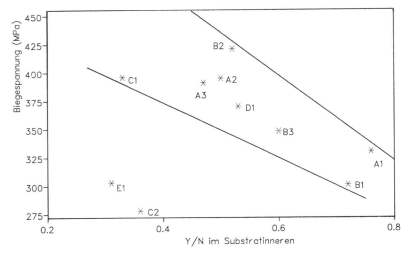

Bild 3: Biegespannung von AlN-Substraten.

Schlußfolgerungen

Die AlN-Substrate verschiedener Hersteller unterscheiden sich hinsichtlich des Bestandes an Al-Y-O-Phasen und ihrer Verteilung an der Oberfläche und im Inneren der Substrate stark.

Die Al-Y-O-Phasen im Substratinneren beeinflussen solche Eigenschaften wie Wärmeleitfähigkeit und Biegespannung, die an der Substratoberfläche u. a. die Eigenschaften von Dickschichtwiderständen und -leitern, wobei es jedoch nicht zu prinzipiellen Inkompatibilitäten kommt. Die Dickschichtwiderstandspasten müssen auf dem jeweiligen AlN-Substrat angetestet werden, wenn der Widerstandswert nicht erreicht wird, muß er über Variation der Geometrie oder durch Mischen entsprechender Pasten eingestellt werden.

Multispektral transparente Zinksulfid-Werkstoffe

S. Siegel, Fraunhofer-Institut für Keramische Technologien und Sinterwerkstoffe Dresden
B. Voigt, VITRON GmbH Jena

Spezialoptiken aus Zinksulfid

Für die optische Signalübertragung unter extremen Umgebungsbedingungen besitzen Fenster aus Zinksulfid und Zinkselenid ein herausragendes Anwendungspotential. Sowohl in der Militärtechnik als auch in zivilen Anwendungen wie der Lasertechnik bieten sie neben Transparenz im Infrarotbereich des elektromagnetischen Spektrums eine vergleichsweise hohe mechanische Festigkeit und Korrosionsstabilität. Beide Werkstoffe werden heute bevorzugt über ein CVD-Verfahren hergestellt (1, 2). Damit können großflächige Halbzeuge gefertigt und durch mechanische Bearbeitungsverfahren anwendungsgerecht konfektioniert werden. Grenzen in der Anwendung von ZnS setzte eine bei Wellenlängen < 5 µm stark reduzierte Transparenz. Um zusätzliche Anwendungsgebiete zu erschließen, muß die Übertragungsfähigkeit im nahen Infrarot bis hin zum sichtbaren Spektralbereich entscheidend erhöht werden. Ursache der Einschränkungen im kurzwelligen Gebiet sind vor allem Gitterstörungen und Gefügeinhomogenitäten des Basismaterials. Vorgeschlagene Verbesserungen durch Anwendung des Isostatischen Heißpressens (HIP) sind heute bereits Stand der Technik (3, 4). Klärungs- und Optimierungsbedarf besteht aber immer noch in der Gestaltung der Reaktionsatmosphäre und der Prozeßparameter. Am Beispiel von Zinksulfid werden die begrenzenden Parameter aufgezeigt und eine Technologie zur Beseitigung gefügeimmanenter Defekte unter wesentlicher Einbeziehung des Post-HIP-Verfahrens begründet.

Leistungsbeschränkende strukturelle Defekte

Zinksulfid kristallisiert unter den üblichen Züchtungsbedingungen im kubischen Zinkblendetyp. Dessen optisch isotropes Verhalten ermöglicht eine Anwendung im polykristallinen Zustand. Als reiner Kristall ist ZnS farblos und im gesamten sichtbaren Spektralbereich transparent. Von den CVD-Produkten werden die Anforderungen an die Transparenz jedoch nur in einem eingeschränkten infraroten Spektralbereich erfüllt. Absorptionseffekte und Streuung an Gitterstörungen führen zu einer gelben bis braunen Färbung - das Material ist für sichtbares Licht opak. Ursache für eine Absorptionsbande im Infrarotbereich sind hauptsächlich Zn-Hydrid-Bindungen. Für das unerwünschte Streuverhalten zeichnen Mikroporen, polymorphe Gefügeanteile, chemische Verunreinigungen und Gaseinschlüsse speziell an Korngrenzen sowie Stöchiometrieabweichungen verantwortlich (5). Die Natur der Defekte legt zur Qualitätssicherung neben optimierten CVD-Abscheidebedingungen eine Diffusions-Nachbehandlung unter hohem isostatischem Druck nahe.

Gestaltung des CVD-Fertigungsprozesses

Im CVD-Prozeß reagieren die gasförmigen Komponenten Zinkdampf und Schwefelwasserstoff gemäß

$$Zn_{(g)} + H_2S_{(g)} \rightarrow ZnS_{(s)} + H_{2\,(g)}$$

unter Bildung von festem ZnS. Dieses lagert sich durch heterogene Keimbildung als feste Schicht auf einer vorgegebenen Unterlage ab und führt schließlich zu monolithischen Platten. Die Prozeßtemperaturen liegen bei 600 - 700 °C. Das Schichtwachstum erfolgt mit 50 - 150 µm/h. Die Einhaltung hoher Reinheitsforderungen an Reaktanten und Atmosphäre (Ar-Partialdruck) eliminiert weitgehend die IR-Absorptionsbande.

Stöchiometriedefekte, störende Fremdphasen und Mikroporosität werden durch geeignete Wahl der CVD-Parameter
- Abscheidungstemperatur
- Substrat und Keimbildung
- Wachstumsgeschwindigkeit der Schichten
- molares Verhältnis der Reaktanten
- Übersättigung in der Gasphase
minimiert.
Trotz guter Eignung dieses "as grown"-Materials im IR-Bereich stehen Färbung und Streuverhalten dennoch einer multispektralen Anwendung entgegen.

Qualitätssicherung durch Isostatisches Heißpressen (HIP)

Entscheidende Fortschritte bei der Transmissions-Verbesserung wurden mit der Anwendung des HIP-Verfahrens erzielt (2, 3, 4).
Abb.1 zeigt das Transmissionsspektrum im infraroten und sichtbaren Spektralbereich vor und nach einer optimierten HIP-Behandlung. Die Absorptionsbande bei ca 6 µm ist verschwunden, die Transparenz wird über den gesamten sichtbaren Wellenlängenbereich hergestellt.

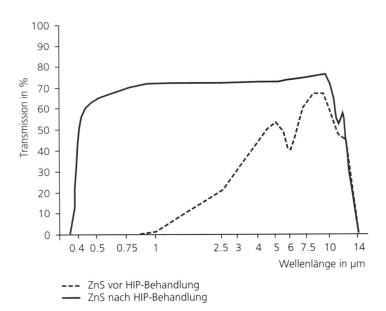

- - - ZnS vor HIP-Behandlung
—— ZnS nach HIP-Behandlung

Abb.1: Transmissionsspektrum von ZnS vor und nach einer HIP-Behandlung
Halbzeugdicke 10 mm; VITRON GmbH

Abb.2 demonstriert an Modellkörpern die Überführung des opaken Materials (Zylinder) in einen transparenten Werkstoff (Quader und Dreikantprismen).

Abb.2: Geschliffene ZnS-Präparate vor (opaker Zylinder) und nach (transparente Quader und Dreikantprismen) der HIP-Behandlung

Im HIP-Prozeß heilen bei Prozeßtemperaturen bis 1000 °C unter Argon-Druck bis 200 MPa Leerstellen und Wasserstoff-Verunreinigungen durch Diffusion aus. Nach Literaturuntersuchungen (5) dissoziieren beim Erhitzen zunächst Schwefelvakanzen - Hydrid - Komplexe unter Zurücklassen von Punktdefekten. Der entstehende Wasserstoff diffundiert zunächst durch das Kristallgitter und dann entlang der Korngrenzen aus. Durch Kompression des Gitters werden die zurückbleibenden Leerstellen und Mikroporen eliminiert, die nun überschüssigen Zinkatome bewegen sich ebenfalls an die Korngrenzen. Zusammen mit anderen Spurenverunreinigungen wandern sie mit einer für jeden Typ charakteristischen Kinetik nach außen an die Festkörperoberfläche. Bei nicht ausreichender Temperbehandlung dokumentiert sich ein temporäres Zwischenstadium durch typische opake Bereiche in einem im Randbereich bereits transparenten Produkt. HIP-Zeiten bis 20 h sind abhängig von der Halbzeugdicke durchaus realistische Forderungen.

Unter den Fremdphasen-Restanteilen spielen geringe Gehalte hexagonalen Wurtzits - der unter Normaldruck bei Temperaturen über 1023 °C stabilen Hochtemperaturphase des ZnS - eine besondere Rolle. Diese doppelbrechende hexagonale Phase stört die optische Isotropie und trägt wesentlich zur unerwünschten Lichtstreuung bei. Die Wurtzit-Form des ZnS besitzt ein etwa 3% größeres Gittervolumen und wird unter Druck zugunsten des kubischen ß-Typs abgebaut. Wie Abb.3 durch Röntgendiffraktionsmessungen belegt, können die Wurtzit-Reflexe des CVD-Materials nach der HIP-Behandlung nicht mehr nachgewiesen werden.

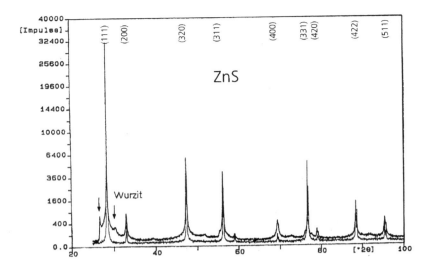

Abb.3: Röntgenbeugungsdiagramme von CVD - ZnS "as grown" (obere Kurve) und nach der HIP-Behandlung (untere Kurve) ; VITRON GmbH

Schließlich begrenzt der hohe Druck Verdampfungs- und Kornwachstumsprozesse, die bei den für die Diffusionsprozesse notwendigen Temperaturen relevant sind und werkstoffschädigend wirken. Den Optimalbereich der HIP-Behandlung und Negativeffekte abweichender Prozeßparameter skizziert Abb. 4.

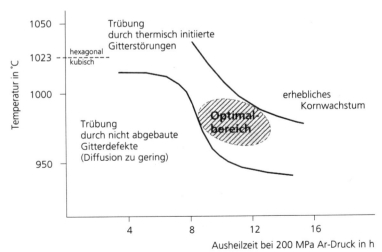

Abb.4: Technologisches Fenster bei der HIP-Behandlung von bis zu 10 mm dicken ZnS-Halbzeugen

Ausblick

Die erreichten Transmissionswerte > 70% kommen unter Berücksichtigung der materialeigenen Reflexionsverluste den theoretisch möglichen Grenzen nahe. Eine Reduzierung des Streulichtes auf < 6% bei einem optischen Weg von 10 mm sichert internationale Spitzenqualitäten bei der Produktentwicklung. Die ZnS-Halbzeuge werden durch Schleifen und Polieren anwendungsgerecht konfektioniert. Durch geeignete Substratunterlagen sind vielfältige Halbzeuggeometrien realisierbar. Mit dem entwickelten Werkstoff sind die Voraussetzungen für weitere Anwendungen einer Hochleistungsoptik unter extremen mechanischen und chemischen Belastungen geschaffen.

Literatur

(1) Donadio, R.N., Connolly, J.F., Taylor, R.L.: "New Advances in Chemical Vapour Deposited Infrared Transmitting Materials", SPIE Vol. 297 Emerging Optical Materials (1981) 65 -70
(2) Voigt, B.: "Polykristallines Zinksulfid als optisches Medium für die Infrarottechnik", Silikattechnik 42 (1991) 42 - 45
(3) Aldinger, F., Werdecker, W.: "Verfahren zur Nachbehandlung von Zinksulfidkörpern für optische Zwecke", Patent DE 29 49 512 C2, 21.10.1982
(4) Willingham, C.B., Pappis, J.: "Polykristalline Zinksulfid- und Zinkseleniderzeugnisse mit verbesserter optischer Qualität sowie Verfahren zur Herstellung derartiger Artikel", Deutsche Offenlegungsschrift DE 31 50 525 A1, 21.12.1981
(5) Lewis, K.L.: "Hydrogen-related Defects in Vapour-deposited Zinc Sulphide", J. Crystal Growth 66 (1984), 125 - 136

Hochtemperatur-Wärmetransport in transparenten Keramiken

Frank Schmitz, Horst R. Maier
Institut für Keramische Komponenten im Maschinenbau (IKKM), RWTH Aachen

Einleitung

Für den Einsatz keramischer Bauteile ist oftmals die Funktion der Wärmedämmung entscheidend. Die dabei eingesetzten keramischen Werkstoffe sind elektrische Isolatoren, deren Wärmeleitung auf der Diffusion von Gitterschwingungen (Phononen) beruht.
Neben der Diffusion tritt bei einigen keramischen Werkstoffen der langreichweitige Wärmetransport durch Strahlung. Insbesondere für den Einsatz bei hohen Temperaturen ist der Strahlungsanteil am Wärmetransport nicht zu vernachlässigen.
Die Wärmetransporteigenschaften können mit Hilfe der Laserpulsmethode schnell an kleinen Proben bei Temperaturen bis 2500°C gemessen werden. Wird der nicht diffuse Strahlungsanteil bei der Auswertung der Messung vernachlässigt ergeben sich zu große Werte für die Temperaturleitfähigkeit. Mit einer neuen Auswertemethode ist es möglich den diffusiven und den langreichweitigen Wärmetransport zu trennen. Zusätzlich lassen sich aus Messungen mit unterschiedlichen Probendicken Mittelwerte der optischen Kontanten bestimmen. Diese Daten lassen sich zur thermischen Auslegung von keramischen Bauteilen verwenden /5/.

Das Laserpuls-Verfahren

Die Messung thermophysikalischer Größen mit dem Pulsverfahren hat sich seit seiner Einführung 1961 durch Parker et al. /1/ etabliert. Das Verfahren basiert darauf, daß ein kurzer Lichtpuls von einer tablettenförmigen Probe absorbiert wird /2/. Durch den im Idealfall unendlich kurzen Puls wird eine Randschicht der Probe erwärmt. Nach einiger Zeit stellt sich durch Diffusion eine Gleichverteilung der Temperatur ein. Der Übergang der Probe zum Gleichgewichtszustand wird durch die zeitabhängige Wärmeleitungsgleichung beschrieben. Für den eindimensionalen Fall lautet diese

$$\frac{\partial T'}{\partial t} = \alpha \frac{\partial^2 T'}{\partial x^2}. \tag{1}$$

Hierin ist T' die absolute Temperatur und α die Temperaturleitfähigkeit.
Der Meßaufbau ist darauf ausgelegt, den Temperaturverlauf an der Probenrückseite aufzunehmen. Die Temperaturleitfähigkeit wird daher nicht unmittelbar gemessen, sondern läßt nur durch den Vergleich mit einer theoretisch ermittelten Temperaturkurve den Schluß auf die Transporteigenschaften der untersuchten Probe zu.
Carslaw und Jaeger (3) bestimmten im adiabatischen Fall - mit einem Wärmepuls in Form einer δ-Funktion - die Lösung der Wärmeleitungsgleichung zu

$$T_{norm} = \frac{T}{T_{max}} = 1 + 2 \sum_{n=1}^{\infty} (-1)^n \exp\left(-\frac{n^2 \pi^2 \alpha t}{D^2}\right). \tag{2}$$

Hierin ist D die Probendicke und T die relative Temperaturänderung. Da die absolute Temperaturänderung häufig nicht bekannt ist, wird die Temperaturfunktion auf ihren Maximalwert normiert. Für bestimmte Zeiten t kann die Summe ausgewertet und nach der Temperaturleitfähigkeit aufgelöst werden.

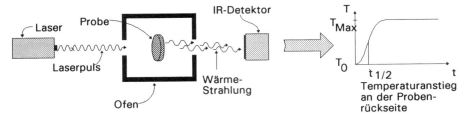

Abbildung 1: Prinzipieller Aufbau einer Laserpulsapparatur

Aus dem Verlauf des normierten Temperaturanstiegs auf der Probenrückseite kann unabhängig von der Höhe der Pulsenergie auf die Temperaturleitfähigkeit geschlossen werden. Wird zusätzlich die Maximaltemperatur bei bekannter Pulsenergie ausgewertet, so kann auch auf die Wärmekapazität (c_p) der Probe bestimmt werden /1/,/4/. Mit der zusätzlichen Angabe der Dichte (ρ) ergibt sich damit aus der Auswertung auch die Wärmeleitfähigkeit zu

$$\lambda = \alpha \rho c_p . \tag{4}$$

Erweitertes Auswertemodell der Laserpulsmessung

Neben der Lösung der Wärmeleitungsgleichung für den adiabatischen Fall existieren analytische Lösungen für einige Kombinationen von Randbedingungen. Diese Randbedingungen sind z.B. Wärmeverluste über die Berandungsflächen und die endliche Dauer des Laserpulses. Treten aber diffuse Wärmeleitung und langreichweitige Strahlung nebeneinander auf, so ist eine analytische Lösung nicht mehr möglich. Daher ist insbesondere für die Beschreibung des Wärmetransports von transparenten Proben ist ein numerischer Ansatz unumgänglich.
Ausgangspunkt der numerischen Simulation ist die Wärmeleitungsgleichung in der Form einer Integralgleichung /6/:

$$\iint_F \alpha \nabla T \, \boldsymbol{n} \, d\boldsymbol{F} = - \iiint_V \frac{\partial T}{\partial t} dV . \tag{5}$$

Die Probe mit der Dicke D und dem Radius r wird in N Elemente der Dicke d unterteilt. Jeder Probenscheibe wird eine Temperatur T_i zugeordnet. Der zeitliche Verlauf der Temperatur der letzten Probenscheibe $T_N(t)$ ist Ausgangspunkt für den Vergleich zwischen Simulation und dem experimentell ermittelten Temperaturverlauf an der Probenrückseite.
Zwischen den Elementen mit dem Volumen $V = d \pi r^2$ wird die Wärme durch die Berührungsflächen $F = \pi r^2$ ausgetauscht. Daher ergibt die Integration der Gleichung 5 für die Änderung der Temperatur in einem Diskretisierungsvolumen während eines Zeitschritts Δt:

$$T_i(t+\Delta t) = T_i(t) + \frac{\alpha}{d}\Delta t \, \nabla_z T(t) \quad , \text{mit } \nabla_z T = \frac{T_{i+1}(t) - T_i(t)}{d} . \tag{6}$$

Der Wärmeübergang des Elementes i auf das Element i+1 während eines Zeitschritts darf nicht zu einer Umkehrung der Temperaturrelationen führen. Das bedeutet, daß die Temperaturänderung eines Elements nur maximal die Hälfte der Temperaturdifferenz zwischen den Elementen betragen darf. Dies führt zur 'von Neumann'-Bedingung bei der Wahl der Diskretisierungsparameter, die die obere Schranke bei der Wahl der Zeitschrittweite bei gegebener Diskretisierung der z-Koordinate angibt:

$$\Delta t \leq \frac{d^2}{2\alpha} . \tag{7}$$

Es ist also nicht zulässig, eine sehr feine Volumeneinteilung vorzunehmen und gleichzeitig eine große Zeitschrittweite zu wählen.

Neben der Wärmeleitung von Element zu Element müssen in der Simulation Randbedingungen realisiert werden. Der Anstoß des zu simulierenden Diffusionsprozesses - der Laserpuls zum Zeitpunkt t=0 - ist eine solche Randbedingung.

Wärmeverlust

Der Wärmeverlust durch Strahlung kann in der eindimensionalen Simulation nur durch Abstrahlung über die Stirnflächen der Probe simuliert werden. Daher ist die eindimensionale Berechnung nur im Falle kleiner Probendicken zulässig, da hier der Anteil der Zylinderoberfläche an der Probenberandung klein ist. Die Beschreibung des Wärmeverlustes erfolgt durch einen linearisierten Strahlungsterm:

$$\alpha \frac{\partial T}{\partial z}\bigg|_{z=0,D} = \frac{4 \cdot \varepsilon \sigma T_0^3 \, T|_{z=0,D}}{\rho \cdot c_p} = h T|_{z=0,D} \quad . \tag{8}$$

Hiering ist ε die Emissivität der Probenoberfläche, σ die Stefan-Boltzmann Konstante und h der Wärmeverlust-Parameter.

Wärmetransport durch Strahlung

Der langreichweitige Wärmetransport in transparenten Proben wird bestimmt durch den Austausch von Wärmestrahlung innerhalb der Probe. Sowohl die Strahlung der Grenzfläche als auch die Strahlung des absorbierenden Probenvolumens tragen zum Wärmetransport bei. In der Simulation müssen diese Transportmechanismen berücksichtigt werden.

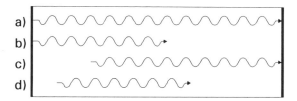

Abbildung 2: Verschiedene Mechanismen des Wärmetransports durch Strahlung
a) Strahlung von Grenzfläche zu Grenzfläche; b) Absorption der Grenzflächenstrahlung im Medium;
c) d) Reemission der Absorbierten Strahlung.

Der Strahlungstransport wird durch die gemittelten Parameter Absorptionskonstante a, Brechungsindex n und Emissivität ε bestimmt. Sie ergeben sich aus der Mittelung mit der Strahlungsverteilung L_λ eines grauen Strahlers:

$$a = \int_0^\infty a_\lambda \, L_\lambda \, d\lambda \cdot \left(\int_0^\infty L_\lambda \, d\lambda \right)^{-1} . \tag{9}$$

Da die gemittelten Werte der optischen Konstanten oft nicht bekannt sind, wird der Strahlungsansatz in der Simulation auf die Berechnung unter der Annahme verschwindender Absorption reduziert. In diesem Fall findet nur der direkte Strahlungsaustausch zwischen den Grenzflächen statt (Fall a). Die ausgetauschte Strahlungsenergie wird durch den Parameter h_i

(innerer Wärmeverlust) festgelegt, der über den gemittelten Brechungsindex mit dem Wärmeverlust h verknüpft ist:

$$h_i = n^2 h.$$ (10)

Durch die Variation von h_i läßt sich bei transparenten Proben eine gute Anpassung zwischen berechneter und gemessener Temperaturkurve erreichen.

Wenn verschiedene Proben eines Materials mit unterschiedlichen Dicken untersucht werden ergibt sich bei der Bestimmung von h_i durch den Einfluß der Absorption ein um den Faktor $2 \cdot E_3(aD)$ zu hoher Wert. Die optische Dicke steht als Argument im Exponentialintegral. Aus der gemessenen Abhängigkeit des inneren Wärmeverlustes h_i von der Probendicke lassen sich die Werte für a und n temperaturabhängig bestimmen.

Diffusionsanteil der Wärmeleitung in Zirkonoxid und Quarzglas

Ein besonders starker Transparenzeinfluß bei der Laserpuls-Messung ist für Quarzglas zu erwarten, da es im sichtbaren Bereich vollständig transparent ist. Zur Überprüfung des Auswerteverfahrens wurden Scheiben unterschiedlicher Dicke präpariert. Die Proben wurden auf beiden Zylinderdeckflächen mit einer Absorptionsbeschichtung aus Graphit versehen. Im Abstand von 70 K wurden im Temperaturbereich von Raumtemperatur bis 1500°C die Pulsantworten der Probe aufgezeichnet. Da bei jedem Temperaturpunkt fünf Pulsmessungen durchgeführt wurden, ergeben sich 105 Einzelmessungen pro Probe.

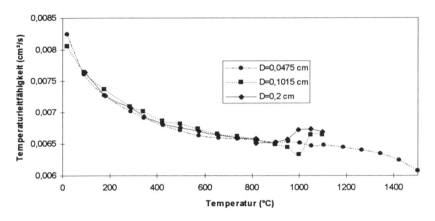

Abbildung 3: Phononischen Anteil an der Temperaturleitfähigkeit von Quarzglas

Bis zu einer Temperatur von 900°C liefert die Auswertung für alle drei Proben übereinstimmende Werte für den diffusen Anteil der Temperaturleitfähigkeit. Die Abhängigkeit von der Temperatur entspricht in diesem Bereich auch dem für Isolatoren typischen monoton fallenden Verhalten. Oberhalb von 900°C zeigen sich die Grenzen des Auswerteverfahrens. Bei den Proben mit 1 mm oder 2 mm Dicke wird der Energietransport durch Strahlung ab 1100°C so groß, daß er auf der Probenrückseite zu einem stärkeren Temperaturanstieg führt als die Gleichgewichtstemperatur T_{max}. In diesem Fall kann mit dem vorgestellten Verfahren die Messung nicht ausgewertet werden. Schon bevor die Auswertung unmöglich wird, streuen die Ergebnisse bei den 0,1 mm und 0,2 mm Proben stark. Nur bei der Probe mit 0,5 mm Dicke ist die Auswertung der Messung noch bis etwa 1300°C möglich. Oberhalb dieser Temperatur drückt der Wendepunkt aus, daß auch hier der Anteil der Wärmestrahlung an der Wärmebilanz der Probenrückseite immer weiter zunimmt.

Eine geringere Transparenz als Quarzglas weist ZrO₂ auf. Dieser Werkstoff wurde zunächst als gesintertes Material mit einer tetragonalen Stabilisierung mit 7 Massen-% Y₂O₃ untersucht. Von einer Stange wurden die Proben als Scheiben mit etwa 0,5 mm, 1 mm und 2 mm Dicke abgetrennt. An den mit Graphit beschichteten Proben wurden in Temperaturschritten von etwa 50 K jeweils fünf Pulsmessungen durchgeführt.

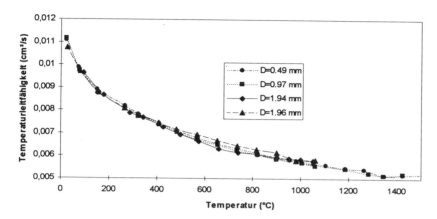

Abbildung 4: Phononischer Anteil der Temperaturleitfähigkeit von gesintertem ZrO₂ (Y₂O₃)

Mit der oben erläuterten Auswertemethode ergibt sich auch hier ein für alle Probendicken einheitlicher Wert für die Temperaturleitfähigkeit. Die Unabhängigkeit von der Probendicke ist ein wesentliches Merkmal für den diffusen Wärmetransport. Zudem ist der Verlauf der Temperaturleitfähigkeit monoton fallend. Dies ist ein für Isolatoren typisches Verhalten.

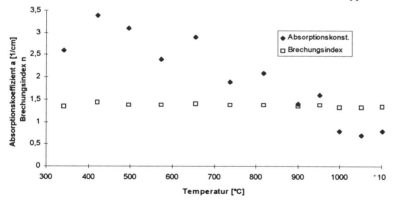

Abbildung 5: Mittlerer Absorptionskoeffizient und Brechungsindex von Quarzglas

Strahlungsanteil der Wärmeleitung in Zirkonoxid und Quarzglas

Durch die Parameter Absorptionskonstante und Brechungsindex werden die Transporteigenschaften der Werkstoffe für Strahlung beschrieben. Die Parameter, wie sie durch die Auswertung der Laserpulsmessung gewonnen werden, liegen durch die Mittelung über die spektrale Verteilung eines grauen Strahlers in einer Form vor, wie sie direkt für Berechnungen des Wärmeflusses durch Strahlung benötigt werden.

In Abildung 5 sind die Ergebnisse der Auswertung der Quarzglas-Messung dargestellt. Der Brechungsindex liegt bei etwa 1,45 und variiert nur schwach mit der Temperatur. Anders ist das Temperaturverhalten der Absorptionskonstante. Mit steigender Temperatur, bei der sich die Strahlungverteilung zu kürzeren Wellenlängen verschiebt, sinkt der Wert der Absorptionskonstanten ab. Dies ist damit zu erklären, daß die Strahlungsverteilung sich mit steigender Temperatur in den Wellenlängenbereich unterhalb von 4000 nm verlagert. Dort ist Quarzglas transparent, wogegen oberhalb dieser Wellenlänge die Absorption aufgrund der Anregung von Si-O-Schwingungen sehr effektiv ist.

In Abbildung 6 sind die Ergebnisse der Auswertungen der Messungen an ZrO_2 dargestellt. Für Temperaturen unter 600°C wird bei der Berechnung der optischen Konstanten eine geringe Genauigkeit erreicht, da in diesem Temperaturbereich der Strahlungsanteil am Wärmetransport klein ist. Der Brechungsindex bleibt im gesamten Temperaturbereich bei etwa 1,45. Die Absorptionskonstante zeigt eine deutliche Temperatur- und damit Wellenlängenabhängigkeit. Sie steigt mit steigender Temperatur, also mit kleiner werdender Wellenlänge. Dieses Ergebnis stimmt mit den eigenen optischen Messungen überein, bei denen das Maximum der Transmission bei 6200 nm gefunden wurde. Bei der Erhöhung der Temperatur von 800°C nach 1500°C entfernt sich das Maximum der Strahlungsverteilung immer weiter vom Maximum der Transmission in Richtung auf kürzere Wellenlängen. Demzufolge nimmt die gemittelte Absorptionskonstante zu.

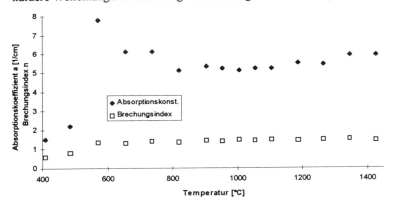

Abbildung 6: Brechungsindex und Absorptionskonstante von gesintertem ZrO_2

Literatur

/1/ W. J. Parker, R. J. Jenkins, C. B. Butler, G. L. Abbott: „Flash method of determining thermal diffusivity, heat capacity, and thermal conductivity", Journal of Applied Physics (1961) 9, 1679-1684

/2/ R. D. Cowan: "Proposed Method of Measuring Thermal Diffusivity at High Temperatures", Journal of Applied Physics (1961) 32, 7, S. 1363-1370

/3/ H. S. Carslaw, J. C. Jaeger: „Conduciton of Heat in Solids", Oxford University Press, New York (1959)

/4/ Y. Agari, A. Ueda, S. Nagai: „Measurement of Thermal Diffusivity and Specific Heat Capacity of Polymers by Laser Flash Method", Journal of Polymer Science: Part B: Polymer Physics (1995) 33, 33-42

/5/ H.R. Maier, M. Magin, W. Kruhöffer, F. Schmitz: „Reliability analysis of active brazed ceramic-metal-joints", Proceeding Joining '97, DVS 184 (1997) 110-113

/6/ F. Schmitz, D. Hehn, H.R. Maier „Evaluation of laser-flash measurements by means of numerical solutions of the heat conduction equation", High Temperatures-High Pressures, im Druck

Mikrostrukturierung und elektrische Heizbarkeit einer Al_2O_3 / TiN Mischkeramik

Volker Winter, Regina Knitter, Forschungszentrum Karlsruhe, Institut für Materialforschung III

Einleitung

Keramische Werkstoffe zeichnen sich gegenüber metallischen Werkstoffen oder Kunststoffen durch die im allgemeinen sehr guten Korrosions- und hohen Temperaturbeständigkeiten aus, die ihren Einsatz in bestimmten Bereichen unabdingbar machen. Um die Vorteile dieser Werkstoffklasse auch der Mikrosystemtechnik zugänglich zu machen, mußten neue Abformverfahren wie das Foliengießen & Prägen [1] oder das Zentrifugalgießen [2] entwickelt werden. Insbesondere in der Mikroverfahrenstechnik oder der Mikroreaktionstechnik können Keramiken neue Potentiale eröffnen [3]. Die Integration metallischer Heizwendeln in diese Mikrosysteme gestaltet sich aufgrund der stark unterschiedlichen thermischen Ausdehnungskoeffizienten besonders schwierig. Daher wurde ein keramisches System ausgewählt, das die besonderen Eigenschaften von Keramiken aufweist und gleichzeitig elektrisch leitfähig und damit direkt beheizbar ist.

Grundlagen

Die direkte Erhitzung eines mikrostrukturierten keramischen Bauteils durch elektrische Widerstandsheizung setzt eine Raumtemperaturleitfähigkeit mindestens einer seiner Komponenten voraus. Als elektrisch leitende keramische Verbindungen sind die Boride, Carbide und Nitride der Übergangsmetalle bekannt (z.B. des Ti, Zr, Ta, La, etc.), darüberhinaus auch einige Oxide, wie z.B. $LaCrO_4$. Diese Verbindungen eignen sich in reiner Form nur bedingt für eine Anwendung als Heizmaterial, da sie meist recht teuer sind und ihre Verdichtung nur bei sehr hohen Temperaturen und unter Druck möglich ist. Zur Absenkung der Sintertemperaturen bietet sich die Verwendung einer Mischkeramik an, die aus einer nicht leitfähigen Matrix besteht, in der eine leitfähige Phase zusammenhängend dispers verteilt ist. Eine Mischkeramik bietet außerdem den Vorteil, den spezifische elektrische Widerstand über das Mischungsverhältnis gezielt einstellen zu können. Die Verwendung mehrerer Mischungen in einem Bauteil ermöglicht die Einstellung eines Leitfähigkeitsgradienten und damit eines Temperaturprofiles.

Das System Al_2O_3 / TiN erscheint für Heizanwendungen besonders geeignet. Als leitende Phase wurde TiN gewählt, das einen sehr geringen spezifischen Widerstand besitzt (TiN: $22 \cdot 10^{-6}$ Ωcm; Cu: $1,7 \cdot 10^{-6}$ Ωcm; [4]), chemisch sehr beständig ist und darüberhinaus billiger als entsprechende Verbindungen der meisten anderen Übergangsmetalle. Aluminiumoxid wurde als Matrixmaterial gewählt, da der thermische Ausdehnungskoeffizient dem von TiN sehr ähnlich ist (Al_2O_3: $8 \cdot 10^{-6}$/K; TiN: $8,9 \cdot 10^{-6}$/K; [5a]) und es wie TiN über eine gute Wärmeleitfähigkeit verfügt (Al_2O_3: 13 W/K·m (400 °C), TiN: 10-26 W/K·m (400 °C); [5b]). Die Kombination von Al_2O_3 mit TiN ist thermodynamisch auch bei höheren Temperaturen stabil [6] und zeigt günstige mechanische Eigenschaften [7].

Elektrische Eigenschaften

Der spezifische elektrische Widerstand wurde für verschiedene Mischungen gemessen. Mischungen mit einem TiN-Gehalt von weniger als 18 Vol.-% sind nicht elektrisch leitfähig. Der größte einstellbare spez. el. Widerstand liegt bei ca. 500 mΩcm. Mit steigendem TiN-Gehalt fällt er stark ab und erreicht bereits bei einer Konzentration von 40 Vol.-% einen Wert von ca. 250 µΩcm. Qualitativ wird der Verlauf des Widerstandes gut durch eine Kugelpackung aus statistisch verteilten leitenden und nicht leitenden Kugeln beschrieben. Für Kugelpackungen läßt sich der spez. el. Widerstand ρ in Abhängigkeit vom Mischungsverhältnis der Kugeln durch eine Potentialfunktion angeben [8]:

$$\rho = f\,(p - p_C)^{-x}. \tag{1}$$

Hierin ist p die Konzentration an leitfähigen Kugeln und p_C (= 0,16) die sog. Perkolationsschwelle, unterhalb derer die Kugelpackung keine Leitfähigkeit zeigt. Der Exponent x hat den Wert -1,65 und der Faktor f muß je nach spezifischem elektrischem Widerstand der leitfähigen Kugeln variiert werden. Diese Funktion wurde den Meßwerten nach der Methode der kleinsten Fehlerquadrate angepaßt. Im einzelnen ergeben sich für die Parameter folgende Werte: f = 0,015 mΩcm, p_C = 0,166 und x = -2,21. Bild 1 zeigt die Meßwerte im Vergleich zur ursprünglichen Funktion für Kugelpackungen und zur optimierten Funktion.

Von großem technischen Interesse ist auch die Änderung des spezifischen elektrischen Widerstandes mit der Temperatur. Für verschiedene Mischungen konnte gezeigt werden, daß der spezifische elektrische Widerstand mit der Temperatur linear ansteigt (s. Bild 2). Hieraus wird abgeleitet, daß auch Al_2O_3/TiN-Mischkeramiken wie reines TiN ein metallisches Leitverhalten haben. Die Änderung des spezifischen elektrischen Widerstandes mit der Temperatur wird daher für alle Mischungen ausschließlich durch den spezifischen Temperaturkoeffizienten der Leitfähigkeit α_{RT} von TiN bestimmt. Aus der Steigung φ der Widerstandskurve und der Raumtemperaturleitfähigkeit ρ_{RT} einer Mischung kann auf α_{RT} rückgeschlossen werden. Es gilt:

$$\alpha_{RT} = \varphi / \rho_{RT}. \tag{2}$$

Auf diese Weise wurde α_{RT} im Mittel zu 0,002/K bestimmt. Mit der Kenntnis von α_{RT} für TiN und der optimierten Funktion nach Gleichung 1 kann die Steigung der Widerstandskurve φ für beliebige Mischungen abgeschätzt werden.

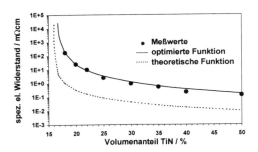

Bild 1: Darstellung des spez. el. Widerstand einer Al_2O_3/TiN-Keramik als Funktion der Zusammensetzung. Die Meßwerte und die optimierte Funktion in der oberen Kurve im Vergleich zur Potentialfunktion für Kugelpackungen nach [8] in der unteren Kurve.

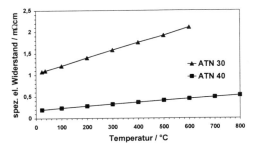

Bild 2: Der spez. el. Widerstand als Funktion der Temperatur, dargestellt für zwei Zusammensetzungen mit 30 Vol.-% TiN (ATN 30) und 40 Vol.-% TiN (ATN 40).

Heizelemente

An Al_2O_3/TiN-Mischkeramiken als Heizmaterial werden insbesondere zwei Anforderungen gestellt. Zum einen müssen die Kontakte kalt bleiben, damit eine einfache Kontaktierung mit einem Metall möglich ist. Zum anderen darf sich der Widerstand im Betrieb nicht ändern. Ein Temperaturprofil läßt sich prinzipiell auf zwei Arten realisieren. Eine Möglichkeit besteht darin, den Leitungsquerschnitt der Kontaktenden gegenüber dem Heizbereich zu vergrößern, wodurch die Stromdichte und damit auch die Temperatur verringert wird. Die zweite Möglichkeit ist die Erniedrigung des spezifischen elektrischen Widerstandes im Kontaktbereich. Dies läßt sich verwirklichen, indem für den Heizbereich eine Mischung mit weniger TiN eingesetzt wird als für die Kontakte.

Die erste Lösung ist gleichzeitig die einzige für Metalle anwendbare Möglichkeit. Hohe Widerstände werden bei Metallen erzeugt, indem sehr dünne Drähte verwendet werden, die zusätzlich auf kleinem Raum gewendelt werden. Da sich derartige Strukturen nicht auf einfache Weise aus Keramiken herstellen lassen, ist es erforderlich, eine Keramik mit einem deutlich höheren spezifischen elektrischen Widerstand einzusetzen, um ein in den äußeren Abmessungen vergleichbares Heizelement mit dem gleichen Widerstand herzustellen. Die Geometrie bleibt dadurch für keramische Heizelemente einfach. Für den Kontaktbereich ergibt sich dann jedoch das Problem, daß kein ausreichender Kontakt mit einer metallischen Zuleitung hergestellt werden kann. Aufgrund der schlechten Benetzbarkeit der Keramik durch Lote, kann eine Kontaktierung nur durch Stecken, Klemmen oder Verschrauben realisiert werden. Da bei einer mechanischen Kontaktierung nur Punktkontakte existieren, kommt es häufig zu Funkenüberschlägen, die Kontakte werden punktuell stark erhitzt und die Metalle verzundern. In allen Fällen konnten derartige Heizelemente nicht erfolgreich betrieben werden. Diese Kontaktprobleme ließen sich jedoch durch die Verwendung niederohmiger Mischungen lösen. Der eigentliche Übergang auf den höherohmigen Heizbereich wird dadurch in der Keramik realisiert und stellt eine flächige und mechanisch sehr stabile Verbindung dar. Bild 3 zeigt ein Heizelement, das bei ca. 1350 °C an Luft betrieben wurde. Der Heizbereich enthält 20 Vol.-% TiN und der Kontaktbereich 40 Vol.-% TiN. Die spezifischen elektrischen Widerstände unterscheiden sich damit um fast zwei Größenordnungen. Heizelemente mit Materialgradienten lassen sich durch gleichzeitiges Verpressen verschiedener Pulvermischungen herstellen oder durch paralleles Gießen von Folien unterschiedlicher Zusammensetzung [9].

TiN ist nicht oxidationsbeständig und wird bei Temperaturen oberhalb von ca. 400 °C an Luft zu TiO_2 umgewandelt. Diese sich oberflächlich bildende Schicht wirkt, im Gegensatz zur SiO_2-Schicht, die sich auf Si_3N_4 bildet, nicht passivierend. Der Betrieb von Heizelementen an Luft begrenzt ihre Lebensdauer auf einige Tage bis Wochen. Da die hier vorgestellte Mischkeramik ohnehin Al_2O_3 enthält, bietet sich das Aufbringen einer Schutzschicht aus Al_2O_3 auf alle Bereiche an, die sich im Betrieb auf über 400 °C erwärmen. Die Beschichtung von Heizelementen auch mit komplexer Geometrie kann durch Tauchen in einen Al_2O_3-Schlicker erfolgen. Hierzu wurden Heizelemente z.B. durch Trockenpressen hergestellt und bei 1200 °C in einer Stickstoffatmosphäre angesintert. Die resultierenden Teile haben danach eine geringe Härte und lassen sich gegebenenfalls mechanisch nachbearbeiten. Bevor die Teile in den wäßrigen Al_2O_3-Schlicker getaucht werden können, müssen die offenen Poren entgast werden, indem sie zuvor mit Wasser imprägniert werden. Dadurch wird die Blasenbildung beim anschließenden Tauchen in den Al_2O_3-Schlicker unterbunden. Die beschichteten Teile werden unter atmosphärischen Bedingungen getrocknet und bei 1750 °C in Stickstoff dichtgesintert. Da das Heizelement und der Al_2O_3-Schlicker das gleiche Sinterverhalten aufweisen, entsteht eine riß- und spannungsfreie Schicht, die gut mit dem Heizelement verzahnt ist. Bild 4 zeigt den Querschnitt eines beschichteten Heizelementes. Rechts unten ist das ursprüngliche

Gefüge aus Al_2O_3 (dunkel) und TiN (hell) zu sehen. Dieser Bereich ist mit Al_2O_3 umgeben. Die Schicht war an der Ecke nicht ausreichend dick, so daß nach einem Betrieb von mehreren Stunden an Luft eine lokale Gefügeveränderung bis in ca. 15 µm Tiefe beobachtet werden kann.

Bild 3: Heizelement im Betrieb bei ca. 1350 °C an Luft. Der Heizbereich enthält 20 Vol.-% TiN, der Kontaktbereich 40 Vol.-% TiN.

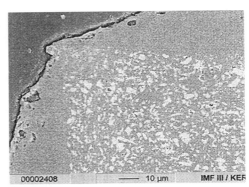

Bild 4: Querschnitt eines mit Al_2O_3 beschichteten Heizelementes. Rechts unten ist das Gefüge aus TiN (hell) und Al_2O_3 (dunkel) zu erkennen, das von Al_2O_3 umgeben ist.

Mikrostrukturierung

Zur Erzeugung von Mikrostrukturen wurden vor allem das Foliengießen & Prägen und die Funkenerosion angewandt. Zum Vergleich wurden Plättchen mit bis zu 2 cm Durchmesser mit parallelen Gräben strukturiert. Durch Prägen der flexiblen Folien konnten Gräben mit ca. 250 µm Breite und ca. 200 µm Tiefe erzeugt werden (s. Bild 5, links). Im Vergleich zur Funkenerosion ist diese Methode schneller und es lassen sich glattere Oberflächen erzeugen. Von Nachteil ist, daß sich größere Teile beim anschließenden Sintern verwölben und gegebenenfalls die Sinterschwindung berücksichtigt werden muß.

Eine alternative Methode zur Formgebung und Mikrostrukturierung ist die Bearbeitung durch Funkenerosion [10]. Da dieses Verfahren die elektrische Leitfähigkeit des zu bearbeitenden Werkstoffes voraussetzt, dient es fast ausschließlich der Bearbeitung von Metallen. Für die Bearbeitung von Keramiken bietet es insbesondere zwei Vorteile. Zum einen ist das Verfahren unabhängig von der Härte des zu bearbeitenden Materials, und zum anderen kann eine Bearbeitung im gesinterten Zustand erfolgen, womit die Maßhaltigkeit der erzeugten Struktur gewährleistet wird. Mittels Drahterosion ließen sich nur Proben mit einem TiN-Gehalt von mindestens 25 Vol.-% problemlos bearbeiten. Bei Mischungen mit weniger TiN trat verstärkt Drahtbruch auf. Mittels Senkerosion ließen sich auch noch Proben mit 20 Vol.-% TiN bearbeiten, da mit der Senkerosion höhere Pulsenergien aufgebracht werden können. Die Oberfläche wird durch den Erodierprozeß aufgeschmolzen und erreicht bei der Drahterosion Dicken von wenigen Mikrometern bis zu 50 µm. Die Dicke hängt stark von der Zusammensetzung der Mischkeramik ab. Sie ist um so geringer, je höher der TiN-Anteil ist. Auch die Oberflächenrauhigkeit sinkt mit steigendem TiN-Gehalt der Keramik. Die feinsten Strukturen konnten mittels Drahterosion hergestellt werden. Mit einem 50 µm Wolframdraht lassen sich Gräben mit 70 µm Breite und Stege von mindestens 30 µm Dicke erzeugen.

Mikrostrukturen lassen sich durch Senkerosion nur dann herstellen, wenn die Pulsenergie sehr klein gemacht wird. Dazu mußte die zu strukturierende Al$_2$O$_3$/TiN-Mischkeramik als Anode gepolt werden. Ein Beispiel für eine senkerodierte Mikrostruktur ist in Abbildung 5 (rechts) gegeben.

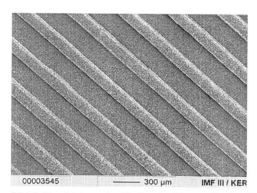 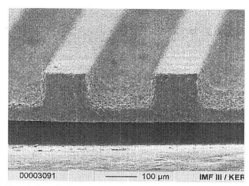

Bild 5: Vergleich zweier Grabenstrukturen, die durch Foliengießen & Prägen (links) und mittels Senkerosion (rechts) hergestellt wurden.

Zusammenfassung

Diese Arbeit stellt die elektrischen Eigenschaften, die Heizbarkeit und die Mikrostrukturierbarkeit einer Al$_2$O$_3$/TiN-Mischkeramik vor. In Abhängigkeit des Mischungsverhältnisses können spezifische elektrische Widerstände zwischen ca. 1 Ωcm und ca. 100 $\mu\Omega$cm eingestellt werden. Für alle Mischungen steigt der Widerstand mit der Temperatur linear an. Die spezifischen elektrischen Widerstände und die Temperaturkoeffizienten des Widerstandes φ können für alle Mischungen berechnet werden. Die Veränderung der Zusammensetzung innerhalb eines Heizelementes ermöglicht die Erzeugung von Leitfähigkeitsgradienten. Dadurch lassen sich Temperaturprofile ebenso wie kalte Kontaktbereiche realisieren. Der Heizbereich kann durch einen Al$_2$O$_3$-Mantel vor Oxidation geschützt werden. Eine Mikrostrukturierung wurde durch Foliengießen & Prägen und durch funkenerosive Verfahren realisiert.

Literatur

[1] Knitter R., Günther E., Maciejewski U., Odemer C.: Herstellung keramischer Mikrostrukturen; cfi/Ber. DKG **71** (1994) [9], 549-553

[2] Bauer W., Ritzhaupt-Kleissl H.-J., Haußelt J.: Shaping of high aspect ratio ceramics by centrifugal casting; Proc. Micro Mat '97, Verlag ddp Goldenbogen, Dresden, 1997, 1227-1229

[3] Knitter R., Bauer W., Fechler C., Winter V., Ritzhaupt-Kleissl H.-J., Haußelt J.: Ceramics in Microreaction Technology: Materials and Processing; Process Miniaturization: 2nd Int. Conf. on Microreaction Technology, New Orleans, LA, Topical Conf. Preprints, 1998, 164-168

[4] Wang C. C., Akbar S. A., Chen W., Patton V. D.: Electrical properties of high-temperature oxides, borides, carbides, and nitrides; J.Mater.Sci. **30** (1995) 1627-1641

[5a] Touloukian Y. S. (Hrsg.): Thermophysical Properties of Matter, IFI/Plenum Verlag, Vol. 13, Thermal Expansion – nonmetalic solids (1977)

[5b] Touloukian Y. S. (Hrsg.): Thermophysical Properties of Matter, IFI/Plenum Verlag, Vol. 2, Thermal Conductivity – nonmetalic solids (1970)

[6] Mukerji J., S. K. Biswas: Synthesis, Properties, and Oxidation of Alumina-Titanium Nitride Composites; J.Am.Ceram.Soc. **73** (1990) [1], 142-145

[7] Bellosi A., Babini G. N.: Sintering and Characteristics of Electroconductive Al_2O_3-based Composites; 4th Int.Symp.Ceram.Mater.Compon.Engines, Elsevier Verlag, London, 1992, 389-396

[8] Zallen R.: The Physics of Amorphous Solids; Verlag John Wiley & Sons, New York, 1983

[9] Winter V., Knitter R.: Heizbares keramisches Element; Gebrauchsmuster Nr. 29623184.3 (1997) am Deutschen Patentamt

[10] Faulk N.: Electrical Discharge Machining; Engineered Materials Handbook Vol.4: Ceramics and Glasses – ASM International, 1991

VI.

SiC-Keramik

Sinteruntersuchungen an LPS-SiC

Erich Schüsselbauer, Jörg Adler, Klaus Jaenicke-Rößler, Gert Leitner; Fraunhofer Institut Keramische Technologien und Sinterwerkstoffe, Dresden

Kurzfassung

Flüssigphasengesintertes (LPS) Siliciumcarbid ist eine vielversprechende Werkstoffgruppe der Siliciumcarbidkeramiken, die sich vor allem durch hohe Bruchzähigkeiten und Festigkeiten, sowie die für Siliciumcarbid sonst bekannten Eigenschaften, wie Oxidations-, Verschleiß-, Korrosions- und Temperaturbeständigkeit auszeichnet und somit neuartige Anwendungsmöglichkeiten für SiC-Werkstoffe bietet. Die möglichen Anwendungsgebiete dieses Werkstoffs liegen im wesentlichen im Bereich von hochtemperatur-, korrosions- und verschleißbeanspruchten Bauteilen.

Einen wesentlichen Einfluß auf die technologische Realisierbarkeit von Bauteilen und auf die Optimierung der Eigenschaften des Werkstoffs hat das Sinterverhalten von LPS-SiC. Die durch die Ausbildung einer Flüssigphase auftretenden Effekte beeinflussen das Sinterverhalten, sowie das Werkstoffgefüge und somit auch die Eigenschaften des Werkstoffs. Als Sinterhilfsmittel werden üblicherweise Al_2O_3 und/oder AlN in Kombination mit Oxiden der Seltenen Erden verwendet, wobei hohe Masseverluste bei der Verdichtung auftreten. Zusätzlich zu den Sinterhilfsmitteln trägt die Anwesenheit bzw. die Konzentration von SiO_2 an den SiC Pulveroberflächen ebenfalls zu den Masseverlusten, die auf Gasphasenreaktionen der zugesetzten Additive mit dem SiC zurückzuführen sind, bei. Diese Effekte wurden mittels thermoanalytischer Methoden untersucht und charakterisiert.

Einleitung

Aufgrund der kovalenten Bindung von Siliciumcarbid ist es nur unter Zugabe von Additiven möglich, dichte SiC-Keramik herzustellen. Eine bereits bekannte Werkstoffgruppe ist das SSiC, welches mittels Zugabe von B/C- bzw. B/Al/C-Additiven drucklos gesintert werden kann, wobei es sich um eine reine Festkörpersinterung handelt (1). Analog zu Si_3N_4 wird seit den achtziger Jahren verstärkt versucht, SiC mittels Flüssigphasensintern herzustellen. Die wissenschaftlichen Grundlagen zur Verwendung oxidischer Additive (z.B. Al_2O_3/Y_2O_3) wurden bereits 1982 in Japan gelegt (2,3). Erste Arbeiten zu flüssigphasengesinterten SiC-Werkstoffen wurden 1983 in den USA (4) und Jugoslawien (5) durchgeführt, 1990 gefolgt von Deutschland (6) und Südkorea (7). Arbeiten auf diesem Gebiet werden am IKTS bzw. dessen Vorgängereinrichtung seit 1989 durchgeführt (8-11). Ein wesentlicher Vorteil von flüssigphasengesinterten Siliciumcarbidwerkstoffen liegt in der Erhöhung der Bruchzähigkeit, die auf einen interkristallinen Bruchmodus zurückzuführen ist (12). Als ernstzunehmendes Problem bei der reproduzierbaren Herstellung von LPS-SiC Bauteilen erweist sich der hohe Masseverlust beim Sintern, der auf mehrere Gasbildungsreaktionen schließen läßt (13,14). Ziel dieser Arbeit ist es, mittels simultaner Thermogravimetrie-Emissionsgasthermoanalyse (Massenspektrometer) den Einfluß unterschiedlicher Sauerstoff- und Kohlenstoffgehalte in den Proben auf das Sinterverhalten zu untersuchen, um die Masseverluste beim Sintern kontrollieren zu können.

Probenherstellung

Als SiC-Pulver wurde UF 15 der Fa. HCST (spezifische Oberfläche nach BET = 15 m²/g, O-Gehalt 1,4 %), als Additive (4 Ma%) Al_2O_3 (Alcoa A16 SG) und Y_2O_3 (HCST, grade fine) verwendet. SiC-Pulver mit unterschiedlichen O-Gehalten wurden mittels Tempern bei verschiedenen Haltezeiten in einem Muffelofen hergestellt. Zur Vorzerkleinerung wurden die Additive mit dem SiC-Pulver in entionisiertem Wasser eine Stunde in einer Planetenkugelmühle (Pulverisette 5, Fa. Fritsch) mit LPS-SiC Mahlkugeln in Al_2O_3-Mahlbehältern vorgemahlen. Als Formgebungshilfsmittel wurden Wachs (2,5 Ma%) und ein Polyacrylat (1,5 Ma%) zugesetzt. Anschließend wurde die Suspension eingedampft, bei 80°C im Trockenschrank getrocknet und danach mit einem Sieb < 315 µm granuliert. Das Granulat wurde auf eine Restfeuchte von 0,2 - 0,5 Ma% getrocknet und anschließend auf einer hydraulischen 20t-Presse (PHC 20, Fa. Philmut) bei einem Preßdruck von 150 MPa zu Prüfstäben 5x6x70 mm verpreßt. Die Entbinderung fand unter Vakuum bei 1200°C und einer Stunde Haltezeit statt. Aus den grünen Biegebruchstäben wurden zylindrische Proben mit einem Durchmesser von 6 mm und einer Länge von 12 mm herausgearbeitet. An jeweils einem Prüfstab pro Charge erfolgte die Bestimmung des Sauerstoffgehaltes (O_2-Gehalt) und des Gehaltes an freiem Kohlenstoff (C_{frei}). Die in Tabelle 1, für den O_2-Gehalt angegebenen Werte beziehen sich nur auf den SiO_2-Anteil. Der durch die Additive (Al_2O_3, Y_2O_3) eingebrachte O_2-Gehalt wurde vom gemessenen Wert subtrahiert.

Charge	Additivmenge [Ma%]	C_{frei} [Ma%]	O_2-Gehalt[§] [Ma%]
A	4	0,4	1,4
B	4	0,4	1,6
C	4	0,2	2,4
D	4	0,2	2,7
E	4	0,2	3,4
F[†]	4	0,8	1,4

[†] Versatz mit 1 Ma% Phenolharz-Zusatz
[§] O_2-Gehalt nur von SiO_2 (O_2-Gehalt der Additive wurde subtrahiert)
Tabelle 1: O_2-Gehalt und C_{frei} von verschiedenen LPS-SiC Chargen

Dichte und Masseverlust

Die ausgeheizten Biegebruchstäbe wurden bei 1900°C und einer Haltezeit von einer Stunde in Argon-Atmosphäre in einem widerstandsbeheizten Ofen drucklos gesintert. Die Dichte wurde mittels Archimedes-Methode bestimmt.

Charge	O-Gehalt[§] [Ma%]	Sinterdichte [% th. D.]	Masseverlust [%]
A	1,4	98,7	5,3
B	1,6	98,6	4,6
C	2,4	98,6	6,5
D	2,7	98,7	7,4
E	3,4	98,1	9,2
F[†]	1,4	99,0	4,1

[†] Versatz mit 1 Ma% Phenolharz-Zusatz
[§] O_2-Gehalt nur von SiO_2 (O_2-Gehalt der Additive wurde subtrahiert)
Tabelle 2: Theoretische Dichte und Masseverlust von verschiedenen LPS-SiC Chargen

Der Masseverlust nimmt mit steigendem O_2-Gehalt zu. Charge F (mit Phenolharz-Zusatz) zeigt den höchsten Wert für die theoretische Dichte und den geringsten Wert für den Masseverlust.

Dilatometeruntersuchungen
Sämtliche Dilatometeruntersuchungen wurden mit einem Hochtemperatur-Dilatometer (402 E/7) mit Graphitprobenhalter und Pyrometersteuerung der Fa. Netzsch in einer Argon-Atmosphäre durchgeführt. Die aufgenommenen Schwindungsraten sind in Bild 1 dargestellt.

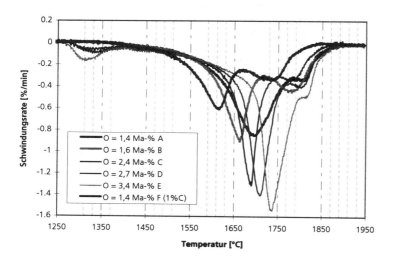

Bild 1: Schwindungsratekurven von LPS-SiC mit verschiedenen O-Gehalten

Der Verlauf der Schwindungsratekurven zeigt, daß sich bei Erhöhung des SiO_2-Gehaltes von 1,4 auf 1,6 Ma-% das lokale Maximum des ersten Haupt-Peaks (1700 °C) zu tieferen Temperaturen (1660°C) verschiebt, was auf die Veränderung der Zusammensetzung im quasiternären System SiO_2-Al_2O_3-Y_2O_3 zurückzuführen ist. Wird der SiO_2-Gehalt (2,4 Ma%, 2,7 Ma%, 3,4 Ma%) weiter erhöht, so entwickelt sich ein weiterer Peak bei relativ tiefen Temperaturen (1300°C), der mit dem Eutektikum E2 (1387°C) im quasiternären System SiO_2-Al_2O_3-Y_2O_3 korrespondiert. Der Hochtemperatur-Peak (bei ca. 1800°C) verläuft für alle Chargen, außer Charge F (ca. 1720°C), ähnlich. Charge F zeigt weniger hohe, aber dafür breitere Peaks für die Schwindungsrate, wobei der Haupt-Peak schon bei ca. 1600°C auftritt.

Thermogravimetrie mit simultaner Massenspektrometrie
Thermogravimetrie und Massenspektrometrie wurden an einer Thermowaage (STA 429) mit Koppelsystem (403/5, Hochtemperaturskimmerkopplung) der Fa. Netzsch durchgeführt. Dieses HT-Skimmer-Koppelsystem ist eine Spezialentwicklung für den HT-Bereich bis 2000°C. Als Massenspektrometer wurde das QMG 421 der Fa. Balzer in einer Argon-Atmosphäre eingesetzt. Die Ergebnisse der Untersuchungen sind für die Chargen A, E und F in den Bildern 2 bis 5 dargestellt.

In Bild 2 sind für Charge F die Masseänderung und die gemessenen Intensitäten der einzelnen Massenzahlen (m27, m28, m44) in willkürlichen Einheiten für Charge F dargestellt.

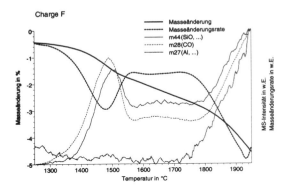

Bild 2: TG und Massenspektrometrie von Charge F für m27, m28 und m44

Die Intensitäten der Massenzahlen m28(CO) und m44 (SiO) verlaufen fast parallel und besitzen einen Peak bei ca. 1500°C, der mit der Masseänderungsrate korrespondiert. Bei höheren Temperaturen (ab ca. 1800°C) ist ein starker Anstieg der Intensitäten m27 (Al), m28 (CO) und m44 (SiO) zu erkennen.

In Bild 3 sind die Masseänderung und die Intensitäten von m28 für die Chargen A, E, und F dargestellt. Mit dem entsprechenden Verlauf für die Massenzahl m12 läßt sich die Massenzahl m28 dem Auftreten von CO zuordnen. Aufgrund des Boudouard-Gleichgewichts ist bei diesen hohen Temperaturen praktisch nur CO existent.

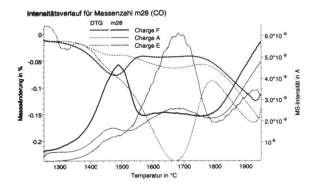

Bild 3: TG und Massenspektrometrie der Chargen A, E und F von m28 (CO)

Für die verschiedenen Chargen sind sehr unterschiedliche Verläufe der Intensitäten der Massenzahlen ersichtlich. Der Intensitätsverlauf von m28 (CO) der Charge F zeigt einen starken Peak bei relativ niedrigen Temperaturen (ca. 1500°C). Charge E hingegen besitzt den stärksten Peak bei höheren Temperaturen etwas unterhalb von 1700°C. Bei Charge A treten, analog zu Charge E, beide Peaks weniger stark auf.

In Bild 4 sind die Masseänderung und die Intensitäten von m44 (SiO) für die Chargen A, E, und F dargestellt. Unter Berücksichtigung des Intensitätsverlaufs für die Massenzahlen m12, m16, m28 und m45 scheint es sich bei m44 mit großer Wahrscheinlichkeit um SiO zu handeln.

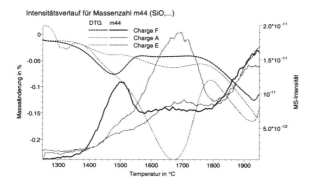

Bild 4: TG und Massenspektrometrie der Chargen A, E und F von m44 (SiO,...)

Der Vergleich von Bild 3 und Bild 4 zeigt, daß die Intensitäten von m44 (SiO) parallel zu den Intensitäten von m28 (CO) verlaufen.

In Bild 5 schließlich sind die Masseänderung und die Intensitäten von m27 (Al) für die Chargen A, E, und F dargestellt. Bei Temperaturen oberhalb 1500°C sollte m27 auf Aluminium zurückzuführen sein.

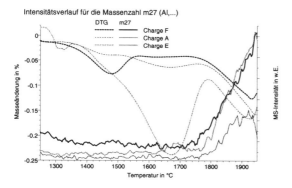

Bild 5: TG und Massenspektrometrie der Chargen A, E und F von m27 (Al,...)

Für alle Chargen ist ein starker Anstieg der Intensitäten von m27 (Al) ab ca. 1800°C zu beobachten. Das Verhalten von Charge A, bei der oberhalb 1800°C die Intensitäten abnehmen, konnte noch nicht geklärt werden.

Zusammenfassung

Die TG-MS-Untersuchungen zeigen, daß der beobachtete Masseverlust überwiegend auf die

Bildung von CO, SiO und Al (oder Al_2O) zurückzuführen ist. Außerdem zeigen die Untersuchungen, daß die Sinteradditive (Al_2O_3 und Y_2O_3) unterhalb einer Temperatur von etwa 1750°C nicht an den Gasphasenreaktionen teilnehmen. Die ersten beiden Peaks in den MS-Intensitätskurven sind auf Reaktionen des SiO_2 mit freiem Kohlenstoff (Peak 1 bei ca. 1500°C) bzw. des SiO_2 mit SiC (Peak 2 bei ca. 1700°C) zurückzuführen. Für Peak 1 wäre folgende chemische Reaktion möglich: SiO_2 + C ⇔ SiO(g) + CO(g). Für Peak 2 erscheint die Reaktion: $2SiO_2$ + SiC ⇔ 3SiO(g) + CO(g) plausibel. Ein wesentlicher Aspekt dieser Untersuchungen liegt in der Erkenntnis, daß mit steigendem SiO_2-Gehalt der Masseverlust bei gleichbleibender Sinterdichte zunimmt, woraus auch die höhere lineare Schwindung in den Probenkörpern resultiert. Dieser Effekt kann zu Problemen bei der Herstellung von Bauteilen führen. Das Verhalten von Charge F (mit Kohlenstoffzusatz) zeigt, daß eine Kohlenstoffzugabe dem Masseverlust entgegenwirken kann. Es gilt, die Zugabemenge von Kohlenstoff auf den jeweiligen SiO_2-Gehalt anzupassen. Ein weiterer Lösungsansatz wäre entsprechende Gasatmosphärensteuerung im Bereich der Gasphasenreaktionen.

Literatur

(1) C. Greskovich; J.H. Rosolowski, „Sintering of Covalent Solids", J. Am. Ceram. Soc., **59** 336 (1976).
(2) M. Omori; H. Takei, „Pressureless Sintering of SiC", J. Am. Ceram. Soc., **65** [6] C92 (1982).
(3) M. Omori; H. Takei, „Preparation of Pressureless-Sintered SiC-Al_2O_3-Y_2O_3", J. Mat. Sci., **23** 3744-3749 (1988).
(4) R.A. Cutler; T.B. Jackson, „Liquid Phase Sintered Silicon Carbide", Proc. 3rd Int. Symp. Ceramic Materials and Components for Engines, Las Vegas NV, Nov. 1988.
(5) E. Kostic, „Sintering of Silicon Carbide in the Presence of Oxide Additives", Powder Met. Int., **20** [6] 28-29 (1988).
(6) W.D.G. Böcker; R.J. Hammiger, „Fortschritte beim Sintern kovalenter keramischer Hochleistungswerkstoffe", Symposium „Konsolidierung und Wärmebehandlung von Sinterwerkstoffen", 29./30.11.90 Hagen in: Pulvermetallurgie in Wissenschaft und Praxis, Bd. 6, Freiburg i. Br. (1990).
(7) D.H. Kim; C.H. Kim, „Toughening Behavior of Silicon Carbide with Additions of Yttria and Alumina", J. Am. Ceram. Soc., **73** [5] 1431-34 (1990).
(8) D. Seifert, „Untersuchung von Verbindungen im System Al_2O_3/Y_2O_3 im Kontakt mit SiC", Ingenieurpraktikum im WTK Meißen (1990).
(9) M. Fritzsche, „Einsatz der Oxidkomponenten Al_2O_3 und Y_2O_3 als Sinteradditive beim Drucklossintern von SiC", Ingenieurpraktikum im WTK Meißen (1990).
(10) G. Wiesner, „Einfluß von Additiven und Pulverfeinheit auf das Sinterverhalten von oxidgebundenem Siliziumcarbid", Ingenieurpraktikum in der SIK GmbH i.A. (1991).
(11) J. Adler, „Drucklos gesintertes SiC mit oxidischen Additiven", BDLI-Werkstofftag '91, Hamburg, 13.-15.11.1991.
(12) K.T. Faber; A.G. Evans, „Intergranular Crack Deflection Toughening in Silicon Carbide", J. Am. Ceram. Soc., **66** [6] C94-C96 (1983).
(13) A.K. Misra, „Thermochemical Analysis of the Silicon Carbide-Alumina Reaction with Reference to Liquid-Phase Sintering of Silicon Carbide", J. Am. Ceram. Soc., **74** [2] 345-51 (1991).
(14) T. Grande; Håkon Sommerset; Eirik Hagen; Kjell Wiik; Mari-Ann Einarsrud, „Effect of Weight Loss on Liquid-Phase-Sintered Silicon Carbide", J. Am. Ceram. Soc., **80** [4] 1047-52 (1997)

Flüssigphasensintern von Siliziumcarbid: das Additivsystem AlN–Y_2O_3

Georg Rixecker, Ingo Wiedmann, Koushik Biswas* und Fritz Aldinger
Max-Planck-Institut für Metallforschung und Institut für Nichtmetallische Anorganische
Materialien der Universität Stuttgart; Pulvermetallurgisches Laboratorium, Stuttgart
*Indian Institute of Technology, Kanpur, India

Einleitung

In einer früheren Arbeit [1] wurde gezeigt, daß Siliziumcarbid mit Sinteradditiven aus dem System AlN–Y_2O_3 drucklos und ohne Pulverbett verdichtet werden kann. Mit dem üblicherweise verwendeten Sinterhilfsmittel Al_2O_3–Y_2O_3 ist dies wegen zu hoher Masseverluste und schlechter Reproduzierbarkeit nicht möglich. Die Eignung von AlN–Y_2O_3 als Additiv zum Flüssigphasensintern von Siliziumcarbid wurde erstmals durch *Chia et al.* [2] aufgezeigt. In LPS-SiC-Werkstoffen bietet sich die Möglichkeit, das Gefüge in weiten Grenzen einzustellen. Insbesondere sind im Vergleich zum konventionell gesinterten Material (SSiC) aufgrund der niedrigeren Temperatur und der Präsenz der Flüssigphase beim Sintern feinkörnige Gefüge mit mittleren Korngrößen unter 1 μm möglich, wenn von α-SiC-Pulver ausgegangen wird. Durch Variation des Verhältnisses von α-SiC zu β-SiC im Ausgangspulver und eine gezielte Wärmebehandlung nach dem eigentlichen Sintern kann andererseits ein plättchenverstärktes Gefüge erhalten werden, das Werkstoffe mit hoher Bruchzähigkeit ergibt. Das Plättchenwachstum beruht auf einem Lösungs-Wiederausscheidungsmechanismus mit gleichzeitig ablaufender Phasenumwandlung von β- zu α-SiC [3]. Im vorliegenden Beitrag wird über aktuelle Fortschritte in der Entwicklung dieser Materialien berichtet. Durch eine geeignete Oberflächenbehandlung – tempern bei ca. 1200°C an Luft – konnten erstmals Vierpunkt-Biegefestigkeiten um 1 GPa erzielt werden.

Experimentelle Details

Die Probenherstellung erfolgte nach einem üblichen pulvertechnologischen Verfahren: Attritieren der Mischungen aus α-SiC (UF 15, Lonza AG), β-SiC (B 10, H. C. Starck), AlN und Y_2O_3 (beide Grade C, H. C. Starck) bei 700 U min^{-1} für 4 Stunden, unter Verwendung von Polyethylenbehältern und -rührwerkzeugen, Si_3N_4-Mahlmedien und Isopropanol als Mahlflüssigkeit. Danach Absieben der Mahlkugeln und Vortrocknen durch Rotationsverdampfen; die endgültige Trocknung erfolgte durch 48-stündige Auslagerung im Trockenschrank bei 65°C. Granulieren durch erneutes Sieben mit 160 μm Maschenweite. Das resultierende Pulver war rieselfähig und wurde bei 240 MPa kaltisostatisch zu Formkörpern mit etwa 60 % der theoretischen Dichte verpreßt. Die Grünkörper wurden in einer graphitbeheizten Drucksinteranlage (FCT GmbH, vorm. KCE) unter Stickstoffatmosphäre nach einem der in Tabelle 1 beschriebenen Sinterprogramme verdichtet. Die Sintertemperatur wurde durch stufenweises Erhöhen für jedes Material separat ermittelt. Die nach der Methode von Archimedes ermittelte Sinterdichte betrug für alle Proben mindestens 99.3 %.

Vollständig verdichtete Proben lassen sich auch durch druckloses Sintern erhalten; ein auf 0.2 MPa erhöhter Stickstoffdruck hilft jedoch, Gasphasenreaktionen [1] zurückzudrängen und den Masseverlust beim Sintern auf ca. 2 % zu begrenzen. Die nach dem Schließen der offenen Porosität angefügte Drucksinterstufe unter 10 MPa N_2 führt zu etwas höheren Festigkeitswerten [4]. Die zusätzliche Auslagerungszeit bei den β/α-Materialien wurde so gewählt, daß die Phasenumwandlung von

Material	SiC (90 Vol.-%)	Additiv (10 Vol.-%)	Sinterprogramm			
			20 → 1000°C	20°/min	Vakuum	
			1000 → 1600°C	20°/min	0.2 MPa N_2	Haltezeit 30 min
			1600°C → T_{sinter}	10°/min	0.2 MPa N_2	Haltezeit 30 min
					10 MPa N_2	Haltezeit 30 min
			T_{sinter} → 1950°C	20°/min	0.2 MPa N_2	Haltezeit t_{temper}
			1950 → 20°C	50°/min	0.2 MPa N_2	
60α	100 α	60 AlN/ 40 Y_2O_3	T_{sinter} = 1950°C	t_{temper} = 0 h		
60β	90 β/ 10 α	60 AlN/ 40 Y_2O_3	T_{sinter} = 1970°C	t_{temper} = 8 h, 16 h		
80α	100 α	80 AlN/ 20 Y_2O_3	T_{sinter} = 1960°C	t_{temper} = 0 h		
80β	90 β/ 10 α	80 AlN/ 20 Y_2O_3	T_{sinter} = 1980°C	t_{temper} = 16 h		

Tabelle 1: Zusammensetzungen und Sinterprogramme der LPS-SiC-Materialien

β- zu α-SiC danach abgeschlossen war.[1] Der Masseverlust betrug bei diesen Proben etwa 4.5 %. Die Kontrolle der Phasen- bzw. Polytypenzusammensetzung erfolgte durch Pulverdiffraktometrie mit monochromatisierter CuKα-Strahlung und einem ortsempfindlichem Detektor mit 8° Akzeptanzwinkel. Zur rasterelektronenmikroskopischen Untersuchung kam ein ZEISS DSM 982 zum Einsatz. Zur Vermeidung von Aufladungseffekten wurde mit reduzierter Beschleunigungsspannung gearbeitet. Die energiedispersive Mikroanalyse (EDX) des Mikroskops erlaubt eine semiquantitative Erfassung der leichten Elemente N und O. Die keramographische Probenvorbereitung beinhaltete als letzte Stufe eine Ätzung im CF_4/ O_2-Plasma. Korngrößen und Streckungsgrade wurden mit Hilfe einer Bildanalyse-Software (Image C, Imtronic) aus den REM-Aufnahmen ermittelt.

Die Bruchfestigkeit wurde im 4-Punkt-Biegeversuch gemessen, wobei die obere/ untere Weite des Auflagers 20/ 7 mm betrug. Pro Datenpunkt wurden mindestens sechs Proben getestet. Die Proben mit Abmessungen $3 \times 4 \times 25$ mm^3 wurden mit Hilfe einer Diamantsäge aus quaderförmigen Sinterkörpern präpariert und geschliffen. Auf der Zugseite wurden die Kanten angefast und die Oberflächen mit 1 μm Diamantsuspension poliert. Hochtemperaturmessungen wurden an Luft nach 10-minütiger Haltezeit bei der Meßtemperatur durchgeführt. Die Vorschubgeschwindigkeit betrug 0.1 mm/min. Die Bruchzähigkeit wurde bei Raumtemperatur mit der Härteeindruck-Methode [5] bestimmt (K_{Ic}^{ICL}, ICL: Indentation Crack Length). Pro Datenpunkt wurden mindestens 10 Eindrücke vermessen. Hochtemperaturmessungen bei Rißspitzentemperaturen von 550...1050 °C wurden mit der Thermoschockmethode nach *Schneider und Petzow* [6] durchgeführt (K_{Ic}^{TS}). Dabei wird durch Aufheizen der Mitte einer gekerbten dünnen Scheibe mit einer Halogen-Reflektorlampe ein Temperaturgradient erzeugt. Die dadurch verursachten Spannungen lösen im Kerbgrund Rißwachstum aus. Bei quasistationärem Aufheizen stellt sich stabiles Rißwachstum ein, das mit einem Long-Distance-Mikroskop *in situ* verfolgt werden kann. Aus der Rißlänge in Abhängigkeit von der thermisch induzierten Spannungsverteilung läßt sich K_{Ic}^{TS} berechnen.

Ergebnisse und Diskussion
Das Gefüge der aus α-SiC-Ausgangspulver hergestellten Proben 60α (Abbildung 1) und 80α ist feinkörnig-globular. Durch quantitative Gefügeanalyse werden mittlere Korngrößen von 1.0 μm bzw. 0.4 μm gefunden. Im Falle der β/α-SiC-Ausgangspulver entwickelt sich beim Auslagern ein Plättchengefüge (Abbildung 2), wobei die Phasenumwandlung β→α nach 8 h (60β) bzw. 16 h (80β) abgeschlossen ist. Die mittleren Plättchengrößen betragen hier 2.2 μm bzw. 2.0 μm. Mit Abschluß

---
[1] Obwohl also das Gefüge letztlich immer aus α-SiC bestand, wird im folgenden, nach Maßgabe des Ausgangspulvers, weiterhin nach „α-Materialien" und „β/α-Materialen" unterschieden.

der Umwandlung ist auch der maximale Kornstreckungsgrad von 3.7 (60β) bzw. 2.9 (80β) erreicht; bei längerem Auslagern nimmt der Streckungsgrad wieder ab. In β/α-Materialien mit einer geringeren Keimdichte (ähnlich 60β, jedoch nur 1 % α-SiC im Ausgangspulver) wurden Streckungsgrade bis zu 8 erreicht [7]. Umgekehrt kommt es bei den reinen α-Materialien aufgrund der sterischen Behinderung – die Anzahl der wachstumsfähigen α-Keime entspricht hier der Anzahl der SiC-Kristallite – auch nach längerer Auslagerung nicht zu anisotropem Kornwachstum. Allgemein ist in den stickstoffreichen Proben die Kinetik der Phasenumwandlung und des Kornwachstums verlangsamt. Der Grund hierfür ist in einer Viskositätserhöhung der Schmelzphase und der damit verbundenen Behinderung des Materietransports zu suchen; für eine ausführliche Diskussion siehe [4]. Die Kern-Rand-Struktur der meisten Körner in Abbildung 1 ist ein Indiz für den Lösungs-Wiederausscheidungsmechanismus [8]; die umgelösten Randbereiche der Körner enthalten mehr Fremdatome (Al, N) und werden vom CF_4/O_2-Plasma weniger stark angegriffen als reines SiC. Die Korngrenzenphase wird am schwächsten geätzt und erscheint in den Aufnahmen erhaben.

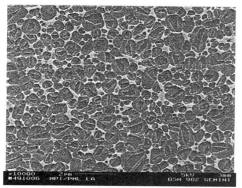

Bild 1: Gefügebild des Materials LPS-SiC 60α (gesintert)

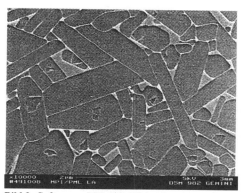

Bild 2: Gefüge von LPS-SiC 60β (gesintert, ausgelagert 1950°C/ 16h)

Die Bruchzähigkeit von flüssigphasengesintertem Siliziumcarbid steigt bei der Ausbildung eines Plättchengefüges stark an (Tabelle 2). Die dafür verantwortlichen Mechanismen können durch rasterelektronenmikroskopische Untersuchung des Rißpfades identifiziert werden [7]; im einzelnen wurden Rißablenkung, Rißüberbrückung, mechanische Verhakungen und Plättchenfraktur als wirksame energieverzehrende Mechanismen bestimmt, während Pull-Out-Effekte bei Raumtemperatur nur ausnahmsweise, in K_{Ic}^{TS}-Proben jedoch häufiger beobachtet wurden (bedingt durch das Erweichen der intergranularen Glasphase bei hoher Temperatur). In globularen Gefügen wurde Rißüberbrückung in begrenztem Umfang nachgewiesen. Für eine detaillierte Diskussion der Bruchzähigkeitssteigerung in β/α-Materialien bei hoher Temperatur siehe [9]. Bei an Luft getesteten Hochtemperatur-Bruchzähigkeitsproben aus reinem α-Material konnte weiterhin die teilweise bis vollständige Auffüllung des Rißpfades durch eine oxidische Glasphase beobachtet werden, die nach Maßgabe der Mikroanalyse zu über 90 Gew.-% aus SiO_2 besteht (Abbildung 3). Das niedrig-viskose Oxidationsprodukt ist in der Lage, den Rißpfad völlig zu schließen. Bei polierten Proben, die zwischen 12 min und 6000 min bei 1200°C an Luft ausgelagert wurden, ist sogar die Bildung eines kontinuierlichen, 0.44 μm bis 2.0 μm dicken Oxidfilms zu beobachten (Abbildung 4). Dieser Effekt tritt bei den Plättchengefügen nicht auf; in Rißpfaden der β/α-Materialien finden sich nur vereinzelt kurze Rißbrücken. Der Stickstoffgehalt der Korngrenzenphasen ist in vollständig umgewandelten β/α-Proben niedriger als in lediglich gesinterten α-Materialien; dies liegt an der bevorzugten thermische Zersetzung der stickstoffhaltigen Phasen. Die weitere Aufoxidation des Korngrenzenfilms ist folglich nur schwach ausgeprägt.

Material	K_{Ic}^{ICL} [MPa√m]		K_{Ic}^{TS} [MPa√m]	
	wie gesintert	1950°C/ 16 h	wie gesintert	1950°C/ 16 h
60α	4.4 ± 0.2		4.6 ± 0.5	
60β	4.9 ± 0.2	6.2 ± 0.3	n. a.	7.5 ± 0.6
80α	4.3 ± 0.2		4.0 ± 0.4	
80β	3.9 ± 0.3	6.3 ± 0.2	n. a.	8.0 ± 0.5

Tabelle 2: Bruchzähigkeiten von LPS-SiC

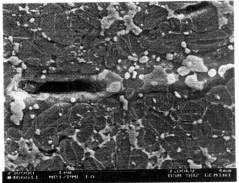

Bild 3: Rißausheilung bei feinkörnigen LPS-SiC-Materialien (60α, K_{Ic}^{TS}-Probe)

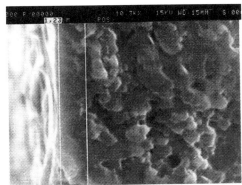

Bild 4: Ausbildung einer dichten Oxidschicht bei feinkörnigem LPS-SiC (80α, 1200°C/ 600 min an Luft)

An den gesinterten und, im Falle der β/a-Proben, für 16 h bei 1950°C ausgelagerten Proben wurden folgende Raumtemperaturfestigkeiten ermittelt [MPa]: 60α, 607 ± 80; 60β, 551 ± 146; 80α, 436 ± 136; 80β, 487 ± 92. Im Vergleich zu den Materialien mit 60 Mol-% AlN im Additiv besitzen solche mit dem höheren AlN-Gehalt von 80 Mol-% deutlich niedrigere Festigkeitswerte. Umgekehrt zeigen Sinterkörper mit nur 40 Mol-% AlN im Additiv (d. h. bei der eutektischen Zusammensetzung im System AlN–Y$_2$O$_3$ [10]) nach ersten Messungen geringfügig höhere Biegefestigkeiten. In Abbildung 5 sind die Festigkeitsverläufe in Abhängigkeit von der Temperatur dargestellt. Die Messungen wurden an Luft durchgeführt. Die Proben 60β und 80β zeigen konstante Festigkeitswerte im Bereich von Raumtemperatur bis 1000°C. Zwischen 1200°C und 1400°C nimmt σ_{4pt} in der für flüssigphasengesinterte Werkstoffe typischen Weise durch Erweichung der Glasphase ab. Bei den feinkörnigen Materialien 60α und 80α fällt dagegen ein deutlicher Festigkeitsanstieg zu höheren Temperaturen hin auf; speziell 60α zeigt ein ausgeprägtes Maximum bei 1200°C. Es liegt nahe, den Anstieg im Zusammenhang mit dem an diesen Materialien beobachteten Rißausheilungseffekt zu sehen. Um zu untersuchen, inwieweit dadurch auch bei Raumtemperatur erhöhte Festigkeiten erhalten werden können, wurden Auslagerungsserien bei 1200°C an Luft durchgeführt. Es zeigt sich, daß nach kurzer Zeit ein kräftiger Anstieg der Raumtemperaturfestigkeit erreicht wird (Abbildung 6). Die mittleren Festigkeiten nach 12-minütigem Tempern betragen 1047 ± 202 MPa (80α) und 815 ± 66 MPa (60α). Mit fortschreitender Oxidation nimmt σ wieder leicht ab, liegt nach 6000 min aber noch deutlich über den Ausgangswerten. Abtragen einer mehrere Mikrometer dicken Oberflächenschicht durch Polieren macht den Festigkeitsanstieg nur teilweise rückgängig; die Restfestigkeiten betragen danach immer noch 938 ± 103 MPa (80α) bzw. 783 ± 68 MPa (60α). Dies ist bemerkenswert, weil die durch Polieren entfernte Schichtdicke, wenngleich nicht genau bekannt, die Dicke des Oxidfilms aus Abbildung 4 doch mit Sicherheit um ein mehrfaches übertrifft. Polieren nach einer Auslagerungsdauer von 6000 min bei 1200°C restauriert annähernd die anfänglichen Festigkeitswerte.

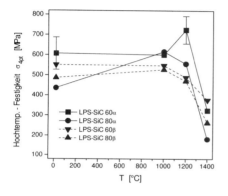 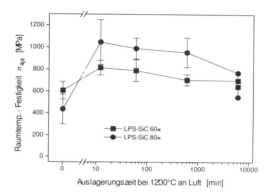

Bild 5: Temperaturabhängigkeit der Biegefestigkeit verschiedener LPS-SiC-Materialien

Bild 6: Festigkeitsverlauf bei oberflächlicher Oxidation; für 100 h Auslagerungszeit ist zusätzlich die Restfestigkeit nach erneutem Polieren eingezeichnet

Auslagerungszeit bei 1200°C an Luft	[min]	0	12	60	600	6000
$K_{Ic,o}^{ICL}$ oxidiert	[MPa√m]	4.3 ± 0.2	6.1 ± 0.2	5.7 ± 0.3	5.4 ± 0.2	4.8 ± 0.3
$K_{Ic,p}^{ICL}$ poliert	[MPa√m]		5.6 ± 0.3	5.2 ± 0.1	5.0 ± 0.1	4.4 ± 0.4

Tabelle 3: Bruchzähigkeit in Abhängigkeit von der Auslagerungszeit an Luft, LPS-SiC 80α

Tabelle 3 zeigt, daß auch die Bruchzähigkeit K_{Ic}^{ICL} bei den oxidierten α-Proben deutlich ansteigt. Dabei ist die Eindringtiefe des Vickers-Diamanten von ca. 50 μm wiederum um ein vielfaches größer als die Dicke des rißausheilend wirkenden Oxidfilms, sodaß dieser für die Zähigkeitssteigerung nicht ausschlaggebend sein kann. Deshalb muß neben dem Ausfüllen von Oberflächenfehlern durch niedrigviskose Glasphase ein zweiter Verstärkungsmechanismus existieren. Es wurde gezeigt [11], daß der Aufbau von Druckspannungen in der Oberflächenschicht spröder Materialien mit einer „scheinbaren" Zähigkeitserhöhung gegenüber dem Grundmaterial einhergeht. Mit Hilfe der Röntgenbeugung kann nachgewiesen werden, daß während der Wärmebehandlung an Luft Phasenumwandlungen von oxinitridischen zu oxidischen Zweitphasen in der Sequenz $Y_{10}Al_2Si_3O_{18}N_4 \rightarrow Y_2AlSi_2O_7N_2 \rightarrow Al_5Y_3O_{12} + Y_2Si_2O_7$ ablaufen [9]. Die Informationstiefe der Röntgenstrahlung beträgt im vorliegenden Fall etwa 20 μm. Äquivalente Oxidationsvorgänge sollten sich auch im stets vorhandenen amorphen Anteil der interkristallinen Komponente abspielen. Es ist bekannt, daß die Oxidationsrate von SiC bei 1300°C beim Vorhandensein einer amorphen Oberflächenschicht mindestens 30 mal so groß ist wie nach deren Kristallisation [12]. Der sehr schnelle Sauerstofftransport durch die amorphe Phase gewährleistet im vorliegenden Fall, daß eine Aufoxidation der Oxinitridphasen auch in größeren Tiefen des Grundmaterials stattfindet. Der damit verbundene Volumenzuwachs der intergranularen Phase führt wahrscheinlich zu Druckspannungen, die rißschließend wirken. Die Tatsache, daß ein äquivalenter Verstärkungsmechanismus bei den Plättchengefügen nicht beobachtet wird, erklärt sich dann zum einen aus dem geringeren Volumenanteil der intergranularen Phase, zum anderen aus dem Rückgang aufoxidierbarer Oxinitridphasen durch deren bevorzugte thermische Zersetzung während der Auslagerung zur β-α-Umwandlung. Bei fortschreitender Oxidation wird der Verbund aus Korngrenzenphase und SiC-Kristalliten zunehmend geschädigt, was den dann einsetzenden Festigkeitsabfall erklärt. Versuche zur Bestimmung des chemischen Konzentrations-, Härte- und Bruchzähigkeitsprofils in Abhängigkeit von der Distanz zur oxidierten Oberfläche werden derzeit durchgeführt.

Danksagung
Der Aufenthalt von K. Biswas am Pulvermetallurgischen Laboratorium wird durch die Förderung im Rahmen des DAAD/ IIT-Sandwich-Programmes des Deutschen Akademischen Austauschdienstes ermöglicht. Herrn Arno Rosinus danken wir für die Überlassung einiger im Rahmen seiner Diplomarbeit erzielter K_{Ic}^{TS}-Ergebnisse.

Literatur
[1] Wiedmann, I., M. Nader, M. J. Hoffmann und F. Aldinger, S. 515-520 in Werkstoffwoche 1996, Symposium 7: Materialwiss. Grundlagen, Hrsg. F. Aldinger und H. Mughrabi, DGM Informationsgesellschaft, Oberursel (1997)
[2] Chia, K. Y., W. D. G. Boecker and R. S. Storm, U. S. Pat. 5,298,470 (1994)
[3] Padture, N. P., J. Am. Ceram. Soc. 77, 519 (1994)
[4] Nader, M., Dissertation: INAM, Universität Stuttgart (1995)
[5] Anstis, G. R., P. Chantikul, B. R. Lawn and D. B. Marshall, J. Am. Ceram. Soc. 64, 533 (1981)
[6] Schneider, G. A. and G. Petzow, J. Am. Ceram. Soc. 74, 98 (1991); Schneider, G. A., F. Magerl, I. Hahn and G. Petzow, pp. 229-244 in Thermal Shock and Thermal Fatigue Behaviour of Advanced Ceramics, G. A. Schneider and G. Petzow, Eds., Kluwer Academic Publishers, Dordrecht (1993)
[7] Keppeler, M., H.-G. Reichert, J. M. Broadley, G. Thurn, I. Wiedmann and F. Aldinger, J. Europ. Ceram. Soc. 18, 521 (1998)
[8] Sigl, L. S. and H.-J. Kleebe, J. Am. Ceram. Soc. 76, 773-776 (1993)
[9] Wiedmann, I., Dissertation: INAM, Universität Stuttgart, in Vorbereitung (1998)
[10] Jeutter, A., Diplomarbeit: INAM, Universität Stuttgart (1993)
[11] Gruninger, M. F., B. R. Lawn, E. N. Farabough and J. B. Wachtman, J. Am. Ceram. Soc. 70, 344 (1987)
[12] Ogbuji, L. U. J. T., J. Am. Ceram. Soc. 80, 1544-50 (1997)

Charakterisierung des Kornwachstums in flüssigphasengesintertem SiC

Thomas Eschner, Fritz Aldinger
Max-Planck-Institut für Metallforschung und Institut für Nichtmetallische Anorganische Materialien der Universität Stuttgart, Pulvermetallurgisches Laboratorium, Stuttgart

1 Einführung

Beim Flüssigphasensintern von SiC kann ein Wachstum plattenförmiger Körner erzielt werden, die durch in-situ-Platelettverstärkung des Gefüges eine erhöhte Bruchzähigkeit des Materials bewirken.

Um zu klären, in welchem Maße das Aspektverhältnis dieser plattenförmigen Körner durch die Sinterbedingungen beeinflußt werden kann, wurde das Wachstumsverhalten des SiC untersucht. Es werden die dazu benutzte Methodik und vorläufige Ergebnisse vorgestellt.

2 Gefügebildung durch Flüssigphasensintern

Eine Reihe von Hochleistungskeramiken, darunter auch SiC, werden durch Flüssigphasensintern hergestellt. Dabei wird dem zu sinternden Pulver eine Mischung von Sinterhilfsmitteln, i.d.R. Oxiden, die eine niedrigschmelzende Flüssigphase nahe der eutektischen Zusammensetzung bilden, zugesetzt. Sie sorgt durch eine Beschleunigung von Lösungs- und Wiederausscheidungsvorgängen für zügiges und dichtes Sintern.

Um verbesserte Bruchzähigkeits- und Kriechbeständigkeitswerte zu erreichen, werden in das zu sinternde Pulver aus einer metastabilen Modifikation stabile Keime der gleichen Verbindung eingebracht (α-SiC in β-SiC). Bei geeigneten Sinterbedingungen können diese bevorzugt auf Kosten der Matrix wachsen, so daß dadurch ein in-situ verstärktes Gefüge aus anisotropen Körnern erzielt wird [1, 2].

Die Gefügebildung wird dabei einerseits durch die Bewegung der Phasengrenzen zwischen stabiler und metastabiler Modifikation und andererseits durch die Bewegung der Korngrenzen zwischen Körnern der stabilen Modifikation bestimmt. Temperatur und Zusammensetzung der Flüssigphase beeinflussen die Mobilität von Korn- und Phasengrenzen und damit auch das gebildete Gefüge.

Die Gefügebildungsvorgänge durch Kornwachstum in SiC-Keramiken und ihre Auswirkungen auf die Materialeigenschaften werden seit längerem intensiv untersucht, z.B. [3, 4, 5].

Um einen Zugang zum Verständnis der Gefügeausprägung durch den Füssigphasensinterprozeß zu bekommen, ist die Bestimmung von spezifischen Wachstumsgeschwindigkeiten und Korngrenzenenergien wünschenswert. Eine Messung direkt am sich entwickelnden Gefüge kann diese Werte nicht liefern, da eine Trennung der verschiedenen Einflüsse nicht möglich ist.

3 Wachstumsverhalten von SiC

Die Untersuchung von SiC ist von besonderem Interesse, da einerseits noch kein SiC-basierender Werkstoff existiert, der gleichzeitig hohe Werte von Bruchzähigkeit, Festigkeit und Kriechbeständigkeit aufweist, andererseits aber die Einkristalldaten von SiC auf ein sehr hohes Potential hinweisen. Darüber hinaus zeigt SiC Besonderheiten, die eine Bestimmung der oben genannten Parameter möglich erscheinen lassen.

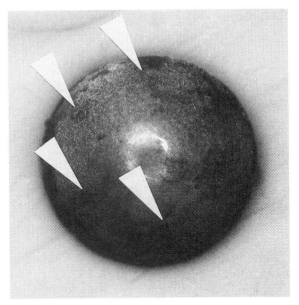

Abbildung 1: Aufnahme einer im Pulverbett ausgeheizten SiC-Einkristall-Halbkugel. Die Markierungen weisen auf vier von sechs neugebildeten Facetten von Pyramidalebenen.

3.1 Kugelwachstumsversuch

Kristallwachstum kann mit Hilfe des Kugelwachstumsversuches untersucht werden. Dabei wird eine Einkristallkugel oder deren Teil den Bedingungen ausgesetzt, unter denen das Wachstum charakterisiert werden soll (z.B. gesättigte Lösung oder Dampf). Die bei der gegebenen Temperatur und Übersättigung atomar glatten Flächen bleiben im Wachstum hinter den anderen, atomar rauhen zurück und beginnen sich als glatte Markierung entsprechend der Kristallsymmetrie auf der Kugeloberfläche abzuzeichnen, s. z.B. [6, 7, 8].
Aus ihrer Größe und der verstrichenen Zeit läßt sich auf Wachstum und Wachstumsgeschwindigkeit unter den eingestellten Bedingungen zurückschließen.

3.2 Anwendung auf SiC

Einer direkten Anwendung dieser Technik auf das Kristallwachstum beim Flüssigphasensintern von SiC steht die hohe Korrosionsbeständigkeit des SiC-Sinterkörpers entgegen, die verhindert, daß die Kugel zur weiteren Untersuchung aus dem Material herausgelöst werden kann.
Abhilfe schafft die optische Transparenz von vereinzelt angefundenen SiC-Einkristallen aus dem Acheson-Prozeß. Bei Verwendung solcher Einkristalle kann die Oberfläche der im Material verbliebenen Kugel durch das Kugelmaterial hindurch untersucht werden.
Aus ausgewählten Acheson-SiC-Einkristallen (6H) wurden Halbkugeln mit einem Radius von ca. 1-1.5 mm und geläppter Oberfläche (1 μm Diamant) hergestellt, in Pulvermischungen mit 10 und 25 % Sinterhilfsmittel isostatisch verpreßt und gesintert. Der keramographische Anschliff erfolgte weitgehend parallel zur (0001)-Achse der Einkristalle. Die Kugeloberflächen wurden mit Hilfe eines traditionellen Lichtmikroskops im Dunkelfeld und eines Laser-Scan-Mikroskops bei einer Wellenlänge von $\lambda = 488$ nm untersucht.

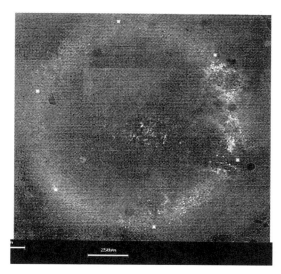

Abbildung 2: Aufnahme einer eingesinterten Kugelkappe mit dem Laser-Scan-Mikroskop. Die Fokalebene ist auf 80 µm über den niedrigsten Punkt der Kugelkappe eingestellt. Da auch andere Tiefenbereiche abgebildet werden, ist die Schnittlinie der Grenzflächen von SiC-Kugelkappe und Polykristall zu einem Streifen verbreitert. Abweichungen von der idealen Kreisform sind erkennbar und mit Markierungen versehen.

4 Bisherige Ergebnisse

Abb. 1 zeigt die Aufnahme einer SiC-Einkristall-Halbkugel, die in einem β-SiC-Pulverbett 2 h bei 2200 °C gehalten wurde. Im Gegensatz zu den weiteren Beispielen war diese Halbkugel nur geschliffen (ca. 25 µm Diamant). Es bildeten sich eine Reihe von Facetten, von denen 4 in der Aufnahme erkennbar und markiert sind.

Abb. 2 zeigt die Aufnahme einer SiC-Einkristall-Kugelkappe in einer 60 h bei 1980 °C gesinterten Probe mit 25 % Additiv. Die Fokalebene des Laser-Scan-Mikroskops liegt 80 µm über dem unteren Punkt der Kugelkappe. Trotz der begrenzten Tiefenauflösung, die zu einer Verbreiterung der reflektierenden Zone speziell im flachen Bereich der Kugelkappe führt, sind Abweichungen des reflektierenden Bereiches von der idealen Kreisform erkennbar und mit Markierungen versehen.

In Abb. 3 ist eine analoge Aufnahme einer 1.5 h bei 1980 °C gesinterten Probe mit 10 % Additiv zu sehen. Da die Fokalebene bei 50 µm eingestellt wurde, ist die Abbildung der Grenzfläche stärker verbreitert als in Abb. 2. Erkennbare Abweichungen von der Kreisform sind markiert.

In Abb. 4 ist die LSM-Aufnahme einer 60 h bei 1980 °C gesinterten Probe mit 10 % Additiv zu sehen. Die Fokalebene ist auf 50 µm über dem tiefsten Punkt der Einkristall-Kugelkappe eingestellt. In diesem Fall ist jedoch die Basalebene des Kristalls zur Bildebene stark geneigt (ca. 25°, im oberen Bildteil ist die waagerecht liegende Grenzlinie zwischen Einkristall und Polykristall sichtbar). Eine Abweichung des reflektierenden Bereiches von der Kreisform und damit des Einkristall von der ursprünglichen Kugelform ist im unteren Bildteil klar erkennbar. Beim Warmeinbetten der Probe brach der Einkristall, so daß eine vollständige Untersuchung nicht möglich ist.

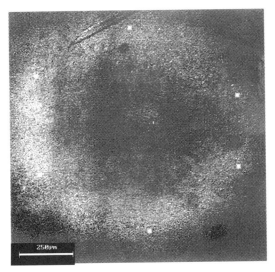

Abbildung 3: Aufnahme einer eingesinterten Kugelkappe mit dem Laser-Scan-Mikroskop. Die Fokalebene ist auf 50 μm über den niedrigsten Punkt der Kugelkappe eingestellt. Gegenüber Abb. 2 ist durch den flacheren Verlauf der Grenzfläche die Schnittlinie der Grenzflächen von SiC-Kugelkappe und Polykristall stärker verbreitert. Trotzdem sind Abweichungen von der idealen Kreisform erkennbar und markiert.

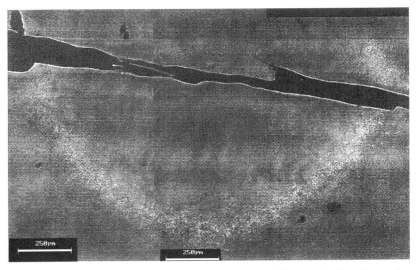

Abbildung 4: Aufnahme einer eingesinterten Kugelkappe mit dem Laser-Scan-Mikroskop. Die Fokalebene ist auf 80 μm über den niedrigsten Punkt der Kugelkappe eingestellt. Gegenüber Abb. 3 und Abb. 2 ist eine Abweichung der Schnittlinie von Grenzfläche und Fokalebene deutlich erkennbar.

5 Zusammenfassung

In Versuchen, bei denen SiC-Einkristallhalbkugeln in SiC-Pulver eingesintert wurden, konnte ein anisotropes Wachstum des Einkristalls nachgewiesen werden. Zur Zeit ist eine Quantifizierung des Effekts noch nicht möglich gewesen, jedoch ist es realistisch, eine Verbesserung durch Verwendung von Einkristallen mit geringerer Defektdichte, durch optimierte Anpassung von Einkristall und polykristalliner Umgebung sowie durch Anwendung anderer mikroskopischer Verfahren zu erwarten.

Danksagung

Die Autoren möchten Herrn Dr.-Ing. K. Schwetz (ESK Kempten, BRD) für die bereitgestellten SiC-Einkristalle danken.

Literatur

(1) Nader, M.: Untersuchung der Kornwachstumsphänomene an flüssigphasengesinterten SiC-Keramiken und ihre Möglichkeiten zur Gefügeveränderung, Dissertation, Universität Stuttgart, 7/1995.

(2) Keppeler, M., Reichert, H.-G., Broadley, J.M., Thurn, G., Wiedmann, I., Aldinger, F.: High Temperature Mechanical Behaviour of Liquid Phase Sintered Silicon Carbide, J. Europ. Ceram. Soc. 18(1998) 521-526.

(3) Shinozaki, S.S.: Unique Microstructural Development in SiC Materials with High Fracture Toughness, MRS Bulletin, 20(1995) 42-45.

(4) Lee, J.K., Tanaka, H.: Microstructural Variaton between Surface and Inside of Liquid Phase Sintered β-SiC, J. Ceram. Soc. Jap. 103(1995) 1193-1196.

(5) Kim, Y.W., Mitomo, M., Hirotsuru, H.: Microstructural Development of Silicon Carbide Containing Large Seed Grains, J. Am. Ceram. Soc. 80(1997) 99-105.

(6) Ichiro Sunagawa (ed.): Morphology of Crystals, Part A, Terra Scientific Publishing Company, D. Reidel Publishing Company, Tokyo, 1987.

(7) Ichiro Sunagawa (ed.): Morphology of Crystals, Part B, Terra Scientific Publishing Company, D. Reidel Publishing Company, Tokyo, 1987.

(8) B. Honigmann: Gleichgewichts- und Wachstumsformen von Kristallen, Dr. Dietrich Steinkopff Verlag, Darmstadt, 1958.

VII.

Neue Mikrostrukturkonzepte

Keramische Werkstoffe mit biogenen Strukturen

S. Kleber, W. Hermel, Chr. Schubert, Fraunhofer - Institut Keramische Technologien und Sinterwerkstoffe, IKTS Dresden

1 Motivation

In Verbindung mit einer rasanten wirtschaftlichen Entwicklung ist der Bedarf und damit der Verbrauch an Werk-, Hilfs- und Rohstoffen in den letzten Jahrzehnten stark gestiegen. Als Folge davon wird unsere Umwelt mehr und mehr mit Müll, Abgasen und Abprodukten belastet. Die Gewinnung der Rohstoffe für die stoffwandelnde Industrie erfolgt überwiegend auf Kosten endlicher Ressourcen. Diese in ihrer Gesamtheit weltweit zunehmenden ökologischen Probleme stellen auch die Werkstoffwissenschaft vor die Aufgabe, neue und verbesserte Materialien und Technologien im Einklang und in Kooperation mit der Natur zu entwickeln. Das ist ein Anspruch nach Ausgewogenheit zwischen Ökonomie, Ökologie und verbesserten funktionellen Eigenschaften der Werkstoffe. Zahlreiche Ansätze zeigen, daß schon gegenwärtig partielle Lösungen bei der Herstellung, Verarbeitung und dem Einsatz solcher Werkstoffen möglich sind. Daran anknüpfend besteht die Absicht, mit einem in die Zukunft hineinreichenden, neuen Struktur- und Technologiekonzept für keramische Verbundwerkstoffe auf der Basis biogener Rohstoffe einen Beitrag hierfür zu leisten. Dieses Konzept stützt sich auf die Synthesevorleistungen der Natur in Form des chemischen und strukturellen Aufbaus und darüber hinaus auf die Sinterfähigkeit biogenen Kohlenstoffs.

Pflanzliche und tierische Fasern bestehen zu 40 - 50 % aus Kohlenstoff. Neben anderen Elementen stellt der Kohlenstoffgehalt eine Grundlage für die Herstellung von kohlenstoffhaltigen keramischen Materialien dar. Der Kohlenstoff liegt in biogenen Fasern in einer polymeren, hierarchisch aufgebauten Struktur vor, wodurch unter anderem die Möglichkeit zur Ausnutzung des sehr leistungsfähigen Verbundprinzipes für die strukturelle Gestaltung daraus hergestellter anorganischer Materialien begründet ist. Seine konsequente werkstofftechnische Umsetzung stellt neue Lösungen für die Auslegung mechanisch und funktionell beanspruchter Bauteile in Aussicht.

Bis jetzt ist es nicht gelungen, Fasern mit solchen differenzierten, hierarchischen Strukturen synthetisch zu erzeugen. Im Verlaufe der Evolution haben sich in biogenen Fasern Strukturhierarchien herausgebildet, die in besonderem Maße mechanischen Beanspruchungen widerstehen. Sie zeichnen sich durch eine beachtliche Festigkeit in Verbindung mit einer großen Flexibilität unter den verschiedensten Belastungssituationen aus, die durch vielfältige Wechselwirkungen zwischen einzelnen Strukturelementen und Hierarchieebenen begründet ist. Das Problem der technischen Nutzung biogener Fasern besteht vor allem darin, während der Konversion in den anorganischen Zustand die strukturelle Ordnung prinzipiell zu bewahren und die Bildung neuer Defekte weitgehend auszuschließen. Eine defektarme Transformation der biogenen Faserstruktur stellt eine entscheidende Voraussetzung für die Entwicklung bruchzäher Keramiken aus nachwachsenden Rohstoffen dar. Gegenwärtig konzentrieren sich die Arbeiten auf die Herstellung von Verbundwerkstoffen auf der Basis von Kohlenstoff und Siliciumcarbid, obwohl es möglich ist, sehr verschiedenartige Werkstoffe unter Verwendung von biogenen Produkten zu entwickeln.

Der technologische Teil des Konzeptes beruht auf der Sinterfähigkeit biogenen Kohlenstoffs. Es ist anzunehmen, daß hinsichtlich der Sintermechanismen Analogien zur Sinterfähigkeit von Mesophasenkohlenstoff bestehen. Mit der Anwendung von Sinterverfahren können im Vergleich zu herkömmlichen Technologien Verfahrensstufen und Energie bei der Werkstoff- und Bauteilherstellung eingespart werden, woraus sich für die Zukunft günstige ökonomische Lösungen ableiten.

Vom Herangehen und in wesentlichen technologischen Details unterscheidet sich dieses Konzept von solchen Entwicklungsrichtungen und industriellen Anwendungen wie die Herstellung von Siliciumcarbidwerkstoffen aus Reisschalen und Holz, Kohlenstoffasern aus Lignin, Kohlenstoffilz aus Haaren bzw. pflanzlichen Fasern oder fasrigem Aktivkohlenstoff aus den Schalen der Kokosnuß.

Ergänzend zu anderen Richtungen der Forschung wie der Biomimetik und Biomineralisation nutzt das vorliegende Konzept die spezifischen Strukturen von Naturfasern in einer direkten Weise und nicht durch synthetische Nachahmung.
Insbesondere wenn es gelingt, die Werkstofftechnologien mit der Erzeugung von Wärme aus den unvermeidlichen Abgasen zu koppeln, lassen sich auch erhebliche ökologische Effekte erreichen.
Da Kohlenstoff- und Siliciumcarbidmaterialien in herkömmlicher Weise aus fossil- und mineralstämmigen Rohstoffen wie PAN, Koks und SiO_2 hergestellt werden, ist ihre Produktion mit umweltschädigenden Abgasen und Abprodukten verbunden.

2 Kohlenstoff - Verbundwerkstoffe

Vergleichbar mit der in der Natur vorkommenden Inkohlung werden die biogenen Fasern in einer ersten Verfahrensstufe vom organischen in einen anorganischen Zustand konvertiert. Dieser Prozeß ist mit einer zunehmenden Carbonisierung verbunden, bei der flüchtige Komponenten freigesetzt werden. Wegen des Masseverlustes ist die Carbonisierung ein kritischer Verfahrensschritt, bei dem die strukturelle Integrität bestmöglichst gewahrt werden muß. Im Vergleich mit der konventionellen keramischen Technologie erlaubt die neue Technologie, das nachfolgende Pressen und Sintern ohne die Verwendung von synthetischen Hilfsmitteln und Additiven durchzuführen.
Der nach einer solchen Route hergestellte Biokohlenstoff - Werkstoff ist dem kohlenstofffaserverstärktem Kohlenstoff (CFC) bis zu einem gewissen Grade ähnlich.

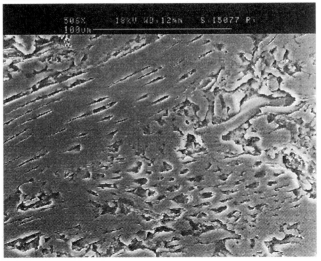

Bild 1: Gefüge eines gesinterten, kurzfaserstrukturierten Biokohlenstoff-Verbundwerkstoffes

Im Gefüge (Bild 1) sind die für Pflanzenfasern charakteristischen Faserbündel mit den Lumina der Elementarfasern nach ihrer Umwandlung in Kohlenstofffasern deutlich zu erkennen. Die Lumina sind schlauchartige Poren innerhalb der pflanzlichen Elementarfasern, die beim Sintern erhalten bleiben und einen porösen Werkstoff mit homogen verteilten, feinen Primärporen bedingen. Sowohl die Elementarfasern im Faserbündel als auch die Faserbündel untereinander sind über Sinterbrücken miteinander verbunden. Die Bindung zwischen den Fasern erfolgt durch direkte Sinterkontakte und

nicht wie beim CFC, in dem die synthetischen Kohlenstoffasern in ein verkoktes Bindemittel eingebunden sind.
Tabelle 1 enthält mechanische Eigenschaften von gesinterten Biokohlenstoff - Werkstoffen, CFC (1) und Kohlenstoff - Werkstoffen aus Koks (2) bei vergleichbarer Wärmebehandlungsendtemperatur. Es ist ersichtlich, daß die Biokohlenstoff - Verbundwerkstoffe verglichen mit einem CFC ohne Nachbehandlung bessere Eigenschaften aufweisen.

Rohstoff	Rohdichte [g/cm^3]	Biegebruch-festigkeit [MPa]	Elastizitätsmodul [GPa]	Bruchdehnung [%]
C-bio	1,44	66 ± 6	18 ± 1	0,37 ± 0,04
C-bio	1,32	44 ± 2	15 ± 1	0,30 ± 0,02
C-PAN (1), (ohne Nachverdichtung)	1,02	25	18	0,14
C-PAN (1), (1. Nachverdichtung)	1,28	95	46	0,20
C-PAN (1), (3. Nachverdichtung)	1,40	220	60	0,37
Koks (2)	1,55	15	9,5	0,15
Koks (2)	1,64	50	16	0,31

Tabelle 1: Mechanische Eigenschaften von gesinterten, kurzfaserstrukturierten Biokohlenstoff - Werkstoffen im Vergleich mit analogen Werkstoffen

Die Technologie für CFC besteht im wesentlichen aus den Stufen Herstellung der Kohlenstoffaser, gewöhnlich aus PAN - Precursoren, Imprägnierung der Fasern oder von Fasergelegen mit Harz oder Pech als Bindemittel, Formgebung und Carbonisierung (Verkoken der Bindemittel in einem ersten Brand), wobei zur Qualitätssteigerung Imprägnierung und Carbonisierung (Nachbrand) mehrfach wiederholt werden. Im Unterschied zu den kurzfaserstrukturierten Biokohlenstoff - Werkstoffen handelt es sich bei den zum Vergleich herangezogenen CFC - Werkstoffen um Langfaser - Verbundwerkstoffe. Die aus Koks erzeugten Werkstoffe sind dagegen isotrop (Tabelle 1, letzte und vorletzte Zeile) und erfordern ebenfalls einen relativ hohen Herstellungsaufwand. Im Eigenschaftsvergleich repräsentieren die Biokohlenstoff - Werkstoffe schon im ersten Entwicklungsstadium ein Niveau, das eine Substitution für CFC und andere Kohlenstoff - Materialien erfolgreich erscheinen läßt.

Im Vergleich mit analogen konventionellen Kohlenstoffwerkstoffen zeichnen sich fallweise folgende funktionellen und technologischen Vorteile ab:
- Kombination von niedriger Dichte mit relativ hoher mechanischer Festigkeit und Bruchzähigkeit
- Sehr gute Reib- und Verschleißeigenschaften
- Kostensenkung durch Einsparung von Verfahrensstufen im Herstellungsprozeß bzw. neue Technologien.

Als mögliche Entwicklungsziele für konstruktive und funktionelle Anwendungen sind absehbar:
Bauteile für Verbrennungs- und Stirlings-Motoren, Plunger u. ä. (Beanspruchung auf Reibung, Verschleiß, Dichtung, Trockenlauf, Mangelschmierung, mechanisch-dynamisches Verhalten), Gleitlager,

Bremsen, Filter, Katalysatoren, Adsorptionswärmetauscher, stromsparende Niedrigtemperaturheizer, Humanimplantate.

3 Siliciumcarbid - Verbundwerkstoffe

Werden die Biokohlenstoff - Werkstoffe bei hohen Temperaturen mit flüssigem Silicium infiltriert, erhält man infolge unvollständiger Reaktion des Biokohlenstoffs mit dem Silicium SiC - Verbundwerkstoffe. Sie sind neben freiem Restsilicium und Poren durch Faserbündel aus Biokohlenstoff und eine SiC - Grundmasse charakterisiert.

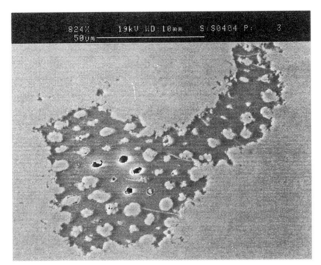

Bild 2: Biokohlenstoff-Faserbündel innerhalb einer SiC - Matrix

Die rasterelektronenmikroskopische Aufnahme im Bild 2 zeigt im Querschnitt ein Kohlenstoffaser - Bündel, wiederum mit den typischen Merkmalen der elementaren Pflanzenfasern. Die Lumina der Precursorfasern erscheinen im anorganischen Werkstoff entweder als Schlauchpore (schwarze Gefügebestandteile in der Mitte des Bildes), oder diese Schlauchporen sind mit SiC gefüllt (graue Bestandteile im dunklen Untergrund). Je nach Reaktionsgrad und Verfahrensführung kann damit das SiC faserförmig kristallisiert vorliegen. Im abgebildeten Bündelquerschnitt ist deswegen eine inselartige, nahezu homogene Verteilung des SiC im Kohlenstoff zu sehen. Das Biokohlenstoff - Faserbündel ist selbst in eine SiC - Matrix eingebettet. Solche Strukturen kann man bisher auf herkömmliche Art und Weise nicht erzeugen. Durch die Verwendung biogener Fasern eröffnet sich, wie auch schon im Falle der Biokohlenstoff - Werkstoffe, ein neuer Weg für das mikrostrukturelle Konstruieren. In der Tabelle 2 sind für derartige SiC - C - Si - Verbundwerkstoffe und für analoge Werkstoffe auf Basis CFC (3) und SiO_2 / Koks (4) einige mechanische Eigenschaften zusammengestellt Beim Vergleich der Biegefestigkeit und der Biegebruchdehnung mit (3) wird die Überlegenheit der Biokohlenstoff - Variante deutlich. Der Werkstoff nach (3) wurde durch Infiltration eines vorgelegten CFC - Werkstoffes mit flüssigem Silicium hergestellt.

Rohstoff	Rohdichte [g/cm³]	Biegebruchfestigkeit [MPa]	Elastizitätsmodul [GPa]	Bruchdehnung [%]
C-bio	2,82	328 ± 14	119 ± 1	0,28 ± 0,01
C-bio	2,73	279 ± 14	117 ± 2	0,24 ± 0,02
C-PAN (3),	1,9	200	75	0,2
SiO₂ / Koks (4)	3,1	350	360	0,1

Tabelle 2: Mechanische Eigenschaften von kurzfaserstrukturierten SiC-C-Si-Verbundwerkstoffen im Vergleich mit analogen Werkstoffen

Infolge des hohen Preises für CFC ist der daraus hergestellte SiC - Verbundwerkstoff sehr teuer. Erfolgt die Herstellung des SiC - Werkstoffes über eine pulvertechnologische Route in Verbindung mit Flüssigphaseninfiltration (SiSiC nach (4)), so zeichnen sich immer noch Vorteile in der Dichte und dem Zähigkeitsmaß Biegebruchdehnung ab. Sie ist bei der Biokohlenstoff - Variante ungefähr um den Faktor 3 höher. Möglicherweise steht die erhöhte Dehnung in Verbindung mit den im Gefüge nachgewiesenen Mehrfachrissen und ihren Rißverzweigungen.
SiC - Verbundwerkstoffe, die durch Verwendung von biogenen Fasern und Silicium hergestellt werden, sollten in einem höheren Entwicklungsstadium gegenüber konventionellen siliciuminfiltrierten SiC - Werkstoffen (SiSiC) folgende Vorteile aufweisen:
- Preisgünstige Erzeugung von SiC - C - Si - Werkstoffen mit hohem Eigenschaftsniveau
- Größere Variationsbreite mechanischer und funktioneller Eigenschaften.

SiC - Verbundwerkstoffe auf der Basis von Biokohlenstoff und SiC könnten zukünftig für Bremsen, Lager, Heizer, Brennelemente, Werkstoffe für Hochtemperatur - Wärmedämmung und - Filter und mit besonderen Vorteilen für großformatige, dünnwandige Flächengebilde und Teile mit komplizierter Gestalt eingesetzt werden.

4 Ökonomie

Die Produktion von Kohlenstoff - und SiC - Verbundwerkstoffen unter Verwendung biogener Rohstoffquellen stellt sich in einer ersten Abschätzung effizienter und kostengünstiger als konventionelle Herstellungsmethoden dar. Dies ist begründet durch niedrigere Rohstoffkosten, eine geringere Anzahl von Prozeßstufen und einem geringeren Prozeßenergieverbrauch. Bild 3 zeigt einen Vergleich der geschätzten Werkstoffpreise für die neuen Materialien und den erhobenen Preisen für konventionelle Materialien. Daraus lassen sich infolge eines Preisunterschiedes um mindestens eine Größenordnung Chancen für einen breiteren Einsatz von Kohlenstoffaser - Verbundwerkstoffen in der Industrie ableiten. Unter Berücksichtigung des frühen Entwicklungsstadiums für diese Biokohlenstoffaser - Verbundwerkstoffe erscheint eine solche Zielstellung für diese allgemein als zukunftsträchtig angesehene Werkstoffgruppe realistisch.

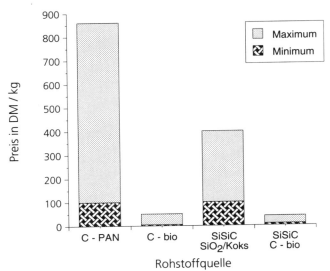

Bild 3: Preisschätzung für konventionelle (C-PAN bzw. SiSiC aus SiO$_2$ / Koks) und aus Biokohlenstoff (C-bio) hergestellte Werkstoffe bzw. Bauteile

5 Zusammenfassung

Der Einsatz biogener Rohstoffe bildet die Grundlage eines alternativen Struktur- und Technologiekonzeptes für Kohlenstoff- und Siliciumcarbid-Verbundwerkstoffe, das neue Lösungen für die Auslegung mechanisch und funktionell beanspruchter Bauteile in Aussicht stellt. Diesem Konzept liegt die Beherrschung der Transformation biogener, hierarchischer Faserstrukturen in äquivalente Werkstoffstrukturen zugrunde.

Mittels einer kontrollierten Pyrolyse können biogene Fasern in kohlenstoffhaltige konvertiert werden. Daraus lassen sich je nach Prozeßgestaltung feinstkörnige, kurz- oder langfaserstrukturierte Kohlenstoffwerkstoffe herstellen, die sich von bekannten Kohlenstoff- und Graphitwerkstoffen einschließlich den kohlenstoffaserverstärkten Kohlenstoffwerkstoffen (CFC) wesentlich unterscheiden. Durch Besonderheiten in der Gefügegestaltung und der Technologie ist es möglich, zu neuen Werkstoffen mit neuen Eigenschaften zu gelangen. Dies gilt auch für daraus hergestellte SiC - Verbundwerkstoffe.

6 Literatur

(1) Carbonfaserverstärkter Kohlenstoff, Prospect SGL Carbon Group: Sigrabond
(2) Feinstkorngraphite für industrielle Anwendungen, Prospect SGL Carbon Group
(3) Leuchs, M., Spörer, J.: Langfaserverstärkte Keramik - eine neue Werkstoffklasse mit neuen Leistungen, Keramische Zeitschrift 48 [1] 1997, S. 18 - 22
(4) Gugel, E.: "Nichtoxidkeramik" im Handbuch der Keramik, 1986, S. 3 ff

Biomorphe Siliciumkarbidkeramik

Peter Greil und Annette Kaindl, Universität Erlangen- Nürnberg, Institut für Werkstoffwissenschaften

Einleitung

Die Herstellung von Werkstoffen und Bauweisen aus biologischen Strukturen ist in den letzten Jahren zunehmend zum Gegenstand interdisziplinärer Forschungsarbeiten geworden. Ziel einer biomorphen Materialsynthese ist die Übertragung biologischer Bauweisenstrukturen auf unterschiedlichen strukturellen Hierarchieebenen auf künstliche Werkstoffbauweisen, die wesentliche Bauprinzipien der biologischen Ausgangsstruktur für verbesserte technische und medizinische Anwendungseigenschaften nutzen. Durch den genetischen Evolutionsprozess weisen biologische Strukturen wie z.B. Gräser, Hölzer, etc. eine exzellente Festigkeit bei niedriger Dichte, hohe Steifigkeit und Elastizität sowie eine Schadenstoleranz sowohl auf mikroskopischer als auch makroskopischer Strukturebene auf. Im Vordergrund der bisherigen Arbeiten stand der Biomineralisationsprozess, der durch stereochemisch kontrollierte Ausscheidung von anorganischen Phasen wie z.B. Phosphate, Carbonate, Sulfate, Silikate, etc. an einer organisch-anorganischen Grenzfläche (Biomembran) gekennzeichnet ist, **Bild 1**.

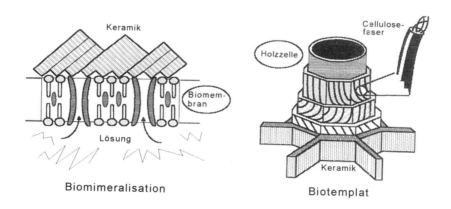

Bild 1 **Grundprinzipien der Biomineralisation (links) und des Biotemplating (rechts).**

Wegen der niedrigen Temperaturen von Raumtemperatur bis 100°C sind die erzielbaren Wachstumsraten jedoch so gering (μm/h), dass keramische Materialien (Ausnahmen sind hochfeine Nanopuler und dünne Oberflächenschichten) nicht in wirtschaftlich sinnvollen Zeiten hergestellt werden können. Eine Steigerung der Synthesegeschwindigkeit kann aber erreicht werden, wenn zellulare biologische Strukturen mit einem offenen Porenkanalsystem wie z.B. Holz, das für gasförmige oder flüssige Infiltranten zugänglich ist, bei hohen Temperaturen umgesetzt werden. Die biologische Ausgangsstruktur wird dabei als inneres Formgebungswerkzeug verwendet (Biotemplat) **(Bild 1)**, um die zellulare Ausgangsstruktur in der Keramik abzuformen.

Holz ist ein natürlich gewachsener Verbundwerkstoff, der als Hauptbestandteile Cellulose, Hemicellulose und Lignin sowie als Nebenbestandteile weitere makromolekulare Verbindungen aus der Gruppe der Fette, Öle, Wachse, Harze, Zucker, Alkaloide und Minerale enthält. Die mittlere Elementarzusammensetzung beträgt (in Masse %) 50 C, 43.4 O, 6.1 H, 0.2 N und 0.3 Asche. Eine typische Zusammensetzung von Weichholz ist (in Masse %) 48 Cellulose, 19 Hemicellulose und 30 Lignin, während Hartholz 45 Cellulose, 27 Hemicellulose und 22 Lignin aufweist. Die strukturellen (anatomischen) Elemente des Holzaufbaus überstreichen einen weiten Grössenbereich von mm (Wachstumsringe) über μm (tracheidale Zellmuster, Makro- und Mikro-Fibrillen in den Zellwänden) bis hinunter zu nm (molekulare Fasersegmente und Membranstrukturen in den Zellwänden). Wegen seines einzigartigen hierarchischen Strukturaufbaus weist Holz eine bemerkenswerte Kombination von hoher Festigkeit, Steifigkeit und Zähigkeit bei niedriger Dichte auf **[80 Wag]**.

Umwandlung von Holz in Keramik

Aufheizen von Holz in inerter Atmosphäre über 600°C führt zur thermischen Zersetzung (Pyrolyse) der polyaromatischen Biopolymere und es bildet sich ein Kohlenstoffkörper, der die Anatomie des Holzes wiederspiegelt. Der Kohlenstoffkörper dient als temporäres Formgebungswerkzeug (Templat) für die anschließende Siliciuminfiltration und Reaktion zum SiC. **Bild 2** stellt das Verfahrensschema zur Herstellung von SiC-Keramik aus Holz dar. Ausgehend vom Holz, das nach der Formgebung (z.B. über Heißdampfverfahren) bei 70°C getrocknet wird, erfolgt zunächst die Herstellung des Kohlenstofftemplats. Je nach Holzart sind dafür

Pyrolysetemperaturen von 800 - 1800°C erforderlich. Die Pyrolysetemperatur ist von besonderer Bedeutung für die molekulare Struktur des sich bildenden Kohlenstoffkörpers, die wiederum das Benetzungsverhalten der Siliciumschmelze stark beeinflußt. Anschließend erfolgt nach einer möglichen spanabhebenden Formgebung die Infiltration mit flüssigem oder gasförmigem Silicium bei Temperaturen um 1600°C, wobei sich durch Reaktion mit dem Kohlenstoff SiC bildet. Die Infiltration kann dabei gleichzeitig zum stoffschlüssigen Fügen von Bauweisen ausgenutzt werden. Abschließend erfolgt eine Oberflächenbearbeitung sowie eine eventuelle Säureauslaugung von Restsilicium zur Erzeugung einer definierten Porosität.

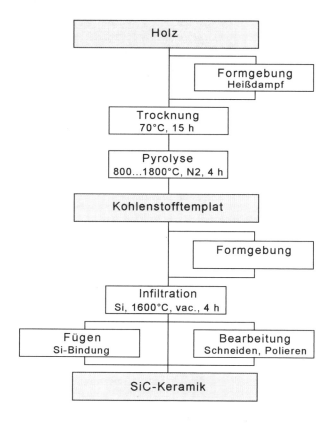

__Bild 2__ Verfahrensschema zur Herstellung zellulärer SiC-Keramik aus Holz.

Nach der Pyrolyse bleibt die zellulare Struktur von Holz sowohl auf mikroskopischer als auch makroskopischer Ebene nahezu vollständig erhalten, **Bild 3**.

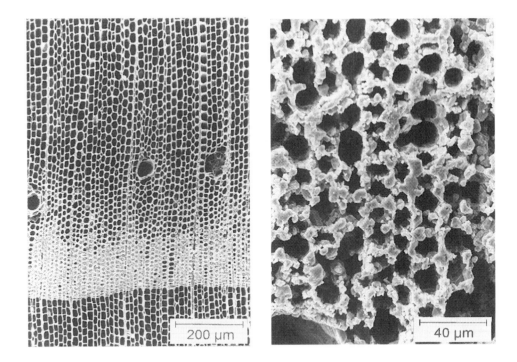

<u>Bild 3</u> Struktur von karbonisierter Kiefer nach Pyrolyse bei 1800°C (links) und nach anschließender Si-Infiltration bei 1600°C (rechts).

Die Infiltration des porösen Kohlenstofftemplats mit Silicium kann über die Schmelze oder die Gasphase erfolgen. Erfolgt ein Kontakt des tracheidalen Porensystems mit der Siliciumschmelze wird das Kohlenstofftemplat durch Kapillarkräfte spontan mit Schmelze infiltriert. Bei 1450°C beträgt der Benetzungswinkel der Si-Schmelze 10° auf (0001) Ebenen von polykristallinem Kohlenstoff aber 50° auf Glaskohlenstoff bei 1450°C **[75 Wha]**. Mit steigender Kristallinität und bevorzugter (0001) Orientierung des graphitischen Kohlenstoffs parallel zur Porenoberfläche wird deshalb die Benetzung und Infiltration mit der Si-Schmelze erleichtert. An der Grenzfläche fester Kohlenstoff/flüssiges Silicium erfolgt die Reaktion unter Bildung von ß-SiC

$$C(s) + Si(l) \longrightarrow \text{ß-SiC}$$

Mechanische Eigenschaften

Die anisotropen mechanischen Eigenschaften von Holz werden von der makroskopischen Zellularstruktur bestimmt. Für die richtungsabhängige Beschreibung der mechanischen Eigenschaften zellularer Festkörper wurden von Gibson und Ashby **[88 Gib]** Modellvorstellungen entwickelt, die ausgehend von der relativen Dichte Beziehungen zwischen den Materialeigenschaften der Zellwand und dem mechanischen Verhalten des porösen Festkörpers herstellen. Festigkeit, Zähigkeit und E-Modul sind in axialer Richtung wesentlich höher als in tangentialer und radialer Richtung. Beispielsweise erreicht die Festigkeit von Ahorn 120 MPa in TL&TR Richtung aber 200 MPa in LR&LT Richtung bei einer Körperdichte von 2.5 g/cm³ (Porosität 8 %). **Bild 4** zeigt die Biegefestigkeit in Abhängigkeit der Dichte für die aus verschiedenen Hölzern hergestellten SiC/Si-Keramiken.

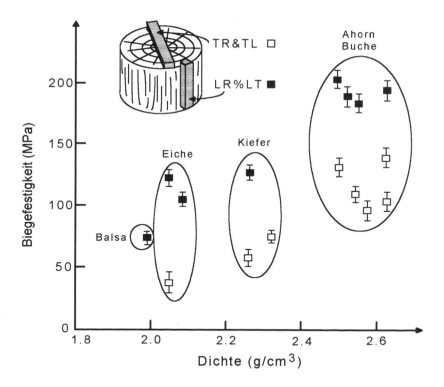

Bild 4 *Biegefestigkeit biomorpher SiC/Si-Keramiken in Abhängigkeit von Dichte und Belastungsrichtung.*

Die Festigkeit poröser, holzabgeleiteter SiC/Si-Keramiken wird dominiert von der Größenverteilung und Orientierung der Tracheiden-Porenkanäle. Während große Tracheiden über 20 µm frei von Restsilicium bleiben sind kleinere Porenkanäle vollständig mit Si gefüllt. Hölzer mit einem geringen Anteil großer Tracheidenporen wie z.B. Kiefer und andere Koniferen eignen sich deshalb zur Herstellung von SiC/Si-Keramik mit hoher Dichte und hoher Festigkeit und Steifigkeit in axialer Richtung. Hölzer mit einem hohen Anteil großer Porenkanäle sind interessant für die Fertigung poröser SiC/Si-Keramik die eine geringere Steifigkeit aber dafür eine höhere Dämpfung in einer Belastungsrichtung senkrecht zu den Porenkanälen aufweist. Durch Herauslösen des Restsiliciums ergeben sich SiC Materialien mit einer offenen Porosität, die im Größenbereich des pyrolysierten Kohlenstofftemplats liegt.

Ausblick

Si-infiltrierte SiC-Keramik mit einer anisotropen Porenkanalstruktur kann aus pyrolysierten Kohlenstofftemplaten natürlicher Hölzer hergestellt werden [99 Kai]. Ausgehend von dem pyrolysierten Kohlenstofftemplat können weitere Infiltrations-, Reaktions- und Substitutionsprozesse eingesetzt werden, um eine Vielfalt stofflich und strukturell unterschiedlich ausgebildeter biomorpher Verbundkeramiken zu erzeugen [98 Gre]. Biomorphe Keramiken mit einer ausgeprägten anisotropen Porenstruktur sind von Interesse beispielsweise für thermisch und mechanisch belastete Leichtbaustrukturen aber auch für korrosions- und temperaturstabile Isolations- oder Trägerstukturen in der HT-Katalyse, Heißgasreinigung, oder Wärmetauscheranwendung, etc. .

Literatur

[75 Wha]	T.J. Whalen, A.T. Anderson, Wetting of SiC, Si_3N_4, and Carbon by Si and Binary Si Alloys, *J.Am.Ceram.Soc.* **58** (1975) 396.
[80 Wag]	R. Wagenführ, Anatomie des Holzes, VEB Fachbuchverlag, Leipzig/GDR, 2. Aufl. (1980)
[88 Gib]	L.J. Gibson, M.F. Ashby, Cellular Solids, Structure and Properties, Pergammon Press, New York (1988)
[98 Gre]	P. Greil. T. Lifka, A. Kaindl, Biomorphic Cellular Silicon Carbide Ceramics from Wood; I. Processing and Microstructure, II. Mechanical Properties, *J.Europ.Ceram.Soc.* **18** (1998) 1961. (I) und 1975. (II)
[99 Kai]	A. Kaindl, Zellulare SiC-Keramik aus Holz, Dissertation Univer. Erlangen, (1999)

Keramiknetzwerke CeraNet®

Jörg Adler, Heike Heymer, Gisela Standke; Fraunhofer Institut Keramische Technologien und Sinterwerkstoffe IKTS Dresden

Zusammenfassung
Netzartig strukturierte Keramiken in Form von offenzelligen Schaumkeramiken werden als Metallschmelzenfilter schon länger verwendet. Sie werden durch Abformung von Polymerschäumen hergestellt. Mit einem ähnlichen Verfahren wurden unter Verwendung einer Vielzahl unterschiedlicher Ausgangsmaterialien auch andere netzartig strukturierte Keramiken CeraNet® entwickelt, bei denen sich die Parameter Zellgröße, Zellgeometrie und Zellanisotropie der Keramik bis hin zu extremen Bereichen technisch steuern lassen, wodurch wesentliche Nachteile der bisherigen Schaumkeramiken verringert oder beseitigt wurden. Die Eigenschaftsbreite und Anwendungsmöglichkeiten dieser Keramiken lassen sich mit den neuen Strukturierungsvarianten stark erweitern. Von Vorteil ist auch die stoffliche Variabilität der Ausgangsmaterialien von kostengünstigen Naturmaterialien bis hin zu verschiedensten Polymeren.

CeraNet® sind vorteilhaft für Anwendungen, bei denen eine gute Füllung bzw. Durchströmung des keramischen Materials mit Gasen, Flüssigkeiten oder Schmelzen benötigt wird bzw. eine hohe Kontaktfläche zwischen der Keramik und diesen Medien erwünscht ist.

Typische Einsatzgebiete liegen deshalb bei Filtermaterialien (Tiefenfilter, Supporte für Membranfilter), Katalysatorträgern und Brennerelementen (Flächen- oder Volumenbrenner). Aufgrund der möglichen Anisotropien sind Anwendungen als Wärmetauscher, Regenerator und Thermostat denkbar. Interessant sind hier auch die Versteifung von Leichtbaupaneelen und Verstärkung in metallischen Compositen (MMC).

Motivation/Zielstellung
Offenzellige Schaumkeramiken (Bild 1) werden durch Abformungen von Polymerschäumen hergestellt (1), und werden hauptsächlich als Metallschmelzenfilter verwendet. Über stoffliche und strukturelle Weiterentwicklungen dieser Schaumkeramiken für innovative Anwendungen wurde von den Autoren in (2) bereits berichtet.

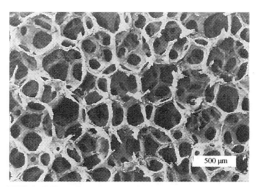 

Bild 1: Offenzellige Schaumkeramik, links: 80 ppi SiC-Schaumkeramik, rechts: Formteile aus verschiedenen Keramiken (FhG-IKTS)

Aus der Grundstruktur der Polymerschäume resultieren jedoch verschiedene Nachteile. Die Variabilität der geometrischen Strukturierung ist begrenzt und die Zellweiten sind nur in einem bestimmten Größenintervall einstellbar (ca. 0,3 ... 5 mm). Außerdem ist die Auswahl der geeigneten Polymere im wesentlichen auf Polyurethane beschränkt. Eine technische Einflußnahme auf die Geometrie und Richtungsabhängigkeit der Zellräume bzw. Zellstege ist nahezu ausgeschlossen. Weiterhin verursacht die Schäumung der Polymere ein dreikantiges Profil der den Schaum bildenden Ligamente, wobei die Seitenflächen konkav gewölbt sind. Aus diesem Grund besitzen die auf dieser Basis hergestellten Schaumkeramiken im Inneren ihrer Zellstege Hohlräume mit dieser Form. An den Spitzen dieser Hohlräume ist der Tragantteil der Keramik stark eingeschränkt und es kommt häufig zur Rißbildung. Darin ist einer der Hauptgründe für die geringe mechanische Festigkeit der Keramikschäume zu suchen (3). Als Lösung dieses Problems ist die Füllung der Ligament-Hohlräume möglich (z.B. bei LigaFill®-Schäumen des FhG-IKTS (4)); es wäre aber auch schon vorteilhaft, wenn die Form des Hohlraumes einen runden Querschnitt aufweisen würde. Das wäre bei der Verwendung von Ausgangsmaterialien mit zylindrisch geformten Ligamenten der Fall.

Ein weiterer Nachteil der Verwendung von Polymerschäumen ist deren stark eingeschränkte strukturelle Variabilität; zum einen hinsichtlich der Zellweite, zum anderen hinsichtlich der Einstellbarkeit von Anisotropien. Zum Beispiel reicht die Zellweite kommerziell erhältlicher Polymerschäume von 10 bis 100 ppi (pores per inch), d.h. etwa 0,3 ... 4 mm. Die Struktur ist isotrop, abgesehen von einer gelegentlichen leichten Streckung der Zellen infolge des Blasenaufstieges bei der Schäumung. Ein ernstes Problem stellen auch Schwankungen der Zellengröße dar, sowohl innerhalb einer Schäumungscharge, als auch im Vergleich verschiedener Chargen. Dazu trägt allerdings auch das Fehlen sicher quantifizierbarer Meßgrößen bei. Wünschenswert wäre hier die gezielte Einstellung von Zellengröße und -geometrie durch einen technisch besser steuerbaren Prozeß.

Es war deshalb zu untersuchen, ob andere Ausgangsmaterialien genutzt werden können, um die genannten Nachteile zu vermeiden und alternative netzartig strukturierte Keramiken zu entwickeln.

Herstellung

Unter Nutzung des im IKTS erarbeiteten know-hows zur Abformung poröser Substrate konnte eine breite Palette alternativer Ausgangsmaterialien in netzartig strukturierte Keramiken (CeraNet®) umgewandelt werden. Die Technik ist dabei ähnlich derjenigen zur Herstellung offenzelliger Schaumkeramiken nach dem sog. »Schwartzwalder-Verfahren« (1): Eine Vorstruktur wird mit Suspension beschichtet, getrocknet, die Vorstruktur ausgebrannt und die Partikel der Beschichtung versintert. Bei Verwendung von Vorstrukturen aus Monofilamenten kann der angestrebte runde Hohlraumquerschnitt der keramischen Ligamente erreicht werden (Bild 2).

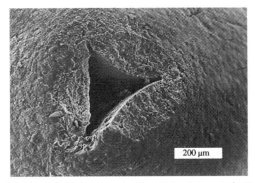 

Bild 2: Steghohlräume von herkömmlicher Schaumkeramik (links) und von CeraNet® (rechts).

Stofflich ist eine große Bandbreite von Polymer- und Naturmaterialien nutzbar. Es können sowohl feinere, als auch deutlich gröber strukturierte (z.Zt. bis zu 15 mm »Zell«weite) CeraNet®-Typen hergestellt werden. Zur besseren Unterscheidung der sehr unterschiedlichen Strukturen wurden verschiedene CeraNet®-Typen unterteilt (A, E, F, W). Bemerkenswert ist die Möglichkeit zur Einstellung von extrem richtungsabhängig aufgebauten Materialien (z.B. CeraNet® A, W) als auch relativ isotroper Materialien (CeraNet® E, F). Für die technische Steuerung der Strukturierung stehen u.a. die vielfältigen Möglichkeiten der modernen Maschinentechnik zur Verfügung, mit denen die Ligamentabstände genau, gleichmäßig und reproduzierbar eingestellt werden können. Bei vielen dieser Ausgangsmaterialien handelt es sich um großtechnisch und sehr preisgünstig herstellbare Produkte.

Es sei nachdrücklich darauf hingewiesen, daß es sich bei CeraNet®-Materialien in jedem Fall um Materialien hoher Steifigkeit handelt, die nicht mit den bekannten Faserkeramikprodukten verwandt sind.

Die untenstehenden Abbildungen zeigen einige Beispiele für verschiedene CeraNet®-Typen (Bild 3). Bisher wurden vorrangig Materialien aus verschiedenen SiC-Werkstoffen hergestellt, jedoch ist das Herstellungsverfahren nicht auf einen bestimmten Keramiktyp beschränkt.

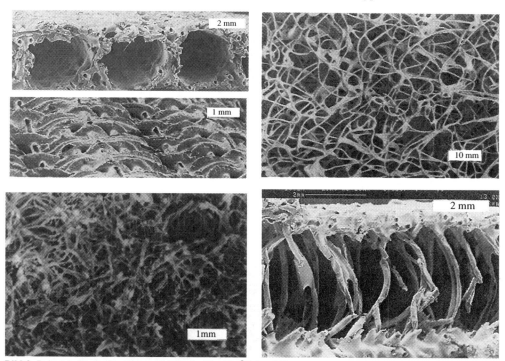

Bild 3: Beispiele für die Strukturvariabilität der CeraNet®-Materialien:
links oben: CeraNet® W, stark anisotrop, röhrenförmig;   rechts oben: CeraNet® E, isotrop, weitmaschig;
links unten: CeraNet® F, fasrig, isotrop;   rechts unten: CeraNet® A3, stark anisotrop, parallelfasrig.

Eigenschaften

Zur Verdeutlichung der unterschiedlichen Strukturen und der Richtungsabhängigkeit von Eigenschaften wurde der Druckverlust und die Druckfestigkeit unterschiedlicher CeraNet®-Materialien gemessen. Die Messungen des Druckverlustes wurden an Proben 40x40x25 mm unter Luftdurchströmung mit hohen Durchflußgeschwindigkeiten ermittelt. Die Festigkeit der Proben wurde durch Eindruck eines zylindrischen Stempels mit Durchmesser 20 mm ermittelt. Da ein Bezug auf die belastete Fläche schwierig ist, wird die Kraft angegeben, bei der erste Ligamente des CeraNet®-Materials brechen. Die Meßbedingungen wurden konstant gehalten. Allerdings ist aufgrund der Verschiedenartigkeit der Strukturen ein direkter Vergleich verschiedener CeraNet®-Typen untereinander nur näherungsweise möglich, auch aufgrund der unterschiedlichen Ligamentdicke, die je nach CeraNet®-Typ variiert. Dagegen kann die Anisotropie der Eigenschaften jeweils relativ gut quantifiziert werden.

Zur Verdeutlichung der Struktureigenschaften wurden die Druckverluste der Ausgangsmaterialien im Vergleich zu Polyurethanschäumen verschiedener Zellweiten richtungsabhängig bestimmt (Tabelle 1). Es kann gezeigt werden, daß mit den sehr offenmaschigen Materialien für CeraNet® A1 und A2 deutlich niedrigere Druckverluste entstehen, als bei dem weitmaschigsten Schaum (6 ppi). Die Anisotropie des Druckverlustes läßt sich zusätzlich sehr stark variieren (A3). Die nachfolgende Abbildung (Bild 4) zeigt beispielhaft CeraNet® A2 in den drei Meßrichtungen und die dazugehörigen Werte (Bild 5).

Ausgangspolymer für	Druckverluste in Meßrichtung (in mbar)		
	x (1)	y (2)	z (3)
CeraNet® A1	2,8	1,8	2,3
CeraNet® A2	3,2	1,4	2,8
CeraNet® A3	11,5	4,1	5,3
CeraNet® E1	7,2	-	-
Schaum 6 ppi	5,5	-	-
Schaum 10 ppi	6,7	-	-
Schaum 20 ppi	10,1	-	-
Schaum 30 ppi	12,8	-	-

Tabelle 1: Druckverluste der Ausgangspolymere in Abhängigkeit von der Meßrichtung im Vergleich zu offenzelligen Schaumstoffen unterschiedlicher Zellweite (Messung bei Luftdurchströmung 20 l/s, Probenquerschnitt 40x40 mm).

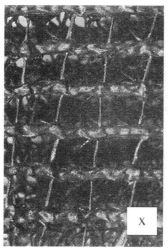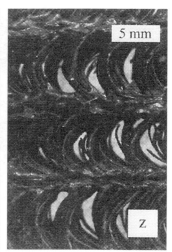

Bild 4: CeraNet® A2 in unterschiedlichen Richtungen

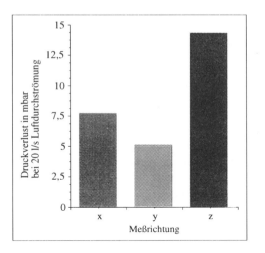
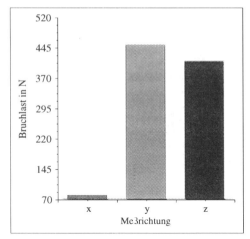

Bild 5: Druckverlust (links) und Bruchlast (rechts) für CeraNet® A2 in unterschiedlichen Meßrichtungen

Wie oben angeführt, ist die Auswahl der Keramiktypen, aus denen CeraNet® hergestellt werden kann, prinzipiell nicht beschränkt, wobei sich aus dieser Wahl trivial Konsequenzen hinsichtlich Herstellungsbedingungen und Eigenschaften der CeraNet®-Materialien ergeben. Durch Anwendung der Stegfüllungstechnik, die an offenzelligen Schaumkeramiken im IKTS entwickelt wurde (LigaFill® (4)), ist eine deutliche Verbesserung der Festigkeit auch von weitmaschigen Netzstrukturen möglich, wie in Bild 6 dargestellt.

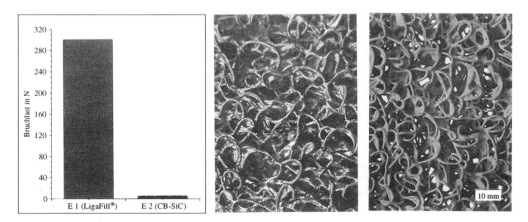

Bild 6: Materialeinfluß auf die Bruchlast von CeraNet® E1, links: Ligamente aus RBSiC, mit Si gefüllt (LigaFill®), rechts mit hohlen Ligamenten aus tongebundenem SiC

Anwendungen/Ausblick
Anwendungen von netzartig strukturierten Keramiken liegen zunächst in den bisherigen klassischen oder neueren Einsatzgebieten von offenzelligen Schaumkeramiken, d.h. überall dort, wo eine gute Füllung bzw. Durchströmung des keramischen Materials mit Gasen, Flüssigkeiten oder Schmelzen bei niedrigem Druckverlust benötigt wird bzw. eine hohe Kontaktfläche zwischen der Keramik und diesen Medien erwünscht ist. Typischerweise sind dies: Filtermaterialien (Tiefenfilter, Supporte für Membranfilter), Katalysatorträger und Brennerelemente (Flächen- oder Volumenbrenner).

Aufgrund der möglichen Anisotropien der CeraNet®-Materialien ist ein Einsatz als Wärmetauscher, Regenerator und Thermostat denkbar. Interessant sind hier auch die Versteifung von Leichtbaupaneelen und die Composit-Verstärkung in Metal-Matrix-Composites (MMC). Neue Anwendungen, die die o.g. Vorteile ausnutzen, befinden sich z.Zt. in der Entwicklung. Das FhG-IKTS steht darüber hinaus als Partner für die weitere anwendungsbezogene Materialentwicklung spezieller CeraNet®-Materialien, sowie für Prototypenfertigung zur Verfügung.

Literatur
(1) Schwartzwalder, K.; Somers, A.V.: Method of Making Porous Ceramic Articles, US 3090094, 21.3.1963
(2) Adler, J.; Standke, G.; Stöver, H.: Schaumkeramik - ein "alter neuer" Werkstoff, Werkstoffwoche Stuttgart '96, Symposium 6, DGM-Verlag Frankfurt 1997, 367-372
(3) Brown, D.D.; Green, D.J.: Investigation of Strut Crack Formation in Open Cell Alumina Ceramics, J. Am. Ceram. Soc. 77 (6) 1994, 1467-72
(4) Adler, J.; Teichgraeber, M.; Standke, G.: Offenzellige Schaumkeramik mit hoher Festigkeit und Verfahren zu deren Herstellung, DE 196 21 638.9; 30.05.1996

Pyrolyse präkeramischer Polymere zur Erzeugung hochporöser Membranen

Dietmar Koch, Harald Schmidt, Georg Grathwohl
Fachgebiet Keramische Werkstoffe und Bauteile, Universität Bremen

Einleitung

Die Polymer-Pyrolyse von metallorganischen Prekursoren stellt ein vielseitig einsetzbares Verfahren zur Herstellung keramischer Verbundwerkstoffe dar. Die Vielfalt und Verfügbarkeit an Poly(carbo)silanen, -silazanen und -siloxanen (1) erlaubt in Verbindung mit den ausgereiften Herstellungsverfahren aus der kunststoffverarbeitenden Industrie die Herstellung von neuartigen nanostrukturierten Verbundkeramiken basierend auf Si-haltigen Polymerprekursoren. Inzwischen finden diese Werkstoffe, nach entsprechender Vorbehandlung sowie thermischer Konsolidierung, ihre Anwendung auch als keramische Filter, Katalysatoren und anorganische Membranen für den Einsatz bei erhöhten Temperaturen in aggressiven Medien. Durch gezielte Modifikation der Prekursoren, z.B. Polysiloxanen, mittels Zugabe von alkylhaltigen Polysilanen und vorpyrolisierten Polysiloxanfüllstoffen oder polymeren Netzwerkstrukturen entstehen durch pyrolytische Polymer-Keramik-Umwandlung neuartige hochporöse Siliziumoxykarbide (2), (3), die sich durch ausgeprägte offene Porenstrukturen im Mikro- und Mesobereich mit bemerkenswert hohen inneren Oberflächen auszeichnen. Zusätzlich können die Eigenschaften durch Einlagerung von Füllerteilchen oder durch Zugabe von thermisch abbaubaren Polymerfasern in das Matrixgefüge gezielt beeinflußt werden (4). Die daraus resultierenden offenen Makroporen ermöglichen die Zugänglichkeit zum Mikro- und Mesoporennetzwerk und sind für die Erzeugung defektfreier Keramikkörper unumgänglich. Für den Einsatz dieser Werkstoffe z.B. bei der Stofftrennung in aggressiven Medien bei erhöhten Temperaturen ist die thermische und chemische Stabilität (5) des geschaffenen Porennetzwerks mit seiner hohen spezifischen Oberfläche von großer Bedeutung.

In dieser Arbeit werden durch geeignete Pyrolysekonditionen hochporöse Siliziumoxykarbidmembranen aus präkeramischen Polymeren erzeugt. Ziel dabei ist die gezielte Einstellung der in der Matrix aufgrund pyrolytischer Zersetzung entstehenden Mikro- und Mesoporenstrukturen, wobei die Matrix zusätzlich offene orientierte Makroporenkanäle aufweist. Die Bestimmung der Makroporen erfolgt mittels Quecksilberporosimetrie, die der Mikro- und Mesoporen anhand von Stickstoff- und Kohlendioxidgasadsorption. Darüber hinaus wird in Auslagerungsversuchen bei einer Temperatur von 1200 °C die Stabilität des Porengerüsts und der hohen inneren Oberfläche der pyrolysierten Precursoren bestimmt.

Polymer-Keramik-Umwandlung und Gefügebildung

Die Umwandlung von siliziumorganischen Polymeren und die Überführung in eine keramische Phase ist mit einer deutlichen Dichteänderung verbunden (z.B. *Polymerphase:* $\rho_P \approx 1{,}0 \text{ g cm}^{-3}$; *Keramikphase:* $\rho_K \approx 2{,}2 - 2{,}6 \text{ g cm}^{-3}$). Die resultierende Volumenschrumpfung von bis zu 60 % und der einhergehende Masseverlust durch Abspaltung flüchtiger Komponenten (Oligomere, Reaktionsgase etc.) führen zu Riß- und Porenbildungen, die eine Zerstörung des Probenkörpers bewirken können. Während der Pyrolyse präkeramischer Polymere finden im Temperaturbereich von 100 °C bis 450 °C neben weiteren Vernetzungsreaktionen auch strukturelle Umordnungen durch Austritt flüchtiger niedermolekularer siliziumhaltiger Oligomere statt. Im Temperaturbereich von 600 °C bis 800 °C erfolgt die Zersetzung metallorganischer Verbindungen zunächst unter Abspaltung von Kohlenwasserstoffverbindungen (hauptsächlich CH_4) (6). Zwischen 650 °C -

1200 °C kommt es zusätzlich zur Freisetzung von Wasserstoff als Reaktionsgas. Über 1200 °C beginnt das amorphe Siliziumoxycarbid unter Bildung von SiO_2, SiC und graphitischem Kohlenstoff zu kristallisieren. Zu den bereits anwesenden Reaktionsgasen Methan und Wasserstoff wird ab ca. 1400 °C Kohlenmonoxid durch die carbothermische Reduktion freigesetzt (7). Weiterhin kommt es bei der Pyrolyse von Siloxanen zu einem Farbübergang von farblos (250 °C) über orange (600 °C) und braun (800 °C) nach schwarz (1000 °C), welcher die Umordnungsreaktionen und die thermische Zersetzung des Polymers zusätzlich unterstreicht. Dieser Farbwechsel wird durch Bildung von freiem Kohlenstoff ab ca. 600 °C hervorgerufen, dessen Konzentration mit wachsender Pyrolysetemperatur ansteigt. Neben freiem Kohlenstoff entsteht durch Umordnungsreaktionen netzwerkbildender carbidischer Kohlenstoff. Oberhalb 1000 °C kommt es zur Ausbildung turbostratisch angeordneter Graphitbänder.

Experimentelle Durchführung

Für die Untersuchung der Polymer-Keramik-Umwandlung wurden als Basispolymere ein additionsvernetzendes Methylphenylvinylhydrogenpolysiloxan MPVHS (H62C, Fa. Wacker, Burghausen) und ein kondensationsvernetzendes Polymethylsiloxan PMS (NH2100, Fa. Hüls, Nuenchritz) verwendet. Das flüssige MPVHS wurde in Teflonzylindern (20 mm x 40 mm) drucklos vergossen. In einer zusätzlichen Variante wurden Polyesterflockfasern (Durchmesser 20 µm, Länge 10 mm) durch elektrostatische Aufladung in einer Beflockungsanlage bei einer Spannung von 50 kV in orientierter Form auf eine 500 µm dünne *MPVHS* -Schicht aufgebracht (Bild 1). Anschließend wurden die ausgerichteten Fasern mit dem dünnflüssigen *MPVHS* infiltriert. Nach der Entgasung und Vernetzung bei 200 °C unter Vakuum entsteht ein Probenkörper mit einer gerichteten Faserarchitektur. Die Fasern werden bei der Pyrolyse thermisch zersetzt und hinterlassen Porenkanäle mit definiertem Durchmesser. Durch wechselweises Infiltrieren und Beflocken sind verschiedenartige Faseranordnungen einstellbar (8).

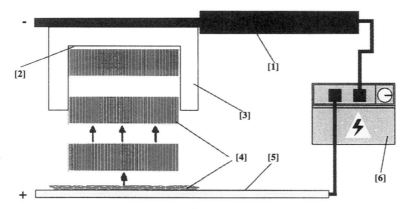

Bild 1: Schematische Darstellung der Beflockungsanlage zur orientierten Fasereinbringung in *MPVHS*: 1 Elektrode, 2 Polymerfilm, 3 Teflonform, 4 Flockfasern, 5 Gegenelektrode, 6 Spannungsquelle (50 kV).

Der Herstellungsvorgang der Probenkörper aus pulverförmigen *PMS* gliederte sich in zwei Schritte. Zunächst wurde *PMS* bei 200 °C in Vakuum vernetzt und anschließend in N_2-Atmosphäre bis 600 °C pyrolysiert. Der vorpyrolysierte Werkstoff wurde pulverisiert und in einem Attritor feinstgemahlen. Man erhält damit einen pulverisierten Füllstoff mit einer bimodalen Partikelgrößenverteilung bei 2 bzw. 4 µm. Der vorpyrolysierte Füllstoff wurde zusammen mit Alkylsilanen unterschiedlicher Kettenlänge (Methyltrimethoxysilan MTMS bzw. Propyltrimethoxysilan PTMO, Fa. ABCR, Karlsruhe) in den Masseverhältnissen 1:1, 1:3 und 2:1 zusammen mit PMS homogenisiert und hydrolysiert. Die Hydrolyse des Prekursors fand in einer wässrigen Ethanollösung unter ständigem Rühren bei pH 7 statt. Nach der Trocknung erfolgte die Zerkleinerung der Agglomerate in einer Planetenkugelmühle. Die Formkörper wurden durch uniaxiales Pressen mit 20 MPa erzeugt. Der Verfahrensablauf für MPVHS- und PMS-Prekursoren ist in Bild 2 dargestellt.

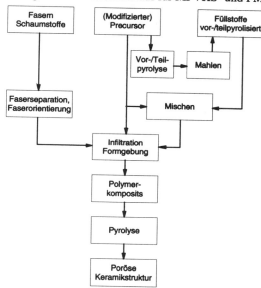

Bild 2: Verfahrensschema zur Herstellung poröser Keramiken nach dem Polymerpyrolyseverfahren.

Die Pyrolyse der Prekursoren aus MPVHS und PMS (gefüllt) wurde in einem evakuierbaren Rohrofen bei einem definierten Gasdurchfluß von 1 l min^{-1} in Stickstoffatmosphäre im Temperaturbereich von 400 °C bis 1200 °C durchgeführt.

Adsorption-Desorption-Isothermen wurden mit dem Analysegerät ASAP 2010 mit zusätzlicher Mikroporenoption (Fa. Micromeritics) gemessen. Bei extrem mikroporösen Precursoren wurde zum Vergleich Kohlendioxid als Analysegas verwendet. Aus den aufgenommenen Adsorptionsdaten wurden die Porenverteilungen gemäß der DFT (Density Functional Theory)- Methode (9) für den Porenbereich von 8 Å bis 4000 Å sowie die zugehörigen BET-Oberflächen im Relativdruckbereich von $p/p_0 = 0,05 - 0,3$ bestimmt. Die Makroporenentwicklung durch thermische Zersetzung wurde mittels Quecksilberintrusionsporosimetrie (Fa. Porotec) bis zu einem Druck von 2000 bar verfolgt.

Ergebnisse und Diskussion

Bei den Prekursoren aus MPVHS werden durch pyrolytische Zersetzung der eingelagerten orientierten Polymerfasern zunächst zylinderförmige Porenkanäle erzeugt. Dadurch wird ein Zugang zum inneren Bereich des Probenkörpers geschaffen, wodurch ein kontrollierter Austritt der gasförmigen Abspaltungsprodukte ermöglicht wird. Im weiteren findet im Temperaturbereich von 600 °C bis 800 °C die maximale thermische Zersetzung metallorganischer Verbindungen unter Abspaltung von Kohlenwasserstoffverbindungen und Wasserstoff statt. Schließlich erfolgt bei Temperaturen über 1000 °C die Keramisierung der polymeren Matrix. Die resultierenden durchgängigen Porenkanäle können je nach eingesetztem Fasertyp zwischen 5 µm und 20 µm im Durchmesser variieren. Durch die zylinderförmigen offenen Porenkanäle können die entstehenden Pyrolysegase entweichen, so daß sich ein rißfreies keramisches Matrixgefüge ausbildet. Damit ist es möglich, größere kompakte Keramikkörper rißfrei herzustellen. In Bild 3 a ist die Porenkanalradienverteilung aus der Quecksilberintrusionsporosimetrie eines Polymerkeramik-Komposits, bestehend aus Polyester-Fasern und MPVHS-Siloxan, nach Pyrolysebehandlung bis 1000 °C dargestellt. Bild 3 b zeigt die zugehörige Rasterelektronenmikroskopaufnahme.

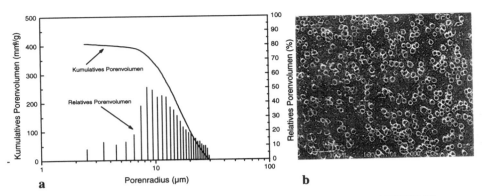

Bild 3: Porenkanalradienverteilung im Polymerkeramik-Komposite Polyester-Fasern und MPVHS-Siloxan nach Pyrolysebehandlung bis 1000 °C in fließender Stickstoffatmosphäre (1 l/min) und anschließender Haltezeit von 4 h; a) Hg-Porosimetrie, b) REM-Aufnahme.

Die Entstehung des Mikroporennetzwerks und dessen Veränderungen wurden mittels Gasadsorption (BET) untersucht. In Bild 4 ist die Veränderung der spezifischen Oberfläche und der zugehörige mittlere Porendurchmesser eines Prekursors (MPVHS) durch thermische Zersetzung in fließender Stickstoffatmosphäre dargestellt. Im Temperaturbereich bei ca. 600 °C wird die maximale Freisetzung gasförmiger Zersetzungsprodukte beobachtet. Gleichzeitig werden bei diesen Temperaturen außerordentlich hohe spezifische Oberflächen von über 450 m² g^{-1} (N$_2$) sowie 360 m² g^{-1} (CO$_2$) gemessen. Oberhalb 900 °C beginnen die Mesoporen zu schrumpfen. Aufgrund einsetzender viskoser Fließprozesse (Viskosität η ≈ 10^{14} Pas) und deutlich abnehmender Gasfreisetzung können die Mikroporen kollabieren. Durch Modifizierung des Basispolymers PMS über den Zusatz von vorpyrolysierten Füllstoffen und Alkylsilanen findet die Gasentwicklung durch thermische Zersetzung auch bei höheren Temperaturen bis über 1000 °C statt. Dadurch wird das durch die Pyrolyse entstehende Porengerüst gestützt und bleibt zum Teil erhalten. In Bild 5 sind die Porenverteilungen aus der Gasadsorption gemäß der DFT-Methode für unterschiedlich langkettige Alkylsilane dargestellt. Der mit Propyltrimethoxysilanen (PTMO) modifizierte Precursor zeigt nach der Pyrolyse bis 1000 °C eine ausgeprägte Mikro- und Mesoporosität bei gleichzeitiger Abnahme des Makroporenanteils im Vergleich zum reinen PMS. Durch den Zusatz von Methyltrimethoxysilan ist nur eine mäßige Ausbildung der Mikro- und Mesoporosität erreichbar. Die spezifische Oberfläche beträgt 12 m² g^{-1}. Bei dem PTMO-modifizierten Polymer wird eine spezifische Oberfläche von über 65 m² g^{-1} gemessen; nach einer erneuten Auslagerung bis zu 1200 °C wurde noch immer eine innere

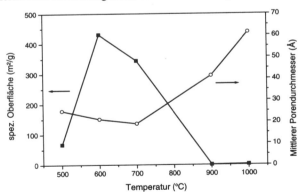

Bild 4: Veränderung der spezifischen Oberfläche und des mittleren Porendurchmessers mit der Pyrolysetemperatur eines MPVHS-Precursors.

Oberfläche von über 25 m² g⁻¹ festgestellt. Die Zersetzungsprodukte kommen durch Bindungsspaltung unter Entstehung von Radikalen zustande, die mit der Ausbildung von Defekten einhergehen. Innerhalb der Polymerstruktur sind die Si-C- (69 kcal mol⁻¹) und die C-H-Bindung (99 kcal mol⁻¹) am einfachsten aufzubrechen (10). Möglich wird eine Aufspaltung dieser Bindungen unter Radikalbildung oberhalb einer Temperatur von 400 °C. Im weiteren führt eine radikalische Spaltung der C-H-Bindung zur Freisetzung von Reaktionsgasen (CH₄, C₆H₆, H₂ etc.) sowie zur Bildung von $C \cdot$-Radikalen, die sich in Kohlenstoff-Clustern stabilisieren können. Der Einsatz von längerkettigen Alkylsilanen (z.B. Propyltrimethoxysilan) führt im Vergleich zu kurzkettigem Methyltrimethoxysilan offensichtlich zu einer vermehrten Kohlenwasserstoffabspaltung der poreninduzierenden sperrigen Propylgruppen bei erhöhten Temperaturen, die den Erhalt des Mikroporengerüsts begünstigt (Bild 6, links). Zusätzlich wird das Precursorgerüst durch die eingelagerten vorpyrolysierten Füllstoffe gestärkt und die viskosen Fließprozesse (11) abgeschwächt. Mögliche Radikalreaktionen während der Pyrolyse von Polysiloxanen sind in Gleichung 1 bis Gleichung 4 beschrieben (Bild 6, rechts).

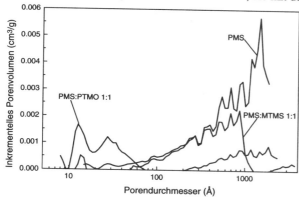

Bild 5: Vergleich der Porenverteilungen von mit unterschiedlichen Alkylsilanen modifizierten Precursoren (PMS (gefüllt)) nach Pyrolyse bei 1000 °C in fließender Stickstoff-Atmosphäre.

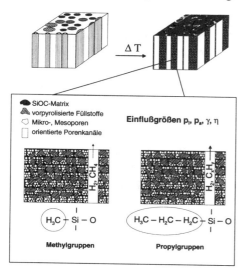

$$\equiv Si - CH_3 \rightarrow \equiv Si \bullet + \bullet CH_3 \qquad (1)$$

$$\equiv C - H \rightarrow \equiv C \bullet + \bullet H \qquad (2)$$

$$\equiv C - H + \bullet CH_3 \rightarrow \equiv C \bullet + CH_4 \uparrow \qquad (3)$$

$$\equiv C - H + \bullet H \rightarrow C \bullet + H_2 \uparrow \qquad (4)$$

Bild 6: Schema zur optimalen Erzeugung von orientierten Makroporenkanälen in einer mikroporösen Matrix bei Zusatz von Alkylsilanen (links) sowie mögliche Zersetzungsreaktionen während der Pyrolyse (rechts).

Zusammenfassung

Durch Einlagerung von thermisch abbaubaren Fasern lassen sich ideal orientierte Kanäle im Makroporenbereich erzielen. Da entstehende Zersetzungsgase durch die zuvor entstandenen Makroporenkanäle entweichen können, wird die Herstellung kompakter großvolumiger Bauteile mit funktioneller Mikroporosität ohne Rißbildung ermöglicht. Das durch Pyrolyse entstehende Mikroporengerüst einer Precursormatrix kann durch vorpyrolysierte Polysiloxane in Kombination mit der Verwendung langkettiger Alkylsilane optimiert und zu höheren Temperaturen hin stabilisiert werden. Die Ausbildung großer innerer Oberflächen bei Pyrolysetemperaturen oberhalb 600 °C wird unter Verwendung von N_2 und CO_2 als BET-Analysegase bestätigt, wobei sich aufgrund der veränderten Reaktionskinetik von CO_2 im Vergleich zu N_2 die Versuchszeit zur Bestimmung der Isotherme deutlich verkürzt. Nach der Pyrolyse bis 1000 °C werden noch große innere Oberflächen von über 65 $m^2 g^{-1}$ gegenüber 1 $m^2 g^{-1}$ bei nicht modifizierten Ausgangspolymeren gemessen. Offensichtlich wird das entstehende Porengerüst durch die Zugabe von vorpyrolysierten Füllstoffen gestützt und dadurch die viskosen Fließprozesse verringert. Gleichzeitig begünstigt die vermehrte Gasabspaltung durch die Zersetzung langkettiger Alkylgruppen den Erhalt des Mikroporengerüsts. Die Kombination beider Verfahren führt zu einer bimodalen Porositätscharakteristik und ermöglicht die Herstellung kompakter mikroporösen Keramiken mit offen zugänglichen, orientierten Makroporenkanälen.

Literatur

(1) R. W. Rice, Ceramic from Polymer Pyrolysis, Oppertunities and Needs-A Material Perspective, Ceramic Bulletin Vol. 62, **8**, (1983), 889.

(2) C. Liu, H. Zhang S. Komarneni, C.G. Pantano, Porous Silicon Oxycarbide Glasses from Organically Modified Silica Gels of High Surface Area, J. Sol-Gel Sci. Techn., **1**, (1994), 141.

(3) Z. Li, K. Kusakabe, S. Morooka, Preparation of thermostable amorphous Si-C-O membrane and its application to gas separation at elevated temperature, J. Membrane Sci., **118**, (1996), 159.

(4) G. Grathwohl, M.A. Mohammed, H. Schmidt, D. Koch, Verfahren zur Herstellung von Keramiken mit Mikroporenkanälen und nanoporöser Matrix durch Pyrolyse präkeramischer Precursoren mit eingelagerten Polymerfasern, Deutsches Patentamt (P198 38 263.4), 1998.

(5) P.W. Lednor, Synthesis, stability and catalytic properties of high surface area silicon oxynitride and silicon carbide, Catalysis Today, **15**, (1992) 243.

(6) H. Schmidt, P. Buhler, P. Greil, Pyrolytic Conversion of Poly (Methylsiloxan) to Silicon (Oxi) Carbide Ceramics, 4th Euro Ceramics, Basic Science - Development in processing of advanced ceramics - Part I, **1**, (1995), 299.

(7) G.T. Burns, R.B. Taylor, Y. Xu, A. Zangvil, G.A. Zank, High-Temperature Chemistry of the Conversion of Siloxanes to Silicon Carbide, Chem. Mater., **4**, (1992), 1313.

(8) T. Schmedders, S. Poehnitzsch, H. Schmidt, G. Grathwohl ‚Texturierte Porosität in oxidkeramischen Systemen, Werkstoffwoche 1998, Symposium 9a

(9) J.P. Olivier, W.B. Conklin, M. v. Szombathely, Determination of Pore Size Distribution from Density Functional Theory: A Comparison of Nitrogen and Argon Results, Characterization of Porous Solids III, Studies in Surface Science and Catalysts, **87**, (1994), 81.

(10) L. Bois, J. Maquet, F. Babonneau, H. Mutin, D. Bahloul, Structural Characterization of Sol-Gel Derived Oxycarbide Glasses. 1. Study of the Pyrolysis Process, Chem. Mater., **6**, (1994), 796.

(11) G. M. Renlund, S. Prochazka, R. H. Doremus, Silicon Oxicarbide Glasses: Part I. Preparation and Chemistry; Part II. Structure and Properties, J. Mat. Res. **6** (1991) 2723.

Herstellung von SiC-Verdampferbauteilen mit Porositätsgradienten durch Druckfiltration

M. Dröschel, R. Oberacker, M. J. Hoffmann, Institut für Keramik im Maschinenbau, Zentrallaboratorium, Universität Karlsruhe (TH)

Einleitung

In einem neuen Brennkammerkonzept für Gasturbinen werden die Gemischbildung und die Verbrennungsreaktion voneinander entkoppelt (1). Dazu wird der Flüssigbrennstoff zunächst auf den Außenradius des SiC-Verdampferrohres gesprüht; die Verdichterluft transportiert dann den Brennstoffdampf in den Innenraum des Rohres wo die Verbrennung stattfindet. In einer vorausgegangenen Arbeit (2) konnte gezeigt werden, daß im Vergleich zu dichten SiC-Verdampfern durch den Einsatz poröser SiC-Verdampferoberflächen die Einsatztemperatur für eine effektive Verdampfung bei gleichem Wärmeübergang deutlich erhöht werden kann. Dieser vorteilhafte Verdampfungseffekt resultiert ausschließlich aus der Porosität.

Das Verdampfer- oder Flammrohr muß an der Innenseite gasdicht sein (2), während auf der porösen Außenseite die Verdampfung erfolgt. Die einfachste dafür möglichen Designvariante ist der in Bild 1 gezeigte Zweischichtverbund.

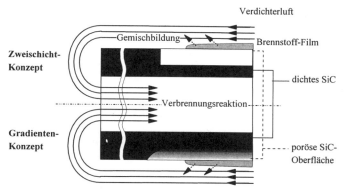

Bild 1: Schematischer Aufbau einer Brennkammer mit Vorverdampferstrecke für Gasturbinen (1) (oben: Zweischicht-Konzept, unten: Gradienten-Konzept).

Während des stationären und instationären Betriebes dieses Bauteils treten thermische Spannungen auf. Aus vorausgegangenen FEM-Rechnungen (3) kann abgeleitet werden, daß nur durch den Einsatz eines maßgeschneiderten porositätsgradierten Wandaufbaus die thermischen Spannungen an die lokalen Festigkeiten angepaßt werden können und somit das Bauteil eine signifikante Überlebenswahrscheinlichkeit hat. Die bisherigen Ergebnisse basieren noch auf einfachen geometrischen Annahmen und können nur Vorhersagen über den Porositätsgradienten in radialer Richtung machen. Für die Verdampferrohre wird jedoch ein Porositätsgradient sowohl in radialer als auch in axialer Richtung notwendig (Bild 1, unten).

Für die technische Realisierung solcher Verdampferrohre muß eine neue Processingroute entwickelt werden. Eine dieser Herstellvarianten ist die Druckfiltration wäßriger Schlicker mit SiC- und Wachspartikeln, wobei die lokalen Porositäten und Porengrößen nach dem Sintern durch die Wachskonzentration im Filterkuchen und deren Teilchengrößen beeinflußt werden.

Theorie der Druckfiltration homogener Schlicker

Die kuchenbildene Filtration ist in Bild 2 schematisch gezeigt. Die Kinetik der Kuchenbildung während der druckunterstützten Filtration kann mit der Gleichung (1) beschrieben werden (4).

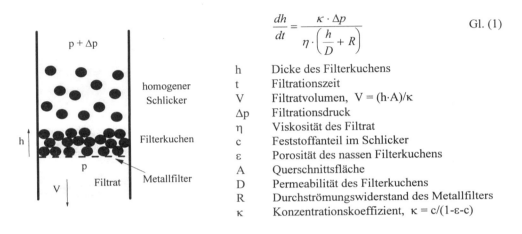

$$\frac{dh}{dt} = \frac{\kappa \cdot \Delta p}{\eta \cdot \left(\frac{h}{D} + R \right)} \quad \text{Gl. (1)}$$

h   Dicke des Filterkuchens
t   Filtrationszeit
V   Filtratvolumen, $V = (h \cdot A)/\kappa$
Δp Filtrationsdruck
η Viskosität des Filtrat
c   Feststoffanteil im Schlicker
ε Porosität des nassen Filterkuchens
A   Querschnittsfläche
D   Permeabilität des Filterkuchens
R   Durchströmungswiderstand des Metallfilters
κ Konzentrationskoeffizient, $\kappa = c/(1-\varepsilon-c)$

Bild 2:   Schematisches Prinzip und Kinetik der kuchenbildenden Filtration.

Die Kuchenbildung wird durch die Prozeßparameter Zeit t und den Druck Δp kontrolliert. Der Feststoffgehalt der Suspension c und die Filtratviskosität η sind bekannte Größen, die durch den verwendeten Schlicker vorgegeben sind. Der Durchströmungswiderstand R des Metallfilters kann mit einer Kalibriermessung bestimmt werden. Die Porosität ε und die Permeabilität D werden durch die Mikrostruktur des Filterkuchens und die Prozeßführung während der Filtration bestimmt. Diese Strukturparameter des Filterkuchens können durch Filtrationsversuche mit homogenen Suspensionen ermittelt werden. Sind alle diese Größen bekannt, kann Gleichung (1) numerisch integriert werden.

Experimentell ermittelte Filtrationsparameter

In dieser Arbeit wurden wäßrige SiC- und SiC-Wachs Schlicker mit einem konstanten Feststoffanteil von c = 32,5 vol% verwendet. Die Schlicker sind elektrostatisch stabilisiert, ihre Viskosität beträgt bei einem pH-Wert von 7,5 10 mPa s. Die SiC-Partikel weisen eine mittlere Teilchengröße von d_{50} = 0,3 µm auf, die Wachse einen d_{50}-Wert von 150 µm. Die Druckfiltration der homogenen SiC- und SiC-Wachs Schlicker erfolgte bei konstanten Drücken von 0,5 bis 4,0 MPa. Die Filterkuchen hatten nach der Filtration einen Durchmesser von 60 mm bei einer Höhe von 10 mm. In den Filtrationsexperimenten mit konstantem Druck und konstantem Feststoffanteil konnten die Porosität ε und die Permeabilität D der Filterkuchen sowie der Durchströmungswiderstand R des Metallfilters ermittelt werden. Nach Auftragung von (t/V) über der Filtrationszeit t ergibt sich ein linearer Zusammenhang. Aus dem Achsenabschnitt a und der Steigung b der Gleichung (2) können die Permeabilität D und der Durchströmungswiderstand R ermittelt werden. Der Konzentrationskoeffizient κ resultiert aus der Porosität ε und dem Feststoffgehalt im Schlicker wie in Gleichung (1) definiert.

$$\frac{t}{V} = a + b \cdot V \quad \text{mit} \quad D = \frac{\eta \cdot \kappa}{2 \cdot b \cdot A^2 \cdot \Delta p} \quad \text{und} \quad R = \frac{a \cdot A \cdot \Delta p}{\eta} \qquad \text{Gl. (2, 3, 4)}$$

Im Druckbereich von 0,5 bis 4,0 MPa waren die Porosität und die Permeabilität unabhängig vom Filtrationsdruck, ein Zeichen für inkompressible Filterkuchen. Demgegenüber hat das Volumenverhältnis SiC/Wachs im Feststoff hat einen signifikanten Einfluß auf die Mikrostruktur des Filterkuchens und beeinflußt die Filtrationsparameter (Bild 3).

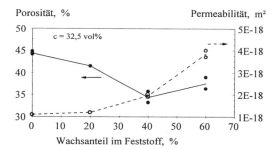

Bild 3: **Einfluß des SiC/Wachs-Verhältnisses auf die Porosität und Permeabilität des Filterkuchens.**

Bis zu einem Wachsanteil von 40 vol% wird die Porosität ε verringert. Dies kann durch die höhere Packungsdichte der bimodalen Teilchensysteme erklärt werden. Die Permeabilität D erhöht sich trotz abnehmender Porosität um den Faktor 4 bei Zunahme des Wachsanteils im Schlicker auf 60 vol%. Dies ist ein Anzeichen dafür, daß durch die bimodale Teilchenpackung die durchströmbaren Porenkanäle aufgeweitet. Der starke Einfluß des SiC/Wachs-Verhältnisses auf die Strukturparameter des Filterkuchens kann nicht vernachlässigt werden und macht eine numerische Integration der Gleichung (1) erforderlich.

Simulation der Druckfiltration für eindimensionalen Konzentrationsgradienten

Wie in Bild 4 schematisch gezeigt wird, können eindimensionale Konzentrationsgradienten im Filterkuchen durch Veränderung des Wachsanteils während der Filtration eingestellt werden. Zur Modellierung der eindimensionalen Gradierung wird der Filtrationsprozeß für kurze Zeitinkremente Δt_i betrachtet. Dazu muß Gleichung (1) in inkrementaler Form angewandt werden.

$$\frac{\Delta h_i}{\Delta t_i} = \frac{\kappa_i \cdot \Delta p_i}{\eta \cdot \left(\frac{\Delta h_i}{D_i} + R_{ges,\,i}\right)} \quad \text{mit} \quad R_{ges,\,i} = R + \sum_{j=0}^{i-1} \frac{\Delta h_j}{D_j} \qquad \text{Gl. (5, 6)}$$

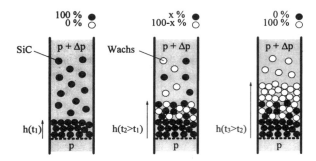

Bild 4: Herstellung eindimensionaler Konzentrationsgradienten im Filterkuchen.

Wie zuvor in Bild 3 gezeigt wurde, ist die Porosität des Filterkuchens und der Konzentrationskoeffizient κ abhängig vom Wachsanteil in der Suspension. Während der Filtration nimmt der Gesamtwiderstand $R_{ges,i}$ (zusammengesetzt aus dem Anlagenwiderstand R und dem Durchströmungswiderstand des bereits gebildeten Filterkuchens) gemäß Gleichung (6) zu. Durch Integration der Gleichungen (5) und (6) kann während des Filtrationsprozesses jeder beliebig vorgegebene eindimensionale Konzentrationsgradient simuliert werden. Aus der Rechnung erhält man entweder den Filtrationsdruck bei Vorgabe der Kuchenbildungsgeschwindigkeit oder die Kinetik der Kuchenbildung bei Vorgabe der Druckführung. Mit Rücksicht auf eine defektarme Ausbildung des Filterkuchens wurde die Vorgabe einer konstanten Kuchenbildungsgeschwindigkeit gewählt.

Mit der durchgeführten Prozeßsimulation sollen die vier in Bild 5 gezeigten Porositätsgradienten eingestellt werden: ein Zweischichtverbund ohne Porositätsgradienten sowie drei kontinuierliche Porositätsgradienten (linear, konvex, konkav). In einer vorausgegangenen Arbeit wurde in FEM-Rechnungen bereits das mechanische Verhalten von Verdampferrohren mit diesen Porositätsverläufen untersucht (5).

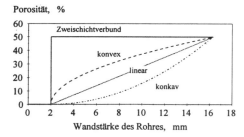

Bild 5: Zur Prozeßsimulation ausgewählte Porositätsgradienten.

Zielsetzung war die Herstellung eines Flammrohrs mit den in Bild 5 gezeigten Porositätsgradienten, das nach dem Sintern eine Dicke von 16,3 mm aufweist. Dazu wurde die kuchenbildende Filtration mit den experimentell ermittelten Filtrationsparametern aus Bild 3 simuliert.

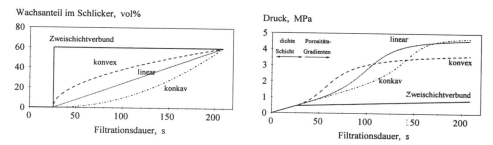

Bild 6: Ergebnisse der Simulationsrechnung für eindimensionale Konzentrationsgradienten (Bild 5): Wachskonzentration im Schlicker (links) und Filtrationsdruck (rechts).

Die Ergebnisse für eine konstante Kuchenbildungsrate von 0,1 mm/s sind in Bild 6 gezeigt. Aufgrund der Sinter- und Trockenschwindung hat der feuchte Filterkuchen eine Dicke von 20,9 mm.

Die erforderliche Wachskonzentration im Schlicker ist proportional zur gewünschten Gradierungsfunktion. Dieses ehr triviale Ergebnis ergibt sich aus der Vorgabe der konstanten Kuchenbildungsrate. Hingegen ist die Druckführung eine jeweils sehr komplexe Funktion. Beim Zweischichtverbund ist zur Herstellung des Filterkuchens der geringste Druck erforderlich. Dies liegt an daran, daß der Filterkuchen die dickste Schicht mit einer Wachskonzentration von 60 vol% und der daraus resultierenden höchsten lokalen Permeabilität aufweist. Der maximal erforderliche Druck steigt vom konvexen über den konkaven bis hin zum linearen Gradienten weiter an. Dieses Phänomen resultiert nicht nur aus der Permeabilität, sondern auch aus dem Verlauf des Konzentrationskoeffizient κ.

Einstellung von mehrdimensionalen Konzentrationsgradienten

Senkrecht zur Kuchenbildungsrichtung kann die Kuchendicke durch die Verwendung geteilter Metallfilter gezielt eingestellt werden. Die lokale Kuchenhöhe wird durch die effektive Druckdifferenz zwischen der Suspension und dem Druck hinter dem Metallfilter bestimmt. Werden geteilte Metallfilter verwendet, kann hinter diesen der lokale Druck durch Drosselventile eingestellt werden. Kombiniert man diese Vorgehensweise mit der Mischung von SiC/Wachs-Schlickern, wie in Bild 4 gezeigt, können mehrdimensionale Konzentrationsgradienten des Wachses im Filterkuchen eingestellt werden.

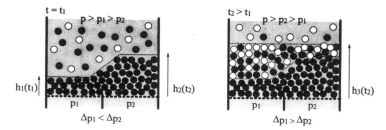

Bild 7: Einstellung mehrdimensionaler Konzentrationsgradienten im Filterkuchen.

Zur Herstellung von axialsymmetrischen Porositäts- oder Porengrößengradienten in rohrförmigen Bauteilen wird derzeit eine Laborapparatur aufgebaut. Damit können zylindrische Rohre mit einem Außendurchmesser von 65 mm, einer Wandstärke von 15 mm und einer Höhe von 55 mm hergestellt werden. Die Anlage wird für maximale Drucke von 10 MPa ausgelegt. SiC- und SiC/Wachs-Schlicker befinden sich im Druckbehälter und werden während der Filtration kontinuierlich vermischt und homogenisiert. Um die Filterkuchendicke lokal einzustellen werden fünf segmentierte Metallfilter verwendet. Die Filtratvolumenströme jedes Filtersegmentes werden gemessen und der Druck lokal durch Drosselventile eingestellt.

Mit dieser Apparatur können rohrförmig geformte Bauteile hergestellt werden, die sowohl in axialer als auch in radialer Richtung definierte Konzentrationsgradienten der zweiten Feststoffphase (in diesem Fall die Wachse) aufweisen.

Zusammenfassung

Basierend auf der kontinuierlichen Druckfiltration keramischer Schlicker wurde eine neue Processingroute entwickelt, mit der definierte ein- und mehrdimensionale Konzentrationsgradienten einer zweiten Feststoffphase im Filterkuchen eingestellt werden können. Es wurde gezeigt, daß die dazu erforderliche Prozeßführung durch eine numerische Simulation der Filtrationsgleichung hergeleitet werden kann. Die notwendigen Daten zur Filterkuchenstruktur können in isobaren Filtrationsversuchen mit konstantem Feststoffanteil leicht ermittelt werden. Dieses Konzept erlaubt auch die Herstellung von mehrdimensionalen Konzentrationsgradienten.

Literatur

(1) Brandauer M., Schulz A., Wittig S.: Optimization of fuel prevaporization on porous ceramic surfaces for low NO_x-combustion, Combustion technology for a clean environment, Lissabon, 1995

(2) Dröschel M.: Grundlegende Untersuchung zur Eignung poröser Keramiken als Verdampferbauteile, Dissertation, Universität Karlsruhe (TH), IKM Nr. 22, ISSN 1436-3488, 1998

(3) Dröschel M., Oberacker R., Hoffmann M. J., Schaller W., Yang Y. Y., Munz D.: Silicon carbide evaporator tubes with porosity gradient designed by FEM calculations, erscheint in den Proceedings zum 5th International Symposium on Functionally Graded Materials, Dresden, 1998

(4) Gasper H.; Handbuch der industriellen Fest/ Flüssig-Filtration, ISBN 3-7785-1784-8, 1990

Diese Arbeiten werden von der Deutschen Forschungsgemeinschaft im Rahmen des Schwerpunktprogramms "Gradientenwerkstoffe" gefördert (Vorhaben: Ob 104/6-1).

VIII.

Pulver und Grünkörper

Nanokristalline keramische Nichtoxidpulver, hergestellt durch Laserverdampfung

E. Müller, Ch. Oestreich, U. Popp, TU Bergakademie Freiberg, Institut für Keramische Werkstoffe
G. Staupendahl, Friedrich-Schiller-Universität Jena, Technisches Institut

Einleitung

Nanokristalline Keramikpulver ermöglichen einerseits, Keramiken mit neuartigen Eigenschaften herzustellen. Das betrifft sowohl die Quantität von klassischen Eigenschaften wie Biegebruchfestigkeit und Bruchzähigkeit als auch Phänomene, die in Bezug auf keramische Werkstoffe qualitativ völlig neu sind, wie Superplastizität oder mechanische Bearbeitbarkeit. Andererseits können Nanopulver die Erzeugung hochfester, sinterhilfsmittelfreier Keramiken bei herabgesetzten Sintertemperaturen, ein co-firing von komplexen Schicht- oder Fügesystemen, eine Infiltration von Faserpreforms zur Herstellung von Keramik-Verbundwerkstoffen sowie die Herstellung von keramischen Ultra- und Nanofiltrationsschichten ermöglichen. Daraus resultiert ein weltweites Interesse an der Entwicklung von Technologien zur Erzeugung von Pulvern mit extrem geringen Abmessungen (Partikelgrößen im Bereich von 10 nm und darunter).
Das von uns zu diesem Zweck genutzte Verfahren ist die Laserverdampfung und Rekondensation in einer Trägergasströmung.

Verfahren

Speziell wurden von uns keramische nanokristalline Oxid- und Nichtoxidpulver (u.a. ZrO_2, Al_2O_3, Si_3N_4, SiC und AlN) durch Verdampfung einer festen Ausgangskeramik im Fokus eines CO_2-Hochleistungslasers und anschließende Rekondensation in einer Trägergasströmung erzeugt. Darüber wurde bereits mehrfach berichtet [1-5]. Die Wahl dieses Verfahrens zur Pulvererzeugung garantiert, daß keine zusätzlichen Verunreinigungen in das Probenmaterial eingebracht werden.

Das Grundprinzip dieses Verfahrens wurde erstmals vor zwei Jahrzehnten von KATO [6] beschrieben. Zwischenzeitlich hatten MORDIKE und Mitarbeiter [7,8] diese Methode genauer untersucht und weiterentwickelt, wobei die Pulverausbeuten aber auf wenige Gramm pro Stunde beschränkt blieben. Wir erreichen unterdessen in Abhängigkeit vom Betriebsmode, von den Fokussierungsbedingungen und der Leistung des Lasers Ausbeuten von 40 bis zu mehr als 100 gh^{-1} für oxidische Systeme (Al_2O_3, ZrO_2) und höhere Verdampfungsraten (mehr als 200 gh^{-1}) für nitridische Systeme (Si_3N_4, AlN).

In unseren Experimenten kommt ein quergeströmter CO_2-Laser ($\lambda = 10,6$ µm) mit einer Leistung im Dauerstrichbetrieb (cw) von 0,7 bis 4 kW zum Einsatz, der zum Pulsbetrieb (pw) modifiziert werden kann. Details zum Experiment sind früheren Publikationen (u.a.[5]) zu entnehmen. Die Laserstrahlung wird auf die Oberfläche der zu verdampfenden Keramikproben (grobkörniges Pulver oder Sinterkörper) fokussiert, welche sich in der Reaktionskammer befinden (**Bild 1**). Eine Kopplung von Translation und Rotation des Probengefäßes erfolgt derart, daß eine kontinuierlich einstellbare, aber konstante Abtastgeschwindigkeit der Probenoberfläche auf spiralförmigen Bahnen durch den Laser realisiert wird. Die rekondensierten Pulverpartikeln werden in einer Glasröhre von etwa zwei Metern Länge an Prallblechen abgeschieden. Für einzelne Versuche wird auch eine elektrostatische Abscheidestrecke genutzt.

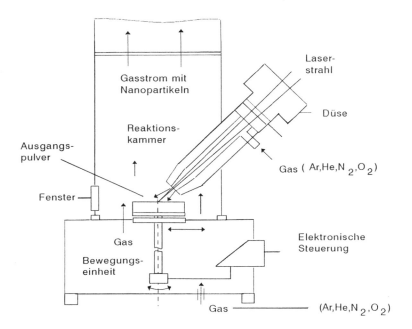

Bild 1: Prinzip der Reaktionskammer

	Si_3N_4	AlN
Keramisches Ausgangsmaterial	Siliciumnitridpulver Grade T der Fa. Starck Korndurchmesser < 100 µm α - Si_3N_4 zu 81 %	Aluminiumnitridpulver Grade E der Fa. Starck mittlerer Korndurchmesser: 1,3µm (nach Sedigraph: $d_{100} \leq 8$ µm) BET-Oberfläche: 3,0 m^2g^{-1}
cw	Laserausgangsleistung: ca. 2,0-2,6 kW	
Verdampfungsrate: (Pulvergewinnungsrate:)	ca. 200 gh^{-1} (≥ 60 gh^{-1})	ca. 230 gh^{-1} (ca. 190 gh^{-1})
pw Laserparameter:	Güteschaltung mit Interferenzmodulator	
	Entladungsstrom 10 A mittlere Leistung 800 W Impulslänge 200 µs Impulsfolgefrequenz 3,68 kHz	Entladungsstrom 10 A mittlere Leistung 900 W Impulslänge 200 µs Impulsfolgefrequenz 3,35 kHz
Verdampfungsrate:	ca. 27 gh^{-1}	ca. 90 gh^{-1}

Tabelle 1: Den Pulvererzeugungsprozeß charakterisierende Bedingungen

Die Größe der Pulverpartikeln wird u.a. durch die Laserleistung, die Position der Probenoberfläche zum Laserfokus, die Impulslänge im pw-mode, die Art und Geschwindigkeit der Trägergasströmung beeinflußt.

Die hier vorgestellten Ergebnisse konzentrieren sich auf Untersuchungen an den Nichtoxidpulvern. Apparative Voraussetzungen mußten geschaffen werden, um eine Oxidation der Laserpulver zu verhindern. Daher erfolgte die Laserverdampfung unter Verwendung von Stickstoff als Trägergas, unter einem Stickstoffüberdruck in der Reaktionszone und bei intensiver Stickstoffspülung der Eintrittsöffnung für die Laserstrahlung.
Angaben zu den Verdampfungsbedingungen sind der **Tabelle 1** zu entnehmen.

Eigenschaften der Laserpulver des Siliciumnitrides

Mit dem Si_3N_4 wurde von uns erstmals ein Material dem Laser-Verdampfungs- und Rekondensationsprozeß unterworfen, das unter den Bedingungen dieses Prozesses (Normaldruck der Stickstoffatmoshäre) keinen Schmelzpunkt besitzt. Wird unter Normaldruck Si_3N_4 auf T>1900°C erhitzt, zersetzt es sich unter Entweichen von N_2. Der Partikelbildungsprozeß kann hier nicht über die Ausbildung von Tröpfchen des Endproduktes Si_3N_4 laufen, sondern muß über Si-Tröpfchen ablaufen, die unterhalb von 1900 °C bis zu ihrer Erstarrung bei etwa 1400 °C Stickstoff aus der Umgebungsatmosphäre aufnehmen und dabei die Nitridstruktur wieder aufbauen.

Infolge unvollständiger Renitridierung des zunächst kondensierenden Siliciums weisen diese Laserpulver, abhängig von den Prozeßparametern, hohe Anteile an freiem Silicium auf.
Prozeßkinetisch bedingt, zeigt das Röntgendiffraktogramm der Probe 6 des erhaltenen Laserpulvers α - und β - Siliciumnitrid und scharfe Silicium-Peaks (**Bild 2**).

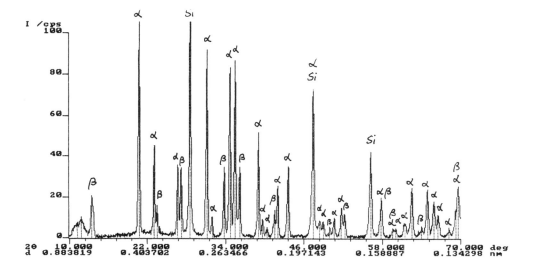

Bild 2: Röntgendiffraktogramm des laserverdampften Siliciumnitridpulvers

Obgleich das Reaktionsgebiet einer intensiven Stickstoffbeströmung ausgesetzt war, wurden in den erzeugten Nitridpulvern sehr unterschiedliche Sauerstoffgehalte registriert. Daß die vorhandene Apparatur prinzipiell zu einer Erzeugung sauerstoffarmer Nitridproben geeignet ist, beweisen die Messungen an einigen Pulverchargen. Derartige sauerstoffarme Proben (kein amorpher Anteil im Röntgendiffraktogramm, aber laut Trägergas-Schmelzextraktion 5 Ma-% Sauerstoff (O,N-Analysator der Fa. Leco)) hatten eine spezifische Oberfläche von ca. 23 m^2g^{-1} und eine Schüttdichte von 0,22 gcm^{-3}. Röntgendiffraktogramme anderer Si_3N_4-Pulverchargen dagegen zeigen neben scharfen Si -Peaks, α- und β- Si_3N_4- Reflexen auch einen deutlichen Untergrund, der amorphen Anteilen zugeordnet werden muß. Sowohl erhöhte spezifische Oberflächen (von über 80 m^2g^{-1}), erniedrigte Schüttdichten (z.B. 0,07 gcm^{-3}) als auch chemische Analysen zeigten höhere Sauerstoffgehalte von bis zu 25 Ma-%. Vermutlich resultiert dieser Sauerstoffgehalt aus nachträglicher Oxidation der einmal erzeugten Nanopulver. Das schließen wir aus NMR - Untersuchungen, für die wir Prof. Thomas aus dem Institut für Analytische Chemie der TU Bergakademie Freiberg danken. In den ^{29}Si - MAS - NMR-Analysen wurden Si_3N_4, Si und SiO_2 nachgewiesen, aber Hinweise auf $Si_xN_yO_z$ gab es nicht. ($Si_xN_yO_z$ wäre im Falle der Präsenz von Sauerstoff in der Reaktionszone der Laserverdampfung zu erwarten gewesen.)

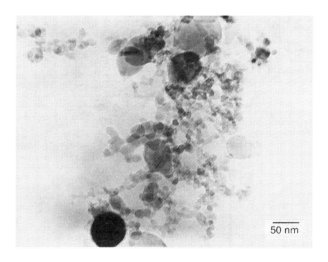

Bild 3: Transmissionselektronenmikroskopische Abbildung des laserverdampften Siliciumnitrides

Bild 3 gewährt eine Vorstellung von der Morphologie der Laserpulver, die aus der Verdampfung von Si_3N_4 gewonnen wurden. Den dominanten relativ feinen, hinsichtlich der Primärteilchen schwer zu beschreibenden, eher stark „verketteten" Anteil bildet das Siliciumnitrid. Bei den nahezu sphärischen Teilchen, von denen einige Mikrozwillinge aufweisen, handelt es sich um Silicium. (Daneben wurden bei transmissionselektronenmikroskopischen Untersuchungen einiger der vorliegenden Laserpulver auch separate annähernd runde und im Vergleich zum Si relativ kleinere SiO_2-Teilchen gefunden.)

Erste Versuche zur Formgebung [uniaxiales Pressen und kaltisostatisches Pressen (CIP)] und zum Sintern (unter Stickstoff bei geringem Überdruck) wurden durchgeführt. Zunächst wurde mit Preß- und Sinterhilfsmittelzusatz gearbeitet.
Höhere Gründichten wurden durch CIPen erreicht, jedoch hatten diese Proben nach dem Sintern teilweise Risse infolge eines Überpressens. Durch uniaxiales Pressen wurden Gründichten von ca. 50 % der theoretischen Dichte (TD) erzielt. Eine direkte Sinterung bei 1720°C bzw. 1750°C brachte Rohdichten im Bereich von 65...84 %TD (des Si_3N_4). Bei diesen ersten Sinterversuchen entstanden noch keine dichten Proben mit einem gewünschten Submikrometergefüge.
Wird die Sinterung zweistufig geführt mit einer Nitridierung des freien Si als erstem Schritt, erreichen wir zwar Dichten nach der Nitridierung von ca. 70...74 %TD, aber nach der Sinterung (s.o.) lag die Rohdichte auch nur bei 80-84 %TD.
Verbesserungen erhoffen wir uns hier von der Verwendung von Pulvern mit deutlich niedrigeren Sauerstoffgehalten, um die durch die bisherigen SiO_2-Verunreinigungen bedingten Glasphasenanteile (mit geringerer Dichte) zu reduzieren.

Auch ein SiC-Nanopulver konnte mittels laserinduzierter Verdampfung und Rekondensation erzeugt werden. Hier sind ebenfalls Anteile von freiem Si zu finden.

Eigenschaften der Laserpulver des Aluminiumnitrides
Im Gegensatz zum Siliciumnitrid und Siliciumcarbid existiert beim AlN unter Stickstoffströmung (N_2 - Normaldruck) eine Schmelzphase ab T = 2230 °C. Die erzeugten Pulver enthalten kein freies Aluminium. Die spezifische Oberfläche der gewonnenen AlN-Pulver beträgt 35 m^2g^{-1}, die Schüttdichte ca. 0,07 gcm^{-3}. Typische Partikeln sind nahezu sphärisch mit Durchmessern unter 100 nm. Teilweise werden Agglomerate beobachtet.
Im Röntgendiffraktogramm sind die charakteristischen Linien des AlN zu finden. Hinsichtlich des Sauerstoffgehaltes gibt es ähnliche Schwierigkeiten wie beim Si_3N_4. Ein geringer Gehalt an Sauerstoff (ca. 3 Ma-%) ist bei einigen Pulvern erreicht worden (im Diffraktogramm zeigten sie keine Hinweise auf Aluminiumoxid oder amorphe Anteile), bei einigen weiteren Pulvern wurden jedoch auch deutlich höhere Sauerstoffanteile gemessen.

Die Laserverdampfung und Rekondensation in einer Stickstoffströmung ist prinzipiell auch zur Erzeugung von Nanopulvern aus TiN und BN geeignet. Die spezifische Oberfläche erster erhaltener TiN-Pulver lag bei 50 m^2g^{-1}.

Schlußfolgerung
Der Nachweis von Si in laserverdampften Pulvern von Siliciumnitrid oder -carbid, also Materialien ohne Schmelzpunkt unter Normaldruck, deutet darauf hin, daß
1. die apparativen Voraussetzungen für eine Pulverumsetzung ohne Oxidation des Pulvers im stattgefundenen Experiment prinzipiell gegeben waren und
2. die Reaktion in der Gasphase zum Si_3N_4 nicht vollständig ablaufen konnte, wofür die Verweilzeit des Si-Keimes in der Reaktionszone zu kurz war.

Um aus dem bisher gewonnenen Pulver eine Keramik herstellen zu können, muß sich der noch vorhandene Anteil von elementarem Si aber nicht negativ auswirken. Vielmehr kann man ihn bewußt

nutzen, um zu überprüfen, ob die bekannte Technologie des RBSN (Reaktionsgesintertes Siliciumnitrid) sinnvoll auf diese ultrafeinen Pulver übertragbar ist.
Aus den vorgenommenen Sauerstoffbestimmungen in den laserverdampften Nichtoxidpulvern sind zwei Schlußfolgerungen ableitbar:
1. Die vorhandene Apparatur ist für die Erzeugung von Nano-Nitridpulvern geeignet, muß aber im Interesse einer weiteren Reduzierung des Sauerstoffeinflussses modifiziert werden.
2. Eine nachträgliche Oxidation (auf dem Weg der Pulverpartikeln von der Reaktionszone bis zur Abscheidestrecke bzw. bei nachträglicher Lagerung und Handhabung der Pulver) muß unbedingt vermieden werden. Diesen Zweck sollte eine spezielle Oberflächenkonditionierung zum Oxidationsschutz, wie sie Gegenstand eines neu aufgonnenen Forschungsvorhabens ist, erfüllen.

Auch von Vaßen vorgestellte Untersuchungsergebnisse der KFA Jülich [9] belegen, daß niedrige Sauerstoffgehalte in nichtoxidischen Werkstoffen aus pulvertechnologischen Routen ebenfalls zur Einstellung feiner Gefüge (Korngrößen unter 400 nm) zwingend erforderlich sind.

Danksagung
Die Autoren danken der Deutschen Forschungsgemeinschaft für die Förderung der vorgestellten Untersuchungen.

Literatur
(1) Müller, E.; Oestreich, Ch.; Popp, U.; Michel, G.; Staupendahl, G.; Henneberg, K.-H.:
Characterization of nanocrystalline oxide powders prepared by CO_2 laser evaporation
KONA-powder and particles (Osaka) **13** (1995) 79-90
(2) Michel, G.; Müller, E.; Oestreich, Ch.; Staupendahl, G.; K.-H. Henneberg:
Ultrafine ZrO_2 powders by laser evaporation: Preparation and properties
Mater.-wiss.u.Werkstofftechn. **27** (1996) 345-349
(3) Popp, U.; Dachselt, U.; Müller, E.; Oestreich, Ch.; Michel, G.:
Verarbeitungseigenschaften nanokristalliner, durch Laserverdampfung erzeugter ZrO_2- Pulver
in: Techn. Keram. Werkstoffe (Ed.: J.Kriegesmann), 35.Erg.-Lfg., Kapitel 3.2.2.8.1., Deutscher Wirtschaftsdienst, Köln 1996
(4) Popp, U.; Herbig, R.; Michel, G.; Müller, E.; Oestreich, Ch.:
Properties of Nanocrystalline Ceramic Powders Prepared by Laser Evaporaion and Rekondensation
J. European Ceramic Soc. **18** (1998) 1153-1160
(5) Staupendahl, G.; Michel, G.; Eberhardt, G.; Müller, E.; Oestreich, Ch.; Vogelsberger, W.; Schlegel, J.: Production of nanosized zirconia-particles by pulsed CO_2 laser evaporation
submitted to Laser Application 1998
(6) Kato, M.:
Preparation of ultrafine particles of refractory oxides by gas evaporation method
Japan.J.Appl.Phys. **15** (1976) 757-760
(7) Lee; H.-Y.; Riehemann, W.; Mordike, B.L.:
Charakterisierung von laserzerstäubten nanoskaligen Oxidpulvern
Z.Metallkd. **84** (1993) 79-84
(8) Ferkel, H.; Naser, J.; Riehemann, W.:
Laser-induced solid solution of the binary nanoparticle system Al_2O_3-ZrO_2
NanoStructured Materials **8** (1997) 4, 457-464
(9) Vaßen, R.:
Nanophasige Nicht-Oxidkeramik
Vortrag zum 1.Jülicher Werkstoffsymposium „Nanokeramik und ihre Anwendung", Jülich, 1997

Gezielte Beeinflussung der Oberflächenchemie von Siliciumnitridpulver

U. Breuning, H.-J. Richter, Fraunhofer-Institut für Keramische Technologien und Sinterwerkstoffe, Dresden

Einleitung

Die Eigenschaften wäßriger Siliciumnitridpulver-Suspensionen hängen stark von der Oberflächenchemie des Si_3N_4-Pulvers in Wechselwirkung mit dem Dispergiermedium und organischen Additiven ab. Auf Grund zahlreicher Untersuchungen der Si_3N_4-Pulveroberfläche zum Beispiel mit XPS, AES und SIMS (1-5) ist die Existenz einer Si-O-N Oberflächenschicht bekannt. Die Protolysegleichgewichte der Si-OH und Si_2-NH Oberflächengruppen bestimmen die Eigenschaften von Si_3N_4-Pulver in wäßriger Suspensionen. So gibt es eine Korrelation zwischen dem O/N-Verhälnis an der Pulveroberfläche und dem pH-Wert des isoelektrischen Punktes der Suspension (6). Eine oberflächenchemische Modifizierung des Si_3N_4-Pulvers ist durch die Adsorption metallorganischer Verbindungen möglich, das dabei verfolgte Ziel ist die homogene Abscheidung der oxidischen Sinetradditive auf der Pulveroberfläche (7-9). Die Chemisorption höherer Alkohole an der Pulveroberfläche hat einen postiven Einfluß auf das Processing nichtwäßriger Si_3N_4-Suspensionen (10). Für wäßrige Suspensionen werden Silane als Dispergierhilfsmittel eingesetzt (11, 12), wobei daraus keine eindeutigen Aussagen zur Adsorption der Silane an der Pulveroberfläche ableitbar sind. Ziel der vorliegenden Arbeit war, zu untersuchen inwieweit die oberflächenchemischen Eigenschaften von Siliciumnitridpulvern durch die Adsorption von Silanen mit unterschiedlichen funktionellen Gruppen gezielt beeinflußt werden können.

Experimentelles

Die Untersuchungen erfolgten mit den Siliciumnitridpulvern Baysinid ST (Bayer AG), E-10 (UBE Industries) und M11 (H.C. Starck GmbH & Co. KG). Die Charakterisierung des Pulverausgangszustandes erfolgte anhand der Bestimmung der spezifischen Oberfläche (BET-Methode, 5-Punktmessung), der Partikelgrößenverteilung (Laserbeugung) und des Sauerstoffgehaltes (Trägerheißgasextraktion), wobei die in Tabelle 1 dargestellten Werte ermittelt wurden.

Pulver	spezifische Oberfläche [m^2/g]	$d_{v, 10}$ [µm]	$d_{v, 50}$ [µm]	$d_{v, 90}$ [µm]	Sauerstoffgehalt [Masse-%]
Baysinid ST	11,0	0,14	0,39	0,87	1,33
E-10	10,8	0,14	0,40	0,82	1,07
M11	13,9	0,14	0,33	0,68	1,70

Tabelle 1: Charakterisierung der verwendeten Si_3N_4-Pulver

Folgende Silane wurden zur Oberflächenmodifizierung eingesetzt: n-Propyltriethoxysilan (PTEO), 3-Aminopropyltriethoxysilan (AMEO) und 3-(Triethoxysilyl)-2-Methylpropylbernsteinsäureanhydrid (Anhydrid Silan), letzteres nur zur Modifizierung von Baysinid ST. Das jeweilige Siliciumnitridpulver wurde in Ethanol dispergiert und durch Ultraschallanwendung deagglomeriert. Die Suspension mit einer Feststoffkonzentration von 20 Vol.-% wurde nach entsprechender Silanzugabe unter Rückfluß erwärmt. Danach schlossen sich die Schritte Filtration, Waschen mit Ethanol und Trocknung unter Vakuum bei Raumtemperatur an.

Die Charakterisierung der Pulveroberfläche erfolgte mittels der bekannten Methoden DRIFT-Spektroskopie, Thermoanalyse, Akustophorese (ESA) und Säure-Base-Titration sowie der indirekten

Randwinkelmessung. Letzeres ermöglicht die Bestimmung der freien Oberflächenenergie der Pulver. Diese Methode beruht auf einer zeitabhängigen Benetzung (= Massezunahme) einer definierten Pulverschüttung durch Meßflüssigkeiten mit bekannter Oberflächenspannung. Die Washburn-Gleichung in einer modifizierten Form dient zur Berechnung des Randwinkels zwischen Pulver und Flüssigkeit (13). Zur Ermittlung der freie Oberflächenenergie wurde das Modell von Owens/Wendt/Kaelbe genutzt, was ebenfalls in (13) beschrieben ist. Die Methode der indirekten Randwinkelmessung fand für Keramikpulver bisher kaum Anwendung, was unter anderem mit Verunreinigungsproblemen und der Pulveroberflächenrauhigkeit begründet wurde (14). Im Rahmen der vorliegenden Untersuchungen haben wir jedoch gut reproduzierbare Meßwerte erhalten.

Ergebnisse und Diskussion

Ein einfacher und schneller Weg zur Identifizierung funktioneller Oberflächengruppen ist die DRIFT-Spektroskopie, deren Ergebnisse in Bild 1 dargestellt sind. Erwartungsgemäß unterscheiden sich die DRIFT-Spektren von Baysind ST und E-10 nur wenig, da sie nach ähnlichen Verfahren synthetisiert werden (E-10: über Diimidsynthese, Baysinid ST: direkt aus Gasphasenreaktion $SiCl_4 + NH_3$). Das über Direktnitridierung von Si hergestellt Pulver M11 zeigt ein sich deutlich von den beiden anderen Pulvern unterscheidendes DRIFT-Spektrum. Die in den DRIFT-Spektren der modifizierten Pulver auftretenden Absorptionsbanden der CH_2- und CH_3-Gruppen, der C=O-Gruppe sowie der NH_2-Gruppe weisen auf die Adsorption der Silane auf die Si_3N_4-Pulveroberfläche hin. In den Spektren der modifizierten Pulver ist die Absorptionsbande der O-H-Schwingung der freien Silanolgruppen der Si_3N_4-Pulveroberfläche nicht mehr vorhanden. Die Ergebnisse der DRIFT-Spektroskopie lassen die Schlußfolgerung zu, daß die Silane an der Pulveroberfläche chemisorbiert werden. Einschließlich der Hydrolyse gibt es zwei Möglichkeiten der Chemisorption, die wie folgt dargestellt werden können:

$$Si_3N_4\begin{matrix}-OH\\-OH\end{matrix} + C_2H_5O-\underset{OC_2H_5}{\overset{OC_2H_5}{Si}}-R \xrightarrow{-2\,C_2H_5OH} Si_3N_4\begin{matrix}-O\\-O\end{matrix}\underset{OC_2H_5}{Si}\diagup R \xrightarrow[-C_2H_5OH]{H_2O} Si_3N_4\begin{matrix}-O\\-O\end{matrix}\underset{OH}{Si}\diagup R$$

$$Si_3N_4-OH + C_2H_5O-\underset{OC_2H_5}{\overset{OC_2H_5}{Si}}-R \xrightarrow{-C_2H_5OH} Si_3N_4-O-\underset{OC_2H_5}{\overset{OC_2H_5}{Si}}-R \xrightarrow[-2\,C_2H_5OH]{+2\,H_2O} Si_3N_4-O-\underset{OH}{\overset{OH}{Si}}-R$$

PTEO: $\quad R = -CH_2-CH_2-CH_3$

AMEO: $\quad R = -CH_2-CH_2-CH_2-NH_2$

Anhydrid Silan: $R = -\underset{CH_3}{\overset{|}{CH}}-CH_2-CH_2-\overset{O}{\underset{O}{\diagup}}$

Außerdem ist eine Wechselwirkung zwischen den Silanolgruppen des Silans mit den Aminogruppen der Si_3N_4-Pulveroberfläche möglich, ähnlich wie es für den umgekehrten Fall, die Physisorption der Aminogruppen des AMEO an den Silanolgruppen des Si_3N_4, beschrieben wurde (12). Die Ergebnisse der DRIFT-Spektroskopie erlauben jedoch keine diesbezüglichen Schlußfolgerungen. Der organische Anteil der adsorbierten Silanmenge wurde thermogravimetrisch als Masseverlust der modifizierten Pulver ermittelt und daraus die Menge des adsorbierten Silans berechnet. Aus dem Sauerstoffgehalt der an Luft ausgeheizten Pulver läßt sich ebenfalls die Silanmenge an der

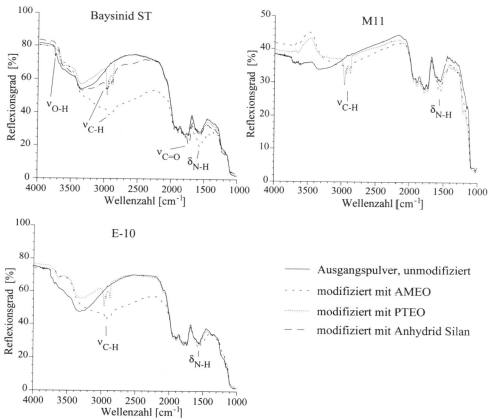

Bild 1: DRIFT-Spektren der modifizierten Si_3N_4-Pulver und der jeweiligen Ausgangspulver

Pulver	A Masseverlust [%]	B Sauerstoffgehalt [Masse-%]	Berechnete Menge des adsorbierten Silans [Masse-%] aus A	aus B
unmodifiziert	-	1,33	-	-
modifiziert mit AMEO	0,31	1,49	1,52	1,01
modifiziert mit PTEO	0,89	1,79	3,45	3,26
modifiziert mit Anhydrid Silan	0,74	1,68	1,53	3,57

Tabelle 2: Thermogravimetrischer Masseverlust und Sauerstoffgehalt nach dem Ausheizen bei 500 °C unter Luft für die modifizierten Baysinid ST Pulver und daraus berechnete adsorbierte Silanmenge.

Pulveroberfläche berechnen. Die entsprechenden Ergebnisse sind für das Pulver Baysinid ST in Tabelle 2 dargestellt. Die Berechnungen beruhen auf der Annahme, daß die Silane hydrolysiert an der Oberfläche vorliegen und beim Ausheizen des Pulvers aus einem Mol Silan an der Si_3N_4-Oberfläche ein Mol SiO_2 entsteht. Für die mit AMEO und PTEO modifizierten Pulver stimmen die aus Thermogravimetrie und Sauerstoffgehalt berechneten Werte relativ gut überein. Dagegen gibt es für das mit Anhydrid-Silan modifizierte Pulver eine Diskrepanz zwischen beiden Werten. Diese besteht unabhängig davon, ob für die Berechnung eine Adsorption des Silans über eine oder über zwei Silanolgruppen angenommen wurde.

Aus den Ergebnissen indirekter Randwinkelmessungen wurden die freien Oberflächenenergien der Pulver berechnet (siehe Tabelle 3). Das verwendete Modell nach Owens/Wendt/Kaelbe ermöglich eine quantitative Unterscheidung zwischen dispersen und polarem Anteil der freien Oberflächenenergie.

	γ_s^p [mN/m]	γ_s^d [mN/m]	γ_s [mN/m]
Baysinid ST Ausgangszustand	20,8	21,9	42,7
Baysinid ST mit AMEO	8,9	10,4	19,3
Baysinid ST mit PTEO	2,7	12,1	14,8
Baysinid ST mit Anhydrid Silan	12,0	10,4	22,4
E-10 Ausganszustand	9,1	30,5	39,6
E-10 mit AMEO	7,3	25,0	32,3
E-10 mit PTEO	5,1	10,1	15,2
M11 Ausgangzustand	7,0	14,2	21,2
M11 mit AMEO	3,6	12,4	16,0
M11 mit PTEO	8,5	17,3	25,8

Tabelle 3: Freie Oberflächenenergie γ_s der unmodifizierten und modifizierten Si_3N_4-Pulver (γ_s^p polarer Anteil, γ_s^p disperser Anteil)

Mit Ausnahme des Pulvers M11, modifiziert mit AMEO, wird sowohl der polare als auch der disperse Anteil der freien Oberflächenergie geringer im Vergleich zum Ausgangspulver. Der polare Anteil wird maßgeblich von der funktionellen Gruppe des Silans beeinflußt. Am deutlichsten zeigt sich hier der Einfluß des n-Propyltriethoxysilan. Diese Verbindung besitzt keine funktionelle Gruppe, die Oberflächeneigenschaften werden von der unpolaren C_3-Kette bestimmt. Alle drei mit PTEO modifizierten Pulver sind hydrophob, so daß die nachfolgend dargestellten Untersuchungen in wäßrigen Suspensionen mit diesen Pulver nicht durchgeführt worden sind. Die Herstellung wäßriger Schlicker mit diesen Pulvern ist durch Zusatz einer geeigneten grenzflächenaktiven Verbindung dennoch möglich.

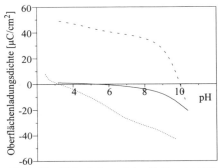

Pulver	pH$_{iep}$ für Ausgangszustand	pH$_{iep}$ für Modifizierung mit AMEO
Baysinid ST	5,5	10,3
E-10	6,4	10,4
M11	3,3	10,4

Bild 2: Oberflächenladunsgdichte für Baysinid ST in Abhängigkeit vom pH-Wert (Säure-Base-Titration, 2,5 Vol.-% Pulver in 0,01 M KNO_3)

Tabelle 4: pH-Werte des isolektrischen Punktes (pH$_{iep}$) aus ESA-pH-Messungen (5 Vol.-% Pulver in 0,01 n KCl)

Bild 2 zeigt die für das Pulver Baysinid ST ermittelte Abhängigkeit der Oberflächenladungsdichte vom pH-Wert der wäßrigen Suspension. Die Oberflächenladung der Pulveroberfläche wird durch die Modifizierung mit AMEO bzw. mit Anhydrid Silan signifikant erhöht. Außerdem verschiebt sich der pH-Wert der Nulladung (pH_{pzc}) von 5,3 für das Ausgangspulver zu pH=10,0 für das AMEO modifizierte Pulver und zu pH=3,2 für das Pulver, welches mit Anhydrid Silan modifiziert worden ist. Die Hydrolyse der NH_2-Gruppe des Aminisilans bewirkt die Verschiebung des pH_{pzc} in den basischen Bereich, während die hydrolisierte Anhydridgruppe für die Verschiebung in den sauren pH-Bereich verantwortlich ist.

Die Ergebnisse der Säure-Base-Titrationen korrelieren gut mit akustophoretischen Messungen zur Abhängigkeit der elektrokinetischen Schallamplitude (ESA) vom pH-Wert der wäßrigen Suspensionen. Die in Tabelle 4 dargestellten isoelektrischen Punkte (pH_{iep}) zeigen, daß unabhängig vom Ausgangszustand des Si_3N_4-Pulvers durch die Chemisorption von 3-Aminopropyltriethoxysilan eine nahezu einheitlicher pH_{iep} im basischen Bereich erreicht werden kann.

Schlußfolgerungen

Die oberflächenchemischen Eigenschaften von Siliciumnitridpulver können durch die Adsorption von Silanen gezielt modifiziert werden. Die funktionellen Gruppen auf der Pulveroberfläche sind mittels DRIFT-Spektroskopie identifizierbar. Die Berechnung der freien Oberflächenenergie aus den Ergebnissen indirekter Randwinkelmessungen ermöglicht eine Quantifizierung des hydrophoben/ hydrophilen Charakters der modifizierten Pulveroberfläche. Das Verhalten der Pulver in wäßriger Suspension wird nicht mehr durch die Silanol- und Aminogruppen des Siliciumnitrids sondern durch die funktionelle Gruppe des adsorbierten Silans bestimmt. So können Siliciumnitridpulver, die sich hinsichtlich Ihrer Oberflächenchemie voneinander unterscheiden, durch Adsorption von 3-Aminopropyltriethoxysilan oder von n-Propyltriethoxysilan hinsichtlich Ihrer oberflächenchemischen Eigenschaften vereinheitlicht werden. Letztgenanntes Silan besitzt keine funktionellen Gruppen, durch dessen unpolare Kohlenstoffkette kann die Si_3N_4-Pulveroberfläche gezielt hydrophobiert werden. Die Adsorption des genannten Aminosilans und des Anhydrid Silan bewirkt eine deutliche Erhöhung der Pulveroberflächenladung in wäßriger Suspension was gezielt für die Schlickerstabilisierung bei nassen Formgebungsmethoden ausgenutzt werden kann.

Literatur
(1) Rahaman, M.N., Boiteux, Y., de Jonghe, J.C.: Surface Characterization of Silicon Nitride and Silicon Carbide Powders, Am. Ceram. Soc. Bull. 65 (1986) 1171-1176
(2) Peuckert, M., Greil, P.: Oxygen Distribution in Silicon Nitride Powders, J. Mat. Sci. 22 3717-3720 (1987)
(3) Malghan, S.G., Pei, P.T., Wang, P.S.: Analysis of Surface Chemistry of Silicon Nitride and Carbide Powders, Ceram. Trans. 26 (1992) 38-45
(4) Watanabe, K., Takatsu, S., Sato, M., Tajima, Y.: Measurement of Oxygen Content on Silicon Nitride Powders, J. Ceram. Soc. Jap. 101 (1993) 1386-1389
(5) Fukuyama, K., Okada, K.: XPS Analysis of Surface State of Various Silicon Nitride Powders, in THIRD EURO-CERAMICS V.1 (Hrsg. Duran, P., Fernandez, J.F.), Faenza Editrice Iberica S.L. 1993, S. 143-148
(6) Bergström, L., Bostedt, E.: Surface Chemistry of Silicon Nitride Powders: Electrokinetic Behaviour and ESCA Studies, Colloids and Surfaces 49 (1990) 183-197
(7) Liden, E., Bergström, L., Persson, M., Carlsson, R.: Surface Modification and Dispersion of Silicon Nitride and Silicon Carbide Powders, J. Europ. Ceram. Soc. 7 (1991) 361-368
(8) Joshi, P.N., McCauley, R.A.: Metal-organic Surfactants as Sintering Aids for Silicon Nitride in an Aqueous Medium, J. Am. Ceram. Soc. 77 (1994) 2926-2934

(9) Luther, E.P., Lange, F.F., Pearson, D.S.: Alumina Surface Modification of Silicon Nitride for Colloidal Processing, J. Am. Ceram. Soc. 78 (1995) 2009-2014
(10) Kramer, T., Lange, F.F.: Rheology and Particle Packing of Chem- and Phys-adsorbed, Alkylated Silicon Nitride Powders, J. Am. Ceram. Soc. 77 (1994) 922-928
(11) Venkatachari, K.R., Mutsuddy, B.C..: Dispersion of Silicon Nitride Powders in Aqueous Media with Coupling Agents, Ceram. Trans. 19 (1991) 75-82 (1991)
(12) Buchta, B.A., Shih, W.-H.,: Improved Aqueous Dispersion of Silicon Nitride with Aminosilanes, J. Am. Ceram. Soc. 79 (1996) 2940-2946
(13) Grundke, K., Boerner, M., Jacobasch, H.-J.: Characterization of Fillers and Fibres by Wetting and Electrokinetic Measurements, Colloids and Surfaces 58 (1991) 47-59
(14) Malghan, S.G.: Dispersion of Si_3N_4 Powders: Surface Chemical Interactions in Aqueous Media, Colloids and Surfaces 62 (1992) 87-99

Messung der elektrokinetischen Schallamplitude (ESA) zur Charakterisierung keramischer Suspensionen -
Grenzen und Möglichkeiten der quantitativen Auswertung

U. Welzel, W. Rieß, G. Ziegler, Universität Bayreuth, Institut für Materialforschung (IMA I), Bayreuth
J. Kalus, Universität Bayreuth, Physikalisches Institut, Bayreuth

1. Einleitung und Meßprinzip

Die Messung der elektrokinetischen Schallamplitude (ESA) ermöglicht die Bestimmung des Zeta-Potentials von Partikeln in wässrigen Suspensionen. Das ESA-Meßverfahren ist damit eine Alternative zu Methoden wie der Massentransport- oder Mikroelektrophorese und bietet dabei den Vorteil, daß die Untersuchungen mit vergleichsweise hochfeststoffhaltigen Suspensionen durchgeführt werden können und ein einzelner Meßwert in sehr kurzer Zeit (weniger als einer Sekunde) aufgenommen wird (1). Die Meßgrößen sind die Druckamplitude und die Phase einer Schallwelle, die durch die Partikel erzeugt wird, welche in einem elektrischen Wechselfeld hoher Frequenz (f≈1MHz) auf Grund ihrer Ladung zu einer harmonischen Bewegung im Dispergiermedium gezwungen werden und dadurch Schallwellen abstrahlen. Mit der Bezeichnung ESA-Signal wird im folgenden die komplexe Größe bezeichnet, der Betrag gibt die Schalldruckamplitude am Detektor normiert auf die angelegte Feldstärke an. Aus dem ESA-Signal kann mit einer von O'Brien abgeleiteten Beziehung die (komplexe) dynamische Mobilität μ_d berechnet werden, die den Zusammenhang zwischen der Partikelgeschwindigkeit $v(t)$ in einem elektrischen Wechselfeld und der elektrischen Feldstärke E_0 herstellt (für das elektrische Wechselfeld wird eine harmonische Zeitabhängigkeit mit der Kreisfrequenz ω angenommen) (2).

Es gilt: ESA $\propto \mu_d$ und $v(t) = \mu_d \cdot E_0 \exp(-i\,\omega\,t)$

Durch theoretische Betrachtungen, die von O'Brien und unabhängig davon von Sawatzky und Babchin entwickelt wurden, ist eine Umrechnung der dynamischen Mobilität in das Zeta-Potential ζ der Partikel möglich. Es existiert eine weitere Theorie zur Umrechnung, die von Babchin, Chow und Sawatzky entwickelt wurde. Diese ist jedoch nur für sehr spezielle Grenzfälle gültig (für kleine Frequenzen des elektrischen Wechselfeldes oder Systeme mit dicken elektrischen Doppelschichten) und soll im folgenden nicht weiter betrachtet werden.

In der vorliegenden Arbeit wurde für die Messung des ESA-Signals das Meßgerät MBS 8000 der Firma Matec verwendet. In der Software wird eine vereinfachte Gleichung aus der Theorie von O'Brien für die Berechnung des Zeta-Potentials aus der dynamischen Mobilität benutzt, welche auch häufig in anderen Untersuchungen verwendet wurde.

Die in der Software verwendete Gleichung zur Berechnung des Zeta-Potentials (vereinfachte Theorie von O'Brien) kann in der folgenden einfachen Form geschrieben werden:

$$\mu_d = \frac{\varepsilon \zeta}{\eta} G\left(\frac{\omega\,a^2}{v}\right)$$

Dabei ist ε die dielektrische Konstante der flüssigen Phase, η ihre Viskosität und v ihre kinematische Zähigkeit. Die (komplexe) Funktion G beschreibt Trägheitseffekte der Bewegung. Für kleine Partikel oder kleine Frequenzen des elektrischen Feldes strebt diese gegen eins und die dynamische Mobilität ist dann identisch mit der Mobilität im statischen Fall ($\omega=0$).

Die verschiedenen theoretischen Beschreibungen sind in Tabelle 1 mit den benutzten Annahmen und Verweisen auf entsprechende vertiefende Literaturstellen zusammengestellt.

Tab. 1: Zusammenstellung der verschiedenen Theorien zur Berechnung des Zeta-Potentials aus der dynamischen Mobilität (κ...Debye-Hückel-Parameter, entspricht dem Kehrwert der Dicke d der elektrischen Doppelschicht).

Autoren und Publikation	O'Brien (2)	O'Brien (vereinfacht) (2)	Sawatzky, Babchin (3)	Babchin, Chow, Sawatzky (4)
Annahmen	sphärische Partikel, dünne elektrochem. Doppelschicht ($\kappa a \gg 1$)	sphärische Partikel, dünne elektrische Doppelschicht ($\kappa a \gg 1$), kleines Zeta-Potential, kleine dielektrische Konstante der Partikel	sphärische Partikel, kleines Zeta-Potential, kleine dielektrische Konstante der Partikel	sphärische Partikel, kleines Zeta-Potential, kleine dielektrische Konstante der Partikel

2. Experimentelle Durchführung

Die ESA-Messungen wurden mit dem Meßgerät MBS 8000 (Firma Matec) durchgeführt. Mit diesem Gerät lassen sich auch pH-Wert und Leitfähigkeit der Suspensionen bestimmen. Die Meßzelle wurde mit einem Wassermantel und einem Thermostaten (Physica Viscotherm) temperiert. Für die Herstellung von Suspensionen wurden ein Ultraturraxrührer (IKA Ultra Turrax T 25) und verschiedene Geräte zur Ultraschallbehandlung (Branson Sonifier 450, Bandelin Sonorex) benutzt. Die Messung der Partikelgrößenverteilungen erfolgte mittels Lasergranulometrie (Cilas HR 850), die Charakterisierung der Partikelmorphologie wurde mittels Rasterelektronenmikroskopie (Joel JSM-6400) durchgeführt. Als Modellsubstanzen, die den theoretischen Beschreibungen für die Berechnung des Zeta-Potentials aus der dynamischen Mobilität entsprechen, wurden Siliciumdioxid-Pulver (Merck, Monospher 250 und Monospher 800) verwendet, die aus kugelförmigen Partikeln mit definierter Partikelgröße bestehen. Als technologisch relevantes Pulver wurde Aluminiumoxid A16 (Alcoa) benutzt.

3. Vergleich der verschiedenen theoretischen Beschreibungen zur Berechnung des Zeta-Potentials aus der dynamischen Mobilität an Hand von Modellsubstanzen

Die in Tabelle 1 zusammengestellten Theorien zur Berechnung des Zeta-Potentials aus der dynamischen Mobilität wurden für sphärische Partikel definierter Größe abgeleitet. Deswegen wurden zunächst Untersuchungen mit Suspensionen durchgeführt, in denen die Partikel diese Eigenschaften aufweisen. Dazu wurden aus den Monospher-Pulvern mit destilliertem Wasser Suspensionen mit einem Feststoffgehalt von 4 Volumenprozent hergestellt (zum Einfluß des Feststoffgehalts auf den Meßprozeß siehe auch Abschnitt 5). Für die Berechnung des Zeta-Potentials aus dem Meßwert für die dynamische Mobilität muß die Partikelgröße bekannt sein. Diese muß bei dem verwendeten Meßgerät MBS 8000 vom Benutzer vorgegeben werden, da die Messung des Phasenwinkels, der eigentlich mit der Partikelgröße verknüpft ist, nur mit relativ geringer Genauigkeit erfolgt und im Gegensatz zum Acoustosizer der Firma Matec, der aus dem ESA-Meßsignal auch eine Abschätzung der Partikelgröße ermöglicht, nur bei einer festen Frequenz des elektrischen Feldes gemessen wird (5). Mit den modellhaften Suspensionen wurden verschiedene Meßreihen zum Vergleich der Theorien durchgeführt, exemplarisch soll die Abhängigkeit des Zeta-Potentials von Monospher-800-Partikeln von der Konzentration eines Inertelektrolyten diskutiert werden. In Bild 1 ist der Verlauf des Zeta-Potentials als Funktion der Dicke der elektrischen Doppelschicht, welche aus der Elektrolytkonzentration ermittelt wurde, dargestellt, wie er sich für die verschiedenen Theorien aus der dynamischen Mobilität berechnet ergibt. Zusätzlich ist eingezeichnet, welche Abhängigkeit des Zeta-Potentials von d gemäß einem einfachen Modell zu erwarten ist, bei dem angenommen wird, daß auf der Oberfläche der Partikel nur eine Klasse von dissoziationsfähigen Gruppen zur Verfügung steht (AH $\Leftrightarrow$ A$^-$ + H$^+$) (1).

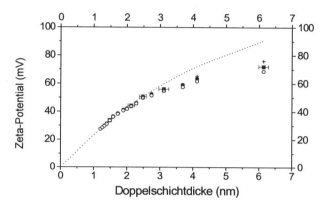

o Potential gemäß der vereinfachten Theorie von O'Brien

• Potential gemäß der Theorie von Sawatzky und Babchin

+ Potential gemäß der allgemeinen Theorie von O'Brien

gestrichelt: Potential nach Modell, Modellparameter angefittet für kleine Potentiale (1)

Bild 1: Abhängigkeit des Betrags des Zeta-Potentials von Monospher 800-Partikeln in wässriger Suspension (4 Vol.-%) von der Konzentration eines Inertelektrolyten (NaNO$_3$), dargestellt durch die Doppelschichtdicke. Einige Datenpunkte und Fehlerbalken sind zur Verbesserung der Übersichtlichkeit weggelassen worden.

Aus der Abbildung ist ersichtlich, daß die berechneten Potentiale bei hohen Beträgen deutlich voneinander abweichen. Dies zeigt, daß die Anwendbarkeit der verschiedenen Theorien bei Suspensionszuständen, die in praktischen Anwendungen auftreten können, nicht immer gegeben ist. Die (unvereinfachte) Theorie von O'Brien liefert die höchsten Beträge des Potentials und stimmt am besten mit den mit dem Modell berechneten Werten überein. Dies entspricht der Erwartung, da in dieser Theorie keine Annahmen über den Betrag des Zeta-Potentials gemacht werden. Es muß allerdings erwähnt werden, daß die Annahme einer lokal flachen Doppelschicht bei großen d-Werten nicht mehr ideal erfüllt ist und deswegen zusätzlich damit gerechnet werden muß, daß das ermittelte Potential zu klein ist. Diese Vermutung wird auch von der Modellrechnung für die Abhängigkeit des Zeta-Potentials von d gestützt.

Damit wird deutlich, daß für die Messungen bei unterschiedlichen Suspensionszuständen (Betrag des Zeta-Potentials, Dicke der elektr. Doppelschicht) verschiedene Formeln für die Berechnung des Zeta-Potentials benutzt werden müssen. Für Systeme mit dicken Doppelschichten gibt es für große Beträge des Zeta-Potentials zur Zeit jedoch keine analytischen Formeln, in diesem Fall muß auf numerische Berechnungen zurückgegriffen werden (2). Allerdings gibt es in diesem Gebiet kaum experimentelle Untersuchungen zur Bestätigung der theoretischen Überlegungen.

Die Anwendbarkeit des Meßgerätes MBS 8000 zur Ermittlung des Zeta-Potentials kann vom Benutzer verbessert werden, indem in den Softwareoptionen die dynamische Mobilität als Meßgröße gewählt und die Umrechnung in das Zeta-Potential gemäß der verschiedenen Theorien vom Benutzer durchgeführt wird. Signifikante Unterschiede in den Theorien sind für große Zeta-Potentiale ($|\zeta|>50$mV) und dicke Doppelschichten ($\kappa a<100$) zu erwarten.

4. Messungen an polydispersen Systemen mit dem ESA-Meßgerät MBS 8000

Von der theoretischen Seite her ist die Einbeziehung einer polydispersen Partikelgrößenverteilung einfach. Das gemessene ESA-Signal ergibt sich durch (vektorielle) Addition der Signale verschiedener Partikelgrößenklassen (Superpositionsprinzip). Diese theoretische Überlegung konnte experimentell mit Fraktionsmischungen bestätigt werden. Dazu wurden gleiche Volumina von Monospher 250 und Monospher 800-Suspensionen mit 4 Volumenprozent Feststoffgehalt vermischt und das ESA-Signal der Suspensionen vor und nach der Vermischung gemessen (es muß dabei genau darauf geachtet werden, daß in beiden Suspensionen ein identischer Elektrolythintergrund eingestellt wird, so daß sich beim Vermischen der Suspensionen keine Veränderung des Elektolythintergrundes ergibt). Dabei wurde neben der Amplitude auch die Veränderung im Phasenwinkel betrachtet. Mit dem MBS 8000 System ist keine absolute Messung des Phasenwinkels möglich, nur relative Veränderungen bezüglich einer vom Benutzer angegebenen Referenz können ermittelt werden. Als Referenz wurde das ESA-Signal der Monospher 250-Suspension benutzt, dieses hat also durch Eichung einen Phasenwinkel von Null.
Die Versuchsergebnisse sind in Tabelle 2 zusammengefaßt.

Tab. 2: Meßergebnisse der Versuche mit Fraktionsmischungen.

Probe	|ESA| [mPa/Vm]	Phasenwinkel
Monospher 800-Suspension	2,39 ± 0,10	11 ± 1,5
Monospher 250-Suspension	3,46 ± 0,10	0 ± 1,5
Gemisch (experimentell)	3,01 ± 0,10	6 ± 1,5
Gemisch (berechnet)	2,91	4,50

Im Rahmen der Meßgenauigkeit stimmen die Ergebnisse mit den theoretischen Erwartungen überein. Die Mobilität einer polydispersen Suspension läßt sich analog berechnen:

$$<\mu_d> = \int_0^\infty da\, p(a)\, \mu_d(a) \quad , \text{ mit } \int_0^\infty da\, p(a) = 1 \quad (p(a): \text{normierte Partikelgrößenverteilung}).$$

Damit ist klar, daß sich aus dem gemessenen Mittelwert der Mobilität die Mobilitäten verschiedener Partikelgrößenklassen nicht mehr berechnen lassen, selbst wenn die Verteilungsfunktion $p(a)$ bekannt ist. Es kann lediglich aus der mittleren Mobilität ein mittleres Zeta-Potential berechnet werden. Soll dafür die Software des MBS 8000-Gerätes benutzt werden, so muß bei Kenntnis der Partikelgrößenverteilung ein Wert für den Partikelradius angegeben werden, der im weiteren als effektiver Partikelradius a_{eff} bezeichnet wird. Dieser kann wie folgt berechnet werden:
Definiert man ein Funktional $\mathcal{G}$, das einer normierten Partikelgrößenverteilungsfunktion $p(a)$ eine Zahl G_0 zuweist,

$$\mathcal{G}: G_0[p(a)] := \int_0^\infty da\, G(a)\, p(a) \quad , \text{ Bedeutung von } G(a): \text{ siehe Abschnitt 1}$$

dann gilt: Es existiert ein Partikelradius a_{eff}, so daß

$$G(a_{eff}) = G_0[p(a)]$$

Diese Gleichung definiert den für die elektroakustischen Messungen geeigneten Partikelradius a_{eff}. Dieser Partikelradius ist i.a. nicht identisch mit dem mittleren Partikelradius $<a>$ oder dem d_{50}-Radius a_{d-50}. Diese sind wie folgt definiert:

$$<a> = \int_0^\infty da\, p(a)\, a, \qquad a_{d-50} = \{a_0 : \int_0^{a_0} da\, p(a) = 0.5\}$$

Durch ein einfaches zusätzliches Programm kann so von der Partikelgrößenverteilung auf den für die elektroakustischen Messungen geeigneten Radius geschlossen werden.

5. Einfluß der Probenpräparation auf die Übertragbarkeit der Meßergebnisse

Zum gegenwärtigen Zeitpunkt werden die elektroakustischen Meßverfahren i.a. noch nicht oder nur begrenzt für die on-line-Überwachungen von Prozeßschritten eingesetzt. Meist wird eine Probe der zu untersuchenden Suspension für die Messung präpariert und diese dann in einer Meßzelle untersucht. Der Schritt der Probenpräparation ist dabei von entscheidender Bedeutung für die Übertragbarkeit der Meßergebnisse auf eine technologisch relevante Fragestellung.

Häufig interessiert man sich für Schlicker, die einen Feststoffanteil aufweisen, der wesentlich größer als 15 Volumenprozent ist. Suspensionen mit einem hohen Feststoffanteil sind aber für quantitative ESA-Messungen nicht geeignet, denn mit steigendem Feststoffgehalt treten zwei Effekte auf. Die Formel zur Berechnung der dynamischen Mobilität aus dem ESA-Signal von O'Brien verliert ihre Gültigkeit, da mit zunehmendem Feststoffanteil die akustischen Eigenschaften der Suspension nicht mehr mit denen von Wasser identisch sind, diese Annahme aber für die Ableitung der Formel genutzt wird. Ein weiterer Aspekt ist, daß bei erhöhtem Feststoffgehalt die dynamische Mobilität der Partikel auch vom Feststoffgehalt abhängt, da es dann zu Interaktionen benachbarter Partikel und zur Störung der Partikeloszillation durch die erzeugten Schallwellen kommt. Dies bedeutet, daß das Zeta-Potential nicht mehr aus der Mobilität berechnet werden kann.

Experimentell kann die Grenzkonzentration ermittelt werden, indem man den Einfluß des Feststoffgehalts auf das ESA-Signal untersucht. Gemäß der Theorie sollte die ESA-Amplitude proportional zum Feststoffgehalt und zur dynamischen Mobilität sein. Tritt ab einer gewissen Feststoffkonzentration eine Abweichung vom linearen Verhalten auf, so muß diese Konzentration als Grenzkonzentration betrachtet werden. Die Ergebnisse für eine solche Meßreihe sind in Bild 2 links für Aluminiumoxid-Suspensionen zusammengestellt. Als Grenzkonzentration ergibt sich ein Wert von etwa 7 Volumenprozent Feststoffanteil, der gut mit Untersuchungen aus der Literatur übereinstimmt. Soll also das ESA-Signal quantitativ ausgewertet werden, so muß eine hinreichend kleine Feststoffkonzentration gewählt werden, der qualitative Zusammenhang zwischen ESA-Signal und Mobilität bleibt jedoch auch bei höheren Feststoffgehalten bestehen.

Bei der Verdünnung zur Probenherstellung ist es wichtig, daß der Zustand der Suspension (Inertelektrolyt, pH-Wert etc.) so wenig wie möglich geändert wird, da solche Änderungen sich auch auf das Zeta-Potential und damit auf die Mobilität auswirken.

Für die Verdünnung eignet sich am besten ein Zentrifugat, das aus einem Teil des konzentrierten Schlickers gewonnen wird. Wird dieses Zentrifugat zur Verdünnung verwendet, so entsteht hierbei keinerlei Veränderung des Elektrolythintergrundes im Schlicker.

Von großer Bedeutung für den Suspensionszustand ist auch der pH-Wert. Dies soll an einem Beispiel verdeutlicht werden. In Bild 2 sind rechts die Partikelgrößenverteilungen einer Aluminiumoxidsuspension (A16, Alcoa) für verschiedene pH-Werte dargestellt. Mit zunehmendem pH-Wert nimmt die Oberflächenladung und damit die elektrostatische Stabilisierung der Partikel zu und die Partikelgrößenverteilung verschiebt sich zu kleineren Werten. Es muß an dieser Stelle besonders darauf hingewiesen werden, daß folglich auch während der ESA-Messung die Partikelgrößenverteilung keinesfalls als konstant betrachtet werden kann. Erfolgt also keine begleitende Messung der Partikelgrößenverteilung, so liefert die Berechnung des Zeta-Potentials verfälschte Werte. Lediglich die dynamische Mobilität kann bestimmt werden. Bei der Interpretation der Messungen muß dann darauf geachtet werden, daß die dynamische Mobilität sowohl vom Zeta-Potential als auch von der Partikelgrößenverteilung abhängig ist.

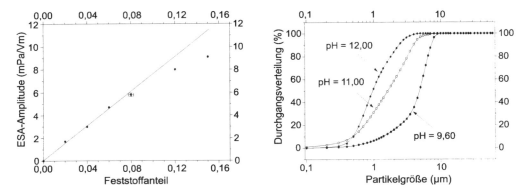

Bild 2: Abhängigkeit der ESA-Amplitude vom Feststoffanteil (Aluminiumoxid A16, Firma Alcoa) der Suspension (links). Abhängigkeit der Partikelgrößenverteilung vom pH-Wert einer Suspension (Aluminiumoxid A16, Firma Alcoa, gemessen mittels Lasergranulometrie) (rechts).

6. Zusammenfassung

Die Grenzen für die quantitative Auswertbarkeit des ESA-Signals wurden aufgezeigt. Insbesondere bei der Umrechnung in das Zeta-Potential ergeben sich Probleme, die aus unzureichenden theoretischen Beschreibungen resultieren. Der Benutzer kann durch die Anwendung verschiedener Theorien den Anwendungsbereich des Meßgerätes MBS 8000 erweitern, für Systeme mit dicken elektrischen Doppelschichten gibt es für große Beträge des Zeta-Potentials zur Zeit jedoch keine geschlossene Beschreibung.

Für Messungen an polydispersen Suspensionen wurde ein allgemeines Verfahren zur Ermittlung eines effektiven Partikelradius für ESA-Messungen angegeben.

Die Probenpräparation ist von großer Wichtigkeit für die Übertragbarkeit der Meßergebnisse auf eine praxisrelevante Fragestellung. Es muß dabei auf den pH-Wert und den Elektrolythintergrund geachtet werden.

7. Literatur

(1) Hunter R. J., *Introduction to Modern Colloid Science*, Oxford University Press, Oxford (1993)
(2) O'Brien R. W., J. Fluid Mech., **190** (1988) 71-86
(3) Sawatzky R.P., Babchin A. J., J. Fluid Mech., **246** (1993) 321-334
(4) Babchin A. J., Chow R. S., Sawatzky R. P, Adv. Colloid Interface Sci., **30** (1989) 111-151
(5) Cannon D. W., *New Development in Electroacoustic Methods and Instrumentation, Electroacoustics for Characterization of Particulates and Suspensions*, NIST Special Publication 856 (1993)
(6) James R.O., Texter J., Langmuir, **7** (1991) 1993-1997

Vererbung der Suspensionsstruktur beim Druckguß bimodaler Teilchensysteme

H. von Both, R. Oberacker, M. J. Hoffmann, Institut für Keramik im Maschinenbau, Zentrallaboratorium, Universität Karlsruhe (TH)

Einleitung

Suspensionen mit bimodalen Teilchensystemen finden ihre Verwendung unter anderem bei der Herstellung von Keramiken mit funktioneller Porosität, bei denen die Porenbildner in Form von Wachsen in gewünschter Größe, Form und Volumenkonzentration eindispergiert werden (1). Die Formgebung der entsprechenden Bauteile erfolgt über Filtrationsverfahren wie dem Schlickerguß oder dem Druckschlickerguß. Die dabei entstehenden Grünkörper werden getrocknet und die darin enthaltenen Wachspartikel ausgebrannt. Bei der sich anschließenden Sinterung bleiben die durch die Wachspartikel gebildeten Hohlräume als Poren erhalten, während die sehr kleinen Poren zwischen den Keramikpartikeln durch Sintervorgänge eliminiert werden.

Der Unterschied in Größe und Natur der Keramik- und Wachsteilchen wirft Fragen zum Verarbeitungsverhalten der Suspensionen auf, die mit den bisherigen Grundlagenkenntnissen nicht beantwortet werden können. Neben der Suspensionsrheologie steht dabei vor allem die im Grünkörper erzielte Partikelanordnung im Mittelpunkt des Interesses. Es ist zu vermuten, daß diese Partikelanordnung durch die in der Suspension vorhandenen Strukturelemente mitgeprägt wird. Der vorliegende Beitrag befaßt sich mit dieser Frage am konkreten Beispiel von SiC-Wachs-Suspensionen, die im Druckguß zu Grünkörpern verarbeitet werden. Potentielle Anwendungsgebiete dieser Materialien sind Heißgasfilter und Verdampferoberflächen aus porösem SiC (1).

Experimentelle Vorgehensweise

Eine wäßrige, vorwiegend elektrostatisch stabilisierte Siliciumcarbid Suspension mit einer Feststoffkonzentration von 32,5 Vol.% dient als Ausgangsmaterial der Untersuchungen (2). Bei dieser Suspension werden die Teilchenwechselwirkungskräfte und die Teilchenabstände variiert, indem der pH-Wert im Bereich von 2,7 bis 12 und die Feststoffkonzentration im Bereich von 10 bis 38 Vol.% verändert werden.

Die zur Herstellung von porösen Werkstoffen notwendigen bimodalen Suspensionen erhält man, indem Wachse in definierten Volumenanteilen als Porenbildner in die Ausgangssuspension eindispergiert werden. Bei diesen Wachsen handelt es sich um 12 µm große, plättchenförmige Partikel. Da bei den hier untersuchten wachshaltigen Suspensionen der Gesamtfeststoffanteil auf 32,5 Vol.% konstant gehalten wird, ist die Zugabe von Wachsen auch mit einer Zugabe von deionisiertem und demineralisiertem Wasser verbunden. Der maximale Volumenanteil der Wachspartikel am Gesamtfeststoffgehalt beträgt 60 %.

Die so hergestellten Suspensionen werden mit einem Rotationsrheometer mit koaxialen Zylindern rheologisch charakterisiert und anschließend durch einen Druckfiltrationsprozeß bei 10 bar Druckdifferenz in keramische Filterkuchen überführt. Während der Filtration werden der Druck, der Filtratvolumenstrom und die Filtratmasse ermittelt und anhand dieser Meßdaten eine Bewertung des Filtrationsvorganges durchgeführt. Nach Infiltration der getrockneten Filterkuchen mit Paraffin wird die Porosität nach dem Archimedes-Prinzip bestimmt. Desweiteren wird an verdünnten Suspensionen elektrophoretisch das Zeta-Potential in Abhängigkeit vom pH-Wert gemessen.

Charakterisierung der Suspension

Die Stabilität und der Dispergierzustand einer Suspension werden maßgebend von den Partikel-Partikel-Wechselwirkungen beeinflußt. Neben den anziehenden van der Waals Kräften können auch elektrische, abstoßende Coulombkräfte vorhanden sein, die den Suspensionszustand stark beeinflussen (3).

Der in Bild 1 dargestellte Zeta-Potentialverlauf der wachsfreien Siliciumcarbid Suspension zeigt sehr deutlich den starken Einfluß des pH-Wertes auf das Ladungsverhalten der Partikel. Im basischen Bereich liegt eine stark negative Ladung von ca. -45 mV vor. Durch Erniedrigung des pH-Wertes wird das Zeta-Potential immer weiter reduziert bis es bei ca. 4 den isoelektrischen Punkt (IEP), einen Zustand ohne Oberflächenladung, erreicht. Bei geringeren pH-Werten als 4 kommt es zu einer Umkehr der Ladung, also zu positiven Zeta-Potentialen.

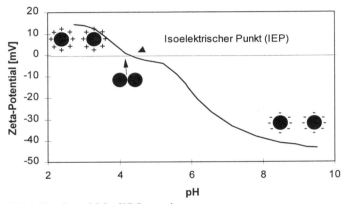

Bild 1: Zeta-Potential der SiC-Suspension

Eine Agglomeration der Partikel ist bei einem pH-Wert in der Nähe des isoelektrischen Punktes zu erwarten. Wie schematisch in Bild 1 dargestellt liegen im basischen Bereich hingegen aufgrund der großen negativen Ladung von -45 mV große Abstoßungskräfte zwischen den SiC-Partikeln vor, so daß keine Agglomeration und damit eine vollständige Dispergierung der Primärpartikel zu erwarten ist.

Der Verlauf des Zeta-Potentials bestimmt auch die Rheologie der wachsfreien Suspension mit einer Feststoffkonzentration von 32,5 Vol.%. Wie in Bild 2 dargestellt, zeigt sich eine massive Abhängigkeit der dynamischen Viskosität vom pH-Wert bei Schergeschwindigkeiten von 100 bis 1000 1/s. Im basischen Bereich liegt nur ein geringer Einfluß vor, im Sauren hingegen kommt es bei Unterschreitung des pH-Wertes von 6,5 zu einem sehr ausgeprägten Viskositätsanstieg von 10 mPas auf bis zu 2 Pas. Gerade bei höheren Schergeschwindigkeiten liegt bei kleineren pH-Werten als 5 quasi wieder eine Unabhängigkeit vom pH-Wert vor.

Legt man die üblichen Modellvorstellungen der Suspensionsrheologie (4, 5) zugrunde, können die Fließkurven in Bild 2 anhand des schematisch gezeigten mikrostrukturellen Aufbaus erklärt werden. Bei basischen pH-Werten liegt eine dispergierte Suspension mit niedriger Viskosität vor, die aufgrund des guten Dispergierzustandes nahezu unabhängig von der Schergeschwindigkeit ist. Durch eine Erniedrigung des pH-Wertes nehmen die abstoßenden Oberflächenkräfte, wie aus der

Zeta-Potential Messung ersichtlich, ab, so daß es zu der schematisch dargestellten Agglomeration der SiC-Partikel kommt. Diese agglomerierte Suspension besitzt bei niedrigen Schergeschwindigkeiten eine deutlich höhere Viskosität als die dispergierte, so daß ausgeprägtes strukturviskoses Verhalten vorliegt. Durch eine Erhöhung der Schergeschwindigkeit nimmt die auf die Partikel einwirkende kinetische Energie zu, so daß die SiC-Agglomerate zerstört werden und durch den Schervorgang eine zeilenförmige Ausrichtung der SiC-Teilchen stattfindet, wodurch die Viskosität stark abnimmt.

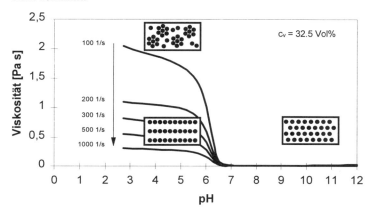

Bild 2: Viskosität der wachsfreien SiC-Suspension

Die rasterelektronenmikroskopischen Aufnahmen in Bild 3 zeigen getrocknete Suspensionen bei zwei unterschiedlichen pH-Werten und bestätigen die zuvor beschriebenen mikrostrukturellen Vorstellungen. In Bild 3a ist deutlich die Agglomeratbildung bei einem pH-Wert von 4 zu sehen. Die Agglomeratgröße beträgt ca. 8 µm. Im Vergleich dazu zeigt Bild 3b eine sehr homogene, agglomeratfreie Anordnung der Primärpartikel bei einem pH-Wert von 7,4.

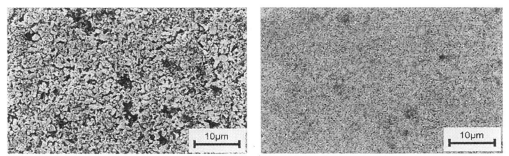

Bild 3: REM-Bilder einer getrockneten Suspension bei einem pH-Wert von 4 (a) und 7,4 (b)

Das Bild 4 verdeutlicht den Einfluß der Wachspartikel auf die rheologischen Eigenschaften der Suspension. Bei Erhöhung des Wachs-Volumenanteils im Feststoff bis zu einer Volumenkonzentration von 30 %, erfolgt eine Abnahme der Viskosität. Ab 30 Vol.% zeigt sich jedoch ein starker Viskositätsanstieg auf bis zu 80 mPas sowie eine deutliche Abhängigkeit von der Schergeschwindigkeit.

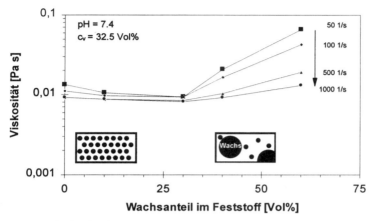

Bild 4: Viskosität der SiC-Suspension mit Wachspartikeln bei einem konstanten Feststoffanteil von 32,5 %

Dieses Verhalten läßt sich mit den in der Suspensionsrheologie zumeist herangezogenen Starrkugelmodellen (3, 4, 5) nicht erklären und steht im Widerspruch zu Betrachtungen in (6, 7), nach denen die relative Viskosität mit dem relativen Feststoffanteil abnimmt. Dieser ist definiert als der Feststoffanteil c_v bezogen auf die theoretisch erreichbare Partikelpackungsdichte $c_{v,max}$. Demnach wäre zu erwarten, daß die Viskosität von bimodalen Teilchensystemen erst bei 73 Vol.% Grobanteil ein Minimum durchläuft. Ab 30 Vol.% Wachsanteil ist hingegen eine Viskositätszunahme zu detektieren, die auf eine nicht vollständig stabilisierte Suspension zurückzuführen ist. Da bei diesen hohen Anteilen sehr viel Wasser hinzugegeben wird, reicht die in der Basis-Suspension vorhandene Additivmenge offensichtlich nicht aus, um alle Partikel zu dispergieren. Daher entstehen, wie bei der wachsfreien Suspension mit einem pH-Wert von 4, agglomerierte Strukturen mit erhöhter Viskosität. Die große Schergeschwindigkeits-Abhängigkeit bei z.B. 60 Vol.% Wachsanteil, also die ausgeprägte Strukturviskosität, unterstützt diese Aussage.

Die rheologischen Untersuchungen zeigen den ausgeprägten Einfluß sowohl des pH-Wertes auf die Teilchen-Wechselwirkungen und damit den Dispergier- bzw. Agglomerationszustand als auch der bimodalen Teilchensysteme auf die Suspensionsrheologie. Nach den gängigen Vorstellungen können den beobachteten Unterschieden in der Rheologie entsprechende Suspensionsstrukturen zugeordnet werden. Im weiteren Vorgehen wird untersucht, wie sich diese Mikrostrukturen auf die Kinetik der Druckfiltration auswirken und der Struktur der Filterkuchen vererbt werden.

Charakterisierung des Filterkuchens

Die Permeabilität und Porosität der Filterkuchen ist eine maßgebende strukturrelevante Werkstoffkenngröße für die Filtration und wird in verschiedenen theoretischen Ansätzen (8, 9) mit Mikrostrukturen korreliert. Mit der Filtrationskinetik (10, 11) und der Porosität der Werkstoffe ist die Permeabilität der Filterkuchen aus den gemessenen Filtrationskenngrößen direkt zugänglich.

Die Permeabilitäten und Porositäten der wachsfreien SiC-Filterkuchen sind in Bild 5 über dem Feststoffanteil aufgetragen. Es ist ein deutlicher Einfluß des pH-Wertes auf die Filterkucheneigenschaften zu erkennen, der sowohl die Permeabilität als auch die Porosität in zwei unterschiedlich hohe Niveaus untergliedert. Bei einem pH-Wert von 4 weisen die Werkstoffe eine hohe Permeabilität von ca. $500 \cdot 10^{-18} \, m^2$ auf und eine Porosität von ca. 55 %. Bei 7,4 hingegen liegt eine um den Faktor 10 niedrigere Permeabilität sowie eine um ca. 10 % niedrigere Porosität vor. Der Feststoffanteil der Suspension beeinflußt die Filterkucheneigenschaften derart, daß bei Zunahme des Feststoffanteils sowohl die Permeabilität als auch die Porosität abnehmen.

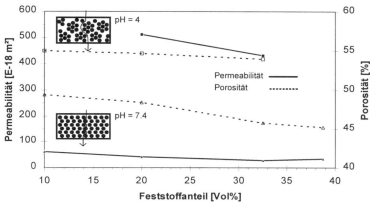

Bild 5: Permeabilität und Porosität der wachsfreien Filterkuchen

Bild 6 zeigt die Permeabilität und die Porosität als Funktion des Volumenanteils des Wachses im Feststoff. Hierbei ist festzustellen, daß bei Zunahme des Wachs- zu SiC-Verhältnisses die Permeabilität stetig zunimmt. Die Porosität des Werkstoffes erreicht hingegen bei 30 Vol.% ein Minimum. Daneben ist zu bemerken, daß im Vergleich zu den wachsfreien Werkstoffen in Bild 5 die Porosität auf einem niedrigerem Niveau liegt.

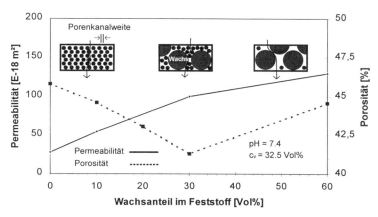

Bild 6: Permeabilität und Porosität der Filterkuchen mit Wachspartikeln

Die Schemata in Bild 5 und 6 verdeutlichen die entsprechende Mikrostruktur des Filterkuchens. Bei der Druckfiltration einer Suspenion mit einem pH-Wert von 7,4 ergibt sich aufgrund der guten Dispergierung der Partikel eine dicht gepackte Filterkuchenstruktur mit geringer Porosität und Permeabilität. Bei der Verwendung einer Suspension mit einem pH-Wert von 4 bilden sich die Agglomerate der Suspension im Filterkuchen ab, so daß eine deutlich höhere Porosität mit größeren Porenkanälen zwischen den Agglomeraten und damit eine höhere Permeabilität vorliegt.

Bei der Druckfiltration einer wachshaltigen Suspension werden die Zwischenräume zwischen den 12 µm großen Wachspartikeln mit den deutlich kleineren SiC-Partikeln aufgefüllt, so daß sich die Partikelpackung verbessert und damit die Porosität des Filterkuchens abnimmt. Ab einem Wachsanteil von 30 Vol.% wird jedoch dieser Vorgang von der zuvor beschriebenen Agglomeration der Wachspartikel überlagert, so daß sich trotz der theoretisch erreichbaren höheren Partikelpackungsdichte eine weniger dichte Partikelpackung mit höherer Porosität einstellt. Der kontinuierliche Anstieg der Permeabilität des Filterkuchens ist eine Folge der zunehmenden Porenkanalradien, die die Durchströmbarkeit stärker beeinflußt als das vorhandene Porenvolumen.

Diskussion

Die vorliegenden Ergebnisse für die wachsfreien Systeme bestätigen den aus der Literatur (3) bekannten Zusammenhang zwischen Suspensions- und Grünkörpermikrostruktur beim Schlicker- und Druckguß. Flockulierte oder teilflockulierte Suspensionen sind hochviskos und führen zu einem sehr schnellen Filterkuchenwachstum verbunden mit hoher Porosität. Der Feststoffanteil der Suspensionen hat, wie Bild 5 zeigt, nur einen geringen Einfluß auf das Grünkörpergefüge, so daß die Suspensionsrheologie bei Bedarf ohne negative Folgen über den Feststoffanteil angepaßt werden kann. Bei stark bimodalen Partikelsystemen werden die Verhältnisse wesentlich komplexer, wobei aufgrund der experimentellen Randbedingungen hier nur die Systeme mit Wachsanteilen von bis zu 30 Vol.% betrachtet werden sollen. Die Erhöhung der theoretischen Partikelpackungsdichte durch den Zusatz der groben Wachsfraktion wirkt sich sowohl hinsichtlich der Viskosität als auch der Porosität positiv aus. Zusätzlich steigen die Permeabilitäten der Filterkuchen und damit die Bildungsgeschwindigkeit des Filterkuchens an. Dieser starke Einfluß von $c_{v,max}$ deutet darauf hin, daß auch bei diesen Systemen eine Vererbung der Suspensionsstruktur an den Filterkuchen vorliegt.

Literatur

(1) Dröschel, M.: Processing of silicon carbide evaporators with porosity gradients by pressure filtration, erscheint in den Proceedings der 5th International Symposium on Functinonally Graded Materials 1998; Dresden; 1998
(2) Aslan, M.: Herstellung großvolumiger SiC-Bauteile über kolloidale Formgebungsverfahren, Werkstoffwoche 1996, Symposium 6; Stuttgart, 1996; p 543 - 549
(3) Fries, B.: Slip Casting and Filter-Pressing, Material Science and Technology, Volume 17a; p 153 -187
(4) German, M.:Powder Injection Molding, Metal Powder Industries Federation; 1990; p 147 - 179
(5) Gleissle, W.: Praktische Rheologie der Kunststoffe und Elastomere; Düsseldorf, 1991
(6) Windhab, E.: Rheologie und Rheometrie im Lebensmittelbereich, Rheologieseminar 1998, Institut für mechanische Verfahrenstechnik und Mechanik, Universität Karlsruhe; 1998
(7) Cumberland, D. J.: Handbook of Powder Technology, Amsterdam, Netherlands, 1987; p 41 - 61
(8) Dullien, F. A. L.: Porous Media - Fluid Transport and Pore Structure, 1992
(9) Löffler, F.: Staubabscheiden, Stuttgart, 1988
(10) Tiller, F. M.: Compressible Cake Filtration, Proceedings of the NATO Advanced Study Institute on The Scientific Basis of Filtration, held at Cambridge, U.K., 1973; p 315 - 398
(11) Gasper, H.:Handbuch der industriellen Fest/Flüssig-Filtration, Heidelberg, 1990, p 33 - 45

Spannungsentstehung in trocknenden Keramikschichten

S. Lampenscherf, W. Pompe, Institut für Werkstoffwissenschaft TU-Dresden

Einführung

Der trocknungsbedingte Flüssigkeitsentzug ist ein kritischer Prozeßschritt bei der Flüssig-Prekursor-Technologie der Keramikherstellung. Dichte, Homogenität, Form und Defektverteilung der getrockneten (grünen) Keramik sind wesentliche Parameter für spätere Prozeßschritte (Sintern) und die Qualität des Produktes. Alle genannten Parameter hängen wesentlich von der Größe der durch Kapillarkräfte hervorgerufenen Schichtspannungen und von der Mikrostruktur des trocknenden Materials ab (Verteilung der festen/flüssigen Phase).
In der aktuellen Literatur wird über einige Messungen der makroskopischen Spannung in dünnen trocknenden Keramikschichten berichtet. Dabei wurden Keramikprekursoren unterschiedlicher Zusammensetzung (basierend auf Al_2O_3, SiO_2, ZrO_2) und Teilchengröße untersucht [1,2]. Die experimentell bestimmte makroskopische Schichtspannung hängt wesentich von der Verdampfungsrate und der Position des Flüssigkeitsmeniskus in den verschiedenen Phasen der Trocknung ab [3,4]: (I) flüssigkeitsgesättigtes Material, (II) teilweise gesättigtes Material (Bewegung des Flüssigkeitsmeniskus in das Innere des Materials) und (III) ungesättigtes Material (Flüssigkeitshälse an der Kontaktzone zwischen den Pulverteilchen). Der Einfluß zusätzlicher Spannungsrelaxationsprozesse (z.B. durch Weichmacher) [5] sowie der Sättigungsgrad während Phase II wurden bereits untersucht [2]. Für die Trocknung granularer Schichten mit viskoplastischem Materialverhalten wurde ein kontinuumsmechanisches Modell entwickelt, das für die Abhängigkeit der Schichtspannung von der relativen Luftfeuchte und der Schichtdicke eine gute Übereinstimmung mit den experimentellen Ergebnissen an ZrO_2-Schichten liefert [6]. Die Experimente zeigen jedoch auch eine unerwartet starke Abhängigkeit der Schichtspannung von der relativen Luftfeuchte in der Phase III des Trocknungsprozesses. Besonders bei kleinen relativen Luftfeuchten wurde ein starker Anstieg der Schicht-

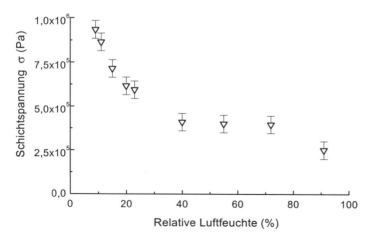

Abb. 1: Luftfeuchteabhängigkeit der Schichtspannung in einer ZrO_2-Schicht; Spannungsbestimmung mittels kapazitiver Verformungsmessung in einer Klimakammer [6].

spannung beobachtet (siehe Abb. 1), während Modellabschätzungen für die Spannungsentstehung dort eine plateauartige Abhängigkeit vorhersagen. Dieses Resultat wurde durch die Hypothese erklärt, daß sich während der trocknungsbedingten Verdichtung des Keramikprekursors endliche Kontaktflächen zwischen den Teilchen ausbilden. Wegen der undefinierten Geometrie der ZrO_2-Pulverteilchen und der Anwesenheit von Additiven (z.B. Binderpolymer) bleibt jedoch zu klären, ob das beobachtete Phänomen durch die speziellen Prekursoreigenschaften bedingt ist oder eine allgemeine Eigenschaft trocknender pulverförmiger Materialien darstellt.

In situ-Experiment
Um diese Frage zu beantworten, haben wir in situ-Experimente durchgeführt, mit deren Hilfe gleichzeitig das makroskopisch mechanische und das mikrostrukturelle Verhalten von dünnen, granularen Schichten untersucht werden kann. Dazu wurde ein Pulver monodisperser Teilchen mit sphärischer Geometrie benutzt: Glaskügelchen (SIGMA-ALDRICH). Das flüssigkeitsgesättigte Pulver wurde als Monolage auf einem 3" Silizium-Wafer abgeschieden, der anschließend als Substrat für die Spannungsmessung diente.

Während der Spannungsmessung wurde die Durchbiegung des Silizium-Wafers durch eine Kapazitätsmessung aufgezeichnet. Die Details der Meßmethode sind in [6] dargestellt. Verglichen mit den üblicherweise verwendeten optischen Verformungsmeßverfahren [2,7,8] besitzt diese Methode eine bessere Empfindlichkeit ($\Delta\delta < 10$ nm) und Zeitauflösung ($\Delta t < 10^{-2}$ s). Die kompakte Bauweise gestattet den Einbau des Meßgerätes in die Probenkammer eines ESEM's® (2020, ELECTROSCAN). Das einzigartige Abbildungsverfahren des ESEM's® gestattet es, elektronenmikroskopische Abbildungen auch bei Gasdrücken bis zu 50 Torr aufzunehmen. So konnte gleichzeitig die Strukturänderung in der Teilchenschicht beobachtet und die makroskopische Schichtspannung als Funktion der relativen Luftfeuchte gemessen werden. Von besonderem Interesse war dabei die Größe der sich zwischen den Teilchen bildenden Flüssigkeitshälse. Um optimale Abbildungsbedingungen zu erreichen, wurde der Taupunkt der Gasatmosphäre in der Probenkammer durch Kühlung auf einen geringeren Wert der absoluten Luftfeuchte reduziert.

Für die Kapazitätsmessung wurde der Silizium-Wafer auf der Rückseite mit einer 1μm dicken Goldschicht überzogen. So konnten kondensations- und verdampfungsbedingte Temperaturänderungen mit Hilfe von Thermoelementen aufgezeichnet und der thermische Misfit korrigiert werden. Die relative Luftfeuchte der Wasserdampfatmosphäre wurde mit einem Kombimeßfühler für Temperatur und Luftfeuchte gemessen (P570, DOSTMANN ELECTRONIC).

Mit Hilfe eines Atomkraftmikroskops (NANOSCOPE II, Digital Instruments) wurde die Veränderung der Oberflächenmorphologie in der Kontaktregion der Teilchen untersucht.

Ergebnisse
Spannungsmessung: Nach Positionierung des beschichteten Silizium-Wafers auf dem kapazitiven Verformungsmeßgerät in der Probenkammer des ESEM's® wurden die Teilchenschichten Atmosphären mit unterschiedlicher relativer Luftfeuchte ausgesetzt (R.H. = 2% ... 98%). Die Kapazitätsänderung zwischen Silizium-Wafer und Referenzelektrode des zuvor kalibrierten Meßgerätes liefert die aktuelle Durchbiegung des Silizium-Wafers. Aus der Schichtgeometrie (Radius des Substrats, Dicke von Substrat und Teilchenschicht) und den mechanischen Eigenschaften des Substrats (*E*-Modul und *Poisson*-Verhältnis) konnte die makroskopische Schichtspannung mit Hilfe der *Stoney*-Näherung [6] berechnet werden. Für die Dicke der Teilchenschicht wurde der Teilchendurchmesser eingesetzt. Die auf diese Weise in einer Teilchenschicht ($R \approx 20\mu m$) bestimmte Schichtspannung ist in Abb. 2 dargestellt. Die Luftfeuchteabhängigkeit der Schichtspannung zeigt Ähnlichkeiten zu der in den ZrO_2-Schichten beobachteten (siehe Abb. 1). Somit liegt die Vermutung nahe, daß die gleichen mikrostrukturellen Mechanismen auch im Modellsystem wirksam sind.

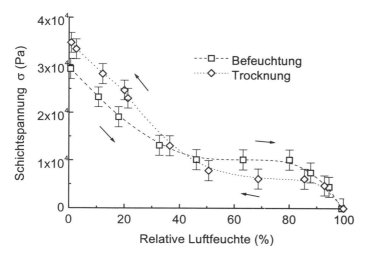

Abb. 2: Luftfeuchteabhängigkeit der Schichtspannung in einer Monolage von Glaskügelchen (R ≈ 20μm). Die Schichtspannung hängt offenbar vom Vorzeichen der Luftfeuchteänderung ab.

Aus Abb. 2 wird erkennbar, daß die Schichtspannung von der Richtung der Luftfeuchteänderung abhängt und somit ein hystereseartiges Verhalten besitzt. Für kleine relative Luftfeuchten ist dabei die Schichtspannung während der Trocknung höher als bei der Befeuchtung, während bei höheren Luftfeuchten gerade die umgekehrte Situation eintritt. Dieses Verhalten könnte einerseits durch die Hysterese des Kontaktwinkels ϑ (Flüssigkeit/Teilchenoberfläche) bedingt sein und andererseits durch das spontane Auffüllen der Teilchenzwischenräume beim Befeuchten erklärt werden [9].
Flüssigkeitshälse: Entsprechend der Umgebungsluftfeuchte bilden sich zwischen den Teilchen Flüssigkeitshälse ("pendular rings"), die mit Hilfe des ESEM's® abgebildet werden können (siehe Abb.3). Der Radius r dieser Hälse wurde für unterschiedliche relative Luftfeuchten bestimmt. Die

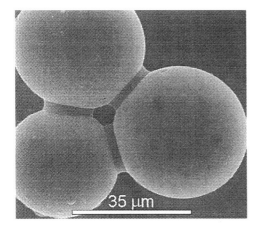

Abb. 3: Bildung von Flüssigkeitshälsen zwischen benachbarten Glaskügelchen (R ≈ 20μm, ESEM®).

Luftfeuchteabhängigkeit des Radius r der Flüssigkeitshälse ist in Abb. 4 bezogen auf den Teilchenradius R dargestellt und mit Modellvorhersagen verglichen (siehe Abschnitt Modellierung).

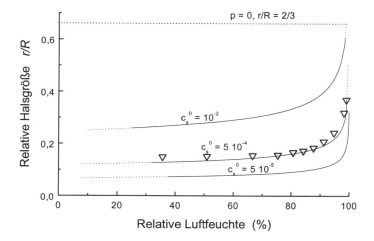

Abb. 4: Experimentelles Ergebnis (∇) und Modellvorhersage (—) für die relative Größe r/R der Flüssigkeitshälse. Der Modellparameter c_s^0 stellt die Ausgangskonzentration einer in der Flüssigkeit gelösten Substanz dar.

Endlicher Teilchenkontakt: Nach Eintrocknung haftet die Teilchenschicht an der Substratoberfläche. Mit Hilfe eines AFM's wurde die Kontaktregion zwischen den Teilchen abgebildet und mit *Auger*-Spektroskopie analysiert. Abb. 5 zeigt die typische Mikrostruktur in der Nähe der Kontaktstelle zwischen einem Glaskügelchen und dem Substrat. Die beobachteten Feststoffbrücken beste-

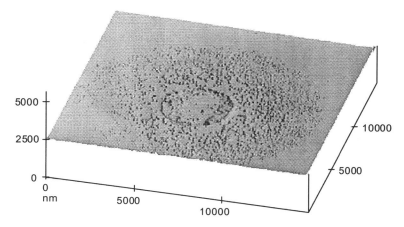

Fig. 5: AFM-Bild der Kontaktzone zwischen einem Glaskügelchen und dem Silizium-Substrat. Die ringartige Struktur aus mikroskopischen Ausscheidungen ist wahrscheinlich der Rest einer zuvor gebildeten Feststoffbrücke. Der Radius definiert gleichzeitig die Größe der Kontaktfläche.

hen im wesentlichen aus Na und Cl und sind wahrscheinlich durch Ausscheidung des zuvor in der Kapillarflüssigkeit gelösten Salzes entstanden. Die Salzverunreinigung der Glaskügelchen geht auf den Reinigungsprozeß zurück. Dabei wurde nur destilliertes, jedoch nicht deionisiertes Wasser benutzt. Unter den Prozeßbedingungen der Keramikherstellung kann davon ausgegangen werden, daß es während der Trocknung zur Feststoffbrückenbildung kommt. Als Bildusngmechanismen kommen Lösungs-/Wiederausscheidungsprozesse der Teilchen (kolloidale Systeme) und Salzkristallisation in Frage. Die Intensität beider Mechanismen nimmt mit abnehmender Teilchengröße zu.

Modellierung

Für gegebenen Kontaktwinkel ϑ und Flüssigkeitsdruck p kann die Größe der Flüssigkeitshälse zwischen sphärischen Teilchen näherungsweise mit Hilfe der Kreis-Kreis-Approximation berechnet werden [10]. Der Flüssigkeitsdruck hängt dabei entsprechend der *Kelvin*-Gleichung [11] von der relativen Luftfeuchte entsprechend der *Kelvin*-Gleichung ab. In unseren Modellrechnungen wurde zusätzlich der Einfluß einer in der Kapillarflüssigkeit gelösten Substanz (z.B. Salz) berücksichtigt. Dabei kommt es im Vergleich zur reinen Flüssigkeit zu einer Vergrößerung der Flüssigkeitshälse. Der Einfluß unterschiedlicher Anfangswerte der Ausgangskonzentration c_s^0 der gelösten Substanz auf die Luftfeuchteabhängigkeit der Flüssigkeitshalsgröße ist in Abb. 4 dargestellt. Unter der Annahme einer idealen Lösung mit $\vartheta = 0°$ ließen sich die experimentellen Resultate mit $c_s^0 = 5 \cdot 10^{-4}$ am besten approximieren.

Aus der Größe r der Flüssigkeitshälse und dem Kapillardruck p kann die Kapillarkraft F zwischen zwei benachbarten Teilchen berechnet werden: $F = 2\pi r \gamma_{lv} - \pi r^2 p$ ($\gamma_{lv} \approx 7 \cdot 10^{-2}$ Jm^{-2}: Oberflächenspannung der Wasser/Dampf Grenzfläche). Bezieht man diese Kraft auf eine effektive Fläche A pro Teilchen, so kann die Spannung in der Schicht abgeschätzt werden: $\sigma \approx F/A$. In Abb. 6 wurde das Resultat der Spannungsmessung in der Teilchenschicht ($R \approx 20\mu m$) mit der Modellvorhersage verglichen. Dabei wurden ideale Benetzung ($\vartheta = 0°$) und sphärische Teilchen vorausgesetzt.

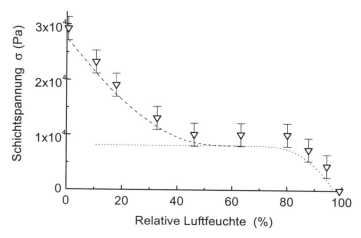

Abb. 6: Modell und Messung ($\triangledown$) der Schichtspannung in einer Teilchenschicht ($R \approx 20\mu m$). Die punktierte Linie entspricht dem Modell berührender, sphärischer Teilchen. Die gestrichelte Linie ergibt sich schließlich unter der Annahme einer endlichen Kontaktfläche.

Schlußfolgerungen

Bei der Trocknung dünner ZrO_2-Schichten wurde ein unerwarteter Anstieg der Schichtspannung beobachtet. Zur Erklärung wurde die Existenz endlicher Kontaktflächen zwischen den Teilchen angenommen, die sich während der trocknungsbedingten Verdichtung des Teilchennetzwerkes bilden könnten.

Durch die Kombination eines kapazitiven Verformungsmeßgerätes mit einem Environmental SEM (ESEM®) war es möglich, in situ-Experimente zur Untersuchung der makroskopischen mechanischen und mikroskopischen strukturellen Eigenschaften trocknender, granularer Schichten durchzuführen. So konnten gleichzeitig die Luftfeuchteabhängigkeit der Größe der Flüssigkeitshälse zwischen benachbarten Teilchen und die Schichtspannung bestimmt werden.

Die experimentellen Ergebnisse wurden mit den Vorhersagen eines vereinfachten Modells unter der Annahme sphärischer Teilchen und Verwendung der Kreis-Kreis-Approximation für die Geometrie der Flüssigkeitshälse verglichen. Die experimentell bestimmten Luftfeuchteabhängigkeiten der Größe der Flüssigkeitshälse und der Schichtspannung konnten durch die Annahme einer zusätzlichen in der Flüssigkeit gelösten Substanz erklärt werden. Während der Trocknung reduziert die gelöste Substanz den Gleichgewichtsdampfdruck und erklärt somit die für eine reine Flüssigkeit zu großen Kapillarhälse. Zum Ende der Trocknung fällt die gelöste Substanz in Form von Mikrokristallen in der Nähe der Teilchenkontaktzone aus und verursacht damit die Bildung von Feststoffbrücken mit einem endlichen Kontaktradius.

References:

[1] R.C. Chiu, T.J. Garino and M. Cima, "Drying of Granular Ceramic Films: I, Effect of Processing Variables on Cracking Behaviour," J.Am.Ceram.Soc. 76[9] 2257-64 (1993)

[2] M. Cima and R.C. Chiu, "Drying of Granular Ceramic Films: II, Drying Stress and Saturation Uniformity," J. Am.Ceram.Soc. 76[11] 2769-77 (1996)

[3] R.K. Dwivedi, "Drying Behaviour of Alumina Gels," J.Mat.Sci.Let. [5] 373-76 (1986)

[4] G.W. Scherer, "Theory of Drying," J.Am.Ceram.Soc. 73[1] 3-14 (1990)

[5] J. Lewis. and L.F. Francis et.al., "Rheological Property and Stress Development During Drying of Tape-Cast Ceramic Layers," J.Am.Ceram.Soc. 79[3] 3225-34 (1996)

[6] S. Lampenscherf and W. Pompe, "Mechanical Behaviour of Granular Ceramic Films During Drying, Zeitschrift für Metallkunde (1998) 89[2]

[7] K.N. Kumar, J. Voncken and C. Lijzenga, "New Method for the Measurement of Stress in thin Gel Layers produced during the Formation of Ceramic Membranes," J. Mat.Sci. 472-78 (1992)

[8] J.A. Payne, A.V. McCo,rmick and L.F. Francis, "In situ Stress Measurement Apparatus for Liquid Applied Coatings," Rev.Sci.Inst. (accepted)

[9] T. Shaw, "Liquid Redistribution during Liquid-Phase Sintering,", J.Am.Ceram.Soc. 69[1], 27-34 (1986)

[10] Stefan Lampenscherf, *Spannungsentstehung und Defektbildung in Keramischen Prekursoren*, Dissertation TU-Dresden (1998)

[11] R. Defay, I. Prigogine, A. Bellemans, D.H. Everett, *Surface Tension and Adsorption*, Longmans, London (1966)

Neue Verfahren zur Grünkörperbewertung

Torsten Rabe, Jürgen Goebbels, Andreas Kunzmann, Bundesanstalt für Materialforschung und -prüfung, Berlin

Einleitung

Der Grünkörper - das Produkt der keramischen Formgebung – ist bisher hinsichtlich seines Gefüges nur unzureichend charakterisierbar. Im Formgebungsprozeß entstehen jedoch häufig Gefügeinhomogenitäten (Dichtegradienten, Risse), die Ursache für das spätere Versagen des keramischen Bauteils sind. Um die Kosten bei der Verfahrens- und Bauteilentwicklung zu reduzieren und die Sicherheit und Zuverlässigkeit von keramischen Bauteilen bei der Anwendung zu erhöhen, wird von Keramikentwicklern und -produzenten ein Verfahren verlangt, mit dem formgebungsbedingte Gefügeschädigungen frühzeitig – d.h. im Grünkörper - erkannt werden.
Die alleinige Charakterisierung des Grünkörpers durch integrale Kennwerte (z.B. Gründichte, Porengrößenverteilung) ist nicht ausreichend. Dringend benötigt werden zuverlässige Verfahren für die ortsaufgelöste Charakterisierung des Grünkörpergefüges. Die an Sinterkörpern übliche Bildauswertung von Anschliffen ist aufgrund der geringen mechanischen Stabilität von Grünkörpern selten erfolgreich. In der Literatur (1, 2, 3) wird über die Erprobung einer Reihe von zerstörungsfreien Verfahren zur Grünkörpercharakterisierung, wie Radioskopie, Ultraschallmikroskopie, Röntgenrefraktometrie usw. berichtet. Die Anwendbarkeit dieser Verfahren ist jedoch eingeschränkt, entweder auf Probekörper mit einfacher Geometrie oder auf oberflächennahe Bereiche des Bauteils.
Die Zielstellung - einer das gesamte Volumen umfassenden Gefügecharakterisierung von beliebig geformten Bauteilen mit einem auch für industrielle Anwender vertretbarem Zeit- und Kostenaufwand - verlangt nach Verfahren, die das gesamte Volumen des grünen Bauteils erfassen und aus den gewonnenen Primärdaten eine ortsaufgelöste Bestimmung von Gefügeparametern, z.B. der Porosität, ermöglichen. Moderne physikalische Meßverfahren wie die 3D-Röntgentomographie und die NMR-Mikroskopie erfüllen prinzipiell diese Forderungen. Während der Einsatz der NMR-Mikroskopie für die Grünkörpercharakterisierung noch am Anfang steht, ermöglicht der erreichte Entwicklungsstand der 3D-Röntgentomographie bereits jetzt die erfolgreiche Bearbeitung praxisrelevanter Fragestellungen (4, 5).

Experimentelles

Der für die Untersuchungen verwendete 3D-Tomograph wurde an der BAM entwickelt (6). Die Anlage ist geeignet für die Untersuchung von Bauteilen bis zu einem Durchmesser von 150 mm. Bei Bauteilen bis zu etwa 10 mm Kantenlänge kann die maximal erzielbare Ortsauflösung von 18 μm im gesamten Volumen erreicht werden. Die wesentlichen Komponenten des Tomographen sind eine Mikrofokus-Röntgenröhre mit einem Brennfleck von etwa 10 μm, ein Präzisionsmanipulator zur Probenpositionierung, ein Detektorsystem bestehend aus einem Bildwandler und einer gekühlten CCD-Kamera und ein Computersystem zur Datenerfassung und -auswertung.
Das zu untersuchende Bauteil wird schrittweise im Röntgenstrahl einmal um die eigene Achse gedreht und die transmittierte Strahlung mit dem Flächendetektor erfaßt. Aus einer großen Anzahl derartiger radiographischer Aufnahmen – üblich sind 360 bzw. 720 Aufnahmen – wird die Absorption mit einem auf 3D-Datensätze erweiterten Fächerstrahl-Rekonstruktionsalgorithmus für das gesamte Bauteil ortsaufgelöst berechnet. Das zu untersuchende Bauteil kann in bis zu 511^3 Volumenelemente aufgeteilt werden, d.h. die 3D-Röntgentomographie liefert eine Information über

die absorbierte Röntgenstrahlung in bis zu ca. 100 Millionen Volumenelementen. Lokale Unterschiede im Absorptionsverhalten werden in Form von Schnittbildern in den 3 Raumrichtungen visualisiert. Durch eine Bemusterung dieser Schnittbilder können für den gesamten Grünkörper qualitative Aussagen über das Vorhandensein von Gefügeinhomogenitäten getroffen werden. Wenn die chemische Zusammensetzung in allen Volumenelementen konstant ist, was bei Grünkörpern zumeist gegeben ist, und die mittlere Dichte sowie die mittlere Absorption für das Bauteil bekannt sind, kann für jedes Volumenelement aus der gemessenen lokalen Absorption die Dichte bzw. Porosität berechnet werden. Berücksichtigt werden muß aber auch die Möglichkeit von verfahrens- bzw. gerätebedingten Artefakten. Eine zuverlässige Interpretation der Meßergebnisse verlangt daher sowohl Kenntnisse über den Herstellungsprozeß des Bauteils als auch über die physikalischen Grundlagen des Verfahrens.

Ergebnisse
Beispiele für die mittels 3D-Röntgentomographie in Grünkörpern nachweisbaren Gefügefehler, sind in den nachfolgenden Bildern dargestellt. Untersucht wurden Zylinder und Bauteile, an deren Oberflächen keine Defekte erkennbar waren.

* Risse in Grünkörpern
Bild 1 zeigt lokal eng begrenzte Bereiche mit stark reduzierter Massenschwächung innerhalb eines zylindrischen Grünkörpers. Sichtbar werden in dem axialen Schnittbild Rißanordnungen, die bei ungünstigen Preßparametern für trockengepreßte Zylinder charakteristisch sind. Entsprechende Risse treten auf, wenn die Rückdehnung während des Ausstoßprozesses nicht durch elastische Verformung abgebaut werden kann. Häufig ist der Ausgangspunkt dieser Risse in Nähe der oberen Kante des Zylinders bereits bei einer visuellen Bemusterung der Grünkörper zu erkennen, im Extremfall wird ein kappenförmiges Teil vom Grünkörper abgespalten. Bild 1 verdeutlicht, daß der Riß im Inneren breiter als am Rand der Probe ist, d.h. formgebungsbedingte Risse dieses Typs können im Grünkörper verborgen sein, auch wenn bei einer Bemusterung der Oberfläche keine Defekte sichtbar sind.

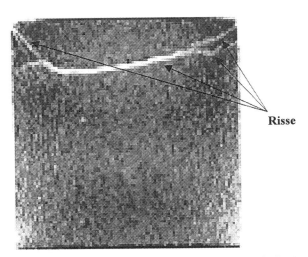

Bild 1: Nachweis von Rissen in einem trockengepreßten Grünkörper mittels 3D-Röntgentomographie (axialsymmetrischer Schnitt durch einen SiC-Zylinder)

Im Gegensatz zu Zylindern ist in Bauteilen mit komplizierter Geometrie die bevorzugte Lage von formgebungsbedingten Rissen häufig nicht bekannt. Eine Inspektion des gesamten Bauteilvolumens - wie mit der 3D-Röntgentomographie möglich - ist deshalb besonders wichtig. In Bild 2 sind eine radiale und eine axiale Schnittebene durch ein trockengepreßtes Aluminiumoxid-Bauteil gemeinsam dargestellt. An zwei Stellen sind formgebungsbedingte Risse zu erkennen. Durch die Möglichkeit die Dichteverteilung in den jeweils benachbarten Schichten zu betrachten, kann der Ausgangspunkt und der Verlauf der Risse im Bauteil präzise lokalisiert werden. Dagegen kann aus den Röntgentomographie-Daten keine Aussage über die absolute Breite der Risse getroffen werden, da die Auflösung begrenzt ist und bedingt durch das verwendete Detektorsystem die gemessene Absorption eines Volumenelementes durch die umgebenden Volumenelemente beeinflußt wird. Damit kann aus den Röntgentomograpie-Ergebnissen auch nicht entschieden werden, ob es sich bei den Rissen tatsächlich um einen schmalen Luftspalt oder nur um eine Zone mit deutlich verringerter Dichte handelt.

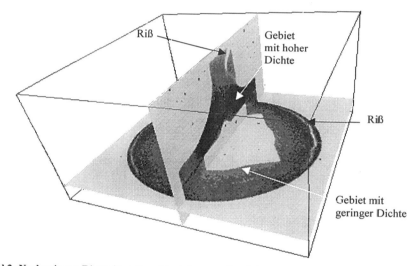

Bild 2: Nachweis von Rissen in grünen Bauteilen aus Aluminiumoxid mittels 3D-Röntgentomographie

* Verunreinigungen in Grünkörpern

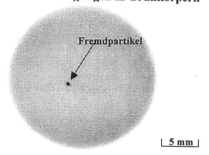

Bild 3: Fremdpartikel in einem MgO-Zylinder

Durch eine qualitative Auswertung der Röntgentomographie-Schnittbilder können auch Verunreinigungen unabhängig von der Position innerhalb der Grünkörper schnell und zuverlässig erkannt werden. In Bild 3 ist die Lage eines die Röntgenstrahlen stark schwächenden Fremdpartikels mit einem Durchmesser deutlich > 100 µm in einem Magnesiumoxid-Zylinder in einer radialen Schnittebene 4,7 mm unter der oberen Stirnfläche exakt lokalisiert. Die Nachweisgrenze für Fremdpartikel im Grünkörper verbessert sich mit größer werdenden Absorptionsunterschieden zwischen Fremdpartikel und Matrix.

* **Porositätsgradienten in Grünkörpern**

Gefügefehler, die bei der Formgebung entstehen, können neben Rissen und Verunreinigungen auch Porositätsgradienten sein. Insbesondere bei trockengepreßten Grünkörpern sind diese Gradienten häufig qualitätsbestimmend. Mit der 3D-Röntgentomographie ist es erstmals möglich, die Porositäts- bzw. Dichteverteilungen in keramischen Grünkörpern experimentell zu bestimmen. Bisherige Vorstellungen über die beim Trockenpressen entstehenden Gradienten wurden durch numerische Simulation gewonnen. Bild 4a zeigt die nach dem Drucker-Prager-Cap-Modell berechneten Dichteverteilungen in einem Zylinder mit einer Höhe und einem Durchmesser von jeweils 8 mm, der in einem Preßwerkzeug mit beweglicher Matrize hergestellt wurde. Durch Verwendung einer federnd aufgesetzten Matrize wird eine relative Bewegung des Unterstempels durch die „Mitnahme" der Matrize und damit eine Preßwirkung auf die Unterseite des Zylinders erreicht. In der Anfangsphase des Preßvorgangs findet keine Matrizenbewegung statt, die Matrizenbewegung erfolgt erst bei Erreichen eines bestimmten Reibungsdruckes. Für die Simulation wurde angenommen, daß die Dichteverteilung symmetrisch zur Mittelebene und axialsymmetrisch zur Mittelachse ist. Berechnet wurden die Dichten für jeweils 0,5 x 0,5 mm² große Elemente.

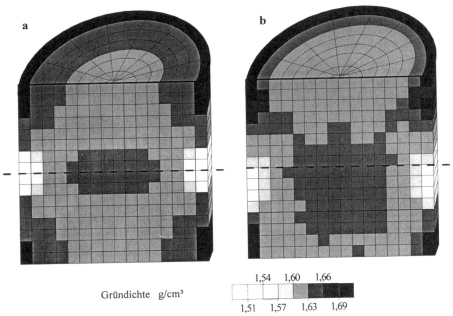

Bild 4: Dichteverteilung in zylindrischen Grünkörpern nach dem Pressen mit fliegender Matrize unter 30 MPa
links: Ergebnisse der numerischen Simulation (ausgeführt von Dr. H. Zipse am IWM Freiburg)
rechts: Ergebnisse der Röntgentomographie-Messung

Die Ergebnisse der numerischen Simulation und der Tomographie (Bild 4b) weisen einen gute Übereinstimmung sowohl der minimalen und maximalen Dichten als auch hinsichtlich Verlauf und Größe der Dichtegradienten auf. Unterschiede gibt es in der Lage der Preßneutralen. Mit der Tomographie wurde gefunden, daß bei kleinen Preßdrücken (30 MPa) die Preßneutrale deutlich unterhalb der Mittelebene liegt. Die der numerischen Simulation zugrunde liegende Annahme einer zur Mittelebene symmetrischen Dichteverteilung trifft bei Verwendung einer federnd gelagerten Matrize und geringen Preßdrücken nicht zu. Bei einem Preßdruck von 100 MPa verschiebt sich nach den Tomographie-Ergebnissen die Preßneutrale jedoch nahe an die Mittelebene, so daß die Übereinstimmung beider Verfahren unter diesen Preßbedingungen noch besser war.

Mit der 3D-Röntgentomographie kann der Einfluß ausgewählter Formgebungsparameter auf die Porositäts- bzw. Dichtegradienten im Grünkörper durch zielgerichtete Parametervariation untersucht und quantitativ bestimmt werden. Bild 5 belegt diese Möglichkeiten am Beispiel einer Variation der organischen Versatzkomponenten. Die für die Darstellungen gewählte geringe Ortsauflösung von 1 x 1 x 0,1 mm³ ermöglicht es, die formgebungsbedingten Dichtegradienten deutlich sichtbar zu machen. Durch das Zusammenfassen einer großen Anzahl von gemessenen Volumenelementen verschwinden in der Graphik lokale Unterschiede der Meßwerte, die durch zufällig verteilte, kleine Gefügefehler und Schwankungen im Detektorsystem verursacht werden. Zylinder, die, wie die untersuchten SiC-Grünkörper durch einseitiges Trockenpressen mit fester Matrize hergestellt wurden, weisen immer den für dieses Preßverfahren charakteristischen Dichteverlauf auf. Die höchste Dichte entsteht im Bereich der oberen Kante und die geringste Dichte an der unteren Kante. Eine entsprechende - vor allem durch Reibung zwischen Pulverteilchen und Matrize (äußere Reibung) verursachte Dichteverteilung - ist in Bild 5 in allen Grünkörpern erkennbar. In Abhängigkeit vom Preßhilfsmittel treten jedoch deutliche Unterschiede in der maximalen Dichtedifferenz innerhalb der Grünkörper auf. Die geringste Gründichte (1,57 g/cm³) und der größte Dichteunterschied (0,13 g/cm³) wurden analysiert, wenn als Preßhilfsmittel für den SiC-Versatz nur Phenolharz verwendet wurde (Bild 5a). Weiterhin ist in Bild 5a eine Diskontinuität im Dichteverlauf etwa 2 mm unter der oberen Stirnfläche zu erkennen. In diesem Bereich sind Risse vorhanden, deren exakter Verlauf bei höherer Auflösung (siehe Bild 1) sichtbar wird. Der zusätzliche Einsatz von Fettsäuren führt neben einer Erhöhung der mittleren Gründichte auch zu einem homogeneren Gefüge (Bild 5b). Der SiC-Zylinder ist nun rißfrei und der maximale

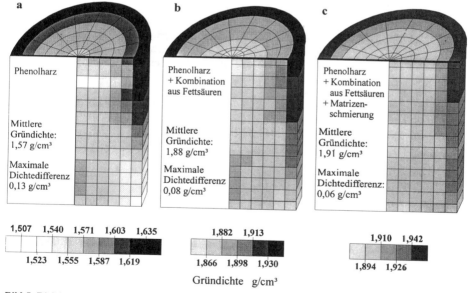

Bild 5: Dichteunterschiede in trockengepreßten SiC-Zylindern (Durchmesser 12mm, Höhe 13 mm) in Abhängigkeit von den verwendeten organischen Versatzkomponenten

Dichteunterschied ist von 0,13 g/cm³ auf 0,08 g/cm³ reduziert. Auch der Einfluß der Matrizenschmierung auf die Dichteverteilung konnte mit der Röntgentomographie quantifiziert werden (Bild 5c). Der maximale Dichteunterschied im Zylinder reduziert sich auf 0,06 g/cm³. Übereinstimmend ist aus allen in Bild 5 dargestellten Dichteverteilungen abzuleiten, daß bei dem verwendeten Preßgranulat die innere Reibung gegenüber der äußeren Reibung zu vernachlässigen ist.

Zusammenfassung und Schlußfolgerungen

An trockengepreßten Zylindern aber auch kompliziert geformten Bauteilen aus Siliciumcarbid, Magnesiumoxid und Aluminiumoxid wurde nachgewiesen, daß mit der 3D-Röntgentomographie nicht nur Fremdpartikel und Risse detektiert, sondern auch formgebungsbedingte Dichtegradienten im Grünkörper lokalisiert und quantifiziert werden können.

An zylindrischen Modellkörpern konnten Dichteunterschiede von etwa 0,02 g/cm³ zwischen Volumenelementen mit einer Größe von 0,5 x 0,5 x 0,5 mm³ reproduzierbar nachgewiesen werden. Damit wurde es möglich, die Auswirkung unterschiedlicher Preßhilfsmittelkombinationen auf die Homogenität der Grünkörper zu bewerten.

Ein direkter Vergleich der mittels 3D-Röntgentomographie gemessenen und der mittels numerischer Simulation berechneten Dichteverteilung in einem gepreßten Zylinder ergab eine weitgehende Übereinstimmung der Ergebnisse.

Für die Gefügebewertung von Grünkörpern eröffnet die 3D-Röntgentomographie unikale Möglichkeiten. Erstmals kann für „grüne" Bauteile eine ortsaufgelöste, quantitative Gefügebewertung des gesamten Volumens durchgeführt werden.

Die bisherigen Ergebnisse offenbaren die Potenzen des Verfahrens sowohl für grundlagenorientierte Untersuchungen von Formgebungsprozessen als auch für die direkte Anwendung bei der Entwicklung und Produktion keramischer und pulvermetallurgischer Bauteile. Durch die Möglichkeit bisher unerkannt gebliebene Schädigungen (Risse, Fremdpartikel und Porositätsgradienten) bereits im Grünkörper nachzuweisen, können sowohl Kosten gespart als auch die Sicherheit und Zuverlässigkeit der Bauteile bei der Anwendung erhöht werden. Da gegenwärtig der erforderliche Mindestzeitaufwand für eine Messung und die anschließende Datenverarbeitung etwa 1 Stunde beträgt, erscheint das Verfahren für die produktionsbegleitende Prüfung vieler Bauteile nicht geeignet. Große Anwendungspotentiale bestehen jedoch in der Bauteilentwicklung als entwicklungsbegleitendes Prüfverfahren.

Um die Einsatzmöglichkeiten und damit die Praxisrelevanz des Verfahrens weiter zu verbessern, müssen Hard- und Software der 3D-Röntgentomographie weiterentwickelt werden. Zielstellung ist es hierbei Artefakte, die in Abhängigkeit von Größe, Form und chemischer Zusammensetzung der Grünkörper beobachtet wurden, durch verbesserte Gerätekomponenten und Korrekturrechnungen zu minimieren.

Literatur

(1) Amin, K.: Amer. Ceram, Soc. Bull. 74(1995)1
(2) Bühling, L., Dietz, M., May, B., Tietz, H.: Fortschrittsber. DKG, Band 11 (1996) Heft 2, S.43
(3) Rabe, T., Mücke U., Harbich, K.W., Goebbels, J.: cfi/Ber. DKG 74 (1997)1, S.38
(4) Lannutti, J.L., Deis T.A., Kong, C.M., Philliips, D.H.: Amer. Ceram. Soc. Bull. 76(1997)1, S.53
(5) Rabe, T.; Goebbels, J.; Kunzmann, A.: cfi/ Ber. DKG 75(1998)6, S.19
(6) Riesemeier, H., Goebbels, J., Illerhaus, B., Onel, Y.: DGZfP Proceedings 37(1993) S.280

IX.

Precursorkeramik

Flüssigphasendarstellung von SiC

Edwin Kroke, Andreas O. Gabriel, Ralf Riedel, Fachgebiet Disperse Feststoffe, Fachbereich Materialwissenschaft, Technische Universität Darmstadt

Technische Bedeutung und klassische Herstellung von SiC

Siliciumcarbid (SiC) ist die bedeutendste binäre Nichtoxidkeramik mit einer Jahresproduktion von etwa 1×10^6 Jato (1,2). Hauptanwendungsgebiete liegen in den Bereichen Schleif- und Poliermittel (ca. 35%) sowie Desoxidations- und Legiermittel in der Metallurgie (ca. 45%). Daneben gibt es speziellere Anwendungen als Funktionswerkstoff wie beispielsweise Heizstäbe (Infrarotstrahler), Hochtemperaturtransistoren oder Überspannungsableiter (2-4). Aufgrund seiner hohen Härte von 25-30 GPa (HV) und sehr guten Verschleißresistenz ist Siliciumcarbid ausgezeichnet geeignet für Schneidwerkzeuge (5). Wegen seiner herausragenden Oxidations- bzw. Korrosionsbeständigkeit bei hohen Temperaturen kommt der Werkstoff SiC auch für Motoren- und Turbinenteile sowie für den chemischen Anlagenbau in Frage (6). Eine weitere potentielle Anwendung liegt im Bereich der Nukleartechnologie als primäre Schutzschicht in zukünftigen Fusionsreaktoren (7).

Großtechnisch wird Siliciumcarbid über den 1893 patentierten Acheson-Prozeß dargestellt. Er wird bis heute leicht modifiziert eingesetzt und basiert auf der Reduktion von Quarzsand mit Kohle:

$$SiO_2 + 3\,C \rightarrow SiC + 2\,CO$$

In bis zu 60 m langen Widerstandsöfen werden Schüttungen aus Quarzsand, Kohle, Sägespänen und Natriumchlorid bei einer elektrischen Leistung von bis zu 15 MW auf Temperaturen >2000°C aufgeheizt. Vielfach wurden Anstrengungen unternommen, dieses energieintensive und diskontinuierliche Verfahren durch einen kontinuierlichen Prozeß zu ersetzen (8). Bis auf wenige Ausnahmen (siehe z.B. den ESK-Prozeß) endeten alle Versuche in „nicht ausgereiften und unwirtschaftlichen Konstruktionen" (9). Ein Problem des Acheson-Prozesses stellt die Inhomogenität der Produkte dar. So müssen die reineren, oft grünlich gefärbten Fraktionen vom schwarzen Hauptprodukt manuell abgetrennt werden. Außerdem treten aufgrund den Menge an giftigen Nebenprodukten (30 Gew.% CO und 2 Gew.% Schwefelverbindungen) erhebliche Umweltbelastungen auf (10,11).

Gasphasenabscheidungs- und Polymerpyrolyse-Verfahren zur Herstellung von SiC

Ein Verfahren zur Herstellung von SiC-Schichten und -Pulvern besteht in der Gasphasenabscheidung von flüchtigen Sliciumverbindungen. Allerdings sind diese CVD- und PVD-Methoden auf kleinere Mengen beschränkt (12), häufig ist es schwer, kohlenstofffreies SiC zu erhalten und es sind vergleichsweise aufwendige und teure Apparaturen erforderlich (13,14). Eine weitere Möglichkeit zur SiC-Darstellung liegt in der Pyrolyse geeigneter flüssiger oder fester Siliciumpolymere (15). Zahlreiche siliciumhaltige Verbindungen wurden in Siliciumcarbid umgewandelt, darunter auch solche, die Stickstoff oder Sauerstoff neben Wasserstoff als Heteroelemente enthalten (15-18). In vielen Fällen wurden unreine Produkte erhalten, die durch überschüssigen Kohlenstoff eine schwarze Farbe besitzen oder durch elementares Silicium bzw. durch größere Mengen Sauerstoff verunreinigt sind. Dennoch hat dieser Weg zu kommerziellen SiC-Produkten geführt. Das bekannteste Beispiel sind wohl SiC-Fasern, die seit etwa 1980 produziert werden und in verschiedenen Ausführungen erhältlich sind (19,20). Daneben wurden

Polycarbosilane entwickelt, die zur Herstellung von SiC-Verbundmaterialien oder für die Fügetechnik (z.B. Verschweißen von SiC-Rohren) eingesetzt werden sollen (21). Der weiteren Verbreitung dieser Produkte und Pyrolyseverfahren zur Herstellung von SiC-Bauteilen steht das Hauptproblem der hohen Kosten entgegen. Die Precursorpolymere werden in der Regel durch Wurtz-Kupplung mit Alkalimetallen aus Chlorsilanen synthetisiert, wobei Salze als unerwünschte Nebenprodukte anfallen und abgetrennt werden müssen. Ein besonderes Problem bei der Produktion von SiC-Fasern besteht in der Härtung der Grünfaser. Aus diesen Gründen stellt die Suche nach neuen SiC-Precursorpolymeren und nach neuen Herstellungsverfahren für SiC auch heute, über zwanzig Jahre nach der Etablierung der ersten kommerziellen polymerabgeleiteten SiC-Produkte ein aktuelles Forschungsgebiet dar (22). Die hier beschriebene Rute zur SiC-Darstellung könnte zur Überwindung der genannten Schwierigkeiten führen und zukünftig einen kostengünstigen Weg zu stöchiometrischem SiC bilden (23).

Poly(silylcarbodiimide) als Precursoren für SiC
Neben den lange bekannten Polysilanen, Polycarbosilanen, Polysilazanen und anderen siliciumbasierten Vorläuferpolymeren werden seit einigen Jahren Poly(silylcarbodiimide) als Vorstufen für keramische Materialien untersucht (24). Diese Verbindungen können durch Umsetzungen von Cyanamid mit Chlorsilanen sythetisiert werden:

$$R_{4-x}SiCl_x + x/2\ H_2N\text{-}CN \rightarrow [R_{4-x}Si(NCN)_{x/2}]_n + x\ HCl \qquad x = 2, 3\ \text{oder}\ 4$$

Zur Abtrennung des Chlorwasserstoffs muß eine Base wie Pyridin zugefügt werden, so daß hier wiederum ein Salz als Nebenprodukt anfällt (25). Eine elegantere Methode zur Darstellung der genannten Polymere besteht in der Reaktion von Bis(trimethylsilyl)carbodiimid (BTSC) mit Chlorsilanen, die durch Pyridin katalysiert abläuft (26-30):

$$R_{4-x}SiCl_x + x/2\ (H_3C)_3Si\text{-}NCN\text{-}Si(CH_3)_3 \rightarrow [R_{4-x}Si(NCN)_{x/2}]_n + x\ (H_3C)_3SiCl \qquad x = 2, 3, 4$$

Als Nebenprodukt fällt hier nur das destillativ leicht abzutrennende Chlortrimethylsilan an. Bei Verwendung von Dichlorsilanen wurden zunächst lineare und cyclische Oligomere isoliert und erstmals strukturell charakterisiert (25). Umsetzungen von Tetrachlorsilan mit BTSC führten nach der Calcinierung zu den ersten kristallinen ternären SiCN-Phasen, SiC_2N_4 und Si_2CN_4, deren Kristallstruktur bestimmt werden konnte (27). Methyltrichlorsilan und viele andere Chlorsilane liefern polymere Gele, die durch Pyrolyse bei 1200°C in amorphe SiCN-Keramiken umgewandelt werden können (28-30). Der Prozeß verläuft völlig analog zum klassischen oxidischen Sol-Gel-Prozeß, bei dem Elementhalogenide oder –alkoxide durch Hydrolyse- und Kondensationsreaktionen ein Polymernetzwerk bilden, das mit der flüssigen Phase durchtränkt ist:

$$n\ RSiCl_3 + 1.5n\ Me_3Si\text{-}NCN\text{-}SiMe_3 \xrightarrow{\text{Pyridin}} \underbrace{[RSi(NCN)_{1.5}]_n}_{\text{Gel}} + 3n\ Me_3SiCl$$

flüssig   flüssig

R = Cl, Me, Ph, H, etc.

Der Verlauf des Prozesses, d.h. die Gelzeit und die anschließende Alterungsgeschwindigkeit, sind steuerbar durch die Stöchiometrie, den Pyridingehalt und die Reaktionstemperatur. Die Tatsache, daß dieser Prozeß ein echtes Pendant zum oxidischen Sol-Gel-Prozeß darstellt, ist bemerkenswert, da bei analogen Versuchen nicht-oxidische Gele zu synthetisieren in der Regel Niederschlagsbildung zu beobachten ist (31).

Bei der Pyrolyse des Methyltrichlorsilan-abgeleiteten Xerogels Poly(methylsilsesquicarbodiimid) (PMSC) entsteht unter Ausgasen von Methan, Acetonitril und Wasserstoff bei 550-700°C sowie unter Abspaltung von Stickstoff bei 900-1100°C zunächst eine amorphes SiCN-Material der Zusammensetzung $Si_1C_{1,12}N_{1,63}$. Damit liegt das Si:C-Verhältnis schon sehr nah an dem für reines SiC geforderten Wert von 1:1 (28). Eine nahezu identische Zusammensetzung wurde bei der Pyrolyse von $(H_3C)HSiCl_2$-abgeleiteten Gelen gefunden (29). Festkörper-NMR-Untersuchungen beweisen, daß die Siliciumatome ausschließlich an Stickstoffatome gebunden sind und keine Si-C-Bindungen vorkommen (Bild 1b). Auslagerungen bis 1400°C in Argon (1 bar) führen zu keiner signifikanten Veränderung. Erst oberhalb von 1400°C setzt eine Stickstoffabspaltung ein, die mit der Bildung von Siliciumcarbid verknüpft ist (Bild 1). Dies entspricht thermodynamischen Berechnungen von Weiss et al. (32), wonach in Stickstoffatmosphäre (0,1 MPa) Siliciumnitrid in Gegenwart von Kohlenstoff oberhalb von 1438°C zu SiC und elementarem Stickstoff reagiert:

$$Si_3N_4 + 3\ C \rightarrow 3\ SiC + 2\ N_2$$

Die Elementzusammensetzung $SiC_{0,96}N_{0,04}$ und die grünliche Farbe des 1600°C-Pyrolysates belegen, daß reines SiC gebildet wird. TEM-Untersuchungen an diesem Material zeigten, daß amorphe und kristalline Bereiche mit Kristallitgrößen von ca. 20 nm nebeneinander vorliegen.

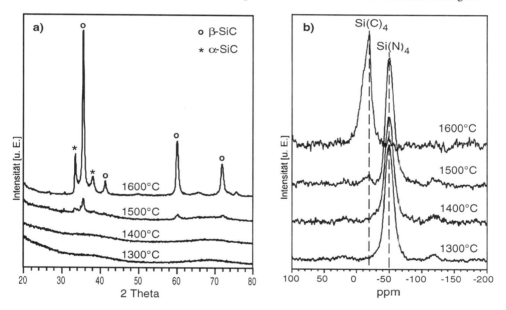

Bild 1: a) Röntgendiffraktogramme (CuK_α) und b) ^{29}Si-Festkörper-NMR Spektren von in Argon mit einer Aufheizrate von 2K/min und ohne isotherme Haltezeit hergestellten Poly(methylsilsesquicarbodiimid)-Pyrolysaten.

Durch das Ausgasen von Stickstoff verändert sich die Morphologie der Produkte, was mit einer Erhöhung der BET-Oberfläche (N_2-Adsorption) von etwa 3-16 m^2/g für die bei 1300-1500°C hergestellten Pyrolysate auf ca. 30m^2/g für das bei 1600°C erhaltene Produkt verbunden ist. Dies deckt sich mit REM-Untersuchungen die zeigen, daß die Partikelgröße bei Auslagerungen zwischen 1300 und 1600°C abnimmt (Bild 2). Eine völlig andere Morphologie wurde durch eine Auslagerung bei 1600°C mit einer isothermen Haltezeit von 10 h erhalten. Das Produkt bestand aus β-SiC Whiskern mit einem Durchmesser von ca. 2 μm und einer Länge von etwa 10-30 μm.

Bild 2: Rasterlelektronenmikroskopische Aufnahmen von in Argon mit einer Aufheizrate von 2K/min und ohne isotherme Haltezeit hergestellten PMSC Pyrolysaten a) 1300°C, b) 1600°C.

Wirtschaftliche Betrachtungen
An dieser Stelle soll keine konkrete Kostenabschätzung der beschriebenen SiC-Synthese erfolgen, sondern nur auf einige interessante Aspekte des Prozesses hingewiesen werden.
Die Synthese von PMSC erfolgt durch die Umsetzung von BTSC mit Methyltrichlorsilan (s.o.). BTSC ist ein kommerzielles Produkt, welches für ca. 23 DM/g (Feinchemikalienpreis) bezogen werden kann. Die maximale Lieferkapazität beträgt ca. 20 kg. Aus technischer Sicht sind der Preis und die Lieferkapazität ungenügend. BTSC kann jedoch über eine Reihe verschiedener Syntheserouten hergestellt werden (24). Eine einfache Darstellungsmethode geht von Hexamethyldisilazan (HMDS) mit Dicyandiamid aus. Dicyandiamid kostet 4.90 DM/kg (Bulkpreis), die Produktionskapazität liegt bei 45000 t/a (33). Die Jahresproduktion von HMDS liegt bei 1000 Jato mit einem Preis von ca. 15 DM/kg (18). Eine technische Darstellung von BTSC erscheint somit zumindest von Seiten der Eduktpreise und der Lieferkapazität technisch realisierbar zu sein, zumal die Reaktion im Labor Ausbeuten von bis zu 80% liefert.
Neben BTSC wird Methyltrichlorsilan für die PMSC-Synthese benötigt, welches beim Müller-Rochow-Verfahren als Nebenprodukt anfällt (34). Der Preis liegt bei ca. 2 - 5 DM/kg (35).
Bei der Herstellung von PMSC entsteht als Nebenprodukt Chlortrimethylsilan. Dieses Chlorsilan kann wiederum zur Darstellung von HMDS eingesetzt werden (36). Dies bedeutet, daß ein technischer Kreisprozeß formuliert werden kann (Bild 3), der drei Reaktionsschritte beinhaltet. Ausgehend von Dicyandiamid wird mit HMDS das BTSC dargestellt. Als Nebenprodukt entsteht Ammoniak. Wie oben beschrieben entsteht aus BTSC und Methyltrichlorsilan PMSC. Der Katalysator Pyridin wird bei der Reaktion nicht verbraucht. Als Nebenprodukt entsteht Ammoniumchlorid, im idealisierten Fall Chlorwasserstoff. Der Kreisprozeß zur Darstellung von PMSC ist geschlossen. Der grau unterlegte Bereich in Bild 3 symbolisiert den Bilanzierungsrahmen des Kreisprozesses. Außerhalb des Rahmens stehen nur das Dicyandiamid (4.90 DM/kg) und das Methyltrichlorsilan (ca. 2-5 DM/kg) als Edukte.

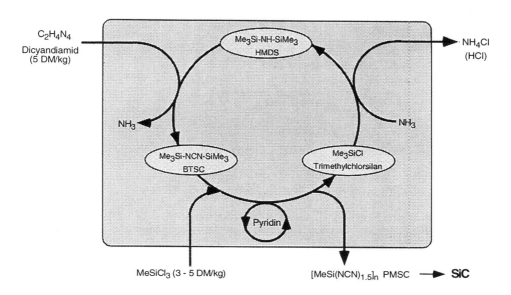

Bild 3: Idealisierter Kreisprozeß zur Darstellung von Poly(methylsilsesquicarbodiimid) PMSC bzw. SiC.

Die Pyrolyse von PMSC durchläuft zwei Keramisierungsstufen (s.o.). Aufgrund von elementaranalytischen und TG-MS Untersuchungen wird extrapoliert, daß 1kg PMSC bis 700°C 200 g Acetonitril, 40 g CH_4 und 5 g H_2 abspalten. Dabei ändert sich die Zusammensetzung von $SiC_{2,5}N_3H_3$ zu $SiC_{1,25}N_{2,50}$. Dieses Pyrolysat verliert bis 1200°C nochmals 100g N_2, so daß die keramische Ausbeute bei 1200°C 60 Gew% beträgt. Die Kristallisation bis 1600°C ist von einer weiteren Stickstoffabspaltung begleitet, so daß sich eine Gesamtausbeute von 41Gew.% ergibt.

Der beschriebene Syntheseweg über einen Flüssigphasenprozeß bietet somit eine möglicherweise wirtschaftliche Methode zur Herstellung von SiC. In einem vergleichbaren Prozeß wird Si_3N_4 kommerziell hergestellt (Diimidverfahren). Dies unterstreicht das Potential der vorgestellten SiC-Darstellung.

Danksagung

Die Autoren danken Dr. F. Babonneau (Paris) für die Festkörper-NMR-Untersuchungen und der Deutschen Forschungsgemeinschaft (Bonn), dem Fonds der Chemischen Industrie (Frankfurt) sowie der Bayer AG (Leverkusen) für die finanzielle Unterstützung dieser Arbeit.

Literatur

(1) Boecker, W.D.G.: cfi/Ber. DKG **1997**, 5, 244-251.
(2) Falbe, J., Regitz, M. (Hrsg.): Römpp Chemie Lexikon, 9. Auflage, Georg Thieme Verlag, Stuttgart, **1989-1992**.
(3) Capano, M.A., Trew, R.T.: Silicon Carbide Electronic Materials and Devices", Mater. Res. Soc. Bull. **1997**, 22, 19-22.
(4) Harris, G.L.: „Properties of Silicon Carbide", Inspec, London, **1995**.

(5) Schwetz, K.A.: „Silicon Carbide and ist High-Technology Ceramics", Radex-Rundschau **1989**, 1, 26-39.
(6) Dreßler, W., Riedel, R.: Progress in Silicon-Based Non-Oxide Structural Ceramics", Int. J. of Refractory Metals & Hard Materials **1997**, 15, 13-47.
(7) siehe z.B.: Sharafat, S., Wong, C.P.C., Reis, E.E.: Fusion Technol. **1991**, 19, 901.
(8) Böcker, W., Hausner, H.: Ber. Dt. Keram. Ges. **1978**, 4, 233-237.
(9) Mehrwald, K.-H.: cfi/Ber. DKG **1992**, 3, 72-81.
(10) Weimer, A.W. (Hrsg.): „Carbide, Nitride and Boride Materials Synthesis and Processing", Chapman & Hall, London, **1997**, 115-129.
(11) Liethschmidt, K. in „Ullmann's Encyclopedia of Industrial Chemistry", A23, **1993**, 749-759.
(12) Unger, E.: Chem. In unserer Zeit **1991**, 25, 148-159.
(13) Toegel, D., Antony, A., Bill, J., Scheer, P., Eichhoefer, A., Fritz, G., J. Organomet. Chem. **1996**, 521, 125-131.
(14) Klein, S., Winterer, M., Hahn, H.: Chem. Vap. Deposition **1998**, 4, 143-149.
(15) Narula, C.K.: „Ceramic Precursor Technology and Ist Applications", Marcel Dekker Inc., New York, **1995**, 161-218.
(16) Birot, M., Pillot, J.-P., Dunogues, J.: Chem. Rev. **1995**, 95, 1443-1477.
(17) Richter, R., Roewer, G., Böhme, U., Busch, K., Babonneau, F., Martin, H.P., Müller, E.: Appl. Organomet. Chem. **1997**, 11, 71-106.
(18) Baldus, H.-P., Jansen, M.: Angew. Chem. **1997**, 109, 338-354.
(19) Yajima, S., Hayashi, J., Omori, M.: Chem. Lett. **1976**, 9, 931-934.
(20) Hasegawa, Y., Iimura, M., Yajima, S.: J. Mat. Sci. **1980**, 15, 720-728.
(21) Interrante, L.V., Whitmarsh, C.W., Sherwood, W., Wu, H.J., Lewis, R., Maciel, G., in „Better Ceramics through Chemistry VI", Mater. Res. Symp. Proc. **1994**, 346, 593-603.
(22) Siehe z.B.: Chollon, G., Pailler, R., Canet, R., Delhaes, P.: J. Europ. Ceram. Soc. **1998**, 18, 725-733; Guo, A., Fry, B.E., Neckers, C.: Chem. Mater. **1998**, 10, 531-536.
(23) Riedel, R., Gabriel, A.O.: Adv. Mater., im Druck.
(24) Übersicht: Riedel, R., Kroke, E., Greiner, A., Gabriel, A.O., Ruwisch, L., Nicolich, J., Kroll, P.: Chem. Mater., im Druck.
(25) Kienzle, A., Obermeyer, A., Riedel, R., Aldinger, F., Simon, A.: Chem. Ber. **1993**, 126, 2569-2572.
(26) Kienzle, A., Wurm, K., Bill, J., Aldinger, F., Riedel, R.: „Organosilicon Chemistry II", N. Auner, J. Weis (Hrsg.), VCH Weinheim, **1996**, 725-731.
(27) Riedel, R., Greiner, A. , Miehe, G. , Dreßler, W., , H. Fueß, Bill, J., Aldinger, F., Angew. Chem. **1997**, 109, 657-660.
(28) Gabriel, A.O., Riedel, R.: Angew. Chem. **1997**, 109, 371-373; Gabriel, A.O., Riedel, R., Storck, S., Maier, W.F.: Appl. Organomet. Chem. **1997**, 11, 833-841.
(29) Kim, D. S., Kroke, E., Riedel, R., Gabriel, A.O., Shim, S.C., Appl. Organomet. Chem., im Druck.
(30) Kroke, E., Gabriel, A.O., Kim, D.S., Riedel, R.: „Organosilicon Chemistry IV", N. Auner, J. Weis (Hrsg.), VCH Weinheim, im Druck.
(31) Kroke, E. in „Proceedings of the 9th CIMTEC – World Ceramics Congress and Forum on New Materials" im Druck.
(32) Weiss, J., Lukas, H.L., Lorenz, J., Petzow, G., Krieg, H.: CALPHAD **1981**, 5(2), 125-140.
(33) Dr. Sturm, SKW-Trostberg, persönliche Mitteilung.
(34) Simmler, W., in „Ullmann's Encyclopedia of Industrial Chemistry", A24, **1993**, 1-93.
(35) Baldus, H.-P., Bayer AG, persönliche Mitteilung.
(36) Siehe z.B. Langer, Connell, S., Wender, I.: J. Org. Chem. **1958**, 23, 50-58.

Entwicklung maßgeschneiderter Si(C,N)-Polymere

J. Hacker, G. Motz und G. Ziegler
Universität Bayreuth, Institut für Materialforschung (IMA I), Bayreuth

Einleitung

Polysilazane spielen seit den Arbeiten von Verbeek und Winter [1] eine wichtige Rolle als metallorganische Vorstufen bei der Herstellung von Si(C,N)-Keramiken. Vor allem ihre guten Hochtemperatureigenschaften wie Oxidations- und Kriechbeständigkeit sowie geringe thermische Ausdehnung bei gleichzeitig niedriger Dichte machen diese Keramiken für die technische Anwendung als Matrixmaterial in keramischen Verbundwerkstoffen, in Form keramischer Fasern oder als keramikartige Beschichtungen interessant. Jede dieser Anwendungen verlangt jedoch von den als präkeramische Vorstufen eingesetzten Si(C,N)-Polymeren spezielle Eigenschaften. Diese können durch eine gezielte Auswahl der Edukte und über die Modifizierung der Syntheseparameter eingestellt werden. Eine derartige Optimierung der Herstellung auf die spätere Anwendung rechtfertigt den Begriff „Maßschneidern".

Die bisherigen Arbeiten am Institut für Materialforschung konzentrierten sich auf die Entwicklung und Optimierung von Si(C,N)-Precursoren für die Flüssigphaseninfiltration (LPI) von Fasergelegen [2]. Durch Ammonolyse von funktionalisierten Di- bzw. Trichlorsilanen erhält man flüssige Silazane mit Newton'schem Fließverhalten, deren reaktive Gruppen eine thermische bzw. katalytische Vernetzung nach dem Infiltrationsprozeß ermöglichen. Voraussetzung für eine hohe keramische Ausbeute sind Verzweigungsstellen im Polymer durch Verwendung von Trichlorsilanen oder eine nachträgliche Vernetzung über funktionelle Gruppen [3]. In neueren Arbeiten wird fast ausschließlich die bei erheblich niedrigeren Temperaturen einsetzende katalytische Vernetzung angewandt.

Ein am Institut neu etabliertes Anwendungsgebiet für Si(C,N)-Polymere ist die Verarbeitung zu keramischen Fasern. Als Vorstufen eignen sich hierfür besonders feste Precursoren, die entweder in Lösung oder aus der Schmelze zu Fasern versponnen werden können. Der in der vorliegenden Arbeit entwickelte Precursor soll im Schmelzspinnverfahren verarbeitet werden, wofür er den entsprechenden Anforderungen genügen muß. Zunächst ist eine einfache und preiswerte Synthese wünschenswert, die sich problemlos in einen größeren Maßstab übertragen läßt. Eine hohe Synthese- bzw. keramische Ausbeute trägt erheblich zur Wirtschaftlichkeit des Herstellungsprozesses bei. Bei einem angestrebten Schmelzpunkt oberhalb von 100 °C darf das geschmolzene Polymer keine Vernetzungsreaktionen zeigen, soll aber für die folgende Härtung der ersponnenen Fasern chemisch reaktiv sein. Eine möglichst geringe Luftempfindlichkeit, gutes Granulierverhalten sowie eine hohe Verstreckbarkeit bei gleichzeitig geringer Sprödigkeit erleichtern die Verarbeitung.

Experimentelle Durchführung

Alle Arbeiten während der Polymersynthese bzw. -charakterisierung sowie des Spinnprozesses wurden unter Inertgasbedingungen durchgeführt. Die Synthese des Polymers erfolgte nach der Optimierung in Laborversuchen im Technikumsmaßstab (Reaktorvolumen 60 l). In eine Lösung von ca. 10 mol eines Bis(dichlorsilyl)ethans in ca. 40 l Toluol wurde unter Rühren Ammoniak bis zur Sättigung eingeleitet. Das eingeleitete Volumen entsprach in etwa der Gasmenge, die zur vollständigen Substitution der Chloratome durch N-H-Funktionen und der Bildung der entsprechenden Menge Ammoniumchlorid nötig war. Die exotherm verlaufende Reaktion führte zu einer Erwärmung des Reaktionsgemisches von 20 auf 42 °C. Um die Vollständigkeit der Reaktion zu gewährleisten, wurde anschließend bei verminderter Ammoniakzugabe noch 1 h gerührt. Die Abtrennung des in Toluol gelösten Polymers vom als Nebenprodukt gebildeten Ammoniumchlorid erfolgte durch Umlaufextraktion. Ein neben dem polymeren Hauptprodukt gebildeter kristalliner, sublimierbarer Feststoff mußte nach Abdestillation des Lösungsmittels durch Sublimation im Vakuum aus dem Reaktionsgemisch entfernt werden.

Die Polymerschmelze wurde mit einem Kegel-Platte-Meßsystem (Rheolab MC 10, KP 21, Fa. Physica) rheologisch untersucht. Das Molekulargewicht des Polymers konnte über kryoskopische Messungen in Cyclohexan ermittelt werden. Die thermogravimetrische Analyse mit FTIR-Kopplung (STA 409, Fa. Netzsch; VECTOR 22, Fa. Bruker) lieferte die keramischen Ausbeuten in Stickstoff- bzw. Argonatmosphäre zusammen mit der Identifizierung der bei der thermischen Zersetzung auftretenden gasförmigen Spaltprodukte. Die Charakterisierung des Pyrolyseprozesses erfolgte mittels MAS-NMR-Spektroskopie (AVANCE DSX 400, Fa. Bruker; ^{1}H: 400 MHz) und FTIR-Spektroskopie (VECTOR 22, Fa. Bruker). Hierfür wurden Proben des beim Granulieren anfallenden Feinanteils (Korngröße < 125 µm) sowie polymerbeschichtete Si-Wafer bei Temperaturen zwischen 300 und 1000 °C in einem Rohrofen der Fa. Heraeus bzw. weitere Pulverproben zwischen 1000 und 1600 °C in einem Graphitkammerofen (ASTRO, Fa. Thermal Technology) unter strömendem Stickstoff je fünf Stunden getempert. Für das Verspinnen wurde das Polymer mit Al_2O_3-Mahlkugeln auf einem 2 mm-Laborsieb granuliert und anschließend der Feinanteil über ein weiteres Sieb mit einer Maschenweite von 500 µm abgetrennt. Mit dem so erhaltenen Granulat ließen sich Spinnversuche in der Technikumsanlage des Fraunhofer-Instituts für Silicatforschung in Würzburg durchführen. Die Polymerschmelze wurde dabei unter Gasdruck durch eine Mehrfachdüsenplatte versponnen, die erhaltenen Fasern über ein Rollensystem verstreckt, mit Hilfe einer Gasförderdüse in Drahtkörben abgelegt und durch kurzzeitiges Auslagern in einem Stickstoff-Trichlorsilan-Gasstrom gehärtet. Bei Versuchen in Bayreuth gelang die Härtung an kleineren Fasermengen über das Einleiten einer bestimmten Menge Trichlorsilan in ein die Fasern enthaltendes, evakuiertes Glasgefäß.

Ergebnisse und Diskussion

Die Eigenschaften und Spinnparameter des im Technikumsmaßstab in 66 %iger Ausbeute hergestellten farblosen und festen, spröden Polymers sind in Tabelle 1 aufgelistet sind.

Tabelle 1: Polymereigenschaften und Spinnparameter des im Technikumsmaßstab hergestellten Polycarbosilazans

Polymereigenschaften		Spinnparameter	
Schmelzbereich	> 70 °C	Granulatgröße	0,5-2,0 mm
Viskosität der Schmelze (T=90 °C, D= 15 s^{-1})	90 Pas	Düsenzahl	92
Molekulargewicht	950 g/mol	Düsendurchmesser	300 µm
keramische Ausbeute in N_2 (1600 °C, 1 h) in Ar (1600 °C, 1 h)	65 % 50 %	Spinntemperatur	88 °C
Löslichkeit	Toluol, THF ++ Cyclohexan +	Spinndruck	10 bar
Granulierbarkeit	gut bei RT	Abzugsgeschwindigkeit	180 m/min
Druckstabilität	10 bar bei 100 °C über mehrere Stunden	Faserdurchmesser	40 µm

Für die Verspinnbarkeit des Polymers ist in erster Linie das rheologisches Verhalten maßgebend. In dieser Hinsicht interessiert vor allem die Abhängigkeit der Viskosität von der Temperatur bzw. der Schergeschwindigkeit (Bild 1). Als optimal für den Spinnprozeß gelten Viskositäten von ca. 100 bis 150 Pas, die sich für unser Polymer bei einer Temperatur von etwa 88 °C einstellen (Bild 1a); auch im Experiment erwies sich dieser Wert als der beste. Die Änderung des Fließverhaltens mit der Temperatur dokumentiert Bild 1b: bei 90 °C zeigt die Viskosität nur eine geringe, bei 85 °C dagegen eine deutliche Abhängigkeit von der Schergeschwindigkeit. Sinkt die Temperatur noch weiter, zeigt die Schmelze statt Newton'schem nun strukturviskoses Fließen. Demzufolge muß eine hohe Abzugsgeschwindigkeit gewählt werden, um die ersponnenen Fasern auf die geforderten kleinen Durchmesser (10 bis 20 µm) verstrecken zu können. Ein Verstrecken bei niedrigen Geschwindigkeiten ist durch das schnelle Abkühlen nach dem Faseraustritt aus der Düsenplatte und die damit verbundene starke Änderung des Fließverhaltens nicht möglich.

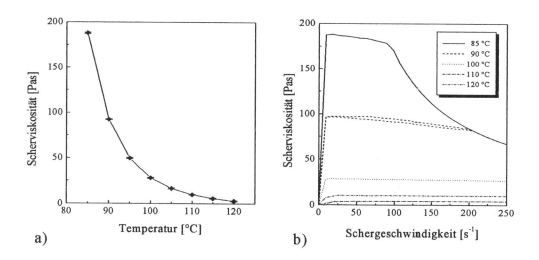

Bild 1: Abhängigkeit der Scherviskosität von a) der Temperatur und b) der Schergeschwindigkeit bei verschiedenen Temperaturen

Entscheidend für die Verstreckbarkeit der Fasern sind vor allem die speziell in das Edukt eingebauten Ethylenbrücken. Deren gewinkelte Struktur ermöglicht eine Streckung des Polymers entlang seiner Hauptkette.
Nach dem Verspinnen müssen die Fasern gehärtet werden, so daß sie während der Pyrolyse nicht mehr aufschmelzen. Als Härtungsmittel soll Trichlorsilan mit den N-H-Gruppen des Polymers an der Faseroberfläche reagieren und die Faser mit einer unschmelzbaren, Si-H-funktionalisierten Schicht belegen. Ziel der Oberflächenhärtung ist es, der Faser bis zu einer Temperatur von 200 °C Formstabilität zu verleihen. Ab ca. 170 °C setzen im Polymer Selbstvernetzungsreaktionen ein, die im weiteren Verlauf der Pyrolyse auch den Faserkern unschmelzbar werden lassen, so daß die Bildung von Hohlfasern ausgeschlossen werden kann. Erste Versuche zeigen, daß sich die Fasern prinzipell auf diesem Weg härten lassen, allerdings erweist sich die Optimierung der Parameter als

schwierig. Ein möglichst geringer Faserdurchmesser (< 30 µm) ist nach den bisherigen Ergebnissen Voraussetzung für eine erfolgreiche Härtung mit Trichlorsilan.
Der Durchmesser einer über die Polymerroute hergestellten keramischen Faser hängt von der Dicke der ersponnenen Faser sowie dem Pyrolyseverhalten und der keramischen Ausbeute des Polymers ab. Für das hier diskutierte Polycarbosilazan wurde die keramische Ausbeute mittels Thermogravimetrie in Stickstoff und Argon ermittelt (Bild 2). Bis 1500 °C verlaufen beide TG-Kurven nahezu identisch: Ein erster großer Massenverlust von ca. 15 Gew.% erfolgt im Intervall von 200-450 °C. FTIR-spektroskopisch lassen sich für diesen Bereich siliciumhaltige Verbindungen und vor allem Ammoniak als flüchtige Spezies nachweisen. Für eine weitere 15 Gew.%-ige Massenabnahme zwischen 450 und 900 °C ist das ebenfalls IR-aktive Spaltprodukt Methan verantwortlich. Die Abspaltung des im Pyrolysat verbliebenen Wasserstoffs bedingt wahrscheinlich den Massenverlust von 1 Gew.% zwischen 900 und 1500 °C. Oberhalb dieser Temperatur und während der einstündigen Haltezeit beeinflußt die Atmosphäre den Kurvenverlauf erheblich: Während unter Stickstoff der Massenverlust mit 2 Gew.% gering ist, verliert das Pyrolysat unter Argon noch einmal 15 Gew.%. Die in diesen Temperaturbereichen stattfindende Zersetzung des SiCN-Pyrolysates zu Siliciumcarbid und molekularem Stickstoff kann unter Argon ungehindert ablaufen, während die Stickstoffatmosphäre das Reaktionsgleichgewicht zugunsten des SiCN-Pyrolysates verschiebt und dieses so stabilisiert.
Die hohen keramischen Ausbeuten von fast 70 Gew.% bei der Pyrolyse bis 1000 °C haben eine entsprechend niedrige Schwindung zur Folge. Gehärtete Fasern bleiben nach dem Tempern bei dieser Temperatur Vollfasern und weisen kaum Risse auf.

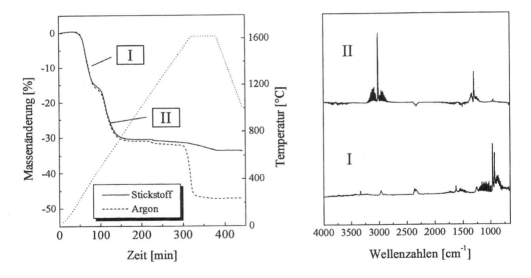

Bild 2: Thermisches Verhalten des Polymers in verschiedenen Atmosphären und FTIR-spektroskopische Analyse der Zersetzungsprodukte

Um die Entwicklung der Polymer- bzw. Pyrolysatstruktur während der thermischen Behandlung analysieren zu können, wurden bei verschiedenen Temperaturen ausgelagerte Polymerpulverproben mittels MAS-NMR-Spektroskopie untersucht (Bild 3). Das ^{29}Si-Spektrum der bei 150 °C vorbehandelten Polymerschmelze zeigt neben zwei Signalen bei -22 bzw. -34 ppm, die von synthesebedingten Verunreinigungen herrühren, eine Signalgruppe um 0 ppm, die sich im wesentlichen aus einem Hauptsignal bei -3 ppm und einer starken Schulter bei 3 bis 0 ppm zusammensetzt. Da das als Edukt eingesetzte Chlorsilan zwei NMR-spektroskopisch nicht unterscheidbare Siliciumatome enthält, ist das Auftreten zweier Signale im ^{29}Si-Spektrum des Polymers auf strukturell unterschiedliche Baueinheiten zurückzuführen. Wie ein Vergleich mit Literaturdaten zeigt, ist dabei das Hauptsignal Si-Atomen an einer verbrückenden Ethyleneinheit zuzuordnen [4], während der Verschiebungswert der Schulter eher einer Lage der Si-Atome in einem -SiCH$_2$CH$_2$SiNH-Fünfring entspricht [5]. Im entsprechenden ^{13}C-Spektrum findet man neben einem von den Verunreinigungen herrührenden Signal bei 130-142 ppm zwei Signale bei 12,5 und 3,5 ppm, die den im Polymer enthaltenen CH$_2$- bzw. CH$_3$-Gruppen zuzuordnen sind. Bei 300 °C ändert sich im Kohlenstoffspektrum das Intensitätsverhältnis der starken Signale geringfügig zuungunsten der Methylgruppen, zudem verschwindet das Signal der Verunreinigung. Das Siliciumspektrum zeigt ein Anwachsen der Signale bei 2 bzw. -22 ppm, während das Signal bei -34 ppm nahezu verschwunden ist. Ab 500 °C beginnt sich ein amorphes SiCN-Netzwerk auszubilden, wodurch die Linien breiter werden und teilweise miteinander verschmelzen. Bei 700 °C läßt sich im ^{29}Si-Spektrum nur noch ein breites Signal zwischen 20 und -80 ppm erkennen. In diesem Bereich liegen die Verschiebungswerte aller möglichen SiC$_x$N$_{4-x}$-Konstellationen. Die Lage dieses Signals bleibt auch bei 1000 °C erhalten, die Strukturierung könnte jedoch auf eine beginnende Phasenseparierung hinweisen. Das 1600 °C-Spektrum schließlich zeigt ein Signal bei -19,5 ppm, das in Übereinstimmung mit der Röntgenuntersuchung an dieser Probe kristallinem SiC zuzuordnen ist.

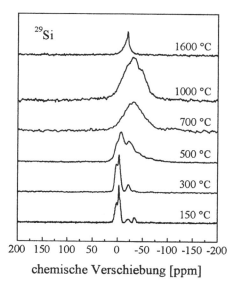
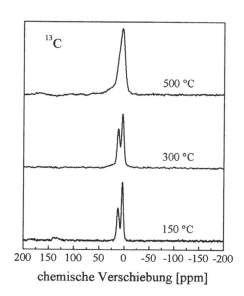

Bild 3: ^{29}Si- bzw. ^{13}C-MAS-NMR-spektroskopische Untersuchung des Pyrolyseprozesses anhand pyrolysierter Pulverproben (Korngröße < 125 µm)

Aus den spektroskopischen Untersuchungen ist ersichtlich, daß der Übergang Polymer - amorphes SiCN bei der Pyrolyse unter Stickstoff erst bei etwa 500 °C beginnt. Diese Beobachtung wird auch durch die FTIR-spektroskopische Untersuchung der pyrolysierten Polymerschichten gestützt. Ab 1000 °C scheinen Umwandlungsprozesse innerhalb der amorphen Matrix einzusetzen, die mit der Bildung von kristallinem SiC in einer amorphen SiCN-Umgebung endet.

Zusammenfassung
Die Ammonolyse eines Bis(dichlorsilyl)ethans führt zu einem thermisch belastbaren Si(C,N)-Polymer, das sich im Schmelzspinnverfahren zu Endlosfasern verspinnen läßt. Die einfache Synthese läßt sich ohne Probleme in einen größeren Maßstab umsetzen. Sie muß aber noch optimiert werden, um die Bildung des kristallinen Nebenproduktes möglichst zu unterdrücken. Die Verfügbarkeit der Ausgangsverbindungen als Massenprodukte der chemischen Industrie und die erhebliche Kostenreduzierung bei einer großtechnischen Durchführung unterstreichen das große Potential dieser Synthese.
Die Härtung der Fasern vor der Pyrolyse erfolgt durch die Reaktion der N-H-Gruppen an der Faseroberfläche mit Trichlorsilan. Der genaue Härtungsmechanismus wird in laufenden Versuchen geklärt. Für eine technische Nutzung muß vor allem der praktische Ablauf der Härtung optimiert werden.
Bei der Pyrolyse bis 1600 °C liefert das Polymer eine keramische Ausbeute von 70 Gew.% in einer Stickstoff- bzw. 55 Gew.% in einer Argonatmosphäre. Die gehärteten Fasern sollten ähnliche Werte erreichen. NMR- sowie FTIR-Untersuchungen zeigen, daß die Grundstruktur des Polymers bis 300 °C nahezu erhalten bleibt. Bei höheren Temperaturen bildet sich ein amorphes SiCN-Netzwerk, in dem ab 1000 °C Umlagerungsprozesse abzulaufen scheinen. Den Verlauf des Pyrolyseprozesses oberhalb von 1000 °C gilt es daher eingehender zu untersuchen.

Literatur

[1] Verbeek W., Winter G., Deutsches Patent 2236078, 1974
[2] Lücke J., Hacker J., Suttor D., Ziegler G., Appl. Organomet. Chem. 11, 181-94, 1997
[3] Wynne J.K., Rice R.W., Ann. Rev. Mater. Sci. 14, 297-334, 1984
[4] Choong Kwet Yive N.S., Corriu R., Leclercq D., Mutin P.H., Vioux A., New J. Chem. 15, 85-92, 1991
[5] Motz G., Dissertation „Bis(tert-butylamino)silan und verwandte Verbindungen", Stuttgart 1995, S. 117

Synthese und Charakterisierung titanhaltiger Polymere für die Keramikherstellung

Nicole Hering, Ralf Riedel, Technische Universität Darmstadt, FB Materialwissenschaft, Fachgebiet Disperse Feststoffe, Darmstadt

Auf der Suche nach neuen elementorganischen Precursoren für die Keramikherstellung finden seit einiger Zeit Polymere auf der Basis von Carbodiimiden Anwendung. In Analogie zu den bereits untersuchten Siliciumcarbodiimiden [1, 2], die nach Pyrolyse Siliciumcarbonitride bilden, werden Titancarbodiimide durch Umsetzung von Titan(IV)verbindungen mit Bis(trimethylsilyl)carbodiimid dargestellt. Als titanhaltige Ausgangsreagenzien können dabei Titantetrachlorid oder Tetra(isopropyl)orthotitanat eingesetzt werden. Die synthetisierten Titancarbodiimide, die mit Hilfe von IR- und Raman-Spektroskopie charakterisiert wurden, liefern nach der Pyrolyse bei 1000 °C nanokristalline Materialien im System Ti-(Si)-C-N in 60 % keramischer Ausbeute. Die Untersuchung der Pyrolyse erfolgte mittels thermogravimetrischer Analyse mit simultaner Detektion der ausgasenden Spezies im Massenspektrometer. Zur Charakterisierung der erhaltenen keramischen Materialien wurden XRD-Untersuchungen vorgenommen.

Die Charakterisierung sowie die Untersuchungen zur Pyrolyse des bei der Umsetzung von Titantetrachlorid mit Bis(trimethylsilyl)carbodiimid erhaltenen Poly(titancarbodiimids) P1 wird im folgenden näher beschrieben. In Abbildung 1 ist das Infrarot (schwarz)- und das Raman-Spektrum (grau) von Polymer P1 wiedergegeben.

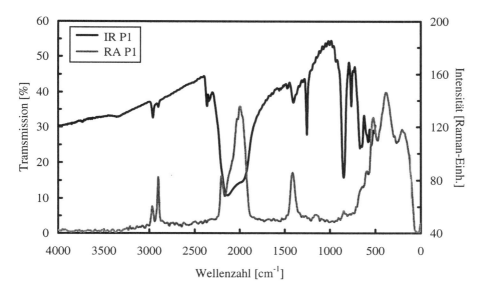

Abbildung 1 : IR-und Raman-Spektren des Poly(titancarbodiimids) P1.

Im Bereich zwischen 2000 und 2100 cm^{-1} erscheint in beiden Spektren die durch die asymmetrische Streckschwingung der Carbodiimidgruppe hervorgerufene Bande. Die Verbreiterung der Bande in beiden Spektren kann durch eine Aufhebung der Entartung der Carbodiimidgruppen im Polymer P1

erklärt werden. Dies läßt die einzelnen Schwingungen der unterschiedlich umgebenen Carbodiimidfunktionen als breite Bande erscheinen.
Daneben tritt bei 1388 cm^{-1} im IR und bei 1423 cm^{-1} im Raman-Spektrum die Bande der symmetrischen Streckschwingung der Carbodiimideinheit auf. Die im IR-Spektrum des Polymers P1 bei 758 cm^{-1} erscheinende Bande kann sowohl von Deformationsschwingungen der Methylgruppen als auch der Carbodiimideinheit hervorgerufen werden. Eine Streckschwingung der N=C=N-Gruppe verursacht die im IR-Spektrum von P1 auftretende Bande bei 648 cm^{-1}.
C-H-Streckschwingungen der im Polymer P1 vorhandenen Trimethylsilylendgruppen verursachen Banden bei 2950 cm^{-1} im IR-Spektrum von P1 und bei 2968 und 2901 cm^{-1} im Raman-Spektrum. Die von Si-CH$_3$-Einheiten hervorgerufenen Signale treten im IR-Spektrum von P1 bei 1252 cm^{-1} auf. Die bei 2340 im IR-Spektrum von P1 erscheinende Bande wird durch im Strahlungsgang vorhandenes Kohlendioxid erzeugt.
Im Bereich unterhalb 600 cm^{-1} sind im Raman-Spektrum von P1 mehrere sich gegenseitig überlagernder Banden sichtbar, die sowohl durch Schwingungen der N=C=N-Gruppe als auch durch Titan-Ligand-Schwingungen (Ti-N) erzeugt werden können. Die im Spektrum von P1 bei 523 und 218 cm^{-1} erscheinenden Signale können Pendelschwingungen der Carbodiimidgruppe zugeordnet werden. Weitere Zuordnungen in diesem Wellenzahnbereich sind nicht gelungen.
Der Verlauf der Pyrolyse wurde mit Hilfe von thermogravimetrischer Analyse mit gleichzeitiger massenspektroskopischer Detektion der ausgasenden Species verfolgt. Dazu wurde die Probe in Heliumatmosphäre auf 1450 °C aufgeheizt und der Massenverlust registriert sowie die Zersetzungsprodukt im Massenspektrometer analysiert.

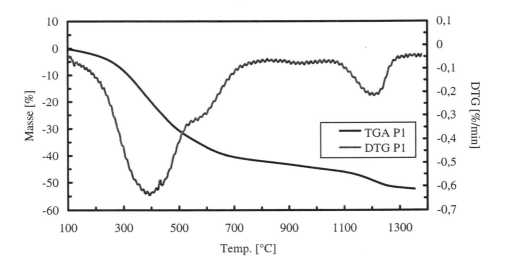

Abbildung 2 : Thermogravimetrie (schwarz) und Differentialthermogravimetrie (grau) von Poly(titancarbodiimid) P1.

Die Thermogravimetrie zeigt einen kontinuierlichen Massenverlust des Polymers P1, der bei 250 °C beginnt und bis 750 °C ca. 39 Gew.-% beträgt. Anschließend folgt ein Gewichtsverlust von ca. 7 Gew.-% zwischen 750 und 1200 °C. Bis 1450 °C verliert das Pyrolysat weitere 6 % an Gewicht.

Der Kurvenverlauf der Differenzialthermogravimetrie gibt die wärend des Pyrolysevorgangs auftretenden Keramisierungsstufen wieder. Das Maximum des Massenverlustes der Hauptkeramisierungsstufe zwischen 300 und 750 °C liegt bei 495 °C mit einer Schulter bei 680 °C. Zwischen 750 und 1200 °C treten keine Maxima auf. Eine weitere Stufe erscheint zwischen 1200 und 1400 °C mit einem Maximum bei ca. 1300 °C. Nach Erreichen der Endtemperatur von 1450 °C bleibt ein keramisches Material in 48 Gew.-% Ausbeute bezogen auf das Ausgangsprodukt P1 zurück. Das Probenmaterial veränderte während der Pyrolyse seine Farbe von dunkelbraun nach schwarz. Indizien für Schmelz- oder Erweichungsvorgänge der untersuchten Bruchstücke können aus den TGA-Untersuchungen nicht abgeleitet werden, da abgesehen von Schrumpfungserscheinungen die Probe formstabil blieb. Im Massenspektrometer wurden Methan und dessen Fragmente sowie Blausäure, Cyanidfragmente, Wasserstoff, Stickstoff und organische Nitrilspecies wie CH_3CN oder CH_3NC als ausgasende Zersetzungsprodukte während der Hauptkeramisierungsstufe identifiziert. Die Bildung der organischen Nitrilfragmente ist durch Kombination der aus Trimethylsilylendgruppen stammenden Methylgruppen mit Cyanidfragmenten der Carbodiimidgruppen erklärbar. Oberhalb 750 °C wurde nur noch die Bildung von Wasserstoff und Stickstoff detektiert.

Aus den Ergebnissen der elementaranalytischen Untersuchungen und den thermogravimetrischen Analysen läßt sich folgende formale Reaktionsgleichung für die während der Keramisierung ablaufenden Prozesse herleiten :

$$TiC_{4.6}N_{4.6}H_{5.2}Si_{0.3} \xrightarrow[Ar]{1000\ °C} TiC_{1.8}N_{1.2}Si_{0.3} + w\ CH_4 + x\ HCN + y\ H_2 + z\ N_2$$

Das in Abbildung 3 dargestellte Röntgendiffraktogramm einer bei 1000 °C pyrolysierten Probe von Polymer P1 zeigt ausgeprägte Reflexe, die das Vorliegen einer kristallinen Phase bestätigen.

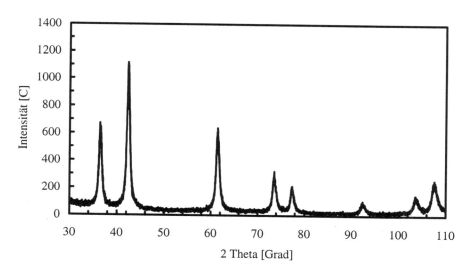

Abbildung 3 : Röntgendiffraktogramm des Pyrolysats von Poly(titancarbodiimid) P1 nach Temperaturbehandlung bei 1000 °C.

Beim Vergleich der experimentell ermittelten Reflexionswinkeln mit den 2 Theta-Werten von literaturbekannten Phasen zeigte sich die größte Übereinstimmung des Pyrolysats mit einer kubischen $TiC_{0,3}N_{0,7}$ Phase [3]. Mit einem Kohlenstoff/Stickstoff-Verhältnis von ungefähr 30 zu 70 liegen daher die kristallinen Bereiche des Pyrolysats in einer natriumchloridanalogen Struktur mit einer Gitterkonstanten um 4.26 Å vor. Aus den elementaranalytischen Untersuchungen geht allerdings hervor, daß neben den kristallinen auch amorphe kohlenstoffreiche Bereiche vorliegen müssen.

Weitere titanhaltige Polymere lassen sich durch Reaktionen von Tetrakis(diethylamino)titan mit primären Aminen gewinnen. Bei der Umsetzung von Tetrakis(diethylamino)titan mit dem bifunktionellen Ethylendiamin wird Poly(ethylendiaminotitan) erhalten, das während der Pyrolyse in Argon Titancarbonitrid mit einer keramischen Asubeute von ca. 60 % bildet. Die dargestellte polymere Aminotitanverbindung ist IR-spektroskopisch untersucht worden. Der Verlauf der Pyrolyse des Polymers zu einem keramischen Material im System Ti-C-N wurde mit Hilfe simultaner thermischer Analyse mit angeschlossener Massenspektrometrie verfolgt. XRD-Untersuchungen geben Aufschluß über das Kristallisationsverhalten des Pyrolysats.

Abbildung 4 zeigt das IR-Spektrum des Poly(ethylenidiaminotitans) P2. Im Bereich um 3100 bis 3300 cm^{-1} sind Streckschwingungsbanden der N-H-Gruppen zu erkennen.

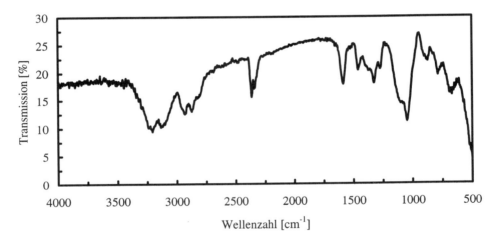

Abbildung 4 : IR-Spektrum des Poly(ethylendiaminotitans) P2.

Die Schwingungsbande bei 1570 cm^{-1} wird N-H-Deformationsschwingungen zugeordnet. Unterhalb 3000 cm^{-1} erscheinen Signale der Methylengruppen. Die bei 2340 im IR-Spektrum von P2 erscheinende Bande wird durch im Strahlungsgang vorhandenes Kohlendioxid erzeugt. Im Fingerprintbereich zwischen 1000 und 1500 cm^{-1} treten verschiedene Banden auf, die durch C-H- beziehungsweise C-N-Schwingungen verursacht werden.

Das thermische Verhalten von Poly(ethylendiaminotitan) P2 wurde entsprechend zu den Untersuchungen an Polymer P1 mittels thermogravimetrischer Analyse, die in Abbildung 5 wiedergegeben ist, verfolgt.

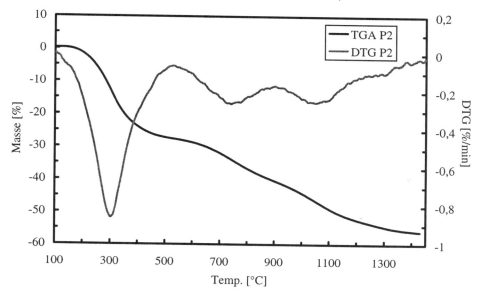

Abbildung 5 : Thermogravimetrie (schwarz) und Differentialthermogravimetrie (grau) von Poly(ethylendiaminotitan) P2.

Polymer P2 erleidet demnach bei Erwärmung bis 1400 °C einen kontinuierlichen Massenverlust von insgesamt 56 Gew.-%. Die grau dargestellte Differentialthermogravimetrie zeigt die Hauptkeramisierungsstufe zwischen 180 und 450 °C an, die bei 300 °C ein Maximum besitzt und mit einem Gewichtsverlust von 27 % einhergeht. Im weiteren Verlauf der Pyrolyse werden zwei zusätzliche Keramisierungsstufen aufgezeichnet. Davon tritt eine zwischen 600 und 900 °C mit einem Gewichtsverlust von 13 % auf, die andere folgt von 900 bis 1150 °C und führt zu einem Gewichtsverlust von 16 %. Während der Hauptkeramisierungsstufe um 300 °C wird massenspektroskopisch die Entwicklung von Ammoniak und dessen Fragmente, Wasserstoff, Stickstoff sowie von C_2H_xN-Fragmenten (x = 1 – 3) aufgezeichnet. Bei Temperaturen oberhalb 450 °C wird nur noch die Bildung von Wasserstoff und Stickstoff nachgewiesen. Elementaranalytische Untersuchungen einer bei 1000 °C pyrolysierten Probe erlauben die Formulierung einer formalen Reaktionsgleichung, die die während der Keramisierung ablaufenden Vorgänge beschreibt :

$$TiC_{3.3}N_{2.7}H_{7.3} \xrightarrow[\text{Ar}]{1000\,°C} TiC_{1.8}N_{0.7}H_{0.1} + w\,NH_3 + x\,C_2H_xN + H_2 + N_2$$

Zur Klärung des Kristallisationsverhaltens wurde eine bei 1000 °C pyrolysierte Probe P2 röntgendiffraktometrisch untersucht und die aufgezeichneten Reflexe in Abbildung 6 aufgetragen. Das Reflexionsmuster des Pyrolysats von P2 ähnelt in erheblichem Maße dem entsprechenden Röntgendiffraktogramm vom Pyrolysat des Polymers P1, das in Abbildung 3 gezeigt wird.

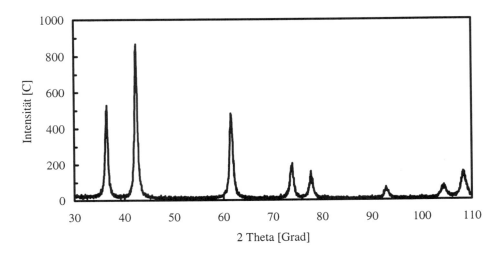

Abbildung 6 : Röntgendiffraktogramm des Pyrolysats von Poly(ethylendiaminotitan) P2 nach Temperaturbehandlung bei 1000 °C.

Auch bei dieser sich ausbildenden kristallinen Phase zeigt sich eine hervorragende Übereinstimmung mit der kubischen $TiC_{0,3}N_{0,7}$ Phase [3], die auch im Pyrolysat des Polymers P1 vorliegt. Unabhängig vom gewählten Ausgangspolymer kristallisiert daher während der Pyrolyse die natriumchloridanaloge $TiC_{0,3}N_{0,7}$ Phase aus. Elementaranalytischen Daten zufolge liegen daneben auch amorphe kohlenstoffreiche Bereiche in beiden Pyrolysaten vor, deren weiterführende Charakterisierung Gegenstand aktueller Arbeiten in unseren Laboratorien ist.

Literatur

[1] R. Riedel, A. Greiner, G. Miehe, W. Dressler, H. Fuess, J. Bill, F. Aldinger, *Angew. Chem.* **1997**, *109*, 657 – 660.
[2] A. O. Gabriel, R. Riedel, *Angew. Chem. Int. Ed. Eng.* **1997**, *36*, 384 – 386.
[3] J. Guilemany, X. Alcobe, I. Sanchiz, *Powder Diffraction* **1992**, *7*, 34.

Charakterisierung polymerabgeleiteter SiCN-Keramiken mittels spektroskopischer Methoden

S. Traßl, D. Suttor, G. Motz und G. Ziegler,
Universität Bayreuth, Institut für Materialforschung (IMA I), Bayreuth

E. Rössler
Lehrstuhl für Experimentalphysik II, Universität Bayreuth

Einleitung

Im Vergleich zu konventionellen pulverkeramischen Methoden bietet die Pyrolyse metallorganischer Polymere zur Herstellung keramischer Materialien eine Reihe von Vorteilen: hohe Reinheit, homogene Elementverteilung auf atomarer Skala, niedrige Prozeßtemperaturen und flexible Formgebungsverfahren. Dies hat in jüngerer Zeit zu einem verstärkten Interesse an solchen polymeren Vorstufen, wie z. B. Polysilazanen, Polycarbosilanen oder Polyborosilazanen, geführt. Diese dienen als elementorganische Precursoren für amorphe und kristalline Verbindungen im System Si-C-N, Si-(M)-C-N (M = B, Al, Ti) und Si-C. Die thermischen Eigenschaften dieser Materialien wie die Hochtemperaturstabilität der amorphen Phase hängen in besonderem Maße von der Struktur des amorphen Festkörpers, über die aber bisher noch wenig bekannt ist, ab.

Um das ganze Potential der Polymerpyrolyse und der dadurch hergestellten keramischen Materialien nutzen zu können, ist es daher wichtig, daß sowohl die während der Pyrolyse auftretenden amorphen Zwischenprodukte als auch die Korrelation zwischen Polymerarchitektur mit dem Mikrogefüge genau verstanden werden.

Zu diesem Zweck stellen wir in diesem Beitrag, ausgehend von verschiedenen Modellpolymeren mit unterschiedlicher Struktur, verschiedene spektroskopische Methoden vor, um den Keramisierungsprozeß von Polysilazanen und die amorphen Zwischenprodukte zu charakterisieren. Die Ergebnisse aus den Festkörper-NMR (nuclear magnetic resonance)-, FTIR (fourier transform infrared)-, Raman-, ESR (electron spin resonance)- und XRD (X-ray diffraction)- Untersuchungen werden kombiniert.

Experimentelle Durchführung

Die Ausgangssilazane wurden durch Ammonolyse di- und trifunktionalisierter Chlorsilane synthetisiert und lassen sich folgendermaßen beschreiben:

D-Einheit / T-Einheit	D-Einheit	T-Einheit
$[-R^1R^2Si(NH)]_x[-R^3Si(NH)_{1,5}]_y$	$[-R^2R^3Si(NH)]_3$	$[-R^3Si(NH)_{1,5}]_x$
Precursor A	Precursor B	Precursor C
HVNG	VN	TVS

Tabelle 1: Struktureinheiten der untersuchten Precursoren (R^1: H, R^2: CH_3, R^3: $CH=CH_2$)

Gemäß der konventionellen Nomenklatur für Silicone klassifizieren wir die strukturellen Einheiten, aus denen die Silazane aufgebaut sind, nach der Anzahl der verbrückenden Stickstoffatome. Verwendete Abkürzungen sind: T-Einheit für (-Si(NH)$_{1,5}$) und D-Einheit für (=Si(NH)). Precursor C ist aus T-Einheiten aufgebaut, d.h. jedes Siliciumatom ist über drei Stickstoffatome mit weiteren Siliciumatomen verbunden. Dieses Polysilazan bildet bereits ein 3-D Netzwerk aus und ist ein Feststoff, der schmelzbar und in verschiedenen organischen Lösungsmitteln löslich ist. Precursor B besteht aus D-Einheiten und bildet hauptsächlich 6-gliedrige Ringe. Der Precursor A ist aus gemischten D- und T-Einheiten zusammengesetzt. In Bild 1 sind die Struktureinheiten der Precursoren nochmals anschaulich dargestellt.

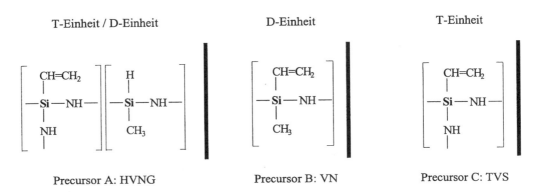

Bild 1: Anschauliche Darstellung der Struktureinheiten der untersuchten Precursoren

Die Vernetzung der Precursoren erfolgte katalytisch mit Dicumylperoxid oder thermisch bei 300 °C für 5 Stunden unter N$_2$-Atmosphäre. Die erhaltenen Feststoffe wurden aufgemahlen, die Pulver gesiebt und die Fraktion mit einer Partikelgröße < 125 µm thermisch bis 1700 °C in Temperaturschritten von jeweils 100K weiter behandelt.
Die zwischen 300 °C und 1700 °C erhaltenen festen Materialien wurden an einem AVANCE DSX 400 Spektrometer (Bruker) insbesondere mittels der ^{29}Si- und ^{13}C-NMR- Spektroskopie untersucht. Um dabei hochaufgelöste Spektren zu erhalten, kam die Technik der Probenrotation um den „Magischen Winkel" (MAS) zum Einsatz. Die Messungen an den zwischen 300 °C und 700 °C hergestellten Pyrolysaten erfolgten mit einer Cross-Polarisations-Sequenz und anschließender Protonenentkopplung. Die ^{29}Si- und ^{13}C-NMR- Spektren der bei Temperaturen oberhalb 1000 °C pyrolysierten Proben wurden durch Ein-Puls-Anregung bzw. „Depth-Puls"-Anregung aufgenommen. Alle ppm-Angaben beziehen sich auf TMS (Tetramethylsilan) als externen Standard. Die ESR- Messungen an diesen Proben werden an einem Q-Band CW Spektrometer (ESP 300, Bruker) durchgeführt. Für die FTIR- und Raman- Untersuchungen an einem VECTOR 22 bzw. einem FRA 106 Spektrometer (Bruker) wurden die bei verschiedenen Temperaturen hergestellten Pulver mit KBr vermischt und zu Tabletten gepreßt. Um kristalline Phasen in den Pyrolysaten zu charakterisieren, wurden XRD-Messungen an einem XRD 3000 P Pulverdiffraktometer (Seifert) durchgeführt.

Ergebnisse und Diskussion

Der Einsatz von di- und trifunktionalisierten Chlorsilanen zur Synthese des *Precursors A* führt zu einer komplexen Struktur. Dies wird in den breiten Linien des Protonenspektrums dieses Polymers deutlich. ^{13}C- und ^{29}Si-NMR- Untersuchungen weisen darauf hin, daß der *Precursor A* aus zyklischen Molekülen unterschiedlicher Ringgröße und Zusammensetzung (3/4-T/D Einheiten), die untereinander vernetzt sind, aufgebaut ist.

Die FTIR- Spektroskopie liefert Aussagen über die funktionellen Gruppen des Polymers. In den Veränderungen der Intensität der verschiedenen Absorptionsbanden werden Vernetzungsreaktionen und die Zersetzung organischer Gruppen während der Pyrolyse sichtbar. Die Abnahme der Intensität der Si-H-Bande und das Verschwinden der Vinyl-Banden im Spektrum des bei 400 °C pyrolysierten *Precursors A* lassen auf eine Vernetzung über Hydrosilylierung und Polymerisation schließen. Die Zersetzung der funktionellen Gruppen und somit die Umwandlung vom Polymer zur amorphen Keramik ist bei einer Pyrolysetemperatur von 800 °C erreicht. Im FTIR- Spektrum der bei dieser Temperatur hergestellten Probe kann nur noch die Si-H-Bande detektiert werden. Darüber hinaus lassen sich mit der FTIR- Spektroskopie keine Veränderungen mehr feststellen.

Die während der Temperaturbehandlung von 300 – 1700 °C auf atomarer Ebene stattfindenden strukturellen Umwandlungen wurden mit Hilfe der Festkörper-NMR- Spektroskopie untersucht. Das ^{13}C- und das ^{29}Si-NMR- Spektrum des bei 300 °C vernetzten *Precursors A* zeigen neben den Signalen von unreagierten Gruppen (CH$_3$(H)Si(NH), CH$_2$=CHSi(NH)$_{1,5}$) die Resonanzlinien von Strukturelementen, die durch Hydrosilylierung und Polymerisation entstanden sind. Weitere thermische Behandlungen bei höheren Temperaturen führen zur Verbreiterung der NMR- Signale, was mit einer höheren Vernetzung erklärt werden kann. Nach der Pyrolyse bei 700 °C weist das ^{29}Si-NMR- Spektrum des *Precursors A* einen breiten Peak bei – 45,5 ppm auf. Diese Hochfeldverschiebung (- 25 ppm → - 45,5 ppm) kann mit einer Erhöhung der Anzahl der Si-N- Bindungen gegenüber der Anzahl der Si-C- Bindungen begründet werden. Zurückzuführen ist das auf die Abspaltung von C-haltigen Spezies (z. B. CH$_4$) und die Separation von Kohlenstoff in Clustern. Letzteres wird durch das Auftreten eines neuen Signals im Bereich von sp^2-hybridisierten Kohlenstoff im ^{13}C-NMR- Spektrum dieser Probe unterstützt. Nach der Pyrolyse bei 1000 °C erhält man ein amorphes, aus einer homogenen Si-C-N-(H)- Phase und Kohlenstoff zusammengesetztes, keramisches Material (Bild 2). Wird das Pulver bei Temperaturen oberhalb 1200 °C ausgelagert, kommt es zu Umordnungen der amorphen Si-C-N- Phase. Dies führt schließlich dazu, daß nach einer Pyrolysetemperatur von 1500 °C neben der Si-C-N- Phase und des sp^2-hybridisierten Kohlenstoffs bereits nahgeordnete CSi$_4$- und SiN$_4$-Umgebungen vorliegen. Das Material ist jedoch noch röntgenographisch amorph. Erst nach längeren Haltezeiten (48 Stunden) bei 1500 °C bilden sich die thermodynamisch stabilen Phasen SiC und Si$_3$N$_4$. Nach einer Temperaturbehandlung bei 1600 °C kann schließlich nur noch SiC detektiert werden. Diese Befunde werden durch röntgenographische Messungen bestätigt.

Zusätzliche Informationen über die Modifikation des Kohlenstoffs und über die lokale Chemie können aus den Raman- bzw. aus den ESR- spektroskopischen Untersuchungen gewonnen werden. Raman- Messungen am *Precursor A* (Bild 3) nach verschiedenen Auslagerungstemperaturen liefern folgendes Ergebnis: Oberhalb einer Pyrolysetemperatur von 1000 °C kommt es zur Bildung von nanokristallinen Graphitclustern, wobei die Nahordnung innerhalb dieser Cluster mit zunehmender Pyrolysetemperatur zunimmt. Auch die Ergebnisse aus ESR- spektroskopischen Untersuchungen können mit einer zunehmenden Graphitisierung zwischen 1000 °C und 1500 °C erklärt werden. Somit kommt es nicht nur in der amorphen Si-C-N- Phase, sondern auch in der Kohlenstoff- Phase zu Umordnungen im Temperaturbereich zwischen 1000 °C und 1500 °C.

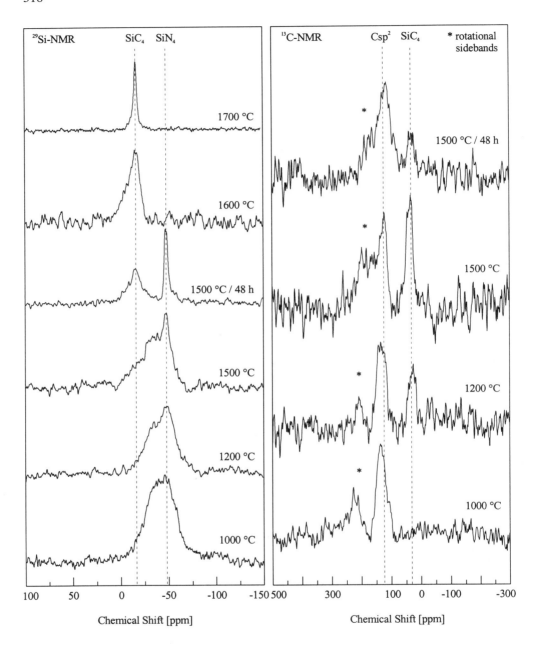

Bild 2: ^{29}Si- (links) und ^{13}C-(rechts) NMR Spektren des Precursors A in Abhängigkeit von der Pyrolysetemperatur

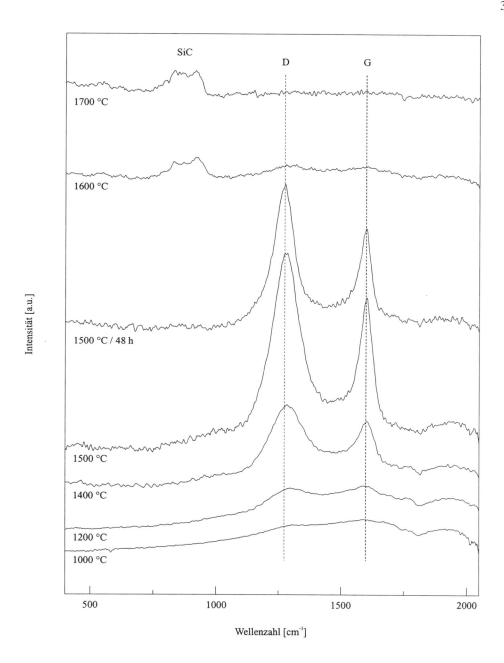

Bild 3: Raman- Spektren des Precursors A in Abhängigkeit von der Pyrolysetemperatur

Den Einfluß der Polymerarchitektur auf die Struktur der resultierenden amorphen Keramik zeigen sehr gut die ^{29}Si-NMR- Spektren der jeweils bei 1500 °C ausgelagerten Proben der Precursoren A, B und C. Während das Pyrolysat des Precursors C (T- Einheiten) hauptsächlich aus SiN_4-Umgebungen aufgebaut ist, weist die aus dem Precursor B (D- Einheiten) erhaltene amorphe Keramik eine breite Verteilung von SiC_xN_y-Umgebungen auf. Ob diese Unterschiede allein auf die verschiedenartigen Strukturelemente in den Ausgangsprecursoren zurückzuführen sind, müssen weitere Untersuchungen an ähnlichen Systemen klären.

Zusammenfassung und Ausblick

Wir konnten zeigen, daß es möglich ist, den Keramisierungsprozeß von Polysilazanen zu keramischen Materialien durch den Einsatz verschiedener spektroskopischer Methoden, insbesondere der Festkörper-NMR- Spektroskopie, eingehend zu charakterisieren. Der Übergang vom vernetzten Polymer zum anorganischem Material findet zwischen 500 °C und 800 °C statt und resultiert in einer amorphen Keramik, die aus einer homogenen Si-C-N-(H) Phase und sp^2-hybridisiertem Kohlenstoff aufgebaut ist. Noch bevor das amorphe Material zu SiC kristallisiert, kommt es zwischen 1000 °C und 1500 °C sowohl in der Kohlenstoff- Phase als auch in der Si-C-N- Phase zu strukturellen Umordnungen und zur Bildung von nahgeordneten SiC_4- und SiN_4- Umgebungen.

Durch den Vergleich der ^{29}Si-NMR Spektren der bei 1500 °C pyrolysierten Precursoren A, B und C konnte gezeigt werden, daß die Struktur der erhaltenen amorphen Keramik von der Architektur des jeweiligen Ausgangspolymers abhängt. Sollten sich diese Ergebnisse bei der Untersuchung ähnlicher Systeme bestätigen, so hat dies weitreichende Konsequenzen bei der Abschätzung der thermische Stabilität von amorphen SiCN- Keramiken.

Festkörper-NMR-spektroskopische Untersuchung der Keramisierung anorganischer Precursorpolymere zu Si-(B)-C-N-Keramiken

J. Schuhmacher, K. Müller, Institut für Physikalische Chemie, Universität Stuttgart, Stuttgart; M. Weinmann, J. Bill, F. Aldinger, Max-Planck-Institut für Metallforschung, Pulvermetallurgisches Laboratorium, Stuttgart

Einleitung

Si-C-N-Keramiken stellen einen idealen Werkstoff für eine Vielzahl technischer Anwendungen dar[1]. Die Einführung von Heteroatomen wie Bor, Aluminium etc. liefert den Zugang zu quaternären Systemen, die z. T. ungewöhnliche Materialeigenschaften (z. B. hohe Temperaturbeständigkeit) aufweisen. In diesem Zusammenhang liefert die thermolytische Umwandlung geeigneter anorganischer Polymere einen vielversprechenden Weg, um nanokristalline keramische Materialien zu erhalten[2]. SiC und Si_3N_4 können auf diese Weise mittels Thermolyse von Polysilanen bzw. Polysilazanen gewonnen werden, während ternäre Si-C-N Keramiken aus organisch-substituierten Polysilazanen und Polysilylcarbodiimiden zugänglich sind. In diesem Beitrag wird über die Bildung von Si-C-N- und Si-B-C-N-Keramiken durch die thermolytische Umwandlung von borfreiem und hydroboriertem Polymethylvinylsilazan berichtet. Die verschiedenen Zwischenstufen der Keramisierung wurden mit Hilfe der Multikern-Festkörper-NMR-Spektroskopie untersucht. Besonderes Interesse galt hierbei dem Temperaturbereich zwischen Raumtemperatur, bei der das Ausgangspolymer existent ist, und 1050 °C, bei der die Bildung der amorphen Keramik abgeschlossen ist. Da die hier auftretenden Zwischenstufen amorphen Charakter haben, sind sie vielen Untersuchungsmethoden nur schwer zugänglich. In der Vergangenheit hat sich gezeigt, daß insbesondere die NMR-Technik ein hervorragendes Mittel darstellt, um lokale Strukturen in amorphen organischen und anorganischen Materialien aufzuklären.

Experimentelles

Materialien. Borfreies Polymethylvinylsilazan **1** (Abb. 1) wurde durch Umsetzung von Dichlormethylvinylsilan mit Ammoniak in THF dargestellt. Das borhaltige Polymethylvinylsilazan **2** (Abb. 1) fiel bei der anschließenden Umsetzung des borfreien Polymers mit $BH_3 \cdot SMe_2$ an. Einzelheiten der Synthese können der Literatur[3] entnommen werden. Die verschiedenen Proben der hier vorliegenden Untersuchungen wurden nach folgendem Verfahren hergestellt: Das Ausgangspolymer wurde im Ofen mit dem für Thermolysen üblichen Temperaturprogramm behandelt, die Keramisierung bei der jeweils gewünschten Temperatur jedoch abgebrochen und die Probe wieder auf Raumtemperatur abgekühlt. Die Untersuchung der Proben erfolgte in allen Fällen bei Raumtemperatur.

NMR-Messungen. Die NMR-Messungen wurden auf einem Bruker CXP 300 Spektrometer bei einem statischen Magnetfeld von 7,05 T durchgeführt, wobei ein 4 mm MAS (magic angle spinning) Probenkopf verwendet wurde. Die ^{29}Si und ^{13}C NMR Messungen erfolgten bei 59,60 bzw. 75,47 MHz und Probenspinnraten von 5 kHz. In allen Fällen war der Protonengehalt in den Proben ausreichend, um die Anwendung der Kreuzpolaristionstechnik (Spin-Lock-Feld: 62,5 kHz) während der Messung zu ermöglichen. Die ^{11}B MAS NMR Spektren wurden bei 96,29 MHz und Spinnraten von 12 kHz aufgenommen. Die chemischen Verschiebungswerte sind auf Tetramethylsilan (^{29}Si, ^{13}C) und $BF_3 \cdot OEt_2$ (^{11}B) als Standard bezogen.

Ergebnisse und Diskussion
In diesem Beitrag wird über die Multikern-Festkörper-NMR-spektroskopische Untersuchung der Keramisierung von borfreiem und hydroboriertem Polymethylvinylsilazan berichtet. Ausgehend von der chemischen Zusammensetzung der Ausgangsmaterialien bot sich die Durchführung von ^{29}Si, ^{13}C und ^{11}B NMR Messungen an. Hierbei dienten die chemischen Verschiebungswerte - die stets mit Literaturwerten verglichen wurden - als primärer Anhaltspunkt bei der Zuordnung lokaler Strukturen. Im Fall der ^{11}B NMR Spektroskopie wurden ergänzend Satellitenspektren[4] aufgenommen.

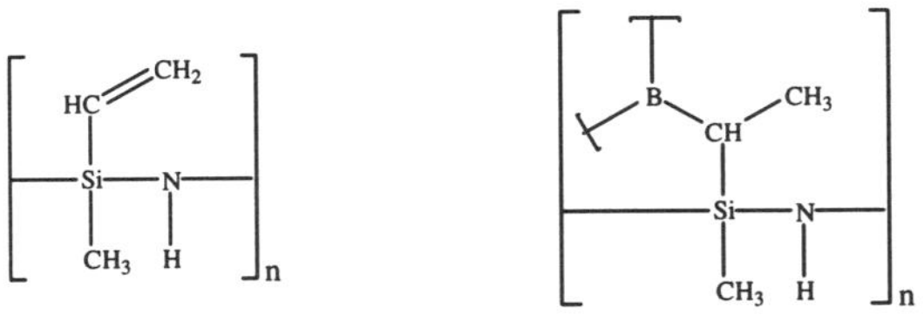

Abb. 1: Strukturformeln von borfreiem und hydroboriertem Polymethylvinylsilazan.

*Thermolyse von borfreiem Polymethylvinylsilazan **1***
Im folgenden werden die NMR-Untersuchungen an den Pyrolysaten von borfreiem Polymethylvinylsilazan beschrieben. Abb. 2 (Mitte) zeigt die ^{13}C CP/MAS NMR Spektren für die verschiedenen Thermolysezwischenstufen. Das Spektrum des Precursors weist drei Linien bei 142, 132 und 3 ppm auf, die erwartungsgemäß den Kohlenstoffatomen in der Vinyl- und Methylgruppe zugeordnet werden können. Im Spektrum des 300°C-Intermediats nehmen die Intensitäten der Linien der Vinylgruppe drastisch ab, während ein neues, sehr breites Signal bei 28 ppm im Spektrum auftritt, das aufgrund seines chemischen Verschiebungswertes sp^3-hybridisiertem Kohlenstoff in CH$_2$- und CH-Gruppen zugeordnet werden kann. Diese können als Baugruppen von aliphatischen Kohlenwasserstoffketten aufgefaßt werden, die sich aufgrund einer thermisch aktivierten Polymerisation der Vinylgruppen ausgebildet haben. Ihre Existenz wird mit Hilfe eines ^{13}C CPPI NMR Experiments[5] (s. Abb. 2, rechts) bestätigt. Wählt man als Kontaktzeit τ_{CP} = 1500 µs und als Inversionszeit τ_{PI} = 37 µs, sollten die Signale von CH-Gruppen verschwinden, die Intensitäten von quartären Kohlenstoffatomen und Methylgruppen 86 % und die von CH$_2$-Gruppen -33 % des ursprünglichen CP/MAS NMR-Spektrums betragen. Tatsächlich nimmt die Intensität des Signals bei 3 ppm im CPPI-Spektrum verglichen mit dem Original-CP-Spektrum schwach ab, während das breite Signal bei 28 ppm invertiert. Hiermit läßt sich das Signal bei 3 ppm eindeutig den an die Siliciumatome gebundenen Methylgruppen zuordnen. Für das Signal bei 28 ppm ist dagegen von einer Überlagerung der Signale von CH$_2$- und CH-Gruppen auszugehen, da dessen Intensität den theoretischen Wert von -33 % (s. o.) nicht erreicht. Beim Erhitzen des Precursormaterials auf 400 bzw. 500 °C nimmt die Intensität des Signals bei 28 ppm allmählich wieder ab. Gleichzeitig erscheint ein neues Signal bei 130 ppm, das von sp^2-hybridisiertem Kohlenstoffatomen stammt, die aus den gesättigten Kohlenwasserstoffketten durch Eliminierung von molekularem Wasserstoff gebildet werden. Im Spektrum des Thermolyseprodukts bei 600 °C ist die Intensität des Signals der direkt an die Siliciumatome gebundenen Methylgruppen deutlich verringert. Das Spektrum weist wieder die breite Resonanz bei 130 ppm wie auch eine Reihe von breiten, sich gegenseitig überlagernden Signalen zwischen 19 und 3 ppm auf, wobei deren Intensitäten zu höherem Feld hin zunehmen. Letztere können Kohlenstoffatomen in CSi$_4$-, CSi$_3$H-, CSi$_2$H$_2$- und CSiH$_3$-Gruppen zugeordnet werden. Betrachtet man das Spektrum des

Thermolyseendprodukts bei 1050 °C, so ändert sich das Signal bei 130 ppm unwesentlich, während die Intensitäten der Signale im aliphatischen Bereich auf der Tieffeldseite zugenommen und auf der Hochfeldseite abgenommen haben. Somit bilden sp²-hybridisierter Kohlenstoff in graphitähnlichen Bereichen sowie CSi_4- und CSi_3H-Gruppen in einer Si-C-N-Matrix die wesentlichen kohlenstoffhaltigen Struktureinheiten in der aus borfreiem Polymethylvinylsilazan durch Thermolyse gebildeten amorphen Keramik.

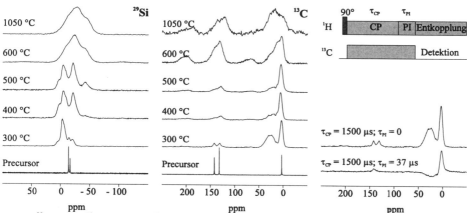

Abb. 2: ^{29}Si (links), ^{13}C (Mitte) und ^{13}C CPPI NMR Spektren (rechts) von borfreiem Polymethylvinylsilazan und seinen Thermolyseprodukten bei den jeweils angegebenen Temperaturen.

Die ^{29}Si CP/MAS NMR Spektren der Thermolysezwischenstufen sind in Abb. 2, links wiedergegeben. Das Spektrum des Precursormaterials besteht aus zwei Linien bei -14 und -17 ppm, die von $SiC(sp^2)C(sp^3)N_2$-Einheiten herrühren, die sich in Polysilazanringen $[(CH_2=CH)(CH_3)Si(NH)]_n$ unterschiedlicher Größe (n = 3, 4) befinden. Im Spektrum des 300°C-Intermediates sind die Intensitäten dieser Linien deutlich zurückgegangen, während bei -3 ppm ein neues Signal erscheint. Dieses ist auf die Veränderung der Hybridisierung des vinylischen C-Atoms während der Polymerisation der Vinylgruppen zurückzuführen. Die sp³-hybridisierten C-Atome in den aliphatischen Kohlenwasserstoffketten besitzen einen deutlich geringeren elektronegativen Charakter, was eine Änderung der chemischen Verschiebung der an sie gebundenen Siliciumatome um 12 ppm zu tieferem Feld bewirkt. Im Fall des bei 400 °C gebildeten Pyrolysats weist das Spektrum einen neuen Peak bei -21 ppm auf, der nahezu dieselbe Intensität besitzt wie das Signal der $SiC_2(sp^3)N_2$-Gruppen bei -3 ppm. Er kann wegen seines chemischen Verschiebungswertes $SiC(sp^3)N_3$-Gruppen in dem präkeramischen Material zugeordnet werden. Dies bedeutet, daß während des Thermolyseprozesses bei dieser Temperatur erstmals die Anzahl der Stickstoffatome in der ersten Koordinationssphäre eines Teils der Siliciumatome erhöht wird. Bei weiterem Erhitzen setzt sich dieser Trend fort: Neben den $SiC_2(sp^3)N_2$- und $SiC(sp^3)N_3$-Resonanzen ist im Spektrum des 500 °C-Intermediates auch das Signal von SiN_4-Einheiten bei -43 ppm erkennbar. Das Signal der $SiC(sp^3)N_3$-Gruppen besitzt hier die größte Intensität. Alle Signale, die schon bei 500 °C zu sehen waren, tauchen auch wieder im Spektrum der bei 600 °C erhältlichen Thermolysezwischenstufe auf, wobei die Linien hier jedoch stark verbreitert sind. Zudem hat das $SiC_2(sp^3)N_2$-Signal an Intensität verloren, während das der SiN_4-Einheiten stärker geworden ist. Betrachtet man schließlich die amorphe Keramik (Thermolyseprodukt bei 1050 °C), so treten hier kaum noch

Veränderungen auf. SiC₂N₂-, SiCN₃- und SiN₄-Einheiten bilden also die siliciumhaltigen Struktureinheiten in dem durch Thermolyse von borfreiem Polymethylvinylsilazan gewonnenen System.

Thermolyse von hydroboriertem Polymethylvinylsilazan **2**
Der folgende Abschnitt beschäftigt sich mit der Untersuchung des Pyrolyseverhaltens von hydroboriertem Polymethylvinylsilazan. In Abb. 3 (Mitte) sind die ^{13}C CP/MAS NMR Spektren der bei den jeweiligen Temperaturen erhältlichen Intermediate wiedergegeben. Das Spektrum des Ausgangspolymers zeigt drei breite Signale bei 0, 12 und 30 ppm. Das breite Signal bei 0 ppm läßt sich den SiCH₃-, das Signal bei 12 ppm den CH₂BC-, CH₂SiC- und CH₃C- sowie jenes bei ca. 30 ppm den CHBCSi-Einheiten im Precursorpolymer zuordnen. Die Vielfalt der Signale folgt aus dem Umstand, daß die Hydroborierung des borfreien Polymethylvinylsilazans nicht streng regioselektiv[3] verläuft, d. h. Bor greift bei der Reaktion sowohl am α- als auch am β-ständigen Kohlenstoffatom der Vinylgruppe an. Bei weiterer Temperaturerhöhung nimmt die Intensität des breiten ^{13}C NMR Signals bei 30 ppm bis 400 °C ab, während sich die Signale im aliphatischen Bereich ebenfalls verbreitern. Im Temperaturbereich ist zwischen 500 und 1050 °C bei ca. 140 ppm ein breites unstrukturiertes Signal erkennbar, das wieder auf die Bildung von sp²-hybridisiertem Kohlenstoff in graphitähnlichen Domänen hinweist. Das verbreiterte Signal im aliphatischen ppm-Bereich bleibt weiterhin erhalten. Im Spektrum der amorphen Keramik läßt sich das Signal der an Silicium gebundenen Methylgruppen nicht mehr finden, d. h. diese werden während der Thermolyse vollständig abgebaut. Es sind lediglich die breiten Signale bei 140 und 22 ppm vorhanden, von denen letzteres - wie schon im Fall des borfreien Polymethylvinylsilazans - von Kohlenstoffatomen aus CH$_n$Si$_{4-n}$ (n = 0, 1, 2) herrührt. Wieder bilden also sp²-hybridisierter Kohlenstoff in graphitähnlichen Bereichen sowie CSi₄- und CSi₃H-Gruppen in einer Si-C-N-Matrix die wesentlichen kohlenstoffhaltigen Strukturelemente in der bei 1050 °C hergestellten amorphen Keramik.

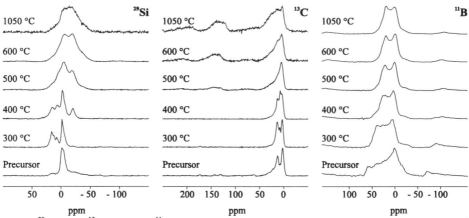

Abb. 3: ^{29}Si (links), ^{13}C (Mitte) und ^{11}B NMR Spektren (rechts) von hydroboriertem Polymethylvinysilazan und seinen Thermolyseprodukten bei den jeweils angegebenen Temperaturen.

Die ^{29}Si CP/MAS NMR Spektren des hydroborierten Polymethylvinylsilazans **2** und seiner Thermolyseprodukte sind in Abb. 3 (links) dargestellt. Das Spektrum des Precursorpolymers weist ein starkes Signal bei - 3 ppm auf, wie es von einer SiC$_2$N$_2$-Gruppe innerhalb eines Polysilazans erwartet wird. Es ist ein schwächeres Signal bei 15 ppm erkennbar, das sich aufgrund seiner vergleichsweise starken Tieffeldverschiebung einer SiC$_3$N-Gruppe zuordnen läßt. Dies deutet an, daß aufgrund der Herstellungsbedingungen (Reaktion am Rückfluß, Trocknen bei erhöhter Temperatur) ein Teil des Ausgangspolymers bereits umgelagert ist. Bei 300 °C verstärkt sich die Intensität des letzteren Signals. Zudem sind weitere Signale mit chemischen Verschiebungswerten von 8 und -20 ppm im Spektrum erkennbar, die von SiC$_2$N$_2$- und SiCN$_3$-Gruppen herrühren. Der Anstieg der Anzahl der direkt an Silicium gebundenen Kohlenstoffatome, der sich in der Bildung der SiC$_3$N-Gruppen widerspiegelt, ist vermutlich auf die Konkurrenz der Bor- und Siliciumatome um Stickstoff als Bindungspartner zurückzuführen. Offensichtlich bilden sich hier bereits B-N-Bindungen auf Kosten der schon vorhandenen Si-N-Bindungen aus, wobei als „Nebenprodukt" Si-C-Bindungen entstehen. Im weiteren Thermolyseverlauf (400 bis 600 °C) nehmen die Signalintensitäten der Si-Atome mit kohlenstoffreicherer Koordination wieder ab, während gleichzeitig das Signal der SiCN$_3$-Baugruppen zunimmt. Bei 600°C wird das Spektrum schließlich von zwei Signalen bei -18 und -7 ppm beherrscht, die SiC$_2$N- und SiCN$_3$-Gruppen in einem präkeramischen Netzwerk zugeschrieben werden können. Zudem wird eine, wenngleich schwach ausgeprägte Schulter bei -46 ppm sichtbar, die SiN$_4$-Baugruppen zugeschrieben werden kann und auf die Ausbildung von Si$_3$N$_4$-Bereichen hinweist. Im Temperaturbereich zwischen 600 und 1050 °C treten mit Ausnahme einer weiteren Verbreiterung der Signale keine gravierenden Veränderungen in den ^{29}Si NMR Spektren mehr auf. Im Spektrum der amorphen Keramik bei 1050 °C verbleiben SiCN$_3$- und SiC$_2$N$_2$-Einheiten als dominante, siliciumhaltige Strukturelemente.

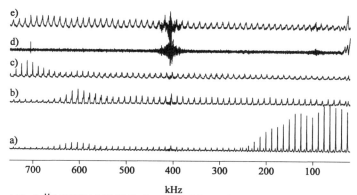

Abb. 4: ^{11}B SATRAS NMR Spektren von a) Borax, b) Borsäure, c) hexagonalem Bornitrid und hydroboriertem Polymethylvinylsilazan d) als Precursor sowie e) als amorphe Keramik (Thermolyseprodukt bei 1050 °C).

Die ^{11}B MAS NMR Spektren sind in Abb. 3 (rechts) aufgeführt. Die Spektren der Hochtemperatur-Intermediate zeigen das typische MAS-Linienprofil des Zentralübergangs eines Quadrupolkerns mit halbzahligem Spin [I(^{11}B) = 3/2] mit einer Quadrupolkopplungskonstante von hier 2.9 MHz und einem Asymmetrieparameter nahe Null[6]. Dieser Befund legt nahe, daß Bor bei diesen Temperaturen - ähnlich wie in hexagonalem Bornitrid - vorzugsweise in trigonaler Koordination vorliegt. Inwieweit auch Kohlenstoff an Bor gebunden ist, ist bisher noch nicht geklärt. Die ^{11}B MAS NMR Spektren des Precursors wie auch der Thermolysezwischenstufen bis 400 °C weisen dagegen eine recht komplexe Struktrur auf, die von verschiedenen Spektralkomponenten herrühren. Bor tritt hier sowohl in trigonaler als auch in tetraedrischer Koordination auf, was mit einer relativ großen bzw. kleinen Quadrupolkopplungskonstanten verbunden ist. Die Unterscheidung zwischen den unterschiedlich koordinierten Boratomen ist mit verschiedenen Methoden möglich. Ein Verfahren ist die Anregung von Satellitenübergängen (^{11}B SATRAS NMR). In Abb. 4 sind entsprechende ^{11}B SATRAS NMR Spektren[4] für den Precursor und die amorphe Keramik sowie für einige Modellverbindungen (Borax, Borsäure, hexagonales Bornitrid) dargestellt. In diesen Spektren ist der Unterschied zwischen trigonal und tetraedrisch koordiniertem Bor deutlich zu erkennen. Die durch die Anregung der Satellitenübergänge bedingten Seitenbänder des trigonal koordinierten Bors erstrecken sich dabei über einen deutlich größeren Frequenzbereich als die des tetraedrisch koordinierten Bors (s. hierzu ^{11}B SATRAS NMR Spektrum von Borax). In den Spektren von Borsäure und hexagonalem Bornitrid sind erwartungsgemäß nur weitauslaufende Seitenbänder vorhanden, da in diesen Systemen nur trigonal koordiniertes Bor vorliegt. Für das Ausgangspolymer konnte bisher kein Seitenbandmuster gefunden werden, was u. U. auf die hohen Linienbreiten zurückzuführen ist. Aussagen über die Koordination der vorhandenen Boratome sind deshalb nicht möglich. Das Spektrum der amorphen Keramik bei 1050 °C zeigt dagegen deutlich das typische Seitenbandmuster von trigonal koordiniertem Bor, was den Befund aus den obigen Untersuchungen des Zentralübergangs unterstützt.

Zusammenfassung

In diesem Beitrag wurden zur Aufklärung des Thermolyseverhaltens von borfreiem und hydroboriertem Polymethylvinylsilazan zur amorphen Si-C-N-Keramik ^{29}Si, ^{13}C und ^{11}B Festkörper-NMR-Untersuchungen durchgeführt. In der borfreien Keramik findet man einerseits Bereiche („Si-C-N-Matrix"), die hauptsächlich aus $SiCN_3$-Baugruppen bestehen und die deutliche Anteile an SiC_2N_2-, SiN_4-, CSi_4- und CSi_3H-Gruppen aufweisen. Daneben existieren graphitähnliche Bereiche, in denen sp^2-hybridisierter Kohlenstoff vorliegt. In der amorphen Keramik, ausgehend von hydroboriertem Polymer, finden sich zudem - ähnlich wie in hexagonalem Bornitrid - Bereiche mit trigonal koordiniertem Bor. In diesem Zusammenhang ist noch ungeklärt, ob hier ausschließlich BN_3-Gruppen oder eventuell auch $BN_{3-n}C_n$-Gruppen (n = 0, 1, 2, 3) vorhanden sind. Als weitere Besonderheit fällt hier auf, daß die „Si-C-N-Matrix" stickstoffärmer als im Fall des borfreien Polymethylvinylsilazans ist. Es liegen hier vorwiegend SiC_2N_2- und $SiCN_3$-Einheiten vor, SiN_4-Gruppen lassen sich dagegen kaum nachweisen. Dies ist ein weiteres Indiz für die Existenz von hexagonalem Bornitrid, welches für die Abnahme des Stickstoffgehalts in der „Si-C-N-Matrix" verantwortlich ist.

Danksagung

Unser Dank gilt der Deutschen Forschungsgemeinschaft, dem JST und dem Fonds der Chemischen Industrie für die finanzielle Unterstützung dieses Forschungsprojekts.

Literatur

(1) Wakai, F. et al. *Nature* **1990**, *344*, 421
(2) Bill, J.; Aldinger, F. *Adv. Mater.* **1995**, *7*, 775
(3) Weinmann, M. et al. *J. Organomet. Chem.*, **1997**, *541*, 345
(4) Jäger, C. *NMR Basic Principles and Progress*, **1994**, *31*, 133
(5) Wu, X.; Zilm, K. W. *J. Magn. Reson.*, **1993**, *A102*, 205
(6) Freude, D.; Haase, J. *NMR Basic Principles and Progress*, **1993**, *29*, 1

Untersuchung von Relaxationsphänomenen in amorphen Si/C/N-Keramiken mittels Röntgen- und Neutronenkleinwinkelstreuung

S. Schempp, P. Lamparter, J. Bill, F. Aldinger

Max-Planck-Institut für Metallforschung, Stuttgart

Einleitung

Im tenären System Si/C/N wurden amorphe Keramiken verschiedener Zusammensetzung untersucht, die aus unterschiedlichen elementarorganischen Vorläuferpolymeren hergestellt wurden. Mit Hilfe der Kleinwinkelstreuung war es möglich, bei allen Keramiken eine Phasenseparation in eine amorphe Siliziumnitrid (a-Si_3N_4) und eine kohlenstoffangereicherte amorphe Matrix festzustellen. Die Glühbehandlung zwischen 1100° C und 1450° C hatte keine Veränderung der Volumenkonzentration der a-Si_3N_4-Phase zur Folge. Es wurde allerdings beobachtet, daß die a-Si_3N_4-Gebiete wachsen, also eine Vergröberung des Gefüges stattfindet, ohne daß eine Kristallisation eintritt.

Theorie der Kleinwinkelstreuung

Im Gegensatz zur Weitwinkelstreuung, für die die atomare Anordnung in einem Probenkörper verantwortlich ist, wird das Kleinwinkelstreusignal, das im allgemeinen durch eine Transmissionsmessung ermittelt wird, durch Strukturen in der Größenordnung von 10 bis 1000 Å bestimmt. Eine ausführliche Darstellung dieses Streuphänomens findet man z. B. in [1].
Ein Maß für die Stärke der Streuung von Röntgenquanten oder Neutronen an einem Atom ist die Streulänge b. Für Neutronen sind die Werte tabelliert [2], für Röntgenquanten ist $b = r_T \cdot Z$ (r_T ... klassischer Elektronenradius, Z ... Ordnungszahl des Elements). Bei größeren, in sich homogenen Struktureinheiten verwendet man die Streulängendichte η, die sich zusammensetzt aus der mittleren Streulänge b pro Atom und der atomaren Dichte ρ_0:

(1) $\quad \eta = \rho_0 \cdot b$

Setzt sich nun ein Probenkörper aus Gebieten der oben angegebenen Größenordnung und unterschiedlicher Streulängendichte zusammen, so tritt ein Streusignal bei Streuwinkeln $2\Theta < 1°$ auf. Anstatt des Streuwinkels wird der sogenannte Impulsübertrag q verwendet:

(2) $\quad q = \dfrac{4\pi}{\lambda} \sin \Theta$

λ bezeichnet die Wellenlänge der Strahlung.
Der differentielle Wirkungsquerschnitt $d\sigma/d\Omega$, der das Verhältnis aus der bei einem bestimmten q-Wert gestreuten Intensität zur Primärstrahlintensität darstellt, dient zur Beschreibung des Streusignals.
Besteht die untersuchte Probe nur aus zwei in sich homogenen Phasen, genannt Phase P und Matrix M, so ist der differentielle Wirkungsquerschnitt $d\sigma/d\Omega$ darstellbar als Produkt aus dem Quadrat der Differenzen der Streulängendichten beider Phasen und einem Faktor S, der das geometrische Aussehen der einzelnen Phasengebiete beinhaltet, insbesondere ihre Größe:

(3) $$\frac{d\sigma}{d\Omega}(q) = (\eta_P - \eta_M)^2 \cdot S(q)$$

Das Integral des Faktors S über q von 0 bis ∞ ist nur von der Volumenkonzentration v von P in M abhängig. Diese bemerkenswerte Eigenschaft führt zur sogenannten Invarianten Q:

(4) $$Q = \int_0^\infty \frac{d\sigma}{d\Omega}(q) q^2 dq = 2\pi^2 \cdot v(1-v)(\eta_P - \eta_M)^2$$

Da die Streulängendichtedifferenz für Röntgenstrahlen und Neutronen verschieden ist, ist es möglich, durch Kombination beider Strahlenarten (Kontrastvariation) sowohl die Volumenkonzentration v zu bestimmen, als auch eine Aussage über die Natur der streuenden Phase zu machen. Die Streulängendichte η_P der Phase folgt rechnerisch aus der Annahme einer Zusammensetzung und einer Dichte der Phase. Anstelle der unzugänglichen Streulängendichte der Matrix η_M wird die über alle Gebiete gemittelte Streulängendichte $\bar{\eta}$ eingesetzt, die aus den Ergebnissen der chemischen Analyse und der Dichtenbestimmung berechnet werden kann. Die Volumenkonzentration kann dann berechnet werden:

(5) $$v = \left[1 + 2\pi^2 \frac{(\eta_P - \bar{\eta})^2}{Q}\right]^{-1}$$

Ein Maß für die Größe der Gebiete der Phase P ist der sogenannte Guinier-Radius R_G. Für sehr kleine q-Werte läßt sich das Streusignal annähern durch

(6) $$\frac{d\sigma}{d\Omega} = A \cdot \exp\left(-\frac{R_G^2 \cdot q^2}{3}\right)$$

In der Auftragung von ln (dσ/dΩ) über q^2 folgt R_G aus der Steigung des linearen Teils der Kurve bei kleinen q-Werten.

Experimenteller Teil
A) Probenherstellung
Die untersuchten Proben wurden aus den in Tab. 1 angegebenen Polymeren hergestellt. Die Pyrolyse wurde unter Ar ausgeführt; Pyrolysetemperatur T_P und -zeit t_P sind mit angegeben.
Polymer A wurde direkt pyrolysiert, was zu einem keramischen Granulat führte. Aus Polymer B wurden durch kaltisostatisches Pressen Formkörper hergestellt. Keramik C und D unterscheiden sich durch die Herstellungsweise. Aus dem Polymer VT50 wurde nach der Vorvernetzung durch kaltisostatisches Pressen (C) bzw. durch plastische Warmverformung (D) Formkörper hergestellt.
Die Keramik A wurde in Ar, die Keramiken B, C und D wurden unter N_2 ausgelagert.

	Struktureinheit und Bezeichnung des Polymers	Dichte der Keramik [g/cm³]	Zusammensetzung der Keramik
A	$\left[\begin{array}{c} CH=CH_2 \\ | \\ -Si-N=C=N- \\ | \\ CH_3 \end{array}\right]_n$ $T_P = 1100°\,C,\ t_P = 2\,h$	1.93	$Si_{26}C_{44}N_{30}$
B	$\left[\begin{array}{c} CH_3 \\ | \\ -NH-Si- \\ | \\ H \end{array}\right]_m \left[\begin{array}{c} CH_3 \\ | \\ -NH-Si- \\ | \\ CH_3 \end{array}\right]_n$ NCP200 $T_P = 1050°\,C,\ t_P = 1\,h$	2.38	$Si_{40}C_{23}N_{37}$
C	$\left[\begin{array}{c} HC=CH_2 \\ | \\ -NH-Si- \\ | \\ NH \end{array}\right]_m \left[\begin{array}{c} \\ -N{<}^{CH_3}_{CH_3} \\ \end{array}\right]_n$ VT50 $T_P = 1050°\,C,\ t_P = 2\,h$	2.30	$Si_{29}C_{30}N_{41}$
D	wie C	2.15	$Si_{27}C_{39}N_{34}$

Tabelle 1: Ausgangspolymer, Dichte und Zusammensetzung der untersuchten Keramiken.

B) Kleinwinkelstreuung

Die Röntgenkleinwinkelstreuung wurde mit einer Lochblendenkamera unter Verwendung von CuK_α-Strahlung aufgenommen. Die Neutronenkleinwinkelstreuung wurde an den Instrumenten PACE (LLB, Sacley), V4 (HMI, Berlin) und LOQ (ISIS, Oxford) durchgeführt. Die nach (4) berechneten Invarianten Q^N bzw. Q^X für Neutronen- bzw. Röntgenstrahlen, gemittelt über alle Auslagerungen einer Probenserie, sind in Tab. 2 angegeben. Außerdem wurde der Quotient Q^X/Q^N berechnet. Für diesen Quotienten gilt nach (5):

$$(7) \qquad \frac{Q^X}{Q^N} = \left[\frac{\eta_P^X - \overline{\eta}^X}{\eta_P^N - \overline{\eta}^N}\right]^2$$

Da die gemittelten Streulängendichten aus den Ergebnissen der chemischen Analyse folgen, können mit Hilfe dieses Quotienten verschiedene Modellannahmen für die Zusammensetzung der streuenden Phase P verifiziert oder verworfen werden. Als mögliche Kandidaten für die Ausscheidungsphase wurden die in dem ternären System thermodynamisch stabilen Phasen Si_3N_4, SiC und C angenommen. Die Werte der rechten Seite der Gl. (7) für diese Ausscheidungstypen sind in Tab. 3 für die vier Keramikserien angegeben.

	Q^X [10^{21} cm^{-4}]	Q^N [10^{21} cm^{-4}]	Q^X/Q^N
A	107.5	7.0	15.4
B	108.2	5.9	18.3
C	100.3	4.9	20.5
D	151.8	8.0	19.0

Tabelle 2: Werte für die Invarianten der Kleinwinkelstreuung.

	Si_3N_4	SiC	C
A	23.3	400.0	65.0
B	13.9	594.9	1736.4
C	29.5	594.9	216.4
D	27.5	828100	1600

Tabelle 3: Quotienten der quadratischen Streulängedichtedifferenzen zwischen Matrix M und Phase P für verschiedene Phasen.

Der Vergleich der experimentell ermittelten Werte der Tab. 2 mit den theoretischen Modellwerten der Tab. 3 zeigt, daß nur die a-Si_3N_4-Ausscheidungsphase in Frage kommt, um das auftretende Kleinwinkelsignal sowohl für Röntgen- als auch für Neutronenstrahlen erklären zu können.
Für die Volumenkonzentration v und für die resultierende Zusammensetzung der Matrix folgen die in Tab. 4 angegebenen Werte.

	v [vol.-%]	Si	C	N
A	25.2	16.0	69.9	14.1
B	40.8	36.3	53.2	10.5
C	35.7	16.3	57.6	26.1
D	37.1	10.0	78.9	11.1

Tabelle 4: Volumenkonzentration v der Si_3N_4-Ausscheidungsphase und Zusammensetzung in At.-% der Matrix.

Die Auswertung der Guinier-Radien in Abhängigkeit von Auslagerungstemperatur und -dauer soll hier exemplarisch anhand der Röntgenmessungen der Keramikserie B gezeigt werden. Die Werte sind in Abb. 1 dargestellt.

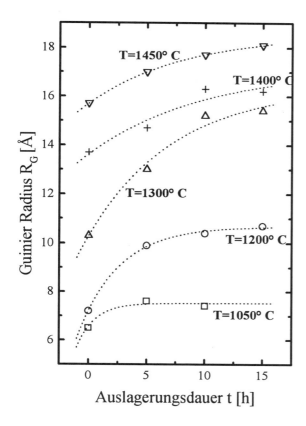

Abb. 1: Guinier-Radien für Keramik B in Abhängigkeit von der Auslagerungstemperatur T und -dauer t.

Die gepunktet eingezeichneten Kurven entsprechen dem Relaxationsmodell nach Gibbs, Evett und Leake [3], in dem die Annahme gemacht wird, daß die Veränderung struktureller Parameter über viele verschiedene Wege geschehen kann. Jeder dieser Wege ist mit einer bestimmten Aktivierungsenergie verbunden, so daß sich insgesamt ein breites Aktivierungsenergiespektrum ergibt. Die Abarbeitung des Spektrums erfolgt während der Auslagerung, wobei bei unveränderlichem Spektrum ein und derselbe Endzustand auf verschiedenen Wegen erreicht werden kann, nämlich über eine lange Glühzeit bei niedrigen Temperaturen oder über eine kurze Glühzeit bei hohen Temperaturen. Offensichtlich ist diese Aussage bei den in Abb. 1 dargestellten Kurven jedoch nicht gültig. Bei hohen Temperaturen wird hier ein höherer Endwert erreicht als bei niedrigen Temperaturen. Das Aktivierungsenergiespektrum verändert sich also entscheidend während des Glühvorgangs. Zur Erklärung dieser Phänomene wird das in Abb. 2 dargestellte Szenario vorgeschlagen.

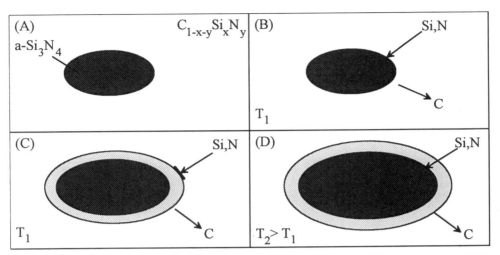

Abb. 2: Szenario der atomaren Diffussionsvorgänge, die zum Anwachsen der a-Si$_3$N$_4$-Ausscheidungen führen.

(A) Nach der Pyrolyse liegt bereits ein vollständig vollzogene 2-Phasentrennung einer a-Si$_3$N$_4$-Phase in einer kohlenstoffreichen Matrix vor.
(B) Während der Auslagerung bei der Temperatur T$_1$ kommt es zur Diffusion der Si- und N-Atome und damit zu einem Anwachsen der a-Si$_3$N$_4$-Phase.
(C) Gleichzeit muß aber der Kohlenstoff von der Ausscheidung weg diffundieren um Platz zu schaffen. Da Kohlenstoff in Kohlenstoff äußerst langsam diffundiert, bildet sich ein "Sperrgürtel" um die Ausscheidung. Das Wachstum kommt zum erliegen.
(D) Erst bei einer höheren Temperatur T$_2$ kommt der Wachstumsprozeß wieder in Gang, da jetzt größere Aktivierungsenergien zur Verfügung stehen.

Literatur

[1] O. Glatter, O. Kratky: Small-Angle Scattering of X-Rays, New York: John Wiley & sons., 1955.
[2] L. Koester, W. B. Yelon: Neutron Diffraction Newsletters, International Union of Crystallography, 1982.
[3] M. R. J. Gibbs, J. E. Evetts, J. A. Leake: J. Mater. Sci. 18 (1983), 278.

Elektrische Eigenschaften polymerabgeleiteter amorpher Si-C-N Keramiken

Manfred Puchinger, Daniel Suttor und Günter Ziegler
Universität Bayreuth, Institut für Materialforschung (IMA I), Bayreuth
Stefan Traßl, Ernst Rößler
Universität Bayreuth, Physikalisches Institut (EP II), Bayreuth

Einleitung

Die thermolytische Zersetzung metallorganischer Polymere ist ein neuartiger Ansatz zur Herstellung keramischer Materialien auf Basis nichtpulverförmiger Komponenten (1). Hochreine Ausgangsstoffe, im Vergleich zu herkömmlichen Sinterverfahren niedrige Prozeßtemperaturen und die mögliche Adaption von Formgebungsverfahren aus der Kunststofftechnologie lassen diese Verbindungen auch für funktionelle Anwendungen, z. B. in der Halbleitertechnik, interessant erscheinen.

Mocaer et al. (2) führten erste Messungen der Gleichstromleitfähigkeit an pyrolysierten Silazanen durch. Eine ausführliche Analyse der Gleich- und Wechselstromleitfähigkeit in den Systemen Si-C-N und Si-B-C-N erstellte Haluschka (3). Beide fanden halbleitende Eigenschaften und einen Anstieg der Gleichstromleitfähigkeit um mehrere Größenordnungen mit steigender Pyrolysetemperatur. Mocaer et al. und Haluschka vermuten das Entstehen einer aromatischen Kohlenstoffphase als Ursache für ihre Beobachtungen.

Vor diesem Hintergrund wurden ausgehend von 1,3,5-Trimethyl-1,3,5-trivinyl-cyclo-trisilazan (MVCTS) Festkörperproben bestehend aus amorphem SiCN hergestellt und mittels Impedanzspektroskopie untersucht. Im Rahmen dieses Beitrags werden nur die Ergebnisse zur Gleichstromleitfähigkeit vorgestellt. Weiterhin wurden die Proben durch NMR- und Ramanspektroskopie strukturell charakterisiert. Hochauflösende Transmissionselektronenmikroskopie (HR-TEM) wurde zur Phasenanalyse eingesetzt.

Experimentelle Durchführung

Die Probenpräparation fand vollständig unter N_2-Atmosphäre statt. Flüssiges MVCTS wurde mit 2 Massen-Prozent Dicumylperoxid (DCP) versetzt und bei 130°C / 24 h und abermals bei 300°C / 3h vernetzt. Dabei entsteht ein gelblicher, spröder Duroplast. Dieser wurde aufgemahlen und gesiebt (63 µm). Das erhaltene Pulver wurde mit MVCTS (versetzt mit 2 Massen-% DCP) im Volumenverhältnis 70:30 gemischt. Um eine homogene Verteilung des arteigenen Binders MVCTS zu gewährleisten, wurde dieser in Toluol verdünnt (Massenverhältnis 1:25). Nach dem Abziehen des Lösungsmittels durch Vakuumdestillation wurden je 1,2 g dieses Ansatzes bei Raumtemperatur uniaxial zu Quadern (ca. 5 x 5 x 60 mm) verpreßt. Nach der Vernetzung (130°C / 24 h und 300°C / 3 h) fand eine Vorpyrolyse bei 500°C statt (Heizrate 3 K/min, Haltezeit 5 h). Zur Senkung der Porosität wurden die Proben mit MVCTS (versetzt mit 2 Massen-% DCP) infiltriert (0,5 h, vakuumunterstützt ca. 10 Pa) und anschließend vernetzt und vorpyrolysiert (s. o.). Dieser Verdichtungsschritt erfolgte insgesamt zweimal. Danach wurden die Proben auf Quader der Abmessungen ca. 10 x 3 x 1,5 mm abgeschliffen. Schließlich erfolgte die eigentliche Pyrolyse in einem Graphittiegel bei 700 bis 1400°C (Heizrate 3 K/min, 5h Haltezeit). Durch Auftragen einer Silberlösung wurden elektrische Kontakte hergestellt. Zur Verringerung des Kontaktwiderstands fand eine Wärmebehandlung statt (400°C, 1 h).

Die Gleichstromleitfähigkeit wurde über Impedanzspektroskopie als Niederfrequenzlimit (ca. 0,1 Hz) der reellen Leitfähigkeit bestimmt. Die Meßanlage umfaßt einen Novocontrol Dielectric Converter (Verstärker), einen Schlumberger SI 1260 Frequenzgenerator und -analysator sowie einen beheizbaren Probenhalter (Raumtemperatur bis 400°C).

Für die Ramanspektroskopie wurden die Proben aufgemahlen, gesiebt (63 µm) und mit KBr verpreßt (Massenverhältnis 1:500). Als Lichtquelle diente ein Nd-YAG-Laser (λ=1064 nm).

NMR-Spektroskopie wurde unter Anwendung von Magic-Angle-Spinning-Technik und Cross-Polarisation durchgeführt. Dabei wurden Pulverproben verwendet: MVCTS versetzt mit 2 Massen-% DCP wurde vernetzt (s. o.), aufgemahlen, gesiebt (125 µm) und pyrolysiert (Heizrate 3 K/min, 5 h Haltezeit).

Die Präparation der Planview-TEM-Proben erfolgte auf herkömmliche Weise durch Diamantsägen, Ultraschallbohren, mechanisches Schleiffen, Dimpeln und Argon-Ionendünnen bis zur Perforation. Als Mikroskop stand ein Phillips CM20FEG zur Verfügung.

Experimentelle Ergebnisse

Die Charakterisierung der Proben mittels Planview-TEM brachte keine Hinweise auf einen Kristallisationsprozeß. Alle Proben weisen lediglich eine amorphe Phase auf (ohne Abb.).

Weiterhin zeigen alle untersuchten Proben eine mit steigender Meßtemperatur T ansteigende Gleichstromleitfähigkeit σ_{dc} (Abb. 1). Diese Temperaturabhängigkeit ist bei niedriger Pyrolysetemperatur T_p stärker ausgeprägt als bei hoher Pyrolysetemperatur: Für T_p=775°C steigt σ_{dc} zwischen T=50°C und T=385°C um 2,8 Dekaden; für T_p=1400°C beträgt der Anstieg nur den Faktor zwei. Gleichzeitig steigen die absoluten Leitfähigkeitswerte mit der Pyrolysetemperatur stark an: Bei T=50°C beträgt für T_p=775°C σ_{dc}=3,5·10^{-9} 1/(Ωcm), für T_p=1400°C gilt hingegen σ_{dc}=1,2·10^{-1} 1/(Ωcm). Die Auslagerungsbedingungen verändern also die Gleichstromleitfähigkeit um bis zu 8 Größenordnungen.

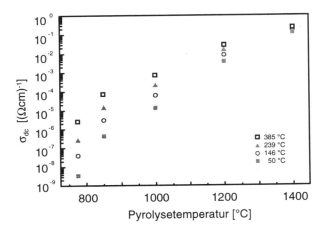

Abb. 1: Gleichstromleitfähigkeit der amorphen SiCN-Proben bei verschiedenen Meß- und Pyrolysetemperaturen

Im ^{29}Si-NMR-Spektrum (Abb. 2) erkennt man ein breites Maximum bei $T_p=500°C$ um -10 ppm, das sich mit steigendem T_p zu negativeren ppm-Werten verschiebt und an Struktur verliert. SiC$_4$-Umgebungen zeigen chemische Verschiebungen zwischen -10 und -25 ppm. SiN$_4$-Umgebungen weisen Verschiebungen zwischen -40 und -70 ppm auf. Gemischte Umgebungen SiC$_x$N$_{4-x}$ (0<x<4) sind entsprechend dazwischen zu erwarten (4).

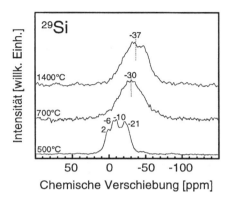

Abb. 2: ^{29}Si-NMR-Spektren von MVCTS-Proben verschiedener Pyrolysetemperaturen

Im Ramanspektrum von MVCTS (Abb. 3) finden sich ab $T_p=1000°C$ Maxima bei 1303 1/cm (D-Peak) und 1621 1/cm (G-Peak). Dabei steigt die relative Intensität des D-Peaks mit der Pyrolysetemperatur an.

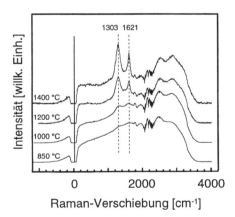

Abb. 3: Festkörper-Raman-Spektren von MVCTS-Proben verschiedener Pyrolysetemperaturen

Diskussion

Eine Klassifizierung der Temperaturabhängigkeit von σ_{dc} für amorphe Halbleiter findet sich bei Heywang (5). Für $kT \ll E_{gap}$ (mit k: Boltzmannkonstante, E_{gap} energetischer Abstand zwischen Valenz- und Leitungsbandkante) folgt $\sigma_{dc}(T)$ im allgemeinen dem Mott-Gesetz:

$$\sigma_{dc}(T) = \sigma_0 \exp[-(T_0/T)^{1/4}] \qquad (a)$$

Als zugrundeliegender Leitungsmechanismus wird das sogenannte "variable range hopping" angesehen (6), welches das durch einzelne Phononen unterstützte Springen von Ladungsträgern nahe der Fermikante bezeichnet. Allerdings führen auch andere Mechanismen zur gleichen Temperaturabhängigkeit (7,8). Für $kT \gg E_{gap}$ entscheidet die Besetzung des Leitungsbandes in Form einer Boltzmann-Abhängigkeit über die Gleichstromleitfähigkeit:

$$\sigma_{dc}(T) = \sigma_0 \exp[-\Delta E/kT] \qquad (b)$$

Die Aktivierungsenergie ΔE bezeichnet dabei den Abstand zwischen Ferminiveau und Leitungsbandkante.

Für die experimentellen Daten wurde die Übereinstimmung mit Abhängigkeiten sowohl vom Typ der Gleichung (a) als auch vom Typ der Gleichung (b) numerisch bestimmt. Für Pyrolysetemperaturen T_p zwischen 775 und 1200°C ist das Mottgesetz der bessere Fit; für T_p=1400°C hat die Boltzmannabhängigkeit die kleineren Abweichungen. Das weist auf eine Abnehmen der Bandlücke E_{gap} mit zunehmender Pyrolysetemperatur hin. Die aus den Meßdaten nach Gleichung (b) bestimmten Werte für ΔE zeigen ebenfalls deutlich diese Tendenz (Abb. 4).

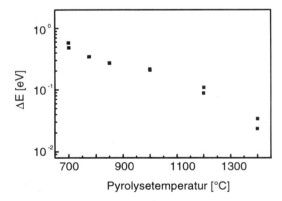

Abb. 4: Aktivierungsenergie ΔE der Gleichstromleitfähigkeit der amorphen SiCN-Proben verschiedener Pyrolysetemperaturen unter Annahme einer Boltzmann-Temperaturabhängigkeit

Das Auftreten einer graphitischen Phase bei höheren Auslagerungstemperaturen würde sowohl den absoluten Anstieg der Leitfähigkeit als auch das sich ändernde Temperaturverhalten erklären. Graphit ist ein Halbmetall und weist daher keine Energielücke im Bandschema auf. Das Entstehen einer aromatischen Kohlenstoffphase führt daher zum Auftreten von Zuständen in der Bandlücke des amorphen Halbleiters; die effektive Energielücke veringert sich. Bei ausreichend hohem Kohlenstoffphasenanteil (der sogenannten Perkolationsschwelle, die je nach Gefüge zwischen einigen Promille und ca. 20 % schwanken kann (9)) kann dieser die elektrischen Eigenschaften des Materials völlig dominieren.

Tatsächlich geben das ^{29}Si-NMR-Spektrum wie auch das Ramanspektrum Hinweise auf eine graphitische Phase. Die Kernspinresonanz zeigt eine Abnahme der Si-C-Bindungen bei Zunahme der Si-N-Bindungen mit steigendem T_p. Bei thermogravimetrisch annähernd konstanter Masse zwischen 700 und 1400°C muß sich Kohlenstoff bei höherer Pyrolysetemperatur daher vermehrt mit sich selbst verbinden. Im Ramanspektrum ist das Auftreten des G-Peaks bei 1621 1/cm ein direkter Hinweis auf graphitischen Kohlenstoff (10). Das Maximum bei 1303 1/cm (D-Peak) zeigt an, daß die gebildeten Kristallite kleiner als 20 Å sind. Das Anwachsen der relativen Intensität des D-Peaks gegenüber dem G-Peak deutet auf eine Zunahme der Anzahl oder der Größe der Graphitkristalle hin, wobei aber die kritische Größe von 20 Å nicht überschritten wird. In diesem Zusammenhang ist es auch einsichtig, daß eine direkte Beobachtung der graphitischen Phase im TEM aufgrund des Auflösungsvermögens nicht zu erwarten ist.

Zusammenfassung
Durch Polymerpyrolyse wurden amorphe SiCN-Keramiken hergestellt und deren Gleichstromleitfähigkeit als Funktion der Auslagerungstemperatur T_p bestimmt. Der beobachtete Anstieg der Leitfähigkeit mit T_p kann durch das Auftreten einer zunehmend geordneten graphitischen Phase erklärt und durch NMR- und Ramanspektroskopie belegt werden. Ein direkter mikroskopischer Beweis konnte nicht gegeben werden.

Danksagung
Herrn Dr. H.-J. Kleebe wird für die Durchführung der TEM-Untersuchung gedankt.

Literatur
(1) J. Bill, F. Aldinger, Adv. Mater. **7**[9] (1995) 775
(2) D. Mocaer, R. Pailler, R. Naslain, C. Richard, J. P. Pillot, J. Dunogues, C. Gerardin, F. Taulelle, J. Mater. Sci. **28** (1993) 2615
(3) C. Haluschka, Dissertation, TU Darmstadt, 1997
(4) G. R. Hatfield, K. R. Carduner, J. Mater. Sci. **24** (1989) 4209
(5) W. Heywang, Amorphe und polykristalline Halbleiter, Berlin, Heidelberg, New York, 1984
(6) N. F. Mott, E. A. Davis, Electronic processes in non-crystalline materials, 2nd edition, Oxford, 1979
(7) D. Emin, Phys. Rev. Lett. **32**[6] (1974) 303
(8) G. P. Triberis, L. R. Friedmann, J. Phys. C: Solid State Phys. **18** (1985) 2281
(9) D. S. McLachlan, M. Blaszkiewicz, R. E. Newnham, J. Am. Ceram. Soc. **73**[8] (1990) 2187
(10) R. O. Dillon, J. A. Woolam, V. Katkanant, Phys. Rev. B **29**[6] (1984) 3482

Die Konstitution von Si-B-C-N Keramiken

H.J. Seifert, J. Peng und F. Aldinger, Max-Planck-Institut für Metallforschung und Universität Stuttgart, Institut für Nichtmetallische Anorganische Materialien, Pulvermetallurgisches Laboratorium

Einleitung

Durch die Thermolyse von organometallischen Precursoren können Si-(B)-C-N Keramiken hergestellt werden, deren Struktur und physikalisch-chemisches Eigenschaftsprofil in weiten Grenzen variiert werden können (1,2). Die Polymer-Precursoren werden bei Temperaturen zwischen 1100 und 1600 K thermolysiert, wodurch amorphe Keramiken von hoher Reinheit und mit homogener Elementverteilung entstehen. Bei Temperaturen über 1600 K beginnen diese Materialien unter Bildung von Gleichgewichtsphasen (z. B. Si_3N_4, SiC oder BN) in der Regel zu kristallisieren. Die entstehenden teilamorphen und nanokristallinen Materialgefüge befinden sich jedoch nicht im thermodynamischen Gleichgewicht. Der Kristallinitätsgrad nimmt aber mit steigender Temperatur zu. Das genaue Kristallisationsverhalten ist abhängig von der Zusammensetzung und dem Herstellungsweg und wird durch die Phasenstabilität und kinetische Einflüsse bestimmt. Einige der Si-B-C-N Keramiken weisen eine außerordentliche Hochtemperaturstabilität bis max. 2300 K auf (3) („high temperature mass stability"-Effekt, HTMS). Andere Precursor-Keramiken dieses Typs, aber mit abweichenden Si-B-C-N Zusammensetzungen, zersetzen sich jedoch bereits bei erheblich niedrigeren Temperaturen unter Bildung von N_2-Gas.

Um diese Beobachtungen zu erklären, und um die gezielte Entwicklung von Precursor-Keramiken des Systems Si-B-C-N zu unterstützen, wurden Phasengleichgewichte und die korrelierten thermodynamischen Materialeigenschaften für eine Vielzahl verschiedener Si-(B)-C-N Keramiken bestimmt (4). Auf dieser Basis sind prozeßrelevante Informationen über die Phasenreaktionen der kristallinen aber auch der (teil)amorphen Keramiken des Systems abzuleiten (4,5). Zur Bestimmung der Systemkonstitution wurden CALPHAD-Berechnungen (CALculation of PHAse Diagrams) mit experimentellen Untersuchungen kombiniert.

Thermodynamische Daten

Als Grundlage für die CALPHAD-Berechnungen wurde ein konsistenter thermodynamischer Datensatz für das System Si-B-C-N erstellt (6). Dieser Datensatz enthält die analytischen Beschreibungen der thermodynamischen Funktionen aller Gleichgewichtsphasen des Systems (Gas, Schmelze, Bor, Graphit, Silizium, β-Si_3N_4, α/β-SiC, BN, $B_{4+\delta}C$, B_3Si, B_6Si und B_nSi), die mit dem Verfahren der „Thermodynamischen Optimierung" erstellt wurden (7). Dieser Datensatz ist für die Berechnung beliebiger Phasendiagrammtypen und thermodynamischer Daten geeignet. Hierzu wurden die Programme BINFKT (7) und THERMO-CALC (8) eingesetzt.

Si-C-N Keramiken

Bild 1 zeigt einen berechneten isothermen Schnitt im System Si-C-N bei 1760 K. Eingetragen sind die Zusammensetzungen von zwei Keramiken aus den Precursoren „VT50", Hoechst AG, Frankfurt, (25,64 Si; 41,02 C; 33,33 N; at.-%) und „NCP200", Nichimen Corp., Tokyo, (38,17 Si; 22,90 C; 38,93 N; at.-%). Für die Erfassung der Phasenreaktionen dieser Materialien bei der Kristallisation sind Temperatur-Konzentration-Schnitte geeignet. Die Spuren dieser T-K Schnitte, die die Zusammensetzungen der beiden Keramiken einschließen, sind in Bild 1 mit unterbrochenen Linien markiert. Die zugehörigen berechneten T-K-Schnitte sind in Bild 2a (VT50) und Bild 2b (NCP200) dargestellt. In beiden Keramiken reagiert

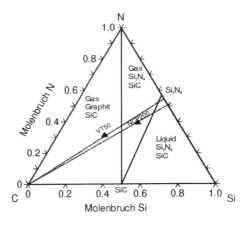

Bild 1: Isothermer Schnitt bei 1760K im System Si-C-N.

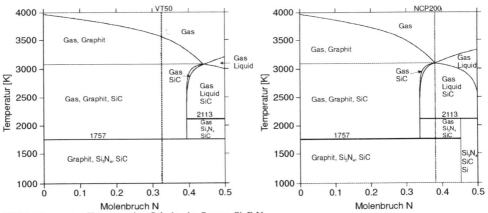

Bild 2: Temperatur-Konzentration-Schnitte im System Si-C-N.
a: Graphit - 43,48 Si 56,52 N (at.-%).
b: Graphit - 49,5 Si 50,5 N (at.-%).

Si_3N_4 mit Kohlenstoff bei einer Temperatur von 1757 K zu SiC und N_2. In VT50 Keramiken ist nach der Reaktion kein Si_3N_4 mehr vorhanden und ein Graphit-SiC Komposit entsteht. Für NCP200-Keramik gilt, daß nach der Reaktion ein Si_3N_4-SiC Komposit vorliegt. Bei 2113 K zersetzt sich Si_3N_4 zu flüssigem Si und Gas.

Quantitative Informationen sind aus den Phasenmengendiagrammen in Bild 3 abzuleiten.

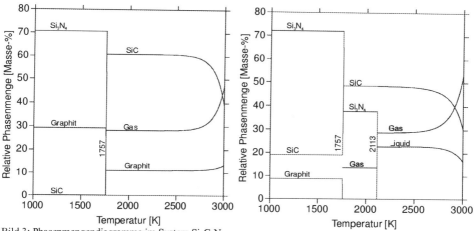

Bild 3: Phasenmengendiagramme im System Si-C-N.
a: Zusammensetzung wie VT50-Keramik.
b: Zusammensetzung wie NCP200-Keramik.

Es sind die temperaturabhängigen Phasenmengenanteile für VT50- und NCP200-Keramik in Masse-% gezeigt. Es wird deutlich, daß für VT50-Keramik der Kohlenstoff mit Si_3N_4 bei 1757 K vollständig zu SiC und Graphit reagiert. In NCP200-Keramik hingegen reicht die Kohlenstoffmenge nicht aus, um Si_3N_4 vollständig umzusetzen. Nach der Reaktion liegen daher Si_3N_4, SiC und Gasphase nebeneinander vor. Bei Erhöhung der Temperatur findet bei 2113 K die Zersetzung von Si_3N_4 zu flüssigem Si und der Gasphase statt. Durch die Reaktionen bei 1757 K und 2113 K ist ein Masseverlust der Proben durch die Bildung der Gasphase zu erwarten, der durch die Berechnung von Phasenmengendiagrammen quantifiziert werden kann. Bild 3a zeigt, daß für VT50-Keramik entsprechend der Reaktion bei 1757 K (bei 1 bar N_2) durch Gasphasenbildung ein Masseverlust von 28,5 Masse-% zu erwarten ist. Dieser Wert stimmt mit dem durch thermogravimetrische Analyse ermittelten Masseverlust sehr gut überein (Bild 4). Für NCP 200-Keramik wird durch die geringere Menge reagierenden Kohlenstoffs nur ein Masseverlust von 13,7 Masse-% erwartet. Auch dieser Wert entspricht den experimentellen Ergebnissen. Ein weiterer Masseverlust findet durch die Si_3N_4-Zersetzung bei 2113 K statt.

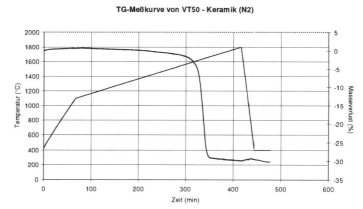

Bild 4: TG-Analyse von VT50-Keramik.

Si-B-C-N Keramiken

Durch die Thermolyse von borhaltigen siliziumorganischen Polymeren können Si-B-C-N Keramiken hergestellt werden, die eine sehr gute Temperaturbeständigkeit aufweisen (3). Um den Einfluß von Bor auf die Phasenreaktionen und die thermische Stabilität von Si-B-C-N-Keramiken zu erfassen, sind thermodynamische Simulationsrechnungen im quaternären System erforderlich. Bild 5 zeigt das Phasenmengendiagramm einer Precursorkeramik mit der Zusammensetzung 47,2 Si; 2,9 B; 31,4 C; 18,5 N (in Masse-%), die aus einem borhaltigen Polycarbosilazan hergestellt wurde und unter inerter Atmosphäre bis 2300 K eine hohe thermische Stabilität aufweist. Das Phasenmengendiagramm (für p=1bar)

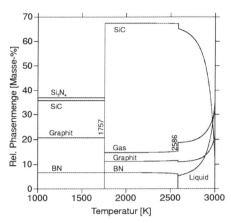

Bild 5: Phasenmengendiagramm einer Precursorkeramik mit der Zusammensetzung 47,2 Si; 2,9 B; 31,4 C; 18,5 N (Masse-%).

zeigt, daß BN bereits bei einer Temperatur von 1000 K vorliegt und als stabile Phase bis zur Temperatur von 2586 K erhalten bleibt. Si_3N_4 und Kohlenstoff reagieren, wie im Fall von VT50- und NCP200-Keramik, bei 1757 K unter Bildung von Gasphase und SiC. Es ist daher aufgrund dieser Gleichgewichtsrechnungen zu erwarten, daß das Material bei 1757 K unter Masseverlust degradiert, was jedoch der experimentellen Beobachtung widerspricht. Um diesen Widerspruch aufzuklären, ist die genaue Analyse des Materialgefüges notwendig. HTEM- und ESI-Untersuchungen (9) zeigen, daß in allen HTMS-Materialien nach der Hochtemperaturbehandlung neben SiC auch Si_3N_4-Körner vorliegen, die bei den eingesetzten Temperaturen von über 2113 K (Si_3N_4-Zersetzung bei Normaldruck) nicht mehr stabil sein sollten. Die genauere Analyse zeigt, daß im nanokristallinen Gefüge, die Si_3N_4-Körner von turbostratischen BN-Schichten umgeben sind. Daraus kann ein Einkapseleffekt abgeleitet werden, der zur lokalen Druckerhöhung im Gefüge und damit (a) zur Stabilisierung von Si_3N_4 und (b) zur Erhöhung der Reaktionstemperatur $Si_3N_4+3C=3SiC+2N_2$ führt. Darüber hinaus ergeben die ESI-Analysen, daß Kohlenstoff in den turbostratischen BN-Schichten gelöst ist und damit dessen Aktivität gesenkt wird.

Der Einfluß des Druckes auf die Phasengleichgewichte wird durch berechnete $lg(pN_2)$-T Diagramme quantitativ beschrieben. Bild 6 zeigt die Abhängigkeit der Reaktionstemperatur $Si_3N_4+3C=3SiC+2N_2$ vom Druck. Bei Normaldruck findet die Reaktion bei 1757 K statt. Eine Druckerhöhung auf 10 bar erhöht die Reaktionstemperatur auf 1973 K. Eine Druckerniedrigung auf 10^{-4} bar bewirkt eine Erniedrigung auf 1227 K. Das Partialdampfdruckdiagramm (Bild 6) gibt auch Hinweise für das Tempern von Materialien mit definierter Phasenzusammensetzung. So liegen Komposite aus Graphit, Si_3N_4 und BN bei einem N_2-Druck oberhalb der Linie mit der Reaktion $Si_3N_4 + 3C = 3SiC + N_2$ stabil vor. Es gibt keinen oberen Grenzwert für den N_2-Partialdruck. Sollen jedoch Komposite aus Graphit, SiC und BN hergestellt werden, so muß während des Temperns der N_2-Partialdampfdruck genau geregelt werden. Die Grenzbereiche hängen stark von der Temperatur ab. Während des

Abkühlens der Proben sollte der N$_2$-Druck entsprechend dem Graphit, SiC, BN-Phasenfeld erniedrigt werden. Die zu starke Erniedrigung des N$_2$-Druckes kann zur Reaktion von BN mit Graphit zu B$_4$C und Gasphase führen. Durch genau geregelte Evakuierung des Ofens oder durch Gasverdünnung (z. B. über Ar-Zuleitung) kann das Kompositmaterial stabilisiert werden, bis eine Temperatur erreicht ist, bei der die Reaktionsgeschwindigkeit langsam genug ist.

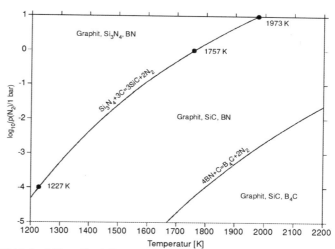

Bild 6: Partialdampfdruckdiagramm für eine Precursorkeramik mit dem Si:B:C Verhältnis 57,91 Si; 3,56 B; 38,53 C (z.B.Precursorkeramik K270B).

Schlußfolgerung

Das Reaktions- und Kristallisationsverhalten der Precursor-Keramiken wird durch berechnete isotherme Schnitte, Temperatur-Konzentration-Schnitte, Phasenmengendiagramme und Partialdampfdruckdiagramme erschlossen. Die hohe thermische Stabilität einiger Si-B-C-N Keramiken wird durch lokale Druckerhöhung im Gefüge und deren Auswirkung auf die Stabilität von Si$_3$N$_4$ und dessen Reaktion mit freiem Kohlenstoff erklärt. Aus diesen Diagrammen sind die optimalen Temperatur- und N$_2$-Druckbedingungen abzuleiten, um Abdampfverluste oder die Bildung unerwünschter Phasen bei der Herstellung der Materialien zu verhindern.

Danksagung

Der Deutschen Forschungsgemeinschaft wird für die Förderung dieser Arbeit (Förderkennzeichen Se891/1-1) gedankt.

Literatur:

(1) J. Bill, F. Aldinger: Adv. Mater. **7** (1995) 775-787.
(2) J. Bill, F. Aldinger: Z. Metallkd. **87** (1996) 827-840.
(3) R. Riedel, A. Kienzle, W. Dressler, L. Ruwisch, J. Bill, F. Aldinger: Nature **382** (1996) 796-798.
(4) H.J Seifert, H.L. Lukas, F. Aldinger: Ber. Bunsenges. Phys. Chem. **9** (1998) 1309-1313.
(5) H.J. Seifert: Z. Metallkd. **87** (1996) 841-853
(6) B. Kasper, H. J. Seifert, A. Kußmaul, H.L. Lukas, F. Aldinger: Entwicklung eines thermodynamischen Datensatzes für das System B-C-N-Si-O in Werkstoffwoche 1996, 28.-31.05.1996, Stuttgart, Tagungsband (1996) 623-628.
(7) H.L. Lukas, S.G. Fries: J. Phase Equilibria **13** (1992) 532-541.
(8) B. Sundman, B. Jansson, J.-O. Anderson: CALPHAD **9** (1985) 153-190.
(9) A. Jalowiecki, J. Bill, F. Aldinger, J. Mayer: Composites Part A **27A** (1996) 717.

Struktur und Gefügeentwicklung Polysiloxan/Füller-abgeleiteter Compositkeramiken

S. Walter, P. Buhler und P. Greil, Universität Erlangen-Nürnberg, Institut für Werkstoffwissenschaften, Erlangen

1. Einleitung

Kostengünstige und leicht zu verarbeitende präkeramische Polymere auf der Basis von Polysiloxanen ($CH_3SiO_{1.5}$) bieten die Möglichkeit, hochtemperaturbeständige Oxycarbidkeramiken mit hoher Massenausbeute (> 90 %) über variable Kunststoffformgebungstechniken herzustellen. Mit Hilfe thermobarometrischer sowie spektroskopischer Methoden wurden die während der Pyrolyse ablaufenden strukturellen Umordnungsprozesse untersucht. Bei der thermischen Zersetzung erfolgt über ca. 700°C mit steigender Temperatur eine Phasentrennung des zunächst amorphen Si-O-C-H-Netzwerkes wobei über metastabile $[SiO_nC_m]$-Cluster kristalline SiO_2 und SiC Ausscheidungen sowie bei kohlenstoffreichen Ausgangspolymeren ein Netzwerk aus turbostratischen C gebildet werden.

Durch Einlagerung keramischer Füllstoffe, die mit den pyrolytischen Ausscheidungsphasen unter Bildung von Oxiden oder Oxinitriden/-carbiden reagieren, gelingt es, Festigkeit, E-Modul und Bruchzähigkeit zu steigern. Am Beispiel von Al_2O_3- und AlN-Einlagerungen, die zur Bildung von mullit- bzw. sialonhaltigen Compositkeramiken führen, werden die Struktur-Eigenschaftsbeziehungen dieser Materialgruppe exemplarisch dargestellt.

2. Experimentelle Durchführung

Die Bestimmung der Phasenzusammensetzung der festen und gasförmigen Pyrolyseprodukte der reinen Polymere bei verschiedenen Pyrolysetemperaturen erfolgte mittels thermobarometrischer Analyse. Hierbei wurde davon ausgegangen, daß bei vollständiger Pyrolyse von Polymethylsiloxanen (PMS) der Zusammensetzung ($CH_3SiO_{1.5}$) nur Siliziumdioxid (SiO_2), Siliziumcarbid (SiC) und freier Kohlenstoff (C_{frei}) entsteht. Die Charakterisierung des freien Kohlenstoffs erfolgte mittels Raman-spektroskopischer Untersuchungen (Ramascope 2000, Fa. Renishaw) mit einem 513.5 nm Ar-Laser.

Die Aufbereitung der Massen erfolgte durch Dispergieren der Füllstoffe (Al_2O_3, AlN) in einer Aceton/Polymethylsiloxan-Suspension (NH 2100, Huels, Nuenchritz). Nach Abzug des Lösungsmittels wurden die agglomeratfreien Pulvermischungen in einer Warmpresse bei 180°C und 20 MPa uniaxial zu Platten (100 x 50 x 4 mm) verpreßt. Aus den Platten wurden Stäbchen der Größe 50 x 5 x 5 mm herausgesägt und im Trockenschrank bei 230°C 12 Stunden zur vollständigen Vernetzung thermisch ausgelagert. Im Anschluß an die Formgebung folgte die Pyrolyse unter Stickstoff-Atmosphäre bei 1200°C bis 1600°C.

Das Gefüge wurde an Schliffproben sowie Bruchflächen am Rasterelektronenmikroskop charakterisiert. Die mikrostrukturelle Untersuchung der Grenzflächenreaktion Füllstoff/SiOC-Matrix erfolgten mittels Transmissionselektronenmikroskopie (TEM) (CM-200, Fa. Phillips). Die Phasenentwicklung wurde in Abhängigkeit der Temperatur durch röntgenographische Phasenanalyse (XRD) (D 5000, Fa. Siemens) bestimmt. Die Festigkeit wurde im 4-Pkt.-Biegeversuch mit einem Auflagerabstand 20/40 mm ermittelt. Die Rißzähigkeit der Verbundkeramiken wurde mit der Indentation-Fracture(IF)-Methode gemessen.

3. Ergebnisse
a) Polymerzersetzung

Die vollständige Zersetzungsreaktion reiner Polymethylsiloxane in Inertgasatmosphäre (Ar, N_2) führt im Temperaturbereich zwischen 400°C und 1100°C zur Bildung von SiO_2, SiC und freiem Kohlenstoff C_{frei}, sowie den gasförmigen Zersetzungsprodukten Methan (CH_4) und Wasserstoff (H_2).

$$2\,[CH_3SiO_{1.5}] \implies 3/2\,SiO_2 + 1/2\,SiC + 1/2\,C_{frei} + CH_4 + H_2 \tag{1}$$

Dabei verläuft die Pyrolyse in verschiedenen Schritten ab: i) organisch-anorganische Phasentransformation im Temperaturbereich 600-750° unter Bildung einer oxycarbidischen Übergangsstruktur des Typs $Si((CH_3)_aO_b)$ mit a+b=4; ii) Ausfällung von überschüssigem Kohlenstoff über 750°C; iii) Keimbildung und Kristallisation von SiO_2 und SiC über 1100°C.
Die Oxidation der Polymethylsiloxane führt dagegen bei der Pyrolyse an Luft ausschließlich zur Bildung von SiO_2 sowie den gasförmigen Produkten CO und H_2.

$$4\,[CH_3SiO_{1.5}] + 3\,O_2 \implies 4\,SiO_2 + 4\,CO + 6\,H_2 \tag{2}$$

Raman-spektroskopische Untersuchungen bei 1000°C und 1400°C (Ar) pyrolysiertem PMS zeigen mit steigender Pyrolysetemperatur Bandenverschiebungen von 1897 sowie 2496 cm^{-1} zu höheren Wellenzahlen (1963 und 2589 cm^{-1}). Dies deutet auf die Bildung von pyrolytischen Kohlenstoff hin [1]. Eine bei 1300 cm^{-1} auftretende Schulter (1000°C) weist auf C-H-Bindungen hin [2].

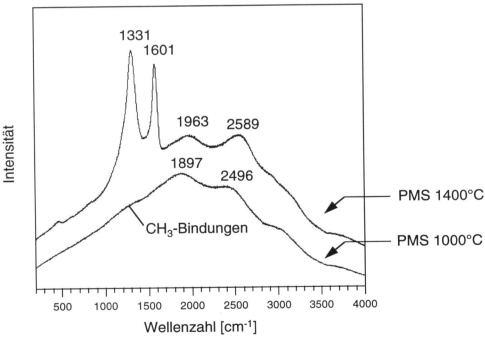

Bild 1: Raman-Spektroskopie von PMS, Pyrolysetemperatur 1000°C und 1400°C, 4h, Ar

Durch Temperaturerhöhung auf 1400°C wird der Wasserstoff vollständig ausgetrieben und elementarer Kohlenstoff führt zur Ausbildung der bei 1331 cm^{-1} und 1601 cm^{-1} erscheinenden ausgeprägten Peaklagen von sp^3- und sp^2-hybridisierten C-C-Bindungen. FTIR-Untersuchungen bestätigen, daß bei 1400°C keine CH-Bindungen mehr existent sind.

C bzw. SiO$_2$ stehen als hochreaktive Reaktanten für die Umsetzung von Füllstoffen zu Karbiden bzw. Silikaten sowie oxycarbidischen und oxynitridischen Mischkeramiken zur Verfügung.

b) Füllstoffreaktionen

Die als Füller eingesetzten Metalloxide bzw. -nitride wie Al$_2$O$_3$ und AlN können mit dem gebildeten SiO$_2$ der polymeren Matrix reagieren. Durch Auswahl der Reaktionsatmosphäre (O$_2$ oder N$_2$) wird die Bildung silikatischer Phasen oder oxynitridischer Phasen (β-Si$_{6-x}$Al$_x$O$_x$N$_{8-x}$) ermöglicht, Bild 2.

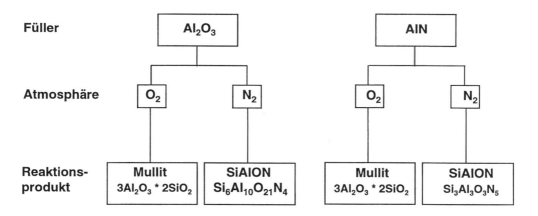

Bild 2: Füllstoffreaktionen von Al$_2$O$_3$ und AlN mit SiO$_2$ in Abhängigkeit der Pyrolyseatmosphäre

<u>Mullit-Bildung</u>

Hochreaktives SiO$_2$ reagiert mit Al$_2$O$_3$ zwischen 1300°C und 1400°C zu Mullit [3, 4, 5].

$$3\ Al_2O_3 + 2\ SiO_2 \quad \Longrightarrow \quad 3\ Al_2O_3 \cdot 2\ SiO_2 \qquad (3)$$

XRD-Untersuchen an Probekörpern zeigen, daß es auf der Probenoberfläche überwiegend zur Bildung von Mullit kommt, dagegen dominiert in der Probenmitte der SiO$_2$-reichere Sillimanit (Al$_2$SiO$_5$) [6]. Der Mullitmischkristall hat eine nichtstöchiometrische Zusammensetzung Al$_2$(Al$_{2+2x}$Si$_{2-2x}$)O$_{10-x}$, wobei x zwischen 0.17 ($\approx$1600°C) und 0.50 (1990°C) variiert.

Die Oxidation von AlN führt zur Bildung von Al$_2$O$_3$ unter Abspaltung von N$_2$. Das Al$_2$O$_3$ reagiert wiederum mit dem SiO$_2$ der polymeren Matrix zu 3 Al$_2$O$_3 \cdot$2 SiO$_2$.

$$4\ AlN + 3\ O_2 \quad \Longrightarrow \quad 2\ Al_2O_3 + 2\ N_2 \qquad (4)$$

$$3\ Al_2O_3 + 2\ SiO_2 \quad ===> \quad 3\ Al_2O_3 \cdot 2\ SiO_2 \tag{5}$$

Die Mullitbildung setzt an der Grenzfläche Al_2O_3/SiO_2-Matrix ein [7].

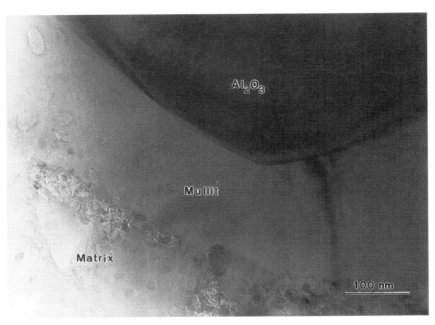

Bild 3: TEM-Hellfeldaufnahme eines $Al_2O_3/SiOC$-Composites, Grenzfläche Al_2O_3-Korn/Matrix, pyrolysiert bei 1500°C, 4h, Ar

SiAlON-Bildung
Während die Pyrolyse von PMS/AlN-Mischungen an Luft zu Mullit führt, wird bei Pyrolysen in N_2-Atmosphäre über 1400°C β-$Si_{6-x}Al_xO_xN_{8-x}$ gebildet.

$$3\ SiO_2 + 3\ AlN + 2\ N_2 \quad ===> \quad \beta\text{-}Si_3Al_3O_3N_5 \tag{6}$$

Wird AlN durch Al_2O_3 ersetzt entsteht bei Pyrolysetemperaturen von 1700°C in N_2-Atmosphäre überwiegend $Si_6Al_{10}O_{21}N_4$ - eine Si-verarmte SiAlON-Phase [8].

$$2\ Si_2ON_2 + 5\ Al_2O_3 + 2\ SiO_2 \quad ===> \quad Si_6Al_{10}O_{21}N_4 \tag{7}$$

$Si_6Al_{10}O_{21}N_4$ ist ein SiAlON des Si_2ON_2-Typs und entsteht aus einer eutektischen Schmelze von Mullit und Si_2ON_2 [9].

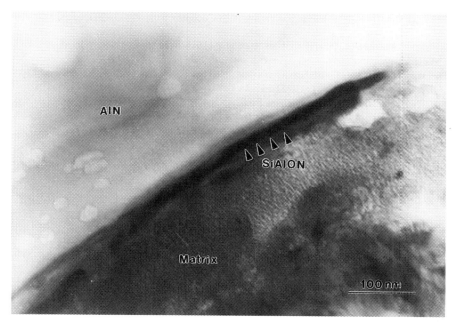

Bild 4: TEM-Hellfeldaufnahme einer AlN/SiOC-Grenzfläche (PMS/AlN, 1500°C, 1h, N_2-Atmosphäre)

4. Zusammenfassung:

Die Pyrolyse von Polymethylsiloxanen ermöglicht die Bildung von hochreaktivem SiO_2 und erlaubt die Umsetzung keramischer Füllstoffe wie Al_2O_3 und AlN zu variabel zusammengesetzten silikatischen bzw. oxynitridischen Keramiken bei Temperaturen unterhalb von 1500°C. Mögliche Anwendungen werden beispielsweise in der Matrixbildung in faserverstärkten Verbundkeramiken sowie zum stoffschlüssigen Fügen und Verbinden von Keramikverbunden gesehen.

Literatur

[1] K. Kinoshita, Carbon: Electrochemical and Physicochemical Properties, Wiley-Interscience Publication (1987).

[2] S. Zhang, B. Wang, J.Y. Tang, Processing and Characterisation of Diamandlike Carbon Films, *Surface Engineering* **13** [4] (1997) 303-309.

[3] D. Suttor, H.-J. Kleebe, G. Ziegler, Formation of Mullite from Filled Siloxanes, *J.Am.Ceram.Soc.*, **80** [10] (1997) 2541-48.

[4] I.A. Aksay, J.A. Pask, Stable and Metastabile Equilibria in the System SiO_2-Al_2O_3, *J.Am.Ceram.Soc.*, **58** (1975) 507-512.

[5] M.D. Sacks, K. Wang, G.W. Scheiffele, N. Bozkurt, Effect of Composition on Mullitization Behavior of α-Alumina/Silica Microcomposite Powders, *J.Am.Ceram.Soc.*, **80** [3] (1997) 663-72.

[6] B.E. Warren, The Role of Silicon and Aluminum in Complex Silicates, *J.Am.Ceram.Soc.*, **16** (1933) 412.

[7] H-E. Kim, A.J. Moorhead, S-H. Kim, Strengthening of Alumina by Formation of a Mullite/Glass Layer on the Surface, *J.Am.Ceram.Soc.*, **80** [7] (1997) 1877-80.

[8] L.J. Gauckler, H.L. Lukas, G. Petzow, Contribution to the Phase Diagram Si_3N_4-AlN-Al_2O_3-SiO_2, *J.Am.Ceram.Soc.*, **58** [7-8] (1975) 346-347.

[9] Y.F. Yu, T.I. Mah, Silicon Oxynitride and Si-Al-O-N Ceramics from Organosilicon Polymers, pp. 773-81 in *Ultrastructure Processing of Advanced Ceramics*. Edited by J.D.Mackenzie and D.R. Ulrich. Wiley, New York, (1988).

Mechanische Eigenschaften polymer-abgeleiteter Si-C-N-Keramiken

W. Weibelzahl, D. Suttor und G. Ziegler, Universität Bayreuth, Institut für Materialforschung (IMA 1), Bayreuth

Einleitung
Nichtoxidische keramische Materialien auf der Basis von Polysilazanen zeichnen sich durch ihre hohe chemische Reinheit und eine homogene Verteilung der Elemente aus. Aufgrund fehlender additivhaltiger Korngrenzenphasen und oxidischer Sinterhilfsmittel ist das potentielle Anwendungsfeld der amorphen bzw. teilkristallinen Keramik besonders im Hochtemperaturbereich zu sehen [1]. Zur Ermittlung der intrinsischen Eigenschaften ist die Erzeugung von kompakten, rißfreien monolithischen Formkörpern notwendig. Die Herstellung stößt jedoch bei der Überführung des Polymers in eine nichtoxidische Si-C-N-Keramik auf die Problematik hoher Massen- (> 20 %) und Volumenänderungen (> 50 %) bei der Pyrolyse bis 1000 °C, da durch die thermische Zersetzung hohe innere Spannungen im Monolithen auftreten, die zur Ausbildung von Rissen führen. Deshalb ist es zur Vermeidung von Gasdrücken notwendig, gezielt Poren in den Grünkörper einzubringen, um die während der Pyrolyse entstehenden Zersetzungsgase aus der Probe abzuführen. Zur Herstellung monolithischer Nichtoxidkeramiken hat sich ein Polymerpulververfahren bewährt [2]. Voraussetzung hierfür ist neben der Unschmelzbarkeit der Pulverpartikel während der thermischen Behandlung des Formkörpers die Möglichkeit, durch Mahlprozesse den vernetzten Precursor zu zerkleinern, was eine entsprechende Sprödigkeit des Vernetzungsproduktes erfordert.

Ziel dieser Arbeit war, zunächst den Herstellungsprozeß soweit zu optimieren, daß verschiedene flüssige Polysilazane mit unterschiedlicher Architektur zu Monolithen mit einer relativen Dichte von > 90 % verarbeitet werden konnten. Außerdem sollte der Verfahrensweg soweit verbessert werden, daß konventionelle kunststofftechnische Formgebungsverfahren (Extrusion, mechanische Bearbeitung des Grünkörpers) angewendet werden können. Die aus der Verwendung unterschiedlicher Silazane resultierenden mechanischen Eigenschaften der SiCN-Materialien können sehr gut zur Bewertung werkstoffwissenschaftlicher Parameter von ebenfalls aus SiCN-Precursoren hergestellten keramikartigen Schichten [3] und keramischen Matrices im CMC-Verbund [4] herangezogen werden.

Experimentelle Durchführung
Aufgrund der Hydrolyseempfindlichkeit der Precursoren wurden sämtliche Arbeitsschritte zur Herstellung der SiCN-Keramik unter Inertgasatmosphäre durchgeführt. Durch Ammonolyse von funktionalisierten Dichlor- und Trichlorsilanen wurden drei verschiedene Polysilazane synthetisiert (Tabelle 1).

Tabelle 1: Untersuchte Polysilazane mit den verwendeten Ausgangschlorsilanen und den zugehörigen kryoskopisch ermittelten Molekulargewichten

Edukte	Precursor	Molekulargewicht [g/mol]
Dichlormethylsilan, Trichlorvinylsilan	HVNG	619 ± 14
Dichlormethylsilan, Dichlormethylvinylsilan	HPS	439 ± 5
Dichlormethylvinylsilan	VN27	259 ± 7

Alle Precursoren wurden bei ca. 60 °C in Toluol als Lösungsmittel hergestellt. Precursor VN27 (1,3,5,-Trimethyl-1,3,5-trivinylcylotrisilazan) wurde mittels fraktionierter Destillation zu etwa 75 % bei 72 bis 77 °C und 1,7 bis 2,8 mbar aus dem Produktgemisch erhalten.
Die bei einer Temperatur von 300 °C (3h Haltezeit, 1 K/min Aufheizgeschwindigkeit) stattfindende Polymerisation der Silazane lieferte jeweils spröde, unschmelzbare Duroplaste. Zur Vermeidung der Abdampfverluste niedermolekularer Oligomeranteile wurde die thermische Vernetzung durch Zugabe von ca. 1 Massen% Dicumylperoxid katalytisch unterstützt, was die Vinylgruppen über einen Radikalmechanismus polymerisiert. Anschließendes Mahlen und Sieben führte zu Pulvern mit einer Partikelgröße von < 32 µm.
Um rißfreie, kompakte Monolithe zu erhalten, ist ein gewisser Gehalt an reaktiven, unvernetzten Oligomeren als plastische Komponente im Grünkörper notwendig, der durch Zugabe von 30 Vol.% des entsprechenden flüssigen Precursors erfolgte. Dadurch wird neben der Porenfüllung ein Fließen der Pulverpartikel während des Formgebungsprozesses bewirkt. Außerdem besteht während der Pyrolyse die Möglichkeit zur Koaleszenz der Pulverpartikel, die aufgrund der niedrigen Selbstdiffusionskoeffizienten der Elemente Si, C, N die einzige Möglichkeit zur Verdichtung des Materials darstellt. Die Formgebung (Tabletten, Ø 10 mm; Quader, 70*6*4 mm) geschah durch uniaxiales Pressen (10 MPa), teilweise bei erhöhter Temperatur (120 °C bis 140 °C).
Zur Reduzierung der Porosität (HPS: ca. 15 %; HVNG: ca. 25 %; VN27: ca 40 %) wurden die Monolithe mit dem flüssigen Precursor unter vermindertem Druck bis zu viermal infiltriert. Hierzu erfolgte zunächst eine Pyrolyse bei 650 °C bis 800 °C (6h Haltezeit) mit nachfolgender Infiltration der Proben bei Raumtemperatur. Die abschließende Umwandlung des Polymers zur rißfreien, amorphen SiCN-Keramik mit einem Sauerstoffgehalt von < 1 Mas.% fand nach Temperung bei 1000 °C (1h Haltezeit, 3 K/min Aufheizgeschwindigkeit) statt. Die Temperatur des ersten Pyrolyseschrittes wurde dahingehend ausgewählt, daß einerseits noch reaktive funktionelle Gruppen in der zu infiltierenden Matrix vorhanden sind, so daß sich möglichst ein homogenes, zwischen Matrix und Infiltrat nicht unterscheidbares Gefüge ausbilden kann, und man andererseits eine rißfreie kompakte Probe nach der Pyrolyse bei 1000 °C erhält. Hierzu mußte die thermolytische Zersetzung der Silazane weitestgehend abgeschlossen sein, weil durch die Infiltration ein Verschluß der Poren erfolgt und somit die Gefahr der Rißbildung aufgrund fehlender offener Gaskanäle zunimmt.
Die Ermittlung der Vier-Punkt-Biegebruchfestigkeit bei Raumtemperatur erfolgte in Anlehnung an DIN 51110. Der Biegeversuch wurde an einer Biegeprüfapparatur vom Typ Instron (Modell 1362) mit einem Auflagerabstand von 20 mm, einem Stützrollenabstand von 40 mm, und einer Vorschubgeschwindigkeit des Querhauptes von 0,5 mm/s durchgeführt. Die Ermittlung der Vickershärte erfolgte an polierten Proben (Oberflächenrauhigkeit von 1µm) mittels einer Härteprüfmaschine (Modell: Leco V-100-C1) mit einer Indenterkraft von 98 N (HV10). Die Rißzähigkeit K_{IC} wurde aus der Belastung beim Härteeindruck und aus der Länge der sich auf der Probenoberfläche ausbildenden Risse bestimmt. Die Auswertung erfolgte nach Anstis [5]. Pro Versuchsreihe wurden jeweils 10 Messungen ausgeführt.

Ergebnisse und Diskussion
Durch die Infiltration der Monolithe mit den flüssigen Precursoren konnte die Porosität bei allen SiCN-Monolithen auf unter 10 % gesenkt werden (HPS: 4 %; HVNG: 8 %; VN27: 7 %). Bild 1 zeigt am Beispiel des HVNG, daß nach 3-maliger Infiltration nur noch ein unwesentlicher Anstieg in der Probendichte erfolgt, da die Matrixinfiltration zu einem Verschluß der Porenkanäle und somit zu geschlossener Porosität oder zu Sektionen führt, die der Precursor nicht mehr auffüllen kann.

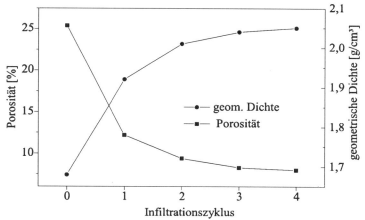

Bild 1: Abhängigkeit der Porosität und der Dichte von der Anzahl der Infiltrationsschritte bei 650 °C nach der anschließenden Pyrolyse bei 1000 °C (1h Haltezeit); Precursor: HVNG.

Die Vickershärte (Bild 2) ist im wesentlichen von der Temperaturbehandlung des Monolithen abhängig; die Verwendung verschiedener Precursoren führt nur zu geringen Unterschieden. So steigt die Vickershärte der SiCN-Keramik (HVNG) von knapp 7,5 GPa bei 1000 °C auf ca. 12,8 GPa bei 1200 °C an. Ab 1200 °C Auslagerungstemperatur ist keine signifikante Änderung mehr festzustellen, bis aufgrund des Anstiegs in der Porosität (Kristallisation und carbothermische Reaktion der amorphen Matrix [6]) bei 1550 °C die Härte auf ca. 5,5 GPa absinkt. Die ermittelten Vickershärten liegen knapp über dem Wert von reaktionsgesintertem Si_3N_4 (ca. 9 GPa) und sind etwa 50 % niedriger als dichtes, gesintertes SiC und Si_3N_4. Die maximalen Härtewerte der amorphen SiCN-Keramik besitzen wesentlich höhere Werte als vergleichbare SiCN-Keramiken, die aus Pyrofine PV (Elf Atochem) synthetisiert wurden, bei denen maximal knapp 1 GPa Vickershärte [7] erreicht wurde. Selbst sauerstoffreiche Oxycarbidgläser, synthetisiert aus Siloxanprecursoren, weisen nur etwa 5,5 GPa [8] bis zu etwa 9 GPa [9] auf.
Die Biegefestigkeit (Bild 3) ist abhängig von dem verwendeten Precursor (Tab. 2) besonders jedoch vom ausgebildeten Gefüge. Der bei der Probenherstellung entstehende kritische Gefügefehler gilt somit als bruchauslösender Faktor, der durch Modifizierung in der Herstellung minimiert werden konnte. Die Vier-Punkt-Biegefestigkeit erreicht mittlere Werte von 100 MPa (HVNG) nach Auslagerung bei 1400 °C, die sich durch Variation der Formgebung (Aufbringen der Preßkraft bei simultaner Wärmeeinbringung von 140 °C) auf 130 MPa (Maximalwert 161 MPa) steigern läßt. Maximale Biegefestigkeiten bis zu 235 MPa konnten bei Verwendung von reinen difunktionellen Gruppen (HPS) gemessen werden. Aus den Spannungs-Dehnungs-Kurven wurde bei Verwendung von HVNG ein E-Modul-Wert von max. 109 GPa an einer bei 1400 °C ausgelagerten Probe ermittelt, Warmpressen führte zu einer Erhöhung auf 118 GPa. Die Zuführung von Wärme während des Formgebungsvorganges bewirkt eine Verbesserung in den mechanischen Eigenschaften, da ein Fließen des Binders, der die Pulverpartikel umhüllt, in Preßrichtung erreicht wird. Die homogene Anordnung der Partikel zueinander führt somit zu einer Verringerung des kritischen Materialfehlers. Dies wurde besonders beim Polymerpulver, das aus dem Precursor HPS hergestellt wurde, erreicht.
Die Biegefestigkeit liegt im Bereich dichter silikatischer, amorpher Festkörper (Kieselglas: ca. 100 MPa) und besitzt höhere Werte als die Biegefestigkeit vergleichbarer Materialien, die aus polymeren Precursoren hergestellt worden sind (SiCN-Keramik: maximal 70 MPa [7], SiOC-Keramik: < 50

MPa [8]). Lediglich über einen Sol-Gel Prozeß hergestellte Siliciumoxycarbidgläser zeigen höhere Festigkeiten mit bis zu 550 MPa (3-Punkt-Biegefestigkeit) [9]. Die Biegefestigkeit liegt somit noch um etwa 50 % niedriger als die von porösen Nichtoxidkeramiken (reaktionsgebundenes Si_3N_4: 200 bis 400 MPa) und erreicht etwa 10 % der Festigkeit dichter, nichtoxidischer Keramiken. Der E-Modul liegt nur knapp oberhalb von in der Literatur zitierten Werten der aus präkeramischem Polymeren hergestellten Materialien (SiCN-Keramik: maximal 106 GPa [7], SiOC-Keramik: 97 GPa [10]).

Der kritische Spannungsintensitätsfaktor wurde mit etwa 2,8 ± 0,2 MPa√m (HVNG) und etwa 3,2 ± 0,3 MPa√m (HPS) ermittelt.

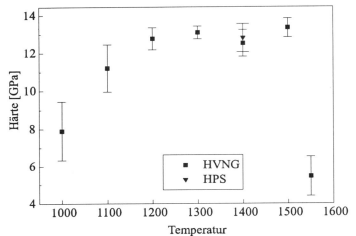

Bild 2: Vickershärte (HV10) von HVNG und HPS bei unterschiedlichen Pyrolysetemperaturen (6h, N_2)

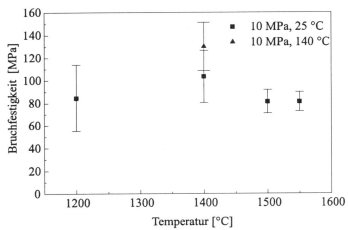

Bild 3: Vier-Punkt-Biegefestigkeit von HVNG bei unterschiedlichen Auslagerungstemperaturen des Monolithen (6h, N_2)

Tabelle 2: Vergleich der Biegefestigkeit der untersuchten Polysilazane nach Temperung bei 1400 °C (6h, N_2); warmgepreßte Proben

Precursor	Vier-Punkt-Biegefestigkeit
HVNG	130 ± 31
HPS	199 ± 36
VN27	104 ± 6

Zusammenfassung

Die Biegefestigkeitswerte und E-Moduli liegen mit größer 100 MPa bzw. größer 100 GPa (max. 137 GPa) im Bereich oxidischer amorpher Festkörper, wobei besonders eine Optimierung in der Formgebung (Warmpressen) zu höheren Festigkeitswerten führte (max. 235 MPa). Die Härte ist mit bis zu 13 GPa (HV10) höher als bei vergleichbaren oxidischen amorphen Festkörpern. Der K_{IC}- Wert (Indentormethode) liegt mit maximal 3,2 $MPam^{1/2}$ ebenfalls über dem oxidischer nichtkristalliner Festkörper und zeigt das Potential bei weiterer Optimierung der Herstellung auf. Bezieht man den kritischen Fehler lediglich auf die Partikelgröße des eingesetzten Polymerpulvers (32 µm), könnten unter der Annahme des ermittelten K_{IC}-Wertes Biegefestigkeitswerte von ca. 320 MPa erzielt werden.

Danksagung

Der Volkswagenstiftung Hannover wird für die finanzielle Unterstützung gedankt.

Literatur

[1] An, L., Riedel, R., Konetschny, C., Kleebe, H.-J., Raj, R.: Newtonian Viscosity of Amorphous Silicon Carbonitride at High Temperature, J. Am. Ceram. Soc., 81 (1998) 1349-52
[2] Schönfelder, H.: Siliciumcarbidnitridkeramik aus Polysilazan, Dissertation, Stuttgart 1992
[3] Motz, G., Ziegler, G.: Herstellung polymerer und keramischer Schichten über modifizierte Polysilazane; ibid
[4] Ziegler, G., Richter, I., Suttor, D.: Fiber Reinforced Composites with Polymer Derived Matrix: Processing, Matrix Formation and Properties, Composites Part A (1998) im Druck
[5] Anstis, G.R., Chantikul, P., Lawn, B.R, Marschall, D.B.: A Critical Evaluation of Indentation Technique for Measuring Fracture Toughness: I, Direct Crack Measurements, J. Am. Ceram. Soc., 64, (1981) 533-38
[6] Kleebe, H.-J., Suttor, D., Müller, H., Ziegler, G.: J. Am. Ceram. Soc., im Druck
[7] Gonon, M. F., Fantozzi, G., Murat, M., Disson, J. P.: Manufacture of Monolithic Ceramic Bodies from Polysilazane Precursor, J. Eur. Ceram. Soc. 15 (1995) 591-97.
[8] Erny, T.: Herstellung, Aufbau und Eigenschaften polymer abgeleiteter Verbundkeramik des Ausgangssystems $MeSi_2$/Polysiloxan, Dissertation, Universität Erlangen 1996.
[9] Soraru, G.D., Dallapiccola, E., D`Andrea, G.: Mechanical Characterization of Sol-Gel-Derived Silicon Oxycarbide Glasses, J. Am. Ceram. Soc. 79 (1996) 2074-2080.
[10] Renlund, G.M., Prochazka, S., Doremus, R.H.: Silicon Oxycarbide Glasses: Part 2. Structure and Properties, J. Mater. Res., 6 (1991), 2723-2734.

Untersuchungen zur Bildung von Mullit aus Al$_2$O$_3$/SiO$_2$-Partikeln spezieller Morphologie

F. Siegelin, T. Straubinger, H.-J. Kleebe und G. Ziegler
Universität Bayreuth, Institut für Materialforschung (IMA I), Bayreuth

Einleitung

Mullit (3Al$_2$O$_3$·2SiO$_2$) ist die einzige stabile kristalline Phase im Zweistoffsystem SiO$_2$ / Al$_2$O$_3$ (1). Aufgrund seiner chemischen und thermischen Stabilität, der geringen thermische Ausdehnung (2) sowie guter Thermoschock- und Kriechbeständigkeit (3) ist Mullit ein interessantes Material für technische Anwendungen und daher Gegenstand vielfältiger wissenschaftlicher Untersuchungen. Zur Herstellung von Mullit sind verschiedene Verfahren bekannt (4), wobei insbesondere die Synthese aus Al$_2$O$_3$-Pulver mit variierender Partikelgröße (d = 50 nm – 1 µm) und amorphem SiO$_2$ von Interesse ist. Der für dieses Material beschriebene Sinterprozeß beginnt im Temperaturbereich zwischen 1250 °C und 1350 °C mit der Bildung einer viskosen SiO$_2$-Phase, welche die Al$_2$O$_3$-Partikel umschließt. Der hierbei ablaufende Verdichtungsprozeß wird als transient-viskoses Sintern (TVS) bezeichnet (5). Bei zunehmender Temperatur löst sich Al$_2$O$_3$ in der hochviskosen Glasphase, und es kommt nach anfänglicher, homogener Keimbildung zum Wachstum von Mullitkörnern.

Ziel der hier vorgestellten Untersuchungen ist, mittels umfassender mikrostruktureller Charakterisierung durch Röntgenbeugung, Rasterelektronenmikroskopie (REM) und Transmissionselektronenmikroskopie (TEM) die Keimbildungs- und Umwandlungsmechanismen im System SiO$_2$ / Al$_2$O$_3$ zu klären. Hierzu wurden Modellproben hergestellt, welche aufgrund der speziell gewählten Pulvermorphologien eine rein visuelle Unterscheidung der einzelnen Phasen im REM ermöglichen (Bild 1). Neben Untersuchungen an Proben aus Abbruchzyklen war somit bei ergänzend durchgeführten in-situ Hochtemperaturabbildungen im REM eine Phasenzuordnung ohne spezielle analytische Methoden möglich.

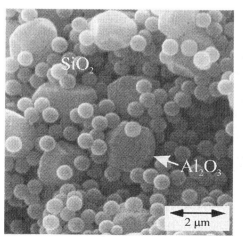

Bild 1: REM Aufnahme an Bruchflächen der Al$_2$O$_3$/SiO$_2$-Formkörper. Links mit grobem (∅ = 2µm) und rechts mit feinem (∅ = 300 nm) Al$_2$O$_3$-Pulver. Die amorphen SiO$_2$-Kugeln weisen einen Durchmesser von 500 nm auf.

Experimentelle Durchführung
Im Rahmen der vorgestellten Untersuchungen wurden Modellproben aus einer Mischung von SiO_2-Pulver mit unterschiedlichen Al_2O_3-Pulvern hergestellt. Hierzu wurden jeweils ein grobes und ein feines α-Al_2O_3-Pulver (Korund) mit Partikeldurchmessern von 2 µm bzw. 300 nm mit einem SiO_2-Pulver aus monodispersen, amorphen Kugeln mit einem Durchmesser von 500 nm im Verhältnis von 79 Gew.% Al_2O_3 zu 21 Gew.% SiO_2 in Wasser dispergiert, getrocknet und anschließend zu Formkörpern verpreßt. Die Wärmebehandlung erfolgte in Abbruchzyklen bei Temperaturen zwischen 1300 °C und 1700 °C jeweils in 100 K Schritten mit unterschiedlichen Haltezeiten (1300 °C/0,5 h, 1400 °C/0,5 h, 1500 °C/0,5 h, 1500 °C/4 h, 1600 °C/0,5 h, 1700 °C/4 h). Die Identifikation der beim Sintern entstandenen Phasen erfolgte mit Hilfe eines Pulverdiffraktometers (Seifert XRD 300P). Die in-situ Heiztisch-Untersuchungen wurden mit einem modifizierten Gerät der Firma Oxford (HS1005) durchgeführt. Durch die gezielten Veränderungen können Abbildungstemperaturen bis 1550 °C erreicht werden (das Gerät wurde zum Patent angemeldet). Die TEM-Untersuchungen wurden an einem Philips CM20FEG Gerät durchgeführt. Es ist mit einer Feldemissionskathode ausgestattet, wird mit 200 kV Beschleunigungsspannung betrieben und ermöglicht eine Punkt-zu-Punkt-Auflösung von 0,24 nm. Zur Elementanalyse ist dieses Mikroskop mit einem energiedispersiven Ge-Röntgendetektor (Voyager, Noran Instruments) ausgerüstet. Zur TEM-Probenpräparation wurde ein Standardverfahren angewandt (Diamantsäge, Ultraschallbohrer, mechanisches Schleifen, Dimpeln und anschließendes Ar-Ionen-Dünnen bis zur Perforation). Zur Vermeidung von Aufladungen im Elektronenstrahl wurden die Proben zusätzlich mit Kohlenstoff bedampft.

Ergebnisse
Wie die Röntgenbeugungsdaten in Bild 2 zeigen, sind im Temperaturbereich unterhalb von 1400 °C in keinem der untersuchten Materialien Phasenumwandlungen zu beobachten. Die einzig auftretende kristalline Phase ist α-Al_2O_3, was darauf hindeutet, daß die SiO_2-Phase noch in amorpher Form vorliegt. Im grobkörnigen Modellsystem bildet sich bei 1400 °C zunächst Cristobalit während bei 1500 °C erstmals Mullit nachgewiesen werden konnte. Bei 1600 °C liegen α-Al_2O_3, Mullit und Cristobalit in etwa gleichen Mengen vor. Bei Auslagerungstemperaturen oberhalb 1700 °C ist die Umwandlung zu Mullit vollständig abgeschlossen. Die Kristallisation im feinkörnigen Material ist im Vergleich zum grobkörnigen Material zu höheren Auslagerungstemperaturen verschoben. Nach einer Haltezeit von 0,5 h bei 1500 °C bildet sich hier zunächst Cristobalit, während sich nach 1500 °C/4 h bereits ein erhöhter Mullitgehalt feststellen läßt. Bei 1600 °C/0,5 h ist die Umwandlung zu Mullit vollständig abgeschlossen. Schon an diesen Ergebnissen wird der Einfluß der Al_2O_3-Partikelgrößen im Ausgangspulver auf das Sinterverhalten deutlich.
REM-Untersuchungen an Bruchflächen der Sinterkörper beider Materialien zeigen bei Temperaturen unterhalb 1300 °C im Vergleich zum Ausgangszustand keine morphologischen Veränderungen. Eine Wärmebehandlung bei 1400 °C führt im grobkörnigen Material zur beginnenden Koaleszens der SiO_2-Kugeln, während im feinkörnigen Material diese bei gleicher Temperatur schon deutlich weiter fortgeschritten ist. Dies zeigt sich auch in einer beschleunigten Verdichtung, verglichen mit dem grobkörnigen Material (Bild 3), und verdeutlicht den transienten, über eine viskose Phase ablaufenden Sinterprozeß (4,5).
Nach einer halben Stunde Haltezeit bei einer Temperatur von 1600 °C ist die Verdichtung des *feinkörnigen* Materials vollständig abgeschlossen. Wie in Bild 4 zu erkennen ist, werden die in ihrer Form nahezu unveränderten Al_2O_3-Partikel von einer SiO_2-Glasphase umgeben, in welcher bereits geringe Mengen Aluminium gelöst sind (vgl. EDX Einsatz in Bild 4). Nach vier Stunden Haltezeit bei 1500 °C ist die nahezu vollständige Umwandlung zu Mullit erfolgt.

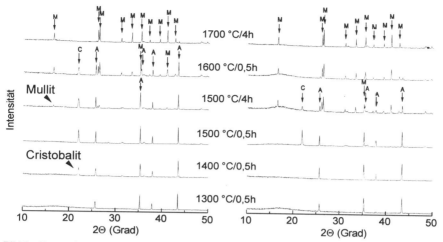

Bild 2: Röntgenbeugungsdiagramm des grobkörnigen (links) und des feinkörnigen Pulvers (rechts), nach Abbruchzyklen bei unterschiedlichen Temperaturen und Haltezeiten. Mullit (M), Cristobalit (C), Korund (A).

Bild 5 zeigt eine leichte Abrundung der Kanten der Al_2O_3-Körner, welche von Mullitkörnern und einigen kleineren Bereichen Restglas umgeben sind, was auf den Lösungsprozeβ des Al_2O_3 im Glas (Verringerung der Oberflächenenergie) hindeutet.

Im *grobkörnigen* Material wurden nach einer Wärmebehandlung bei 1500 °C/1 h amorphe SiO_2-Halbkugeln nachgewiesen (Bild 6). Diese zeigen den Beginn der thermischen Verdichtung an und enthalten, ebenso wie die Glasphase in den feinkörnigen Proben, geringe Mengen Aluminium. Innerhalb der Al_2O_3-Partikel konnte hingegen kein Silicium nachgewiesen werden. Im gleichen Material trat eine zweite Ausbildung der Halbkugeln auf, die aus reinem Cristobalit bestehen und mit einer Al-reichen, amorphen Schicht umgeben sind.

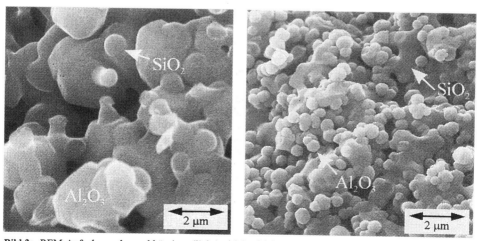

Bild 3: REM-Aufnahmen des grobkörnigen (links) und des feinkörnigen Pulvers (rechts) nach Abbruchzyklen bei 1400 °C / 0,5 Stunden.

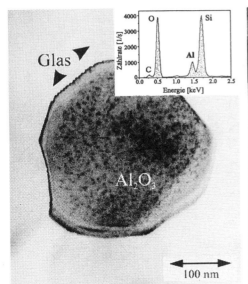
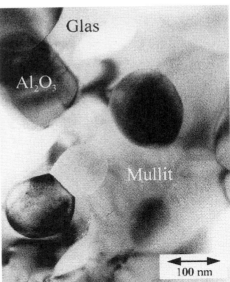

Bild 4: TEM Abbildung des feinkörnigen Modell-Systems nach 1 Stunde Wärmebehandlung bei 1500 °C.

Bild 5: TEM Abbildung des feinkörnigen Modell-Systems nach 4 Stunden Wärmebehandlung bei 1500 °C.

Nach 2 Stunden Haltezeit bei 1500 °C bildete sich an der Korund / Cristobalit-Grenzfläche ein dünner, amorpher Film aus (d ≈ 50 nm), welcher sich bei weiterer Wärmebehandlung (1500 °C/4 h) zu einer Mullitschicht umwandelte (Bild 7). Im weiteren Verlauf wächst diese Schicht, so daß sich bei 1600 °C/0,5 h ein ähnliches Gefüge ausbildet wie im feinkörnigen Material nach zwei Stunden bei 1500 °C. Bei 1700 °C/4 Stunden ist die Umsetzung vollständig abgeschlossen; es läßt sich kein mikrostruktureller Unterschied zwischen den Materialien aus grob- und feinkörnigem Pulver erkennen.

Diskussion

EDX-Untersuchung an SiO_2/Al_2O_3-Grenzflächen zeigten, daß sich einerseits Aluminium im SiO_2-Glas löst, andererseits wurde jedoch in den Al_2O_3-Partikeln kein Silicium nachgewiesen. Kleine Partikelradien und eine große spezifische Oberfläche im Ausgangspulver begünstigen die Lösung des Al_2O_3 im SiO_2-Glas und somit die Abnahme der Viskosität. Dies ist der Grund für die, gegenüber dem grobkörnigen Material, beschleunigte Verdichtung der Probe mit kleinen Al_2O_3-Partikeln über den Mechanismus des transient-viskosen Fließens (TVS). Aufgrund der von der Partikelgröße abhängigen Löslichkeit des Aluminiums im SiO_2-Glas ergeben sich unterschiedliche Umwandlungsmechanismen. Im feinkörnigen Material löst sich Al_2O_3 (beschleunigt) im Glas bis es zur homogenen Keimbildung kommt. Die Umwandlung zu Mullit erfolgt gemäß des *stabilen* Phasengleichgewichts. Im Gegensatz hierzu verläuft die Bildung von Mullit im grobkörnigen System nach dem *metastabilen* Phasendiagramm (6,7). Zu Beginn der Verdichtung bei 1400 °C wurden zwei unterschiedliche Glasphasen nachgewiesen, eine Al-reiche und eine Si-reiche.

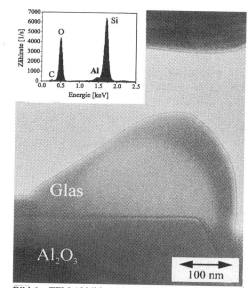
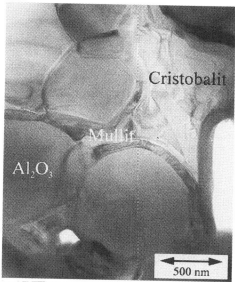

Bild 6: TEM Abbildung des grobkörnigen Modell-Systems nach 1 Stunde Wärmebehandlung bei 1500 °C.

Bild 7: TEM Abbildung des grobkörnigen Modell-Systems nach 4 Stunden Wärmebehandlung bei 1500 °C.

Über diese Phasenseparation wurde bereits in der Literatur berichtet (8,9). Es wird angenommen, daß im Al-reichen Glas einerseits die Bildung von Cristobalit erschwert, andererseits die Mullitbildung begünstigt wird. Ein an der Korund / Cristobalit-Phasengrenze auftretender amorpher Korngrenzfilm wurde ebenfalls von Nurishi und Pask (10) beobachtet. Dieser wandelt sich bei weiterer Wärmebehandlung (1500 °C/4 h) in Mullit um und trennt somit die SiO_2-Phase vom Al_2O_3. Der limitierende Faktor für ein weiteres Dickenwachstum dieser Schicht, und somit auch für die weitere Bildung von Mullit im grobkörnigen System, ist die Anionen- / Kationen-Diffusion durch diese Schicht. Hochauflösende TEM-Untersuchungen an Korngrenzen zeigten in beiden untersuchten Materialien keinen amorphen Korngrenzfilm, ebenso wie in früheren Studien von Kleebe et al.(11). Hieraus läßt sich der Schluß ziehen, daß das Kornwachstum des Mullits durch Diffusion durch die Grenzschicht erfolgt und keine bevorzugte Korngrenzdiffusion vorliegt.

Der Durchmesser der Al_2O_3-Partikel beeinflußt den Umwandlungsmechanismus auf zweifache Weise. Zum einen wird die Löslichkeit von Al_2O_3 im SiO_2 bei kleinen Partikelgrößen und großer spezifischer Oberfläche (feinkörniges Material) erhöht. Zum anderen wird durch die kurzen Diffusionswege im feinkörnigen Pulver besonders im Endstadium der Umwandlung die Reaktionskinetik der Mullitbildung begünstigt. Deshalb verläuft die Reaktion im feinkörnigen Material entsprechend des stabilen Phasengleichgewichtes, während im grobkörnigen Modellsystem aufgrund der relativ niedrigen Löslichkeit des Al_2O_3 in der SiO_2-Phase eine metastabile Phasenseparation in ein Al-reiches und ein Si-reiches Glas auftritt.

Zusammenfassung

Der Umwandlungsmechanismus $SiO_2 + Al_2O_3 \rightarrow$ Mullit ist von der Größe der Al_2O_3-Partikel abhängig. Aufgrund der erhöhten Al_2O_3-Löslichkeit erfolgt die Umsetzung im feinköringen Modellsystem schneller als im grobkörnigem System. Das feinkörnige Material bewegt sich entsprechend des stabilen Reaktionsgleichgewichts. Nach anfänglicher Lösung von Al_2O_3 im

SiO$_2$-Glas kommt es zur homogenen Keimbildung und anschließendem Kornwachstum. Die Reaktion im grobkörnigen System erfolgt im metastabilen Phasensystem. Es kommt zur Separation in eine Al-reiche und ein Si-reiche Glasphase, wobei sich aus letzterer Cristobalit bildet. Im weiteren Reaktionsverlauf kommt es zur Bildung einer zweiten metastabilen Glasphase an der Al$_2$O$_3$ / Korund-Grenzfläche. Diese wandelt sich in eine dünne Mullitschicht um und bestimmt die Geschwindigkeit der weiteren Reaktion. Das Kornwachstum erfolgt in beiden Systemen über Festkörperdiffusion durch den gebildeten Mullit, wobei jedoch im feinkörnigen kürzere Diffusionswege vorliegen. Nach vollständiger Umwandlung bei einer Temperatur von 1700 °C entwickelt sich sowohl aus der feinkörnigen als auch der grobkörnigen Pulvermischung ein nahezu gleiches Gefüge, d.h. die Mullitbildung kann auf zwei Wegen zum gleichen Ziel kommen, je nach Al$_2$O$_3$-Partikelgröße.

Literaturübersicht
(1) S.H. Risbud, J.A. Pask, J. Am. Ceram. Soc., **13** [11] (1978) 507-12
(2) H. Schneider, K. Rodewald, E. Eberhard, J. Am. Ceram. Soc., **76** [11] (1991) 2896-98
(3) A.P. Hynes, R.H. Doremus, J. Am. Ceram. Soc., **74** [10] (1991) 2469-75
(4) M.D. Sacks, H.W. Lee, J.A. Pask, in: Mullite and Mullite Matrix Composites, eds. S. Somiya, R.F. Davis, J.A. Pask, Westerville, Ohio, USA, 1990.
(5) M.D. Sacks, N. Bozkurt, W. Scheiffele, Ceramic Transactions, **19** (1991) 111-23
(6) S.H. Risbud, J.A. Pask, J. Mater. Sci., **53** [11] (1978) 1449-54
(7) R.F. Davis, J.A. Pask, J. Am. Ceram. Soc., **55** [10] (1972) 525-31
(8) J.F. MacDowell, G.H. Beall, J. Am. Ceram. Soc., **52** [1] (1972) 17-25
(9) Y. Nurishi, J.A. Pask, Ceramics International, **8** [2] (1982) 57-59
(10) I.A. Aksay, J.A. Pask, J. Am. Ceram. Soc., **58** [11-12] (1975) 507-12
(11) H.-J. Kleebe, G. Hilz, G. Ziegler, J. Am. Ceram. Soc., **79** [10] (1996) 2592-600

Phasengleichgewichte und Korngrenzenphasen für Siliciumnitrid-Keramiken im System Nd-Si-Al-O-N

A. Kaiser, R. Telle, Institut für Gesteinshüttenkunde, RWTH Aachen;
M. Herrmann, H.J. Richter, W. Hermel, Fraunhofer-Institut Keramische Technologien und Sinterwerkstoffe, IKTS, Dresden

1. Einleitung

Nd_2O_3 in Kombination mit Al_2O_3 stellt eine wichtige Additivkombination für das Sintern von Siliciumnitrid dar. Die Eigenschaften von Siliciumnitrid-Werkstoffen werden entscheidend von den vorliegenden Phasen und deren Mikrostruktur beeinflußt. Die Entwicklung von Siliciumnitrid-Keramiken mit optimierten Werkstoffeigenschaften erfordert daher eine genaue Kenntnis der Phasengleichgewichte und der Ausbildung der Mikrostruktur im Nd-Si-Al-O-N System.
Das Nd-Si-Al-O-N System wurde stellvertretend für die leichten Elemente der Lanthanuntergruppe ausgewählt, da im Vergleich zu den entsprechenden Systemen der schweren Seltenerdelemente, die bei gleicher Oxidationsstufe kleinere Ionenradien aufweisen, deutliche Unterschiede bezüglich der Kristallchemie und der Phasengleichgewichte und als Folge auch der Werkstoffeigenschaften zu erwarten sind.
Zielstellung der vorliegenden Arbeit war die Untersuchung der Subsolidus-Phasengleichgewichte im oxidischen System Nd_2O_3-Al_2O_3-SiO_2 und im $Si_{6-z}Al_zO_zN_{8-z}(0 \leq z \leq 4)$-$Al_2O_3$:AlN-$Al_2O_3$-$Nd_2O_3$-$SiO_2$ - Bereich des Systems Nd-Si-Al-O-N. Durch die Subsolidus-Phasengleichgewichte sind die für die Werkstoffentwicklung wichtigen Bereiche definiert, in denen stabile Gleichgewichte zwischen ß-Si_3N_4 bzw. ß'-SiAlON $Si_{6-z}Al_zO_zN_{8-z}$ ($0 \leq z \leq 4$) und oxidischen sowie oxinitridischen Phasen vorliegen und die somit als potentielle Korngrenzenphasen für Siliciumnitrid-Keramiken in Betracht kommen. Die experimentellen Konstitutionsuntersuchungen werden ergänzt durch Aussagen zum Kristallisationsverhalten der Korngrenzenphasen und zur Gefügeentwicklung.

2. Experimentelle Durchführung

Die Untersuchungen zur Konstitution im System Nd-Si-Al-ON erfolgte durch die gezielte Überprüfung einzelner Konoden und Kompatitbilitätspolyeder sowie der Homogenitätsbereiche von Mischphasen. Ergänzend wurden Schnitte mit konstantem Anionenverhältnis durch das Jänecke-Prisma gelegt.
Die Herstellung der Pulvermischungen erfolgte zum einen durch mechanische Homogenisierung der Oxid(Nd_2O_3, Al_2O_3, SiO_2)- und Nitrid(Si_3N_4,AlN)-Pulver in Aceton und Isopropanol in der Planetenkugelmühle (Achattöpfe und -kugeln) bzw. im Achatmörser. Das Ausheizen der Pulver erfolgte bei 550 °C und 10 h Haltezeit an Luft. Alternativ wurden Ausgangsmischungen durch Co-Fällung von Neodym- und Aluminiumhydroxid aus einer wässrigen Nitratlösung in Gegenwart von Si_3N_4, AlN und SiO_2 hergestellt. Nach Filtration, Waschen und Trocknung wurden die Proben bei 750 °C calziniert. Aus den Ausgangsmischungen wurden durch uniaxiales Pressen Grünkörper von 12 mm Durchmesser und 15mm Höhe hergestellt. Oxidische Zusammensetzungen wurden an Luft bei Temperaturen zwischen 1150 und 1450 °C (Tiegel: Al_2O_3) gesintert. Die drucklose Sinterung der nitridischen und der oxinitridischen Zusammensetzungen erfolgte in Stickstoff im Temperaturbereich zwischen 1450 °C und 1750 °C. Heißpreßversuche wurden ebenfalls in Stickstoff bei 30 MPa und Temperaturen zwischen 1600 °C und 1700 °C durchgeführt. Die drucklos gesinterten und die heißgepressten Proben wurden anschließend bei Temperaturen zwischen 1150 °C und 1450°C

getempert. Tiegelmaterialien bei der Untersuchung stickstoffhaltiger Zusammensetzungen waren RBSN, BN, Graphit mit BN-Beschichtung.
Die röntgenographische Phasenanalyse erfolgte an angeschliffenen und pulverisierten Proben mit Cu K_α-Strahlung (Diffraktometer URD 65, Freiberger Präzisionsmechanik GmbH). Die Gefügeentwicklung wurde an einem Rasterelektronenmikroskop Stereoscan 260 der Firma Cambridge Instruments (Fa. Leica) sowie an einem Transmissionelektronenmikroskop CM 30 der Firma Phillips, beide mit angeschlossenem EDX-Analysator, untersucht.

3. Ergebnisse
3.1 Al_2O_3-Löslichkeit in den quasiternären Nd-Si-O-N - Oxinitriden

Charakteristisch für das System Nd-Si-Al-O-N sind die zum Teil ausgedehnten Homogenitätsbereiche, die sich aus der Aluminiumlöslichkeit in den kristallinen Phasen des Systems Si_3N_4-Nd_2O_3-SiO_2 (Bild 1) ergeben.

Eine Ausnahme stellt hier der N-α-Wollastonit ($NdSiO_2N$) dar, für den über Gitterkonstantenbestimmung und im Rahmen der Nachweisgrenze der EDX-Analyse kein Aluminium-Gehalt nachgewiesen werden konnte. Möglicherweise ist dieses abweichende Verhalten des N-α-Wollastonit auf die strukturelle Besonderheit - Ringstruktur aus $Si_3O_6N_3$-Ringen – zurückzuführen. Die in der Literatur angegebene Mischkristallbildung (2,3) der Seltenerdmetall(RE)-N-Melilite $RE_2Si_3O_3N_4$ mit Al_2O_3 konnte in dieser Arbeit mit einer Grenzzusammensetzung von $Nd_2Si_2AlO_4N_3$ bestätigt werden. Der N-Wöhlerit $Nd_4Si_2O_7N_2$ zeigt in den Drei- und Vierphasengleichgewichten des Systems Nd-Si-Al-O-N eine Variation in den Gitterkonstanten mit steigendem Al-Gehalt der Ausgangszusammensetzungen. Verglichen mit den vollständigen Mischkristallreihen in den entsprechenden SiAlON-Systemen mit Yttrium und den Seltenerdmetallen RE mit kleineren Ionenradien (Dy-Yb) $RE_4Si_{2-x}Al_xO_{7+x}N_{2-x}$ liegt im Nd-Si-Al-O-N System nur eine begrenzte Mischbarkeit $0 \leq x \leq 0.3$ vor. Ein Grund hierfür ist die thermische Instabilität des $Nd_4Al_2O_9$ (x=2) unterhalb 1780 °C (4).

Basierend auf der Struktur der Silikat-Apatite in Seltenerdmetalloxid(R_2O_3)-SiO_2 Systemen $RE^{IX}_{2+\frac{2}{3}y}RE^{VII}_6(Si^{IV}O^{IV}_4)_6O^{III}_y$ und einer Aluminium- und Stickstoff-Löslichkeit in diesem Mischkristall konnte für das System Nd-Si-Al-O-N ein Apatit-Einphasenraum nachgewiesen werden. Die von (5) angegebene Nd_2O_3-reiche Grenzzusammensetzung $Nd_{9.33}(SiO_4)_6O_2$ (y=2) des quasibinären $Nd_{8+0.67y}(SiO_4)_6O_y$ - Mischkristalls konnte bestätigt werden. Dagegen wird über eine Mischkristallzusammensetzung von $Nd_{8.8}(SiO_4)_6O_{1.2}$ hinaus (y=1.2) keine weitere Variation der Gitterkonstanten mit steigendem SiO_2-Gehalt beobachtet, wodurch die maximale Defektkonzentrationen auf den 9-fach koordinierten Gitterplätzen und den nicht tetraedergebundenen Sauerstoffpositionen festgelegt sind. Im quasiternären System Si_3N_4-Nd_2O_3-SiO_2 (Bild 1) erstreckt sich der Homogenitätsbereich des Apatit-Mischkristalls bis zur vollständig defektfreien Zusammensetzung $Nd_{10}(SiO_{3.667}N_{0.333})_6O_2$ (10 Mol-% Si_3N_4; N-Aaptit). Im Gegensatz hierzu wird im oxidischen Randsystem Nd_2O_3-Al_2O_3-SiO_2 mit einer Löslichkeitsgrenze von 6 Mol-% (Al-Apatit) die defektfreie Zusammensetzung $Nd_{10}(Si_{0.67}Al_{0.33}O_4)_6O_2$ (10 Mol-% Al_2O_3) nicht erreicht. Beide quasiternäre Homogenitätsbereiche sind über das System Nd-Si-Al-O-N miteinander verbunden und bilden hier einen Einphasenraum $Nd_{8+2x+2z+0.67y}(Si_{1-z}Al_zO_{4-x}N_x)_6O_y$. Die Löslichkeitsgrenzen sind durch die Anzahl der tetraederfremden Sauerstoffpositionen $0 \leq y \leq 2$ und der freien 9-fach koordinierten Gitterpositionen festgelegt ($0 \leq 2z+2x+0.67y \leq 2$). Die maximalen Al- und N-Löslichkeiten liegen mit z=0.21 und x=0.33 in den quasiternären Randsystemen. Dem Apatit-Mischkristall kommt eine besondere Bedeutung für die Phasengleichgewichte im System Nd-Si-Al-O-N zu, da stabile Gleichgewichte mit allen Nd-haltigen Verbindungen mit Ausnahme des $NdAl_{11-x}O_{18}N_x$ – Mischkristalls und mit ß'-SiAlON $Si_{6-z}Al_zO_zN_{8-z}$ in den Grenzen ($0 \leq z \leq 4$) vorliegen.

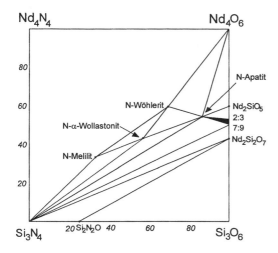

Bild 1: Subsolidusphasengleichgewichte im System Nd-Si-O-N (1)

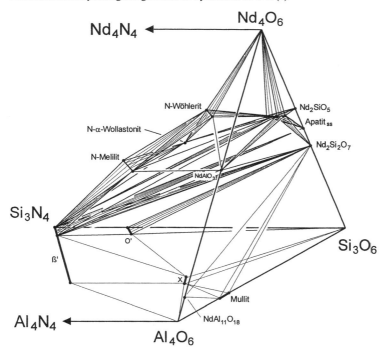

Bild 2: Subsolidusphasengleichgewichte im System Nd-Si-Al-O-N für den Bereich niedriger Al-Konzentrationen (Phasenbreite des Apatit-Mischkristalls im System Nd_2O_3-SiO_2 vernachlässigt, Einphasenraum des Apatit-Mischkristalls als Fläche dargestellt)

3.2 Subsolidusphasengleichgewichte im System Nd-Si-Al-O-N

Die Subsolidusphasengleichgewichte im $Si_{6-z}Al_zO_zN_{8-z}(0\leq z\leq 4)$-$Al_2O_3$:$AlN$-$Al_2O_3$-$Nd_2O_3$-$SiO_2$ - Bereich des Systems Nd-Si-Al-O-N wurden vollständig experimentell bestimmt. Insgesamt konnten in diesem Zusammensetzungsbereich 50 Kompatibilitätspolyeder (Drei- und Vierphasengleichgewichte) nachgewiesen werden. Die Subsolidus-Phasengleichgewichte definieren die für die Werkstoffentwicklung wichtigen Bereiche, in denen stabile Gleichgewichte zwischen ß-Si_3N_4 bzw. ß'-SiAlON $Si_{6-z}Al_zO_zN_{8-z}$ ($0\leq z\leq 4$) und oxidischen und oxinitridischen Phasen vorliegen, die somit als potentielle Korngrenzphasen für Siliciumnitrid-Keramiken in Betracht kommen. So koexistiert ß-Si_3N_4 mit dem O'-SiAlON $Si_{2-x}Al_xO_{1+x}N_{2-x}$ ($0\leq x\leq 0.2$), dem Melilit-Mischkristall, dem Apatit-Mischkristall zwischen dem Al-freien Randsystem Nd-Si-O-N (N-Apatit) und einer intermediären Zusammensetzung ((Al,N)–Apatit), N-α-Wollastonit und $Nd_2Si_2O_7$. ß'-SiAlON $Si_{6-z}Al_zO_zN_{8-z}$ ist in den Grenzen $0\leq z\leq 0.8$ kompatibel mit dem Al-reichen Endglied der Melilit-Mischkristallreihe $Nd_2Si_2AlO_4N_3$, (Al,N)-Apatit, $Nd_2Si_2O_7$ und O'-SiAlON $Si_{2-x}Al_xO_{1+x}N_{2-x}$ (x=0.2). Bis zur Löslichkeitsgrenze bei z=4 koexistiert ß'-SiAlON mit $Si_{12}Al_{18}O_{39}N_8$, $Nd_3Si_{3-x}Al_{3+x}O_{12+x}N_{2-x}$ und $NdAlO_3$. An der Substitutionsgrenze (z=4) treten der $NdAl_{11+x}O_{18}N_x$ Mischkristall und Korund als weitere Gleichgewichtsphasen auf.

In Bild 2 sind die Subsolidus-Phasengleichgewichte für das System Nd-Si-Al-O-N im Bereich niedriger Al-Konzentrationen wiedergegeben. Durch die Mischkristallbildung von Si_3N_4, Si_2N_2O, $Nd_2Si_3O_3N_4$, $Nd_4Si_2O_7N_2$ und des Oxinitrid-Apatites mit Al_2O_3 haben die in Bild 1 dargestellten Zwei- und Dreiphasengleichgewichte im Jänecke-Prisma für das System Nd-Si-Al-O-N Bestand (Bild 2). Erst zu höheren Al-Konzentrationen werden diese durch das Auftreten von $Si_{12}Al_{18}O_{39}N_8$, $Nd_3Si_{3-x}Al_{3+x}O_{12+x}N_{2-x}$ und $NdAlO_3$ zu Drei- und Vierphasenpolyedern erweitert.

Eine Besonderheit stellt im Nd-Si-Al-O-N System im Gegensatz zum Al-freien Randsystem die durch die Al_2O_3-Löslichkeit ermöglichte Koexistenz zwischen einer quinären, intermediären Apatit-Mischkristallzusammensetzung ((Al,N)-Apatit) und der Al-reichen Endzusammensetzung der N-Melilit-Mischkristallreihe dar.

Im Hinblick auf potentielle Korngrenzphasen für Siliciumnitridkeramiken ist hier insbesondere das räumlich ausgedehnte Zweiphasengebiet zwischen dem ß'-SiAlON $Si_{6-z}Al_zO_zN_{8-z}$ in den Grenzen $0\leq z\leq 0.8$ und einem Apatit-Mischkristall von Bedeutung, dessen Zusammensetzung in diesem Gleichgewicht in den Grenzen $Nd_{10}(SiO_{3.667}N_{0.333})_6O_2$, $Nd_{8.8}(SiO_4)_6O_{1.2}$ und einer intermediären Apatit-Mischkristallzusammensetzung (sowohl N-, als auch Al-Löslichkeit; (Al,N)-Apatit) variiert. Dieses wird begrenzt von den in Tabelle 1 aufgeführten Drei- und Vierphasenpolyedern.

1	ß-Si_3N_4 + $Nd_2Si_{3-x}Al_xO_{3+x}N_{4-x}$ ($0\leq x\leq 1$) + $NdSiO_2N$
2	ß-Si_3N_4 + $Nd_2Si_{3-x}Al_xO_{3+x}N_{4-x}$ (x=1) + $NdSiO_2N$ + (Al,N)-Apatit Mischkristall
3	$Si_{6-z}Al_zO_zN_{8-z}$ ($0\leq z\leq 0.8$) + $Nd_2Si_{3-x}Al_xO_{3+x}N_{4-x}$ (x=1) + (Al,N)-Apatit Mischkristall
4	$Si_{6-z}Al_zO_zN_{8-z}$ (z=0.8) + $Nd_2Si_{3-x}Al_xO_{3+x}N_{4-x}$ (x=1) + (Al,N)-Apatit Mischkristall + $NdAlO_3$
5	$Si_{6-z}Al_zO_zN_{8-z}$ ($0\leq z\leq 0.8$) + $Nd_2Si_2O_7$ + $Nd_{8.8}(SiO_4)_6O_{1.2}$
6	$Si_{6-z}Al_zO_zN_{8-z}$ (z=0.8) + $Nd_2Si_2O_7$ + ($Nd_{8.8}(SiO_4)_6O_{1.2}$ - (Al,N)-Apatit) Mischkristall
7	$Si_{6-z}Al_zO_zN_{8-z}$ (z=0.8) + $Nd_2Si_2O_7$ + (Al,N)-Apatit Mischkristall + $Nd_3Si_{3-x}Al_{3+x}O_{12+x}N_{2-x}$
8	$Si_{6-z}Al_zO_zN_{8-z}$ (z=0.8) + $Nd_2Si_2O_7$ + (Al,N)-Apatit Mischkristall + $NdAlO_3$

Tabelle 1: Benachbarte Drei- und Vierphasengleichgewichte um das Zweiphasengleichgewicht ß'-SiAlON – Apatit-Mischkristall

3.3 Korngrenzphasen für Siliciumnitridkeramiken im System Nd-Si-Al-O-N

Die genaue Kenntnis der Phasengleichgewichte ermöglicht die Kristallisation ausgewählter Korngrenzphasen durch gezielte Ausgangszusammensetzungen. Die Änderung des Phasenbestandes in den untersuchten Zusammensetzungen bei der Wärmebehandlung in Abhängigkeit von Temperatur und Zeit ermöglicht Aussagen zum Sinterverhalten von Siliciumnitridwerkstoffen sowie zum Kristallisationsverhalten der Korngrenzenphasen und der Gefügeentwicklung im System Nd-Si-Al-O-N.

Ein Vorteil des im vorangegangenen Abschnitt beschriebenen Gleichgewichtes zwischen ß'-SiAlON und dem Apatit-Mischkristall bei der Herstellung einer Siliciumnitridkeramik ist, daß der Apatit bei der Kristallisation aus der amorphen Korngrenzenphase in den Tripelpunkten bei der an den Sinterprozeß angeschlossenen Wärmebehandlung in der Lage ist Verunreinigungskationen aus der Glasphase, beispielsweise Ca^{2+}, in seine Defektstruktur einzubauen. Dadurch wird eine Anreicherung der Verunreinigungen in der Restglasphase, speziell in den Korngrenzenfilmen, verhindert und eine Verbesserung der Hochtemperatureigenschaften erzielt.

Zur Überprüfung der Anwendbarkeit der Ergebnisse der experimentellen Konstitutionsuntersuchungen wurden Proben mit oxinitridischen Zusammensetzungen innerhalb des bei den Konstitutionsuntersuchungen ermittelten Zweiphasenraumes ß'-SiAlON – Apatit-Mischkristall und der benachbarten Kompatibiliätspolyeder (Tabelle 1) in Ebenen mit konstantem Anionenverhältnis hergestellt. Diese weisen gegenüber konventionellen Siliciumnitridkeramiken einen deutlich erhöhten Volumenanteil an Additiven auf und ermöglichen so eine detaillierte Untersuchung der Sekundärphasen. Die gewählten Zusammensetzungen liegen für Al/(Al+Nd)-Verhältnisse von 0.05 bzw. 0.25 in einer Ebene mit 30 Äq.-% Sauerstoff, wobei der Si-Gehalt zwischen 65 und 85 (Äq.-%) variiert. Sowohl die drucklose Sinterung bei 1700 °C als auch das Heißpressen (30 MPa) bei 1650 °C führt zu einer vollständigen α-Si_3N_4→ß-Si_3N_4 Umwandlung. Bild 3 zeigt die typische Mikrostruktur einer Probe im gesinterten Zustand. Neben den amorphen Korngrenzenfilmen zwischen den Siliciumnitridkörnern finden sich in den Gefügeaufnahmen größere Bereiche mit oxinitridischer Glasphase. Der hohe Anteil an Schmelzphase führt zu einem deutlichen anisotropen Wachstum von prismatischen Siliciumnitridkristallen, die den Ergebnissen der EDX-Analyse und der Gitterkonstantenbestimmung zufolge als leicht dotiertes ß'-SiAlON vorliegen. Bereits bei der Sinterung bzw. bei der Abkühlung von der Sintertemperatur kommt zur Kristallisation des Apatit-Mischkristalls. In der Al-reicheren (Al/(Al+Nd) = 0.25) der beiden drucklos gesinterten Proben tritt als weitere Sekundärphase der Perowskit $NdAlO_3$ auf. Eine dem Heißpressen und der drucklosen Sinterung angeschlossene Wärmebehandlung führt zu einer deutlichen Reduktion des Anteils an amorpher Phase, sichtbar auch an einer Verstärkung der Reflexe der Apatit-Phase im Verlaufe der Wärmebehandlung. Der Anteil an $NdAlO_3$ bleibt im wesentlichen unverändert.

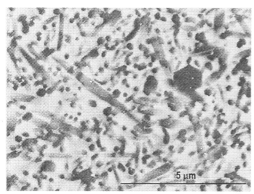

Bild 3 : Charakteristisches Gefüge einer heißgepreßten Siliciumnitirdkeramik in der 30 Äq.-%-Sauerstoff Ebene

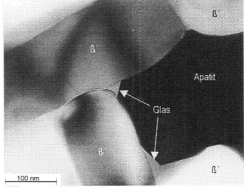

Bild 4: Verteilung der Restglasphase an ß' - ß' - Apatit-Mischkristall Tripelpunkten und entlang der ß'- ß' Korngrenzen

In den zugehörigen Gefügeaufnahmen fallen die großen einkristallinen Bereiche des Apatit-Mischkristalls auf, die in der Regel mehrere Siliciumnitridkörner umschließen und in denen sich keine Hinweise auf Korngrenzen, eingeschlossene Ausscheidungen etc. finden lassen. An verschiedenen Stellen ist eine heterogene Keimbildung der Apatitkristalle auf den primären Siliciumnitridkörnern an der Grenzfläche Siliciumnitrid/Glasphase erkennbar. Die Keime wachsen in die oxinitridische Glasphase, wobei die planaren Wachstumsfronten des sekundär kristallisierten Materials charakteristisch sind (Bild 2). Entsprechend finden sich in den Gefügeaufnahmen eine Vielzahl gut ausgebildeter Kristallflächen des Apatit-Mischkristalls.

Nach Abschluß der Wärmebehandlung ist die Restglasphase auf Zwickel in den von Siliciumnitrid- und Apatit-Mischkristallen gebildeten Tripelpunkten beschränkt, von wo aus sie sich in die Korngrenzenbereiche ausdehnt (Bild 2). Vergleicht man die Korngrenzen ß'/ß' und ß'/Apatit-Mischkristall so weisen die Korngrenzenfilme zwischen den ß'-SiAlON Mischkristallen die größere Dicke auf.

Bei einer erneuten Wärmebehandlung der heißgepressten und wärmebehandelten Siliciumnitridkeramiken bei einer Temperatur von 1600 °C bleibt der Phasenanteil der Sekundärphase (Apatit-Mischkristall) erhalten. Dies deutet auf eine hohe thermische Stabilität des Zweiphasengleichgewichtes ß' - Apatit hin, auch wenn die genaue Schmelztemperatur des (Al,N)-Apatit-Mischkristalls nicht bestimmt werden konnte und für die Randsysteme zwischen 1960 und 1980 °C liegt. Das Ergebnis dieses Versuches zeigt aber, daß bei der Wärmebehandlungen höhere Temperaturen als die hier verwendeten 1350 °C möglich sind und zu einer schnelleren und vollständigeren Kristallisation der amorphen Korngrenzenphase führen sollten.

3. Zusammenfassung

Die Subsolidusphasengleichgewichte im System Nd_2O_3-Al_2O_3-SiO_2 und im $Si_{6-z}Al_zO_zN_{8-z}$ ($0\leq z\leq 4$)-Al_2O_3:AlN-Al_2O_3-Nd_2O_3-SiO_2 - Bereich des Systems Nd-Si-Al-O-N wurden vollständig experimentell bestimmt. Die Löslichkeitsgrenzen der auftretenden kristallinen Mischphasen wurden festgelegt. Insgesamt konnten in diesem Zusammensetzungsbereich 50 Kompatibilitätspolyeder (Drei- und Vierphasengleichgewichte) nachgewiesen werden. Über die Subsolidusphasengleichgewichte sind die Konzentrationsbereiche definiert in denen ß-Si_3N_4 bzw. ß'-SiAlON $Si_{6-z}Al_zO_zN_{8-z}$ ($0\leq z\leq 4$) mit oxidischen und oxinitridischen Phasen koexistieren, wodurch eine gezielte Kristallisation ausgewählter Korngrenzenphasen ermöglicht wird. Die Anwendbarkeit der Ergebnisse der experimentellen Konstitutionsuntersuchungen wurde am Beispiel einer zweiphasigen Keramik ß'-SiAlON – Apatit-Mischkristall demonstriert. Anhand dieses Gleichgewichtes wurde das Sinterverhalten und die Kristallisation der Sekundärphase aus der amorphen Korngrenzenphase sowie die Gefügeentwicklung diskutiert.

Literatur

(1) Slasor S., Lidell K., Thompson D.P.: Brit. Ceram. Proc., 37 (1986) 51-64
(2) Wang P.L., Tu H.Y., Sun W.Y., Yan D.S., Nygren M., Ekström T.: J. Europ. Ceram. Soc., 15 (1995) 689-695
(3) Chee K.S., Cheng Y.-B., Smith M.E.: J. Europ. Ceram. Soc., 15 (1995) 1213-1220
(4) Coutures J.P., Antic E., Caro P.: Mat. Res. Bull., 11 (1976) 699-706
(5) Thompson D.P.: Mat. Sci. Forum, 47 (198-) 21-42
(6) Ijevskii V.A., Wiedmann I., Aldinger F.: Key Eng. Mat, 132-136 (1997) 132-136

X.
Gefügeeigenschaften

Modellierung der Gefügebildung durch anisotropes Kornwachstum

Thomas Eschner, Fritz Aldinger
Max-Planck-Institut für Metallforschung und Institut für Nichtmetallische Anorganische Materialien der Universität Stuttgart, Pulvermetallurgisches Laboratorium, Stuttgart

1 Einführung

Beim Sintern keramischer Materialien ist vielfach stark anisotropes Kornwachstum zu beobachten, das deutlichen Einfluß auf die Eigenschaften des Materials nimmt.
Das ausgebildete Gefüge wird von einer Vielzahl von Faktoren bestimmt, zu denen Wachstumsgeschwindigkeiten und spezifische Energien individueller Kristallebenen, Größe und Anordnung der Keime und damit die gegenseitige sterische Behinderung der Körner während des Wachstums gehören.
Zur Zeit ist eine Gefügemodellierung unter Berücksichtigung aller genannten Faktoren nicht möglich. Deshalb wurde dreidimensionales Wachstum hexagonaler Kristalle, wie sie z.B. für Si_3N_4 oder SiC typisch sind, bei konstanten Wachstumsgeschwindigkeiten und zufälliger Keimanordnung modelliert.
Die ermittelten Modellgefüge wurden mit Standardmethoden charakterisiert und realen Gefügen von Si_3N_4 und SiC gegenübergestellt.

2 Flüssigphasensintern

Beim Flüssigphasensintern wird dem zu sinternden Pulver eine Mischung von Sinterhilfsmitteln zugesetzt. In der Regel sind das Oxide, die eine niedrigschmelzende Flüssigphase nahe der eutektischen Zusammensetzung bilden und durch eine Beschleunigung von Lösungs- und Wiederausscheidungsvorgängen zügiges und dichtes Sintern ermöglichen.
Wenn das zu sinternde Pulver aus einer metastabilen Modifikation besteht, in die stabile Keime der gleichen Verbindung eingebracht wurden (z.B. α-SiC in β-SiC), so können diese bevorzugt auf Kosten der Matrix wachsen. Bei geeigneten Sinterbedingungen wird im Verlauf einer weitgehend vollständigen Umwandlung ein in-situ verstärktes Gefüge aus anisotropen Körnern erzielt, das verbesserte Bruchzähigkeitswerte aufweist [1].

3 Gefügebildung durch Korngrenzenbewegung

Die Gefügebildung beim Flüssigphasensintern wird einerseits durch die Bewegung der Phasengrenzen zwischen stabiler und metastabiler Modifikation und andererseits durch die Bewegung der Korngrenzen zwischen Körnern der gleichen Modifikation bestimmt.
Die wichtigste Triebkraft der Bewegung von Phasengrenzen zwischen stabiler und metastabiler Modifikation ist die Differenz der spezifischen Energien der beteiligten Modifikationen und führt über die charakteristischen Mobilitäten bestimmter Kristallebenen zu unterschiedlichen Wachstumsgeschwindigkeiten in verschiedenen Kristallrichtungen. An Korngrenzen, d.h. zwischen Körnern der gleichen Modifikation, fehlt diese Triebkraft, und die Korngrenzenbewegung wird durch die Eigenenergie der Korngrenze und ihre Krümmung beeinflußt.
Damit spielen im einen Fall die Wachstumsgeschwindigkeiten der verschiedenen Kristallebenen der stabilen Phase die dominierende Rolle, während im zweiten Fall die Gefügeentwicklung dem Prinzip der minimalen Korngrenzenenergie folgt.

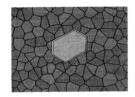  

a) b) c)

Abbildung 1: Schematische Darstellung des Flüssigphasensinterprozesses (a), der Entstehung nicht konvexer Körner (b) und des verwendeten Wachstumsmodells (Kossel-Kristalle, c).

4 Modellbildung

In Abb. 1a ist schematisch der Wachstumsprozeß der in das Material eingebrachten stabilen Keime gezeigt. Unter den vereinfachenden Annahmen, daß

1. der Keim in einer homogenen Hülle aus Flüssigphase wächst,

2. die Triebkraft und Geschwindigkeit des Wachstums nur durch die Differenz der spezifischen Energien bestimmt werden und deshalb konstant sind und

3. keine Bewegung der Korngrenzen sich berührender Keime erfolgt,

kann die Gefügebildung als einfacher Wachstumsprozeß hexagonaler Prismen bis zur gegenseitigen Berührung aufgefaßt werden.
Das Gefüge wird dann allein durch die räumliche Anordnung der Keime und das Verhältnis der Wachstumsgeschwindigkeiten von Prismen- und Basalebene der Keime bestimmt.
Durch die Anisotropie des Wachstums sind die entstehenden Körner i.a. nicht konvex (Abb. 1b). Die Modellierung kann in diesem Fall durch Prismen erfolgen, die aus Einzelbausteinen aufgebaut sind und die durch Anlagerung weiterer Bausteine an die freie Oberfläche wachsen (Kossel-Kristalle, Abb. 1c).

5 Modellierung und Ergebnisse

In einem Würfel mit Kantenlänge 1 und zyklischen Randbedingungen wurden 500 Keime plaziert. Räumliche Anordnung und kristallographische Orientierung der Keime wurden zufällig gewählt.
Das Wachstum der Keime wurde durch Anlagerung von globularen Bausteinen mit einer Kantenlänge von $c = 0.04$ bzw. $c = 0.06$ realisiert. Die mit verschiedenen Auflösungen bei ansonsten gleichen Parametern errechneten Gefüge waren im Rahmen der gewählten Schrittweite deckungsgleich.
Durch unterschiedlich häufiges Anlagern an Basal- und Prismenebenen wurde das Wachstumsgeschwindigkeitsverhältnis im Bereich von $v_c/v_a = 36$ bis $v_c/v_a = 1/36$ variiert. Zur Ermittlung des mittleren Aspektverhältnisses wurden die 500 Körner mit der Keimzelle im Koordinatenursprung so aufgestellt, daß c- und z-Achse zueinander parallel waren. Daraus konnte eine Belegungsdichte ermittelt werden, die angibt, welcher Anteil von Körnern durch ihr Wachstum den jeweils betrachteten Punkt erreicht haben. Sie fällt von 1 in der unmittelbaren Nähe des Ursprungs auf 0 bei großen Abständen. Die Isolinien bei einer Belegungsdichte von 0.5 markieren die Kontur des "mittleren Korns". In Abb. 2 sind für globulares Wachstum ($v_c = v_a$) Schnitte dieser Belegungsdichte durch Isolinien bei 10, 20...90 % dargestellt. Die Schnitte zeigen, daß trotz der starken sterischen Behinderung (s. Abb. 6a) die hexagonale Symmetrie der wachsenden Kristalle im Mittel erhalten bleibt. Dies gilt leicht eingeschränkt auch für den Fall stark anisotropen Wachstums.

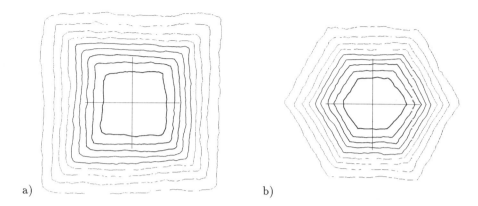

Abbildung 2: Werden alle Körner im Ursprung mit c∥z aufgestellt, ergibt sich eine Belegungsdichte, die Korngröße, -form und -verteilung charakterisiert. Gezeigt sind Schnitte mit Isolinien bei 10, 20, 30... 90 % Belegungsdichte. Teilbild a) zeigt einen Schnitt in der x-z-Ebene, Teilbild b) einen Schnitt in der x-y-Ebene.

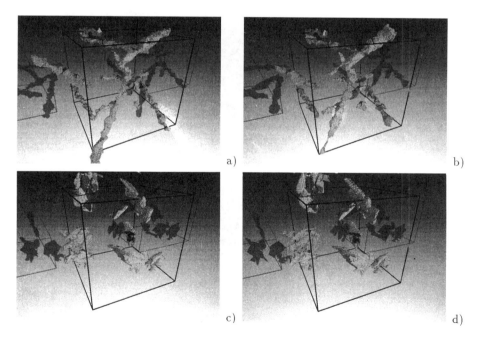

Abbildung 3: 3D-Darstellung von je 10 ausgewählten Körnern nach Abschluß des Wachstums für Wachstumsgeschwindigkeiten von $v_c/v_a = 36:1$ (a), $12:1$ (b), $1:12$ (c) und $1:36$ (d), die mittleren Aspektverhältnisse betragen $\overline{c}/\overline{a} = 4.2:1$, $3.8:1$, $1:2.5$ und $1:4.5$.

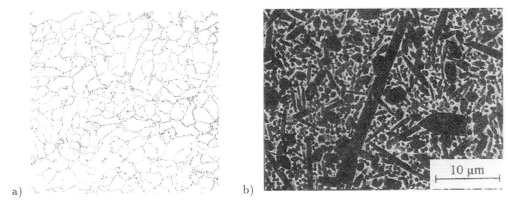

a) b)

Abbildung 4: (a) Gefügebild für Wachstumssimulation mit $v_c/v_a = 36:1$, (b) reales Gefüge einer gasdruckgesinterten Si_3N_4-Keramik.

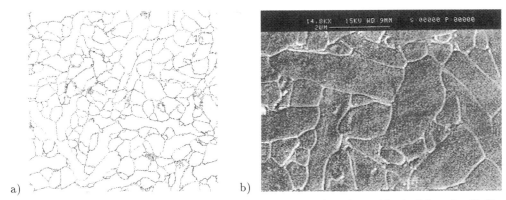

a) b)

Abbildung 5: (a) Gefügebild für Wachstumssimulation mit $v_c/v_a = 12:1$, (b) reales Gefüge einer gasdruckgesinterten Si_3N_4-Keramik.

In der Abb. 3 sind je 10 ausgewählte Körner nach Abschluß der Wachstumssimulation dargestellt. Für die durch reines Wachstum gebildeten Körner ist eine sehr ungleichmäßige Form typisch, die sich z.B. durch unregelmäßige Verdickungen der Stengelkristalle äußert.
Die Abb. 4a bis 8a zeigen jeweils charakteristische Schnitte durch das modellierte Gesamtgefüge, denen in den Abb. 4b bis 8b reale Gefüge (in abweichendem Maßstab) zum Vergleich qualitativer Merkmale gegenübergestellt sind.
Die in Abb. 4b gezeigt Si_3N_4-Keramik wurde durch Gasdrucksintern mit 10 % Sinterhilfsphase hergestellt [2]. Der Vergleich von Abb. 4a und 4b zeigt deutliche Unterschiede zwischen beiden Gefügen. Die Körner des realen Sintergefüges sind inhomogener bezüglich ihrer Größe, weisen sehr glatte Grenzen auf und zeigen hohe Streckungsgrade. Die Annahme eines reinen Wachstumsprozesses, wie er simuliert wurde, reicht zur Erklärung des Gefüges nicht·aus, es müßte auch die Korngrenzenbewegung zwischen gewachsenen Kristalliten in Betracht gezogen werden. Möglich ist auch eine kontinuierliche Keimbildung, wie sie für Johnson-Mehl-Mosaike

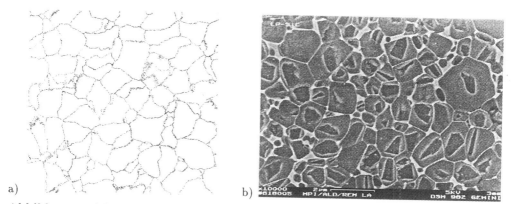

Abbildung 6: (a) Gefügebild für Wachstumssimulation mit $v_c/v_a = 1:1$, (b) reales Gefüge einer flüssigphasengesinterten SiC-Keramik.

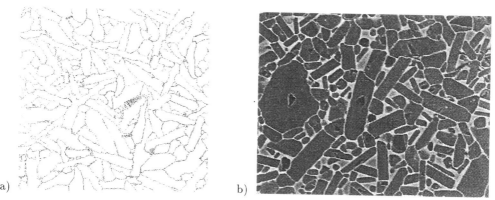

Abbildung 7: (a) Gefügebild für Wachstumssimulation mit $v_c/v_a = 1:12$, (b) reales Gefüge einer flüssigphasengesinterten SiC-Keramik.

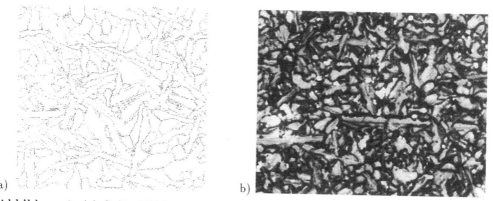

Abbildung 8: (a) Gefügebild für Wachstumssimulation mit $v_c/v_a = 1:36$, (b) reales Gefüge einer festphasengesinterten SiC-Keramik.

angenommen wird.

Abb. 5b zeigt eine weitere gasdruckgesinterte Si_3N_4-Keramik, ebenfalls mit 10 % Sinteradditiven, deren Grünkörper mit Hilfe eines neuen Formgebungsverfahrens hergestellt wurde [3]. Der Vergleich von simuliertem und realem Gefüge zeigt eine qualitativ bessere Übereinstimmung als im zuvor vorgestellten Fall. Die Korngröße ist homogener verteilt, der Streckungsgrad ist moderat und die Korngrenzen zeigen einen gekrümmten Verlauf, wie er auch im simulierten Gefügebild wiederzufinden ist.

In Abb. 6b ist das Gefüge einer industriellen flüssigphasengesinterten SiC-Keramik dargestellt, das durch globulare polygonale Körner gekennzeichnet ist. Zwar läßt das simulierte Gefüge gewisse Ähnlichkeiten erkennen (angenähert trapezoidale und hexagonale Kornschnitte), jedoch ist die Krümmung der Korngrenzen insgesamt zu hoch. Auch in diesem Fall muß angenommen werden, daß im realen Gefüge parallel zum Wachstum Prozesse abgelaufen sind, die zu einer Begradigung der Korngrenzen geführt haben.

Das in Abbildung 7b gezeigte Gefüge ist das Ergebnis der Auslagerung einer flüssigphasengesinterten SiC-Keramik mit vollständiger β-α-Umwandlung unter Wachstum von plattenförmigen Körnern, die zu einer in-situ-Verstärkung des Materials führen [4]. Der Vergleich zum simulierten Gefüge zeigt eine befriedigende qualitative Übereinstimmung. Das simulierte Gefüge weist höhere Streckungsgrade auf, so daß einzelne Körner zwei Kornschnittflächen produzieren, außerdem ist auch hier die Korngrenzenkrümmung größer als im realen Gefüge.

Abb. 8b zeigt das in KOH-Schmelze geätzte Gefüge einer festphasengesinterten SiC-Probe. Obwohl in diesem Fall die für den Flüssigphasensinterprozeß gemachten Vereinfachungen nicht übertragbar sind, zeigen experimentelles und simuliertes Gefüge auffällige Übereinstimmungen, insbesondere in Bezug auf den hohen Streckungsgrad und die starke Krümmung der Korngrenzen.

6 Zusammenfassung

Für den technisch wichtigen Prozeß des Flüssigphasensinterns wurde ein einfaches Gefügebildungsmodell abgeleitet und untersucht. Es zeigte sich, daß in einigen Fällen die dabei gemachten Vereinfachungen zulässig sind und reale und simulierte Gefüge gute qualitative Übereinstimmung zeigen, so daß das rechnerisch ermittelte Gefügemodell z.B. als Basis zur Bestimmung von Gefüge-Eigenschafts-Beziehungen dienen oder Eingang in stereologische Verfahren finden kann.

Um die gemachten Aussagen quantifizieren zu können, ist es erforderlich, Stoffdaten (Korngrenzenbeweglichkeiten, -energien u.ä.) zu bestimmen. Hier kann z.B. SiC als Modellsystem dienen [5].

Literatur

(1) Keppeler, M., Reichert, H.-G., Broadley, J.M., Thurn, G., Wiedmann, I., Aldinger, F.: High Temperature Mechanical Behaviour of Liquid Phase Sintered Silicon Carbide, J. Europ. Cer. Soc. 18 (1998) 521-526.
(2) Blank, S.: Quantitative Charakterisierung von Sintergefügen und Korrelation mit Herstellungsbedingungen und Eigenschaften, Dissertation, Universität Stuttgart, 11/1996.
(3) Sigmund, W., Yanez, J., Aldinger, F.: Temperature Induced Casting, DPA-Nr. 19751969
(4) Nader, M.: Untersuchung der Kornwachstumsphänomene an flüssigphasengesinterten SiC-Keramiken und ihre Möglichkeiten zur Gefügeveränderung, Dissertation, Universität Stuttgart, 7/1995.
(5) Eschner, Th.: Charakterisierung des Kornwachstums in flüssigphasengesintertem SiC, KV 570, Werkstoffwoche 1998.

Gefügeuntersuchungen an in-situ-verstärkten Keramiken des Systems TiB_2-WB_2-CrB_2

C. Schmalzried, R. Telle, Institut für Gesteinshüttenkunde, RWTH Aachen

Einleitung

Die Boride der Übergangsmetalle zeichnen sich durch ihre hohe Härte und chemische Inertheit aus. Sie sind bis zu hohen Temperaturen oxidationsbeständig und somit prädestiniert für die Anwendung als Schneidwerkstoffe. Eine Verbesserung dieser Werkstoffe zielt in die Richtung einer Erhöhung der Standzeiten. Hier bietet sich die Verstärkung der Keramiken durch Partikeleinlagerung an.
Die In-Situ-Verstärkung keramischer Werkstoffe bietet die Möglichkeit, unter Umgehung der bei der konventionellen Herstellung partikelverstärkter Werkstoffe auftretender Probleme bei der Pulveraufbereitung und dem anschließenden Sinterprozeß (1) Keramiken mit erhöhter Bruchzähigkeit herzustellen.
Voraussetzung für die Entwicklung eines derartigen Werkstoffs ist neben der entsprechenden Konstitution des Phasendiagramms eine Wachstumskinetik der verstärkenden Partikel, die zu einem anisometrischen Habitus führt.
Diese Voraussetzungen erfüllt das untersuchte System TiB_2-WB_2-CrB_2 (Bild 1), in dem neben einer Mischungslücke im festen Zustand und einer großen Temperaturabhängigkeit der Löslichkeit ein ausgeprägtes anisotropes Wachstum der W_2B_5-Phase in der Matrixphase auftritt.

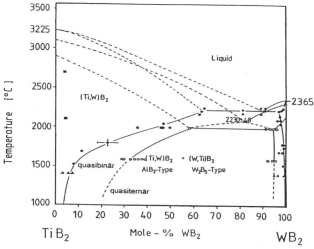

Bild 1: Zustandsdiagramm TiB_2-WB_2 (———) mit 10% CrB_2 (------)(2)

Im folgenden wird ausführlich auf die im Reaktionssinterprozeß entstehenden Phasen und ihre Struktur im atomaren Bereich eingegangen.

Ziel dieser Untersuchungen ist ein Verständnis der Ausscheidungskinetik von wolframreichen Boriden in einer titanreichen Boridmatrix, unerläßlich für das Gefügedesign dieser Werkstoffe.

Experimentelles

Die attritierten vermischten Pulver TiB_2, CrB_2 und W_2B_5 (Grade A der Fa. H.C.Starck, Mischungsverhältnis 40:15:45 Gew-%) wurden ½ h bei 1800°C mit 50 MPa unter Ar (970 hPa) heißgepreßt (FCT Typ F8127). Da dieser Prozeß nicht ausreicht, um einen homogenen $(Ti,B,Cr)B_2$-Mischkristall zu synthetisieren, wurden die Proben drucklos einem Homogenisierungsschritt von 8h bei 2000°C unterzogen. Die Proben wurden anschließend im Bereich des übersättigten Mischkristalls innerhalb der Mischungslücke im festen Zustand (Bild 1) 8h bei 1600°C getempert, um eine Ausscheidung von elongierten W_2B_5-Partikeln zu erreichen.
Die synthetisierten Proben wurden mittels TEM (Philips CM300) und EELS-Spektroskopie (Gatan Imaging Filter) charakterisiert.

Ergebnisse

Neben dem Mischkristall $(TiW,Cr)B_2$ bildet sich bei der Reaktion der TiB_2- und W_2B_5-Körner im Zustandsfeld des Mischkristalls als weitere Phase ß-WB, die röntgenographisch als solche nachzuweisen ist (3). Diese konnte durch HRTEM kristallographisch charakterisiert werden. Dabei wurde die Simulation der Hochauflösung von ß-WB mit dem tatsächlichen Bild verglichen. Die Übereinstimmung ist sehr gut (Bild 2). ß-WB tritt in drei konkreten kristallographischen Richtungen in Bezug auf die Matrix auf (Bild 3). Die laterale Ausbreitung beträgt meist nur eine Atomlage (0.8 nm), vereinzelt finden sich auch Stapel von mehreren Atomlagen (max. 10 nm). HRTEM zeigt, daß diese Ausscheidungen kongruent zur Matrix auftreten (Bild 2). Ortsauflösende EELS-Untersuchungen bestätigen im eindimensionalen Verteilungsbild, daß die Ausscheidungen gegenüber der Matrix an Bor verarmt sind, jedoch eine Anreicherung an Wolfram aufweisen (Bild 4). Dies unterstreicht das angenommene Modell der Ausscheidung von ß-WB.

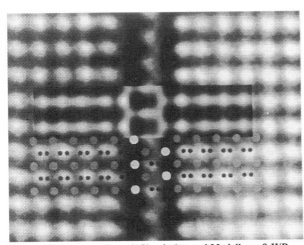

Bild 2: [110]-Zonenachse mit Simulation und Modell von ß-WB

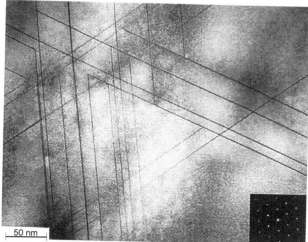

Bild 3: ß-WB-Ausscheidungen in (Ti,W,Cr)B$_2$

Nach dem Auslagerungsschritt tritt eine Ausscheidung auf, die sich im Beugungsbild nicht von der Matrix unterscheiden läßt. Die Struktur ist lamellar, die Elemente sind mehr oder weniger parallel zueinander angeordnet (Bild 5). Anhand von EELS-Spektroskopie wurde nachgewiesen, daß hier keine scharfe Phasengrenze vorliegt, sondern ein kontinuierlicher Verlauf der Elementkonzentrationen auftritt (Bild 7).

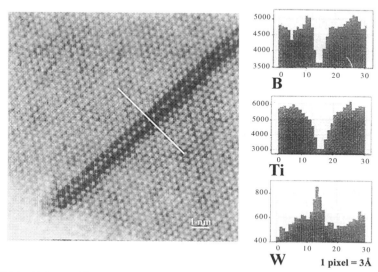

Bild 4: Linienspezifische Elementverteilung von W, B und Ti in ß-WB

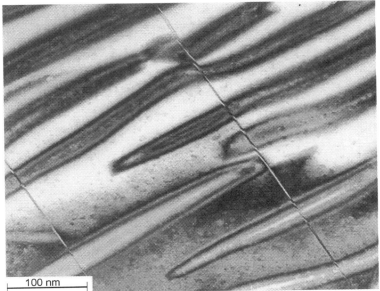

Bild 5: W-reiche Ausscheidung in (Ti,W,Cr)B$_2$

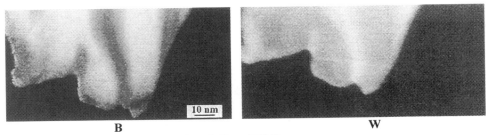

Bild 6: Elementverteilung in W-reicher Ausscheidung (EELS)

Gleichzeitig treten plattenförmige Ausscheidungen mit W$_2$B$_5$-Struktur auf, deren Keimbildung an den Korngrenzen stattfindet und die sowohl ins Korn hinein als auch über die Korngrenze hinweg ins Nachbarkorn wachsen (Bild 7).

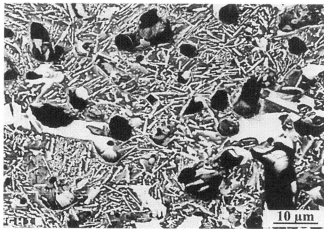

Bild 7: W_2B_5-Ausscheidungen (hell) in $(Ti,W,Cr)B_2$-Matrix

Diskussion

Während W_2B_5 und ß-WB durch heterogene bzw. homogene Keimbildung und anschließendes Wachstum durch Diffusion entstehen, weist das Gefüge der dritten Ausscheidung auf eine spinodale Entmischung hin. Welche Phase sich hier endgültig bildet, muß durch Langzeitversuche geklärt werden. Richtet man sich nach dem Phasendiagramm (Bild 1), sollte die Spinodale innerhalb der Mischungslücke im festen Zustand liegen. Somit sollte nach längerer Auslagerungszeit W_2B_5 als stabile Phase neben der titanreichen Boridmatrix vorliegen.

Die auftretenden Ausscheidungen lassen sich in Größe und Anzahl durch Variation der Parameter Temperatur und Zeit manipulieren, so daß hier die Möglichkeit besteht, einen Einfluß auf den Rißwiderstand und damit die Bruchzähigkeit zu nehmen. Der Einfluß hängt im einzelnen von den Grenzflächenbedingungen und den Spannungsfeldern um die Ausscheidungen ab. Welche Ausscheidung den größten Einfluß hat, kann nur durch Beobachtung des Rißverlaufs geklärt werden.

Darüber hinaus ist mit einer Steigerung der Kriechbeständigkeit zu rechnen.

Die Dichten der Proben liegen bei nur 70% der theoretischen Dichte, so daß es in diesem Fall nicht sinnvoll ist, Bruchzähigkeitsuntersuchungen vorzunehmen. Hier kann noch Potential bei der Pulveraufbereitung und beim Sinterprozeß ausgeschöpft werden.

Die Gefügebilder sind jedoch in Hinsicht auf die Dispersionsverstärkung von TiB_2 vielversprechend.

Der Volkswagenstiftung danken wir für die finanzielle Unterstützung des Projektes 'Atomare Mechanismen der Ausscheidung von Übergangsmetallboriden aus übersättigten Mischkristallen zur In-Situ-Verstärkung keramischer Hartstoffe'. Im Besonderen danken wir Prof. W. Mader und Dr. B. Freitag vom Lehrstuhl für anorganische Materialforschung des Instituts für anorganische Chemie der Universität Bonn für die tatkräftige Unterstützung bei den transmissionselektronenmikroskopischen Untersuchungen einschließlich ortsauflösender Analytik. Des weiteren gilt unser Dank Herrn Dipl.-Ing. B. Schunck (Institut für Gesteinshüttenkunde der RWTH Aachen) für TEM-Untersuchungen.

Literatur

(1) Bordia, R.K., Raj, R. : Advanced Ceramic Materials 3 (1986), 122-126
(2) Telle, R., Fendler, E., Petzow, G. : Journal Hard Materials 3 (1992), 211-224
(3) Mitra, I., Telle, R. : Proceedings Werkstoffwoche Stuttgart (1996)

Variation der Mikrostruktur von Si$_3$N$_4$-Keramiken

W. Lehner, H.-J. Kleebe und G. Ziegler
Universität Bayreuth, Institut für Materialforschung (IMA I), Bayreuth

Einleitung

Mit dem Einsatz von Siliciumnitridkomponenten im Maschinen- und Motorenbau lassen sich aufgrund des hohen Korrosionswiderstandes und der guten Hochtemperaturfestigkeit im Vergleich zu metallischen Bauteilen längere Standzeiten und höhere Wirkungsgrade erzielen. Leichte Keramikventile steigern bereits die Leistung moderner Motoren und schonen gleichzeitig die Umwelt durch Senkung des Kraftstoffverbrauchs und der Abgasmenge. Um den Anwendungsbereich von Si$_3$N$_4$-Keramiken zu erweitern und neue Anwendungsfelder zu öffnen, ist es aber weiterhin notwendig, die Schadenstoleranz der eingesetzten Bauteile gegenüber mechanischer Beanspruchung zu erhöhen. Eine Verbesserung der Materialeigenschaften kann dabei sowohl durch die Reduzierung der kritischen Defektgröße als auch durch die Erhöhung des Rißwiderstandes (K_{IC}) erzielt werden[1,2]. Beide Parameter sind im gleichen Maß von der Gefügeentwicklung abhängig[3].
Während des Flüssigphasensinterns von Si$_3$N$_4$-Werkstoffen wird die Bildung eines bimodalen Gefüges angestrebt, um eine in-situ-Verstärkung des Bauteiles zu erreichen. Das Ziel ist eine feinkörnige Si$_3$N$_4$-Matrix, in die große langgestreckte Si$_3$N$_4$-Partikel eingebettet sind. An diesen großen Körnern können nun Risse umgelenkt bzw. die Rißflanke überbrückt werden, wodurch an der Rißspitze auftretende Spannungen partiell abgebaut werden. Solch ein energiedissipativer Mechanismus bewirkt einen erhöhten Widerstand gegen Rißausbreitung. Folglich stellt die Steuerung der Kornmorphologie während des Sintervorganges einen wichtigen Prozeßschritt bei der Herstellung schadenstoleranter Si$_3$N$_4$-Werkstoffe dar.
Im einzelnen läßt sich der Verdichtungsprozeß in drei zeitlich aufeinanderfolgende Stadien unterteilen, wobei zwischen den verschiedenen Mechanismen jedoch keine starre Abgrenzung erfolgen kann[4,5]. Dabei kommt es im ersten Schritt durch Reaktion der mit SiO$_2$ bedeckten Si$_3$N$_4$-Oberfläche und der Sinteradditive zur Ausbildung einer flüssigen Phase. Im Anschluß daran findet durch Abgleiten der Si$_3$N$_4$-Partikel aufgrund von Kapillarkräften ein Umordnungsprozeß (particlerearrangement) statt, der zu einem Anstieg der Dichtewerte führt. Mit zunehmender Temperatur lösen sich im nächsten Schritt α-Si$_3$N$_4$-Partikel in der Schmelze und kristallisieren als β-Si$_3$N$_4$ auf bereits im Ausgangspulver vorhandenen β-Keimen aus (Lösungs-Wiederausscheidungs-Mechanismus). Nach Abschluß der α-β-Umwandlung erfolgt die weitere Verdichtung durch Auflösen kleiner β-Si$_3$N$_4$-Kristallite zugunsten der großen, bereits im Gefüge enthaltenen β-Si$_3$N$_4$-Körner[6]. Parallel dazu nähern sich die Kornzentren der großen Partikel an, wodurch eine weitere Zunahme der Dichtewerte erzielt wird. In dieser Phase begleitet die Ostwaldreifung den Verdichtungsprozeß. Im letzten Sinterstadium wird Koaleszenz angenommen, wobei jedoch anzumerken ist, daß die hierfür erforderliche Festkörperdiffusion aufgrund der geringen Diffusionsgeschwindigkeiten nur eine untergeordnete Rolle im Si$_3$N$_4$ spielt[7,8].
Die Beschreibung des Verdichtungsprozesses während des Flüssigphasensinterns setzt voraus, daß sich während der α-β-Phasentransformation die Anzahl der β-Keime kaum verändert. Für eine in-situ-Verstärkung von Si$_3$N$_4$-Materialien ist aber neben der Kornmorphologie unter anderem auch die Anzahl der im Endgefüge existierenden langgestreckten Körner von Bedeutung. Diese wird durch die im Ausgangspulver vorhandenen bzw. durch homogene oder heterogene Keimbildung neu entstandenen β-Keime bestimmt[9]. In der Literatur wird ein keimbildender Mechanismus teilweise

ganz verworfen[10,11], während in anderen Untersuchungen eine β-Si_3N_4-Keimbildung für möglich gehalten wird[12,13]. Dabei sprechen die Autoren der homogenen Keimbildung meist keine besondere Rolle zu, sondern verweisen auf die tragende Funktion des heterogenen Mechanismus. Mit dem Zusatz künstlicher β-Keime während der Pulveraufbereitung konnte Mitomo[14] zeigen, daß die Ausbildung eines bimodalen Gefüges von der Anzahl wachstumsfähiger Keime abhängt. Durch die epitaktische Anlagerung von Si_3N_4 auf zugesetzten β-Si_3N_4 Keimen (heterogene Keimbildung) konnte auf diese Weise bereits eine Zähigkeitssteigerung bei gleichbleibend hoher Festigkeit (ca. 1 GPa) nachgewiesen werden[15]. Ziel dieser Arbeit ist nun die systematische Untersuchung von Keimbildungsvorgängen im Frühstadium des Sinterprozesses in Si_3N_4-Materialien und deren Einfluß auf die Entwicklung eines typischerweise bimodalen Gefüges.

Experimentelle Durchführung
Die Herstellung der Si_3N_4-Grünkörper erfolgte durch wäßrigen Schlickerguß. Als Sinterzusätze dienten 4 Vol.% Y_2O_3, Sc_2O_3, ZrO_2 und deren Mischungen. Zusätzlich variierte der Gehalt an Y_2O_3 von 3,5 bis 10,5Vol. %. Das Si_3N_4-Ausgangspulver (Ube SN-E 10) wurde dispergiert und anschließend mit den verschiedenen Additivzusammensetzungen ca. 12 h unter Rühren homogenisiert. Der Feststoffgehalt des Schlickers betrug 70 Masse %. Durch den Zusatz von Tetramethylammoniumhydroxid (TMAH) als Dispergator konnte das Fließverhalten der Suspension dem einer Newton'schen Flüssigkeit angepaßt und eine Agglomeration der Feststoffteilchen vermieden werden. Die Zugabe einer wäßrigen Polymersuspension als Bindemittel verbesserte die Grünkörperfestigkeit. Die erzielten Dichtewerte lagen bei allen Grünkörpern im Bereich zwischen 53 und 55 % der theoretischen Dichte. Die zur Aufbereitung des Schlickers erforderlichen organischen Additive wurden im letzten Schritt vor der eigentlichen Sinterung bei ca. 1000 °C in oxidischer Atmosphäre ausgebrannt. Die Verdichtung der unterschiedlich dotierten Si_3N_4-Materialien erfolgte durch Gasdrucksintern in einem mit Bornitrid beschichteten Graphittiegel bei 1850 °C und einem Stickstoffdruck von 2 MPa. Der Prozeß variierte hinsichtlich der Aufheizraten. Zur Untersuchung der Gefügeentwicklung während des Sintervorgangs wurden außerdem Proben durch Abbruchzyklen zwischen 1500 °C und 1850 °C hergestellt.
Die Mikrostrukturuntersuchungen wurden mittels Rasterelektronenmikroskopie (SEM, Jeol JSM-6400, Fa. Jeol, Japan) und Transmissionselektronenmikroskopie (TEM, Philipps CM20FEG) durchgeführt. Beide Geräte sind mit einem energiedispersiven Röntgendetektor (EDX-Ge, Voyager, Noran Instruments) ausgerüstet.

Ergebnisse und Diskussion
Trotz vergleichbarer Werte für die Enddichten im Bereich zwischen 97 % und 99,5 % der theoretischen Dichte konnte durch die Variation der Sinterparameter an Proben mit gleicher Dotierung und Aufbereitung ein unterschiedliches Endgefüge erreicht werden.
Untersuchungen an einem mit 10,5 Vol. % dotierten Y_2O_3-System zeigten, daß es mit unterschiedlichen Aufheizraten möglich ist, den Anteil kleinerer Keime im Endgefüge (ca. 25 %) zu variieren (Bild 3 und 4). Das mit einer langsameren Geschwindigkeit verdichtete Siliciumnitrid wies dabei eine vergleichsweise feinkörnige Mikrostruktur auf. Diese Veränderung in Richtung einer Kornverfeinerung bei unverändertem Ausgangsmaterial (gleiches Ausgangspulver und Additivzusatz) nur durch Variation der Sinterdauer deutet auf eine erhöhte Anzahl wachtumsfähiger β-Si_3N_4-Keime im Frühstadium der Verdichtung hin. Die β-Si_3N_4 Cluster werden dabei während der α-β-Transformation des Siliciumnitrids gebildet. Mit steigender Sintertemperatur wandelt sich das α-Si_3N_4 in die stabile β-Modifikation um, wobei die Transformation nur in Gegenwart einer flüssigen Phase

stattfinden kann[16]. Siliciumnitrid löst sich in der Sekundärphase (Glasphase) auf und scheidet sich anschließend durch heterogene Keimbildung an vorhandenen β-Körnern ab, oder bildet bei ausreichend hoher Übersättigung der Schmelze neue Keime (homogener Prozeß). Nach der klassischen Keimbildungstheorie kommt es mit zunehmender Übersättigung der Schmelze nach einer bestimmten Inkubationszeit zur Bildung eines Keims, der in sich homogen ist und eine klar definierte Grenzfläche aufweist. Der Grad für die Übersättigung wird durch drei wesentliche Prozesse gesteuert: den Massetransport des Si_3N_4 in die Glasphase, die Anlagerung (Verbrauch) von gelöstem α-Si_3N_4 an β-Keimen und die Diffusion von Si_3N_4 durch die Sekundärphase[17].

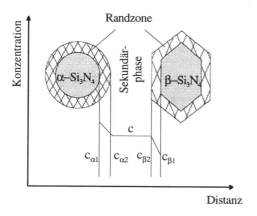
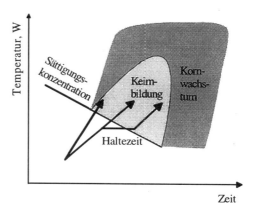

Bild 1: Konzentrationsprofil des gelösten Si_3N_4 während der α-β-Transformation.

Bild 2: Einfluß der Aufheizrate auf die Keimbildung von Si_3N_4.

Der Massetransport von Si_3N_4 in die Glasschmelze gliedert sich dabei in zwei Schritte: die Auflösung von festem Siliciumnitrid in eine das Korn umgebende flüssige Randzone (Phasenübergang fest/flüssig) und die anschließende Diffusion in die Glasschmelze selbst (Bild 1).
Mit steigender Temperatur nimmt die Geschwindigkeit der in der Glasschmelze ablaufenden Diffusionsprozesse zu, während die Umwandlung fest/flüssig in der Randzone wahrscheinlich kaum beschleunigt wird und darum den geschwindigkeitsbestimmenden Prozeß in der Frühphase der Verdichtung (< 1650 °C) darstellt. Senkt man nun die Aufheizgeschwindigkeit, löst sich bei gleicher Temperatur mehr Si_3N_4 in der Glasschmelze auf. Das führt zu einer früheren Übersättigung innerhalb des Keimbildungsmaximums und anschließender Keimbildung. Eine Steigerung der Aufheizrate verschiebt den Punkt, an dem die Schmelze übersättigt, zu höheren Temperaturen. Die Wahrscheinlichkeit homogener Keimbildung ist damit geringer, und die Anzahl neugebildeter Keime sinkt (Bild 2). Frühere Untersuchungen zeigten, daß durch die Zugabe von amorphem Si_3N_4 eine frühzeitige Übersättigung der Glasphase erzielt werden kann, wobei sich neben der heterogenen auch homogene Keimbildung beobachten läßt[18]. Die entscheidenden Vorgänge für das anschließende Wachstum vorhandener Keime sind nun vor allem die Diffusion durch die Glasschmelze und die Anlagerung von Si_3N_4 an vorhandenen β-Partikeln.

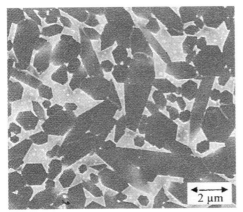 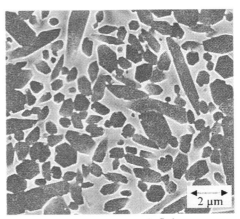

Bild 3: Endgefüge mit schneller Aufheizrate (10,5 Vol.% Y_2O_3).

Bild 4: Endgefüge mit langsamer Aufheizrate (10,5 Vol.% Y_2O_3).

Ausgehend von den oben beschriebenen Gefügeveränderungen wurden nun zusätzlich zu einer langsamen Aufheizrate in der Frühphase der Verdichtung Haltezeiten (T < 1700 °C) eingefügt, um deren Einfluß auf die Keimbildung zu untersuchen. Vor allem die mit Y_2O_3 und Y_2O_3/ZrO_2 dotierten Proben wiesen eine deutlich breitere Korngrößenverteilung auf als solche ohne Haltezeit. Im Vergleich der beiden rasterelektronenmikroskopischen Aufnahmen (Bild 5 und 6) erkennt man im rechten Bild ein bimodales Gefüge bei dem eine höhere Anzahl großer, langgestreckter Körner in einer relativ feinkörnigen Matrix eingebettet ist. Das deutet auf einen im Frühstadium des Sinterprozesses ablaufenden Keimbildungsmechanismus hin, bei dem die Anzahl kleiner Keime im Gefüge erhöht wird, aber gleichzeitig auch ein gewisse Menge vorhandener Keime stärker zu wachsen beginnt, wodurch eine breitere Korngrößenverteilung entsteht. Erklärt werden könnte dies

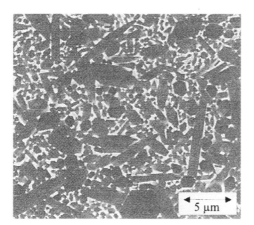 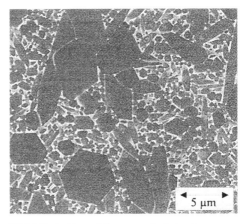

Bild 5: Endgefüge mit schneller Aufheizrate (2 Vol.% Y_2O_3 + 2 Vol.% ZrO_2).

Bild 6: Endgefüge mit langsamer Aufheizrate (2 Vol.% Y_2O_3 + 2 Vol.% ZrO_2).

durch eine während der Haltezeit hervorgerufene Übersättigung der Schmelze schon bei relativ geringer Temperatur. Im Vergleich zu Sinterprozessen ohne Haltezeit bilden sich die ersten Keime dadurch etwas früher aus. Untersuchungen an Abbruchzyklen mittels Transmissionselektronenmikroskopie (TEM) zeigten, daß bereits bei Sintertemperaturen um 1500 °C größere Keime (ca. 500 nm) im Gefüge vorhanden sind (Bild 7). Das Wachstum einiger Partikel könnte ferner durch die noch vorhandene relativ hohe Porosität (ca. 35 %) gefördert werden. Es besteht somit neben den diffusionsgesteuerten, in der Glasphase allein ablaufenden Prozessen die Möglichkeit eines zusätzlichen Materietransports in der Gasphase durch die Porenkanäle mit anschließender Abscheidung von Si_3N_4 auf bereits im Gefüge vorhandenen β-Keimen. Auf diese Weise könnten vor allem Partikel in der Nähe von Porenkanälen profitieren und sich durch epitaktisches Aufwachsen von Si_3N_4 zu größeren Partikeln entwickeln, die im späteren Sinterprozeß durch Ostwaldreifung zu großen langgestreckten Körnern heranwachsen. Dieses Wachstum zu großen β-Körnern im Spätstadium des Sinterprozesses wurde in der Literatur bereits ausführlich beschrieben[19,20].

Die bis zu diesem Zeitpunkt durchgeführten Untersuchungen zeigen, daß durch eine gezielte Steuerung des Sinterprozesses und damit auch des Keimbildungsvorganges neben der von Mitomo[16] beschriebenen „Impfung" des Ausgangspulvers mit künstlichen β-Keimen, eine weitere Möglichkeit existiert, um die Anzahl der im Endgefüge vorhandenen langgestreckten Körner zu verändern. Die dabei in den unterschiedlichen Stadien ablaufenden Keimbildungs- bzw. Kornwachstumsvorgänge und deren Einfluß auf die Korngrößenverteilung des Endgefüges gilt es weiter zu untersuchen, um auf die Ausbildung eines bimodalen Gefüges Einfluß nehmen zu können und somit auch die mechanischen Eigenschaften von Siliciumnitrid gezielt zu verbessern.

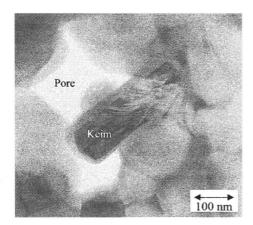

Bild 7: Länglicher Keim in einer 10,5 Vol.% dotierten Probe bei 1500 °C (Abbruchzyklus, TEM-Aufnahme).

Danksagung
Das laufende Vorhaben wird von der Deutschen Forschungsgemeinschaft finanziell unterstützt.

Literaturübersicht

[1] G. Ziegler, "Keramik – eine Werkstoffgruppe mit Zukunft?", Metall., **41** (1987) 682-95.

[2] F. Aldinger, W.D.G. Böcker, "Entwicklung keramischer Hochleistungswerkstoffe; I. Stand der Forschung und Entwicklung", Keram. Zeitschrift., **44** (1992) 164-72.

[3] A.G. Evans, "Perspective on the Development of High-Toughness Ceramics", J.Am. Ceram. Soc., **73** (1990) 187-206.

[4] W. D. Kingery, "Densification During Sintering in the Presence of a Liquid Phase. I. Theory", J. Appl. Phys.; **30** (1959) 301-305.

[5] H.S. Cannon and F.V. Lenel, "Some Observations on the Mechanism of Liquid Phase Sintering", in Benesovsky, 1. Plansee Seminar 1952 Reutte (1953) 106.

[6] C. Wagner, "Theorie der Alterung von Niederschlägen durch Umlösen", Zeitschrift für Elektrochemie, **65** (1961) 581-91.

[7] G. Wötting, G. Ziegler, "Microstructural Development of Sintered, Hot-Pressed and Hot-Isostatically Pressed Silicon Nitride", in: Proc. 1st Int. Conf. "Ceramic Components for Engines," eds. S. Somijya et al. (1983) pp. 412-424, KTK Sci. Publ., Tokyo.

[8] L. Iskoe, F. F. Lange, "Development of Microstructure and Mechanical Properties During Hot Pressing of Si3N4", Ceramic Microstructures´76, With Emphasis on Energy Related Applications, (1976) 669-78.

[9] M. Haviar and P.L. Hansen, J. Mater. Sci., **25** (1990) 992.

[10] W. Dreßler, "Gefügeentwicklung und mechanische Eigenschaften von Si3N4-Keramiken," Dissertation, Universität Stuttgart (1993).

[11] D.R. Messier, F.L. Riley, R.J. Brook, "The α/ß Silicon Nitride Phase Transformation," J. Mater. Sci., **13** (1978) 1199-1205.

[12] G. Ziegler, J. Heinrich and G. Wötting, "Review Relationship Between Processing, Microstructure and Properties of Dense and Reaction-Bonded Silicon Nitride", J. Mater. Sci., **22** (1987) 3041-86.

[13] M. Mitomo, S. Uenosono, "Microstructural Development During Gas-Pressure Sintering of a-Silicon Nitride", J. Am. Ceram. Soc., **75** (1992) 103-108.

[14] H. Emoto and M. Mitomo,"Control and Characterization of Abnormally Grown Grains in Silicon Nitride Ceramics", J. Eur. Ceram. Soc., **17** (1997) 797-804.

[15] K. Hirao, T. Nagaoka, M.E. Brito, S. Kanzaki, "Microstructure Control of Silicon Nitride by Seeding with Rodlike ß-Silicon Nitride Particles", J. Am. Ceram. Soc., **77** (1994) 1857-62.

[16] H. Suematsu, M. Mitomo, T.E. Mitchell, J. Petrovic, O. Fukunaga and N. Ohashi, "The α-β-Transformation in Silicon Nitrode Single Crystals", J. Am. Ceram. Soc., **80** (1997) 615-20.

[17] M. Krämer, M.J. Hoffmann and G. Petzow, "Grain Growth Kinetics of Si_3N_4 During α-β-Transformation", Acta Metall. Mater., **41** (1993)2939-47.

[18] P. Sajgalik and D. Galusek, "α-β-Transformation of Silicon Nitride: Homogenous and Heterogenous Nucleation", J. Mat. Sci., **12** (1993)1937-39.

[19] W.Dressler, H.-J. Kleebe, M.J. Hoffmann and G. Petzow, "Model Experiments Concerning Abnormal Grain Growth in Silicon Nitride", J. Eur. Ceram. Soc., **16** (1996) 3-14.

[20] K. Lai and T. Tien, "Kinetics of $β$-Si_3N_4 Grain Growth in Si_3N_4 Ceramics Sintered under High Nitrogen Pressure", J. Am. Ceram. Soc., **76**(1993) 91-96.

Bruchzähe Keramiken aus Aluminiumoxid und Zirconiumnitridoxiden durch chemische Randschichtverstärkung

J. Wrba, M. Lerch, G. Müller, Lehrstuhl für Silicatchemie, Universität Würzburg

Einführung
Die mechanischen Eigenschaften von Keramiken aus Aluminiumoxid können durch eine dispergierte Phase aus Zirconiumdioxid verstärkt werden. Die Ursache dafür liegt in der martensitischen Phasenumwandlung der tetragonal stabilisierten Zirconiumdioxid-Phase. Die Verstärkungsmechanismen sind dabei die Umwandlungsverstärkung und Mikrorißbildung (1). Ein Nachteil dieser beiden Mechanismen, die bei Raumtemperatur zu einer erheblichen Verbesserung der mechanischen Eigenschaften führen, ist ihre Temperaturabhängigkeit. Oberhalb von etwa 600°C erreichen die mechanischen Eigenschaften die Werte einer unverstärkten Aluminiumoxid-Keramik (2). In dieser Arbeit soll gezeigt werden, daß die Verstärkung von Aluminiumoxid durch die Dispersion einer zweiten Phase auf der Basis von Zirconiumdioxid auch mittels des Konzeptes der chemischen Randschichtverstärkung erreicht wird. Der mögliche Vorteil dieses Ansatzes im Vergleich zur Umwandlungsverstärkung liegt in der Verbesserung der Matrixeigenschaften bei Temperaturen oberhalb von 600°C. Im hier vorgestellten Konzept besteht die dispergierte Phase entweder aus Zirconiumnitridoxid (β''-Phase mit trigonaler Struktur: ~ $Zr_7N_{3,2}O_{9,2}$) und monoklinem Zirconiumdioxid (Baddeleyit) oder yttriumhaltigem Zirconiumnitridoxid (tetragonale Struktur: ~ $Y_{0,4}Zr_{6,6}N_{1,1}O_{12,1}$) (3-5). Bei der Synthese von β'' unter Stickstoffatmosphäre entsteht zunächst eine tetragonale oder kubische Hochtemperaturmodifikation mit statistisch verteilten Anionenleerstellen, die sich diffusionsgesteuert unterhalb von 1000°C in die trigonale β''-Struktur mit geordneten Leerstellen umwandelt (4). Die Phase $Y_{0,4}Zr_{6,6}N_{1,1}O_{12,1}$ behält seine tetragonale Struktur von der Synthese- bis zur Raumtemperatur (5). Eine martensitische Phasenumwandlung wurde bei den Zirconiumnitridoxiden nicht beobachtet. Alle hier beschriebenen Zirconiumnitridoxide (mit oder ohne Yttrium) reagieren aber oberhalb von 600°C an Luft zu einer Phase vom Baddeleyit-Typ, wobei sich das Feststoffvolumen um ca. 4-6% erhöht.

Synthesen
Bei der Darstellung der Dispersionskeramik können zwei Synthesewege beschritten werden.
Beim ersten Weg werden reines (*Alfa*) oder yttriumhaltiges Zirconiumdioxid mit 3 mol-% Yttriumoxid (*Tosoh*) bei Temperaturen zwischen 1600 und 1900°C unter 1-4 bar Stickstoffdruck im Drucksinterofen nitridiert. Nach der Feinmahlung erfolgt die Dispergierung mit Aluminiumoxid (*Taimicron*) im Attritor. Die verpreßten Grünkörper werden danach im Drucksinterofen unter einer Stickstoffatmosphäre bei 1400°C gesintert. Nach dem Abkühlen wird die Keramik an Luft bei 700-900°C getempert.
Beim zweiten Syntheseweg werden die Nitridierung und die anschließende Sinterung der Dispersionskeramik in einem Schritt zusammengefaßt. Während einer einzigen Sinterung bei 1400-1600°C unter Stickstoffatmosphäre erfolgt durch geeignete Aufheizraten die Nitridierung der zirconiumhaltigen Phase und die gleichzeitige Verdichtung der Keramik. Die anschließende Temperung an Luft wird danach analog zum ersten Syntheseweg durchgeführt.
Die Phasenanalyse erfolgte röntgenographisch. Der Stickstoffgehalt konnte mittels der Heißgasextraktion ermittelt werden. Der kritische Spannungsintensitätsfaktor wurde aus der Rißlänge von Vickers-Eindrücken (HV10) bestimmt, die Festigkeit über Vier-Punkt-Biegeversuche. Oberflächenspannungen konnten röntgenographische mittels der $sin^2\psi$-Methode ((146)-Reflex von Korund) ermittelt werden.

Ergebnisse

System Korund-β''-Baddeleyit

Die Herstellung der yttriumfreien Dispersionskeramiken gelang mit Hilfe beider Synthesewege. In beiden Fällen entsteht eine Keramik mit einer Sinterdichte von 96-98% der theoretischen Dichte. Da mittels beider Wege Keramiken mit ähnlichen Eigenschaften synthetisiert wurden, sollen im Folgenden nur die Daten der Keramiken vorgestellt werden, die mittels des ersten Syntheseweges über drei Schritte hergestellt wurden. Nach der Nitridierung von Zirconiumdioxid bei 1750°C entsteht ein Gemisch aus 75 Gew-% β'' und 25 Gew-% Baddeleyit. Aus thermodynamischen Gründen ist die Synthese von reiner β''-Phase auf diesem Wege nicht möglich (4). Nach der zweiten Sinterung im Drucksinterofen sind die Dispersionskeramiken einheitlich grau. Die Abbildung 1 zeigt ein typisches Röntgenpulverdiagramm.

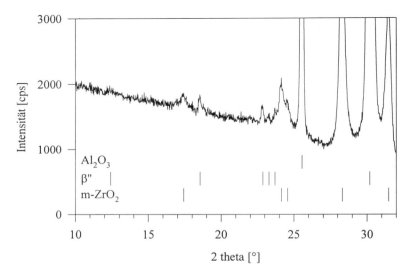

Bild 1: Röntgenpulverdiagramm einer Probe mit 80 Gew-% Korund, 13,7 Gew.-% β'' und 6,3 Gew-% Baddeleyit. Die β''-Phase läßt sich durch die Überstrukturreflexe bei kleinen Beugungswinkeln identifizieren.

Mit abnehmendem Gehalt an Aluminiumoxid steigt der kritische Spannungsintensitätsfaktor an. Ein Vergleich zwischen den stickstofffreien und stickstoffhaltigen Keramiken zeigt, daß der kritische Spannungsintensitätsfaktor in etwa gleich groß ist, wenn der Aluminiumoxidgehalt, die Korngrößen und die Sinterbedingungen gleich sind. Nach der Temperung an Luft besitzen die Keramiken eine äußere weiße Schicht, deren Dicke mit der Temperatur und Zeit zunimmt. Die Schichtdicke beträgt nach 88 h bei 900°C etwa 250 µm. Die Phasenanalyse der Schicht zeigt einen Abfall an β'' und eine Zunahme an Baddeleyit, was eine Reaktion der β''-Phase zu monoklinem Zirconiumdioxid bedeutet. In Abbildung 2 ist der Anteil an β''-Phase auf der Keramikoberfläche in Abhängigkeit von der Temperdauer an Luft für verschiedene Temperaturen aufgetragen. Mit zunehmender Zeit und Temperatur sinkt der Anteil an β''. Die Kurven zeigen eine parabolische Oxidationskinetik, was einen diffusionskontrollierten Mechanismus vermuten läßt. Unter gleichen Bedingungen oxidiert reine β''-Phase in nur 5 h vollständig. Die Korund-Matrix bestimmt also die Sauerstoff-Stickstoff-Diffusion. Im Vergleich dazu zeigt die Abbildung 3, daß der kritische Spannungsintensitätsfaktor mit zunehmender Temperzeit und Temperatur zunimmt.

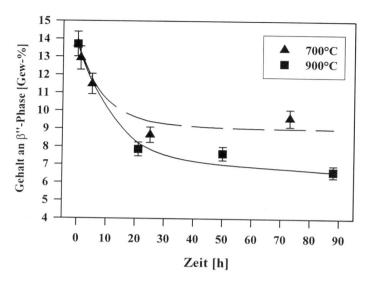

Bild 2: Anteil an β''-Phase einer Probe mit 80 Gew-% Korund in Abhängigkeit von der Temperdauer bei 700 und 900°C an Luft.

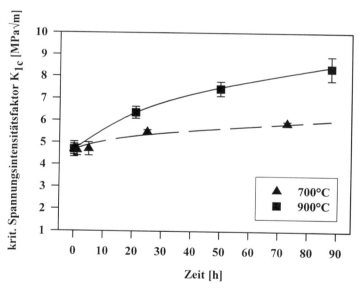

Bild 3: Die Bruchzähigkeit einer Probe mit 80 Gew-% Korund in Abhängigkeit von der Temperdauer bei 700 und 900°C an Luft.

Wie bereits erwähnt, steigt auch die Bruchzähigkeit mit abnehmendem Korundgehalt an. Die Probe mit dem höchsten β''-Anteil vor der Temperung besitzt danach den höchsten Bruchwiderstand. Die Vickers-Härte bleibt dagegen unabhängig von den Temperbedingungen auf dem Niveau von reinem Korund bei etwa 17 GPa. Zur Klärung der Ursache des Anstiegs der Bruchzähigkeit wurden die Oberflächenspannungen der getemperten Proben bestimmt. Eine Probe mit 80 Gew-% Korund und einer Dicke der oxidierten Schicht von 250 µm besitzt eine Bruchzähigkeit von 8,5 MPa√m und eine Oberflächendruckspannung von -(190±10) MPa. Die Eindringtiefe der Röntgenstrahlung beträgt nur etwa 20 µm. Mittels einer Abschätzung nach Marshall & Lawn (6) kann die Oberflächenspannung aus der Rißlänge eines Vickers-Eindrucks im Vergleich zu einer spannungsfreien Probe ermittelt werden. Es ergibt sich ein Wert von -270 MPa unter der Annahme, daß der Spannungsgradient im Vergleich zur Rißlänge vernachlässigbar ist. Eine weitere Abschätzung kann mit Hilfe der Gleichung von Claussen und Rühle (7) durchgeführt werden. Danach wächst eine Druckspannung (σ_c) proportional mit dem Volumenanteil der oxidierten Phase (V_{Ox}) und der Volumenänderung ($\Delta V/V$), die durch die thermische Fehlpassung ($\Delta \alpha$) modifiziert wird:

$$\sigma_C = \frac{1}{3}\left(\frac{\Delta V}{V} - \Delta\alpha\Delta T\right)\frac{V_{Ox} \cdot E}{(1-\nu)} \qquad (1)$$

E und ν sind die elastischen Konstanten des Systems Teilchen/Matrix und ΔT die Differenz zwischen Synthese und Raumtemperatur. Für die oben genannte Probe mit 80 Gew-% Korund errechnet sich mit der Volumenänderung $\Delta V/V - \Delta\alpha\Delta T$ von 3,2% und einem Anteil der oxidierten Phase von 4,8 Vol-% eine Druckspannung von -250 MPa. Die gemessenen und errechneten Druckspannungen liegen also auf einem ähnlichen Niveau.

Der Anstieg des kritischen Spannungsintensitätsfaktors während der Temperung ist mit der bei der Oxidation auftretenden Feststoff-Volumenzunahme der dispergierten zirconiumhaltigen Teilchen zu erklären. Aufgrund des hohen Elastizitätsmoduls der Korund-Matrix entstehen dabei Druckspannungen und keine Risse in der Oxidationsschicht. Bei der Bildung eines Risses in der Oberfläche durch eine äußere Last muß nicht nur die spezifische Bruchflächenenergie, sondern auch die elastische Energie der Druckspannung von außen aufgebracht werden. Die von der äußeren Last erzeugte Spannungskonzentration an der Rißspitze wird durch die Druckspannung vermindert. Dieser Mechanismus führt also zu einer Erhöhung des Bruchwiderstandes der Keramik.

System Korund-yttriumhaltiges Zirconiumnitridoxid
Auch in diesem System gelang die Darstellung der yttriumhaltigen Dispersionskeramiken mit Hilfe beider Synthesewege. Es sollen im Folgenden aber nur die Ergebnisse der mittels des zweiten Weges (zwei Schritte) hergestellten Keramiken vorgestellt werden. Ein Vorteil der Dotierung mit Yttrium ist die Vermeidung der Bildung von Baddeleyit vor dem Tempern an Luft. Bei der ersten Sinterung unter Stickstoffdruck ist die Wahl der Aufheizrate und Temperatur von entscheidender Bedeutung für die Verdichtung und die Bildung des Nitridoxids $Y_{0,4}Zr_{6,6}N_{1,1}O_{12,1}$. Es wurde bei 1400 und 1600°C mit Aufheizraten von 8 und 40 K/min gearbeitet. In allen Fällen konnte eine ausreichende Verdichtung von 96-98% der theoretischen Dichte erreicht werden. Nach dem schnellen Aufheizen auf 1400°C entstand eine weiße Keramik mit sehr guten mechanischen Eigenschaften. Die Festigkeit einer Probe mit 70 Gew-% Korund beträgt (1016±32) MPa. In diese Probe konnte kein Stickstoff nachgewiesen werden, was bedeutet, daß der Festigkeitsanstieg durch die herkömmliche Umwandlungsverstärkung bedingt ist. Nach einem weiteren Aufheizen dieser Probe auf 900°C beträgt die Raumtemperaturfestigkeit allerdings nur noch (410±30) MPa. Bei einem langsamen Aufheizprozeß der stickstofffreien Ausgangsprobe auf

1600°C unter Stickstoff entstand dagegen eine dunkelgraue Keramik, die nur noch aus Korund und dem Nitridoxid $Y_{0,4}Zr_{6,6}N_{1,1}O_{12,1}$ besteht. Daneben ist die Oberfläche mit einer dünnen Schicht Aluminiumnitrid belegt, die aber durch Schleifen leicht erfernt werden kann. Die mechanischen Eigenschaften sind mit den Eigenschaften einer Korund-Keramik vergleichbar. Nach der Temperung der dunkelgrauen Probe an Luft bei 900°C haben sich die Eigenschaften entscheidend verbessert; die Keramik zeigt eine hellgraue Färbung. Mit zunehmender Temperdauer steigt der kritische Spannungsintensitätsfaktor entsprechend dem yttriumfreien System an. In den beiden Systemen Korund-β''-Baddeleyit und Korund-yttriumhaltiges Zirconiumnitridoxid ist der Verstärkungsmechanismus die chemische Randschichtverstärkung. Die Abbildungen 4 und 5 zeigen für eine Temperdauer von 48 h den Verlauf des kritischen Spannungsintensitätsfaktors und der Bruchfestigkeit in Abhängigkeit vom Gehalt an yttriumhaltigen Zirconiumnitridoxid.

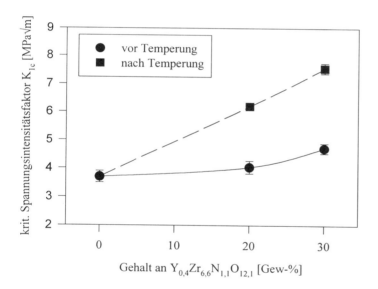

Bild 4: Der kritische Spannungsintensitätsfaktor als Funktion des Gehalts an Nitridoxid vor und nach der Temperung bei 900°C 48 h lang an Luft.

Mit zunehmendem Gehalt an Nitridoxid verbessern sich die mechanischen Eigenschaften, da der Anteil an umgewandelter Phase zunimmt. Die Werte der erreichten Bruchzähigkeiten sind in beiden Systemen vergleichbar, obwohl im yttriumhaltigen System der Anteil an umgewandelter Phase größer ist. Dagegen ist die Volumenänderung $\Delta V/V$ der Phase $Y_{0,4}Zr_{6,6}N_{1,1}O_{12,1}$ bei der Oxidation kleiner, was nach Gleichung (1) zu einer mit dem yttriumfreien Sytem vergleichbaren Druckspannung und damit zu einer ähnlichen Bruchzähigkeit führt. Die Vickers-Härte bleibt dagegen unabhängig von den Temperbedingungen auf dem Niveau von reinem Korund bei etwa 17 GPa.

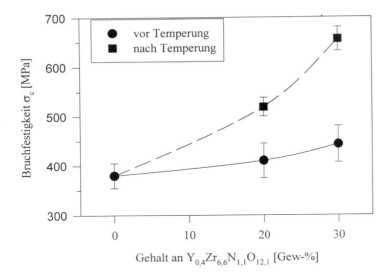

Bild 5: Die Bruchfestigkeit als Funktion des Gehalts an Nitridoxid vor und nach der Temperung bei 900°C 48 h lang an Luft.

Zusammenfassung

Aluminiumoxid-Keramiken lassen sich durch die Dispergierung von Nitridoxiden auf der Basis von Zirconiumdioxid oder yttriumstabilisiertem Zirconiumdioxid verstärken. Die Synthese erfolgt unter Stickstoffatmosphäre bei 1400-1600°C und einer anschließenden Temperung bei 900°C an Luft. Der Mechanismus ist die chemische Randschichtverstärkung. Die erreichten Bruchwiderstände liegen bei 8,5 MPa√m und die Festigkeiten bei (660±28) MPa. Der mögliche Vorteil der chemischen Randschichtverstärkung liegt in der geringen Abhängigkeit des Mechanismus von der Temperatur. Die Druckspannungen sollten bis etwa 900°C bestehen können und damit die mechanischen Hochtemperatureigenschaften der Keramik verbessern.

Literatur
(1) Claussen, N.: *Z. Werkstofftech.*, **13** (1987) 138-147 und 185-196.
(2) Lange, F.F.: *J. Mater. Sci.*, **17** (1982) 225-263.
(3) Cheng, Y.B., Thompson, D.P.: *Special Ceramics*, **9** (1992), 149-162.
(4) Lerch, M.: *J. Am. Ceram. Soc.*, **79** (1996) 2641-2644.
(5) Wrba, J.: Dissertation, Universität Würzburg, 1997.
(6) Marshall, D.B., Rühle, M.: in „Advances in Ceramics Vol. 3. Science and Technology of Zirconia", Heuer, Hobbs (Hrsg.), The Am. Ceram. Soc, Columbus, Ohio (1981) 137-163.

Hochauflösende qualitative und quantitative Gefügecharakterisierung von Keramikwerkstoffen mit Nanostrukturen

P. Obenaus, U. Gerlach, Fraunhofer-Institut für Keramische Technologien und Sinterwerkstoffe, IKTS Dresden; P. Mondal, Technische Universität Darmstadt, Fachbereich Materialwissenschaft

Werkstoffe und Problemstellung

Moderne Hochleistungskeramiken auf oxidischer und nitridischer Basis haben in zunehmendem Maß Strukturen im Submikro- und Nanometerbereich. Erhöhung der Härte und Festigkeit, Verbesserung des Verschleißverhaltens und des Hochtemperaturverhaltens sind damit verbunden.

Bisher erfolgen Gefügeuntersuchungen für Keramiken mit Mikro- und Submikrostruktur vorwiegend in normalen Rasterelektronenmikroskopen, bei der die Oberfläche durch eine leitfähige Schicht (Gold oder Kohlenstoff) beschichtet werden muß. Details der Oberfläche werden dadurch verdeckt. Nur TEM-Untersuchungen bringen den genauen Einblick in die Submikro- bzw. Nanometerstruktur. Diese sind jedoch sehr aufwendig und gestatten die Untersuchungen nur an wenigen Probenstellen, bei denen die Präparation optimal gelungen ist.

Mit dem hochauflösenden Rasterelektronenmikroskop (FESEM) und dem Rasterkraftmikroskop (AFM) bestehen die Möglichkeiten, Keramiken ohne leitfähige Oberflächenschichten zu untersuchen, d.h. es besteht die Chance, Nanostrukturen dadurch wirklichkeitsgetreu wiedergeben zu können. Die Präparationsbedingungen dafür müssen jedoch erarbeitet werden.

Gegenstand der Untersuchungen war die Optimierung der Präparationsbedingungen sowie der Geräteparameter am FESEM und AFM, mit dem Ziel der qualitativen und quantitativen Darstellung der Werkstoffstruktur im Submikrometer- und Nanometerbereich an den Beispielen einer Si_3N_4-Keramik mit submikrokristallinen Einschlüssen, an einer submikrokristallinen Al_2O_3-Keramik sowie an einer ZrO_2-Keramik mit Nanostruktur.

Präparationsmöglichkeiten

Zur Darstellung der Nanostrukturen muß zunächst eine schädigungsarme polierte Oberfläche erzeugt werden, die frei von Defekten und Ausbrüchen ist. Als keramographisches Präparationsverfahren eignet sich eine vielstufige Diamantschleif- und Poliertechnik. Besonderes Augenmerk ist dabei auf eine feine Abstufung der Prozeßschritte zu richten. Für die nitridischen und oxidischen Keramiken wurden folgende Stufen angewendet:
- Planschleifen auf ein Petrodisk-Unterlage (Fa.Struers) mit den Diamantkörnungen von 9 μm, 6 μm und 3 μm.
- Polieren auf dem Poliertuch PAN-W (Fa. Struers) mit den Diamantkörnungen von 6 μm, 3 μm und 1 μm.

Die Gefügeentwicklung erfolgt bei der Siliciumnitridkeramik durch plasmachemisches Ätzen / 1 / mit CF_4-Gas. Hierbei wird eine Kornflächenätzung wirksam. Der Effekt der unterschiedlichen Abtragsraten für die einzelnen Phasen wird zur Gefügedarstellung genutzt.

Zur Gefügentwicklung der oxidischen Keramiken mit Submikrometer- bzw. Nanometerstrukturen ist die thermische Ätzung geeignet. Sie erfolgte an Luft bei Temperaturen ca. 100 °C unter der Sintertemperatur der jeweiligen Keramikwerkstoffe.

Keramikwerkstoffe mit Kristalliten im Submikrometer- und Nanometerbereich

Siliciumnitridkeramiken zeichnen sich durch eine hohe mechanische Stabilität bei gleichzeitig guter Thermoschockfestigkeit und chemischer Resistenz im Raumtemperatur- und Hochtemperaturbereich aus. Daraus resultiert ein breites Anwendungsspektrum auf den Gebieten des Maschinen-, Anlagen- und Fahrzeugbaus sowie der Energieumwandlung (2). Die Anwendungen im Temperaturbereich > 1000 °C werden insbesondere nach oben hin durch eine im Material notwendige Bindephase begrenzt. Derzeitig werden Anstrengungen unternommen durch Optimierung der Korngrenzenphase und durch Einlagerungen mikrokristalliner Partikel, z.B. SiC das Langzeit-Hochtemperatur-verhalten zu verbessern (3,4).

Durch Optimieren der Bedingungen beim plasmachemischen Ätzen sowie der Geräteparameter gelingt es, mit Hilfe des FESEM die Gefüge derartiger Kompositkeramiken bis in den Nanometerbereich sichtbar zu machen.

Wie das Modell in Bild 1 zeigt, werden die Siliciumnitridmatrix durch die plasmachemische Ätzung am stärksten abgetragen. Die SiC-Partikel zeigen einen schwächeren Angriff und die oxidische Bindephase an den Korngrenzen bleibt stehen.

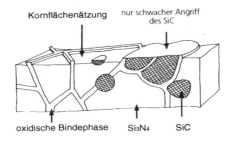

Bild 1: Ätzmechanismus für SiCN-Keramik beim plasmachemischen Ätzen (Modell)

Das bei diesem Ätzvorgang entstehende Oberflächenrelief ermöglicht die Darstellung der einzelnen Phasen im FESEM bis in den Nanometerbereich. Die Abtragsrate ist von Parametern, wie Ätzzeit, Reaktorstrom, Spannung sowie von der Reaktorgaszusammensetzung beim plasmachemischen Ätzen abhängig. Im FESEM kann die Bilddarstellung durch die Wahl des Detektorsystems (SE-Inlens, SE-Outlens, BSE), durch die Beschleunigungsspannung (0.5 bis 20 kV) und durch den Probenabstand entscheidend beeinflußt werden.

Die Bilder 2 a und b zeigen zwei Beispiele einer SiCN-Keramik unter optimalen Ätz- und Geräteparameterkombinationen bei hohen Vergrößerungen von 100 000 : 1 und 300 000 : 1. Die Kristallite der Si_3N_4-Matrix als dunkle Phase, die SiC-Partikel als hellgraue Phase und die oxidische Korngrenze als weiße Phase können bis in den Nanometerbereich sichtbar gemacht werden.

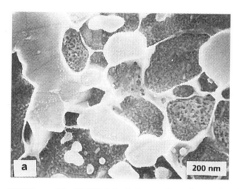 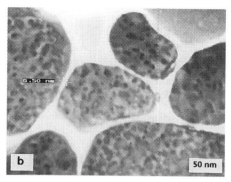

Bild 2a und b: FESEM-Aufnahmen einer plasmachemisch geätzten SiCN-Keramik bei den Vergrößerungen von 100 000 : 1 (a) und 300 000 : 1 (b)

Zwischen intergranular und intragranular eingelagerten SiC-Partikeln innerhalb der Si_3N_4-Matrix kann deutlich unterschieden werden, wie Bild 2a zeigt.

Die exakte Darstellung der einzelnen Phasen im FESEM erlaubt neben der qualitativen Materialcharakterisierung zusätzlich die Möglichkeit einer quantitativen Analyse bis in den Nanometerbereich. Über eine interaktive Rekonstruktion können die verschiedenen Größenparameter als auch Flächenmessungen jeder einzelnen Phase erfolgen. Dies bietet in erster Näherung (Isotropie der Teilchen vorausgesetzt) die Möglichkeit die Volumenanteile der einzelnen Kristallitgrößenklassen der unterschiedlichen Phasen zu bestimmen. Das Ergebnis einer solchen Auswertung zeigt eine flächengewichtete Häufigkeitsverteilung in Bild 3. Der überwiegende Teil der SiC-Partikel liegt intergranular vor und hat die gleiche Kristallitgröße wie die Si_3N_4-Matrix. Nur sehr wenige SiC-Partikel von ca. 2 % befinden sich innerhalb der Siliciumnitridkristallite (intragranular). Dies ist überwiegend ein Feinanteil mit Kristallitgrößen < 200 nm.

Insbesondere durch den interkristallinen Einbau von submikrokristallinen SiC-Partikeln kommt es zu einer morphologischen und chemischen Modifikation der Mikrostruktur der Siliciumnitridmatrix, die für das Hochtemperaturverhalten dieser Werkstoffe vorteilhaft ist. Die hier vorgestellte Methode zur quantitativen Analyse der Submikrometerstruktur liefert einen Beitrag zum Verständnis der Gefüge-Eigenschaftskorrelation.

Auch auf dem Gebiet der oxidischen Keramiken geht die Entwicklung zu Werkstoffen mit immer kleiner werdenden Kristallitgrößen bis in den Submikrometer- und Nanometerbereich. Es werden dadurch weitere Steigerungen der mechanischen Eigenschaften erwartet (5), die zu leistungsfähigeren Produkten führen.

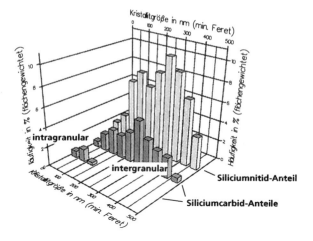

Bild 3: Flächengewichtete Häufigkeitsverteilungen der Kristallitgrößen für die unterschiedlichen Phasen in einer SiCN-Keramik

Die Möglichkeiten zur Darstellung derartiger Strukturen zeigen die beiden Beispiele einer Aluminiumoxidkeramik mit Submikrometerstruktur und einer Zirkonoxidkeramik mit Nanometerstruktur. Auch hier kann ähnlich wie bei konventionellen grobkristallinen Keramiken die thermische Ätzung zur Markierung der Korngrenzen genutzt werden. Die dabei entstandene Korngrenzenstrutkur kann mit den neuen Möglichkeiten der hochauflösenden Rastermikroskopie bis in den Nanometerbereich dargestellt werden.

Bild 4a zeigt die AFM-Aufnahme einer thermisch geätzten Al$_2$O$_3$-Keramik. Die über eine interaktive Rekonstruktion analysierte mittlere Kristallitgröße beträgt 102 nm. Kristallite bis zu 10 nm herunter sind nachweisbar (Bild 4b).

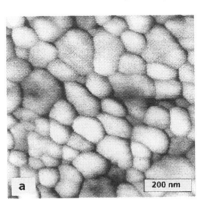
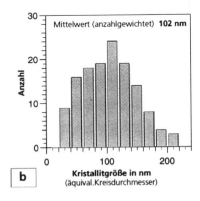

Bild 4 a und b: AFM-Aufnahme (a) und Häufigkeitsverteilung (b) der Kristallitgröße einer thermisch geätzten Aluminiumoxidkeramik mit Submikrometerstruktur

Die thermisch geätzte Oberfläche einer aus nanokristallinem Ausgangspulver gesinterten Zirkonoxidkeramik zeigt Bild 5a. Im Feldemissions-Rasterelektronenmikroskop ist es möglich die Kristallite bis zu Größen von wenigen Nanometern mit Hilfe eines SE-Inlens-Detektors abzubilden. Zur Verbesserung des Bildkontrastes wurde in diesem Fall eine für die hochauflösende Rasterelektronenmikroskopie geeignete dünne Cr-Schicht aufgesputtert.

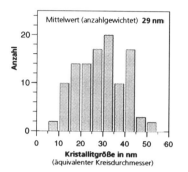

Bild 5 a und b: FESEM-Aufnahme (a) und Häufigkeitsverteilung (b) der Kristallitgröße einer thermisch geätzten Zirkonoxidkeramik mit Nanometerstruktur

Wie die gemessene flächengewichtete Häufigkeitsverteilung (Bild 5b) zeigt, liegen die Kristallitgrößen zwischen 5 und 60 nm. Als Teilchengrößenparameter wurde der äquivalente Kreisdurchmesser gemessen, der im vorliegenden Fall nach einer interaktiven Rekonstruktion automatisch bestimmt werden kann. Für diese Keramik wurde eine mittlere Kristallitgröße von 29 nm gemessen.

Zusammenfassung

Im hochauflösenden Rasterelektronenmikroskop sowie Rasterkraftmikroskop wird die Darstellung von Nanostrukturen entscheidend durch die Parameter bei der Oberflächenpräparation sowie durch die Geräteparameter wie Beschleunigungsspannung, Probenabstand und die Wahl des Detektorsystems bzw. durch die Art der Spitze oder durch die Scangeschwindigkeit bestimmt. Durch Optimierung all dieser Parameter ist es bei Keramikwerkstoffen möglich, die Kristallite bis in den Nanometerbereich darzustellen.

An Hand von Beispielen einer Siliciumnitridkeramik mit submikrokristallinen SiC-Einschlüssen, einer submikrokristallinen Aluminiumoxidkeramik sowie einer nanokristallinen Zirkonoxidkeramik wird gezeigt, daß es durch plasmachemische und thermische Ätzung möglich ist, die Kristallitstrukturen bis hinunter zu wenigen Nanometern mittels FESEM und AFM abzubilden und mit Hilfe interaktiver Bildauswerteverfahren quantitativ auszuwerten.

Literatur

(1) V.Carle, V.Schäfer, U.Täffner, F.Predel, R.Telle und G. Petzow, "Keramographisches Ätzen", Praktische Metallographie 28 (1991)

(2) G. Ziegler, "Entwicklungstendenzen der Hochleistungskeramik", cfi/BerDKG; 68 (1991), 72-96

(3) K.Niihara, "New Design concept for structural ceramics", J.of the Ceram. Soc. Jap. Intern. Edition, 99 (1991), 945-952

(4) M.Herrmann, Chr.Schubert, H.Klemm, "Nanocompositkeramik: Übersicht über Werkstoffkonzepte, Herstellungstechnologien und spezifische Eigenschaften", DKG Technische Keramische Werkstoffe, Hrsg. Kriegesmann, 33. Erg.Lfg. Mai 1996

(5) A.Krell und P.Blank "Grain Size Dependence of Hardness in Dense Submikrometer Alumina", J.Am.Cerm.Soc. 78 (1995) 1118-20

ATEM Analyse der Mikrostrukturentwicklung während des Flüssigphasensinterns eines Si_3N_4/HfO_2 Composites

H. Bestgen, Aventis Research & Technologies, Frankfurt/Main
C. Boberski, Clariant GmbH, Frankfurt/Main

Kurzfassung

Mittels analytischer Transmissionselektronenmikroskopie (ATEM) wurden Zwischenstadien des Flüssigphasensinterns eines Si_3N_4/HfO_2 Composites mit 15 Gew.% HfO_2 sowie 10 Gew.% Y_2O_3 und 2,5 Gew.% Al_2O_3 als Sinteradditiven untersucht. Aufheizen und rasches Abschrecken der Proben erfolgten in einem Dilatometer mit Graphitheizelementen. Bei einer Aufheizrate von 30 °C beginnt die Schwindung bei 1100 °C. Die Schwindungsgeschwindigkeit ist durch zwei Maxima bei 1220 °C und 1660 °C charakterisiert, die auf die Bildung von zunächst einer Oxid- und dann einer Oxinitridschmelze zurückzuführen sind. Die ATEM Analyse zeigt, daß HfO_2 aktiv am Sinterprozess teilnimmt durch Einbau von Y_2O_3 bis zu ca. 15 mol% sowie Lösung und Wiederausscheidung, die zur Kornformanpassung führt. Außerdem wurde die am zweiten Sintermaximum abgekühlte Probe im Hinblick auf die dort stattfindende Phasentransformation von α- nach β - Si_3N_4 untersucht. Epitaktische Orientierung zwischen α- und β-Si_3N_4 Kristallen zeigt, daß heterogene Keimbildung einer der möglichen Keimbildungsmechanismen ist.

1. Einleitung

Keramiken auf der Basis von Si_3N_4 zeichnen sich durch hohe Festigkeiten und Bruchzähigkeiten bei hohen Temperaturen aus (1). Eine wesentliche Ursache ist die in situ Verstärkung durch stäbchenförmige β-Si_3N_4 Kristalle, die während des Sinterns aus der ebenfalls hexagonalen α-Modifikation des Si_3N_4 Ausgangspulvers durch rekonstruktive Umwandlung entstehen. Durch Dispersion einer zweiten Phase in Form von Teilchen, Fasern, etc. in der Si_3N_4 Matrix können die mechanischen Eigenschaften noch verbessert werden. Teilchenverstärkung von Si_3N_4 wurde zum Beispiel durch Dispersion von SiC (2) oder ZrO_2 (3) erzielt. HfO_2 als verstärkende Zweitphase wurde ebenfalls für Si_3N_4 sowie für Al_2O_3 und SiC erfolgreich eingesetzt (4). Eine notwendige Voraussetzung für verbesserte mechanische Eigenschaften durch Teilchenverstärkung sind hohe Sinterdichten und kontrollierte Mikrostrukturen der Composite. Im Falle von Si_3N_4/ZrO_2 Compositen wurden eine Reihe von Arbeiten über den Sinterprozess veröffentlicht (5). Dagegen ist der Einfluß des zu ZrO_2 isostrukturellen HfO_2 auf das Sintern von Si_3N_4 seltener und nur für geringe Zusätze untersucht worden (6,7). HfO_2 besitzt wie ZrO_2 drei polymorphe Modifikationen- monoklin, tetragonal und kubisch-, wobei die tetragonalen und kubischen Hochtemperaturphasen in Form von Festkörperlösungen mit Oxiden wie Y_2O_3, CaO oder MgO stabilisiert werden können (4). Die vorliegende Arbeit beschreibt die Mikrostrukturentwicklung eines Si_3N_4/HfO_2 Composites mit Y_2O_3 und Al_2O_3 als Additivsystem während des Flüssigphasensinterns. Die Untersuchungen wurden mittels analytischer Transmissionselektronenmikroskopie (ATEM) und Röntgendiffraktometrie an Proben durchgeführt, die bei verschiedenen Temperaturen rasch abgekühlt wurden. Die Diskussion konzentriert sich im wesentlichen auf die Entwicklung von HfO_2 in der Si_3N_4 Matrix und den Einbau von Y_2O_3 in HfO_2. Beobachtungen zum Keimbildungsmechanismus der α/β Phasentransformation in Si_3N_4 werden ergänzt.

2. Versuchsdurchführung

Si_3N_4 Pulver wurde mit 10 Gew.% Y_2O_3 und 2,5 Gew.% Al_2O_3 sowie 15 Gew.% HfO_2 in einem Attritor mit Isopropanol als Lösungsmittel gemahlen, getrocknet, und kaltisostatisch gepreßt. Die Sinterversuche wurden unter druckloser N_2 Atmosphäre in einem Dilatometer mit Graphitheizelementen durchgeführt. Die Proben mit einer Höhe und einem Durchmesser von jeweils 1mm befanden sich in einem BN Tiegel. Die Aufheizrate betrug 30 °C und die maximale Sintertemperatur 1800 °C. Die Mikrostruktur der rasch abgekühlten Proben wurde mit einem analytischen Transmissionselektronenmikroskops bei 300 kV (Philips, CM30) charakterisiert, das mit einem energiedispersiven Röntgenmikroanalysesystem (EDAX PV9900) ausgestattet war. Die Phasen der Proben wurden mittels Röntgendiffraktometrie bestimmt.

3. Ergebnis und Diskussion

3.1. Mikrostrukturentwicklung von HfO_2 in der Si_3N_4 Matrix

Die Schwindungsgeschwindigkeit ist in Bild 1 dargestellt. Die Schwindung beginnt bei 1100 °C. Die Schwindungsgeschwindigkeit ist durch zwei Maxima bei 1220 °C und 1660 °C charakterisiert. Der wesentliche Anteil der Schwindung findet bei 1660 °C statt. Nach 1h Sintern bei 1800 °C beträgt die Dichte 98,4 % ihres theoretischen Wertes. Es wurden Proben analysiert, die bei 1100 °C, 1250 °C, 1660 °C und 1800 °C rasch abgekühlt wurden.

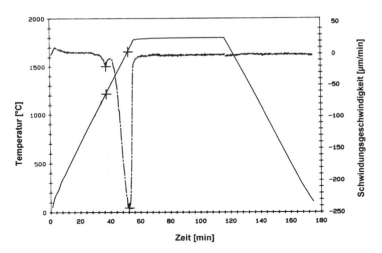

Bild 1: Dilatometerkurve eines Si_3N_4/HfO_2 Composites mit 15 Gew% HfO_2
Maxima der Schwindungsgeschwindigkeit bei 1220°C und 1660°C

Die mittels Röntgendiffraktometrie bestimmten Phasen mit Angabe des β/α Verhältnisses von Si_3N_4 sowie die Y_2O_3 Konzentrationen der HfO_2 Teilchen sind in Tabelle 1 aufgeführt.

Temperatur [°C]	Y$_2$O$_3$ in HfO$_2$ [mol%]	β/α von Si$_3$N$_4$ [Gew.%]	Phasen neben Si$_3$N$_4$
1100	0,5 - 2	4	Al$_2$O$_3$; Y$_2$O$_3$; m-HfO$_2$ (monoklin)
1250	0,5 - 15	4	Y$_2$SiO$_5$, Y$_3$Al$_5$O$_{12}$, m-HfO$_2$, c-HfO$_2$ (kubisch)
1660	14 - 16	16	c-HfO$_2$
1800	14 - 16	100	c- HfO$_2$

Tabelle 1: Y$_2$O$_3$-Gehalte in HfO$_2$, β-Anteil von Si$_3$N$_4$ und zusätzliche Phasen für verschiedene Sinterstadien

Bild 2 zeigt Größen und Verteilung von HfO$_2$ Körnern in der bei 1100 °C abgeschreckten Probe. Die HfO$_2$ Körner sind häufig polykristallin, befinden sich in der monoklinen Phase und enthalten neben den bereits im HfO$_2$-Ausgangspulver vorhandenen 4 mol% ZrO$_2$ noch 0.5-2 mol % Y$_2$O$_3$. Dies zeigt, daß schon bei Temperaturen um die 1100 °C Sinteradditive über Abstände von mindestens mehreren µm diffundieren. Die Diffusion erfolgt wahrscheinlich entlang der Oberflächen der mit einer dünnen SiO$_2$ Schicht umgebenden Si$_3$N$_4$ Körner und veruracht den auf Mechanismen einsetzender Festphasensinterung (8) zurückzuführenden Schwindungsbeginn.

Die weitere Entwicklung der Mikrostruktur wird in Bild 3 demonstriert. Die α-Si$_3$N$_4$ Körner der bei 1250 °C abgekühlten Probe sind von einem amorphen Film bedeckt, dessen Dicke häufig zwischen ca. 10-30 nm liegt. Dieser ist Si-reich und enthält wenige mol% Al$_2$O$_3$ und Y$_2$O$_3$ sowie 1-2 mol% HfO$_2$. Die Y$_2$O$_3$ Konzentrationen der HfO$_2$ Körner sind unterschiedlich und liegen zum Teil bei wenigen mol% und zum Teil bei höheren Werten bis zu 15 mol%. Elektronenbeugungsanalysen zeigen, daß die Y-reichen HfO$_2$ Körner kubisch sind. Y$_2$O$_3$- und Al$_2$O$_3$- Phasen sind nicht mehr vorhanden. Stattdessen werden Y$_2$SiO$_5$ und Y$_3$Al$_5$O$_{12}$ gefunden. Das 1. Maximum der Schwindungsgeschwindigkeit ist somit auf das Einsetzen einer oxidischen Schmelze zurückzuführen, die durch die Reaktion der Sinteraddive mit der SiO$_2$ Oberflächenbelegung der Si$_3$N$_4$ Körner entsteht. Teilchenumordnung durch Kapillarkräfte (1. Sinterstadium des Flüssigphasensinterns) sowie ein verstärkter Einbau von Y$_2$O$_3$ in HfO$_2$ sind Folge der Schmelzbildung. Ein Vergleich mit Dilatometerkurven von Si$_3$N$_4$ Proben desselben Additivsystems ohne HfO$_2$ zeigt, daß HfO$_2$ eine Verringerung der eutektischen Temperatur um ca. 50 °C bewirkt.

Bild 4 zeigt eine Mikrostrukturaufnahme der bei 1660 °C abgekühlten Probe. Die α-Si$_3$N$_4$ Körner haben eine veränderte Morphologie und liegen häufig in Form dünner Plättchen vor. Die nun ausschließlich kubischen HfO$_2$ Teilchen sind ebenfalls abgerundet und haben sich in ihrer Form der Si$_3$N$_4$ Matrix angepaßt. Ihr Y$_2$O$_3$-Gehalt liegt zwischen 14 und 16 Gew.%. Die Zusammensetzung der zwischen den HfO$_2$ - und Si$_3$N$_4$-Körnern befindlichen Si-haltigen Glasphase hat sich gegenüber der bei 1250 °C zu deutlich höheren Al- (13 at.%) und Y- (40 at.%) Gehalten verschoben hat. Die Hf- Konzentration beträgt ca. 2 at%. Die in der Nähe des 1.Maximums der Schwindungsgeschwindigkeit vorhandenen Silikatphasen sind nicht mehr vorhanden. Mittels Röntgenbeugung werden neben α-Si$_3$N$_4$ ca. 16 Gew.% β-Si$_3$N$_4$ nachgewiesen. Das zweite Maximum der Schwindungsgeschwindigkeit, bei dem der größte Teil der Verdichtung stattfindet (2. Sinterstadium), ist auf die Bildung einer Oxinitridschmelze durch Lösen von α- Si$_3$N$_4$ zurückzuführen. Dies ist mit der Wiederausscheidung von β-Si$_3$N$_4$ verbunden. TEM Analysen zur α/β-Transformation werden in 3.2 diskutiert.

Die Verdichtung ist bei 1800 °C nahezu abgeschlossen. Bild 5 zeigt die Mikrostruktur einer Probe nach 1h Sintern bei 1800 °C. Die Si$_3$N$_4$ Körner befinden sich ausschließlich in der β-Phase. Die kubischen HfO$_2$ Körner sind in der Si$_3$N$_4$ Matrix eingebettet und haben sich ebenso wie die Si$_3$N$_4$-Körner vergrößert (3. Sinterstadium). Ihr Y$_2$O$_3$-Gehalt hat sich im Vergleich zum Wert bei 1660 °C nicht verändert. Elektronenbeugungsanalysen zeigen außerdem, daß die HfO$_2$ Teilchen

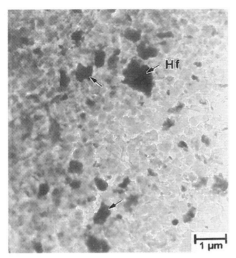

Bild 2: Mikrostruktur nach Sintern bis 1100 °C
m-HfO$_2$ Körner in poröser Si$_3$N$_4$ Matrix

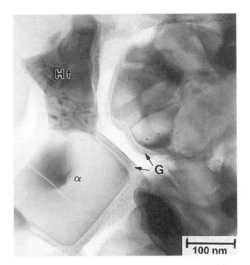

Bild 3: Mikrostruktur nach Sintern bis 1250 °C
Amorpher Film (G) auf Si$_3$N$_4$ und HfO$_2$

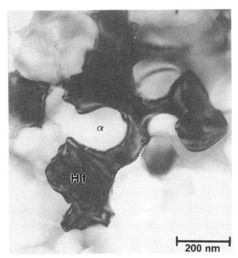

Bild 4: Mikrostruktur nach Sintern bis 1660 °C
Kornformanpassung von c-HfO$_2$

Bild 5: Mikrostruktur nach Sintern bis 1800 °C
c-HfO$_2$ in β-Si$_3$N$_4$ Matrix

einkristallin sind und über mehrere Si$_3$N$_4$ Körner hinweg die gleiche Orientierung besitzen. Dies deutet darauf hin, daß zusammenhängende, einkristalline HfO$_2$ Gerüste entstanden sind mit Abmessungen bis zu einigen 10 µm, in denen die Si$_3$N$_4$ Kristalle eingefügt sind.

Die Analyse der Sinterstadien ergibt, daß HfO_2 im Falle des Additivsystems Y_2O_3/Al_2O_3 aktiv zur Verdichtung beiträgt und keine chemischen Reaktionen eingeht, die den Sinterprozeß behindern. Hafniumoxinitride oder Hafniumnitride wurden nicht gefunden. Wie für Si_3N_4/ZrO_2 Composite beschrieben (5), wird durch den Einbau von Y_2O_3 die Bildung von Zr-nitriden vermieden. Da -wie in der vorliegenden Untersuchung gezeigt- dieser Einbau bereits bei Temperaturen um die 1100 °C erfolgt, ist der Einsatz von mit Y_2O_3 vordotierten Pulvern nicht erforderlich. Die Löslichkeit von HfO_2 in den Oxid- und Oxinitridschmelzen trägt dazu bei, daß das 1. Sinterstadium der Teilchenumordnung zumindest nicht wesentlich behindert und das 2. und 3. Sinterstadium von Lösung und Wiederausscheidung sowie Teilchenwachstum durch Kornformanpassung unterstützt wird. Der Verlauf der Y_2O_3 Konzentration in HfO_2 in Abhängigkeit der Sintertemperatur legt nahe, daß bei ca. 15 mol% eine Sättigung erreicht ist. In einem Si_3N_4/HfO_2 Composit, der mit 10 Gew.% HfO_2 hergestellt wurde, lag die Y_2O_3 Konzentration ebenfalls bei ca. 15 mol%. Nach dem Phasendiagramm (4) sollten jedoch höhere Y_2O_3 Gehalte möglich sein. Einen Hinweis auf den erschwerten Einbau höherer Y_2O_3- Konzentrationen liefert eine Arbeit zur Bestimmung von Diffusionskoeffizienten der Kationen in Y_2O_3 stabilisiertem, kubischen ZrO_2 (9). Hierin wird gezeigt, daß der Diffusionskoeffizient der Kationen in einer Probe mit 18 mol% Y_2O_3 um den Faktor 15 geringer ist als in einer Probe mit 9 mol% Y_2O_3. Dies wird auf die für die Diffusion der Kationen blockierende Wirkung von Leerstellenclustern zurückgeführt, deren Zahl mit wachsender Y_2O_3-Konzentration zunimmt.

3.2 Zur α/β -Transformation von Si_3N_4

Wie in 3.1 dargestellt befinden sich bei 1660 °C die α-Si_3N_4 -Körner im Stadium der Auflösung und Wiederausscheidung zu β-Si_3N_4. Die Keimbildungs- und wachstumsmechanismen bestimmen die Morphologie der β-Kristalle und damit wesentlich die mechanischen Eigenschaften des Werkstoffs. Als Keimbildungsmechanismen werden in der Literatur heterogene Keimbildung auf α-

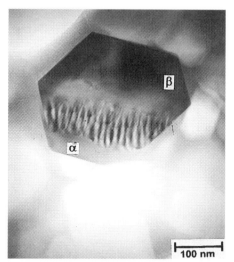

Bild 6: Mikrostruktur nach Sintern bis 1660 °C β-Si_3N_4 - epitaktisch auf α- Si_3N_4 Kristall

Bild 7: Konvergente Beugung an α-Si_3N_4 Kristall von Bild 6

Si$_3$N$_4$ Kristallen (10) und 'heterogene Keimbildung' in Form eines Wachstums auf β-Si$_3$N$_4$ Kristallen beschrieben (11), die sich zu einem geringen Gewichtsanteil bereits im Si$_3$N$_4$ Ausgangspulver befinden. Homogene Keimbildung wird aufgrund der hierzu erforderlichen hohen Übersättigung der Oxinitridschmelze als Ausnahmefall eingestuft. Mittels TEM-Analysen wurde heterogene Keimbildung von β- auf α-Si$_3$N$_4$ für Sialone (10) und Oxinitridschmelzen (12) nachgewiesen. Bild 6 zeigt, daß auch im Falle des Si$_3$N$_4$/HfO$_2$ Composites α-Si$_3$N$_4$-Kristalle als Keimbildner wirksam sind. Die Bewertung der Häufigkeit dieser Keimbildner ist Gegenstand weiterer Untersuchungen. Abgebildet ist ein β-Kristall, der sich in epitaktischer Orientierung auf einem α-Kristall befindet. Die [001]-Achsen beider hexagonalen Kristalle liegen parallel zueinander. Phasen und Orientierung wurden mittels konvergenter Elektronenbeugung nachgewiesen, bei der sich α- und β-Phase in [001]-Richtung aufgrund ihrer Gitterkonstanten c_α = 0.56 nm und c_β = 0.29 nm durch den Radius des FOLZ Ringes unterscheiden (13). Bild 7 zeigt die konvergente Beugungsaufnahme des α-Kristalls aus Bild 6. Versetzungskontraste deuten auf einen misfit zwischen den (001)-Ebenen hin. Da die Differenz zwischen den Gitterkonstanten a_α und a_β nur 2 % beträgt, ist die (001)-Ebene für epitaktische Keimbildung geeignet. Die atomare Rauhigkeit dieser Basalebene macht außerdem die [001]-Richtung zur bevorzugten Wachstumsrichtung und führt zur stäbchenförmigen Morphologie der β-Kristalle.

Literatur
(1) Hoffmann,M.J.,Petzow G., Editors,: Tailoring of Mechanical Properties of Si$_3$N$_4$ Ceramics, Nato ASI Series E Vol.276, Dordrecht 1994
(2) Raj,R., J.Am.Ceram.Soc. **76** (1993) 2147
(3) Lange,F.F., Falk,L.K.L., Davis,B.I., J.Mater.Res. **2** (1987) 66
(4) Wang,J., Li,H.P., Stevens,R., J.Mater.Sci. **27** (1992) 5397
(5) Falk,L.K.L., Materials Forum **17** (1993) 83
(6) Park,D.S., Lee,S.Y., Kim,H.D., J.Am.Ceram.Soc. **81** (1998) 1876
(7) Meißner,E., Luxem,W., Ziegler,G., Fortschrittsber. Deutsche Keram.Ges. **8** (1993) 55
(8) Kaysser,W.A., Sintern mit Zusätzen, Materialkund. Techn. Reihe 11, Stuttgart 1992
(9) Chien,F.R., Heuer,A.H., Phil.Mag. **73** (1996) 681
(10) Chen,I.W., Hwang,S.L., in' Silicon Nitride Ceramics: Scientific and Technological Advances', edited by Chen,I.W., Becher,P.F., Mitomo,M.,Petzow,G., Yen T.S., Mater. Res. Soc. Symp. Proc. **287** (1993) 209
(11) Hoffmann,M.J., Petzow,G., Materials Science Forum **113-115** (1993) 91
(12) Krämer,M., J.Am.Ceram.Soc. **76** (1993) 1627
(13) Goto,Y., Thomas,G., J.Mater.Sci. **30** (1995) 2194

Reaktionen von Calciumaluminaten bei Hydratation und thermischer Belastung

S. Möhmel, W. Geßner, D. Müller; Institut für Angewandte Chemie Berlin-Adlershof e.V.
T. Bier; LafargeAluminates, Paris

Einleitung

Für die feuerfeste Zustellung von Industrieöfen werden vielfach sogenannte „Feuerbetone" verwendet. Derartige Materialien enthalten als Bindemittel häufig Hochtonerdezemente, in denen die Calciumaluminate $CaO \cdot Al_2O_3$ (CA*) und $CaO \cdot 2Al_2O_3$ (CA_2) Hauptklinkerbestandteile sind. Es ist bekannt, daß die hydraulischen Eigenschaften der Zemente, d.h. deren Reaktionsvermögen gegenüber Wasser, entscheidend vom Verhältnis dieser beiden Phasen abhängen (1, 2). Trotz vielfältiger Arbeiten auf diesem Gebiet gibt es eine Vielzahl ungelöster Probleme; so ist z.B. insbesondere die Frage, wie die Hydratationsreaktionen der Einzelphasen durch die jeweils anderen Klinkerbestandteile beeinflußt werden, weitgehend unklar. Einige Autoren vermuten, daß das CA die Hydratation des CA_2 anregt (3). Edmonds et al. (4) beobachteten eine zeitigere Kristallisation der Hydratationsprodukte in Gegenwart von CA_2, während Galtier et al. (5) eine Verzögerung der Hydratationsreaktionen von CA durch geringe CA_2-Anteile feststellten. Widersprüchliche Aussagen finden sich in der Literatur auch bezüglich der Festigkeitsentwicklung. Während z.B. Jung (6) für CA/CA_2-Mischungen höhere Festigkeiten fand als aus der Festigkeitsentwicklung der einzelnen Phasen zu erwarten war und daher auf eine gegenseitige Beeinflussung der Hydratation von CA und CA_2 schloß, beobachtete Leers (7) geringere Festigkeiten im Fall der Hydratation von CA in Gegenwart von CA_2, verursacht durch die Ausbildung geringerer Mengen der Hydratphase CAH_{10}. Demgegenüber beschreiben Singh et al. (8) wiederum eine bevorzugte Kristallisation von CAH_{10} bei der Hydratation von CA_2 bzw. CA/CA_2-Gemischen.
Diese unterschiedlichen Aussagen waren Anlaß für Arbeiten zum Einfluß von CA_2 auf die Hydratationsreaktionen des CA in Bezug auf Festigkeitsentwicklung, Umsatz und Hydratationsprodukte. Über die Resultate wird im folgenden berichtet.

Ergebnisse und Diskussion

Für die Untersuchungen wurden reines CA und CA_2 synthetisiert sowie Gemische dieser Phasen im Verhältnis 80/20, 50/50 und 20/80 hergestellt. Zuerst erfolgte eine Charakterisierung der 5 Proben mittels Differentialcalorimetrischer Analyse (DCA) bei 20°C.
Wie aus Abbildung 1 zu ersehen erfolgt bei der Hydratation des reinen CA_2 im Gegensatz zu der des CA nur eine geringe Wärmeentwicklung. Der charakteristische 2. Peak der Wärmeentwicklung erstreckt sich aber im Fall des CA_2 über einen sehr langen Zeitraum. Die Ergebnisse der Untersuchung der drei Mischungen zeigt, daß sich die Wärmeentwicklung mit steigendem CA_2-Anteil verringert; dies ist im Einklang mit dem Verhalten der reinen Phasen. Für die 20/80 Mischung wird jedoch eine überraschend lange Induktionsperiode (der Bereich ohne Wärmeentwicklung zwischen dem 1. Peak gleich nach dem Mischen der Probe mit Wasser und dem 2. Peak) beobachtet, die sich nicht aus dem Hydratationsverhalten der reinen Phasen erklären läßt. Wahrscheinlich führt eine gegenseitige Beeinflussung der beiden Calciumaluminate gleich zu Beginn der Hydratationsreaktion zu diesem Phänomen.

---

* Es wird die oxidische Kurzschreibweise verwendet (C=CaO, A=Al_2O_3, H=H_2O)

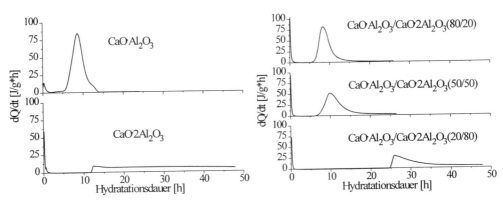

Abb. 1: Differentialcalorimetrische Analyse von CaO·Al$_2$O$_3$, CaO·2Al$_2$O$_3$ und deren Gemischen

Für die weiteren Untersuchungen wurden die 5 Proben bei 20°C 1, 3, 7 und 28 Tage hydratisiert und anschließend in Bezug auf Festigkeit, spezifische Oberfläche, Umsatz und Hydratationsprodukte charakterisiert.

Abbildung 2 zeigt den Festigkeitsverlauf bis 28 Tage Hydratation für die reinen Phasen CA und CA$_2$. Es wird deutlich, daß die Festigkeit nach einem Tag für CA deutlich höhere Werte erreicht als für CA$_2$. Bereits nach 3 Tagen weist jedoch die CA$_2$-Probe eine höhere Festigkeit auf als das reine CA. Die Mischungen zeigen entsprechend mit steigendem CA-Anteil nach einem Tag Hydratation höhere Festigkeiten während nach 3 Tagen für die Festigkeit um so höhere Werte gemessen werden, je höher der Anteil von CA$_2$ in der Mischung ist. Interessant ist in diesem Zusammenhang die Feststellung, daß die Festigkeit vom CA$_2$ zwischen 1 und 3 Tagen ansteigt, während die vom CA in diesem Zeitraum abfällt.

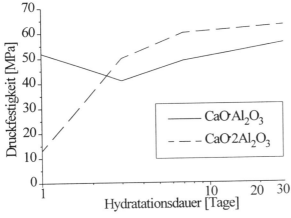

Abb. 2: Vergleich der Festigkeitsentwicklung von Monocalciumaluminat und Calciumdialuminat (nach Trocknung bei 110°C)

Die Ergebnisse der Bestimmung der spezifischen Oberfläche der Hydratationsprodukte in Abhängigkeit von der Zeit sind in Abbildung 3 dargestellt.

Zunächst ist festzustellen, daß die spezifischen Oberflächen des hydratisierten CA_2 deutlich größer sind als die des entsprechend behandelten CA. Diese höhere Oberfläche der Hydratationsprodukte des CA_2 ist wahrscheinlich die Erklärung für die in der DCA-Kurve gezeigte, lange andauernde Reaktion dieser Phase mit Wasser. Eine hohe spezifische Oberfläche ist nämlich ein Zeichen für eine gut penetrierbare Produktschicht um die Calciumaluminatkörner, die deren weitere Hydratation erlaubt.

Das Verhalten der Mischungen korreliert nicht mit dem der reinen Phasen. Während z.B. die Obfl. des reinen CA_2 bereits nach 1 Tag sehr hoch ist, bleibt die der CA_2-reichen Mischung 20/80 bis 7 Tage vergleichsweise gering.

Nur das hydratisierte reine CA zeigt einen signifikanten Abfall der spezifischen Oberfläche im Bereich zwischen dem 1. und 3. Tag der Hydratation. Möglicherweise gibt es hier einen Zusammenhang mit der Festigkeitsentwicklung, die - wie gezeigt - in diesem Zeitraum ebenfalls einen Abfall aufweist.

Der sich daran anschließende Anstieg der Oberfläche mit zunehmender Hydratationsdauer bis zu 7 Tagen ist sicherlich durch die weiter Hydratation der Proben bedingt. Zwischen 7 und 28 Tagen ist dann für alle untersuchten Proben eine deutliche Verringerung der Oberfläche zu beobachten. Hierbei spielen wahrscheinlich Umwandlungsreaktionen der Hydratphasen eine Rolle.

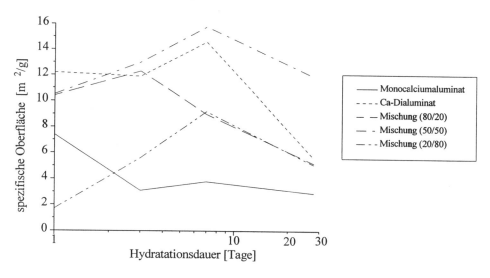

Abb. 3: Entwicklung der spezifischen Oberfläche der Hydratationsprodukte von $CaO \cdot Al_2O_3$, $CaO \cdot 2Al_2O_3$ und deren Gemischen in Abhängigkeit von der Hydratationszeit

Zur Bestimmung des Hydratationsumsatzes wurde die ^{27}Al-NMR angewendet die die Tatsache nutzt, daß bei der Reaktion der Calciumaluminate zu Calciumaluminathydraten ein Koordinationszahlwechsel von 4 nach 6 erfolgt. Diese für die Hydratation von reinem Monocalciumaluminat bereits häufig angewendete Methode (9) ist jedoch auf den Fall CA_2-haltiger Proben nicht ohne weiteres übertragbar. Ursache dafür ist der sehr breite Peak dieser Phase im NMR-Spektrum, der zu

Überlagerungen mit den anderen Peaks führt (10). Dieses Problem konnte durch eine mathematische Zerlegung der NMR-Kurven der hydratisierten Proben unter Verwendung der Spektren der reinen Calciumaluminate gelöst werden (11). Damit wurde erstmals die Bestimmung des Umsatzes des CA neben dem des CA_2 in derartigen, in der technischen Anwendung üblichen, Phasengemischen möglich.

Die entsprechenden Ergebnisse (Abbildung 4) zeigen, daß der Umsatz vom CA_2 bereits nach 3 Tagen deutlich höher ist als der vom CA. In den Mischungen steigt der Umsatz des Monocalciumaluminates jedoch gegenüber der Hydratation der reinen Phase deutlich an. Der höchste Hydratationsgrad des CA wird in der 20/80-Mischung und zwar bereits nach 3 Tagen beobachtet; bis zu 28 Tagen Hydratationsdauer bleibt dieser Wert dann konstant. Im Gegensatz dazu ist der Hydratationsgrad des CA_2 in den hydratisierten Mischungen stets geringer als der für die Hydratation der reinen Phase zu gleichen Zeiten.

Somit ist festzustellen, daß der Umsatz des CA um so größer wird, je höher der Anteil an Calciumdialuminat in der Mischung ist. Der Umsatz vom CA_2 ist dagegen in allen Gemischen deutlich geringer als der der reinen Phase. Dies heißt letztendlich, daß einerseits die Hydratation vom CA durch die Gegenwart von CA_2 begünstigt wird und daß andererseits die des CA_2 in Anwesenheit von CA offenbar behindert wird. Mit der in der Literatur vertretenen Auffassung (3), wonach die Hydratation des CA_2 durch das reaktivere CA angeregt wird, sind diese Ergebnisse nicht in Übereinstimmung.

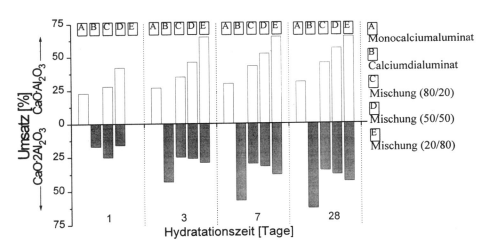

Abb. 4: Die Umsatzentwicklung bei der Hydratation von $CaO \cdot Al_2O_3$, $CaO \cdot 2Al_2O_3$ und deren Gemischen bei 20°C

Die röntgenografische Charakterisierung der hydratisierten Proben zeigt, daß das CAH_{10} das wesentliche Produkt der Reaktion bei 20°C ist. Daneben treten in allen untersuchten Proben größere Anteile amorpher Phasen auf (Abbildung 5).
Entsprechend dem molaren CaO/Al_2O_3-Verhältnis in den Calciumaluminaten sind diese amorphen Produkte im Fall der Hydratation des CA einer Zusammensetzung analog zum CAH_{10}, im Fall der Hydratation des Calciumdialuminates mehr der eines Aluminiumhydroxids zuzuordnen. Dies wird

auch bei genauerer Analyse der Diffraktogramme deutlich; das bei der Hydratation von CA_2 bzw. von CA_2-reichen Mischungen gebildete CAH_{10} liefert schärfere Peaks in den Röntgendiffraktogrammen, als das CAH_{10}, das sich in den CA-reichen Mischungen bildet. Diese breiteren Peaks zeigen eine geringere Kristallinität und damit das Vorliegen offensichtlich amorpher Anteile von CAH_{10} an. Im Fall der Hydratation des CA_2 finden sich dagegen zwei zusätzliche unscharfe Peaks, die Aluminiumhydroxid zuzuordnen sind. Diese Unterschiede in der Ausbildung amorpher Hydratationsprodukte des CA und des CA_2 sind wahrscheinlich verantwortlich für die bereits diskutierten Differenzen in der Porosität der sich auf den Calciumaluminatkörnern jeweils bildenden Produktschicht und beeinflussen im weiteren Verlauf der Hydratation darüber hinaus auch Umsatz und Festigkeitsentwicklung der Proben.

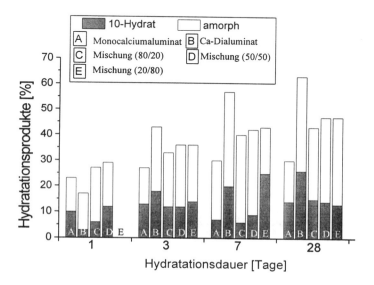

Abb. 5: Die Zusammensetzung der Hydratationsprodukte von Monocalciumaluminat, Calciumdialuminat und deren Mischungen bei 20°C

Zusammenfassung

Die Ergebnisse zeigen, daß es während der Hydratation von CA / CA_2-Gemischen in Abhängigkeit vom Mischungsverhältnis beider Phasen zu Unterschieden im Reaktionsverlauf kommt. So treten neben kristallinen auch amorphe Hydratationsprodukte auf, die abhängig vom CaO / Al_2O_3-Verhältnis der Ausgangsmischung eine unterschiedliche Zusammensetzung aufweisen. Insbesondere die amorphen Phasen beeinflussen - bedingt durch die Ausbildung mehr oder weniger dichter Produktschichten auf den Calciumaluminatkörnern - den Umsatz während der Hydratation. Auch der Verlauf der spezifischen Oberfläche der Hydratationsprodukte mit der Zeit und die Festigkeitsentwicklung des Materials stehen mit der Ausbildung der verschiedenen amorphen Reaktionsprodukte und den dadurch bedingten Unterschieden im Umsatz in unmittelbarem Zusammenhang. Entgegen der in der Literatur vertretenen Meinung, daß CA_2 nur eine geringe hydraulische Aktivität aufweist, wurde festgestellt, daß es bereits nach 3 Tagen Hydratation bei 20°C einen höheren Umsatz und höhere Festigkeit liefert als reines CA. Durch eine mathematische Zerlegung der ^{27}Al-NMR-Spektren der hydratisierten Proben konnte erstmals gezeigt werden, daß das CA_2 in

CA / CA$_2$-Gemischen einen geringeren Umsatz aufweist als die reine Phase, wogegen der des CA deutlich ansteigt.

Literatur
(1) Parker, K.M., Sharp, J.H.: Refractory Calcium Aluminate Cements, *Trans. J. Brit. Ceram. Soc.,* **81** [2] 35-42 (1982).
(2) Ménétrier-Sorrentino, D., George, C. M., Sorrentino, F. P.: The setting and hardening characteristics of Ca-aluminate cements: Studies of the systems C$_{12}$A$_7$-C$_3$A and C$_{12}$A$_7$-CA, *Proc. 8th Int. Congr. Chem. Cem., Vol. IV,* Rio de Janeiro 1986, pp. 334-338
(3) Tseung, A. C. C., Carruthers, T. G.: Refractory Concretes Based on pure Calcium Aluminate, *Trans. Brit. Ceram. Soc.,* **62** 305-320 (1963)
(4) Edmonds, R. N., Majumdar, A. J.: The Hydration of Secar 71 Aluminous Cement at Different Temperatures, *Cem. Concr. Res.,* **19** [2] 289-294 (1989)
(5) Galtier, P., Guilhot, B.: Conductimetry, hydration and reactivity of monocalcium aluminate, *Cem. Concr. Res.,* **14** 679-685 (1984)
(6) Jung, M.: Hydraulic Properties of High Alumina Cements; *IVth Conf. on Refract. Concr.,* Karlovy Vary 1971, pp. 5/1-5/4
(7) Leers, K. J.: Untersuchungen über die Hydratation von Calciumaluminaten - Investigations concerning the hydration of calcium aluminates, *Tonind. Ztg.,* **88** [17/18] 426-430 (1964)
(8) Singh, V. K., Mandal, U. K.: Hydration and some other Properties of CA, CA$_2$ and their mixes, *Trans. Ind. Ceram. Soc.,* **43** [1] 15-18 (1984)
(9) Müller, D., Geßner, W., Scheler, G.: High-resolution Al-27 NMR spectroscopy and its use in the chemistry of inorganic solids, *Mitt.-Bl. Chem. Ges. DDR,* **31** [6] 107-113 (1984)
(10) Müller, D., Geßner, W., Samoson, A., Lippmaa, E., Scheler, G.: Solid-state ^{27}Al NMR studies on polycrystalline aluminates of the system CaO-Al$_2$O$_3$, *Polyhedron,* **5** [3] 779-785 (1986)
(11) Möhmel, S., Geßner, W., Müller, D., Bier, T.: The behaviour of CA/CA2 cements during hydration and thermal treatment, *Proc. UNITECR '97,* New Orleans 1997, pp. 1273-1282

Konstitutionsuntersuchungen im System Al/Si/C und der Einbau von BN beim sogennanten "12R-Al$_4$SiC$_4$"

Falko D. Meyer, Institut für Anorganische und Analytische Chemie und Materialforschungszentrum FMF, Universität Freiburg; Harald Hillebrecht, Institut für Anorganische Chemie, Universität Bonn

Einleitung

Das binäre SiC ist einer der wichtigsten Hartstoffe in der industriellen Anwendung und auch aufgrund seiner elektrischen Eigenschaften (blaue LED, HT-Halbleiter) von Interesse.
Beim Sintern von SiC-Bauteilen mit aluminiumhaltigen Sinterhilfen entstehen ternäre Phasen des Systems Al/Si/C. Auch bei der Herstellung von SiC/Al-Kompositen können ternäre Phasen entstehen. Dies ist sowohl bei SiC-Faserverbundwerkstoffen mit aluminiumhaltiger Matrix als auch bei der Verstärkung von Aluminiumlegierungen mit SiC-Partikeln der Fall. Die mechanischen Eigenschaften der Komposite und der gesinterten SiC-Bauteile können nachhaltig durch die ternären Phasen beeinflußt werden. Besonders im Fall der Faserverbundwerkstoffe sind die mechanischen Eigenschaften maßgeblich von der Grenzschicht Faser-Matrix und damit vom möglichen Auftreten der ternären Phasen abhängig. Die sehr schwer zugängliche Grenzschicht läßt sich zwar mit speziellen Methoden (z.B. TEM) untersuchen, größere Mengen der ternären Phasen erleichtern aber ihre Charakterisierung wesentlich. Eine zusätzliche Motivation für die Synthese und Charakterisierung der ternären Phasen ergibt sich aus ihren Eigenschaften. Für die ternären Verbindungen im System Al/Si/C sind beispielsweise refraktärer Charakter und interessante elektrische Eigenschaften (HT-Halbleiter) zu erwarten.
Eine genauere festkörperchemische Charakterisierung der ternären Verbindungen erschien daher wichtig.
Neben SiC und Aluminiumcarbid, Al$_4$C$_3$, werden für das System Al/Si/C in der Literatur die ternären Phasen α-Al$_4$SiC$_4$, β-Al$_4$SiC$_4$, "12R-Al$_4$SiC$_4$", Al$_4$Si$_2$C$_5$, Al$_4$Si$_3$C$_6$, Al$_4$Si$_4$C$_7$ und Al$_8$SiC$_7$ beschrieben [1,2]. Nur die Verbindung α-Al$_4$SiC$_4$ ist in der Literatur unstrittig, zur Existenz und Zusammensetzung aller anderen Phasen gibt es widersprüchliche Angaben. Für keine der genannten Verbindungen ist eine detaillierte Strukturanalyse an Einkristallen bekannt.
Die Existenzbereiche der ternären Verbindungen sind größtenteils unbekannt, aufgrund der widersprüchlichen Berichte in der Literatur kann nur vermutet werden, daß sie sehr eng sind. Dies trifft insbesondere auf die Si-reichen Phasen zu. Die unzulängliche Charakterisierung der Phasen ist in ihrer schwierigen präparativen Zugänglichkeit begründet. Für die Synthese sind sehr hohe Temperaturen und exakte Einhaltung der Synthesebedingungen nötig.
Für die Strukturen einiger Verbindungen wurden Schichtstrukturen analog den Carbidnitriden des Aluminiums [3,4] vorgeschlagen, in denen sich Al$_2$C$_2$- und Al$_2$C-Schichten des Al$_4$C$_3$ mit einer variablen Anzahl SiC-Schichten abwechseln, so daß man für die Zusammensetzung der Verbindung die Formel Al$_4$C$_3$ · n SiC mit n = 1-4 erhält. Damit lassen sich die Zusammensetzungen Al$_4$SiC$_4$, Al$_4$Si$_2$C$_5$, Al$_4$Si$_3$C$_5$ und Al$_4$Si$_4$C$_7$ erklären. Die Verbindung Al$_8$SiC$_7$ ließe sich auch als 2 Al$_4$C$_3$ · SiC formulieren, eine analoge Verbindung der Carbidnitride des Aluminiums ist allerdings unbekannt. Die Verbindungen β-Al$_4$SiC$_4$ und "12R-Al$_4$SiC$_4$" wurden je nach Autor als Stapelvarianten, als durch Verunreinigungen stabilisiert oder als Verunreinigungen selbst [2,5] beschrieben.
Unsere Untersuchungen zielten auf die Synthese phasenreiner Produkte, Charakterisierung der Proben und Klärung der Existenzbereiche und Bildungsbedingungen der unterschiedlichen Phasen. Die erhaltenen Phasen wurden mit Hilfe der Röntgenpulverdiffraktometrie, der FT-IR- und FT-

Raman-Spektroskopie charakterisiert. Wenn möglich, wurden Einkristallstrukturanalysen durchgeführt. Die Zusammensetzung wurde anhand von WDX- Messungen bestimmt.
Die Synthese der Verbindungen erfolgte aus zu Tabletten gepreßten Mischungen der Elemente im Temperaturbereich von 1600°C-2100°C in einem Hochtemperaturofen mit Graphitheizelement.

Ergebnisse

α-Al_4SiC_4 und Al_8SiC_7 wurden phasenrein in Form von Einkristallen erhalten und charakterisiert. $Al_4Si_2C_5$ wurde nur als Nebenprodukt erhalten, eine Syntheseoptimierung gelang nicht. Durch präparative Versuche konnte bewiesen werden, daß "12R-Al_4SiC_4" nur in Gegenwart von h-BN entsteht. β-Al_4SiC_4 trat bei unseren Versuchen nicht auf, die Existenz der Verbindung bleibt weiterhin ungeklärt. Alle anderen in der Literatur erwähnten Phasen sind wahrscheinlich metastabile Hochtemperaturphasen, die aufgrund der relativ langsamen Abkühlgeschwindigkeit des benutzten Ofens nicht erhalten werden konnten.

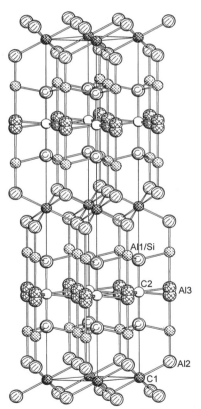

Bild 1: Kristallstruktur von α-Al_4SiC_4

α-Al₄SiC₄

α-Al$_4$SiC$_4$ fiel in Form hexagonaler, transparenter, honigfarbener Plättchen an. An ausgesuchten Einkristallen wurden Röntgenstrukturanalysen durchgeführt. Die Kristallstruktur besteht aus Al$_2$SiC$_3$- und Al$_2$C-Schichten (Bild 1). Im Gegensatz zu den aus Röntgenfilmaufnahmen abgeleiteten Strukturdaten [3] gibt es keinen signifikanten Hinweis für eine geordnete Besetzung der Si-Lagen. Si und Al1 besetzen jeweils zur Hälfte eine Schweratomposition. Die Al3-Position ist fehlgeordnet. Diese Ergebnisse der Röntgenstrukturanalyse werden durch die schwingungsspektroskopischen Untersuchungen gestützt (Bild 2), die Zahl der beobachteten Banden stimmt mit dem Erwartungsspektrum gut überein. Bei einer geordneten Besetzung der Si-Positonen und ohne Fehlordnung auf der Al3-Position wären weniger Banden zu erwarten.

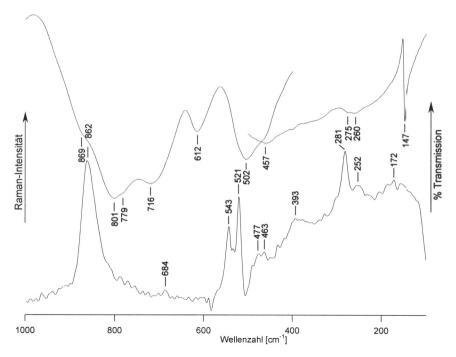

Bild 2: FT-IR- (oben) und FT-Raman-Spektren (unten) von α-Al$_4$SiC$_4$

Al₈SiC₇

Die Verbindung Al$_8$SiC$_7$, deren Existenz in der Literatur kontrovers diskutiert wurde, konnte erstmals phasenrein in Form rubinroter, transparenter, hexagonaler, plättchenförmiger Kristalle hergestellt werden; eine Einkristallstrukturanalyse ist aufgrund der geringen Größe der Kristalle erschwert und Gegenstand der derzeitigen Arbeit. Vorläufige Ergebnisse deuten auf eine dem Al$_4$C$_3$ verwandte Schichtstruktur mit neun Schweratomlagen hin. Dies wäre z.B. bei einer Stapelung von zwei Al$_4$C$_3$-Schichten und einer SiC-Schicht in Richtung der c-Achse gegeben. Die Auflösung der Banden in den Schwingungsspektren ist nur mäßig gut (Bild 3), allerdings ist die Ähnlichkeit der

Schwingungsspektren von α-Al$_4$SiC$_4$ und Al$_8$SiC$_7$ auch ein Hinweis auf eine strukturchemische Verwandtschaft der Phasen.

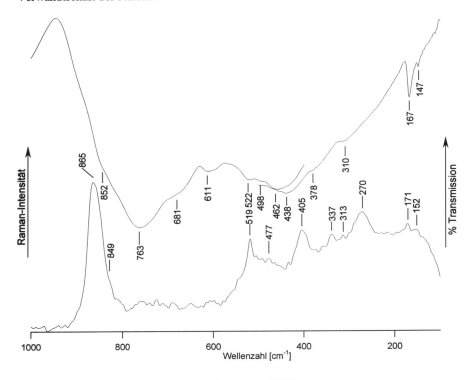

Bild 3: FT-IR- (oben) und FT-Raman-Spektren (unten) von Al$_8$SiC$_7$

"12R-Al$_4$SiC$_4$"

"12R-Al$_4$SiC$_4$" kristallisiert in transparenten, maisgelben, hexagonalen Plättchen. Durch präparative Versuche konnte eindeutig nachgewiesen werden, daß sich "12R-Al$_4$SiC$_4$" nur in Gegenwart von h-BN bildet. Eine vorläufige analytische Untersuchung mittels WDX ergab die ungefähre Zusammensetzung Al$_6$SiBC$_4$N. Damit ist dies die erste stöchiometrische kristalline Verbindung, die gleichzeitig Si, B und C bzw. Si, B und N enthält. Eine Einkristallstrukturanalyse konnte nicht durchgeführt werden, die Betrachtung der Gitterparameter gibt aber starke Hinweise auf eine strukturelle Verwandtschaft mit Aluminiumcarbid und anderen ternären Al-C-X Phasen (X=Si, B, N). Die relativ große a-Gitterkonstante liefert einen weiteren Hinweis darauf, daß "12R-Al$_4$SiC$_4$" keine ternäre Verbindung ist: Läge eine ternäre Verbindung aus Aluminium, Kohlenstoff und Silicium vor, wäre die a-Gitterkonstante deutlich kleiner als die von Al$_4$C$_3$, da mit Erhöhung des Siliciumgehalts bei ternären Al/Si/C-Phasen die a-Gitterkonstante abnimmt (Tabelle 1). Dies ist nicht der Fall, die trotz der Gegenwart von Silicium relativ große a-Gitterkonstante muß somit in der gleichzeitigen Gegenwart von Bor begründet sein, da die a-Gitterkonstante mit Erhöhung des Borgehalts zunimmt (Tabelle 1).

Für viele Untersuchungen an amorphen Keramiken fehlen Vergleichswerte definierter kristalliner Substanzen. Al_6SiBC_4N könnte als Vergleichssubstanz zur Charakterisierung der amorphen Hochleistungskeramiken wie z.B. $Si_3B_3N_7$ und $SiBN_3C$ beitragen.

Substanz	a [in Å]	c [in Å]		Quelle
Al_4C_3	3,3377(1)	24,9889(13)		[6]
			Atom-% B	
$Al_4B_{0,66}C_{2,34}$	3,3495(4)	24,951(3)	9,4	[6]
Al_3BC_3	3,4075(9)	15,900(2)	14,3	[6]
Al_3BC	3,4849(7)	11,520(2)	20	[6]
			Atom-% N	
$Al_{3,89}C_{2,66}N_{0,34}$	3,3175(11)	24,842(7)	4,9	[6]
Al_5C_3N	3,2818(2)	21,687(3)	11,1	[6]
$Al_6C_3N_2$	3,248	40,03	18,2	[3]
$Al_7C_3N_3$	3,226	31,70	23,1	[3]
$Al_8C_3N_4$	3,211	55,08	26,7	[3]
$Al_9C_3N_5$	3,197	41,69	29,4	[4]
$Al_{10}C_3N_6$	3,186	70,00	31,6	[4]
AlN (2H)	3,1127(3)	4,9816(5)	50	[7]
			Atom-% Si	
Al_8SiC_7	3,3132(4)	19,2083(12)	6,3	[6]
α-Al_4SiC_4	3,2748(3)	21,731(2)	11,1	[6]
$Al_4Si_2C_5$	3,2512(2)	40,1078(27)	18,2	[8]
$Al_4Si_3C_6$	3,2319(9)	31,784(9)	23,1	[2]
$Al_4Si_4C_7$	3,218	55,215	26,7	[2]
SiC (2H)	3,081	5,031	50	[9]
			Atom-% Si, B, N	
"12R-Al_4SiC_4" = Al_6SiBC_4N	3,3329(5)	31,125(4)	7,7	[6]

Tabelle 1: Vergleich der Gitterkonstanten (in [Å]) aller mit der Kristallstruktur von Al_4C_3 verwandter Verbindungen der Systeme Al/B/C, Al/Si/C und Al/C/N in Abhängigkeit vom Einbau des zusätzlichen Elements. Überstrukturen bleiben unberücksichtigt. Mit Erhöhung des Stickstoff- und des Siliciumgehalts nimmt die a-Gitterkonstante ab, mit Erhöhung des Borgehalts nimmt sie zu.

Literatur
1) H. L. Lukas, *Aluminium-Carbon-Silicon*, in: *Ternary Alloys* (G. Petzow, G. Effenberg, Hrsg.), Bd. 3, VCH Verlagsgesellschaft, Weinheim 1990, S. 540-548.
2) R. J. Oscroft, P. Korgul, D. P. Thompson, *Crystal Structure and Microstructure of Some New Silicon Aluminium Carbonitrides*, in: *Br. Ceram. Proc.* (R. Stevens, D. Taylor, Hrsg.), Bd. 42 Complex Microstructures, Institute of Ceramics, Stoke-on Trent, U.K. 1989, S. 33-47.
3) G. A. Jeffrey, V. Y. Wu, *Acta Cryst.* **16** (1963), S. 559-566.
4) G. A. Jeffrey, V. Y. Wu, *Acta Cryst.* **20** (1966), S. 538-547.
5) H. Yokokawa, M. Dokiya, M. Fujishige, T. Kameyama, S. Ujiie, K. Fukuda, *J. Am. Ceram. Soc.* **65** (1982), S. C40-C41.
6) F. D. Meyer, *Festkörperchemische Untersuchungen von ternären Aluminiumcarbiden mit Bor, Silicium und Stickstoff*, Dissertation, Albert-Ludwigs-Universität, Freiburg (1998).
7) H. A. Wriedt, *Bull. Alloy Phase Diagrams* **7** (1986), S. 329-333.
8) Z. Inoue, H. Tanaka, Y. Inomata, H. Kawabata, *J. Mater. Sci.* **15** (1980), S. 575-580.
9) R. F. Adamsky, K. M. Merz, *Z. Kristallogr.* **111** (1959).

Eigenschaften drucklos gesinterter TiC - Keramik und TiC/SiC - Composite

Ch. Sand, J. Adler; Fraunhofer Institut Keramische Technologien und Sinterwerkstoffe IKTS Dresden

Zusammenfassung

Es wird die Entwicklung eines keramisch gebundenen Titancarbid-Werkstoffs vorgestellt, der unter Anwendung flüssigphasenbildender Additive mittels druckloser Sinterung auf relative Sinterdichten > 97% verdichtet werden kann. Auf gleicher Grundlage können Siliciumcarbid-Titancarbid-Mischkeramiken über den gesamten Konzentrationsbereich hergestellt werden (1). Es werden Untersuchungen zum Verdichtungsverhalten, zur Phasenausbildung, Gefüge und zu den Eigenschaften der TiC-Keramik und der TiC-SiC-Composite vorgestellt. Ein Ausdehnungskoeffizient von $7*10^{-6}$ 1/K, hohe elektrische und moderate thermische Leitfähigkeit, hohe Härte, Steifigkeit, Lötbarkeit, sowie interessante tribologische Eigenschaften kennzeichnen die TiC-Keramik. In Verbindung mit der Zugabe von SiC können viele dieser Eigenschaften gezielt modifiziert werden. Zum Beispiel ist eine Variation des spezifischen elektrischen Widerstandes um mehr als sieben Zehnerpotenzen in Abhängigkeit vom Konzentrationsverhältnis TiC/SiC möglich. Tribologische Untersuchungen im Trockenlauf (Stift/Scheibe) ergeben niedrigere Verschleißvolumina und Reibkoeffizienten der TiC-Keramik im Vergleich zu SiC (19, 20).

Einleitung

TiC wird bisher hauptsächlich als Komponente in Hartmetallen und Cermets sowie als gesputterte Schutzschicht für Anlagen der Kernenergietechnik eingesetzt. Es ist chemisch und thermisch sehr stabil und schmilzt erst bei Temperaturen über 3100°C, oxidiert jedoch bereits ab etwa 450°C. Im Temperaturbereich von 800 - 1200°C erfolgt eine "brittle-to-ductile" Umwandlung des TiC, es ist somit in der Lage, bei der Abkühlung auftretende Thermospannungen herabzusetzen. TiC besitzt gute Gleiteigenschaften (3 - 10). Erwähnenswert in Bezug auf Anwendungsmöglichkeiten ist die geringe Wärmeleitfähigkeit im Vergleich zu SiC und der niedrige elektrische Widerstand (siehe Tabelle 1).

Die ein großes Anwendungspotential beinhaltenden Eigenschaften des TiC können durch gezielte Zusätze von anderen Keramiken variiert und optimiert werden. Als Compositkeramik bietet sich beispielsweise TiC - SiC an, da sich deren Eigenschaften ergänzen und keine Mischkristallbildung erfolgt. Das ähnliche Sinterverhalten von SiC und TiC beim Flüssigphasensintern erleichtert das Herstellen von Verbundkeramiken. Die SiC - Komponente zeichnet sich durch große Härte, Festigkeit, Oxidations- und chemische Beständigkeit gegenüber Säuren und Laugen sowie hohe Wärmeleitfähigkeit aus. SiC - Keramik ist für Hochtemperaturanwendungen (bis 1600°C) unter oxidativen und korrosiven Bedingungen gut geeignet und hat herausragende Bedeutung für Bauteile in der Energie- und Hochtemperaturtechnik. Technische SiC - Keramiken besitzen einen spezifischen elektrischen Widerstand von $10^3 - 10^5$ Ωcm. Hochreine SiC-Keramikbauteile werden in der Halbleiter-Prozeßtechnik eingesetzt. In einer gradierten Struktur ist die SiC -Komponente interessant für thermisch und korrosiv belastete Segmente (8 - 10).

Wegen der niedrigen Bruchzähigkeit der SiC-Keramiken wurde versucht, durch TiC -Composit- bestandteile einen Verstärkungseffekt zu erzielen. Aufgrund der Unverträglichkeit der "klassischen" Sinteradditive ließen sich diese Composite lediglich mittels Heißpreßtechnik verdichten, wodurch die technologische Realisierbarkeit nur sehr eingeschränkt möglich war. Neben den Untersuchungen zur Bruchzähigkeit findet man in (11 - 18) Angaben zur Korrosionsbeständigkeit, zu den elektrischen und tribologischen Eigenschaften von SiC-TiC-Compositen.

Das Verfahren zur drucklosen Sinterung von TiC und SiC - Keramiken unter Zusatz von flüssigphasenbildenden Additiven wurde am IKTS erfolgreich entwickelt (1).

Eigenschaft			TiC	SiC
Theoretische Dichte, ρ		g/cm³	4.94	3.21
Schmelzpunkt bzw. Zersetzungstemperatur, T_{mp}		K	3290	3103
Therm. Ausdehnungskoeffizient, α		10^{-6}/K	$7.95_{300-1300K}$	$5.12_{298-1273\,K}$
Wärmeleitfähigkeit, λ		W/m·K	$17.2_{298\,K}$	$80 - 100_{298\,K}$
Mikrohärte, H_V bei 1N		GPa	30.0	30.0

Tabelle 1: Ausgewählte Eigenschaften von TiC und SiC.

Experimentelle Durchführung
Als Ausgangsrohstoffe wurden Carbidpulver der Firma H.C. Starck verwendet (Tabelle 2).
Die Pulver wurden in einer Planetenkugelmühle aufbereitet, granuliert und anschließend uniaxial verpreßt. Zur Untersuchung der Eigenschaften wurden Proben mit den Abmaßen (6 x 5 x 70) mm hergestellt und drucklos gesintert. Untersucht wurden physikalische, mechanische, thermomechanische und elektrische Eigenschaften in Abhängigkeit von Zusammensetzung, Sintertemperatur, Additivgehalt und Sinterverfahren.

			SiC	TiC	Additive
Korngröße	µm	d_{50}	< 0,5	< 1,0	< 0,6
BET	m²/g		15	2 - 3,5	8 - 16
Chem. Reinheit	Ma%		> 98	> 99	> 99,5

Tabelle 2: Materialkennwerte der Rohstoffe.

Ergebnisse
Physikalische und chemische Verträglichkeit
Die Verträglichkeit beider Komponenten TiC und SiC ist bei der drucklosen Sinterung gegeben (19, 20). Neu gebildete ternäre Phasen wurden bei kristallographischen Untersuchungen nicht gefunden (siehe Bilder 1 und 2).

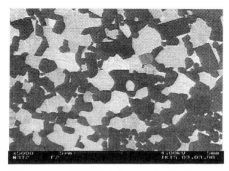 

Bild 1: Links: FESEM-Aufnahme des Gefüges eines TiC - SiC - Composits (30 Vol% SiC, 60 Vol% TiC, 10 Vol% Additive); rechts: Gefüge von TiC (90 Vol% TiC, 10 Vol% Additive).

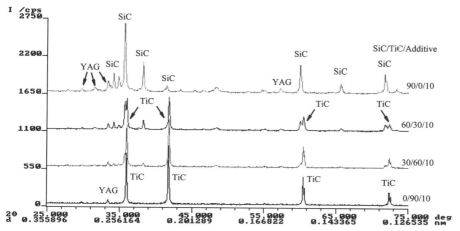

Bild 2: Röntgenographische Untersuchung von TiC - SiC - Compositen verschiedener Zusammensetzungen.

Die Ergebnisse zeigen, daß TiC mit Additivgehalten ≥ 7% drucklos auf eine relative Sinterdichte von > 97% der theoretischen Dichte gesintert werden kann (Bild 3, links). Durch Zugabe von SiC kann die Dichte weiter erhöht werden (Bild 3, rechts). Es wurde eine optimale Sintertemperatur von 1925°C ermittelt.

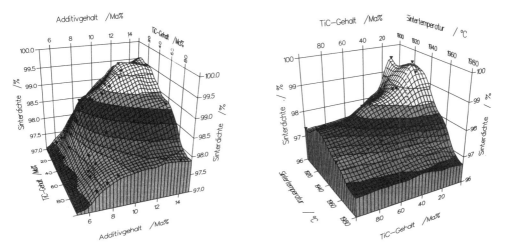

Bild 3: Sinterdichte in Abhängigkeit vom Additivgehalt bei einer Sintertemperatur von 1925°C (links) und in Abhängigkeit von der Temperatur mit konstantem Additivgehalt von 10 Vol% (rechts) bei der drucklosen Sinterung im Stoffsystem TiC - SiC.

Festigkeit

Die Festigkeit wurde mit der 4-Punkt-Biegebruchmethode bestimmt. Ermittelt wurden die Festigkeitswerte in Abhängigkeit von der Zusammensetzung und der Sintertemperatur (Bild 4). Es ist zu erkennen, daß bei einer Sintertemperatur von 1925°C die Festigkeit ein Maximum erreicht.

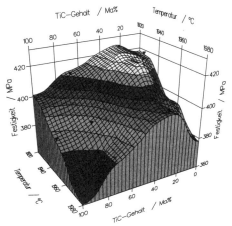

Bild 4: Festigkeit in Abhängigkeit vom TiC - Gehalt und der Temperatur.

Weitere Eigenschaften

In den folgenden Diagrammen (Bild 5) sind elektrische, mechanische und thermomechanische Eigenschaften von TiC, SiC und deren Compositen dargestellt. Deutlich sind die teilweise gegensätzlichen Charakteristika der beiden Materialien zu erkennen, die sich im Verbund merklich beeinflussen.

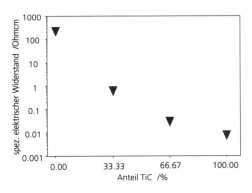
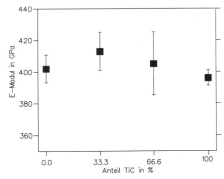

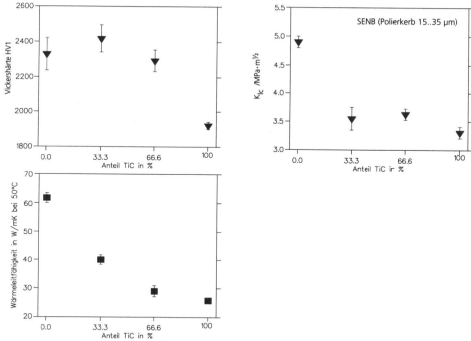

Bild 5: Elektrische, mechanische und thermomechanische Eigenschaften von TiC, SiC und deren Compositen.

In nachfolgender Tabelle 3 sind zusätzliche Eigenschaften von drucklos gesinterten Keramiken aus dem Stoffsystem TiC - SiC einander gegenübergestellt.

Eigenschaften					
Zusammensetzung (TiC:SiC:Additive)	Vol%	90:0:10	60:30:10	30:60:10	0:90:10
Dichte	g/cm³	4.7	4.25	3.7	3.22
4-Punkt-Biegefestigkeit	MPa	356±86	406±34	360±41	377±37
Therm. Ausdehnungskoeffizient (RT-850°C)	$10^{-6}/K^{-1}$	7.64	6.45	5.43	4.49
Reibungskoeffizient μ (Stift gegen Scheibe Si_3N_4)		0.4	0.5	0.5	0.7

Tabelle 3: Ausgewählte Eigenschaften von TiC - SiC - Compositen.

Auswertung

Aus den vorliegenden Ergebnissen lassen sich folgende Schlußfolgerungen ziehen:
- TiC kann mittels flüssigphasenbildender Additive drucklos gesintert werden. Es entsteht ein "keramisch gebundenes" TiC.
- Für flüssigphasengesinterte SiC - TiC - Compositkeramik konnte nachgewiesen werden, daß die drucklose Dichtsinterung über den gesamten Konzentrationsbereich der SiC-TiC-Mischungen möglich ist.

- Es wurden das Verdichtungsverhalten, die Phasenausbildung und das Gefüge der TiC-Keramik sowie der TiC - SiC - Composite untersucht und festgestellt, daß die Sinterung ohne unerwünschte Nebenreaktionen stattfindet. Eine Neubildung ternärer Phasen konnte nicht gefunden werden.
- Die TiC - Keramik wird durch einen Ausdehnungskoeffizienten von $7*10^{-6}$ 1/K, hohe elektrische und guter thermische Leitfähigkeit, hohe Härte, Steifigkeit, Lötbarkeit, sowie interessante tribologische Eigenschaften gekennzeichnet. Die relativen Dichtewerte der TiC-Keramik können durch Zugabe von SiC erhöht werden. Es zeigt sich, daß sich die mechanischen Eigenschaften (Festigkeit, E - Modul et c.) durch die Herstellung von Keramikverbunden im Stoffsystem TiC - SiC positiv beeinflussen lassen. Mit den Ergebnissen wird deutlich, daß sehr unter- schiedliche Eigenschaftskombinationen, z.B. hohe Wärmeleitfähigkeit, Temperaturwechsel- beständigkeit, Zähigkeit und elektrische Leitfähigkeit in einem keramischen Werkstoff realisierbar sind.

Zusammenfassend läßt sich feststellen, daß in den Eigenschaften der TiC - Keramik und in den Compositen aus TiC und SiC große Optimierungs- und Anwendungspotentiale liegen. Weitere Untersuchungen in dieser Richtung werden Gegenstand zukünftiger Arbeiten am IKTS sein.

Danksagung

Besonderer Dank der Autoren gilt der Deutschen Forschungsgemeinschaft, mit deren finanzieller Unterstützung ein Teil der Untersuchungen durchgeführt werden konnte.

Literatur

(1) Adler, J.; in: "Verstärkung keramischer Werkstoffe", Hrsg. Claussen, N., DGM Informationsgesellschaft mbH, (1992), 225 - 233.
(2) LaSalvia, J.C.; Meyer, L.W.; Meyers, M.A.; J. Am. Ceram. Soc. 75, (1992), 592 - 602.
(3) Price, D.L.; Cooper, B.R.; Wills, J.M.; Physical Review B, 46, (1992), 11368 -11375.
(4) Shimada, S.; J. Mat. Sc., 31, (1996), 637 - 677.
(5) Groot, P.; Van der Laan, J.G.; Laas, L.; Mack, M.; Dvorak, M.; 2. Tagung Euro-Ceramics II, 11. - 14.9.1991, Augsburg, (1991), 3478 - 3483.
(6) Sura, V.M.; Kohlstedt, D.L.; J. Am. Ceram. Soc., 70, (1987), 315 - 320.
(7) Voitovich, V.B.; Lavrenko, V.A.; High Temperature and Materials Science, 34, (1995), 249 - 257.
(8) Römpp Chemie Lexikon, 9.Auflage, Stuttgart, New York (1992), 4628.
(9) Weimer, A. ; Chapman & Hall, Cambridge, (1997), 639 - 655.
(10) Berroth, K.; Keramische Zeitschrift, 46, (1994), 19 - 24.
(11) Köpp, Chr.; Mittag, K.; Hausner, H..; cfi/Ber., DKG, 73, (1996), 107 - 108.
(12) Endo, H.; Tanemoto, K., Kubo, H.; Abstracts, International Symposium & Exhibition in Science and Technology of Sintering, 4. -6.11.1987,Tokyo, Japan, (1987), 72 - 73.
(13) Woydt, M., Skopp, A., Habig, K.-H.; Wear, 148, (1991), 377 - 394.
(14) Yamaoka, Y., Ninomiya, K., Kosaka, K.; Advanced Composites '93, International Conference on Advanced Composites Materials, ed. by T. Chandra and A.K. Dhingra, The Minerals, Metals & Materials Society, (1993), 1357 - 1359.
(15) Wei, G.C., Becher, P.F.; J. Am. Ceram. Soc., 67, (1984), 8, 571 - 574.
(16) Jiang, D.L., Wang, J.H., Li, Y.L., Ma, L.T.; Mat. Science Eng., A109, (1989), 401 - 406.
(17) Hahn, I., Schneider, G.A., Petzow, G.; Euro-Ceramics II, Augsburg, (1991), 1499 - 1503.
(18) Lin, B.W., Iseki, T.; Br. Ceram. Trans. J., 91, (1992), 147 - 150.
(19) Teichgräber, M.; DKG-Jahrestagung, Weimar, (1993).
(20) Zahn, W.; Fachbereich Physikalische Technik/Informatik; HTW Zwickau (FH), (1995).

Konstitutionsuntersuchungen im System Al/C/N und die Herstellung von blauem AlN

Falko D. Meyer, Institut für Anorganische und Analytische Chemie und Materialforschungszentrum FMF, Universität Freiburg; Harald Hillebrecht, Institut für Anorganische Chemie, Universität Bonn

Einleitung

Ternäre Phasen im System Al/C/N sind schon längere Zeit als hochtemperaturstabile Materialien bekannt. Obwohl die ternären Phasen auch interessante elektrische Eigenschaften aufweisen sollten, ist über die Bildungsbedingungen und Existenzbereiche der Verbindungen bisher wenig bekannt.

Neben den binären Phasen Al_4C_3 und AlN sind im System Al/C/N noch die ternären Phasen Al_5C_3N, $Al_6C_3N_2$, $Al_7C_3N_3$ und $Al_8C_3N_4$ und die beiden hypothetischen Verbindungen $Al_9C_3N_5$ und $Al_{10}C_3N_6$ in der Literatur erwähnt [1].

Für die Kristallstrukturen der ternären Verbindungen wurden von Jeffrey und Wu [2,3] Strukturmodelle vorgeschlagen. Danach sind die ternären Verbindungen Schichtstrukturen, bestehend aus Al_2C_2- und Al_2C-Schichten des Al_4C_3 und einer variablen Anzahl wurtzitanaloger AlN-Schichten. Durch die damit erhaltene Formel $Al_4C_3 \cdot n$ AlN mit n = 1-6 lassen sich die Zusammensetzungen Al_5C_3N, $Al_6C_3N_2$, $Al_7C_3N_3$, $Al_8C_3N_4$, $Al_9C_3N_5$ und $Al_{10}C_3N_6$ erklären. Die Basis dieser Modelle waren Einkristalluntersuchungen mit Hilfe von Filmdaten, für keine der genannten Verbindungen ist eine detaillierte Strukturanalyse an Einkristallen bekannt.

Es gibt kaum Angaben zur Synthese der Verbindungen, die Existenzbereiche der ternären Verbindungen sind größtenteils unbekannt. Es ist jedoch zu vermuten, daß sie sehr eng sind. Dies trifft insbesondere für die N-reichen Phasen zu.

Da die Untersuchungen von Jeffrey und Wu auf Filmdaten beruhen und für eine Reihe von ternären Carbiden des Aluminiums kristallographische Besonderheiten (Überstrukturen, Fehlordnungen) beobachtet wurden, erschien eine erneute Untersuchung der Phasen mit modernen Methoden notwendig.

Ziel unserer Untersuchungen war die phasenreine Synthese der Verbindungen und ihre Charakterisierung mittels Einkristallstrukturanalyse, Röntgenpulverdiffraktometrie und FT-IR- und FT-Raman-Spektroskopie.

Synthetisiert wurden die untersuchten Verbindungen aus zu Tabletten gepreßten Mischungen von Al, AlN und Graphit in einem Graphitofen in Graphittiegeln bei ca. 2000°C.

Ergebnisse

Im Verlauf unserer Untersuchungen konnte nur die Verbindung Al_5C_3N phasenrein hergestellt werden. $Al_6C_3N_2$ fiel als Nebenprodukt an, eine Syntheseoptimierung gelang nicht. Zusätzlich wurde die bisher unbekannte Mischkristallreihe $Al_{4-x/3}C_{3-x}N_x$ (x = 0-0,34) gefunden.

Alle anderen in der Literatur erwähnten Phasen sind wahrscheinlich metastabile Hochtemperaturphasen, die aufgrund der relativ langsamen Abkühlgeschwindigkeit des benutzten Ofens nicht erhalten werden konnten.

Als Nebenprodukte fielen bei unseren präparativen Versuchen blaue AlN-Einkristalle an, die aufgrund der ungewöhnlichen Farbe ausführlich untersucht wurden.

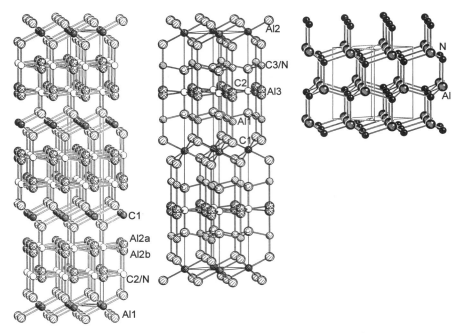

Bild 1: Kristallstrukturen von $Al_{4-x/3}C_{3-x}N_x$ (links), Al_5C_3N (Mitte) und AlN (rechts)

$Al_{4-x/3}C_{3-x}N_x$ (x = 0-0,34)

Bei präparativen Untersuchungen fielen häufig hellbraune, transparente, hexagonale, plättchenförmige Kristalle an. Dem Röntgenpulverdiffraktogramm zufolge handelte es sich hierbei um Aluminiumcarbid mit leicht verkleinerten Gitterkonstanten. Al_4C_3 ist in der Literatur als gelb beschrieben, die hellbraunen Kristalle wurden deshalb genauer untersucht. Röntgenstrukturanalysen an ausgesuchten Einkristallen ergaben die Al_4C_3-Struktur, allerdings mit einem Elektronenüberschuß auf der C2-Positionn, einem Elektronendefizit auf der Al1-Position und einer Fehlordnung der Al2-Position. Durch WDX-Untersuchungen ließ sich die teilweise Substitution von Kohlenstoff durch Stickstoff nachweisen. Es entsteht die bisher unbekannte Mischkristallreihe $Al_{4-x/3}C_{3-x}N_x$ (x = 0-0,34) durch teilweise Substitution von Kohlenstoff durch Stickstoff auf der C2-Position und Lücken auf der Al1-Position (Bild 1).

Beim Vergleich der Schwingungsspektren von $Al_{3,9}C_{2,7}N_{0,3}$ mit denen von stickstofffreiem Al_4C_3 sind zwei gegenläufige Effekte zu beobachten: einerseits ein Masseneffekt, andererseits ein Bindungsstärkeneffekt. Die Bande bei ca. 850 cm^{-1} im Raman-Spektrum (Bild 2) von $Al_{3,9}C_{2,7}N_{0,3}$ wird einige Wellenzahlen zu höheren Werten verschoben, obwohl die größere Masse des Stickstoffs im Vergleich zum Kohlenstoff bei gleicher Bindungsstärke eine Verschiebung hin zu tieferen Wellenzahlen verursachen sollte. Dies kann also durch eine stärkere Bindung erklärt werden. Außerdem ist die Bande stark verbreitert gegenüber Al_4C_3, wie das bei einer Mischbesetzung der C2-Position durch C und N zu erwarten ist.

Außerdem nimmt durch den Stickstoffeinbau die chemische Stabilität ab, $Al_{4-x/3}C_{3-x}N_x$ (x = 0-0,34) hydrolysiert schneller als Al_4C_3.

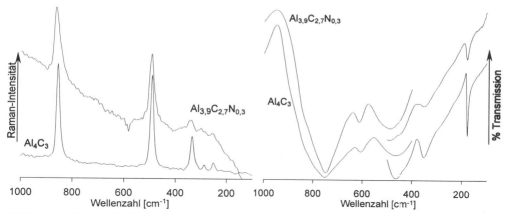

Bild 2: Links: FT-Raman-Spektren von Al_4C_3 (unten) und $Al_{3,9}C_{2,7}N_{0,3}$ (oben), rechts: FT-IR-Spektren von Al_4C_3 (unten) und $Al_{3,9}C_{2,7}N_{0,3}$ (oben)

Al_5C_3N

Von Al_5C_3N fielen honigfarbene, transparente, hexagonale Kristallplättchen an. An einem ausgesuchten Einkristalle wurde eine Röntgenstrukturanalyse durchgeführt. Die Kristallstruktur besteht aus Al_2SiC_3- und Al_2C-Schichten (Bild 1). Im Gegensatz zu den aus Röntgenfilmaufnahmen abgeleiteten Strukturdaten [2] gibt es keinen signifikanten Hinweis für eine geordnete Besetzung der N-Lagen. N und C3 besetzen jeweils zur Hälfte eine Leichtatomposition. Die Al3-Position ist fehlgeordnet. Diese Ergebnisse der Röntgenstrukturanalyse stimmen mit den Ergebnissen für die isomorphe Verbindung α-Al_4SiC_4 überein [4].

Blaues AlN

Als Nebenprodukte bei präparativen Versuchen im System Al/C/N entstanden hexagonale, transparente, blaue, einkristalline Plättchen mit einem maximalem Durchmesser von ca. 1 mm. Durch Röntgenpulverdiffraktogramme konnte die blaue Phase als AlN identifiziert werden. Die Gitterkonstanten des blauen AlN sind im Vergleich zu dem als Edukt eingesetzten farblosen AlN leicht vergrößert (Bild 3). Die wird insbesondere beim Vergleich der Reflexlagen bei hohen Beugungswinkeln deutlich. In der Literatur wurde blaues AlN zwar erwähnt [5,6] und die Hypothese formuliert, daß die blaue Farbe durch Mischkristallbildung mit Al_2CO verursacht [7] würde, eine genauere Charakterisierung erfolgte bisher aber nicht. Um die Ursache der ungewöhnlichen Blauverfärbung zu erforschen, wurden weitere Untersuchungen durchgeführt. An einem ausgewählten Plättchen konnte eine Einkristallröntgenstrukturanalyse durchgeführt werden, die bestätigte, daß es sich um AlN handelt. Die Daten der Einkristallstrukturanalyse lieferten keinerlei Hinweise auf eine Abweichung von der idealen Zusammensetzung.

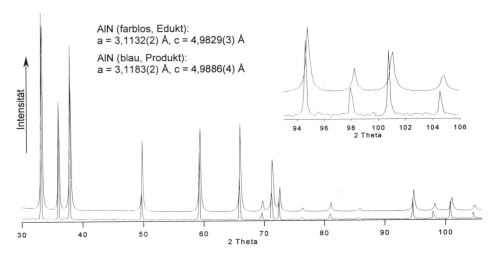

Bild 3: Röntgenpulverdiffraktogramm von blauem (unten) und farblosem (oben) AlN

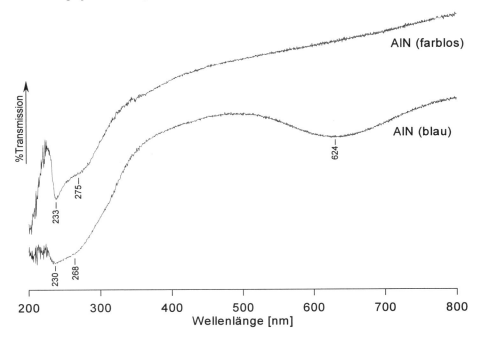

Bild 4: UV/Vis-Spektren von farblosem (oben) und blauem (unten) AlN

Mit Hilfe von WDX-Untersuchungen sollten Abweichungen von der idealen Zusammensetzung ermittelt werden. Insbesondere sollte die in der Literatur vertretene Hypothese, die blaue Farbe werde durch Mischkristallbildung mit Al_2CO verursacht, überprüft werden. Neben einem geringem Sauerstoffgehalt wurde ein Aluminiumunterschuß ermittelt, Kohlenstoff und andere Elemente schwerer als Lithium konnten nicht nachgewiesen werden. Die gemittelte Zusammensetzung des blauen AlN ergibt sich zu $Al_{0,47}N_{0,51}O_{0,02}$. Der Sauerstoffgehalt läßt sich möglicherweise mit der oxidierten Oberfläche der Kristalle erklären, ein Einbau von Sauerstoff in die Kristalle ist aber nicht auszuschließen.

UV/Vis-Untersuchungen zeigten deutliche Unterschiede zwischen blauen und farblosem AlN auf (Bild 4). Besonders deutlich ist die mit der blauen Farbe korrelierte breite Absorptionsbande bei 624 nm erkennbar.

Besonders stark unterscheiden sich die IR-Spektren an Pulverproben (Bild 5). Blaues AlN zeigt abweichend von farblosem AlN im F-IR Bereich (400-100 cm^{-1}) starke Absorption und bei ca. 1150 cm^{-1} ein starkes IR-Fenster. Außerdem ist bei ca. 1000 cm^{-1} eine zusätzliche Bande erkennbar.

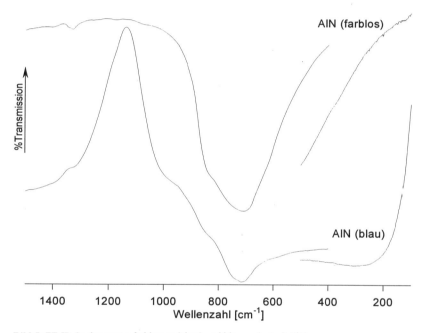

Bild 5: FT-IR-Spektren von farblosem (oben) und blauem (unten) AlN

Erste vorläufige ESR-Untersuchungen an Pulverproben in Zusammenarbeit mit Prof. J. Schneider (FMF) und Prof. D. Siebert (Institut für physikalische Chemie, Universität Freiburg) zeigten eine starke paramagnetische Resonanz (g~2,003, ΔH~125 G), die eventuell auf Sauerstoffeinbau zurückzuführen sein könnte.

Genauere ESR-Untersuchungen (ENDOR), AFM-Untersuchungen und die Untersuchungen der elektrischen Eigenschaften (Kathodolumineszens, elektrische Leitfähigkeit) sind geplant und sollen Aufschlüsse über mögliche Farbzentren und elektronische und strukturelle Besonderheiten des blauen AlN liefern. Weiterhin ist geplant, die Ergebnisse der Untersuchungen an blauem AlN mit über MBE hergestellte einkristallinen AlN-Schichten auf SiC und Al_2O_3 zu vergleichen.

Literatur

1) H. A. Jehn, *Aluminium-Carbon-Nitrogen*, in: *Ternary Alloys* (G. Petzow, G. Effenberg, Hrsg.), Bd. 3, VCH Verlagsgesellschaft, Weinheim 1990, S. 514.
2) G. A. Jeffrey, V. Y. Wu, *Acta Cryst.* **16** (1963), S. 559-566.
3) G. A. Jeffrey, V. Y. Wu, *Acta Cryst.* **20** (1966), S. 538-547.
4) F. D. Meyer, *Festkörperchemische Untersuchungen von ternären Aluminiumcarbiden mit Bor, Silicium und Stickstoff*, Dissertation, Albert-Ludwigs-Universität, Freiburg 1998.
5) G. Long, L. M. Foster, *J. Am. Ceram. Soc.* **42** (1959), S. 53.
6) J. A. Kohn, P. G. Cotter, R. A. Potter, *Am. Mineralogist* **41** (1956), S. 355-359.
7) G. A. Slack, T. F. McNelly, *J. Crystal Growth* **34** (1976), S. 263-279.

Borcarbid/Aluminium-Verbundwerkstoffe:
Charakterisierung bekannter und bisher unbekannter Phasen

Falko D. Meyer, Institut für Anorganische und Analytische Chemie und Materialforschungszentrum FMF, Universität Freiburg; Harald Hillebrecht, Institut für Anorganische Chemie, Universität Bonn

Einleitung

Die Verbindungen des Systems Al/B/C sind wegen ihrer großen chemischen und thermischen Stabilität für die Entwicklung leichter, nichtoxidischer Keramiken von großer Bedeutung. Von besonderem Interesse sind Borcarbid/Aluminium-Komposite. Herstellung und Eigenschaften dieser Cermets und Faserverbundwerkstoffe sind Gegenstand vieler Patente und Untersuchungen [1].
Beim Sintern von Borcarbid-Bauteilen mit aluminiumhaltigen Sinterhilfen entstehen ternäre Phasen des Systems Al/B/C. Auch bei der Herstellung von Borcarbid/Aluminium-Kompositen können ternäre Phasen entstehen. Dies ist sowohl bei Borcarbid-Faserverbundwerkstoffen mit aluminiumhaltiger Matrix als auch bei Cermets (mit Borcarbid-Partikeln verstärkten Aluminiumlegierungen) der Fall. Diese Phasen können das Mikrogefüge an der Grenzschicht Borcarbid-Aluminium und damit die Eigenschaften von Borcarbid/Aluminium-Verbundwerkstoffen nachhaltig beeinflussen. Die Literaturangaben bezüglich Zusammensetzung und Bildung der ternären Phasen sind größtenteils widersprüchlich, alle bekannten Phasendiagramme sind unvollständig und fehlerhaft.
Im System Al/B/C sind die binären Verbindungen Al_4C_3, δ-Al_4C_3, AlB_2, AlB_{10}, α-AlB_{12}, β-AlB_{12}, γ-AlB_{12} und "B_4C" und die ternären Verbindungen $Al_8B_4C_7$, $Al_4B_{1-3}C_3$, Al_4BC, Al_3BC und die borreichen Boride $B_{48}Al_3C_2$, $B_{51}Al_{2,1}C_8$, $B_{24}AlC_4$, $B_{12}AlC_2$ und $B_{40}AlC_4$ in der Literatur beschrieben worden [2,3,4].
Es herrscht große Unsicherheit bezüglich der Zusammensetzung der Phasen (binäre oder ternäre Verbindungen?), der Kristallstrukturen und darüber, welche Phasen miteinander identisch sind. Die binären Verbindungen Al_4C_3, AlB_2, α-AlB_{12}, γ-AlB_{12} und "B_4C" sind eindeutig charakterisiert. Bei den ternären Verbindungen ist nur für $B_{51}Al_{2,1}C_8$, welches mit AlB_{10} und $B_{24}AlC_4$ identisch sein soll, eine Einkristallstrukturanalyse auf der Basis von Filmdaten bekannt.
Das binäre β-AlB_{12} ist wahrscheinlich mit dem ternären $B_{48}Al_3C_2$ identisch, ebenso $B_{12}AlC_2$ mit $B_{40}AlC_4$. Die Phasen $Al_8B_4C_7$, $Al_4B_{1-3}C_3$, δ-Al_4C_3 sind wahrscheinlich identisch, ebenso wie Al_4BC und Al_3BC.
Die Synthese der Verbindungen erfolgte im Hochtemperaturofen im Temperaturbereich von 950°C bis 1900°C aus zu Tabletten gepreßten Pulvern der Elemente.

Ergebnisse

Im Rahmen dieser Arbeit wurden alle in der Literatur beschriebenen Verbindungen erhalten und strukturell und analytisch untersucht. Von besonderer Bedeutung war eine zuverlässige simultane Analyse der leichten Elemente Bor und Kohlenstoff mittels WDX und RBS (Rutherford-Rückstreuspektroskopie).
Zusätzlich wurde die bisher unbekannte Mischkristallreihe $Al_4B_xC_{3-x}$ (x = 0-0,66) erhalten und charakterisiert.

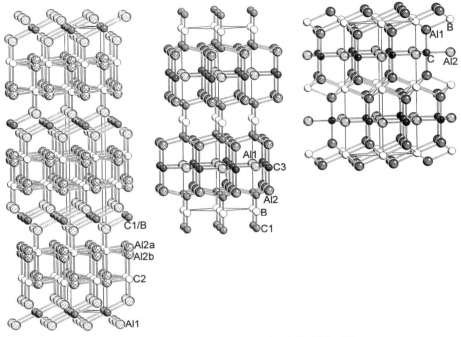

Bild 1: Kristallstrukturen von $Al_4B_xC_{3-x}$ (links), Al_3BC_3 (Mitte) und Al_3BC (rechts)

$Al_4B_xC_{3-x}$ (x = 0–0,66)

Bei präparativen Untersuchungen fielen häufig rubinrote, transparente, hexagonale, plättchenförmige Kristalle an. Dem Röntgenpulverdiffraktogramm zufolge handelte es sich hierbei um Aluminiumcarbid mit leicht vergrößerten Gitterkonstanten. Al_4C_3 ist in der Literatur als gelb beschrieben, die roten Kristalle wurden daher genauer untersucht. Röntgenstrukturanalysen an ausgesuchten Einkristallen ergaben die Al_4C_3-Struktur, allerdings mit einem Elektronendefizit auf der oktaedrisch koordinierten C1-Position und einer Fehlordnung der Al2-Position.

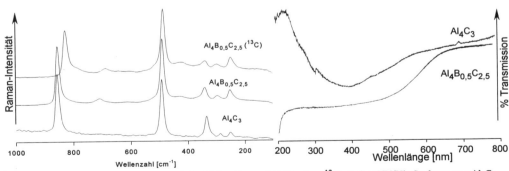

Bild 2: Links: FT-Raman-Spektren von Al_4C_3, $Al_4B_{0,5}C_{2,5}$ und $Al_4B_{0,5}C_{2,5}$ (^{13}C); rechts: UV/Vis-Spektren von Al_4C_3 und $Al_4B_{0,5}C_{2,5}$

Durch WDX-Untersuchungen ließ sich die teilweise Substitution von Kohlenstoff durch Bor nachweisen. Es entsteht die bisher unbekannte Mischkristallreihe $Al_4B_xC_{3-x}$ (x = 0-0,66) durch teilweise Substitution von Kohlenstoff durch Bor auf der C1-Position (Bild 1). Vergleichende schwingungsspektroskopische Untersuchungen stimmen mit dem Strukturmodell überein, durch den Boreinbau treten zusätzliche Banden auf (Bild 2). Zum besseren Verständnis der Schwingungsspektren wurden zusätzlich mit ^{13}C angereicherte Proben hergestellt und untersucht.

Mit Hilfe der UV/Vis-Spektroskopie wurde die Auswirkung auf die elektrischen Eigenschaften untersucht (Bild 2). Al_4C_3 ist ein Isolator, die Substanz wird durch den Boreinbau zum Halbleiter, die Bandlücke verkleinert sich.

Außerdem steigt durch den Boreinbau die chemische Stabilität, die Hydrolysebeständigkeit nimmt zu.

Al_3BC_3

Von der in der Literatur als fälschlicherweise als $Al_4B_{1-3}C_4$ oder $Al_8B_4C_7$ beschriebenen Verbindung [5] konnten bei hohen Temperaturen gelbe, transparente, hexagonale, plättchenförmige Kristalle erhalten werden. Analytische Untersuchungen mittels WDX ergaben die Zusammensetzung Al_3BC_3.

An ausgesuchten Einkristallen konnte eine Röntgenstrukturanalyse durchgeführt werden. Die Kristallstruktur von Al_3BC_3 besteht aus Al_3C-Schichten, die durch CBC-Gruppen verbunden werden (Bild 1). Es ist das erste bekannte Carbidcarborat mit isolierten C^{4-}- und linearen CBC^{5-}-Anionen.

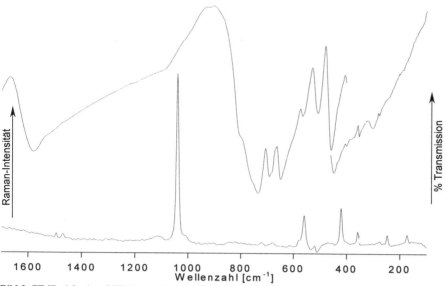

Bild 3: FT-IR- (oben) und FT-Raman-Spektren (unten) von Al_3BC_3

Die zu CO_2 isolektronischen CBC^{5-}-Anionen konnten erstmals strukturell und schwingungsspektroskopisch charakterisiert werden (Bild 3). Damit ist CBC^{5-} das 16-Elektronensystem mit der höchsten bekannten negativen Ladung. Dies ist von besonderer Bedeutung bei der Bestimmung der Phasenbreite von Borcarbid und der Interpretation der Schwingungsspektren von Borcarbid.

Die Kompressibilität von Al_3BC_3 wird derzeit in Zusammenarbeit mit Dr. V. Solozhenko (Institute for Superhard Materials, Kiev) untersucht.

Al_3BC

Schwarzblaue, hexagonale, plättchenförmige Kristalle von Al_3BC wurden schon bei relativ niedrigen Temperaturen erhalten. Die Verbindung entsteht schon bei 600°C durch die Reaktion von Borcarbid mit Al [3]. Die in der Literatur kontrovers diskutierte Zusammensetzung [6,7] wurde durch WDX-Untersuchungen zu Al_3BC bestimmt.

An ausgesuchten Einkristallen konnte eine Röntgenstrukturanalyse durchgeführt werden. Die Kristallstruktur von Al_3BC besteht aus isolierten, oktaedrisch von Aluminium koordinierten B-Atomen und isolierten, [4+1]-von Aluminium koordinierten C-Atomen (Bild 1). Damit ist Al_3BC das erste Boridcarbid mit isolierten B- und C-Atomen.

Trotz der nahezu schwarzen Farbe der Verbindung gelang es, eine vollständiges Schwingungsspektrum zu erhalten.

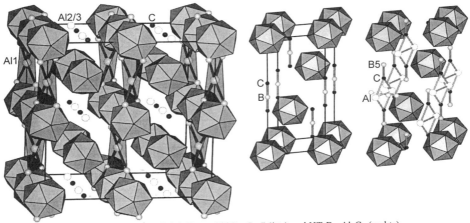

Bild 4: Kristallstruktur von $B_{48}Al_3C_2$ (links), Borcarbid $B_{13}C_2$ (Mitte) und HT-$B_{51}Al_2C_8$ (rechts)

$B_{48}Al_3C_2$

Von $B_{48}Al_3C_2$, einem der härtesten bekannten Stoffe, wurden oktaederähnliche Kristalle mit der max. Größe von 1,3 cm erhalten. In der Literatur war die Frage strittig, ob $B_{48}Al_3C_2$ eine kohlenstoffhaltige ternäre oder eine binäre (β-AlB_{12}) Verbindung ist [4,8]. Durch quantitative analytische Untersuchungen mittels WDX und RBS konnte Kohlenstoff eindeutig nachgewiesen (Bild 5) und die Zusammensetzung zu $B_{48}Al_3C_2$ bestimmt werden. Die RBS-Untersuchungen an

großen $B_{48}Al_3C_2$-Kristallen wurden in Zusammenarbeit mit Prof. R. Brenn (FMF) durchgeführt. Dies ist die erste analytische Untersuchung von borreichen Boriden mittels RBS.
An einem ausgesuchten Einkristall von $B_{48}Al_3C_2$ konnte erstmals eine vollständige Kristallstrukturanalyse durchgeführt werden. Bisher war dies durch Zwillingsprobleme verhindert worden [9]. Die Kristallstruktur wird von B_{12}-Ikosaedern dominiert und läßt sich vom sog. „tetragonalen Bor I" ableiten (Bild 4), die Zwillingsprobleme lassen sich mit geordneten Besetzungsmustern der Lücken zwischen den B_{12}-Ikosaedern durch Al1-Atome erklären.

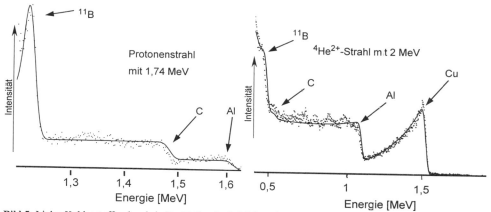

Bild 5: Links: Kohlenstoffnachweis in $B_{48}Al_3C_2$ mittels RBS; rechts: Nachweis des Einbaus von Kupfer an der Oberfläche von $B_{48}Al_3C_2$ mittels RBS

Durch temperaturabhängige Röntgenpulverdiffraktometrie und DTA-Untersuchungen konnte bei ca. 650°C eine reversible Phasentransformation der orthorhombischen Tieftemperaturmodifikation in die tetragonale Hochtemperaturmodifikation nachgewiesen werden (Bild 6).
Borreiche Boride werden als Thermoelektrika angewendet. In Zusammenarbeit mit Prof. Werheit (Universität Duisburg) werden die thermoelektrischen Eigenschaften von $B_{48}Al_3C_2$ untersucht. Um die elektrischen Eigenschaften zu variieren, wurde versucht, Aluminium durch andere Elemente zu ersetzen. Es gelang, Aluminium zur Hälfte durch Silicium zu ersetzen. Die Verbindung $B_{48}Al_{1,5}Si_{1,5}C_2$ ist identisch mit der in Literatur fälschlicherweise als $B_{48}Al_3Si$ beschriebenen Verbindung [10]. Der Siliciumeinbau ist auch in den Raman-Spektren (Bild 6) sichtbar.
An der Oberfläche von $B_{48}Al_3C_2$-Kristallen wurde Al zur Hälfte durch Kupfer ersetzt, was mit RBS-Untersuchungen nachgewiesen werden konnte (Bild 5). Außerdem gelang es, $B_{48}Al_3C_2$-Kristalle mit Titan bzw. Vanadium zu dotieren.

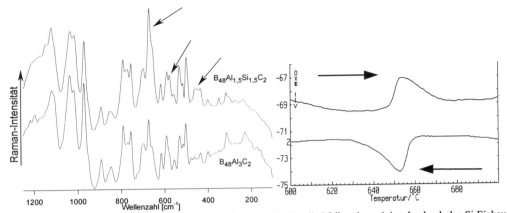

Bild 6: Links: FT-Raman-Spektren von $B_{48}Al_3C_2$ und $B_{48}Al_{1,5}Si_{1,5}C_2$, die Pfeile zeigen einige der durch den Si-Einbau verursachten deutliche Änderungen; rechts: DTA-Untersuchungen der reversiblen Phasentransformation von $B_{48}Al_3C_2$, oben: Aufheizkurve, unten: Abkühlkurve

$B_{51}Al_2C_8$

Schwarze, metallisch glänzende Kristalle von HT-$B_{51}Al_2C_8$ entstehen durch den Einbau von Aluminium in Borcarbid. HT-$B_{51}Al_2C_8$ ist nach Diamant, c-BN und Borcarbid wahrscheinlich der vierthärteste Stoff. An ausgesuchten Einkristallen gelang eine Röntgenstrukturanalyse. Die Ergebnisse unserer Strukturanalyse sind zum Teil mit den für $B_{40}AlC_4$ aus Film-Daten ermittelten [11] identisch. HT-$B_{51}Al_2C_8$ unterscheidet sich von Borcarbid (Bild 4) dadurch, daß etwa ¼ der B-Atome der CBC-Gruppen durch Al_2-Paare ersetzt werden. Dadurch verschieben sich die C-Atome, und eine zusätzliche Bor-Lage wird besetzt (Bild 4).

Kristalle von RT-$B_{51}Al_2C_8$ [12] wurden ebenfalls erhalten, aufgrund von Zwillingsproblemen war eine Strukturanalyse bis jetzt nicht möglich.

Literatur

1) F. D. Meyer, *Festkörperchemische Untersuchungen von ternären Aluminiumcarbiden mit Bor, Silicium und Stickstoff*, Dissertation, Albert-Ludwigs-Universität, Freiburg 1998.
2) H. L. Lukas, *Aluminium-Boron-Carbon*, in: *Ternary Alloys* (G. Petzow, G. Effenberg, Hrsg.), Bd. 3, VCH Verlagsgesellschaft, Weinheim 1990, S. 140-146.
3) J. C. Viala, J. Bouix, G. Gonzalez, C. Esnouf, *J. Mater. Sci.* **32** (1997), S. 4559-4573.
4) V. I. Matkovich, J. Economy, R. R. Giese Jr., *J. Am. Chem. Soc.* **86** (1964), S. 2337-2340.
5) Z. Inoue, H. Tanaka, Y. Inomata, *J. Mater. Sci.* **15** (1980), S. 3036-3040.
6) J. C. Viala, G. Gonzalez, J. Bouix, *J. Mater. Sci. Lett.* **11** (1992), S. 711-714.
7) A. J. Pyzik, D. R. Beaman, *J. Am. Ceram. Soc.* **78** (1995), S. 305-312.
8) W.-F. Du, T. Watanabe, *J. Eur. Ceram. Soc.* **17** (1997), S. 879-884.
9) V. I. Matkovich, J. Economy, R. R. Giese Jr., *Z. Kristallogr.* **122** (1965), S. 108-115.
10) L. K. Lamikhov, V. A. Neronov, V. N. Rechkin, T. I. Samsonova, *Izv. Akad. Nauk SSSR, Neorg. Mater.* **5** (1969), S. 1214-1217; *Inorg. Mater.* **5** (1969), S. 1034-1036.
11) H. Neidhard, R. Mattes, H. J. Becher, *Acta Cryst.* **26** (1970), S. 315-317.
12) A. J. Perrotta, W. D. Townes, J. A. Potenza, *Acta Cryst. B* **25** (1969), S. 1223-1229.

Experimentelle Bestimmung des Festigkeitsverhaltens von Al_2O_3- und MgO-ZrO_2-Keramiken unter mehraxialer Beanspruchung

S. Krüger, H.-J. Barth, Technische Universität Clausthal (D)

Einleitung
Der Einsatz von Maschinenelementen aus Keramik bei besonderen thermischen, chemischen oder mechanischen Umgebungsbedingungen ist heute Stand der Technik. Es existiert eine Vielzahl von Anwendungsfällen, bei denen keramische Werkstoffe aufgrund ihrer besonderen Eigenschaften konventionelle Werkstoffe ersetzt haben. In der Konstruktionspraxis werden jedoch zur Bauteilauslegung kaum ingenieurtechnische Festigkeits- und Lebensdauerberechnungen durchgeführt. Gründe hierfür sind die Notwendigkeit einer wahrscheinlichkeitstheoretischen Auslegung (Weibull-Statistik), fehlende oder unsichere Werkstoffparameter, nicht bekannte Gültigkeitsbereiche und hohe Kompliziertheit bestehender Mehrachsigkeitshypothesen und Lebensdauermodelle. Es besteht daher Bedarf an der Entwicklung eines praxisgerechten Berechnungsverfahren für keramische Bauteile. Als Voraussetzung hierfür müssen experimentell Festigkeits- und Lebensdauerdaten an ein- und mehrachsig beanspruchten Werkstoffproben ermittelt werden.

Werkstoffe und Probengestaltung
In die Festigkeitsstudie werden folgende Werkstoffe einbezogen: mit Magnesiumoxid teilstabilisiertes Zirkondioxid (MgO-ZrO_2, Handelsbezeichnung FZM), reines Aluminiumoxid (Al_2O_3, Handelsbezeichnung F99,7). Hersteller der Proben ist die Firma Friatec AG, Mannheim (D). Die Festlegung der Probengeometrie erfolgte mit dem FEM-Programm Marc/Mentat in Verbindung mit einem statistischen Subprozessor zur Berechnung der Ausfallwahrscheinlichkeiten. Als Gestaltungskriterien dienten die Lage der größten lokalen Ausfallwahrscheinlichkeit, Spannungsgradienten in der Probe, erwartete Versagenskräfte und -drücke, Stabilitätsprobleme bei Druckbeanspruchung (Beulen, Knicken), Herstellaufwand und Kosten. Die Probe wurde so gestaltet, daß Versagen für alle Lastfälle (Zug, Druck, Innendruck, Außendruck) mit hoher Wahrscheinlichkeit in der Mitte (Taille) erfolgt (Bild 1). Die Oberflächen der Proben wurden innen und außen gehont. Der tatsächlich erreichte Mittenrauhwert beträgt Ra < 0,8 µm.

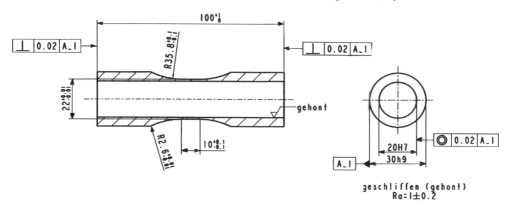

Bild 1: Probengeometrie und -tolerierung

Meßprinzip und Meßverfahren

Die Ermittlung mechanischer Festigkeitswerte an Keramikproben ist wegen der Sprödigkeit keramischer Werkstoffe nicht trivial. Bereits kleine Fehler in der Lasteinleitung können zu unkontrollierten Spannungsüberhöhungen und somit zu falschen Meßergebnissen führen. Eine Überwachung der Probeneinspannung und der Lasteinleitung ist daher unerläßlich. Hierzu befinden sich auf jeder Probe in der Probenmitte auf der Außenoberfläche drei DMS um jeweils 120 ° versetzt. Aus der Differenz der örtlichen Dehnungen wird der Anteil der Biegespannung an der Bruchspannung bestimmt.

Die Probe wird mit einem Ringfederspannelement aus Bronze eingespannt (Bild 2). Die erforderliche Flächenpressung für einen Reibschluß wird durch DMS-kontrolliertes Verspannen des Stempels Zug mit dem Stempel Einspannung/Druck aufgebracht. Durch die Probengeometrie ist sichergestellt, daß die geforderten Einspannkräfte praktisch keinen Einfluß auf die Spannungsverteilung in der Probenmitte haben. Bei Druckbelastung wird die Kraft über die Stirnfläche der Probe mittels einer sphärischen Kontaktscheibe (Ausgleich von Winkeltoleranzen) eingeleitet. Für Innendruckbelastung wird der Stempel Innendruck in die Probe gefahren, bis diese birst. Als Druckmedium dient ein zähes Silikonöl[1].

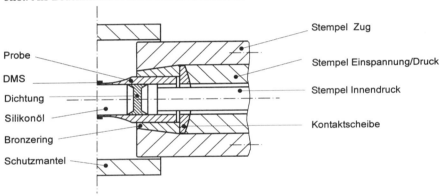

Bild 2: Probeneinspannung

Meßgrößen sind Kraft, Dehnung und Zeit. Die Last wird rampenförmig bis zum Probenbruch mit einer Belastungsgeschwindigkeit von ca. 50 MPa/s aufgebracht. Es ergeben sich abhängig von der Probenfestigkeit Versuchszeiten von 4 s (Al_2O_3) bis 9 s ($MgO\text{-}ZrO_2$). Zur Bestimmung der Weibull-Parameter und der elastischen Kennzahlen werden Zug-, Druck- und Innendruckversuche durchgeführt. Bei den Mehrachsigkeitsversuchen wird die Probe gleichzeitig mit Innendruck und Zug oder Druck belastet.

Meßergebnisse und Auswertung

$MgO\text{-}ZrO_2$ besitzt ein quasi-plastisches Dehnungsverhalten, was den degressiven Verlauf im Spannungs-Dehnungs-Diagramm (Bild 3) erklärt. Ursache ist die energiedissipative Umwandlung von tetragonalen Ausscheidungen in die stabile monokline Modifikation, die durch die Beanspruchung ausgelöst wird (1). Die gesteigerte Rißzähigkeit hat hohe Weibull-Parameter zur Folge (σ_{0char} = 455 MPa, m = 20).

---

[1] Die Einspannung wurde im Rahmen des europäischen Forschungsprogrammes „The Innovation Programme" entwickelt (Proj.-Nr. IN 10395 I). Der Europäischen Kommission wird für die Finanzierung des Projektes gedankt.

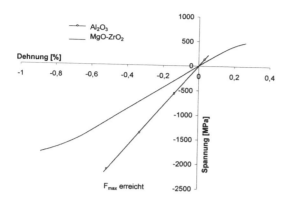

Bild 3: Spannungs-Dehnungsverläufe der Rohrproben aus Al$_2$O$_3$ und MgO-ZrO$_2$

Al$_2$O$_3$ verhält sich linear-elastisch bis zum Bruch („ideal-spröde"). Die Weibull-Parameter sind vergleichsweise gering (σ_{0char} = 213 MPa, m= 8,5). Wegen der begrenzten maximalen Prüfkraft von F$_{max}$ = 150 kN kann Versagen unter Druckbelastung nicht erreicht werden. Zum Vergleich von Zug- und Innendruckversuch ist die Ausfallwahrscheinlichkeit der i-ten Probe P_{fi} = (i-0,5)/N als Funktion der charakteristischen Probenfestigkeit σ_{char} im Weibull-Diagramm dargestellt (Bild 4a, 4b). Die durchgezogenen Linien stellen die nach der Maximum-Likelihood ermittelten besten Näherungen der zweiparametrigen Weibull-Verteilung an die Meßwerte dar (2). Wegen der geringen Probenzahlen (15 bzw. 5 Proben) sind die 95 %-igen Konfidenzintervalle (gestrichelte Linien) groß. Trotzdem ist eine signifikante Richtungsabhängigkeit der Probenfestigkeiten erkennbar, da alle Meßwerte des Innendruckversuchs außerhalb des 95 %-igen Konfidenzintervalls für die Meßwerte des Zugversuchs liegen. Die Festigkeit ist bearbeitungsbedingt in Umfangsrichtung größer, was bei der Beurteilung des Mehrachsigkeitsverhaltens berücksichtigt werden muß.

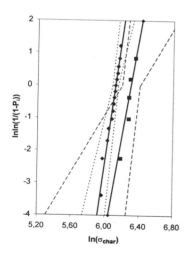

Bild 4a: Probenfestigkeiten MgO-ZrO$_2$

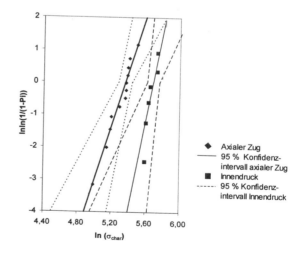

Bild 4b: Probenfestigkeiten Al$_2$O$_3$

Beide Werkstoffe versagen bei mehraxialer Zugbeanspruchung unter der maximalen Spannung (Bild 5a,b). Bei MgO-ZrO$_2$ wird die ertragbare Zugbeanspruchung in tangentialer Richtung mit steigender Druckbelastung in axialer Richtung kleiner. Zusätzlich sind in Bild 5a,b die Grenzkurven nach den Vergleichsspannungshypothesen von Beierlein (3) und Weibull-Stanley (4) für eine Ausfallwahrscheinlichkeit von 63,21 % mit den Weibull-Parametern für Innendruckbelastung eingetragen. Beide Hypothesen sind einfach handhabbar und benötigen nur wenige Werkstoffparameter. Bei uni- und biaxialer Zugbeanspruchung liegt die berechnete Versagenskurve nach Weibull-Stanley im experimentell bestimmten 95 %-igen Konfidenzintervall der charakteristischen Probenfestigkeit. Die mittels FEM vorhergesagten Versagensspannungen für eine Ausfallwahrscheinlichkeit von 63,21 % stimmen mit den experimentell ermittelten überein. Unter Druck versagen die Proben bei deutlich geringeren Belastungen, als nach der Weibull-Stanley-Hypothese zu erwarten wäre. Hier liefert die Beierlein-Hypothese für MgO-ZrO$_2$ bessere Übereinstimmung, für Al$_2$O$_3$ werden allerdings zu kleine Versagensspannungen vorausgesagt. Zumindest bietet die Beierlein-Hypothese für den Konstrukteur die Möglichkeit, bei Beteiligung von Druckbelastungen eine Abschätzung „zur sicheren Seite" durchzuführen. Bei biaxialer Zugbeanspruchung stimmt die Beierlein-Hypothese bei den durchgeführten Untersuchungen nicht mit den experimentell ermittelten Daten überein.

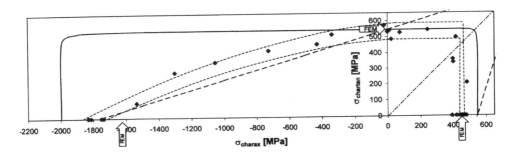

Bild 5a: Mehrachsigkeitsdiagramm MgO-ZrO$_2$

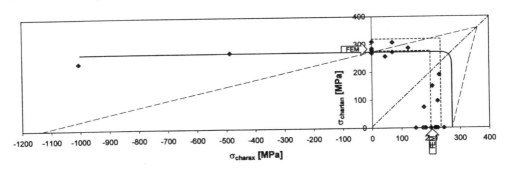

Bild 5b: Mehrachsigkeitsdiagramm Al$_2$O$_3$

```
-------    95 %-ige Vertrauensgrenzen für mittlere charakteristische Probenfestigkeit (63,21 % - Wert)
-----      Vergleichsspannungshyothese nach Beierlein
_____    Vergleichsspannungshypothese nach Weibull-Stanley
-·-·-·-    Symmetrielinie
```

Bruchbilder

Problematisch bei der Auswertung der Bruchbilder spröder Werkstoffe ist die Unterscheidung zwischen Primärbrüchen, die das Versagen lokal auslösen, und Sekundärbrüchen, die als Folge der Primärbrüche auftreten. Makroskopisch betrachtet treten unter Zug Trennbrüche senkrecht zur Hauptnormalspannung auf. Bei axialem Zug ergibt sich ein Querbruch (Bild 6a,b), bei Innendruck ein Längsbruch der Probe (Bild 8a,b). Wie nach den FEM – Berechnungen erwartet, tritt Versagen der Probe bei allen Belastungsarten in der Probenmitte ein.

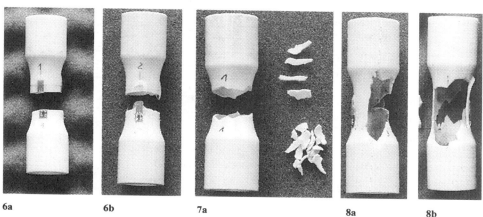

6a   6b   7a   8a   8b

Bild 6-8: Bruchbilder für verschiedene Belastungsarten und Werkstoffe: 6a - Zug MgO-ZrO$_2$, 6b - Zug Al$_2$O$_3$, 7a - Druck MgO-ZrO$_2$, 8a - Innendruck MgO-ZrO$_2$, 8b - Innendruck Al$_2$O$_3$

Bei axialem Druck versagt die Probe in der Mitte unter einer starken Scherbenbildung (Bild 7a). Die Bruchflächen sind vielfach um 30 – 45 ° zur Belastungsrichtung geneigt und stark zerklüftet (Bild 9). Dies weist darauf hin, daß als Versagensursache bei Druckbelastung die Hauptschubspannung als maßgebend angesehen werden kann.

Die makroskopischen Bruchbilder der mehrachsig belasteten Proben ergeben sich aus der Superpostion der Bruchbilder von Zug-, Druck- und Innendruckversuch (Bild 10,11). Bei Beteiligung von axialer Druckbelastung ergeben sich wieder geneigte Bruchflächen.

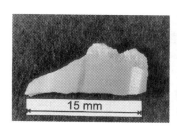 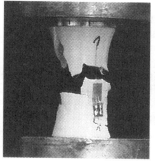 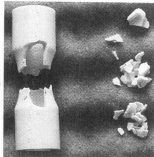

Bild 9: Bruchstück MgO-ZrO$_2$ **Bild 10: Zug-Innendr. MgO-ZrO$_2$**   **Bild 11: Druck-Innendr. MgO-ZrO$_2$**

Fehlerbetrachtung

Eine Fehleranalyse der Meßergebnisse zeigt, daß die größte Unsicherheit bei der Bestimmung der charakteristischen Werkstoffgrößen durch die geringe Probenanzahl verursacht wird (Tabelle 1). Fehler in der Lasteinleitung sind auch beim Zugversuch minimal. Der Anteil der Biegespannungen an der Bruchspannung ist bei allen Belastungsarten kleiner 5 %. Da die Biegespannungen in jedem Versuch bekannt sind, kann ihr Einfluß durch Berücksichtigung des effektiven Volumens rechnerisch bei der Auswertung eliminiert werden.

Werkstoff	Festigkeit			Streuung		
	charakteristische Festigkeit [MPa]			Weibull-Modul		
	σ_{uchar}	σ_{0char}	σ_{ochar}	m_u	m_{korr}	m_o
MgO-ZrO$_2$	440,1	454,67	469,8	11,5	20	27,9
Al$_2$O$_3$	196,98	213,03	230,63	5,1	8,5	13,8

Tabelle 1: Werkstoffparameter (95 % Konfidenzniveau) für Zugversuch

Zusammenfassung

An Rohrproben aus reinem Aluminiumoxid (Al$_2$O$_3$) und teilstabilisiertem Zirkonoxid (MgO-ZrO$_2$) werden uni- und mehraxiale Festigkeitsuntersuchungen durchgeführt.

Mg-PSZ zeigt aufgrund tetragonal-monokliner Phasenumwandlungen pseudo-plastisches Verhalten. Die Weibull-Parameter sind hoch (σ_{0char}=455 MPa, m_{korr} = 20). Al$_2$O$_3$ verhält sich linear-elastisch bis zum Bruch („ideal spröde"). Die Weibull-Parameter sind vergleichsweise gering (σ_{0char} =213 MPa, m=8,5). Unter Zug-Zug-Beanspruchung versagen die Proben unter der maximalen Spannung, bei Beteiligung von Druckbelastungen sinkt die ertragbare Zugspannung. Bei biaxialer Zugbeanspruchung läßt sich das Festigkeitsverhalten gut durch die einfache und somit für die praktische Arbeit geeignete Hypothese von Weibull-Stanley beschreiben. Anhand der Bruchbilder wird gezeigt, daß bei Zugbelastung die Hauptnormal- und bei Druckbelastung die Hauptschubspannungen versagensauslösend sind.

Danksagung

Die Autoren danken der Deutschen Forschungsgemeinschaft für die finanzielle Förderung des Projektes (Geschäftszeichen Ba854/3).

Literatur

(1) Michalowsky, L.(Hrsg.): Neue keramische Werkstoffe, Leipzig: Deutscher Verlag für Grundstoffindustrie GmbH, 1994, S. 353 ff.
(2) DIN ENV 843-5: Monolithische Keramik – Mechanische Prüfungen bei Raumtemperatur, Teil 5: Statistische Auswertung, November 1996
(3) Beierlein, G.: Festigkeitsverhalten keramischer Werkstoffe unter mehrachsiger mechanischer Beanspruchung, Dissertation IH Zwickau, 1988
(4) Fessler, H.; Sivill, A. D.; Stanley, P.: An Engineer's Approach to the Prediction of Failure Probability of Brittle Components, Proceedings of the British Ceramic Society, 1973, 453-487

TEM- und EELS-Untersuchungen an polymerabgeleiteten Si-C-N-Keramiken

H. Müller, H.-J. Kleebe und G. Ziegler
Universität Bayreuth, Institut für Materialforschung (IMA I), Bayreuth

Einleitung

Die Herstellung keramischer Materialien durch die pyrolytische Umsetzung elementorganischer Polymere wird seit Anfang der siebziger Jahre technologisch genutzt, als es Verbeek und Winter (1) sowie Yajima (2) gelang, precursorabgeleitete Siliciumnitrid- bzw. Siliciumcarbidfasern herzustellen. Seither besteht ein wachsendes Interesse, neuartige keramische Materialien hoher Reinheit bei niedrigen Prozeßtemperaturen herzustellen. Die Kombination mit den variablen, der Kunststofftechnologie entlehnten Formgebungsmöglichkeiten hat dazu geführt, daß in jüngerer Zeit verstärkte Aktivitäten an Verbindungen, wie z.B. Polysilazanen, Polycarbosilanen oder Polyborosilazanen (3-6) zu verzeichnen sind. Dieser alternative Ansatz zur Herstellung von nichtoxidischen Hochleistungskeramiken bietet Verarbeitungsvorteile gegenüber konventionellen pulverkeramischen Prozessen, wie z.B. Löslichkeit, Schmelzbarkeit, Verspinnbarkeit und relativ niedrige Organik-Anorganik-Umwandlungstemperaturen. Darüber hinaus ist es ein vielversprechender Weg, völlig neue keramische Materialien hoher Reinheit und homogener Elementverteilung bis in atomare Dimensionen herzustellen. Weiterhin ermöglicht diese Verfahrenstechnik die Herstellung hochtemperaturbeständiger keramischer Fasern (7) sowie keramischer Matrizes für faserverstärkte Verbundwerkstoffe mittels Infiltrationstechniken, basierend auf etablierten kunststofftechnischen Verfahren. Ferner können Nanocomposites hergestellt werden, welche mittels klassischer Methoden oftmals nur schwierig realisierbar sind. Desweiteren wurde gezeigt, daß derartige Polymere als arteigene Bindersysteme für keramische Pulver sowie als Vorstufen für dünne Schichten mit strukturellen oder funktionellen Eigenschaften verwendet werden können (8, 9).

Viele Arbeiten beschäftigen sich mit der thermolytischen Umwandlung präkeramischer Polymere zu einem keramischen Material. Demgegenüber gibt es nur wenige Arbeiten, die sich auf das Kristallisationsverhalten und die thermische Stabilität der precursorabgeleiteten amorphen Struktur konzentrieren, mit Ausnahme der Arbeiten von Monthioux und Delverdier (10, 11) und Kleebe et al. (12, 13) sowie neuere Arbeiten von Bill und Aldinger (14), die die Mikrostrukturentwicklung von polymerabgeleiteten Si-B-C-N und Si-P-C-N Keramiken untersuchten. Um jedoch das gesamte Potential dieser Herstellungsmethode auszunutzen, ist ein genaues Verständnis des Kristallisationsverhaltens und der daran geknüpften thermischen Stabilität, und dabei insbesondere die Korrelation zur molekularen Struktur der Precursoren (chemische Zusammensetzung, Vernetzungsgrad, Funktionalitäten) und zu den Pyrolysebedingungen (maximale Temperatur, Atmosphäre, Aufheizrate) der polymerabgeleitenen Keramiken, von großem Interesse. Das Ziel der vorliegenden Arbeit ist zum einen die Klärung des Zusammenhanges zwischen Polymerarchitektur und Mikrostruktur im amorphen Zustand. Zum anderen wurde das Kristallisationsverhalten der polymerabgeleiteten keramischen Monolithe studiert, wobei die TEM- und im speziellen die hochauflösende Abbildung (HREM) zur Klärung der Keimbildungs- und Kristallisationsmechanismen herangezogen wurde. Ein weiterer Schwerpunkt der Arbeiten sind ELNES-Untersuchungen an der Si-$L_{2,3}$-Kante zur Charakterisierung der Bindungsverhältnisse in den amorphen Keramiken in Abhängigkeit vom verwendeten Precursor. Die Frage dabei ist, inwieweit sich durch geänderte Architektur der Ausgangspolymere unterschiedliche Si-Umgebungen in der pyrolisierten Keramik ausbilden.

Experimentelle Durchführung

Ausgehend von unterschiedlichen Di- und Trichlorsilanen wurden durch Ammonolyse drei definierte Cyclosilazane mit unterschiedlichen Grundbaueinheiten $\{[(NH)SiCH_3CH=CH_2]_x \; [(NH)SiHCH_3]_y$ (HPS); $[(NH)_{1,5}SiCH=CH_2]_x[-(NH)SiHCH_3]_y$ (HVNG); $[(NH)_{1,5}SiCH=CH_2]_x$ (TVS)$\}$ hergestellt. Nach der Synthese wurden die metallorganischen Precursoren mittels Temperaturbehandlung bei 300°C/3h (Aufheizgeschwindigkeit 1 K/min) in N_2-Atmosphäre unter Zugabe eines geeigneten Katalysators in vernetzte, duroplastische Si-C-N-H-Polymere umgewandelt. Anschließendes Mahlen und Sieben lieferte Polymerpulver, das mit 30 Vol.% flüssigem Precursor als arteigenem Binder versetzt wurde. Die Formgebung von monolithischen Grünkörpern (Tabletten, $\varnothing$ 10 mm; Quader, (60*5*5) mm) erfolgte durch uniaxiales Pressen (10 MPa) bei 140°C, um eine Vorvernetzung des zugefügten Precursorbinders zu ermöglichen. Die daraufffolgende Pyrolyse bei 1000°C/1h unter Stickstoff-Atmosphäre bzw. zusätzliche Auslagerungen bei Temperaturen bis zu 1600°C lieferte schließlich teilweise oder vollständig kristallisierte Probekörper. Die Mikrostrukturuntersuchung der Proben erfolgte mittels Transmissionselektronenmikroskopie (TEM) an einem Philips CM20FEG (Feldemissionskathode) Mikroskop, das mit einem energiedispersiven Röntgendetektor (EDX-Ge, Voyager, Noran Instruments) und einem Elektronen-Energieverlust-Spektrometer mit paralleler Detektion (PEELS, Gatan 666) ausgerüstet ist. Neben Hellfeldabbildung (HF), Dunkelfeldabbildung (DF) und hochauflösender Transmissionselektronenmikroskopie (HRTEM) können Elektronenbeugung sowie parallel die erwähnten analytischen Verfahren eingesetzt werden. Die TEM-Probenpräparation erfolgte nach einem Standardverfahren (Diamantsäge, Ultraschallbohrer, mechanisches Schleifen, Dimpeln sowie Ar-Ionen-Dünnen bis zur Perforation). Um elektrostatische Auflandungen unter dem Einfluß des Elektronenstrahles zu minimieren, wurden die Proben mit Kohlenstoff bedampft.

Ergebnisse und Diskussion

Alle untersuchten Monolithe wiesen nach der Auslagerung bei 1540°C/6h in Stickstoff-Atmosphäre eine offene Porosität von etwa 15 % auf und sind daher als „offenporige" Systeme zu bezeichnen, die das Entweichen von gasartigen Zersetzungsprodukten ermöglichen. Andererseits wiesen die Proben durch die Koaleszens der Pulverpartikel mit dem als Binder zugegebenen Precursor während der Pyrolyse größere, homogene Bereiche ohne Restporosität auf, was die Einstufung als „lokal geschlossenes System" erlaubt und damit eine Untersuchung des SiCN-*Bulk*materials ermöglichte. In Abhängigkeit vom verwendeten Precursor (HPS, HVNG oder TVS) konnten mittels transmissionselektronischer Untersuchungen verschiedene Kristallisationsphänomene beobachtet werden. Das vom HVNG-Precursor abgeleitete Material zeigte nach der Temperbehandlung eine homogene, amorphe Mikrostruktur mit wenigen, sphärolithischen Ausscheidungen. Eine TEM-Hellfeldaufnahme einer solchen kristallinen Ausscheidung ist in Bild 1a wiedergegeben. Die Phasenzusammensetzung dieser kristallinen Ausscheidungen bestand aus α-Si_3N_4, SiC und Graphit. Über die Gründe der Kristallisation solcher Sphärolithe wie z.B. lokale Inhomogenitäten (Phasenseparation) oder die Anwesenheit von Verunreinigungen, die die Kristallisation initiieren, kann momentan nur spekuliert werden. Weder EDX, EELS oder hochauflösende Elektronenmikroskopie erlaubten es, die kugeligen Ausscheidungen eindeutig auf eine mikrostrukturelle oder mikrochemische Besonderheit zurückzuführen. Im Gegensatz zum HVNG-Precursor, zeigte das vom HPS-Precursor abgeleitete Material die Kristallisation von µm-großen α-Si_3N_4-Kristalliten in der amorphen Matrix (Bild 2a), während die Mikrostruktur des dritten Precursors (TVS) nach der Temperbehandlung bei 1540°C bei Betrachtung mittels konventioneller TEM bzw. Elektronenbeugung noch vollständig amorph verblieb, was auf eine höhere Resistenz dieses Precursors gegenüber Kristallisation hinweist. Hochauflösende Abbildung (HRTEM) innerhalb der homogenen „amorphen" Bereiche zeigte jedoch, daß das Bulkmaterial der polymerabgeleiteten Materialien nicht, wie vorher angenommen, völlig amorph ist, sondern die Bildung von Kristallisationskeimen in der amorphen Matrix erfolgte, wie in Bild 2b wiedergegeben.

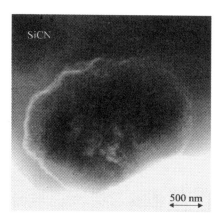

Bild 1a:
TEM-Hellfeldaufnahme einer kugeligen Ausscheidung eines bei 1540°C/6h/N$_2$ getemperten Monolithen. Diese Ausscheidungen bestehen aus nm-großen Kristalliten sowie Porosität, die aus der Kristallisation resultiert.

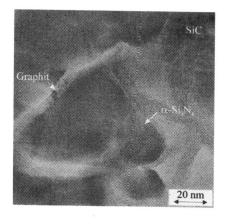

Bild 1b:
HRTEM-Detailaufnahme einer kugeligen Ausscheidung eines bei 1540°C/6h/N$_2$ getemperten Monolithen. Man erkennt die kristallinen Phasen Si$_3$N$_4$ und Graphit.

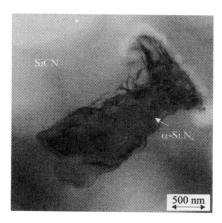

Bild 2a:
TEM-Hellfeldaufnahme des HPS-Precursors nach der Temperung bei 1540 °C/6h/N$_2$. Inmitten der amorphen Matrix ist die Kristallisation von μm-großen Si$_3$N$_4$-Kristalliten zu beobachten.

Bild 2b:
HRTEM-Aufnahme des Bulkmaterials des TVS-Precursors nach Temperung bei 1540°C/6h/N$_2$. Innerhalb der amorphen Matrix ist bereits die Bildung von Kristallisationskeimen zu beobachten.

Die gezeigten Ergebnisse, in Kombination mit NMR-Messungen, führen zu der Schlußfolgerung, daß die Mikrostrukturentwicklung während der Temperung bei 1540°C stark von der Architektur des Precursors abhängt. Die Untersuchungen lassen sich ferner dergestalt interpretieren, daß die Kristallisation der polymerabgeleiteten Keramiken über eine kontinuierliche Umordnung des amorphen SiCN-Netzwerkes mit anschließender lokaler Zersetzung und Kristallisation der thermodynamisch stabilen Phasen verläuft. Zur Klärung des Zusammenhanges zwischen Polymerarchitektur und Mikrostruktur innerhalb des amorphen Bulkmaterials wurden erste EELS-Messungen an einer bei 1400°C bzw. 1540°C ausgelagerten Probe, sowie an Si, SiC, Si_3N_4 und SiO_2-Standards durchgeführt. Diese Ergebnisse sind in Bild 3 dargestellt. Die ELNES-Untersuchungen an der Si-$L_{2,3}$-Kante sollen dabei zur Charakterisierung der Bindungsverhältnisse in den amorphen Keramiken in Abhängigkeit vom verwendeten Precursor herangezogen werden.

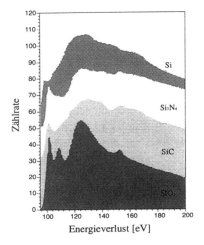 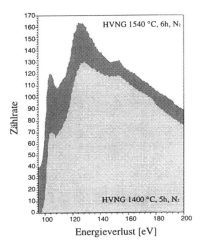

Bild 3a:
ELNES-Spektrum der Si-$L_{2,3}$-Kante für verschiedene Modellsubstanzen

Bild 3b:
ELNES-Spektrum der Si-$L_{2,3}$-Kante des HVNG-Precursors nach Auslagerung bei 1400°C/5h bzw. 1540°C/6h/N_2-Atmosphäre

ELNES-Messungen an der Si-$L_{2,3}$-Kante für die verschiedenen Modellsubstanzen (Bild 3a) bieten die Möglichkeit, anhand der Feinstrukturen der Anregungskanten Aussagen über die Koordination und den Bindungscharakter innerhalb der Verbindung zu treffen. Diese können als eine Art Fingerabdruck der jeweiligen betrachteten Umgebung angesehen werden, der es ermöglicht, die jeweilige Verbindung zu identifizieren. Dabei lassen sich amorphe und kristalline Strukturen mit dieser Methode nicht unterscheiden, da sich der Kristall vom Glas lediglich hinsichtlich seines Ordnungsgrades (Nah/Fernordnung) unterscheidet, das einzelne Si-Atom jedoch lokal die gleiche Umgebung wahrnimmt. So läßt sich z.B. per ELNES ein SiO_2-Glas nicht von einem Quarzkristall unterscheiden. Die in Bild 3a gezeigten Spektren weisen deutliche strukturelle Unterschiede auf. So weist beispielsweise SiO_2 einen schärferen Anfangspeak und ein ausgeprägtes Zwischenmaximum bei 109 eV auf, das bei den anderen Modellsubstanzen nicht zu finden ist. Das dritte Maximum liegt bei 125 eV und ist gegenüber dem zweiten Maximum von Si und SiC zu geringeren Energieverlusten verschoben. Durch Vergleich der Kantenfeinstrukturen der unterschiedlichen precursorabgeleiteten Keramiken mit den Modellsubstanzen kann nun ein Rückschluß auf die lokale Umgebung des Si-Atoms getroffen werden. Die Kantenfeinstruktur des HVNG-Precursors nach Auslagerung bei

1400°C/5h, bzw. 1540°C/6h in N_2-Atmosphäre ist in Bild 3 b wiedergegeben. Die Spektren weisen keine für SiO_2 typischen Merkmale auf, woraus geschlossen werden kann, daß die Sauerstoff-Verunreinigungen in den polymerabgeleitetenn Keramiken sehr gering sind und sich daher nicht im Spektrum widerspiegeln. Dies konnte auch durch chemische Analysen bestätigen werden. Darüber hinaus zeigen die Feinkantenstrukturen erwartungsgemäß die für eine SiC- und Si-N-Umgebung typischen Charakteristika. Eine detaillierte, systematische Untersuchung der Kantenfeinstrukturen der anderen polymerabgeleiteten Keramiken in Abhängigkeit von der Auslagerungstemperatur sowie dem eingesetzten Ausgangsprecursor wird derzeit durchgeführt, ist jedoch noch nicht abgeschlossen. Bei den folgenden Untersuchungen soll vor allem darauf geachtet werden, ob lokale Inhomogenitäten (Phasenseparation) nach Temperung der Proben auftreten und sich im ELNES-Signal widerspiegeln.

Zusammenfassung und Ausblick

Ausgehend von unterschiedlichen Modellpolymeren mit unterschiedlicher Precursorarchitektur konnten verschiedene Kristallisationsphänomene beobachtet werden. Während das vom HVNG-Precursor abgeleitete Material nach der Temperbehandlung bei 1540°C/6h in Stickstoff-Atmosphäre sphärische Ausscheidungen mit den kristallinen Phasen SiC, Si_3N_4 und Graphit in einer amorphen Matrix zeigte, konnten im HPS-abgeleiteten Material µm-große Si_3N_4-Kristallite nachgewiesen werden. Eine Kristallisation von sphärolithischen Ausscheidungen war in diesem Material jedoch nicht zu erkennen. Die Mikrostruktur des TVS-Precursors erschien bei Betrachtung mittels konventioneller TEM nach der Temperbehandlung noch komplet amorph, wobei die hochauflösende TEM jedoch bereits die Bildung von Kristallisationskeimen innerhalb der amorphen Matrix zeigte. Die beobachteten Kristallisationsphänomene für verschiedene Precursor-abgeleitete Keramiken nach Temperung bei 1540°C/6h/N_2 weisen auf eine unterschiedliche Kristallisationsneigung der verschiedenen Materialien hin. Anhand von ELNES-Untersuchungen an der Si-$L_{2,3}$ Kante soll nun der Zusammenhang zwischen Polymerarchitektur und Mikrostruktur untersucht sowie die Frage geklärt werden, ob Kristallisation der polymerabgeleiteten Keramiken stets eine Phasenseparation im amorphen Zustand vorangeht.

Literaturübersicht

(1) W. Verbeek, G. Winter, "German Patent 2236078" (1974).
(2) S. Yajima, K. Okamura, J. Hayashi, M. Omori J. Am. Ceram. Soc. **59** [7-8] (1976) 324-27.
(3) J. Hapke, G. Ziegler, Adv. Mater. **7** [4] (1995) 380-84.
(4) M.Birot, J-P. Pillot, J. Dunoguès, Chemical Reviews, **95** [5] (1995) 1443-1478.
(5) R. Riedel, J. Bill, A. Kienzle, Appl. Organomet. Chem. **10** (1996) 241.
(6) J. Lücke, J. Hacker, D. Suttor, G. Ziegler, Appl. Organomet. Chem. **11** (1997) 181-94.
(7) T. Vaahs, M. Brück, W. D. G. Böcker, Adv. Mater. **4** [3] (1992) 224-26.
(8) M.R. Mucalo, N.B. Milestone, I.C. Vickridge, M.V. Swain, J. Mater. Sci **29** (1994) 4487-99.
(9) G. Passing, H. Schönfelder, R. Riedel, R. J. Brook, Br. Ceram. Trans. **92** [1] (1993) 21-22.
(10) O. Delverdier, M. Monthioux, A. Oberlin, A. Lavedrine, D. Bahloul, P. Goursat, High Temp. Chem. Processes **1** (1992) 139-49.
(11) M. Monthioux, O. Delverdier, J. Eur. Ceam. Soc. **16** (1996) 721-37.
(12) H.-J. Kleebe, D. Suttor, H. Müller, G. Ziegler, J. Am. Ceram. Soc. (1998) in press.
(13) H.-J. Kleebe, Phys. Stat. Sol. (A) **166** (1998) 297-314.
(14) J. Bill, F. Aldinger, Adv. Mater. **7** [9] (1995) 775-87.

Waldemar Hermel
(Herausgeber)

Band VII

**Symposium 9
Keramik**

Neue Konzepte

XI.

SPP*: Fasern/Matrix

* DFG-Schwerpunktprogramm „Höchsttemperaturbeständige Leichtbauwerkstoffe, inbesondere keramische Verbundwerkstoffe"

Monokristalline Siliciumnitrid-Filamente durch katalysierte chemische Gasphasenabscheidung

B. Linner, M. A. Guggenberger, K. J. Hüttinger, Institut für Chemische Technik, Universität Karlsruhe, Karlsruhe

Einleitung

Die Anforderungen an höchsttemperaturbeständige Leichtbauwerkstoffe können nur von faserverstärkten keramischen Verbundwerkstoffen erfüllt werden. Für die Herstellung solcher Verbundwerkstoffe fehlt es mit Ausnahme der Kohlenstofffasern an geeigneten keramischen Fasern. Die Anwendung von Kohlenstofffasern in oxidierende Atmosphäre ist jedoch auf Temperaturen bis etwa 500 °C begrenzt. Oxidationsschutzschichten sind aufgrund der unterschiedlichen thermischen Ausdehnungen von Faser und Schutzschicht äußerst problematisch; das Problem ist nicht gelöst. Verfügbare Keramikfasern sind in der Regel polykristallin und besitzen keine stöchiometrischen Zusammensetzungen. Demzufolge ist ihre Hochtemperaturstabilität begrenzt, im Falle von Langzeitanwendungen auf etwa 1000 °C.

Hochtemperaturstabile Keramikfasern müßten entweder monokristallin oder rein amorph sein. Aussichtsreiche Entwicklungen amorpher Fasern basieren auf dem System Si, B,C,N. Monokristalline Fasern lassen sich durch katalysierte chemische Gasphasenabscheidung synthetisieren. In der vorliegenden Arbeit wurde eine solche Synthese zur Herstellung von monokristallinen Siliciumnitridfasern untersucht. Besonderes Ziel war es, eine umweltfreundliche Synthese zu entwickeln; demzufolge wurde auf übliche Chlorsilane als Siliciumquelle verzichtet.

Eine katalysierte chemische Gasphasenabscheidung von Filamenten basiert auf einem Lösungs- Ausscheidungs-Mechanismus. Damit wird die Wahl des Katalysators zu einem zentralen Problem. Er muß die Dissoziation der flüchtigen Ausgangsverbindungen beschleunigen, die Elemente der Filamente (Silicium und Stickstoff) lösen und eine hohe Diffusionsgeschwindigkeit der Elemente gewährleisten. Auf keinen Fall darf er stabile Silicide und Nitride bilden. Eisen erfüllt diese Bedingungen zumindest in erster Näherung.

Aufgrund der Forderungen wurde folgende Synthese untersucht (Gl. (1)):

$$3SiH_x + 4NH_3 \stackrel{[Fe]}{=} Si_3N_4 + (6 + \frac{3}{2}x)H_2 \tag{1}$$
$$x = 0 \ldots 3.$$

Filamentwachstum wird bei katalysierten chemischen Gasphasenabscheidungen nur dann erhalten, wenn der pulverförmige Katalysator das Substrat nicht benetzt. In diesem Falle wachsen die Filamente von der Oberfläche des Substrates und der Katalysator befindet sich an der Spitze der wachsenden Filamente. Für obige Synthese ist Aluminiumoxidkeramik ein bevorzugtes Substrat.

Durchführung der Synthese
Nach Gl. (1) werden als Siliciumquelle Siliciumsubhydride verwendet. Monosilan, SiH_4, wird bei Synthesetemperaturen von ≥ 1300 °C vor Erreichen des Katalysators zersetzt. Die Subhydride werden in situ bei 1300 °C durch Umsetzung von Siliciumpulver mit Wasserstoff erzeugt. Das verwendete Siliciumpulver (technische Reinheit) wird mit einem N_2/H_2-Gemisch (90:10) bei 1150 °C 1,3 h vorbehandelt. Hierbei bildet sich auf der Teilchenoberfläche eine Siliciumnitridschicht, die ein Zusammensintern der Teilchen verhindert.

Der Abscheidereaktor besteht aus einem beidseitig verschlossenen, horizontalen Aluminiumoxid-Keramikrohr, das von außen beheizt wird. In der Mitte des Rohres befindet sich ein Plättchen aus Aluminiumoxidkeramik, auf das die Katalysatorteilchen (Durchmesser ca. 5 - 10 µm) aufgebracht werden. Die Eduktgase werden im Katalysator getrennt zugeführt. Im unteren Bereich des Rohrquerschnitts befindet sich hierzu ein weiteres Rohr zur Aufnahme des Siliciumpulvers (Durchmesser ca. 100 µm) und zur Zuführung des Wasserstoffs; es reicht bis kurz vor das Substratplättchen. Im oberen Bereich des Rohrquerschnitts ist von derselben Seite ein dünneres, am Ende verschlossenes Rohr zur Einleitung von Ammoniak bzw. Ammoniak/Inertgasgemischen eingeführt. Es reicht bis zur Mitte des Substratplättchens und besitzt am Ende eine nach unten gerichtete Öffnung für den Gasaustritt.

Ergebnisse
Durchführung und Optimierung der Synthese erforderten a priori detaillierte Untersuchungen der Kinetik sowohl der in situ-Erzeugung der Subhydride als auch der Filamentbildung. Ein entscheidendes Ergebnis zum ersten Problem betrifft die Nitridierung der Siliciumteilchen. Eine maximale Bildungsgeschwindigkeit der Subhydride wird, wie oben angegeben, nach einer Nidridierungsbehandlung mit einem N_2/H_2-Gemisch (90:10) bei 1150 °C (1,3 h) erreicht. Nach dieser Behandlung ergibt sich offenbar eine Nitridschicht optimaler Dicke, um (a) ein Zusammensintern der Teilchen zu verhindern und (b) die Diffusion von Wasserstoff und Subhydriden nicht entscheidend zu beeinträchtigen. Die Reaktion verläuft bis zu einem Siliciumumsatz bzw. -verbrauch von etwa 60 % stationär, was für die Filamentsynthese zwingend erforderlich ist. Umfangreiche thermodynamische Berechnungen ergaben, daß der aus den Experimenten ermittelte Partialdruck der Siliciumsubhydride um Größenordnungen über dem Gleichgewichtspartialdruck liegt.

Die Elementarschritte der Filamentsynthese sind in Bild 1 zusammengefaßt. Die entscheidenden Primärschritte am Katalysator sind Adsorption und Dissoziation der Eduktgase an der Katalysatoroberfläche sowie die Lösung von Silicium und Stickstoff im Katalysator. Silicium zeigt eine hohe Löslichkeit (FeSi-Legierungen), diejenige von Stickstoff ist um Größenordnungen geringer. Diese thermodynamische Gegebenheit führte ursprünglich zu der Annahme, daß die Stickstofflöslichkeit im Katalysator der geschwindigkeitsbestimmende Schritt ist. Die Adsorption der Subhydride erfolgt unter Dissoziation. Mit steigendem Partialdruck der Subhydride steigt der Siliciumgehalt im Katalysator Eisen. Simultan nimmt die Bildungsgeschwindigkeit der Filamente ab. Gelöstes Silicium behindert demzufolge Adsorption und Dissoziation von Ammoniak. Das gelöste Silicium reduziert zudem die Stickstofflöslichkeit, was jedoch von untergeordneter Bedeutung sein sollte (siehe später). Die Filamente enthalten unter solchen Bedingungen freies Silicium.

Eine Gasphasendissoziation von reinem Ammoniak kann bis zu Temperaturen in den Bereich von 1300 °C nahezu ausgeschlossen werden. Mit reinem Ammoniak werden wesentlich kleinere Filamentbildungsgeschwindigkeiten erhalten als mit Ammoniak/Inertgas-Gemischen; Inertgase mit großem Stoßquerschnitt wirken besonders beschleunigend. Offensichtlich erfolgt in Gegenwart von solchen Inertgasen eine teilweise Gasphasendissoziation des Ammoniaks. Diese verbessert Adsorption und vollständige Dissoziation der Stickstoffspezies an der Katalysatoroberfläche.

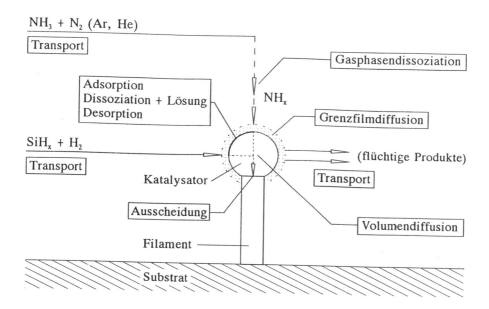

Bild 1: Reaktionsschema der Filamentabscheidung, aufgeschlüsselt in die relevanten Teilschritte der Gesamtreaktion.

Die ursprüngliche Vorstellung, daß die geringe Stickstofflöslichkeit des Katalysators Eisen die Geschwindigkeit der Filamentbildung bestimmt, wurde durch Versuche mit Legierungselementen des Eisens wie Chrom, Mangan und Titan widerlegt. Diese Elemente verbessern die Stickstofflöslichkeit des Eisens gleichermaßen. Eine signifikante Beschleunigung der Filamentbildung wurde jedoch nur mit Chrom erhalten. Hieraus und aus den voranstehenden Ergebnissen folgt, daß Chrom Adsorption und Dissoziation der Stickstoffspezies beschleunigt, die offensichtlich den geschwindigkeitsbestimmenden Schritt der Synthese darstellen.

Die Diffussionskoeffizienten von Silicium und Stickstoff sind nahezu gleich (ca. 5×10^{-5} cm^2/s bei 1300 °C). Die Verwendung von Katalysatorteilchen mit unterschiedlichen Durchmessern zeigte keinen Einfluß auf die Wachstumsgeschwindigkeit der Filamente. Die Diffusion der Elemente Silicium und Stickstoff im Katalysator sollte demzufolge nicht der geschwindigkeitsbestimmende Schritt sein. Hiermit ist obige Schlußfolgerung bestätigt. Aus dieser folgt gleichermaßen, daß mit molekularem Stickstoff keine Filamentbildung erfolgt.

Bild 2 (a) und (b) zeigt rasterelektronenmikroskopische Aufnahmen von Filamenten mit am Kopf befindlichen Katalysatorteilchen. Die Siliciumgehalte der Katalysatorteilchen betragen ca. 7 % (a) und ca. 17 % (b). Die polyedrische Form in Bild (a) resultiert aus der Abkühlung einer niedrigviskosen Schmelze. Mit steigendem Siliciumgehalt steigt die Schmelztemperatur von Ferro-Silicium-Legierungen.

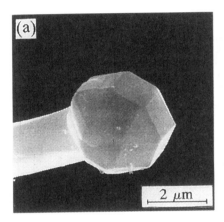 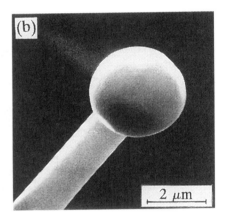

Bild 2: Rasterelektronenmikroskopische Aufnahmen von Filamenten mit Katalysatorkopf (Eisen). (a) 7 % Si gelöst, (b) 17 % Si gelöst

Kristallinität und Monokristallinität der Filamente wurde durch Röntgen- und Elektronen-Beugungsexperimente sowie mit transmissionselektronenmikroskopischen Untersuchungen bestimmt. Unter allen Bedingungen wurde α-Siliciumnitrid abgeschieden. Monofilamentzugversuche an Filamenten ergaben je nach Bearbeiter Festigkeiten von 30 bis 50 GPa. Detaillierte Ergebnisse sind in den Referenzen [1 - 6] veröffentlicht.

Literaturstellen:
(1) Hüttinger, K. J., Pieschnick, T. W.: A Synthesis of Mono-Crystalline Silicon Nitride Filaments *in* Silicon Nitride 93 (M. J. Hoffmann, P. F. Becher, G. Petzow, Eds.) Key Engineering Materials Vol. 89 - 91, Trans Tech Publications Ltd, Switzerland, 1993, 87

(2) Hüttinger, K. J., Pieschnick, T. W.: A Synthesis of Mono-Crystalline Silicon Nitride Filaments, Journal of Materials Science **29**, 1994, 2879

(3) Hüttinger, K. J., Pieschnick, T. W.: Monocrystalline Si_3N_4 Filaments, Advanced Materials **6**, 1994, 62

(4) Linner, B., Guggenberger, M. A., Hüttinger, K. J., Kleebe, H.-J.: Chemical Vapour Deposition of Silicon Nitride Filaments from Silicon Subhydrides and Ammonia, J. of the European Ceramic Society **16**, 1996, 15

(5) Linner, B., Guggenberger, M. A., Hüttinger, K. J., Kleebe, H.-J.: Silicon Nitride Filaments from Silicon and Ammonia *in* Ceramic Processing Science and Technology, (H. Hausner, G. L. Messing, S. Hirano, Eds.), Ceramic Transactions Volume 51, The American Ceramic Society, Westerville, Ohio, 1995, 163

(6) Guggenberger, M., Hüttinger, K. J.: On the Kinetics of the Catalyzed Chemical Vapour Deposition of Monocrystalline α-Silicon Nitride Filaments, Advanced Materials (CVD) **8**, 1996, 9

Untersuchungen zur Entwicklung eines neuen SiC-Fasertyps

Eberhard Müller[1], Hans-Peter Martin[1], Gerhard Roewer[2], Robin Richter[3], Peter Sartori[4], Wolfgang Habel[4]

[1]TU Bergakademie Freiberg, Institut für Keramische Werkstoffe, [2]TU Bergakademie Freiberg, Institut für Anorganische Chemie, [3]belChem fiber materials GmbH, Brand-Erbisdorf, [4]Gerhard-Mercator-Universität Duisburg, Lehrstuhl für Anorganische Chemie

Einleitung und Zielsetzung

Für den Aufbau von höchsttemperaturstabilen keramischen Verbundwerkstoffen spielen nach dem heutigen Stand der Technik neben Kohlenstoff-Fasern Siliciumcarbid-Fasern eine dominante Rolle. Alle zu Beginn des Projektes, - das im Rahmen des DFG-Schwerpunktprogrammes „Höchsttemperaturstabile Leichtbauwerkstoffe, insbesondere keramische Verbundwerkstoffe" bearbeitet wurde, - kommerziell verfügbaren SiC-Fasern besaßen aber entscheidende Nachteile: Die auf einer C-Substratfaser über einen CVD-Prozeß abgeschiedenen Fasern (Avco) sind zwar sauerstofffrei, aufgrund ihres herstellungstechnologiebedingten großen Durchmessers (etwa 140 µm) für den Einsatz in keramischen Verbundwerkstoffen aber nur sehr bedingt geeignet. Andererseits besitzen die aus siliciumorganischen Precursorverbindungen über ein Schmelzspinnverfahren hergestellten Fasern (Nicalon, Tyranno) zwar geeignet geringe Durchmesser (etwa 12 µm), enthalten aber neben SiC nicht zu vernachlässigende Anteile an oxidisch gebundenem Silicium und an freiem Kohlenstoff. Das Einbringen von Sauerstoff in das Precursorsystem macht sich in diesem Fall nach dem Schmelzspinnprozeß erforderlich, um die erzeugten Grünfasern vor dem Pyrolyseprozeß zu härten, d.h. so zu vernetzen, daß das Precursorpolymer nicht wieder aufschmelzbar wird (Curing).

Das Vorhandensein der oxidischen Komponente neben freiem Kohlenstoff läßt aber diese Fasern bei $T > 1000$ °C thermisch instabil werden, da es zur Bildung von CO und SiO kommt. (Zwischenzeitlich sind zwar auch Fasern kommerziell erhältlich, bei denen dieser Härtungsschritt sauerstofffrei über Elektronen- oder γ-Strahlung erfolgt; dieses aufwendige Curing-Verfahren macht diese Fasern allerdings extrem teuer !)

Daraus resultierte als Zielstellung eines ersten Projektes die Herstellung sauerstofffreier polymerabgeleiteter SiC-Fasern, die zugleich möglichst preisgünstig sein sollten. Ausgangspunkt dafür war zum einen an der TU Freiberg entwickeltes Verfahren zur Synthese chlorhaltiger Polysilane unter Nutzung der sogenannten Disilan-Fraktion, einem bisher nicht nutzbaren Nebenprodukt der großtechnisch zur Siliconproduktion angewandten MÜLLER-ROCHOW-Synthese. Aufgrund des Gehaltes an sehr reaktiven Cl-Gruppen wurde erwartet, daß dieses Polymer nicht nur über Sauerstoff chemisch vernetzbar sein sollte. Zum anderen gab es an der Universität Duisburg Erfahrungen auf dem Gebiet der Synthese von Arylpolycarbosilanen, die insbesondere zur Steuerung des für die Verspinnbarkeit bedeutungsvollen rheologischen Verhaltens der Polymerschmelzen in Kombination mit dem Freiberger Precursor wichtig waren.

In Folgeprojekten sollte unter Beibehaltung des Basiseduktes Disilan-Fraktion darüber hinaus nach Wegen gesucht werden, einerseits zu Polymerprecursoren zu gelangen, die auf der Grundlage des Einbaus von ungesättigten Substituenten im Polymer eine Vorvernetzung der Grünfasern auch über ein photochemisches Regime gestatten. Zum anderen sollte das Pyrolyseregime so optimiert werden, daß die die mechanischen Eigenschaften und die thermische Stabilität entscheidend mitbestimmende

Kristallinität der SiC-Fasern gezielt steuerbar wird. Beide Aspekte werden auf dieser Tagung gesondert behandelt (1,2)

Ergebnisse und Diskussion
Die Grundlage des Precursoraufbaus in Freiberg bildete die folgende durch Lewis-Basen heterogen katalysierte Disproportionierungsreaktion der Disilanfraktion (3,4):

$$n\ R_3Si\text{-}SiR_3 \xrightarrow{KAT} n\ R\text{-}\underset{\underset{R}{|}}{\overset{\overset{R}{|}}{Si}}\text{-}R\ +\ [\text{-}SiR_2\text{-}]_n\,, \qquad R = CH_3, Cl$$

Die Strukturbildung im gebildeten Polymer wurde in Abhängigkeit von T bis etwa 380 °C mit verschiedenen Techniken der Festkörper-NMR (^{13}C, ^{29}Si) intensiv verfolgt, insbesondere um beginnende Vernetzungen und Umwandlungen zu Polycarbosilanstrukturen zu erfassen (5). Durch Zugabe von Styren zur Disilanfraktion konnten schmelzbare Blockcopolymere azfgebaut werden, deren rheologische Eigenschaften und chemische Reaktivität durch das Verhältnis Disilan : Styren gezielt variert werden konnten. Zur Untersuchung des Viskositätsverhaltens als Funktion von T wurden in Oszillationsexperimenten elastischer und viskoser Anteil des Schermoduls verfolgt; der daraus berechenbare Verlustwinkel erwies sich als brauchbarer Parameter zur Charakterisierung der Verspinnbarkeit des Polymers (6). Je nach Zusammensetzung des Polymers war eine Verspinnung bei Temperaturen von 140 - 170 °C möglich.

Dazu wurde eine Laborspinnanlage aufgebaut, die es nach Optimierung der Düsengeometrie und unter einem Argondruck von etwa 2 MPa gestattete, unter den erforderlichen streng anaeroben Bedingungen Endlosfasern als Faserbündel zu erzeugen, die aus bis zu 200 Einzelfilamenten mit Durchmessern zwischen 15 und 50 µm bestanden. Tabelle 1 gibt eine Übersicht über typische Spinnparameter.

Temperaturbereich	140 - 160 °C
Druck	2,0 - 2,5 MPa
Düsenkapillare	250 - 300 µm
Abzugsgeschwindigkeit	60 - 80 m min^{-1}

Tabelle 1: Spinnparameter

Durch langsames Aufheizen der so erzeugten Grünfasern in einem Argon/Ammoniak- (oder /Methylamin-)Strom bis zu Temperaturen von 250 - 300 °C war eine Vorvernetzung der Fasern (ohne Verwendung von Sauerstoff!) nach folgendem Reaktionsablauf möglich:

$$\underset{|}{\overset{|}{\text{-Si-}}}\text{Cl}\ +\ \text{Cl-}\underset{|}{\overset{|}{\text{Si-}}}\ \rightarrow\ \underset{|}{\overset{|}{\text{-Si-}}}\text{NH-}\underset{|}{\overset{|}{\text{Si-}}}\ +\ 2\ NH_4Cl\,.$$

Der Anteil der entstehenden Si-N-Bindungen konnte in Abhängigkeit von den Curing-Bedingungen durch ^{29}Si NMR- und IR-spektroskopische Untersuchungen qualitativ verfolgt werden (7-9). Allerdings ist dieser Prozeß hinsichtlich seiner Geschwindigkeit noch optimierungsbedürftig.

Die so gehärteten und damit nicht wieder aufschmelzbaren Fasern wurden in einem anschließenden Pyrolyseprozeß unter Argon bei Temperaturen von 1000 bis 1300 °C in SiC überführt. Während dieses Prozesses kommt es zunächst unter Abspaltung von CH_4, HCl, H_2, aber auch von niedermolekularen Silan-Oligomeren zu einer weiteren Vernetzung des Polymers, die synchron mit den Masseverlusten anhand von massenspektrometrischen und gaschromatographischen Untersuchungen der Pyrolyseatmosphäre verfolgt wurde (10,11). Bei etwa 800 °C resultiert daraus die Ausbildung eines amorphen SiC-Netzwerkes, das durch geringe Mengen von Überschuß-Kohlenstoff sowie durch Wasserstoff und Stickstoff stabilisiert wird. Je nach konkreter Zusammensetzung und Pyrolyseregime beginnen die Fasern bei Temperaturen von 1200 °C zu kristallisieren, wobei im Röntgendiffraktogramm nur β-SiC (mit Stapelfehlern) nachweisbar ist. Die Kristallitgröße, die typischerweise 2 nm zunächst nicht übersteigt, bleibt bis zu einer Pyrolysetemperatur von 1500 °C nahezu unverändert; erst bei dieser Temperatur kann ein deutliches Kristallitwachstum mit der Zeit beobachtet werden (12-14).

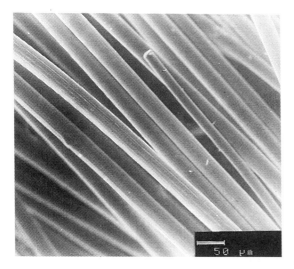

Bild 1: Pyrolysierte Siliciumcarbidfasern

Abbildung 1 zeigt eine rasterelektronenmikroskopische Aufnahme pyrolysierter SiC-Fasern mit Durchmessern zwischen 15 und 30 µm. Derartige Fasern wurden hinsichtlich ihrer Hochtemperaturstabilität und ihrer mechanischen Eigenschaften untersucht. Thermogravimetrische Untersuchungen zeigten eine weitgehend zufriedenstellende thermische Beständigkeit der Fasern sowohl unter N_2-Atmosphäre als auch an Luft: Der Masseverlust unter N_2 nach einem Aufheizen mit 10 K min^{-1} bis auf 1500 °C lag bei etwa 3 %. (Für T> 1500 °C nehmen die Masseverluste deutlich zu.) D.h. die Faser zeigt aufgrund ihrer Sauerstoffreiheit eine deutliche bessere Hochtemperaturstabilität als beispielsweise eine Nicalonfaser, bei der bereits bei etwa 1200 °C signifikante Masseverluste beobachtet werden können. Das bedeutet zugleich, daß das Ziel des

Schwerpunktprogrammes, Hochtemperaturstabilität bis zu T > 1650 K zu realisieren, in dieser Hinsicht erreicht werden konnte ! Tabelle 2 gibt einen Überblick über einige die Fasern charakterisierende Parameter.

Faserdurchmesser	15 - 30 µm
Zugfestigkeit	0,6 - 2,1 GPa
Thermische Stabilität (unter Luft)	< 1500 °C
Kristallitgrößen	1200 °C: röntgenamorph 1400 °C: 2 nm 1600 °C: 10 nm
Elektrische Leitfähigkeit	halbleitend
Dichte	2,5 - 2,8 g cm^{-3}
C / Si - Verhältnis	1,05
Sauerstoffgehalt	< 1 gew %
Stickstoffgehalt	< 5 gew %
Chlorgehalt	< 1 gew %
Gehalt an freiem Kohlenstoff	< 3 gew %

Tabelle 2: Übersicht über Parameter der hergestellten Siliciumcarbidfasern

Ein Aufheizen unter Luft ergibt eine bei etwa 600 °C einsetzende Gewichtszunahme von etwa 2,5 %, die bis 1500 °C ebenfalls konstant bleibt und auf die Ausbildung einer Oxidhaut an der Faseroberfläche zurückzuführen ist (15). - Die Festigkeitswerte dieser bisher nur diskontinuierlich pyrolysierbaren Fasern, die wegen des Fehlens einer Spannung während der Pyrolyse typischerweise stark gekrümmt oder verdreht sind, sind noch wenig repräsentativ und streuen sehr stark. Sie lagen bei wenigen 100 MPa bis maximal 2,1 GPa. Weitere Verbesserungen sollten sich hier durch den Übergang zu einem kontinuierlichen Pyrolyseverfahren ergeben.

Darüber hinaus wurden aber auch Versuche durchgeführt, das Pyrolyseregime hinsichtlich der Kristallinität der Fasern zu optimieren, um auch dadurch zu verbesserten mechanischen Eigenschaften zu gelangen. Anhand von NMR, Röntgendiffraktometrie, Röntgenkleinwinkelstreuung (Hier gilt unser Dank den Herren Prof.Dr.Kranold und Dr.Hoell von der Universität Rostock für Durchführung und Interpretation der Messungen !) und Dichtemessungen in Abhängigkeit vom Stoffsystem und Pyrolyseregime konnte nachgewiesen werden, daß die Kristallisationstendenz nicht nur durch Übergang zu komplexeren Stoffsystemen (Einbau von N_2 und Zr-Verbindungen) behindert werden kann, sondern auch Zwischenhaltezeiten bei Temperaturen, in denen für eine Keimbildung offensichtlich optimale Bedingungen gegeben sind, bei gleicher Endtemperatur von 1500 °C zu einem deutlich feinkörnigeren nanokristallinen Gefüge führen (Kristallitgröße etwa 6 nm) als ohne Zwischenhaltezeit (etwa 14 nm). Die Entstehung einer möglichst großen Anzahl kristalliner Keime begrenzt offensichtlich zunächst signifikant deren Wachstumsmöglichkeiten (2).

Danksagung

Wir danken der Deutschen Forschungsgemeinschaft für die Förderung dieser Untersuchungen im Rahmen des Schwerpunktprogrammes „Höchsttemperaturstabile Leichtbauwerkstoffe, insbesondere keramische Verbundwerkstoffe".

Literatur
(1) Roewer,G., Richter,R., Lange,T., Müller,E., Martin,H.-P., Sartori,P., Habel,W.:
Die Disilanfraktion der MÜLLER/ROCHOW-Synthese, eine potentielle Quelle für SiC-Keramik-Precursoren, dieser Tagungsband
(2) Ade,M., Martin,H.-P., Kurtenbach,D., Müller,E., Rittmeister,B., Roewer,G., Brendler,E.:
Kristallisationskontrollierte SiC-Fasern, dieser Tagungsband
(3) Richter,R., Roewer,G., Leo,K., Thomas,B.:
Siliciumorganische Polymere als Precursorverbindungen für Siliciumcarbidwerkstoffe, Freiberger Forschungshefte A832 (1993)99
(4) Richter,R., Roewer,G., Böhme,U., Busch,K., Babonneau,F., Martin,H.-P., Müller,E.:
Organosilicon polymers - synthesis, architecture, reactivity and applications (Review), Appl.Organometall.Chem.11(1997)71-106
(5) Babonneau,F., Maquet,J., Bonhome,Ch., Richter,R., Roewer,G., Bahloul,D.:
^{29}Si and ^{13}C NMR investigation of the polysilane-poly(carbosilane) conversion of poly-(methylchlorosilanes) using cross-polarization and inversion recovery cross-polarization techniques, Chem.Mater.8(1996)1515-1428
(6) Richter,R.: Darstellung, Charakterisierung und Eigenschaften von Methylchlorpolysilanen - Reaktive Vorstufen für Siliciumcarbid, Dissertation, TU Bergakademie Freiberg 1995
(7) Martin,H.-P.: Zum Mechanismus der Siliciumcarbidbildung aus chlorhaltigen Polysilanen - ein Beitrag zur Entwicklung neuer Verbundwerkstoffkomponenten auf Siliciumcarbidbasis, Dissertation, TU Bergakademie Freiberg 1994
(8) Richter,R., Martin,H.-P., Roewer,G., Müller,E., Krämer,H., Sartori,P., Oelschläger,A., Habel,W., Harnack,B.: Verfahren zur Herstellung von sauerstofffreien bzw. sauerstoffarmen hochtemperaturbeständigen Siliciumcarbidformkörpern (1995) EP 0 668 254 A2
(9) Martin,H.-P., Richter,R., Müller,E., Brendler,E., Roewer,G.:
Silicon carbide fibers derived from chlorine containing polysilanes, Proceed. 10th ICCM (Whistler,Kanada 1995) Vol.VI, 307-314
(10) Müller,E., Martin,H.-P.:
Nichtoxidkeramik aus siliciumorganischen Polymeren (Übersichtsartikel)
J.Prakt.Chem./Chem.Z. 339(1997)401-413
(11) Martin,H.-P. Müller,E., Richter,R., Roewer,G., Brendler,E.:
Conversion process of chlorine containing polysilanes into silicon carbid, Part I: Synthesis and crosslinking of poly(methylchloro-)silanes/-carbosilanes and their transformation into inorganic amorphous silicon carbide, J.Mater.Sci. 32(1997)1381-1387
(12) Martin,H.-P., Müller,E., Brendler,E.:
Conversion process of chlorine containing polysilanes into silicon carbide, Part II: Crystallization of the inorganic amorphous silicon carbide, J.Mater.Sci.31(1996)4363-4368
(13) Martin,H.-P. Müller,E., Irmer,G., Babonneau,F.:
Crystallization behaviour and polytype transformation of polymer-derived silicon carbide, J.Europ.Ceram.Soc.17(1997)659-666
(14) Martin,H.-P., Irmer,G., Müller,E.:
Submicro structure of silicon carbide derived from poly(methylchlorosilane), J.Europ.Ceram.Soc. 18(1998)193-199
(15) Martin,H.-P., Müller,E., Kurtenbach,D., Weiß,K.:
Schädigung von aus Polysilanen hergestellten SiC-Fasern bei hohen Temperaturen, in: Verbundwerkstoffe und Werkstoffverbunde (Hrg.:K.Friedrich)
DGM Verlag Frankfurt 1997, 271-276

Die Synthese modifizierter Poly(carbosilane) als Precursoren höchsttemperaturbeständiger Leichtbauwerkstoffe

P. Sartori, W. Habel, L. Mayer, A. Moll, T. Windmann, Gerhard Mercator Universität-GH-Duisburg
G. Roewer, U. Herzog, TU Bergakademie Freiberg

Einleitung

In den vergangenen zwanzig Jahren hat das Interesse an der Synthese siliciumorganischer Verbindungen, die als Precursoren eingesetzt werden können, außerordentlich an Bedeutung gewonnen. Als wichtiger Precursortyp hat sich die Verbindungsklasse der Poly(carbosilane) erwiesen, die durch thermische Zersetzung unter Bildung von β-SiC/C in die keramische Form übergehen.
Zwei Anwendungsgebiete der Poly(carbosilane) waren bisher in den Mittelpunkt des Interesses gerückt: Auf der einen Seite die Herstellung komplexer monolithischer SiC-Formkörper, auf der anderen Seite die Erzeugung sauerstofffreier SiC-Fasern, möglichst sauerstofffreier Endlosfasern. Ein drittes, durch unseren Arbeitskreis in Angriff genommenes Anwendungsgebiet für SiC-Precursoren stellt der Bereich oxidischer, insbesondere auf Al_2O_3-Basis beruhender Keramik dar.

Synthese von Poly(carbosilanen) als Precursoren zur Herstellung von SiC-Formkörpern

Durch die Entwicklung einer einfachen und effektiven "One-Pot"-Synthese auf der Basis einer Wurtz-analogen Polykondensation gelingt die Darstellung einer ganzen Palette neuartiger und bisher nicht zugänglicher Poly(carbosilane). Neben der Variation der Silylen-Inkremente ermöglicht diese Direktsynthese [1, 2] auch den Einbau unterschiedlichster Carbosilan-Verbrückungen sowie verschiedener Heteroelement-haltiger Gruppierungen.

$$x\ PhRSiCl_2 + x\ CH_2Br_2 \xrightarrow[NaCl/Br]{Na} [PhSiR\text{-}CH_2\text{-}]_x \qquad (1)$$

mit R = Ph oder Me

$$(10-n)x\ Ph_2SiCl_2 + nx\ Me_2SiCl_2 + 10x\ CH_2Br_2 \xrightarrow{+Na/\ -NaCl/Br} [(Ph_2Si\text{-})_{10-n}(Me_2Si\text{-})_n(CH_2\text{-})_{10}]_x \qquad (2)$$

mit n = 0, 1, 2, 3.3, 5, 6.7, 8, 9 oder 10

$$nx\ Ph_2SiCl_2 + (n+1,5)x\ CH_2Br_2 + x\ PhSiCl_3 \xrightarrow[NaCl/Br]{Na} [(Ph_2Si)_nSiPh(CH_2)_{n+1,5}]_x \qquad (3)$$

mit n = 9; 4; 2; 1,5; 1 oder 0

$$nx\ Ph_2SiCl_2 + (n+1)x\ CH_2Br_2 + x\ PhBCl_2 \xrightarrow[NaCl/Br]{Na} [(Ph_2Si)_nBPh(CH_2)_{n+1}]_x \qquad (4)$$

mit n =1, 4 oder 15

$$4x\ Ph_2SiCl_2 + 5x\ CH_2Br_2 + x\ Cp_2TiCl_2 \xrightarrow[NaCl/Br]{Na} [(Ph_2Si)_4(TiCp_2)(CH_2)_5]_x \qquad (5)$$

Aus der Produktvielfalt haben sich die Phenyl-haltigen Poly(carbosilane) als besonders geeignete Precursoren für die Herstellung von SiC-Formkörpern erwiesen. Dabei tritt insbesondere das Poly-

(diphenylsilylen-co-methylen) (**I**) [1, 2], sowohl was die Verwendbarkeit als Precursor, als auch was seine Folgereaktionsmöglichkeiten anbetrifft, in den Mittelpunkt des Interesses.

SiC-Keramik
Die Herstellung drucklos gesinterter SiC-Formkörper erfolgt nach dem abgebildeten Verfahrensschema.

```
α-SiC-Pulver
            ↘
Sinterhilfsmittel
    B, B₄C      → Mischen → Homogenisieren → Trocknung zum → Pressung zum → Pyrolyse → Sinterung zum
                                              Granulat        Grünkörper                SiC-Formkörper
            ↗
Poly(carbosilan)
 Lösungsmittel
```

Abbildung 1: Herstellungsprozeß von SiC-Formkörpern

Von den direktsynthetisierten Poly(carbosilanen) sind als Bindemittel (**I**) [SiPh$_2$-CH$_2$-]$_x$, [(SiPh$_2$)$_n$(SiMe$_2$)(CH$_2$)$_{n+1}$]$_x$ (n = 2 (**III**) oder 4 (**II**)) sowie die verzweigte Verbindung (**VII**) [(SiPh$_2$)$_{1,5}$(SiPh)(CH$_2$)$_3$]$_x$ sehr gut geeignet. Auch eine Mischung (**IV**) der beiden Poly(carbosilane) [SiPh$_2$-CH$_2$-]$_x$ und [(SiPh$_2$)(SiMe$_2$)(CH$_2$)$_2$]$_x$ (3 : 1) sowie eine Titan-haltige Verbindung (4,8 Gew.% Ti) (**VI**) [(SiPh$_2$)$_m$(TiCp$_2$)$_n$(CH$_2$)$_{m+n}$]$_x$ erfüllen die an ein Bindemittel gestellten Anforderungen. Das borhaltige Poly(carbosilan) der Zusammensetzung (**V**)[(SiPh$_2$)(BPh)(CH$_2$)$_2$]$_x$ (Borgehalt 3,4 Gew.%) erübrigt zusätzlich die ansonsten notwendige Zugabe eines Sinterhilfsmittels wie Bor oder Borcarbid [2, 3].

Ein typisches, durch Sprühtrocknung erhaltenes Granulat setzt sich aus 79,4 Gew.% α-SiC, 0,6 Gew.% Bor und 20 Gew.% borfreiem Poly(carbosilan) bzw. 80 Gew.% α-SiC und 20 Gew.% Poly(borocarbosilan) zusammen. Durch den gleichmäßigen Einbau der Phenylborylen-Gruppe ist die Homogenität des Granulats und damit seine Pyrolyse- und Sinterfähigkeit verbessert.

Die "as fired" bestimmten Materialeigenschaften der drucklos gesinterten SiC-Formkörper sind in der Tab. 1 aufgelistet.

Poly(carbosilan)	Dichte [%] [a]	Biegebruch-festigkeit [MPa]	Elastizitäts-modul [GPa]	Weibull-Modul	Bruchzähig-keit KIc [MPam$^{1/2}$]
I	98,7	433	416	13	3,2
II	97,0	432	370	21	-
III	96,9	348	401	7	-
IV	98,5	360	428	14	4,4
V	99,3	400	436	9	3,6
VI	99,3	309	414	8	3,4
VII	96,2	321	382	7	-

Tabelle 1: Materialeigenschaften der SiC-Formkörper [2, 3]
a) bezogen auf die theoretische Dichte von SiC [3,21 g/cm^3]

Synthese von Poly(carbosilanen) als Precursoren zur Herstellung von SiC-Fasern

Die Hauptschwierigkeit beim Einsatz von Poly(carbosilanen) als Precursoren bei der Herstellung von SiC-Fasern besteht - neben dem Erreichen eines günstigen Poly(carbosilan)-Schmelzbereiches bei der Faserverspinnung - in der Stabilisierung der Faserform beim pyrolytischen Übergang von der gesponnenen Grünfaser zur SiC-Faser. Die präkeramischen Materialien schmelzen ohne geeignete stoffliche oder apparative Hilfsmittel vor Einsetzen der stabilisierenden Vernetzungsreaktionen im Pyrolyseverlauf, was zu einem Zerfließen der Grünfaser führt.

Die Art und Weise der Faserformstabilisierung wird durch den Molekülaufbau des siliciumorganischen Precursors bestimmt.

Für die Synthese von Poly(carbosilanen), die als Precursoren für die SiC-Faserherstellung in Frage kommen, sind zwei Methoden von unserer Arbeitsgruppe angewandt worden.

Wurtz-Synthese mit Folgereaktionen zur Darstellung von SiC-Faser-Precursoren

Ausgehend von den Phenyl-reichen Produkten der Wurtz-Reaktionen lassen sich durch Folgesubstitutionen, aufgezeigt am Beispiel des $[SiPh_2-CH_2-]_x$, Faserprecursoren erhalten [4].

$$[SiPh_2-CH_2-]_x + 2x\ HCl \xrightarrow{AlCl_3} [Cl_2Si-CH_2-]_x + 2x\ PhH \qquad (6)$$

$$[Cl_2Si-CH_2-]_x + 2x\ XMgR \longrightarrow [R_2Si-CH_2-]_x + 2x\ XMgCl \qquad (7)$$

mit $R = -CH=CH_2$ und $-C\equiv CH$, $X = Cl$ oder Br

Durch den Einbau ungesättigter Gruppierungen in das Poly(carbosilan)-Gerüst findet eine deutliche Erhöhung der Reaktivität statt. Die dargestellten Precursoren, deren Molmassen ihren oligomeren Charakter verdeutlichen (Tab. 2), lassen sich durch Polymerisation dieser Gruppen unter Verzweigungs- und Vernetzungsreaktionen formstabilisieren. Ein Einfluß der Heteroelemente auf die keramische Ausbeute ist nicht zu erkennen.

Alternative Grignard-Variante zur Synthese von SiC-Faser-Precursoren

Neben dem Poly(ethenylcarbosilan) **VIII** und im besonderen den Poly(ethinylcarbosilanen) **XI-XIII** eignen sich auch Verbindungen mit Poly(carbosilan)-ähnlicher Struktur zur Herstellung von SiC-Fasern. Aus den Abfallprodukten der Müller-Rochow-Synthese läßt sich eine Disilan-fraktion der Zusammensetzung. $Me_2ClSi-SiClMe_2$ (20 Gew%), $Me_2ClSi-SiCl_2Me$ (10 Gew%) und $MeCl_2Si-SiCl_2Me$ (70 Gew%) gewinnen, deren Umsetzung mit dem Digrignard des Ethins ($BrMgC\equiv CMgBr$) auf direktem Wege zu einem hervorragenden Faserprecurser führt. Der Reaktionsverlauf ist am Beispiel des Trimethyltrichlordisilans demonstriert:

$$x\ Me_2ClSi-SiCl_2Me + 3x\ BrMgC\equiv CMgBr \xrightarrow{H_2O} [-C\equiv CMe_2Si-Si(C\equiv CH)MeC\equiv C-]_x + 5x\ BrMgCl + BrMgOH \qquad (8)$$

Das dargestellte Poly(disilylen-co-ethinylen) **XIV** hat formal den folgenden Aufbau:

$[-Me_2Si-SiMe_2-C\equiv C-]_{2,13}[Me_2Si-Si(C\equiv CH)Me-C\equiv C-][Me(C\equiv CH)Si-Si(C\equiv CH)Me-C\equiv C-]_{6,52}$

Durch zusätzlichen Einsatz entsprechender Mengen des verzweigenden Trichlormethylsilans Cl_3SiMe läßt sich die Viskosität des Precursors variieren und die Einstellung einer geeigneten Verspinnungstemperatur erreichen.

Poly(carbo-silan)	M_w a) [g/mol]	M_n b) [g/mol]	Pyrolytische Ausbeute [Gew.%] (formale Zusammensetzung bei 1650°C)		
			1100°C c)	1350°C	1650°C
VIII	3350	930	58,0	-	41,9 -
IX	3420	1050	88,8	87,0	86,1 (SiC$_{4,14}$)
X	4950	1210	91,7	89,0	87,5 (SiC$_{3,78}$)
XI	6420	1250	90,2	87,3	83,8 (SiC$_{4,77}$)
XII	6030	1110	89,2	87,5	85,1 (SiC$_{5,38}$B$_{0,15}$)
XIII	6280	1040	88,9	86,9	84,0 (SiC$_{4,14}$Ti$_{0,04}$)

Tabelle 2: Mittlere Molmassen der Poly(carbosilane), Ausbeute und Zusammensetzung ihres pyrolytischen Rückstandes
a) Gewichtsmittel und b) Zahlenmittel der Molmassenverteilung c) Pyrolysetemperatur
VIII [Si(CH=CH$_2$)$_2$-CH$_2$-]$_x$, IX [Si(C≡CH)$_2$-CH$_2$-]$_x$
X [(Si(C≡CH)$_2$)$_{1,5}$(Si(C≡CH))(CH$_2$)$_3$]$_x$, XI [(Si(C≡CH)$_2$)$_{4,5}$(CPh)(CH$_2$)$_3$]$_x$
XII [(Si(C≡CH)$_2$)$_5$(BPh)(CH$_2$)$_6$]$_x$ (1,71 Gew% B),
XIII [(Si(C≡CH)$_2$)$_{20}$(TiCp$_2$)(CH$_2$)$_{21}$]$_x$ (2,43 Gew.% Ti),

Die mittleren Molmassen von M_w = 2140 und M_n = 1260 [g/mol] liegen niedriger als die der Poly(ethinylsilylen-co-methylene). Die pyrolytische Ausbeute ist mit 91 Gew.% hingegen sehr hoch (1100°C - 94,1 Gew.%; 1350°C - 92,4 Gew.%; 1650°C - 91 Gew.%) und die Zusammensetzung des keramischen Rückstandes schwankt zwischen SiC$_4$ und SiC$_{4,4}$.

SiC-Fasern
Die Herstellung von SiC-Fasern aus den beiden Precursor-Gruppen erfolgt auf dem Wege des Schmelzspinnverfahrens in mehreren Arbeitsschritten, die in Abb. 2 aufgezeigt sind.
Als Polymerisationsbeschleuniger kann der oligomere Faserprecursor homogen mit einem peroxidischen Radikalstarter wie Dicumol- oder Di-t-butylperoxid (ca. 1%) vermischt werden. Precursoren, die eine Viskosität um η = 40 Pas und einen Schmelzbereich zwischen 90-140°C aufweisen sollten, werden im Falle abweichender Werte durch thermische Behandlung vorvernetzt

Abbildung 2: Herstellungsprozeß von SiC-Fasern

und damit vorstabilisiert. Die Verspinnung des konsistenzveränderten Precursors zur Grünfaser erfolgt bei einem Extrusionsdruck von 20-25 bar (N$_2$, Ar) und einer Zuggeschwindigkeit von 10-20 m/min.

Die UV-Bestrahlung der Grünfaser mit einem Durchmesser von 40-60 µm führt zu schnell ablaufenden Polymerisationsreaktionen, die von der Oberfläche ins Faserinnere verlaufen. Die anschließende Pyroyse der strabilisierten, unschmelzbaren Grünfaser erfolgt bei entsprechen-dem Temperaturprogramm unter Argon-Atmosphäre. Die Aufheizraten liegen hierbei zwischen 10-20°C/min.

SiC-Fasereigenschaften
Die wesentlichen Kriterien bei der Beurteilung von Fasereigenschaften stellen Temperatur-, Korrosionsbeständigkeit und Zugfestigkeit dar. Die Elastizitätsmoduli liegen bei den unterschiedlichen, oben aufgeführten Precursortypen bei Faserdurchmessern von ca. 50 µm um E = 210 GPa. Ihre Zugfestigkeiten veränderten sich von 1,3-1,6 GPa bei 1100°C über 0,9-1,1 GPa bei 1350°C hin zu 0,4-0,6 GPa bei 1650°C. Der Heteroelement-Anteil der Precursoren **XII** und **XIII** hat keinen erkennbaren Einfluß auf die Zugfestigkeiten, wohl aber auf die Geschwindigkeit der β-SiC-Kristallisation, die ab 1200°C einsetzt. Die Heteroelemente erniedrigen die β-SiC-Kristallisationsgeschwindigkeit.

Die REM-Aufnahmen der SiC-Fasern zeigen selbst bei einer thermischen Belastung von 1650°C porenfreie Filamente, deren Bruchflächen eine einheitliche Verdichtung und keine Ausgasungskanäle aufweisen.

Die SiC-Fasern der verschiedenen Precursoren verhalten sich nahezu identisch bei thermischer Beanspruchung unter Luft. Die ursprünglich schwarzen Filamente erscheinen bei 1100°C nach 20 Stunden metallisch glänzend mit kleinen Oberflächenrissen. Die Bruchflächen erscheinen weiterhin homogen und porenfrei. Nach einer Behandlungszeit von 10 Stunden bei 1500°C werden die Fasern von einer rissigen etwa 1 µm starken SiO_2-Schicht umgeben.

Al_2O_3-SiC-Composites

Poly(carbosilane) sind aufgrund ihrer Wasserunlöslichkeit nicht in einfachen und kostengünstigen Formgebungsverfahren, wie z.B. Spritzguß- oder Kolbenpreßverfahren wasserhaltiger Schlicker, auf dem Gebiet oxidischer Keramik einsetzbar. Die Schwierigkeit siliciumorganische Verbindungen mit Al_2O_3 zu Composites zu verarbeiten ist im chemischen Verhalten der bekannten Poly(carbosilane), einer schlechten Haftung auf der Al_2O_3-Kornoberfläche und einer dadurch bedingten inhomogenen Verteilung sowie in den unterschiedlichen Sintertemperaturen von Al_2O_3 und SiC, welches schließlich und endlich durch Pyrolyse der Poly(carbosilane) neben Kohlenstoff gebildet wird, zu sehen.

Unserer Arbeitsgruppe gelang es nun auf einfachem Wege Poly(carbosilane) mit und ohne Heteroelemente zu synthetisieren, deren Eigenschaften eine Verwendung als präkeramische Materialien bei der Herstellung oxidischer Keramiken auf Al_2O_3-Basis erlauben [5].

Synthese von wasserlöslichen Poly(carbosilanen) zur Darstellung von Al_2O_3-Composites
Phenyl-haltige Poly(carbosilane) lassen sich leicht mit Tetrahydrofuran-1,4-dion (Bernsteinsäureanhydrid) zur Reaktion bringen. Hierbei werden die funktionellen Phenyl- bzw. die verbrückenden Phenylethylen-Gruppen in Phenyl-1-oxo-butansäure bzw. 4-Phenyl(-1-oxo-butansäure)ethylen-Gruppen überführt.

Bei den synthetisierten Poly(carbosilanen) handelt es sich um feste bzw. hochviskose Verbindungen, die in Ausbeuten von 60 bis 95 % anfallen. Ihre Löslichkeit in Wasser ist mit der von organischen Carbonsäuren vergleichbar und läßt sich durch Verschiebung des pH-Wertes leicht variieren, was unter anderem einer Anwendung als präkeramische Materialien bei Formgebungsprozessen zu Al_2O_3-Composite-Formkörpern sehr entgegenkommt. Die Haftfähigkeit auf der Al_2O_3-Kornoberfläche wird durch die polare Carbonsäuregruppe gewährleistet. Die mittleren Molmassen weisen Werte von M_n = 2000 [g/mol] und M_w = 5000 [g/mol] auf. Der Anteil an Phenyl-(1-oxo-butansäure)-Substituenten

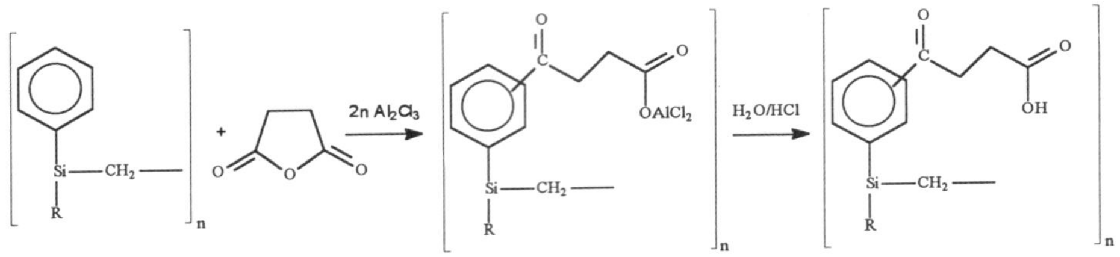

Abbildung 3: Reaktiosweg zur Darstellung wasserlöslicher Poly(carbosilane)

bestimmt die Löslichkeit und sollte bei minimal 60 Mol%, bezogen auf sämtliche Substituenten, liegen.
Die acylierten Verbindungen sind gut in Wasser, Alkoholen, Aceton oder in Wasser-Aceton bzw. Wasser-Alkohol-Gemischen löslich, mit Al_2O_3-Pulvern misch- und homogenisierbar, besitzen eine exzellente Haftbarkeit auf der Al_2O_3-Kornoberfläche und verhindern im Sinterprozeß unter SiC-Bildung unerwünschtes Kornwachstum.

Herstellung von A_2O_3-Composites
Die wasserlöslichen Poly(carbosilane) werden in Wasser, Alkoholen, Aceton oder in Wasser-Aceton bzw. Wasser-Alkohol-Gemischen gelöst, zu einer sauren Al_2O_3-Wasser-Paste (pH ca. 3) gegeben und das Gemisch (3-6,5 Gew.% Poly(carbosilan)), durch entsprechende technische Verfahren (z.B. Disolver) homogenisiert. Bei dem verwendeten Al_2O_3 handelt es sich um die handelsüblichen Pulver wie z.B. CS 400 Martoxid, CS 400 M (MgO Zusatz), γ- Al_2O_3 etc. Die homogenisierte Paste kann nun durch die bekannten technischen Gußverfahren zu beliebig geformten Körpern verarbeitet werden. Nach der Trocknung bei 20 bis 60°C, werden die Grünkörper unter Stickstoff bei 1650°C gesintert.
In einer weiteren Variante kann die homogenisierte siliciumorganische Verbindung- Al_2O_3-Wasser-Paste getrocknet und zu Pulvern beliebiger Korngröße (300 nm bis 200 µm) verarbeitet und ebenfalls bei 1650°C gesintert werden.
Die erhaltenen Sinterkörper zeichnen sich durch ein feinkörniges, dichtes Gefüge aus, dessen minimale Korngröße durch das Al_2O_3-Primärkorn bestimmt wird und bei 300 nm liegen kann. Das Kornwachstum im Sintervorgang wird in Abhängigkeit von der Zugabe an Poly(carbosilan) gehemmt und die Korngrößen können auf diesem Wege in engem Rahmen beeinflußt werden. Die Zusatzkomponenete SiC liegt in Form von Strängen (Ø ≤ 300nm), als Composite und als Beschichtung von Al_2O_3-Körnern vor.
Die keramischen Ausbeuten liegen zwischen 95 und 99 Gew.%. Die Härte erster gesinterter Formkörper bzw. der gesinterten Al_2O_3-Pulver beläuft sich auf 1700 bis 3300 HV (Vickers Härte). Der Elastizitätsmodul der Formkörper liegt um 410 GPa und ihre Dichte erreicht 3,8 g/cm^3. Die Biegebruchspannung weist Werte von 280 N/mm^2 auf.

Literatur
(1) van Aefferden, B., Habel, W., Sartori, P.: EP 0375994, 1990
(2) Sartori, P., Habel, W.: J. Prakt. Chem. 338 (1996) 197
(3) Sartori, P., Habel, W., van Afferden, B., Hurtado, A.M., Dose, H.R., Alkan, Z.: Eur. J. Solid State Inorg. Chem. 29 (1992) 127
(4) Habel, W., Harnack, B., Krämer, H., Martin, H.P., Müller, E., Oelschläger, A., Richter, R., Roewer, G., Sartori, P.: EP 668,254, 1994
(5) Habel, W., Mayer, L., Mura, E., Sartori, P.: DE 196 04 307, 1996

Neue Konzepte des Ceramic Engineering für keramische Verbundwerkstoffe

Peter Greil, Universität Erlangen-Nuernberg, Institut für Werkstoffwissenschaften, Lehrstuhl für Glas und Keramik, Erlangen

Einleitung

Die Herstellungs- und Anwendungstechnik moderner keramischer Materialien wird weltweit als Schlüsseltechnologie mit strategischer Bedeutung vor allem für expansive Technologiefelder wie der Informations- und Kommunikationstechnik, der Energie- und Umwelttechnik, der Verkehrstechnik sowie der Bio- und Medizintechnik angesehen. Die Entwicklung von Verbundwerkstoffen mit keramischer Matrix (ceramic matrix composites, CMC) steht hierbei im Vordergrund des wissenschaftlichen Interesses, da zur Eigenschaftsoptimierung neben den prozeßtechnischen Einflußgrößen zusätzliche Freiheitsgrade im stofflichen und strukturellen Aufbau gezielt genutzt werden können. Wesentliche Vorteile keramischer Verbundwerkstoffe gegenüber monolithischen Keramiken sind ihre Fehlertoleranz durch signifikant gesteigerte Bruchzähigkeit [1,2], ihre niedrige Dichte sowie Maßhaltigkeit durch net-shape Fertigungsverfahren [3], **Bild 1**.

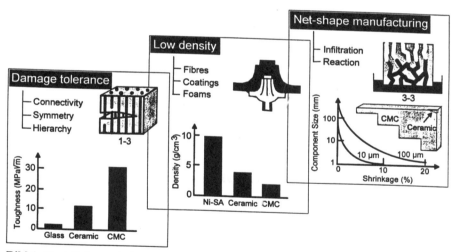

Bild 1 Vorteile keramischer Verbundwerkstoffe.

Mit fortschreitender Kenntnis der eigenschaftsbestimmenden physikalischen und chemischen Wechselwirkungsmechanismen auf makro- und mikroskopischer Strukturebene stieg auch die Fähigkeit, durch neue Fertigungsverfahren Verbundwerkstoffe mit verbesserten Funktionseigenschaften für neue Anwendungen zur Verfügung zu stellen. Bereits Eingang gefunden haben z.B. partikelverstärkte Verbundkeramiken als verschleißbeständige Werkzeuge in der Metallbearbeitung oder faserverstärkte Verbundkeramiken als oxidationsbeständige Hochtemperaturkomponenten in der Luft- und Raumfahrtindustrie. Erwartet wird der Einsatz neuartiger Keramik/Metall-Verbunde für thermisch und mechanisch hochbelastete Verschleisskomponenten in der Automobiltechnik sowie adaptiver Verbundbauweisen mit integrierten sensorischen und aktorischen Eigenschaften für vielfältige Einsatzfelder im Maschinen- und Apparatebau. Den keramischen Verbundwerkstoffen wird auf dem weltweiten Markt für technische Keramiken eine überdurchschnittliche Wachstumsrate von 10...15% prognostiziert.

Simulation und Modellierung
Die Verbesserung fortschrittlicher Prozeßtechniken für keramische Verbundwerkstoffe sowie die Entwicklung neuer Verbundmaterialien profitiert von einer zunehmenden Verzahnung von modelltheoretischen Konzepten der mikro- und makromechanischen Gefüge-Eigenschafts-Korrelation (*computational material design*) mit modernen experimentellen Methoden der Werkstoffherstellung und -analytik (*advanced material processing*). Moderne Simulationstechniken, ausgehend von molekulardynamischen Strukturberechnungen bis hin zur numerischen Prozeßmodellierung, gewinnen dabei zunehmend an Bedeutung, um insbesondere Innovationszyklen bei der Entwicklung neuer Prozeßvarianten sowie Optimierung von Produkteigenschaften zu verkürzen, **Bild 2**.

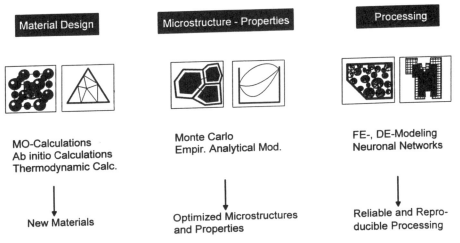

Bild 2 Methoden und Ziele des *computational material design*.

Insbesondere für die explorative Materialsynthese, deren Ziel neue Materialzusammensetzungen mit verbesserten Anwendungseigenschaften ist (Beispiele sind die keramischen Supraleiterverbindungen oder superharte kovalente Verbindungen (c-BN, C_xN_y)), kann die auf kristallstrukturellen und -chemischen Grundsätzen basierende rechnergestütze Stabilitätsabschätzung Hinweise für ein gezieltes experimentelles Vorgehen bieten. Die intelligente Verknüpfung und Bewertung komplexer Struktur-Eigenschafts-Korrelationen von Verbindungsklassen unter Nutzung der in den letzten Jahren verbreiterten Stoffdatenbanken ist ein wichtiges Hilfsmittel zur Identifizierung und Eingrenzung von Entwicklungspotentialen neuer Materialien geworden [4]. Beispielsweise führte ein kybernetischer Analyseansatz zur Vorhersage der Existenz von potentiellen oxidischen Hochtemperaturverbindungen (99 Spinelle AB_2O_4, 115 Perovskite ACO_3, 69 Pyrochlore $B_2C_2O_7$ mit A = Mg, Ca, Sr, Ba, etc., B = Al, Cr, Y, SE, und C = Zr, Hf, Ti, etc.) [5], die für die Entwicklung oxidationsbeständiger keramischer Fasern und Coatings von großem Interesse sind, **Bild 3**.

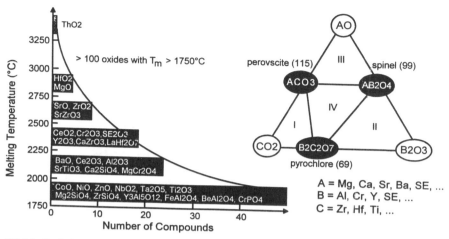

Bild 3 Refraktäre ternäre Oxidverbindungen für oxidische HT-Verbundwerkstoffe.

Aus der Verknüpfung der Struktureigenschaften mit dem Realgefüge (Korn, Korngrenzen, Gefügefehler, etc.), das durch mikromechanische Werkstoffmodelle beschrieben wird [7-8], folgt eine Gefügemodellierung als Basis der Entwicklung neuer Verbundwerkstoffe.

Material- und Prozessentwicklung

Die Entwicklung von Verbundkeramiken mit verbesserten Funktionseigenschaften setzt die Bereitstellung geeigneter Herstellungsverfahren voraus. Wichtige Forderungen hierbei sind möglichst niedrige Herstellungstemperaturen, um eine thermische Schädigung bzw. unerwünschte Grenzflächenreaktionen zwischen den Verbundkomponenten zu vermeiden, sowie hohe Maßhaltigkeit, um Bearbeitungskosten zu reduzieren.

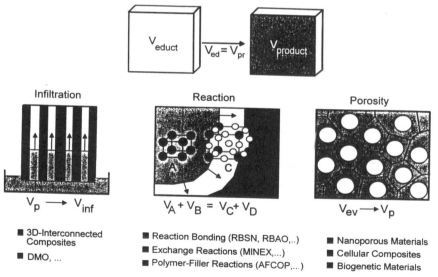

Bild 4 Grundlegende Ansätze für die Net-Shape Herstellung von Verbundkeramiken.

Die *Infiltration metallischer Legierungsschmelzen* in poröse Keramikvorkörper führt zu dichten interpenetrierenden Verbundmaterialien mit einer gegenüber keramischen Materialien gesteigerten Bruchzähigkeit (> 10 MPa m$^{1/2}$) sowie metallischer Leitfähigkeit.

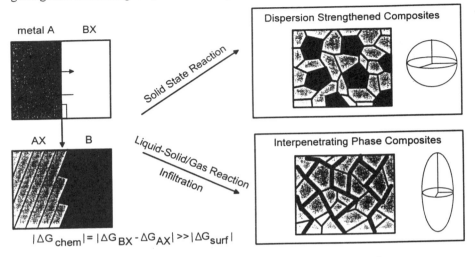

$|\Delta G_{chem}| = |\Delta G_{BX} - \Delta G_{AX}| >> |\Delta G_{surf}|$

Bild 5 Strukturaufbau keramischer Verbundwerkstoffe mit metallischer Phase.

Neben der spontanen Infiltration bei vollständiger Benetzung der Keramikoberfläche durch die Metallschmelze (z.B. drucklose Infiltration von Si-Schmelze in C, SiC und Al$_2$O$_3$ durch einen Benetzungswinkel von < 40° bei 1600°C), ermöglicht die erzwungene Druckinfiltration auch die Herstellung metastabiler Verbundzusammensetzungen bei gleichzeitig stark verkürzten Herstellungszyklen. Erfolgt während der Infiltration bzw. anschließend eine Austauschreaktion zwischen der infiltrierenden Metallschmelze und der Keramik, kann diese zur Erzeugung hochtemperaturbeständiger Reaktionsphasen gezielt genutzt werden. Dadurch wird es möglich, den Verbundwerkstoff auch bei Temperaturen weit über der Herstellungstemperatur einzusetzen.

Tabelle 1 Beispiele von Metall-Keramik-Austauschreaktionen [9].

Educts	Products	Temperature (°)
Ti2O3 (s) + 8 Al (l)	Al2O3 (s) + 2 Al3Ti (s)	> 950
Si3N4 (s) + 4 Al (l)	4AlN (s) + 3 Si (s)	> 1000
5 AlN (s) + Al-Ti/Si (l)	Si3N4 (s) + TiN (s) + x Al(l)	> 1150
2 C (s) + Al-Ti/Si (l)	SiC (s) + TiC (s) + x Al (l)	> 1150
3 NiO (s) + 4.5 NiAl (l)	Al2O3 (s) + 2.5 Ni3Al (s)	> 1300
3 TiO2 (s) + 3 C (s) + 4 Al (l)	2 Al2O3 (s) + 3 TiC (s)	> 1400
B4C (s) + Mo (s) + Si (l)	SiC (s) + MoSi2 (s) + SiB4	> 1450
Mo2C (s) + 5 Si (l)	SiC (s) + 2 MoSi2 (s)	> 1600
B4C (s) + (3+x) Zr (l)	2 ZrB2 (s) + ZrC (s) + x Zr (l)	> 1800

Die zeitliche Trennung von Infiltration und Reaktion ermöglicht es, durch gezielte Oberflächenerwärmung mittels Strahlungs- oder Induktionsheizung Gradientengefüge zu erzeugen, in denen nur an der beanspruchten Bauteiloberfläche die Austauschreaktion abläuft und dadurch beispielsweise die Verschleißbeständigkeit und Wärmeisolation signifikant gesteigert werden können, **Bild 6**.

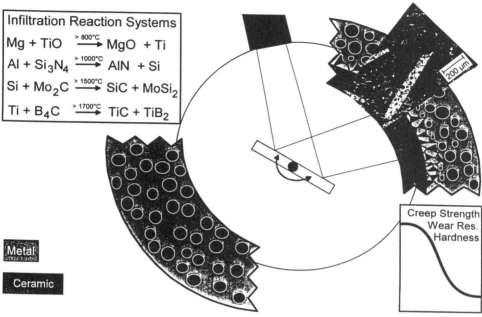

Bild 6 Bildung von Gradientenstrukturen durch oberflächenlokalisierte Reaktion.

Metall-Keramik-interpenetrierende Verbundmaterialien haben stark steigendes Interesse erlangt für die Entwicklung verschleißbeständiger Komponenten z.B. in Hochleistungsbremssystemen von Straßen- und Schienenfahrzeugen, die hoher Temperatur und mechanischer Belastung ausgesetzt sind.

Die *Pyrolyse präkeramischer Polymere* bietet die Möglichkeit, durch Maßschneidern des molekularen Aufbaus der Ausgangspolymere $[R_2SiX]_n$ ($R=H, CH_3, C_6H_5, CH=CH_2$, etc.) auf der Basis von Carbosilanen (X=C), Silazanen (X=N), Borosilazanen (X=N-B) sowie Siloxanen (X=O) Keramiken mit besonderen Eigenschaften zu erzielen [10]. Durch Einbau von Füllern F, die bei der Polymerpyrolyse mit den Zersetzungsprodukten unter Volumenzunahme reagieren

$$[R_2SiX]_n + F \longrightarrow Si\text{-}O_x\text{-}N_y\text{-}C_z + FX + Gas$$

gelingt eine maßhaltige Bauteilherstellung. Die Eigenschaften der Siliciumoxycarbidischen (-nitridischen) Keramikverbundwerkstoffe werden durch die Struktur der polymerabgeleiteten Matrices (amorph - kristallin), die Bildung eines Füllernetzwerkes sowie die Porosität geprägt. Perkolationsnetzwerkstrukturen von Kohlenstoffausscheidungen oder Füllerpartikeln führen zu nichtlinearen Eigenschaftsänderungen, die beispielsweise für die Einstellung bestimmter elektrischer und mechanischer Eigenschaften genutzt werden können.

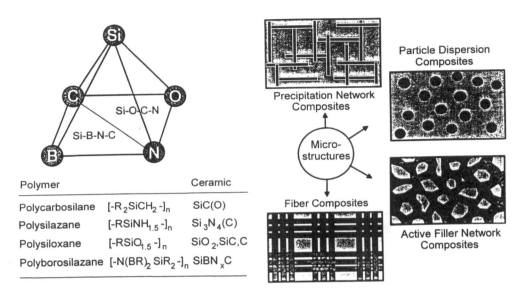

Bild 7 Präkeramische Si-Polymere für die Herstellung keramischer Verbundmaterialien.

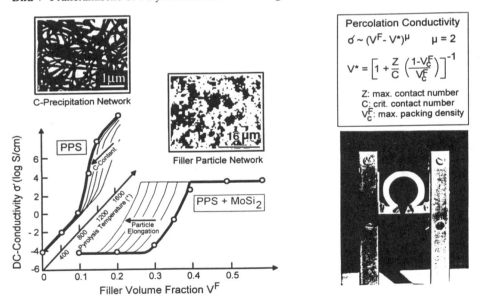

Bild 8 Elektrische Isolator - Leiter Übergänge durch Perkolationsnetzwerkbildungen in (füllerhaltiger) Polyalkylsiloxan-abgeleiteter Verbundkeramik.

Durch Einbau der Füllerpartikel können die mechanischen Eigenschaften gesteigert werden. **Bild 9** zeigt die Festigkeit von Polysiloxan-abgeleiteten Oxycarbidkeramiken mit unterschiedlichen reaktiven (Ti, CrSi$_2$, MoSi$_2$) und inertem Füller (SiC). Eine weitere signifikante Festigkeitssteigerung kann nach dem Modell von Hasselmann & Fulrath (1969) durch Verringerung der Partikelgröße der Füllstoffe erwartet werden.

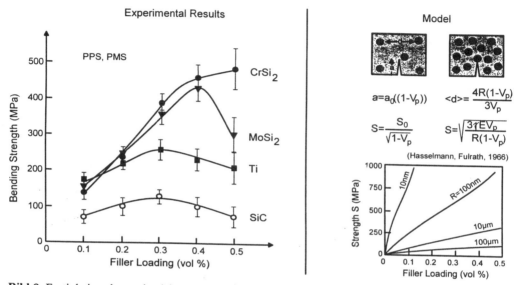

Bild 9 Festigkeit polymerabgeleiteter Verbundmaterialien in Abhängigkeit vom Füller.

Basierend auf der Reaktionsbindung funktioneller Füller durch eine polymerabgeleitete Keramikmatrixphase werden elektrische Komponenten für die Motorsteuerung, multifunktinelle Schutzbeschichtungen auf Hochtemperaturmaterialien sowie Faserverbundkeramiken entwickelt.

Hochtemperaturbeständige und leichte keramische Verbundwerkstoffe sind von besonderem Interesse für Anwendungen in der Hochtemperaturwärmeisolation, Gasreinigung und Filtertechnik, HT-Katalyse sowie Wärmetauschersystemen. Mikroporöse und schaumartige Verbundkeramiken können ebenfalls aus präkeramischen Polymeren hergestellt werden, wobei die reduzierte Pyrolyseschwindung bei einem schichtweisen Strukturaufbau neue Möglichkeiten für die Herstellung dreidimensionaler Körper mit Hilfe formenfreier Verfahren (solid free form fabrication, SFF) wie der selektiven Laserpyrolyse (SLP), dem Laminieren und Strukturieren von Folien (LOM), etc. eröffnet.

Die *biomimetische Materialsynthese* bietet neue Möglichkeiten, zellulare und anisotrope Verbundkeramiken herzustellen. Im Gegensatz zur Biomineralisation, die aufgrund von Transport- und Keimbildungsprozessen an einer komplex aufgebauten Biomembran nur sehr langsam abläuft, kann die Umsetzung geeigneter biogenetischer Strukturen durch "schnelle" physikalische und chemische Reaktionsverfahren zur Herstellung von Volumenkörpern eingesetzt werden. Insbesondere das endogene zellulare Transportsystem von Pflanzen eignet sich, um Infiltrationsprozesse für die Materialsynthese zu nutzen und Verbundmaterialien mit biomorpher Struktur darzustellen, **Bild 10**.

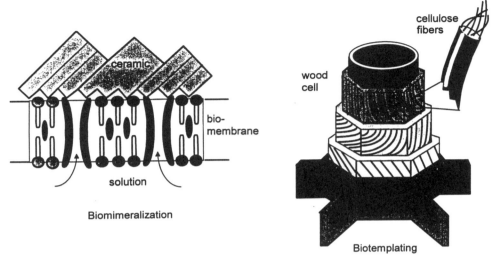

Bild 10 Grundprinzipien der biomimetischen Materialsynthese.

Am Beispiel der Umsetzung natürlicher Hölzer in zellular aufgebaute SiC/Si-Verbundkeramiken konnte gezeigt werden, **Bild 11**, daß je nach Zusammensetzung (Cellulose, Hemicellulose, Lignin) und Porenstruktur der eingesetzten Holzart anisotrope, poröse Keramiken mit in axialer Richtung hoher Festigkeit und Bruchdehnung resultieren [11]. Die Orientierungsabhängigkeit der Mikro-, Meso- und Makrostruktur beispielsweise könnte für Leichtbauweisen mit anisotropen Isolationseigenschaften an Bedeutung gewinnen

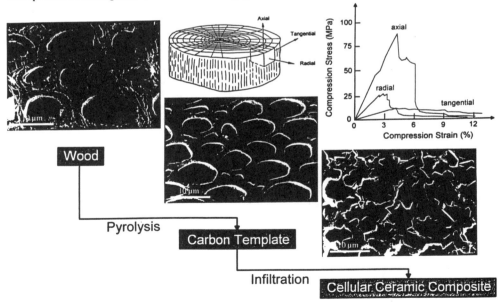

Bild 11 Herstellung zellularer SiC-Keramik aus Holz.

Ausgehend von der carbonisierten Vorform (Templat) können unterschiedliche Infiltrations-, Reaktions- und Substitutionsprozesse eingesetzt werden, um eine Vielfalt stofflich und strukturell unterschiedlich ausgebildeter biomorpher Verbundkeramiken zu erzeugen, **Bild 12**.

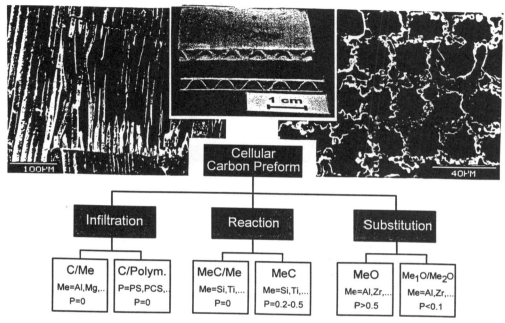

Bild 12 Herstellungsprinzipien biomorpher Verbundkeramiken aus Holz (Materialbeispiele: C/Mg abgeleitet aus Kiefer (oben links); Polymer/Füller infiltrierte Cellulosestruktur (oben mitte); SiC/Si abgeleitet aus Kiefer (oben rechts).

Schlußfolgerungen
Obwohl sich die Reaktionsverfahren für neuartige keramische Verbundmaterialien noch weitgehend in der wissenschaftlichen und technologischen Entwicklungsphase befinden, bieten die Verwendung billiger Ausgangsmaterialien, die Erniedrigung von Herstellungstemperaturen sowie die Verringerung der Hartbearbeitung ein wirtschaftliches Potential, das wesentlich die weiteren Forschungs- und Entwicklungsanstrengen antreibt. Gegenüber konventionellen Sinter- und Heißpreßverfahren bieten nicht-konvetionelle Reaktionsprozesse darüberhinaus Vorteile geringerer geometrischer Einschränkungen für die Formgebung von Komponenten. Die industrielle Anwendung neuer Reaktionsverfahren wird u.a. wesentlich von der Prozeßdauer bestimmt, um eine wirtschaftliche Herstellung zu erreichen. **Bild 13** stellt die Einordnung einiger Reaktionsverfahren hinsichtlich ihrer Prozeßdauer und Herstellungstemperatur dar.

Die Metallschmelzinfiltration von Al-Ba- sisschmelzen bei T < 1000°C kann bestehende industrielle Gießverfahren nutzen und bietet deshalb günstige Realisierungsvoraussetzungen. Die Verarbeitung präkeramischer Polymere kann durch Einsatz von Füllern vereinfacht werden und ist insbesondere für schnelle Freiformgebungsverfahren von Interesse. Reaktionsgebundene Keramik-Metall-Konstruktionsmaterialien, Polymer-Füller-abgeleitete Funktionsmaterialien sowie Flüssigphasen-infiltrierter Faserverbundmaterialien haben schon Eingang in industrielle Produktentwicklungen gefunden. Die biogene Materialherstellung ist zur Zeit Gegenstand in-

Produktentwicklungen gefunden. Die biogene Materialherstellung ist zur Zeit Gegenstand in-

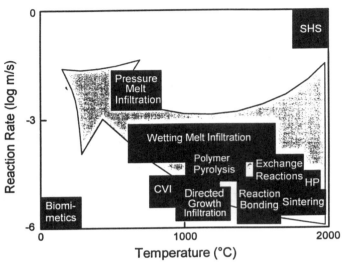

Bild 11 Prozeßbedingungen von Reaktionsverfahren zur Herstellung keramischer Verbundmaterialien.

tensiver Grundlagenforschung zum Aufklärung grundlegender biologischer und biochemischer Strukturbildungsprozesse und steht erst am Anfang einer hochinteressanten Entwicklung.

Literatur
[1] A.G. Evans, Perspective on the Development of High-Toughness Ceramics, *J.Am. Ceram.Soc.* **73** (1990) 187.
[2] P. F. Becher, Microstructural Design of Toughened Ceramics, *J.Am.Ceram.Soc.* **74** (1991) 255.
[3] P. Greil, Near Net Shape Manufacturing of Ceramic Components, *cfi/Ber.Dt.Keram. Ges.* **75** (1998) 15.
[4] N.N. Kiselyova, Prediction of Inorganic Compounds: Experiences and Perspectives, *Mat.Res.Soc.Bull.* **XVIII**, (1993) 40.Kybernetischer Materialentwicklungsansatz
[5] N.N. Kiselyova, *Izv.Akad.Nauk SSSR, Metals* **2** (1987) 213.
[6] R.W. Rice, Mechanisms of Toughening in Ceramic Matrix Composites, in *Ceram.Eng. and Sci.Proc.* **2** (1981) 661.
[7] D.R. Clarke, Interpenetrating Phase Composites, *J.Am.Ceram.Soc.* **75** (1992) 739.
[8] A.G. Evans, Perspective on the Development of High-Toughness Ceramics, *J.Am. Ceram.Soc.* **73** (1990) 187.
[9] P. Greil, Near Net Shape Manufacturing of Ceramic Components, *cfi/Ber.Dt.Keram. Ges.* **75** (1998) 15.
[10] P. Greil, Polymerkeramik, in *Technische Keramik*, (Hersgb. H. Kriegesmann) Verlag Deutscher Wirtschaftsdienst Köln (1998).
[11] P. Greil, T. Lifka, A. Kaindl, Biomorphic Cellular Silicon Carbide Ceramics from Wood: I. Processing and Microstructure; II. Mechanical Properties, to be publ. in *J.Europ.Ceram.Soc.* **5** (1998)

XII.

SPP*: Keramische Verbundwerkstoffe

* DFG-Schwerpunktprogramm „Höchsttemperaturbeständige Leichtbauwerkstoffe, inbesondere keramische Verbundwerkstoffe"

Si_3N_4/SiC-Nanocomposite für Höchsttemperaturanwendungen

Heinz Hübner und Petra Rendtel, Technische Universität Hamburg-Harburg, Hamburg
Andreas Rendtel, GKSS Forschungszentrum Geesthacht GmbH, Geesthacht

Einleitung

Siliziumnitridwerkstoffe werden als potentielle Materialien für den Einsatz bei hohen Temperaturen, in oxidierender Atmosphäre und unter hohen mechanischen Belastungen angesehen, wie sie etwa in Heißgasturbinen auftreten. Jedoch wird das Eigenschaftsprofil, das für Strukturwerkstoffe in solchen Anwendungen gefordert wird (Standzeit 10.000 h, Festigkeit 300 MPa bei 1400 °C und eine maximale Verformung von 1 % [1]) bisher nicht erreicht. Vielmehr werden die Einsatzmöglichkeiten bei hohen und höchsten Temperaturen durch die Erweichung der interkristallinen Glasphase begrenzt, die das Einsetzen von Kriechvorgängen und von unterkritischem Rißwachstum auslöst.

Durch das von Niihara und Mitarbeitern [2-4] entwickelte Konzept der sogenannten *"Nanocomposit-Werkstoffe"* konnte für verschiedene keramische Verbundsysteme eine deutliche Verbesserung der mechanischen Eigenschaften erreicht werden. Für Si_3N_4/SiC-Nanocomposite ist über beeindruckend hohe Raumtemperaturfestigkeiten und Zähigkeiten [3, 4] sowie sehr gute Hochtemperaturfestigkeiten [2, 5, 6] berichtet worden. Zum Kriechverhalten sind jedoch bis vor kurzem nur wenige Arbeiten bekannt geworden [7-12].

In zwei mehrjährigen, von der DFG geförderten Forschungsvorhaben[1,2] wurde untersucht, ob durch das Konzept der Nanocomposit-Verstärkung hochwarmfeste, oxidationsbeständige Si_3N_4-Werkstoffe zu erhalten sind. Das Ziel war es, Si_3N_4/SiC-Nanocomposit-Werkstoffe zu entwickeln, die für eine Anwendungstemperatur bis 1500 °C in oxidierender Atmosphäre geeignet sind, eine gute Kriechfestigkeit und eine hinreichend lange Lebensdauer aufweisen und dabei gleichwohl bei Raumtemperatur eine gute Festigkeit und hohe Bruchzähigkeit besitzen. Die Ergebnisse zu Pulverauswahl, Herstellung und Oxidationsverhalten der Si_3N_4/SiC-Nanocomposite werden in diesem Tagungsband an anderer Stelle beschrieben [13]. In der vorliegenden Arbeit wird über das Kriechverhalten, die Lebensdauer unter Kriechbelastung und die Auswirkungen einer Langzeitoxidation auf die Kriecheigenschaften zusammenfassend berichtet. Dabei wird gezeigt, daß die in den beiden Vorhaben entwickelten Si_3N_4/SiC-Nanocomposite die höchsten bisher bekannt gewordenen Kriechfestigkeiten und längsten Lebensdauern aufweisen. Für eine ausführliche Darstellung der Entwicklungsphilosophie und der Ergebnisse der einzelnen Optimierungsschritte sei auf die vorangegangenen Einzelveröffentlichungen verwiesen [5, 6, 14-25]. Die Mechanismen, die für die beobachteten positiven Auswirkungen der SiC-Nanoteilchen auf die Kriecheigenschaften verantwortlich sind, wurden in [18] ausführlich diskutiert.

Untersuchte Werkstoffe

Die Si_3N_4-Werkstoffe, über deren Kriecheigenschaften im folgenden berichtet wird, sind das Ergebnis eines mehrjährigen Optimierungsprozesses. Die Herstellung der kriechfestesten Varianten erfolgte durch Heißpressen [5, 6] eines α-Si_3N_4-Pulvers (E10, Ube Industries Ltd., Japan) bei 1840 °C/1 h unter Zugabe von 8 oder 10 Gew.-% Y_2O_3, das unter Verbrauch der amorphen

---
[1] DFG-Vorhaben He 1958/3 am IKTS Dresden: "Entwicklung eines SiCN-Mikrokomposit-Werkstoffes für Höchsttemperaturanwendung im Temperaturbereich 1400 bis 1500 °C",
[2] DFG-Vorhaben Hu 215/7 an der TU Hamburg-Harburg: "Entwicklung von SiCN-Mikrokomposit-Werkstoffen für Höchsttemperaturanwendungen bis 1500 °C".

Korngrenzenphase zu Apatit ($Y_5N(SiO_4)_3$) auskristallisiert (Werkstoffe 8YH und 10YH). SiC–Anteile zwischen 5 und 30 % wurden durch Zugabe eines amorphen, mittels Plasmaspraytechnik hergestellten SiCN–Pulvers [26] eingestellt (Werkstoffe 8YH5SCp bis 8YH30SCp).
Abbildung 1 zeigt das Gefüge des Werkstoffs 10YH30SCp. Auf der REM–Aufnahme erkennt man Matrixkörner im Bereich von etwa 50 nm bis 2,5 μm, d.h. die Verteilung der Si_3N_4–Körner ist sehr breit. Die SiC–Teilchen sind von den kleinen Si_3N_4–Körnern praktisch nicht zu unterscheiden. Das TEM–Bild zeigt kleinste Si_3N_4–Körner im Bereich von ca. 50 bis 100 nm sowie zahlreiche SiC–Teilchen: die kleineren (etwa ab 20 nm) sind überwiegend intragranular eingebaut, während die größeren (45 bis 100 nm) bevorzugt auf Si_3N_4–Korngrenzen liegen.

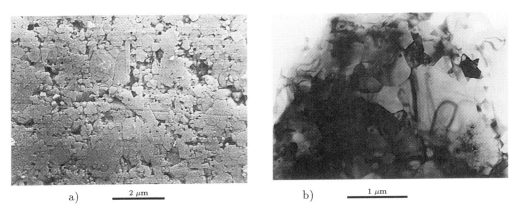

Abbildung 1: Gefüge des Nanocomposit–Werkstoffs 10YH30SCp.
a) REM–Aufnahme (chemisch geätzt in NaOH, 350 °C/5 min); b) TEM–Aufnahme.

Experimentelle Einzelheiten

Kriech- und Lebensdauerversuche wurden an Luft unter konstanter Last im Bereich von 1400 bis 1600 °C an Proben der Abmessungen 3 mm × 4 mm × 50 mm in Vierpunktbiegung durchgeführt (oberer Schneidenabstand 20 mm, unterer Schneidenabstand 40 mm). Die Durchbiegung wurde kontinuierlich registriert. Die Berechnung von Dehnung und Spannung der Randfaser erfolgte nach [27]. Spannungsexponent n und Aktivierungsenergie des Kriechens Q_c der Norton'schen Kriechgleichung

$$\dot{\varepsilon}_s = A \cdot \sigma^n \cdot \frac{1}{d^m} \cdot \exp\left(-\frac{Q_c}{RT}\right) \qquad (1)$$

wurden durch Last- bzw. Temperaturwechsel ermittelt. In Gl. (1) bedeuten $\dot{\varepsilon}_s$ die stationäre Kriechgeschwindigkeit, A eine gefügeabhängige Konstante, σ die Spannung, d die mittlere Korngröße, m den Korngrößenexponenten und T die Temperatur.

Kriechverhalten

In Abb. 2 sind die Kriechkurven einiger Nanocomposite und des monolithischen Materials 8YH bei 1400 °C und 300 MPa verglichen. Zusammensetzungen mit 10 bis 15 % SiC stellten sich als die kriechfestesten Varianten heraus. Dagegen bewirkte eine Erhöhung des SiC-Gehalts auf 30 % eine Abnahme der Kriechfestigkeit. Nach einem anfänglichen Bereich primären Kriechens gehen die Kurven in einen stationären Bereich über, was in der Auftragung log $\dot{\varepsilon}$ vs. ε

noch besser zu erkennen ist [20, 22, 24]. Es sei darauf hingewiesen, daß einige Werkstoffe eine Versuchsdauer von 1000 Stunden überstanden haben, ohne zu versagen. Längere Belastungszeiten waren angesichts des begrenzten Föderungszeitraums nicht möglich. Die Menge des Verdichtungszusatzes (8Y und 10Y) hat offenbar keinen Einfluß auf das Kriechen. Der höhere Y_2O_3-Zusatz war ursprünglich in der Absicht zugegeben worden, das Y_2O_3/SiO_2-Verhältnis dem des Apatits weiter anzunähern, so daß nach der Apatitbildung ein geringerer Restgehalt an amorphem SiO_2 zu erwarten war. Das monolithische Vergleichsmaterial 8YH weist eine ähnlich geringe Kriechverformung auf wie der beste Nanocomposit. Es ist jedoch zu beachten, daß das monolithische Si_3N_4 eine etwa um den Faktor 3 größere Korngröße aufweist als die Nanocomposite, so daß vor einem Vergleich auf gleiche Korngröße korrigiert werden muß.

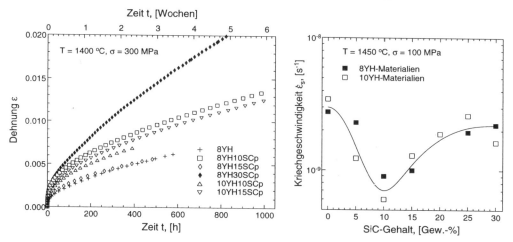

Abbildung 2: Kriechkurven einiger ausgewählter Nanocomposite
Abbildung 3: Einfluß des SiC-Gehalts auf die Kriechgeschwindigkeit

Abbildung 3 zeigt die Abhängigkeit der stationären Kriechgeschwindigkeit $\dot{\varepsilon}_s$ vom SiC-Gehalt bei gleicher Spannung und Temperatur. Die Daten der beiden monolithischen Werkstoffe wurden mit Gl. (1) und $m = 1$ auf die Korngröße der Nanocomposite korrigiert. Mit steigendem SiC-Gehalt geht $\dot{\varepsilon}_s$ durch ein Minimum, das bei etwa 10 % SiC liegt. Die Auswirkung der SiC-Dispersion auf die Kriechgeschwindigkeit des Siliziumnitrids ist nicht besonders groß. Die Absenkung beträgt etwa einen Faktor 3. Im Gegensatz dazu werden für Al_2O_3/SiC-Nanocomposite Absenkungen um den Faktor 10^2 bis 10^3 gefunden. Die Ursachen des Minimums sind in [18] diskutiert. Wir führen die positive Wirkung des SiC-Zusatzes nicht auf eine mikromechanische, sondern auf eine chemische Wechselwirkung zurück. Sowohl das feinverteilte SiC als auch damit eingebrachte kleine Mengen von elementarem C können durch chemische Reaktion Teile des interkristallinen amorphen SiO_2 verbrauchen, wodurch die Korngrenzenviskosität herabgesetzt wird. Mit zunehmendem SiC-Gehalt werden allerdings auch steigende Mengen an Verunreinigungen eingebracht, so daß $\dot{\varepsilon}_s$ wieder anwächst.
Die Spannungsabhängigkeit der stationären bzw. minimalen Kriechgeschwindigkeit ist in Abb. 4 dargestellt. Bei nicht allzu hohen Spannungen von einigen hundert MPa hat der Spannungsexponent der Werkstoffe 10YH und 10YH10SCp Werte um 2, wie sie üblicherweise an Si_3N_4 in Biegung gefunden werden. In diesem Spannungsbereich ist das Werkstoffverhalten durch eine gleichmäßig über das belastete Volumen verteilte Verformung mit starker Beteiligung von

Kavitation gekennzeichnet (*"bulk creep"*). Mit steigender Spannung wird jedoch ab einer genau definierbaren Übergangsspannung σ_t ein Spannungsbereich gefunden, in dem das Verhalten durch extreme Sprödigkeit gekennzeichnet ist: die Verformung bis zum Bruch ist sehr gering, ein stationärer Kriechbereich fehlt, und die Spannungsabhängigkeit der minimalen Kriechgeschwindigkeit ist sehr stark ($n^* \approx 40$). Im Bereich $\sigma > \sigma_t$ ist das Werkstoffverhalten durch das unterkritische Rißwachstum bestimmt. Tabelle 1 enthält Werte für n, n^* und σ_t.

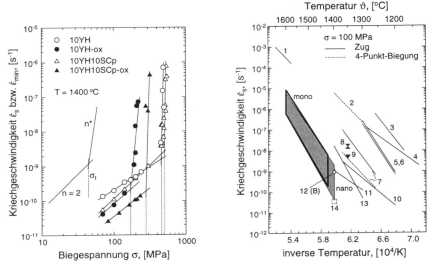

Abbildung 4: Spannungsabhängigkeit der Kriechgeschwindigkeit $\dot{\varepsilon}$

Abbildung 5: Temperaturabhängigkeit von $\dot{\varepsilon}$ und Vergleichmit der Literatur

Material	Q_c [kJ/mol]	n	n^*	$\dot{\varepsilon}_s$ (100 MPa) [s^{-1}]	σ_t [MPa]	t_f [h]
monolithisches Si$_3$N$_4$ Typ 8YH	1165	1,9	≈ 21	$1,3 \times 10^{-10}$	410	>580 h bei 300 MPa
Nanocomposit Typ 10YH10SCp	1290	2,2	≈ 40	4×10^{-11}	505	>500 h bei 500 MPa
Nanocomposit voroxidiert Typ 10YH10SCp-ox	1585	1,6	≈ 30	9×10^{-12}	280	>500 h bei 230 MPa

Tabelle 1: Kriechparameter und Lebensdauern — Werte von $\dot{\varepsilon}_s$, σ_t und t_f bei 1400 °C

Abbildung 5 ist ein Arrheniusdiagramm der stationären Kriechgeschwindigkeit. Die von uns gemessenen Werte sind durch die beiden mit "mono" und "nano" bezeichneten Felder dargestellt. Die Abbildung enthält ferner eine Reihe von Ergebnissen aus der Literatur, die für monolithisches Si$_3$N$_4$ mit ähnlichem Additivgehalt (Y$_2$O$_3$) bzw. für Si$_3$N$_4$/SiC–Nanocomposite veröffentlicht wurden (Zahlen 1 bis 14, zu den Referenzen siehe [18]). Es ist leicht zu sehen, daß die im vorliegenden Vorhaben gemessenen $\dot{\varepsilon}_s$-Werte bei gleicher Temperatur teilweise erheblich niedriger liegen als die Literaturdaten, bzw. daß zur Erzielung eines gleichen $\dot{\varepsilon}_s$-Niveaus die von uns entwickelten Werkstoffe bei deutlich höherer Temperatur eingesetzt werden können. Damit weisen sie die höchsten Kriechfestigkeiten auf, die bisher für Si$_3$N$_4$-Werkstoffe in der Literatur bekannt geworden sind. Tabelle 1 enthält einige $\dot{\varepsilon}_s$-Werte für 1400 °C/100 MPa.

Lebensdauer

Die bei 1400 °C als Funktion der Spannung gemessenen Lebensdauern sind in Abb. 6 dargestellt. Die Werte der verschiedenen Nanocomposite mit SiC-Gehalten zwischen 10 und 30 % sowie der monolithischen Varianten 8YH und 10YH liegen in dem grau unterlegten Band. Im Vergleich zu anderen Literaturwerten ist das Spannungsniveau sehr hoch. Die Meßpunkte können durch Geraden beschrieben werden, deren reziproke Steigungen den Exponenten N der Beziehung $t_f \sim 1/\sigma_f^N$ darstellen, die für Versagen durch Hochtemperaturrißwachstum gilt, wobei t_f die Lebensdauer und σ_f die Bruchspannung ist. Mit abnehmender Spannung wird für die Durchläufer ein Spannungsniveau erreicht, das mit den Übergangsspannungen σ_t der Abb. 4 sehr gut übereinstimmt. Zur Verdeutlichung sind diese σ_t-Werte in Abb. 6 als gestrichelte horizontale Geraden eingezeichnet. Aus den Abb. 4 und 6 folgt übereinstimmend, daß das mechanische Verhalten der untersuchten Werkstoffe bei Spannungen $\sigma > \sigma_t$ durch das Hochtemperaturrißwachstum bestimmt wird, bei Spannungen $\sigma < \sigma_t$ dagegen durch Kriechvorgänge.

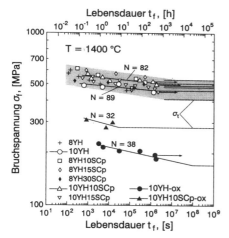

Abbildung 6: Lebensdauer bei 1400 °C

Einfluß einer Langzeitoxidation auf das Kriechverhalten und die Lebensdauer

Zur Prüfung der Oxidationsbeständigkeit wurde das Kriechverhalten nach einer Oxidationsbehandlung von 1000 h bei 1500 °C an Luft untersucht. Über das Oxidationsverhalten selbst wird in diesem Tagungsband an anderer Stelle berichtet [13]. Wie Abb. 4 zeigt, bewirkt die Oxidation eine drastische Herabsetzung der Übergangsspannung σ_t auf ca. 170 MPa beim monolithischen Si_3N_4 10YH-ox und auf ca. 280 MPa beim Nanocomposit 10YH10SCp-ox. Dadurch wird der Anwendungsbereich stark eingeengt. Allerdings wird auch die Kriechgeschwindigkeit im Bereich $\sigma < \sigma_t$ deutlich verringert.

Nach Abb. 6 versagen voroxidierte Proben bereits bei deutlich geringerer Belastung als Proben, die dieser Behandlung nicht ausgesetzt wurden. Für den Werkstoff 10YH10SCp sinkt die Spannung, bei der eine Lebensdauer von 10 h erreicht wird, von 530 auf 280 MPa. Die Abnahme des Rißwachstumsexponenten N auf Werte um 30 ist Anzeichen für eine erhöhte Neigung zum unterkritischen Rißwachstum. Die Langzeitoxidation bewirkt somit eine Versprödung und Schwächung des Werkstoffs.

Schlußfolgerungen

Durch sorgfältige Optimierung der Zusammensetzung und der Verdichtungsparameter konnten Si_3N_4/SiC–Nanocomposit–Werkstoffe hergestellt werden, die eine extrem gute Kriechfestigkeit und lange Lebensdauern im Temperaturbereich bis 1500 °C aufweisen. Die Zugabe einer nanoskaligen SiC-Teilchendispersion im Prozentbereich bewirkt eine Verbesserung des Kriechwiderstands (Faktor 3 im $\dot{\varepsilon}_s$-Niveau), die auf eine chemische Wechselwirkung zurückgeführt wird. Langzeitoxidation bei 1500 °C verursacht eine deutliche Versprödung und Schwächung des Werkstoffs unter Kriechbedingungen.

Literatur

[1] Pezzotti, G., *J. Am. Ceram. Soc.* **76**(1993)1313 – 20.
[2] Niihara, K., Hirano, T., Nakahira, A., Ojima, K., Izaki, K., Kawakami, T., *Proc. of the Symp. on Structural Ceramics and Fracture Mechanics*, ed. M. Doyama, S. Somiya, and R.P.H. Chang, Materials Research Society, Tokyo, 1989, pp. 107 – 12.
[3] Niihara, K., Izaki, K., Nakahira, A., *J. Jpn. Soc. Powder Powder Metall.* **37**(1990)352 – 56.
[4] Niihara, K., *J. Ceram. Soc. Jpn.* **99**(1991) 974 – 82.
[5] Herrmann, M., Millers, T., Rendtel, A., Reich, T., Boden, G., Schubert, C., *Engineering Ceramics* Vol. 3, ed. P. Duran and J.F. Fernández, Faenza Editrice Ibérica S.L., 1993, pp. 603 – 7.
[6] Hermel, W., Herrmann, M., Schubert, C., Klemm, H., Millers, T., Rendtel, A., *Int. Conf. Structure and Properties of Brittle and Quaziplastic Materials*, Riga, 1994, pp. 21 – 25.
[7] Wakai, F., Kodama, Y., Sakaguchi, S., Murayama, N., Izaki, K., Niihara, K., *Nature (Lon.)* **344**(1990)421-3.
[8] Ramoul-Badache, K., Lancin, M., *J. Eur. Ceram. Soc.* **11**(1992)369 – 379.
[9] Rouxel, T., Wakai, F., Izaki, K., *J. Am. Ceram. Soc.* **75**(1992)2363 – 2372.
[10] Niihara, K., Hirano, T., Izaki, K., Wakai, F., *Ceram. Trans.* **42**(1994)207 – 219.
[11] Pezzotti, G., Sakai, M., *J. Am. Ceram. Soc.* **77**(1994)3039 – 41.
[12] Hirano, T., Niihara, K., Ohji, T., Wakai, F., *J. Mat. Sci. Lett.* **15**(1996)505 – 507.
[13] Hermel, W., Herrmann, M., Schubert, Chr., Klemm, H.: Oxidationsverhalten von Si_3N_4/SiC–Mikrokompositwerkstoffen, dieser Band.
[14] Rendtel, A., Hübner, H., Herrmann, M., *Fortschrittsber. DKG*, **Band 9**(1994)Heft 4, 17–28.
[15] Acchar, W., Rendtel, A., Hübner, H., Schubert, Ch., wie [5], 405–10.
[16] Rendtel, A., Hübner, H., Schubert, Ch., *Key Engineering Materials*, Vol. **89–91**(1994)593–98.
[17] Herrmann, M., Schubert, Ch., Rendtel, A., Hübner, H., *J. Am. Ceram. Soc.* **81**[5](1998)1095–1108.
[18] Rendtel, A., Hübner, H., Herrmann, M., Schubert, Ch., *J. Am. Ceram. Soc.* **81**[5](1998)1109–1120.
[19] Rendtel, A., Hübner, H., Herrmann, M., *"Basic Science – Trends in Emerging Materials and Applications"* Vol. 4, ed. A. Bellosi, Gruppo Editoriale Faenza Editrice S.p.A., 1995, 225–32.
[20] Rendtel, A., Hübner, H., *Ceram. Trans.* **44**(1997)523–34.
[21] Rendtel, A., Hübner, H., In *"Verbundwerkstoffe und Werkstoffverbunde"*, ed. K. Friedrich, DGM Informationsgesellschaft mbH, 1997, 229–34.
[22] Rendtel, A., Hübner, H., *Fortschrittsber. DKG*, **Band 12**(1997)Heft 1, 155–69.
[23] Rendtel, A., Hübner, H, *"Ceramic – Ceramic Composites IV"*, ed. A. Leriche, V. Lardot, D. Libert, I. Urbain. Silicates Industriels, 1997, 223–25.
[24] Rendtel, P., Rendtel, A., Hübner, H., *"Ceramic – Ceramic Composites IV"*, ed. A. Leriche, V. Lardot, D. Libert, I. Urbain. Silicates Industriels, 1997, 267–69.
[25] Rendtel, P., Rendtel, A., Hübner, H., Klemm, H., *J. Eur. Ceram. Soc.* **17**(1998), im Druck.
[26] Zalite, I., Boden, G., Schubert, Ch., Lodzina, A., Plitmanis, J., Miller, T., *Latvian Chemical Journal* **2**(1992) 152–59.
[27] Hollenberg, G.W., Terwilliger, G.R., Gordon, R.S., *J. Am. Ceram. Soc.* **54**(1971)196–199.

Saphirfaser-Verstärkung von reaktionsgebundenem Aluminiumoxid (RBAO)

Rolf Janßen, Jens Wendorff, Arbeitsbereich Technische Keramik, Technische Universität Hamburg-Harburg

Einleitung

Hochtemperaturstabile keramische Verbundwerkstoffe sind seit mehr als zwei Jahrzehnten Gegenstand weltweiter Forschung. Die Verstärkung keramischer Matrixwerkstoffe mit refraktären Langfasern stellt dabei die aussichtsreichste Strategie dar, gleichzeitig eine hohe Schadenstoleranz und einen hohen Verformungswiderstand zu realisieren.

Derzeit stehen vor allem C_f/C, C_f/SiC und C_f/C-SiC-Verbundwerkstoffe im Vordergrund der Werkstoffentwicklung. Die geringe Oxidationsbeständigkeit dieser Verbunde erfordert aber spezifisch angepaßte Oxidationsschutzschichten sowohl für die einzelnen Fasern bzw. Faserfilamente als auch für das gesamte Bauteil, d.h. die innere und äußere Oberfläche muß passiviert werden. Die Schutzschichten sind i.d.R. nicht langzeitstabil und schränken zudem häufig die mechanische (Wechsel-)Belastbarkeit ein. Eine Alternative bieten hier oxidische Systeme wie z.B. Al_2O_{3f}/Al_2O_3, die auch bei hohen Anwendungstemperaturen in sauerstoffhaltigen Atmosphären thermodynamisch stabil sind. Derartige Systeme werden zur Zeit sowohl in Europa als auch in den USA entwickelt.

Ein bisher ungelöstes Problem ist die Synthese einer homogen oxidischen Matrix. Bei dem für Oxidkeramiken üblichen Sintern von Pulverformkörpern bewirkt die Einlagerung der Fasern eine starke Verdichtungsbehinderung und inhomogene Gefügestruktur. Die für nichtoxidische Verbundwerkstoffe eingesetzten Verfahren wie z.B. Polymer-Pyrolyse, Flüssigphasenimprägnierung oder CVD/CVI stehen bisher für rein oxidische Verbundwerkstoffe nicht oder nur sehr begrenzt zur Verfügung. Eine Alternative bieten jedoch neue Reaktionssyntheseverfahren wie die gerichtete Schmelzoxidation von Aluminium (DIMOX), die reaktive Infiltration von Aluminium in dichte, Si-haltige Oxidkeramiken (RMP, C4) oder das Reaktionsbinden von Aluminiumoxid (RBAO). Während bei den beiden ersten Verfahren Beschichtungen zur Vermeidung von Faserschädigungen während der Synthese erforderlich sind, ist beim RBAO-Verfahren auch ein Einsatz von unbeschichteten Oxidfasern möglich.

Neben einer hohen Matrixqualität ist die Einstellung der Faser/Matrix Grenzfläche entscheidende Voraussetzung für das angestrebte Eigenschaftskollektiv. Bei oxidischen Verbundwerkstoffen muß dabei sowohl die erforderliche schwache Faser/Matrix-Grenzflächenhaftung als auch eine hohe Stabilität unter oxidierenden Bedingungen gewährleistet sein. In den vergangenen Jahren konzentrierten sich die Arbeiten daher auf oxidische Faserbeschichtungen, bei denen die gewünschte Rißablenkung entweder innerhalb der Beschichtung (z.B. Aluminate mit Schichtstruktur) oder an der Grenzfläche Beschichtung/Faser (z.B. Phosphate mit Monazit-ähnlicher Struktur) auftritt. Auf Grund der spezifischen Rißphänomene sind dabei jedoch Faserschädigungen bzw. Rißeinleitungen in die Faser nach geringer Ablenkung nicht auszuschließen. Zudem führen die Anforderungen bezüglich der Kornorientierung (bei Hexaaluminaten) bzw. der Stöchiometrie (bei Phosphaten) zu einem hohen Prozeßaufwand. Im Rahmen des von der DFG geförderten Projekts "Saphirfaser-Verstärkung von reaktionsgebundenem Aluminiumoxid (RBAO)" wurden daher Alternativen entwickelt und anhand von Modellproben verifiziert, bei denen die Faser/Matrix Grenzfläche einerseits über die Porosität der Matrix, andererseits über oxidationsstabile Metallbeschichtungen eingestellt wurde.

Experimentelle Durchführung

Für die Synthese der Aluminiumoxidmatrix nach dem RBAO-Verfahren wird eine reaktive Pulvermischung benötigt, die durch intensives Mahlen von 40vol-% Al (Alcan 105), 40vol-% Al_2O_3 (Ceralox MPA4) und 20vol-% ZrO_2 (Tosoh TZ2Y) in einem Hochleistungsattritor hergestellt wurde. Für die Synthese der Modellproben wurde das Pulvergemisch zusammen mit monokristallinen Al_2O_3-Einzelfasern (Saphikon,d(120(m)) oder polykristallinen Al_2O_3-Filamenten (Nextel 610) verpreßt, an Luft zunächst oxidiert (400-800°C) und anschließend gesintert (1100-1550°C). Die Enddichte des Verbundwerkstoffs kann dabei durch die Maximaltemperatur beim Sintern gezielt im Bereich 70-99%TD eingestellt werden. Die einzelnen Prozeßabläufe bei der Synthese der Matrixkomponente sind in [1] ausführlich dargestellt. Bei dichten Verbundwerkstoffen (((96%TD) wurden neben unbeschichteten auch mit Platin beschichtete Saphirfasern eingesetzt. Die Beschichtung erfolgte dabei durch Slurry-Coating oder Sputtern.

Das mikromechanische Verhalten der Verbundwerkstoffe wurde anhand von fraktographischen Untersuchungen und Rißpfad-Analysen analysiert. Die Grenzflächenhaftung Faser/Matrix bzw. Faser/Beschichtung/Matrix wurde anhand von Push-Out-Experimenten an Einzelfaserproben bestimmt. Die Charakterisierung der Hochtemperaturbeständigkeit der Faserverbundwerkstoffe erfolgte durch Push-Out-Versuche bei erhöhter Temperatur [2] sowie durch Langzeit-Glühbehandlungen.

Ergebnisse und Diskussion

In Bild 1 ist ein Querschnitt durch einen Verbund aus Saphirfasern und Al_2O_3/ZrO_2 Matrix abgebildet, der bei einer Maximaltemperatur von 1550°C gesintert wurde. Der Verbund ist nahezu vollständig verdichtet. Selbst bei geringem Abstand zwischen den Fasern sind weder in der Matrix noch an der Faser/Matrix-Grenzfläche Fehler in Form von Rissen oder Poren erkennbar.

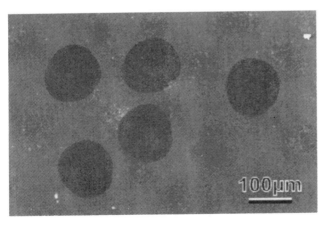

Bild 1: Querschnitt durch einen Saphirfaser/
RBAO-Verbund (((97%TD)

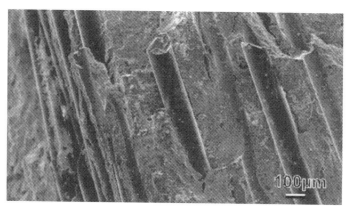

Bild 2: Bruchfläche eines Saphirfaser/
RBAO-Verbunds (((74%TD)

Für das gute Verdichtungsverhalten sind mehrere Charakteristika der RBAO-Synthese ausschlaggebend [3]:
- Die intensive Mahlung der Ausgangspulver führt zu feinstkörnigen Precursormischungen mit günstigem Fließverhalten. In Kombination mit der plastischen Verformbarkeit der duktilen Al-Partikel in der Mischung führt dies bei der Grünkörperformgebung zu homogen, weitgehend fehlerfreien Vorkörpern.
- Die Volumenexpansion bei der Oxidation des metallischen Aluminiums führt zu einer teilweisen Kompensation der Sinterschrumpfung. Die transienten Sinterspannungen, die auf Grund der Fehlpassung zwischen Matrix und nicht-sinternden Fasern auftreten, sind daher im Vergleich zu konventionellen Sinterwerkstoffen niedrig.
- Die oxidierten Al-Partikel bilden feinstkörnige Al_2O_3-Körner in der Matrix, die eine starke plastische Verformung der oxidierten Körper [4] und damit eine schnelle Relaxation der auf Fehlpassung zurückzuführenden Spannungen ermöglichen.

Die mit dem RBAO-Verfahren mögliche vollständige Verdichtung führt bei unbeschichteten Fasern zu einer starken Faser/Matrix Bindung, die eine Rißablenkung im Bereich der Grenzfläche verhindert [2]. Die notwendige Schwächung der Grenzfläche ist entweder (I) durch geeignete Beschichtungen oder (II) durch ein Reduzieren der kritischen Bruchenergie und des E-Moduls der Matrix, z.B. durch eine Restporosität, möglich. Bild 2 zeigt das Bruchverhalten eines RBAO-Verbundwerkstoffs, bei dem gezielt eine Restporosität von 25% eingestellt wurde. Bei diesem Verbundsystem tritt bei einem Rißfortschritt eine Rißablenkung an der Grenzfläche auf, wobei die Fasern bis zu großen Ablösungslängen unbeschädigt bleiben. Bild 3 zeigt den ursprüngliche Sitz einer Faser, die bei langsamer äußerer Belastung vollständig von der Matrix abgelöst wurde. Die Abdruckfläche ist glatt und ohne Artefakte. Dies wird durch die defektfreie Oberfläche einer herausgedrückten Fasern bestätigt (Bild 4).

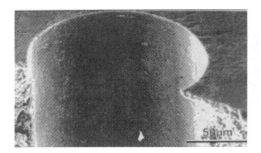 

Bild 3: Abdruck einer Saphirfaser in porösem RBAO (((97%TD)

Bild 4: Im Push-Out Versuch herausgedrückte Saphirfaser, σ_i(20MPa

Die Porosität der Matrix kann entweder durch porenbildende Additive oder durch die Wahl der Sintertemperatur exakt eingestellt werden. Push-Out Versuche bestätigten dabei eine lineare Abhängigkeit der Faser/Matrix-Haftfestigkeit im Porositätsbereich 55-75%TD. Die Haftfestigkeit ist dabei im unteren und mittleren Temperaturbereich (RT-1000°C) weitgehend konstant. Bei höheren Temperaturen kommt es auf Grund einsetzender Sinterprozesse zu einer kontinuierlichen Poreneliminierung, die zu einem langsamen Anstieg der kritischen Bruchenergie und des E-Moduls der Matrix und damit der Haftfestigkeit führen [5].

Eine Stabilisierung der Poren ist jedoch durch eine Glühung des faserverstärkten RBAO in HCl-haltigen Atmosphären möglich [6]. Bei der Glühung kommt es zu einer beschleunigten Oberflächendiffusion, die zu einem Abrunden der Porenform führt. Diese Poren sind dann bis zu hohen Temperaturen stabil. Nach den Ergebnissen von Langzeit-Auslagerungen ist dadurch eine Einsatzgrenze der Werkstoffe nahe der bei der Synthese verwendeten Maximaltemperatur (für RBAO-Faserverbundwerkstoffe mit 25% Restporosität z.B. T_{max}=1350°C) möglich.

Alternativ zur Matrixporosität kann auch eine geeignete Beschichtung für die Einstellung der Faser/Matrix-Grenzfläche genutzt werden [7]. Bild 5 zeigt das Ablösungsverhalten einer platinbeschichteten Faser in dichtem RBAO ((-(97%TD). In diesem Fall erfolgt eine Ablösung sowohl an der Grenzfläche Faser/Beschichtung als auch an der Grenzfläche Beschichtung/Matrix.

Bild 5: Platinbeschichtete Saphirfaser in dichtem RBAO (((97%TD)

Zusammenfassung

- Das Reaktionsbinden von Aluminiumoxid (RBAO-Verfahren) ermöglicht die Synthese von homogen, defektfreien Faserverbundwerkstoffen. Hohe Enddichten (((97%TD) sind auch bei drucklosen Wärmebehandlungen möglich.
- Die Haftfestigkeit der Grenzfläche Faser/Matrix kann über die Matrixporosität gezielt eingestellt werden. Bei ((75%TD ist eine Rißablenkung auch ohne Faserbeschichtung möglich.
- Hohe Anwendungstemperaturen (z.B.1350°C) bei porösen RBAO-Faserverbundwerkstoffen sind durch eine Porenstabilisierung in HCl-Atmosphären möglich.
- Die Faserbeschichtung mit Platin führt auch bei dichten Verbundwerkstoffen zu einer Rißablenkung und Grenzflächenablösung. Auf Grund des duktilen Verhaltens ist ein günstiges Verhalten auch bei Wechsellasten zu erwarten.

Veröffentlichungen

[1] Claussen, N., Janssen, R., Holz, D., "Reaction Bonding of Aluminum Oxide - Science and Technology", J. Ceram. Soc. Jpn., 103, 749-58, 1995

[2] Wendorff, J., Janssen, R., Claussen, N., "The Fiber Push-Out Test at Elevated Temperatures for Interface Characterization of Ceramic/Ceramic Composites", In Proc. 2nd European Conference on Composites Testing and Standardisation, (ECCM CTS 2) Hamburg, Germany, ed. by P.J. Hogg, K. Schulte, H. Wittich, Woodhead Publishing Ltd., Abington Hall, Abington, Cambridge, 69-74, 1994

[3] Wendorff, J., Janssen, R., Claussen, N., "Sapphire Fiber Reinforced RBAO", Ceram. Eng. Sci. Proc., 15, 364-370, 1994

[4] Boutz, M.M.R., von Minden, C., Janssen, R., Claussen, N., "Deformation Processing of Reaction Bonded Alumina Ceramics", Mat. Sci. Eng., A233, 155-166, 1997

[5] Wendorff, J., Janssen, R., Claussen, N., "Model Experiments on Pure Oxide Composites", to be published in Mat. Sci. Eng. A

[6] Kauermann, R., Wendorff, J., Janssen, R., Claussen, N., "Pore Stabilisation in Al_2O_3/ZrO_2 by HCl-Atmospheres", submitted for publication to Am. Ceram. Soc.

[7] Wendorff, J., Janssen, R., Claussen, N., "Platinum as Weak Interphase for Fiber Reinforced Oxide Matrix Composites", to be published in Am. Ceram. Soc. Com.

Entwicklung eines Kohlenstoffaser-MoSi$_2$-Verbundwerkstoffes

S. Meier, J.G. Heinrich, Institut für Nichtmetallische Werkstoffe, Clausthal

Einleitung und Zielsetzung

Um durch höhere Arbeits- bzw. Gaseintrittstemperaturen den Wirkungsgrad von Verbrennungsaggregaten und Wärmetauschern zu verbessern, soll ein Faserverbundwerkstoff für den Einsatz bis 1600 °C in oxidierender Atmosphäre entwickelt werden. Dabei sollen die Fasern das für Keramiken typische Sprödbruchverhalten verbessern, als Matrix wird das hochtemperaturbeständige Molybdändisilicid (MoSi$_2$) verwendet. Neben Hochtemperaturbeständigkeit und einer geringen Oxidationsrate auch bei hohen Temperaturen weist dieses Silicid eine gute Beständigkeit gegen korrosiven und basischen Angriff auf (1). Durch diese Eigenschaften ist es dem zur Infiltration von Siliciumcarbid gängig verwendeten Silicium deutlich überlegen.

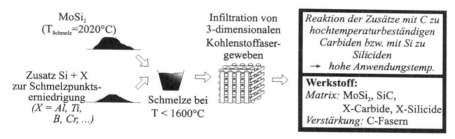

Bild 1: Schema der Werkstoffentwicklung

Das MoSi$_2$ wird über einen Schmelzinfiltrationsprozeß in das Kohlenstoffasergewebe eingebracht. Da Molybdändisilicid erst bei 2020 °C schmilzt, die Kohlenstoffasern bei einer so hohen Infiltrationstemperatur jedoch durch Reaktionen mit der infiltrierenden Schmelze zerstört werden (2), werden dem MoSi$_2$ weitere Komponenten (Silicium, sowie Aluminium, Chrom, Titan oder Bor) zur Schmelzpunktserniedrigung zugesetzt. Es gelingt auf diese Weise, die Infiltrationstemperatur auf 1500 bis 1600 °C zu senken. Diese Temperaturen ermöglichen eine Infiltration der Kohlenstoffasergewebe, ohne daß die Fasern dabei durch Reaktionen zerstört werden. Die Zusatzelemente wurden unter dem Gesichtspunkt ausgewählt, daß sie zum einen bereits in möglichst geringen Mengen den Schmelzpunkt von MoSi$_2$ stark senken, zum anderen sollen diese Zusatzelemente mit im Gewebe eingelagertem Kohlenstoff zu hochtemperaturbeständigen Carbiden (oder mit dem ebenfalls zugefügten Si zu hochtemperaturbeständigen Siliciden) reagieren. Als geeignete Zusatzelemente, die diese Bedingungen erfüllen, haben sich Aluminium, Chrom, Titan und Bor erwiesen. Diese Elemente bilden mit Kohlenstoff hochtemperaturbeständige Carbide und sollen so der infiltrierenden Schmelze während des Infiltrationsvorganges entzogen werden. Dadurch steigt der Schmelzpunkt der Matrix des infiltrierten Werkstoffes wieder an. Durch diesen Mechanismus soll ein Werkstoff entstehen, der bei Temperaturen von 1600°C angewendet werden kann.

Ergebnisse der Infiltration von SiC-Körpern

In Vorversuchen an Grünkörpern aus Siliciumcarbid mit eingelagertem Kohlenstoff, wie sie bei der Herstellung von SiSiC (siliciuminfiltriertem SiC) Anwendung finden, wurde die Gefügeausbildung durch Reaktionen der infiltrierenden Schmelze mit dem Grünkörper untersucht.

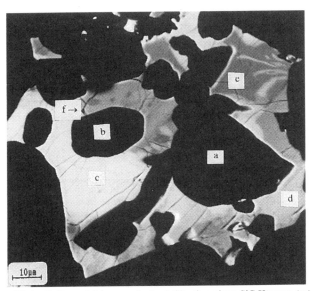

Bild 2: Gefügeausbildung nach der Infiltration eines SiC-Körpers (mit eingelagertem C) mit einer Schmelze aus dem System $MoSi_2$-Si-Cr bei 1600°C unter Vakuum
a) primäres SiC-Korn, b) neu gebildetes SiC mit geringen Anteilen an Cr, c) Matrixphase: Si + Mo + Cr, d) Matrixphase: Cr + Mo, e) Matrixphase: hauptsächlich Cr mit etwas Mo, f) Mikroriß

Dabei zeigte sich, daß einzelne Schmelzenbestandteile (vorzugsweise Silicium, aber auch andere schmelzpunktserniedrigende Zusätze) mit dem im Grünkörper eingelagerten Kohlenstoff wie gewünscht zu Carbiden reagieren. Die Matrix wird je nach verwendeter Zusammensetzung von Mischphasen ohne definierte Stöchiometrie gebildet (als Beispiel siehe Bild 2).

DTA-Untersuchungen zeigten, daß diese Reaktionen den Schmelzpunkt der Matrix derart beeinflussen, daß unterhalb von 1500 °C (Temperaturobergrenze des Gerätes) kein nennenswertes Aufschmelzen der Matrix mehr eintritt, wie Bild 3 für den Fall eines SiC-Körpers zeigt, der mit einer Zusammensetzung aus dem System $MoSi_2$-Si-Al infiltriert worden ist.

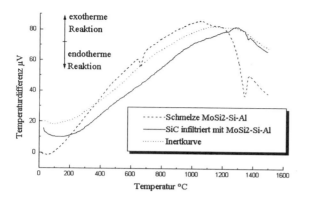

Bild 3: DTA-Untersuchungen an einer Schmelze aus dem System MoSi$_2$-Si-Al und einem mit dieser Schmelze bei 1500 °C unter Vakuum infiltrierten SiC-Körper

Atmosphäre, Druck, Infiltrationszeit und Infiltrationstemperatur beeinflussen zwar die Infiltrationstiefe und die Dichte des infiltrierten Werkstoffes, jedoch nicht die Gefügeausbildung.

Der entscheidende Faktor für die Ausbildung der Phasen ist hingegen der Kohlenstoffgehalt. Dies zeigten auch thermodynamische Berechnungen, bei denen allerdings die Bildung ternärer Phasen und Mischphasen nicht berücksichtigt wurde. Sie können daher nicht als genaue Berechnungen gewertet werden, lassen sich jedoch zu Aussagen über allgemeine Tendenzen heranziehen.

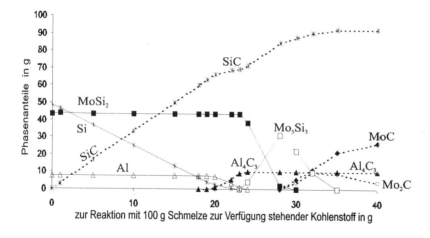

Bild 4: Thermodynamische Berechnung an einem Beispiel: vorliegende Phasen bei Reaktion von 100 g Schmelze (aus dem System MoSi$_2$-Si-Al) mit einer bestimmten Menge an Kohlenstoff

In Abhängigkeit vom Kohlenstoffangebot reagieren erst die schmelzpunktserniedrigenden Zusätze wie Si u.a. vollständig zu Carbiden. Besteht danach immer noch ein Kohlenstoffangebot, reagiert auch MoSi$_2$ unter Carbidbildung (als Beispiel siehe die Darstellung der Phasenzusammensetzungen bei Reaktion mit C für eine Schmelze aus dem System MoSi$_2$-Si-Al in Bild 4).

Daraus ergibt sich eine große Gefügeabhängigkeit des infiltrierten Werkstoffes vom Kohlenstoffgehalt:
Liegt in dem infiltrierten Körper so wenig Kohlenstoff vor, daß nicht alle zur Schmelzpunktserniedrigung zugegebenen Komponenten zu hochtemperaturbeständigen Verbindungen (etwa Carbiden) reagieren können, ist mit einem Aufschmelzen der Werkstoffmatrix unterhalb der gewünschten Anwendungstemperatur zu rechnen.
Ist der Kohlenstoffanteil jedoch zu hoch, ist MoSi$_2$ thermodynamisch nicht mehr stabil und die Matrix enthält diese eigentlich erwünschte Phase nicht mehr.

Ergebnisse der Infiltration von Kohlenstoffasergeweben
Diese zur Infiltration von SiC (mit eingelagertem C) durchgeführten thermodynamischen Berechungen lassen auch Rückschlüsse über die Infiltration von Kohlenstoffasergeweben zu. Werden Kohlenstoffasergewebe (beschichtet mit Pyrokohlenstoff PyC) mit Schmelzen der betrachteten Systeme infiltriert, so entsteht ein Gefüge, wie Abb.5 es zeigt. Hier stehen im Gewebe große Mengen an Kohlenstoff zur Reaktion zur Verfügung, wodurch MoSi$_2$ in keiner der verwendeten Zusammensetzungen thermodynamisch stabil ist, sondern Molybdäncarbide und SiC gebildet werden.

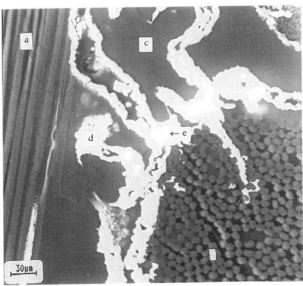

Bild 5: C-Fasergewebe (mit PyC-Beschichtung) nach der Infiltration mit einer Zusammensetzung aus dem System MoSi$_2$-Si-Al bei 1500 °C
a) Fasern parallel zur Bildfläche, b) Fasern senkrecht zur Bildfläche, c) Kohlenstoffmatrix, d) SiC aus Reaktion von Schmelze und C, e) MoC aus Reaktion MoSi$_2$+3C->2SiC+MoC

Da die Bildung einer Matrix aus MoSi$_2$ jedoch erwünscht ist, müssen als Grundkörper beschichtete Fasergewebe verwendet werden, die nur eine bestimmte Menge an eingelagertem Kohlenstoff für Reaktionen mit der infiltrierenden Schmelze bereitstellen.

Zusammenfassung und Ausblick

Es hat sich gezeigt, daß die Grundidee dieses Prozesses zur Herstellung eines MoSi$_2$-Kohlenstofffaser-Verbundwerkstoffes durchführbar ist:
Der Schmelzpunkt von MoSi$_2$ wird durch Zugabe anderer Komponenten (Si, sowie Cr, Ti, Al oder B) gesenkt, um bei niedrigen Temperaturen ein Kohlenstofffasergewebe infiltrieren zu können. Diese Komponenten reagieren im Grünkörper mit Kohlenstoff zu hochtemperaturbeständigen Gefügebestandteilen und gewährleisten so eine hohe Anwendungstemperatur.
Als ein sehr wichtiger Faktor hat sich dabei der Kohlenstoffgehalt erwiesen, da bei einem Mangel an Kohlenstoff die Reaktionen zur Bildung hochtemperaturbeständiger Verbindungen nicht ablaufen können, bei Kohlenstoffüberschuß MoSi$_2$ jedoch thermodynamisch nicht mehr stabil ist.
Aus diesem Grunde ist eine Infiltration unbeschichteter oder PyC-beschichteter Kohlenstofffasern nicht möglich, da hier ein Überschuß an Kohlenstoff für Reaktionen zur Verfügung steht und die gesamte infiltrierende Schmelze Carbide bildet, so daß die MoSi$_2$-Matrix zersetzt wird.
Daher sollen in weiteren Untersuchungen mit Bornitrid beschichtete C-Fasern sowie reine SiC-Fasern zum Einsatz kommen, die nur eine bestimmte Menge an eingelagertem Kohlenstoff für Reaktionen mit der infiltrierenden Schmelze bereitstellen.
Desweiteren sollen die Eigenschaften der erzeugten SiC- bzw. Faserverbundwerkstoffe untersucht werden.

Literatur
(1) Vasudevan, A.K. et al.: Materials Science and Engineering, A155 (1992) 1-17
(2) Goller, R.: Dissertation TU Clausthal, 1996

Die Festigkeit von kohlenstoff-faserverstärktem Kohlenstoff bei höchsten Temperaturen unter statischer und dynamischer Belastung

Piet W.M. Peters, Gereon Lüdenbach, Hubert Döker
DLR, Institut für Werkstoff-Forschung, Köln

Einleitung

Kohlenstoff-faserverstärkter Kohlenstoff (Carbon/Carbon, C/C) hat ein hohes Potential für den Einsatz bei extrem hohen Temperaturen, da seine Festigkeit bis weit oberhalb von 2000°C erhalten bleibt. Wegen der Anfälligkeit gegenüber Oxidation muß dieser Einsatz jedoch unter Ausschluß von Sauerstoff oder nach Anbringung eines Oxidationsschutzes erfolgen. In diesem im DFG-Forschungsschwerpunkt „Höchsttemperaturbeständige Leichtbauwerkstoffe" geförderten Vorhaben wurde ein auf dem Wege der Polymerpyrolyse kostengünstig hergestelltes C/C der Firma Schunk Kohlenstofftechnik GmbH untersucht.

Zielsetzung

In diesem Vorhaben sollte das thermo-mechanische Verhalten von C/C analysiert werden. Wegen der Komplexität kommerziell verfügbarer 2D C/C Werkstoffe wurde zunächst das thermo-mechanische Verhalten von unidirektional verstärktem C/C mit Hilfe von Kleinstproben (imprägnierte 12K-Bündel) untersucht. Danach wurden Untersuchungen zum thermo-mechanischen Verhalten von 2D C/C unter statischer und wechselnder Last (Ermüdung) und unter wechselnden Temperaturen durchgeführt. Folgende Aufgabenstellungen wurden bearbeitet:
- Festigkeitsentwicklung von 1D C/C (imprägnierte Bündel) im C/C Herstellverfahren
- prozessabhängige Festigkeitsentwicklung von 2D C/C
- Festigkeit von 1D C/C und 2D C/C bei Temperaturen bis 1800°C bzw 1650°C
- dynamische thermomechanische Charakterisierung von 2D C/C bis 1600°C
- Festigkeit von 2D C/C nach wechselnder thermischer Belastung (500°C-1600°C)

Ergebnisse und Diskussion
Festigkeitsentwicklung von 1D und 2D C/C

C-Faser-Bündel (HTA und M40J) wurden mit Phenolharz imprägniert und bei 180°C ausgehärtet. Danach wurde an einem Teil der so hergestellten Bündel eine Karbonisierung bei 920°C und eine anschließende thermische Behandlung bei Temperaturen oberhalb von 1000°C durchgeführt. Die Festigkeitsentwicklung (Bild 1) mit einem Minimum in der Festigkeit nach einer Behandlung bis 1000°C ist nicht nur charakteristisch für die imprägnierten Bündel (HTA und M40J), sondern auch für Bündel, deren Fasern nur eine dünne Phenolharzschicht besitzen und für bi-direktional verstärktes (2D) C/C. 1D C/C mit der HTA-Faser zeigt eine stetige Zunahme der Steifigkeit oberhalb einer Behandlungstemperatur von 1000°C. Die Festigkeitsentwicklung wird durch verschiedene Faktoren beeinflußt. Eine Reduzierung der Festigkeit erfolgt durch [1,2]:
- Umwandlung der Phenolharzmatrix (E = 4-5 GPa) in eine spröde Glaskohlenstoffmatrix (E=35Gpa) bei Behandlungstemperaturen bis 1000°C (Karbonisierung)
- Bildung von Schrumpfspannungen als Folge dieser Umwandlung
- Reduzierung der Faserfestigkeit

Die Erholung bei Temperaturen oberhalb von 1000°C wird verursacht durch:
- Relaxation der Schrumpfspannungen
- Strukturänderung der Matrix (Streckgraphitierung [3])
- Erholung der Faserfestigkeit.

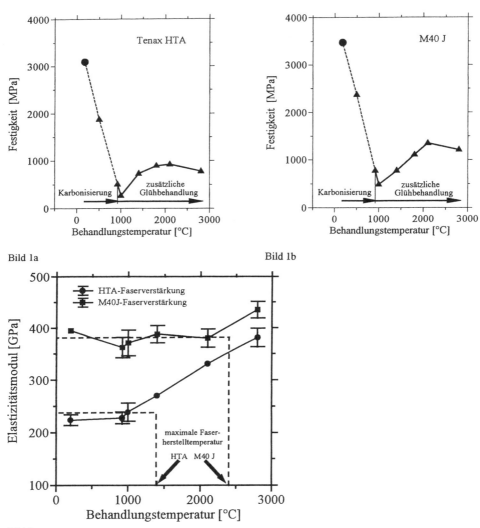

Bild 1: Die Entwicklung der Raumtemperatur-Festigkeit (Bild 1a,1b) und -Steifigkeit (Bild 1c) von 1D Materialien in Abhängigkeit von der Behandlungstemperatur (Spannung = Belastung/Faserquerschnitt)

Das Versagen nach einer Karbonisierung wird durch Bruch der spröden Kohlenstoffmatrix, die unter erheblichen Schrumpfspannungen steht, ausgelöst. Es ist jedoch nicht selbstverständlich, daß Matrixrisse in die Fasern eindringen, anstatt an der Faseroberfläche abzuzweigen. In einer Finite Element Analyse der Rißeindringung und Rißabzweigung [4] wurde nachgewiesen, daß Matrixschrumpfspannungen im wesentlichen für das Sprödbruchversagen (Rißeindringung in die Fasern) verantwortlich sind. Die Erholung der Festigkeit durch Relaxation der Schrumpfspan-nungen müßte nach dieser Analyse jedoch beträchtlich stärker ausfallen, woraus auf eine Beeinträchtigung der Fasereigenschaften geschlossen wird, die auch nach höheren Behandlungs-temperaturen noch existiert. Die Größe der Schrumpfspannungen ist jedoch weitgehend unbekannt. Sie sind jedoch beträchtlich, da die Messung der Schrumpfung an 2D Material in Dickenrichtung einer Platte (Schrumpfung relativ ungehindert) nach der Karbonisierung einen Wert von 8,6 % ergab, die nach einer Graphitierung sogar noch weiter auf 12,8 % anstieg. Die Matrixschrumpfung bei der Karbonisierung erfolgt größtenteils spannungsfrei und nur ein (unbekannter) Bruchteil der Schrumpfung introduziert Matrixspannungen.

Von anderen Autoren [5,6] wurde die Bedeutung der Faser/Matrix-Haftung im CFK-Zustand für die Entwicklung der Festigkeit von C/C hervorgehoben. Eine bessere Haftung, die in der Regel bei C-Fasern mit einem geringeren E-Modul vorhanden ist, führt zu einem stärkeren Festigkeitsverlust bei der Karbonisierung. Fraglich dabei ist, ob die Haftung alleine dafür verantwortlich gemacht werden kann.

Die Beschreibung der mechanischen Eigenschaften nach den verschiedenen Processingschritten ist sehr komplex, da auch die Faser nachweisbar Eigenschaftsänderungen erfährt. In Zusammenarbeit mit der BAM (Berlin) [7] wurde gezeigt, daß die Kohlenstoff-Faser auch unterhalb der Faserherstelltemperatur nicht stabil ist. Nach einem Schrumpfen setzt eine Verlängerung ein, und dies geht mit einer Strukturänderung einher. Das Schrumpfungs-Ausdehnungsverhalten und die Strukturänderung in Abhängigkeit von der Behandlungstemperatur von Faserbündeln eingebettet in ein Phenolharz ist wesentlich anders beim losen Bündel. Hieraus wird auf eine Faserdegradation geschlossen, die von der FE-Analyse untermauert wird.

Von den oben genannten Faktoren für die Erholung der Festigkeit des C/C nach einer thermischen Behandlung oberhalb von 1000°C ist hauptsächlich die Relaxation der Schrumpfspannungen verantwortlich. Diese Relaxation kann nicht direkt gemessen werden, da die erwartete Verlängerung (von z.B. 0,15 % in einer UD-Probe bei Relaxation einer Schrumpfspannung von 350 MPa) durch eine gleichzeitige Änderung der Faserlänge verloren geht. Vergleichende Versuche an 0°/90° und ±45° Proben aus bis 920°C karbonisiertem 2D C/C zeigen jedoch, daß geringe Zugspannungen bei einer thermischen Behandlung oberhalb von 1000°C die Längenänderung der ±45° Proben wesentlich (durch Schubspannungen in der Matrix) beeinflussen. Gleichzeitig mit der Relaxation treten Strukturänderungen (Graphitieren) der Matrix und Faser auf. Der Anteil der einzelnen Faktoren an der Festigkeitserholung von C/C ist nicht abschätzbar.

Beim Vergleich der Festigkeiten von C/C mit der HTA-Faser von Bild 1a mit Bild 2a muß berücksichtigt werden, daß für das 1D-Material die Festigkeit durch Teilung der maximalen Last durch den Faserquerschnitt und sie beim 2D-Material durch Teilung durch den Gesamtquerschnitt der Probe erfolgte. Deshalb muß für den direkten Vergleich die 1D-Festigkeit mit dem Faservolumenanteil von $V_f=0.7$ multipliziert werden. Wird dies durchgeführt und außerdem berücksichtigt, daß die Spannung in den Querlagen des 2D-Werkstoffes vernachlässigt werden kann,

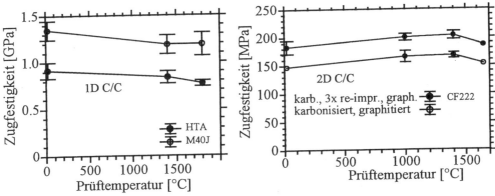

Bild 2 : Die Festigkeit von 1D und 2D C/C in Abhängigkeit von der Prüftemperatur

dann ist z.B. bei Raumtemperatur die Bruchspannung des 1D C/C mit 630MPa wesentlich höher als die Zugfestigkeit des 2D C/C (376MPa, Festigkeit bezogen auf den Querschnitt der longitudinalen Faserbündel). Diese geringere Festigkeit des 2D C/C ist hauptsächlich auf die Faserbündelkrümmung im verwendeten 8H-Satin Fasergewebe zurückzuführen.

Hochtemperaturfestigkeit von 1D und 2D C/C

Dargestellt werden die Hochtemperatureigenschaften von C/C-Materialien, die bei 2100°C graphitiert wurden. Bild 2 zeigt die Hochtemperaturfestigkeit von 1D C/C (C/C-Bündel, Festigkeit bezogen auf dem Querschnitt der Fasern im Bündel), die bis Temperaturen von 1800°C und die von 2D C/C (Festigkeit bezogen auf dem Gesamtquerschnitt bei $V_f=0.65$) die bis 1650°C geprüft wurden. Während die Festigkeit der C/C-Bündel mit zunehmender Prüftemperatur sinkt, steigt die Festigkeit des 2D C/C Werkstoffes bis 1400°C an. Danach sinkt sie bis zur maximalen Prüftemperatur von 1650°C. Am 2D C/C Material wurde außerdem die Festigkeit von Proben mit den Fasern unter ±45° zur Belastungsrichtung ermittelt. Die mit Hilfe dieser Proben ermittelte intra-laminare Scherfestigkeit des 2D-Werkstoffes (die Hälfte der Zugfestigkeit) steigt bei zunehmender Prüftemperatur von 18,7 MPa (RT) bis 32,6MPa (1500°C) an. Somit scheint für das 2D Material ein deutlicher Zusammenhang zwischen einer verbesserten Spannungsübertragung (Scherfestigkeit) durch Rißschließen und der Zugfestigkeit gegeben. Die Zunahme der Festigkeit von 2D C/C durch 3-faches Reimprägnieren (siehe Bild 2) muß auch in diesem Sinne erklärt werden, da die Reduzierung der Porosität die Spannungsübertragung (Scherfestigkeit) verbessert. Das abweichende Verhalten des 1D C/C-Werkstoffes (Abnahme der Festigkeit mit zunehmender Prüftemperatur) ist offensichtlich auf die prinzipiell rißfreie Mikrostruktur zurückzuführen. Eine Scherfestigkeit wurde nicht ermittelt, so daß eine Korrelation Scherfestigkeit-Zugfestigkeit nicht aufgestellt werden konnte.

Ermüdungsverhalten von 2D C/C bei Prüftemperaturen bis zu 1600°C

Das Ermüdungsverhalten von 2D C/C (CF 222 der Firma Schunk) wurde bei Raumtemperatur, 1000°C, 1400°C und bei der maximal erreichbaren Temperatur von 1600°C untersucht [8]. Nach Anpassung der Versuchsanlage für diese Langzeitversuche bei hohen Temperaturen wurden Ermüdungsversuche bei 40 Hz gefahren und zwar bis 5×10^5 LW bei Temperaturen bis 1400°C und bis 10^6 LW bei der maximalen Temperatur von 1600°C. Das Spannungsverhältnis Unterlast/Oberlast betrug R = 0.1.

Beispielhaft sind die RT- und 1600°C-Ergebnisse in Bild 3 dargestellt. 2D C/C zeichnet sich durch eine hohe Ermüdungsfestigkeit im Vergleich zur Zugfestigkeit auch bei der höchsten Temperatur aus. Lediglich der Abfall der Ermüdungsfestigkeit ist bei 1600°C etwas größer als bei RT.
Zur Erforschung der Schädigungsmechanismen in Abhängigkeit der Lastspielzahl wurden folgende Methoden eingesetzt:
- Messung der Probensteifigkeit
- lichtmikroskopische Untersuchung von polierten Probenkanten vor und nach dem Ermüdungsversuch
- Messung des elektrischen Widerstandes (bei der höchsten Prüftemperatur).

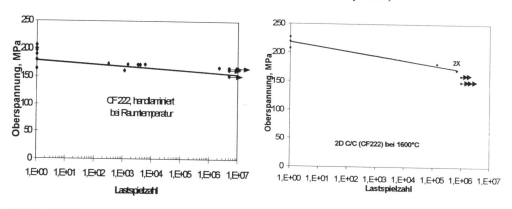

Bild 3 : Ermüdungsverhalten von CF222 Standardmaterial bei Raumtemperatur und 1600°C

Mikrostrukturelle Untersuchungen ergaben keine Änderung des Schädigungszustandes im Laufe des Ermüdungsversuches. Dies korreliert mit Hysterese-Messungen, bei denen keine Änderung der Probensteifigkeit gemessen wurde.

Die Ermüdungsversuche bei der höchsten Temperatur zeigten geringe Moduländerungen. Der E-Modul nahm zunächst ab und stieg bei höheren Lastwechselzahlen wieder an. Bei kleinen Lasten trat schließlich sogar eine Steifigkeitszunahme ein. Aus der ebenfalls gemessenen Zunahme der elektrischen Leitfähigkeit wird auf eine mechanisch und thermisch induzierte Strukturänderung geschlossen.

Das matrixdominante Ermüdungsverhalten wurde an ±45° Proben aus 2D C/C untersucht. Ermüdungsversuche bei Raumtemperatur und bei 1500°C wurden bei einer Oberlast von 70 % der jeweiligen Festigkeit durchgeführt. Bei Raumtemperatur wurden keine wesentlichen Ermüdungserscheinungen, bei 1500°C jedoch eine stetig abnehmende Probensteifigkeit durch Rißausbreitung in der Matrix festgestellt.

Thermisches Zyklieren
2D C/C Proben (0°/90°) wurden a) ohne Last b) bei 60 % der statischen Festigkeit thermisch zwischen 500°C und 1600°C zykliert. Bei einer Aufheizrate von 1000°C/min und Abkühlrate von 500°C/min und Haltezeiten von 1 Minute ergab sich eine Zyklusdauer von 5.3 min. Nach 600 Zyklen (53 Stunden) wurde die Restfestigkeit bei Raumtemperatur ermittelt. Aus thermischem Zyklieren

ohne Last resultierte keine nachweisbare, bei 60 % der statischen Festigkeit jedoch eine 10%-ige Reduzierung der RT-Festigkeit. Thermisches Zyklieren verbessert die elektrische Leitfähigkeit, eine eindeutige Steifigkeitsänderung wurde jedoch nicht festgestellt.

Zusammenfassung

Die Festigkeit von durch Polymerpyrolyse hergestelltem C/C wurde eingehend untersucht. Mit Hilfe von Kleinstproben (imprägnierten Bündeln), die beim Processing praktisch rißfrei bleiben, konnte der Einfluß eines für 2D C/C charakteristischen Schädigungszustandes ausgeschlossen werden. Bei einer Behandlungstemperatur von bis zu 1000°C sinkt die Festigkeit aller untersuchten C/C Werkstoffe als Folge der Umwandlung der Polymermatrix in eine Glaskohlenstoffmatrix. Hauptursache für die Festigkeitsabnahme ist die mit der Umwandlung einhergehende Schrumpfung. Die Festigkeitserholung bei Behandlungstemperaturen oberhalb von 1000°C ist vorwiegend auf die Relaxation der Matrixschrumpfspannungen zurückzuführen. Gleichzeitig setzen Graphitisierungs-Prozesse in der Matrix und in der Faser ein. 2D C/C zeichnet sich bis zu der maximalen Prüftemperatur von 1600°C durch eine hohe Ermüdungsfestigkeit aus. Thermisches Zyklieren ohne mechanische Last (600 Zyklen zwischen 1600°C und 500°C) reduziert die Raumtemperatur-Festigkeit nicht nachweisbar. Beim Zyklieren unter einer konstanten Last von 60 % der Raumtemperatur-Festigkeit wird jedoch die Festigkeit um 10 % reduziert.

Literatur

[1] G. Lüdenbach, P.W.M. Peters
Zugfestigkeit unterschiedlicher C/C-Verbundwerkstoffe als Funktion der thermischen Vorbehandlung und Prüftemperatur. DKG, Werkstoffwoche 1996

[2] G. Lüdenbach, P.W.M. Peters
The influence of heat treatment temperature on room temperature and high temperature tensile strength of unidirectional carbon fibre reinforced carbon. In: High-Temperature Ceramic Matrix Composites I: Design, Durability and Performance, Ceramic Transactions, Vol 57, 285 - 292, 1996.

[3] Rellick, G.S., Chang, D.J., Zaldivar, R.J.
Mechanics of orientation and graphitization of hard carbon matrices in carbon/carbon composites, J. Mater.Res., Vol 7, No 10, Oct. 1992, 2798-2809

[4] Th. Weber, P.W.M. Peters
Modelling of crack penetration and crack deflection in carbon fibre reinforced carbon. 8. Int. Workshop on Computational Mech. of Materials, Stuttgart, Oct. 6-8, 1998

[5] Zaldivar R.J., Rellick, G.S., Yang, J.M.
Fibre Strength Utilization in Carbon/Carbon Composites
J. Mater. Res., Vol 8, no 3, 1993, 501-511

[6] Zaldivar R.J., Rellick, G.S., Yang, J.M.
Fibre Strength Utilization in Carbon/Carbon Composites: Part II. Extended Studies with Pitch- and PAN-Based Fibers, J. Mater. Res., Vol 10, no 3, 1995

[7] G. Lüdenbach, P.W.M. Peters, D. Ekenhorst, B.R. Müller
The properties and structure of the carbon fibre in carbon/carbon produced on the basis of carbon fibre reinforced phenolic resin. Erscheint 1998 in J.Eur.Cer.Soc.

[8] P.W.M. Peters, L. Bardeau, O. Wellems, B. Daniels
Fatigue and thermal cycling behaviour of carbon/carbon up to 1600°C.
European Conference on Spacecraft Structures, Materials and Mechical. Testing. 4.-6. November, Braunschweig, 1998.

Einfluß der Mesostruktur auf die Eigenschaften von Faserkeramik

Hans-Günter Maschke, Manfred Füting, Katerina Morawietz, Ralf Schäuble,
Fraunhofer-Institut für Werkstoffmechanik Halle; Susanne Wagner, Universität Karlsruhe

Einleitung

Keramikmatrix-Langfaserverbunde (CMC, Faserkeramiken) stellen wegen ihrer Temperatur- und Thermoschockbeständigkeit, der guten tribologischen Eigenschaften, ihrer Beständigkeit gegen viele chemische Einflüsse und nicht zuletzt auf Grund der relativ geringen Massendichte eine attraktive Alternative zu den heute noch dominierenden Metallen für eine Reihe innovativer Anwendungen dar. Alle Einzel-Komponenten dieser Verbundwerkstoffe verformen sich linear elastisch und versagen spröde. Dennoch verhalten sich die Verbunde mechanisch nichtlinear, und ihre Bruchdehnungen bzw. Bruchzähigkeiten können das für metallische Werkstoffe typische Niveau erreichen. Die Quelle der "Pseudoplastizität" von CMC ist eine belastungsabhängige Materialschädigung durch Bildung unterkritischer Risse. Anders als in Metallen bestimmt hier die materialspezifische Schädigungsentwicklung nicht nur das Versagen, sondern das gesamte nichtlineare Materialverhalten, das häufig schon bei geringen Lasten einsetzt. Als eine typische Erfahrung bei der Herstellung von Faserkeramiken hat sich erwiesen, daß zufriedenstellende Festigkeiten und Zähigkeiten nur innerhalb sehr enger Streubereiche bestimmter Prozeß- und Strukturparameter zu erreichen sind (1). Eine erfolgreiche zielgerichtete Materialentwicklung setzt deshalb das Verständnis der Zusammenhänge zwischen Herstellungsbedingungen, Materialstruktur und Gebrauchseigenschaften voraus. Im Unterschied zu praktisch allen anderen Werkstoffen haben langfaserverstärkte Verbundwerkstoffe eine sehr komplizierte, hierarchische Struktur, die durch eine Vielzahl von Parametern beschrieben wird. Deshalb ist es eine wichtige Aufgabe, der Frage nachzugehen, welche dieser Parameter (neben der häufig einseitig in den Vordergrund gestellten Faser-Matrix-Anbindung) von wesentlichem Einfluß auf die Eigenschaften praktisch relevanter Faserkeramikmaterialien sind.

Verformung, Schädigung und Versagen auf den materialtypischen Strukturniveaus

Makroskopisch werden Faserverbundwerkstoffe als homogene Festkörper beschrieben. Während die globalen Steifigkeiten durch das Modell des anisotropen Kontinuums zumeist gut wiedergegeben werden, gibt es bis heute kein allgemein praktikables makroskopisch-phänomenologisches Konzept der Festigkeit oder der Zähigkeit von Faserverbundwerkstoffen. Merkmale der Mikrostruktur, die wesentlich für diese Eigenschaften sind, können im Extremfall Ausdehnungen von nur wenigen Nanometern haben. Das betrifft z.B. Details im Bereich zwischen Einzelfasern und Matrix, welche bestimmend für die Anbindung dieser Strukturelemente sind. Es gelang bisher aber allenfalls für unidirektionale Verbunde, den Zusammenhang zwischen der Faser-Matrix-Haftung und dem makroskopisch-phänomenologischen Materialverhalten quantitativ zu verstehen.
Für die Eigenschaften der meisten praktisch relevanten Faserverbundwerkstoffe - das sind vor allem multidirektionale Laminate aus UD-Lagen, Gewebelaminate oder Verbunde mit dreidimensionaler Verstärkung - ist eine erhebliche Zahl weiterer Parameter von maßgeblichem Einfluß. Solche Werkstoffe weisen ein oder zwei zusätzliche, deutlich abgegrenzte Strukturniveaus auf, die zwischen der makroskopisch-phänomenologischen und der mikroskopischen Strukturebene vermitteln (2). Diesen "mesoskopischen" Strukturniveaus gehören sowohl die Ebene der

Faserbündel in Geweben und Geflechten als auch die der Einzellagen in Laminaten an. Auf den mesoskopischen Strukturniveaus erfolgt in Faserverbundwerkstoffen eine tiefgreifende Umverteilung der von außen angelegten mechanischen Spannungen. Innerhalb der Faserbündel ist die Materialstruktur praktisch unidirektional. Die lokalen Versagensmechanismen auf diesem Strukturniveau sind deshalb überschaubar und physikalisch begründbar (3). Aus diesem Grund ist die Untersuchung der Eigenschaften und des Verhaltens mesoskopischer - insbesondere unidirektionaler - Strukturelemente und ihrer Wechselwirkung im Gesamtverbund für das substantielle Verständnis realer Faserverbundmaterialien von wesentlicher Bedeutung. Das betrifft sowohl die experimentelle Beobachtung der Verformungs-, Schädigungs- und Versagensabläufe als auch deren theoretisch-numerische Modellierung.

Experimentelle Untersuchung von Schädigungsmechanismen in Keramikmatrix-Faserverbunden bei Raumtemperatur

Die Unterschiede zwischen den Schädigungsmustern, die in einigen verschiedenen Faserkeramikmaterialien im Zugversuch auftreten, wurden mit Hilfe eines druckvariablen Rasterelektronenmikroskops und einer integrierten Verformungseinrichtung untersucht. Mit dieser Technik war es möglich, die Schädigungsentwicklung in situ bei steigender Last sowohl bei Raumtemperatur als auch bei etwa 1500°C zu beobachten (4), (5). Aus den Abmessungen der Probenkammer sowie den Parametern des verwendeten Zugtisches ergaben sich maximale Probenlängen von 30 mm, eine freie Einspannlänge von 10 mm und Probendicken von 2-3 mm bei etwa 3 mm Probenbreite. Für die Traversengeschwindigkeit wurde einheitlich 0.2 µm/s gewählt. Im folgenden sollen charakteristische Merkmale der ersten Schädigungsphase, die in Faserkeramiken durch die Ausbildung von Rißfeldern im Matrixmaterial gekennzeichnet ist, für drei verschiedene untersuchte Materialien verglichen werden. Dabei handelt es sich um die C/C-Gewebelaminate CF222 und CC1501 sowie ein weiteres Gewebelaminat vom Typ C/C-SiC, das aus einem C/C-Vorkörper durch Si-Flüssiginfiltration gewonnen wurde. Elektronenmikroskopische Aufnahmen zeigten eine nach Faser- und Matrixverteilung relativ gleichmäßige Faserbündelstruktur des CF222, für dessen Herstellung auf CFK-Prepregs zurückgegriffen worden war. Demgegenüber wirkten die Fasern im CC1501 sehr viel weniger geordnet, und die Matrixdichte nahm ins Innere der Faserbündel hin deutlich ab (4), (5).

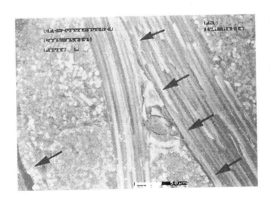

Bild 1: Rißbildung in CF222 bei 25 °C - Längsrisse zwischen Faserbündeln

Bild 2: Rißbildung in CC1501 bei 25 °C - Längsrisse in Querfaserbündeln

Diese Befunde lassen auf die Anwendung des Polymer-Flüssiginfiltrations-Verfahrens bei der Herstellung des CC1501 schließen. Im Unterschied zum CC1501 war das CF222 nach der letzten Pyrolyse einer Matrixgraphitisierung unterzogen worden.

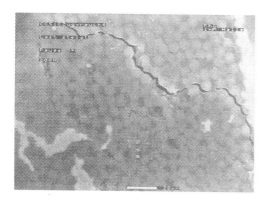

**Bild 3: Rißbildung in C/C-SiC bei 25 °C -
Querrisse in Querfaserbündeln**

In den zunächst durchgeführten Raumtemperaturversuchen zeigte sich, daß in beiden C/C-Materialien die Schädigungsentwicklung mit einer Längsrißbildung begann, und zwar innerhalb der Querfaserbündel im Falle des CC1501 (Bild 2) und zwischen Längs- und Querfaserbündeln beim CF222 (Bild 1). Die Anfangsschädigung in dem untersuchten C/C-SiC war sehr viel weniger ausgeprägt, aber generell durch Querrisse in den Querfaserbündeln gekennzeichnet (Bild 3). Die an den untersuchten kleinen Proben gemessenen Zugfestigkeiten der Materialien CC1501, CF222 und C/C-SiC verhielten sich etwa wie 4:2:1.

Simulation der Rißmusterbildung mit einem direkten Schädigungsmodell
Um der Frage nachzugehen, auf welche mesostrukturellen Unterschiede die beobachteten unterschiedlichen Schädigungsentwicklungen zurückzuführen sind, wurden einige Simulationsrechnungen mit einem im Bereich der Mesostruktur angesiedelten direkten Schädigungsmodell für Faserverbundwerkstoffe mit spröder Matrix durchgeführt (6). Bei diesem Verfahren werden die einzelnen Faserbündel der betrachteten Gewebelaminate als jeweils homogene, anisotrope, linear elastische Materialien modelliert. Der Aufbau der Faserbündel aus Einzelfasern wird durch eine vorgegebene Struktur von Schwachstellen abgebildet. Deren sukzessives Versagen erfolgt nach bruch- bzw. werkstoffmechanischen Konzepten. Da die Simulation auf der Basis einer kontinuumsmechanischen Modellbildung erfolgt, berücksichtigt das Verfahren in jedem Simulationsschritt die komplette elastische Wechselwirkung zwischen allen Strukturelementen. Der Streuung von Geometrie- und Materialparametern wird durch die Einbeziehung stochastischer Elemente in das Modell Rechnung getragen. Anders als im Falle phänomenologischer Schädigungsmodelle erhält man hier im Ergebnis von Simulationsrechnungen Aggregate von Rissen, welche materialtypisch ausgeprägt sind. Die typischen Schädigungsmuster der Materialien CF222, CC1501 und CC/SiC konnten durch solche Simulationsrechnungen reproduziert werden (Bild 4). Als die für die beobachteten Unterschiede entscheidenden

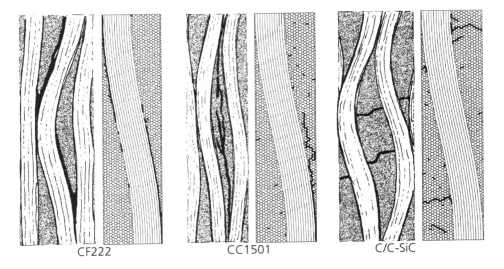

Bild 4: Typische Rißmuster in 3 verschiedenen Faserkeramiken bei Raumtemperatur und die entsprechenden Ergebnisse von Simulationsrechnungen

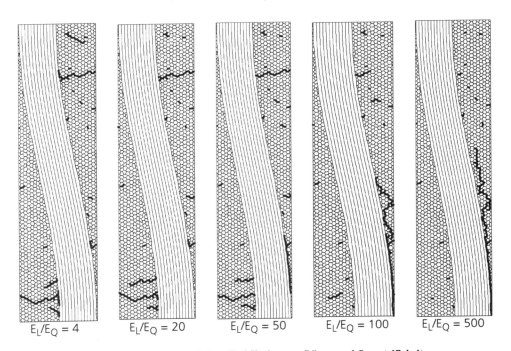

Bild 5: Simulierte Rißmuster für verschiedene Verhältnisse von Längs- und Quersteifigkeit der Faserbündel

Strukturparameter erwiesen sich zum einen das Verhältnis von Längs- zu Quersteifigkeit der Faserbündel, zum anderen die Anbindung zwischen den Faserbündeln. Nach dem Ergebnis der Rechnungen erfolgt der Übergang von Quer- zu Längsrissigkeit (bei der typischen mittleren Faserbündelkrümmung der drei untersuchten Materialien) zwischen $E_L/E_Q = 50$ und $E_L/E_Q = 100$ (Bild 5). Rißbildung zwischen den Faserbündeln - wie beim CF222 beobachtet - konnte nur durch eine Absenkung der Schwachstellenfestigkeiten (also der Haftung) zwischen ihnen um mindestens 40% erreicht werden.

Schädigungsmuster und reversible Veränderungen in einem kohlenstoffaserverstärkten Kohlenstoff bei 1500 °C

Aus früheren Arbeiten war bekannt, daß die Zugfestigkeit des CF222 bei hohen Temperaturen reversibel ansteigt. Im Anschluß an solche Versuche durchgeführte Untersuchungen erbrachten trotz des Einsatzes von höchstauflösender Transmissions-Elektronenmikroskopie (TEM) keinerlei Hinweise auf reversible Strukturänderungen (5). Deshalb wurde die Schädigungsentwicklung in diesem Material auch bei etwa 1500°C in situ untersucht. Dabei ergaben sich signifikante Abweichungen vom Raumtemperatur-Verhalten: Längsrisse verliefen bei den Hochtemperatur-Versuchen nicht mehr ausschließlich zwischen den Faserbündeln, sondern zeigten die Tendenz, in Querfaserbündel hineinzulaufen (Bild 6). Daneben traten auch reine Querrisse auf (Bild 7).

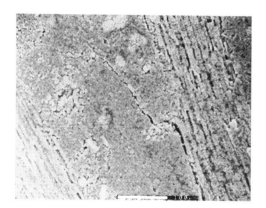
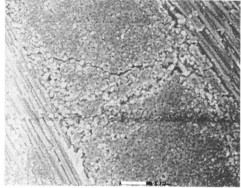

Bild 6: Rißbildung in CF222 bei 1500 °C - Einlaufen eines Längsrisses in ein Querfaserbündel

Bild 7: Rißbildung in CF222 bei 1500 °C - Querrisse in einem Querfaserbündel

Diese Befunde deuten darauf hin, daß bei hohen Temperaturen sowohl eine Verdichtung der Faserbündel in Querrichtung als auch eine Verbesserung der Haftung zwischen ihnen erfolgt. Beides kann mit den Wärmespannungen in Zusammenhang gebracht werden, die in CFC wegen des ungewöhnlichen Temperaturdehnungsverhaltens zu erwarten sind, welches Kohlenstoffasern in ihrer Längsrichtung aufweisen. Die entsprechenden Wärmedehnungen können auch als Ursache der beobachteten Festigkeitssteigerung angesehen werden: Im Hochtemperaturbereich schließen sich herstellungsbedingte Matrixrisse, die beim Abkühlen des Verbundes entstanden waren und werden - zumindest teilweise - bruchmechanisch unwirksam.

Schlußbemerkungen
Art und Umfang der Rißbildung in praktisch relevanten Faserkeramiken hängen nicht nur von mikrostrukturellen, sondern auch von einer Reihe mesostruktureller Parameter ab, von denen hier die (stark anisotropen) Steifigkeiten der Faserbündel sowohl deren gegenseitige Haftung betrachtet worden sind. Die Rißmusterentwicklung bestimmt nicht nur die Zähigkeit, sondern auch die Festigkeit dieser Materialien. Generell reduziert frühzeitige umfangreiche Längsrißbildung die Gefahr katastrophaler Querrißausbreitung und erhöht so die Festigkeit. Das gilt sowohl für das Material als Ganzes (die untersuchten C/Cs waren fester als das untersuchte C/C-SiC) als auch für die einzelnen Faserbündel (CC1501 war trotz fehlender Graphitisierung fester als CF222). Eine gewisse strukturelle Unordnung begünstigt generell die Sukzession des lokalen Versagens und erhöht Festigkeit und Zähigkeit. Anders als bei der Herstellung von CFK kann sich die Verwendung von Prepregs deshalb im Falle von Faserkeramiken als nachteilig erweisen.
Experimentelle Untersuchungen auf mesoskopischem Strukturniveau sind insbesondere in Verbindung mit theoretisch-numerischen Simulationen geeignet, diejenigen Zusammenhänge aufzuklären, die für die Schädigungsentwicklung in Faserverbundmaterialien mit 2- oder 3-dimensionaler Architektur wesentlich sind.

Literatur:
(1) Brennan, J. J.: Tailoring Multiphase and Composite Ceramics, Mater. Sci. Res. 20, pp. 549-560 (1986)
(2) Chamis, C. C.: Meso-Mechanics and Meso-Structures: A Matter of Scale, Proceedings of the American Society for Composites, 12th Technical Conference, pp. 108-117, Lancaster, Basel 1997
(3) Puck, A.: Festigkeitsanalyse von Faser-Matrix-Laminaten, München 1996
(4) Wagner, S., Maschke, H.: In situ Untersuchung der Schädigung in Keramikmatrix-Faserverbunden, Fortschrittsberichte der Deutschen Keramischen Gesellschaft 10, pp. 211-225 (1995)
(5) Thielicke, B. et al.: Schädigungsprozesse in kohlenstoffaserverstärkten Kohlenstoffen (CFC) unter mechanischer bzw. thermomechanischer Beanspruchung, Fh-IWM-Berichte Z3/95 und Z8/96
(6) Maschke, H., Schäuble, R., Wagner, S.: Ein direktes Modell der Schädigung von Faserverbundwerkstoffen mit spröder Matrix, 28. Tagung des DVM-Arbeitskreises Bruchmechanik, pp.107-118, DVM 1996

Danksagungen

Die Autoren danken den Firmen Schunk Kohlenstofftechnik GmbH und SIGRI Great Lakes Carbon GmbH sowie dem Deutschen Zentrum für Luft- und Raumfahrt (DLR) für die Bereitstellung von Faserkeramik-Materialproben.

Die Arbeiten wurden von der Deutschen Forschungsgemeinschaft (DFG) im Rahmen des Schwerpunktprogrammes "Höchsttemperaturbeständige Leichtbauwerkstoffe" (Kurztitel) gefördert.

XIII.

SPP*: Schädigung durch Oxidation und mechanische Belastung

* DFG-Schwerpunktprogramm „Höchsttemperaturbeständige Leichtbauwerkstoffe, inbesondere keramische Verbundwerkstoffe"

Oxidationsschutzschichten auf C/C- und C/SiC- Verbundwerkstoffen durch chemische Gasphasenabscheidung (CVD)

Volker Wunder, Nadja Popovska, Gerhard Emig
Universität Erlangen-Nürnberg, Lehrstuhl für Technische Chemie I, Erlangen

Einleitung und Zielsetzung

Trotz intensiver Forschung auf dem Gebiet der Werkstoffentwicklung für Anwendungen bei Temperaturen über 1400°C in oxidierender Atmosphäre ist letztendlich der Durchbruch noch nicht geschafft. Kohlenstoffaserverstärkte Verbundwerkstoffe mit Kohlenstoff- oder Siliziumkarbid-Matrix besitzen neben ihrem geringen spezifischen Gewicht, eine in Inertatmosphäre bis 2000°C unverändert hohe mechanische Festigkeit und eine exzellente Thermoschockbeständigkeit. Die beschriebenen Eigenschaften machen diese Werkstoffe zu geeigneten Kandidaten für den Einsatz bei Temperaturen über 1400°C.

Zielsetzung dieser Arbeit, im Rahmen des DFG-Schwerpunktprogramms „Höchsttemperaturbeständige Leichtbauwerkstoffe, insbesondere keramische Verbundwerkstoffe" ist es, C/C- und C/SiC- Verbundwerkstoffe auch in oxidierender Atmosphäre über 1400°C zum Einsatz zu bringen. Diesem Ziel soll über das Konzept der Aufbringung von Multilayerschutzverbunden näher gekommen werden. Schichtverbunde aus mehreren Schichten unterschiedlicher Komponenten (Multilayer) können die Schutzaufgabe bei komplexen Anforderungsprofilen eher erfüllen als eine Einkomponentenschicht. Als Beschichtungstechnik zur Aufbringung der Multilayerschutzverbunde wird hier die Chemische Gasphasenabscheidung (chemical vapor deposition: CVD) angewendet, um die Beschichtung in der Nähe der späteren Einsatztemperatur durchzuführen, und so ein thermisch entspanntes System bei Einsatztemperatur vorliegen zu haben.

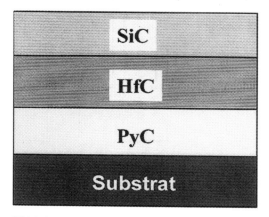

Bild 1: Schema des Multilayerverbundes

Ergebnisse und Diskussion

Dieser Arbeit liegt ein Multilayerschutzverbund aus drei Schichten zu Grunde. Die einzelnen Schichten erfüllen dabei folgende Funktionen (Bild 1): die Basisschicht stellt die haftvermittelnde Grundlage zum Substrat (C/C- oder C/SiC- Verbundwerkstoff) dar, die mittlere Schicht dient als

Diffusionsbarriere für Sauerstoff und die abschließende Deckschicht als Hochtemperatur-Oxidationsschutz. Als Basisschicht wird pyrolytischer Kohlenstoff (PyC) oder alternativ dazu kohlenstoffgradiertes Siliziumkarbid (C-SiC) aufgebracht. Die darüberliegende Diffusionsbarriere besteht aus Hafniumkarbid (HfC) und die abschließende Deckschicht aus Siliziumkarbid (SiC). In Bild 4 ist eine rasterelektronenmikroskopische (REM) Mapping-Aufnahme des beschriebenen Multilayerschutzverbundes gezeigt (1).

Die Abscheidung der PyC-Schichten erfolgt aus Methan im Wasserstoffüberschuß unter reduziertem Druck (100 mbar), bei einer Temperatur von 1600°C und wird von Fa. Schunk in Gießen durchgeführt. Die Erzeugung der C-SiC-, HfC- und SiC-Schichten findet am Lehrstuhl für Technische Chemie I statt. Kohlenstoffgradierte SiC-Schichten können über CVD relativ einfach hergestellt werden, indem die Zusammensetzung des Reaktionsgasgemisches bei sonst konstanten Reaktionsbedingungen variiert wird. Als Reaktionsgasgemisch wird hier Methyltrichlorsilan (MTS) in Wasserstoff bei Atmosphärendruck und einer Temperatur von 1050°C verwendet. Die Diffusionsbarriere aus HfC wird aus Hafniumtetrachlorid und Methan im Wasserstoffüberschuß bei reduziertem Druck (150 mbar) und 1025°C gebildet. Hafniumtetrachlorid wird bei diesem Prozeß in situ, aus metallischem Hafniumpulver ($d_{Hf-Partikel}$ < 100 µm) und Chlorwasserstoff, hergestellt und direkt mit dem Reaktionsgasgemisch in den CVD- Reaktor geleitet (Bild 2). SiC als Deckschicht wird wiederum aus MTS im Wasserstoffüberschuß ($\alpha = H_2/MTS = 4$) unter Atmosphärendruck und 1050°C abgeschieden.

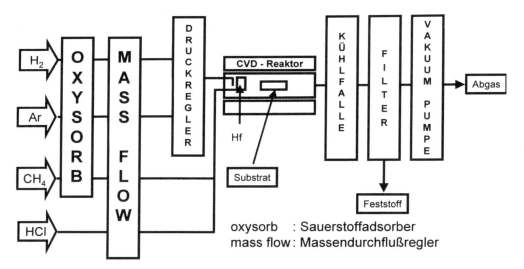

Bild 2: Fließschema der diskontinuierlich betriebenen CVD-Anlage zur Erzeugung von HfC-Beschichtungen mit in-situ Chlorierung von Hf-Pulver.

Die Kenntnis der Prozeßparameter ist bei der CVD von besonderer Bedeutung, da man über diese die Eigenschaften der erzeugten Schichten steuern kann. Temperatur, Precursor-Konzentration, Beschichtungsdauer, Gesamtdruck sowie die Verweilzeit des Reaktionsgasstroms im Reaktor nehmen Einfluß auf die Aufwachsgeschwindigkeit (2, 3) und die Struktur (4) der erzeugten Schichten. Variiert man bei der Abscheidung von Siliziumkarbid aus MTS und Wasserstoff die Reaktortemperatur und das H₂ / MTS -Verhältnis (α), so kann neben stöchiometrischem Siliziumkarbid eine Mitabscheidung von Kohlenstoff oder Silizium erreicht werden. Im Grenzfall wird eine Abscheidung von reinem Kohlenstoff (bei hohen Temperaturen) oder reinem Silizium (bei hohen α-Werten) beobachtet. Die chemische Zusammensetzung der Schichten wird über die Ramanspektroskopie ermittelt (4).

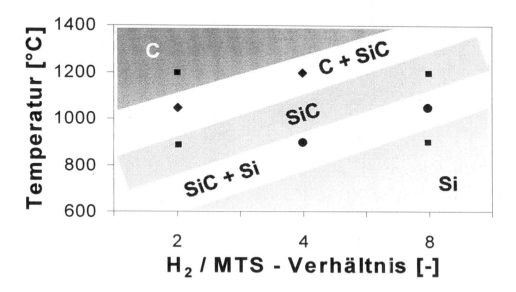

Bild 3: Schichtzusammensetzung bei der CVD von SiC als Funktion der Reaktortemperatur und des H₂ / MTS - Verhältnisses

Die Charakterisierung der abgeschiedenen Schichten wird in Zusammenarbeit mit dem Gemeinschaftslabor für Elektronenmikroskopie (GFE) der RWTH Aachen durchgeführt. Die Messungen ergeben eine relativ konstante Zusammensetzung der Schichten über die Schichtdicke. Die Verteilung der Elemente über die einzelnen Schichten kann dem REM-mapping in Bild 4 entnommen werden. Festzustellen ist, daß die gravimetrisch errechneten Schichtdicke über den Probenquerschnitt längs des Reaktors teilweise erheblich von den aus dem REM-mapping ermittelten abweichen. Dies kann auf die Precursorverarmung in der Gasphase während der Beschichtung im Heißwandreaktor zurückgeführt werden.

In jüngsten Untersuchungen werden kohlenstoffgradierte SiC-Schichten charakterisiert, welche rein optisch beurteilt, eine bessere Haftung zum Basismaterial aufweisen. Die gewünschte Gradierung der Schicht wird, wie bereits angedeutet, durch verschiedene Wasserstoff / MTS - Verhältnisse erreicht. Die Änderung der Schichtzusammensetzung erfolgt jedoch noch zu abrupt, was darauf hinweist, daß die Steuerung über die Prozeßparameter noch verfeinert werden muß. Die festgestellte gute Haftung, sowie die relativ geringe Rißverteilung an den untersuchten Probenquerschnitten lassen bei C-SiC-Schichten auf eine bessere Eignung als Basisschicht schließen als bei Pyrokohlenstoff.

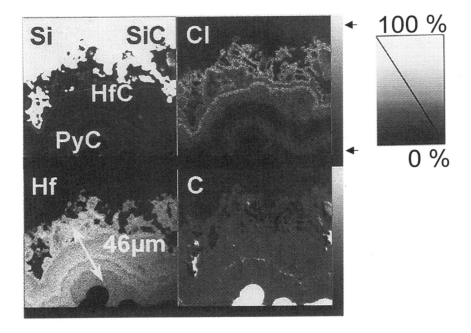

Bild 4: Verteilung der Elemente Si, Cl, Hf, C in den Schichten (REM – mapping)

Für die Funktionsfähigkeit eines Multilayerschutzverbundes bei den angestrebten Einsatzbedingungen ist sowohl die gute Haftung der Schichten untereinander, als auch die Haftung des Multilayerverbundes am Substrat von ausschlaggebender Bedeutung. Die Beurteilung der Haftung erfolgt hier nicht ausschließlich über elektronenoptische Aufnahmen aus den REM-Untersuchungen, sondern auch über eine Ultraschalltechnik, die am Fraunhofer Institut für Zerstörungsfreie Prüfverfahren (IZFP) in Saarbrücken entwickelt und ausgeführt wird. Aus REM-Aufnahmen kann entnommen werden, daß die Haftung zwischen dem Substrat und der aufgetragenen PyC-Schicht in weiten Bereichen völlig fehlt. Grund hierfür sind induzierte thermische Spannungen nach der Beschichtung beim Abkühlen der Probe. Kohlenstoffgradiertes SiC hat dagegen eine wesentlich bessere Anhaftung an die C/C- und C/SiC-Verbundwerkstoffe. Die Haftung der Schichten untereinander in der Abfolge PyC oder C-SiC, HfC und SiC kann als sehr gut bezeichnet werden. Untermauert wird diese elektronenoptische Beurteilung durch die Identifikation einer ausgebildeten Schicht aus Misch-Siliziden zwischen Hafniumkarbid und Siliziumkarbid. Dies führt nicht nur zu einer physikalischen Anhaftung der Schichten über die Oberflächenrauhigkeit aneinander, sondern auch zu einer chemischen Verzahnung der beiden Schichten. Unterstützt werden diese Befunde durch Ultraschalluntersuchungen aus dem IZFP in Saarbrücken (Bild 5).

Die Tauglichkeit der Multilayerverbunde als Schutzschicht wird in thermogravimetrischen Oxidationstests und durch Auslagerung in schwefeldioxidhaltiger (2 Vol-%) und somit korrosiver Atmosphäre für 100 Stunden bei einer Temperatur von 1450°C untersucht. Die Auslagerung der beschichteten Proben in korrosiver Atmosphäre sowie die Bestimmung der Restfestigkeit nach der Auslagerung wird in Zusammenarbeit mit der Staatlichen Materialprüfungsanstalt in Stuttgart durchgeführt. Es ergibt sich bei den isothermen Oxidationstests (T = 1400°C) eine Erhöhung der Starttemperatur um 300 °C sowie eine starke Verlangsamung der Oxidation gegenüber den unbeschichteten Verbundwerkstoffen (Bild 6). Die Auslagerung beschichteter Probekörper unter den oben genannten Bedingungen ergibt keine Massenänderung und die Restfestigkeit liegt nach dieser Belastung noch bei etwa 80 % der Ausgangsfestigkeit.

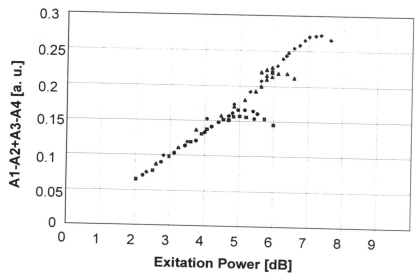

Bild 5: Summe der höheren harmonischen Schwingungen als Taylor-Reihenentwicklung der rückstellenden Kraft als Funktion der Ultraschallenergie in der Probe für ein PyC, HfC und SiC beschichtete CFC-Probe gemessen an vier unterschiedlichen Stellen. Die Daten zeigen eine nicht homogene Verteilung der Adhäsion der Schicht an.

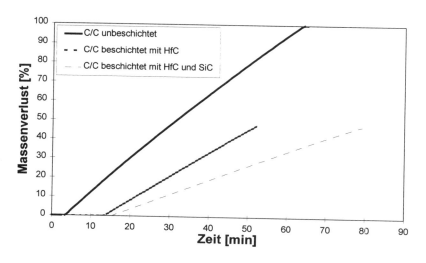

Bild 6: Oxidationsverhalten von beschichteten und unbeschichteten C/C-Verbundwerkstoffen (thermogravimetrisch, isotherm bei 1400°C in Luft)

Zusammenfassung
Es ist deutlich hervorzuheben, daß hier ein modernes und leistungsfähiges CVD - Verfahren zur Erzeugung von Schichten eingesetzt wird. Gleichermaßen bietet es ein hohes Potential an Flexibilität, im Hinblick auf die Möglichkeiten bei der Aufbringung der Schicht, bezüglich des Schichtaufbaus, dessen Zusammensetzung und der Einstellung der Interfaces zwischen den Schichten und dem Schichtverbund mit dem Substrat.

Anders als bei der Beschichtung von Kohlenstoffasern ist PyC als Basisschicht für diesen Multilayerschutzverbund auf C/C- und C/SiC-Verbundwerkstoffen nicht geeignet. Dagegen eignet sich eine Basisschicht aus kohlenstoffgradiertem SiC sehr gut. HfC mit einer hohen Affinität zu Sauerstoff hat sich als Diffusionsbarriere ebenso gut bewährt, wie SiC als Deckschicht bis zu einer Temperatur von 1450°C. Voruntersuchungen zur Oxidations- und Korrosionsbeständigkeit der aufgebrachten Schutzschicht erbringen zufriedenstellende Resultate und empfehlen somit eine Fortführung der Forschung in dieser Richtung.

Die Optimierung des Multilayerschutzverbundes bezüglich optimaler Haftung und Minimierung von Rissen, hervorgerufen durch thermische Spannungen in der Abkühlphase nach der Beschichtung wird über die Steuerung der Schichteigenschaften durch Variation der Prozeßparameter des CVD-Prozesses noch weiter untersucht.

Literatur

(1) V. Wunder; N. Popovska; A. Wegner; G. Emig; A. Arnold
Multilayercoatings on CFC-Composites for High Temperature Applications
Surface and Coatings Technology 100-101 (1998) 329-332

(2) V. Wunder; N. Popovska; G. Emig
Chemical Vapour Deposition of Hafnium Carbide on Carbon Substrates
International Symposium on Chemical Vapour Deposition XIV; Paris; France
Electrochemical Society Proceedings 97-25 (1997), pp. 608-615

(3) V. K. Wunder; N. Popovska; G. Emig
Study of Hafnium Carbide Growth by CVD from In Situ Chlorinated Hafnium
194th Meeting of the Electrochemical Society (1998); Boston (MA)
(submitted and accepted)

(4) N. Popovska; D. Held; V. Wunder; H. Gerhard; G. Emig
Chemical Vapor Deposition of Pyrolytical Carbon and Graded C/SiC/Si-Films at Atmospheric Pressure
194th Meeting of the Electrochemical Society (1998); Boston (MA)
(submitted and accepted)

Oxidationsverhalten von Si_3N_4-SiC-Mikrokompositwerkstoffen

Waldemar Hermel, Mathias Herrmann, Christian Schubert, Hagen Klemm
Fraunhofer-Institut für Keramische Technologien und Sinterwerkstoffe, IKTS Dresden

Einleitung

Bei der Entwicklung von keramischen Materialien für Hochtemperaturapplikationen auf der Basis von Si_3N_4 konnte in den letzten Jahren eine deutliche Verbesserung des Eigenschaftsniveaus bis zu Temperaturen von 1500°C erzielt werden. Eine besonders erfolgversprechende Werkstoffgruppe für Hochtemperaturanwendungen stellen dabei die Mikro- bzw. Nanokompositwerkstoffe im Werkstoffsystem Si_3N_4/SiC dar. Der Ansatzpunkt bei der Entwicklung dieser Werkstoffe war ein von Niihara [1] vorgestelltes Konzept zur Verbesserung der mechanischen Eigenschaften durch die gezielte Einlagerung von SiC-Partikeln im Nano- bzw. Submikrobereich. Positive Effekte wurden dabei insbesondere für das Kriechverhalten bei hohen Temperaturen sowohl durch eine Behinderung des Korngrenzengleitens als auch durch eine chemische Modifizierung der Korngrenzenphasenzusammensetzung infolge der Nano- bzw. Submikro-SiC-Einlagerungen in den Korngrenzen zwischen den Si_3N_4-Körnern erwartet.

Die in der Fachliteratur dargestellten umfangreichen Untersuchungen zeigen das sehr hohe Potential der Si_3N_4-SiC-Mikrokompositwerkstoffe für Anwendungen bei hohen Temperaturen. So wurde bei Langzeitkriechuntersuchungen im Temperaturbereich zwischen 1400 und 1500°C ein verbessertes Zeitstandverhalten dieser Werkstoffe im Vergleich zu reinen Si_3N_4-Werkstoffen beobachtet [2-4]. Dieses Verhalten ist nicht grundsätzlich auf ein verändertes Kriechverhalten dieser Werkstoffe zurückzuführen. Die hohe Kriechresistenz der Si_3N_4-SiC-Mikrokomposite als auch optimierter β-Si_3N_4-Werkstoffe wird in erster Linie durch die Zusammensetzung der intergranularen Korngrenzenphase bestimmt. Durch die Zugabe von SiC zu dem Si_3N_4-Werkstoff kommt es in der Regel zu einer Verringerung des SiO_2-Anteils in der Glasphase, was zur Bildung von Y_2O_3-reicheren, kriechstabileren Korngrenzenphasen führt. Bei einem Vergleich eines Si_3N_4-SiC-Komposits mit einem Si_3N_4-Material mit gleicher Korngrenzenphasenzusammensetzung konnten nur sehr geringe Unterschiede im Kriechverhalten bei hohen Temperaturen beobachtet werden. Auf der Basis dieser Untersuchungen wurde eingeschätzt, daß die in der Literatur berichteten Verbesserungen im Kriechverhalten hauptsächlich auf eine chemische Modifizierung der Korngrenzenphase zurückzuführen ist [5].

Der wesentlichste Vorteil der Si_3N_4-SiC-Mikrokompositwerkstoffe im Vergleich zu β-Si_3N_4-Werkstoffen ist die verbesserte Oxidationsresistenz durch Oberflächenpassivierung. Während einer Hochtemperaturbelastung an Luft im Temperaturbereich zwischen 1400 und 1500°C kommt es bei diesen Materialien zur Ausbildung einer defektarmen Zwischenschicht aus hauptsächlich Si_2ON_2 zwischen der äußeren Oberfläche und dem Si_3N_4 im Inneren des Werkstoffes. Als Folge dieses veränderten Oxidationsmechanismus wurde eine deutlich geringere Schädigung des Gefüges sowohl an der Oberfläche als auch im Inneren der Si_3N_4-SiC-Materialien durch die Oxidation beobachtet.

In dem folgenden Beitrag werden auf der Grundlage von Langzeit-Oxidationsuntersuchungen bei 1500°C an Si_3N_4-Materialien und Si_3N_4-SiC-Kompositwerkstoffen mit unterschiedlichen Sinterhilfsmitteln das Oxidationsverhalten sowie die unterschiedlichen Oxidationsmechanismen analysiert. Es wird gezeigt, daß das Oxidationsverhalten der untersuchten Werkstoffe hauptsächlich von der chemischen Zusammensetzung der sich in Abhängigkeit von verwendeten Sinterhilfsmittel während der Oxidation ausbildenden Oberflächenschicht und der daraus resultierenden Sauerstoffdiffusion in den Werkstoff bestimmt wird. Die Hauptursache für das veränderte Oxidationsverhalten der Si_3N_4-SiC-Komposite sind die im Oberflächenbereich des Bulkmateriales ablaufenden Oxidationsprozesse (Reaktion des über die Korngrenzen eindiffundierenden Sauerstoffs mit dem Si_3N_4 zu Si_2ON_2 anstelle zu SiO_2).

Experimentelles

Das Oxidationsverhalten wurde an Si_3N_4-Materialien und Si_3N_4-SiC-Kompositen mit drei unterschiedlichen Additivsystemen durchgeführt: je ein Si_3N_4 und Si_3N_4-SiC hergestellt über Kapsel-HIP ohne Sinteradditive (SN, SCN) sowie heißgepreßte Werkstoffe mit 10% Y_2O_3 (SNY, SCNY) und 10% Y_2O_3, 0.6% Al_2O_3 (SNYAl, SCNYAl). Die Aufbereitung der Pulver (UBE SN 10 sowie ein plasmachemisch hergestellten Si_3N_4/SiC-Pulver) erfolgte über eine Homogenisierung in Isopropanol mit anschließender Trocknung in einem Vakuumrotationsverdampfer. Die Phasenzusammensetzung der Werkstoffe wurde durch Röntgenbeugung mit CuK_α kontrolliert. Die Oxidationsuntersuchungen erfolgten bei 1500°C durch die periodische Bestimmung (100 h) der Gewichtszunahme der Biegebruchstäbe bis 2500 h. Informationen über das Gefüge der Werkstoffe sowie die durch die während der Hochtemperaturtests auftretenden mikrostrukturellen Veränderungen wurden durch REM-Untersuchungen an polierten und geätzten Proben erhalten.

Ergebnisse und Diskussion

In Abb. 1 ist das Oxidationsverhalten der Si_3N_4-Werkstoffes (1A) und der Si_3N_4-SiC-Komposite (1B) bei 1500°C dargestellt. Die Untersuchungen wurden durch periodische Bestimmung der relativen Massezunahme bis 2500 h durchgeführt. Die Oxidation aller Materialien gehorcht einem nahezu parabolischen Zeitgesetz. Die geringen Abweichungen vom parabolischen Verhalten bei den Werkstoffen mit Y_2O_3 und Y_2O_3/Al_2O_3 sind auf Verdampfungsprozesse während der Oxidation zurückzuführen. In Abhängigkeit vom verwendeten Sinterhilfsmittelsystem wurden unterschiedliche Massezunahmen bei den einzelnen Werkstoffen beobachtet. Während die additivfreien Materialien keine signifikanten Unterschiede in der Massezunahme nach der Oxidation aufwiesen, wurde bei den Si_3N_4-SiC-Kompositwerkstoffen mit Y_2O_3 und Y_2O_3/Al_2O_3 eine höhere Massezunahme im Vergleich zu den einfachen Si_3N_4-Materialien gleicher Zusammensetzung gemessen.

Die Ergebnisse der Oxidationsuntersuchungen sowie die Restfestigkeit der Werkstoffe nach der Oxidation bei 1500°C sind im Vergleich zu den Festigkeiten der gesinterten Werkstoffe in Tabelle 1 zusammengefaßt.

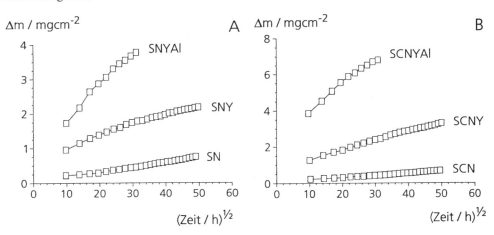

Abb. 1: Vergleich des Oxidationsverhaltens (1500°C) der untersuchten Werkstoffe in Abhängigkeit des verwendeten Sinterhilfsmittels dargestellt als relative Masseänderung über der Wurzel der Oxidationszeit (β-Si_3N_4-Werkstoffe (A), Si_3N_4/SiC-Mikrokomposite (B)).

Tab. 1: Zusammenstellung der Ergebnisse aus den Oxidationsuntersuchungen bei 1500°C; Δm Masseänderung, a Schichtdicke der oberen Oxidationsschicht, K_{ox} parabolische Oxidationskonstante, σ_{ox} Festigkeit nach der Oxidation, σ_{ox}/σ_s Verhältnis der Restfestigkeit zur Festigkeit nach der Sinterung.

	Δm /mgcm^{-2}	a / µm	K_{ox}/mg^{2}cm^{-4}s^{-1}	σ_{ox}	σ_{ox}/σ_s
SN	0.70	15	5.2 x 10^{-8}	495	1
SCN	0.58	14	4.8 x 10^{-8}	505	1
SNY	2.16	26	1.1 x 10^{-7}	340	0.37
SCNY	3.31	31	8.4 x 10^{-7}	640	0.75
SNYAl	3.65 (1000 h)	-	1.1 x 10^{-6}	210	0.25
SCNYAl	6.35 (1000 h)	-	3.3 x 10^{-6}	420	0.56

Werkstoffe ohne Sinteradditive

Die oxidationsstabilsten Materialien waren erwartungsgemäß die additivfreien Werkstoffe. Während der Oxidation bildete sich eine Oberflächenschicht aus reinen SiO_2 aus, die infolge ihres sehr geringen Sauerstoffdiffusionskoeffizienten einen sehr effektiven Oxidationsschutz darstellt. Nach 2500 h Oxidation bei 1500°C wurde bei beiden Werkstoffen eine ca. 15 µm starke Oxidationsschicht aus SiO_2 beobachtet. Im Gefüge unterhalb dieser Oxidationsschicht waren keine Veränderungen durch die Oxidation zu erkennen. Der durch die Oxidationsschicht eindiffundierende Sauerstoff reagiert vollständig an der Interface zwischen der Oberfläche und dem bulk-Material zu SiO_2. Sowohl bei dem einfachen Si_3N_4-Werkstoff als auch bei dem Si_3N_4-SiC-Komposit wurde keine Bildung von Si_2ON_2 beobachtet. Ein Beispiel für das Gefüge der additivfreien Werkstoffe ist in Abb. 2 dargestellt.

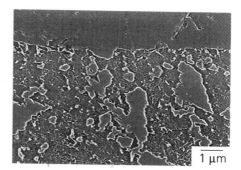

Abb. 2: Polierter und geätzter Querschliff des Oberflächenbereiches eines Si_3N_4-SiC-Werkstoffes ohne Sinteradditive nach 2500 h Oxidation bei 1500°C.

Si_3N_4-Werkstoffe im System Y_2O_3 und Y_2O_3/Al_2O_3

Durch die Zugabe von Sinterhilfsmitteln (Y_2O_3, Y_2O_3/Al_2O_3) wurde die chemische Zusammensetzung der Korngrenzenphase und der sich während der Oxidation bildenden Oberflächenschicht verändert. In Abhängigkeit vom jeweiligen Additivsystem befinden sich in der SiO_2-Oxidationsschicht noch Kationen Y^{3+} bzw. Y^{3+}/Al^{3+}, die die Eigenschaften wie Erweichungspunkt und Viskosität im Vergleich zu den additivfreien Materialien mit einer nahezu reinen SiO_2-Schicht herabsetzen. Die Folge ist eine stärkere Sauerstoffdiffusion durch diese Oberflächenschicht, die sich in einer höheren Massezunahme bei der Oxidation dieser Materialien äußerte (Tab. 1, Abb. 1). Diese Effekte wurden besonders bei den Werkstoffe im System Y_2O_3/Al_2O_3 beobachtet. Durch die Zugabe von Al_2O_3 kommt es zu einer erheblichen Erniedrigung von Viskosität und Erweichungspunkt der Glasphase.

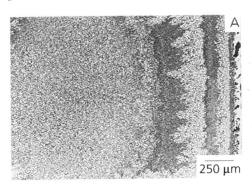 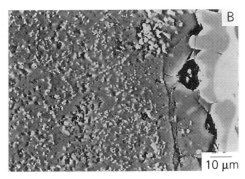

Abb. 3: Oberflächenbereich der Si_3N_4-Werkstoffe SNYAl nach 1000 h (A) sowie SNY nach 2500 h Oxidation bei 1500°C (B).

Im Gegensatz zu den Werkstoffen ohne Sinteradditive erfolgt die Sauerstoffdiffusion bei den mit Y_2O_3 oder Y_2O_3/Al_2O_3 als Sinterhilfsmittel hergestellten Materialien über die Korngrenzenphase (höherer Diffusionskoeffizient, breiter Diffusionsweg) tiefer in das Innere des Werkstoffes hinein. Die Folge dieser Diffusionsprozesse sind Veränderungen im Gefüge der Werkstoffe wie sie in Abb. 3 am Beispiel der Si_3N_4-Materialien SNYAl und SNY dargestellt sind. Deutlich sind die für die Oxidation solcher Materialien auftretenden Schädigungen (Porenbildung, Glasphasenanreicherungen) zu erkennen. Die Ursachen dieser Gefügeveränderungen sind im Wesentlichen auf die Oxidationsreaktion des eindringenden Sauerstoffes mit dem in den Korngrenzen und Zwickeln gelösten Si_3N_4 zurückzuführen. Im Resultat dieser Oxidationsprozesse bildet sich durch die in ihrer chemischen Zusammensetzung veränderte SiO_2-reiche Korngrenzenphase im Oberflächenbereich ein chemischer Gradient in der Zusammensetzung der Korngrenzenphase vom Oberflächenbereich zum Inneren des Werkstoffes aus, der die Triebkraft für die bei diesen Materialien beobachteten Diffusionsprozesse (Y^{3+}, Al^{3+}) ist. Auch die bei diesen Werkstoffen stattfindenden Verdampfungsprozesse sind auf die hohe SiO_2-Aktivität der Korngrenzenphase im Oberflächenbereich zurückzuführen. Im Ergebnis der Oxidationsprozesse kommt es zur Bildung von gasförmigen Reaktionsprodukten (SiO), die die Ursache für die niedrigere Massenzunahme der einfachen Si_3N_4-Werkstoffe im Vergleich zu den Si_3N_4-SiC-Kompositen sind und beim Austritt aus dem Si_3N_4 zusätzliche Defekte in Form von Blasen oder Oberflächenpits erzeugen [6]. Eine Möglichkeit zur Erklärung der bis in das Innere der Werkstoffe beobachteten Porosität könnte die Ausbildung von oxidationsbedingten Spannungen an der Oberfläche und im Volumen der Werkstoffe sein. Sowohl durch die geringere Dichte der Oxidationsprodukte als auch insbesondere durch die Kationendiffusion zur Oberfläche der Materialien kommt es zur Volumenexpansion unter Ausbildung von Druckspannungen im Oberflächenbereich und Zugspannungen im Volumen der Materialien, die durch die Erzeugung von Poren relaxieren können [7].

Prinzipiell führen die durch die Oxidation bedingten Gefügeänderungen zu einem verringerten Niveau in den mechanischen Eigenschaften der Werkstoffe. In Tab. 1 sind die Raumtemperaturfestigkeiten nach der Oxidation im Vergleich zu den Festigkeiten nach HIP oder Heißpressen dargestellt. In Abhängigkeit von den verwendeten Sinterhilfsmitten war die Eigenschaftsdegradation bei den einzelnen Werkstoffe verschieden. Bei den additivfreien Materialien blieb das Festigkeitsniveau annähernd konstant, da diese Materialien sehr oxidationsstabil waren und keinerlei Oxidationsprozesse im Inneren der Werkstoffe auftraten. Die mit Y_2O_3 oder Y_2O_3/Al_2O_3 als Sinterhilfsmittel hergestellten Si_3N_4-Materialien zeigten einen deutlichen Festigkeitsverlust, wobei infolge der sehr starken Oxidationsschädigung für das Al_2O_3 enthaltene Material der höchste Festigkeitsrückgang beobachtet wurde.

Si_3N_4-SiC-Werkstoffe im System Y_2O_3 und Y_2O_3/Al_2O_3

Im Vergleich zu den einfachen Si_3N_4-Werkstoffen im System Y_2O_3 und Y_2O_3/Al_2O_3 wurde bei den Si_3N_4-SiC-Kompositen ein deutlich geringerer Festigkeitsrückgang nach einer Oxidation bei 1500°C beobachtet.

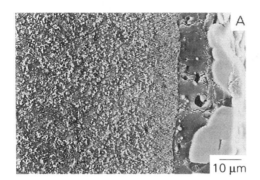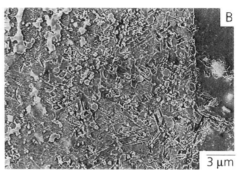

Abb. 4: Oberflächenbereich eines Si_3N_4/SiC-Nanokomposites (SCNY) (polierter und geätzter Querschliff) nach Oxidation bei 1500°C, 2500 h an Luft.

Wie bereits erwähnt wurde bei den Kompositwerkstoffen SCNY und SCNYAl eine höhere Massezunahme im Vergleich zu den einfachen Si_3N_4-Materialien gemessen. Trotz der bezüglich der relativen Massezunahme scheinbar geringeren Oxidationsresistenz dieser Komposite wurden bei Festigkeitstests nach einer Oxidation bei 1500°C bei diesen Werkstoffen eine deutlich höhere Restfestigkeit im Vergleich zu den einfachen Si_3N_4-Werkstoffen beobachtet (Tab. 1). Die Ursachen für dieses Verhalten sind bei einem Vergleich des Gefüges, insbesondere im Oberflächenbereich der Werkstoffe zu finden. Die charakteristischen Gefügeänderungen, wie sie bei den monolithischen Werkstoffen auftreten, wurden bei den Kompositwerkstoffen in nur geringerem Maße beobachtet. In Abb. 4 ist der Oberflächenbereich des Si_3N_4/SiC-Mikrokomposites SCNY dargestellt.
Dieses Verhalten ist im wesentlichen auf einen veränderten Oxidationsmechanismus bei den Si_3N_4-SiC-Kompositen zurückzuführen. Ähnlich wie bei Si_3N_4-$MoSi_2$-Kompositwerkstoffen [8] kommt es auch bei diesen Werkstoffen zur Bildung einer Si_2ON_2 enthaltenen Schicht zwischen der äußeren Oxidationsschicht und dem Si_3N_4 im Inneren der Probe. In Abb. 4 (B) können die Si_2ON_2-Kristallite sehr gut von den umgebenden Si_3N_4 unterschieden werden.
Prinzipiell sollte die Sauerstoffdiffusion in Materialien mit gleichen Sinteradditiven annähernd gleich sein, da sich die chemische Zusammensetzung der sich während der Oxidation bildenden äußeren Oberflächenschicht kaum unterscheidet. Ein Teil dieses Sauerstoffs reagiert an der Interface zwischen der Oberflächenschicht und dem bulk-Material unter Bildung von SiO_2. Bei den Materialien mit Sinteradditiven, sowohl dem einfachen Si_3N_4 als auch dem Si_3N_4-SiC-Mikrokomposit, diffundiert ein Teil des Sauerstoffs über die Korngrenzenphase in den oberen Bereich des Volumens des Werkstoffes und reagiert dort mit dem in der Glasphase gelösten Si_3N_4. Auf diese Weise kommt es in beiden Fällen zu Bildung einer SiO_2-reichen Korngrenzenphase in diesem Bereich, die nicht mehr mit dem Volumen des Materials im Inneren im Gleichgewicht steht.

Bei den einfachen Si_3N_4-Werkstoffen wird dieses chemische Potential mit der Folge der bereits oben beschriebenen Prozesse (Verdampfung von SiO, Kationendiffusion (Y^{3+}) nach außen) und Veränderungen im Gefüge (Oberflächendefekte, Glasphasenanreicherungen sowie Porosität) relaxiert. Im Falle der Si_3N_4-SiC-Kompsite erfolgt die Relaxation der mit SiO_2 angereicherten Glasphase über eine Ausscheidung von Si_2ON_2, welches dann als kristalline Phase neben dem Si_3N_4 vorliegt. Aus diesem Grund wird im Vergleich zu den einfachen β-Si_3N_4-Werkstoffen während der Oxidation weniger SiO_2 gebildet. Dadurch werden weniger gasförmige Reaktionsprodukte freigesetzt, womit sowohl die geringere Schädigung im Oberflächenbereich als auch die höhere Massezunahme der Kompositwerkstoffe erklärt werden kann. Auch die bei diesen Kompositwerkstoffen beobachtete niedrigere Porosität (10 % im Vergleich zu einfachen Si_3N_4) sollte hauptsächlich die Folge des veränderten Oxidationsmechanismus sein. Eine Korngrenzenphasendiffusion in die Oberflächenbereiche der Werkstoffe wurde infolge des schwächeren chemischen Potentials kaum beobachtet. So kommt es bei der Oxidation dieser Werkstoffe zu keiner wesentlichen Volumenexpansion. Beide Effekte bewirken niedrigere Eigenspannungen im Gefüge der Kompositwerkstoffe nach der Oxidation und somit eine signifikant verbesserte Gefügestabilität der Kompositwerkstoffe.

Zusammenfassung

Das Oxidationsverhalten der untersuchten Werkstoffe wurde hauptsächlich von der chemischen Zusammensetzung der sich in Abhängigkeit von verwendeten Sinterhilfsmittel während der Oxidation ausbildenden Oberflächenschicht und der daraus resultierenden Sauerstoffdiffusion in den Werkstoff bestimmt. Die Hauptursache für das veränderte Oxidationsverhalten der Si_3N_4-SiC-Komposite sind die im Oberflächenbereich des Bulkmateriales ablaufenden Oxidationsprozesse mit der Reaktion des über die Korngrenzen eindiffundierenden Sauerstoffs mit dem Si_3N_4 zu Si_2ON_2 anstelle zu SiO_2. Die als Folge für den veränderten Oxidationsmechanismus beobachtete hohe Gefügestabilität der Si_3N_4-SiC-Mikrokomposite beeinflußt insbesondere bei Langzeitanwendungen bei Temperaturen >1400°C das Zeitstandverhalten der Si_3N_4-Werkstoffe positiv.

Literatur

1. K. Niihara, "New Design Concept of Structural Ceramics - Ceramic Nanocomposites", The Centennial Memorial Issue of the Ceramic Society of Japan 99 [10] (1991) 974.
2. A. Rendtel, H. Hübner, "Creep Behavior and Lifetime of Si_3N_4/SiC Nanocomposites", 98th Annual Meeting & Expo, Am. Ceram. Soc., Indianapolis 1996, in Ceram. Trans. 74 (1996).
3. H. Hübner, P. Rendtel, A. Rendtel, "Si_3N_4/SiC-Nanokomposite für Höchsttemperaturanwendungen", dieser Band.
4. S. Wada, K. Ukyo, T. Kandori, H. Masaki, "Progress in Consolidation Technology of Si_3N_4-SiC-Composites", Silicates Ind. 61 (1996) 1-2, 39-45.
5. H. Klemm, M. Herrmann, Chr. Schubert, Hochtemperaturverhalten von Si_3N_4/SiC- Mikrokompositwerkstoffen, 10. Sitzung AK "Verstärkung keramischer Werkstoffe", Bremen 1996, in Fortschrittsberichte der DKG 12, 1, 1997.
6. H. Klemm, M. Herrmann, Chr. Schubert, "Silicon Nitride Materials with an Improved High Temperature Oxidation Resistance", Ceram. Eng. & Sci. Proc., 18 (3) 615-23 (1997).
7. M. Herrmann, H. Klemm, Chr. Schubert, W. Hermel, "Long-Term Behavior of SiC/Si_3N_4-Nanocomposites at 1400-1500°C", Key Engineering Mater. 132-136 1977-80 (1997).
8. H. Klemm, K. Tangermann, Chr. Schubert, W. Hermel, "Influence of Molybdenum Silicide Additions on High-Temperature Oxidation Resistance of Silicon Nitride Materials", J. Am. Ceram. Soc. 79 [9] 2429-35 (1996).

Mullite Based Oxidation Protection for SiC-C/C Composites in Air at Temperatures up to 1900 K

H. Fritze, A. Schnittker, G. Borchardt, TU Clausthal,
T. Witke, B. Schultrich, Fraunhofer-Institut für Werkstoff- und Strahltechnik, Dresden

Abstract

For an industrial Si-SiC coated C/C material (reference material) the temperature dependence of the isothermal linear mass loss rate is interpreted in the temperature range 500 °C < T < 1700 °C. The Arrhenius plot of the thermogravimetrically determined oxidation rate shows four typical regimes, which can be individually modelled. Only in the temperature range 1050 °C < T < 1550 °C the oxidation rate is close to or even lower than the limit for long-term application.

In a second step a mullite coating was deposited by Pulsed Laser Deposition (PLD). As-ablated green layers do not yet show IR peaks typical for mullite. After a short oxidation treatment (15 min at 1400 °C) the formation of mullite in the coating is completed as was confirmed by IR spectroscopy and XRD investigations.

PLD mullite coatings with a thickness of 2.5 µm on preoxidized samples improved the isothermal oxidation behaviour significantly. Because of SiO_2 formation at the mullite-SiC interface all samples exhibited a mass increase on oxidation. The inward diffusion of oxygen across the outer mullite containing layer controlled the kinetics of the reaction as was deduced from ^{18}O diffusivity measurements in PLD mullite layers by secondary neutral mass spectrometry (SNMS). The calculated oxidation rates resulting from the diffusion parameters in SiO_2 and mullite are close to the thermogravimetric data. For oxidation durations of three days, only amorphous SiO_2 is formed at the mullite-SiC interface.

In a further investigation, the material was tested under thermal cycling conditions between room temperature and 1100 °C < T < 1600 °C. An oxidation protection effect was observed which can be modelled on the basic of the isothermal oxidation rate and the cyclic testing conditions.

Introduction and Objectives

Because of their excellent mechanical properties at high temperatures carbon/carbon composites (C/C) are very attractive for structural applications. Without oxidation protection, however, carbon materials do not withstand oxidizing atmospheres (1).

Depending on the duration of application the acceptable carbon loss determines the maximum oxidation rate which can be tolerated. As suggested by K. L. Luthra (2), we consider as acceptable a reduction of the wall thickness of a typical structural component by 0.3 mm. This criterion results in a maximum loss rate of $3 \cdot 10^{-2}$ mg cm^{-2} h^{-1} for long-term (2000 h) applications (s. Fig. 1) .

For these conditions, our thermogravimetric measurements yield a temperature limit of 450 °C for long-term application of unprotected C/C materials in air. In order to improve the oxidation resistance at higher temperatures suitable oxygen diffusion barriers had to be developed.

Mullite ceramics ($3 Al_2O_3 \cdot 2 SiO_2$) are promising candidate materials for high temperature applications. Mullite coated SiC exhibits excellent oxidation resistance in dry air by forming a slowly growing SiO_2 scale at the mullite/SiC interface (3). Depending on the SiO_2 content mullite forms a liquid phase which can close cracks and pores (4).

Our work concentrated on the effect of protective outer mullite layers produced by Pulsed Laser Deposition (PLD). Based on our experimental data we discuss the oxidation behaviour in the high temperature range (1200 °C ≤ T ≤ 1600 °C) in air.

Results and discussion

A) Limited oxidation resistance of the reference material

The 2D-C/C samples were thin slabs with average dimensions 19 x 19 x 2 mm^3. The material was infiltrated with liquid silicon under pressure. Subsequently, three CVD silicon carbide layers were deposited with a total thickness of 50 µm. On the surfaces we observed a two-dimensional network of cracks with an average spacing of 0.4 mm. Because of thermal coefficient of expansion mismatch between C/C and silicon carbide this network structure will always exist after cooling from the CVD processing temperature. The cracks extend to the C/C surface with an average width of 2 µm at room temperature. Heating up to the CVD processing temperature closes the cracks again.

The mass change of the reference specimens was measured as a function of time using a thermobalance. Only in the temperature range 1050 °C < T < 1550 °C the mass loss rate is close to, or even lower than, the limit for long-term application. At all temperatures the Si-SiC coated samples showed a global mass loss (s. Fig. 1a). Additional mullite coatings were expected to reduce the mass loss or even to yield an increase of mass. Therefore, we produced PLD mullite layers with a maximum thickness of 2.5 µm. Consequently, the cracks in the SiC layer are not covered in the low temperature range. Therefore, only in the high temperature range an improvement of the oxidation behaviour was to be expected which we report in the following.

B) Reduced oxidation rates of the improved material

I Deposition of mullite coatings: Mullite was deposited on preoxidized C/C-Si-SiC substrates described above (thickness of the SiO_2 layer: 0.22 µm). High energy impact CO_2 laser pulses ($\lambda = 10.6$ µm, $\Delta t = 170$ ns, $j = 3 \cdot 10^7$ W cm^{-2}) led to melting and evaporation of the target material in a single step. Therefore the flux of the metal components was stoichiometric. As we worked under reduced pressure ($p_{tot} = 10^{-5}$ mbar) the oxygen content decreased. For our targets (sintered mullite powder) the typical deposition rate was 100 nm s^{-1}. Even with target rotation deposition rates up to 500 nm s^{-1} can be reached only by using larger targets. The substrate temperature did not rise to more than 100 °C.

II Phase analysis: Reflection spectra between 650 and 1300 cm^{-1} of the PLD coatings on SiC heated at 1400 °C for 15 min show typical mullite line shapes. The formation of mullite is confirmed also by XRD investigations.

After heating runs at rather high temperatures (see thermogravimetric experiments) the reflection spectra indicate the formation of amorphous SiO_2. Thermogravimetric measurements yield a mass gain in the whole temperature range, which indicate that SiO_2 is formed. At 1400 °C SiO_2 is not observable by means of surface sensitive IR spectroscopy in the reflection mode. Consequently, SiO_2 is formed at the inner interface SiC-mullite. At higher temperatures the interdiffusion at the interface SiO_2-mullite becomes important.

III ^{18}O diffusion: Simultaneously, we performed measurements of oxygen diffusion (^{18}O) in the mullite layers. Here, the coatings were deposited on SiC slabs so as to exclude effects caused by the reaction of ^{18}O with the C/C matrix. All samples were analyzed using a secondary neutral mass spectrometer (SNMS). The oxidation rates calculated for the improved material from the diffusion data corresponded well with the thermogravimetric data (s. Fig. 2).

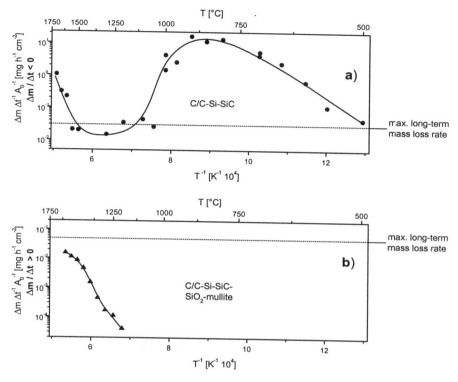

Fig. 1: Arrhenius plot of the mass change rate $\lg |\Delta m \, \Delta t^{-1} \, A_0^{-1}| = f(T^{-1})$:
 a) reference material ($\Delta m \, \Delta t^{-1} < 0$)
 b) mullite coated material, high temperature range ($\Delta m \, \Delta t^{-1} > 0$)

IV Oxidation of mullite coated C/C-Si-SiC material under isothermal conditions: The improvement of the sample preparation, i. e. the deposition of mullite coatings with a thickness of 2.5 µm and the preoxidation treatment, led to a mass gain (s. Fig. 1b). As can be seen from the marked region in Fig. 3 mullite can seal defects at temperatures close to the eutectic temperature (1587 °C (4)).

V Oxidation of mullite coated C/C-Si-SiC material under thermal cycling: The mullite coated material was also tested under thermal cycling conditions (nominal cooling/heating rate of $\pm 20 \, K \, s^{-1}$) (s. Fig. 4). Because of the small difference in thermal expansion of SiC and mullite spallation of the mullite layer did not occur. During the high temperature steps the mass gain was comparable to the isothermal oxidation behaviour. Cooling down to room temperature led to opening of the cracks in the SiC layer which ran through the thin mullite layer being not able to close cracks with an average width of 2 µm at room temperature. After prolonged thermal cycling we observed spallation of the SiC layer off the substrate material which was responsible for the ultimate breakdown of the oxidation resistance.

Both the isothermal and the cyclic oxidation behavior could be quantitativly modelled using a phenomenological reaction model published elsewhere [2, 12].

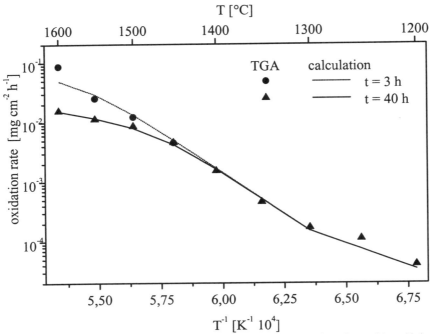

Fig. 2: Calculated and thermogravimetrically (TGA) determined temperature dependence of the oxidation rate for preoxidized and mullite coated C/C-Si-SiC material

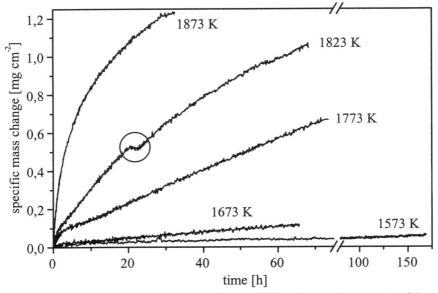

Fig. 3: Specific mass change of preoxidized and mullite coated C/C-Si-SiC material as a function of time

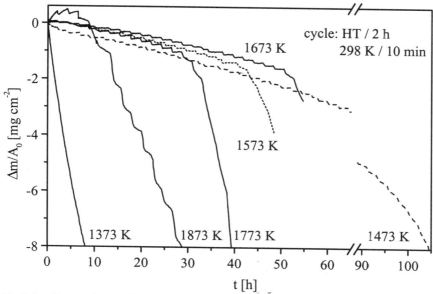

Fig. 4: Specific mass change of preoxidized and mullite coated C/C-Si-SiC material (mullite layer thickness 2.5 μm) under thermal cycling between room temperature (298 K) and 1373 K - 1873 K (HT)

Conclusions

Mullite coatings with a thickness of 2.5 μm and a preoxidation treatment of the C/C-Si-SiC substrate material improve the oxidation behaviour of CVD-SiC coated C/C composites. As expected, all samples exhibit a mass increase. In the temperature range 1200 °C ≤ T ≤ 1600 °C the inward diffusion of oxygen across the outer mullite containing layer controls the kinetics of the reaction, as was deduced from ^{18}O diffusivity measurements in PLD mullite layers.

Under thermal cycling conditions the cracks in the SiC layer of the substrate material and the spallation of this layer (but not of the mullite layer!) are responsible for the ultimate breakdown of the oxidation resistance.

Publications

[1] H. Fritze, J. Jojic, T. Witke, S. Weber, C. Rüscher, S. Weber, S. Scherrer, B. Schultrich, G. Borchardt
„Application of Pulsed Laser Deposition: Mullite Diffusion Barriers for SiC-C/C Composites in Oxidizing Atmospheres"
Electrochemical Society Fall Meeting, San Antonio, Texas, Oct. 6-11, 1996, J. Electrochem. Soc., in press

[2] H. Fritze, J. Jojic, T. Witke, C. Rüscher, S. Weber, S. Scherrer, R. Weiß, B. Schultrich, G. Borchardt
„Mullite Based Oxidation Protection for SiC-C/C Composites in Air at Temperatures up to 1900 K"
Key Engineering Materials, in press

[3] H. Fritze, A. Lenk, T. Witke, S. Scherrer, R. Weiß, B. Schultrich, G. Borchardt
„High Temperature Behaviour of Mullite Coated C/C Composites in Air"
J. Phys. III, in press

[4] H. Fritze, J. Jojic, G. Borchardt, A. Lenk, T. Witke, B. Schultrich, S. Weber, S. Scherrer, R. Weiß
„Protective Mullite Diffusion Barriers for SiC-C/C Composites in Oxidizing Environments at Temperatures up to 2000 K"
in: Proc. Microscopy of Oxidation 3, Hrsg.: S. B. Newcomb und J. A. Little,
The Institute of Materials, 1997, 708

[5] B. Schultrich, A. Lenk, T. Witke, G. Borchardt, H. Fritze
„Pulsed Laser Deposition of Oxide Films by Multi-Kilowatt CO_2-Lasers"
Appl. Surf. Sci. **109** (1997) 362

[6] A. Lenk, T. Witke
„Komplexe in situ Untersuchung des Laser-Abtrages"
8. Arbeitstagung „Angewandte Oberflächenanalytik", AOFA 8, Kaiserslautern 1994,
Fresenius J. Anal. Chem. (1995) 353

[7] A. Lenk, B. Schultrich, T. Witke
„Diagnostics of Laser Ablation and Laser Induced Plasmas"
ICPEPA'95, Jerusalem, Applied Surface Science **106** (1996) 473

[8] A. Lenk, B. Schultrich, T. Witke, H.-J. Weiss
„Energy and Particle Fluxes in PLD Processes"
E-MRS 1996, Spring Meeting, Strasbourg, Appl. Surf. Sci. **109/110** (1997) 419

[9] A. Lenk, B. Schultrich, T. Witke
„Energie- und Teilchenbilanz bei der Pulslaser-Ablation"
6th European Conference on Laser Treatment of Materials ECLAT'96, Stuttgart,
Proceedings Volume 2, 531

[10] C. H. Rüscher, H. Fritze, G. Borchardt, T. Witke, B. Schultrich
„Mullite Coatings on SiC and C/C-Si-SiC Substrates Characterized by IR-Spectroscopy"
J. Am. Ceram. Soc. **80** (1997) 3225

[11] H. Fritze, J. Jedlinski, G. Borchardt, V. Nardin, R. Turk
„High Temperature Oxidation Behavior of Si/SiC Coated C/C Composites in Air"
Proceedings of the 1st Slovene-German Seminar on Joint Projects in Materials Science and Technology (Editor D. Kolar et D. Suvorov), Oct. 2-4, 1994, KFA Jülich 1995

[12] H. Fritze
„Oxidationsschutz von C/C-Werkstoffen im Temperaturbereich von 1200 °C bis 1600 °C mittels Laserpulsabscheidung von Mullit"
Ph. D. thesis, TU Clausthal, 1996

References:
(1) L. Luthra, R. N. Singh, M. K. Brun: Toughened Silcomp Composites - Process and Preliminary Properties, J. Am. Ceram. Soc., **72** (1993) 79
(2) L. Luthra: Oxidation of Carbon/Carbon Composites - A Theoretical Analysis, Carbon, **26** (1988) 217
(3) S. Jacobson: Corrosion of Silicon-Based Ceramics in Combustion Environments, J. Am. Ceram. Soc., **76** (1993) 3
(4) Aramaki, R. Roy: Revised Phase Diagram for the System Al_2O_3-SiO_2, J. Am. Ceram. Soc. **45** (1962) 229

Schädigungsverhalten von CFC-Werkstoffen unter mechanischer und thermischer Beanspruchung

Bärbel Thielicke und Uwe Soltész, Fraunhofer-Institut für Werkstoffmechanik, Freiburg i.Brsg.

Einleitung

Für den praktischen Einsatz von Kohlenstoffaser-verstärkten Kohlenstoffen (CFC) und die Auslegung von Bauteilen und Strukturen ist die Verfügbarkeit von übertragbaren, geometrie-unabhängigen Festigkeitskennwerten eine wesentliche Vorraussetzung. Bei Festigkeitsmessungen ergeben sich jedoch häufig Abhängigkeiten von der Probengeometrie und von der Art der Belastung. Unter diesem Aspekt wurde das Schädigungsverhalten unterschiedlicher CFC-Werkstoffe unter verschiedenen mechanischen Beanspruchungen (Zug-, Biege-, Scher-) bei gleichzeitiger mikroskopischer Beobachtung mit den folgenden drei Zielen untersucht: 1. Bewertung der Aussagefähigkeit der Prüfverfahren im Hinblick auf die Ermittlung von Materialkennwerten, 2. Auswahl der jeweils am besten geeigneten Methoden und Geometrien, 3. Aufklärung des Zusammenhangs von Struktur und mechanischen Eigenschaften.

Im Hochtemperaturbereich zeichnen sich die CFC-Werkstoffe insbesondere dadurch aus, daß die bei Raumtemperatur ermittelten Festigkeiten bis hin zu 2000°C erhalten bleiben oder sogar noch zunehmen. Zur Aufklärung dieses vorteilhaften Materialverhaltens wurden unter ausgewählten Belastungen auch Hochtemperaturversuche durchgeführt.

Im folgenden werden die wesentlichen Ergebnisse zusammengefaßt, die im Rahmen eines DFG-Projektes im Schwerpunktprogramms »Höchsttemperatur-Leichtbauwerkstoffe« erarbeitet wurden. Detailliertere Beschreibungen sind jeweils in den zitierten Veröffentlichungen zu finden.

1. Materialien

Die experimentellen Untersuchungen wurden vor allem mit Proben aus einem kommerziell erhältlichen CFC-Plattenmaterial durchgeführt. Dabei handelt es sich um CF 222 (Fa. Schunk Kohlenstofftechnik/Gießen), das aus 0/90°-gewebeverstärkten Laminaten mit einer 8H Satin-Struktur besteht. Es standen darüber hinaus weitere Werkstoffvarianten zur Verfügung, bei denen einzelne Technologieschritte oder Strukturmerkmale variiert wurden, um den Einfluß dieser Parameter auf das Versagensverhalten zu untersuchen.

2. Versagen von CFC bei Raumtemperatur

Das Versagen von laminierten CFC-Werkstoffen unterscheidet sich von dem herkömmlicher Materialien. Unter mechanischer Beanspruchung stellen sich in CFC auf mikro- und makroskopischem Niveau komplexe Spannungsverteilungen ein, die dann auch entsprechend komplexe Versagensmuster bewirken. Dieses Verhalten ist auf die anisotrope, heterogene Struktur dieser Materialien und die daraus resultierende Richtungsabhängigkeit der Festigkeiten zurückzuführen. Selbst unter einfacher axialer Zugbeanspruchung wird der Schädigungsverlauf von komplizierten elastischen und bruchmechanischen Wechselwirkungen zwischen den Werkstoffbestandteilen (Laminaten, Fasern, Matrix) bestimmt. Zur umfassenden mechanischen Charakterisierung von CFC genügt es deshalb nicht, nur eine einzige Festigkeitsgröße zu messen. Vielmehr müssen unterschiedliche Tests durchgeführt werden, in denen die im Anwendungsfall auftretenden realen Beanspruchungen möglichst gut widergespiegelt werden.

2.1 In-situ-Schädigungsuntersuchungen

Aufgrund der hohen Anfangsfehlerdichte im CFC (Poren, Risse, Delaminationen) ist es schwierig, wenn nicht sogar unmöglich, diese herstellungsbedingten Fehler von denen zu unterscheiden, die nachträglich durch mechanische Belastung eingebracht werden. Deshalb wurde eine direkte Beobachtung der Schädigungsprozesse während der Belastung angestrebt. Metallographisch präparierte Probenoberflächen werden jeweils im unbelasteten Ausgangszustand, auf unterschiedlichen Lastniveaus unterhalb der Bruchlast und nach dem Versagen fotografiert. Die Auswertung der Aufnahmen gibt dann Hinweise auf Art und Ort der ersten Schädigung sowie auf den Schädigungsfortschritt (1).

2.2 Zugversuche

Bei der Durchführung und Auswertung von Zugversuchen geht man normalerweise von einer homogenen Spannungsverteilung im Probenquerschnitt aus. Die Zugfestigkeitswerte werden dann unter der Annahme, daß die Proben durch einen Einzelriß senkrecht zur Belastungsrichtung versagen, in erster Näherung aus dem Quotienten von Bruchlast und Probenquerschnitt berechnet.

In anisotropen CFC-Proben treten jedoch andere Versagensprozesse auf. So versagen beispielsweise prismatische Flachzugproben zumeist im Bereich der Einspannungen. Ein Ausweg ist die Verwendung taillierter Proben. Bei diesen wiederum treten stets zuerst rein geometriebedingte Risse an der Taillierung auf: am Übergang von den Radien zum parallelen Mittelstück wird ein Abscheren zwischen angeschnittenen und durchgehenden Faserbündeln beobachtet. Diese Risse parallel zur Lastrichtung stoppen häufig, bevor sie in den eingespannten Probenteil laufen. Erst bei weiterer, deutlich höherer Belastung werden auch in der Probenmitte sukzessiv die eigentlichen, materialspezifischen Schädigungen beobachtet, die schließlich zum Bruch im reduzierten Probenquerschnitt führen. Mikroskopische Untersuchungen im Versagensbereich solcher Proben zeigen unterschiedliche Versagensmuster für unterschiedliche CFC-Materialien (2).

In Bild 1 ist beispielhaft der Versagensbeginn dargestellt, wie er typischerweise in CF 222 bereits auf einem Lastniveau von ca. 80 % der Bruchlast beobachtet wurde. Die Rißorientierung parallel zur Zugspannung deutet darauf hin, daß das Versagen offensichtlich durch lokale Zugspannungen senkrecht und/oder durch lokale Schubspannungen parallel zur äußeren Lastrichtung bzw. zu den Laminaten ausgelöst wird. Besonders gefährdet sind hierbei die Bereiche gekrümmter Faserbündel. Das endgültige Versagen erfolgt dann durch Wachstum solcher Risse und Spannungsumlagerungen, so daß die formale Anwendung der oben beschriebenen Auswertevorschrift zweifelhaft ist. Damit berechnet man offensichtlich nicht die eigentliche bruchauslösende Spannungskomponente am Ort des Versagens.

Bild 1: Versagensbeginn in CF 222 unter Zugbelastung parallel zu den Faserbündeln (s. schwarze Pfeile)
<u>links:</u> Struktur vor der Belastung, <u>rechts:</u> erstes lokales Versagen bei etwa 80% der Bruchlast

Aus dieser Diskrepanz läßt sich z.B. die Geometrieabhängigkeit von Zugfestigkeiten erklären. Das gleiche gilt auch für andere Werkstoffvarianten, die zwar in gleicher Weise hergestellt waren wie CF 222, bei denen aber entweder ein anderer Fasergewebetyp (z.B. Köper, Twill, plain-wave) verwendet oder der Nachverdichtungsgrad variiert wurde. Bei Proben aus nicht gewebten, unidirektionalen Fasergelegen mit 0/90°-Anordnung sind vor dem Bruch keinerlei Vorschädigungen feststellbar (1). Ein quantitativer Materialvergleich im Hinblick auf Festigkeiten und Steifigkeiten ist allerdings nicht möglich, da die untersuchten Materialvarianten unterschiedliche Fasergehalte aufwiesen, teilweise sogar auch in einer Platte in Bezug auf die beiden Verstärkungsrichtungen 0° und 90°.

2.3 Biegeversuche

Biegeversuche werden ebenfalls häufig zur Ermittlung von Zugfestigkeiten durchgeführt. Diese Standardmethode basiert auf der Annahme, daß die Biegetheorie, die für isotrope Materialien entwickelt wurde, auch für laminierte Verbundwerkstoffe gültig ist. Das Versagen sollte in der Mitte der äußeren Randfaser initiiert werden, wo die maximalen axialen Zugspannungen auftreten, vorausgesetzt das Verhältnis von Auflagerabstand zu Probendicke l/d ist groß genug (l/d $\geq$ 25), vgl. z.B. (3).
Erste Untersuchungen von CF 222 im 3-Punkt-Biegeversuch zeigen jedoch, daß sowohl die Bruchlast als auch die Art des Versagens vom l/d-Verhältnis beeinflußt werden (4). Somit gelten die formal aus der Versagenslast berechneten Festigkeitswerte jeweils nur für die betrachtete Probengeometrie.
Das Versagen von 3-Punkt-Biegeproben aus CF 222 neuerer Produktion tritt bei einem l/d = 30 in der Probenmitte auf und wird eindeutig von der äußeren Randfaser initiiert, so daß die formale Anwendung der Biegeformel gerechtfertigt zu sein scheint. Aus 4 Versuchen mit begleitenden Schädigungsanalysen ergibt sich aus den Versagenslasten eine Biegefestigkeit von σ_b = 214 ± 15 MPa.
Bild 2 zeigt beispielhaft ein typisches Versagensbild, wie es unter 4-Punkt-Biegung für die gleiche Charge CF 222 beim vergleichbaren Auflagerabstand L/d = 30 gefunden wurde (L = Differenz vom Abstand der inneren und äußeren Auflager). Abgebildet ist der mittlere Probenausschnitt zwischen den inneren Lastrollen. In diesem Fall entstand in der unteren Probenhälfte, die unter axialen Zugspannungen belastet war, ein kombiniertes Biege-/Scherversagen. Innerhalb dieser Serie waren ähnliche Versagensmuster aber auch im Bereich axialer Druckspannungen (obere Probenhälfte) oder seitlich versetzt,

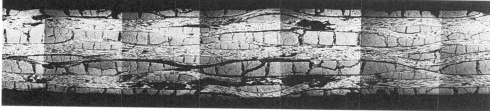

Bild 2: Versagen von CF 222 unter 4-Punkt-Biegung (<u>oben:</u> unbelasteter Zustand, <u>unten:</u> nach der 1. Schädigung)

d.h. in der Nähe der inneren Lastrollen zu finden. Trotz der unterschiedlichen Schädigungsabläufe bei den 4-Punkt-Biegeproben unterliegen die formal berechneten Festigkeitswerte einer kleinen Streuung. Aus fünf Versuchen ergibt sich eine Biegefestigkeit $\sigma_b = 212 \pm 10$ MPa. Unter Berücksichtigung der unterschiedlichen Versagensmuster und der unterschiedlich langen Haltezeiten während des Fotografierens auf verschiedenen Lastniveaus überrascht die gute Übereinstimmung der Festigkeitswerte aus den 3-Punkt- bzw. 4-Punkt-Biegeversuchen und die kleine Streuung.

2.4 Scherversuche
Die Interlaminare Scherfestigkeit (ILSF) ist eine der wesentlichen mechanischen Eigenschaften von laminiertem CFC, da die von außen angelegten Lasten stets über Scherung auf die benachbarten Laminate übertragen werden müssen. Die ILSF wird begrenzt durch die relativ niedrigen Festigkeiten der Kohlenstoffmatrix und der Faser-Matrix Grenzflächen.
Zur Ermittlung der ILSF ist eine Testmethode zu bevorzugen, bei der eine homogene Scherspannungsverteilung in der künftigen Versagensfläche der Proben induziert wird, die nicht von Normalspannungen überlagert ist. In (4) wurde nämlich experimentell nachgewiesen, daß die Scherfestigkeitswerte von CFC durch überlagerte Zug-Normalspannungen drastisch herabgesetzt und durch Überlagerung von Druck-Normalspannungen deutlich verbessert werden. Betrachtet man jedoch die existierenden Schertests, werden die o.g. Forderungen zumeist nicht erfüllt. Untersuchungen von unterschiedlichen Tests (z.B. Kurzbiege-, Iosipescu-, Lap-Shear-) führen aufgrund der komplexen Spannungsverteilungen, welche außerdem von der Probengeometrie beeinflußt werden, nicht zum reinen Scherversagen und entsprechend dann auch zu unterschiedlichen Scherfestigkeitswerten (4).
Als Alternative wird in (5) ein Druck-Scherversuch mit unsymmetrisch gekerbten Proben (vgl. Bild 3) vorgeschlagen, der folgende Vorteile aufweist: relativ homogene Schuspannungsverteilung in der künftigen Versagensfläche zwischen den Einkerbungen, keine überlagerten Zug-Normalspannungen, reines interlaminares Scherversagen, kleine Proben (materialsparend), einfache Lasteinleitung und deshalb auch unter komplizierteren Belastungen (dynamisch, zyklisch) und bei hohen Temperaturen anwendbar (5, 6). Mit in-situ-Schädigungsuntersuchungen wurde sogar gezeigt (Bild 3), daß das erste Versagen dieser Proben nicht direkt von den Kerben ausgeht, wie man es zunächst aufgrund kontinu-

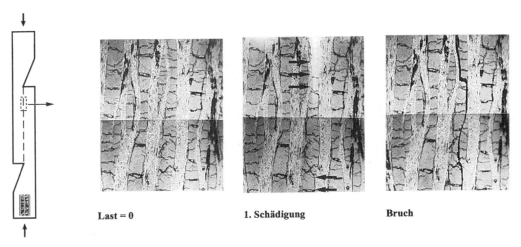

Bild 3: Unsymmetrisch gekerbte Druck-Scherprobe (<u>links:</u> schematische Darstellung der Probe mit Bereich der ersten Schädigung; <u>rechts:</u> Schädigungsfortschritt, CFC-Struktur im markierten Bereich)

umsmechanischer Betrachtungen erwarten würde. Wenn neben der Schubspannungsverteilung auch die überlagerten Druck-Normalspannungen in die Bewertung einbezogen werden, läßt sich der experimentell gefundene Bruchursprung anhand von Finite Elemente Analysen erklären.

2.5 Querzug-Versuche
Die Querzugfestigkeit oder die Interlaminare Zugfestigkeit ist die niedrigste Festigkeitsgröße von laminiertem CFC und deshalb bei der Auslegung von Bauteilen und Strukturen von großer Bedeutung. Die Anwendung herkömmlicher Methoden zur Ermittlung dieser Festigkeit ist vor allem wegen der Lasteinleitung, die zumeist über Klebeverbindungen erfolgt, begrenzt. Dies gilt insbesondere, wenn die Querzugfestigkeit des Verbundwerkstoffes größer ist als die Kleberfestigkeit oder für Prüfungen bei hohen Temperaturen. Deshalb wurde als eine mögliche Alternative die Anwendbarkeit des sogenannten Scheibendruck-Versuchs überprüft (8). Hierbei werden runde scheibenförmige Proben, in denen die Laminate parallel zur Belastungsrichtung angeordnet sind, zwischen zwei ebenen Platten unter Druck bis zum Bruch beansprucht. Experimentelle und numerische Untersuchungen zeigen, daß in diesem Test tatsächlich ein Zugversagen senkrecht zu den Laminaten erreicht wird und somit Querzugfestigkeiten gemessen werden können (9).

3. Hochtemperatur(HT)-Eigenschaften von CFC
Unter allen bisher untersuchten Belastungen (Zug-, Druck-, Biege-, ILS, Querzug-), wurden mit zunehmender Temperatur tendenziell Festigkeitssteigerungen gemessen (10), wobei keine wesentlichen Veränderungen im Versagens- oder Bruchmechanismus beobachtet wurden. Beim quantitativen Vergleich der Festigkeitswerte ergeben sich wie bei Raumtemperatur auch bei hohen Temperaturen Unterschiede zwischen den verschiedenen Methoden. Die niedrigsten Werte wurden für die interlaminaren Eigenschaften ermittelt, die im wesentlichen von den begrenzten Matrixeigenschaften bestimmt werden. Fasereinflüsse sind hierbei vernachlässigbar.

Mit Kriechversuchen unter statischer Beanspruchung wurde zusätzlich das Verformungsverhalten von CF 222 bei hohen Temperaturen untersucht, um daraus u.a. auch Hinweise auf die Ursachen für das vorteilhafte HT-Verhalten zu erhalten (11). In einem ersten Ansatz wurde aus den folgenden Gründen mit Scherversuchen begonnen: 1. die ILSF ist matrixdominant; 2. alle Festigkeitswerte werden von den Matrix- und Grenzflächeneigenschaften mitbestimmt (vgl. z.B. Bild 1); 3. falls CFC überhaupt Kriechverformungen zuläßt, dann sind diese in erster Linie von der keramik-ähnlichen Matrix zu erwarten. Diese Untersuchungen wurden mit unsymmetrisch gekerbten Druck-Scherproben durchgeführt. Erste Hinweise auf Kriechverformungen wurden ab 1500°C und auf relativ hohen Lastniveaus von ca. 80% der quasistatischen Bruchlast beobachtet. Bei 1800°C wurden dann deutlichere, nichtlineare Effekte gemessen, die zeigen, daß die Kohlenstoffmatrix beim Übergang zu den extrem hohen Temperaturen auch viskoelastische Verformungen zuläßt. Dieses Verhalten trägt bei den quasistatischen HT-Versuchen möglicherweise zur Abschwächung der Kerbwirkung der im CFC stets vorhandenen Fehler und somit zur Festigkeitssteigerung mit zunehmender Temperatur bei. Doch allein daraus lassen sich die Festigkeitssteigerungen nicht erklären, da die Festigkeiten im gesamten Bereich zwischen RT und 2000°C nahezu linear ansteigen, d.h. bereits auch schon unterhalb der Temperatur, bei der Kriechen beobachtet wurde.

Darüber hinaus haben Strukturuntersuchungen im Transmissions-Elektronenmikroskop und Restfestigkeitsmessungen gezeigt, daß die in Kriechversuchen vorbelasteten Proben im Vergleich zum Ausgangszustand keine Veränderungen aufweisen. Daher ist anzunehmen, daß die Festigkeitszunahmen bei hohen Temperaturen auf reversible Vorgänge, wie z.B. Rißschließung und/oder Rißabstumpfung durch Matrixerweichung zurückzuführen sind.

4. Zusammenfassung

CF 222 ist ein anisotroper, heterogener CFC-Werkstoff mit einer relativ hohen herstellungsbedingten Anfangsfehlerdichte. Daraus ergeben sich komplizierte Spannungsverteilungen auf mikro- und makroskopischen Niveau, die außerdem auch von der Beanspruchungsart, der Probengeometrie und der spezifischen Materialstruktur (z.B. Faseranordnung, Fasergehalt, Herstellungstechnologie) abhängen. Bei der Übertragung der an Proben gemessenen Festigkeitswerte auf Bauteile sind diese Aspekte mit zu berücksichtigen.

Für die Kennwertermittlung sind möglichst solche Prüfmethoden vorzuziehen, die zu geometrie-unabhängigen Ergebnissen führen. Außerdem sollten überlagerte Normalspannungen minimiert oder zumindest bei der Auswertung berücksichtigt werden, da sie das Versagen erheblich beeinflussen können. Folgende Probentypen haben sich für die unterschiedlichen Belastungen bewährt: dickentaillierte Zugproben, 3-Punkt-Biegeproben mit sehr großem Auflagerabstand (l/d $\geq$ 25) und unsymmetrisch gekerbte Druck-Scherproben (ILSF).

Ein wesentlicher Vorteil von CFC im Hinblick auf Höchsttemperaturanwendungen ist die Festigkeitssteigerung mit zunehmender Temperatur. Diese Eigenschaftsänderung ist reversibel und daher auch nicht mit Strukturumwandlungen verbunden. Dies gilt zumindest für den Temperaturbereich bis 2000°C und über eine für Festigkeitsmessungen typische Versuchsdauer bis hin zu einer Stunde Haltezeit während der Kriechversuche.

5. Literatur

(1) Thielicke, B.; Soltész, U.: Fortschrittsberichte der DKG über das Festigkeitsseminar "Keramische (Verbund-) Werkstoffe X" in Wien 1994, Band X (1995)3, S. 192
(2) Maschke, H.; Schäuble, R.; Wagner, S.: Werkstoffwoche '96, Symp. 8, S. 41
(3) DIN 29 971: Unidirektionalgelege-Prepreg aus Kohlenstofffasern und Epoxidharz. Entwurf, Juli 1983, Beuth-Verlag, Berlin
(4) Thielicke, B.; Soltész, U. : Proc. of the ECCM-Conference Testing & Standardisation, September 8-10, 1992, Amsterdam, The Netherlands, 287-296
(5) Thielicke, B.; Soltész, U.; Unnasch, H.: Proc. of the ECCM-CTS2 1994, Hamburg, Germany, 325-332
(6) Soltész, U.; Thielicke, B.; Schäfer, R.: Proc. of Int. Conf. on Fatigue of Composites, 3-5 June, Paris, Frankreich, 82-87
(7) Thielicke, B.; Soltész, U.; Maschke, H.-G.: Proc.of 8th CIMTEC 1994, Florence, Ed.: P. Vincenzini: Advanced Structural Fiber Composites, Techna Srl, 1995, 477-484
(8) Soltész, U.; Schäfer, R.; Ulrich, D.: Proc. "Verbundwerkstoffe und Werkstoffverbunde", 17.-19. September 1997, Kaiserslautern, 821-826
(9) Soltész, U.; Schäfer, R.: Werkstoffwoche '98, Symp. 3
(10) B. Thielicke: Proc. of the HT-CMC 3 1998, Osaka, Japan, 145-150
(11) Thielicke, B.; Soltész, U.; Morawietz, K.: Proc. "Verbundwerkstoffe und Werkstoffverbunde", 17.-19. September 1997, Kaiserslautern, 167-172

Danksagung

Die Autoren danken der Deutschen Forschungsgemeinschaft (DFG), durch deren finanzielle Förderung diese Untersuchungen im Rahmen des Schwerpunktprogramms "Höchsttemperatur-Leichtbauwerkstoffe" durchgeführt werden konnten.

Thermomechanische Eigenschaften faserverstärkter Keramiken unter oxidierenden Bedingungen

Gerald Rausch, Dietmar Koch, Meinhard Kuntz & Georg Grathwohl, Universität Bremen

1 Einleitung und Zielsetzung

Die Langzeit-Hochtemperatureigenschaften keramischer Verbundwerkstoffe (CMC) werden unter oxidierenden Bedingungen untersucht. Das übergeordnete Ziel dieser Arbeiten bestand darin, die wesentlichen Einflußfaktoren für das Verhalten der Werkstoffe bei hohen Temperaturen an Luft zu ermitteln. Dazu wurden auf der Basis des aktuellen Entwicklungsstandes der CMC-Werkstoffe die prinzipiellen Werkstoffkonzepte für oxidationsstabile faserverstärkte Keramiken abgeleitet: Oxidische Werkstoffe (immanent oxidationsstabil), CMC, die eine bedingte Oxidationsstabilität aufgrund von passivierenden Oxidationsreaktionen zeigen und Materialien mit einem äußeren Oxidationsschutzsystem. Die Materialbasis der Untersuchungen bildeten dann drei ausgewählte Werkstoffe, von denen jeder einzelne gemäß einem dieser Grundkonzepte aufgebaut ist.

Diese über das Polymerpyrolyseverfahren hergestellten Werkstoffe sind in Tabelle 1 mit den wichtigsten Angaben zum Werkstoffaufbau charakterisiert. Im einzelnen handelt es sich um SiC (Tyranno- bzw. Hi-Nicalon)- und Mullit (Nextel)-Faser verstärkte 0°/90°- „cross-ply"-Strukturen, wobei die Matrix in mehreren Infiltrations-/Pyrolysezyklen erzeugt wurde. Der Hi-Nicalon-Faser verstärkte SiC/SiC-Werkstoff war zusätzlich mit einem äußeren Oxidationsschutz versehen:

Bezeichnung	Fasertyp	Beschichtung	Matrix Füller	Pyrolysat	NIZ*	Lagenanzahl	V_p [%]	V_f [%]
Tyranno / Si-C-O	Tyranno	Pyro-C	SiC	Si-C-O	1×	16	25	41
Hi-Nicalon / SiC	Hi-Nicalon	Pyro-C	SiC	SiC	3×	8	21	60
Nextel / Mullit	Nextel 440	Pyro-C	Mullit	Si-C-O	3×	17	19	32

Tabelle 1: Zusammensetzung, Anzahl der Nachinfiltrationszyklen (NIZ) und Laminatlagen, Porosität V_p und Faservolumenanteil V_f der untersuchten Werkstoffe.

Die makromechanische Charakterisierung dieser Werkstoffe stellte die Grundlage der Untersuchungen dar. Hierfür wurden geeignete Versuchseinrichtungen weiterentwickelt, angepaßt oder auch neu aufgebaut. Die Charakterisierung der Hochtemperatureigenschaften erfolgte unter Zug-, Biege- und Scherbelastung, wobei grundsätzlich zwischen Kurzzeiteigenschaften und Langzeiteigenschaften unterschieden wird. Unter Kurzzeiteigenschaften (auch „Festigkeiten") soll der maximale Werkstoffwiderstand gegen Versagen bei einer bestimmten Beanspruchungsart verstanden werden (z.B. Zug-, Biege-, Scherfestigkeit), wobei die Lastaufbringung in der Regel schnellstmöglich erfolgte. Demgegenüber wurden bei den Langzeiteigenschaften vor allem zeitabhängige Werkstoffveränderungen beschrieben. Dies beinhaltete neben zeitabhängigen Verformungen unter thermomechanischer Belastung (z.B. Kriechversuche) auch die Beschreibung der strukturellen Veränderungen mit der Zeit (z.B. Oxidationsuntersuchungen). Auf der Basis dieser Eigenschaftsuntersuchungen wurden die individuellen Vor- und Nachteile der entsprechenden Werkstoffe für den Hochtemperatureinsatz aufgezeigt. Die wesentlichen Mechanismen wurden einer gezielten Analyse unterzogen und in quantitativen und qualitativen Modellen beschrieben und diskutiert.

Dabei wurden folgende Ziele verfolgt:
a) Ermittlung des Temperatureinflusses auf die mechanischen Eigenschaften der CMC-Werkstoffe, insbesondere ihrer kritischen Temperaturen und Temperaturgrenzen für Kurz- und Langzeitanwendung.
b) Ermittlung der Oxidationskinetik sowie thermisch bedingter Gefüge- und Eigenschaftsänderungen durch Diffusions- oder Reaktionsprozesse, Untersuchungen zur Passivierung und Selbstausheilung der Oberflächendeckschichten.
c) Modellierung des Rißwiderstandes und des Spannungs-Dehnungsverhaltens, der Oxidation und strukturellen Degradation des Gefüges unter Hochtemperatureinfluß sowie der Kriechverformung faserverstärkter Keramiken im Langzeiteinsatz.

Auf der Basis dieser Untersuchungen konnten dann die individuellen Vor- und Nachteile der entsprechenden Werkstoffe für den Hochtemperatureinsatz unter oxidierenden Bedingungen aufgezeigt werden.

2 Ergebnisse und Diskussion

Die Ergebnisse für die drei verschiedenen Materialkonzepte können folgendermaßen zusammengefaßt werden:

Von entscheidender Bedeutung für den Hochtemperatureinsatz des SiC/SiC Verbundwerkstoffs sind die Oxidationsreaktionen, die in ihrer Reaktionskinetik maßgeblich durch die Diffusionswege des Luftsauerstoffs bestimmt werden. Einerseits kommt es zur „Pipeline"-Oxidation der C-Faserbeschichtung ausgehend von den Werkstoffstirnflächen, aber auch der durch offene Porenkanäle und Rißstrukturen eindringende Luftsauerstoff führt zu einer Oxidation des freien Matrixkohlenstoffs und zu einer passivierenden Oxidation der SiC-Matrixkomponenten. Die Oxidation der C-Beschichtung führt zu einem Rückgang der spezifischen Grenzflächenenergie, wobei die Oxidation in den 90°-Lagen aufgrund der kürzeren Diffusionswege des Sauerstoffs besonders schnell abläuft und zu einem Rückgang der interlaminaren Scherfestigkeit (ILS) führt. Die Abnahme der spezifischen Grenzflächenfestigkeit führt zu einer verminderten Sprödbruchneigung, und die Folge ist ein Anstieg der HT-Zugfestigkeit und der Zugfestigkeit nach vorausgegangener 100-stündiger Auslagerung bei 550, 710 und 900°C. Bei sehr langen Auslagerungszeiten (1000 h) kommt es aufgrund der weiter voranschreitenden Oxidation des freien Kohlenstoffs in der Matrix und in den 0°-Faser-Matrix-Grenzflächen zu einem Rückgang der Zugfestigkeit und zu einem weiteren extremen Absinken der ILS.

Bei den oxidischen Verbundwerkstoffen wird das Festigkeitsniveau bei hohen Temperaturen von der in-situ Festigkeit der Fasern dominiert. Sowohl bei hohen Temperaturen (700-900°C) als auch nach Auslagerungen (50 h) in diesem Temperaturbereich kommt es zu einem deutlichen Rückgang der Faserfestigkeit (bis zu 40 % der Faserfestigkeit im Anlieferungszustand). Der Wärmebehandlungseinfluß auf die in-situ Faserfestigkeit konnte durch Modellrechnungen nachvollzogen werden, was in Abbildung 1 dargestellt wird. Zusätzlich steigt die Grenzflächenfestigkeit durch eine Auslagerung bei hohen Temperaturen im Vergleich zum Anlieferungszustand an. Ein kritischer Wert, der zum Sprödbruchversagen führen würde, wird jedoch nicht erreicht. Ab 700°C kommt es auch zu Kriechverformungen des Werkstoffs. Bei 1040°C besitzen sowohl die Fasern als auch die Matrix des Werkstoffs nur noch einen geringen Kriechwiderstand. Die stationäre Kriechgeschwindigkeit bei dieser Temperatur liegt im Bereich von $10^{-5} s^{-1}$.

Der SiC/SiC Werkstoff mit äußerem Oxidationsschutz zeigt bis 1400°C sehr gute Kurzzeiteigenschaften. Zug-, Biege- und Scherfestigkeit nehmen mit steigender Prüftemperatur leicht ab. Der Oxidationsschutz bietet eine gute Schutzwirkung gegen Sauerstoffangriff. Unter Belastung entstehen in der äußeren Deckschicht Risse, die durch die Verglasung der darunterliegenden Funktionsschicht jedoch nicht zu einer Oxidation des Werkstoffs führen. Die Kriechbeständigkeit des Werkstoffs ist bis 1200°C sehr gut. Bei 1400°C kommt es zu einer erhöhten Kriechgeschwindigkeit, wobei die Kriechverformung des Verbundes von den Eigenschaften der Fasern dominiert wird. Der individuelle Beitrag der Fasern und der Matrix zum Kriechwiderstand des Gesamtverbundes wurde mittels eines analytischen Modells untersucht. Dieses Modell basiert auf der Spannungsumlagerung zwischen Fasern und Matrix während der Kriechverformung unter der Voraussetzung der „Dehnungskopplung" beider Komponenten.

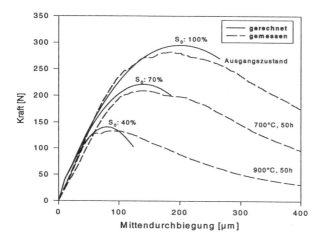

Abbildung 1: Experimentelle SENB-Kurven von Nextel/Mullit-CMC in verschiedenen Wärmebehandlungszuständen im Vergleich zu den Ergebnissen von Modellrechnungen, wobei als Parameter die Faserfestigkeit S_0 variiert wurde.

3 Zusammenfassung

Keramische Faserverbundwerkstoffe für den Hochtemperatureinsatz an Luft befinden sich derzeit im Stadium intensiver Werkstoffentwicklung, wobei verschiedene Werkstoffkonzepte verfolgt werden. Man unterscheidet zwischen bedingter und werkstoffimmanenter Oxidationsstabilität, sowie der Werkstoffstabilität, die durch Zusatzmaßnahmen erreicht wird. Die entsprechenden Werkstoffkonzepte werden in dieser Arbeit jeweils anhand eines ausgewählten Werkstoffvertreters vorgestellt und die Hochtemperatureigenschaften bis in den Bereich der auftretenden Einsatztemperaturgrenzen untersucht. Die mechanische Charakterisierung erfolgt dabei bis zu Temperaturen von 1400°C unter Zug-, Biege- und Scherbelastung, wobei grundsätzlich unterschieden wird in Kurzzeiteigenschaften („Festigkeiten") und Langzeiteigenschaften (Zeitstand- und Kriechversuche). Die Langzeiteigenschaften der Werkstoffe werden sowohl bei hohen Temperaturen in Versuchen bis 130 h als auch bei Raumtemperatur nach vorangegangener Auslagerung ermittelt. Die Auslagerungszeiten betragen bis zu 1000 h. Als weitere Versuchsmethoden werden die Ermittlung der Rißzähigkeit durch SENB-Versuche, die mikromechanische Charakterisierung der Faser-Matrix-Grenzfläche durch Indenterversuche und die Thermogravimetrie zur Untersuchung der Oxidationskinetik eingesetzt. Auf der Basis dieser Eigenschaften werden die für den Hochtemperatureinsatz des jeweiligen Werkstoffs relevanten Mechanismen identifiziert. In dem bedingt oxidationsstabilen Werkstoff werden die Hochtemperatureigenschaften von der Oxidation der Faser-Matrix-Grenzfläche und der Oxidation der Matrix dominiert. Aufgrund der Oxidationskinetik kommt es zu einer ausgeprägten Temperatur- und

Zeitabhängigkeit der mechanischen Eigenschaften bei hohen Temperaturen. Im Gegensatz dazu werden die Eigenschaften des oxidischen Werkstoffs mit immanenter Oxidationsstabilität von der in-situ Faserfestigkeit und den Kriecheigenschaften der Fasern bestimmt. Der Werkstoff mit äußerem Oxidationsschutz besitzt aufgrund der Hochtemperatureigenschaften der verwendeten Fasern und einer sauerstoffarmen Matrix bis 1400°C sehr gute Kurzzeiteigenschaften. In diesem Temperaturbereich zeigt der Werkstoff unter Belastung jedoch deutliche Kriechverformungen. Durch die Berechnung der Spannungsumlagerung zwischen Fasern und Matrix im Zugkriechversuch wird gezeigt, daß bei diesen Temperaturen der Kriechwiderstand des Verbundwerkstoffs überwiegend von den Fasern aufgebracht wird.

4 Veröffentlichungen

1. G. Rausch, B. Meier, G. Grathwohl. Bestimmung von Grenzflächeneigenschaften faserverstärkter Verbundwerkstoffe mittels Eindruckmethoden. G. Leonhardt und G. Ondracek [Hrsg.], Verbundwerkstoffe und Werkstoffverbunde. DGM-Informationsgesellschaft, Oberursel (1993) 295-304.
2. D. Koch, B. Meier, G. Grathwohl. Gefüge und mechanische Eigenschaften von SiC-Matrix-Verbundwerkstoffen. ibid. 225-232.
3. M. Kuntz, B. Meier, G. Grathwohl. Residual stresses in fiber reinforced ceramics due to thermal expansion mismatch. J. Am. Ceram. Soc. 76 (1993) 2607-12.
4. M. Kuntz, K.-H. Schlapschi, B. Meier, G. Grathwohl. Evaluation of interface parameters in pushout and pullout tests. Composites 25 (1994) 476-481.
5. G. Grathwohl, M. Kuntz, E. Pippel, J. Woltersdorf. The real Structure of the Interlayer between Fibre and Matrix and its Influence on the Properties of Ceramic Composites. phys. stat. sol. (a) 146 (1994) 393 - 414.
6. D. Koch, G. Grathwohl. S-Curve-Behavior and Temperature Increase of Ceramic Matrix Composites during Fatigue Testing. High-Temperature Ceramic-Matrix Composites I, Amer. Ceram. Soc. 1995, 419 - 424
7. G. Grathwohl, B. Meier, P. Wang. Creep of fiber and whisker reinforced ceramics, glass-ceramics and glasses. Ceramic matrix composites, Key Engineering Materials Vols.108-110, Trans Tech Publ. (1995) 243-268
8. D. Koch. Analyse des Ermüdungsverhaltens faserverstärkter keramischer Werkstoffe. Fortschr.-Ber. VDI Reihe 18 Nr. 172. Düsseldorf: VDI Verlag, 1995
9. D. Koch, G. Grathwohl. Ermüdung keramischer Faserverbundwerkstoffe. Verbundwerkstoffe und Werkstoffverbunde; G. Ziegler [Hrsg.], DGM Informationsgesellschaft, Oberursel (1996) 205-208
10. M. Kuntz. Rißwiderstand keramischer Faserverbundwerkstoffe. Berichte aus der Werkstofftechnik, Aachen: Shaker Verlag, 1996.
11. M. Kuntz & G. Grathwohl. Crack resistance of ceramic matrix composites with coulomb friction controlled interfacial processes. Fracture Mechanics of Ceramics, Vol. 12, pp. 283-292, New York: Plenum Press, 1996.
12. D. Koch & G. Grathwohl. An Analysis of cyclic fatigue effects in ceramic matrix composites. ibid. 121-134.
13. K.-H. Schlapschi, G. Grathwohl. Testing of Single Fiber Model-Composites. Ceramic-Ceramic Composites, Sil. Ind. 62, 3-4 (1997) 47-53.
14. M. Kuntz & G. Grathwohl. Mechanische Grenzflächencharakterisierung in Faserverbundwerkstoffen mit spröder Matrix. K. Friedrich [Hrsg.], DGM Informationsgesellschaft mbH,. Oberursel (1997) 129-140.
15. G. Rausch. Faktoren der Hochtemperaturstabilität keramischer Faserverbundwerkstoffe unter oxidierenden Bedingungen. Fortschr.-Ber. VDI Reihe 5 Nr. 501. Düsseldorf: VDI Verlag, 1997.
16. M. Kuntz & G. Grathwohl. Coulomb friction controlled bridging stresses and crack resistance of ceramic matrix composites. Mater. Sci. Eng. A, 1998, in print.
17. G. Rausch, M. Kuntz & G. Grathwohl. Determination of the In-Situ Fiber Strength in Ceramic Matrix Composites from Crack Resistance Evaluation of Notched Samples. submitted to J. Am. Ceram.Soc., 1998

XIV.

SPP*: Schädigung unter mechanischer und thermischer Belastung

* DFG-Schwerpunktprogramm „Höchsttemperaturbeständige Leichtbauwerkstoffe, inbesondere keramische Verbundwerkstoffe"

Einfluß der Mesostruktur auf das Verformungs- und Schädigungsverhalten von C/SiC Verbundwerkstoffen

F. Ansorge, A. Brückner-Foit, L. Hahn, R. Haushälter, D. Munz, Institut für Zuverlässigkeit und Schadenskunde im Maschinenbau, Universität Karlsruhe (TH)

Einleitung und Zielsetzung

Es wurde das mechanische Verhalten von C/SiC-Verbundwerkstoffen untersucht. Dabei war der Zusammmenhang zwischen dem Verformungs- und Versagensverhalten und den im Gefüge beobachtbaren Schädigungsvorgängen von besonderem Interesse. Aus diesen Untersuchungen soll ein vereinfachtes Modell des Gefüges abgeleitet werden, das als Basis für ein kontinuumsmechanische Beschreibung des Verformungs- und Versagensverhaltens dienen kann. Dies bedeutet, daß die mikroskopischen Untersuchungen, die die an Proben mit unterschiedlicher Lastgeschichte durchgeführt werden, sich weniger auf mikrostrukturelle Details wie der Grenzschicht zwischen Faser und Matrix konzentrieren werden als auf die Schädigungsvorgänge auf einer mesoskopischen Ebene.

Diese Vorgehensweise wird durch das komplexe Gefüge des betrachteten Werkstoffs nahegelegt, der aus einem CFK-Gewebe durch Polymerpyrolyse mit anschließender Flüssigsilizierung hergestellt wurde. Dieser Herstellungsprozeß führt zu einer charakteristischen Mesostruktur (Abb.1). Es bilden sich von SiC-Matrix umgebene Fasersubbündel, wobei die SiC-Matrix von Rissen durchzogen ist, die sich aufgrund der unterschiedlichen Wärmedehnungen während des Herstellungsprozesses bilden.. Zusätzlich gibt es große Poren, die auf ungenügende Infiltration zurückzuführen sind. Das mechanische Verhalten wird von dieser Mesostruktur bestimmt und nicht, wie idealerweise abgenommen, von der Wechselwirkung einzelner Fasern mit der umgebenden Matrix und der Grenzschicht zwischen Faser und Matrix.

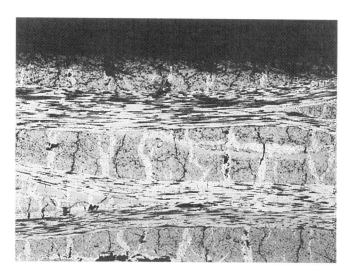

Abb.1: Gefüge des untersuchten C/SiC-Materials

Ergebnisse und Diskussion

Zur Ermittlung der mechanischen Eigenschaften wurden Zug- und Biegeversuche bei monotoner Belastung, Be-/Entlastungsversuche mit ansteigender Maximallastung und Ermüdungsversuche mit zyklischer Belastung durchgeführt. Nach Abschluß der Versuche wird jeweils eine fraktographische Untersuchung durchgeführt. Hauptaugenmerk liegt auf der Korrelation zwischen dem beobachteten Abweichungen vom linear-elastischen Verhalten und den auftretenden Schädigungen.

Im Zugversuch und im Biegeversuch tritt bei Beginn der Belastung eine geringfügige Abweichung vom linear-elastischen Verhalten (s. Abb.2) auf, die auf Schädigungen im Faser-Matrix-Verbund in den Faserlagen senkrecht zur Belastungsrichtung zurückzuführen ist. Aus den fraktographischen Untersuchungen folgt, daß einzelne Fasern, die die Schrumpfungsrisse in den 90°-Lagen überbrücken, brechen. Das sich anschließende linear-elastische Verhalten wird durch die Verformung der Fasern in Belastungsrichtung bestimmt. Bruch tritt auf, wenn die 0° Fasern brechen. Der Bruch geht meist von den Zwickelbereichen auf. Die beobachteten gerinfügigen Nichtlinearitäten kurz vor dem Versagen sind auf statistische Effekte beim Faserbruch zurückzuführen. Energiedissipation durch Herausziehen von gebrochenen Fasern aus dem Gefüge gibt es nicht. Die Festigkeit wird bestimmt durch die Festigkeit der Fasern in Lastrichtung.

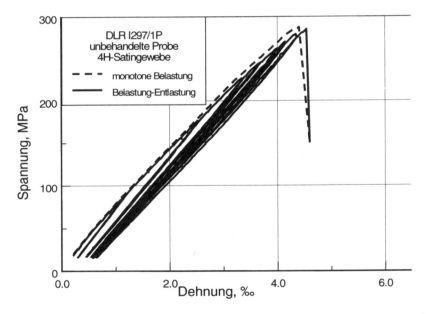

Abb.2: Vergleich der Spannungs-Dehnungsdiagramme bei monotoner 4-Punkt-Biegebelastung und bei Be-/Entlastung; unbehandelte Probe

Bei Be-/Entlastungsversuchen treten dieselben Schädigungsmechanismen auf wie bei monotoner Belastung. Dies führt zu einer Übereinstimmung der Spannungsmaxima mit der Kurve bei monotoner Belastung. Bereits zu Versuchsbeginn läßt sich bei Entlastung eine bleibende Dehnung beobachten, die auf Verhakungen beim Rißschließen und auf Geradeziehen von Fasern zurückzuführen sind. Bei zyklischen Belastungen ergibt sich eine Restfestigkeit, die sich nur geringfügig von der im Belastungstest unterscheidet. Dies bedeutet, daß die Faser nur in geringem Maße ermüden.

Nach Auslagerung bei sehr hohen Tenperaturen im Vakuum läßt sich eine deutliche Schädigung der Matrix erkennen. Dies führt dazu, daß nichtlineare Effekte in den Kraft-Verschiebungskurven weitgehend verschwinden (s. Abb.3), da die Matrix in den Faserlagen senkrecht zur Lastrichtung bei Beginn der Belastung versagt. Die Festigkeit ändert sich nur in dem Maße, in dem die Fasern durch die Auslagerung geschädigt wurden. Auf der Bruchfläche läßt sich in der fraktographischen Untersuchung deutlich mehr SiC-Matrix erkennen, was ebenfalls auf eine Matrixschädigung hinweist.

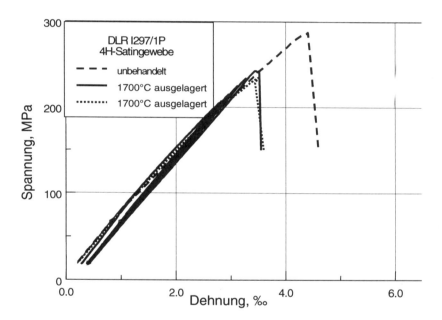

Abb.3: Vergleich der Spannungs-Dehnungsdiagramme bei monotoner 4-Punkt-Biegebelastung und bei Be-/Entlastung; ausgelagerte Probe

Um den Einfluß des Gewebes auf das Versagensverhalten zu untersuchen, wurden Proben mit 4H-Satingewebe und mit Leinwandgewebe miteinander verglichen. Die Proben mit Leinwandgewebe zeigen eine stärkere Abnahme des E-Moduls nach Abschluß der Schädigung der 90°-Lagen und eine größere irreversible Dehnung als die Proben mit Satingewebe. Dies ist vermutlich auf eine stärkere Ausrichtung der Fasern in Lastrichtung beim Leinwandgewebe zurückzuführen. Die die Festigkeiten und die Bruchbilder sind vergleichbar.

In Tabelle 1 sind die Ergebnisse der Versuche für eine der untersuchten Werkstoffvarianten zusammengefaßt. Die Zugversuche zeigen eine geringere Bruchspannung und eine geringere Bruchdehnung gegenüber den Vierpunktbiegeversuchen. Hier spielen zweierlei Effekte eine Rolle: zum einen ist die Bruchspnnung im Vierpunktbiegeversuch nur eine mit der linearen Elastizitätstheorie berechnete Vergleichsgröße, da das Verformungsverhalten im Druckbereich anders ist als im Zugbereich. Zum andern gibt es beim Versagen der Biegeproben einen statistischen Effekt, da das versagen der Randfasern nicht notwendig sofort zu einem Durchreißen der Probe führt. Dies ist auch im Einklang mit den beobachten stärkeren Abweichungen vom linear-elastischen Verhalten im Biegeversuch.

	Leinwand-Gewebe		Satin 4H-Gewebe	
	unbehandelt	1700°C ausgelagert	unbehandelt	1700°C ausgelagert
Vierpunkt Biegung				
E-Modul bei Beginn der Belastung$_t$ [GPa]	70 ± 5	68 ± 5	72 ± 5	72 ± 5
E-Modul kurz vor Probenbruch$_t$ [GPa]	25 ± 5	17 ± 5	47 ± 5	49 ± 5
Bruchspannung [MPa]	278 ± 15	220 ± 16	282 ± 19	231 ± 20
Bruchdehnung [‰]	5.5 ± 0.8	5.3 ± 0.4	4.4 ± 0.5	3.5 ± 0.3
maximale irreversible Dehnung [‰]	0.9 ± 0.1	0.8 ± 0.1	0.6 ± 0.1	0.5 ± 0.1
Zug				
E-Modul bei Beginn der Belastung$_t$ [GPa]	71 ± 8	71 ± 6	80 ± 4	74 ± 9
E-Modul kurz vor Probenbruch$_t$ [GPa]	54 ± 7	47 ± 12	46 ± 3	44 ± 9
Bruchspannung [MPa]	172 ± 11	141 ± 12	165 ± 7	153 ± 4
Bruchdehnung [‰]	3.0 ± 0.2	2.4 ± 0.2	2.7 ± 0.3	2.5 ± 0.2
maximale irreversible Dehnung [‰]	0.4 ± 0.1	0.3 ± 0.1	0.5 ± 0.2	0.4 ± 0.1

Tabelle 1: Kennwerte für den untersuchten C/SiC-Verbundwerkstoff

Bei zyklischen Versuchen gibt es im Prinzip drei unterschiedliche Probenklassen (s.Abb.4). In die erste Klasse fallen diejenigen Proben, die bereits beim Aufbringen der zyklischen Last versagen. Hier liegen die aufgebrachten Lasten an der unteren grenze des Streubereichs der Festigkeit. In der zweiten Klasse sind die eigentlichen Ermüdungsbrüche enthalten. Dies tritt bei Maximallasten auf, die etwas unter den gemessenen Werten der Festigkeit liegen. Bei derartigen Lasten treten aber auch bereits Durchläufer auf. Ab Lasten unter ca.80% der mittleren Festigkeit sind alle Proben Durchläufer. Bestimmt man die Restfestigkeit eines Durchläufers, so erhält man ein vollständig lineares Kraft-Verformungsdiagramm und eine Bruchspannung im oberen Streubereich der Festigkeit. die Bruchflächen entsprechen denen bei monotoner Belastung. Dies bedeutet, das bei Ermüdungsbelastung nur die Fasern brechen, die die Schrumpfungsrisse in den 90°-Lagen überbrücken und die für die anfänglichen Abweichungen gegeüber dem linear-elastischen Verhalten verantwortlich sind. Einen eigentlichen Ermüdungseffekt in der lasttragenden Schicht gibt es nicht.

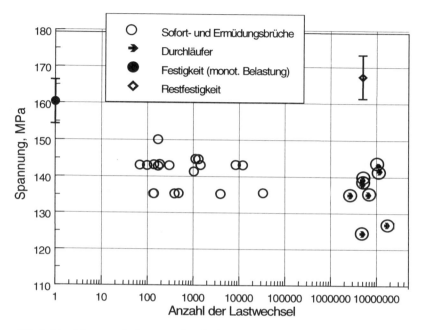

Abb.4: Ermüdungsverhalten von flüssigsiliziertem C/SiC bei Raumtemperatur

Zusammenfassend ergeben die Untersuchungen, daß das Verformungs- und Schädigungsverhalten des betrachteten C/SiC-Werkstoffes im wesentlichen durch ein Zweikomoponentenmodell (s. Abb.4) beschrieben werden kann. Die erste Komponente bilden die Fasern in Lastrichtung, denen je nach Faserarchitektur unterschiedliche effektive Materialparameter zuzuweisen sind. Hier scheint ein linear-elastisches Materialgesetz das Verhalten unter einachsige Belastung ausreichend genau zu charakterisieren. Versagen erfolgt in jedem Faserbündel spontan nach Überschreiten einer kritischen Festigkeit. Eine Anpassung der elastischen Konstanten scheint ausreichend zu sein, um den Einfluß der Faserarchitektur (Leinwandgewebe oder 4H-Satingewebe) zu modellieren. Die zweite Komponente wird von den 90°-Faserlagen und der dazwischenliegenden Mikrostruktur gebildet. Hier erhält man eine nichtlineare Verformungsverhalten und eine sehr geringe Festigkeit, die nach Hochtemperaturauslagerung praktisch verschwindet. Die beiden Komponenten werden durch eine Grenzschicht verbunden, deren Eigenschaften denen der SiC-Matrix entsprechen.

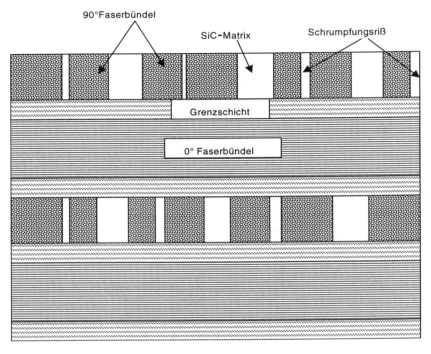

Abb. 5: Mesoskopisches Modell des Geüges von flüssigsiliziertem C/SiC

Zusammenfassung

Die mechanischen Eigenschaften von flüssigsiliziertem C/SiC unter monotoner und wechselnder einachsiger Belastung lassen sich mit einem mesoskopischen Gefügemodell erklären. Dieses Modell besteht im wesentlichen aus zwei Komponenten, nämlich den Faseren in Lastrichtung und dem vorgeschädigten Material senkrecht zur Lastrichtung. Hochtemperaturauslagerung verändert zunächst die mechanischen Eigenschaften der zweiten Komponente. Bei sehr hohen Temperaturen wird auch Faserschädigung beobachtet.

Röntgenographische Analyse der Last- und Eigenspannungsverteilung in Keramikmatrix-Faser-Verbundwerkstoffen

M. Broda, A. Pyzalla, W. Reimers, Hahn-Meitner-Institut Berlin

Einleitung

Schon während des Herstellungsprozesses von Keramikmatrix-Faser-Verbundwerkstoffen können Eigenspannungen I. Art (beispielsweise als Folge von Temperaturgradienten) sowie Eigenspannungen II. Art (aufgrund der unterschiedlichen physikalischen Eigenschaften der Komponenten) entstehen. Im betrieblichen Einsatz überlagern sich die Eigenspannungen mit Lastspannungen. Ein eventuelles vorzeitiges Versagen wird durch die sich überlagernden Eigenspannungen mit den Lastspannungen und die Mikrostruktur des Verbundwerkstoffes bestimmt. Um die mikrostrukturellen Vorgänge zu interpretieren und Rückschlüsse auf das makroskopische Verhalten ziehen zu können, ist es notwendig, den Eigenspannungszustand in Verbundwerkstoffen zu bestimmen. Insbesondere die Eigenspannungen II. Art haben erheblichen Einfluß auf die mechanischen Eigenschaften und damit auf die Versagensmechanismen des Keramikmatrix-Faser-Verbundwerkstoffes. Der Einfluß der Eigenspannungen auf das Versagensverhalten von laminaren Verbundwerkstoffen und die Einbeziehung der Eigenspannungen in theoretische bruchmechanische Abschätzungen ist notwendig und sehr komplex (u.a. 1, 2). Daher ist die experimentelle Analyse des Eigenspannungszustandes und dessen Entwicklung infolge verschiedener Werkstoff-, Herstellungs- und Beanspruchungsparameter eine Grundvoraussetzung für die Interpretation und Anwendung der Eigenspannungen als Parameter in Bauteilberechnungen. Somit ist es für den Hersteller und den Anwender dieser Werkstoffe, in Hinblick auf die Auslegung von Bauteilen und die Optimierung der Werkstoffe erforderlich, die Höhe und die Richtung der Eigenspannungen und ihre Abhängigkeit von den Herstellungsparametern zu kennen.

Unter den derzeit verfügbaren Verfahren zur Eigenspannungsanalyse erlauben ausschließlich die Röntgen- und Neutronenbeugung sowie die Verwendung von Synchrotronstrahlung die zerstörungsfreie Bestimmung der phasenspezifischen Eigenspannungen an der Oberfläche (Röntgenbeugung), im Inneren (Neutronenbeugung) (3) und mit hoher Ortsauflösung an der Oberfläche und im Inneren (Synchrotronstrahlung) von Bauteilen. Mit diesen experimentellen Methoden wird die Bildung von Eigenspannungen in Abhängigkeit von Struktur- und Herstellungsparametern untersucht (z.B. Nachinfiltration, Art und Dicke der Faserbeschichtung etc.). Desweiteren wird die Entwicklung des Eigenspannungszustandes unter thermischer und mechanischer Beanspruchung dargestellt.

Experimentelles

Proben:
Die untersuchten C_{Faser}/SiC_{Matrix}-Proben wurden mit Hilfe der Polymerpyrolyse (4) durch die Firma Dornier gefertigt und sind in Tabelle 1 charakterisiert.

Fasern	Fasermaterial:	Kohlenstoff (3µm ⌀)
	Anordnung:	unidirektional (Bündel aus 6000 bis 12000 Filamenten)
Matrix		SiC
Fasermatten	Dicke:	ca. 250 µm
	Anordnung:	0°/90°

Tabelle 1: Probencharakterisierung

Im Gefüge (Abb. 1) einer 0°/90° orientierten Probe sind senkrecht zum Laminat Matrixrisse zu erkennen, welche jede einzelne Fasermatte in Segmente unterteilt. Ursache dafür ist, daß bei der Pyrolyse eine starke Schwindung der SiC-Matrix einhergehend mit dem Aufbau von Eigenspannungen auftritt, da nur ein bestimmter prozentualer Anteil des Si-Polymers bei der Pyrolyse in Keramik überführt wird und der Rest gasförmig entweicht.

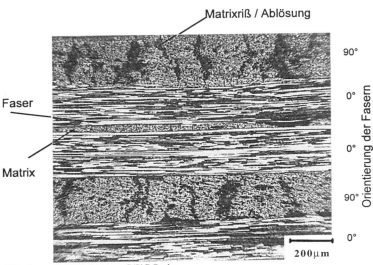

Abb. 1: Schliffbild einer C/SiC-Probe

Eigenspannungsanalyse:

Die Analyse mit Röntgenbeugung wurde unter Verwendung von CuKα-Strahlung (Wellenlänge $\lambda_{k_{\alpha}1}=1.54056$ Å) und CoKα-Strahlung (Wellenlänge $\lambda_{k_{\alpha}1}=1.78892$ Å) durchgeführt. Die Eigenspannungsanalyse erfolgte mit Hilfe des $\sin^2\psi$-Verfahrens (5) in der SiC-Matrix der obersten Fasermatte des Laminates. Die Eindringtiefe der CuK_{α}- und CoK_{α}-Strahlung beträgt in der SiC Matrix der Proben, in Abhängigkeit vom verwendeten Reflex sowie dem 2θ- und dem ψ- Winkel, ca. 20 bis 30 μm. Aufgrund dieser verhältnismäßig großen Eindringtiefe der Strahlung ist es möglich, Probenbereiche zu analysieren, die von der Probenbearbeitung unbeeinflußt sind und in denen die Meßwerte nicht durch die rauhe Oberfläche beeinflußt werden. Zur Bestimmung der Eigenspannungen in der Matrix wurden die SiC-Reflexe 2 1 8; 2 1 9; 2 1 10; 4 2 2 und 5 1 1 im Bereich von 2θ≈115° bis 2θ≈135° für CuK_{α} Strahlung verwendet. Bei Nutzung der CoK_{α} Strahlung wurden die Interferenzlinien 1 1 12; 2 1 1; 3 3 1 und 4 2 0 im Bereich von 2θ≈120° bis 2θ≈140° analysiert. Die für die Auswertung benötigten elastischen Konstanten des SiC wurden nach dem Kröner-Modell für quasi-isotrope Werkstoffe berechnet (6). Die dafür benötigten Einkristallkonstanten wurden der Literatur entnommen (7, 8).

Die energiedispersiven Messungen zur Eigenspannungsanalyse wurden mit Hilfe einer Beamline für hochenergetische Synchrotronstrahlung an der **E**uropean **S**ynchrotron **R**adiation **F**acility (ESRF) in Grenoble, Frankreich, durchgeführt. Durch die Verwendung eines Volumenelementes von

130×130×1100μm³ (b×h×l) ist es möglich, die Eigenspannungen in jeder einzelnen Fasermatte (max. 250μm) zu analysieren.

Ergebnisse

In den im Rahmen dieser Arbeit untersuchten Proben entstehen Eigenspannungen I. Art als Folge der Kristallisation der SiC-Phase während der Abkühlung von der Herstellungstemperatur und als Folge der Nachinfiltration (9). Hinzu treten Mikroeigenspannungen, welche durch die unterschiedlichen physikalischen und mechanischen Eigenschaften der Matrix und der Faser (9) verursacht werden. Insbesondere in Verbundwerkstoffen mit C-Fasern in einer SiC-Matrix bestehen erhebliche Unterschiede zwischen den thermischen Ausdehnungskoeffizienten der Matrix ($\alpha_{T(SiC)} = 4.5 \times 10^{-6} \times K^{-1}$) und dem thermischen Ausdehnungskoeffizienten in Längs- ($\alpha_{T(C)}^{L} = -0.1 \times 10^{-6} \times K^{-1}$) und Querrichtung der Faser ($\alpha_{T(C)}^{Q} = 13 \times 10^{-6} \times K^{-1}$). Da der thermische Ausdehnungskoeffizient in Längsrichtung der Faser negativ ist, dehnt die Faser sich bei der Abkühlung von der Herstellungstemperatur aus, wohingegen die Matrix sich zusammenzieht, so daß bei Raumtemperatur in Faserlängsrichtung Mikrodruckeigenspannungen in der Faser und Mikrozugeigenspannungen in der Matrix vorliegen. Im Gegensatz dazu ist in Querrichtung der Faser der thermische Ausdehnungskoeffizient der Faser erheblich höher als der thermische Ausdehnungskoeffizient der Matrix. Dementsprechend entstehen in dieser Richtung nach der Abkühlung Mikrozugeigenspannungen in der Faser und Mikrodruckeigenspannungen in der Matrix.

Nachinfiltration:
Mit Hilfe der Nachinfiltration wird die Dichte der Matrix und somit die interlaminare Scherfestigkeit in diesen Werkstoffen erhöht. Zur Charakterisierung des Einflusses der Nachinfiltrationsprozesse auf die Eigenspannungen wurden Eigenspannungsuntersuchungen an Proben mit einer unterschiedlichen Anzahl von Nachinfiltrationen durchgeführt.

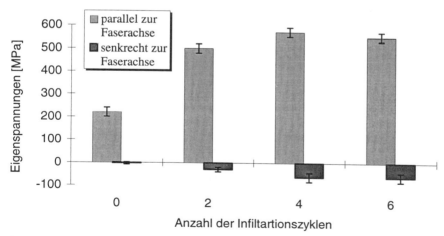

Abb. 2: Einfluß der Nachinfiltratonszyklen auf die Eigenspannungen in der SiC-Matrix parallel und senkrecht zur Faserachse

In Abb. 2 ist ersichtlich, daß eine Nachinfiltration, aufgrund der Erhöhung der Matrixdichte, eine starke Faser-Matrix-Anbindung zu Folge hat, wodurch sich während der Herstellung mit zunehmender Zahl der Nachinfiltrationszyklen die Zugeigenspannungen parallel und die Druckeigenspannungen senkrecht zur Faserachse erhöhen. Es ist zu erkennen, daß sich die Eigenspannungswerte mit zunehmender Zahl der Nachinfiltrationszyklen asymptotisch einem Grenzwert nähern. Dieser Grenzwert ist durch die Absättigung der Matrixdichte bedingt. Dieses wurde anhand von REM-Aufnahmen belegt.

Faserbeschichtung:
Mit einer Faserbeschichtung (Interphase) soll die Faser-Matrix-Anbindung (Interface) verändert und somit die mechanischen Eigenschaften günstig beeinflußt werden. Der Einfluß einer Faserbeschichtung auf die Ausbildung der Eigenspannungen wurde an Proben mit unterschiedlicher Beschichtungsart (Naßbeschichtet-Pech; CVD-Pyrolytischer Kohlenstoff-PyC) und Beschichtungsdicke (130nm; 300nm) der Fasern (T800K) untersucht (Abb. 3).

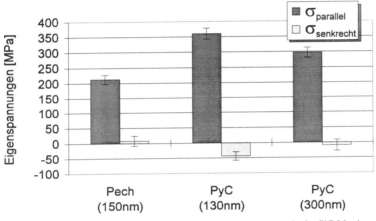

Abb. 3: Einfluß der Faserbeschichtung auf die Eigenspannungen in der SiC-Matrix

In Abb. 3 ist zu erkennen, daß die niedrigsten Eigenspannungswerte in der Probe mit den pechbeschichteten C-Fasern vorliegen. Eine CVD-PyC Faserbeschichtung erhöht die Zugeigenspannungen in der SiC-Matrix. Die Zugeigenspannungen sind bei größeren Beschichtungsdicken geringer als bei kleineren Beschichtungsdicken. Bei der Betrachtung der mechanischen Eigenschaften dieser unterschiedlich faserbeschichteten Proben zeigt sich, daß nur die kostenintensivere CVD-PyC Faserbeschichtung zu einem pseudoplastischen Versagensverhalten der C/SiC-Probe führt. Die Höhe der Eigenspannungen und das unterschiedliche Spannungs-Dehnungs-Verhalten der Proben sind auf die unterschiedliche Faser-Matrix-Anbindung zurückzuführen. Diese ist in der Probe mit den pechbeschichteten Fasern stärker als in den Proben mit PyC-beschichteten Fasern, welches anhand von linearen Spannungs-Dehnungs-Verläufen gezeigt werden konnte, da kein Abgleiten zwischen Faser und Matrix möglich ist (keine „plastische Verformung"). Trotzdem sind in dieser Probe die Eigenspannungen am geringsten, da die aus den unterschiedlichen thermischen Ausdehnungskoeffizienten resultierenden Kräfte so stark übertragen werden können, daß es zu einer vermehrten Rißbildung in der SiC-Matrix und damit zur Faserablösung und Faserrissen kommt (belegt anhand von REM-

Untersuchungen). Unterstützt wird die Rißbildung dadurch, daß die Oberfläche der Faserbeschichtung aufgrund des Herstellungsprozesses sehr rauh ist (hohe Reibung). Die Kerben wirken als Spannungsspitzen und damit als Rißausgangspunkte (10). In der Probe mit den PyC-beschichteten Fasern ist aufgrund des schwächeren Interfaces eine Ablenkung der herstellungsbedingten Risse entlang der Faseroberfläche im Interphase möglich. Daraus resultieren weniger Risse und damit höhere Eigenspannungen in der SiC-Matrix.

Eigenspannungen in einzelnen Fasermatten:
Für die Charakterisierung des Eigenspannungszustandes in jeder einzelnen Fasermatte des 2D-UD-Laminates ist es notwendig, den Meßbereich auf die Dicke einer Fasermatte (max. 250 µm) zu begrenzen. Diese Untersuchungen konnten an einer Synchrotron-Beamline mit Hilfe der energiedispersiven Beugungsmethode zur Spannungsanalyse durchgeführt werden. Die Eigenspannungsanalyse erfolgte in einer Probe mit insgesamt 10 Fasermatten, dabei wurden die Eigenspannungen in der 1., 2. und 5. Fasermatte bestimmt. Aufgrund des symmetrischen Aufbaus solcher UD-Laminate, entspricht die 5. Fasermatte der Mitte des Laminates. Es konnte gezeigt werden, daß im Rahmen der Meßgenauigkeit die Eigenspannungen parallel (σ_{11}) und senkrecht zur Faserachse (σ_{22}; σ_{33}) keine Abhängigkeit von der Fasermattenlage aufweisen. Desweiteren konnte gezeigt werden, daß die Höhe der σ_{33}-Spannungskomponente der betragsmäßig kleinen σ_{22}-Spannungskomponente entspricht.

Spannungsentwicklung bei äußerer thermischer Beanspruchung:
Für den Einsatz faserverstärkter Keramiken z.B. in der Luft- und Raumfahrttechnik ist eine hohe Temperatur- und Temperaturwechselbeständigkeit dieser Werkstoffe erforderlich. Somit ist es von Interesse, die Eigenschaften faserverstärkter Keramiken bei hohen Temperaturen zu untersuchen. Die Veränderung des Eigenspannungszustandes in Abhängigkeit von der Temperatur wurde röntgenographisch in-situ an unterschiedlich faserbeschichteten Proben verfolgt.

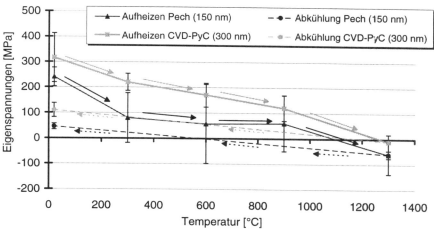

Abb. 4: In-situ bestimmter temperaturabhängiger Spannungsverlauf (parallel zur Faserachse) in der Matrix von C/SiC-Proben mit unterschiedlicher Faserbeschichtung

In Abb. 4 ist zu erkennen, daß sich mit einer Erhöhung der Temperatur die herstellungsbedingten Zugeigenspannungen in der Matrix aller Proben abbauen, und daß sich Druckeigenspannungen ab einer Temperatur, welche in der Größenordnung der Herstellungstemperatur (1200°C bis 1400°C)

liegt, aufbauen. Ursache hierfür ist der unterschiedliche thermische Ausdehnungskoeffizient der Matrix und der Kohlenstoffaser. Die Größe des Aufbaus der Druckeigenspannungen ist wiederum abhängig von der Stärke des Interface. Die verringerten Spannungswerte nach der Abkühlung auf Raumtemperatur sind auf eine zu schnelle Temperaturführung zurückzuführen, welche zu einer vermehrten Rißbildung in der SiC-Matrix führt.

Zusammenfassung
Mit den verwendeten Beugungsmethoden (Röntgen; Synchrotron) konnte nachgewiesen werden, daß sich stets Zugeigenspannungen in der SiC-Matrix der C-faserverstärkten Proben parallel zur Faserorientierung ausbilden. Die Spannungskomponenten senkrecht zur Faserrichtung sind vergleichsweise geringe Druckeigenspannungen. Die Beträge der Eigenspannungskomponenten in den einzelnen Fasermatten (Dicke ca. 250 µm) des symmetrisch aufgebauten Laminates sind im Rahmen der Meßgenauigkeit identisch. Anhand systematischer Eigenspannungsuntersuchungen konnte gezeigt werden, daß Herstellungsparameter bei der Polymerpyrolyse wie Nachinfiltration und Faserbeschichtung, welche zu einer erhöhten Anbindung zwischen Faser und Matrix führen, eine Erhöhung der Eigenspannungen in der SiC-Matrix verursachen. Ist das Interface zu stark (primär aufgrund einer rauhen Faseroberfläche), so bilden sich Risse in der SiC-Matrix, welche zu einem Abbau der Eigenspannungen führen.

Literatur

(1) Nairn, J.A.: Fracture mechanics of composites with residual thermal stresses, J. Appl. Mech. 64 (1997), S. 804-810.

(2) Hsueh, C.-H., Becher, P.F., Angelini, P.: Effects of interfacial films on thermal stresses in whisker-reinforced ceramics, J. Am. Ceram. Soc. 71 (1988), S. 929-933.

(3) Pyzalla, A., Reimers, W.: Eigenspannungsanalyse an Werkstoffen und Bauteilen, Materialprüfung 40 (1998), S. 303-309.

(4) Haug, T., Ehrmann, U., Knabe, H.: Air intake ramp made from C/SiC via polymer route for hypersonic propulsion systems; Fifth International Aerospace Planes and Hypersonic Technologies Conference, 1993.

(5) Müller, P., Macherauch, E.: Das $\sin^2\psi$-Verfahren der röntgenographischen Spannungsmessung, Z. angew. Physik 13 (1961) S.305-312.

(6) Kröner, E.: Berechnungen der elastischen Konstanten des Vielkristalls aus den Konstanten des Einkristalls, Z. Phys. 151 (1958), S. 504-518.

(7) Arlt, G. and Schodder, G.R.:Some elastic constants of silicon carbide, J. Acoust. Soc. Am. 37 (1965), S. 384-386.

(8) Martin, R.M.: Relation between elastic tensors of wurtzite and zinc-blende structure materials, Phys. Rev. B6 (1972), S. 4546-4553.

(9) Phillips,D.C.: The properties of fibre reinforced ceramics, in: Handbook of Composites Vol. 4: Fabrication of Composites, A. Kelly, S.T. Mileiko (Hrsg.), Elsevier Science Publishers B.V., Amsterdam (1983), S. 402-424.

(10) Hsueh, C.H.: Effects of interfacial roughness on fibre push-out, J. Mat. Sci. Lett., 16 (1997), S. 354-357.

Untersuchungen zum Wachstumsmechanismus von amorphen Si-N-O Fasern

Ulrich Vogt*, Helen Ewing*§, Andri Vital*‡
* Eidgenössische Materialprüfungs- und Forschungsanstalt (EMPA); CH- Dübendorf
§ University of Strathclyde, Department Mechanical Engineering; Glasgow, UK
‡ Eidgenössische Technische Hochschule, Institut für Verfahrenstechnik; CH- Zürich

Zusammenfassung

An der EMPA Dübendorf wurde ein Hochtemperaturprozess für die Synthese von amorphen Si-N-O Fasern entwickelt. Die Fasern besitzen im Hochtemperaturbereich bis 1400°C eine ausgezeichnete mechanische und chemische Stabilität. Ebenso zeigen sie die für das Si_3N_4 System bekannte gute Oxidationsbeständigkeit bei hohen Temperaturen. Dadurch besitzen die Fasern ein hohes Potential für den Einsatz in faserverstärkten Keramik-Komposit-Werkstoffen sowie für andere Hochtemperaturanwendungen. Um das Upscaling der Laboranlage durchführen zu können, wurden grundlegende Untersuchungen zu den Wachstumsmechanismen der Fasern vorgenommen. Der Prozess läuft über eine SiO Zwischenstufe nach der Reaktion

$$2SiO_{(g)} + 2NH_3 \rightarrow Si_2N_2O + H_2O + 2H_2$$

ab. Für die SiO Generierung wird eine SiO_2-SiC-Ti Pulvermischung bei 1450°C kontinuierlich mit Ammoniak überströmt. Dabei entsteht $SiO_{(g)}$ innerhalb der Pulverbettmischung, das aufgrund des Konzentrationsgradienten zwischen dem Pulverbett und der überströmten Pulveroberfläche stetig nach oben migriert und dadurch eine hohe SiO Konzentration nahe der Pulverbettoberfläche erzeugt.

Ammoniak dissoziiert bei der Reaktionstemperatur in seine Bestandteile Stickstoff, Wasserstoff und NH_x-Radikale ($1 \leq x \leq 3$). Gasförmiges NH_3 und seine Zersetzungsprodukte NH_x sind für ihre hohe Oberflächenaktivität bekannt. Die NH_x Spezies werden auf der Pulveroberfläche adsorbiert, wodurch eine hohe Sättigungsrate erreicht wird und die Reaktion mit dem SiO stattfinden kann.

Daraus wird abgeleitet, dass die Reaktion zur Bildung von Si-N-O Fasern eine Gasphasenreaktion zwischen adsorbierten NH_x-Radikalen und gasförmigem SiO darstellt. Für das Längenwachstum der Fasern wird ein Gas-Feststoff Mechanismus angenommen, der an der Faserspitze abläuft. Das Faserwachstum findet durch oberflächendominante Reaktionen sowohl in longitudinaler als auch in radialer Richtung statt.

Einleitung

Viele Entwicklungen von neuen Werkstoffen, die für Hochtemperaturanwendungen eingesetzt werden, benötigen Keramikfasern, die auch bei Temperaturen oberhalb 1200°C stabil sind. Unter den Nichtoxiden sind ausser den Kohlenstoff- vor allem Siliziumkarbid-Fasern verfügbar (Nicalon, Tyranno), welche unter anderem für Anwendungen in Keramik-Matrix-Verbundwerkstoffen (CMC) verwendet werden. Diese SiC Fasern haben jedoch unter oxidierenden Bedingungen eine obere Einsatzgrenze von ca. 1150 °C. Neue Entwicklungen führten zu einer zweiten Generation von SiC-Fasern, welche durch eine optimierte Zusammensetzung unter oxidierenden Bedingungen ein oberes Temperaturlimit von ca. 1300 °C erreichen (HI-Nicalon S). Dow Corning gibt für seine SiC- (+TiB_2) Faser (Sylramic) ein oberes Temperaturlimit von 1400 °C an. Nichtoxidische Fasern sind in verschiedenen Labors in Entwicklung, z.B. Carborundum (SiC), University of Illinois (LCVD, amorphes Si_3N_4), Universität Karlsruhe (CVD-Prozess, α-Si_3N_4 Filamente), Bayer AG (Precursor Si-N-B-C Fasern und andere.

Aufgrund der ausgezeichneten Eigenschaften von Siliziumnitrid, insbesondere bezüglich Thermoschock- und Korrosionbeständigkeit sowie der Erhalt der hohen Festigkeit und Steifigkeit bei hohen Temperaturen, sind Fasern im System Si-N-O prädestiniert für MMC-, CMC- und andere Hochtemperaturanwendungen [1].
Amorphe Si-N-O Fasern werden sowohl über eine Polymer-Route durch Nitridieren von Polycarbosilan mit Ammoniak [2], als auch durch die Pyrolyse von Perhydropolysilazan in Ammoniak hergestellt. Allerdings weisen diese Fasern durch Glühen in Stickstoff bei 1400 °C ein starkes Kristallwachstum auf [2, 4], was zu einer deutlichen Abnahme der Zugfestigkeit führt.
Lange kristalline Si_3N_4 Fasern mit Durchmessern von 5–15 µm wurden auch über eine Vapour-Solid Reaktion hergestellt. Bei diesem Prozess reagiert gasförmiges SiO mit Ammoniak, wobei die Fasern auf einem geeigneten Substrat aufwachsen [5]. Über die Synthese von Spiralfasern aus Si_3N_4 mittels CVD-Verfahren wurde von Motojima [6] berichtet. Ein neues Verfahren zur Herstellung amorpher Si-N-O Fasern wurde an der EMPA Dübendorf entwickelt [7].

Experimentelles Verfahren
Für die Experimente wurde ein horizontaler Rohrofen der Firma Carbolite Ltd. mit einem SiC-Rohr von 43 mm Innendurchmesser und einer Länge von 1000 mm verwendet (Bild 1). Die Länge der temperaturkonstanten Zone betrug 150 mm, die Grösse der SiC-Substrate 150 mm x 35 mm.
Als Ausgangsmaterial wurde amorphes SiO_2 (OX50, 30 m^2/g) und kristallines α-SiC Pulver (d < 50 µm) im stöchiometrischen Verhältnis 2 mol SiO_2 : 1 mol SiC verwendet, welches mit Ti Pulver (Merck, d < 150 µm, 10 Gew.% bezogen auf SiO_2) gemischt wurde. Dies ergab eine totale Pulvermenge von 4.4 g.
Diese Pulvermischung wurde gleichmässig über das gesamte SiC Substrat verteilt und bei Raumtemperatur in der Ofenmitte platziert. Das Gas wird über ein Al_2O_3-Rohr von 8 mm Innendurchmesser direkt bis zum Substrat geleitet.
Die Versuche wurden nach folgenden Standardbedingungen durchgeführt. Während der Aufheizphase (15°C/min.) wurde bis 900°C mit 17 l/h Stickstoff gespült. Ab 900 °C wurde der Stickstoff durch NH_3 ersetzt und eine Durchflussrate von 36 l/h gewählt. Es wurde mit 10°C/min. bis 1450°C aufgeheizt und dann eine Haltezeit von 4 h eingebaut. Danach wurde der Ofen unter Stickstoffspülung bis Raumtemperatur abgekühlt.

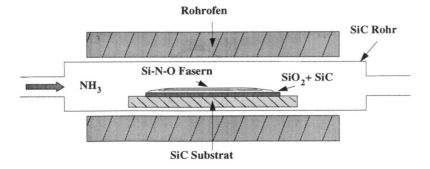

Bild 1: Aufbau des Nitridierungsofens

Für die Untersuchungen des Reaktionssystems wurden weitere Experimentserien durchgeführt, die von den Standardbedingungen abweichen.

- Um den Einfluss von SiC zu untersuchen, wurden alle SiC Materialien gegen Al_2O_3 ausgetauscht, dem SiO_2 Precursor wurde kein SiC Pulver zugemischt.
- Die Bedeutung des NH_3 wurde getestet, indem es unter gleichen Voraussetzungen durch N_2 ersetzt wurde.
- Der Einfluss der Reaktionszeit auf das Faserwachstum wurde untersucht, indem die Haltezeit bei 1450°C variiert wurde.
- Durch Verschiebung der Position des Substrates und des Gaseinlasses im Ofenraum wurde versucht, Auskunft über die Art des Faserwachstums (Base- oder Tip-Growth) zu erhalten.
- Durch das Bedecken des Precursor Pulvers mit einem SiC Filter wurde untersucht, in welcher Form die Siliciumquelle für das Faserwachstum verantwortlich ist. Dadurch wurde das Precursor Pulver vom NH_3-Gasstrom isoliert. Diese Versuche sollten Aufschluss darüber geben, ob $SiO_{2(s)}$ oder $SiO_{(g)}$ für die Ammonolyse verantwortlich sind.
- Die Fasermatten aus den Versuchen und das restliche Precursor Pulver wurden auf ihre Kristallinität, die Morphologie und die chemische Zusammensetzung (N_2 / O_2 Gehalt) untersucht.

Resultate

Wird eine stöchiometrische Pulvermischung von SiO_2 und SiC mit einem Zusatz von 10 Gew.% Ti für 4 h bei 1450°C einem NH_3 Gasstrom ausgesetzt, führt dies zur Bildung einer Fasermatte mit langen geraden Fasern auf der Oberfläche und einem darunterliegenden dichten, filzartigem Material (Bild 2). Die Fasern an der Oberfläche haben dabei einen deutlich grösseren Durchmesser als diejenigen in der filzartigen Matte (Tabelle 1). Die Faserdurchmesser nehmen ebenso mit zunehmendem Abstand vom Gaseinlass ab. Sie betragen 1.0 µm bei einem Abstand von 20 mm (Bild 3) und 0.15 µm bei einem Abstand von 80 mm vom Gaseinlass. Die Fasern haben eine mittlere Länge von 80 mm und die durchschnittliche Ausbeute nach 4 h betrug 0.22 g (Tabelle 1). Stickstoff- und Sauerstoffanalysen ergaben, dass die Fasern im Mittel 16% O und 30% N enthalten. Aus den Röntgenuntersuchungen geht hervor, dass die Fasern röntgenamorph sind.

Haltezeit = t (Stunden)	Abstand vom Gaseinlass = X (mm)	Position der Faserprobe	mittlerer Faserdurchmesser (µm)	Faser-Ausbeute (g)
4	80	Oberfläche	0.15	-
4	40	Oberfläche	0.66	-
4	40	tiefere Schicht	0.29	-
1	20	Oberfläche	0.14	0.04
2	20	Oberfläche	0.32	0.09
4	20	Oberfläche	1.00	0.22
8	20	Oberfläche	1.27	0.25

Tabelle 1: Faserdurchmesser und Ausbeute in Abhängigkeit von der Gaseinlassposition

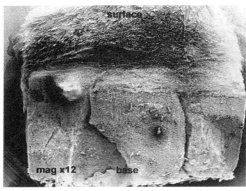

Bild. 2: Querschnitt einer Fasermatte   Bild. 3: Fasern der Oberfläche; t = 4 h, X = 20 mm

In Versuchen, bei denen kein SiC im System vorhanden war, fand kein Faserwachstum statt. Trotzdem hatte sich ausserhalb der heissen Ofenzone kondensiertes SiO_x abgelagert. Daraus folgt, dass $SiO_{(g)}$ entstand, indem SiO_2 durch H_2 aus dem dissoziierten NH_3 reduziert wurde. Das SiO_2 Pulver war auch nach der Reaktion amorph, Ti war zu TiN nitridiert.

Wurde das NH_3 durch N_2 ersetzt, fand kein Faserwachstum statt. Im Gegensatz zu den Versuchen mit NH_3 war das amorphe SiO_2 Ausgangspulver zu Cristobalit kristallisiert. Die Fasermenge stieg mit zunehmender Haltezeit bei Reaktionstemperatur an. Ebenso konnte eine Zunahme des Faserdurchmessers bei längeren Reaktionszeiten beobachtet werden (Tabelle 1).

Die maximale Länge der Fasern wird durch die Länge der temperaturkonstanten Zone bestimmt. Ausserhalb der "heissen Zone" fand kein Faserwachstum statt, auch wenn das Substrat mit Precursor Pulver ausserhalb dieser Zone platziert wurde.

Durch das Positionieren eines Keramikfilters über dem Precursor Pulver konnte kein negativer Einfluss auf das Faserwachstum beobachtet werden. Die resultierende Fasermatte über dem Keramikfilter war vergleichbar mit denjenigen, die direkt über dem Precursor Pulver gewachsen waren.

Diskussion

Durch die Experimente mit dem Keramikfilter über dem Precursor Pulver konnte nachgewiesen werden, dass die Bildung von Siliziumoxinitrid Fasern über einen Zweistufenprozess abläuft. Zuerst erfolgt die Bildung von $SiO_{(g)}$ und danach die Nitridierung mit NH_3, bzw. NH und NH_2-Radikalen. Aus der Tatsache, dass bei Abwesenheit von SiC im System keine Fasern wachsen und die Beobachtung, dass mit H_2 aus der NH_3-Zersetzung SiO_2 reduziert werden kann lässt sich schliessen, dass die Bildung von Wasser aus Gleichung 1 die Reaktion nach Gleichung 3 unterdrückt. Obwohl ΔG aus der H_2-Reaktion (1) nur geringfügig kleiner als ΔG aus der SiC Reaktion ist (2), entsteht durch die Reaktion mit SiC die dreifache Menge an SiO. Weiterhin beeinträchtigt das entstehende CO die Bildung von Siliziumoxinitrid nicht, es kann sogar die SiO_2 Reduktion nach Gleichung 4 fördern.

$SiO_2 + H_2 \longrightarrow SiO + H_2O$ $\Delta G_{1450°C} = 210$ kJmol^{-1} [1]   (1)

$2SiO_2 + SiC \longrightarrow 3SiO + CO$ $\Delta G_{1450°C} = 276$ kJmol^{-1} [1]   (2)

$2SiO + 2NH_3 \longrightarrow Si_2N_2O + H_2O + 2H_2$ $\Delta G_{1450°C} = -424$ kJmol^{-1} [1]   (3)

$SiO_2 + CO \longrightarrow SiO + CO_2$ $\Delta G_{1450°C} = 229$ kJmol^{-1} [1]   (4)

---

[1] Für die Kalkulation wurde die ChemSage Thermodynamic Software von GTT Technologies benutzt

Es wird davon ausgegangen, dass durch das SiO$_2$-SiC Pulverbett eine Übersättigung der Gasspezies erreicht wird, die für die Keimbildungsmechanismen und somit für das Faserwachstum notwendig sind. Die Verweilzeit der Reaktionsprodukte wird durch das Pulverbett erhöht, indem das SiO$_{(g)}$ in der Reaktionszone zurückgehalten wird. Aus der Beobachtung, dass der Gewichtsverlust des Precursors unter NH$_3$ höher ist als unter N$_2$, geht hervor, dass auf der Precursor Oberfläche das SiO$_2$ durch H$_2$ reduziert wird. Durch den Gasstrom wird jedoch das gebildete SiO$_{(g)}$ und H$_2$O$_{(g)}$ kontinuierlich abtransportiert. Dadurch entsteht ein SiO$_{(g)}$ Konzentrationsgradient zwischen der Oberfläche des Pulverbettes und den tieferen Pulverbettschichten. Aufgrund dieses Konzentrationsgradienten migriert das SiO$_{(g)}$ nach oben und erzeugt eine hohe SiO-Konzentration nahe der Pulverbettoberfläche. Dieser Mechanismus konnte durch die Versuche mit dem Keramikfilter über dem Pulverbett überprüft werden. Dabei musste das SiO$_{(g)}$ durch den Filter strömen, um mit den Nitridierungsgasen reagieren zu können.

Es wird angenommen, dass der entscheidende Unterschied im Verhalten des N$_2$ und NH$_3$ in der hohen Oberflächenaktivität von NH$_3$ und dessen Radikalen liegt. Es konnte gezeigt werden, dass im reinen Stickstoffsystem kein Faserwachstum stattfindet. Die NH$_x$-Spezies aus dem zersetzten NH$_3$ werden dagegen auf der Pulveroberfläche adsorbiert, wodurch eine hohe Sättigungsrate erreicht wird und die Reaktion mit dem SiO$_{(g)}$ stattfinden kann. Abbildung 4 gibt einen Überblick über die Reaktionsmechanismen. Das Faserwachstum beginnt dabei auf der Oberfläche des Precursor Pulvers. In diesem Bereich besteht ein intensiver Kontakt zwischen der Fasermatte und dem Precursor woraus zu schliessen ist, dass die Reaktion zur Bildung von Si-N-O Fasern eine Gasphasenreaktion zwischen adsorbierten NH$_x$-Radikalen und gasförmigem SiO darstellt.

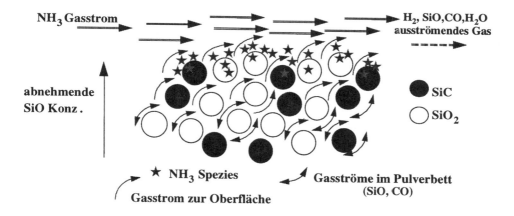

Bild 4: Mechanismen zum Faserwachstum

Die Tatsache, dass ausserhalb der heissen Zone kein Faserwachstum stattfindet, lässt darauf schliessen, dass die Temperatur an der Faserspitze ein wichtiger Aspekt für das Längenwachstum darstellt. Ein Faserwachstum von der Ansatzstelle aus würde bedingen, dass die Fasern auch ausserhalb der heissen Zone weiterwachsen würden.
Die Fasern haben eine konische Form, wobei der Durchmesser mit zunehmendem Abstand vom Gaseinlass abnimmt. Dies deutet ebenso darauf hin, dass das Längenwachstum an der Faserspitze

stattfindet. Fasern nahe des Gaseinlasses werden zuerst gebildet und sind deshalb über längere Zeit dem CVD Prozess ausgesetzt. Sie zeigen deshalb einen grösseren Durchmesser als Fasern im hinteren Ofenbereich. Daraus kann geschlossen werden, dass das Längenwachstum am Faserende stattfindet und der Faserdurchmesser durch radiales Wachstum mit steigender Verweilzeit zunimmt. Durch die Zugabe von metallischem Titan konnte das Faserwachstum deutlich gesteigert werden. REM-Untersuchungen an den Faserspitzen ergaben keine Hinweise auf den für einen VLS-Mechanismus typischen Tropfen am Faserende, wie dies bei der Verwendung von bestimmten metallischen Additive (z.B. Eisen) bekannt ist [9]. Es wird deshalb angenommen, dass Ti-Verbindungen nicht als Flüssigphase an der Faserspitze agieren.

XRD-Untersuchungen am Precursor Pulver nach der Reaktion zeigen, dass das Ti in Form von TiN vorliegt. Der Schmelzpunkt von Ti (1660°C) und TiN (2930°C) [10] liegt über dem der Prozesstemperatur von 1450°C. Das Ti-Si Phasendiagramm zeigt jedoch eine Flüssigphase bei 1450°C bei einer Zusammensetzung von 6-10 Gew.% Si und 62-100 Gew.% Si. Das Vorhandensein von Ti-Si Verbindungen konnte jedoch nicht nachgewiesen werden. Der genaue Mechanismus, der das Faserwachstum durch die Zugabe von Ti positiv beeinflusst, ist noch nicht eindeutig geklärt.

Nach dem momentanen Stand der Kenntnisse findet das Faserwachstum durch oberflächendominante Reaktionen sowohl in longitudinaler als auch radialer Richtung statt. Für das Längenwachstum der Fasern wird ein Gas-Feststoff Mechanismus angenommen, der bevorzugt an der Faserspitze abläuft.

Danksagung
Der Autor möchte sich vor allem für die finanzielle Unterstützung durch das Schweizerische Werkstoffforschungsprogramm (PPM) bedanken. Ebenso bedankt er sich bei den Mitarbeiterinnen und Mitarbeitern der Abteilung für die vielfältige Unterstützung.

Literatur
[1] J.L. Chermant: "Les céramiques thermomécaniques", Presses du CNRS, (1989).
[2] K. Okamura, M. Sato and Y. Hasegawa: Ceramics International **13**, 55 (1987).
[3] T. Isoda: Controlled Interphases in Composite Materials, H. Ishida ed.,Elsevier, 255, (1990).
[4] H. Matsuo, O. Funayama, T. Kato, H. Kaya and T. Isoda: J. Ceram. Soc. of Japan **102** [5], 409 (1994).
[5] A.L. Cunningham and L.G. Davies: 15th SAMPE Symp. 209 (1969).
[6] S. Motojima, S, Ueno, T. Hattori and K. Goto: Appl. Phys.Lett. 54 [11], (1989)
[7] U. Vogt, H. Hofmann, V. Krämer: Synthesis of Si3N4 Fibres by a Gas Phase Process, Key Engineering Materials Vol. 89-91, pp. 29-34 (1994).
[8] A. Hellwig, A. Hendry: J. Mater. Sci., 29, (1994), p.4686-4693.
[9] T. Bartnitskaya, P. Pikuza, E. Lugovskaya, T. Kosolapova: Izvestiya Akademii Nauk SSSR, Neorgancheskie Materialy, 18, (1982), p.1728-1732.
[10] D. Lide: CRC Handbook of Chemistry and Physics, 71st Ed., CRC Press, (1991).
[11] T. Massalski: Binary Alloy Phase Diagrams, 2nd Ed., ASM Int., (1992).

Entwicklung wirtschaftlicher Verfahren zur CMC-Herstellung: Beschichtung keramischer Faserbündel mittels Laser-CVD

V. Hopfe, R. Jäckel, K. Schönfeld, B. Dresler, O. Throl
Fraunhofer-Institut für Werkstoff- und Strahltechnik IWS, Dresden

Faserverstärkte keramische Verbundwerkstoffe (CMC) zeichnen sich gegenüber monolithischen Keramiken durch eine wesentlich höhere Bruchzähigkeit aus. Ein Einsatz dieser schädigungstoleranten Materialien wird bei hohen Temperaturen in oxidierenden und korrosiven Atmosphären angestrebt, beispielsweise in Gasturbinen oder Wärmetauschern. Voraussetzung für das schädigungstolerante Verhalten der CMC`s ist eine kontrollierte Faser-Matrix-Anbindung durch Beschichtung der Fasern. Die Faserbeschichtung gehört aber bisher zu den kritischen Verfahrensstufen der CMC-Herstellung, da hierfür keine industriell eingeführten, flexiblen und gleichzeitig wirtschaftlichen Verfahren zur Verfügung stehen. Zielstellung des Vorhabens war es zu prüfen, inwieweit die Laser-CVD-Beschichtungstechnik in der Lage ist, diese Lücke zu schließen.

Basierend auf industrieller Lasertechnik wurde im Fraunhofer IWS ein skalierbares Hochrateverfahren zur kontinuierlichen Beschichtung von Bündeln aus keramischen Fasern entwickelt und eine Prototypanlage für breite Anwendungen aufgebaut. Im folgenden werden wesentliche Charakteristika dieses innovativen lasergestützten Atmosphärendruck-CVD-Verfahrens (LCVD) beschrieben und Ergebnisse technologischer Schichtentwicklungen zusammengefasst dargestellt.

Laser-CVD Prozess-Charakteristik

Durch Laser-Bestrahlung des Faserbündels wird die für das Initiieren der chemischen Beschichtungs-Reaktion erforderliche Energie eingebracht (Bild 1). Die Anregungsenergie

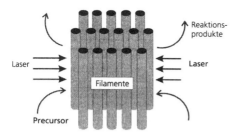

Bild 1: Prinzip des Laser-CVD

kann dabei rein thermisch, über Aufheizung des Precursorgases durch die erhitzten Fasern, oder zusätzlich photochemisch, durch Laserabsorption der Gasphase, eingekoppelt werden. Die wesentliche Grundlage der Skalierbarkeit dieses Beschichtungsverfahrens ist, dass durch eine Strahlaufweitung und Steigerung der Laserleistung bei gegebener linearer Depositionsrate höhere

Faserbandgeschwindigkeiten realisiert werden können. Damit wird das aktivierte Faservolumen vergrößert und die Masse beschichteter Fasern pro Zeiteinheit wächst. Voraussetzung ist dabei, dass keine signifikante Precursor-Verarmung zwischen den aktivierten Fasern auftritt. Dazu ist es erforderlich, die Faserzwischenräume durch Auffächerung des Faserbündels zu vergrößern und durch geeignete Strömungsführung einen schnellen Gaswechsel zu ermöglichen. Aus wirtschaftlichen Erwägungen wird der Laser-CVD Prozess im transportkontrollierten Regime betrieben. Das setzt ein sorgfältiges strömungstechnisches Reaktor-Design voraus, das durch thermofluiddynamische Modellrechnungen unterstützt wird.

In Tabelle 1 sind die Charakteristika und die wesentlichen Vorteile der Laser-CVD-Technologie zusammengefasst.

Merkmale LCVD Technologie	Technologische Vorteile
Depositionsrate > 1µm/s	• hohe Produktivität, Durchsatz
Beschichtungszeit < 0.1 s	• minimale diffusionsbedingte Faserdegradation bei hohen Beschichtungstemperaturen; Beschichtung temperaturempfindlicher Fasern (SiC) möglich
Kontinuierliche Beschichtung bei Atmosphärendruck	• „offener" Reaktor; effektives Spule-zu-Spule Faser-Handling an Luft • Integrationsfähigkeit in Prozesslinien
Flexibilität bezüglich Fasermaterial / Schichtsystem	• Produkt-Umstellung durch Wechsel Precursor / Depositionsparameter
Kaltwand-Reaktor	• keine „Memory-Effekte" beim Wechsel des Schichtsystems • Beschichtungstemperatur nicht durch Reaktor-Wandmaterial begrenzt
Temperaturgradient Faseroberfläche -Precursorgas: 10^3 K/mm	• Pyrolysereaktion auf Faser-Grenzschicht <1mm begrenzt • keine Streu-Beschichtung; Langzeitstabilität; geringer Wartungsaufwand
Transportkontrollierte chemische Kinetik	• homogene Gasreaktionen unterdrückt • homogene Nucleation unterdrückt • Deposition ist oberflächenchemisch kontrolliert

Tabelle 1: Technologische Vorteile des Laser-CVD Verfahrens

Als Anregungsquelle für den Laser-CVD-Prozess werden Multikilowatt CO_2-Laser eingesetzt, die eine Reihe signifikanter Vorteile aufweisen (Tabelle 2) Ihre Strahlung wird von allen keramischen Fasermaterialien stark absorbiert und damit effektiv in das System eingekoppelt. Zur Vermeidung von Schicht-Inhomogenitäten im Faserbündel bedingt durch Strahlungsabsorption ist eine Verminderung der optischen Schichtdicke durch gleichmässige Ausbreitung des Faserstrangs notwendig. Eine kontinuierliche Faserbündel-Auffächerung die mit der Faserbandgeschwindigkeit abgestimmt ist, erweist sich damit als eines der technologischen Kernprobleme des Verfahrens, das durch den Einsatz einer speziellen, geregelten Vorrichtung (s.u.) effektiv gelöst wurde.

technologischer Reifegrad	• Industriestandard, robuste Gerätetechnik • hohe Strahlleistung verfügbar (> 20 kW); vergleichsweise hohe Effizienz (10%)
effektive Energie-Einkopplung in Fasermaterial	• hohes Absorptionsvermögen keramischer Fasern • Verarbeitbarkeit unterschiedlicher Fasermaterialien, z.B. C, SiC, Si_3N_4, Al_2O_3,...Si-B-N-C
Schichtbildung durch Precursor-Auswahl beeinflussbar	• pyrolytisch: CH_4, CH_3SiCl_3, C_2H_2, ... • photolytisch: BCl_3, SiH_4, C_2H_4, ...
starke Streuung der Laserstrahlung im Faserbündel (Faserdurchmesser $\cong$ Wellenlänge)	• gleichmäßige Rundum-Beschichtung der Filamente • Homogenität über Bündelquerschnitt; keine Brückenbildung

Tabelle 2: Vorteile des CO_2-Lasers zur LCVD-Faserbeschichtung

Laser-CVD-Beschichtungsanlage

Eine detaillierte Beschreibung der Anlage ist in (1) enthalten und soll an dieser Stelle nur kurz dargestellt werden. Der Laser-CVD Reaktor ist in Bild 2 schematisch dargestellt.

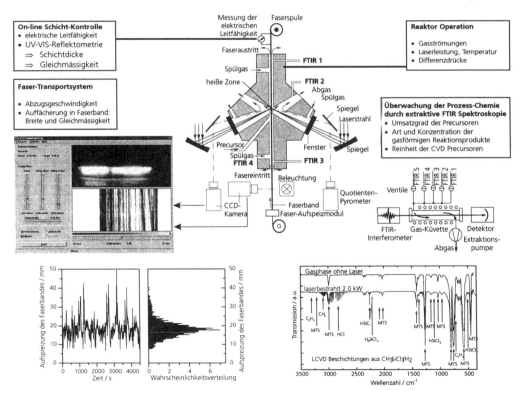

Bild 2: Laser-CVD-Reaktor mit Prozess-Sensorik und Regeleinrichtungen

Als Strahlquelle dient ein industrieller 6 kW cw-CO_2 Laser (Rofin Sinar, RS6000) dessen Strahl vor Einführung in den Reaktor in zwei symmetrische Teilstrahlen zerlegt und in einen rechteckigen Strahlquerschnitt umgeformt wird. Das Faserbündel (unverdrillt, Schlichte <0.5%) wird vor dem Einführen in den Reaktor kontinuierlich und gleichmässig in ein Faserband von ca. 15mm/10 k-Filamente aufgefächert und in der Reaktionszone symmetrisch bestrahlt. Das Precursorgemisch wird koaxial mit dem Faserband in die Reaktionszone geführt und verlässt den Reaktor über zwei symmetrische Abgasschächte. Der bei Atmosphärendruck arbeitende, offene Reaktor wird über inertgasgespülte flache Kanäle „abgedichtet". Zur Precursordosierung und Abgasbehandlung gelangen industrielle Standardsysteme zum Einsatz.

Sensorik und Prozessregelung

Die Beschichtungsanlage wurde mit Sensoren und Aktuatoren zur kontinuierlichen Überwachung und Regelung der peripheren Systeme, der Reaktorfunktionen und der Beschichtungsqualität versehen (Bild 2). Deren Auswahl ergab sich primär aus der technologischen Zielstellung, eine weitgehend automatisierte Hochrate-Beschichtungsanlage zu entwickeln. Ein FTIR -Sensorsystem zur Kontrolle der Gasphasenchemie (Bild 2) erwies sich speziell bei der Entwicklung neuer Schichtsysteme als ausserordentlich hilfreich.

Wirtschaftlichkeit, Arbeitssicherheit, Umweltverträglichkeit

Eine Kostenanalyse der beschichteten Fasern in der Prototypanlage ergab folgende Struktur: Anlagenkosten 61% (davon 33 % für die Laseranlage) und Betriebskosten 39 % (davon 47 % Precursor-Kosten). Die Selbstkosten der Faserbeschichtung wurden mit ca. 215,--DM/kg abgeschätzt (ohne Entwicklungskosten). Eine aufskalierte Anlage sollte mit Selbstkosten deutlich unter 100,-- DM/kg betreibbar sein.

Im Havariefall ist das Sicherheitsrisiko beim Betrieb von Laser-CVD Anlagen weitaus geringer als beim konventionellen CVD. Das resultiert aus wesentlich kompakteren Reaktionsräumen, die nur geringe Mengen Precursor im reaktionsbereiten Zustand enthalten, sowie aus der Tatsache, daß durch Abschalten des Lasers die Beschichtung in Sekundenbruchteilen gestoppt wird. Hinsichtlich Umweltverträglichkeit bestehen beim Handling der Precursoren und der Entsorgung der Reaktionsprodukte kaum Unterschiede zwischen den unterschiedlichen CVD -Verfahren. Im Betrieb werden die zulässigen Emissions-Grenzwerte weit unterschritten.

Laser-CVD Faserbeschichtung

Zur Bewertung der Spezifika, Effektivität und Flexibilität des Laser-CVD Verfahrens wurde die Beschichtbarkeit unterschiedlicher Faserqualitäten mit py-C, SiC und mit borhaltigen Depositen geprüft (Tabelle 3). Eine detaillierte Beschreibung der erzielten Schichtstrukturen und Eigenschaften der beschichteten Fasern ist in (1-4) sowie in einer weiteren in diesem Band enthaltenen Publikation (5) enthalten.

Faser	Hersteller, Typ	Precursor	Schicht	Morphologie	Struktur 1)	Depositions-Rate /µm*s^{-1}
Kohlenstoff	Tenax, HTA	CH_4, C_2H_4/H_2	py-C	lamellar, schuppig	teilgraphitisiert I_D/I_G: 0.2..1.0	1.0 - 2.5
Kohlenstoff	Hercules, AS4	CH_4, C_2H_4	py-C	feinkörnig, lamellar	teilgraphitisiert I_D/I_G: 0.3..1.0	< 2.0
SiC-Ti-O	UBE, Tyranno®, TY-S1H16PX	CH_4/H_2 C_2H_4/H_2	py-C	strukturlos, sehr glatt	teilgraphitisiert I_D/I_G: 0.3..1.0	2.0 - 3.0
SiC-O	Nippon Carbon Nicalon® NL200	CH_4/H_2, C_2H_4/H_2	py-C	strukturlos, sehr glatt	teilgraphitisiert I_D/I_G: 0.3..1.0	2.0 - 3.0
Kohlenstoff	Tenax HTA	CH_3SiCl_3/H_2	SiC	feinkörnig, dicht	β- SiC (FTIR)	1.5
Kohlenstoff	Tenax HTA	$SiH_4/C_2H_4/H_2$	SiC, Si	glatt bis rauh	a- SiC, kristall. Si beigemischt	-
Kohlenstoff	Tenax HTA	BCl_3/CH_4	B_xC	„rauhblättrig"	?	> 4.0
Kohlenstoff	Tenax HTA	BCl_3/NH_3	BN	glatt	h- BN (FTIR)	-

1) Graphitisierungsgrad aus Raman-Mikroskopie bestimmt nach (4) I_D-Intensität „disorder" Peak 1354cm^{-1}, I_G-Intensität „graphite" Peak 1595cm^{-1}

Tabelle 3: Übersicht über LCVD beschichtetes Fasermaterial

Im Folgenden wird auf spezielle Aspekte bei der Anwendung von Kohlenstoff-Fasern eingegangen, die mit pyrolytischem Kohlenstoff (py-C) beschichtet wurden. Die py-C Schicht dient bei der Herstellung von C/C(SiC) -Verbundwerkstoffen als temporäre Diffusionsbarriere während der Flüssigsilizierung und als zähigkeitserhöhende Zwischenphase. Sie sollte deshalb eine möglichst hochgraphitisierte Struktur aufweisen. Nach Optimierung der Reaktionsbedingungen wurden py-C Schichten abgeschieden, deren Raman-Spektren dem des hochgeordneten pyrolytischen Graphits (HOPG) nahekommen (4, 5). Umfangreiche Versuchsreihen ergaben, dass der Graphitisierungsgrad der Schichten hauptsächlich von der Wahl des Precursors und dessen Flussrate bestimmt wird. Hochgraphitisierte Schichten wurden aus C_2H_4/H_2 und CH_4/H_2-Mischungen abgeschieden. Der Einfluss der Laserleistung ist dagegen oberhalb eines Schwellwertes weniger ausgeprägt. Die mechanischen Eigenschaften der beschichteten Fasern (Zugprüfung im losen Bündel) unterscheiden sich nur graduell von Ausgangszustand. Eine deutliche Zunahme ist beim Weibull-Modul festzustellen, während die Dehnung etwas abnimmt (-9% bei Tenax HTA-Faser). Laser-CVD beschichtete Fasern wurden im Rahmen eines Verbundvorhabens[1] hinsichtlich ihres Potentials zur Herstellung kostengünstiger C/C(SiC) Verbundwerkstoffe erfolgreich getestet. Die Weiterverarbeitbarkeit der etwa 100nm dick py-C beschichteten Faserbündel erwies sich als sehr günstig. Zur Herstellung der CMC`s wurden die beschichteten Fasern in polymerabgeleitete Grünkörper eingebettet, zur C/C Stufe pyrolysiert, durch Flüssigsilizierung die Matrix ohne Faserangriff partiell konvertiert und abschließend der Verbundwerkstoff mit einer Oxidationsschutzbeschichtung verkapselt.

---

[1] Verbundpartner: Daimler-Benz AG, Ulm; Schunk-Kohlenstofftechnik GmbH, Heuchelheim

Zusammenfassung

Das Laser-CVD Verfahren eignet sich zur effektiven Beschichtung von Fasern für Keramik-Verbundwerkstoffe. Markante Vorteile dieses innovativen Verfahrens sind:

- Produktivität und Wirtschaftlichkeit;
- Faserdegradationen vermeidende kurze Beschichtungszeiten
- Flexibilität hinsichtlich des einsetzbaren Fasermaterials, Schichtsysteme und Beschichtungstemperaturen;
- eine kurzfristige Umrüstbarkeit der Beschichtungsanlage;
- Automatisierbarkeit;
- geringer Wartungsaufwand;
- eine hohe Arbeitssicherheit und Umweltverträglichkeit.

Mit der erstellten Prototypanlage wurden auf Kohlenstoff- und SiC-basierten Faserbündeln unterschiedliche Schichtsysteme (py-C, SiC, B-haltige Schichten) mit hoher Depositionsrate abgeschieden. Nach Optimierung der Depositionsbedingungen konnten in allen Systemen gleichmäßige, die Filamente allseitig umhüllende, brückenfreie Beschichtungen erzielt werden. Bedingt durch den Laserprozess wurden feinkristalline, hochgeordnete dünne Schichten unter weitgehendem Erhalt der Eigenschaften des Ausgangs-Fasermaterials abgeschieden.

Literatur

(1) Hopfe, V., Brennfleck, K., Weiß, R., Meistring, R., Schönfeld, K., Jäckel, R., Dittrich, G., Goller, R.: Journal de Physique IV, 5 C5-647 (1995)

(2) Hopfe, V., Dresler, B., Schönfeld, K., Jäckel, R., Throl, O.: 14th Int. Conf. on CVD, Paris 19967, Proc. 97-25, 584-591

(3) Hopfe, V., Jäckel, R., Schönfeld, K.: Appl. Surface Sci., 106, 60 (1996)

(4) Hopfe, V., Weiß, R., Meistring, R., Brennfleck, K., Jäckel, R., Schönfeld, K., Dresler, B., Goller, R.: Key Engineering Materials, 127-131, 559 (1997)

(5) Hopfe, V., Dresler, B., Schönfeld, K., Jäckel, R., Leupolt, B.: Laser-CVD Abscheidung keramischer Schichten auf Kohlenstoff-Fasern; (in diesem Tagungsband enthalten)

Das Vorhaben wurde mit Mitteln des Bundesministeriums für Bildung, Wissenschaft, Forschung und Technologie im Programm MaTech/MatFo (Förderkennzeichen 03M1057D) sowie vom Sächsischen Ministerium für Wirtschaft und Arbeit gefördert.

XV.

Fasern, Matrix, Verbundwerkstoffe

Cellulosefasern und Borsäure als Ausgangsstoffe zur Herstellung von Borcarbidfasern

Y. Bohne, E. Müller, R. Thauer, H.-P. Martin*, Institut für Keramische Werkstoffe, TU Bergakademie Freiberg

Einleitung

Das Hauptanwendungsgebiet für Borcarbidfasern ist die Verstärkung von organischen oder anorganischen Matrixmaterialien in Faserverbundwerkstoffen. Die aus dem kovalenten Bindungscharakter resultierenden chemischen und physikalischen Eigenschaften, wie hohe Festigkeit (Zugfestigkeit: 2,1-2,5 GPa), hohe Temperaturbeständigkeit (thermisch resistent bis 2300°C), Oxidationsbeständigkeit bis 900°C, inert gegenüber aggressiven Medien sowie geringe Dichte (2,25 g/cm^3) machen Borcarbidfasern zu einer geeigneten Komponente in Hochleistungsverbundwerkstoffen (1). Kommerziell erfolgt die Herstellung der Borcarbidfasern nach dem CVD-Verfahren (1), (2). Die mit diesem Verfahren verbundenen hohen Herstellungskosten beschränken jedoch den Einsatz solcher Fasern. Als Alternative zum CVD-Verfahren wird am Institut für Keramische Werkstoffe ein Verfahren entwickelt, das die Herstellung von kostengünstigen Borcarbidfasern aus Cellulose und Borsäure gestattet. Nach einer gezielten Einstellung des Bor/ Kohlenstoffverhältnisses werden durch ein geignetes Tränkverfahren Cellulosefasern mit gelöster Borsäure imprägniert und damit eine optimale Mischung der zu reagierenden Stoffe erreicht. Die Umsetzung der getränkten Fasern zu Borcarbid erfolgt dann bei Temperaturen bis 1700°C, unter inerten Bedingungen infolge carbothermischer Reduktion von Boroxid durch Kohlenstoff. Man erhält Borcarbidfasern, deren Faserform denen der verwendeten Ausgangsfasern entspricht.

Experimentelle Durchführung

Als Ausgangsstoffe für die Borcarbidfaserherstellung werden Borsäure (H_3BO_3) und industriell gefertigte textile Cellulosefaser (Tabelle 1) eingesetzt, wobei die Borsäure als Borquelle und die

	Viskose[1]	Baumwoll-Typ[2]
Faserdurchmesser/ μm	22	14
Garn-Feinheit/ dtex	330	140
Feinheitsfestigkeit/ cN/ tex	≥12	21
Dichte/ g/ cm^3	1,3	1,3
Spezifische Oberfläche/ m^2/ g	0,1	0,1
Querschnittsform	gezähnelt	glatt
Faseroberfläche	glatt	glatt

Tabelle 1: Kenngrößen der verwendeten Cellulosefasern ([1] Firma Akzo Nobel Faser AG/ Wuppertal; [2]Thüringisches Institut für Textil- und Kunststofforschung/ Rudolstadt)

Cellulosefasern als Kohlenstoffquelle dienen. Die Borsäure wird durch organisches Lösungsmittel (n-Butanol) in Lösung gebracht. Die Tränkung erfolgt durch Eintauchen von Cellulosefaserbündeln in die gesättigte Borsäurelösung (Sättigungskonzentration: 30g H_3BO_3 in 100 ml n-Butanol). Eine optimale Verteilung der Borsäure in den Fasern wird durch Steigtränkung kombiniert mit vorheriger Wasserquellung der Fasern erzielt. Infolge Quellung werden die Kettenmoleküle der Cellulose

---

*heute: De Beers Industrial Diamond Devision, Johannesburg (Süd Afrika)

auseinandergedrängt (3), so daß sich der Faserquerschnitt vergrößert und somit mehr Borsäure in die Fasern eindringen kann. Die in Alkohol gelöste Borsäure dringt, unterstützt durch Kapillarwirkung, in das Hohlraumsystem der Fasern ein, wobei der Alkohol das enthaltene Wasser verdrängt und somit die Borsäure feinverteilt im und um das Fasergerüst zurückbleibt. Die Ermittlung der von den Fasern aufgenommenen Borsäure erfolgte durch Massebestimmung nach der Lufttrocknung. Anschließend wurden die getränkten Fasern unter Argon- bzw. Vakuumatmosphäre in einem Korundrohrofen gebrannt. In Abhängigkeit von den Reaktionsbedingungen wurden der Grad der Borcarbidbildung bzw. die Morphologie der Fasern untersucht. Die Reaktionsbedingungen wurden hinsichtlich Ofenatmosphäre, Endtemperatur und Aufheizgeschwindigkeit bzw. durch das Einbringen von Sinterhilfsmitteln variiert.

Ergebnisse
Die Tränkung der Cellulosefasern ist für den Faserherstellungsprozeß substantiell. Anhand der bisherigen Ergebnisse hat sich gezeigt, daß eine Tränkung vorgequollener Fasern mit einer alkoholischen Lösung optimale Ergebnisse liefert. Unter Verwendung einer Butanol-Borsäurelösung kann eine homogene und ausreichende Tränkung der Cellulosefasern erreicht werden. Zeitabhängige Untersuchungen ergaben, daß nach der bisherigen Tränkmethode nach einstündiger Tränkzeit mehr als 100% H_3BO_3 (100%= notwendige Menge H_3BO_3 für eine vollständige Umsetzung zu B_4C in Bezug auf die eingewogene Menge Cellulose, berechnet aus den molaren Massen der Ausgangsstoffe) von den Fasern aufgenommen werden. Die maximale H_3BO_3-Aufnahme der Cellulosefasern liegt bei B-Typ-Fasern zwischen 250-350% H_3BO_3 und bei Viskosefasern zwischen 150-250% H_3BO_3. Unterschiede bei der H_3BO_3-Aufnahme der eingesetzten Fasern sind auf die Beschaffenheit des jeweiligen Fasertyps zurückzuführen. Schwankungen der Tränkergebnisse bei den einzelnen Fasertypen werden infolge Tränkung ganzer Faserbündel verursacht. Werden hingegen einzelne Cellulosefasern mit H_3BO_3 getränkt, so erreicht man bereits nach 40 Sekunden eine 100%ige H_3BO_3-Aufnahme (Diagr. 1), bei vergleichsweise geringeren Schwankungen der H_3BO_3-Aufnahme innerhalb der Tränkchargen. Mit Hilfe einer kontinuierlichen Tränkungsanlage wird derzeit an einer weiteren Optimierung der Tränkzeit bei gleichzeitiger Verbesserung der Reproduzierbarkeit der Tränkung gearbeitet.

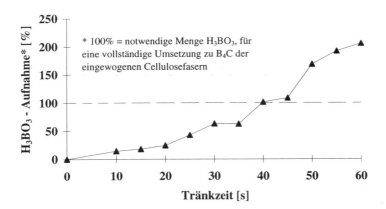

Diagramm 1: H_3BO_3-Aufnahme von in Butanol-Borsäurelösung getränkten Viskosefasern in Abhängigkeit von der Tränkzeit

Die Umwandlung der Ausgangsmaterialien in Borcarbidfasern erfolgt durch carbothermische Reduktion von Boroxid durch Kohlenstoff bei Temperaturen zwischen 1600°C und 1800°C unter Argon- oder Vakuumatmosphäre entsprechend der folgenden Gleichung:

(I) $\qquad 2B_2O_3 + 7C \rightarrow B_4C + 6CO.$

Anhand von Untersuchungen mittels Röntgendiffraktometrie, IR-Spektroskopie Rasterelektronenmikroskopie bzw. durch Elementanalysen an den erhaltenen Fasern konnte festgestellt werden, daß die Pyrolyse zur B_4C-Bildung führt, unter Beibehaltung der Faserform der Ausgangsfasern. Je nach Reaktionsbedingungen bzw. Kohlenstoff- und Borangebot wurden Zusammensetzungen zwischen $B_{2,9}C$ bis B_6C gefunden. Diese Karbide stellen keine verschiedenen chemischen Verbindungen dar, sondern begrenzen den Homogenitätsbereich der rhomboedrischen Borcarbidstruktur (4), (5). Weiterhin beeinflussen Temperatur, Aufheizgeschwindigkeit und Ofenatmosphäre während der Pyrolyse das Ergebnis der Fasereigenschaften. Untersuchungen an pyrolysierten Fasern mittels IR-Spektroskopie im Wellenzahlbereich zwischen 2000-500 cm^{-1} zeigten starke B-C-Banden bei $\approx$1600 und $\approx$1100 cm^{-1}, bei $\approx$700 und $\approx$850 cm^{-1} solche mittlerer Intensität und schließlich bei $\approx$600, $\approx$850 und $\approx$950 cm^{-1} schwache B-C-Banden (6). Neben den B-C-Schwingungen wurden teilweise noch C-C-Banden bei $\approx$1400 cm^{-1} beobachtet, was auf die Existenz nicht umgesetzten Kohlenstoffes zurückzuführen ist. Mit steigender Temperatur bis 1700°C nimmt der freie Kohlenstoff ab bzw. liegt der Kohlenstoff zunehmend in gebundener Form vor, was anhand von Kohlenstoffuntersuchungen (LECO RC 412) ebenfalls festgestellt wurde. Die Gehalte an freiem Kohlenstoff bzw. Sauerstoff betragen bei gut umgesetzten Borcarbidfasern ca. 1%. Anhand von Röntgenuntersuchungen (Diagramm 2) kann festgestellt werden, daß bei Pyrolysetemperaturen um 1560°C eine überwiegend röntgenamorphe C-Matrix mit B_4C vorliegt.

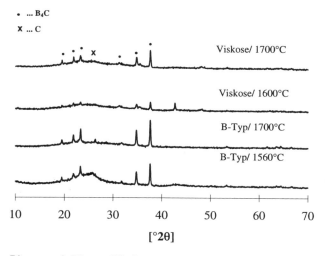

Diagramm 2: Röntgendiffraktogramm von B_4C-Fasern aus Cellulose und Borsäure

Mit steigender Temperatur beobachtet man schon graphitisierten Kohlenstoff und B_4C. Bei einer Temperatur von 1700°C verringert sich der Kohlenstoffpeak bzw. die Untergrundintensität, und gleichzeitig gewinnen die B_4C-Peaks an Stärke und Intensität. Allerdings zeigte sich bei einigen

Fasern starkes Kristallwachstum. Verantwortlich für diese Kristallitbildung sind starke Oberflächendiffusion sowie Sublimations- und Kondensationsreaktionen ab 1500°C. Volumen- und Korngrenzendiffusion beginnen erst oberhalb 2000°C (7). Nachteilig wirkt sich dieses Kristallwachstum auf die mechanischen Eigenschaften aus, da dadurch die Festigkeits- und Korrosionsstabilität der Fasern gemindert wird. Eine Verbesserung diesbezüglich wird derzeit durch die Zugabe von Sinterhilfmitteln angestrebt, deren Aufgabe ist, das Grobkornwachstum zu verhindern, indem sie die Bewegung der Korngrenzen mechanisch festhalten bzw. durch Ausscheidungen an den Korngrenzen die Diffusionskinetik von B und C verändern (8). Als Sinterhilfsmittel eignen sich z.B. Al- oder Si-Verbindungen. Diese wurden in der Butanol-Borsäurelösung gelöst und anschließend über den Tränkprozess in die Cellulosefasern eingebracht. Die Menge der zugegebenen Sinterhilfsmittel variierte zwischen 3-16 Gew.%. Mittels Elementanalyse (ICP-OES) wurden die Borsäure- bzw. Sinterhilfsmittelkonzentrationen in den getränkten Fasern ermittelt (Diagr. 3). Die Ergebnisse zeigen unter Berücksichtigung von Verlusten während der Tränkung, daß beispielsweise bei der Verwendung von Aluminium-Acetylacetat

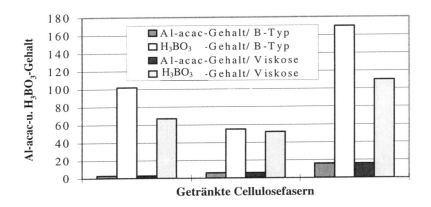

Diagramm 3: Al-acac (Aluminium- Acetylacetat) und H_3BO_3-Aufnahme getränkter Cellulosefasern

die zugegebene Menge von den Cellulosefasern vollständig aufgenommen wird. Bei einer 3 und 16%igen Aluminium-Acetylacetat- Zugabe wird gleichzeitig die für eine vollständige Umsetzung zu B_4C notwendige Menge an Borsäure von den Fasern aufgenommen, während bei einer 6%igen Zugabe nur eine unzureichende H_3BO_3-Aufnahme erfolgt. Dies führt schließlich zu einem Al-Überschuß in den getränkten Fasern. Ursache dafür kann eine starke Verflüchtigung von sich bildenden Borsäureestern während des Tränk- und Trocknungsprozesses sein bzw. die von den Cellulosefasern vorzugsweise Aufnahme des Aluminium-Acetylacetats. Die getränkten Fasern wurden anschließend unter Argon- bzw. Vakuumatmosphäre bei 1700°C gebrannt. Mittels Röntgendiffraktometrie an den erhaltenen Fasern kann man die Bildung von Aluminiumborcarbid ($Al_8B_4C_7$) neben Borcarbid beobachten (Diagramm 4). Weiterhin kann festgestellt werden, daß vor allem unter Vakuumbedingungen während der Pyrolyse kaum bzw. keine Kistallitbildung der Fasern auftritt (Bild 1 u. 2). EDX-Analysen zeigen außerdem eine weitgehen homogene Verteilung von Aluminium in den erhaltenen Fasern. In der Borcarbidstruktur besteht die rhomboedrische

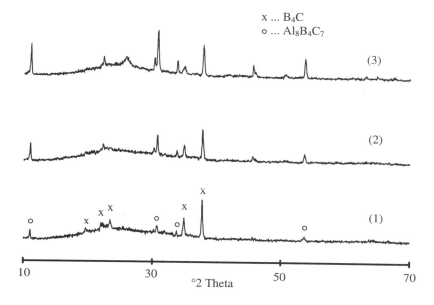

Diagramm 4: Röntgendiffraktogramme von B$_4$C-Fasern aus Cellulosefasern und H$_3$BO$_3$ mit Al-Zusatz, T= 1700°C unter Vakuum; (1): Viskose/ Vakkuum von 1500-1700°C; (2): B-Typ; (3): Viskose

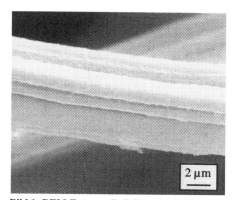

Bild 1: REM-Foto von B$_4$C-Fasern mit Al-Zusatz, pyrolysiert bei 1700°C unter Vakuum

Bild 2: REM-Foto von B$_4$C-Fasern, pyrolysiert bei 1700°C unter Vakuum

Elementarzelle aus 15 Atomen, von denen 12 Boratome die Ecken eines Ikosaeders bilden und die 3 Kohlenstoffatome eine Kette bilden, die parallel zur hexagonalen c-Achse in der Zelle verläuft. Das mittlere Kohlenstoffatom kann durch Aluminium unter bestimmten Bedingungen (ähnlicher Ionenradius bzw. Elektronenkonfiguration) ersetzt werden, was dann die Bildung eines aluminiumhaltigen Borcarbides (B$_{12}$C$_2$Al) zur Folge hat (9) (10). Relativ gute mechanische Eigenschaften zeigen Fasern mit B-Typ als Ausgangsfasern, einem Al-Zusatz von ca. 8 Gew. %, temperaturbehandelt bis 1700°C unter Vakuum und einer Aufheizrate von 10 K/min. Festigkeitsuntersuchungen an einigen hergestellten Fasern lieferten Zugfestigkeit bis 0,1 GPa. Diese Festigkeiten sind jedoch noch verhältnismäßig gering im Vergleich zu kommerziellen B_4C-Fasern.

Zusammenfassung

Die Herstellung von Borcarbidfasern aus leicht verfügbaren und billigen Rohstoffen wie Borsäure und Cellulose ist einfach und kostengünstig. Durch das entwickelte Tränkverfahren lassen sich die eingesetzten Cellulosefasern mit in Butanol gelöster Borsäure imprägnieren. Nach der Tränkung liegt die Borsäure homogen und fein verteilt um und im Fasergerüst vor und zudem gelingt es, das für eine vollständige Umsetzung zu Borcarbid notwendige Bor-Kohlenstoff-Verhältnis einzustellen. Nach der Pyrolyse der getränkten Fasern unter Inertgasatmosphäre zeigt sich, daß oberhalb 1500°C Borcarbid entsteht. Teilweise enthalten die erhaltenen Fasern noch freien Kohlenstoff, dieser verringert sich jedoch mit zunehmender Temperatur bis 1700°C. Bei einigen Fasern wurde jedoch eine starke Kristallitbildung beobachtet, was die mechanischen Eigenschaften nachteilig beeinflußt. Eine Verbesserung diesbezüglich soll durch den Einsatz geeigneter Sinterhilfsmittel, wie z.B Al- und Si-Verbindungen erreicht werden. Die verwendeten Sinteradditive lassen sich problemlos über den Tränkprozeß neben der Borsäure in das Cellulosefasergerüst einbringen. Die nach der Temperaturbehandlung durchgeführten röntgenografischen Untersuchungen zeigen die Bildung eines Aluminiumborcarbides ($Al_8B_4C_7$) neben Borcarbid. Relativ gute mechanische Eigenschaften (Zugfestigkeit: 0,1 GPa) zeigen Fasern mit einem Sinterhilfsmittel-Zusatz von ca. 8 Gew.% und einer Pyrolysetemperatur von 1700°C unter Vakuum, bei einer Aufheizgeschwindigkeit von 10 K/min. Die Einstellung einer Vakuumatmosphäre während der Pyrolyse erwies sich ebenfalls als vorteilhaft. Infolge Vakuum wird durch die Verminderung des Druckes gasförmiger Reaktionsprodukte das Konzentrationsgefälle vergrößert und somit die Reaktionsgeschwindigkeit erhöht bzw. werden die Gleichgewichte in Richtung der gewünschten Reaktionen verschoben und damit die Ausbeute erhöht.

Literatur:
(1) Smith, W.D.: Boron Carbide Fibers from Carbon Fibers, Boron and Refraktory Borides, Springer-Verlag, 1977
(2) Talley, C.P.: Mechanical Properties of Glassy Boron, J. Appl. Phys.,Vol.30, 1959
(3) Götze, K.: Chemiefasern nach dem Viskoseverfahren, Springer-Verlag, 1967
(4) Lipp, A.: Borcarbid- Herstellung, Eigenschaften, Verwendung, Techn. Rundschau, Nr.14, 1965
(5) Schwetz, K.A.: Herstellung und industrielle Anwendung refraktärer Borverbindungen, Radex Rundschau, Heft 3, 1981
(6) Becher, H.J.: Infrarotspektroskopische Untersuchungen des Borcarbids und seiner isotypen Derivate $B_{12}O_2$, $B_{12}P_2$ und $B_{12}As_2$, Z. anorg. allg. Chem. 410, 1974
(7) Telle, R.: Aufbau und Sinterverhalten mehrphasiger Keramiken im Hartstoffsystem B_4C-Si, Diss., Stuttgart, 1985
(8) Fendler, E.: Gefügeverstärkung von Borkarbid, Diss., Stuttgart, 1993
(9) Riedel, F.N.: Borcarbid- Herstellung und eigenschaften sowie Umweltprobleme am Beispiel des Staubes eines Carbidherstellers, Wissenschaft u. Umwelt 2, Aachen, 1983
(10) Lipp, A.: Über ein aluminiumhaltiges Borcarbid, Z. anorg. allg. Chem., Bd. 343, Heft 1-2, München, 1966

Kristallisationskontrollierte SiC-Fasern

M. Ade, H.-P. Martin, D. Kurtenbach, E. Müller, Institut für Keramische Werkstoffe;
C. Knopf, B. Rittmeister, G. Roewer, Institut für Anorganische Chemie;
E. Brendler, Institut für Analytische Chemie, TU Bergakademie Freiberg

Einleitung

Die Hochtemperaturstabilität sauerstoffreier, precursorabgeleiteter SiC-Fasern wird im wesentlichen durch die Kristallisation des amorphen SiC begrenzt. Ein verstärktes Kornwachstum oberhalb von 1200°C führt zu einem drastischen Verlust der Bruchfestigkeit des Materials. Ziel der hier vorgestellten Untersuchungen war die Verbesserung der thermischen Beständigkeit und der Langzeitstabilität von SiC-Fasern auf der Basis von Polychlormethylsilanen durch eine chemische Stabilisierung des amorphen Zustandes oder die gezielte Einstellung eines nanokristallinen Gefüges. Die Steuerung der Kristallisation setzt die Kenntnis der entsprechenden Kinetik der Strukturbildung aus den bei der Polymerpyrolyse gebildeten amorphen SiC-Netzwerken voraus. Kennzeichen der aus Polychlormethylsilanen („Freiberger Precursor") abgeleiteten Keramiken ist ein nahezu stöchiometrisches Si/C-Verhältnis. Erstes Ziel der Untersuchungen war die Aufstellung eines Kristallisationsmodells und der Vergleich mit bereits bekannten Modellen für kohlenstoffreichere Keramiken (1).

Heteroatome wie Bor, Stickstoff und Sauerstoff führen zu einer Stabilisierung des amorphen Zustands und einer Verlangsamung des Kornwachstums in SiC (2,3,4). Die reaktiven Chlorgruppen der Polychlormethylsilan-Precursoren ermöglichen eine Vernetzung der versponnenen Grünfasern durch Ammoniak oder primäre Amine. Gegenüber dem Si-C-System lassen die so erhaltenen Si-C-N-Keramiken eine Verschiebung des Bereiches der Keimbildung zu deutlich höheren Temperaturen und ein verlangsamtes Kristallwachstum erwarten.

Einen stabilisierenden Einfluß auf den amorphen Zustand verspricht auch ein Einbau von Übergangsmetallen, welche im festen Zustand thermodynamisch sehr stabile, durch kovalente Bindungen geprägte Carbide zu bilden vermögen. Stellvertretend hierfür wurde die Einbringung von Zirconium in die Keramik über eine geeignete Modifikation des Basispolymers untersucht.

Kristallisation in Si-C und Si-C-N-Keramiken

Die Pyrolyse von Polychlormethylsilanen bei 700°C führt zu einer amorphen SiC-Struktur der Zusammensetzung 59 Gew.% Si, 35 Gew.% C, 2 Gew.% H, 4 Gew.% Cl und geringen Sauerstoffspuren (<1 Gew.%). Zur Untersuchung der Kristallisation im binären System wurden die bei 700°C erhaltenen amorphen SiC-Keramiken bzw. Si-C-N-Keramiken geeigneten Temperaturbehandlungen im Bereich zwischen 800 und 1500°C ausgesetzt.

Der Übergang vom amorphen zum kristallinen Zustand kann im Bereich der Nahordnung um die Si-Atome gut mittels der ^{29}Si-MAS-NMR-Spektroskopie verfolgt werden. Mit zunehmender Temperatur ist eine Abnahme der Intensität des sehr breiten Signals für amorphe SiC$_4$-Umgebungen – teilweise noch wasserstoffhaltig — und ein Anstieg der Intensität der Signale der kristallin geordneten SiC$_4$-Umgebungen (Si$_A$, Si$_B$ und Si$_C$) zu beobachten (Bild 1). Die Dekonvolution der Spektren ergibt eine maximale Änderung der relativen Anteile im Bereich 1000-1100°C. Bei 1500°C liegt nahezu vollständig kristallines β-SiC vor (Si$_A$-Plätze), jedoch sind auch geringe Anteile an Si$_B$- und Si$_C$-Plätzen vorhanden.

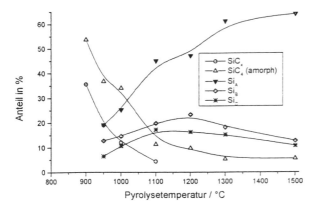

Bild 1: Anteile der unterschiedlichen Umgebungen für Siliciumatome nach Spektrendekonvolution der ^{29}Si-MAS-NMR-Spektren — SiC_x kennzeichnet H-haltige amorphe Umgebungen.

Diese sind für die α-Modifikationen von SiC charakteristisch, beruhen hier jedoch auf der Anwesenheit von Stapelfehlern in β-SiC, wie Röntgenweitwinkelbeugungs-Experimente (XRD) zeigen. Die Diffraktogramme lassen sich ausschließlich durch die kubische β-Modifikation beschreiben. Bei 1500°C weist der (111)-Reflex eine für Schichtfehlordnungen in SiC typische asymmetrische Form auf (6).
Die aus den Halbhöhenbreiten der Beugungsreflexe mit der Scherrer-Formel ermittelten Werte für die Kristallitgrößen korrelieren sehr gut mit den Ergebnissen für Teilchengrößen, welche mittels Röntgenkleinwinkelstreuung (SAXS) nach dem Guinier-Gesetz erhalten werden (Bild 2). Die aus XRD erhaltenen Werte werden allerdings durch die Fehlordnung verfälscht. Der Vergleich der Kristallitgrößen nach 20 min und nach 8 h zeigt ein erstes signifikantes Kristallitwachstum oberhalb von 1000°C (SAXS) bzw. 1100°C (XRD).

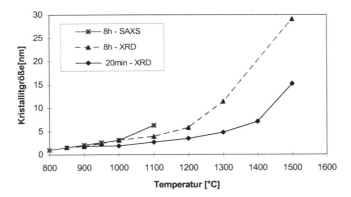

Bild 2: Kristallitgrößen (XRD) und Teilchengrößen (SAXS) für SiC-Keramiken in Abhängigkeit von der Temperatur.

Bei thermoanalytischen Untersuchungen konnte ein exothermes DTA-Signal bei 1070±10°C beobachtet werden (Aufheizgeschwindigkeit 10 K/min). Das Maximum dieses als Kristallisationspeak interpretierten thermischen Effekts verschiebt sich erwartungsgemäß mit steigender Aufheizgeschwindigkeit zu höheren Temperaturen hin (7).
Damit in Übereinstimmung zeigen mittels Helium-Pyknometrie ermittelte Dichten zwischen 1000°C und 1100°C einen deutlichen Sprung um ca. 18% von 2,56 auf 3,01 g/cm^3. Chemische Analysen ergaben eine deutliche Abnahme der Chlor- und Wasserstoffgehalte zwischen 900 und 1000°C bei gleichzeitiger Bildung von Radikalen (8). Der Kristallisation geht offensichtlich ein Abbau der wasserstoff- und chlorhaltigen Bereiche voraus, welcher in einem durch zahlreiche „dangling bonds" charakterisierten amorphen Si-C-Netzwerk mündet. Die zwischen 1050°C und 1100°C einsetzende Kristallisation erfolgt schließlich unter Relaxation der Radikale und einer signifikanten Verdichtung der Keramik.
Erste Versuche zur Kristalliationssteuerung im System Si-C zeigten bereits Erfolge. Eine vierundzwanzigstündige Vorbehandlung der Proben bei 800°C führt nach anschließender Kristallisation bei 1500°C (20 min.) zu einer signifikanten Verringerung der mittleren Kristallitgröße von 16 nm (ohne Vorbehandlung) auf 7 nm.
Die Einbringung von Stickstoff über die Vernetzung der Polymere mit Ammoniak führt gegenüber dem stickstofffreien System zu einer drastischen Verringerung der Kristallwachstumsgeschwindigkeit bei vergleichbaren Temperaturen. Bis 1400°C verändern sich die aus der Röntgenweitwinkelbeugung ermittelten Kristallitgrößen in der erhaltenen Si-C-N-Keramik nur geringfügig (Bild 3). Nach Monthieux et al. (1) wird die Keimbildung von SiC durch die mit Kohlenstoff konkurrierenden Stickstoffatome in der amorphen Matrix erschwert, während sich gleichzeitig ein polyaromatisches Netzwerk aus dem nun überstöchiometrisch vorhandenen Kohlenstoff bildet. Damit in Übereinstimmung liegen die mittels thermobarometrischer Methode bestimmten Werte für den freien Kohlenstoffgehalt (C_{frei}) in der N-haltigen Keramik relativ hoch (Bild 3). Die Abnahme von C_{frei} ab 1200°C verläuft in zwei Stufen. Zwischen 1200 und 1300°C führen Sauerstoffverunreinigungen zur Bildung von CO, ohne jedoch mit einem spürbaren Kornwachstum verbunden zu sein. Die zweite Stufe oberhalb von 1400°C geht mit einem rapiden Ansteigen der Kristallit- und Teilchengröße einher. Offensichtlich liegt nun ein verstärkter Abbau der N-reichen intergranularen Phase vor. Die damit einhergehende Zersetzung des aromatischen Kohlenstoffnetzwerkes führt zu einem drastischen Kristallwachstum in der Keramik.

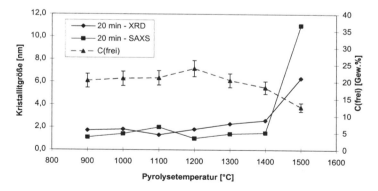

Bild 3: Kristallitgrößen (XRD) und Teilchengrößen (SAXS) sowie freie Kohlenstoffgehalte von Si-C-N-Keramiken in Abhängigkeit von der Temperatur (Haltezeit jeweils 20 min).

Polymersynthese und Modifikation
Ein Einbau von Übergangsmetallen wie Zirconium läßt eine Beeinflussung des Kristallisationsverhaltens amorpher SiC-Keramiken erwarten. Hierfür wurde eine homogene Verteilung des Metalles in der Keramik über die Einbindung von organometallischen Zirconiumverbindungen im Precursor angestrebt. Die verwendeten Metallbausteine sollten die physikalisch-chemischen Eigenschaften des Grundpolymers praktisch nicht verändern. Der Einbau von Metallkomplexen wurde nur so weit variiert, daß die zur Faserspinnung erforderlichen Eigenschaften nicht signifikant beeinflußt wurden.
Da sich bisher durchgeführte Versuche, die Zirconocenkomplexe über reaktive Gruppen in der Polysilanmatrix zu verankern, als noch nicht erfolgreich erwiesen, wurden, abweichend von der klassischen Polymerroute (9, 10), Blends aus Polychlormethylsilan und der Übergangsmetallkomponente Zirconocendichlorid, die in Styren gelöst wurde, präpariert (Bild 4).

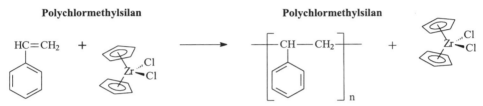

Bild 4: Darstellung des Blends aus Polychlormethylsilan und Zirconocendichlorid

Ziel dieser Untersuchungen war eine Skalierung der zusetzbaren Menge der Übergangsmetallverbindung. Es zeigte sich, daß das Zirconocendichlorid auf diesem Weg bis zu einem Gehalt von 3,0 Ma% in die Polysilanmatrix eingebracht werden kann. Die dargestellten Precursoren enthalten elementaranalytisch nachweisbare Zirconkonzentrationen.

Rheologische Charakterisierung zur Anpassung der Erspinnparameter
Zur Beherrschung des Faserspinnprozesses sind rheologische Untersuchungen notwendig, unter anderem zur Einstellung der viskoelastischen Eigenschaften der Precursoren.
Die Methylchlorpolysilanschmelzen besitzen anomale, von Newton-Flüssigkeiten abweichende Fließeigenschaften, sie sind strukturviskos. Außerdem ist das viskose Fließen mit elastischen Deformationen gekoppelt. Bezüglich der Verspinnung spielt die Belastungsabhängigkeit der Viskosität η eine wichtige Rolle. Ausgehend von dem Gedanken, daß ähnliche Fließkurven bzw. ähnliche Werte der Viskosität auch mit der Verspinnbarkeit korrelieren, sollten durch Variation der Temperatur die Fließkurven der zu erspinnenden Polymere denen eines gut verspinnbaren chlorarmen Methylpolysilans (Standard) angenähert werden.
Der für die Verspinnung wichtige Schmelzbereich T_S der Polychlormethylsilane wurde aus der Temperaturabhängigkeit der Viskosität η ermittelt (Bild 5). Zur genaueren Eingrenzung des Intervalls wurden in Rotationsversuchen Viskositätskurven aufgenommen. Bei allen vermessenen Polysilanen sinkt die Viskosität mit steigendem Geschwindigkeitsgefälle (Bild 6).
Zur Ermittlung des Verlustwinkels δ wurden Oszillationsversuche im linear-viskoelastischen Bereich ($\gamma = 0{,}2\text{-}1{,}0$) durchgeführt. Der bei diesen Untersuchungen bestimmte Verlustwinkel δ spiegelt das Verhältnis von Verlust- zu Speichermodul und damit das Verhalten von viskosem zu elastischem Anteil der Probe wider (Bild 7).

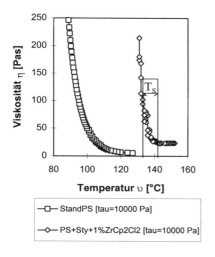
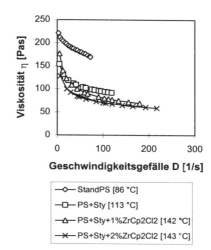

Bild 5: Temperaturabhängigkeit der Viskosität

Bild 6: Viskositätskurven

Die von uns hergestellten styrenhaltigen Polychlormethylsilane zeigen mit und ohne Zusatz von Zirconiumkomponenten keine signifikanten Unterschiede in ihrem rheologischen Verhalten gegenüber dem Standardpolysilan. Daraus wird geschlossen, daß der Zusatz von geringen Mengen einer Zirconiumverbindung keine Auswirkungen auf die Verspinnfähigkeit des Polymers hat.

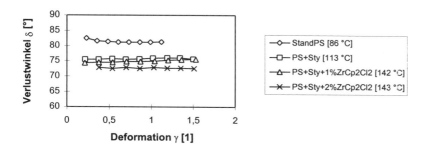

Bild 7: Bestimmung des Verlustwinkels bei 10 Hz (Amplitudensweep)

Faserherstellung

Drei Polymere mit Zirconiumgehalten von 1-3 Gew.% Polymere wurden entsprechend ihren Schmelzbereichen im Bereich 140 — 170°C mittels einer Druckspinnanlage (p = 5-20 bar) versponnen. Die erreichten Faserdurchmesser betrugen 30-40 μm (Bild 8a).
Die Härtung der Fasern zur Vermeidung des Wiederaufschmelzens bei der Pyrolyse („Curing"-Prozess) kann durch Reaktion der Si-Cl-Gruppen sowohl mit gasförmigem Ammoniak als auch mit Ethylendiamin in der Gasphase durchgeführt werden. Über die ^{15}N-CP-MAS-NMR-Spektroskopie können sowohl N_2Si- als auch N_3Si-Gruppen nachgewiesen werden. Die gebildeten Hydrochloride werden bei der anschließenden Pyrolyse wieder entfernt. Die Umwandlung zur amorphen

Keramikfaser erfolgt im allgemeinen unter Argon bei Temperaturen zwischen 800 und 1000°C. Die Faserdurchmesser liegen im Bereich 20-30 µm (Bild 8b).

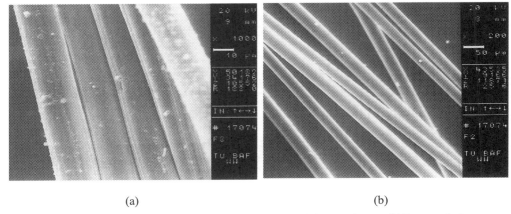

(a)   (b)

Bild 8: Rasterelektronenmikroskopische Aufnahmen von (a) Fasern nach der Verspinnung, (b) Fasern nach einer Pyrolyse bei 800°C.

Danksagung:
Wir danken der deutschen Forschungsgemeinschaft für die finanzielle Förderung dieser Untersuchungen im Rahmen des SSP „Höchsttemperaturbeständige Leichtbauwerkstoffe, insbesondere keramische Verbundwerkstoffe". Weiterhin danken wir Prof. Dr. R. Kranold und Dr. A. Hoell (Universität Rostock) für die Durchführung der Röntgenkleinwinkelstreuexperimente sowie Prof. Dr. P. Buhler (Universität Erlangen) für die Durchführung der thermobarometrischen Untersuchungen.

Literatur:
(1) M. Monthieux, O. Delverdier: J. Europ. Ceram. Soc., **1996**, *16*, 721-737.
(2) R. Riedel, A. Kienzle; V. Szabó, J. Mayer: J. Mat. Sci. **1993**, *28*, 3931-3938.
(3) D. Mocaer, R. Pailler, R. Naslain, C. Richard et al.: J. Mat. Sci., **1993**, *28*, 2615-2631.
(4) O. Delvedier, M. Monthioux, D. Mocaer, R. Pailler: J. Europ. Ceram. Soc., **1993**, *12*, 27-41.
(5) J. S. Hartmann, M. F. Richardson, B. L. Sherriff, B. G. Winsborrow: J. Am. Chem. Soc., **1987**, *109*, 6059-6067.
(6) L. K. Frevel, D. R. Petersen, C. K. Saha: J. Mat. Sci., **1992**, *27*, 1913-1925.
(7) B. Mitchell, Tulane University, persönliche Mitteilung.
(8) H.-P. Martin, E. Müller, E. Brendler: J. Mat. Sci., **1996**, *31*, 4363-4368.
(9) U. Herzog, R. Richter, E. Brendler, G. Roewer: J. Organomet. Chem., **1996**, *507*, 221.
(10) R. Richter, G. Roewer, U. Böhme, K. Busch, F. Babonneau, H.-P. Martin, E. Müller: Applied Organomet. Chem., **1997**, *11*, 71-10.

Grundlagen der Entwicklung hochtemperaturbeständiger oxidischer Werkstoffe: Herstellung von Saphir-Fasern mit Durchmessern < 30 µm

U. Voß, A. Thierauf, D. Sporn und G. Müller,
Fraunhofer-Institut für Silicatforschung ISC, Würzburg

Einleitung und Zielsetzung

Für die Verstärkung oxidischer Matrices für Hochtemperaturanwendungen > 1500 °C in oxidierender Atmosphäre sind einkristalline, dünne Saphir-Fasern mit Durchmessern < 20 µm das Material der Wahl. Ihre kristallographische c-Achse kann dabei parallel oder senkrecht zur Faserachse liegen (0 °- bzw. 90 °- Fasern). Bereits etablierte Schmelzverfahren wie die EFG- bzw. LHFZ-Methode (1) liefern Fasern mit zu großen Durchmessern (Minimum 70 µm) und nicht hinreichender Qualität.
Zielsetzung war es daher, ein neues Verfahren zur Herstellung dünner (Durchmesser < 30 µm), orientierter Saphir-Fasern experimentell zu überprüfen. Das neuartige Verfahren basiert auf einem Einkristallzuchtverfahren im festen Zustand und orientiert sich an Methoden, die zur Züchtung von Metalleinkristallen über einen Rekristallisationsvorgang angewendet werden (2). Beim Rekristallisationsverfahren wird der erwünschte dünne und kreisrunde Faserdurchmesser bereits bei der Formgebung der polykristallinen α-Al_2O_3-Ausgangsfaser realisiert. Das Einkristallwachstum findet zu einem späteren Zeitpunkt statt. Bei der EFG- und LHFZ-Methode dagegen sind die Einstellung des Faserdurchmessers und das Wachstum des Einkristalls parallel ablaufende und daher schwer zu kontrollierende Vorgänge.

Ergebnisse und Diskussion

Bei Aluminiumoxid-Keramiken sind Rekristallisationsvorgänge, die zum bevorzugten Wachstum weniger Einzelkörner führen, lange bekannt. Kernpunkt des untersuchten Verfahrens war, das diskontinuierliche Kornwachstum in einer hochreinen, polykristallinen Aluminiumoxid-Ausgangsfaser durch eine Hochtemperaturbehandlung zu aktivieren und soweit zu fördern, daß schließlich die gesamte Faser auf einem möglichst langen Abschnitt von einem einzigen Kristall durchwachsen wird, ohne daß sich dabei der Ausgangsdurchmesser ändert. Zur Umsetzung des Verfahrens wurden, entsprechend den Rekristallisationsmethoden im Stoffbereich der Metalle, Wachstumsglühungen bei möglichst hohen Temperaturen (1750 °C) durchgeführt. Diese erfolgen entweder statisch durch isotherme Glühungen oder dynamisch mit Hilfe einer Durchlaufglühung. Bei der dynamischen Methode durchläuft das Fasermaterial einen Temperatur-Gradienten von 250 K/cm in einem Zonenofen, der im Rahmen des Vorhabens zu entwickeln war (3). Zunächst wurden Rekristallisationsversuche an kommerziellen α-Al_2O_3-Fasern vom Typ Almax® durchgeführt. Dieser Fasertyp enthält noch etwa 0,9 Gew.-% an Nebengemengeteilen, vornehmlich SiO_2, MgO und CaO.
Bild 1 stellt eine LM-Aufnahme eines etwa 200 µm langen, dynamisch rekristallisierten Faserabschnitts dar, der aus zwei einkristallinen Bereichen besteht. Das Fragment stammt von einer Faser, die mit einer Ziehgeschwindigkeit von 200 mm/h bei einer Temperatur von 1750 °C durch den Temperatur-Gradienten bewegt wurde. Die lichtmikroskopische Aufnahme bei gekreuzten Polarisatoren zeigt das kristalloptische Verhalten der formtreu rekristallisierten Almax®-Fasern an einer Einkristall/Einkristall-Kontaktstelle. Der obere einkristalline Faserteil ist vollständig aufgehellt, der untere Teil dagegen erscheint nahezu ausgelöscht. Die einkristallinen Bereiche werden von einer senkrecht zur Faserachse verlaufenden Korngrenze getrennt. Das unterschiedliche Auslöschungsverhalten der beiden einkristallinen Bereiche weist auf eine unterschiedliche kristallographische Orientierung der beiden Fasersegmente zueinander hin. Die genaue kristallographische Orientierung der einkristallinen Bereiche zur Faserachse von dynamisch rekristallisierten Fasern wurde über die Auswertung von Kikuchi-Linien bei der TEM-Untersuchung der einkristallinen Faserbereiche be-

stimmt. Es wurden Winkel zwischen der Faserachse und der c-Achse im Bereich von 20° bis 40° festgestellt. Mit dynamischen Rekristallisationsversuchen an Almax®-Fasern konnte die prinzipielle Richtigkeit des vorgeschlagenen Konzeptes gezeigt werden. Es konnten mittlere Einkristallängen von ca. 50 µm, in Einzelfällen bis 200 µm unter Beibehaltung des ursprünglichen Faserdurchmessers von etwa 10 µm erreicht werden. Orientierungsbestimmungen an rekristallisierten Fasern zeigten allerdings, daß sich bei der Temperaturbehandlung die für den Einsatzfall notwendige kristallographische Orientierung nicht spontan einstellt.

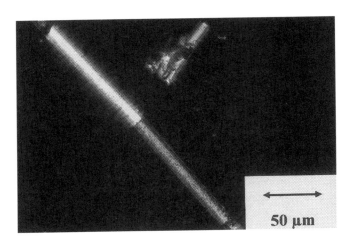

Bild 1: LM-Aufnahme eines Abschnitts nach einer dynamischen Rekristallisation einer Faser vom Typ Amax® bei einer Suszeptortemperatur von $T_{sus} = 1750\,°C$ und einer Ziehgeschwindigkeit von 200 mm/h bei gekreuzten Polarisatoren. Die zwei einkristallinen Fasersegmente zeigen ein unterschiedliches Auslöschungsverhalten.

Es wurden daher im Vergleich zu den kommerziellen Fasern chemisch reinere α-Al_2O_3-Ausgangsfasern (Gesamtmenge von 0,05 Gew.-% an SiO_2 und CaO) auf der Basis eines spinnbaren Al_2O_3-Sol-Gel-Ansatzes (4) mit Durchmessern im Bereich von 10 µm bis 30 µm hergestellt.

Die Versuchsdurchführung orientierte sich an dem in Bild 2 dargestellten Fließschema in vier wesentlichen Schritten. Der erste Schritt war die Präparation einer spinnbaren Masse, dem Spinnsol, über eine Synthese auf Basis der Sol-Gel-Methode. Der nächste Schritt ist die Herstellung der Grünfaser durch Verspinnen des Sols mit einem Schmelzspinnverfahren. Die erhaltenen Grünfasern wurden in einem weiteren Schritt durch eine Wärmebehandlung von organischen Spinnhilfsmitteln befreit und anschließend gesintert, um eine handhabbare Aluminiumoxid-Faser mit optimiertem Gefüge und somit ausreichender Festigkeit zu erhalten. Diese Faser wird in einem letzten entscheidenden Verfahrensschritt durch eine Wachstumsglühung rekristallisiert, um so schließlich die angestrebte Saphir-Faser zu erreichen.

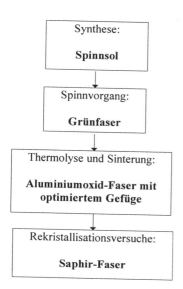

Bild 2: Fließschema: Abfolge der vier wesentlichen Verfahrensschritte zur Herstellung von Saphir-Fasern nach dem Rekristallisationsverfahren

In diese Fasern wurden Keimkristalle in Form von α-Aluminiumoxid-Whiskern mit der gewünschten kristallographischen a- bzw. c-Orientierung eingesetzt. Es standen Whisker in der α-Modifikation zur Verfügung, die von der Firma InterMat (Kalifornien, USA) bezogen wurden (5). Aufgrund des charakteristischen Habitus der Whisker läßt sich ihre kristallographische Orientierung ermitteln und nach Sears et al. typisieren (6). Whisker mit einem hexagonalen Querschnitt sind vom C-Typ mit der kristallographischen c-Achse parallel zur Vorzugsrichtung und somit als Keim zur Erzeugung einer 0 °-Faser geeignet. Whisker mit einem leistenförmigen Habitus sind entweder vom Typ A1 mit der Richtung <-1100> parallel oder vom Typ A2 mit Richtung <-12-10> parallel zur Längsachse der Leiste. Bei Whiskern vom Typ A1 oder A2 steht die kristallographische c-Achse senkrecht auf der Leistenfläche und ist somit als Keim zur Erzeugung einer 90 °-Faser geeignet.

Aufgrund des geringen Oxidgehaltes der reinen Gel-Faser wurden zwei unterschiedlich reine α-Aluminiumoxid-Pulver, eines der Firma Alcoa vom Typ A16SG und ein anderes der Firma Taimei vom Typ Taimicron TM-DAR, als Füllmaterialien eingesetzt. Als typisches Ergebnis der Spinnversuche ist in Bild 3 die Bruchfläche einer Grünfaser dargestellt. In der Detailaufnahme ist ein Whisker zu erkennen, der aus der Fasermatrix heraussticht. Er steht senkrecht auf der Bruchfläche. Aufgrund der geringen Haftung des Whiskers in der Faser, die aus gelgebundenem Al_2O_3-Pulver besteht, und der extrem hohen Festigkeit des Whiskers ist der Keimkristall nicht gebrochen. Die Ausrichtung der als Keimkristalle zugesetzten länglichen Whiskerbruchstücke parallel zur Faserachse ist als Folge der rheologischen Eigenschaften der Spinnmasse und der in der Spinndüse herrschenden Strömungsverhältnisse zu verstehen. Das Strömungsprofil führt zu einer Scherdeformation der strukturviskosen Aluminiumoxid-Spinnmasse im Düsenkanal, besonders dort, wo sich der Querschnitt des Düsenkanals verjüngt, hier herrscht der höchste Geschwindigkeitsgradient. Längliche Teilchen, wie der Whisker, orientieren sich parallel zur Scherebene, d. h. parallel zur Achse des Düsenkanals. Daß die kristallographische c-Achse des Whiskers zu dessen Längsachse entweder senkrecht oder parallel liegt, ist ideal für die angestrebte Orientierung des Keimkristalls, um eine 0 °- bzw. 90 °-Saphir-Faser herstellen zu können.

Bild 3: REM-Aufnahme einer Grünfaser. Ein Whisker vom Typ A2 steht senkrecht auf der Bruchfläche und ist damit parallel zur Faserachse ausgerichtet. Es besteht eine geringe Haftung zwischen Whisker und Umgebung, der vollständige Keimkristall mit sauberen Kristallflächen ist sichtbar.

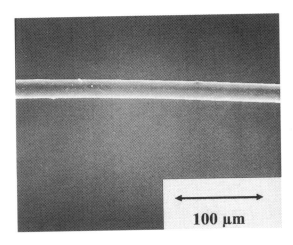

Bild 4: REM-Aufnahme eines Saphir-Faserabschnitts, der mit dem statischen Rekristallisationsverfahren durch eine Wachstumsglühung bei T = 1750 °C für 5 h an Luft erhalten wurde: die Faser besitzt einen Durchmesser von ca. 25 µm mit kreisrundem Querschnitt und hat eine nahezu fehlerfreie Oberfläche.

Durch die Verstreckung der Faser bei den hohen Wickelgeschwindigkeiten von bis zu 200 m/min wird ein zusätzlicher Beitrag zur Einregelung der Whisker parallel zur Faserachse geleistet. Der Winkel zwischen der Längsachse des Whiskers und der Faserachse liegt typischerweise bei maximal 1 ° und ist damit unkritisch für eine unerwünschte Festigkeitsminderung der späteren Saphir-Faser durch das vorzeitige Einsetzen von Gleitvorgängen (7). Eine manuelle Justage des Keimkristalls, wie sie beim EFG und LHFZ erforderlich ist, entfällt durch die Einregelung des Whiskers parallel zur Faserachse.

Mit Fasern, die denjenigen im Bild 3 entsprechen, wurden statische Rekristallisationsversuche bei 1750 °C für 5 h an Luft in einem Laborkammerofen durchgeführt. Durch die Zugabe von Keimkristallen kommt es zu einer breiten Häufigkeitsverteilung bei Einkristallängen von 400 µm; auch Kristalle einer Länge um 900 µm konnten beobachtet werden. Die bei Fasern ohne Keimzusatz auftretende hohe Keimbildungshäufigkeit konnte durch den Einsatz der Keimkristalle erwartungsgemäß reduziert werden. Lichtmikroskopische Untersuchungen ergaben eine Übereinstimmung der kristallographischen Orientierung des Keimkristalls und des davon ausgehend gewachsenen Einkristalls. Damit ist es bereits durch eine statische Rekristallisation gelungen, Saphir-Fasern mit einem Durchmesser um 25 µm herzustellen, die aus einer Kette von aneinandergereihten einkristallinen Faserbereichen bestehen. Die Faserachse liegt je nach vorgegebenem Keim entweder parallel oder senkrecht zur kristallographischen c-Achse. Im Bild 4 ist eine REM-Aufnahme einer Saphir-Faser dargestellt, wie sie nach dem statischen Rekristallisationsverfahren gewonnen werden konnte. Die über eine Rekristallisation erzeugte Faser hat einen kreisrunden Querschnitt mit einem Durchmesser von etwa 25 µm. Die Faseroberfläche ist nahezu fehlerfrei.

Zusammenfassung

Aufgabenstellung war es, ein neuartiges Verfahren zur Herstellung dünner, orientierter Saphir-Fasern zu entwickeln und experimentell zu überprüfen. Kernpunkt des Verfahrens ist es, das diskontinuierliche Kornwachstum in einer hochreinen, polykristallinen Aluminiumoxid-Ausgangsfaser durch eine Hochtemperaturbehandlung gezielt zu aktivieren und soweit zu fördern, daß schließlich die gesamte Faser auf einem möglichst langen Abschnitt durch Rekristallisation von einem einzigen Kristall formtreu zur Ausgangsfaser durchwachsen wird. Zur Umsetzung des Konzeptes stand zunächst eine kommerzielle, polykristalline Aluminiumoxid-Faser zur Verfügung. Es hat sich allerdings gezeigt, daß sehr reine α-Aluminiumoxid-Ausgangsfasern zu entwickeln waren. Es ist auf der Basis dieser maßgeschneiderten Fasern bereits durch eine statische Rekristallisation gelungen, Saphir-Fasern mit einem Durchmesser um 25 µm herzustellen, die aus einer Kette von aneinandergereihten, einkristallinen Faserbereichen bestehen. Die Faserachse liegt je nach vorgegebenem Keim entweder parallel oder senkrecht zur kristallographischen c-Achse.
Die Verstärkungswirkung dieser neuartigen Fasern gilt es in zukünftigen Arbeiten anhand von Kompositen zu überprüfen. Zudem ist anzustreben, die mechanischen Kenndaten der Fasern zu erfassen. Dafür ist es erforderlich, die einkristallinen Bereiche zu verlängern. Dieses kann im Rahmen einer weiteren Verfahrensoptimierung bei dynamischen Rekristallisationsversuchen mit Hilfe des konstruierten Hochtemperaturzonenofens durchgeführt werden.

Förderung

Die Arbeiten wurden im Rahmen des DFG-Schwerpunktprogrammes „Höchsttemperaturbeständige Leichtbauwerkstoffe (Hölei)", Antrag MU 720/7, finanziell unterstützt.

Literatur

(1) D. G. Backman, D. Wei, L. C. Filler, R. Irwin, J. Collins, Modelling of the Sapphire Fiber Growth Process. Adv. Sensing; Modelling and Control of Materials Transport Processing. The Minerals, Metals & Materials Soc., 3 - 17 (1992)

(2) G. Ibe, K. Lücke, Über die spontane Keimbildung bei der Herstellung von Einkristallen durch Rekristallisation, Krist. Tech. 2, **2**, 177 (1967)

(3) U. Voß, A. Thierauf, D. Sporn; Offenlegungsschrift, Hochfrequenz-Induktionsofen mit Faserführung Nr. DE 195 46992 A1 (1997)

(4) W. Glaubitt, R. Jahn, Europäische Patent EP 0591812B1 (1993)

(5) W. Schmidt, New Process for the Cost Effective Production of Sapphire Whiskers and Spheres. Mat.-Tech. 144 - 145 (1994)

(6) G. W. Sears, R. C. De Vries, Morphological Development of Alumina Oxide Crystal Growth by Vapor Deposition. J. Chem. Pyhsics, **39**, 11, 2837 - 2845 (1963)

(7) Ö. Ünal, K., P. D.; Lagerlöf, Tensile Properties of Alumina Fibers Using Hot Grips. J. Am. Ceram. Soc. **77** [10] 2609 - 2614 (1994)

Entwicklung einer hochtemperaturbeständigen Matrix für langfaserverstärkte Verbundwerkstoffe auf SiC-Basis

G. Motz, W. Weibelzahl, J. Hapke, G. Ziegler, Universität Bayreuth, Institut für Materialforschung (IMA I), Bayreuth

Einleitung

Für den Aufbau langfaserverstärkter keramischer Verbundwerkstoffe ist neben der Verwendung geeigneter, hochtemperaturstabiler Fasern vor allem die Entwicklung eines hochtemperaturstabilen Matrixmaterials und dessen möglichst vollständige Charakterisierung von Bedeutung. In früheren Arbeiten [1, 2] konnte nachgewiesen werden, daß ein mit titanorganischen Verbindungen, z.B. $Ti[N(CH_3)_2]_4$, modifiziertes Polysilazan eine gute thermische Stabilität aufweist. Die auf diese Art und Weise in dickflüssiger Form ($\eta > 25$ Pas) herstellbaren Polytitanosilazane sollten deshalb auch für die Infiltration von Fasergelegen und somit zum Aufbau keramischer Verbundwerkstoffe geeignet sein.

Für die Ermittlung werkstoffwissenschaftlicher Parameter des Matrixmaterials ist zunächst die Herstellung von monolithischen Proben mit gleichbleibend guter Qualität unerläßlich. Die Probleme bei der Herstellung dieser Probekörper aus Polysilazanpulvern und arteigenem Binder bestehen aufgrund der Abspaltung gasförmiger Verbindungen während der Pyrolyse in der Ausbildung einer zu großen Porosität oder vor allem in der Rißbildung, was schließlich zur Zerstörung der Probekörper führen kann. Deshalb mußte zunächst das Herstellungsverfahren für die auf Polysilazanen (SiCN) basierenden amorphen Keramiken optimiert werden [3,4]. Anschließend wurden die gewonnenen Erkenntnisse auf das quarternäre Si-Ti-C-N- System übertragen. Somit standen zwei unterschiedliche Materialien zur Verfügung, die in ihren Eigenschaften miteinander vergleichbar waren.

Ergebnisse

Für die Herstellung einer kompakten, rißfreien, monolithischen Keramik aus polymeren Vorstufen eignet sich am besten ein modifiziertes Polymerpulververfahren. Verwendet man ausschließlich das Ausgangspolymer, so kommt es während der Pyrolyse durch die Abspaltung gasförmiger Spezies zu einem Masseverlust von 20 bis 40 %, einer Schrumpfung und einem damit verbundenen Anstieg der Dichte von ca. 1,0 auf 2,2 g/cm³ (nach der Pyrolyse bei 1000°C). Dies führt entweder zu einem sehr porösen Material oder, bedingt durch die auftretenden inneren Spannungen, zur Zerstörung des Formkörpers. Es mußte somit ein Mittelweg gesucht werden, der gewährleistet, daß die Abspaltung gasförmiger Verbindungen möglichst minimiert, der Transport dieser Spezies aus dem Material durch eine möglichst geringe Porosität gewährleistet wird und es außerdem zur Pulver-Binder-Koaleszenz kommt.

Die verfahrenstechnisch optimierte Herstellung der SiCN- und der SiTiCN- Probekörper führte zu dem hier skizzierten Verfahren (Bild 1), bei dessen Anwendung Risse in den Proben weitgehend vermieden werden konnten.

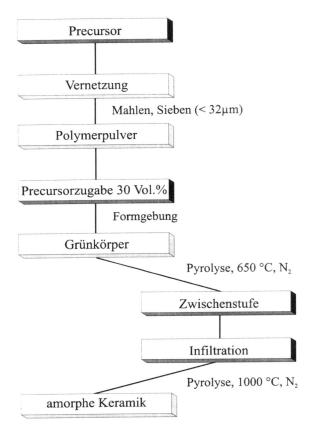

Bild 1: Herstellungsverfahren für amorphe, keramische SiCN- oder SiTiCN- Monolithe

Zur Reduzierung der Porosität nach dem ersten Pyrolyseschritt wurde mit dem als Binder verwendeten Polysilazan unter vermindertem Druck infiltriert und anschließend wiederum bei einer Temperatur von 650 °C (3 K/min auf 300 °C, 1 h Haltezeit, 3 K/min auf 650 °C, 6 h Haltezeit) getempert. Der Vorteil dieser Temperaturstufe besteht einerseits darin, daß die Massenabnahme bis dahin fast abgeschlossen ist, aber andererseits noch eine Restreaktivität vorhanden ist, die eine Pulver-Binder- Koaleszenz zuläßt. Zur Herstellung einer möglichst homogenen Matrix ist es ebenso entscheidend die Reaktivität des Materials zu erhalten, um so Schritt für Schritt die Porosität aufzufüllen, ohne daß es zum Auftreten großer innerer Spannungen kommt, und die einzelnen Infiltrationszyklen ebenso wie Pulver und Binder im resultierenden Gefüge nicht mehr voneinander unterscheidbar sind. Der Infiltrations-Pyrolyse-Zyklus wurde insgesamt viermal durchlaufen, was zu einer starken Herabsetzung der Porosität von anfangs 30 % auf ca 10 % führte (Bild 2). Die abschließende Pyrolyse wurde nach dem folgenden Programm durchgeführt: 3 K/min auf 300 °C, 1 h Haltezeit, 3 K/min auf 1000 °C, 1 h Haltezeit. Bei Temperaturen größer als 1000 °C wurde generell eine Aufheizrate von 10 K/min angewendet.

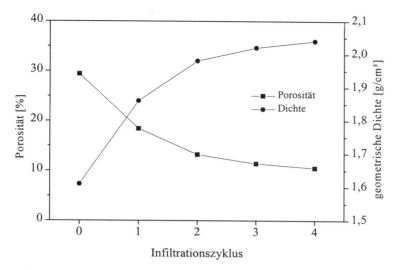

Bild 2: Porosität eines aus SiTiCN- Pulver und Polysilazan-Binder hergestellten, bei 650 °C getemperten Monolithen in Abhängigkeit von der Zahl der Infiltrations-Pyrolyse- Zyklen (abschließende Pyrolyse bei 1000 °C)

Sowohl das ternäre SiCN- als auch das quarternäre SiTiCN- System gewährleisten eine thermische Stabilität bis ca. 1450°C, wobei jedoch ab diesem Temperaturbereich merkliche Kristallisationseffekte zu beobachten sind, die sich in einer weiteren Erhöhung der Dichte, aber einer vergleichsweise geringen Schrumpfung der Monolithe äußern. Ab einer Temperatur von 1500°C zersetzen sich die Matrixmaterialien unter Abspaltung von Stickstoff und der Separierung in kristalline SiC-, Si_3N_4- bzw. Ti(C,N)- Phasen. Um die Auswirkungen dieser Effekte auf die Porosität zu untersuchen, wurden beide Materialien (SiCN, SiTiCN) jeweils 6 h bei unterschiedlichen Temperaturen ausgelagert. Bild 3 zeigt, daß die Porosität bis 1400°C nahezu konstant bleibt. Bei höheren Temperaturen führen die oben genannten Kristallisationseffekte zunächst zu einer Zunahme der Porosität und schließlich zur Zersetzung des Matrixmaterials. Die etwas höhere Porosität bei der SiTiCN- Keramik ist auf die Verwendung eines viskoseren Precursors für die Nachinfiltrationen zurückzuführen, der besonders bei sehr kleinen Poren kein optimales Infiltrieren bis in die Probenmitte zuläßt.

Die drastische Gefügeänderung des amorphen SiTiCN- Matrixmaterials ab einer Temperatur von 1450 °C zeigt sich auch bei den Meßergebnissen, die für Festigkeit und E-Modul ermittelt wurden. Die Auswertung der in den Bildern 3 und 4 aufgeführten Resultate verdeutlicht den Zusammenhang zwischen Porosität und Matrixfestigkeit. Es zeigt sich, daß im Fall der amorphen SiCN- und SiTiCN- Keramiken die Porosität einen entscheidenden Einfluß auf das Festigkeitsverhalten hat.

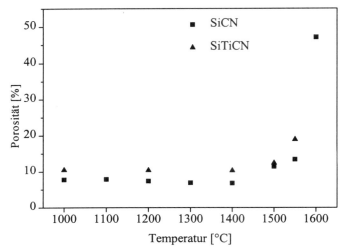

Bild 3: Porosität der SiCN- und SiTiCN- Monolithen (Stäbchen) nach vierfacher Nachinfiltration mit einem Polysilazan in Abhängigkeit von der Pyrolysetemperatur

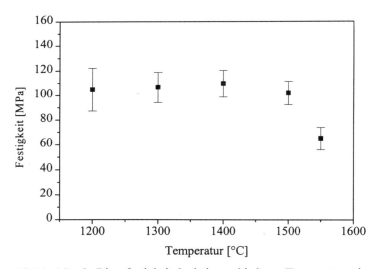

Bild 4: 4-Punkt-Biegefestigkeit der bei verschiedenen Temperaturen jeweils 6 h ausgelagerten Stäbchen (SiTiCN), Probengeometrie (45 × 4 × 3) mm

Für die Herstellung der langfaserverstärkten Verbundwerkstoffe wurden unidirektional gelegte, unbeschichtete Hi-Nicalon- Fasern verwendet. Während diese Fasergelege mit den dünnflüssigeren

Polysilazanen direkt infiltriert werden konnten, ergaben sich bei Verwendung der Polytitanosilazane Probleme, die vor allem auf die hohe Viskosität und die ungenügende thermische Stabilität der Polymere zurückzuführen sind. Diese äußert sich beim Erwärmen in einer weiteren Vernetzung und damit verbunden in einer Erhöhung der Viskosität des Polymers. Durch Zugabe eines Lösungsmittels (Toluol) zum Polymer und der mehrfachen Wiederholung des Infiltrations-Pyrolyse- Zyklus konnten jedoch vergleichbare Probekörper mit 50 Vol% Faseranteil erhalten werden.

Im Hinblick auf das Eigenschaftsprofil dieser Verbundwerkstoffe standen zunächst die mechanischen Eigenschaften im Vordergrund. Bild 5 zeigt die 4-Punkt- Biegefestigkeit von unbeschichteten SiC-Fasern / SiTiCN-Matrix (SiC$_f$/SiTiCN$_m$) Verbundwerkstoffen, die in Stäbchenform mit fünf Infiltrations-Pyrolyse-Zyklen hergestellt wurden. Die Auflageabstände wurden mit 20 und 80 mm gewählt, um den zur Delamination führenden Scherspannungsanteil zu reduzieren. Aus dem Kurvenverlauf in Bild 5 ist ersichtlich, daß eine Lastübertragung von der Matrix auf die Faser erreicht wird. Die erreichten Maximalwerte der Festigkeit liegen jedoch mit ca. 210 MPa (Bruchdehnung etwa 0,6%) unter denen, die für das System SiC$_f$/SiCN$_m$ (bis zu 1 GPa, Bruchdehnungen von etwa 0,4%) ermittelt wurden. Dies ist auf den unterschiedlichen Füllungsgrad des CMCs zurückzuführen, da, wie schon erwähnt, nur mit einer Precursorlösung infiltriert werden konnte. In den Spannungs-Dehnungs- Kurven sind keine deutlichen Bereiche von Matrixrißbildung zu erkennen, was an der Mikrostruktur dieser Verbundwerkstoffe liegt.

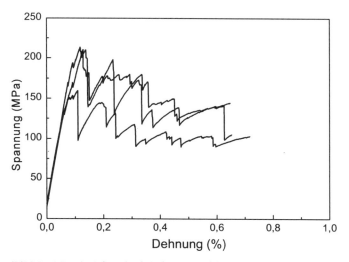

Bild 5: 4-Punkt-Biegefestigkeit von drei identisch hergestellten SiC$_f$/SiTiCN$_m$ Verbundwerkstoffen

Die Mikrostruktur der Verbundwerkstoffe ist in Bild 6 dargestellt. Die einzelnen Infiltrationsstufen können deutlich voneinander unterschieden werden, da keine größeren koaleszierten Matrixbereiche vorliegen. Im Hinblick auf die thermische Stabilität, das Oxidationsverhalten und das Korrosionsverhalten ist eine vollständig koaleszierte Matrix als vorteilhafter anzusehen. Dies kann eventuell durch Pyrolyse bei niedrigeren Temperaturen erreicht werden, wobei es aufgrund der im teilpyrolysierten Zustand noch vorhandenen Funktionalitäten zu einer Koaleszenz kommen kann (s. Herstellung der Monolithe Bild 1).

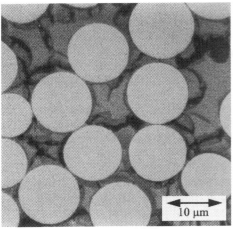 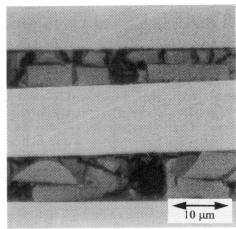

Querschliff   Längsschliff

Bild 6: Mikrostruktur des $SiC_f/SiTiCN_m$- Verbundwerkstoffs

Zusammenfassung

Über ein modifiziertes Polymerpulververfahren konnten erstmals reproduzierbar kompakte, rißfreie, monolithische SiTiCN- Keramiken aus polymeren Vorstufen hergestellt werden. Die wichtigsten werkstoffwissenschaftlichen Parameter dieses zum Matrixaufbau geeigneten Werkstoffs wurden bestimmt. Das bis zu einer Temperatur von 1500 °C stabile Matrixmaterial wurde in Form seiner löslichen, polymeren Vorstufe zum Aufbau eines langfaserverstärkten Verbundwerkstoffes genutzt und dessen Gefügeaufbau und Bruchverhalten charakterisiert. Zu Beginn des Forschungsvorhabens lag die thermische Stabilität der Polytitanosilazane (1500 °C) ca. 150 K über der von Silazanen, so daß im Hinblick auf die erforderliche Hochtemperaturstabilität der Matrix mit diesem Precursor begonnen wurde. Jüngste Forschungen an unserem Institut führten aber zu Polymeren im System Si-C-N, die unter N_2- Atmosphäre eine thermische Stabilität bis 1600 °C besitzen und somit ein sehr großes Potential für weitere Hochtemperaturanwendungen besitzen.

Literatur
[1]   J. Hapke, G. Ziegler, Adv. Mater. 7 (1995) 380
[2]   G. Ziegler, J. Hapke, J. Lücke, Ceram. Trans. 57 (1995) 13
[3]   W. Weibelzahl, D. Suttor, G. Motz, G. Ziegler, Proc. 9th CIMTEC, Florence, Italy, June 1998 (im Druck)
[4]   W. Weibelzahl, G. Motz, D. Suttor, G. Ziegler, Proc. EnCera'98, Osaka, Japan, September   1998 (im Druck)

Untersuchung der Entstehung des Rißmusters während der Pyrolyse von CFK-Vorkörpern zur Herstellung von C/C- Werkstoffen

J. Schulte-Fischedick, M. Frieß, W. Krenkel, Deutsches Zentrum für Luft- und Raumfahrt, Institut für Bauweisen- und Konstruktionsforschung, Stuttgart;
M. König, Universität Stuttgart, Institut für Statik und Dynamik der Luft- und Raumfahrtkonstruktionen, Stuttgart

Einleitung

Die Pyrolyse von faserverstärkten Polymeren ist das bedeutendste Verfahren zur Herstellung faserverstärkter Keramiken. Dies gilt vor allem für kohlenstoffaserverstärkte Kohlenstoffe (C/C). Das Verfahren kann aber auch mit anderen Fasern und Matrixmaterialien eingesetzt werden, so daß es die Herstellung einer Vielfalt unterschiedlicher Werkstoffe erlaubt. Allen diesen Verfahren ist gemeinsam, daß sich aufgrund der behinderten Schrumpfung ein Rißmuster entwickelt, daß einerseits eine Nachverdichtung durch weitere Reinfiltrations- und Pyrolyseschritte erfordert, andererseits aufgrund der Delaminationsgefahr die Größe der herstellbaren Teile begrenzt.
Um die Pyrolyse besser zu steuern zu können, ist es notwendig, die wichtigen Parameter zu identifizieren und ihren Einfluß zu untersuchen. Hierbei spielt die Entstehung der Rißmuster eine herausragende Rolle. Es wurden daher Untersuchungen durchgeführt, um die Entwicklung der Mikrostruktur während der Pyrolyse zu verstehen.

Versuchsdurchführung

Das verwendete CFK-Material besteht aus entschlichtetem Tenax® HTA-Fasergewebe (6K-Leinwand) und einem vollständig aromatischen, stickstoffhaltigen Harz-Precursor (Faservolumengehalt ca. 60%). Die Verbundherstellung erfolgt im Hause mittels des Harzinjektionsverfahrens (RTM). Anschließend wird das Material zur weiteren Aushärtung acht Stunden lang bei 250 °C getempert.
Zur grundlegenden Beschreibung der Vorgänge bei der Pyrolyse wurden zunächst thermogravimetrische und dilatometrische Untersuchungen des Matrixmaterials und des Verbundwerkstoffs durchgeführt. In einer dieser Versuchsreihen wurden CFK-Proben mit der Thermogravimetrie (10 K/min) auf die jeweilige Pyrolysetemperatur (maximal 1550 °C) aufgeheizt und wieder auf Raumtemperatur abgekühlt. Anschließend wurde die entstandene Rißstruktur mit einem Rasterelektronenmikroskop analysiert.
Um tiefere Einblicke in die Pyrolysevorgänge zu erhalten, wurde an einem Schallemissions-Teststand ein Versuch bis 400 °C mit einer Aufheizrampe von 10 K/min und einer Haltezeit von 30 Minuten gefahren. Die Abkühlung erfolgte durch die natürlichen Konvektion und lag deutlich unter 10 K/min. Höhere Temperaturen wurden mit Thermooptischer Analyse (Mikroskop/ Heiztisch) untersucht. Diese Versuche wurden mit Heizraten von 10 K/min bis 890 °C bei 200- und 500-facher Vergrößerung durchgeführt und erlauben eine direkte Beobachtung der Pyrolyse.

Ergebnisse

Die relativen Massenänderungen während der Pyrolyse von CFK sind in Bild 1 dargestellt, die Längenänderungen einer Reinharzprobe während der Pyrolyse in Bild 2. Die Kurven erlauben gemäß (1) die Einteilung in vier Stadien: Das erste Stadium reicht beim CFK bis ca. 420 °C mit schwachen Massenverlusten sowie einer geringen Längenausdehnung, was auf weiterer Aushärtung des Matrixpolymers (Polykondensation) beruht. Der Vollständigkeit halber soll angemerkt werden, daß diese Reaktion bei den CFK-Proben etwas später, aber heftiger als bei Harzproben einsetzt. Dies zeigt sich in den thermogravimetrischen und dilatometrischen Ergebnissen (hier nicht gezeigt). Of-

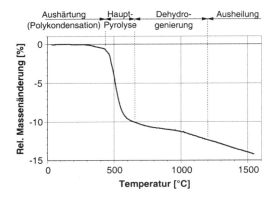

Bild 1: Thermogravimetrie CFK (Heizrate 10 K/min)

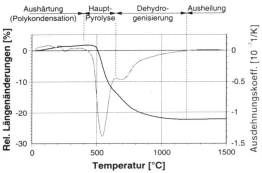

Bild 2: Dilatometrie Reinharz-Probe (Heizrate 5 K/min)

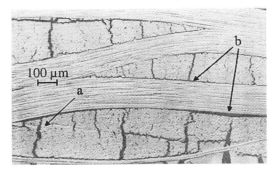

Bild 3: Segmentierungsrisse (a) und Mikrodelaminationen (b) nach Pyrolyse bei 880 °C

fensichtlich bewirken die Fasern eine Stabilisierung der Matrix. Im nächsten Stadium bis ca. 650 °C läuft im wesentlichen die Umwandlung der Kunststoff- in die Kohlenstoffmatrix ab. Diese ist durch starke Massenverluste und starke Schrumpfungen gekennzeichnet. Bei 650 °C befindet sich noch ein Restanteil von Wasserstoff in der Probe. Dieser wird bis ca. 1200°C abgespalten (Dehydrogenierung). Weiterhin tritt ab 1000°C die Abspaltung von Stickstoff auf. In diesem Stadium zeigen sich nochmals deutliche Schrumpfungen, denen aber vergleichsweise geringe Massenverluste gegenüberstehen. Da die HTA Faser bei 1300 °C hergestellt wird (2), laufen alle Reaktionen (im wesentlichen Ausheilungsprozesse) ab dieser Temperatur im gesamten Verbundwerkstoff ab. Dies, zusammen mit der Stickstoffabspaltung, erklärt den Knick in der Massenkurve bei 1000 °C.

Mit den Proben aus der Thermogravimetrischen Analyse wurden Nachuntersuchungen mit einem Rasterelektronenmikroskop durchgeführt. Bild 3 zeigt die Rißstruktur nach einer Auslagerung bei 880 °C. Man sieht, daß man drei Rißtypen unterscheiden kann: Segmentierungsrisse (a), Mikrodelaminationen an der Berandung der Faserbündel (b) sowie Ablösungen der Matrix von den einzelnen Filamenten (hier nicht dargestellt).

Bei den REM-Untersuchungen mit Proben, die bis zu unterschiedlichen Temperaturen gefahren wurden, zeigte sich, daß eine Auslagerung bei Temperaturen von weniger als 420 °C bereits ausreichte, um das grobe Rißmuster (Segmentierungsrisse und Mikrodelaminationen) entstehen zu lassen. Dieser Auslagerungsvorgang wurde mit Hilfe des Schallemissions-Versuchstandes nachgefahren. Das Ergebnis des Versuches, in dem eine maximale Temperatur von 403 °C erreicht wurde, ist in Bild 4 dargestellt. Während der Aufheizrampe wurden lediglich zwei Ereignisse mit Impulsen über 90 dB (bei 330 °C und 375 °C) registriert, erst beim Abkühlen setzt ca. 60 K unterhalb der maximalen Temperatur starke Schallaktivität (Zunahme der Impulssumme) ein. Diese Schallaktivität setzt sich dann abgeschwächt bis zum Ende des Versuchs fort. Es zeigt sich deutlich, daß die Risse bei Auslagerungstemperaturen im Polymerzustand fast ausschließlich beim Abkühlen entstehen.

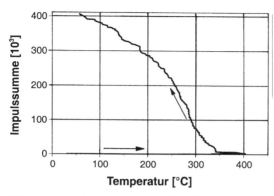

Bild 4: Schallemissionsversuch bis 403°C (Schwellwert: 90 dB)

Es stellt sich nun die Frage, inwieweit dies noch gilt, wenn man Auslagerungstemperaturen innerhalb oder oberhalb der Hauptpyrolyse wählt. Um diese Frage zu beantworten, wurden Proben mit einem Heiztisch pyrolysiert. Bild 5 präsentiert eine Reihe von Aufnahmen, die während der Versuche mit 500- bzw. 200-facher Vergrößerung gemacht wurden. Dargestellt ist in der linken Spalte (500-fach) ein größerer Matrix- Bereich mit zwei in die Bildebene hinein verlaufenden sowie einem in der Bildebene liegendem Faserbündel. In der rechten Spalte (200-fach) zeigen die Aufnahmen mehrere in die Bildebene hineinreichende und drei in der Bildebene verlaufende Faserbündel (von zweien lediglich die Spitze) sowie einen größeren Matrixbereich.

Im Ausgangszustand (oben links) sind bereits einige Ablösungen vor allem am Rand der Faserbündel zu erkennen. Diese sind auf die Temperung zurückzuführen. Bis 510 °C (mitte links) ändert sich an diesem Zustand nicht viel, die Ablösungen treten zwar deutlicher hervor, sind aber bei dieser Temperatur nur in den Grenzflächen zwischen Kett- und Schußfäden miteinander verbunden. Dies ändert sich gravierend in dem nun folgenden Temperaturbereich. Bei 545 °C (unten links) treten auch im Inneren der Faserbündel Ablösungen auf. Die Beobachtung der Ablösungen wird bei diesen Temperaturen durch einen Oberflächeneffekt erschwert: das Harz kann teilweise in das Material zurückschrumpfen. Da es aber noch zumindest teilweise an den Filamenten haftet, entstehen Krümmungen, so daß das Auflicht nicht in das Mikroskop zurückreflektiert wird. Diese gekrümmten Bereiche sind also dunkel. Bild 5 oben rechts zeigt den Zustand bei 550 °C mit 200-facher Vergrößerung. Es scheint, daß die Mikrodelaminationen bei dieser Temperatur bereits weitgehend entwickelt sind. Bei 600 °C (mitte rechts) haben sich dann auch die Segmentierungsrisse gebildet. Vergleicht man dieses Bild mit dem bei der maximalen Temperatur (890 °C, unten rechts), so fällt auf, daß sich in diesem Temperaturbereich (Dehydrogenierung) die Risse zwar deutlich verbreitern und sich noch einige Rißverzweigungen bilden, ansonsten aber die Rißstruktur bei ca. 600 °C weitgehend entwickelt ist. Daran scheint sich auch beim Abkühlen nichts mehr zu ändern.

Diskussion

Bei der Betrachtung der Auswirkungen der Pyrolyse von CFK muß das extrem anisotrope Verhalten der Carbonfasern berücksichtigt werden. Die HTA-Faser zeigt einen thermischen Ausdehnungskoeffizient, der kontinuierlich von von $-0,1 \cdot 10^{-6}$ 1/K bei Raumtemperatur auf $3 \cdot 10^{-6}$ 1/K bei 1000 °C ansteigt (3). In Querrichtung werden für Standardfasern üblicherweise Werte von $10 \cdot 10^{-6} - 18 \cdot 10^{-6}$ 1/K bei Raumtemperatur (4,5) bzw. von 20 °C bis 1300 °C (6) angegeben. Der verwendete Precursor zeigt einen Ausdehnungskoeffizient von $50 \cdot 10^{-6}$ 1/K (im Polymerzustand). Daraus resultiert ein deutlicher thermischer Misfit innerhalb der Gewebeebenen.

Der Schallemissionsversuch bis 403 °C zeigte, daß bei thermische Auslagerungen unterhalb der Hauptpyrolyse die Risse bei Abkühlen entstehen. Betrachtet man ein Faserbündel innerhalb des Gewebes, so tendiert dieses beim Aufheizen quer zur Faserorientierung zunächst zur Ausdehnung. Dies wird aber durch das Gewebe verhindert, so daß die Faserbündel global unter Druckspannungen geraten. Die thermogravimetrische Analyse weist aber bereits für diesen Temperaturbereich chemische Reaktionen aus. Weiterhin zeigt der Precursor ein schwach viskoelastisches Verhalten ($\tan\delta \approx 0,1$ bei T = 340 °C, ermittelt mit DMA). Beides führt zur Spannungsrelaxation, so daß die

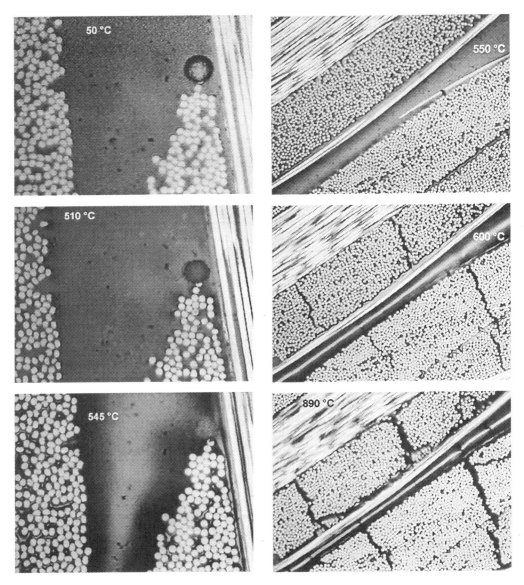

Bild 5: Aufnahmen der Pyrolyse von CFK bis 890 °C mit einem Heiztisch-Mikroskop; linke Spalte mit 500x, rechte Spalte mit 200x Vergrößerung

Temperatur des spannungsfreien Zustands angehoben wird. Zugspannungen treten erst auf, wenn beim Abkühlen diese Temperatur unterschritten wird. Dies erklärt, wieso eine Temperaturdifferenz (hier ca. 60 K) notwendig ist, um die Rißentstehung einzuleiten. Neben Druck-/Zugspannungen wirken noch Schubspannungen an den Berandungen der Faserbündel, insbesondere in den Grenzflächen zwischen Kett- und Schußfäden. Diese führen zunächst zu Faser-Matrix-Ablösungen (s. a. Bild 5 mitte links). Diese können aber vereinzelt bereits in der Aufheizphase miteinander verkettet werden, was die beiden Schallsignale erklären kann, die beim Aufheizen auftraten.

Mit dem Heiztisch-Mikroskop wurde dann die Pyrolyse bis 890 °C untersucht. Es wurde festgestellt, daß Faser-Matrix-Ablösungen unterhalb von 510 °C haupsächlich an den Rändern der Faserbündel auftreten. Erst oberhalb dieser Temperatur treten Ablösungen auch innerhalb der Faserbündel auf. Segmentierungsrisse entstehen im Temperaturbereich zwischen 560 °C und 600 °C. Mikrodelaminationen entwickeln sich kontinuierlich über den gesamten Temperaturbereich, angefangen von den eben erwähnten Ablösungen an den Rändern der Faserbündel. Die Beobachtung, daß die Rißevolution hauptsächlich zwischen 500 °C und 600 °C stattfindet, deckt sich mit den Dilatometerergebnissen von Harzproben, die in diesem Temperaturbereich extrem starke Schrumpfungen aufweisen.

Mit Einsetzen der Pyrolyse fallen in dem noch weitgehend kompakten Material hohe Gasmengen an. Man geht heute davon aus, daß diese Gase zunächst im Material gefangen sind und deshalb in benachbarte Mikroporen diffundieren, in denen dann hohe Drücke entstehen. Die Hohlräume wachsen dadurch und verbinden sich zu einem feinen Netzwerk, bis die Oberfläche erreicht ist und das Material ausgasen kann (7,8).

Nach dieser „Initialzündung" sind es die Schrumpfungen der Matrix, die zur weiteren Degradation des Verbundwerkstoffs führen. Zunächst geschieht dies durch die beobachteten Faser-Matrix-Ablösungen. Dadurch werden Spannungsspitzen abgebaut, die aus dem heterogenen Aufbau des Materials resultieren. Dies führt zu einer Einebnung des Spannungsprofils innerhalb des Faserbündels. Wenn dieses Spannungsprofil die kritische Spannung für den Rißfortschritt überschreitet, entstehen die Segmentierungsrisse durch Verkettung der Ablösungen. Ihre starke Ausrichtung in Dickenrichtung erhalten die Segmentierungsrisse dadurch, daß der Verbund in Dickenrichtung (eingeschränkt) schrumpfen kann, in den Gewebeebenen die Fasern jedoch jegliche Schrumpfung unterbinden.

Die Thermooptische Analyse suggeriert, daß die Mikrodelaminationen bereits weitgehend entwickelt sind, bevor die Segmentierungsrisse entstehen. Dies würde jedoch bedeuten, daß die Übertragung der Kräfte nicht in dem Maße erfolgen kann, wie es für die Segmentierungsrisse notwendig ist. Es muß in diesem Zusammenhang berücksichtigt werden, daß das Heiztisch-Mikroskop nur Oberflächenbetrachtungen zuläßt. In Oberflächen können aber zusätzliche Spannungen auftreten, die im Volumen nicht vorhanden sind. Es kann daraus geschlossen werden, daß die Entwicklung der Mikrodelaminationen erst bei deutlich höheren Temperaturen abgeschlossen ist. Letzlich sind die Mikrodelaminationen das Ergebnis eines komplexen Zusammenwirkens der Schrumpfung des Precursors mit den in den Grenzflächen zwischen Kett- und Schußfäden bzw. zwischen den einzelnen Gewebelagen vorliegenden Schubspannungen. Gerade die interlaminaren Grenzflächen verdienen besondere Beachtung, da in ihnen aus Mikro- die Makrodelaminationen (Bauteilversagen) entstehen können.

Zusammenfassung
Zur allgemeinen Charakterisierung der Pyrolyse wurden thermogravimetrische und dilatometrische Analysen an CFK- und Precursor-Proben durchgeführt. Weiterhin wurde die Pyrolyse mittels Schallemission und thermooptischer Analyse in situ beobachtet.
REM-Aufnahmen zeigten, daß die entstehende Rißstruktur in drei Typen einteilbar ist: Segmentierungsrisse, Mikrodelaminationen sowie Faser-Matrix-Ablösungen. Mit Schallemission wurde nachgewiesen, daß bei Auslagerungen unterhalb der Temperatur der Polymer/Kohlenstoff-Umwandlung (Temperungen) Segmentierungsrisse und Mikrodelaminationen in der Abkühlphase entstehen. Dies ist durch thermomechanische Spannungen innerhalb der Gewebeebenen erklärbar.
Die Aufnahmen des Heiztisch-Mikroskops zeigten, daß im Temperaturbereich von 500 °C bis 600 °C die wesentliche Rißevolution stattfindet. Den Auftakt bilden die Faser-Matrix-Ablösungen, denen ab ca. 560 °C die Segmentierungsrisse folgen. Die Entstehung beider Rißtypen erklärt sich aus den Normalspannungen, die innerhalb der Gewebeebenen aus den in diesem Temperaturbereich vorliegenden, starken Schrumpfungen des Precursors resultieren. Die Mikrodelaminationen entstehen aus einem Zusammenwirken von Matrixschrumpfungen und den in den Faserbündel-Grenzflächen vorliegenden Schubspannungen.
Abschließend kann festgestellt werden, daß zur Untersuchung und Beurteilung der Pyrolyse sowohl die Schallemission, als auch die Thermooptische Analyse einen neuen Zugang bieten.

Danksagung
Der Dank der Autoren gilt vor allem der Deutschen Forschungsgemeinschaft, die diese Arbeit im Rahmen des Graduiertenkollegs 285 („Innere Grenzflächen in kristallinen Materialien") unterstützt und finanziert. Weiterhin bedanken wir uns bei Herrn K. Luthardt, Leica Microsystems GmbH, Wetzlar, für die Bereitstellung eines mit einem Heiztisch ausgerüsteten Mikroskops sowie bei allen Mitarbeitern des DLR-Instituts für Bauweisen- und Konstruktionsforschung für die tatkräftige Unterstützung.

Literatur
(1) G.M. Jerkins, K. Kawamura: „Polymeric Carbons – Carbon Fibre, Glass and Char", Cambridge University Press, London, 1976.
(2) Mündliche Mitteilung des Herstellers
(3) Verkaufsprospekt des Herstellers
(4) G. Savage: „Carbon-Carbon Composites", Chapman & Hall, London, 1993, S. 54.
(5) B. Wulfhorst, G. Becker: „Faserstoff-Tabellen: Carbonfasern", Chemiefasern/Textilindustrie, 39/91[12], 1989, Deutscher Fachbuchverlag, Frankfurt/Main.
(6) P.M. Sheaffer: „Transverse Thermal Expansion of Carbon Fibers", Extended Abstracts 18th Biennial Conf. on Carbon, Am. Chem. Soc., 1987, S. 20-21.
(7) J.-D. Nam, J.C. Seferis: „Initial polymer degradation as a process in the manufacture of carbon-carbon composites", Carbon, 30[5], 1992, S. 751-761.
(8) C.J. Wang: „The effect of resin thermal degradation on thermostructural response of carbon-phenolic composites and the manufacturing process of carbon-carbon composites", Journal of Reinforced Plastics and Composites, 15[10], 1996, S. 1011-1026.

Beschreibung des Festigkeits- und Versagensverhaltens von Faserkeramik (C/C-SiC) unter komplexer mechanischer und korrosiver Beanspruchung im Bereich T > 1650 K

Hans-Peter Maier, Karl Maile, Staatliche Materialprüfungsanstalt (MPA) Stuttgart

1 Einleitung und Zielsetzung

Untersucht wurde der Leichtbauwerkstoff kohlefaserverstärktes Siliziumkarbid im Hinblick auf sein schadenstolerantes Verhalten unter komplexen mechanischen und korrosiven Belastungen im Temperaturbereich über 1650 K. Ziel der Arbeiten war die Darstellung der Zusammenhänge zwischen den herstellungsbedingten Strukturparametern, der Beanspruchung und dem Werkstoffverhalten. Für die Erfassung der Einflüsse der Strukturparameter wurde die Rohrprüftechnik angewendet /1, 5/. Diese hat den Vorteil, daß bei der Probenfertigung kein Faseranschnitt erfolgt, wie dies z. B. bei Flachproben der Fall ist und ferner eine statistische Verteilung von fertigungsbedingten Inhomogenitäten (Porosität, Delaminationen, Ausgangsrißmuster) vorliegt. Zur Ermittlung der Wechselwirkung zwischen Beanspruchung und Schädigungsmechanismus sind gezielte Parameteruntersuchungen erforderlich. Dies schließt Fälle von einachsiger bzw. mehrachsiger Beanspruchung mit statischem und zyklischem Belastungsverlauf ein. Es wurden daher einachsige Zug- bzw. Druckversuche, mehrachsige Torsions- bzw. Zug/Druck-Torsionsversuche durchgeführt und die zugehörigen Spannungs-Verformungs-Kennlinien einschließlich der Versagenswerte ermittelt. Einen besonderen Schwerpunkt bildete der Einfluß des Mediums auf das Versagen.

2 Ergebnisse und Diskussion

Im nachfolgenden wird über wesentliche Ergebnisse der Arbeiten im DFG Schwerpunktprogramm „HÖLEI" /10/ berichtet, wobei ergänzend auch Erkenntnisse aus /6, 9, 11/ zur Abrundung der Darstellung herangezogen werden. Entsprechend der Zielsetzung werden zwei Schwerpunkte vorgestellt:
a) Die Beschreibung des Mediumeinflußes auf das Versagensverhalten von kohlefaserverstärktem Siliziumkarbid unter Berücksichtigung der Parameter Beanspruchung und Herstellung.
b) Die Beschreibung des Versagensverhaltens in inerter Atmosphäre

2.1 Einfluß des Mediums auf das Versagensverhalten
2.1.1 Verhalten unter zyklischer Beanspruchung

Zur Beschreibung des Werkstoffverhaltens wurden Zug/Druck- sowie Torsionswechselversuche bei unterschiedlichen Spannungsamplituden bei 1600°C in Luft und Argon durchgeführt, Bild 1. Man erkennt eine stetige Abnahme der Spannungsamplitude bei zunehmender Bruchlastspielzahl bei Zug/Druck-Wechselversuchen, Bild 1 links. Im Vergleich zu den Versuchen in Argon fällt die Kurve bei Versuchen in Luft stärker ab. Dieser Kurvenverlauf ist offensichtlich mit der Schädigung durch Oxidation zu erklären. Durch die Wechselbelastung werden Matrixrisse aufgeweitet und wieder geschlossen. Durch die aufgeweiteten Risse gelangt Sauerstoff an die Fasern und oxidiert diese. Dieser Vorgang ist zeit- und belastungsabhängig. Bei großen Beanspruchungsamplituden > 60 MPa liegt ein gemeinsames Streuband der Versuche in Luft und in Argon vor, d.h. das Versagen wird ausschließlich über die mechanische Komponente bestimmt. Einen wesentlich drastischeren Abfall

der Zeitfestigkeit in Luft ist bei Torsionswechselversuchen ab 600 Lastwechsel zu beobachten, Bild 1 rechts.
Bei Torsionswechselbeanspruchung wirkt sich die Faser-Matrix-Festigkeit wesentlich stärker aus als bei den Zug-Druck-Wechselversuchen. Demzufolge ergibt sich bei Faserabbrand der beobachtete drastische Abfall der Zeitfestigkeit. Aber auch die Anlagerung oxidischer Phasen in der ersten Phase der Oxidationsschädigung vor dem sich anschließendem Faserabbrand bewirkt über die Erhöhung der Oberflächenrauhigkeit eine tendenzmäßig geringere Zahl der ertragbaren Wechsel bis zum Anriß: im gemeinsamen Streuband bis rund 600 Wechsel liegen Versuche in Luft im unteren Streubandbereich.

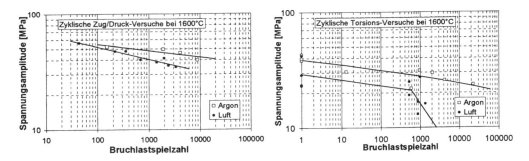

Bild 1: Zusammenhang von Bruchlastspielzahl (Lebensdauer) und Spannungsamplitude in zyklischen Zug/Druck- (links) sowie Torsions-Versuchen (rechts) an C/SiC-Rohrproben bei 1600 C in Argon und Luft.

2.1.2 Zeitstandversuche von beschichteten Rohren

Es wurden Zeitstandversuche an beschichteten C/SiC-Proben bei 1600°C in Luft durchgeführt. 7 C/SiC-Rohrproben wurden beim Industriepartner Schunk Kohlenstofftechnik an der Oberfläche mit einer SiC-Oxidationsschutzschicht (CVD-Verfahren) versehen. Die Schichtdicke betrug an der Rohraußenseite etwa 60 µm. An den Proben wurden Zeitstandversuche (unter konstanter Zuglast) bei 1600°C durchgeführt. In Bild 2 ist die Zeitstandkurve aufgetragen.

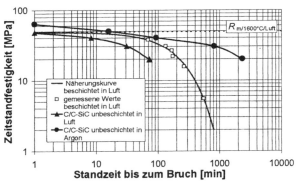

Bild 2: Abnahme der Festigkeit von beschichteten C/SiC-Rohren mit zunehmender Standzeit bei 1600°C in Luft

Für die Näherungskurve gilt zwischen der bei 1600°C in Luft herrschenden konstanten Zugspannung σ und der Standzeit t_B bis zum Bruch:

$$\sigma = \sigma_0 \cdot \exp(-(t_B / t_e)) \quad (1)$$

Zur Bruchzeit $t_B = 0$ gehört dabei die Spannung σ_0. In der die Lebensdauer charakterisierenden Zeit t_e fällt die Zeitstandfestigkeit um 1/e ab. Verglichen mit den unbeschichteten C/SiC-Rohren hat sich durch die Beschichtung die Kurzzeitstandfestigkeit σ_0 (1600°C, Luft) um ca. 23% und der Zeitparameter t_e um den Faktor 2,3 erhöht. Vergleicht man jedoch mit den Versuchen in Argon, dann kann festgestellt werden, daß der Oxidationsschutz bezüglich der Lebensdauerverlängerung noch nicht als optimal anzusehen ist.
Bei drei C/SiC-Rohrproben wurden mittels Vakuum-Plasmaspritzen der Beschichtungswerkstoff Mullit aufgebracht. Außerdem wurden verschiedene Bindeschichten hinzugefügt. Die Verlängerung der Standzeit beträgt bei der Probe ohne Zwischenschicht den Faktor 4. Mit Si-Bindeschicht wird mit dem Faktor 3,7 ein annähernd gleicher Wert erreicht. Die NiCrAl$_4$-Bindeschicht macht den Oxidationsschutz völlig unwirksam /11/.
Untersuchungen mit Oxidationsschichten auf HfC-Basis (HfC-Oxidationsschutzschicht Em 31/7), Bild 3, ergaben bei Rohrproben unter konstanter Zugbelastung von 50 MPa bei 1600°C in Luft und Argon eine Steigerung der Standzeit um das 5-fache in Luft, und um das 20-fache in Argon. Eine Zusammenfassung der Ergebnisse zeigt Bild 4.

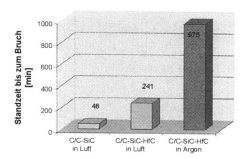

Bild 3: *Standzeiten bei Beschichtung mit HfC*

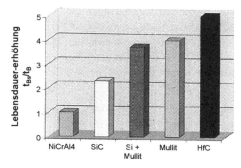

Bild 4: *Lebensdauererhöhung im Zeitstandversuch (Luft, 1600°C) durch Beschichtung im Versagensbereich bis 1000 min.* /11/

2.1.3 Einfluß der Auslagerung und des Silizierungsgrads

Die Auswirkung der Oxidation bzw. der Faserschädigung wurde anhand von Druckversuchen bei Raumtemperatur in Luft mit unterschiedlich lang (zwischen 10 min und 60 min) bei 1600°C in Luft ausgelagerten Rohrproben untersucht. Als Strukturparameter wurde der Silizierungsgrad berücksichtigt. Bei gleichem Silizierungsgrad zeigt sich ausgehend vom ungeschädigten Zustand eine mit zunehmender Auslagerungsdauer abnehmende Druckfestigkeit (Proben S139, S125, S137, S123 in Bild 5). Neben der Festigkeit wird auch die Bruchstauchung mit zunehmender Auslagerungsdauer verringert, da die Knickstabilität der Rohre durch die infolge der Auslagerung bzw. infolge des Abbrands entstehenden Hohlräume verringert wird. Ebenso ist eine Abnahme des E-Moduls mit steigender Auslagerungsdauer zu erkennen.

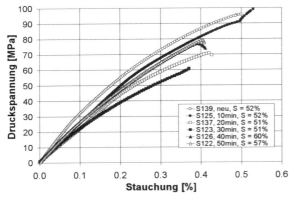

Bild 5: Druckversuche an C/C-SiC-Rohren bei 1600°C

Der Silizierungsgrad der Proben, der den Massenanteil von SiC im Werkstoff angibt, ist neben der Auslagerungdauer von großem Einfluß auf die Korrosionsgeschwindigkeit und damit die Festigkeit. Das die Kohlenstofffasern umgebende SiC wirkt als Oxidationsschutz für die Fasern, weshalb höhere Silizierungsgrade den E-Modul sowie die Festigkeit nach der Auslagerung erhöhen. Dies ist an den Proben S126 und S122 in Bild 5 zu erkennen, die zwar für 40 bzw. 50 min bei 1600 C in Luft ausgelagert wurden, aber dennoch im Vergleich zu den kürzer ausgelagerten Proben mit niedrigerem Silizierungsgrad eine höhere Druckfestigkeit aufweisen.

2.2 Beschreibung des Versagensverhaltens unter mehrachsiger Beanspruchung

2.2.1 Stochastisches Schädigungsmodell

Das experimentell beobachtete nicht-lineare Spannungs-Dehnungs-Verhalten im einachsigen Zugversuch legt die Vermutung nahe, daß der Werkstoff schon bei kleiner Anfangsspannung irreversibel geschädigt wird. Unter der Annahme, daß die mikroskopische Werkstoffschädigung gleichmäßig über das ganze Volumen statistisch verteilt ist und zumindest bei kleinen Spannungen die Ausbreitung mehrerer Risse in der Matrix bestimmend ist, kann man eine integrale Schädigungszahl S einführen, welche die Schädigung charakterisiert. Mit Hilfe von vereinfachten Annahmen bezüglich der Schädigungsentwicklung sowie einer Anfangsschädigung S_0, wurde ein Spannungs-Dehnungs-Gesetz für den einachsigen Zugversuch aufgestellt.

$$\sigma = E_0 \cdot \varepsilon \cdot \exp(-(\varepsilon/\varepsilon_0)^p) \qquad (2)$$

Dieses Spannungs-Dehnungs-Gesetz beschreibt das mechanische Verhalten von C/SiC im einachsigen Zugversuch. Dabei müssen die drei Parameter E_0, ε_1 und p experimentell bestimmt werden. Der Parameter p stellt eine empirische Größe dar und beschreibt das Rißausbreitungs- und Rißstoppverhalten des Werkstoffs phänomenologisch. Der Parameter ε_0 ist ein Maß für die quantitative Schädigungsentwicklung im Verhältnis zur Dehnung und der Parameter E_0 ist der Anfangs-E-Modul. Mit Hilfe der Gleichung (2) wurden Modellkurven erstellt, deren Abweichung von den Meßpunkten der Zugversuche an C/C-SiC-Rohren im Mittel lediglich 0,1 bis 0,3 MPa betrugen. Allerdings ergaben sich bie der Anpassung dieser Gleichung für jeden Versuch unterschiedliche Parameter p und ε_0. Die Rückführung dieser Kurvenparameter auf wahre einheitliche statistische Materialkennwerte, die unabhängig von der aktuellen Belastungsart sind, erfordern weiterführende Untersuchungen.

2.2.2 Mehrachsige Beanspruchung

Um das Werkstoffverhalten unter mehrachsiger Belastung zu ermitteln, wurden kombinierte Versuche unter gleichzeitiger Zug-Torsionsbelastung bzw. Druck-Torsionsbelastung bei 1600°C in Luft durchgeführt. Bei der Verifizierung einer Festigkeitshypothese muß die werkstoffbedingte Streuung der Versuchsergebnisse berücksichtigt werden. Ferner ist zu überprüfen, ob eine systematische Variation der Faserrichtung zur maximalen Hauptspannung erfaßt werden kann. Beides konnte im Rahmen der begrenzten Versuchszahl nicht erfolgen. Insbesonders der letzte Punkt wurde nur stichprobenhaft untersucht. Ungeachtet gängiger Festigkeitshypothesen wird die Annahme getroffen, daß sich das Verhältnis der Bruchspannungen (Zug/Druck und Torsion) bei kombinierten Zug/Druck-Torsionsversuchen mathematisch durch eine Kurve zweiter Ordnung (Kegelschnitt) beschreiben läßt. Diese Erkenntnis stützt sich wiederum auf die im Bild 6 dargestellten Versuchsergebnisse ab. Wenn alle denkbaren Kegelschnitt-Formen (Geraden, Parabel, Hyperbel, Kreis, Ellipse) in Betracht gezogen werden, so stellt sich heraus, daß die gemessenen Werte eindeutig am besten durch eine zur Druckseite hin offene, aber begrenzte (abgeschnittene) Parabel beschrieben werden können.

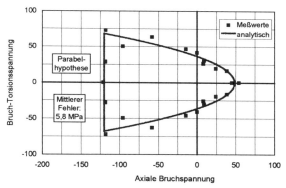

Bild 6: Bruchspannungen bei kombinierten Zug/Druck-Torsionsversuchen an C/SiC-Rohrproben bei 1600°C an Luft

Die Beziehung zwischen der axialen Bruchspannung σ_v und der Bruch-Schubspannung τ_v ist dann durch die Gleichung (3) oder durch die Gleichung (4) definiert, wobei die in Gleichung (5) beschriebene Einschränkung gilt. Dabei ist R_m die Zugfestigkeit, τ_m die Schubfestigkeit und σ_d die Druckfestigkeit (Betrag).

$$\sigma_v / R_m = 1 - (\tau_v / \tau_m)^2 \qquad (3)$$
$$\text{oder} \quad \sigma_v = - \sigma_d \qquad (4)$$
$$\sigma_v \geq - \sigma_d \qquad (5)$$

3 Zusammenfassung

Die während der Auslagerung stattfindende Degradation der Fasern beeinflußt erwartungsgemäß Festigkeit und Steifigkeit, wobei eine deutliche Abhängigkeit vom Silizierungsgrad vorliegt. Zur Ermittlung des Werkstoffverhaltens unter mehrachsiger Belastung wurden Experimente mit zyklischen Belastungen sowie statische Versuche mit kombinierten Zug/Druck-Torsionsbelastungen bei

1600°C in Luft, sowie LCF-Versuche (Zug/Druck- und Torsions-Wechsel) bei 1600°C in Argon und in Luft durchgeführt. Bezüglich der Zusammenhänge zwischen der Hochtemperatur-Zeitfestigkeit und der Bruchlastspielzahl wurden analytische Beziehungen zur Abschätzung der Lebensdauer aufgestellt. Anhand dieser Ergebnisse wurde untersucht, inwieweit herkömmliche Festigkeitshypothesen zur Beschreibung des Verhaltens geeignet sind. Mit einer phänomenologischen Parabelhypothese konnte eine relativ gute Übereinstimmung erzielt werden. Zur Charakterisierung des Spannungs-Dehnungs-Verhaltens wurde ein stochastisches Schädigungsmodell entwickelt, woraus sich direkt ein einfaches Werkstoffgesetz ableiten ließ.

Die Effizienz von Korrosionsschutzschichten wurden in Kooperation mit anderen Instituten anhand von Zeitstandversuchen in oxidierenden Medien untersucht. Grundlage hierfür war die Gegenüberstellung mit Bruchzeiten unbeschichteter Proben. Je nach Medium konnten mit den vorliegenden einlagigen Schutzschichten teilweise nur geringe Steigerungen der Standzeiten erzielt werden.

4 Eigene Veröffentlichungen

/1/ *Arendts, F.J.; Theuer, A.; Maile, K.; Kuhnle, J.; Neuer, G. und Brandt, R.:* Thermomechanical and Thermophysical Properties of Liquid Siliconized C/C-SiC; Z. Flugwiss. Weltraumforsch. 19 (1995).

/2/ *Arendts, F.J.; Theuer, A.; Maile, K. und Kuhnle, J.:* Mechanical Behaviour of Different Sized C/SiC-Tubes under Multiaxial Loading and Temperatures up to 1600°C; Silicates Industrial - Journal of the Belgian Ceramic Society, 1995.

/3/ *Maile, K.; Udoh, A. und Walz, D.:* Das Schädigungsverhalten von C/C-SiC, Materialprüfung, 40 (1998) 6, S. 1 ff.

/4/ *Maile, K. und Maier, H.-P.:* Schädigungsverhalten von Strukturelementen aus dem Werkstoff C/C-SiC unter mechanisch-thermischer Belastung, Materialprüfung, in Vorbereitung

/5/ *Kuhnle, J.:* Verhalten des Werkstoffs C/SiC bei hohen Temperaturen und Sauerstoffkorrosion, Dissertation, Universität Stuttgart 1998.

/6/ *Kußmaul, K.; Maile K.; Wolf H. und Kuhnle J.:* Untersuchungen zum Einsatz und zur Entwicklung eines Hochtemperaturwärmetauschers in Kohlestaubfeuerungen, Stiftung Energieforschung Baden-Württemberg, Februar 1997.

/7/ *Maile, K.; Kussmaul, K. und Walz, D.:* Evaluation of Damage in C/C-SiC By Means of Conductivity Based NDT-Methods, 5th International Conference on Composites Engeneering, July 5-11, 1998, Las Vegas.

/8/ *Maile, K. und Maier, H.-P.:* Deformation and Failure Behaviour of thermomechanically loaded C/C-SiC, 6. IEKC, Stuttgart 1998.

/9/ *Maile, K. und Maier, H.-P.:* Thermomechanisches Verhalten von C/C-SiC, Materialkennwerte-Ermittlung, Arbeits- und Ergebnisbericht 1998, SFB 259.

/10/ *Kußmaul, K., Kuhnle, J. und Klotz, U.:* Beschreibung des Festigkeits- und Versagensverhaltens von Faserkeramik (C/SiC) unter komplexer mechanischer und korrosiver Beanspruchung im Bereich T > 1650°K, Bericht zum DFG-Vorhaben Ku 260/34-5, 1996

/11/ *Maile, K. und Maier, H.-P.:* Faserverbundkeramik unter mehrachsiger Belastung mit Korrosionseinfluß; Keramikverbund Karlsruhe-Stuttgart; Beiratsbericht 1998

Die vorgestellten Untersuchungen wurden im Rahmen des DFG Schwerpunktprogrammes „Höchsttemperaturbeständige Leichtbauwerkstoffe - insbesondere keramische Verbundwerkstoffe", Geschäftszeichen II D 2 Ku 260/34 gefördert, wofür an dieser Stelle gedankt sei.

Modellierung der elastischen Eigenschaften von texturierten, transversal isotropen Schichtphasen in unidirektional langfaserverstärkten Verbundwerkstoffen

S. Frühauf; E. Müller, Institut für Keramische Werkstoffe, TU Bergakademie Freiberg

Einleitung

Bei der Vorhersage der effektiven elastischen Eigenschaften von langfaserverstärkten Verbundwerkstoffen steht man heute vor dem Problem, daß die elastischen Eigenschaften von Faserbeschichtungen und in-situ bei der Herstellung entstandenen Reaktionsschichten nicht bekannt und nicht oder nicht vollständig experimentell bestimmbar sind. Der Gegenstand dieses Artikels ist die modellhafte Beschreibung der elastischen Eigenschaften von anisotropen Grenzflächenphasen. CVD-abgeschiedene Faserbeschichtungen und kristalline Reaktionsschichten zeigen häufig Vorzugsorientierungen der Kristallite und erhalten dadurch anisotrope Eigenschaften. Unter den Reaktionsschichten sind z.B. texturierte graphitische Kohlenstoff-Faserschichten in mit polymerabgeleiteten SiC-Fasern (z.B. NICALON- Fasern) verstärkten Gläsern und Glaskeramiken bekannt.[1] Andere Beispiele für texturierte Schichtphasen sind z.B. die transkristallinen Grenzflächenphasen in Polymermatrixverbunden, z.B. kristalline Polypropylen-Phasen.[2] Die Kristallitvorzugsorientierung der Grenzflächenphasen ist an die Faserarchitektur, d.h. genauer gesagt, an die Ausrichtung der Faseroberflächen gekoppelt. Da ein unidirektional langfaserverstärkter Verbundwerkstoff bei statistisch homogener Faserverteilung transversal isotrope Eigenschaften besitzt, ist auch für eine an der Faser-Matrix-Grenzfläche gelegene, die Faser vollständig einhüllende Phase eine transversale isotrope Symmetrie der Eigenschaften anzunehmen. Als Beispiele für die Anwendung der modellierten Grenzphaseneigenschaften werden die effektiven axialen Young-Moduli eines Polymermatrix- und eines Glasmatrixverbundes berechnet und diskutiert.

Modellhafte Beschreibung der elastischen Eigenschaften einer Grenzflächenphase

Wir betrachten eine polykristalline Phase, die sich an der Grenzfläche zwischen Faser und Matrix ausbildet und die Faser vollständig und mit konstanter Dicke einhüllt. Die Vorzugsorientierung der Kristallite korrespondiert mit der ideal kreiszylindrischen Fasergeometrie. Eine ausgezeichnete Orientierungsrichtung aller Kristallite verläuft parallel zur Faserachse, eine dazu senkrecht stehende Richtung dementsprechend senkrecht zur Faserachse. Anstatt einzelner Kristallite betrachten wir hier einkristalline Subzellen mit sehr kleiner Breite, um die Kreisringsektoren durch rechteckige Zellen beschreiben zu können, die auf der Faseroberfläche mit transversal statistisch homogener Orientierungsverteilung (rotationssymmetrisch) angeordnet sind. Die Dicke der Subzellen entspricht der der betrachteten Grenzflächenphase und die Länge der des Verbundmodells (bei Verbundzylindermodell unendlich lang). Abbildung 1 zeigt schematisch die idealisierte Textur einer Grenzflächenphase (am Beispiel einer hexagonalen Elementarzelle) und die Lage des Kristall- bzw. des Subzellenkoordinatensystems zum globalen Verbundkoordinatensystem. Basierend auf der angegebenen Orientierungsverteilung der Kristallite und mithilfe der Polykristall-Näherungen nach VOIGT und REUSS[3] für die richtungsabhängigen Eigenschaften von Polykristallen können die elastischen Eigenschaften einer derartig texturierten Grenzphase folgendermaßen berechnet werden. Die Steifigkeit $\tilde{C}$ erhält man aus Gleichung (1), die aus der isostrain-Näherung nach VOIGT für unser Modell resultiert

$$\tilde{C} = \frac{1}{2\pi} \int_\varphi \left(\omega C \omega^T \right) d\varphi \qquad (1)$$

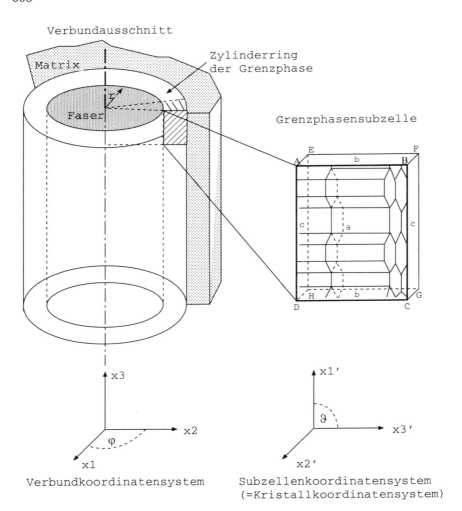

Abbildung 1: **Modell einer texturierten Phase an der Faser-Matrix-Grenzfläche**

und analog die Nachgiebigkeit $\tilde{S}$ aus Gleichung (2),

$$\tilde{S} = \frac{1}{2\pi} \int_\varphi \left(\omega S \omega^T\right) d\varphi \qquad (2)$$

welche der isostress-Näherung nach REUSS entspricht. Die beiden obigen Gleichungen drücken formal die Bildung des mathematischen Mittelwertes der elastischen Eigenschaften aller einkristallinen Subzellen der betrachteten Grenzflächenphase über dem Drehwinkel φ aus (siehe Abbildung), wobei ω der Transformationstensor ist, der die Drehung um die Faserachse beschreibt.

Berechnung der effektiven Eigenschaften des Verbundes mit Grenzflächenphase

Für die Berechnung des effektiven axialen Young-Moduls verwenden wir das Verbundzylindermodell nach HASHIN [4]. (Eine ausführliche Darstellung des Modells ist in der angegeben Veröffentlichung zu finden, es ist für die Berechnung aller fünf unabhängigen Elastizitätskonstanten geeignet.) Die texturierte Grenzflächenphase mit der obigen Struktur und den modellierten Eigenschaften befindet sich im repräsentativen Volumenelement des Modells als dritte Zylinderphase zwischen der Faser und der die Modellanordnung nach außen abgrenzenden Matrixphase. Das repräsentative Volumenelement wird einer axialen Zugbelastung unterworfen, wobei die homogenen Randbedingungen für Verschiebungen und Spannungen angenommen werden.

Folgende Differentialgleichung, ausgedrückt mit der Verschiebungfunktion $u(r)$ in Zylinderkoordinaten, ergibt sich aus dem, den Gleichgewichtszustand des Modells bestimmenden, Gleichungssystem der Elastizitätstheorie

$$r^2 u(r)'' + r\, u(r)' - u(r) = 0 \qquad (3)$$

Die allgemeine Lösung für jede Phase n (n=f-Faser, i-Interphase, m-Matrix) dieser Differentialgleichung lautet

$$u(r)^n = A^n r + \frac{B^n}{r} \qquad (4)$$

Mithilfe der Randbedingungen können die unbekannten Konstanten A^n und B^n, damit die Verschiebungen, die daraus resultierenden Spannungen und schließlich der effektive axiale Young-Modul E_A^* des Modellverbundes anhand von Gleichung (5)[4]

$$E_A^* = \frac{\overline{\sigma}_{zz}}{\epsilon_{33}^\circ} \qquad (5)$$

aus dem Spannungsmittelwert $\overline{\sigma}_{zz}$ und der Verzerrung ϵ_{33}° in axialer Richtung berechnet werden.

Ergebnisse

Die genäherten Eigenschaftstensoren wurden für eine graphitische Grenzphase, wie sie z.B. in NICALON- faserverstärkten Gläsern beobachtet wurde, und für eine kristalline Polypropylenphase eines kohlenstoffaserverstärkten Polypropylenverbundes berechnet. Die erhaltenen elastischen Eigenschaften werden in den Tabellen 1 und 2 als Ingenieurkonstanten im Vergleich zu den Einkristalldaten angegeben. Zur Veranschaulichung der Richtungsabhängigkeit der berechneten Young-Moduli sind in Abbildung (2) die Young-Modul-Richtungskurven für die graphitische und in Abbildung (3) die Young-Modul-Richtungskurven für die Polypropylen-Grenzflächenphase dargestellt.

Konstante	Graphit-einkristall[5]	Näherung nach Voigt	Näherung nach Reuss
E_{11} in GPa	1020	361	24
E_{33} in GPa	36	1026	1020
ν_{21}	0.16	0.33	0.66
ν_{31}	0.012	0.17	0.25
G_{23} in GPa	4	222	8
G_{12} in GPa	438	135	7

Tabelle 1: **Vergleich der errechneten Ingenieurkonstanten für eine graphitähnliche Grenzphase mit den Einkristalldaten**

Konstante	Polypropylen-kristallin[5]	Näherung nach Voigt	Näherung nach Reuss
E_{11} in GPa	0.52	1.11	0.89
E_{33} in GPa	1.49	0.63	0.52
ν_{21}	0.68	0.14	0.10
ν_{31}	0.14	0.66	0.70
G_{23} in GPa	0.55	0.35	0.24
G_{12} in GPa	0.15	0.48	0.40

Tabelle 2: **Vergleich der berechneten Ingenieurkonstanten einer kristallinen Polypropylen-Grenzflächenphase mit den Einkristalldaten**

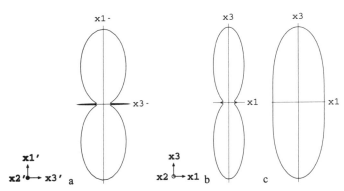

Abbildung 2: **Young-Modul-Richtungskurven einer graphitischen Grenzphase : a) Subzelle im Kristallkoordinatensystem (KKS), b) Grenzphase aus Reuss'scher Näherung und c) Voigt'scher Näherung im Verbundkoordinatensystem (VKS)**

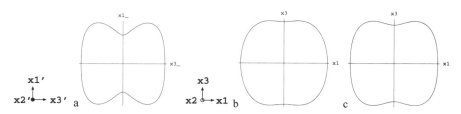

Abbildung 3: **Young-Modul-Richtungskurven einer Polypropylen- Grenzphase: a) Subzelle im KKS, b) Grenzphase aus Reuss'scher Näherung und c) Voigt'scher Näherung im VKS**

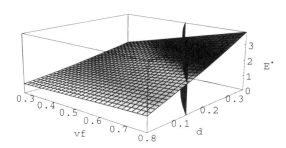

Abbildung 4: Effektiver axialer Young-Modul eines SiC-Faser-Glasverbundes mit graphitischer Grenzflächenphase (bzgl. SiC-Fasermodul) vs Faservolumenanteil v_f und relativer Grenzphasendicke d

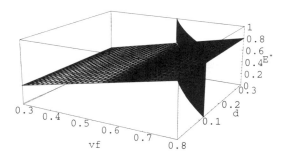

Abbildung 5: Effektiver axialer Young-Modul (bzgl. C-Fasermodul) eines C-Faser-Polypropylenverbundes mit transkristalliner Grenzflächenphase vs Faservolumenanteil v_f und rel. Grenzphasendicke d

Die Näherungswerte für die elastischen Grenzflächeneigenschaften finden Eingang in die Berechnung der effektiven elastischen Eigenschaften eines unidirektional langfaserverstärkten Verbundes. Der effektive axiale Young-Modul E* ist als Funktion der relativen Dicke der Grenzflächenphase d (bezogen auf Faserradius) und des Faservolumenanteils v_f in Abbildung (4) für einen NICALON-faserverstärkten Glasmatrixverbund mit einer graphitischen Grenzflächenphase (NICALON-Faser: E_A=200 GPa, SUPREMAX-Glasmatrix: E_A= 87 GPa) dargestellt und in Abbildung (5) für einen C-faserverstärkten Polypropylenverbund mit einer kristallinen Polypropylen-Grenzflächenphase (C-Faser (HM): E_A= 827 GPa, Polypropylen amorph: E_A=0.5 GPa). Die vertikal eingezeichnete Begrenzungsfläche resultiert aus der geometrischen Bedingung für die erreichbare Grenzphasendicke

$$d < \frac{1}{\sqrt{v_f}} - 1 \qquad (6)$$

Diskussion

Der effektive axiale Young-Modul des faserverstärkten Glasverbundes steigt mit zunehmender Dicke der texturierten graphitischen Grenzphase deutlich, da die Richtung der höchsten Steifigkeit der einkristallinen Subzellen (senkrecht zur x'$_3$-Achse des Kristallkoordinatensystems) parallel zur Faserachse verläuft und mit der Belastungsrichtung zusammenfällt. Die Steifigkeit des Verbundes wird jedoch aufgrund des stark anisotropen Charakters der texturierten Grenzphase in axialer und transversaler Richtung unterschiedlich stark beeinflußt. Das ergeben die Berechnungen der übrigen effektiven elastischen Moduli.[6] Einen wesentlich geringeren Einfluß zeigt dagegen die kristalline Grenzphase des Polymermatrix- Verbundes. Ursache hierfür ist der hohe axiale Modul der Kohlenstoffaser. Der Anteil der Matrix und der aus der Matrix kristallisierten Grenzphase an der gespeicherten elastischen Energie ist aufgrund der relativ geringen Moduli im Vergleich zur Faser gering und bei hohen Faservolumenanteilen vernachlässigbar. Dieses Ergebnis steht in Einklang mit der Tatsache, daß die Steifigkeit in axialer (d.h. Faser-) Richtung in Polymermatrixverbunden im wesentlichen von den Verstärkungsfasern realisiert wird, während bei Verbunden mit glas- oder keramischer Matrix beide Verbundkomponenten vergleichbare elastische Eigenschaften besitzen. Eine zusätzliche Phase mit stark abweichenden Eigenschaften verändert demzufolge im letztgenannten Fall die effektiven Eigenschaften wesentlich.

Danksagung

Die Autoren danken der DFG für die finanzielle Förderung der Untersuchungen, die im Rahmen des DFG-Graduiertenkollegs "Werkstoffphysikalische Modellierung" der Bergakademie Freiberg durchgeführt wurden.

Literatur

[1] A.Hähnel, Dissertation, Freiberg 1995

[2] J.L.Thomason, A.A.Van Rooyen, J.of Mater.Sci. 27 (1992) 888-896

[3] H.J. Bunge in "Preferred orientation in Deformed Metals and Rocks" (Ed. H.R.Wenk), Academic Press: Orlando, Florida 1985, 507

[4] Z. Hashin, B.W.Rosen, J.Appl.Mechanics (1964) 223-232

[5] Landoldt-Börnstein; Springer-Verlag: Berlin 1979, Vol.11

[6] Frühauf,S.;Publikation in Vorbereitung

Zerstörungsfreie Charakterisierung von hochtemperaturbeständigen Faserverbundwerkstoffen mittels Ultraschallverfahren

S. Hirsekorn, S. U. Faßbender*, A. Fery, A. Wegner, A. Koka, W. Arnold, Fraunhofer Institut für zerstörungsfreie Prüfverfahren (IZFP), *Q-Net GmbH, Saarbrücken

Einleitung

Leichtbauwerkstoffe auf CFC-Basis (Kohlefaserverstärkter Kohlenstoff) sind wegen ihrer Temperaturbeständigkeit für Einsätze bei sehr hohen Temperaturen geeignet. Werden die Fasern vor Oxidation geschützt, sind diese Werkstoffe in ihren Gebrauchseigenschaften im Höchsttemperaturbereich allen anderen bekannten Werkstoffen überlegen. Um diese Eigenschaften zu optimieren, ist die Kenntnis ihres thermo-physikalischen Verhaltens von Bedeutung. Neben der Ermittlung der Festigkeitswerte und des Ermüdungsverhaltens bei hohen Temperaturen sind Kenntnisse der elastischen Eigenschaften zur Beurteilung des Ausgangszustandes der Werkstoffe und der bei Belastung erfolgten Schädigungen wichtig. Im Rahmen des Schwerpunktprogramms "Hochtemperaturbeständige Leichtbauwerkstoffe, insbesondere keramische Verbundwerkstoffe" wurden Forschungen zur Herstellung dieser Werkstoffe durchgeführt. Ziel war die Verbesserung ihrer mechanischen, thermischen und chemischen Eigenschaften durch strukturelle Optimierungen. In dem hier dargestellten Teilprojekt wurden die Grundlagen zu Ultraschallverfahren für die Prüfung und Charakterisierung von CFC- und anderen Verbundwerkstoffen und Bauteilen erarbeitet. Zunächst wurde das Potential der akustischen Rastermikroskopie (1-3), der Hochfrequenzultraschallprüfung (2) und der Anregung von Ultraschall mit Laserpulsen und dessen Detektion durch optische Interferometer (4) zur Prüfung der Werkstoffproben und zur Charakterisierung ihrer strukturellen Veränderungen bei Belastung untersucht. Ein neues Meßverfahren zur Bestimmung der Haftfestigkeit von Fügeschichten unter Ausnutzung nichtlinearer akustischer Effekte wurde entwickelt und eingesetzt (5, 6). Schließlich wurden mit dem Kraftmikroskop Nanoscope III an Verbundwerkstoffen Topographie- und Reibungsmessungen insbesondere in Kombination mit einer neuartigen Ultraschalltechnik durchgeführt (7). Im folgenden wird in erster Linie über die Ergebnisse mit dem akustischen Rastermikroskop und die hierzu neu entwickelten quantitativen Auswertemethoden sowie über das Meßverfahren zur Beurteilung der Haftfestigkeit von adhäsiven Verbindungen aus ihrem nichtlinearen Verhalten bei der Ultraschallübertragung berichtet, da diese Untersuchungen nicht nur Anwendungen, sondern auch Verfahrensentwicklungen beinhalten.

Messung lokaler elastischer Materialeigenschaften mit dem akustischen Rastermikroskop

Das akustische Rastermikroskop ELSAM der Firma Leica, mit dem die Untersuchungen durchgeführt wurden, arbeitet mit fokussierten Wellen im Frequenzbereich von 100 MHz bis 2 GHz. In der akustischen Linse, einem Saphirstab mit einer ebenen Fläche, auf der der Schallwandler befestigt ist, auf der einen und einer sphärischen Aushöhlung auf der anderen Seite, werden ebene Longitudinalwellen erzeugt. Die Linse wird mit destilliertem Wasser an die Probenoberfläche angekoppelt. Die sphärischen Aushöhlung der Linse sowie der große Unterschied in den Schallgeschwindigkeiten zwischen Linse und Koppelmittel bewirken eine Fokussierung der Wellen. Ein akustisches Bild ist die Amplitude der Normalkomponents des an einer Probe reflektierten und durch die Linse zum Wandler zurücklaufenden Schallstrahls gemessen bei konstantem Abstand zur Probe als Funktion der Oberflächenkoordinaten. Wird bei festem Oberflächenort als Funktion des Abstands zwischen Linse und Probe gemessen, erhält man die sogenannte V(z)-Kurve. Ihre oszillierende Form resultiert aus der je nach Abstand konstruktiven oder destruktiven Überlagerung des direkt reflektierten Zentralstrahls mit dem in das Koppelmittel abgestrahlten Anteil der auf der Probe erzeugten Rayleighwelle, so daß aus dem Abstand zwischen den Interferenzmaxima oder -minima Δz nach

$$\Delta z = \frac{v_f}{2f(1-\cos\theta_R)}, \quad \sin\theta_R = \frac{v_f}{v_R} \tag{1}$$

die lokale Rayleighwellengeschwindigkeit der Probe v_R bestimmt werden kann (8). Einschallung mit dem Winkel θ_R erzeugt auf der Probenoberfläche Rayleighwellen, v_f ist die Schallgeschwindigkeit in der Koppelflüssigkeit und f die Frequenz der eingeschallten Welle. Je höher die Rayleighgeschwindigkeit der Probe ist, um so weiter liegen die Interferenzen auseinander. Bei sehr schallharten Materialien wird dann schließlich, begrenzt durch den möglichen Verfahrweg der Linse relativ zur Probe, nur noch ein Interferenzmaximum in der V(z)-Kurve abgebildet. Berechnungen von V(z)-Kurven, die die Überlagerung aller an der Probe reflektierten und zum Wandler zurücklaufenden Strahlanteile phasengerecht berücksichtigen, haben gezeigt, daß trotzdem die Rayleighgeschwindigkeit der Probe aus ihrer V(z)-Kurve bestimmt werden kann indem der Abstand zwischen dem Maximum der Spiegelreflexion und dem ersten Interferenzmaximum Δz_{SI} ausgenutzt wird (1, 2):

$$\frac{3}{4}\frac{v_f}{f} = R_L \left\{ \left[1 - 2\frac{v_f}{v_{LL}}\sqrt{1-\frac{v_f^2}{v_R^2}} + \frac{v_f^2}{v_{LL}^2}\right]^{\frac{1}{2}} - \left(1-\frac{v_f}{v_{LL}}\right)\right\} - \left(1-\sqrt{1-\frac{v_f^2}{v_R^2}}\right)\left(R_L \frac{\frac{v_f}{v_{LL}}}{1-\frac{v_f}{v_{LL}}} - \Delta z_{SI}\right). \tag{2}$$

Als zusätzliche Eingabegrößen werden hier der Krümmumgsradius R_L der sphärischen Aushöhlung sowie die longitudinale Schallgeschwindigkeit v_{LL} in der Linse benötigt. Abb. 1 zeigt die gemessenen V(z)-Kurven von a) Glas und b) SiC. Die hieraus abgelesenen Abstände Δz_{SI} liefern mit Gleichung 2 die Rayleighgeschwindigkeiten 3.378 und 6.485 km/s für die beiden Materialien (9). Fast die gleichen Werte, nämlich 3.38 und 6.51 km/s, folgen aus der Gleichung (10)

$$\left(1 - 2\frac{v_{TS}^2}{v_R^2}\right)^2 + 4\frac{v_{TS}^3}{v_{LS}v_R^2}\sqrt{1-\frac{v_{LS}^2}{v_R^2}}\sqrt{1-\frac{v_{TS}^2}{v_R^2}} = 0 \tag{3}$$

mit den an der Glas- und der SiC-Probe gemessenen longitudinalen und transversalen Volumengeschwindigkeiten v_{LS} und v_{TS}. Aus dem Abstand von zwei Interferenzmaxima der gemessenen V(z)-Kurve für Glas (Abb. 1a) erhält man mit Gleichung 1 die Rayleighgeschwindigkeit zu 3.32 km/s. Die hier wiedergegebenen Beispiele belegen, daß V(z)-Messungen auch bei schallharten Werkstoffen eine genaue Bestimmung der lokalen Rayleighgeschwindigkeiten ermöglichen.

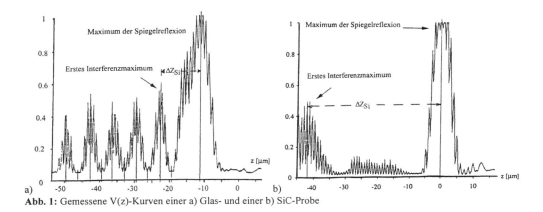

Abb. 1: Gemessene V(z)-Kurven einer a) Glas- und einer b) SiC-Probe

Das Maximum der Spiegelreflexion in den V(z)-Kurven ist im wesentlichen durch den Reflexionskoeffizienten von Longitudinalwellen an der Grenzfläche zwischen Koppelflüssigkeit und Probe

$$R(x) = \frac{Z_S - Z_f f(x)}{Z_S + Z_f f(x)} \quad , \quad x = \sin\theta \quad , \quad Z_f = \rho_f v_f, \quad Z_S = \rho_S v_{LS}, \tag{4a}$$

$$f(x) = \sqrt{1 - \frac{v_{LS}^2}{v_f^2} x^2} \left\{ \left(1 - 2\frac{v_{TS}^2}{v_f^2} x^2\right)^2 + 4\frac{v_{TS}^3}{v_{LS} v_f^2} x^2 \sqrt{1 - \frac{v_{LS}^2}{v_f^2}} \sqrt{1 - \frac{v_{TS}^2}{v_f^2} x^2} \right\}^{-1} \frac{1}{\sqrt{1-x^2}} \tag{4b}$$

bestimmt. ρ_f, ρ_S, Z_f und Z_S sind Dichten und akustische Impedanzen von Koppelflüssigkeit und Probe. θ ist der Einfallswinkel der Schallwelle. Bei senkrechter Einschallung gilt $f(x=0)=1$. Wegen des großen Öffnungswinkels der akustischen Linse von 91° tragen bei Fokussierung auf die Probenoberfläche zur Spiegelreflexion auch schräg einfallende Schallstrahlen bei. Es konnte aber gezeigt werden, daß die Form der Abhängigkeit vom Einfallswinkel für viele verschiedene Materialien bedingt, daß der Einfluß der Schrägeinschallung im wesentlichen herausgemittelt wird und die maximale Amplitude der Spiegelreflexion linear mit dem Reflexionskoeffizienten für senkrechte Einschallung variiert. Dies erlaubt die Messung der lokalen akustischen Impedanz an Probenoberflächen mit Hilfe einer linearen Kalibrierkurve. Die maximale Amplitude der Spiegelreflexion von bekannten Materialien wird gemessen und in Grauwerte kodiert als Funktion der Reflexionskoeffizienten aufgetragen. Die Ausgleichsgerade der Meßpunkte ist die Kalibrierkurve. Mit den bei gleicher Geräteeinstellung und Koppelmitteltemperatur gemessenen Amplituden unbekannter Materialien können deren lokalen Reflexionskoeffizienten aus der Kalibrierkurve abgelesen und mit Gleichung 4 für x=0 in akustische Impedanzen umgerechnet werden (3, 9).

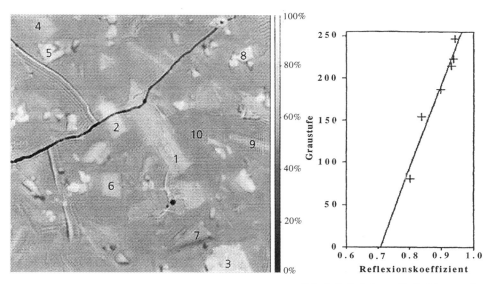

Abb. 2: Akustisches Bild eines Oberflächenbereiches einer geologischen Probe (11)

Abb. 3: Kalibrierkurve für die Messung der akustischen Impedanz mit dem akustischen Rastermikroskop (11)

Meßpunkt	1	2	3	4	5	6	7	8	9	10
Impedanz[10^6kg/m²s]	26.4	35.6	38.2	21.7	33.3	26.4	20.8	41.3	25.0	17.7

Tabelle 1 Lokale akustische Impedanz der geologischen Probe ETNA 25-7-96 A (11)

Das Verfahren wurde zur Bestimmung lokaler elastischer Unterschiede an Hochtemperatur-Werkstoffen und an einer geologischen Probe angewandt. Abb. 2 zeigt ein akustisches Bild der Probenoberfläche mit deutlich erkennbaren Inhomogenitäten. An den gekennzeichneten Punkten wurde die akustische Impedanz bestimmt. Die Werte sind Tabelle 1 zu entnehmen. Die hierzu benutzte Kalibrierkurve ist in Abb. 3 wiedergegeben. Sie wurde mit Proben aus Aluminium, Kupfer, Stahl, Titan, Nickel und As_2S_3 (halbleitendes Glas hergestellt von der Firma Schott, Mainz) erstellt. Man erhielt für die Oberfläche der geologischen Probe lokale akustische Impedanzen im Bereich zwischen 14 und 54 $10^6 kg/m^2s$ (11). Die Unterschiede zwischen den einzelnen Werten betragen zum Teil nur wenige Prozent. Die Ergebnisse zeigen, daß das Verfahren zur Messung der lokalen akustischen Impedanz mit dem akustischen Rastermikroskop auch kleine Materialunterschiede zuverlässig quantitativ angeben kann.

Beurteilung von adhäsiven Verbindungen mittels nichtlinearer Ultraschallübertragung

In Materialverbunden ist oft die Belastbarkeit der Fügeschichten begrenzend für die Einsetzbarkeit des Werkstoffs. Deshalb sind Verfahren zur Beurteilung von adhäsiven Verbindungen erforderlich. Fügeschichten in Werkstücken, die zwei Werkstoffe mit möglicherweise unterschiedlichen Materialeigenschaften verbinden, können durch zwei Oberflächen beschrieben werden, die einen sehr geringen Abstand (i.a. wenige Å bis nm) voneinander haben und durch Adhäsionskräfte aneinander haften. Die Verzerrung einer Ultraschallwelle moduliert den Abstand $a(t)$ in der Fügeschicht dynamisch. Die resultierende dynamische Kraft zwischen den Grenzflächen $F(a(t))$ enthält wegen ihres i.a. nichtlinearen Abstandsverhaltens nicht nur die Frequenz der eingeschalteten Welle. Wird die dynamische Kraft um ihren statischen Gleichgewichtsabstand a_i entwickelt (5), können einzelne Punkte der Kraftkurve als Summe über die Kraft-Amplituden A_n zu den verschiedenen Frequenzen dargestellt werden. Wird eine sinusförmige Longitudinalwelle der Frequenz f_1 mit der Verzerrungsamplitude ε_0 auf die Fügeschicht eingeschaltet, gilt für die Kraft, die im Abstand $a_i(1+\varepsilon_0)$ wirkt,

$$F(a_i + a_i\varepsilon_0) = -\sum_{n=0}^{\infty} A_{2n}(a_i,\varepsilon_0) + \sum_{n=0}^{\infty} A_{2n+1}(a_i,\varepsilon_0) \ . \tag{5}$$

Für die statische Gleichgewichtslage folgt die Summe

$$F(a_i) = \sum_{n=0}^{\infty} A_{2n}(a_i,\varepsilon_0)(-1)^{n+1} \ . \tag{6}$$

A_1 ist hier die Kraft-Amplitude zur Grundfrequenz f_1, A_n die zur n-ten Harmonischen mit der Frequenz nf_1. A_0 beschreibt die Änderung des mittleren Abstands in der Fügeschicht. Die Differenz

$$F(a_i + a_i\varepsilon_0) - F(a_i) = \sum_{n=0}^{\infty} A_{2n+1}(a_i,\varepsilon_0) - \sum_{n=0}^{\infty} A_{2n}(a_i,\varepsilon_0)\left(1+(-1)^{n+1}\right) = A_1 - 2A_2 + A_3 \pm \ldots \tag{7}$$

gibt einen Punkt der Kraftkurve relativ zur statischen Gleichgewichtslage an. Die dynamische Kraft erzeugt an der Fügeschicht in Reflexion und in Transmission Ultraschallwellen der Frequenzen nf_1 mit entsprechender Phase, deren Verzerrungsamplituden multipliziert mit der für die Ausbreitung dieser Wellen relevanten elastischen Konstanten (bei Longitudinalwellen in homogenem isotropem Material ist das $\lambda+2\mu$ mit den Lamé'schen Konstanten λ und μ) gleich den Kraftamplituden A_n sind. In Reflexion oder in Transmission gemessene Ultraschall-Verzerrungsamplituden zur eingeschalteten Frequenz und ihren höheren Harmonischen bestimmen also gemäß Gleichung 7 Punkte der Kraftkurve, die die adhäsive Verbindung der Fügeschicht beschreibt, relativ zur statischen Gleichgewichtslage. Die Differenz enthält den meßtechnisch schwer zugänglichen konstanten Anteil A_0 nicht. Ist es möglich, die Amplitude der eingeschalteten Welle so weit zu steigern, daß die gemessene Kraftkurve ein Maximum durchläuft, bestimmt Gleichung 7 für die in diesem Maximum gültige Verzerrungsamplitude ε_0 die Haftfestigkeit der Fügeschicht, nämlich die untere Grenze der Kraft pro Fläche, die, von außen auf ein Werkstück aufgebracht, zum Bruch der Verbindung führt

(6). Abb. 4 zeigt für eine beschichtete CFC-Probe die an vier verschiedenen Punkten in Transmission gemessenen und nach Gleichung 7 aufsummierten Ultraschallamplituden (relative Meßgröße ist die am Prüfkopf entstandene Spannung) als Funktion der Sendeleistung. Eingeschallt wurde von der Beschichtung aus mit einem schmalbandigen 2 MHz-Longitudinalwellen-Prüfkopf. Bezüglich der Kennlinie des breitbandigen Empfangsprüfkopfs wurde korrigiert. An allen vier Meßpunkten erhielt man qualitativ gute Abbildungen der Kraftkurven. Die Unterschiede in der Höhe des Maximums lassen auf lokale Variationen in der Haftfestigkeit schließen (6).

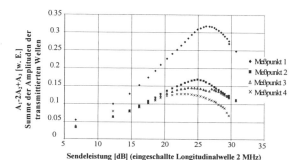

Abb. 4: Beurteilung der Haftfestigkeit einer 10 µm Pyrokohlenstoff-Beschichtung auf einer 2.5 mm dicken CFC-Probe

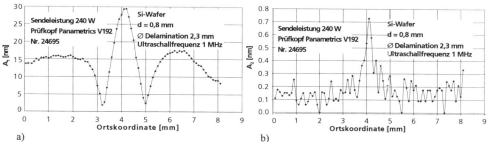

Abb. 5: Interferometrisch gemessene lokale Ultraschallamplituden a) der Grundfrequenz (A_1) und b) der zweiten Harmonischen (A_2) hinter einer mit einer ebenen Longitudinalwelle senkrecht beschallten Delamination

Fehlerquellen, mit denen grundsätzlich bei Haftfestigkeitsmessungen nach dem beschriebenen Verfahren zu rechnen ist, sind Nichtlinearitäten im Meßsystem (Prüfköpfe, Koppelschicht, Verstärker usw.), nichtlineares Verhalten der Probe auch außerhalb der Fügeschicht, frequenzabhängige Dämpfung in der Probe, usw.. Für die quantitative Auswertung müssen die Meßergebnisse diesbezüglich korrigiert werden, oder es sind Kalibrierungsmessungen an gleichartigen Proben ohne Fügeschicht erforderlich. Wird mit der zur Verfügung stehenden Ultraschallquelle das Maximum in der Kraftkurve nicht erreicht, kann aus den Meßergebnissen nur eine untere Grenze für die Haftfestigkeit nicht aber diese selbst angegeben werden. Leider hat sich gezeigt, daß die Größe der von Fehlerquellen kommenden Beiträge relativ zum gewünschten Effekt bisher in vielen Anwendungen eine zuverlässige Bewertung der Fügeschichten nicht erlauben. Es konnten aber eindeutig von Fügeschichten stammende nichtlineare Effekte nachgewiesen werden. Z.B. zeigt Abb. 5 die interferometrisch gemessenen lokalen Ultraschallamplituden a) der Grundfrequenz (A_1) und b) der zweiten Harmonischen (A_2) hinter einer mit einer ebenen Longitudinalwelle senkrecht beschallten Delamination in der Fügeschicht zwischen zwei Silizium-Wafern. Für die Grundfrequenz erhält man das Bild der Beugung von Wellen an einer runden Scheibe. Die zweite Harmonische zeigt das Bild eines Ringstrahlers mit dem Durchmesser der Delamination. Die Oberwelle kann also nur im Übergangsbereich von guter zu gar keiner Haftung entstanden sein. Deshalb ist zu erwarten, daß eine Reduzierung der Fehlerquellen in der Meßtechnik oder Möglichkeiten ihrer Quantifizierung die Anwendbarkeit des Verfahrens deutlich verbessern.

Zusammenfassung
Die Untersuchungen haben gezeigt, daß die genannten Verfahren grundsätzlich zur Beurteilung und quantitativen Bewertung des Ausgangszustands und der bei Belastung erfolgten Schädigung von höchsttemperaturbeständigen Verbundwerkstoffen geeignet sind, insbesondere dann, wenn die Aussagen verschiedener Methoden in Zusammenhang gebracht werden können. Aufgrund von umfangreichen Berechnungen zum Strahlenverlauf im akustischen Mikroskop konnte der Auswertealgorithmus für die V(z)-Kurven so erweitert werden, daß auch schallschnelle Proben wie z.B. Keramiken quantitativ bewertet werden können. Zusätzlich wurde ein Verfahren zur Bestimmung der akustischen Impedanz mit dem Rastermikroskop entwickelt, bei dem das Maximum der Spiegelreflexion kalibriert und ausgewertet wird. Eine Reihe von Proben wurden vor und nach zyklischen Belastungen mit hochfrequentem Ultraschall untersucht. Qualitative Aussagen über Struktur und Schädigung erhält man aus den B- und C-Bildern selbst. Die Auswertung ihrer Grauwertverteilungen liefern quantitativ den globalen Schädigungszustand. Der physikalisch theoretische Hintergrund zur Bestimmung der Haftfestigkeit von Fügestellen mit Hilfe der nichtlinearen Akustik wurde systematisch erarbeitet. Bisher sind allerdings in der Anwendung häufig die Fehlerquellen durch Nichtlinearitäten im Meßsystem oder in der Probe auch außerhalb der Fügeschichten so groß, daß der gewünschte Effekt nicht bewertet werden kann. Aus Platzgründen wird hier auf die Ergebnisse, die mit den anderen in der Einleitung genannten Verfahren erzielt wurden, nicht eingegangen.

Danksagung
Die Arbeiten wurden im Rahmen des Schwerpunktprogramms "Hochtemperaturbeständige Leichtbauwerkstoffe, insbesondere keramische Verbundwerkstoffe" von der Deutschen Forschungsgemeinschaft (DFG) finanziert.

Literatur
(1) Hirsekorn, S., Pangraz, S.: Appl. Phys. Lett. 64, 1994, 1632
(2) Hirsekorn, S., Pangraz, S., Bernauer, W., Weides, G., Arnold, W.: acta acustica 2, 1994, 195
(3) Hirsekorn, S., Pangraz, S. Weides, G., Arnold, W.: Appl. Phys. Lett. 67, 1995, 745, Erratum: Appl. Phys. Lett. 69, 1996, 2138
(4) Paul, M., Haberer, B., Hoffmann, A., Spies, M., Arnold, W: Nondestructive Characterization of Materials VII, Eds. Bartos, A.L., Green, R.E., Ruud, C.O., Transtec Public. 1, 1996, 227
(5) Faßbender, S., Arnold, W.: Rev. Progr. QNDE 15, Eds. Thompson, D.O., Chimenti, D.E., Plenum Press, New York, 1996, 1321
(6) Hirsekorn, S., Faßbender, S., Wegner, A., Arnold, W.: DAGA98, Zürich, 23.-27. 3. 1998
(7) Rabe, U., Scherer, V., Hirsekorn, S., Arnold, W.: J. Vac. Sci. Technol. B 15, 1997, 1506
(8) Briggs, G.A.D.: Acoustic Microscopy, Oxford University Press, 1992
(9) Hirsekorn, S., Arnold, W.: Ultrasonics 36, 1998, 491
(10) Bertoni, H. L.: IEEE Transactions on Sonics and Ultrasonics SU-31, 1984, 105
(11) Fery, A., Samara, A.: IZFP-Bericht Nr. 970153-E, 1997

Faserinduziertes Versagen von CFC-Werkstoffen

D. Ekenhorst, B.R. Müller, K.-W. Brzezinka, M.P. Hentschel, Bundesanstalt für Materialforschung und –prüfung (BAM), Berlin

Einleitung

Der steigende Bedarf an Konstruktionswerkstoffen, die bei sehr geringer Dichte die Festigkeits- und Steifigkeitsanforderungen tragender Bauteile erfüllen können, hat zu einer erheblichen Zunahme der Forschungsaktivitäten auf dem Gebiet der Faserverbundwerkstoffe geführt. Seit dem Beginn der amerikanischen Raumfahrtaktivitäten ist darüber hinaus ein Bedarf an Werkstoffen entstanden, die Temperaturen über 1500°C standhalten können (z.B. Flugkörper für die Raumfahrt, Fusionsreaktoren und Bremsscheiben). Diese hohen Anforderungen führten zur Entwicklung von kohlenstofffaserverstärktem Kohlenstoff (CFC) und anderen Keramiken (CMC - Ceramic Matrix Composites) wie z.B. C/SiC, die sich nicht nur durch geringe Dichte sowie hohe Festigkeit und Steifigkeit auszeichnen, sondern in inerter Atmosphäre bis zu Temperaturen von 3000°C ihre mechanischen Eigenschaften unverändert beibehalten.

Die hervorragenden mechanischen Eigenschaften des CFC sind primär auf die Eigenschaften der Faserkomponente zurückzuführen. Folglich ist es die Intention der aktuellen Forschungsaktivitäten, das Eigenschaftsspektrum der Kohlenstoffaser vollständig nutzbar zu machen. Dieses Ziel wurde bisher nur hinsichtlich der Steifigkeit des CFC erreicht. Die Festigkeitseigenschaften erreichen jedoch nur 15% - 45% der maximal möglichen Festigkeit der Faserkomponente. Um die Mechanismen dieser geringen Faserausnutzung aufzudecken, ist die Kenntnis der Einflußfaktoren bzw. der Versagensmechanismen von ausschlaggebender Bedeutung. Die bisherigen Forschungsaktivitäten zur Aufklärung der Bruchmechanismen konzentrieren sich primär auf die Veränderungen der Matrix und der Grenzfläche (Interface) zwischen Faser und Matrix. Es wird ein „matrixdominantes Versagen angenommen, eine Strukturveränderungen der Kohlenstoffaser wird dagegen nicht in Betracht gezogen.

Mittels *Röntgen-Weitwinkel-Streuung* sowie *Raman-* und *LAMMA-Spektroskopie* (Laser-Microprobe-Mass-Analysis) kann jedoch eine signifikante Strukturveränderung der C-Fasern im CFC-Verbund in Abhängigkeit der herstellungsbedingten Behandlungstemperatur aufgezeigt werden.

Mit Hilfe der *Röntgen-Refraktion* (Röntgen-Kleinwinkel-Streuung) kann gezeigt werden, daß die Behandlung der Faseroberfläche mit unterschiedlichen Schlichten zu einer Verringerung der zur Haftung beitragenden Grenzflächenanteile führt.

Einfluß der Behandlungstemperatur auf die Faserstruktur

Bei der Herstellung von CFC-Verbunden wird in einem Pyrolyseprozeß das Phenolharz, das die C-Fasern als Matrix umschließt in Glaskohlenstoff umgesetzt, wobei eine Vielzahl von Fremdatomen und Molekülradikale freigesetzt werden. Da die Pyrolyseöfen nicht, wie etwa bei der Herstellung von C-Fasern, besonderen Reinheitsanforderungen unterworfen sind, werden die Fasern diesen Pyrolysegasen für längere Zeit bei hohen Temperaturen ausgesetzt. Dessenungeachtet wird bei der matrixdominaten Versagenshypothese davon ausgegangen, daß die Kohlenstoffasern durch den Pyrolyseprozeß nicht in ihren Eigenschaften beeinflußt werden. Das Versagensmodell konzentriert sich lediglich auf die Veränderung der Matrix, wobei auch Verunreinigungen der Matrix durch anorganische Substanzen wie z.B. Graphitbildner nicht berücksichtigt werden, obwohl bekannt ist, daß bereits geringste Verunreinigungen bei der Faserherstellung zu erheblichen Festigkeitseinbußen führen können. Eine Beeinflussung der Faserstruktur und deren mechanische Eigenschaften bei der Pyrolyse sind demnach nicht auszuschließen. Um mögliche Veränderungen der Faserstruktur bei der Pyrolyse aufzuzeigen, wurden von der DLR-Köln CFC-Proben bei unterschiedlichen Pyrolysetemperatur hergestellt und mechanisch geprüft sowie von der BAM mittels Röntgen-Weitwinkel-Streuung, LAMMA- und Raman-Spektroskopie untersucht.

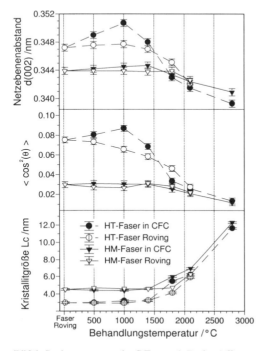

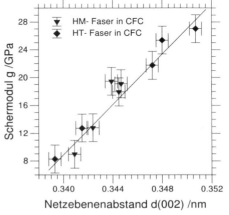

Bild 1: Struktruparameter der C-Fasern als Roving (offene Symbole) und im CFC-Verbund (gefüllte Symbole) in Abhängigkeit der Behandlungstemperatur.

Bild 2: Schermodul der Basalebenen als Funktion des Netzebenenabstandes für die HT- und HM-Faser verstärkten CFC-Proben aller Behandlungstemperaturen.

Röntgen-Weitwinkel-Untersuchungen an C-Faser-Rovingen zeigen eine Veränderung der Kristallitstruktur, die entsprechend der Behandlungstemperatur zu erwarten ist. Mit steigender Behandlungstemperatur nehmen die Kristallitgröße und der Orientierungsgrad zu ($<\cos^2(\Theta)>$ wird kleiner), während der Netzebenenabstand abnimmt (Bild 1, offene Symbole). Bei den mit HT- und HM-Fasern verstärkten CFC-Proben kommt es, entgegen der Veränderung im Faser-Roving, zu einer signifikanten Erweiterung des Netzebenenabstandes mit steigender Pyrolysetemperatur (Bild 1, gefüllte Symbole). Das Maximum des Netzebenenabstands wird bei der HT-Faserverstärkung nach 1000°C und bei der HM-Faserverstärkung nach einer Pyrolysetemperatur von 1400°C erreicht. Obwohl die HT-Fasern als Roving in diesem Temperaturbereich graphitisieren (Abnahme von $<\cos^2(\Theta)>$, Bild 1 offene Symbole) erweitert sich ihr Netzebenenabstand im CFC-Verbund! Diese Erweiterung des Netzebenenabstandes zeigt deutlich, daß eine erhebliche Strukturveränderung der C-Faser stattfindet, selbst wenn die Behandlungstemperatur unterhalb der Herstellungstemperatur der Faser liegt. Dabei korrespondiert die Veränderung des Netzebenenabstandes für beide Fasertypen im CFC-Verbund sowohl mit Änderungen der Festigkeitseigenschaften (1)(2), als auch mit einem Anstieg des Schermoduls der Basalebenen (Bild 2). Der Zusammenhang zwischen dem Netzebenenabstand und dem Schermodul wurde auch von Northolt (3) gefunden. Er führt dieses Verhalten auf das mögliche partielle Vorhandensein von sp^3-sp^3–Bindungen zwischen den Basalebenen zurück, die zu einer Erweiterung der Netzebenen führen und gleichzeitig eine Scherung der Basalebenen untereinander erschweren.

Eine signifikante Veränderung der C-Fasern durch den Pyrolyseprozeß wird auch durch Raman-Untersuchungen bestätigt. Die Veränderung der Faserstruktur wird hier durch das Auftreten der sogenannten „Defect Line" (D-Linie) angezeigt. Sie ist ein Maß für das Vorhandensein von Strukturdefekten im Randbereich der Graphitkristallite, und tritt bei ungestörten Graphitkristalliten nicht auf (4)(5). Im Temperaturbereich von 1000°C bis 1400°C ist eine signifikante Zunahme der relativen Intensität der D-Linie im Vergleich zur G-Linie (sie wird durch Streckschwingungen innerhalb der Graphitebenen verursacht) zu beobachten (siehe Bild 3). Je stärker die Randbereiche gestört sind, desto intensiver tritt die D-Linie auf. Fitzer (6) und Richter (7) erklären das Auftreten der D-Linie in C-Fasern mit gestauchten sp^3-Bindungen an den Randbereichen der Basalebenen.

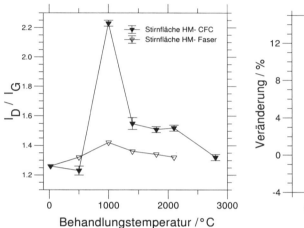

Bild 3: Verhältnis der Intensitäten der Raman-Linien I_D/I_G der HM-Faser im CFC-Verbund und als Faser-Roving in Abhängigkeit der Behandlungstemperatur.

Bild 4: LAMMA V-Modusuntersuchung. Veränderung der Elementarzusammensetzung der HM-Faser im CFC bezüglich der Ausgangsfaser (Roving) in Abhängigkeit von der Behandlungstemperatur.

Auch die durchgeführten LAMMA-Untersuchungen zeigen in Abhängigkeit der Behandlungstemperatur eine starke Veränderung der Fasern im Komposit. Im Verdampfungsmodus (V-Modus, zur Analyse der Elementarzusammensetzung) ist im Temperaturbereich um 1000°C, im Vergleich zum Roving, eine erhöhte Konzentration von SiC bzw. Ca zu beobachten, die erst mit steigender Temperaturbehandlung wieder auf das Ausgangsniveau zurückgeht (Bild 4). Nach Untersuchungen von Reynolds und Moreton (10) ergaben schon geringe Silizium-Kontaminationen bei C-Fasern Festigkeitseinbußen von 10%. Es ist nicht auszuschließen, daß bei der Pyrolyse das Silizium der Siloxanschlichte in die Faser diffundiert und eine Schädigung der Faser hervorruft. Im LAMMA-Desorptionsmodus zeigen die Fasern im CFC-Verbund eine stark von der Behandlungstemperatur abhängige Fragmentierbarkeit. Nach der Carbonisierung kommt es zu einer erheblichen Zunahme von wasserstoffhaltigen Kohlenstofffragmenten (z.B. $C_{11}H_7$, $C_{12}H_8$ sowie). Erst nach Graphitisierung bei 2100°C verringert sich der Anteil dieser Fragmente auf das Niveau der Ausgangsfaser.

Es ist bekannt, daß Wasserstoff in atomarer Form bei Temperaturen von ca. 1000°C sehr reaktiv ist, und C-C Doppelbindungen sowie Aromate zu spalten vermag. Infolgedessen kann das Eindringen des Wasserstoffs in die Faser eine Schwächung des Gitterzusammenhalts – insbesondere an den Korngrenzen – und demzufolge eine verringerte Lastaufnahmefähigkeit des CFC-Verbundes bewirken.

Einfluß verschiedener Faserbeschlichtungen
Die vorherrschenden Modellvorstellungen über den Versagensmechanismus von CFC-Verbunden gehen primär von einem matrixinduzierten Versagen aus. Dies wird mit der geringen Bruchdehnung der Glaskohlenstoffmatrix erklärt, die schon bei sehr geringer Dehnung des Verbundes versagt und Segmentierungsrisse erzeugt. Diese werden bei einer starken Faser/Matrix Haftung, infolge von Kerbwirkungen der Rißspitze an der Faseroberfläche, ursächlich für das frühzeitige Versagen der Faser, und somit des ganzen Verbundes verantwortlich gemacht. Dieses frühzeitige Versagen ist nach vorherrschender Meinung, nur durch eine Reduzierung der Grenzflächenhaftung zwischen Faser und Matrix zu vermeiden. Es wird daher vorgeschlagen, die Anzahl aktiver Gruppen auf der Faseroberfläche zu reduzieren. Bei dieser Vorgehensweisen gilt jedoch zu beachten, daß sie auf dem Prinzip beruht, primär die Anzahl der Anbindungsstellen und nicht die Stabilität der chemischen Bindung zwischen Faseroberfläche und Matrix zu reduzieren. Dieser Ansatz wurde aufgegriffen und experimentell überprüft.

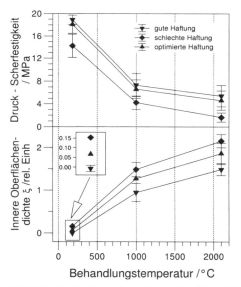
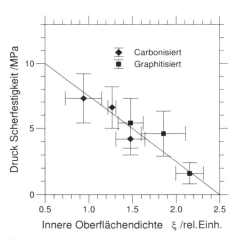

Bild 5: Druck-Scherfestigkeit und Innere Oberflächendichte bei veränderter Schlichte als Funktion der Behandlungstemperatur

Bild 6: Zusammenhang zwischen Innerer Oberfläche und der Druck- Scherfestigkeit der untersuchten CFC-Verbunde verschiedener Faserbehandlung (Beschlichtung)

In Zusammenarbeit mit dem ICT Karlsruhe wurden oxidierte und nicht beschlichtete Fasern mit unterschiedlichen Konzentrationen einer Siloxanschlichte behandelt. Die so behandelten Fasern ergeben im CFC-Verbund entsprechend ihrer Oberflächenbehandlung unterschiedliche Druck- und ILSS-Scherfestigkeiten. Die geringe Scherfestigkeit bei geringerer Oberflächenaktivität wird von Beinborn, Fitzer u.a.(8)(9) als Beleg für eine verminderte Haftung betrachtet. Nach diesem Ansatz soll durch die verringerte Scherfestigkeit ein Mode-II-Versagen der Matrixrisse an der Grenzfläche hervorgerufen werden, und zu einer höheren Faserausnutzung führen. Eine signifikante Erhöhung des Faserausnutzungsgrades ist jedoch bei den vom ICT behandelten Biegeproben nicht eingetreten. Im Vergleich dazu konnten bei CFC-Zugproben mit kommerziell geschlichteter Faser (sehr aktive Faseroberfläche) sogar geringfügig höhere Festigkeitswerte nach der Graphitisierung nachgewiesen werden (1). Die Gegenüberstellung der Faserausnutzungsgrade aller Fasertypen mit und ohne Oberflächenbehandlung haben bei keinem CFC-Verbund zu einem über dem bisherigen Stand der Technik liegenden Faserausnutzungsgrad geführt. Dementsprechend führt eine reduzierte Aktivität der Faseroberfläche mit der Folge einer verringerten Scherfestigkeit nicht zu einer signifikanten Verbesserung der Festigkeitseigenschaften.

Mit Hilfe des in der BAM entwickelten Röntgen-Refraktionsverfahrens (11) ist es möglich, den Anteil der Faseroberfläche zu detektieren, der nicht mit Matrix benetzt, d.h. nicht haftend ist. Die Untersuchungen an den behandelten Faserproben zeigen bereits im Grünkörper nichthaftende Faseroberflächen, die mit den unterschiedlichen Faserbeschlichtungen korrespondieren (Bild 5 unten). Der meßbare Unterschied in Abhängigkeit der Faserbehandlung (Beschlichtung) bleibt auch nach der Carbonisierung und Graphitisierung erhalten. Die Größe der Inneren Oberfläche pro Volumen steigt mit zunehmender Behandlungstemperatur stark an. Darüber hinaus zeigt sich, daß mit steigender innerer Oberflächendichte eine abnehmende Druck-Scherfestigkeit einhergeht (Bild 5 oben). Die Gegenüberstellung der Änderungen der inneren Oberflächendichte und der Druck-Scherfestigkeit führt zu einer systematischen Abhängigkeit, die in Bild 6 wiedergegeben ist. Unabhängig davon, ob die proben graphitisiert oder nur carbonisiert wurden, existiert ein linearer Zusammenhang zwischen der relativen freien Faseroberfläche und der Druck-Scherfestigkeit. Daraus lassen sich die folgenden Schlußfolgerungen ableiten:

Die experimentell ermittelten Scherfestigkeiten können nicht auf eine verminderte Haftfestigkeit zwischen Faser und Matrix zurückgeführt werden. Vielmehr wird durch die Blockierung aktiver Gruppen auf der Faseroberfläche und durch höhere Behandlungstemperaturen die Gesamtfläche der haftenden Bereiche verringert. Die gemessenen Scherfestigkeiten sind demnach auf die verbleibende Grenzflächengröße zu beziehen. Als Variable tritt eine verkleinerte haftendende Faseroberfläche auf, die zur Lastaufnahme beiträgt. Demzufolge sind die mechanischen Prüfverfahren der ILSS- und der Druck-Scherfestigkeit nur eingeschränkt geeignet, die Haftungseigenschaften einer durch Blockierung aktiver Gruppen veränderten Grenzfläche zu beurteilen.

Zusammenfassung
Mittels Röntgen-Weitwinkel-Streuung sowie Raman- und LAMMA-Spektroskopie kann eine signifikante Strukturveränderung der C-Fasern in Abhängigkeit der Behandlungstemperatur aufgezeigt werden. Parallel zum Festigkeitsabfall in Abhängigkeit von der Behandlungstemperatur tritt ein Anstieg der Defektstruktur der Kristallite auf. Es konnte eindeutig eine Erweiterung des (002)-Netzebenenabstands, ein Anstieg der relativen Raman-Intensität der D-Linie und eine erhebliche chemische Kontamination der C-Fasern beobachtet werden. Die nach erhöhter Temperaturbehandlung auftretende Erholung der Festigkeitseigenschaften korrespondiert mit Rekristallisations- und Ausheilungsvorgängen der C-Faser-Kristallstruktur.

Die Untersuchungen führen zu einem faserinduzierten Versagensmodell: Die bei der Pyrolyse freigesetzten Radikale, insbesondere Wasserstoff dringen bei hohen Temperaturen an den Stellen guter Faser/Matrix-Haftung in die Faser ein, und führen dort zu einer erheblichen Veränderung der Kristallitstruktur mit einer hohen Defektkonzentration. Dies führt zur Schwächung der kristallinen Stabilität und somit zu einer verringerten Lastaufnahmefähigkeit der Faser.

Die Ergebnisse zeigen deutlich, daß es bei der Herstellung von CFC-Verbunden zwingend notwendig ist, unter sehr reinen Bedingungen zu arbeiten (ähnlich denen bei der Herstellung von C-Fasern), um eine Erhöhung des Faserausnutzungsgrades zu erreichen. Ferner gilt es Precursormaterialen, die Wasserstoff freisetzen können, zu vermeiden. Somit sind Abscheideverfahren (wie z.B. CVI/CVD) unter Verwendung von Methan, Propan oder anderen Wasserstoffverbindungen ähnlich kritisch zu betrachten, wie die Verwendung von polymeren Precursorn (z.B. Phenolharz, PAA).

Die mittels Röntgenrefraktion an speziell oberflächenbehandelten Fasern durchgeführten Untersuchungen führten zu dem Ergebnis, daß durch Blockierung aktiver Gruppen auf der Faseroberfläche keine Reduktion der Haftfestigkeit zwischen der C-Faseroberfläche und der Matrix herbeigeführt wird, sondern eine Verringerung der haftenden Grenzflächen. Die Verringerung der haftenden Bereiche führt zu einer geringeren Scherfestigkeit der CFC-Verbunde jedoch ausschließlich infolge der reduzierten Scherfläche.

Literatur
(1) Lüdenbach, G.; Charakterisierung des Festigkeitsverhaltens von C/C- Verbundwerkstoffen in Abhängigkeit der Behandlungs- und Prüftemperatur; Dissertation RWTH Aachen 1996
(2) Lüdenbach, G., Peters, P.W.M., Ekenhorst, D., Müller, B.R.: The Properties and Structure of the Carbon Fibre in Carbon/Carbon Produced on the Basis of Carbon Fibre Reinforced Phenolic Resin; J. of Europ. Ceramic Soc. Vol. 5 (1998), im Druck
(3) Northold, M.G., Veldhuizen, L.H., Jansen, H.; Tensile Deformation of Carbon Fibres and the Relationship with the Modulus for Shear between the Basal Planes; Carbon Vol. 29, Nr.8 (1991), pp.1267-1279
(4) Tuinstra, F., Koenig, J.L.; Raman Spectrum of Graphite; J. of Chemical Physics Vol. 53, No 3 (1970), pp 1126-1130
(5) Tuinstra, F., Koenig, J.L.; Characterisation of Graphite Fibre Surfaces with Raman Spectroscopy; J. Composites Materials Vol. 4 (1970), pp. 492-499
(6) Fitzer, E., Rozploch, F.; Some remarks on Raman spectroscopy of carbon structures; High Temp. High Pressures Vol. 20 (1988), pp. 449-454
(7) Richter, A., Scheibe, H.J., Pompe, W. Brzezinka, W.K., Muhling, I.; J. Non-Cryst. Solids 88 (1986) p131
(8) Beinborn, K.M.; Herstellung verbesserter kohlenstoffaserverstärkter Kohlenstoffe mit Hochfest (HT) - Kohlenstoffasern und Phenolharzen durch Steuerung der Faser/Matrix- Haftung; Dissertation Universität Karlsruhe 1996
(9) Fitzer E., Hüttner W.: Structure and Strength of Carbon/Carbon composites; J. Phys. D: Appl. Phys. 14 (1981), pp. 347-371
(10) Reynolds, W.N., Moreton , R.; Philos.Trans. R. Soc. A 294 (1980), pp. 451- 461
(11) Hentschel, M.P.; Harbich, K.-W.; Lange, A.: Nondestructive evaluation of single fibre debonding by X-ray refraction. NDT & E international 27 (1994) 5, S. 275-280

Verhalten von Keramik-Matrix-Faserverbundwerkstoffen unter zyklischer oxidativer Belastung

K. Sindermann, F. Porz, R. Oberacker,
Institut für Keramik im Maschinenbau, Universität Karlsruhe

Einleitung

Für verschiedene technische Entwicklungen werden immer höhere Betriebstemperaturen angestrebt, bei denen Metalle nicht mehr einsetzbar sind. Der Betrieb von Turbinen wird viel effizienter, wenn die Werkstoffe höheren Temperaturen standhalten können. Im Flugzeugturbinenbau bewirkt eine Erhöhung der Brennkammerwandtempertaur um 200 - 300 °C eine Kühllufteinsparung von bis zu 50 %. Keramiken können nicht nur höhere Temperaturen aushalten, sondern sie sind auch erheblich leichter als Metalle, was ebenfalls zu einer Treibstoffersparnis beiträgt. Faserverbundwerkstoffe zeichnen sich zusätzlich durch hohe mechanische Beanspruchungsfähigkeit aus. Im Nachfolgenden wird über Ergebnisse des Verhaltens zweier verschiedener keramischer Faserverbundwerkstoffe unter statischer und zyklischer Oxidation berichtet. Es werden die Vor- und Nachteile eines faserverstärkten Verbundwerkstoffes mit einer oxidischen Matrix gegenüber einem nichtoxidischen faserverstärkten Verbundwerkstoff mit einem äußeren Oxidationsschutzsystem verglichen.

Faserverbundwerkstoffe

Zwei verschiedene Systeme von faserverstärkten Verbundwerkstoffen wurden untersucht. Der SiC_f/Al_2O_3 Verbundwerkstoff der Fa. Du Pont Lanxide, Newark (USA) basiert auf einer oxidischen Matrix während der C_f/SiC Verbundwerkstoff der Fa. MAN Technologie AG, Karlsfeld b. München mittels eines auf Molybdän basierenden Oxidationsschutzsystems im Hochtemperaturbereich geschützt wird.

Der SiC_f/Al_2O_3 Faserverbundwerkstoff mit oxidischer Matrix ist mit dem DIMOX-Verfahren (Directed Metal Oxidation) hergestellt (1). Dabei liegt das SiC Fasergelege über einer Aluminiumschmelze. Diese Schmelze reagiert im Fasergelege mit dem über dem SiC Fasergelege vorhandenen Sauerstoff zu Aluminiumoxid. Herstellungsbedingt enthält die Aluminiumoxidmatrix noch Anteile von freiem Aluminium. Die SiC Fasern sind Hi-Nicalon Fasern (2) der Fa. Nippon Carbon, Tokio (Japan). Die Fasern sind zweifach beschichtet. Die erste Schicht, eine 0,3 μm dicke Kohlenstoffschicht, wird mit dem CVD (Chemical Vapour Deposition) Verfahren aufgebracht und die zweite Schicht, eine 2 bis 4 μm dicke SiC Schicht, wird mit dem CVI (Chemical Vapour Infiltration) Verfahren eingebracht. Das Gelege ist ein 8 harness Satin Gewebe, d. h. die Faserbündel liegen rechtwinklig zueinander (0°/90°). Bild 1 zeigt ein Gefügebild des SiC_f/Al_2O_3 Verbundwerkstoffs im Anlieferungszustand.

Zum Vergleich wurde ein nichtoxidischer Faserverbundwerkstoff C_f/SiC gewählt. Dieser Verbundwerkstoff wird mit dem Gradienten-CVI Verfahren hergestellt (3). Dabei wird eine Preform, die aus aufeinandergeschichteten C-Fasergeweben besteht, mit einem reaktiven Gas von einer Seite durchströmt. Das Gas zersetzt sich an den Faseroberflächen und bildet die keramische Matrix. Die Faserarchitektur ist ebenfalls 0°/90°, aber im Kreuzgelege gewoben. Die Oxidationsschutzschicht um die gesamte Probe besteht aus 3 Schichten. Die erste und dritte Schicht, bestehend aus reinem SiC, werden mittels CVD aufgebracht. Dazwischen befindet sich eine Glasschicht mit Molybdän und Bor. Die Faserarchitektur des C_f/SiC Verbundwerkstoffs ist in Bild 2 dargestellt, die Schichten nach einer Oxidationsbehandlung in Bild 7.

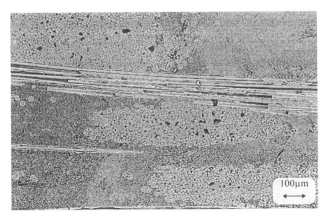

Bild 1: SiC$_f$/Al$_2$O$_3$ Faserverbundwerkstoff im Anlieferungszustand.

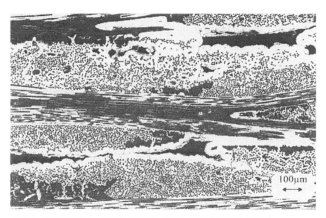

Bild 2: C$_f$/SiC Faserverbundwerkstoff im Anlieferungszustand.

Experimentelle Vorgehensweise

Zur Bestimmung des Verhaltens bei zyklischer Oxidation wurde eine Anlage konzipiert, die einen schnellen Temperaturwechsel automatisch gewährleistet. Diese hat einen feststehenden Ofen, in den die Proben mittels eines Chargiergestänges pneumatisch ein- und ausfahren. Durch die Rohre des Chargiergestänges wird Spülluft in den Ofenraum transportiert. Wenn die Proben aus dem Ofen herausfahren, schwenkt eine klappbare Vorrichtung um das Chargiergestänge. Diese Vorrichtung besteht aus geschlitzten Rohren, aus denen heraus die Proben mit Preßluft rasch abgekühlt werden. Bild 3 zeigt den prinzipiellen Aufbau der Versuchseinrichtung.

Zwei Typen von Oxidationsversuchen wurden durchgeführt. Im zyklischen Betrieb werden die Proben in den heißen Bereich eingefahren, 55 Minuten gehalten und anschließend 5 Minuten mit Preßluft abgekühlt, ein Zyklus dauert eine Stunde. Alle 20 Stunden werden die Proben gewogen. Im statischen Betrieb werden die Proben ebenfalls in den heißen Ofen gefahren, aber erst nach 20 Stunden zum Wiegen wieder herausgefahren. Dabei werden sie nicht mit Preßluft, sondern jeweils nur durch Konvektion mit Umgebungsluft langsam abgekühlt.

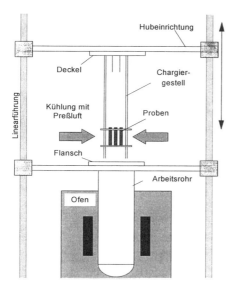

Bild 3: Prinzipieller Aufbau der Anlage zur zyklischen Oxidation.

Oxidationsverhalten

Oxidationsuntersuchungen wurden für den SiC_f/Al_2O_3 Verbundwerkstoff zwischen 1000 °C und 1400 °C durchgeführt. Bild 4 zeigt die relative Massenzunahme innerhalb der ersten 200 Stunden zyklischer und statischer Oxidation. Die Kurven flachen nach ca. 50 Stunden ab und tendieren zu einem Plateauwert der von der Oxidationstemperatur abhängt. Zu Beginn der Oxidation kommt es bei allen Temperaturen kurzzeitig zu einer Massenabnahme, die in diesem Diagramm nicht dargestellt ist, da der erste Meßpunkt bei 10 Stunden liegt. Dieser Massenverlust konnte in Versuchen in einer Thermowaage nachgewiesen werden. Bei langsamer Aufheizung (10 K/min) beträgt er ca. 1,2 %.

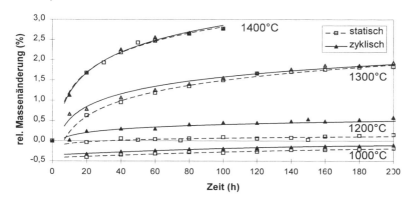

Bild 4: Relative Massenänderung des SiC_f/Al_2O_3 Faserverbundwerkstoffs bei statischer und zyklischer Oxidation an Luft.

Für den SiC$_f$/Al$_2$O$_3$ Faserverbundwerkstoff ergibt sich nach 200 Stunden statischer Oxidation bei 1200 °C eine relative Massenzunahme, bezogen auf die Anfangsmasse, von 0,2 %. Nach zyklischer Oxidation beträgt der Massenzuwachs bereits 0,4 %. Bei einer Oxidationstemperatur von 1300 °C (1400 °C) gibt es keinen Unterschied zwischen statischer und zyklischer Oxidation und die relative Massenzunahme ist auf ca. 1,3 % (2,5 %) gestiegen. Eine Oxidationstemperatur von 1400 °C ist sehr kritisch, da die Proben anfangen mit dem Chargiergestänge aus rekristallisiertem SiC zu reagieren. Aus diesem Grund wurden diese Versuche nach 100 Stunden abgebrochen.

Die Oxidation hat auf die mechanischen Eigenschaften des Materials erheblichen Einfluß (Tabelle 1). Die Festigkeit des SiC$_f$/Al$_2$O$_3$ Verbundwerkstoffs, gemessen im Drei-Punkt-Biegeversuch mit einem Auflagerabstand von 40 mm, beträgt im Anlieferungszustand über 600 MPa. Bereits nach 200 Stunden Oxidation bei 1200 °C wird die Festigkeit auf 290 MPa reduziert. Eine Oxidationstemperatur von 1400 °C schädigt das Material derart, daß die Festigkeit nur noch 140 MPa beträgt.

SiC$_f$/Al$_2$O$_3$		C$_f$/SiC	
Oxidationsbehandlung	Festigkeit (MPa)	Oxidationsbehandlung	Festigkeit (MPa)
Anlieferungszustand	600	Anlieferungszustand	470
1200 °C, 200 h statisch od. zyklisch	290	1200 °C, 200 h statisch	440
1400 °C, 100 h statisch od. zyklisch	140	1200 °C, 200 h zyklisch	250

Tabelle 1: Festigkeitswerte der SiC$_f$/Al$_2$O$_3$ und C$_f$/SiC Faserverbundwerkstoffe nach Oxidationsbehandlung.

Der C$_f$/SiC Faserverbundwerkstoff zeigt ein ganz anderes Oxidationsverhalten. In Bild 5 sind die relativen Massenänderungen bei 1200 °C zyklischer Oxidation sowie 1200 °C bzw. 1300 °C statischer Oxidation über 200 Stunden dargestellt. Es kommt zu einem Massenverlust, der im zyklischen Oxidationsbetrieb bis zu 7,8 % beträgt. Proben, die statisch oxidiert wurden, zeigen jedoch hervorragende Eigenschaften, was sich in einem sehr geringen Massenverlust ausdrückt.

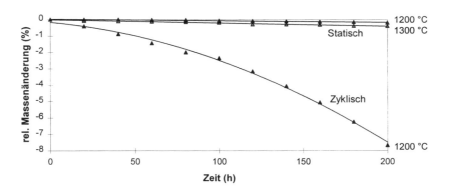

Fig. 5: Relative Massenänderung des C$_f$/SiC Faserverbundwerkstoffs bei statischer und zyklischer Oxidation an Luft.

Die mechanischen Eigenschaften des C_f/SiC Verbundwerkstoffs korrelieren mit dem Massenverlust. Je größer der Massenverlust, desto größer der Festigkeitsabfall der Proben. Dies bedeutet, daß das C_f/SiC Material nach statischer Oxidation bei 1200 °C und 1300 °C ähnliche Festigkeitswerte aufweist wie im Anlieferungszustand, da der Oxidationsschutz wirksam war (Tabelle 1). Bei zyklicher Oxidation enstehen in dem vorliegenden Oxidationsschutzsystem nicht ausheilbare Risse, was zu einer Schädigung des Verbundes führt.

Diskussion

Für den SiC_f/Al_2O_3 Faserverbundwerkstoff können drei grundsätzliche Oxidationsbereiche unterschieden werden. Im Anfangsstadium kommt es zu einer Reaktion der an der Oberfläche liegenden Fasern. Dabei reagiert die Kohlenstoffbeschichtung mit Sauerstoff zu CO, was mit einem Massenverlust verbunden ist. Gleichzeitig kommt es sowohl an der Hi-Nicalon Faser (SiC) als auch an der SiC-Beschichtung zu einer Reaktion mit Sauerstoff zu SiO_2 und CO. Mit zunehmender SiO_2-Bildung wird eine SiO_2-Schicht ausgebildet und damit der Kohlenstoffspalt verschlossen. Dieser Vorgang wurde für SiC-Faserverbundwerkstoffe beschrieben (4). Zusätzlich findet eine Reaktion des freien Aluminiums in der Matrix zu Aluminiumoxid statt, verbunden mit einem Massenzuwachs. Der anfängliche Massenverlust wird bei Oxidationstemperaturen von 1200 °C und höher rasch durch die SiO_2- bzw. Al_2O_3-Bildungsreaktionen kompensiert.

Werden die Proben bei Temperaturen oberhalb 1350 °C oxidiert, kommt es am Rand der im Probeninneren liegenden Faserbündel noch zu einer zusätzlichen Reaktion des aus der SiC-Beschichtung entstandenen SiO_2 mit der Al_2O_3-Matrix zu Mullit (3 Al_2O_3 * 2 SiO_2). Mullit ist in Bild 6 zu erkennen und konnte sowohl durch Röntgendiffraktometrie als auch durch Röntgenspektralanalyse nachgewiesen werden. Die Mullit Reaktion am Faserbündelrand bedeutet, daß der Effekt der Faserverstärkung durch die starke Bindung der Faserbündel mit der Matrix insgesamt verloren geht. Somit muß 1350 °C als die maximale Einsatztemperatur des Materials angesehen werden. Durch den Oxidationsangriff sinkt die Festigkeit nach 200 Stunden statischer oder zyklischer Oxidation bei 1200 °C beim SiC_f/Al_2O_3 Verbundwerkstoff etwa auf die Hälfte des Wertes im Anlieferungszustand ab.

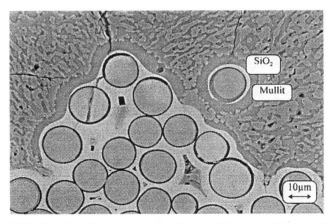

Bild 6: SiC_f/Al_2O_3 Faserverbundwerkstoff nach 100 Stunden zyklischer Oxidation bei 1400 °C.

Der C_f/SiC Faserverbundwerkstoff verhält sich unter statischer Oxidation stabil, die Schutzschicht hat ihre Aufgabe erfüllt. Dies belegen die guten mechanischen Eigenschaften nach statischer Oxidation. Eine Schädigung tritt erst durch hohe Thermoschockbelastung bei der zyklischen Oxidation ein. Während des Abschreckvorgangs bekommt die äußere SiC Oxidationsschutzschicht Risse, die nur teilweise durch die nächste Schicht aufgehalten werden (Bild 7). Laufen diese Risse bis zum C_f/SiC Faserverbund, so gelangt Sauerstoff zu den Kohlenstoff-Fasern, die sofort reagieren. Der Werkstoff mit dem vorliegenden Oxidationsschutzsystem ist somit sehr gut für Anwendungsfälle auch bei hohen Temperaturen geeignet, bei denen kein starker Thermoschock zu erwarten ist. Beim C_f/SiC Faserverbundwerkstoff mit intakter Schutzschicht bleibt nach statischer Oxidation bei 1200 °C das Festigkeitsniveau wie im Anlieferungszustand erhalten. Nach zyklischer Belastung bei 1200 °C ergibt sich, wie auch beim SiC_f/Al_2O_3 Verbundwerkstoff eine Festigkeitsabnahme auf die Hälfte des Ausgangswertes.

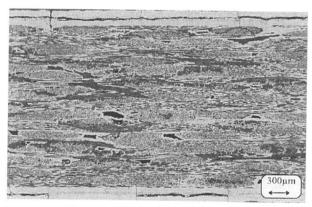

Bild 7: C_f/SiC Faserverbundwerkstoff nach 200 Stunden zyklischer Oxidation bei 1200 °C.

Literatur

(1) M.S. Newkirk, H.D. Lesher, „Preparation of Lanxide™ Ceramic Matrix Composites: Matrix Formation by the Directed Oxidation of Molten Metals", Ceram. Eng. Sci, Proc. <u>8</u> [7-8] (1987) 879-885.

(2) M. Takeda, J. Sakamoto, „High Performance Silicon Carbide Fiber Hi-Nicalon for Ceramic Matrix Composites", Ceram. Eng. Sci. Proc. <u>16</u> [4] (1995) 37-44.

(3) A. Mühlratzer, T. Haug, „Faserverbundkeramik mit SiC-Matrix", In Verbundwerkstoffe und Werkstoffverbunde, DGM Informationsgesellschaft Verlag, Oberursel (1996) S. 385-396.

(4) L. Filipuzzi, G. Camus, R. Naslain, „Oxidation Mechanisms and Kinetics of 1D-SiC/C/SiC Composite Materials", J. Am. Ceram. Soc. <u>77</u> (1994) 459-480.

Danksagung

Die Untersuchungen erfolgten im Rahmen eines vom BMBF geförderten Projektes mit den Firmen BMW Rolls-Royce Aeroengines (Oberursel) und MAN Technologie AG (Karlsfeld b. München).

Beitrag zur Optimierung faserverstärkter Keramik

B. Wielage, U. Zesch, Lehrstuhl für Verbundwerkstoffe, Technische Universität Chemnitz

Einleitung
Die niedrige Bruchzähigkeit der Keramiken als Hauptnachteil dieser Werkstoffe läßt sich durch den Einbau von Langfasern erheblich verbessern. Wichtig dafür ist vor allem die Qualität der Einbindung der Fasern in der Matrix, die von der Grenzfläche Faser/Matrix bestimmt wird (1).

Die Herstellung von C-langfaserverstärkter SiC-Keramik über die Infiltration von Fasergelegen mit siliziumhaltigen Polymeren und die daran anschließende Pyrolyse hat sich als aussichtsreich erwiesen. Dieses Herstellungsverfahren bietet mehrere Vorteile. Das Vorhandensein eines viskosen Polymeranteils erlaubt die leichte Einbringung von Verstärkungsfasern ohne diese im Herstellungsprozeß mechanisch zu schädigen. Außerdem sind die im Vergleich zur konventionellen Keramikherstellung geringen Verunreinigungen im entstehenden Matrixgefüge durch den Einsatz von chemisch reinen Precursoren zu nennen. Ebenfalls zur Faserschonung wie auch zur Vereinfachung des Prozesses führen die relativ niedrigen Prozeßtemperaturen. Das Problem der untersuchten Herstellungsmethode ist jedoch die hohe Schwindung der eingesetzten Polymere während der Pyrolyse. Dadurch entsteht eine sehr poröse Matrix mit einer Vielzahl von Schwindungsrissen. Einerseits werden dadurch die mechanischen Eigenschaften erheblich beeinträchtigt. Andererseits hat zum Beispiel Sauerstoff ungehinderten Zutritt in das Innere des Verbundkörpers, so daß bei dessen Einsatz bei höheren Temperaturen die verwendeten Kohlenstoffasern ungeschützt der Degradation ausgesetzt sind (2).

Durch die Einstellung der Zusammensetzung infolge der Einlagerung von inerten und reaktiven Füllstoffen kann die Schwindung und damit die Porosität sowie das Benetzungsverhalten und die Haftung der C-Faser in der Matrix variiert werden. Eine Modifizierung der Faseroberfläche z.B. durch Beschichten beeinflußt ebenfalls die Eigenschaften der Faser/Matrix-Grenzfläche.

Ziel der Untersuchungen war es, Informationen für die Prozeßoptimierung zu liefern, um somit eine Verbesserung der mechanischen Eigenschaften des Verbundes zu bewirken. Darüber hinaus wird ein wichtiger Beitrag zur Bestimmung der Versagensmechanismen aufgrund von Herstellungsprozeß und Eigenspannungsausbildung erwartet.

Experimentelle Durchführung
Als Basis für die Matrix der untersuchten Verbundwerkstoffe dient das kommerziell erhältliche siliziumorganische Polymer PSS. Reines SiC-Pulver mit einer Korngröße < 0,5 µm dient als inerter Füllstoff. Als reaktive Füllstoffe wurden Ti, Zr und V (Korngrößen: <10µm, ca.90µm, 75-180µm) auf ihre Eignung und Wirksamkeit hin untersucht. Die verwendeten C-Langfasern sind T800, die mit Schlichte und entschlichtet sowie beschichtet zum Einsatz kamen.

Zur Herstellung der Verbundwerkstoffe wird das PSS in THF gelöst und die entsprechenden inerten und reaktiven Füllstoffe werden zugegeben. Diese präkeramische Precursormischung wird in die Faserbündel infiltriert, über die Wickeltechnik abgelegt und auf Probengröße geschnitten. Daran schließt sich die Aushärtung und Vernetzung im Autoklaven sowie die Pyrolyse im Schutzgasofen an. Diese beruht auf der thermischen Zersetzung Si-organischer Polymere in Inertgas oberhalb 1000°C. Das Produkt ist ein Mischkeramik-Matrix-Verbund mit SiC als Matrixhauptbestandteil.

Die Probenuntersuchungen sollten Aufschluß über die Zusammenhänge zwischen Verbundaufbau und mechanischen Eigenschaften geben. Die qualitative und quantitative Gefügeanalyse mittels Lichtmikroskopie, Bildanalyse, REM und TEM diente zunächst zur allgemeinen Einschätzung der Verbunde hinsichtlich ihres Aufbaues. Die thermogravimetrischen Untersuchungen erfolgten zur Bestimmung der keramischen Ausbeute des verwendeten Matrixprecursors. Zur Ermittlung der Phasenzusammensetzung wurden Röntgenbeugungsspektren aufgenommen.

Weiterhin wurden mechanische Prüfverfahren, insbesondere der Mikrobiegeversuch (3-Punkt-Biegung), für die Ermittlung der Festigkeiten und des Bruchverhaltens eingesetzt. Dabei werden die Proben senkrecht zur Faserrichtung beansprucht. Die Belastung normal zu den Faserlagen und die Probenmaße wurden so gewählt, daß das Versagen auf Zug oder Druck eintritt. Die Untersuchung der Bruchflächen aus dem Biegetest diente zur Bestätigung der aus den aufgenommenen Biegespannungs-Durchbiegungs-Kurven gewonnenen Erkenntnisse.

Zur Bestimmung der Eigenspannungen in den Verbundwerkstoffen diente die röntgenographische Spannungsmessung (RSM) nach dem $\sin^2\psi$-Verfahren. Diese hat den Vorteil, phasenselektiv Dehnungen zu messen, und ist somit für mehrphasige Materialien, wie es die Verbundwerkstoffe sind, geeignet.

Ergebnisse und Diskussion
In den Proben wurden mittels Bildanalyse Faservolumengehalte zwischen 40 und 50% und Porositäten zwischen 20 und 40 Vol.-% ermittelt. Durch Einsatz der inerten und insbesondere reaktiven Füllstoffe wurden die niedrigeren Porositäten erzielt. Die Faserverteilung im Verbund hängt unmittelbar mit der Faserverteilung im Roving zusammen (3).

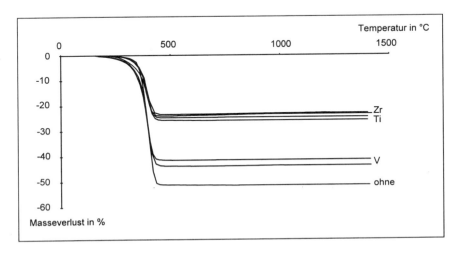

Bild 1: Thermogravimetrische Untersuchungen

Bild 1 zeigt eine Zusammenstellung der Ergebnisse aus den thermogravimetrischen Untersuchungen verschiedener Matrixmischungen. Deutlich wird hieraus, daß der Zusatz reaktiver Füller die keramische Ausbeute der Mischung erheblich zu steigern vermag. Die besten Werte zeigen Zr und Ti; dagegen liegt V nahe der Mischung ohne reaktiven Füllstoff.

Aus den Ergebnissen der Röntgenbeugungsanalyse wird deutlich, daß bei einer Pyrolyseendtemperatur von 1000°C die entstandene Matrix noch einen erheblichen amorphen Anteil enthält. Eine Pyrolyseendtemperatur von 1150°C führt jedoch bereits zu einer nahezu vollständigen Kristallisation des Precursorpolymers. Der Zusatz der aktiven Füller verschiebt die Kristallisation zu niedrigeren Temperaturen. Bei V ist dieser Effekt wie auch die Karbidbildung deutlich geringer ausgeprägt im Vergleich zu Ti und Zr. Die Ursache liegt in der erheblich größeren Pulverkorngröße und somit geringerer Reaktivität des V.

Das Verhalten der Proben im 3-Punkt-Biegeversuch wird erheblich durch den Zustand der Faseroberflächen beeinflußt (4). In Bild 2 sind Verbunde mit gleicher Matrixzusammensetzung (Precursor mit 20 Masse-% SiC-Pulver als inerten Füllstoff) und unterschiedlichen Faserzuständen nebeneinander abgebildet.

Die Bruchfläche der Probe mit entschlichteten Fasern zeigt, daß die Matrix bereits vollständig gebrochen vorliegt, die teilweise herausgezogenen Fasern verbanden jedoch noch die beiden Bruchhälften und wurden für die Aufnahme getrennt. Der Bruchverlauf und die Bruchfläche zeigen, daß die Haftung zwischen Matrix und Fasern ungenügend ist. Diese Proben besitzen auch die geringsten Biegefestigkeiten (Bild 2a).

Bei den Proben mit den beschichteten Fasern erfolgt Sprödbruch. Die Bruchfläche in Bild 2b ist glatt und eben. Die Haftung zwischen Matrix und Fasern ist zu stark und führt früh zum Bruch bei relativ geringer Durchbiegung mit maximalen Biegefestigkeiten von ca. 30 MPa.

Der Einsatz der geschlichteten Fasern ergibt mit ca. 70 MPa die höchsten Bruchfestigkeiten. Die aufgenommenen Versagensverläufe weisen auf ein quasiduktiles Bruchverhalten hin. Dies bestätigt auch die Bruchflächenuntersuchung, wobei überwiegend Faser-pull-out zu erkennen ist (Bild 2c).

 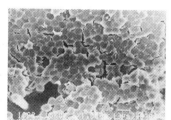 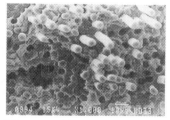

a) Fasern entschlichtet   b) Fasern beschichtet   c) Fasern geschlichtet

Bild 2: REM-Aufnahmen von Bruchflächen aus dem Biegetest von Proben mit Fasern mit unterschiedlichen Oberflächenzuständen

Die verschiedenen reaktiven Füller führen zu unterschiedlicher Matrixausbildung und beeinflussen somit ebenfalls das Bruchverhalten.

Bei den Proben mit Titan erfolgt ein relativ spröder Bruch (Bild 3a). Die Bruchfläche ist glatt und eben. Die Haftung zwischen Matrix und Fasern in den Bündeln ist zu stark und sie brechen gleichzeitig. Insgesamt macht der Verbund jedoch einen geschlossenen Eindruck. Die Biegefestigkeiten liegen zwischen 30 und 40 MPa.

Der die Bruchfläche von Proben mit Zr bestimmende Faser-pull-out weist ebenso wie die Kurvenverläufe aus den Biegetests auf ein quasiduktiles Bruchverhalten bei Biegefestigkeiten von 50 bis 60 MPa hin. Die Matrix hinterläßt keinen geschlossenen Eindruck sondern ist eher feinkörnig (Bild 3b) mit vielen kleinen Poren.

Die Bruchfläche der Probe mit V zeigt einen Bereich ohne Matrixwerkstoff zwischen den Fasern (Bild 3c). Im Probenquerschliff vereinzelt erkennbare Reste von V-Pulver-Körnern untermauern die Feststellung einer ungenügenden Reaktion aus den röntgenographischen Phasenanalysen. Der Anteil der großen Pulverkörner ist zwar gering, diese behindern jedoch die Infiltration und führen zu wenigen großen Poren, in deren Bereich dann bevorzugt der Bruch erfolgt. Dabei werden nur maximale Biegefestigkeiten von ca. 35 MPa erreicht.

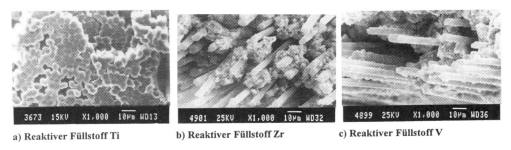

a) Reaktiver Füllstoff Ti   b) Reaktiver Füllstoff Zr   c) Reaktiver Füllstoff V

Bild 3: REM-Aufnahmen von Bruchflächen aus dem Biegetest von Proben mit unterschiedlichen reaktiven Füllstoffen

Die röntgenographischen Spannungsmessungen an der Probenoberfläche ergeben in der Richtung parallel zur Faserorientierung hohe Zugeigenspannungen in den Verbundproben. Diese lassen sich durch Zugabe höherer Gehalte an inertem Füller verringern. Die Eigenspannungen entstehen somit mit zunehmender Bildung von kristallinem SiC bei der Pyrolyse des Precursors infolge der damit verbundenen Schwindung. Die Modifikation des Precursors durch den Zusatz reaktiver Füllstoffe führt ebenfalls zu einer Abnahme der gemessenen Zugeigenspannungen. Die Ursache wird in der bereits bei den thermogravimetrischen Untersuchungen festgestellten geringeren Massenabnahme und der damit verbundenen geringeren Schwindung der Precursormischungen während der Pyrolyse gesehen.

Zusammenfassung und Schlußfolgerung

Über Infiltration und Pyrolyse Si-organischer Precursoren wurden C-faserverstärkte SiC-Keramiken mit einem Fasergehalt von 40-50 Vol.-% hergestellt. Das Precursormaterial, die Füllereinlagerungen sowie der Faseroberflächenzustand sind für die Ausbildung der Grenzfläche zwischen Faser und Matrix und somit das mechanische Verhalten von besonderer Bedeutung. Als Fasermaterial standen geschlichtete, unbeschichtete als auch mit pyroC/SiC-beschichtete Kohlenstofflangfasern zur Verfügung. Die Porosität konnte durch den Einsatz von SiC-Pulver als inerten Füller und der reaktiven Füller Ti, Zr und V verringert werden. Zudem bewirkt die Einlagerung der Füller, insbesondere der aktiven Füller, eine Verbesserung der mechanischen Eigenschaften und des Bruchverhaltens.

Literatur

(1) Wielage, B.; Zesch, U.; Jungnickel, U.: Beitrag zur Optimierung faserverstärkter Keramik, Tagungsband Verbundwerkstoffe und Werkstoffverbunde, 24./25.10.1995, Bayreuth, DGM Informationsgesellschaft Oberursel, 1996, S. 425-428

(2) Wielage, B.; U. Zesch and U. Jungnickel: Problems of the fibre-matrix-bonding in a ceramic-matrix-composite. ICCE/3, Third International Conference on Composites Engineering, New Orleans, LA, USA, 21.-26. Juli 1996, S. 975-976

(3) Wielage, B.; U. Zesch et U. Jungnickel: Contribution a l'optimisation des céramiques renforcées par des fibres. J. N.C. 10, Comptes rendus des dixièmes journées nationales sur les composites, Paris, 29.-31. Okt. 1996, Vol. 3, S. 1197-1203

(4) Wielage, B., U. Zesch und U. Jungnickel: Beitrag zur Optimierung faserverstärkter Keramik. Ziegler, G. (Hrsg.): Werkstoff- und Verfahrenstechnik, Symposium 6 Werkstoffwoche '96, DGM Informationsgesellschaft Frankfurt, 1997, S. 975-980

XVI.

Funktionelle Eigenschaften/Schichten

Biomimetische Werkstoffsynthese - ein Weg zu neuen Funktionskeramiken?

Wolfgang Pompe, Michael Mertig, Karl Weis, Technische Universität Dresden, Institut für Werkstoffwissenschaft, und Andreas Schönecker, FhG Institut für Keramische Technologien und Sinterwerkstoffe Dresden

Motivation
Der Fortschritt im Verständnis der molekularen Mechanismen biologischer Phänomene in den letzten zwei Jahrzehnten löst die Frage aus, ob die Materialwissenschaft zukünftig auch biomolekulare Strukturen für eine technische Zielsetzung nutzen kann. Ein solches Konzept wird als biomimetische Materialsynthese bezeichnet. Im folgenden soll gezeigt werden, daß Biomimetik nicht notwendig nur einfaches, mehr oder weniger unvollkommenes Nachahmen von Materialsyntheseprozessen in lebenden Organismen ist. Unter Biomimetik wollen wir vielmehr Prozesse zusammenfassen, die in graduell sehr verschiedenem Ausmaß biologische Elemente selbst mit einschließen. Hierbei ist folgende Einteilung möglich (1):
- Nichtbiologische Prozesse, die einem biologischen Syntheseprinzip folgen,
- Prozesse, in denen biomolekulare Elemente unmittelbar für die Stoffsynthese genutzt werden,
- Prozesse, bei denen die Materialsynthese praktisch vollständig im lebenden Organismus erfolgt.

Ein Beispiel für die erste Gruppe stellt die Herstellung von keramischen Titanoxidschichten aus wäßrigen Prekursoren auf einer selbstassemblierenden Monoschicht (SAM) von kurzkettigen Silanen dar (2,3,4). Die SAM ermöglicht analog zu Proteinen in biologischen Mineralisationsprozessen eine Vororganisation von Keimbildungsplätzen auf der Substratoberfläche, so daß die Keimbildung beschleunigt abläuft. Biomimetische Materialsynthese kann jedoch auch biologische Elemente im Präparationsprozeß unmittelbar nutzen. Im folgenden wollen wir Beispiele dafür geben, daß es vorteilhaft sein kann, Biomoleküle als Templat für Kristallisationsvorgänge zu nutzen. Beipiele für Materialsynthese in lebenden Organismen sind das Erzeugen von nanokristallinem magnetischen Eisenoxid in magnetotaktischen Bakterien (5) oder das Abscheiden von Mineralien auf Bakterienfäden (6).

Wege zu Nanostrukturen auf biomolekularen Templaten
Nicht nur in der Speichertechnik, sondern auch bei der Entwicklung neuer Sensoren oder Aktoren wird ein immer größerer Integrationsgrad angestrebt. Das Erzeugen von Festkörperstrukturen mit charakteristischen Strukturlängen kleiner 50 Nanometer stellt eine enorme Herausforderung für das Experiment dar. Als besonders schwierig erweist sich die Aufgabe, solche nanoskaligen Festkörper mit großer Regelmäßigkeit zu erzeugen. Der experimentelle Aufwand wächst infolge der mehrstufigen lithographischen Prozesse hierbei sehr stark an. Zugleich wäre es wünschenswert, von einer seriellen zu einer parallelen Strukturierung zu kommen.

Der systematische Aufbau von Nanostrukturen aus den atomaren Elementarbausteinen mit der Rastertunnelmikroskopie und verwandten Methoden entspricht ebenfalls einem solchen seriellen Strukturieren. Hierbei gibt es ein prinzipielles Hindernis, da man mit einem makroskopischen Werkzeug einzelne Atome auf einem Substrat definiert und stabil anordnen möchte (10). Thermische Fluktuationen sowie äußere Schwankungen des makroskopischen Systems stellen extreme Anforderungen an die Stabilisierung der Strukturen, was zum Beispiel zum Arbeiten bei tiefen Temperaturen zwingt.

Ein Ausweg kann das Selbstorganisieren der Struktur - also parallele Prozeßführung - sein. In der Physik und Chemie komplexer Reaktionssysteme wird diese Erscheinung in den letzten 20 Jahren sehr intensiv untersucht. Das Erzeugen von periodisch angeordneten Inseln eines Halbleiters auf einem Substrat, den „Quantum-Dot-" Strukturen, stellt eine wichtige technische Umsetzung eines solchen Mechanismus dar. Hinsichtlich stofflicher und morphologischer Variationen sind hier jedoch noch erhebliche Grenzen gesetzt.

Bekanntermaßen beschäftigt sich auch die Molekularbiologie mit der Aufklärung von selbstorganisierten Strukturen im Submikrometerbereich. Der Fortschritt in diesem Feld legt es nahe, das dort vorhandene Wissen hinsichtlich einer Anwendbarkeit für die Entwicklung der Nanotechnologie zu prüfen. Proteine, Lipide und andere Biomoleküle überspannen mit den Abmessungen ihrer molekularen Monomereinheiten gerade den Größenbereich von etwa 1 bis zu einigen 100 Nanometern. Zugleich zeichnen sie sich durch die Fähigkeit zur Selbstassemblierung aus, d.h. unter geeigneten Bedingungen bilden sich aus ihnen geordnete Strukturen auf größeren Längenskalen, die letztlich zu Gefügehierarchien führen können. Damit entstehen Funktionseinheiten im Submikrometerbereich, die durch eine große Reproduzierbarkeit in ihrer Geometrie sowie in ihrem physikalischen und chemischen Aufbau gekennzeichnet sind. Für die Materialwissenschaft ist es wesentlich, daß mit den Fortschritten der molekularen Biotechnologie solche Moleküle heute schon mit großer Präzision und Effizienz erzeugt werden können. Die Evolution hat dafür gesorgt, daß es sich dabei in der Regel um sehr robuste, aber zugleich auch sehr „intelligente" Molekülstrukturen handelt. Im folgenden berichten wir, wie mit den in Tabelle 1 zusammengestellten Biomolekülen: Kollagen, bakterielle Membranproteine, Ferritin, Mikrotubuli und DNA Nanostrukturen erzeugt werden können, deren charakteristische Strukturlängen den Bereich zwischen 1 Nanometer und 50 Nanometer überdecken. Gemeinsam ist allen Beispielen, daß die Materialsynthese aus wäßriger Lösung bei Raumtemperatur erfolgt.

Biomolekül	Templatform	Charakter.Strukturlänge [nm]
Kollagen I	Fibrille	45 - 70
Tubulin	Mikrotubulus	25
Membranprotein	S- Layer	2 - 20
Ferritin	Käfig	10
DNA	Faden	1

Tabelle 1: Charakteristische Strukturlängen von ausgewählten Biomolekülen für die Materialsynthese aus wäßrigen Lösungen

Ein Problem könnte darin gesehen werden, daß die Zahl und die Strukturvariation der potentiell nutzbaren Biomoleküle begrenzt ist. Hier eröffnen sich jedoch zunehmend Wege, mit den Möglichkeiten der Gentechnologie Biomoleküle nach Maß zu synthetisieren. Bewußt muß man sich dabei natürlich sein, daß solche Vorstöße zu neuartigen biologischen Strukturen nicht nur fachwissenschaftliche, sondern auch ethische Probleme mit sich bringen, die ein sehr gewissenhaftes und verantwortungsbewußtes Durchdenken verlangen.

Im folgenden soll gezeigt werden, wie man auf diese Weise Keramikverbundwerkstoffe für den Knochenersatz, metallische und oxidische Cluster auf Festkörperoberflächen und metallische

Nanodrähte erzeugen kann. Bei den Nanostrukturen entsteht natürlicherweise das Zusatzproblem einer Integration der präparierten Nanostruktur in ein Bauelement. Am Beispiel der Metallisierung von Mikrotubuli und DNA wird hierzu ein Lösungsweg skizziert.

Keramikverbundwerkstoffe für den Knochenersatz
Das Bemühen um Materialien für den Ersatz vom Hartgewebe (Knochen, Zahn) führt zunehmend dazu, über den Einsatz von klassischen Strukturwerkstoffen hinauszugehen und nach Materialien zu suchen, die weitestgehend aus Stoffen aufgebaut sind, die Bestandteil des Hartgewebes sind. Deshalb ist ein Verbundwerkstoff aus Hydroxylapatit (HAP) und Kollagen der aussichtsreichste Kandidat für den Hartgewebeersatz sowie die biokompatible Beschichtung von Knochenimplantaten. Im Sinn eines „Tissue engineering" käme es darauf an, einen solchen Werkstoff im Gefügeaufbau und durch Einbau zusätzlicher Phasen so zu modifizieren, daß der angestrebte Umbau, Einbau oder Abbau durch körpereigene Zellen, die Osteoblasten bzw. Osteclasten, möglich wird.

In einem ersten Schritt gilt es, einen Verbundwerkstoff aus HAP und Kollagen aufzubauen, ohne daß es zu einer Denaturierung des Kollagens kommt. Hierfür kommt nur eine Herstellung aus einem wäßrigen Prekursor nahe Raumtemperatur in Betracht. Vom Studium des natürlichen Knochenaufbaus ist bekannt, daß ein solcher Verbundwerkstoff aus etwa 45% HAP, 27% Kollagen, 3% weiteren nichtkollagenen Proteinen, Lipiden und Proteoglykanen sowie 25% Wasser aufgebaut ist. HAP liegt dabei in nichtstöchiometricher Zusammensetzung mit einem Zusatzanteil von metastabilem Octacalciumphosphat in nanokristalliner Form vor. Es wird angenommen, daß ein solcher Defektzustand für die biologischen Umbauvorgänge entscheidend ist. Des weiteren wird ein inniger Verbund zwischen Kollagen und HAP beobachtet, indem die HAP-Kristallite in die sogenannten Gap-Strukturen (etwa 40 nm große und regulär verteilte Hohlräume in der geordneten Kollagen I-Fibrille) hineinwachsen. In einem synthetischen Knochenersatzwerkstoff sollte man einem solchen Gefügeaufbau möglichst nahe kommen.

Für die in vitro-Mineralisation von Kollagen I-Fibrillen liegt es nahe, ein biomimetisches Synthesekonzept zu nutzen. Es gilt, die kinetisch gehemmte Ausscheidung von HAP bei einem pH von etwa 7,2 zu erreichen, hierbei die Keimbildung in den Kollagen-Gaps wenigstens teilweise zu ermöglichen sowie das Wachstum der HAP-Kristallite auf etwa 50 bis 80 nm zu begrenzen. Aus in vivo-Studien der Knochenneubildung (8) ist bekannt, daß die Knochenbildung ein Stufenprozeß ist, in dem zunächst die Kollagenmatrix gebildet wird, in einem zweiten Schritt nichtkollagene Proteine (z.B. Bonesialoprotein, Ostepontin) entstehen, bevor die HAP-Bildung einsetzt. Die nichtkollagenen Proteine enthalten einen ungewöhnlich hohen Anteil von anionischen Aminosäuren (Aspartat und Glutamat). Von der Natur lernend, kann man die Arbeitshypothese formulieren, daß die anionischen Aminosäuren möglicherweise eine geeignete Ausbildung der Kollagen I-Matrix sowie zugleich die HAP-Bildung steuern.
Es konnte von uns gezeigt werden, daß die Assemblierungskinetik von Kollagen I-Fibrillen aus einer Lösung von Kollagenmonomeren beschleunigt oder verzögert werden kann (9). Zugleich kann durch Zugabe von Polyaspartat die Geschwindigkeit des Wachstums sowie der Umschlag von der Bildung amorphen zu kristallinem HAP kontrolliert werden. Im Ergebnis beider Wirkungen von Polyaspartat ist es gelungen, die in vitro-Mineralisation von Kollagen I-Fibrillen so zu steuern, daß der gewünschte Einbau von HAP-Kristalliten in die Gaps der Kollagen I-Fibrille erfolgt.

Die mineralisierten Kollagen I-Fibrillen werden in einem zweiten Prozeßschritt als Verstärkungsfasern des HAP-Kollagen-Verbundwersktoffes verwendet. Zum Vermeiden einer Denaturierung des Kollagens muß eine Verbundbildung bei Raumtemperatur und einem pH-Wert nahe 7, 2 erfolgen. Ein möglicher Lösungsweg besteht in der HAP-Bildung in einer Mischung aus löslichen Calciumsalzen und Phosphaten bei gleichzeitiger Zugabe der mineralisierten Kollagen I-Fibrillen. Der hierbei entstehende HAP-Kollagen-Prekursor mit typischerweise 5 - 10 % Volumenanteil Kollagen muß mit bekannten Keramiktechnologien (Druckfiltration, Zentrifugieren, Gefriertrocknen) verdichtet und getrocknet werden. Dabei ist für die angestrebte Wechselwirkung der Zellen mit dem Knochenersatzwerkstoff ein Mindestanteil größerer Poren (> Mikrometer) von Bedeutung. In Bild 1 ist als Beispiel ein HAP-Kollagen-Tape zu sehen, das über Druckfiltration hergestellt worden ist (10).

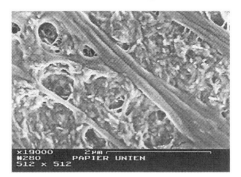

Bild 1: REM-Aufnahme eines HAP- Kollagen I-Verbundwerkstoff, hergestellt mittels Druckfiltration.

Metallische und oxidische Cluster auf Festkörperoberflächen
Im folgenden werden zwei Beispiele vorgestellt, die zeigen sollen, wie bakterielle Membranproteine genutzt werden können, um nanoskalige metallische und oxidische Clusterstrukturen aufzubauen, die zukünftig möglicherweise als Komponenten in der Mikrostrukturtechnik Verwendung finden können. Der Grundgedanke der darzustellenden Experimente besteht darin, daß von Proteinassemblaten ausgegangen wird, die in wäßriger Lösung unter geeigneten chemischen Bedingungen in stabile Grundeinheiten zerlegt werden können, aber auch rekonstituierbar sind. Erfüllt ein Protein diese Bedingungen, dann ist es ein sehr geeignetes Ausgangsmaterial zum Aufbau einer künstlichen Nanostruktur.

(i) Metallisierte Nanomembranen
Membranen gewinnen in vielen Bereichen der Technik an Bedeutung. Zur selektiven Steuerung von Masseströmen in gasförmigen und flüssigen Medien, aber auch als funktionalisierte Membranen mit katalytischen, elektrischen und sensorischen Anwendungen wird nach einer großen strukturellen Vielfalt gefragt. Besonders bedeutsam ist die Selektivität der Membranfunktion. In diesem Zusammenhang ist es interessant, Membranen mit sehr enger Porengrößenverteilung zu erzeugen. Vorstellbar ist aber auch, daß nicht der definierte Massetransport durch die Poren Ziel der Werkstoffentwicklung ist, sondern die Poren als Platz für zusätzlich abzuscheidende Cluster genutzt werden.

Bild 2: TEM-Aufnahme der S-Layer von Sp. ureae (Balkenlänge 10 nm, Bildrekonstruktion (18))

Die biologische Evolution hat bei sehr vielen Bakterienarten zur Ausbildung von Zellhüllenproteinen in Form von sogenannten Surface (S)-Layern (11,12) geführt, die durch eine große Regelmäßigkeit von Nanoporen in Größe und Periodizität auffallen (Bild 2). Sie weisen bestimmte Gittersymmetrien mit festen Abständen für die morphologischen Einheiten auf. Für die verschiedenen Bakterien variieren die Gitterkonstanten typischerweise zwischen 8-30 Nanometer. Jede morphologische Einheit besitzt Poren von identischer Größe im Bereich von etwa 2 nm-6 nm. Isolierte S-Layer-Untereinheiten von zahlreichen Bakterien zeigen die Fähigkeit, sich wieder zu zweidimensionalen Proteinkristallen mit vollständiger Regelmäßigkeit über große Oberflächenbereiche auf Substraten oder an der Wasser-Luft-Grenzfläche anzuordnen (13, 14). Das macht sie zu einem idealen Templat, auf dem eine künstliche Nanostruktur aufgebaut werden kann.

S-Layer-Proteine der Bakterie Sporosarcina ureae erfüllen die oben formulierten Bedingungen für ein biomolekulares Templat in ausgezeichneter Weise. In Bild 2 sind die regelmäßigen Porenstrukturen des gestainten zweidimensionalen Proteinkristalls in einer transmissionselektronenmikroskopischen Aufnahme gut zu erkennen. Die Gitterperiodizität beträgt 13 nm. S-Layer können durch biochemische Reinigungsverfahren vollständig von der Zellmembran entfernt werden (15) und anschließend zum Beispiel an der Wasser-Luft-Grenzfläche rekonstituiert werden, um daraufhin auf einem Substrat abgeschieden zu werden. Der Prozeß ist hinreichend robust, was für eine technische Nutzung eine notwendige Voraussetzung darstellt. Zur Funktionalisierung der S-Layer wurde von uns die nachfolgende Abscheidung von Metallatomen studiert (16-18). Zwei Strategien sind vorstellbar: die selektive Adsorption der Metallatome an bestimmten Substrukturen des Proteins oder das Erzeugen einer extrem dünnen Metallschicht, die das Grundmuster des biologischen Templates vollständig wiedergibt. Zum einen wurden die S-Layer mittels Laserverdampfung eines metallischen Targets im Vakuum beschichtet (19). Die selektive Adsorption bewirkt eine Dekoration des zweidimensionalen Proteinkristalls mit Metallclustern, deren Größe kleiner 2 nm ist. Über dieses Verfahren lassen sich geometrisch hochsymmetrische Quantum-Dot-Strukturen oder homogon belegte nanodisperse Katalysatoroberflächen herstellen.

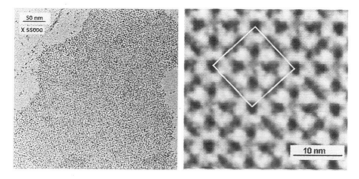

Bild 3: TEM-Aufnahme der Pt - Cluster auf einer S-Layer von Sp.ureae nach 24 h Aktivierungsdauer
(links Originalaufnahme, rechts Bildrekonstruktion aus Powerspektrum (18))

Alternativ ist die stromlose Abscheidung von Metallclustern aus wäßriger Lösung möglich. Das konnte erfolgreich mit Platin und Palladium verwirklicht werden. Aus einer wäßrigen Lösung von Metallkomplexen (z.B. K_2PtCl_4, Na_2PdCl_4) kommt es zur Bildung von Metallclustern (Bild 3). Es zeigt sich, daß die Proteinmembran die Keimbildung beschleunigt und eine platzspezifische Abscheidung der Cluster ermöglicht. Ein Lösungs-Wiederausscheidungsprozeß führt zu einem Reifen der Clusterverteilung. Die sich einstellende Endverteilung wird durch die Periodizität, Symmetrie und Größe der Porenverteilung der S-Layer bestimmt. Im Fall der S-Layer von Sporosarcina ureae entstehen Cluster mit einem Durchmesser von etwa 1,5 nm und einem mittleren Abstand von 2,5 nm. Wie aus Bild 3 zu erkennen ist, ist die Symmetrie der S-Layer (quadratisch) mit statistischer Regelmäßigkeit reproduziert. Die so erzeugte metallisierte S-Layer kann als katalytische Funktionsschicht eingesetzt werden. Eine weitere Anwendungsmöglichkeit ist die Integration in eine Sensorstruktur. So kann damit zum Beispiel die Oberfläche eines SAW (surface acoustic wave) Sensors funktionalisiert werden.

(ii) Clusterepitaxie
Die periodische Verteilung von Ladungszentren auf den bakteriellen Membranproteinen kann für den Aufbau von epitaktisch aufwachsenden Clustern genutzt werden, deren Synthese in einem davorliegenden Prozeßschritt bereits abgeschlossen ist. Für einen rein biomolekularen Zugang hierzu bietet sich die bekannte Synthese von oxidischen oder sulfidischen Clustern in Ferritin an (20). Ferritin stellt eine Proteinfamilie dar, in der 24 Untereinheiten so assembliert werden, daß sich eine Kavität bildet, die einen Innendurchmesser von etwa 8 nm hat und deren etwa 2 nm starke Schale ein Dodekaeder bildet, das von Kanälen mit dreizähliger und vierzähliger Symmetrie (Durchmesser etwa 0,3 nm) durchsetzt ist. In Innern der Kavität bildet sich unter natürlichen Bedingungen Eisenoxyhydroxid (FeOOH), das antiferromagnetisch ist und wegen der kleinen Clustergröße superparamagnetisches Verhalten zeigt. Durch chemischen Austausch konnte synthetisch die Ferritinstruktur auch zum Erzeugen von Magnetit (Fe_3O_4), Eisensulfid (FeS), Manganoxyhydroxid (MnOOH), Uranyloxyhydroxid ($UO_2(OH)_2$ und Uranyloxyhydroxidphosphat (UO_2PO_4* $2H_2O$) genutzt werden (20).

Von Sleytr et al.(21) wurde erstmals vorgeschlagen, polykationisches Ferritin als Marker zum Nachweis von Ladungszentren auf Membranproteinen zu nutzen. Diesen Gedanken aufgreifend, ist es uns gelungen, auf der Membran von Sporosarcina ureae epitaktische Ferritinschichten zu erzeugen. Das wird möglich, wenn ein geeignetes Verhältnis der S-Layer-Gitterkonstante und des Ferritindurchmessers eingehalten werden kann. Die sich einstellende Symmetrie der wachsenden Schicht wird aus dem Verhältnis der langreichweitigen elektrostatischen Wechselwirkung, der platzspezifischen Wechselwirkung sowie der Fehlpassung zwischen S-Layer und Ferritin bestimmt. In Bild 4 ist eine solche epitaktisch aufgewachsene Monolage von Ferritin zu sehen. Dunkel erscheinen die Eisenoxyhydroxidkerne. Gut erkennbar ist eine hexagonale Symmetrie. Eine mögliche Erweiterung solcher epitaktischer Schichtbildungsvorgänge auf einer S-Layer mit anderer Gitterkonstante und Gittersymmetrie liegt auf der Hand.

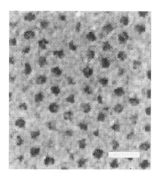

Bild 4: TEM- Aufnahme der Ferritin- Monolayer auf einer S-Layer von Sp. ureae (18) (Balkenlänge 25 nm)

Metallische Nanodrähte
Für die schrittweise Entwicklung hin zu einer zukünftigen Nanoelektronik stellt die Erzeugung von nanoskaligen Leitern eine wesentliche Voraussetzung dar. Ein Lösungsansatz hierfür wird in der Metallisierung von fadenförmigen Biomolekülen in wäßriger Lösung gesehen. Ein interessanter Kandidat eines biologischen Templates dafür sind die Mikrotubuli, röhenförmige Proteinstrukturen mit einem Außendurchmesser von rund 25 nm und einer Länge von mehreren Mikrometern. Mikrotubuli (22) kommen im Cytoskelet aller eukaryotischen Zellen vor. Sie erfüllen dort neben Stütz- und Stabilitätsfunktionen die Rolle des „Verteilers" der Chromosomen bei der Zellteilung. Das Protein, das sogenannte Tubulin, aus dem die Mikrotubuli aufgebaut werden, wird aus Säugetierzellen gewonnen und ist nach einer intensiven Reinigung das Ausgangsprodukt für die in vitro-Assemblierung von Mikrotubuli. Diese in vitro-Assemblierung des α- und β-Tubulins, den Subtypen des Tubulins, zu Mikrotubuli ist nur unter speziellen chemischen Bedingungen möglich (23). Besondere Forderungen werden dabei an den pH-Wert der Lösung, die Temperatur während der Assemblierung und die Menge des eingesetzten Proteins gestellt.

Um mit Hilfe dieser so erhaltenen Nanoröhren einen metallischen Nanodraht zu realisieren, haben wir uns das Prinzip der stromlosen Metallisierung von Polymeren zunutze gemacht (24). 1948 wurden erstmals von Brenner und Riddell (25) nach dieser Methode metallische Beschichtungen hergestellt. Bei diesem Verfahren kommt es zur Abscheidung eines Metalls auf einer leitfähigen Unterlage durch chemische Reduktion eines Metallsalzkomplexes. Um das Verfahren der stromlosen Metallisierung auf Proteinstrukturen und speziell auf Mikrotubuli anzuwenden, müssen die Bedingungen an die kritischen Assemblierungsvoraussetzungen der Mikrotubuli angepaßt werden, d.h. die Beschichtung muß im neutralen pH-Werte und bei 37° C erfolgen, damit es während der Beschichtung nicht zu einer Modifizierung oder Zerlegung des Biotemplates kommt. Bei der kommerziellen Beschichtung von Polymerwerkstoffen haben diese Forderungen keine Bedeutung. Außerdem ist es notwendig, die Proteinoberfläche mit metallischen Clustern zu aktivieren, um das Ablaufen der nachfolgenden Reduktion des Metallsalzkomplexes zu ermöglichen. Die Aktivierung der Mikrotubuli-Oberfläche erfolgte unter Ausnutzung der chemischen Struktur des Tubulin und der darin vorkommenden Aminosäuren. Aus der kürzlich aufgeklärten Proteinstruktur (26) kann abgeleitet werden, daß auf der Mikrotubulioberfläche eine statistische Verteilung von negativen Ladungszentren vorliegt. An ihnen kann somit zum Beispiel aus einer gesättigten Lösung von Palladiumacetat die Abscheidung von Palladiumclustern erfolgen. Statistisch gleichmäßig über die Oberfläche der Mikrotubuli verteilt, mit einer Größe von 1-2 nm, wirken sie als katalytische Zentren für die nachfolgende stromlose Beschichtung mit verschiedensten Metallen wie Nickel oder Kobalt. Dazu werden die aktivierten Mikrotubuli mit einer Lösung z.B. aus Nickelacetat und Dimethylaminoboran versetzt. Nach einer Dauer von 1-2 Minuten kommt es zu einer Abscheidung einer Metallschicht von 15-25 Nanometer Dicke. In der Bild 5 ist ein Beispiel von mit Nickel beschichteten Mikrotubuli zu sehen, die einen Außendurchmesser von ca. 50 nm besitzen. Die auf den Mikrotubuli erzeugte Nickelschicht besitzt neben der guten elektrischen Leitfähigkeit auch interessante magnetische Eigenschaften, was die Handhabung und das Positionieren dieser metallischen Nanodrähte für die weitere Anwendung vereinfachen sollte.

Bild 5: REM- Aufnahme von mit Nickel beschichteten Mikrotubuli (18)

Durch den vorgegebenen Außendurchmesser der Mikrotubuli von 25 nm sowie eine notwendige Schichtdicke von etwa 10 nm für die Ausbildung einer zusammhängenden Metallschicht ist der auf Mikrotubuli erzeugte (Hohl)Leiter typischerweise etwa 50 nm stark. Möchte man zu noch geringeren Abmessungen kommen, muß das biologische Templat gewechselt werden. Ein sehr interessantes Templat stellen die DNA dar, nicht zuletzt deshalb, weil ihre molekulare Struktur hervorragend aufgeklärt ist, sie durch die Polymerasekettenreaktion wohldefiniert und praktisch unbegrenzt reproduziert werden können und die Moleküle sich durch eine sehr ausgeprägte mechanische und chemische Robustheit auszeichnen. Ziel unserer Untersuchungen war es zunächst, doppelsträngige DNA zu metallisieren. Da DNA ein Rückgrat von periodisch angeordneten Basenpaaren aufweist, sollte es möglich sein, in einem ersten Schritt entlang des Doppelstranges eine quasiperiodische Verteilung von Metallclustern im Nanometerabstand abzuscheiden. In Bild 6 ist eine solche Struktur, bestehend aus einer doppelsträngigen DNA mit Palladiumclustern, dargestellt. Die Beschichtung erfolgte aus wäßriger Lösung mit Palladiumacetat. Nach erfolgreicher Kontaktierung der metallisierten DNA an Goldkontakten konnte eine Strom-Spannungskennlinie aufgezeichnet werden, die einen linearen Verlauf zeigte. Das Verwenden von DNA als Templat eröffnet einzigartige Möglichkeiten für die Kontaktierung der metallisierten DNA in einer mikroelektronischen Struktur. Von Elghanian et al. (27) wurde vorgeschlagen, hierzu Biotin-Streptavidin-Komplexe anzubinden und dann über Streptavidin-Goldkontakte an die mikroelektronische Struktur anzukoppeln. Darauf aufbauend wurde von Braun et al (28) erfolgreich erprobt, die beiden unterschiedlichen Enden einer DNA über spezifische Primer, die selektiv an Basensequenzen ankoppeln, in unterschiedlichen Gebieten eines vorstrukturierten Kontaktarrays zu integrieren. Hier erweist sich die große „Intelligenz", die die Evolution den Biomolekülen eingeprägt hat, als besonders vorteilhaft.

Bild 6: TEM- Aufnahme einer mit Pd- Clustern aktivierten doppelsträngigen DNA (Balkenlänge 25 nm)

Schlußfolgerungen

Nanoskalige Strukturen sind in biomolekularen Materialien in großer Zahl bekannt. Spezifische Selbstorganisationsmechanismen sind für ihr Entstehen verantwortlich. In der biologischen Evolution sind zugleich Mechanismen herausgebildet worden, die zu einer sehr großen Reproduzierbarkeit der sich ausbildenden Strukturen führen. Vereinfachend kann man sagen, daß in lebenden Organismen verschiedenartige Biofabriken existieren, die mit großer Treffsicherheit nanoskalige Produkte erzeugen. Der Materialwissenschaftler ist aufgefordert, dieses Angebot der Natur aufzugreifen und schöpferisch umzusetzen. Auch heute ist der Gedanke von Leonardo da Vinci zutreffend: „Wo die Natur abschließt, die ihr eigenen Arten zu erzeugen, dort beginnt der Mensch, indem er die natürlichen Dinge und die Hilfe der Natur nutzt, unendlich viele Arten zu erzeugen" (29).

Für die zahlreichen wertvollen Beiträge zum Entstehen dieser Arbeiten danken wir unseren Kollegen
Dr. H. Engelhardt vom MPI f. Biochemie München, Dr. R. Kirsch, R. Wahl, B. Winzer, Prof. Dr.R. Goldberg und Dr. H. Banzhof, Prof. H.K. Schackert von der TU Dresden sowie Prof. Dr. E. Unger und Dr. K. Böhme vom IMB Jena.

Literatur
(1) Mann, S.: Biomimetic Materials Chemistry, Ed. S. Mann, VCH Weinheim, 1996, 1-40
(2) Tarasevich, B.J., Rieke, P.C., McVay, G.L., Fryxell, G.E., Campbell, A.A.:Chemical Processing of Advanced Materials, New York, 1992
(3) Collins, R.J., Shin, H., De Guire, M.R., Heuer, A.H.: Appl. Phys. Letters 69 (1996) 860-862
(4) Heywood, B.R.: Biomimetic Materials Chemistry, Ed. S. Mann, VCH Weinheim, 1996, 143-173
(5) Schüler, D., Baeuerlein, E.: J. Bacteriology 180 (1998) 159-162
(6) Mendelson, N.H.: Biomimetic Materials Chemistry, Ed. S. Mann, VCH Weinheim, 996, 279-313
(7) Drexler, K.E.: Nanosystems, Molecular Machinery, Manufacturing and Computation, Wiley, New York, 1992
(8) Gerstenfeld, L.C., Lian, J.B., Gotoh, Y., Lee, D.D., Landis, W.J., McKee, M.D., Nanci, A., Glimcher, M.: J. Connective Tissue Res. 21 (1989) 215
(9) Bradt, J.: Dissertation, TU Dresden, 1998
(10) Weis, K.: Laborbericht, TU Dresden, 1998
(11) Sleytr, U.B., Messner, P.: J. Bacteriology 17 (1988) 2891-2897
(12) Baumeister, W., Engelhardt, H.: Electronmicroscopy of proteins, Vol.6 Membraneous structures, Ed. J.R. Harris, R.W. Horne, Acad. Press, London, 1987, 109-154
(13) Engelhardt. H.: „Fungal cell wall and immune response, Ed. J.P.Latge, D. Boucias, NATO ASI Series, Vol H53, Springer-Verlag, Berlin , 1991, 11-25
(14) Pum, D., Sleytr, U.B.: Thin solid films 244 (1994) 882-886
(15) Engelhardt, H., Saxton, W.O., Baumeister, W.: Journal of bacteriology 168 (1986) 309-317
(16) Pompe, W., Mertig, M., Kirsch, R., Engelhardt, H., Kronbach, T.: Microreaction Technology, Ed. W. Ehrfeld, Springer-Verlag, Berlin, 1997, 104-111
(17) Gorbunov, A.A., Mertig, M., Kirsch, R., Eichler, H., Pompe, W., Engelhardt, H.: Applied Surface Science 109/10 (1997) 621-625
(18) Kirsch, R.: Dissertation, TU Dresden 1998
(19) Gorbunov, A.A., Pompe, W., Sewing, A., et al.: Appl. Surf. Sci. 96-98 (1996) 649-655
(20) Douglas, T.: Biomimetic Materials Chemistry, Ed. S. Mann, VCH Weinheim, 1996, 91-116
(21) Messner, P.,Hollaus, F., Sleytr, U.B.: Int. J. Bacteriol. 34 (1984) 202-210
(22) Amos, L., Klug, A.: J. Cell Science 14 (1974) 523-549
(23) Unger, E., Böhm, K., Vater, W.: Electron. Microsc. 3 (1990) 355-395
(24) Kirsch, R., Mertig, M., Pompe, W., Wahl, R., Sadowski, G., Unger, E.: Thin solid films 305 (1997) 248-253
(25) Brenner, A., Riddell, G.: Proc. Amer. Electroplaters'Soc., 33 (1946) 16 and 34 (1947) 156
(26) Nogales, E., Downing, K.H., Amos, L.A., Löwe, J.: Nature Structural Biology 5 (1998) 451-458
(27) Elghanian, R., Storhoff, J.J., Mucic, R.C., Letsinger, R.L., Mirkin, C.A.: Science 277(1997) 1078-1081
(28) Braun, E., Eichen, Y., Sivan, U., Ben-Yoseph, G.: Nature 391 (1998) 775-778
(29) da Vinci, L.: The Literary Works of Leonardo da Vinci, Ed. J.-P. Richter, Oxford 1977, 102

Verbundwerkstoffe mit integrierten piezoelektrischen keramischen Fasern

Winfried Watzka, Dieter Sporn, Fraunhofer-Institut für Silicatforschung (ISC), Würzburg
Andreas Schönecker, Fraunhofer-Institut für Keramische Technologien und Sinterwerkstoffe (IKTS), Dresden
Kord Pannkoke, Fraunhofer-Institut für Angewandte Materialforschung (IFAM), Bremen

Einleitung

Die Industrie strebt in vielen Bereichen verstärkt zum Einsatz von Leichtbaustrukturen auf der Basis von glas- oder kohlenstoffaserverstärkten Kunststoffen. Mit diesen Materialien lassen sich zum einen trotz des niedrigen Gewichts hohe Steifigkeiten und Festigkeiten erzielen. Zum anderen bieten faserverstärkte Kunststoffe die Möglichkeit, mittels integrierter Piezokeramiken zusätzliche sensorische und aktorische Funktionen in den Werkstoff einzubringen, und diese durch eine Regeleinheit zu steuern. Ein derartiges System wird adaptiv genannt.
Bettet man Piezoelektrika faserförmig in die Verbundstrukturen ein, wird durch die geometrische wie mechanische Strukturkonformität dieser Fasern die Gesamtstruktur minimal gestört. Die Fasern sind zu elektrodieren und können dann in einem Verbundwerkstoff eine Reihe von Aufgaben erfüllen: Sensorik innerer und äußerer Schädigungen, Aktorik zur Verformung von Bauteilen, Schwingungsdämpfung, sowie (Ultra-) Schallwandler etc. [1,2,3]. Mit anderen Worten: Es lassen sich Faserverbundwerkstoffe realisieren, deren sensorische und aktorische Eigenschaften den Weg zu adaptiven Systemen ebnen.
Der Aufbau von Verbundwerkstoffen mit integrierten dünnen Piezofasern und ihren ersten Schritten zu intelligenten Materialien werden in diesem Artikel vorgestellt. Die Ergebnisse wurden im Rahmen eines Fraunhofer-Verbundprojektes erarbeitet, an dem die Institute ISC, IFAM, IKTS, IWM und LBF beteiligt sind.

Warum Integration von Piezofasern?

Prinzipiell lassen sich Piezokeramiken in allen herkömmlichen und kommerziell verfügbaren Geometrien in Verbundwerkstoffe einbetten, wo sie dann sensorische oder aktorische Funktionen ausüben. Sie können auftretende Kräfte erfassen, diesen gegensteuern und Formänderungen bewirken. Ein wesentlicher Nachteil, der diesen verlockenden Möglichkeiten entgegensteht, ist die mangelnde Strukturkonformität der bisher einsetzbaren Piezoelemente, wie Monolithen, Multilayern oder Folien. Diese setzen aufgrund ihrer inkompatiblen Geometrie verbunden mit einer hohen Härte und Biegesteifigkeit die mechanische Belastbarkeit einer Faserverbundstruktur stark herab. Zum Erreichen einer hohen Strukturkonformität sind Piezokeramiken in Faserform die aussichtsreichsten Kandidaten. Dazu wird im folgenden der Begriff der Strukturkonformität näher erläutert.

Bei der mechanischen Betrachtung mehrphasiger Werkstoffe müssen deren einzelnen Komponenten berücksichtigt werden. Bei Faserverbundwerkstoffen bedeutet dies die Matrix und vor allem die Fasern. Außer der Bruchdehnung der Fasern ist dabei vor allem ihr Biegemoment von großer Bedeutung. Das Biegemoment M von zylinderförmigen Körpern, also auch Fasern, läßt sich dabei näherungsweise berechnen nach

$$M \sim E \cdot d^3 / 32$$

mit   E = E-Modul
         d = Durchmesser des Zylinders (der Faser)

Der Zusammenhang zeigt den wichtigen Einfluß des Faserdurchmessers auf das Biegemoment. Mit sinkendem Durchmesser verringert sich das Biegemoment. Dabei wird ein möglicher störender Einfluß bei gleichem Biegemoment vernachlässigbar. Bild 1 zeigt dies am Beispiel einiger bekannter Fasertypen. Trotz unterschiedlicher E-Moduli lassen sich z.B. PZT-Fasern und C-Fasern in dieselbe Struktur integrieren, wenn durch entsprechende Wahl der Durchmesser die Lage auf einer gemeinsamen Isolinie eingenommen wird. Dies bedeutet bei einem C-Faser-Durchmesser von 6 µm einen PZT-Faserdurchmesser von 10 µm, bei Glasfasern mit einem vergleichbaren E-Modul zu PZT ähnliche Durchmesser.

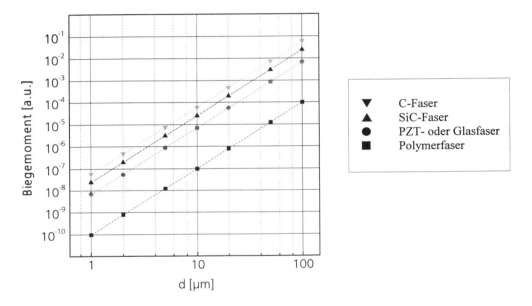

Bild 1: Abhängigkeit des relativen Biegemoments vom Durchmesser bei Fasern mit unterschiedlichem E-Modul

Die PZT-Fasern, die mit ihren maximalen Zugfestigkeiten von 300 MPa nicht die Funktion einer Verstärkungsfaser besitzen, können also durch Verringerung ihres Durchmessers strukturkonform in Faserverbundwerkstoffe mit z.B. Glas- oder Kohlenstoffasern als Verstärkungskomponente integriert werden.

Herstellung von PZT-Fasern

Um die erläuterten Kriterien der Strukturkonformität in polymeren Verbundwerkstoffen zu erfüllen, werden piezoelektrische Fasern benötigt, die je nachdem, ob Glas- oder Kohlenstoffasern als Verstärkungsfasern vorliegen, einen Durchmesser von idealerweise 30 µm bzw. 10 µm besitzen. Die Fasern müssen vereinzelbar sein und ihre mechanischen Kennwerte gewissen Mindestanforderungen genügen. Sie müssen durch ein geeignetes Elektrodiersystem polarisier- und ansteuerbar sein.
Diese Anforderungen erfüllen Fasern, die über ein im Fraunhofer-Institut ISC entwickeltes Verfahren hergestellt werden.

Das Verfahren basiert auf einem Sol-Gel-Prozeß, mit dem man spinnfähige Vorstufen erhält. Der Sol-Gel-Prozeß garantiert höchste chemische Reinheit der Ausgangskomponenten, niedrige Temperaturen zur Formung der Gelfasern (ca. 130 °C) und aufgrund der hohen Sinteraktivität von Sol-Gel-Partikeln für PZT vergleichsweise sehr niedrige Sintertemperaturen (< 950 °C). Der genaue chemische Verlauf bei der Synthese der Spinnmasse aus Zr- und Ti-Carboxylaten, Bleioxid und Carbonsäuren wurde in früheren Artikeln bereits ausführlich beschrieben [4].
Der schematische Verlauf der Faserherstellung ist in Bild 2 dargestellt.

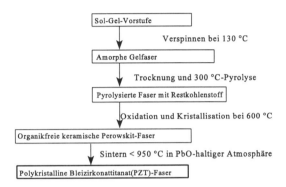

Bild 2: Schematische Darstellung der PZT-Faserherstellung

Integration elektrodierter PZT-Fasern

Um die PZT-Fasern in der Struktur elektronisch ansteuern zu können, wurde eine geeignete Elektrodenanordnung vom Fraunhofer-Institut IFAM realisiert (Bild 3). Zum einen ermöglicht diese sowohl die Polung der Fasern nach deren Integration in den Verbundwerkstoff als auch deren Ansteuerung.

a)　　　　b)　　　　c)　　　　d)

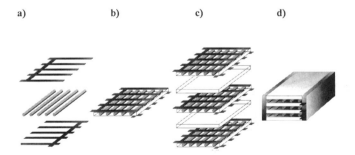

Bild 3: Schematischer Aufbau eines Faserverbundwerkstoffes mit integrierten PZT-Fasern a) Elektrodierung der UD-Piezofaser-Einzelschicht b) Elektrodierte UD-Piezofaser-Einzelschicht c) Stapelfolge von UD-Piezofaser-Einzelschichten und zwischenlaminierten GFK- bzw. CFK-Einzelschichten d) Aktives Laminat mit Verschaltungen

Zum anderen gewährleistet diese Anordnung bei geringen Dimensionen der Elektrodenbahnen in Kombination mit den dünnen PZT-Fasern ein strukturkonformes Gesamtkonzept.

Experimentelle Ergebnisse
Mit dem eingesetzten Sol-Gel-Verfahren und anschließender thermischer Behandlung wurden polykristalline PZT-Fasern erhalten, deren Durchmesser durch Variation der Spinnparameter zwischen 10 und 30 µm eingestellt werden kann. Mit Sintertemperaturen von nur 900 °C konnten dichte Fasern mit Korngrößen zwischen 2 und 4 µm erhalten werden. Die Sol-Gel-Fasern weisen nach der Entfernung der organischen Bestandteile bei 600 °C eine so hohe Sinteraktivität auf, daß vergleichsweise sehr niedrige Temperaturen (< 950 °C) zum Verdichten der PZT-Fasern ausreichen [5].
Röntgenographisch wurde die Phasenreinheit des Perowskits nachgewiesen, chemisch die Einhaltung der Stöchiometrie $PbZr_{0,53}Ti_{0,47}O_3$. Durch Einstellen eines dichten Gefüges lassen sich E-Moduli um 70 GPa erzielen, die, wie eingangs erläutert, bei ähnlichem E-Modul von Glasfasern eine Einbettung in glasfaserverstärkte Kunststoffe favorisieren.
Die niedrigen Sintertemperaturen ergeben weiterhin den immensen Vorteil, daß die Fasern nicht zusammensintern, wie das bei den anderen bisher bekannten Verfahren zur Herstellung von PZT-Fasern [6] der Fall ist. Dieser Effekt führt im Grunde zu porösen Faserstäben, die die ursprüngliche Gestalt der einzelnen Ausgangsfasern oft kaum erahnen lassen und auf jeden Fall nicht strukturkonform integriert werden können.
Die PZT-Fasern, die hier vorgestellt werden, besitzen diesen Nachteil nicht. Sie liegen vereinzelbar vor und lassen sich unter Wahrung der Strukturkonformität in Verbundwerkstoffen mit dünnen Verstärkungsfasern integrieren.
Sehr kritisch in Bezug auf die thermische Prozeßführung ist die durch den hohen Organikanteil bedingte starke Schwindung der Fasern. Sie beträgt vom Spinnvorgang bis zur abschließenden Sinterung linear über 40 %. Lokale Schwankungen z.B. der Temperatur oder Atmosphärenzusammensetzung können in Verbindung mit der starken Schwindung die Faserqualität stark beeinflussen, z.B. zum Abweichen von der gestreckten Faserform führen. Eine exakte Prozeßführung ist für das Erzielen sehr guter Faserqualitäten daher unabdingbar.

Bild 4: Bruchfläche einer PZT-Faser mit der Zusammensetzung $Pb(Zr_{0,53}Ti_{0,47})O_3$ nach der Sinterung bei 900 °C für 5 h

Die PZT-Fasern wurden unidirektional (UD) ausgerichtet auf Elektrodenbahnen abgelegt und durch die entstehenden - mechanischen und elektrischen - Kontakte fixiert und elektrodiert. Hierbei kommen Mikromontage- und Mikroklebtechniken zum Einsatz. Bei der Erzielung extrem gerader Fasern ist eine Packungsdichte von über 120 Fasern auf der Breite von 2 cm möglich. Bild 5 a) zeigt, daß in diesem Fall die potentiell dichteste Faserpackung noch nicht umgesetzt wurde. Daß auch diese relativ lockere Faserpackung mit 80 Fasern bereits zur Detektion einwirkender Kräfte ausreicht, wird im weiteren gezeigt. Eine vergrößerte Aufnahme des Kontaktpunktes einer PZT-Faser mit Elektrodenbahnen aus leitfähigem Kunststoff in Bild 5 b) zeigt die starke Einbindung der Fasern, die einen sehr guten mechanischen wie elektrischen Kontakt gewährleistet.

a) 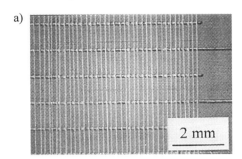 b)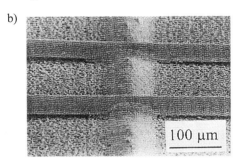

Bild 5: a) Ausschnitt aus einem Array elektrodierter UD-Piezofasern b) Vergrößerung zweier Piezofasern, die eine Elektrodenbahn kreuzen

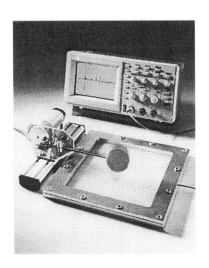

Bild 6: In glasfaserverstärktes Laminat (20 x 20 cm²) integriertes aktives Array mit elektrodierter UD-Piezofaser-Schicht; Sensorsignal auf Bildschirm nach mechanischer Stoßbelastung

Die hergestellten aktiven Arrays wurden in glasfaserverstärkte Kunststoflaminate integriert und elektronisch verschaltet. Die Polung der PZT-Fasern bei Feldstärken bis 5 kV/mm und 120 °C konnte am Fraunhofer-Institut IKTS ohne Schwierigkeiten durchgeführt werden. Dies zeigt die hohe Qualität nicht nur der Fasern und des Matrixwerkstoffes, sondern vor allem auch der Elektrodenanordnung und der auftretenden Grenzflächen. Bei dem verwendeten Abstand der Elektroden von 1 mm würden stärkere Unregelmäßigkeiten der Bahnen zu Spannungsspitzen und damit zu Durchschlägen führen. Daß dies nicht auftritt, zeigt die hohe Genauigkeit, mit der die Integration der Fasern durchgeführt werden kann. Ein Array, das mit 80 Fasern belegt und in eine Platte der Größe 20 cm x 20 cm integriert ist, detektiert einwirkende Stoßkräfte (Bild 6) mit Empfindlichkeiten von 40 pC/N. Die entstehenden Ladungen können ohne Zwischenverstärker gemessen werden. Der jetzt bevorstehende Übergang von ferroelektrisch "hartem" zu "weichem" PZT-Material läßt nahezu dreifach größere Empfindlichkeiten bei gleichem Faserfüllgrad erwarten.

Mit der prinzipiell gleichen Faser/Elektrodenanordnung lassen sich Glasfaserverbundplatten auch aktorisch anregen. An einer einseitig eingespannten Platte mit Fasern von über 100 µm Durchmesser wurde ein elektromechanischer Kopplungsfaktor K_{eff} von 12,7 % für die Grundschwingung (245 Hz, Piezofaser-Array im Schwingungsbauch) gemessen.

Zusammenfassung und Ausblick

Die Integration von PZT-Fasern in Faserverbundwerkstoffe führt zu völlig neuen Kompositsystemen, die sensorisch und aktorisch wirksam sind. Dies wurde mit der Detektierung äußerer Kräfte und der Anregung von Schwingung an Demonstratorplatten nachgewiesen. Es wurde demnach ein Verbundmaterial hergestellt, das mit seinen sensorischen und aktorischen Eigenschaften bereits als Werkstoff für adaptive Systeme in Frage kommt. Aufgrund des kleinen Durchmessers der PZT-Fasern sowie der feinen Abmessungen der Elektroden können diese Eigenschaften unter Wahrung der Strukturkonformität erreicht werden.

Die weiteren Arbeiten der Fraunhofer-Allianz werden, in Verbindung mit den Fraunhofer-Instituten IWM, LBF und IZFP, verstärkt auf die vibrationsdämpfenden Eigenschaften von Verbundwerkstoffen mit integrierten Piezofasern fokussiert, sowie auf dem Gebiet von Ultraschallwandlern mit PZT-Fasern fortgeführt. Dazu wird eine ferroelektrisch "weiche" PZT-Zusammensetzung für die Fasern zum Einsatz kommen, deren Entwicklung in Kürze abgeschlossen ist.

Literatur

[1]   W. Schmidt, C. Boller: Smart Structures - A Technology for Next Generation Aircraft. 75th Meeting AGARD - Structure and Materials Panel, Lindau, 5. - 7.10.1992

[2]   H. Hanselka: Realization of smart structures by using fiber composite materials. In: U. Gabbert (Hrg.), Smart materials systems - adaptronic, VDI Fortschrittsberichte, Reihe 11: Schwingungstechnik, Nr. 244, VDI-Verlag Düsseldorf (1997) 1 - 10

[3]   N.W. Hagood, A.A. Bent: Development of Piezoelectric Fiber Composites for Structural Actuation, Proc. 43th AIAA/ ASME, Adaptive Structures Forum, April 19 - 22, 1993, La Jolla, CA

[4]   W. Glaubitt, W. Watzka, H. Scholz, D. Sporn: Sol-gel processing of functional and structural ceramic fibers, Proc. of 8th International Workshop on Glasses and Ceramics from Gels, Faro, Portugal

[5]   W. Watzka, S. Seifert, H. Scholz, D. Sporn, A. Schönecker, L. Seffner: Dielectric and ferroelectric properties of 1-3-composites containing thin PZT-fibers. Proceedings of the 10th IEEE - International Symposium on Applications of Ferroelectrics (ISAF). (Eds. B.M. Kulwicki, A. Amin, A. Safari), Vol. II (1996) 569 - 572

[6]   V.F. Janas, A. Safari: Overview of Fine-Scale Piezoelectric Ceramic/Polymer Composite Processing, J. Am. Ceram. Soc. 78 (11) (1995) 2945 - 55

Großflächige elektrochrome Scheiben auf der Basis von Sol-Gel-Techniken

M. Mennig, S. Heusing, B. Munro, T. Koch, P. Zapp und H. Schmidt, Institut für Neue Materialien gem. GmbH (INM), Saarbrücken

Kurzfassung

Mit der Sol-Gel-Technologie wurden bis zu 1 x 1 m² große elektrochrome (EC) Zellen hergestellt. Dabei wurde auf FTO-beschichteten Gläsern (engl.: *flourine-doped tin oxide*) Wolframoxid als elektrochrome Schicht bzw. Ceroxid-Titanoxid als Ionenspeicherschicht mittels Tauchbeschichtung aufgebracht. Mit einem anorganisch-organischen Kompositelektrolyt als Verbindung zwischen den beiden Funktionsschichten wurden Zellen im Laminataufbau Glas/ FTO/ WO_3/ Elektrolyt/ CeO_2-TiO_2/ FTO/ Glas montiert. Die EC-Systeme zeigen in Abhängigkeit von der angelegten Schaltspannung Transmissionsänderungen zwischen 75% (λ = 633 nm, 2 V) und 30 % (-2 V) bzw. 22% (-2,5 V). Die Schaltzeiten hängen von der Größe der Fläche ab und betragen derzeit bei einem Format von 35 x 35 cm² zum Durchlaufen des vollen Transmissionshubs 5 min und bei einer Fläche von 1 m² ca. 15 min. Die Langzeitstabilität der EC-Zellen wurde an kleineren Testmodellen über >10⁴ Schaltzyklen geprüft, wobei nur geringe Änderungen des Transmissionshubs nach 10⁴ Zyklen (Abnahme der Transmission des entfärbten Zustands von 72 % auf 68 % (T_L-Wert)) festgestellt wurden. Die EC-Zellen, insbesondere der Elektrolyt, zeigen eine gute UV-Stabilität, da selbst nach 72 stündigem UV-Test (Heraeus Suntester, λ > 290 nm, 0,765 kW/m²) keine Degradationserscheinungen am Elektrolyten festgestellt werden konnten.

1. Einleitung und Stand der Technik

Elektrochrome Systeme (EC) [1, 2] bestehen aus einem Schichtpaket, das zwischen zwei Glasscheiben aufgebracht ist: Glas/ITO (engl.: *indium tin oxide*) bzw. FTO (engl.: *fluorine-doped tin oxide*)/elektrochrome Schicht/Ionenleiter/Gegenelektrodenschicht/ITO bzw. FTO/Glas. Die ITO- bzw. FTO-Schichten dienen als transparente Elektroden für den Elektronentransport. Wolframoxid wird am häufigsten als elektrochrome Schicht verwendet, da dieses die höchste Einfärbung pro Ladungseinheit aufweist [1]. Beim Anlegen einer Spannung an die EC-Zelle werden bei negativer Polung der Wolframoxidschicht Kationen aus dem Ionenleiter (z.B. H^+- oder Li^+-Ionen) in die Wolframoxidschicht eingebaut und es entsteht eine dunkelblau gefärbte Interkalationsverbindung. Die Reaktion ist reversibel, so daß beim Umpolen die Kationen aus der WO_3-Schicht ausgebaut und die Wolframoxidschicht wieder entfärbt wird.

Mögliche Anwendungen sind z.B. für kleinformatige EC-Zellen automatisch abblendbare Rückspiegel für Kraftfahrzeuge [1, 3] und für großformatige „smart windows" für den Architekturbereich [4, 5, 6] sowie Sonnendächer und elektrochrome Rundumverglasung für Automobile [1].

Zur Herstellung großflächiger EC-Bauteile wurden zwei verschiedene Techniken beschrieben. Zum Einen wurden die Funktionsschichten (elektrochrome und Ionenspeicherschicht) bis zu einer Formatgröße von 100 cm x 200 cm mit der Sputtertechnik hergestellt [4], wobei diese Methode für großformatige Schichten mit hohen Investitionskosten verbunden ist. Zum Anderen wurden die Schichten mit der kostengünstigeren Sol-Gel-Technik bis zu Formaten von 90 cm x 120 cm gefertigt [5]. Als elektrochrome Schicht wurde dabei ein über die Sol-Gel-Technik hergestellter WO_3-TiO_2-Mehrschichter eingesetzt, die Gegenelektrodenschicht wurde über ein Vanadiumoxidsol (V_2O_5) hergestellt. Allerdings zeigten diese Zellen nur relativ geringe Transmissionswerte im aufgehellten Zustand (40%, T_L-Wert [6]), was auf die Verwendung von V_2O_5 zurückzuführen ist, welches im entfärbten Zustand der elektrochromen Zelle eine grüne Färbung hat. Mit dem gesputterten System wurden ebenfalls relativ niedrige Transmissionswerte im entfärbten Zustand von 50 % (T_L-Wert) [4] erreicht. In beiden Systemen wurden Polymerelektrolyte verwendet, wobei diese ohne Verwendung von UV-Absorbern teilweise unter mangelhafter UV-Stabilität leiden.

Ziel dieser Arbeit war daher die Herstellung von großflächigen (bis zu 1 x 1 m^2) EC-Zellen über die kostengünstige Sol-Gel-Technologie unter Einsatz neuer bzw. anderer Funktionsschichten und eines neuen Elektrolyten, um eine hohe Transmission im entfärbten Zustand und eine gute UV-Stabilität der Zellen zu erreichen. Dabei wurden CeO_2-TiO_2-Schichten als Ionenspeicherschichten eingesetzt, die eine hohe Transmission der EC-Zellen im entfärbten Zustand (> 70 %) ermöglichen. Zur Herstellung der elektrochromen Schicht wurde ein lithiumdotiertes WO_3-Sol verwendet, welches aufgrund der Lithiumdotierung eine schnelle Entfärbekinetik aufweist und mit dem bereits mit Einschichtern eine gute Einfärbung erzielt werden kann. Als Elektrolyt wurde ein anorganisch-organischer Kompositelektrolyt verwendet, der eine hohe UV-Stabilität aufweist. Da im Rahmen eines BMBF-Projekts bereits kleinformatige EC-Zellen dieser Zusammensetzung bis zu einer Größe von 35 x 35 cm^2 gefertigt wurden, lautete die Aufgabenstellung: Herstellung der WO_3- und CeO_2-TiO_2-Sole im Technikumsmaßstab, großflächige homogene Beschichtung (bis 1 m^2), Entwicklung von Techniken zur Montage der Zellen sowie optoelektrochemische Charakterisierung der Zellen.

2. Experimentelles
2.1 Synthesen

Die WO_3-Beschichtungssole wurden über eine modifizierte Peroxowolframsäureroute [7, 8] hergestellt. Zur Herstellung der CeO_2-TiO_2-Beschichtungssole wurde eine Sol-Gel Route basierend auf Titanisopropylat ($Ti(O^iPr)_4$) und Cernitrathexahydrat ($Ce(NO_3)_3 \cdot 6H_2O$) als Ausgangssubstanzen verwendet [7, 8]. Der in der elektrochromen Dünnschichtzelle verwendete Kompositelektrolyt wurde aus 3-Glycidyloxypropyltrimethoxysilan (GPTS), $LiClO_4$, $Zr(O^nPr)_4$ und Tetraethylenglykol (TEG) über den Sol-Gel-Prozeß synthetisiert [7, 8].

Die Sole wurden jeweils in drei 15 l Batches hergestellt, um ausreichende Solmengen für die großflächige Beschichtung zu erhalten (45 l). Der Elektrolyt wurde in einer Menge von 10 l hergestellt. Zur Beschichtung wurde eine Tauchanlage in einem klimatisierten Raum mit einem Verfahrweg von über einem Meter mit einstellbarer Ziehgeschwindigkeit verwendet. Die WO_3-Schichten sowie die CeO_2-TiO_2-Schichten wurden auf FTO-Glassubstraten ("K-Glas", Flachglas), die einen Flächenwiderstand von 17 Ω/□ aufwiesen, mittels Tauchbeschichtung unter definierten Luftfeuchtebedingungen (40 % Luftfeuchte, 22°C) bei einer Ziehgeschwindigkeit von 4 mm/s hergestellt. Die WO_3-Schicht wurde 60 Minuten bei 240 °C und die CeO_2-TiO_2-Schicht 15 Minuten bei 450 °C thermisch verdichtet. Zur Montage der Zellen wurde der Elektrolyt gleichmäßig auf einer Funktionsschicht verteilt, wonach die zweite Scheibe mit der Funktionsschicht langsam auf die erste heruntergelassen wurde. Nach dem Aushärten des Elektrolyten bei 105 °C (12 h) wurden die Zellen mit Butylkautschuk versiegelt. Zur Untersuchung der UV-Stabilität der EC-Zellen wurde dem Elektrolyt vor der Montage der EC-Zellen ein kommerziell erhältlicher organischer UV-Absorber (Uvinul 3000, BASF, 0,1 mol Uvinul 3000/ 1 mol GPTS) unter Rühren zugemischt. Die weitere Verarbeitung erfolgte wie bei dem Elektrolyten ohne UV-Absorber.

2.2 Optoelektrochemische Messungen

Für die Anwendung ist eine hohe Transmission der Zellen im entfärbten Zustand und eine möglichst niedrige Transmission im gefärbten Zustand wichtig. Daher wurde die Transmission von elektrochromen Zellen im sichtbaren Spektralbereich untersucht. Hierzu wurden chrono-amperometrische Dauerschaltversuche und optoelektrochemische Messungen durchgeführt. Hierbei wurden die zeitabhängigen Transmissionsänderungen während potentiostatischer Schaltvorgänge mittels eines Multichannel UV-VIS Spektrometers (ZEISS SPECORD S10) verfolgt, das die mittlere Transmission im Bereich von 380 bis 800 nm erfaßt. Durch solche Messungen lassen sich die Ein- und Entfärbekinetiken aufzeichnen und die Schaltzeiten ermitteln.

2.3 UV-Stabilität

Um die UV-Stabilität zu überprüfen, wurden EC-Zellen (10 x 10 cm^2) in einem Langzeittest (72 h) in einem kommerziellen Suntester (Heraeus, $\lambda > 290$ nm, 0,765 kW/m^2) bestrahlt, wobei das Licht von der CeO$_2$-TiO$_2$-Seite auf die Zellen traf. Die Transmissionsspektren der EC-Zellen wurden vor und nach der Bestrahlung mittels eines UV-VIS Spektrometers (ZEISS SPECORD S10) gemessen. Dabei wurden sowohl Zellen ohne als auch mit UV-Schutzmaßnahme getestet. Zu diesem Zweck wurde dem Elektrolyten ein UV-Absorber beigemischt (siehe 2.1).

3. Ergebnisse und Diskussion

3.1 Scaling-up

Bei der Herstellung des WO$_3$-Sols im Technikumsmaßstab (15 l) mußte berücksichtigt werden, daß die Reaktion zur Peroxowolframsäure von einer stark exothermen Nebenreaktion, der katalytischen Zersetzung von H$_2$O$_2$, begleitet wird. Im Labormaßstab kann die freigesetzte Wärme durch Kühlung abgeführt werden, im Technikumsmaßstab läßt sich das Sol nur durch portionsweise Zugabe von Wolframpulver, Kühlung des Sols mit einem Kryostaten und genauer Überwachung der Soltemperatur reproduzierbar herstellen [9]. Beim Scaling-up der Herstellung des CeO$_2$-TiO$_2$-Sols vom Labor- zum Technikumsmaßstab ändert sich die Aufheizrate aufgrund des größeren Volumens. Die Zeit unter Rückfluß wurde gegenüber dem Labormaßstab verringert (von 60 min für 500 ml auf 5 min für 15 l Sol) [9]. Die Herstellung des Elektrolyten konnte ohne Änderungen vom Labormaßstab auf den Technikumsmaßstab übertragen werden.

Die Beschichtungssole (WO$_3$- bzw. CeO$_2$-TiO$_2$) konnten so im Technikumsmaßstab (15 l) reproduzierbar hergestellt werden und waren bei tiefgekühlter Lagerung länger als 12 Monate stabil. Damit waren die Voraussetzungen für die Herstellung der elektrochromen Dünnschichtzellen bis zu einer Größe von 1 m^2 geschaffen, da für die Tauchbeschichtung von 100 x 100 cm^2 großen Scheiben Solküvetten mit ca. 45 l Fassungsvermögen benötigt werden.

Mit einer Tauchanlage mit einem Verfahrweg von über einem Meter mit einstellbarer Ziehgeschwindigkeit konnten in einem klimatisierten Raum homogene Elektrodenschichten in sehr guter optischer Qualität (Schichtdicke 200 nm) erhalten werden. Die Montage der 1 m^2 großen EC-Zelle erfolgte mit Hilfe einer Hebevorrichtung, mittels der die zweite Funktionsschicht langsam auf die erste mit dem Kompositelektrolyten herabgelassen wurde. So konnten EC-Zellen ohne Blaseneinschluß erhalten werden.

3.2 Optoelektrochemische Messungen

In Tabelle 1 sind die Kenndaten der großformatigen Zellen (100 x 100 cm^2) denen der zuvor entwickelten, klein- und mittelformatigen Zellen gegenübergestellt. Man erkennt, daß bei Anlegen gleicher Schaltspannungen (-2 V/ +2 V) bei der großflächigen elektrochromen Zelle von 100 x

100 cm² eine vergleichbar niedrige Transmission im gefärbten Zustand (30%) und eine ähnlich hohe Transmission im entfärbten Zustand (72%) wie bei den kleiner dimensionierten Zellen erreicht wird. Mit höheren Einfärbespannungen (-2,5 V) werden auch tiefere Einfärbungen erzielt (22 %, siehe Tabelle 1).

Der wesentliche Effekt bei der Vergrößerung der Zellenfläche ist eine Verlängerung der Schaltzeiten von ca. 50 bis 100 Sekunden bzw. 3 bis 5 Minuten für klein- bzw. mittelformatige Zellen auf ca. 15 min für großformatige Zellen (100 x 100 cm², Tabelle 1), was für Architekturanwendungen als bedingt akzeptabel betrachtet werden kann. Dieser Effekt ist bekannt [10, 11] und ist auf den relativ hohen Flächenwiderstand der Halbleiteroxidschicht FTO (17 Ω/□) zurückzuführen. Bei kleinen Flächen ist der Widerstand des FTO vernachlässigbar, führt jedoch bei großen Flächen zu einem Spannungsabfall über die gesamte Fläche, was zu einer Verlangsamung der Schaltkinetik und zu einer ungleichmäßigen Einfärbung der EC-Fenster vom Rand zur Mitte führt. Um mit großen EC-Fenstern vergleichbare Schaltzeiten und eine gleichmäßige Einfärbung wie mit kleinen EC-Zellen (10 x 15 cm²) zu erzielen, müßte der Schichtwiderstand der leitfähigen Substrate auf ca. 1 Ω/□ gesenkt werden [10]. Solche ITO-oder FTO-Substrate sind für großflächige Anwendungen zu teuer. Daher wurde hier kostengünstiges Wärmeschutzglas (K-Glas, FTO mit 17 Ω/□) verwendet, wobei die ungleichmäßige Einfärbung durch Verwendung eines höherohmigen Elektrolyten (10^{-5} S/cm) weitgehend kompensiert werden konnte.

Chronoamperometrische Langzeitschaltversuche an kleinformatigen EC-Zellen zeigen, daß auch nach 10.000 Schaltzyklen noch eine hohe Einfärbung (T_L = 30 %, -2,5 V) und eine gute Entfärbung (T_L = 68 %, 2 V) erreicht wird. Direkt nach der Herstellung haben die EC-Zellen eine Transmission von 72 % (T_L-Wert) im entfärbten Zustand. Die EC-Zellen sind somit über mehr als 10.000 Schaltzyklen stabil.

Eigenschaft	Zellenformat: 10 x 15 cm²	Zellenformat: 35 x 35 cm²	Zellenformat: 100 x 100 cm²
Transmission, entfärbt (λ = 0,633 µm)	75 %	75 %	72 %
Transmission, gefärbt (λ = 0,633 µm)	22 %	30 %	30 %
potentiostatisches Schalten: Spannungsbereich	-2,5 V (gefärbt) +2,0 V (entfärbt)	-2,0 V (gefärbt) +2,0 V (entfärbt)	-2,0 V (gefärbt) +2,0 V (entfärbt)
Schaltzeit: färben	≈ 100 s	≈ 5 Min.	≈ 15 Min.
Schaltzeit: entfärben	≈ 50 s	≈ 3 Min.	≈ 15 Min.
Zyklenzahl	>10^4 Zyklen	>10^4 Zyklen	Test noch nicht abgeschlossen

Tabelle 1: Kenndaten der elektrochromen Sol-Gel-Zellen als Funktion des Zellenformats: 10 x 15 cm², 35 x 35 cm² und 100 x 100 cm².

Im Vergleich zu anderen Herstellern großflächiger EC-Fenster haben die hier vorgestellten eine wesentlich höhere Transmission im entfärbten Zustand (T_L > 70 % gegenüber 50 % [4] bzw. 40 % [6]), was für Anwendungen von großer Bedeutung ist. Die Transmission im gefärbten Zustand ist mit 22 % bis 30 % etwas höher als die der anderen Hersteller (15 % [4] bzw. 13 % [6]). Die Schaltzeiten sind mit 15 min für 1 m² große EC-Fenster länger als die von vergleichbar großen, mit der Sputtertechnik hergestellten EC-Zellen (4 - 6 min für Transmissionsänderung von 50 % auf 15 %, [4]), doch für den Architekturbereich akzeptabel. Zur Erhöhung des Anwendungspotentials sollen daher die Transmission im eingedunkelten Zustand weiter gesenkt und die Schaltgeschwindigkeit weiter erhöht werden.

3.3 UV-Stabilität

In Bild 1 sind die Transmissionsspektren für eine EC-Zelle ohne bzw. mit UV-Absorber im Elektrolyt vor und nach dem Suntest (72 h) gezeigt. Aus apparativen Gründen konnten die UV-Tests nur an Zellen im Format 10 x 10 cm^2 durchgeführt werden, die unter den gleichen Bedingungen wie die 100 x 100 cm^2 großen Zellen hergestellt wurden.

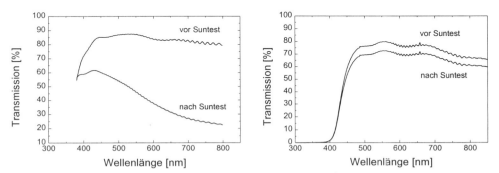

Bild 1: Transmissionsspektren einer elektrochromen Zelle (10 x 10 cm^2) ohne UV-Absorber (links) und mit einem kommerziell erhältlichen UV-Absorber (rechts) vor und nach dem Suntest (Testdauer 72 h).

Wie deutlich zu erkennen ist, weist die elektrochrome Zelle (EC-Zelle) ohne UV-Absorber eine deutliche Abnahme der Transmission im aufgehellten Zustand als Folge der Dauerbestrahlung auf (Bild 1, links). Diese Verfärbung ist auf eine photochrome Reaktion des WO$_3$ zurückzuführen, bei der WO$_3$ photochemisch reduziert und eingefärbt wird [12]. Diese photochrome Verfärbung läßt sich durch chronoamperometrisches Schalten (-2 V, 2 min) / +2 V, 2 min) mit ca. 50 Zyklen oder längeres Entfärben (+2 V, 6 min) entfernen. Bemerkenswert ist weiter, daß durch die UV-Belastung keinerlei Degradationserscheinungen am Elektrolyt hervorgerufen werden, was die erwartete gute UV-Stabilität des anorganisch-organischen Kompositelektrolyten bestätigt. In der Zelle mit UV-Absorber wurde nur eine sehr geringe Abnahme der Transmission nach dem Suntest beobachtet (Bild 1, rechts), was zeigt, daß der photochrome Effekt des WO$_3$ durch den Einbau eines UV-Absorbers in den Elektrolyten stark reduziert wird. In der Praxis kann so durch Einbau eines UV-Absorbers in den Elektrolyten die unbeabsichtigte Einfärbung der EC-Fenster aufgrund der Sonneneinstrahlung deutlich verringert werden. Die im Vergleich zur Zelle ohne UV-Absorber (Bild 1, links) niedrigere Ausgangstransmission ist auf die Gelbfärbung des Absorbers zurückzuführen. Ob in der Praxis auf einen UV-Absorber verzichtet werden kann, muß durch weitere Untersuchungen geklärt werden, bei denen die Zelle während der UV-Bestrahlung geschaltet wird.

4. Schlußfolgerung und Ausblick

Die Untersuchungen haben gezeigt, daß das auf naßchemischen Sol-Gel-Beschichtungsverfahren beruhende System prinzipiell zur Herstellung großformatiger elektrochromer Zellen für

Architektur- und Automobilanwendungen geeignet ist. Die Transmission der EC-Fenster im entfärbten Zustand ist mit $T_L>70$ % deutlich höher als der Stand der Technik [4, 6], was positiv für die Anwendung im Architektur- und Automobilbereich ist. Die im Vergleich zum Stand der Technik höhere Transmission im gefärbten Zustand (22 - 30 %) und die höheren Schaltzeiten (15 min für 1 m² große EC-Fenster) sollen durch die Verwendung nanoporöser WO_3-Schichten und den Einsatz von transparenten leitfähigen Substraten mit kleinerem Schichtwiderstand gesenkt werden. Neueste Untersuchungen zeigen, daß dickere WO_3-Schichten mit tieferer Einfärbung (bis T_L = 12 %) mit einem modifizierten WO_3-Sol und dem prozeßtechnisch günstigeren Sprühbeschichtungsverfahren anstelle des Tauchbeschichtungsverfahrens realisiert werden können [13]. Außerdem konnten durch die Verwendung von kostengünstigem "TEC 8"-Glas mit einem Flächenwiderstand von 8 $\Omega/\square$ [11] und durch größere Elektrolytschichtdicken (bis 1 mm) [14] kürzere Schaltzeiten erreicht werden. Auf diese Weise wurden bisher Zellen mit einer Größe von 50 x 50 cm² realisiert. Die Übertragung auf größere Formate wird das Ziel künftiger Untersuchungen sein.

5. Danksagung

Die Autoren bedanken sich hiermit bei Herrn P. Röhlen, Prinz-Optik GmbH, Stromberg, und seinen Mitarbeitern für Ihre Unterstützung bei der Herstellung der Beschichtungen. Weiter bedanken sich die Autoren beim Bundesministerium für Bildung, Wissenschaft, Forschung und Technologie für die Förderung im Programm MaTech unter dem Förderkennzeichen 03N2001A4 vom 01.07.94 bis 30.06.97 und dem Land Saarland für die derzeitige finanzielle Unterstützung.

6. Literatur

[1] C. G. Granqvist: „Handbook of Inorganic Electrochromic Materials", Elsevier, Amsterdam, 1995.
[2] P. M. S. Monk, R. J. Mortimer, D. R. Rosseinsky: „Electrochromism: Fundamentals and Applications", VCH, Heidelberg, 1995.
[3] F.G.K Baucke, Solar Energy Mater. **16**, 67 (1987).
[4] H. Wittkopf, Glass Processing days, 13-15 sept. 97, p. 299 (1997).
[5] J. M. Bell, I. L. Skryabin, G. Vogelmann, Proceedings of the third symposium on electrochromic materials, The Electrochemical Society, **96-24**, 396 (1997).
[6] Sustainable Technologies Australia, Firmenprospekt über „Smart Windows".
[7] B. Munro, P. Conrad, S. Krämer, H. Schmidt, P. Zapp, Solar Energy Mater. **54**, 131 (1998).
[8] B. Munro, S. Krämer, P. Zapp, H. Krug, H. Schmidt, J. Non-Cryst. Solids **218**, 185 (1997).
[9] M. Mennig, B. Munro, T. Koch, A. Kalleder, S. Krämer, P. Zapp, H. Schmidt, Kurzreferat, Jahrestagung der Deutschen Glastechnischen Gesellschaft, Münster (1998).
[10] T. Kamimori, J. Nagai, M. Mizuhashi, Solar Energy Materials **16**, 27 (1987).
[11] S. Heusing, M. Mennig, B. Munro, P. Zapp, H. Schmidt, Proceedings IME-3 in London (1998), wird in Electrochimica Acta veröffentlicht.
[12] C. Bechinger, S. Herminghaus, W. Petersen, P. Leiderer, SPIE Vol. **2255**, 467 (1994).
[13] M. Mennig, C. Fink-Straube, S. Heusing A. Kalledar, T. Koch, T. Mohr, B. Munro, P. Zapp, H. Schmidt, Proceedings ICCG in Saarbrücken, wird in Thin Solid Films veröffentlicht.
[14] B. Munro, P. Zapp, M. Mennig, S. Heusing, T. Koch, H. Schmidt, Proceedings ICCG in Saarbrücken (1998), wird in Thin Solid Films veröffentlicht.

Temperaturunabhängiger Sauerstoffsensor auf der Basis von Sr(Ti,Fe)O$_3$

H.-J. Schreiner, W. Menesklou, O. Wolf, K.H. Härdtl, E. Ivers-Tiffée
Institut für Werkstoffe der Elektrotechnik, Universität Karlsruhe

Kurzfassung

Strontiumtitanat ist ein geeignetes Ausgangsmaterial für resistive Sauerstoffsensoren, da der elektrische Widerstand bei hohen Temperaturen (T > 700 °C) in einem definierten Zusammenhang mit dem Sauerstoffpartialdruck der umgebenden Gasatmosphäre steht. Zudem behält es seine Kristallstruktur über einen weiten Temperatur- und Partialdruckbereich (T < 1200 °C, pO_2: 10^{-20}... 1 bar) und reagiert schnell auf Sauerstoff–Partialdruckänderungen. Nachteilig ist jedoch die starke Temperaturabhängigkeit der Kennlinie.

Untersuchungen an keramischen Proben zeigen, daß sich die Temperaturabhängigkeit im Partialdruckbereich von 10^{-3} bis 1 bar in Sr(Ti,Fe)O$_3$-Mischkristallen unterdrücken läßt, womit ein resistiver, temperaturunabhängiger Sauerstoffsensor möglich wird.

Sr(Ti,Fe)O$_3$-Dickschicht-Sauerstoffsensoren besitzen neben der Temperaturunabhängigkeit auch sehr kleine Ansprechzeiten (4 ms bei 900 °C) und eignen sich somit zur Überwachung schnell ablaufender Verbrennungsprozesse.

Einleitung

Sr(Ti$_{0,65}$Fe$_{0,35}$)O$_3$ besitzt die für halbleitende oxidische Werkstoffe besondere Eigenschaft, daß seine elektrische Leitfähigkeit im Temperaturbereich zwischen 750 - 950 °C und im Sauerstoffpartialdruckbereich von 10^{-3} bis zu 1 bar nahezu temperaturunabhängig ist (1). Zudem zeigt die Leitfähigkeit in diesem Bereich eine eindeutige Abhängigkeit vom Sauerstoffpartialdruck $\sigma \sim (pO_2)^{0.2}$. Die Realisierung eines Sauerstoffsensors als Dickschichtstruktur führt zu kurzen Ansprechzeiten und zeichnet sich auch durch geringe Fertigungskosten aus (2), (3), (4). Somit sollte sich diese Materialkombination hervorragend als Abgassensor in Magermotoren (pO_2=1..20%) eignen (5).

Bild 1 zeigt den Temperaturkoeffizienten TKσ der elektrischen Leitfähigkeit σ in Abhängigkeit vom Eisengehalt x in der Verbindung Sr(Ti$_{1-x}$Fe$_x$)O$_3$ zwischen 750 und 950 °C bei einem Sauerstoffpartialdruck von 10^{-2} bar. Mit zunehmendem Eisengehalt nimmt TKσ deutlich ab, ist im Bereich von 25% bis 35% verschwindend klein und nimmt oberhalb von 35% Eisengehalt betragsmäßig wieder zu.

Die Temperaturunabhängigkeit dieses p-leitenden Materials ist darauf zurückzuführen, daß sich zwei defektchemische Prozesse mit gegenläufiger Temperaturabhängigkeit zwischen 750 °C und 950 °C und Partialdrücken zwischen 10^{-3} bis 1 bar kompensieren.

Dies ist zum einen die Ladungsträgergeneration aufgrund steigender Temperatur, die zu einer steigenden Leitfähigkeit führt (6). Diese Ladungsträgergeneration wird, wie für Halbleiter und isolierende Materialien typisch, durch den Bandabstand bestimmt.

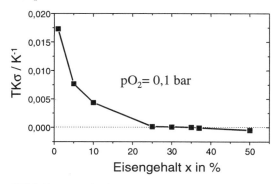

Bild 1: Temperaturkoeffizient der elektrischen Leitfähigkeit von Sr(Ti$_{1-x}$Fe$_x$)O$_3$ als Funktion vom Eisengehalt x, bestimmt zwischen 750-950 °C bei pO2=0.01.

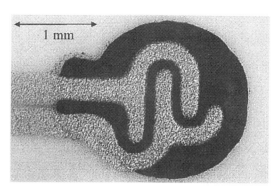

Bild 2: Labormuster eines Sr(Ti,Fe)O$_3$-Sauerstoffsensors in Dickschichttechnik und Oberseiten-Kontaktierung.

Zum anderen steigt bei zunehmender Temperatur und konstantem pO$_2$ die Sauerstoffleerstellen-Konzentration. Bei p-leitendem Material führt dies zu einem Absinken der Leitfähigkeit. Die Änderung der Sauerstoffleerstellen-Konzentration mit der Temperatur wird von der Reduktionsenthalpie bestimmt.
Defektchemische Betrachtungen (6), (7), (8) zeigen, daß sich beide Effekte genau dann kompensieren, wenn der Bandabstand der halben Reduktionsenthalpie entspricht. Der Bandabstand kann durch die Variation des Eisengehaltes weitgehend variiert werden, was die gezielte Einstellung des Temperaturkoeffizienten der Leitfähigkeit TKσ erst ermöglicht. Diese Voraussetzungen sind im Falle eines Eisengehaltes von 35% für einen weiten Sauerstoffpartialdruckbereich gut erfüllt.
Im folgenden werden die Eigenschaften bei 35% Eisengehalt betrachtet.

Experimentelles

Die keramischen Sr(Ti$_{0,65}$Fe$_{0,35}$)O$_3$-Pulver werden im Mixed Oxide Verfahren hergestellt. Ein anschließender Mahlvorgang erlaubt die Herstellung von definierten Korngrößenverteilungen. Keramiken werden isostatisch gepreßt und bei 1400 °C gesintert. Die Sinterkörper haben minimale Dichten von 96% der theoretischen Dichte. Anschließend werden rechteckige Proben (12 x 5 x 0,5 mm^3) herausgesägt, mit Platinpaste kontaktiert und auf ihre Sensoreigenschaften (pO$_2$- und Temperaturabhängigkeit, Ansprechzeiten) gemessen.

Bild 3: REM-Aufnahme des Sr(Ti,Fe)O$_3$-Dickschicht-Sauerstoffsensors (Querbruch).

Zur Herstellung von Dickschichten wird aus demselben Sr(Ti$_{0,65}$Fe$_{0,35}$)O$_3$-Pulver eine Siebdruckpaste präpariert, die auf ein Al$_2$O$_3$-Substrat (Ceramtec, R710, 99% rein) in Siebdrucktechnik aufgebracht wird. Die Einbrenntemperatur liegt unter 1100 °C, da sich bei höheren Temperaturen eine Reaktionsschicht mit dem Substrat bildet, die die Sensoreigenschaften beeinträchtigt. Durch eine angepaßte Prozeßführung lassen sich gut haftende und rißfreie Dickschichten von 10 bis 15 µm Dicke herstellen. Alle untersuchten Dickschichten sind mit siebgedruckten Unter- oder Oberseiten-Platinkontakten versehen. Die geometrischen Verhältnisse einer oberseiten-kontaktierten Probe für die Zweipunkt-Messung sind in Bild 2 dargestellt. Der Kontaktabstand beträgt ca. 150 µm. Die Korngröße der Dickschichten liegt bei 1 µm. Bild 3 zeigt eine rasterelektronen-mikroskopische Aufnahme einer Dickschicht im Querbruch. Sie verdeutlicht die offenporöse Struktur der Dickschicht mit einer großen spezifischen Oberfläche im Gegensatz zum dichten Substrat.

Die Messung des elektrischen Widerstands in Abhängigkeit vom Sauerstoffpartialdruck wird mittels einer Sauerstoffpumpe (9) vorgenommen, mit der sich Sauerstoffpartialdrücke von 10^{-20} bis 1 bar bei Temperaturen von 700 bis 1000 °C einstellen lassen.

Ergebnisse

Der Zusammenhang von Sauerstoffpartialdruck und elektrischem Widerstand ist in Bild 4 im logarithmischen Maßstab für drei unterschiedliche Proben gezeigt. Keramik und Dickschichten (2-Punkt und 4-Punkt-Messung) haben die gleiche Kennliniensteigung und sind nahezu temperaturunabhängig. Dies bestätigt, daß sich Festkörpereigenschaften der Bulkkeramik auf Dickschichten übertragen lassen und keine Reaktionsschichten zwischen Dickschicht und Substrat die Sensorfunktion beeinträchtigen.

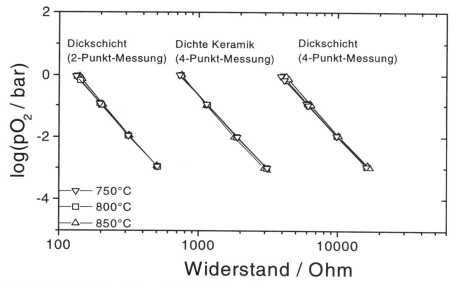

Bild 4: Vergleich der Kennlinien von Sr(Ti,Fe)O$_3$-Sauerstoffsensoren, realisiert als Keramik und als Dickschicht mit 2- bzw. 4-Punkt-Kontaktierung. Die Temperatur zeigt keinen Einfluß auf den Verlauf der Kennlinien.

Die Proben unterscheiden sich aufgrund der unterschiedlichen Proben- bzw. Kontaktgeometrie lediglich in ihrem absoluten elektrischen Widerstand. Ein Dickschichtsensor in 2-Punkt-Messung, wie ihn Bild 2 zeigt, hat bei einem Sauerstoffpartialdruck von 10^{-2} bar im gesamten Temperaturbereich von 750 bis 950 °C einen konstanten elektrischen Widerstand von ca. 300 Ohm.

Tabelle 1 gibt die Unsicherheit der Sensoren bei der Bestimmung des Sauerstoffpartialdruckes wieder, die sich aufgrund von Temperaturschwankungen im Bereich von 750 bis 850 °C ergibt. Für die Verwendung als Magersonde wird die Schwankungsbreite bei zwei realistische Sauerstoffpartialdrücken 10^{-2} und 10^{-1} bar näher betrachtet. Im praktischen Einsatz wird der Widerstand des Sensors gemessen und diesem ein Sauerstoffpartialdruck zugeordnet. Schwankt die Temperatur im Abgas, entsteht ein Meßfehler.

Probe	R / kΩ	Sauerstoffgehalt in %	R / kΩ	Sauerstoffgehalt in %
dichte Keramik	1,9	1,06 ± 0,12	1,1	10,4 ± 0,8
Dickschicht 4-Punkt	10,0	1,11 ± 0,07	5,0	9,95 ± 1,2
Dickschicht 2-Punkt	0,30	1,11 ± 0,05	0,2	10,5 ± 0,8

Tabelle 1: Schwankungsbreite bei der Bestimmung des Sauerstoffgehalts (1% und 10%) aus dem Sensorwiderstand im Temperaturfenster von 750 bis 850 °C. Verglichen werden dichte Keramik und Dickschichten in 2- bzw. 4-Punkt-Kontaktierung.

Wird z. B. an der dichten Keramik ein Widerstand von 1.9 kΩ gemessen, was einem mittleren Sauerstoffgehalt von 1.06 % entspricht, so kann aufgrund von Temperaturschwankungen im Intervall von 750 °C bis 850 °C der reale Sauerstoffgehalt zwischen 0.94 bis 1.18 % liegen. Keramik und Dickschicht in 2- wie auch in 4-Punkt-Meßtechnik zeigen vergleichbare Werte. Zuleitungs- und Kontakteinflüsse können somit ausgeschlossen werden. Der Sauerstoffgehalt kann auf ±1% genau bestimmt werden.

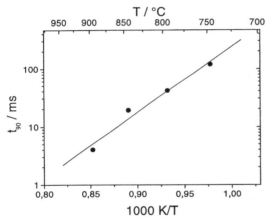

Bild 5: Ansprechzeiten von $Sr(Ti,Fe)O_3$-Sauerstoffsensoren in Dickschichttechnologie.

Die Ansprechzeiten der $Sr(Ti,Fe)O_3$-Sauerstoffsensoren in Dickschichttechnologie sind als Funktion der Temperatur in Bild 5 als t_{90}-Werte aufgetragen. Die Bestimmung erfolgt nach einem von Tragut (10) entwickelten Verfahren, das auf der periodischen Variation des Sauerstoffpartialdruck zwischen 0.2 und 0.4 bar beruht. Die Modulationsfrequenz des Partialdrucks wird zwischen 0,02 Hz und 200 Hz variiert (5).

Bei einer Betriebstemperatur von 900 °C zeigen die $Sr(Ti,Fe)O_3$-Sauerstoffsensoren in Dickschichttechnologie Ansprechzeiten unter 10 Millisekunden. Damit sind sie für die Regelung schneller Verbrennungsprozesse geeignet.

Die vorliegende Arbeit ist im Rahmen des Keramikverbundes Karlsruhe-Stuttgart entstanden. An der Kooperation sind die Institute für Keramik im Maschinenbau, Zuverlässigkeit und Schadenskunde, sowie das Institut für Werkstoffkunde der Elektrotechnik und die Fa. Heraeus-Sensor-Nite-GmbH beteiligt.

Literatur

(1) S. Steinsvik, T. Norby, P. Kofstad: Electrical conductivity and defect structure in the system $SrTi_{1-x}Fe_xO_{3-y}$ (x=0.1-0.8). Proceedings of the Electroceramics IV, Volume II, 691-6, 1994.

(2) Blase R., Härdtl, K.H.: Schneller Sauerstoffsensor zur Regelung von Verbrennungsvorgängen. VDI Ber. Nr.1255, Bad Nauheim 1996.

(3) Gerblinger J., Hausner M., Meixner H.: Electric and Kinetik Properties of screen-printed Strontium-Titanate films at high temperatures. J.Am. Cer. Soc. **78** (6) 1996, 1451-1456.

(4) Schönauer, U.: Strontiumtitanat-Sauerstoff-sensoren in Dickschichttechnologie. Dissertation. Fortschr. Ber. VDI Reihe 8, Nr.227, Düsseldorf 1990.

(5) Schreiner, H.-J., Härdtl, K. H.: Temperaturunabhängiger Sauerstoffsensor zur Regelung von Verbrennungsvorgängen. ITG-Fachbericht 148, 109-15, VDE-Verlag 1998.

(6) Choi, G. M., Tuller, H. L.: Defect Structure and Electrical properties of Single-Crystal $Ba_{0,03}Sr_{0,97}TiO_3$. J. Am. Ceram. Soc. **71** 201-205 (1988).

(7) Krug, A.: (La, Sr)FeO_3 Elektrische Eigenschaften und Sensoranwendung. Dissertation, Fortschr. Ber. VDI Reihe 5, Nr. 351 Düsseldorf 1996.

(8) R. Moos, K.H. Härdtl: Defect Chemistry of Donor Doped and Undoped Strontium Titanate Ceramics between 1000 °C and 1400 °C. J. Am. Ceram. Soc., **80** (10) 2549-62 (1997).

(9) Beetz, K.: Die geschlossene Fest-Elektrolyt-Sauerstoffpumpe. Dissertation, Fortschr. Ber. VDI Reihe 8 Nr. 358, Düsseldorf 1993.

(10) Tragut, C., Härdtl K. H.: Kinetic behaviour of resistive oxygen sensors. Sensors and Actuators B, (1991) 425-429.

Herstellung polymerer und keramischer Schichten über modifizierte Polysilazane

G. Motz und G. Ziegler, Universität Bayreuth, Institut für Materialforschung (IMA I), Bayreuth

Einleitung

In vielen industriellen Bereichen wird heute versucht, Bauteilfunktionen, die im wesentlichen auf einer Beanspruchung der Oberfläche beruhen, über spezielle, möglichst einfache und preiswerte Beschichtungen zu gewährleisten. Die Erwartungen an die jeweilige Schicht sind sehr vielfältig und reichen von speziellen Gleiteigenschaften bzw. hoher Verschleißbeständigkeit, thermischer Belastbarkeit und Korrosionsbeständigkeit bis hin zu speziellen optischen oder elektrischen Eigenschaften. Für viele dieser Anforderungen sind keramische oder keramikartige Schichten sehr gut geeignet. So sind für die Herstellung dünner keramischer Schichten insbesondere CVD- (Chemical Vapour Deposition) oder PVD- (Physical Vapour Deposition) Verfahren zu nennen, während für dickere Schichten z.B. die Methoden des Flamm- bzw. Plasmaspritzens zum Tragen kommen. Diese erfordern jedoch zum Teil einen erheblichen verfahrenstechnischen und damit kostenintensiven Aufwand, wobei die Beschichtung komplexer Geometrien nach wie vor ein großes Problem darstellt. Eine Alternative zu den gängigen Verfahren bietet eine Klasse von modifizierten Polysilazanen, die sich gut in gewöhnlichen organischen Lösungsmitteln wie Toluol, Cyclohexan und n-Heptan lösen, nicht mehr aufschmelzen und keramisierbar sind. Über ihre Lösungen sind diese neuen Polymere mittels einfacher Tauch- oder Sprühverfahren aus der Lackiertechnik auch auf Substrate mit komplizierten Geometrien applizierbar. Die Haftung der Schichten ist sowohl auf verschiedenen Metallen, auf Glas, aber auch auf Kunststoffen sehr gut.
In der vorliegenden Arbeit wird über die Applizierung von Titan- und Zirkonium-modifizierten Polysilazanen auf Stahl, Si- Wafer und auf Polycarbonat berichtet. Die auf Silicium und Stahl aufgebrachten Schichten wurden bei unterschiedlichen Temperaturen (RT bis 1000 °C) und in verschiedenen Atmosphären (Luft, Stickstoff) behandelt, die von den Vorbehandlungen abhängigen Schichtdicken über AFM Messungen ermittelt, die Korrosionsbeständigkeit in 1m KOH untersucht sowie die Härte durch Mikrohärtemessungen bestimmt.

Durchführung

Aus der Literatur ist bekannt [9], daß Übergangsmetallverbindungen des Typs $M(NR_2)_4$ (hier M = Ti, Zr; R = alkyl) an die Stickstoffunktion (NH-Gruppe) des Silazans, unter Abspaltung des jeweiligen Amins (HNR_2), anknüpfen. Diese Reaktion kann nun gezielt dazu genutzt werden den Vernetzungsgrad des Polymers so einzustellen, daß eine polymere Verbindung im quaternären System Si-M-N-C hergestellt wird, die zwar sehr gut in allen unpolaren Lösungsmitteln löslich, aber nicht mehr schmelzbar ist. Der Vorteil besteht darin, daß nach dem Abtrocknen des Lösungsmittels die beschichteten Teile, selbst während der Pyrolyse, nicht mehr zusammenkleben. Der erhaltene lösliche Feststoff ist grünlich-schwarz (SiTiCN) bzw. gelb (SiZrCN) gefärbt, sehr spröde und sehr empfindlich gegen Luft und Feuchtigkeit. Zum Beschichten mittels einfacher Tauch- oder Sprühverfahren (unter Inertgasbedingungen) eignen sich Lösungen der Polymere in Toluol, Cyclohexan oder p-Xylol. Nach dem Abtrocknen des Lösungsmittels erhält man eine sehr gut haftende, nicht klebende, entsprechend gefärbte, transparente Polymerschicht. Dabei kann die

Schichtdicke über die Konzentration der Lösung eingestellt und dem jeweiligen Substrat angepaßt werden.

Ergebnisse

Eine wesentliche Voraussetzung für die Herstellung rißfreier keramischer Schichten ist eine möglichst hohe keramische Ausbeute, um so die Schrumpfung innerhalb der Beschichtung zu begrenzen. Zur Charakterisierung des Pyrolyseverlaufes und der dabei abgespalteten Spezies sowie zur Bestimmung der keramischen Ausbeute, wurden thermogravimetrische Messungen in Kopplung mit einem FT-IR- Gerät durchgeführt (STA 409, Fa. Netzsch; Vector 22, Fa. Bruker). Aus Bild 1 ist zu entnehmen, daß sich der Precursor bis ca. 300 °C unter Aminabspaltung weiter vernetzt, der größte Teil des Massenverlustes jedoch durch die Abspaltung von Methan hervorgerufen wird. Die Freisetzung von Methan im Temperaturbereich von 250 bis 700 °C dokumentiert gleichzeitig den Übergang vom Polymer zur amorphen Keramik. Die sich hieraus ergebenden Konsequenzen auf die Härte und Korrosionsstabilität der Schichten werden im folgenden noch diskutiert. Während die keramische Ausbeute bis 1470 °C, unabhängig von der verwendeten Atmosphäre (Stickstoff oder Argon), immer zwischen 75 und 80 % liegt, ist nur bei der Pyrolyse unter Stickstoff im Intervall zwischen 750 und 800 °C eine 2 prozentige Massenzunahme meßbar. Dies geschieht vermutlich durch den Einbau von Stickstoff aus der umgebenden Atmosphäre. Zur Bestätigung müssen jedoch weitere Untersuchungen (Elementaranalyse, MAS-FK-NMR) erfolgen.

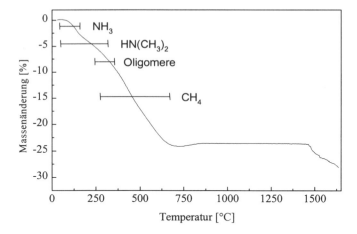

Bild 1: FT-IR- gekoppelte thermogravimetrische Untersuchung eines Polytitanosilazans in Stickstoff-Atmosphäre

Für die Beschichtung der unterschiedlichen Substrate über Tauch- oder Sprühverfahren sind besonders 5 bis 15 prozentige Lösungen der Precursoren, vorzugsweise in Toluol, p-Xylol und Cyclohexan, geeignet. Dabei ist die Schichtdicke nicht nur über die Konzentration der Beschichtungslösung, sondern auch über den Dampfdruck des jeweiligen Lösungsmittels einstellbar. Eine zu hohe Trocknungsgeschwindigkeit führt jedoch zu Bildung von Trocknungsrissen. Die Haftung des Polymers ist auf Metallen, Glas, Keramik und Kunststoffen sehr gut. Das Ablösen der Schicht vom Substrat durch Aufkleben und wieder Abziehen eines Tesa®- Films ist nicht möglich. Für die weitere Behandlung der applizierten Polymere bieten sich die Temperung unter Luft oder unter Stickstoff an, was entweder zu keramikartigen SiMCO- oder SiMCN- Beschichtungen führt. Aufgrund der großen Luft- und Feuchtigkeitsempfindlichkeit des Polytitanosilazans ist eine Aushärtung dieser Beschichtung an Luft innerhalb kürzester Zeit durch die Substitution der Aminogruppen gegen Sauerstoff möglich. Die so erhaltene Schicht ist gegen organische Lösungsmittel, Wasser und eine Vielzahl von Säuren (außer HF) beständig.

Zur Ermittlung der Abhängigkeit der Schichtdicke von der Pyrolysetemperatur und der Auslagerungszeit (Bild 2) wurden Atom Force Microscopy (AFM)- Messungen (Nanoscope IIIa, Fa. Digital Instruments) mittels „Scratch-Test" (Bild 3) durchgeführt. Die hierbei erhaltenen Meßergebnisse lassen sich gut mit den Resultaten der TG- Untersuchungen korrelieren (Bild 1). Verwendet wurden mit ca. 500 nm Polytitanosilazan beschichtete und anschließend an Luft ausgelagerte Si-Wafer, die aufgrund ihrer sehr glatten Oberfläche auch sehr gut für Rauhigkeitsmessungen geeignet sind. Berücksichtigt man den schneller ablaufenden Masseverlust bei dünnen Schichten im Vergleich zu monolithischer Keramik bzw. groben Pulvern, so ist die mit der Massenabnahme verbundene fast konstante Schrumpfung der Schichtdicke bei ca. 600 °C und einer Auslagerungszeit von 60 Minuten abgeschlossen. In einem weiteren Experiment wurde die Schichtdicke auf einem Si- Wafer in Abängigkeit von der Zeit bei einer konstanten Auslagerungstemperatur von 500 °C bestimmt (Bild 2). Die Dicke des Polymers betrug anfänglich 400 nm. Wie erwartet ist der Grad der Schrumpfung in den ersten 60 Minuten am größten und beträgt 32 % auf 272 nm. Die weitere Temperung bis zu 24 Stunden bewirkt nur noch eine Abnahme um 9 Prozentpunkte auf eine Dicke von 236 nm und ist vermutlich auf Umlagerungsprozesse innerhalb der amorphen Schicht und einer damit einhergehenden Verdichtung zurückzuführen. Diese Annahme wäre in Übereinstimmung mit entsprechenden Ergebnissen, die bei der Charakterisierung von monolithischen Si(M)CN- Keramiken erhalten wurden [2 - 4].

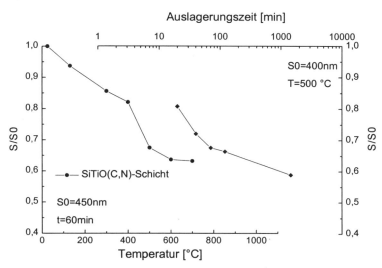

Bild 2: Bestimmung der Schichtdicke in Abhängigkeit von der Pyrolysetemperatur (•) und der Auslagerungszeit (♦) mit AFM- Messungen

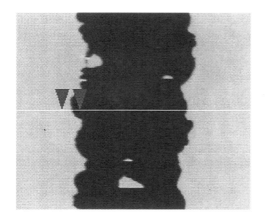

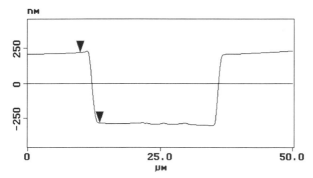

Bild 3: Schichtdickenmessung mit der AFM- Methode an einer nicht getemperten, an Luft gehärteten Polymerschicht auf Si- Wafer

Für die Abschätzung des Einsatzpotentials dieser einfach herzustellenden Schichten war es wichtig, zunächst materialwissenschaftliche Größen, wie die Härte und die Korrosionsstabilität, zu bestimmen. Bei Härtemessungen an sehr dünnen und z. T. weichen Schichten besteht die Gefahr, daß hauptsächlich das verwendete Substrat in den Meßwert eingeht. Zum Einsatz kam deshalb ein für Messungen an dünnen Schichten sehr gut geeignetes Ultramikrohärteprüfgerät (Fischerscope H100-V, Fa. Helmut Fischer GmbH+Co). Die Härtemessungen erfolgten wiederum an beschichteten Si- Wafern, die bei verschiedenen Temperaturen unter Luftatmosphäre getempert wurden. Aus Bild 4 ist zu entnehmen, daß die Härte in starkem Maß vom Pyrolysegrad abhängt. So bewirkt die weitere Vernetzung des Polymers durch Aminabspaltung einen Anstieg der Härte von 0,43 (an Luft gehärtetes Polymer) auf 2,9 GPa (getempert bei 400 °C) und entspricht somit fast dem als Vergleich gemessenen Wert von Quarzglas. Größere Härtewerte können erst durch den ab 600 °C einsetzenden Keramisierungsprozeß erzielt werden und weisen auf die Umlagerungsprozesse in der amorphen, keramikartigen Schicht hin. Die mit 7,6 GPa bestimmte Härte der bei 1000 °C pyrolysierten Probe entspricht schon fast dem Wert von 8,4 GPa für monolithische SiTiCN- Keramik. Zur Einordnung dieser Meßergebnisse sei darauf hingewiesen, daß entsprechende

Messungen an einer über das PVD- Verfahren hergestellten polykristallinen TiN- Schicht Werte über 16 MPa lieferten.

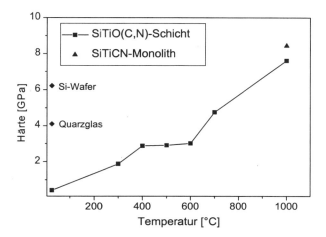

Bild 4: Härtemessungen mit einem Ultramikrohärteprüfgerät (Fischerscope H100-V) bei einer maximalen Indentorkraft von 1 mN

Auch am Korrosionsverhalten der Beschichtungen in alkalischen Medien (z.B. KOH) ist zu erkennen, daß die Abspaltung der flüchtigen Pyrolyseprodukte weitestgehend abgeschlossen sein sollte (Tab. 1), um korrosionsbeständige Schichten zu erhalten. Bemerkenswert ist die bereits bei einer Pyrolysetemperatur von 400 °C an Luft erreichte Stabilität sowohl der Titan- als auch der Zirkonium-haltigen Schichten. Dies ist vermutlich auf den zusätzlichen Vernetzungseffekt an Luft zurückzuführen. Ab einer Temperatur von 500 °C sind selbst nach mehreren Tagen keinerlei Korrosionserscheinungen beobachtbar. Dieser Stabilitätsgewinn bei relativ niedrigen Temperaturen eröffnet somit auch ein Anwendungspotential zum Korrosionsschutz für mechanisch wenig beanspruchte Aluminiumbauteile.

Tab. 1: Korrosionverhalten der Schichten auf Stahl bei Auslagerung in 1m KOH für 48 h

Precursor	Atmosphäre	Auslagerungstemperatur [°C], Auslagerungszeit jeweils 1h					
		130	300	400	500	600	700
SiTiCN	Stickstoff	---	---	---	⊕	⊕	⊕
SiTiCN	Luft	---	---	⊕	⊕	⊕	⊕
SiZrCN	Stickstoff	---	---	---	⊕	⊕	⊕
SiZrCN	Luft	---	---	⊕	⊕	⊕	⊕

Korrosionsbeständig (⊕), Korrosions**un**beständig (---)

Bild 5 zeigt den Unterschied in der Oberflächenmorphologie der durch verschiedene Beschichtungsverfahren hergestellten SiTiCN- Schichten. Während bei der Tauchbeschichtung eine sehr glatte Oberfläche erhalten wird (Oberflächenrauhigkeit < 5 nm), variiert die Schichtdicke beim Besprühen mittels Sprühpistole zwischen 3 und 5 µm. Außerdem ist eine Strukturierung, die durch das Auftreffen kleiner Tröpfchen auf dem Substrat hervorgerufen wird, zu erkennen. Da auf dem Weg von der Sprühdüse bis zum Substrat schon ein Teil des Lösungsmittels verdunstet, können dickere Schichten als über die Tauchbeschichtung aufgetragen werden, ohne das es zur Bildung von Trocknungsrissen kommt.

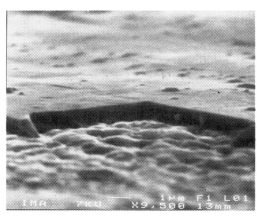 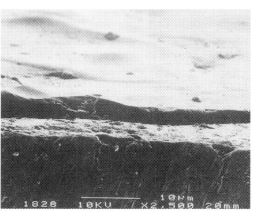

a) getaucht, Schichtdicke ca. 1 µm   b) gesprüht, Schichtdicke 3 bis 5 µm
Bild5: REM- Aufnahmen einer getauchten (a) bzw. gesprühten (b) und jeweils bei 1000 °C unter N_2-Atmosphäre pyrolysierten SiTiCN- Schicht auf Stahl

Zusammenfassung
Mit Hilfe der neuentwickelten Si(M)CN- Precursoren ist es über etablierte Verfahren aus der Lackiertechnik möglich, zunächst polymere Schichten auf unterschiedlichste Substrate aufzubringen, die sich mittels Luft härten lassen und durch Temperung in keramikartige Beschichtungen überführbar sind. Die chemische Stabilität vor allem gegen Basen ist z.T. schon nach einer Pyrolyse bei 400 °C gewährleistet, während ab 600 °C eine drastische Steigerung der Härte erreicht wird. Obwohl die hier erzielten Härtewerte niedriger liegen als bei den, über PVD- oder CVD- Verfahren aufgebrachten Schichten, eröffnen sich eine Reihe von Anwendungsmöglichkeiten vor allem beim Korrosionsschutz und der Beschichtung von Bauteilen mit komplizierter Geometrie.

Literatur
[1]   J. Hapke, G. Ziegler, Adv. Mater. 7 (1995) 380
[2]   G. Ziegler, J. Hapke, J. Lücke, Ceram. Trans. 57 (1995) 13
[3]   W. Weibelzahl, D. Suttor, G. Motz, G. Ziegler, Proc. 9th CIMTEC, Florence, Italy, June 1998 (im Druck)
[4]   W. Weibelzahl, G. Motz, D. Suttor, G. Ziegler, Proc. EnCera'98, Osaka, Japan, September 1998 (im Druck)

Laser-CVD-Abscheidung von keramischen Schichten auf Kohlenstoff-Fasern

V. Hopfe, B. Dresler, K. Schönfeld, R. Jäckel, B. Leupolt, Fraunhofer Institut für Werkstoff- und Strahltechnik, Dresden

Einleitung und Zielsetzung

Zähigkeit und chemische Stabilität faserverstärkter keramischer Verbundwerkstoffe (CMC) werden stark beeinflußt von der Struktur des Faser-Matrix-Interfaces. Zur Herstellung schadenstoleranter keramischer Verbundwerkstoffe ist deshalb eine Faserbeschichtung essentiell, für die aber bisher kaum effiziente, industriell eingeführte Technologien existieren.

Mit dem im Fraunhofer-IWS in Entwicklung befindlichen laserinduzierten chemischen Beschichtungsverfahren (L-CVD laser chemical vapour deposition), soll diese Lücke geschlossen werden. CVD-Technologien sind generell durch eine komplizierte Prozesschemie gekennzeichnet, was im besonderen Maße für durch Laser aktivierte CVD Prozesse gilt. Eine erste Zielstellung des Vorhabens bestand deshalb in der Vertiefung der physikalisch-chemischen Verfahrensgrundlagen des innovativen L-CVD Verfahrens. Das impliziert eine gezielte Auswahl der Precursoren und die Diagnostik der im Reaktionsvolumen ablaufenden chemischen Prozesse.

Eine weitere Zielstellung des Vorhabens bildete die Entwicklung und Testung anwendungsbereiter Schichten aus dem System C-Si-Ti-B-N auf unterschiedlichen Kohlenstoff-Faserqualitäten. Mit Blick auf den vorgesehenen Einsatz der beschichteten Fasern wurde der Korrelation der Schichtstruktur mit den mechanischen Fasereigenschaften besondere Bedeutung beigemessen. Auf der Faseroberfläche aufgebrachte einphasige Schichten werden den komplexen Anforderungen nicht oft gerecht, so dass teilweise auf Multischichtsysteme übergegangen werden muss. Diese sind aber mit erhöhtem Herstellungsaufwand verbunden. Als wirtschaftliche Alternative wird deshalb langfristig die Abscheidung nanodisperser Compositschichten gesehen, die wesentlich erweiterte Möglichkeiten der Anpassung an erforderliche chemische, thermomechanische und bruchmechanische Eigenschaftsprofile bieten.

Zur Strukturanalytik der Schichten kam insbesondere die Raman- und FTIR-Mikroskopie zum Einsatz, ergänzt durch SEM/EDX und Röntgendiffraktion (WAXRD)[1]. Zur Auswertung der FTIR-Reflexionsspektren der Fasern wurden spezielle optische Modelle zur Spektrenmodellierung entwickelt. Die Bewertung der mechanischen Fasereigenschaften erfolgte durch Zugprüfung am losen Bündel.

Ergebnisse und Diskussion

L-CVD Prozess-Charakteristik

Das laserinduzierte CVD Verfahren zur kontinuierlichen Beschichtung von Faserbündeln basiert auf einem 6kW CO_2-Industrielaser als Anregungsquelle. Der CO_2 Laser weist eine Reihe von Vorzügen für diese Anwendung auf, wobei neben seinem ausgereiften technischen Standard und der (relativ) günstigen Energieökonomie besonders die effiziente Strahlungseinkopplung in die meisten keramischen Fasermaterialien und die starke Streuung der Laserstrahlung an den Fasern, die zu einer gleichmässigen Beschichtung beiträgt, zu nennen sind.

Das industrielle Potential des Verfahrens gründet sich auf eine Reihe von Vorteilen, u.a. hoher Durchsatz, Verarbeitbarkeit unterschiedlicher Fasermaterialien, Flexibilität hinsichtlich

---

[1] Durchgeführt im gleichen DFG-SPP an BAM-Berlin, Arbeitsgruppe Dr. Hentschel

HOP: dfg_spp_praesentation erstellt: 22.09.1998 gedruckt: 16.10.1998

abscheidbarer Schichtsysteme, Arbeit bei Atmosphärendruck in einem kontinuierlichen Luft-zu-Luft Prozess (Bild 1).

Bedingt durch die starke Laserabsorption der meisten keramischen Fasern kommt es zu einem Abfall der Leistungsdichte im Faserbündel. Zur Unterbindung dieses, die Homogenität der Beschichtung beeinträchtigenden, Effektes wird das Faserbündel zu einem dünnen Faserband aufgefächert und nach Einführen in den L-CVD Reaktor beidseitig bestrahlt. Mit dieser Anordnung konnte eine gleichmässige Beschichtung auch in Bündeln von >10^4 Filamenten gesichert werden. Die Auffächerung des Faserbündels ist weiterhin notwendig, um die mit hohen Depositionsraten verbundene Precursorverarmung zwischen den Filamenten zu minimieren. Unterstützt durch eine, den schnellen Gastransport der CVD-Precursoren in der Reaktionszone fördernde, Strömungsführung werden damit im transportkontrollierten Regime Depositionsraten von mehreren µm/s und damit Abzugsgeschwindigkeiten von 200 - 300m/h realisiert.

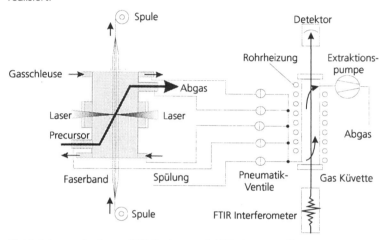

Bild 1 Schema des Laser-CVD Reaktors mit FTIR-Gassensorik

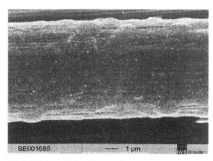 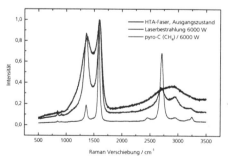

Bild 2 Morphologie und Struktur py-C beschichteter HT-Kohlenstoff-Fasern; links: REM; rechts: Raman-Mikroskopie

Bei den für keramische Verbundwerkstoffe erforderlichen Schichtdicken von etwa 100nm ergeben sich daraus Beschichtungszeiten von < 0.1s. Durch die extrem kurze Prozesszeit werden mögliche thermisch-diffusive Faserdegradationen wirkungsvoll zurückgedrängt. Damit können Beschichtungen ohne Beeinträchtigungen der Faserqualität auch bei sehr hohen Temperaturen vorgenommen werden, wodurch sich die Palette der abscheidbaren

Schichtsysteme wesentlich erweitert. Die Beschichtung von HT-Kohlenstoff-Fasern mit pyrolytischem Kohlenstoff (py-C) bei hohen Laserleistungsdichten (entsprechend ca. 2300°C) resultierte beispielsweise in hochgraphitisierten py-C Schichtstrukturen bei weitgehendem Erhalt der für HT-Fasern typischen Volumenstruktur und mechanischen Eigenschaften (Bild 2). Durch die extrem kurze Prozesszeit wird auch die Beschichtung temperaturempfindlicher Fasermaterialien (z.B. von SiC Fasern) ermöglicht.

Abweichend von konventionellen CVD Prozessen muß bei der Auswahl der L-CVD Precursoren deren Absorptionsvermögen bei der Laserwellenlänge berücksichtigt werden (Tab. 1). Nichtabsorbierende Precursoren werden durch Wärmeleitung von den erhitzten Fasern zur chemischen Reaktion gebracht, reagieren also rein pyrolytisch. Im Gegensatz dazu wird bei absorbierenden Precursoren auch die Gasphase durch Laserabsorption erhitzt und es können, bei Leistungsdichten oberhalb der Dissoziationsgrenze, photolytische Reaktionswege eröffnet werden. Die Laserphotolyse beinflusst die Schichtstrukturen und beschleunigt die Schichtabscheidung, wobei, bedingt durch die steigende Übersättigung der Gasphase, die Tendenz zur Homogennucleation zunimmt.

Tabelle 1 Übersicht über Schichtsysteme auf Kohlenstoff-Fasern (Tenax HTA/12k)

Schicht	Precursor	LA [1])	gasförmige Reaktionsprodukte
py-C	CH_4	-	CH_4, C_2H_2, C_2H_4
py-C	C_2H_4/ H_2	++	C_2H_4, C_2H_2, CH_4, C_6H_6,
py-C	C_6H_6/ H_2	+	C_6H_6, C_2H_2, C_2H_4, CH_4,
py-C	C_2H_2/ H_2	-	C_2H_2, C_2H_4, CH_4, CO
SiC	CH_3SiCl_3/ H_2	-	CH_3SiCl_3, HCl, $HSiCl_3$, H_2SiCl_2, $SiCl_2$, CH_4, CO, C_2H_2
SiC	SiH_4/ C_2H_4/ H_2	++++	C_2H_4, CH_4, C_2H_2 (keine Si-haltigen Reaktionsprodukte!)
SiC	SiH_4/ C_2H_2/ H_2	++++	CH_4, C_2H_4, C_2H_2 (keine Si-haltigen Reaktionsprodukte!)
B	BCl_3/ H_2	++++	BCl_3, $HBCl_2$, HCl
B_4C	BCl_3/ CH_4	++++	BCl_3, $HBCl_2$, HCl, CH_4, C_2H_2
BN	BCl_3/ NH_3	++++	C_6H_6, HCN, Imide, gesätt. Kohlenwasserstoffe (vollständiger Umsatz!)

[1]) Laser-Absorptionsvermögen des eingesetzten Precursors bei λ= 10.6µm (CO2-Laser)

Zur Kontrolle der Gasphasenchemie ist der Beschichtungsreaktor mit einem FTIR-Extraktionssystem versehen (Bild 1). Durch programmierte Extraktion von Gas-Teilströmen aus unterschiedlichen Bereichen des L-CVD Reaktors ist u.a. eine Bestimmung des Umsatzgrades der Precursoren, der Nachweis von Reaktionsprodukten (vgl. Tab. 1) sowie die Überwachung der Precursor-Qualität und der korrekten Funktion des Gas-Schleusensystems möglich. Das System erwies sich bei der gezielten Precursorauswahl, bei der Optimierung der Depositionsparameter und bei der kontinuierlichen Reaktorüberwachung als außerordentlich leistungsfähig.

Faserbeschichtung

Am Beispiel der py-C Abscheidung auf HT-Kohlenstoff-Fasern (Tenax HTA/12k, 0.5%Schlichte, Hercules AS4/12k, ohne Schlichte) wurde der Einfluss des Precursors und der Depositionsbedingungen auf die Schichtstruktur und die Depositionsrate systematisch untersucht. Unter Einsatz von C_2H_4 und CH_4 als CVD-Precursoren wurden hochgraphitisierte py-C Schichten mit Kristallitgrössen von L_a= 13nm ...27nm (Raman) und schuppiger Morphologie abgeschieden (Bild 2, „Blätterteigstruktur"). Unter Verwendung von C_6H_6 oder C_2H_2 wurden dagegen niedriggeordnete Schichtstrukturen mit einem Ordnungszustand vergleichbar mit dem der C-Faser und glatter Morphologie erzeugt. Die maximale Depositionsrate lag bei etwa 2µm/s und war hauptsächlich von der Strömungsgeschwindigkeit des Precursors abhängig. Wie für eine transportkontrollierte Reaktion erwartet, ist die Depositionsrate oberhalb des Schwellwertes der Laserleistungsdichte von einer weiteren Leistungssteigerung relativ wenig beeinflusst.

Die mechanischen Eigenschaften der py-C beschichteten Fasern unterscheiden sich nur graduell vom Ausgangszustand. Festigkeit und E-Modul ändern sich nicht, während der Weibull-Modul deutlich steigt (Rohfaser: 8; py-C: 13) und die Dehnung etwas abnimmt (-9% HTA-Faser). Das py-C Interfacesystem konnte in C/C(SiC) erfolgreich getestet werden.

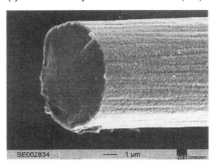 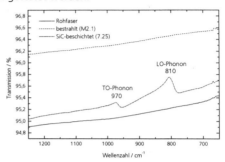

Bild 3 Morphologie und Struktur SiC beschichteter HT-Kohlenstoff-Fasern; links: REM; rechts: FTIR-ATR-Spektroskopie

Mit vergleichbarer Depositionsrate konnten keramische Schichten aus dem System C-Si-Ti-B-N auf C-Fasern abgeschieden werden (Tab. 1). Aus CH_3SiCl_3/H_2 Gasmischungen wurden feinkristalline, glatte SiC Schichten erhalten (Bild 3). Da der Precursor rein pyrolytisch reagiert, wurde eine vergleichbare Verteilung der Reaktionsprodukte erhalten wie beim konventionellen (Heisswand-) CVD (Bild 4). Das zusätzliche Auftreten von C_2H_2 hängt mit der wesentlich höheren Reaktionstemperatur und dem Abschrecken der Gasphase nach Passieren der Laser-Reaktionszone zusammen. Unter Einbeziehung von laserphotolytisch aktivierbarem SiH_4 wurden ebenfalls sehr hohe Depositionsraten erzielt, wobei durch tendenzielle Homogennucleation sich das Parameterfenster für eine gleichmässige Schichtausbildung als sehr eng erwies und die Schichten neben SiC teilweise freies Si enthielten.

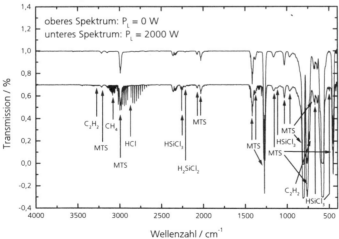

Bild 4 FTIR-Spektrum der Gasphase während der SiC Beschichtung aus CH3SiCl3/ H2 Precursormischungen

Sondierende Untersuchungen zu borhaltigen Depositen unter Einsatz von laserphotolytisch aktivierbarem BCl_3 ergaben hohe Umsatzgrade in der Gasphase, aber, je nach Precursormischung, sehr unterschiedliche Depositionsraten. Während beispielsweise die Abscheidung von B_4C mit hoher Rate erfolgte, erwies sich die Deposition von elementarem Bor als oberflächenkinetisch gehemmt. Aus der Analyse der Reaktionsprodukte konnte weiterhin in allen Systemen auf eine aktive Beteiligung der Faseroberfläche an der CVD- Chemie geschlossen werden (Tab. 1). Aus BCl_3/ NH_3 Gasmischungen wurden geordnete h-BN Schichten bei fast vollständiger Umsetzung der Precursoren abgeschieden.

Zusammenfassung

Mit der Entwicklung des Laser-CVD wurde ein skalierbares, produktives und flexibles Faserbeschichtungsverfahren bereitgestellt, dessen Anwendung künftig eine kritische Technologielücke bei der Herstellung kostengünstiger CMC`s schliessen kann. Mit weit oberhalb vergleichbarer Verfahren liegenden Depositionsraten wurden Faserbündel in einem kontinuierlichen Luft-zu-Luft Prozess beschichtet, wobei sich die Filamente als allseitig gleichmässig umhüllt und brückenfrei erwiesen. Die beschichteten Fasern ließen sich problemlos weiterverarbeiten. Das innovative Beschichtungsverfahren ist anwendbar auf unterschiedliche keramische Fasermaterialien und kann flexibel, lediglich durch Änderung des Precursorsystems, auf andere Schichtsysteme umgestellt werden. Aufgrund der inhärent kurzen Prozesszeit erwies sich der Laser-Beschichtungsprozess als prinzipiell faserschonend, wobei, bedingt durch die grössere Parameterbreite, ein erhöhter Versuchsaufwand zur Optimierung teilweise erforderlich wird.

Dokumentation der Arbeitsergebnisse im DFG-SPP

Hopfe, V.; Jäckel, R.; Schönfeld, K.: Laser based coating and modification of carbon fibres: Application of industrial lasers to manufacturing of composite materials (Vortrag + Veröffentlichung), 2nd International Conference on Photo-Excited Processes and Applications, Jerusalem, 09/1995; Appl. Surf. Sc. 106 (1996), S. 60-66.

Schönfeld, K.; Hopfe, V.; Jäckel, R.; Ekenhorst, B.: Pyro-C-Beschichtung von Kohlenstoff-Fasern mit Laser-CVD zur Grenzflächenoptimierung von CFC (Poster+ Veröffentlichung). Tagung "Verbundwerkstoffe - Werkstoffverbunde" der DGM, Bayreuth, Okt. 1995, Tagungsband.

Hopfe, V.; Jäckel, R.; Dresler, B.; Schönfeld, K.; Weiß, R.; Meistring, R.; Brennfleck, K.; Goller, R.: Laser based coating of carbon fibres for manufacturing CMC; Key Engineering Materials Vols. 127-131 (1997), S. 559-566.

Grählert, W., Hopfe, V.; FT-IR Investigations and Modelling of Anisotrcpic Materials: Application to Carbon Fibre Composites; Mikrochim. Acta Suppl. 14(1997) 187-189

Hopfe, V., Dresler, B., Schönfeld, K., Jäckel, R., Throl, O.: Continuous coating of ceramic fibres by industrial-scale laser driven CVD: process characterisation; 14th Internat. Conference and EURO-CVD, Paris 09/1997 Proc. Vol. 97-25

Das Vorhaben wurde mit Mitteln der Deutschen Forschungsgemeinschaft im Rahmen des Schwerpunktprogramms „Höchsttemperaturbeständige Leichtbauwerkstoffe.." sowie des Bundesministeriums für Bildung, Wissenschaft, Forschung und Technologie im Programm MaTech/MatFo gefördert.

XVII.

Spezielle Entwicklungen

Herstellung und mechanische Eigenschaften metallverstärkter Keramik-Verbundwerkstoffe

R. Günther, T. Klassen, R. Bormann, GKSS-Forschungszentrum GmbH, Geesthacht
B. Dickau, A. Bartels, TU Hamburg-Harburg, Hamburg
F. Gärtner, Universität der Bundeswehr, Hamburg

Einleitung

In konventionellen Verbundwerkstoffen liegen Keramiken hauptsächlich dispers in der (inter)-metallischen Matrix vor, um dadurch z.B. die Kriechfestigkeit zu erhöhen oder Kornwachstum zu unterdrücken. So z.B. in ODS-Legierungen (dispersion strengthened alloys) [1-2] und SDS-Legierungen (silicide strengthened alloys) [3]. In jüngster Zeit ist es gelungen, neuartige keramisch/(inter)metallische Verbundstoffe herzustellen [4-8], deren keramischer Volumenanteil über einen weiten Bereich von 30 % - 90 % eingestellt werden kann. Die Mikrostruktur besteht hierbei aus sich durchdringenden Netzwerken beider Komponenten. Dabei werden das ausgezeichnete Verschleißverhalten und die hohe Festigkeit des keramischen Gerüsts durch die hohe Schadenstoleranz und die elektrische und thermische Leitfähigkeit der (inter)metallischen Phasen ergänzt. Die Herstellung dieser Verbundwerkstoffe erfolgt durch ein einfaches, kostengünstiges Verfahren, das eine hohe Variabilität hinsichtlich des Gefügedesigns bietet. In Abhängigkeit des Gefüges konnten in diesen sog. alumina/aluminide alloys (3A) Bruchfestigkeiten von mehr als 1300 MPa und Bruchzähigkeiten größer 11 MPa$\sqrt{m}$ erreicht werden.

Die Kombination von hoher Verschleißfestigkeit und erhöhter Schadenstoleranz sowie geringer Dichte findet potentielle Anwendungen bei Motorenkomponenten im Automobilbereich. Weiterhin erscheint der Einsatz als bioverträglicher und korrosionsbeständiger Werkstoff für Implantate in der Medizintechnik vielversprechend.

Experimentelle Methoden

Für die Herstellung der Pulvermischungen werden die Reinelemente Al und Ni, Nb, Ti bzw. V entsprechend der gewünschten Zusammensetzung der (inter)metallischen Phase unter Zusatz des gewünschten Volumenanteils Al_2O_3 eingewogen. Im folgenden wird die Zusammensetzung in abgekürzter Form angegeben: Dabei werden die Bestandteile der (inter)metallischen Komponenten und ihre jeweilige Konzentration in Gewichtprozent angegeben und durch den Al-Anteil zu 100 % ergänzt; die letzten beiden Ziffern kennzeichnen den Volumenanteil keramischer Phase. So beschreibt die Bezeichnung 87Ti7Nb50 eine Zusammensetzung von 87 Gew.% Ti, 7 Gew.% Nb und 6 Gew.% Al, bei einem Volumenanteil von 50 % Al_2O_3.

Die Ausgangspulvermischungen werden jeweils in einer Planetenkugelmühle gemahlen. Als Mahlgefäße wurden Al_2O_3-Becher verwendet, als Mahlwerkzeuge kamen 500 g-ZrO_2 Kugeln zum Einsatz. Der Mahlprozeß fand unter Argon-Atmosphäre statt, um eine mögliche Oxidation des Al zu vermeiden, die zu einer Verschiebung der Zusammensetzung führen würde.

Die Grünkörperherstellung erfolgte durch uniaxiales Pressen bei Pressdrücken ≤ 50 MPa und anschließender Nachverdichtung durch kaltisostatisches Pressen bei 900 MPa. Dabei ergaben sich Quader von 7 mm x 42 mm x 5 mm Größe, die nachfolgend in einem Hochvakuumofen (10^{-3} Pa) bei Temperaturen zwischen 1490°C und 1530°C drucklos gesintert wurden. Die Gründichten wurden geometrisch abgeschätzt, die Dichten der gesinterten Proben wurden nach der Archimedes-Methode bestimmt. Die strukturelle Charakterisierung der Pulver und der gesinterten Proben wurde mit einem Röntgendiffraktometer unter Verwendung von Cu K_α Strahlung durchgeführt. Für die

Untersuchung der Mikrostruktur wurde ein Rasterelektronenmikroskop eingesetzt. Bruchfestigkeiten und Bruchzähigkeiten wurden in 4-Punkt Biegeversuchen bestimmt. Die Auflagenabstände betrugen 12 mm / 24 mm, wobei die Proben zuvor planparallel geschliffen und die Zugseite auf eine maximale Rauhigkeit von 3 µm poliert wurde. Die Bestimmung der Bruchzähigkeit erfolgte nach der ISB-Methode (Indentation-Strength in Bending) [9].

Verschleißuntersuchungen wurden nach dem japanischen Industriestandard (JIS) 8615 durchgeführt. Hierbei wird ein feststehendes Rad der Breite 12 mm, bespannt mit einem SiC Schleifpapier der Körnung 320, über einen Weg von 30 mm auf der Probenoberfläche hin und her bewegt. Die Andrucklast des Rades beträgt dabei 32 N. Nach jedem Doppelhub wird das Rad um jeweils 0,9° gedreht, um somit den der Probenfläche ausgesetzten Bereich des Schleifpapiers zu erneuern. Das Schleifpapier wird nach jeweils 400 Doppelhüben erneuert. Nach 1200 Doppelhüben wird der Masseverlust der Proben bestimmt und unter Verwendung der theoretischen Dichte bei Vernachlässigung möglicher Restporosität in den Volumenverlust umgerechnet.

Ergebnisse und Diskussion

Abbildung 1(a) zeigt eine typische Mikrostruktur einer gemahlenen Pulvermischung. Es liegt eine feine, homogene Verteilung der Pulverpartikelgrößen im Bereich von 1 µm bis 20 µm vor, mit

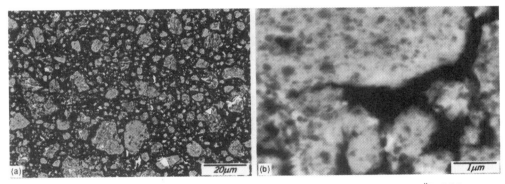

Abb.1: Rasterelektronische Aufnahmen der Pulvermischung 87Ni50 nach dem Intensivmahlen. (a): Überblick, (b): homogen dispers verteilte Al_2O_3 Partikel

einem Mittelwert von ca. 2 µm. Innerhalb der Pulverpartikel sind feine Al_2O_3-Partikel (< 200 nm) homogen dispers in der (inter)metallischen Matrix verteilt (siehe Abb.1(b)).
Schon während des Mahlprozesses finden Festkörperreaktionen zwischen den metallischen Komponenten statt, was z.B. im System 95Nb54 zur Bildung einer kubisch raumzentrierten (krz) Nb(Al) Mischkristallphase führt (Abb.3(a)). Nach dem kaltisostatischen Verdichten liegen die Gründichten typisch im Bereich von ~ 70 %, die Bruchfestigkeiten variieren je nach System zwischen 25 MPa und 85 MPa. Dies erlaubt eine einfache endformnahe Bearbeitung mit konventionellen Werkzeugen, wie z.B. Bohren oder Fräsen. Im Anschluß an die Grünbearbeitung werden die Halbzeuge drucklos gesintert.
Neben einer Grünbearbeitung der Halbzeuge mit konventionellen Methoden ermöglicht der Einsatz von Funkenerosion oder Hochdruckwasserstrahlschneidtechnik eine Bearbeitung des 3A-Materials auch nach der Sinterung. Abb.2 zeigt eine durch die Hochdruckwasserstrahlschneidtechnik bearbeitete Platte aus 3A-Material. Diese Technik erlaubt eine exakte computergesteuerte Bearbeitung bei hoher Oberflächengüte der Schnittkanten.

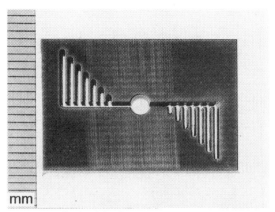

Abb.2: Durch Hochdruckwasserstrahlschneidtechnik nach der Sinterung bearbeitetes Werkstück (95Nb50, Stärke 5 mm)

Abb.3(b) zeigt das Röntgendiffraktogramm des in Abb.3(a) dargestellten Systems 95Nb54 nach der Sinterung. Entsprechend der Einwaage haben sich nun neben Al_2O_3 die gewünschten Gleichgewichtsphasen Nb_3Al und Nb(Al) eingestellt.

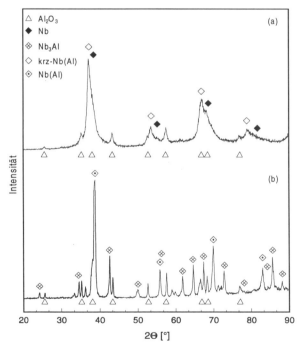

Abb.3: Röntgendiffraktogramm des Systems 95Nb54 nach dem Intensivmahlen (a) und nach der Sinterung (b)

Außerdem bildet sich während des Sinterprozesses die besondere neuartige Mikrostruktur aus, bei der sich Netzwerke aus intermetallischer und keramischer Phase dreidimensional durchdringen. Die Gefügeabmessungen liegen typisch in der Größenordnung von 1 µm. Durch Optimierung des Sinterprozesses wurden für alle Systeme Enddichten > 98% erzielt.

Die mechanischen Eigenschaften der Systeme 95Nb54, 95Nb70, 100Nb54, 90Ti4V50 und 87Ti7Nb50 sind in Tabelle 1 im Vergleich zu monolithischem Al_2O_3 aufgelistet. Die Werte konnten generell gegenüber der monolithischen Keramik deutlich verbessert werden. Bei den Nb-Basis Systemen konnte die Bruchfestigkeit um mehr als 350 % von 350 MPa [10] auf 1390 MPa gesteigert werden. Bei der Bruchzähigkeit wurde ebenfalls eine Steigerung um mehr als 300 % von 3,5 MPa√m auf 11,8 MPa√m erreicht.

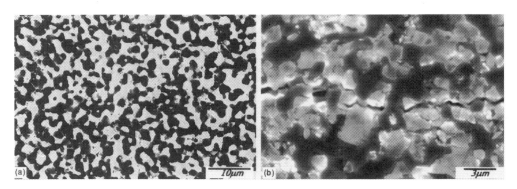

Abb.4: Rasterelektronische Gefügeaufnahmen des Systems 95Nb54 nach der Sinterung. (a) Überblick (dunkle Phase entspricht Al_2O_3); (b) Rißausbreitung, ausgehend von der Ecke eines Vickerseindruckes (helle Phase entspricht Al_2O_3)

Zum besseren Verständnis der deutlich verbesserten Schadenstoleranz wurden Untersuchungen zur Rißausbreitung durchgeführt. Hierzu wurden Risse durch Vickers-Eindrücke (HV10) eingebracht und deren Ausbreitung analysiert. Abb.4(b) zeigt eine typische Rißausbreitung im System 95Nb54. Der Riß wird an den Phasengrenzen abgelenkt; zusätzlich findet Rißüberbrückung durch (inter)metallische (dunkle Phase) Ligamente statt (Abb.4(b), Mitte), was zu einer deutlichen Reduzierung der Rißenergie und somit zu einer Veringerung der Rißlänge in 3A-Materialien im Vergleich zu monolithischem Al_2O_3 führt.

Material	Bruchfestigkeit [MPa]	K_{IC} [MPa√m]
95Nb70	1135	11,8
95Nb54	1390	8,9
100Nb54	613	7,3
90Ti4V50	526	5,6
87Ti7Nb50	524	5,1
Al_2O_3	350	3,5

Tabelle 1: Mechanische Eigenschaften von 95Nb50, 95Nb70, 100Nb54, 90Ti4V50 und 87Ti7Nb50 im Vergleich zu monolithischem Al_2O_3

Die Verschleißbeständigkeit der Nb-Basis und Ti-Basis Systeme im Vergleich zu monolithischem Al_2O_3, konventionellem Federstahl und Hartschichten ist in Tabelle 2 aufgelistet. Während die Verschleißbeständigkeit des Systems 95Nb54 in der Größenordnung konventionellen Federstahls liegt, erreicht die Verschleißbeständigkeit des Systems 95Nb70 aufgrund des höheren Keramikgehaltes Werte, die mit denen des monolithischen Al_2O_3 vergleichbar sind. Die Ti-Basis Systeme erreichen eine sogar deutlich höhere Verschleißbeständigkeit als Al_2O_3. Während der Wert für 90Ti7V50 mit denen galvanischer Hartchromschichten vergleichbar ist, wird für das System 87Ti7Nb50 ein Wert erzielt, der im Vergleich zu monolithischem Al_2O_3 um einen Faktor 2 verbessert ist. Dies hängt vermutlich ebenfalls mit der erhöhten Zähigkeit zusammen, die die Rißinitiierung und den Rißfortschritt deutlich reduziert und somit ein Herausbrechen von Partikeln aus der Oberfläche verhindert.

Material	Masseverlust pro 1200 Doppelhübe [mg]	Volumenverlust pro 1200 Doppelhübe [mg]
95Nb54	29 ± 4	5,2 ± 0,7
95Nb70	18 ± 3	3,7 ± 0,6
90Ti4V50	7,35 ± 0,21	1,67 ± 0,05
87Ti7Nb50	4,95 ± 0,49	1,11 ± 0,11
Al_2O_3	8,5 ± 2	2,2 ± 0,5
WC-Co (83-17)	~ 3	~ 0,21
galv. Hartchromschicht	11	1,53
Cr-Schichten (Deko)	19,9	2,77
Federstahl	37 ± 2	4,71 ± 0,30
Ni-1.7P	52,6	5,99

Tabelle 2: Verschleißbeständigkeit von 95Nb54, 95Nb70, 90Ti4V50 und 87Ti7Nb50 Im Vergleich zu monolitischem Al_2O_3 und konventionellem Federstahl

Zusammenfassung

Die Ergebnisse machen deutlich, daß durch die Technik des Intensivmahlens und einer anschliessenden drucklosen Sinterung metallverstärkte Keramik-Verbundwerkstoffe kostengünstig hergestellt werden können. Die Pulver sind homogen und fein, mit einer typischen Partikelgröße von 1 µm. Die Grünfestigkeit von 25 MPa bis 85 MPa erlaubt eine einfache Bearbeitung durch konventionelle Methoden, wie z.B. Bohren und Fräsen. Durch druckloses Sintern kann das Material vollständig verdichtet werden (> 98 %). Während des Sinterprozesses reagieren die Komponenten zu den gewünschten Phasen in der (inter)metallischen Matrix, die durch geeignete Wahl der Zusammensetzung der Ausgangspulver exakt eingestellt werden kann. Gleichzeitig kommt es zur Ausbildung des besonderen sich durchdringenden Netzwerkes. Der Vorteil dieses Verfahrens liegt in der großen Flexibilität bezüglich der Phasenauswahl und des Volumenanteils der keramischen Phase, welcher über einen weiten Bereich (30 – 90 %) eingestellt werden kann.

Die Schadenstoleranz der 3A-Materialien konnte gegenüber monolithischer Keramik deutlich erhöht werden. So wurden Bruchfestigkeiten von 1390 MPa und Bruchzähigkeiten von 11,8 MPa$\sqrt{m}$ erreicht. Wie in den mikrostrukturellen Untersuchungen gezeigt werden konnte, ist dies auf die Reduzierung der Rißenergie durch Rißablenkung und rißüberbrückende Ligamente der (inter)metallischen Phase zurückzuführen. Die Verschleißeigenschaften der 3A-Materialien konnten je nach Wahl des Systems bis zu einem Faktor 2 gegenüber monolithischer Keramik verbessert werden. Dies eröffnet neben der Anwendung in der Automobilindustrie und der Medizintechnik zusätzlich ein Anwendungspotential im Bereich der Verschleißschutzbeschichtung.

Literatur:
[1] J. S. Benjamin, Metall. Trans. **1** (1970), 2943
[2] C. M. Ward-Close, R. Minor, P. J. Doorbar, Intermetallics **4** (1996), 217
[3] R. Bohn, M. Oehring, Th. Pfullmann, F. Appel, R. Bormann, in: *Processing and Properties of Nanocrystalline Materials*, ed. By C. Suryanarnyana, J. Singh, F. H. Froes, TMS (1996, 355
[4] J. Rödel, H. Prielipp, N. Claussen, M. Sternitzke, K. B. Alexander, P. F. Becher, J. H. Schneibel, Scripta Met. Et. Mater. **33** (1995), 843
[5] N. Claussen, D. E. García, R. Janssen, J. Mater. Res. **11** (1996), 2884
[6] J. Bruhn, S. Schicker, D. E. García, R. Janssen, F. Wagner, N. Claussen, Key Engineering Materials **127-131** (1) (1996), 73
[7] N. Claussen, D. E. García, R. Janssen, German Patent Application DE 4447130.0
[8] T. Klassen, R. Günther, B. Dickau, F. Gärtner, A. Bartels, R. Bormann, H. Mecking, J. Am. Ceram. Soc. **81** (9) (1998), 2504
[9] G.R. Anstis and P. Chantikul, B.R. Lawn, D.B. Marshall, J. Am. Ceram. Soc. **64** (1981), 539
[10] J. L. Guichard, O. Tillement, A. Mocellin, J. Mater. Sci. **32** (1997), 4513

Verfahrens- und Werkstoffentwicklung zur Herstellung schrumpfungsfreier ZrSiO₄-Keramiken

V.D. Hennige, J.H. Haußelt, Albert-Ludwigs-Universität, Freiburg; H.-J. Ritzhaupt-Kleissl, Forschungszentrum Karlsruhe, Karlsruhe

Einleitung

Den vielfältigen Vorteilen keramischer Werkstoffe, wie etwa hohe Härte sowie große chemische und thermische Beständigkeit, steht ein genereller Nachteil gegenüber. Beim Sintern des mittels eines geeigneten Formgebungsverfahren hergestellten, porösen und nicht sehr festen Grünkörpers zur dichten und festen Keramik tritt bei den meisten Herstellungsprozessen ein mehr oder weniger großer Schrumpfungsprozeß auf. Typische Werte für die lineare Sinterschrumpfung liegen bei bis zu 20 %. Um nach dem Sintern die gewünschte Bauteilgröße zu erhalten, muß der Grünkörper entsprechend größer dimensioniert werden. Erfolgt zudem die Schrumpfung beim Sintern nicht isotrop, so muß, sofern dies überhaupt möglich ist, ein aufwendiger Schleifprozeß des Sinterkörpers dem ganzen Prozeß nachgeschaltet werden. Damit keramische Werkstoffe auch in Einsatzgebiete vorstoßen können, die eine hohe Maßhaltigkeit der Bauteile erfordern, muß nach Wegen gesucht werden, um diese Sinterschrumpfung auszugleichen. Neue Anwendungsfelder, wie sie etwa die Mikrosystemtechnik oder Medizintechnik, und hier insbesondere die Dentaltechnik, darstellen, könnten damit erschlossen werden.

Ein Lösungsansatz für das beschriebene Problem bietet ein sogenanntes Reaktionssinterverfahren, bei welchem eine reaktive Komponente im Grünkörper im Laufe des Prozesses eine volumenvergrößernde Reaktion eingeht und so den Sinterschrumpf kompensiert. Im Bereich der Nichtoxidkeramiken ist dies bereits seit längerem bekannt. Hierunter fallen viele Verfahren auf der Basis von polymeren Precursoren (1) mit reaktiven und zum Teil auch inerten Füllern. Eines der am gründlichsten untersuchten Verfahren stellt sicherlich der AFCOP(*active filler controlled pyrolysis*)-Prozeß dar (2 - 4). Im Bereich der Oxidkeramiken existieren bislang nur einige wenige Ansätze. Hier seien vor allem der RBAO(*reaction bonded aluminum oxide*)-Prozeß (5, 6) und dazu eng verwandte Verfahren erwähnt (7, 8).

Bei dem hier vorgestellten Verfahren (9 - 11) wird als reaktive Komponente eine intermetallische Verbindung (Zirconiumdisilicid, ZrSi₂) eingesetzt. Da die Pulverherstellung über ein Preß- bzw. Prägeverfahren erfolgen soll, wird als Preßhilfsmittel ein Binder auf Silicium-Basis (Polymethylsilsesquioxan, PMSS), ein sogenannter *low loss binder*, eingesetzt. Dieser hat gegenüber konventionellen Bindern den Vorteil, daß er beim keramischen Brand nicht völlig verbrennt, sondern teilweise keramisiert wird. Dadurch wird die Sinterschrumpfung weiter verringert. Als inerte Füllkomponente dient ein Oxidkeramik-Pulver (Zirconiumdioxid, ZrO₂), welches am Ende mit den Oxidationsprodukten des Silicids und des Polysiloxans zur gewünschten Keramik (ZrSiO₄) reagiert.

Damit die zu erwartende Sinterschrumpfung exakt ausgeglichen werden kann, muß zunächst der dafür nötige Anteil an reaktiver Komponente, d.h. hier an Silicid, berechnet werden. Gemäß Gl. (1) kann die zu erwartende lineare Schrumpfung S des Körpers beim Sintern abgeschätzt werden:

$$S = \sqrt[3]{(1 + \sum \widetilde{V}_i \Delta \widetilde{V}_i) \frac{\widetilde{\rho}_{\text{grün}}}{\widetilde{\rho}_{\text{Sinter}}}} - 1 \qquad \text{Gl. (1)}$$

mit $\widetilde{V}_i$: Volumenanteil der Komponente i [-]
   $\Delta \widetilde{V}_i$: relative Volumenänderung der Komponente i [-]
   $\widetilde{\rho}$: relative Preßlings(Grün)- bzw. Sinterdichte der Formkörper [-]

Wird in Gl. (1) S = 0 gesetzt, so kann für ein gegebenes System, bestehend aus reaktiver Komponente (ZrSi$_2$), Binder (PMSS) und inertem Füller (ZrO$_2$), nach dem benötigten Anteil an Zirconiumsilicid aufgelöst werden, wenn alle Größen auf der rechten Seite in Gl. (2) bekannt sind:

$$\widetilde{V}_{ZrSi2} = \frac{\widetilde{\rho}_{Sinter} / \widetilde{\rho}_{grün} - \widetilde{V}_{PMSS} \cdot \Delta \widetilde{V}_{PMSS} - 1}{\Delta \widetilde{V}_{ZrSi2}} \qquad \text{Gl. (2)}$$

Experimentelles

In Vorversuchen wird zunächst der optimale Anteil an PMSS und die damit erzielbare Preßlingsdichte festgelegt. Für die Sinterdichte wird beispielsweise ein Wert von 95 % der theoretischen Dichte (kurz: % TD) vorgegeben. Die mit der Oxidation des Silicids verknüpfte Volumenzunahme wird anhand der entsprechenden Reaktionsgleichung (s. hierzu Gl. (3) - (5)) theoretisch berechnet. Unter der Annahme der Bildung von ZrSiO$_4$ ergibt sich ein Wert von $\Delta \widetilde{V}_{Silicid}$ = 106 %. Der Wert für $\Delta \widetilde{V}_{PMSS}$ muß experimentell ermittelt werden. Mit diesen Werten wird mittels Gl. (2) schließlich der zur Kompensation der Sinterschrumpfung benötigte Anteil an Silicid berechnet.

Zur Herstellung der Keramiken wird das ZrSi$_2$ (Johnson-Matthey, ca. 35 Vol-%) zunächst 48 h in Ethanol gemahlen und anschließend zusammen mit dem ZrO$_2$ (Tosoh, ca. 35 Vol-%) für weitere 24 h in Ethanol mischgemahlen. Nach Entfernen des Mahlmediums wird das Pulver in Ethanol suspendiert und das in Ethanol gelöste PMSS (ABCR, 30 Vol-%) zugegeben. Diese Suspension wird durch Sprühtrocknung in ein Granulat überführt, welches durch Pressen oder Prägen zu den entsprechenden grau-schwarzen Formkörpern verdichtet werden kann.

Das Prägen des Pulvers erfolgt mittels eines metallischen Prägewerkzeuges oder mit Hilfe eines Polymer-Stempels, der z.B. aus Polymethylmethacrylat (PMMA) bestehen kann (12). Da der Binder thermoplastisches Verhalten zeigt, wird i.a. bei Temperaturen von 100 - 120 °C durch axiales Pressen verdichtet. Der zu Erzielung der geforderten Gründichte benötigte Preßdruck liegt unter diesen Bedingungen im Bereich von 150 - 300 MPa. Im Falle des metallischen Stempels wird der Preßling mechanisch vom Stempel entformt, im Falle des PMMA-Stempels macht man sich das "Prinzip der verlorenen Form" zu Nutze. Hierbei wird der Stempel nicht mechanisch vom Preßling getrennt, sondern während des Reaktionssinterverfahrens pyrolysiert.

Im Anschluß an die Herstellung des Preßlings erfolgt das Reaktionssinterverfahren in einem mit Synthetischer Luft gespülten Hochtemperatur-Kammerofen. Ein typisches Temperaturprogramm zur Behandlung der Formkörper ist der Abbildung 1 zu entnehmen. Im Laufe des Prozesses wird zunächst das PMSS pyrolysiert, dann das ZrSi$_2$ oxidiert und schließlich die Keramik dicht gesintert. Damit am Ende die Sinterschrumpfung exat kompensiert werden kann (S = 0), muß die Preßlingsdichte aufgrund der tatsächlich erzielten Sinterdichte durch Variation des Verdichtungsdruckes auf den entsprechenden Wert korrigiert werden.

Die Aufklärung der Vorgänge beim Reaktionssinterverfahren erfolgt mittels der Thermogravimetrie (NETZSCH STA 409) und Dilatometrie (LINSEIS L 75). Die Analyse der Phasenzusammensetzung erfolgt durch Pulverdiffraktometrie (SIEMENS D5000). Die Porosität P der Formkörper wird mittels eines Hg-Porosimeters ermittelt (CE-INSTRUMENTS POROSIMETER 4000). Die mechanischen Eigenschaften werden mit Hilfe des Vickershärtetests (Härte und Rißzähigkeit, LECO V 100) und der 4-Punkt-Biegeprüfung (Festigkeit und E-Modul, UTS 10T) untersucht. Die Gefügeuntersuchungen der Keramik sowie eine Detailansicht der mikrostrukturierten Formkörper ist mit der Rasterelektronen-Mikroskopie (REM, JEOL JSM 6400) möglich.

Ergebnisse und Diskussion
Untersuchung des Reaktionssinterverfahrens

Die Ergebnisse grundlegender Untersuchungen zeigen, daß bei Granulaten mit einem PMSS-Anteil von 30 Vol-% je nach Verdichtungsdruck Preßlingsdichten von bis zu 85 % TD erzielt werden können. Die keramische Ausbeute des PMSS wird zu $\alpha_{ker.} = 81$ % bestimmt. Dadurch ergibt sich eine Volumenänderung von $\Delta \tilde{V}_{PMSS} = -58$ %. Mit diesen experimentell bestimmten Werten läßt sich mittels Gl. (2) der zur Kompensation der Sinterschrumpfung benötigte Anteil an $ZrSi_2$ abschätzen und die Zusammensetzung der Granulate berechnen.

Die Vorgänge im Laufe des Reaktionssinterprozesses können sehr gut mit Hilfe der Thermischen Analyse verfolgt werden, da die Oxidation des $ZrSi_2$ mit einer Massen- und Längenzunahme verbunden ist. Abbildung 1 zeigt die Längen- und Massenänderung eines Formkörpers bei der Temperaturbehandlung.

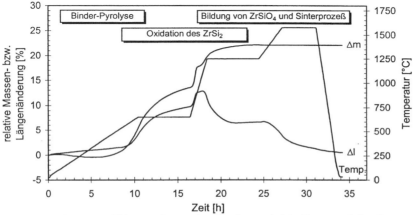

Abbildung 1: Längen- und Massenänderung eines Formkörpers bei der Temperaturbehandlung

Bis zu einer Temperatur von etwa 600 °C erfolgt die Pyrolyse des PMSS zu SiO_2. In diesem Bereich ist die Längenänderung gering, die Masse des Körpers nimmt etwas ab. Ab ca. 500 °C schreitet die Oxidation des $ZrSi_2$ zu ZrO_2 und SiO_2 stetig voran, wie anhand der Längen- und Massenzunahme zu erkennen ist. Ab einer Temperatur von etwa 1100 °C erfolgt bereits die Bildung von $ZrSiO_4$ und der Sinterprozeß setzt ein. Der Körper beginnt jetzt zu schrumpfen, allerdings nimmt seine Masse noch weiter zu, d.h. Sinterprozeß und Oxidation des $ZrSi_2$ überlagern sich in diesem Temperaturbereich. Bei einer Temperatur von 1300 °C ist die Oxidation abgeschlossen. Laut Röntgenbeugungsanalyse (s. Abbildung 2) ist bei dieser Temperatur kein $ZrSi_2$ mehr zu erkennen und die Masse des Körpers ändert sich nicht mehr. Das ZrO_2 und SiO_2 haben sich bereits großteils zu $ZrSiO_4$ umgesetzt. Bei weiterer Temperaturerhöhung auf 1600 °C erfolgt diese Umsetzung nahezu vollständig. Im Falle der in Abbildung 1 gezeigten Keramik wurde die Sinterzeit bei der maximalen Temperatur von 1550 °C willkürlich auf 4 h begrenzt. Dadurch bleibt nach dem durchlaufenen Prozeß noch eine Dehnung der Formkörper von knapp 1 % zurück. Verlängern der Sinterzeiten auf 12 - 24 h liefert in diesem Fall jedoch tatsächlich Werte von S = 0. In Abbildung 2 ist die oben beschriebene Phasenzusammensetzung der Formkörper im jeweiligen Stadium des Prozesses angegeben.

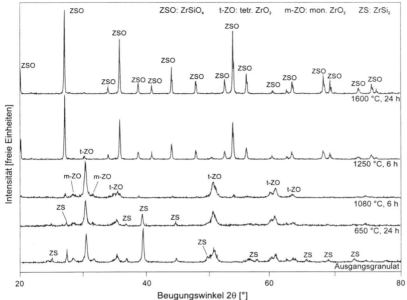

Abbildung 2: Phasenzusammensetzung der Formkörper nach unterschiedlicher Temperaturbehandlung

Die Vorgänge bei der Temperaturbehandlung der Formkörper lassen sich somit wie folgt zusammenfassen:

$$T < 600\ °C: \quad [Si(CH_3)O_{1,5}]_n \xrightarrow{Luft} SiO_2 + ... \quad \text{Gl. (3)}$$

$$T \geq 500\ °C: \quad ZrSi_2 \xrightarrow{Luft} ZrO_2 + 2\ SiO_2 \quad \text{Gl. (4)}$$

$$T > 1100\ °C: \quad ZrO_2 + SiO_2 \rightarrow ZrSiO_4 \quad \text{Gl. (5)}$$

In der Übersichtsdarstellung des Verfahrens (Abbildung 1) sind diese drei Teilschritte, d.h. die Pyrolyse des PMSS (Gl. (3)), die Oxidation des $ZrSi_2$ (Gl. (4)) sowie die Bildung von $ZrSiO_4$ (Gl. (5)) und der Sinterprozeß, schematisch eingetragen.

Neben den Kenntnissen zum thermischen Verhalten der Formkörper sowie zu den im Laufe des Reaktionssinterverfahrens auftretenden Phasen kommt der Bestimmung der Porosität noch große Bedeutung zu. Das Vorhandensein einer großen offenen Porosität ist äußerst wichtig für das Reaktionssinterverfahren, da hierdurch der für die Oxidation benötigte Sauerstoff recht einfach und schnell antransportiert werden kann. Erfolgt der Sinterprozeß zu früh, d.h. ist die Oxidation bis zu diesem Zeitpunkt noch nicht großteils abgelaufen, so kommt die Oxidation im Innern der Formkörper vorübergehend zum Erliegen. Der Sauerstoff kann in diese Fall nur noch über Festkörperdiffusion herangeführt werden. Bei weiterer Temperaturerhöhung kommt es wieder zu einer Beschleunigung des Stoffantransportes und somit schreitet auch die Oxidation wieder voran. Da diese mit einer Volumenzunahme verbunden ist, wird die bereits verdichtete und verfestige Oxidhülle unter Umständen gesprengt und es kommt zur Zerstörung der Formkörper. Ein genau auf den Reaktionssinterprozeß abgestimmtes Temperaturprofil, das mit Hilfe der Thermischen Analyse gewonnen werden kann, ist deshalb unverzichtbar zur Herstellung hochdichter, fehlerfreier Keramiken. Bei den Untersuchungen zeigt sich, daß sich die offene Porosität der Formkörper im Laufe des Reaktionssinterverfahrens beträchtlich ändert. Die Grünkörper weisen nur eine sehr geringe Porosität auf, wie auch aufgrund der hohen Gründichte von mehr als 80 % TD nicht anders zu erwarten ist. Die Porosität nimmt aufgrund der Pyrolyse des PMSS mit steigender Temperatur zu. Bei 900 °C erreicht die Porosität ihr auch theoretisch zu erwartendes Maximum von etwa 38 Vol-%. Dies bestätigt die Ergebnisse, daß bis zu dieser Temperatur der Sinterprozeß, der mit einer starken Abnahme der Porosität verknüpft ist, zu vernachlässigen ist. Mit einem solchen Temperaturprofil ist es somit möglich Oxidations- und Sinterbereich weitestgehend zu trennen, so daß am Ende tatsächlich fehlerfreie Keramiken erhalten werden.

Charakterisierung der Keramiken

Je nach Ausgangszusammensetzung der Keramiken liegt nach dem Sintern noch ein Rest an nicht umgesetztem ZrO_2 bzw. SiO_2 vor. Dies ist anhand der Röntgenbeugungsanalysen nicht zu erkennen, kann jedoch mittels REM-Aufnahmen und entsprechender EDX-Analysen bestätigt werden. Die mittlere Kristallitgröße liegt, wie die Gefügeuntersuchungen zeigen, bei etwa 1 - 2 µm. Die Dichte der Keramiken liegt bei ca. 92 - 94 % TD und ist unabhängig von der Gründichte. Wie bereits in Abbildung 2 zu erkennen ist, werden am Ende des Reaktionssinterverfahrens tatsächlich schrumpfungsfreie Keramiken erhalten. Da die Sinterdichte unabhängig von der Gründichte ist, ergibt sich der in Anlehnung an Gl.1 zu erwartende, lineare Zusammenhang zwischen relativer Volumenänderung und Gründichte. Durch Variation des Verdichtungsdrucks, und damit auch der Gründichte, kann also exakt eine gewünschte Dimensionsänderung, wie z.B. S = 0, eingestellt werden.

Für technische Anwendungen sind neben der hohen Dichte und der Schrumpfungsfreiheit auch die erzielten mechanischen Eigenschaften relevant. Die ermittelte Festigkeit beträgt etwa 200 - 220 MPa, die Rißzähigkeit liegt bei knapp 3 MPa$\sqrt{m}$. Die Keramiken lassen sich im Hinblick auf ihre mechanischen Eigenschaften mit konventionellen $ZrSiO_4$-Keramiken vergleichen, die über andere Verfahren hergestellt wurden (13, 14).

In Abbildung 3 sind einige strukturierte Formkörper abgebildet, die mittels eines Prägestempels aus Metall (Münze) bzw. PMMA geprägt wurden.

 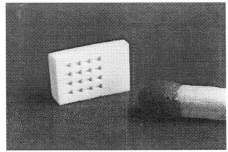

Abbildung 3: links: Vergleich von Keramik (links), Prägewerkzeug (mitte) und Grünkörper (rechts); rechts: mit PMMA geprägtes Keramikbauteil

Der in Abbildung 3 (links) dargestellte Vergleich von Grünkörper und gesinterter Keramik zeigt sehr anschaulich, daß die Keramiken tatsächlich schrumpfungsfrei sintern. Abbildung 4 zeigt die Detailansicht eines mit PMMA geprägten, gesinterten Formkörpers aus $ZrSiO_4$ sowie als Vergleich dazu das zum Prägen verwendete, ursprüngliche Prägewerkzeug aus PMMA. Wie in diesen Abbildungen zu erkennen ist, lassen sich mittels eines solchen Prägeverfahrens strukturierte Formkörper mit hoher Detailtreue und guter Maßhaltigkeit herstellen.

 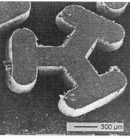

Abbildung 4: REM-Detailansicht einer strukturierten Keramik (links), im Vergleich zur PMMA-Prägestruktur (rechts)

Zusammenfassung und Ausblick

In der vorliegenden Arbeit wurde ein Reaktionssinterverfahren zur Herstellung schrumpfungsfreier $ZrSiO_4$-Keramiken vorgestellt. Das Prinzip des Verfahrens beruht dabei auf der Kompensation der Sinterschrumpfung durch eine volumenvergrößernde Reaktion, die eine Komponente des Grünkörpers im Laufe des Reaktionssinterverfahrens eingeht. Es wurde gezeigt, daß die durch ein Prägeverfahren aus den entsprechenden Ausgangsmaterialien hergestellten Keramiken eine sehr gute Formtreue beim Sintern aufweisen. Zudem zeichnen sich die schrumpfungsfreien Keramiken durch eine hohe Dichte sowie gute mechanische Eigenschaften aus. Aufgrund dieser Vorteile eignet sich das hier vorgestellte Verfahren zum einen zur Herstellung von Bauteilen und Komponenten für die Mikrosystemtechnik. Ein weiteres Anwendungsfeld stellt zum andern die Dentaltechnik dar. Mit diesem Verfahren können durch eine im Dentallabor durchführbare Formgebungsmethode paßgenaue, vollkeramische Brücken, Kronen und Inlays hergestellt werden. Die weiße Farbe und die guten mechanischen Eigenschaften der Keramiken, die mit bereits in der Anwendung befindlichen Materialien vergleichbar sind (15), erweisen sich als weitere Vorteile. Durch die weiße Farbe ist die aus ästhetischen Gründen unverzichtbare Verblendung der Keramik zur Anpassung an den natürlichen Farbton der Zähne unproblematisch.

Literatur

(1) J.S. Haggerty, Y.-M. Chiang, Ceram. Eng. Sci. Proc. **11** (1990), 757
[2] P. Greil, M. Seibold, J. Mater. Sci. **27** (1992), 1053
(3) T. Erny, M. Seibold, O. Jarchow, P. Greil, J. Am. Ceram. Soc. **76** (1993), 207
(4) S. Walter, D. Suttor, T. Erny, B. Hahn, P. Greil, J. Europ. Ceram. Soc. **16** (1996), 387
(5) Suxing Wu, A.J. Gesing, N.A. Travitzky, N. Claussen, J. Europ. Ceram. Soc. **7** (1991), 277
(6) D. Holz, S. Pagel, C. Bowen, Suxing Wu, N. Claussen, J. Europ. Ceram. Soc. **16** (1996), 255
(7) C. Zhang, M.D. Vlajic, V.D. Kristic, D.P.H. Hasselmann, Science of Sintering **28** (1996), 165
(8) D. Suttor, H.-J. Klebe, G. Ziegler, J. Amer. Ceram. Soc. **80** (1997), 2541
(9) V.D. Hennige, H.-J. Ritzhaupt-Kleissl, J. Haußelt, Deutsches Patent DE 195 47 129, 1995
(10) V.D. Hennige, H.-J. Ritzhaupt-Kleissl, J. Haußelt, Keram. Z. **50** (1998), 262
(11) V.D. Hennige, Shaker-Verlag, Aachen 1998
(12) R. Ruprecht, W. Bacher, V. Piotter, 2. Statuskolloquium des PMT, FZKA 5670, 145
(13) T. Mori, H. Hoshino, H. Yamamura, H. Kobayashi, J. Ceram. Soc. Jpn. **98** (1990) 1023
(14) P. Stieling, Keram. Z. **44** (1992), 295
(15) K.W. Bieniek, R. Marx, Schw. Monatss. f. Zahnmed. **104** (1994), 284

Bildung von Interfacephasen und Diffusionsvorgänge im Diffusionspaar Ti-SiC

E. Zimmermann, M. Witthaut, R. Weiß, A. v. Richthofen, D. Neuschütz
Lehrstuhl für Theoretische Hüttenkunde, Rheinisch-Westfälische Technische Hochschule Aachen

Einleitung

Läßt sich ein Werkstoffsystem thermodynamisch beschreiben, so können aus thermodynamischen Betrachtungen mögliche Diffusionswege bei der Hochtemperaturanwendung aufgezeigt und Vorhersagen über mögliche Phasenumbildungen während des Diffusionsvorganges gemacht werden. Experimentelle Widersprüche lassen sich besser aufklären, und der Einfluß der Gasphase auf den Werkstoff kann studiert werden. Ein grundlegendes Verständnis der Diffusions- und Reaktionsvorgänge in Werkstoffsystemen ist für die Hochtemperaturanwendung etwa in Verbundwerkstoffen oder beim Diffusionsschweißen von großer Hilfe.

In dieser Arbeit wird über mögliche Diffusionsvorgänge im System Ti-Si-C berichtet, die aus rein thermochemischen Überlegungen vorhergesagt wurden. Speziell werden die durchgeführten Berechnungen für den Verbund Ti-SiC mitgeteilt. Durch Experimente mit Ti-SiC-Diffusionspaaren wurden die thermodynamischen Rechnungen verifiziert bzw. Lücken in der Systembeschreibung geschlossen.

Experimentelles

Die Bildung von Interface-Phasen zwischen durch MSIP aufgebrachten, 1 μm dicken Ti-Schichten und einem demgegenüber "unendlichen" SiC-Vorrat (2 mm) wurde als Funktion der Zeit bei 1473 K (1) und 1673 K (2) untersucht. Die Analyse der Reaktionszone hinsichtlich der gebildeten Phasen erfolgte mittels XRD bei streifendem Einfall.

Zusätzlich wurde an einer ausgewählten Probe die Zusammensetzung der Reaktionsschicht als Funktion der Schichttiefe durch Elektronenstrahlmikrosondenanalyse ermittelt. Mittels einer Diamantkugel wurde hierzu eine sehr flache Kalotte durch die Reaktionszone geschliffen. Das Tiefenprofil wurde durch Scannen des Elektronenstrahls entlang der Kalotte, ausgehend von der Oberfläche, aufgenommen. Die Morphologie der Reaktionszone wurde mittels SEM und BSE untersucht. Zur Klärung der Umsetzung von $TiSi_2$ und Ti_3SiC_2 mit SiC wurden TEM-Untersuchungen durchgeführt (2).

Bei den Glühungen unter inerter Atmosphäre ist die Anwesenheit von Kohlenstoff im Ofen unbedingt zu vermeiden, da dies zu einer Verfälschung der Ergebnisse hinsichtlich der für die Phasenumwandlungen benötigten Reaktionszeit durch sehr frühzeitige Bildung einer TiC_{1-x}-Schicht an der Oberfläche infolge CO-Bildung mit im Ar vorhandenen Restsauerstoff führt. Selbst C-Verunreinigungen, z.B. durch Adsorbat bei mehrfachem Tempern der Proben, bewirken nachweisbare TiC_{1-x}-Gehalte, die nicht auf entsprechende Phasenumwandlungen zwischen Ti und SiC zurückzuführen sind. Eine Verdampfung des Si aus Ti_3SiC_2-Phase kann ausgeschlossen werden (2).

Phasenanalyse (XRD)

Nach bereits 10 min Glühzeit bei 1673K wurden die hexagonale ternäre Phase Ti_3SiC_2 (T1) und geringere Anteile des orthorhombischen $TiSi_2$ nachgewiesen. Ti war nach einer Glühzeit von 10 min nicht mehr nachweisbar. Bis zu einer Glühzeit von 108 h blieb T1 die Majoritätskomponente in der Reaktionszone. Die XRD-Analyse der 1.5 h getemperten Schicht wies kein $TiSi_2$ mehr auf. Weiterhin war nach 1.5 h ein geringer Anteil einer Phase in kubischer "TiC_{1-x}"-Struktur nachweisbar, deren Anteil mit zunehmender Glühzeit (max. 108 h) zunahm.

Die aus den XRD-Messungen ermittelten Gitterparameter dieses "TiC$_{1-x}$" waren zu kleineren Werten hin verschoben, was durch eine Unterstöchiometrie des TiC erklärt werden könnte. Nach 108 h bei 1673 K wurde der Gitterparameter a$_0$ zu 4.306 Å bestimmt, der stark unterstöchiometrischem TiC$_{0.55}$ entspricht. Die Stöchiometrie des "TiC$_{1-x}$" muß sich mit zunehmender Glühzeit bei Umwandlung des T1 bis hin zum TiC$_{0.95}$ (höchstmöglicher C-Gehalt) erhöhen, da nur dieses mit SiC im Gleichgewicht steht. Es wurde daher davon ausgegangen, daß weitere Ursachen die Änderung des Gitterparameters bewirkt hatten.

Zusammenfassend ergab die Phasenanalyse, daß, ausgehend von einer dünnen Ti-Schicht auf einem SiC-Substrat, zunächst TiSi$_2$ und T1 gebildet wurden. Für den Abbau von TiSi$_2$ zu T1 und die folgende Umwandlung des T1 zu "TiC$_{1-x}$" wäre die Freisetzung von Si notwendig. Si konnte mit XRD nicht nachgewiesen werden.

Schichttiefenprofil (EPMA)
Ausgehend von der Probenoberfläche, war das Vorliegen einer Schicht homogener Zusammensetzung zu erkennen, bei der es sich in Übereinstimmung mit den Ergebnissen der XRD-Analyse um Ti$_3$SiC$_2$ (T1) handelte. Es schloß sich ein Übergangsbereich an, in dem die Konzentrationen aller drei Elemente stark schwankten, die Ti-Konzentration in Richtung des SiC-Substrats bei gleichzeitiger Zunahme von Si und C aber tendenziell abnahm. Der folgende dritte Bereich des Linescans repräsentiert die Zusammensetzung des Kalottenbodens, die SiC entspricht; Ti wurde nicht mehr nachgewiesen.

"TiC$_{1-x}$" war neben SiC und T1 die einzige mit XRD nachweisbare Phase. An keiner Stelle des Linescans im Interface-Bereich entsprach die chemische Zusammensetzung TiC$_{1-x}$. Vielmehr entsprach sie teilweise einer ternären Phase (Ti,Si)C$_{1-x}$, d.h. TiC$_{1-x}$ mit gelöstem SiC. Das Vorliegen einer solchen ternären Phase kann auch die vergleichsweise geringen Gitterparameter des "TiC$_{1-x}$" erklären, da neben der Unterstöchiometrie die Besetzung der Ti-Gitterplätze mit kleineren Si-Atomen gemäß der Vegard'schen Regel zu einer Verringerung des Gitterparameters, ausgehend von TiC$_{1-x}$, führen kann.

Insgesamt wurde durch die Mikrosondenuntersuchungen festgestellt, daß die Reaktionszone im wesentlichen aus einer homogenen Schicht T1 bestand. Am Interface zwischen T1 und SiC bildete sich offenbar (Ti,Si)C$_{1-x}$. Freies Si wurde weder fein verteilt in der T1-Schicht noch als Bulk am Interface nachgewiesen.

Reaktionszone (TEM)
An verschiedenen Stellen einer gedünnten Folie der für 1.5 h getemperten Probe wurden Hellfeldbilder aufgenommen sowie EDX-Analysen und Feinbereichsbeugungen einzelner Kristalle durchgeführt. Bild 1 zeigt eine Hellfeldaufnahme eines ca. 2.8 x 2.2 μm großen Ausschnitts der Reaktionszone im Übergangsbereich zwischen Schicht und SiC-Substrat. Die Feinbereichsbeugungsbilder der hell erscheinenden rundlichen Kristalle ließen sich nicht eindeutig auswerten, d.h. es konnte nicht mit Sicherheit entschieden werden, um welche der beiden hexagonalen Phasen, SiC oder T1, es sich handelt. Da aber die Kristalle nach EDX-Analysen 99.6 at-% Si aufwiesen, ist von SiC-Kristallen auszugehen. Die Struktur des dunklen, stabförmigen Kristalls entspricht der des kubischen TiC$_{1-x}$. Der Si-Gehalt dieses Kristalls variierte kontinuierlich von 9.5 at-% zu 26.2 at-% in Richtung des SiC-Kristalls. Da mit EDX Kohlenstoff nicht erfaßt werden kann, lag der wahre Si-Gehalt des TiC$_{1-x}$ Kristalls niedriger, nämlich ausgehend von stöchiometrischem Carbid, zwischen 4.8 und 13.1 at-%. Es wird davon ausgegangen, daß sich Si in Form von SiC im "TiC$_{1-x}$" gelöst hatte, entsprechend also eine Phase (Ti,Si)C$_{1-x}$ vorlag.

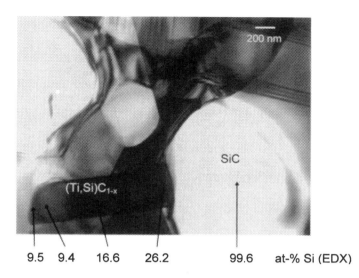

Bild 1: TEM-Hellfeldbild der Reaktionszone im Übergangsbereich zum SiC-Substrat.

Thermochemische Daten

Für die thermochemischen Berechnungen im System Ti-Si-C wurde zuerst mit den Daten aus der Literatur ein konsistenter Datensatz erstellt, der eine geschlossene ternäre Auswertung erlaubt (1). Nicht berücksichtigt im ersten verwendeten Datensatz war die oben beschriebene Löslichkeit von SiC in TiC (2). Zur Erstellung des erweiterten Modells wurde für die Datenmodellierung eine Löslichkeit bei 1673 K von 26 mol% SiC angenommen (3). Mit dem erweiterten Datensatz ließ sich auch die bei 1473 K von Aivazov et al. (4) gegebene Löslichkeit von 15.7 mol% wiedergeben (3). Die nachfolgenden Gleichgewichtsberechnungen wurden mit dem Programm ChemSage (5) durchgeführt.

Interdiffusionswege und -betrachtungen im System Ti-SiC

Zur Diskussion der Diffusionswege ist es sinnvoll, die Aktivitätsdiagramme für die Elemente zu berechnen, da diese diffundieren. <u>Bild 2a</u> zeigt beispielhaft das berechneten Aktivitätsdiagramme für das Systemelement C für eine Temperatur von 1673 K.

Betrachtet wird hier das Interdiffusionsverhalten des Verbundes aus einer Titanschicht auf einem Siliziumcarbidsubstrat. Die Elemente können nur in Richtung abnehmender Aktivität diffundieren. Die Zahl der Freiheitsgrade für die Interdiffusion bei gegebener Temperatur und gegebenem Druck ist drei minus der Anzahl der Phasen. Eine Interdiffusion ist somit nur in einem Ein- oder Zweiphasenraum möglich, also innerhalb einer Mischphase bzw. entlang einer Phasengrenze. Nur in diesen Mischphasenräumen ist eine Konzentrationsänderung möglich, man hat hier 2 bzw. 1 Freiheitsgrad. In einem Dreiphasenraum, in <u>Bild 2a</u> darstellt durch eine Ebene, können die Verhältnisse nur durch chemische Reaktionen verändert werden. Jede in einen Dreiphasenraum diffundierende Komponente ruft eine chemische Reaktion hervor, die die Mengenanteile verschiebt.

Parallel zu den einzelnen auf Grund der Aktivitätsgefälle möglichen Diffusionswegen muß natürlich auch die Massenbilanz beachtet werden. Die Diffusionswege können also nur in nächster Nähe um die gerade Verbindung zwischen den Massenpunkten der Ausgangsstoffe verlaufen. Im hier betrachteten Fall ist das die gerade Verbindung zwischen Titan und Siliciumcarbid. Die bei der Diffusion entstehenden Mengen der auftretenden Phasen verhalten sich damit umgekehrt proportional zum Abstand dieser Phasen von der Bilanzlinie.

Überträgt man diese möglichen Diffusionswege für das Verbundsystem Ti-SiC in den isothermen Schnitt, so ergeben sich die in Bild 2b eingezeichneten Wege. Zu Beginn besteht die Schicht aus reinem Ti. Diffundieren die Komponenten Si und C in die Ti-Schicht, so bilden sich anfänglich die Lösungsphase Titan und die zugehörige Schmelze aus. Durch weiteres Eindiffundieren von Si und C ändert sich die Phasenzusammensetzung in der Schicht, bis TiC_{1-x} im Gleichgewicht mit $Ti_5Si_3C_x$ (T2) vorliegt. Ist für die beiden Stoffe TiC_{1-x} und $Ti_5Si_3C_x$ die maximale C-Löslichkeit erreicht, so wird jede weitere eindiffundierende Komponente eine chemische Reaktion auslösen. Es bildet sich die Phase Ti_3SiC_2 (T1), und damit liegt nun das Dreiphasengleichgewicht T1, T2 und TiC_{1-x} vor. Weiter fortschreitende Diffusion führt zum Verschwinden von TiC_{1-x} und anschließend zur Bildung von $TiSi_2$, es stehen nun die Phasen T1, T2 und $TiSi_2$ im Gleichgewicht. Als letzte Phase wird auch noch T2 abgebaut.

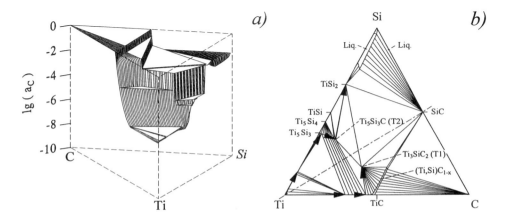

Bild 2: a) Aktivitätsdiagramm des Systemelementes Kohlenstoff bei 1673 K
b) Schichtzusammensetzung während des Diffusionsvorganges für den Verbund Ti-SiC bei 1673 K

Prozeßsimulation für das Diffusionspaar Ti-SiC
Wird der Diffusionsprozeß durch die chemische Reaktion kontrolliert, so lassen sich die Phasenverhältnisse in der Schicht durch Gleichgewichtsrechnungen ermitteln. Die Diffusion kann bei diesen Rechnungen durch eine langsame SiC-Zugabe in einer reinen Ti-Schicht (SiC/Ti) simuliert werden. Die Gleichgewichtsrechnungen zeigen (Bild 3), daß sich mit zunehmender eindiffundierender SiC-Menge die Schichtzusammensetzung von anfänglich Ti im Gleichgewicht mit einer Schmelze über TiC_{1-x} im Gleichgewicht mit $Ti_5Si_3C_x$, TiC_{1-x} und $Ti_5Si_3C_x$ im Gleichgewicht mit Ti_3SiC_2, $Ti_5Si_3C_x$ und Ti_3SiC_2 im Gleichgewicht mit $TiSi_2$ bis zu Ti_3SiC_2 und $TiSi_2$ verschiebt. Als stabile Phasen stehen nachher Ti_3SiC_2 und $TiSi_2$ im Gleichgewicht mit SiC, wenn SiC als absolut stöchiometrisch angesehen werden kann und das System von der Umgebung abgeschlossen ist.

Aus Messungen an diesem Verbundsystem ist aber bekannt, daß die Phasen $TiSi_2$ und Ti_3SiC_2 weiter abgebaut werden. Dies läßt sich dadurch erklären, daß C dem System weiter zugeführt oder Si dem System entzogen wird. In Bild 3 sind die Ergebnisse der Gleichgewichtsrechnungen für die Kohlenstoffzugabe (C/Ti) bzw. für den Siliciumentzug (Si/Ti) wiedergegeben. In beiden

Fällen wird als erstes $TiSi_2$ abgebaut und anschließend Ti_3SiC_2 zersetzt, als stabile Schichtkomponente bleibt neben dem restlichen SiC-Substrat nur $(Ti,Si)C_{1-x}$ übrig.

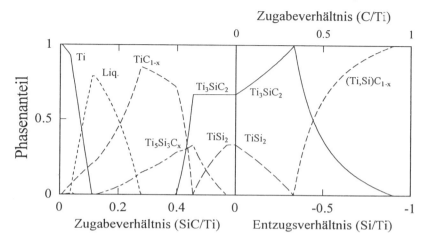

Bild 3: Phasenabfolge in der aufgebrachten Schicht durch Interdiffusion von C und Si und Umbau der aufgebrachten Schicht bei Kohlenstoffeintrag oder Siliziumentzug

Kurzer Vergleich mit der Literatur

Die oben durchgeführten Rechnungen und Betrachtungen beschreiben gut die Vorgänge in den in der bekannten Literatur durchgeführten Experimenten. Im ersten Bereich entsteht $Ti_5Si_3C_x$ und TiC_{1-x}. Im zweiten wird als Zwischenprodukt Ti_3SiC_2 gebildet, und am Ende zersetzt sich die Schicht zum "TiC_{1-x}". Beispielhaft sei hier die Arbeit von Gottselig et al. (6) erwähnt. Diese Autoren ersetzten bei ihren Experimenten die zunehmende Versuchszeit durch eine Temperaturerhöhung. Ihre beobachtete Phasenabfolge (Bild 4) deckt sich mit der berechneten, vom Entstehen und Verschwinden von unterstöchiometrischem TiC_{1-x} bis hin zum TiC_{1-x} als Endprodukt.

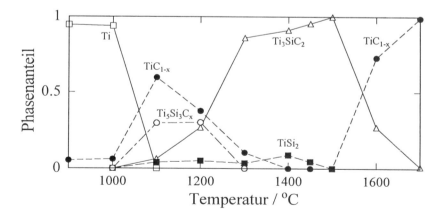

Bild 4 Von Gottselig et al. (6) gemessenen Phasenabfolge für den Schichtverbund Ti-SiC

Zusammenfassung

Zur Beschreibung der Interdiffusion und Interface-Phasenbildung im Diffusionspaar Ti-Schicht/SiC-Substrat wurden thermochemische Rechnungen und experimentelle Untersuchungen durchgeführt. Die Diffusionspaare wurden durch Abscheidung von 1 μm Ti auf 2 mm dicken SiC-Substraten mittels MSIP hergestellt und anschließend bis zu 108 h bei 1673 K unter inerter Atmosphäre geglüht.

Die Analyse der Kristallstruktur und Zusammensetzung der Reaktionszone haben gezeigt, daß sich im Gleichgewicht mit SiC zunächst $TiSi_2$ und Ti_3SiC_2 (T1) bildeten. Die bereits nach einer Glühzeit von 10 min gebildete stöchiometrische ternäre Phase Ti_3SiC_2 (T1) blieb auch nach 108 h bei 1673 K die Majoritätsphase der Reaktionszone. Die ebenfalls innerhalb von 10 min gebildete geringe Menge $TiSi_2$ hatte sich nach 1.5 h zersetzt, und eine Phase $(Ti,Si)C_{1-x}$, die in der Struktur des TiC_{1-x} kristallisierte, konnte mit einem Ti/Si-Atomverhältnis von bis zu 74/26 nachgewiesen werden. Diese Phase trat ausschließlich in direktem Kontakt zum SiC-Substrat auf. Der Anteil des $(Ti,Si)C_{1-x}$ nahm bis zu 108 h nicht nachweisbar zu. Freies Si konnte weder durch XRD noch durch EPMA-Analysen nachgewiesen werden. Es konnte gezeigt werden, daß die Bildung von Si-freiem TiC_{1-x} an der Oberfläche des Diffusionspaares ausschließlich durch äußeren Kohlenstoffeintrag über die Gasphase stattfindet und daß die Zersetzung von $TiSi_2$ und T1 dann nur noch durch den im SiC-Substrat vorhandenen Exzess-Kohlenstoff (< 0.1 wt-%) ermöglicht werden kann (2).

Anhand von Aktivitätsdiagrammen wurden mögliche Diffusionswege diskutiert und durch geeignete thermochemische Rechnungen ein Reaktionsablauf simuliert. Die durchgeführten Rechnungen und Betrachtungen beschreiben gut die Vorgänge in den eigenen und der bekannten Literatur durchgeführten Experimenten. Es wird gezeigt, daß das Auftauchen und Verschwinden von TiC_{1-x} bei der Interdiffusion thermochemisch nachvollzogen werden kann. Als erste Phasen treten TiC_{1-x} und $Ti_5Si_3C_x$ auf, später kommt Ti_3SiC_2 hinzu, TiC_{1-x} und $Ti_5Si_3C_x$ verschwinden und $TiSi_2$ taucht auf. Die Zersetzung von $TiSi_2$ und Ti_3SiC_2 erfolgt durch Zufuhr von Kohlenstoff, der als Verunreinigung in der Gasphase oder im Substrat vorhanden sein kann. Dabei zerfällt zuerst $TiSi_2$ und anschließend Ti_3SiC_2. Die Schicht auf dem SiC-Substrat besteht dann aus der stabilen, ternären Phase $(Ti,Si)C_{1-x}$ (3).

Danksagung

Die Arbeit wurde dankenswerterweise im Rahmen des DFG-Schwerpunktprogramms "Höchsttemperaturbeständige Leichtbauwerkstoffe, insbesondere keramische Verbundwerkstoffe" unterstützt.

Literatur

(1) Weiß, R.: *Interface-Reaktionen im System Ti-SiC*, Dissertation, RWTH-Aachen (1994), Verlag Shaker Aachen, ISBN: 3-8265-0521-2
(2) Witthaut, M., Weiß, R., Zimmermann, E., v. Richthofen A., Neuschütz D.: *The Formation of Interface Phases in the Diffusion Couple Ti-SiC*, Z. Metallk. 89, September (1998)
(3) Zimmermann, E., Weiß, R., Witthaut M., Neuschütz D.: *Interdiffusion Paths in the Diffusion Couple Ti-SiC*, Z. Metallk. 89, Oktober (1998)
(4) Aivazov, M.I., Stenashkina, T.A.: Inorg. Mat. 11 (1975) 1644
(5) Eriksson G., Hack K.: *ChemSage--A Computer Program for the Calculation of Complex Chemical Equilibria*, Metallurgical Transactions B 21B (1990) 1013
(6) Gottselig, B., Gyarmati, E., Naoumidis, A., Nickel, H.: Journal of the European Ceramic Society **6** (1990) 153

Mesoporöse, keramische Membranen für die Gassensorik

Torsten Säring, Dirk Nipprasch, Thorsten Kaufmann, TU Ilmenau, Institut für Physik, FG Physikalische Chemie, Ilmenau; Manfred Noack, Institut für Angewandte Chemie e.V., Berlin-Adlershof; Ingolf Voigt, Hermsdorfer Institut für Technische Keramik e.V.

Einleitung:
In vielen technischen Prozessen und Anwendungen steht die Aufgabe, Gasgemische zu trennen. Dafür werden zunehmend auch poröse, keramische Membranen verwendet. Solche Membranen erfüllen die Anforderung hinsichtlich Temperaturbeständigkeit, chemischer Resistenz und mechanischer Stabilität in technischen Applikationen eher als z.B. Polymermembranen [1].

Das Ziel unserer Arbeiten ist es, meso- und mikroporöse Membranen mit Gassensoren zu kombinieren. Gassensoren verschiedenster Wirkprinzipien besitzen die Eigenschaft, daß sie außer auf das nachzuweisende Gas auf andere Luftbestandteile wie auch auf variierende Luftfeuchtegehalte der Umgebungsluft reagieren und somit den Meßwert verfälschen. Geeignete Membranen vor dem Sensor können diese Querempfindlichkeit teilweise kompensieren. Ziel unserer Arbeiten ist es, ein Membran-Sensor-System für technische Anwendungen zu entwickeln.

2. GASTRENNUNG MIT KERAMISCHEN FLACHMEMBRANEN

Membranen aus Keramik (Al_2O_3, ZrO_2, TiO_2) sind im Porengrößenbereich ab 5 nm aufwärts kommerziell erhältlich. Die Porengrößen und Porengrößenverteilungen richten sich nach dem Typ der Membranen sowie deren Herstellungstechnologien. Durch Verengung der Poren mittels chemischer Modifizierungen ist es möglich, in molekulare Größenbereiche vorzudringen [2]. Je nach Porengröße und in Abhängigkeit von Gasart, Gaskonzentration, Druck und Temperatur ändert sich der dominierende Transportmechanismus eines Gases/Gasgemisches durch die poröse Membran. Der dafür entscheidende Parameter ist die Knudsenzahl Kn, d.h. das Verhältnis von mittlerer freier Weglänge l der Moleküle zum charakteristischen Porendurchmesser d_p. Die Größe von Kn trennt die drei hauptsächlichen Strömungsregime des Gastransports durch ein poröses Medium:

(a) Viskose Strömung: $Kn \ll 1$; $l \ll d_p$
(b) Knudsendiffusion: $Kn \gg 1$; $l \gg d_p$
(c) Gemischte Strömung: $Kn = 1$; $l = d_p$

Die viskose Strömung hat keine trennende Wirkung auf die Komponenten eines Gasgemisches. Demgegenüber folgt aus den theoretischen Zusammenhängen für die Knudsendiffusion folgender maximaler Trennfaktor:

$$TF = \frac{F_A}{F_B} = \sqrt{\frac{M_B}{M_A}}$$

F_A, F_B : Fluxraten der Gase A und B; M_A, M_B - Molekulargewichte der Gase A und B

Eine nachweisbare Trennung von Gasen auf der Grundlage der Knudsendiffusion ist somit nur für Gase mit deutlich verschiedenen Molekulargewichten zu erwarten. Größere Trennfaktoren sind für solche Gasgemische realisierbar, die Komponenten mit ausgeprägter Adsorptions- bzw. Kondensationsneigung enthalten, moderate Temperatur- und Druckverhältnisse vorausgesetzt. In diesem Fall sind am Materialtransport durch die poröse Membran Oberflächendiffusion und Kapillarkondensation beteiligt. Fast vollständig können Gasgemische bei hinreichend kleinen Porendurchmessern (< 1 nm) voneinander getrennt werden [3]. Prinzipiell ist es mit porösen Membranen in Abhängigkeit vom jeweils dominierenden Transportmechanismus möglich, einzelne Gase im Gemisch ab- oder anzureichern bzw. im günstigsten Fall sogar Gaskomponenten fast vollständig voneinander zu trennen. Bei nicht zu kleinen Permeabilitäten sollten derartige Membranen für die Erhöhung der Selektivität von Gassensoren geeignet sein.

Für unsere Aufgaben verwenden wir asymmetrische keramische Flachmembranen vom Hersteller HITK, Hermsdorf/Thür. [4], die den in Abb. 1 skizzierten Grundaufbau besitzen. Abb. 2 zeigt die Kammer, in die die Membranen (Durchmesser 18 mm, Dicke 1...3 mm) eingebaut werden.

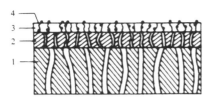

1 - poröses Substrat (µm-Poren)
2 - adaptive Zwischenschicht
3 - funktionale Deckschicht
   (Fertigung über Sol-Gel-Verfahren)
4 - chemisch modifizierte Poren

Abb.1: Aufbau einer asymmetrischen, keramischen Flachmembran

Abb. 2: Ausheizbare Permeationskammer

Der Permeationsmeßplatz

In den Abbildungen 3 und 4 wird der Meßplatz vorgestellt, mit dem man das Trennverhalten von porösen, keramischen Membranen unter Bedingungen testen kann, die einer Verwendung in der Gassensorik entsprechen. Die notwendige Gasanalytik wird durch eine online-Kopplung an einen Gaschromatographen (Abb. 5) realisiert.

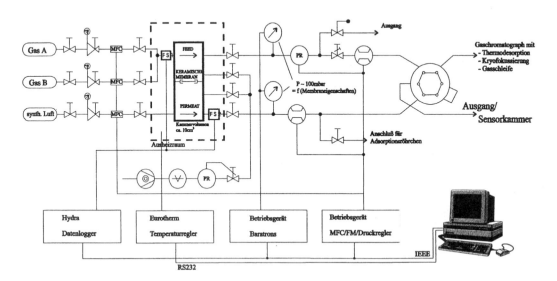

Abb. 3: Schema des Permeationsmeßplatzes

Der Meßplatz besitzt folgende Merkmale:
- Die Gasströme werden je nach Wahl der Strömungsregler und -messer im Bereich 1...100 ml/min vorgegeben.
- Die Druckdifferenz über der Membran ist im Bereich 0...2 bar einstellbar.
- Die Feuchtigkeit wird unmittelbar vor und hinter der Membran gemessen, so daß Aussagen zur Hydrophobie/Hydrophilie einer Membran möglich sind.
- Die Steuerung der Messungen erfolgt über einen PC.
- Es können beliebige Gasgemische hergestellt und vermessen werden.
- In Abhängigkeit von dem zu analysierenden Gas kann zwischen verschiedenen Detektoren (MS, WLD, FID) am online-gekoppelten Gaschromatographen ausgewählt werden.
- Für Stoffkonzentrationen unterhalb der Nachweisgrenze dieser Detektoren wird die Methode der Anreicherung auf ein Adsorptionsröhrchen verwendet. Mittels Thermodesorption können kleinste Konzentrationen bestimmt werden.
- Die Gassensoren werden in den Meßplatz eingebunden.
- Problemlos ist der Einbau von Membranen mit anderen Abmessungen und Geometrien möglich.

Abb. 4: Meßplatz (Frontseite)

Abb. 5: Gaschromatograph HP 6890 mit Thermodesorptionsmodul und Kryofokussierung

4. ERSTE ERGEBNISSE

In den Membranen wurde der Transport der Einzelkomponenten CH_4, C_2H_6, C_2H_5OH und deren binäre Gemische jeweils in synthetischer Luft in den für Gassensoren typischen Konzentrationsbereichen 1...500 ppm sowie gegen variable Werte der Luftfeuchte untersucht.
Chemisch nicht modifizierte Membranen zeigten keine Trennung der o.g. Komponenten. Demgegenüber setzten mit Octadecyl-trichlorsilan behandelte Membranen, die bei 120°C ausgeheizt und anschließend auf Raumtemperatur abgekühlt wurden, die Konzentration des Ethanols gegenüber jener der Kohlenwasserstoffe über einen längeren Zeitraum um den Faktor 5 herab (Tab. 1). Membranen mit diesem Verhalten - jedoch langzeitstabil - könnten z. B. sehr hilfreich sein zur Herabsetzung der Querempfindlichkeit von Methan-Gassensoren gegen Ethanol und verwandte organische Verbindungen. Diesbezügliche Versuche werden zur Zeit durchgeführt.

	Konzentrationen der Gemische	Mittelwert der Konzentration	Verhältnis Ethan/Ethanol
Feedanalyse:			
T=25°C		Ethan $\overline{x} = 145{,}5$ ppm $\sigma = 7{,}6$ ppm Ethanol $\overline{x} = 138{,}4$ ppm $\sigma = 5{,}2$ ppm	V=1,0
Umschalten auf Permeatanalyse:			
Ausheizen 1h bei 120°C, danach Abkühlen			
T=100°C		Ethan $\overline{x} = 105{,}0$ ppm $\sigma = 4{,}1$ ppm Ethanol $\overline{x} = 61{,}4$ ppm $\sigma = 10{,}8$ ppm	V=1,7
T=50°C		Ethan $\overline{x} = 96{,}7$ ppm $\sigma = 2{,}7$ ppm Ethanol $\overline{x} = 22{,}0$ ppm $\sigma = 7{,}0$ ppm	V=4,4

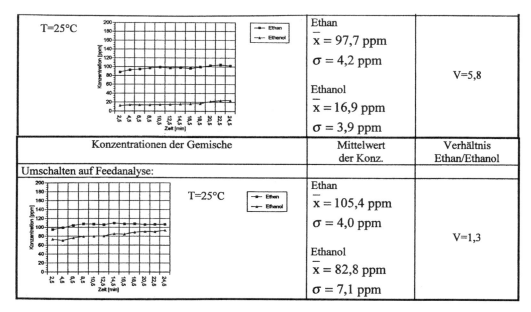

	Konzentrationen der Gemische	Mittelwert der Konz.	Verhältnis Ethan/Ethanol
T=25°C (oben)		Ethan $\bar{x}$ = 97,7 ppm σ = 4,2 ppm Ethanol $\bar{x}$ = 16,9 ppm σ = 3,9 ppm	V=5,8
Umschalten auf Feedanalyse: T=25°C		Ethan $\bar{x}$ = 105,4 ppm σ = 4,0 ppm Ethanol $\bar{x}$ = 82,8 ppm σ = 7,1 ppm	V=1,3

Tab. 1: Beispiel einer Gasgemischtrennung Ethan/Ethanol (Konzentrationsbereiche 100...150 ppm) in synthetischer Luft mit einer OTC-silylierten Al_2O_3-Membranen; Gesamtflußrate 5ml/min; Differenzdruck über der Membran: 200 mbar gegen Normaldruck; Effektive Membranfläche: 250 mm^2; Gesamtmeßdauer: 9 h.

Ausblick

Die Fertigung anorganischer Membranen wird kommerziell nur bis zur Ultrafiltration (> 5nm) beherrscht. Im Nanofiltrations- (< 2nm) und Molekularfiltrationsbereich (< 1nm) exisitieren noch keine kommerziell erhältlichen Membranen. Mit der Verfügbarkeit von chemisch modifizierten Membranen im Porenbereich von 1nm erschließen sich bei hinreichend hoher Trennleistung und Fluxraten neue Anwendungsgebiete wie z.B. selektive Gasfilter für die Sensorik. Durch die Gaußverteilung der Porengrößenverteilung haben diese Membranen eine noch nicht befriedigende Trennselektivität. Gegenwärtig ist ein internationaler Trend erkennbar, kristalline keramische Membranen mit einer diskreten Porengrößenverteilung im molekularen Bereich zu entwickeln.

Literatur

[1] R.R. Bhave: Inorganic Membranes-Synthesis, Characteristics and Applications, Chapman & Hall, New York, London, 1991.
[2] M. Noack, P. Kölsch, J. Caro: Keramik-Membranen mit molekularen Trenneigenschaften, Teil I-III, in Druck bei Chem. Ing. Technik.
[3] H.P. Hsieh: Inorganic Membranes for Separation and Reaction, Membran Science and Technology Series, 3, Elsevier, Amsterdam 1996.
[4] DECHEMA-Jahrestagungen, Fachtreffen Membrantechnik, Wiesbaden 26.-28.5.1998, Tagungsband.

Die Arbeit wird vom BMBF unterstützt (Förderkennzeichen 16SV495/3).

Untersuchungen zur Anwendung der Vibrationsverdichtung für die Herstellung von keramischen Hochtemperaturfilterwerkstoffen

W. Schulle, K. Rudolph, F.-D. Börner - TU Bergakademie Freiberg

Einleitung
Der Einsatz von Hochtemperaturfiltern zur Filtration von Heißgasen und Schmelzen gewinnt zunehmend an Bedeutung. Eine mögliche Alternative zur Herstellung keramischen HT-Filtern bietet die Vibrationstechnik. Die Eigenschaftsmerkmale und Kennwerte dieser Filter werden durch ihre Porenvolumenstruktur bestimmt.
Die Anwendung der Vibrationsverdichtung bei der Herstellung von HT-Filtern setzt voraus, daß bei der Verdichtung unter dem Einfluß einer entsprechenden Schwingungsanregung die Brücken und die Hohlräume in einem Schüttgut zerstört werden. Da sich der Reibungskoeffizient zwischen den Körnern bei einer Vibrationsanregung vermindert, können sich aufgrund der dadurch erhöhten Beweglichkeit der zu verdichteten Ausgangskörnungen definierte, stabile und optimale Partikelpackungen ausbilden. Beeinflußt werden diese Partikelpackungen einerseits durch das Verhältnis des Matrizen-Innendurchmessers (verfügbarer Raum) zu dem des Grobkorndurchmessers /1/, sowie durch die Eigenschaften des zu verdichteten Pulvers (z.B. Kornform, Korngröße, Korngrössenverhältnisse und Mengenanteile bei Pulvermischungen, Oberflächenbeschaffenheit) /2/ und durch die verfahrenstechnischen Parameter (Frequenz, Beschleunigung und Dauer der Vibration, Auflast während der Vibration).

Vibrationsversuche an Schüttungen definierter Korngrößenbereiche
Gegenwärtig existieren keine verallgemeinungsfähigen Prozeßgleichungen, die sowohl die Parameter der Schwingungsanregung bei der Vibrationsverdichtung als auch die Charakteristika der Ausgangskörnungen beinhalten. Unter diesem Gesichtspunkt wurden Untersuchungen zur Vibrationsverdichtung an den Stoffsystemen Mullithohlkugeln, Tabular Tonerde (gebrochene Körnung) und Korundvollkugeln bei definierten Korngrößenbereichen durchgeführt.
Die diesbezüglichen Arbeiten wurden in einem Frequenzbereich von 75-425 Hz, bei Beschleunigungen von 5, 10 bzw. 20 /g/ (g=9,81m/s^2) und Preßdrücken zwischen 30 und 100 kPa mit einem elektrodynamischen Vibrator durchgeführt.
Aus Darstellungsgründen wird in den weiteren Darstellungen nur auf die Fraktion 0,80-1,00 mm Durchmesser eingegangen werden. Abb. 1 zeigt den Einfluß der Beschleunigung bei unterschiedlichen Schwingfrequenzen auf die erreichbare Vibrationsdichte. Die dabei erhaltenen Ergebnisse wurden für die Festlegung der Parameter zu weiterführenden Arbeiten an den genannten Stoffsystemen Mullit und Korund zur Herstellung stabiler Grünlinge durch Zugabe von Binder- und Wasseranteilen genutzt. Unter diesem Gesichtspunkt wurden die weiteren Untersuchungen zur Vibrationsverdichtung bei einer Frequenz von 225 Hz, einer Beschleunigung von 20 g und einer Auflast von 30 kPa durchgeführt.

Binderzusätze zur Verfestigung vibrationsverdichteter Strukturen - Versuchsplanung
Die Vibrationsverdichtung als mögliche Variante zur Herstellung von keramischen HT-Filterwerkstoffe soll zu einer definierten und reproduzierbaren Packung der Ausgangskörner führen. Es werden allerdings dabei auch keine dem Pressen von Pulvern und Granulaten vergleichbare Festigkeitswerte erreicht. Unter diesem Gesichtspunkt ist die Verwendung von Bindern zur Ausbildung

von Binderbrücken zwischen den verdichteten Körner eine Voraussetzung für die Entformung der Grünlinge notwendig /3/.
Nach der Sinterung ist diese Bindung in Form der Sinterbrücken zwischen den Körnern wiederzufinden. Die Bindung kann, in Abhängigkeit mit dem eingesetzten Binder, mittels glasiger oder kristalliner Phasen erfolgen.
Überlegungen zur Durchführung der experimentellen Untersuchungen zeigten, daß selbst bei Vorgabe bestimmter Grenzen der Komponentenanteile (z.B. Ausgangsgranulat, Binder- und Wasseranteile) die Variationsmöglichkeit bzw. Zahl der Zusammensetzungen groß bzw. unbegrenzt ist und die Schrittfolge für die Komponentenanteile willkürlich wählbar ist.
Frühere Untersuchungen zur Vibrationsverdichtung von ZrO_2/PVA/H_2O haben auch gezeigt, daß die Verdichtbarkeit durch die Binder- und Wasseranteile in bestimmten Bereichen nichtlinear beeinflußt wird. Unter diesem Gesichtspunkt wurde davon ausgegangen, daß durch die Nutzung eines mathematisch-statistischen Versuchsplanes 2. Ordnung (zentral zusammengesetzt) der mögliche experimentelle Aufwand in vertretbaren Grenzen gehalten sowie die Mengenanteile der Kombination keramischer Ausgangswerkstoff(A)/Binder(B)/Wasser(W) durch die Konstruktion des Versuchsplanes (Abb. 2) logisch festgelegt werden und daß die Auswertung eine Regressionsgleichung 2. Ordnung zur mathematischen Beschreibung und Optimierung liefern kann. Ausgehend von den erforderlichen Randbedingungen (A + B + W = 100 /%/ und 0< A,B,W < 100 /%/) werden durch die Bildung von Mengenverhältnissen und deren Nutzung als Faktoren im Versuchsplan die Voraussetzung geschaffen, daß diese so als Einflußgrößen unabhängig variiert werden können. Dabei muß ein Bestandteil in allen zu bildenden Faktoren enthalten sein. Im vorliegenden Fall wurde der Ausgangswerkstoff A als Bezugsgröße gewählt. Damit ergeben sich als neue Einflußgrössen die Faktoren X1=B/A und X2=W/A. Die Versuchsplanmatrix des gewählten Versuchsplanes erfordert die Variation der Einflußgrößen X1 und X2 durch Sternpunktversuche ⟨(-α)-, (+α)-Niveau⟩, Würfelpunktversuche ⟨(-1)-, (+1)-Niveau⟩ und den Zentralpunktversuch (0-Punkt-Niveau). Der Versuchsplan sieht damit vor, daß die Einflußgrößen in den o.g. 5 Stufen (-α, -1, 0, +1, +α) variieren werden(+α, -α entsprechen dem niedrigstem bzw. höchsten Niveau).
Zur Aufstellung des Versuchsplanes werden die Faktoren der jeweiligen Versuchspunkte berechnet z.B. X1(+α)= B_{max}/A_{min}; X1(-α)=B_{min}/A_{max} und entsprechend der Versuchsplanmatrix zugeordnet (auf die Berechnung der weiteren Versuchspunkte wird an dieser Stelle verzichtet, siehe auch /4/, /5/). Für die Versuchsduchführung und -Auswertung werden die der jeweiligen Faktorenkombination des Versuchsplanes entsprechenden Zusammensetzungen berechnet ⟨A=100/(1+X1+X2), B=100-A(1+X2) und W=100-A(1+X1)⟩. Die Zahl der Versuchswiederholungen für jeden Versuchspunkt betrug ≥3. Die Ergebnisse zu jedem Versuchspunkt wurden statistisch mittels Ausreissertest überprüft und Ausreißer von der weiteren Auswertung ausgeschlossen.

Stoffsystem Hohlkugelmullit / Binderzusätze
Für die Durchführung der experimentellen Arbeiten wurde ein Versuchsplan entsprechend der obigen Darstellung verwendet. Für die Variation der Komponenten wurden die Quotienten als Einflußfaktoren bei der Planung und Auswertung des Experiments genutzt. Dabei mußte eine Komponente als Bezugsgröße in allen zu bildenden Quotienten (X1=B/M bzw. X2=W/M mit (B = Binderanteil, M = Mullitanteil, W = Wasseranteil) auftreten. Als Binder wurde in dieser Phase ein Natriumphosphat verwendet. Die zu erwartenden Binder- bzw. Sinterbrücken bestehen somit aus einer Glasphase.
Es soll an dieser Stelle speziell auf die Untersuchungen und Ergebnisse an Hohlkugelmullit mit dem Korngrößenbereich 0,8o - 1,00 mm eingegangen werden. Das Ziel der Untersuchungen an diesem Stoffsystem einschließlich dem genannten Korngrößenbereich bestand darin, einerseits formstabile Formkörper für weitere Untersuchungen (z.B. Gasdurchlässigkeit) und anderseits die

Zielgrößen (Dichte, Druckfestigkeit) in Abhängigkeit von der Zusammensetzung durch eine Regressionsgleichung 2.Ordnung zu beschreiben.
Im Ergebnis der Auswertung zeigte sich, daß sich die erreichbaren Dichten im untersuchtem Bereich (Variation von Mullit/Binder/Wasser) nicht signifikant unterschieden.
Für die Zielgröße Druckfestigkeit der gesinterten Proben in Abhängigkeit von der Zusammensetzung kann folgende Aussage getroffen werden. Die Auswertung der experimentellen Ergebnisse entsprechend dem gewähltem Versuchsplan ergab eine Regressionsgleichung 2. Ordnung (quadratische und lineare Abhängigkeiten sowie Wechselwirkungen) mit den Einflußgrößen X1 und X2. In Abb. 3 sind die diesbezüglichen Ergebnisse für den gewählten Variationsbereich dargestellt. Die gewählte Form der Versuchsdurchführung und Auswertung gestattet zugleich, die jeweiligen Zusammensetzungen (Mullit/Binder/Wasser)in Verbindung mit der Festigkeit zu berechnen und in einem ternärem System darzustellen. In Abb. 4 sind diese Ergebnisse für Mullit mit dem Korngrößenbereich 0,80 - 1,00 mm dargestellt.
Durch keramographische Untersuchungen konnte die Bindung zwischen den Körnern über Sinterbrücken mit Glasphase nachgewiesen werden.
Weitere Untersuchungen wurden an Hohlkugelmullit mit anderen Korngrößenbereichen (1,00-1,25 und 1,25 - 1,40 mm) durchgeführt. Die Auswertung der Versuche führte zu analogen Aussagen bezogen auf die o.g. Ergebnisse.

Stoffsystem Tabular Tonerde T60 (Korngrößenbereich 0,80 - 1,00 mm) / Binderzusätze
Bei diesem Stoffsystem wurde davon ausgegangen, daß die Bindung über Sinterbrücken und dabei über eine kristalline Phase erfolgen soll. Als Binder wurde Gemisch aus AlH_2PO_4 / fein gemahlene Tonerde gewählt. Der Versuchsplan hatte in diesem Fall vier Komponenten (T 60; AlH_2PO_4; Al_2O_3; H_2O). Damit ergaben sich 3 Einflußgrößen (X1=AlH_2PO_4/T 60; X2=Al_2O_3/T 60, X3=H_2O/T 60), wobei als Bezugsgröße Tabular Tonerde T 60 verwendet wurde.
Im Rahmen der mathematischen Auswertung der Ergebnisse konnte gleichfalls wieder eine entsprechende Modellgleichung erhalten werden. In Abb. 5 sind die Festigkeit in Abhängigkeit von den gewählten Einflußgrößen für ein Verhältnis H_2O / T60=0,292 dargestellt. Unter Nutzung dieser Ergebnisse und unter Zugrundelegung einer möglichst hohen Druckfestigkeit der Filterproben wurden die Anteile an AlH_2PO_4 und Al_2O_3 einer näheren Betrachtung unterzogen, wobei sich ein Verhältnis für die Komponenten von $AlH_2PO_4/AL_2O_3=k_1$ als optimal (höchste Dichte, maximale Druckfestigkeit, keine Verstopfung der Poren) herausstellte.
Durch die Ermittlung der Zusammensetzung des Binders wurde die Voraussetzung geschaffen, das Vierkomponentensystem in ein Dreikomponentensystem zu überführen. Der Aufwand zur Durchführung des Versuchsplanes wurde dadurch erheblich reduziert. Abb. 6,7 zeigen als Ergebnis dieses reduzierten Versuchsplanes die Abhängigkeit der Festigkeit von der Zusammensetzung.

Messungen zur Permeabilität
Zur Charakterisierung der Filtereigenschaften der vibrationsverdichteten und gesinterten Proben wurde die Permeabilität als wichtige Kenngröße ermittelt. Diese wurde unter Verwendung von Stickstoff als Strömungsmedium an den untersuchten Stoffsysteme (Korngrößenbereich der Ausgangskörnungen 0,80 - 1,00 mm) gemessen, und ergab folgende experimentelle Ergebnisse:
$k_{Mullit} = 41,65*10^{-12}$ m^2, $k_{T60} = 17,96*10^{-12}$ m^2 und $k_{Al2O3-Kugeln} = 23,27*10^{-12}$ m^2.
Die erhöhte Gasdurchlässigkeit der Mullitproben kann durch den erhöhten Anteil von zerstörten Hohlkugeln im Ausgangsgranulat begründet werden.
Betrachtet man die Permeabilität der unterschiedlichen Korund-Stoffsysteme, so ist eine Differenz von fast 30 % vorhanden, die aus unserer Sicht auf die Kornform der Ausgangskörnung zurückzuführen ist. Keramographische Arbeiten zur Untersuchungen der Porengröße und Porenform zeig-

ten, daß vibrationsverdichtete Proben aus Al_2O_3-Vollkugeln eine höhere Homogenität aufwiesen. Obwohl die T60-Proben eine ähnliche offene Porosität von ca. 40 % aufzeigte, führt eine engere Porengrößenverteilung der Al_2O_3-Vollkugeln zur Erhöhung der Permeabilität.

Schlußfolgerungen
Unter ausgewählten Vibrationsbedingungen (Frequenz, Beschleunigung, Belastung) wurden Verdichtungen⟨(Vibrationsdichte-Einfülldichte): Einfülldichte⟩ an Schüttungen von bis zu ca. 50 % an Hohlkugelmullit, ca. 20 % an Tabular Tonerde T60 und ca. 7 % an Korundvollkugeln ermittelt.
Die unterschiedlichen Verdichtungen der gewählten Stoffsystem zeigen, daß die Eigenschaften der zu verdichtenden Granulate einen entsprechenden Einfluß auf das Verdichtungsverhalten haben.
Die experimentellen Arbeiten an ausgewählten definierten Korngrößenbereichen mit den Stoffsystemen Mullit, Tabular Tonerde T60 und Korund-Vollkugeln und unter Verwendung von Binderbzw. Wasserzusätzen haben auch gezeigt, daß die Vibrationsverdichtung zur Herstellung definierter Porenvolumenstrukturen bzw. stabiler Packungen prinzipiell geeignet ist. Die Anwendung der genannten Versuchspläne sowie die damit verbundene Möglichkeit der Aufstellung entsprechender Modellgleichung wird als Indiz für Reproduzierbarkeit der durch die Vibrationsverdichtung erzielten Ergebnisse gewertet.
Die Arbeiten sollen mit Untersuchungen zur Porengröße und -Verteilung sowie an weiteren Stoffsystemen fortgesetzt werden.

Literatur
1. McGeary, R.K.: Journal Amer. Ceram. Soc., Vol. 44(1961);10; S. 513 - 522
2. Thomas, G.: Jul-1754
3. Schulle W., Rudolph, K.: Werkstoffwoche 1996, Stuttgart, Tgb. 6, S 477 - 482
4. Scheffler, E.: Einführung in die Praxis der statistischen Versuchsplanung, VEB Deutscher Verlag für Grundstoffindustrie, Leipzig 1986
5. Paetsch, D.: Sprechsaal, 107(1974); S. 1022 - 1028

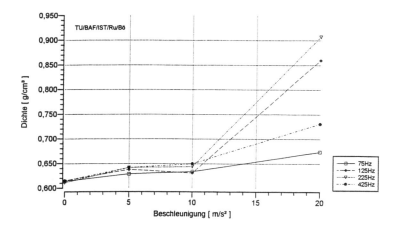

Abb. 1 Einfluß der Beschleunigung auf die erreichbare Vibrationsdichte von Mullithohlkugeln (Fa. KEITH) der Korngröße 0,80 - 1,00 mm bei unterschiedlichen Frequenzen und einer Belastung von 30 kPa

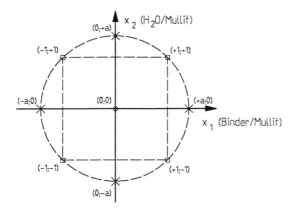

Abb. 2: Anordnung der Meßpunkte entsprechend der Versuchsplanmatrix

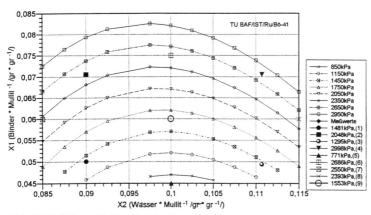

Abb. 3: Einfluß von Na-Phosphatbinderanteilen (X1) und Wasseranteilen (X2) auf die Druckfestigkeit von vibrationsverdichteten und gesinterten Hohlkugelmullitproben (KG 0,80 - 1,00 mm; Darstellung der Regressionskurven sowie der entsprechenden Meßwerte)

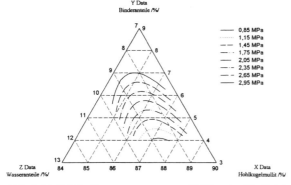

Abb. 4: Einfluß der Zusammensetzung von Hohlkugelmullit (KG-Bereich 0,8-1,00mm) mit Na-Phosphatbinder sowie mit Wasseranteilen auf die Druckfestigkeit im gesintertem Zustand

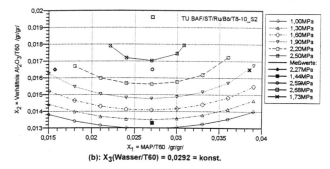

Abb. 5: Einfluß von Al$_2$O$_3$-Feinstpulver- (X$_2$) und MAP-Anteilen (X$_1$) auf die Druckfestigkeit von vibrationsverdichteter Tonerde (T60, KG-Bereich: 0,80-1,00mm) für konstante Verhältnisse X$_3$(H$_2$O/T60)= 0,0292

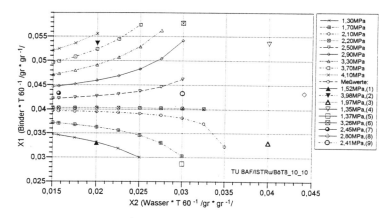

Abb. 6: Einfluß von Binder-(X1) und Wasseranteilen (X2) auf die Druckfestigkeit von vibrationsverdichteter und gesinterter Tabulartonerde T60(0,80 - 1,00 mm); Binder (Al$_2$O$_3$ + MAP) mit MAP/Al$_2$O$_3$=k$_1$

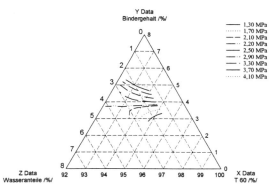

Abb. 7: Einfluß der Zusammensetzung von T60 (0,80-1,00mm) mit Binder (AlH$_2$PO$_4$ / Al$_2$O$_3$ = k$_1$) sowie mit dem Wassergehalt auf die Druckfestigkeit im gesintertem Zustand

Bestimmung von Materialkenndaten an Si_3N_4 zur Berechnung der Zuverlässigkeit keramischer Ventilplatten in Dieseleinspritzpumpen

R. Speicher, V. Knoblauch, Robert Bosch GmbH / Technische Universität Hamburg-Harburg; G.A. Schneider, Technische Universität Hamburg-Harburg, Arbeitsbereich Technische Keramik; W. Dreßler, H. Böder, Robert Bosch GmbH, Stuttgart

Anhand einer keramischen Ventilplatte für eine Common Rail-Hochdruckeinspritzpumpe wird dargestellt, welche Anforderungen an die Materialdatenbasis gestellt werden müssen, damit mit dieser eine realistische Abschätzung der Lebensdauer von Bauteilen durchgeführt werden kann. Basierend auf FE-Analysen wurden Zuverlässigkeitsberechnungen mit dem FE-Postprocessor STAU durchgeführt. Ziel war es, zu untersuchen, ob die Dicke der Ventilplatte zur Leistungssteigerung der Hochdruckpumpe reduziert werden kann, ohne daß dadurch die Zuverlässigkeit beeinträchtigt wird. Von besonderem Interesse war hier der Einfluß der Prüfkörpergeometrie und des Oberflächenzustands auf die für Zuverlässigkeitsberechnungen erforderlichen Weibullparameter. Es wurde festgestellt, daß sowohl Prüfkörper als auch Bauteile getestet werden müssen, um die Ventilplatte zuverlässig auslegen zu können.

1. Einleitung

Dem Einsatz strukturkeramischer Komponenten in der Kraftfahrzeugindustrie stehen besondere Hürden im Weg, da zur Berechnung dieser Bauteile eine andere Vorgehensweise als bei metallischen Werkstoffen erforderlich ist. Entscheidend ist daher, neben einer adäquaten Prüftechnik auch Berechnungsmodelle zur Verfügung zu haben, die das besondere Versagensverhalten von Keramiken berücksichtigen. Dieses ist dadurch gekennzeichnet, daß keramische Werkstoffe aufgrund von Fehlern im Volumen oder an der Oberfläche versagen. Deren Größe und Verteilung bestimmen das Festigkeitsverhalten und erfordern eine statistische Analyse keramischer Bauteile [1]. Zur Berechnung der Zuverlässigkeit keramischer Bauteile wird hier der FEM-Postprocessor STAU [2, 3] eingesetzt. Mit diesem kann basierend auf einer FE-Spannungsanalyse und Weibullparametern die Spontanausfallwahrscheinlichkeit keramischer Komponenten berechnet werden. Zudem kann unterkritisches Rißwachstum als Versagensmechanismus berücksichtigt werden, um so Ausfallwahrscheinlichkeiten nach beliebigen Betriebsstunden zu berechnen.

Entscheidend ist hierbei, Materialkenndaten zu bestimmen, die das Versagensverhalten des Bauteils charakterisieren. Mit Standardprüfkörpern ist dies oft nicht möglich, da diese andere Herstellprozesse durchlaufen haben und auch nicht dieselbe Oberflächenbearbeitung wie Bauteile aufweisen. Dies erfordert die Materialdatenbestimmung sowohl an Prüfkörpern als auch an Bauteilen.

2. Common Rail-Hochdruckeinspritzsystem

Am Beispiel einer Ventilplatte aus Si_3N_4 in einer Common Rail-Hochdruckeinspritzpumpe wird die Dimensionierung und statistische Absicherung dargestellt. In Abb. 1 ist das Common Rail-Diesel-Einspritzsystem dargestellt.

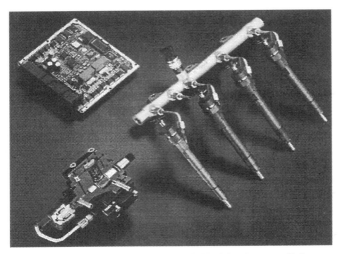

Abb. 1: **Common Rail-Einspritzsystem mit Hochdruckpumpe, Rail, Injektoren und Steuergerät**

Die Hochdruckpumpe erzeugt einen Systemdruck von 1350 bar, der über das Rail an die vier Injektoren weitergegeben wird. Ein Steuergerät übernimmt die Ansteuerung der Pumpe und der Injektoren. Das Rail übernimmt dabei die Funktion des Druckspeichers, so daß jederzeit der erforderliche Einspritzdruck an den Injektoren zur Verfügung steht. Dies ermöglicht neben der Haupteinspritzung auch eine Vor- und Nacheinspritzung. Vorteile des Systems sind geringerer Verbrauch, geringerer Geräuschpegel sowie Stickoxidemissionsreduzierung.

Eine detaillierte Darstellung der Hochdruckpumpe ist in Abb. 2 gegeben.

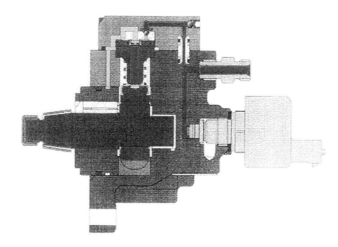

Abb. 2 a: **Hochdruckpumpe**

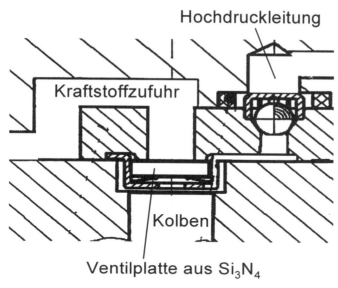

Abb. 2 b: Detaildarstellung des Zylinderkopfs der Hochdruckpumpe

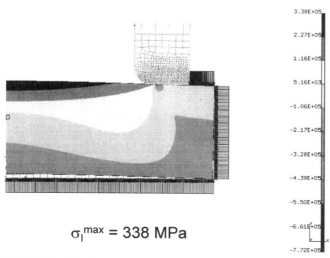

$\sigma_I^{max} = 338$ MPa

Abb. 3: FE-Analyse der Ventilplatte bei einer Dicke von 1,35 mm

Durch die Abwärtsbewegung des Kolbens wird aus dem Reservoir Kraftstoff angesogen. Dabei wird die Ventilplatte vom Gehäuse abgehoben, so daß ein Öffnungsspalt entsteht, durch den der Kraftstoff fließen kann. Befindet sich der Kolben nach dem unteren Totpunkt in der Aufwärtsbewegung, schließt die Ventilplatte und es baut sich ein Druck auf. Bei 1350 bar erreicht dieser sein Maximum, da nun das Auslaßventil öffnet und das Medium in den Hochdruckbereich in Richtung Rail entlassen wird. Unmittelbar vor dem Öffnen des Auslaßventils tritt in der Ventilplatte die maximale Belastung auf. Diese wurde mittels FEM berechnet. Die zu untersuchende

Geometriegröße ist die Plattendicke bei feststehendem Durchmesser von 6 mm. Bei einer Dicke von 1,5 mm wurden bisher keine Ausfälle festgestellt. Zur Leistungssteigerung der Hochdruckpumpe soll die Plattendicke auf 1,35 mm reduziert werden. Die durch den Maximaldruck auftretenden Spannungen sind in Abb. 3 dargestellt. Dabei wurde das Materialverhalten von Si_3N_4 als rein elastisch mit einem E-Modul von 300 GPa und einer Poissonzahl von 0,26 beschrieben. Es treten maximale Spannungen von 338 MPa an der Oberfläche der Ventilplatte auf. Dargestellt sind die maximalen Hauptspannungen, die Auskunft über die größtmöglichen versagensrelevanten Zugspannungen in der Keramik geben.

3. Materialkenndaten

Um aus den berechneten Spannungen Aussagen über die Zuverlässigkeit der Ventilplatte machen zu können, müssen Materialkenndaten, die die Festigkeit und das unterkritische Rißwachstum charakterisieren, bestimmt werden. Dazu wurden von zwei verschiedenen Keramikherstellern Prüfkörper angefordert, deren Herstellung und Oberflächenbearbeitung möglichst identisch mit der Ventilplatte sind. Zur Diskussion stand, ob dies aufgrund der unterschiedlichen geometrischen Abmessungen machbar ist. Daher wurden zusätzlich Festigkeitsmessungen an Ventilplatten durchgeführt, um Vergleiche zu Prüfkörperversuchen anstellen zu können.

Von Hersteller A wurden zwei unterschiedliche Materialqualitäten 1 und 2 sowie jeweils zwei unterschiedliche Oberflächenbearbeitungen, Läppen (a) und Polieren (b), untersucht. Es wurden Prüfkörper für Doppelringbiegeversuche mit 20 mm Durchmesser und 1,4 mm Dicke verwendet. Die Prüfkörper aus Material A1 wurden spritzgegossen und gasdruckgesintert. Material A2 wurde ebenfalls spritzgegossen, aber anschließend einem Sinter-HIP-Zyklus unterworfen.

Hersteller B lieferte Prüfkörper einer Materialqualität mit geläppten Oberflächen. Diese Prüfkörper wurden axial gepreßt und anschließend gasdruckgesintert. Der Durchmesser der Prüfkörper für Doppelringbiegeversuche betrug ebenfalls 20 mm, wobei sowohl 1,4 (a) als auch 1,5 (b) mm dicke Proben untersucht wurden.

3.1 Inertfestigkeitsmessungen

Die Doppelringbiegeversuche zur Bestimmung der Inertfestigkeit wurden mit einer Frank/UTS-Prüfmaschine durchgeführt. Der Durchmesser des Stützrings betrug 15 mm, der des Lastrings 7,5 mm. Die Prüfgeschwindigkeit betrug 2 mm/min. In Tabelle 1 sind neben der Prüfkörperanzahl die Weibullparameter σ_0 und m angegeben.

Material	Anzahl N	Festigkeit σ_0 / MPa	Weibullmodul m
A1a	30	554	15
A1b	30	798	11
A2a	28	605	12
A2b	30	904	9
Ba	30	614	27
Bb	30	552	10

Tabelle 1: Weibullparameter der gemessenen Prüfkörper

Bei Material A ist erkennbar, daß HIP-en die Festigkeit im Vergleich zu Gasdrucksintern von 798 auf 904 MPa steigert. Ebenfalls ist der Einfluß der Oberflächenbearbeitung erkennbar. Polieren erhöht die Festigkeit um ca. 250 MPa bei gasdruckgesinterten Proben und um ca. 300 MPa bei heiß-isostatisch gepreßten Prüfkörpern. Der höhere Weibullmodul der geläppten Prüfkörper im Vergleich zu den polierten Proben ist auf Sollbruchstellen durch die Oberflächenbearbeitung zurückzuführen. Ein Vergleich der heiß-isostatisch gepreßten Prüfkörpern mit den gasdruckgesinterten zeigt, daß der HIP-Prozeß zu einem geringeren Weibullmodul m führt. Dies deutet darauf hin, daß der Hersteller den HIP-Prozeß nicht reproduzierbar durchführen kann. Bei Hersteller

B ist der hohe Weibullmodul von 27 sehr auffällig. Da sich die Prüfkörper dieses Herstellers nur in der Dicke unterscheiden, dürften im Weibullmodul m keine Unterschiede auftreten. Die geringere Festigkeit von Geometrie b im Vergleich mit Geometrie a ist aufgrund des größeren effektiven Volumens von Geometrie b erklärbar.

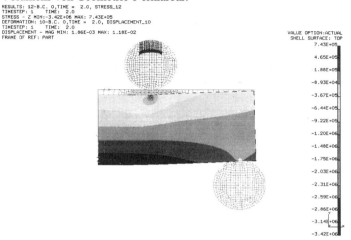

Abb. 4: Spannungsverteilung bei Ventilplattentest

Aufgrund der Unsicherheiten im Herstellprozeß und der Oberflächenbearbeitung bei Hersteller A wurden weiterführend Festigkeitsmessungen an Ventilplatten durchgeführt. Für die Festigkeitsmessungen wurde ein an die Ventilplattengeometrie angepaßter Doppleringbiegeversuchsaufbau gewählt. Der sich dabei einstellende Spannungszustand ist in Abb. 4 dargestellt. Für Material A2 wurde damit eine Festigkeit von 800 MPa und ein Weibullmodul von 17 gemessen.

3.2 Unterkritisches Rißwachstum

Die Werte des unterkritischen Rißwachstums wurden von den Herstellern übernommen. Die Parameter n und B, die STAU als Eingabeparameter benötigt, wurden im dynamischen Biegeversuch entsprechend DIN V ENV 843-3 bestimmt [4]. Das Rißwachstum gehorcht dabei dem in Gleichung 1 angegebenen Potenzgesetz [5].

$$v = v_0 \cdot \left(\frac{K_I}{K_{Ic}}\right)^n \quad (1)$$

Dabei ist v die Rißausbreitungsgeschwindigkeit, K_I der Spannungsintensitätsfaktor, K_{Ic} die Bruchzähigkeit und n der Rißwachstumsexponent. v_0 ist eine Proportionalitätskonstante.

Für beide Materialien wurde etwa n=50 und B=10^6 bis 10^9 angegeben. Die Ermittlung dieser Daten ist in [6] beschrieben. Weiterhin konnte durch eine Optimierung von Material A2 der Rißwachstumsparameter n auf 74 gesteigert werden.

4. Berechnung der Ausfallwahrscheinlichkeit

Mit den oben angegebenen Materialkenndaten kann die Ausfallwahrscheinlichkeit P_f der Ventilplatte nach 2800 Betriebsstunden berechnet werden. Der formelmäßige Zusammenhang ist in Gleichung 2 angegeben [7]:

$$P_f = 1 - \exp\left[-\frac{1}{V_0}\int_V \frac{1}{4\pi}dV \int_\Omega d\Omega \left(\frac{\sigma_{Ieq}}{\sigma_0}\right)^m \cdot \left(1 + \frac{\sigma_{Ieq}^2}{B} \cdot t\right)^{\frac{m}{n-2}}\right] \qquad (2)$$

Dabei ist σ_{Ieq} die durch die Belastung und durch ein Versagenskriterium bestimmte, an Fehlern im Bauteil anliegende Spannung, t die Zeit, V_0 das Einheitsvolumen und V das Bauteilvolumen. Die Integration über Ω ermöglicht die Berücksichtigung der Fehlerorientierung.

Es ist zu beachten, daß hier nur der statische Fall untersucht wird, d.h. die Ausfallwahrscheinlichkeit bei permanenter maximaler Druckbelastung. Die Ausfallwahrscheinlichkeit der Ventilplatte in Abhängigkeit der Zeit ist in Abb. 5 dargestellt.

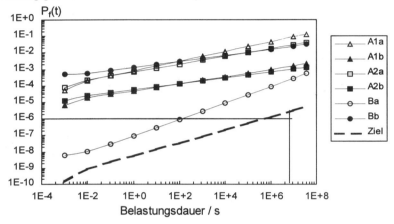

Abb. 5: Verlauf der Ausfallwahrscheinlichkeit in Abhängigkeit von verschiedenen Materialqualitäten

Als Kriterium für eine zuverlässige Auslegung wurde eine Ausfallwahrscheinlichkeit von 10^{-6} nach 2800 Betriebsstunden gewählt. Es zeigt sich, daß mit keiner der getesteten Materialqualitäten dieser Wert erreicht wird. Es gilt hier zu beachten, daß diese Vorhersage nur zutrifft, wenn die Prüfkörper dieselbe Fehlerpopulation aufweisen wie das Bauteil. Da sich die geometrischen Abmessungen der Ventilplatte aber deutlich von der Doppelring-Prüfkörpergeometrie unterscheiden, kann davon ausgegangen werden, daß die verschiedenen Prüfkörper auch unterschiedliche Oberflächenbearbeitungen erfahren haben. Daher wurde zusätzlich basierend auf Festigkeitsmessungen an Ventilplatten und einem Rißwachstumsexponenten von 74 für Material A2 die Ausfallwahrscheinlichkeit der Ventilplatte berechnet. Somit ergeben sich für verschiedene Ventilplattendicken zu unterschiedlichen Zeiten die in Tabelle 2 dargestellten Ausfallwahrscheinlichkeiten.

Material	Plattendicke mm	$P_f(t=0)$	$P_f(t=2800\ h)$	$P_f(t=10000\ h)$
A2	1,35	$4,2 \cdot 10^{-8}$	$1,9 \cdot 10^{-4}$	$2,6 \cdot 10^{-4}$
A2	1,4	$3,6 \cdot 10^{-8}$	$1,6 \cdot 10^{-4}$	$2,2 \cdot 10^{-4}$
A2	1,5	$2,9 \cdot 10^{-9}$	$1,2 \cdot 10^{-5}$	$1,7 \cdot 10^{-5}$

Tabelle 2: Zeitlicher Verlauf der Ausfallwahrscheinlichkeit in Abhängigkeit von verschiedenen Ventilplattendicken

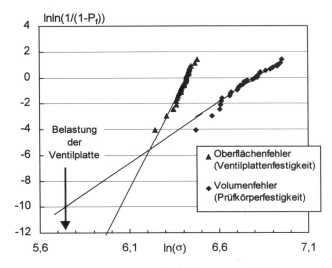

Abb. 6: Weibullverteilungen von Ventilplattentests und Prüfkörperversuchen an Material A2

Die Festigkeitsmessungen zeigen, daß abhängig von der Prüfkörpergeometrie unterschiedliche Fehlerpopulationen zum Versagen führen. Bei den Doppelringbiegeversuchen an polierten Prüfkörpern werden aufgrund der Oberflächenbearbeitung durch Polieren Volumenfehler geprüft. Dies ergibt hohe Festigkeiten (σ_0=900 MPa) bei einem geringen Weibullmodul (m=9). An Ventilplatten dagegen wurde σ_0=800 MPa und m=17 gemessen. Unter Berücksichtigung der effektiven Volumina würde dies eine Festigkeit von 680 MPa im Doppelringbiegeversuch ergeben. Dies führt zu der

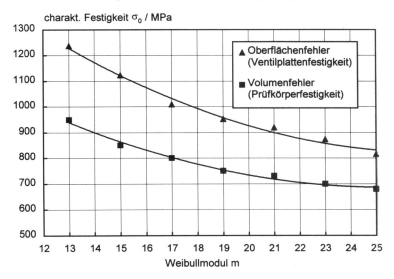

Abb. 7: Zulässige σ_0-m-Paarungen von Material A2 für Ventilplatte bei P_f=1·10^{-6}

Annahme, daß in der Ventilplatte zwei Fehlerverteilungen vorliegen. Entscheidend ist nun, zu beurteilen, welche die kritischere ist. Dazu werden beide Festigkeitsverteilungen, wie in Abb. 6 dargestellt, in ein Weibulldiagramm zusätzlich zur Belastung der Ventilplatte eingetragen. Es ergibt sich daraus, welche Weibullverteilung bei dieser Belastung zu höheren Ausfallwahrscheinlichkeiten führt. Bei den Weibullverteilungen in Abb. 6 wäre dies die Verteilung der Volumenfehler. Aus Abb. 7 kann entnommen werden, ob mit der bestimmten σ_0-m-Paarung für den kritischeren Versuch die geforderte Ausfallwahrscheinlichkeit nach 2800 h nicht überschritten wird.

Um über die Tauglichkeit einer bestimmten Materialcharge für die Ventilplatte zu entscheiden, ist somit folgende Vorgehensweise zu wählen:

- Bestimmung von Materialkenndaten an Prüfkörpern und an Ventilplatten
- Unter Berücksichtigung der effektiven Volumina werden beide Weibullverteilungen analog zu Abb. 6 aufgetragen. Damit kann entschieden werden, welche Fehlerpopulation zu höheren Ausfallwahrscheinlichkeiten der Ventilplatte führt
- Aus Abb. 7 kann aus der dieser Fehlerpopulation zugehörigen Kurve abgelesen werden, ob die bestimmten Materialwerte den Anforderungen entsprechen.

Literatur

[1] Munz, D., Fett, T.: Mechanisches Verhalten keramischer Werkstoffe, Springer Verlag, Berlin, 1989
[2] Brückner-Foit, A., Mahler, A., Mann, A.: STAU, A Program for Calculation of the Failure Probability of Multiaxially Loaded Ceramic Components as Postprocessor to a Finite Element Program, Institut für Zuverlässigkeit und Schadenskunde im Maschinenbau, Universität Karlsruhe
[3] Heger, A.: Bewertung der Zuverlässigkeit belasteter keramischer Bauteile, Fortschritt-Berichte VDI, Reihe 18, Nr. 132, VDI-Verlag, Düsseldorf, 1993.
[4] DIN V ENV 843-3, Monolithische Keramik, Mechanische Eigenschaften bei Raumtemperatur, Teil 3: Bestimmung der Parameter des unterkritischen Rißwachstums, Deutsches Institut für Normung, Berlin
[5] Wiederhorn, S.M.: Fracture Mechanics of Ceramics, Vol. 2 edited by R.C. Bradt, D.P.H. Hasselmann and F.F. Lange, Plenum Press, New York, 1974, S. 613-646
[6] Lindner, H.A:, Caspers, B.: Bestimmung der Lebensdauer-Diagramme mechanokeramischer Werkstoffe, DKG/DGM Symposium 15.-16.9.1992, Karlsruhe; in: Mechanische Eigenschaften keramischer Konstuktionswerkstoffe, G. Grathwohl, DGM Informationsgesellschaft, 1993
[7] Ziegler, Ch.: Bewertung der Zuverlässigkeit keramischer Komponenten bei zeitlich veränderlichen Spannungen und bei Hochtemperaturbelastung, Jahresbericht 1994/95, Institut für Zuverlässigkeit und Schadenskunde im Maschinenbau, Universität Karlsruhe

Korrosionsverhalten von tetragonalem Zirkoniumdioxid unter Einfluß von wasserhaltiger Atmosphäre

C. Reetz, H. Schubert, Institut für Nichtmetallische Werkstoffe, Technische Universität Berlin

Einleitung

Y_2O_3-stabilisiertes ZrO_2 (Y-TZP) korrodiert in wasserhaltiger Atmosphäre. Das Material neigt zu einer Instabilität, welche mit einer tetragonal-monoklinen Umwandlung einhergeht und zu einem massiven Festigkeitsabfall führt (1,2). Um den Einfluß von verschiedenen korrosiven Bedingungen zu untersuchen, ist es wichtig, das Material vor, während und nach der Korrosion zu charakterisieren. Große Bedeutung hat hierbei die Analyse des Wassergehaltes im Y-TZP, der Grad der Phasenumwandlung, sowie der Einfluß von mechanischer Bearbeitung auf die t-m Phasenumwandlung. Zum Nachweis des Wassergehaltes wurde ein Karl-Fischer-Titrator (KFT) und ein Kohlenstoff-Wasser-Analysator (CWA) eingesetzt, zur Berechnung der vorhandenen Phasenanteile wurden die Proben röntgenographisch untersucht (XRD) und der monokline Phasenanteil ermittelt. Der Einfluß der mechanischen Bearbeitung wurde ebenfalls durch Röntgenuntersuchungen im streifenden Einfall und unter normaler Geometrie charakterisiert.

Experimentelle Durchführung

Zur Herstellung der verwendeten Probekörper wurde das Pulver TZ-3YSB der Firma Tosoh Corporation verwendet. Die Verarbeitung erfolgte entsprechend dem Flußdiagramm in Bild 1. Die Eigenschaften des verwendeten Pulvers sind in Bild 2 dargestellt. Zusätzlich zu Vergleichszwecken die Eigenschaften des kubisch stabilisierten Pulvers (TZ-8Y).

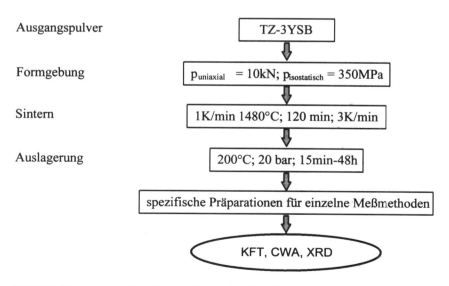

Bild 1: Flußdiagramm zur Herstellung der keramischen Probekörper

Eigenschaften	TZ - 3YSB	TZ-8Y
Chem. Analyse [Masse %] Y_2O_3 Al_2O_3 SiO_2 Fe_2O_3 Na_2O	5.15 < 0.005 0.004 0.003 0.004	13.38 < 0.005 0.004 0.006 0.075
Kristallitgröße	400	240
Ausbrennen des Binders	500°C / 120 min.	entfällt
C-Gehalt, [Masse %]	0.022	entfällt
Partikelgröße (d_{50} [µm])	0.60	0.61
Spez. Oberfläche [m²/g]	15	13

Bild 2: Eigenschaften der verwendeten Pulver der Firma Tosoh

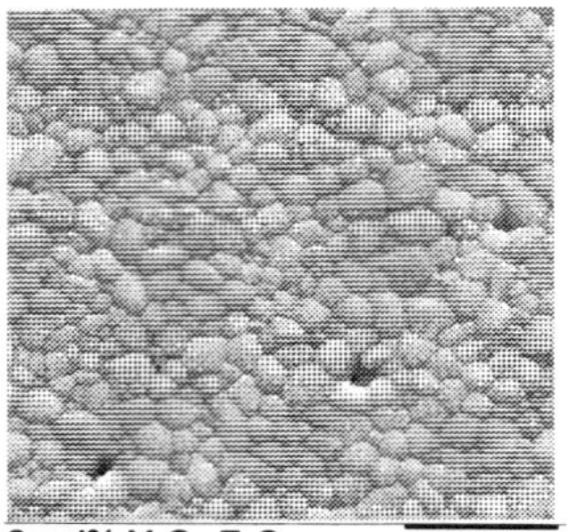

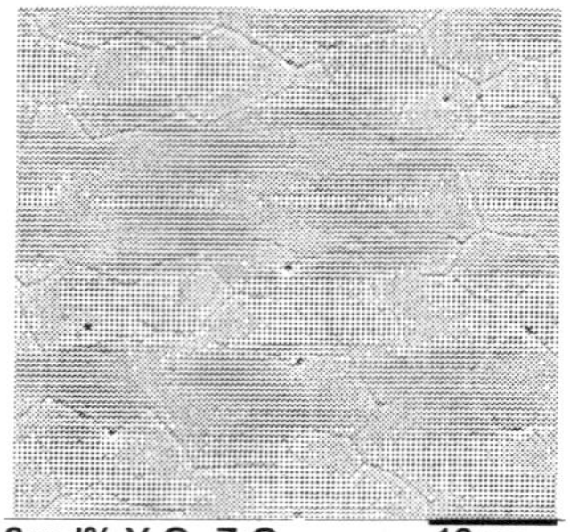

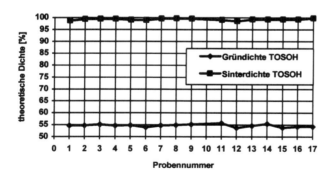

Bild 3: Darstellung der Sinterdichte

Bild 3 zeigt die gute Reproduzierbarkeit des Herstellungsprozesses anhand der an verschiedenen Proben gemessenen Grün- und Sinterdichten.
Die Auslagerung der Proben erfolgte in einem Autoklaven der Firma Berghof vom Typ RHM 790.

Dabei wurde eine Temperatur von 200°C und ein Druck von 20 bar konstant gehalten, die Auslagerungsdauer in einem Zeitraum von 0,5 - 48h variiert.

Die sich direkt anschließenden Untersuchungsmethoden waren Karl-Fischer-Titration (KFT) und die Kohlenstoff-Wasser-Analyse (CWA). Zur Charakterisierung mechanischer Einflüsse wurden die Proben unterschiedlichen Bearbeitungsmethoden (Polieren, Sägen) unterzogen. Die Proben zur Bestimmung des Grades der Rückumwandlung mittels Röntgendiffraktometrie (XRD) wurden nach der Auslagerung bei unterschiedlichen Temperaturen (100 - 800°C) für 15 min. im Ofen ausgeheizt und anschließend das Röntgendiffraktogramm aufgenommen. Die Berechnung des monoklinen Phasenanteils erfolgte nach der von Garvie und Nicholson (3) aufgestellten Gleichung.

Ergebnisse

Die mit der KFT gemachten Ergebnisse (Bild 4) sind aufgrund der Eigenschaften des Gerätes auf einen Temperaturbereich bis 300°C beschränkt. Die Proben wurden im Autoklaven unterschiedlich lang (0,5/2/48 h) ausgelagert und im Karl-Fischer-Titrator bei unterschiedlichen Temperaturen ausgeheizt. Das entweichende Wasser wurde detektiert. Deutlich sichtbar ist, daß für unterschiedliche Auslagerungszeiten ähnliche Wassergehalte gemessen wurden. Es handelt sich bei diesen Wassergehalten wie durch Messungen mit der CWA [1] bestätigt werden konnte, um chemisch gebundenes und freies Wasser, beides von der Oberfläche der Probe. Der Gitteranteil konnte mit der KFT nicht erfaßt werden.

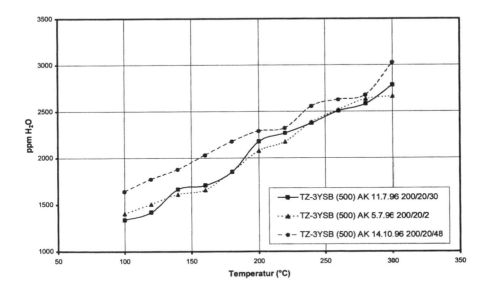

Bild 4: Wassergehalt in ausgelagerten Sinterkörpern in Abhängigkeit von der Temperatur, gemessen mit KFT

---

[1] Gastmessungen am MPI Stuttgart. Besonderer Dank gilt Herrn G. Kaiser für die umfassende Unterstützung und die vielen hilfreichen Anregungen.

Die Messungen mit der CWA wurden durchgeführt, um einen größeren Temperaturbereich (bis 1000°C) erfassen zu können. Die Detektion des auch hier ausgeheizten Wassers erfolgt nach dem physikalischen Verfahren der Infrarotfotometrie. Untersucht wurden Proben die 2/48 h im Autoklaven ausgelagert wurden. Bis zu 300°C sind die Gehalte noch ähnlich. Das Bild 6 zeigt die einzelnen aufgenommenen Meßkurven und es wird deutlich sichtbar, daß es sich bei dem bei 300°C detektierten Wasser um die gleichen Beiträge handelt, die auch bei der KFT gemessen wurden. Erst ab 400°C, und noch deutlicher bei 500°C (Bild 6) zeigt sich nach dem ersten Peak, welcher das Oberflächenwasser repräsentiert, ein weiteres Freisetzen von Wasser, welches auf Kristallwasser hindeutet. Die Ergbnisse (Bild 5) zeigen im Temperaturbereich oberhalb 400°C ein unterschiedliches Verhalten. Die gemessenen Wassergehalte sind für die 48 h ausgelagerten Proben wesentlich höher als für die nur 2 h ausgelagerten Proben.

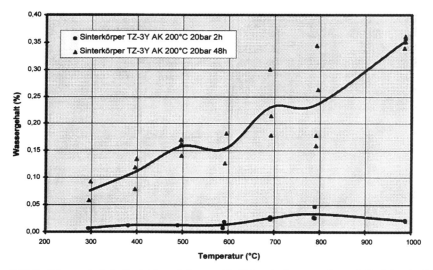

Bild 5: Wassergehalt der Probekörper bei unterschiedlicher Auslagerungsdauer als Funktion der Temperatur, gemessen mit CWA

Die mit der CWA erzielten Ergebnisse werden von den Ergebnissen der röntgenographischen Untersuchungen verglichen. Bild 7 zeigt die Auswertung der Spektren, eine Auftragung des monoklinen Phasengehaltes in Abhängigkeit von der Temperatur. Oberhalb einer Temperatur von ca. 400°C setzt eine Rückumwandlung der monoklinen Phase ein. Der Beginn diese Umwandlung stimmt mit der bei der CWA ermittelten Temperatur, oberhalb derer Kristallwasser aus der Probe entweicht überein. Trotz der Rücktransformation ist die makrostrukturelle Schädigung, die zum massiven Abfall der Festigkeit führt, jedoch nicht reversibel.

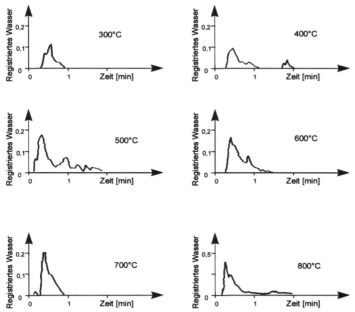

Bild 6: Detektierte Wassergehalte von 48h-ausgelagerten Proben bei verschiedenen Temperaturen über der Zeit, gemessen mit CWA

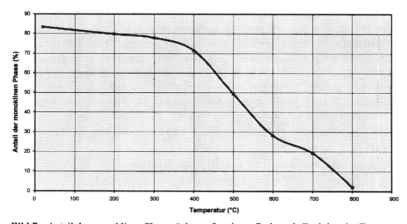

Bild 7: Anteil der monoklinen Phase rücktransformierter Proben als Funktion der Temperatur

In Bild 8 ist der Einfluß von mechanischer Bearbeitung auf das Korrosionsverhalten dargestellt. Es wird deutlich, daß ohne Auslagerung im Autoklaven der Grad der t-m-Umwandlung nur geringfügig größer ist als bei den nicht im Autoklaven behandelten Proben. Eine unterschiedliche mechanische Bearbeitung nach erfolgter Auslagerung zeigt nur geringe Unterschiede, und der ohnehin 70% betragende monokline Phasenanteil wird nicht wesentlich erhöht. Weiterhin zeigt sich, daß an der Oberfläche (Messung mit streifendem Einfall) der Grad der Umwandlung durchgängig höher ist als bei der Messung in einem tieferen Bereich der Probe (Messung unter Normalbedingungen).

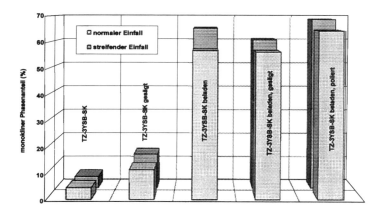

Bild 8: Einfluss mechanischer Bearbeitung auf den monoklinen Phasenanteil

Zusammenfassung

Die Ergebnisse aller angewendeten Untersuchungsmethoden lassen eine gemeinsame Interpretation zu. Bei einer Temperatur oberhalb von 300°C verläßt das im Körper gebundene Kristallwasser die tetragonalen ZrO_2-Proben, was mit einer Rückumwandlung von der monoklinen zur tetragonalen Phase einhergeht. Diese Rückumwandlung ist bei 800°C abgeschlossen, es kann nur noch tetragonale Phase nachgewiesen werden. Diese Ergebnisse konnten auch durch Messungen mittels ERDA (Elastic Recoil Detection Analysis) (4) bestätigt werden. Der Einfluß von mechanischer Bearbeitung auf das Korrosionsverhalten von tetragonalem ZrO_2 ist gering. Jedoch liegt hier wahrscheinlich eine starke Abhängigkeit vom verwendeten Material und den angewendeten Herstellungsbedingungen vor.

Literatur

(1) K. Kobayashi; H. Kuwajima; T. Masaki: Solid State Ionics ¾ (1981); pp. 489-95
(2) H. Schubert; G. Petzow: Advances in Ceramics, Vol. 24 (1988); pp.21-8
(3) Garvie, R.C.; Nicholson, P.S.: J. Am. Cer Soc. 55 (1972); pp. 303-305
(4) C. Reetz; H.D. Carstanjen; N. Pazarkas; H. Schubert: to be published

Diese Arbeit wurde von der DFG im Projekt SCHU 679/3-x gefördert.

Die Disilanfraktion der MÜLLER / ROCHOW-Synthese, eine potentielle Quelle für SiC-Keramik-Precursoren

G. Roewer, Th. Lange, E. Müller, H.-P. Martin, TU Bergakademie Freiberg; R. Richter, Belchem GmbH Brand-Erbisdorf; P. Sartori, W. Habel, Universität-GH-Duisburg

Die Synthesewege zu Polysilan-Gerüsten werden intensiv erforscht. Das kommerzielle Interesse an solchen Verbindungen rührt u. a. daher, daß Polysilane und -carbosilane potentielle SiC-Keramik-Precursoren sind. Eine (auch vom industriellen Aspekt) interessante Darstellungsmöglichkeit für Organo-Silicium-Polymere ist die Lewis-Base-katalysierte Disproportionierung von Methylchlordisilanen. Diese Nebenprodukte der MÜLLER / ROCHOW-Synthese fallen neben dem Hauptprodukt, Dichlordimethylsilan, und weiteren Monosilanen als sogenannte **Dis**ilan**f**raktion (DSF) mit 3 -5 % an (1). Ihre konkrete Zusammensetzung hängt vom Betriebsregime ab:

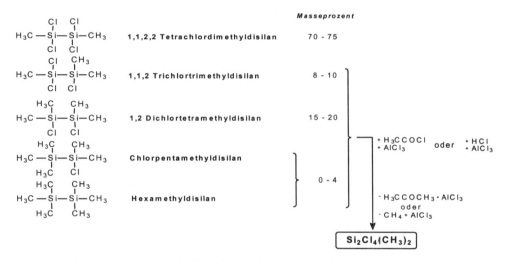

Abb. 1: Zusammensetzung der DSF, sowie deren Umsetzung zum Tetrachlordimethyldisilan

Der Chlorsubstituentenanteil in den Disilanen kann durch nachgeschaltete Umsetzungen, z. B. mit Acetylchlorid/Aluminiumchlorid weiter erhöht werden. Das Synthesepotential dieser Verbindungen wird noch relativ wenig genutzt (2, 3, 4). Prinzipiell lassen sich alle mehrfach-Cl-haltigen Disilane in Oligo- und Monosilane disproportionieren. Für den Aufbau eines definierteren Polysilangerüstes ist Tetrachlordimethyldisilan (TCDMDS) **1** als Ausgangsstoff günstig. Seine Lewis-Base-katalysierte Disproportionierung führt zu Trichlormethylsilan **2** und Oligo(methylchlor)silanen (Gl. 1). Die Oligomermoleküle und über thermisch induzierte Vernetzungsreaktionen daraus zugängliche Polymere besitzen in diesem Fall ein Si/C-Verhältnis von 1. Als Katalysatoren kommen dabei Bis(dimethylamido)phosphorylverbindungen bzw. N-Heterocyclen zum Einsatz, die auf einem SiO_2-Träger fixiert sind (5).

Die heterogen katalysierte Disproportionierungsreaktion ermöglicht den Aufbau von Poly(methylchlor)silanen frei von Metallen und Lösungsmitteln (5). Durch die Phasenseparation zwischen Ausgangsdisilan, Katalysator und dem Reaktionsprodukt werden unkontrollierte Vernetzungsreaktionen unterbunden.

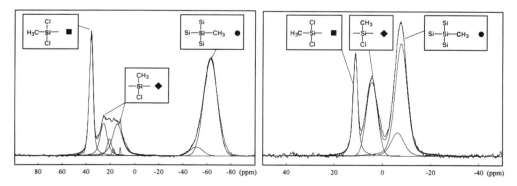

R= Cl, SiClRCH₃

Gl. 1

Bei Temperaturen von 160 bis 180° C fallen zunächst Oligomere **3-7** mit bis zu 7 Si-Atomen an:

Nach Temperaturerhöhung bis 220° C werden die Oligomere in hochvernetzte Poly(methylchlor)silane überführt. Charakteristisch für das Polymergerüst sind die Strukturgruppen MeCl$_2$Si-, MeClSi< und MeSi(Si)$_3$, die im ^{13}C bzw. ^{29}Si CP-MAS NMR-Spektrum erkennbar und mittels Computersimulation quantifizierbar sind (Abb. 2) (6, 7).

Abb. 2: ^{29}Si (links) und ^{13}C (rechts) CP-MAS NMR-Spektrum eines Poly(methylchlor)silanes mit Zuordnung der Strukturgruppen

Die Resultate der NMR-spektroskopischen Charakterisierung der Polymere stützen den generellen Strukturvorschlag in Abb. 3.

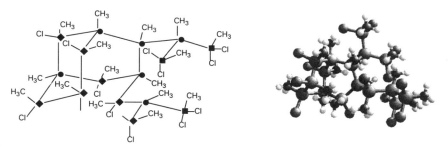

Abb. 3: Struktur eines Poly(methylchlor)silanes: die Symbole ■, ♦ und ● (siehe auch Abb. 2) symbolisieren Si-Atome mit unterschiedlichen Substituenten

Der Vernetzungsgrad beträgt 2,2 und ist, wie die elementaranalytischen Ergebnisse, in Einklang mit einer Summenformel $SiCH_2Cl_{0,49}$. Charakteristisch für diese Poly(methylchlor)silane ist ein dreidimensional vernetztes Molekülskelett aus Siliciumatomen, das oberhalb 350° C in ein Carbosilangerüst übergeht (Abb. 4) (5, 7).

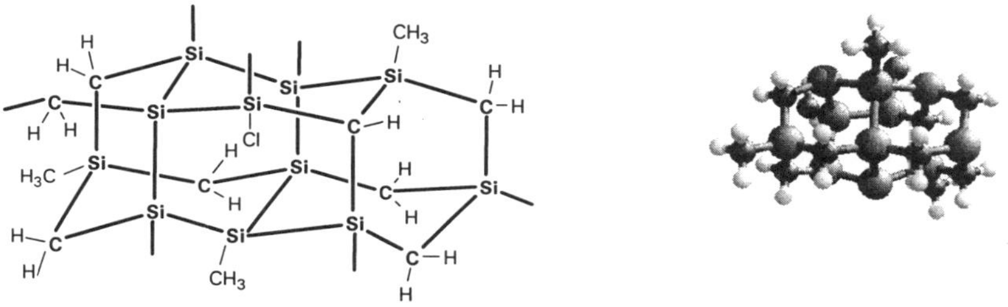

Abb. 4: Strukturinkrement eines Polycarbosilanes aus der Disproportionierungsreaktion

Über Variation der Reaktionstemperatur und -zeit lassen sich unterschiedliche Polysilane und Polycarbosilane synthetisieren (Molmasse, Vernetzungsgrad). Sie eignen sich generell als Precursoren für Formkörper, speziell auch Schichten, allerdings sind die keramischen Ausbeuten wegen des hohen Chlorgehaltes zwangsläufig niedrig.

In Gegenwart von Styrol **8** werden aus der Disproportionierungsreaktion reaktive Copolymere des Typs Poly(methylchlor)silan-co-Styrol **9** mit einer Summenformel $SiC_3H_5Cl_{0,45}$ (Elementgehalte in Ma%: Si 32, C 44, H 6, Cl 18) erhalten (Gl. 2) (8). Sie lassen sich, unter Argondruck, aus der Schmelze (100 - 140° C) zu präkeramischen Grünfasern verspinnen. Das Styrol fungiert hauptsächlich als Verspinnadditiv zur Einstellung der notwendigen viskoelastischen Eigenschaften. Eine Formstabilisierung der Grünfaser gelingt über die Vernetzung mit Ammoniak bzw. Amin-Verbindungen. Nach Pyrolyse, unter Argon, resultieren keramische SiC-Fasern mit sehr niedrigem Sauerstoffgehalt. Alternativ können sowohl die Disilane, im Eintopfverfahren, als auch die aus der Disproportionierung als Zwischenstufen isolierten Oligosilane zum Aufbau von SiC-Faser-Precursoren genutzt werden (8, 9).

$$\text{H}_3\text{C}-\underset{\underset{\text{Cl}}{|}}{\overset{\overset{\text{Cl}}{|}}{\text{Si}}}-\underset{\underset{\text{Cl}}{|}}{\overset{\overset{\text{Cl}}{|}}{\text{Si}}}-\text{CH}_3 + \underset{\underset{\text{C}_6\text{H}_5}{}}{\text{CH}=\text{CH}_2} \xrightarrow{\text{Kat.}} \text{H}_3\text{C}-\underset{\underset{\text{Cl}}{|}}{\overset{\overset{\text{Cl}}{|}}{\text{Si}}}-\left[\underset{\underset{\text{CH}_3}{|}}{\overset{\overset{\text{R}}{|}}{\text{Si}}}\right]-\left[\text{CH-CH}_2\right]-\underset{\underset{\text{Cl}}{|}}{\overset{\overset{\text{Cl}}{|}}{\text{Si}}}-\text{CH}_3 + \text{SP}$$

1   **8**   **9**

R = Cl oder SiClRCH$_3$
SP = Spaltprodukte SiCl$_x$(CH$_3$)$_{(4-x)}$ (x = 3)
Gl. 2

Im labortechnischen Maßstab wurden Endlosgrünfasern aus 200 Einzelfilamenten (Durchmesser ca. 30 µm) gezogen. Die preisgünstigen Ausgangsstoffe und das relativ einfache Gesamtverfahren erwecken Hoffnungen in Bezug auf eine industrielle Überführung. Die thermische Stabilität, der auf diesem Wege hergestellten Fasern (Abb. 5), übertrifft die von kommerziellen NICALON-Fasern beträchtlich. Tabelle 1 demonstriert einige Eigenschaften, die in Laborversuchen, ohne Anwendung eines kontinuierlichen Pyrolyseregimes, ermittelt worden und deshalb keinesfalls optimal sind (siehe auch Abb. 5) (8, 9).

Faserparameter		
Durchmesser	15 - 30	µm
Dichte	2,8	g / cm^3
Zugspannung	500 - 2100	Mpa
Temperaturbelastbarkeit	ca. 1500	°C
Sauerstoffgehalt	0,9	mol%

Tab. 1: Parameter der aus Poly(methylchlor)silan-co-Styrol-Precursoren gewonnenen SiC-Fasern

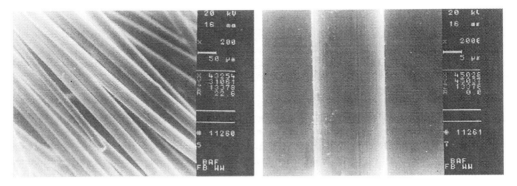

Abb. 5: REM-Aufnahmen der Faserfilamente (links) und Einzelfaser (rechts) von aus Poly(methylchlor)silanen-co-Styrol hergestellten SiC-Fasern, nach dem Verfahrensweg: Precursorsynthese, Schmelzspinnverfahren, Curing, Pyrolyse (alle Schritte unter Argon)

Eine weitere Modifizierung der Oligosilane gelingt mit Organo-Bor-Komponenten, wie Triphenylboran **11** (Gl. 3) (10).

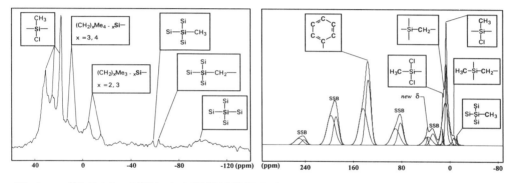

R' = Phenyl oder R   R = Cl oder SiClRCH3
SP = Spaltprodukte $SiCl_x(CH_3)_{(4-x)}$ (x = 2, 3)
Gl. 3

Die Zugabe von Triphenylboran **11** zu den Oligo(methylchlor)silanen bewirkt eine signifikante Erhöhung der Molmasse, eine Verringerung des Vernetzungsgrades und eine Änderung der strukturellen Gruppen des resultierenden Polymers (Abb. 6). Als Monosilane fallen Dimethyldichlorsilan und Trichlormethylsilan, sowie weitere Silane $SiCl_xH_y(CH_3)_{(4-x-y)}$ an.

Abb. 6: ^{29}Si (links) und ^{13}C (rechts) CP-MAS NMR-Spektrum eines Poly(methylchlor)borosilanes und Zuordnung der Strukturgruppen (SSB: spinning side bands)

Im Unterschied zu den Disproportionierungsprodukten ohne Triphenylboran ist hier die Konzentration der charakteristischen Endgruppen $MeCl_2Si$- und der Verzweigungsstellen $MeSi(Si_3)$ (vgl. Abb. 2 links) nur sehr gering (Abb. 6 links). Wie aus den NMR-Spektren ersichtlich, dominieren die linearen Einheiten des Typs MeClSi<. Typisch ist das Auftreten verschiedener Carbosilaneinheiten, wie $(-CH_2)_xSiR_{4-x}$ (R = Me oder Cl mit x > 2). Für die borhaltigen Precursoren ergibt sich eine Summenformel von $SiC_2H_5B_{0,1}Cl$ (Elementgehalte in Ma%: Si 29, C 27, H 5, B 1, Cl 38). Abbildung 7 zeigt den resultierenden Strukturvorschlag mit borhaltigen Baugruppen.
Der Einbau der Borkomponente ist vermutlich verknüpft mit einer Carbosilanbildung, die auf der Donor-Acceptor-Wechselwirkung der Lewis-Säure Triphenylboran mit einer $MeCl_2Si$- Endgruppe basiert. Das Resultat ist eine praktisch zweidimensionale Polymerstruktur. Über diese Route sind Polyborosilane mit einem skalierbaren Borgehalt von bis zu 2 Ma% zugänglich. Erste Verspinnungsversuche aus der Schmelze zeigen die generelle Eignung dieser Precursoren für SiC-

Fasern. Das eingebaute Bor läßt eine höhere Temperaturstabilität der Fasern, im Vergleich zu den aus Poly(methylchlor)silan-co-Styrol-Precursoren zugänglichen, erwarten.

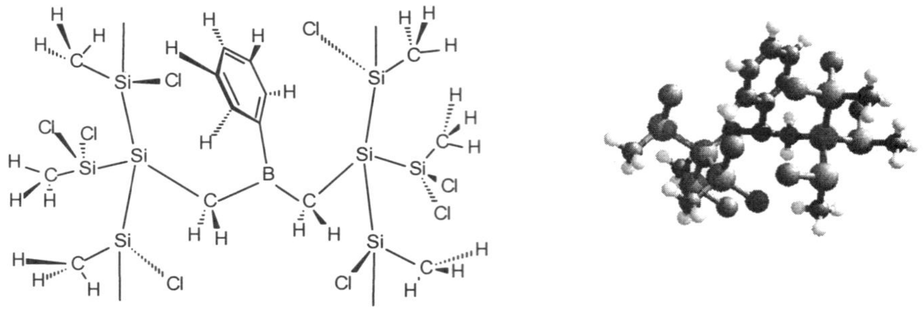

Abb. 8: Strukturinkrement eines Poly(methylchlor)borosilanes aus der Reaktion nach Gl. 3

Zusammenfassung

Die heterogen katalysierte Disproportionierung des TCDMDS bzw. der DSF eröffnet den Zugang zu hochvernetzten Poly(methylchlor)silanen. Unter Zugabe von Styrol entsteht ein Copolymer Poly(methylchlor)silane-co-Styrol, aus dem sich durch ein Schmelzspinnverfahren Grünfasern ziehen lassen, die schließlich in SiC-Fasern mit praktisch relevanten Eigenschaften überführbar sind. Mit Triphenylboranzusatz lassen sich nach diesem Regime vernetzte Poly(methylchlor)borosilane gewinnen, die ebenfalls erspinnbar sind.

Diese Precursorenarten sind auf Grund ihrer kostengünstigen Ausgangsstoffe, eine vielversprechende Basis für SiC-Formkörper.

Literatur:

(1) U. Herzog, R. Richter, E. Brendler, G. Roewer: *J. Organomet. Chem.*, **1996**, *507*, 221

(2) K. Trommer, U. Herzog, U. Georgi, G. Roewer: *J. prakt. Chem.*, **1998**, 340, 557-561

(3) K. Trommer, U. Herzog, G. Roewer: *J. Organomet. Chem.*, **1997**, 540, 119-125

(4) U. Herzog, K. Trommer, G. Roewer: *J. Organomet. Chem.*, **1998**, 552, 99-108

(5) R. Richter, G. Roewer, U. Böhme, K. Busch, F. Babonneau, H.-P. Martin, E. Müller: *Applied Organomet. Chem.*, **1997**, 71-106

(6) F. Babonneau, J. Maquet, C. Bonhomme, R. Richter, G. Roewer, D. Bahloul: *Chem. Mater.*, **1996**, 8, 1415-1428

(7) F. Babonneau, R. Richter, C. Bonhomme, J. Maquet, G. Roewer: *J. Chim. Phys.*, **1995**, *92*, 1745-1748.

(8) H.-P. Martin, E. Müller, G. Roewer, R. Richter: *Chem. Eng. Technol.*, **1998**, 21, I, 48-51

(9) E. Müller, H.-P. Martin: *J. prakt. Chem.*, **1997**, 339, 401-413

(10) Th. Lange, N. Schulze, G. Roewer, R. Richter: *"Organosilicon Chemistry III"*, Ed. N. Auner, J. Weis, VCH, **1998,** 291-295

XVIII.

Nanocomposite

Elektrorheologische Flüssigkeiten auf Zeolithbasis

H. Böse, A. Trendler, Fraunhofer-Institut für Silicatforschung, Würzburg

Zusammenfassung
Die rheologischen Eigenschaften von Zeolithsuspensionen in elektrischen Feldern wurden in Abhängigkeit von verschiedenen Parametern wie Feststoffgehalt, Zeolithart, Flüssigkeit, Feldstärke und Frequenz untersucht. Die Viskositätssteigerung im elektrischen Feld wird auf die Verschiebung von Kationen in den Zeolithpartikeln zurückgeführt. Dies wird durch dielektrische Spektren bestätigt. Auch die Partikelmorphologie übt einen wesentlichen Einfluß auf den Viskositätssprung aus. Mit solchen zeolithbasierten elektrorheologischen Flüssigkeiten lassen sich sehr hohe Viskositäten im elektrischen Feld erreichen. Derartige Fluide bieten damit interessante Perspektiven für diverse Anwendungen wie z. B. adaptive Dämpfer sowie taktile und haptische Displays.

Einleitung
Elektrorheologische Flüssigkeiten (ERF) sind steuerbare Fluide, deren Viskosität durch starke elektrische Felder drastisch verändert werden kann. Nach Anlegen des Feldes vollziehen sie innerhalb von einigen Millisekunden einen reversiblen Übergang von einer Flüssigkeit zu einem Gel. Diese Steuerbarkeit verleiht ihnen ein großes Potential für eine Vielzahl von Anwendungen. So lassen sich mit ERF adaptive Stoß- und Schwingungsdämpfer realisieren (1), deren Dämpfungsverhalten schnell den gegebenen Anforderungen angepaßt werden kann. Die variable Übertragung eines Drehmoments über die ERF läßt sich außerdem für Kupplungen und Bremsen nutzen, bei denen keine Festkörperreibung auftritt. Darüber hinaus kann der Durchfluß einer ERF in einem hydraulischen System allein durch die angelegte Spannung zwischen zwei Elektroden verändert oder auch gestoppt werden (2). Solche Ventile ohne mechanisch bewegte Teile lassen sich beispielsweise für Positioniereinrichtungen oder auch für Robotergreifer mit angepaßter Andruckkraft nutzen. Weitere interessante Perspektiven bestehen in verformbaren Oberflächen, etwa als taktile Displays für Blinde (3), oder bei elektromechanischen Konstruktionen zur Erzeugung variabler Widerstandskräfte in haptischen Displays für Simulatoren oder Bedienelemente.
ERF sind in der Regel Suspensionen von einige Mikrometer großen polarisierbaren Partikeln in einer nichtleitenden Basisflüssigkeit. Die im elektrischen Feld entstehenden Dipole ziehen sich an und formieren sich zu Ketten zwischen den Elektroden, die einer Scherung oder Strömung einen erhöhten Widerstand entgegensetzen. ERF können aus verschiedenen Materialien aufgebaut werden. Als Partikel kommen unter anderem Keramiken wie Bariumtitanat (4), aber auch Polymere wie z. B. Polyurethan (5) infrage, als Basisflüssigkeit werden Siliconöl, Mineralöl sowie halogenierte Kohlenwasserstoffe eingesetzt. Die Leitfähigkeit der Partikel beruht auf der Beweglichkeit von Ionen oder Elektronen. Zur Optimierung der ER-Aktivität ist eine einstellbare Leitfähigkeit des Partikelmaterials vorteilhaft (6). Daneben gibt es eine Vielzahl weiterer Parameter, die die Aktivität einer ERF bestimmen (7).
Zeolithe zeichnen sich dadurch aus, daß ihre Struktur, Partikelgröße und Zusammensetzung in weitem Rahmen variiert werden können. ERF auf der Basis von Zeolithen gehören zu den ersten Systemen, deren Aktivität nicht auf der Wirkung von Wasser als Aktivator beruht. Wasserfreie ERF weisen den Vorteil auf, daß ihre Aktivität beim Erhitzen nicht durch das Verdampfen des Wassers irreversibel zurückgeht. Im folgenden werden wesentliche Eigenschaften zeolithhaltiger ERF und ihre Abhängigkeit von Materialparametern dargestellt.

Experimentelles

Es wurden ERF mit Zeolithpartikeln vom Typ A hergestellt, die sich hinsichtlich Größe und Kationenzusammensetzung unterscheiden. Die mittels Laserbeugung gemessenen mittleren Partikelgrößen betragen zwischen 4 und 14 µm. Die Zusammensetzung der verwendeten Zeolithe wird näherungsweise durch die Formeln $Na_{12}Si_{12}Al_{12}O_{48}$ (NaA), $K_4Na_8Si_{12}Al_{12}O_{48}$ (KNaA) und $Ca_4Na_4Si_{12}Al_{12}O_{48}$ (CaNaA) wiedergegeben. Vor der Herstellung der Suspensionen wurden die Zeolithe durch Heizen bei mindestens 250 °C im Vakuum entwässert. Ein Einfluß noch vorhandener Spuren von Wasser auf die ER-Aktivität konnte nicht gefunden werden. Als Basisflüssigkeit diente meist das Siliconöl Polydimethylsiloxan mit einer Viskosität von 10 mPas bei 25 °C. Für vergleichende Untersuchungen wurden Polyphenylmethylsiloxan, ein Ölsäuremethylester, n-Butylstearat sowie Di-n-Butyladipat herangezogen. Der Feststoffgehalt der Zeolithe in der ERF wurde zwischen 10 und 45 Vol.-% variiert.

Die rheologischen Untersuchungen wurden mit einem Rheometer Physica MC 100 mit Zylinder-Meßsystem durchgeführt. Zwischen dem Meßkörper und dem konzentrischen Hohlzylinder wurden Spannungen von einigen Kilovolt angelegt, so daß Feldstärken bis 5 kV/mm erreicht wurden. Um Elektrophorese auszuschließen, wurde Wechselspannung gewählt, deren Frequenz zwischen 10 und 1000 Hz eingestellt werden kann. Für dielektrische Messungen wurde zwischen einer Topfelektrode und einer in die Flüssigkeit eintauchenden kegelförmigen Gegenelektrode eine Spannung von 1 V, entsprechend einer Feldstärke von etwa 2 V/mm, angelegt. Durch Variation der Frequenz zwischen 20 Hz und 100 kHz wurden dielektrische Spektren aufgenommen.

Ergebnisse und Diskussion

Bild 1 zeigt die Fließkurven einer ERF mit 45 Vol.-% Zeolith KNaA in Siliconöl ohne Feld bzw. bei unterschiedlichen Feldstärken. Ohne Feld verhält sich das Fluid weitgehend newtonisch mit einer Viskosität von etwa 200 mPas, während mit steigender Feldstärke eine zunehmende Fließgrenze bis zu einigen kPa auftritt. Es handelt sich damit um den elektrisch induzierten Übergang von einer Flüssigkeit zu einem Gel. Aufgrund der unterschiedlichen Fließkurvenformen hängt der Faktor der Viskositätserhöhung stark von der Schergeschwindigkeit ab. Bei 1000 s^{-1} und

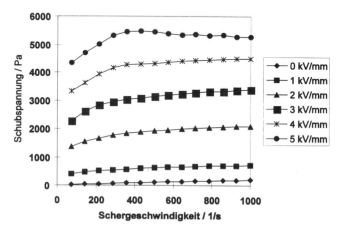

Bild 1: Fließkurven einer ERF aus 45 Vol.-% Zeolith KNaA in Siliconöl ohne Feld bzw. bei unterschiedlichen Feldstärken (Frequenz 100 Hz, Temperatur 25 °C)

einer Feldstärke von 5 kV/mm steigt die Viskosität etwa um einen Faktor 25, während bei kleineren Schergeschwindigkeiten Faktoren von einigen Hundert erreicht werden.

Die Aktivität der ERF hängt empfindlich von der Kationenzusammensetzung in den Zeolithen ab. Bild 2 zeigt im Vergleich drei A-Zeolithe mit unterschiedlichen Kationen. Die ERF mit dem calciumhaltigen Zeolith A ist nahezu inaktiv, während die Zeolithe, die nur einwertige Kationen enthalten, deutliche Steigerungen der Schubspannung bei einer festen Schergeschwindigkeit und entsprechend auch der Viskosität mit wachsender Feldstärke erzeugen. Die Aktivitätsunterschiede lassen sich durch eine Betrachtung der Kationenpositionen in der Zeolith-Elementarzelle erklären. In der reinen Natriumform enthält die Elementarzelle 12 Kationen, von denen 8 in den Si-Al-6-Ringen des Zeolithgerüsts (S1-Plätzen) sitzen. 3 weitere Natriumionen nehmen S2-Plätze in den Si-Al-8-Ringen und das zwölfte Kation nimmt einen S3-Platz in einem Si-Al-4-Ring ein (8). Bei der Zeolithform CaNaA besetzen die 4 Calcium- und 4 Natriumionen ausschließlich die 8 vorliegenden S1-Plätze (9). Die höhere Bindungsenergie dieser Plätze reduziert die Kationenbeweglichkeit soweit, daß fast keine Polarisation im elektrischen Feld mehr auftritt. Verantwortlich für die ER-Aktivität sind demnach die beweglicheren Kationen auf S2- und/oder S3-Plätzen, die ihre Position mit vergleichsweise hoher Frequenz wechseln können.

Das unterschiedliche Polarisationsvermögen spiegelt sich auch in den dielektrischen Spektren der ERF wider. Die Frequenzabhängigkeit des Verlustfaktors tan δ (Verhältnis aus Imaginär- und Realteil der Dielektrizitätszahl) zeigt bei etwa 2 kHz ein ausgeprägtes Maximum (s. Bild 3). Ein solches Maximum im Frequenzbereich zwischen 0.1 und 100 kHz wurde bereits früher als Indikator für die ER-Aktivität erkannt (10). Der Realteil ε' der Dielektrizitätszahl nimmt bei dieser Frequenz stark ab, während der Imaginärteil ε'' ein Maximum aufweist. Die Polarisation wird mit dem Maxwell-Wagner-Modell (11) freier Ladungsträger beschrieben. Die Höhe des Maximums in Bild 3 korreliert außerdem mit der Stärke der ER-Aktivität (vgl. Bild 2), d. h ein höherer Verlustfaktor korrespondiert mit einer aktiveren ERF.

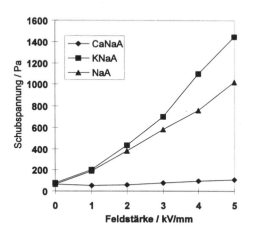 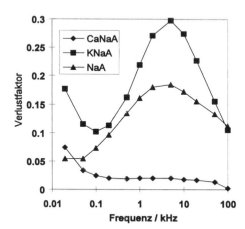

Bild 2 (links): Vergleich der ER-Aktivität von Zeolithen unterschiedlicher Kationenzusammensetzung in Siliconöl (Feststoffgehalt 25 Vol.-%, Schubspannung bei 1000 s^{-1}, Frequenz 100 Hz, Temperatur 25 °C)

Bild 3 (rechts): Frequenzabhängigkeit des dielektrischen Verlustfaktors von ERF mit Zeolithen unterschiedlicher Zusammensetzung (Temperatur 25 °C)

Der Vergleich der zeolithhaltigen ERF verdeutlicht, daß die Polarisation auf der Kationenwanderung in den Teilchen beruht. Dies steht im Gegensatz zum Polarisationsmechanismus, der für Bariumtitanat angenommen wird (4). Hier befinden sich die Titanionen in Oktaederlücken der Elementarzelle, innerhalb derer sie durch das elektrische Feld verschoben werden können. Im Gegensatz zum Zeolith liegt hier keine Wanderung der Ionen innerhalb der Partikel vor. Der Unterschied spiegelt sich in der Frequenzabhängigkeit des Viskositätsanstiegs wider. Während die Zeolith-ERF mit steigender Frequenz weniger aktiv wird, wird bei der ERF mit Bariumtitanat ein Anstieg des Viskositätssprungs beobachtet (s. Bild 4). Dies wird auf die vergleichsweise schnelle Polarisation durch die Verschiebung der Titanionen über kurze Distanzen zurückgeführt. Die meisten ERF verdanken ihre Aktivität der Polarisation durch frei bewegliche Ladungsträger und zeigen daher wie die Zeolith-ERF einen Abfall des Viskositätssprungs mit steigender Frequenz. Dazu gehören auch wasseraktivierte ERF, bei denen die Beweglichkeit von Ladungsträgern durch die wäßrige Umgebung erhöht wird.

Die Erhöhung der Schubspannung bei steigendem Zeolithgehalt in der ERF zeigt Bild 5. Der größere Feststoffgehalt bewirkt die Bildung von mehr bzw. dickeren Ketten zwischen den Elektroden, erhöht aber gleichzeitig auch die Grundviskosität der ERF ohne Feld. Da letzterer Effekt sich zumindest bei hohen Feststoffgehalten stärker bemerkbar macht, wird der Faktor der Viskositätssteigerung mit zunehmendem Feststoffgehalt kleiner.

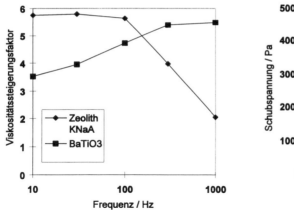
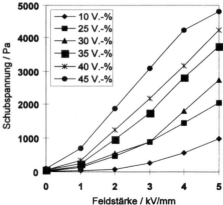

Bild 4 (links): Frequenzabhängigkeit des Viskositätssteigerungsfaktors von ERF mit Zeolith bzw. Bariumtitanat in Siliconöl (Feststoffgehalt 25 Vol.-%, Feldstärke 2 kV/mm, Schergeschwindigkeit 1000 s^{-1}, Temperatur 25 °C)

Bild 5 (rechts): Aktivität von ERF mit unterschiedlichem Zeolithgehalt (Schubspannung bei 1000 s^{-1}, Frequenz 100 Hz, Temperatur 25 °C)

Auch der Einfluß der Partikelgröße auf die Aktivität einer ERF hat große Bedeutung. Bei einigen Materialien wurde ein Absinken der Viskosität im elektrischen Feld mit abnehmender Partikelgröße festgestellt. Da die Viskosität einer Suspension (ohne Feld) mit abnehmender Teilchengröße generell zunimmt, bedeutet dies eine starke Reduzierung des Viskositätssteigerungsfaktors einer ERF. Andererseits weisen kleine Partikel eine geringere Sedimentationsneigung sowie eine bessere Kanalgängigkeit in Mikrosystemen auf. Beim Vergleich von Zeolithen mit mittleren Partikelgrößen von 4 bzw. 14 µm traten die genannten Abhängigkeiten nicht auf. Die ERF mit den feineren Partikeln besitzt die geringere Grundviskosität und zeigt keine reduzierte Viskosität im Feld im Vergleich zum gröberen Zeolith. Die Ursache für dieses abweichende Verhalten liegt in der Partikelmorphologie. Während die kleinen Teilchen eine regelmäßige Form aufweisen, sind die großen Partikel aus vielen kleinen Kristalliten zusammengesetzt (s. Bild 6). Dies führt bei der Scherung zu einem größeren Widerstand und damit zur erhöhten Grundviskosität. Der feinere Zeolith weist demgegenüber deutliche Vorteile auf.

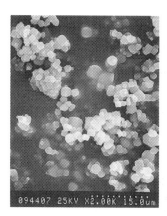 

Bild 6: Morphologie von feinen und groben Zeolithpartikeln

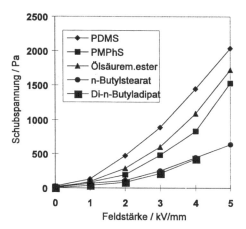

Bild 7: Vergleich der Aktivität von Zeolith-ERF mit unterschiedlichen Basisflüssigkeiten: Polydimethylsiloxan (PDMS, Dielektrizitätszahl (DZ) 2.6), Polymethylphenylsiloxan (PMPhS, DZ 2.6), Ölsäuremethylester (DZ 3.3), n-Butylstearat (DZ 3.2), Di-n-Butyladipat (DZ 5.2) (Feststoffgehalt 25 Vol.-%, Schubspannung bei 1000 s^{-1}, Frequenz 100 Hz, Temperatur 25 °C)

Bei der Polarisation der Partikel in der ERF handelt es sich auch um ein Grenzflächenphänomen. Es ist daher zu erwarten, daß auch die Flüssigkeit einen Einfluß auf die Aktivität der ERF ausübt. Aus diesem Grund wurden vergleichende Untersuchungen an ERF durchgeführt, die die gleichen Zeolithpartikel in unterschiedlichen Basisflüssigkeiten enthielten. Die Ergebnisse in Bild 7 zeigen teilweise deutliche Unterschiede, die allerdings nicht die unter bestimmten Voraussetzungen zu erwartende Korrelation mit der Dielektrizitätszahl der Flüssigkeit (12) aufweisen. Trotzdem liefert die Auswahl der Basisflüssigkeit eine weitere Möglichkeit zur Optimierung der Aktivität einer ERF. Zusammen mit den vielfältigen Variationsmöglichkeiten der Zeolithe versprechen derartige ERF daher ein weitreichendes Anwendungspotential.

Danksagungen
Der Deutschen Forschungsgemeinschaft sei für ihre finanzielle Unterstützung bestens gedankt. Die Autoren danken S. Demmer herzlich für die sorgfältige Durchführung von Messungen.

Literatur:
(1) Wu, X. M., Wong, J. Y., Sturk, M., Russell, D. L.: Proc. 4th. Int. Conf. Electrorheological Fluids (R. Tao, G. D. Roy, Eds.), World Scientific Publ., (1994) 568
(2) Peel, D. J., Bullough, W. A.: Proc. 4th. Int. Conf. Electrorheological Fluids (R. Tao, G. D. Roy, Eds.), World Scientific Publ., (1994) 538
(3) Taylor, P. M., Hosseini-Sinaki, A., Varley, C. J.: Proc. 5th. Int. Conf. Electrorheological Fluids (W. A. Bullough, Ed.), World Scientific Publ., (1996) 184
(4) Böse, H., Stark, A.: Tagungsband 9 zur Werkstoffwoche 1996 (H. Schmidt, R. F. Singer, Hrsg.), DGM-Informationsgesellschaft, (1997) 41
(5) Bloodworth, R.: Proc. 4th. Int. Conf. Electrorheological Fluids (R. Tao, G. D. Roy, Eds.), World Scientific Publ., (1994) 67
(6) Block, H., Kelly, J. P., Qin, A., Watson, T.: Langmuir 6 (1990) 6
(7) Böse, H.: Proc. 6th. Int. Conf. Electrorheological Fluids, (1998), in press
(8) Subramanian, V., Seff, K.: J. Phys. Chem. 81 (1977) 2249
(9) Seff, K., Shoemaker, D. P.: Acta Cryst. 22 (1967) 162
(10) Hao, T., Kawai, A., Ikazaki, F.: Langmuir 14 (1998) 1256
(11) Sillars, R. W.: J. Inst. Elect. Eng. (London) 80 (1937) 378
(12) Felici, N., Foulc, J. N., Atten, P.: Proc. 4th. Int. Conf. Electrorheological Fluids (R. Tao, G. D. Roy, Eds.), World Scientific Publ., (1994) 139

Herstellung von nanoskaligen TiN Pulvern und deren kolloidale Verarbeitung zu Al$_2$O$_3$/TiN-Nanokompositkeramiken

Ralph Nonninger, Mesut Aslan, Helmut Schmidt, Institut für Neue Materialien gem. GmbH, Saarbrücken; Rüdiger Naß, NMT GmbH, Saarbrücken; Rainer L. Meisel, H.C Starck GmbH & Co.KG, Laufenburg; Gunnar Brandt, AB Sandvik Coromant, Stockholm

Zusammenfassung
Die Synthese der nanoskaligen Titannitrid-Pulver (n-TiN) mit spezifischen Oberflächen von 20 bis 80 m^2/g erfolgte über den Chemical-Vapour-Reaction-Prozeß (CVR). Die Pulver wurden nach einer chemischen Oberflächenmodifizierung redispergiert und zu stabilen, wäßrigen n-TiN-Suspensionen mit bis zu 40 Gew.-% Feststoffgehalt und dynamischen Viskositäten unter 10 mPa.s (Scherrate 200 min^{-1}) verarbeitet. Zusammmen mit wäßrigen Al$_2$O$_3$-Suspensionen wurden hieraus Al$_2$O$_3$/TiN-Kompositsuspensionen hergestellt, bei denen die oberflächenchemischen Eigenschaften von Al$_2$O$_3$ und TiN so aufeinander abgestimmt wurden, daß die nanodisperse Verteilung des TiN aufgrund elektrostatischer Beschichtung erhalten blieb. Kompositschlicker mit TiN-Gehalten bis zu 5 Vol.-% wurden anschließend mittels Gefriertrocknung zu Preßpulvern verarbeitet und über Heißpressen verdichtet. Gefügeuntersuchungen an verdichteten Kompositproben ergaben, daß eine nanodisperse TiN-Verteilung vorlag. Die TiN-Partikel bewirkten in der Al$_2$O$_3$-Matrix neben der Änderung des Bruchmodus (interkristalliner Bruch → interkristalliner/intrakristalliner Bruch) eine signifikante Kornfeinung. Die mittlere Korngröße der Kompositproben mit 5 Vol.-% n-TiN betrug 0.6 µm (Vergleichsproben ohne TiN 1.4 µm). Die Biegebruchfestigkeit von Al$_2$O$_3$ konnte durch 2.5 Vol.-% n- TiN geringfügig von 285 MPa auf 337 MPa verbessert werden. Die Bruchzähigkeit blieb unverändert bei 2.4 MPa.m$^{0.5}$.

Einleitung
Die Gefügeausbildung und damit die mechanischen Eigenschaften der Keramiken lassen sich durch den Einbau inerter Hartstoffteilchen wie beispielsweise TiN als Verstärkungsphase in weiten Grenzen beeinflußen. So können Sekundärpartikel die Inhibierung des Kornwachstums bewirken, je nach Grenzflächenenergien den Bruchmodus ändern und aufgrund der unterschiedlichen thermischen Ausdehnungskoeffizienten Spannungsfelder erzeugen, die den Rißverlauf beeinflußen [1,2]. Die Wirkung dieser Sekundärphasen ist dabei besonders ausgeprägt, wenn sie in nanoskaliger Form eingebracht werden (Nanokomposite). So wird im System Al$_2$O$_3$ / SiC neben einer signifikanten Erhöhung der Biegefestigkeit und einer deutlichen Verbesserung der Bruchzähigkeit eine 10 bis 100 fache Verbesserung der Kriechbeständigkeit im Vergleich zu monolithischem Al$_2$O$_3$ berichtet [3,4]. Ähnliche Effekte wurden im System Si$_3$N$_4$ /SiC beobachtet [5]. Die nanoskaligen Verstärkungsphasen in den zitierten Arbeiten weisen dabei Teilchengrößen zwischen 100 und 200 nm auf und liegen stark agglomeriert vor. Der Einsatz noch kleinerer Nanopartikel (d<< 100 nm) läßt somit eine weitere Verbesserung der Eigenschaften erwarten. Um das Potential der Nanokomposite voll ausnutzen zu können, ist es jedoch erforderlich, daß sowohl nanoskalige Pulver in der erforderlichen Qualität vorhanden sind, als auch daß Methoden zur Verfügung stehen, die es erlauben diese Pulver nanodispers in die zu verstärkende Matrix einzubauen. Gasphasenverfahren bieten bei der Synthese von nanoskaligen Pulvern wesentliche Vorteile im Bereich der industriellen Herstellung von Pulverqualitäten im Partikelgrößenbereich von etwa 3 bis 300 nm und gewährleisten eine möglichst große stoffliche Vielfalt, da die eigenschaftsbestimmenden Synthesebedingungen über einen sehr weiten Bereich variiert werden können. In der vorliegenden Arbeit wird die großtechnische Herstellung von nanoskaligen TiN-Pulvern nach einem Gasphasenverfahren (Chemical-Vapour-Reaction, CVR)

und die Verarbeitung der nanoskaligen Pulvern zu Al_2O_3/n-TiN Kompositkeramiken sowie deren Eigenschaften beschrieben.

CVR-Anlage

Die von H. C. Starck entwickelte CVR-Anlage zur Herstellung von nanoskaligem TiN basiert auf einem Gasphasenverfahren. Ihr Kernstück stellt ein Heißwandrohrreaktor dar, bei dem allerdings die üblichen Nachteile wie z. B. Wandreaktion und eine verbreiterte Partikelgrößenverteilung eliminiert wurden (Bild 1).

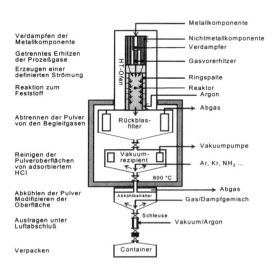

Bild 1: Verfahrensschema des CVR-Prozesses

Der Reaktionsverlauf ist so gestaltet, daß bei einer identischen Entstehungsgeschichte eines jeden Partikels sehr engbandige Pulver erhalten werden. Dies setzt einen definierten Ort der Keimbildung und die gleiche Verweilzeit der einzelnen Kristallkeime in der jeweiligen chemischen und thermischen Umgebung voraus. Im CVR-Verfahren wird dies dadurch realisiert, daß die Edukte separat verdampft bzw. auf Reaktionstemperatur gebracht und dann mit definierten und homogenen Strömungen am Eintrittbereich des Reaktors zur spontanen Keimbildung zusammengeführt werden. Der Reaktor ist so gestaltet, daß er eine sehr enge Verweilzeitverteilung der Keime gewährleistet. Der Geschwindigkeitsabfall an der Wand des Rohrreaktors wird in eine zusätzliche, inerte Wandströmung verlegt, die durch Ringspalte hindurch aufgebaut wird. Diese inerte Wandströmung schirmt zugleich die heiße Reaktorwand vom Reaktionsgeschehen ab und verhindert somit das Ausbilden von Anwachsungen.

Das Abscheiden der erzeugten Partikel von den Begleitgasen erfolgt bei ca. 600 °C, um die Adsorption der gasförmigen Reaktionsprodukte, z. B. HCl, an den sehr großen Partikeloberflächen möglichst gering zu halten. Durch eine anschließende Vakuumbehandlung mit Pump-Flutzyklen werden die Pulveroberflächen weiter gereinigt. Beim Abkühlen der Pulver können die Partikeloberflächen gezielt modifiziert werden.

Ergebnisse und Diskussion

Nanoskalige TiN-Pulver wurden bei Reaktionstemperaturen < 1000 °C nach folgendem Reaktionsverlauf hergestellt: $TiCl_4 + NH_3 + ½ H_2 \rightarrow TiN + 4 HCl$

Die erzielbaren Durchsätze der Pilotanlage betragen einige kg/h. Da die Anlage modular aufgebaut ist, sind Upscaling und Verfahrensmodifizierung mit begrenztem Aufwand durchführbar. Durch Variation der Verfahrensparameter konnten verschiedene TiN-Qualitäten erhalten werden, deren spezifische Oberflächen von 20 bis 80 m²/g reichen. Die Pulver sind kristallin und bestehen aus der Osbornit-Phase. Die Primärpartikelgröße dieser Pulver liegt zwischen 14 und 46 nm. Bedingt durch den Herstellungsprozeß enthalten sie ca. 1 Gew.-% HCl.

Die nanoskaligen TiN-Pulver wurden nach der Entfernung herstellungsbedingter Chloridanteile durch Waschen mit Ethanol mit kurzkettigen, bifunktionellen organischen Verbindungen oberflächenmodifiziert. Aufgrund der Anbindung dieser Moleküle wird elektrosterisch die Agglomeration der TiN-Teilchen verhindert. Die Messung der Teilchengrößenverteilung der oberflächenmodifizierten Pulver in verdünnten wäßrigen Suspensionen mittels dynamischer Laserstreuung ergab mittlere Teilchengrößen zwischen 40 und 66 nm in der Anzahlverteilung und 57 und 141 nm in der Volumenverteilung. Der Unterschied der mittleren Teilchengröße zwischen der Volumenverteilung und der Anzahlverteilung verdeutlicht, daß die Pulver teilweise aggregiert vorliegen.

Für die kolloidale Verarbeitung von nanoskaligen Pulvern, insbesondere im Hinblick auf die Herstellung von Kompositen, ist es von großer Bedeutung, daß die oberflächenmodifizierten Pulver auch in konzentrierten Suspensionen ihren in verdünnten Suspensionen gemessenen Dispergierzustand beibehalten, d.h. stabil bleiben. Anhaltpunkte über den Dispergierzustand in konzentrierten Suspensionen lassen sich über die Bestimmung des Fließverhaltens derartiger Suspensionen gewinnen. Bild 2 zeigt die Fließkurven der 40 Gew.-%igen wäßrigen Suspensionen, die aus TiN-Pulver mit und ohne Oberflächenmodifizierung hergestellt wurde.

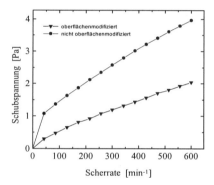

Bild 2: Fließverhalten wäßriger Suspensionen mit einem Feststoffgehalt von 40 Gew.-% hergestellt aus einem TiN-Pulver der spezifischen Oberfläche 27 m²/g.

Nach Bild 2 weist die Suspension aus dem oberflächenmodifizierten Pulver keine Fließgrenze und einen fast linearen Zusammenhang zwischen der Schubspannung und der Scherrate auf, was auf eine von der Scherrate nahezu unabhängige Viskosität hinweist (Viskosität bei einer Scherrate von 200 min^{-1} : 4.3 mPa.s). Suspensionen mit der vorliegenden Charakteristik sind als stabil anzusehen. Im Falle konzentrationsbedingter Agglomeration sollte durch das Aufbrechen der Agglomerate bei höherer Scherung eine deutliche Fließgrenze und eine mit der Scherrate abnehmende Viskosität beobachtet werden, wie dies bei unmodifiziertem TiN der Fall ist. Die Suspensionen aus unmodifiziertem TiN-Pulver weisen nach Bild 2 deutliche Fließgrenzen und höhere Viskositäten auf (Viskosität bei einer Scherrate von 200 min^{-1}: 9.9 mPa.s). Somit konnte gezeigt werden, daß nanoskalige Pulver über eine geeignete Oberflächenmodifizierung im Rahmen des physikalisch Möglichen redispergiert und so zu stabilen konzentrierten Suspensionen weiterverarbeitet werden können.

Die für die Herstellung von Nanokompositen im Hinblick auf die Verbesserung der werkstoffphysikalischen Eigenschaften notwendige nanodisperse Verteilung der Verstärkungsphase läßt sich am ehesten über eine kolloidale Verarbeitung in Suspensionen erreichen. Dies wird am Beispiel Al$_2$O$_3$/TiN gezeigt. Ein generelles Problem bei der kolloidalen Herstellung von Nanokompositen besteht darin, daß es aufgrund starker Dichte- und Partikelgrößendifferenzen zwischen der Matrixphase und der nanoskaligen Verstärkerkomponente sowohl in den Kompositsuspensionen als folglich auch in den daraus hergestellten Preßpulvern und Grünkörpern zu Entmischungen und somit zu einer inhomogenen Verteilung der Nanoteilchen kommt. Einer Entmischung kann hier über die direkte Anbindung der Nanoteilchen an die Matrixpulverteilchen entgegengewirkt werden. Die Anbindung der Nanoteilchen kann dabei elektrostatisch aufgrund der in wäßrigen Suspensionen entgegengesetzt geladenen Pulveroberflächen oder durch chemisch Kopplung erfolgen [6,7,8]. Bild 3 zeigt die Oberflächenladungen (Zeta-Potential) von Al_2O_3 (Ceralox APA 0.5, Fa. Condea), n-TiN im Lieferzustand sowie n-TiN nach der Oberflächenmodifizierung in Abhängigkeit vom pH-Wert.

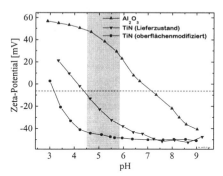

Bild 3: Zeta-Potential von Al_2O_3 und n-TiN in Abhängigkeit vom pH-Wert

Es zeigt sich, daß durch die Oberflächenmodifizierung der isoelektrischer Punkt von TiN von pH=4.2 im Lieferzustand auf pH=3.1 verschoben und das Zeta-Potential im pH-Bereich zwischen pH_{iep} und pH=7 im Vergleich zum unmodifizierten TiN absolut erhöht wird. Somit weisen das oberflächenmodifizierte TiN und Al_2O_3 im pH-Bereich zwischen 4.5 und 6 ausreichende Oberflächenladungen mit entgegengesetztem Vorzeichen auf, was eine elektrostatische Beschichtung von Al_2O_3 mit n-TiN ermöglicht. Zur praktischen Umsetzung wurden separat hergestellte Al_2O_3-(Ceralox, APA 0.5) und TiN-(spez. Oberfläche 27 m^2/g)

Suspensionen bei einem pH-Wert von 5.5 in einer Rührwerkskugelmühle homogenisiert und die resultierenden Suspensionen mit TiN-Gehalten bis zu 5 Vol.-% über Gefriertrocknung zu Preßpulver verarbeitet. Durch anschließende HREM-Untersuchungen konnte in den Preßpulvern eine homogene TiN-Verteilung festgestellt werden. Um den Einfluß dieser homogenen TiN-Verteilung auf die Gefügeausbildung und die mechanischen Eigenschaften zu untersuchen, wurden die Kompositpulver bei einer Temperatur von 1500 °C und 35 MPa in N_2 heißgepreßt und charakterisiert. Bild 4 zeigt die Gefügeentwicklung einer Kompositprobe mit 5 Vol.-% n-TiN im Vergleich zu monolithischem Al_2O_3. Die TiN-Teilchen (helle Phase) im Größenbereich von 50-100nm sind gleichmäßig verteilt und überwiegend an den Korngrenzen plaziert (Bild 4b und 4c). TiN-Teilchen unter 50 nm jedoch sind, wie TEM-Aufnahmen der Kompositproben zeigten, in den Al_2O_3-Körnern eingeschlossen. Bemerkenswert ist weiterhin, daß 5 Vol.-% TiN eine signifikante Feinung der Al_2O_3-Körner bewirkt.

Die Gefügeparameter und mechanische Eigenschaften der Kompositproben mit verschiedenen TiN-Gehalten sind aus Tabelle 1 ersichtlich. Es zeigt sich, daß der Einfluß von n-TiN auf die Kornfeinung der Matrixphase beschränkt bleibt und die Festigkeit und Bruchzähigkeit durch TiN nur geringfügig verbessert wird. Bei der Betrachtung der mittleren Korngröße der Kompositkeramiken mit verschiedenen TiN-Gehalten fällt auf, daß die Wirkung von TiN als Kornwachstumsinhibitor für Al_2O_3 erst bei TiN-Gehalten über 1 Vol.-% zur Geltung kommt Bei einem TiN-Anteil von 1 Vol.-% stellt man im Vergleich zu monolithischem Al_2O_3 eine Kornvergröberung, die als Folge der TiO_2-Umlösung (als Oberflächenoxid auf TiN vorhanden) in Al_2O_3 zu sehen ist, da das Kornwachstum von Al_2O_3 durch TiO_2 verstärkt wird [9]. Bei höheren TiN-Gehalten scheint die Kornwachstumsinhibierung durch TiN-Teilchen zu überwiegen. Untersuchungen der Bruchflächen der Kompositkeramiken ergaben, daß durch den Zusatz von nanoskaligem TiN der interkristalline Bruchmodus von monolithischem Al_2O_3 in einen Mischbruch (interkristallin/ intrakristallin) übergeht. Das bedeutet, daß durch TiN im Gegensatz zu den Literaturangaben eine gewisse Festigung der Korngrenzen stattfindet, was eine ausgeprägte Festigkeitsverbesserung der Kompositkeramiken bewirken sollte [10]. Aus der Literatur ist bekannt, daß das die Grenzflächenenergie Al_2O_3 /TiN aufgrund TiO_2-haltiger Grenzflächenphasen

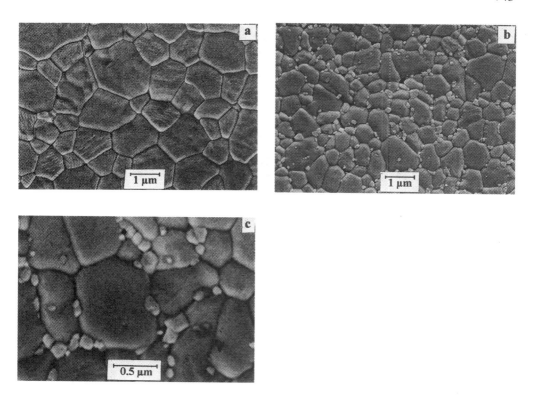

Bild 4: Gefügeentwicklung nach dem Heißpressen bei 35 MPa und 1500 °C. (a) monolithisches Al_2O_3 als Referenz, (b) und (c) Al_2O_3 + 5 Vol.-% TiN

im Vergleich zu der Grenzflächenenergie Al_2O_3/SiC niedrig ist. Dadurch werden im System Al_2O_3/TiN im Gegensatz zu Al_2O_3/SiC keine Änderung des Bruchmodus und damit keine Verbesserung der mechanischen Eigenschaften erwartet [10]. Experimentelle Bestätigung für diese Aussage lieferten die Ergebnisse von Walker *et. al*, wonach n-TiN die mechanischen Eigenschaften von Al_2O_3 ehe verschlechtert [11].

TiN Gehalt [vol.-%]	ρ [g/cm^3]	G [µm]	HV_{10} [GPa]	σ_b^* [MPa]	K_{IC} [MPa.m$^{0.5}$] (nach Anstist)
0.0	3.98	1.24	20 ± 0.75	285 ± 21	2.43 ± 0.15
1.0	3.99	1.46	20 ± 0.5	291 ± 30	2.71 ± 0.25
2.5	4.01	0.69	20 ± 0.4	337 ± 30	2.42 ± 0.1
5.0	4.03	0.65	20 ± 0.5	285 ± 25	2.63 ± 0.1

*: 4-PB, 3x4x25 mm^3, Auflage 20/10 mm

Tabelle 1: Gefügekennwerte und mechanische Eigenschaften der heißgepreßten Al_2O_3/n-TiN- Proben mit verschiedenen TiN-Gehalten

Zusammenfassung und Ausblick

Der CVR-Reaktor ermöglicht die Herstellung von nanoskaligen TiN-Pulvern mit enger Teilchengrößenverteilung, wobei durch Variation der Verfahrensparameter Pulver mit verschiedenen spezifischen Oberflächen (20 bis 80 m^2/g) mit einem Durchsatz von einigen kg/h erhalten wurden. Durch den modularen Aufbau der Anlage sind Verfahrensmodifizierung zur Änderung der Stoffsysteme mit begrenztem Aufwand möglich, so daß andere nanoskalige Pulver ebenfalls hergestellt werden können. Durch chemische Oberflächenmodifizierung können nanoskalige TiN-Pulver im Rahmen des pysikalisch Möglichen vollständig redispergiert und zu stabilen, hochkonzentrierten Suspensionen verarbeitet werden. Durch die Anbindung der nanoskaligen Pulverteilchen an die sub-mikronen Matrixpulverteilchen gelingt es, Kompositkeramiken mit gleichmäßiger Verteilung der Nanopartikel herzustellen, wie es am Beispiel von Al_2O_3/TiN gezeigt wurde. Nanoskaliges TiN bewirkt bei Al_2O_3 in Konzentrationen über 1 Vol.-% eine signifikante Kornfeinung. Durch n-TiN ändert sich der interkristalline Bruchmodus von Al_2O_3 in den Mischbruchmodus, was auf eine, im Gegensatz zu Literaturangaben, eine Verstärkung der Al_2O_3-Korngrenzen hinweist und folglich ausgeprägte Verbesserung der mechanischen Eigenschaften bewirken sollte. Die mechanischen Eigenschaften von Al_2O_3/TiN-waren im Vergleich zu monolithischem Al_2O_3 nur geringfügig besser.

Literaturhinweise
(1) I. Levin, W.D. Kaplan, D.G. Brondon, „Effect of Submicrometer Particle Size and Content on Fracture Toughness of Alumina-SiC „Nanocomposites", J.Am.Ceram.Soc., 78[1] (1995), 254-256
(2) Z. Li, R.C. Bradt, „Micromechanical Stresses in SiC-Reinforced Al_2O_3 Composites", J.Am.Ceram.Soc., 72[1] (1989), 70-77
(3) K. Niihara, A. Nakahira, T. Sekino, "New Nanocomposite Structural Ceramics", Mat. Res. Soc. Proc., Vol. 286, (1993), 405-412
(4) R.W. Davidge, R.J. Brook, F. Cambier, M. Poorteman, A. Leriche, D.O'Sullivan, S. Hampshire, T. Kennedy, „ Fabrication, Properties, and Modelling of Engineering Ceramics Reinforced with Nanoparticles of Silicon Carbide", British Ceram. Trans., 96 (3), (1997), 121-126
(5) T. Hirano, K. Niihara, „Microstructure and Mechanical Properties of Si_3N_4/SiC composites", Matt. Lett., 22, (1995), 249-254
(6) E. Liden, M. Persson, E. Carlström, R. Carlsson, „ Electrostatic Adsorption of a Colloidal Sintering Agent on Silicon Nitride Particles", J. Am. Ceram. Soc., 74[6], (1991), 1335-1339
(7) R. Nonninger, „Entwicklung eines stabilen Gießschlickers für das Schlickergießen von SiC" Dissertation, Universität des Saarlandes, (1995).
(8) R. Nass, M. Aslan, R. Nonninger, H. Schmidt, P. Matje, „New Processing Techniques for the Production of Pressureless Sintered SiC Parts", in "Ceramic Transactions, Volume 51: Ceramic Processing Science and Technology", Am.Ceram.Soc, 1995, 433-437
(9) S. Sumita, H.K. Bowen, „Effect of Foreign Oxides on Grain Growth and Densification of Sintered Al_2O_3, Ceramic Transactions, Vol.1: Ceramic Powder Science, Am.Ceram. Soc., (1991), 840-847
(10) S. Jiao, M.L. Jenkins, R.W. Davidge, „Interfacial Fracture Energy-Mechanical Behaviour Relationship in Al_2O_3/SiC and Al_2O_3/TiN Nanocomposites", Acta mater., 45[1], (1996), 149-156
(11) C.N. Walker, C.E. Borsa, R.I. Todd, R.W. Davidge, J.R. Brook, „Fabrication, Characterisation and Properties of Alumina Matrix Nanocomposites"; Br. Ceram. Proc., 53, (1994), 249-264

Autoren danken dem BMBF für die finanzielle Unterstützung.

Poröse oxidkeramische Membranen: Stand der Technik und neue Ergebnisse zur Herstellung nanoporöser Membranmaterialien

Stefan Tudyka[1], Fritz Aldinger[2], Herwig Brunner[1]
[1]Fraunhofer-Institut für Grenzflächen- und Bioverfahrenstechnik, Stuttgart
[2]Max-Planck-Institut für Metallforschung, PML, Stuttgart

Stand der Technik

Bei der Abtrennung oder Aufkonzentrierung spezifischer Inhaltsstoffe aus Lösungen werden bisher überwiegend technische Membranen aus organischen Materialien eingesetzt. Bei der Behandlung von Flüssigkeiten, welche einen extremen pH-Wert (pH < 4 oder > 10) besitzen oder organische Lösungsmittel enthalten, kommen diese organischen Filter jedoch an die Grenzen ihrer chemischen Beständigkeit. Vor diesem Hintergrund kommt der Entwicklung leistungsfähigerer Membranen aus keramischen Werkstoffen wachsende Bedeutung zu (1). Marktprognosen gehen davon aus, daß der im Jahr 1995 (2) erzielte weltweite Branchenumsatz von Produzenten keramischer Membranen von DM 44 Mio. auf ca. 180 Mio. im Jahr 2000 steigen wird.

Über Pulversuspensionen hergestellte Keramikfilter für die Mikrofiltration (MF, Porengrößen > ca. 0.1 µm) sind seit den 60er-Jahren bekannt. Ihre Herstellung erfolgt über einen Beschichtungsprozeß (Slip-Casting), bei dem ein poröser keramischer, z.B. flacher Träger manuell in eine Keramikpulversuspension eingetaucht wird (Dip-Coating) und die anhaftende Schicht über einen Sinterschritt mit dem Träger dauerhaft verbunden wird. Das Beschichtungsprinzip beruht auf einer Konzentrierung der suspendierten Partikel an der Oberfläche durch den vom Substrat erzeugten Kapillarsog. Die kommerziell erhältlichen MF-Membranmaterialien bestehen aus α-Al_2O_3, TiO_2, ZrO_2, $3Al_2O_3 \cdot 2SiO_2$ (Mullit) oder Al_2O_3/SiO_2-gebundenem SiC. Letzteres Material verliert aufgrund der schlechten chemischen Beständigkeit der Binderphase, besonders im basischen pH-Bereich, zunehmend an Bedeutung und wird durch α-Al_2O_3 ersetzt. MF-Membranen mit einer Porengröße zwischen ca. 0.1 µm und 10 µm lassen sich heute problemlos im Produktionsmaßstab herstellen. Etwa 10.000 m^2 Membranfläche für die Mikrofiltration wurden 1996 in Deutschland produziert.

Für die Herstellung von Membranen mit kleineren Poren (ca. 0.1 µm - 4 nm) zum Einsatz in der Ultrafiltration (UF) sind die derzeit verfügbaren Pulverteilchen zu groß und es bedarf des Einsatzes alternativer Syntheseverfahren. Etabliert ist die Sol-Gel-Technik, bei der zumeist metallorganische Ausgangsverbindungen eingesetzt werden und die sich über mehrere Verfahrensschritte als wenige Mikrometer dünne Schichten auf porösen Keramikträgern abscheiden lassen. Üblicherweise wird ein in einem Lösungsmittel (meist Alkohol) befindliches flüssiges Alkoxid mit einer definierten Menge Wasser hydrolysiert und die danach trübe Flüssigkeit mit Säure zu einem klaren Sol peptisiert. Die Beschichtung erfolgt in der gleichen Weise wie bei den MF-Membranen durch Benetzen eines Trägers mit dem Sol. Die gängigsten UF-Membranmaterialien bestehen aus γ-Al_2O_3, TiO_2 (Anatas, Rutil), ZrO_2 (tetragonal) und $MgAl_2O_4$ (Spinell), da diese befriedigende Eigenschaften hinsichtlich chemischer und thermischer Stabilität aufweisen und geeignete Precursoren (Alkoxide) für die Solherstellung verfügbar sind. In Tabelle 1 sind aus der Literatur Syntheseparameter zur Herstellung der wichtigsten UF-Membranmaterialien γ-Al_2O_3 und TiO_2 bzw. deren stabiler Sole zusammengestellt. Wichtige Syntheseparameter sind das molare Verhältnis von zugegebener Säuremenge zum Metallgehalt, welches die Partikelgröße vorbestimmt, sowie die Metall-Konzentration im Sol, welche die Defektbildung bei der Beschichtung beeinflußt (zweite bzw. fünfte Spalte in Tabelle 1).

Sol-Zusammensetzung	[H+]/[M]	pH	[H$_2$O]/[M]	[M] (mol/l)	[M]/[Alkohol]	Literatur
Al$_2$O$_3$	0.07-0.1	3.5-3.8		0.5-1	0.12-0.37	(3)
	0.07	4	100	0.568		(4)
	0.12	3.9	100			(5)
	0.07		54.7	1		(6)
	0.035	3.9-4		0.5		(7)
TiO$_2$	0.11			0.278		(8)
	0.28		100.4	0.25	0.038	(6)
	0.4 (0.1-1)		200	0.25		(9)
	0.2	1.2-1.5		0.277		(10)
	0.5	2	22.2	0.2		(11)

Tabelle 1: Syntheseparameter zur Herstellung der wichtigsten UF-Membranmaterialien γ-Al$_2$O$_3$ und TiO$_2$ bzw. deren stabiler Sole

Keramische MF- und UF-Membranen werden aufgrund ihrer guten thermischen Beständigkeit vorzugsweise in Anwendungen eingesetzt, bei denen hohe Temperaturen herrschen (> ca. 90 °C) und bei denen die deutlich kostengünstigeren Polymermembranen nicht verwendet werden können, da sie sich zersetzen. Bei sehr hohen Temperaturen sind allerdings auch keramische Membranen strukturellen Veränderungen unterworfen, wobei aber konkrete Angaben über Veränderungen der Porenstruktur bei Langzeiteinsätzen aus verkaufspolitischen Gründen kaum verfügbar sind. Der durchschnittliche Porendurchmesser einer unter dem Handelsnamen Membralox® (SCT, U.S. Filter) kommerziell erhältlichen γ-Al$_2$O$_3$-Ultrafiltrationsmembran vergrößert sich beispielsweise nach Auslagerung bei 640 °C für 100 Stunden von 4 auf 4.3 nm (12). Unter hydrothermalen Bedingungen bei 5 Vol.% Wasserdampfanteil wird nach Auslagerung bei 640 °C für 117 Stunden eine Porenaufweitung von 4 auf 5.2 nm beobachtet. Höhere Wasserdampfanteile führen zu einer merklichen Vergrößerung des durchschnittlichen Porendurchmessers. Eine bei 90 Vol.% Wasserdampfanteil bei 640 °C für 198 Stunden ausgelagerte Membran zeigt eine Vergrößerung der Porendurchmesser von 4 auf 6.5 nm. Die größte Veränderung der Porengröße der hydrothermal behandelten Membranen erfolgt innerhalb der ersten Auslagerungsstunden. Die scharfe Porengrößenverteilung der Membran bleibt nach der untersuchten Auslagerungszeit erhalten. Chang et al. (6) berichten, daß der Einfluß von Wasserdampf auf die Veränderung der Porenstruktur für die Membranmaterialien ZrO$_2$, TiO$_2$ und γ-Al$_2$O$_3$ in dieser Reihenfolge abnimmt.
Es ist zu bemerken, daß die maximale Einsatztemperatur der keramischen Membranen weniger durch die thermische Belastbarkeit des keramischen Materials, sondern primär durch das Dichtungsmaterial (oft Silikon) zwischen Träger und Gehäuse („Modul") und sekundär durch das Modulmaterial (Edelstahl) bestimmt wird.

Membranen mit noch feineren Poren (ca. 0.5 - 4 nm) für Anwendungen in der Nanofiltration (NF), beispielsweise zur Aufbereitung von Erzschlämm- oder Textilbleichereiabwässern, befinden sich im Entwicklungsstadium. Die ersten Publikationen zu keramischen NF-Membranen erschienen 1993 von französischen Arbeitsgruppen (CEA, SCT, CNRS/ENSCM). Ihr Durchbruch verzögert sich aber aufgrund präparativer Schwierigkeiten bei der Erzeugung definierter Porenstrukturen und defektfreier Schichten. Die Herstellung von NF-Membranen stellt prinzipiell eine Fortführung und Optimierung der Technik zur Herstellung von UF-Membranen dar. Deshalb finden sich bei den untersuchten NF-Membranmaterialien die gleichen Verbindungen wie bei den UF-Membranen, d.h. γ-Al$_2$O$_3$, TiO$_2$ und ZrO$_2$. Keramische Membranen für die Nanofiltration sind in Form von Labormustern in minimaler Stückzahl zu beziehen. Die Bereitstellung größerer Membraneinheiten mit einheitlicher und gleichbleibender Qualität ist trotz widersprüchlicher Aussagen und Angaben in industriellen Produktblättern noch nicht gegeben.

Die Qualitätsschwankungen von käuflichen MF- und UF-Membranen hinsichtlich Permeabilität, Rückhaltungscharakteristik oder chem./therm. Beständigkeit sind nur unwesentlich. Die Preise der angebotenen Membranen differieren von Anbieter zu Anbieter gering und liegen für beide Strukturtypen (MF, UF) bei ca. DM 3.500-4.000 incl. Modul. Die etwa zehn nationalen und 20 internationalen Hersteller lassen sich vielmehr anhand der Geometrie ihrer keramischen Träger unterteilen. Unterschieden wird zwischen rohrförmigen Trägern und flachen/planaren Trägern (Bild 1). Die ersten keramischen MF- und UF-Membranen wurden 1973 bzw. 1978 auf rohrförmigen (Kohlenstoff- bzw. Oxid-) Trägern vorgestellt. Erstmals rohrförmige Träger mit mehreren innenliegenden Kanälen zur Erhöhung der nutzbaren Membranfläche boten japanische Firmen (Toto, Nippon Cement, NGK) Ende der 80er Jahre an. Eine nochmalige Steigerung des Verhältnisses von Membranfläche zu Modulvolumen wurde durch Membranträger in einer planaren Flachgeometrie realisiert und erstmals 1993 vorgestellt. Erfahrungen haben gezeigt, daß der Vorteil der größeren Fläche des Flachkonzepts nur dann zum Tragen kommt, wenn die Problematik der mäßigen Druck- und Bruchfestigkeit gelöst wird (Wasserdruck maximal ca. 5 bar). Ein weiterer, nicht gänzlich neuer, aber vielversprechender Ansatz in Richtung höherer Membranfläche geht von kristallinen keramischen Kapillaren bzw. Hohlfasern (Innendurchmesser 0.5 - 4 mm bzw. < 0.5 mm) aus (13). Obwohl die ersten Veröffentlichungen zur Herstellung dieses Membrantyps, der von Polymermembranen bekannt ist, bereits 20 Jahre zurückliegen, sind bislang keine Membranen kommerziell erhältlich. Interessante Publikationen beschreiben die Herstellung von nichtoxidischen Hohlstrukturen aus SiC, Si_3N_4 oder SiCN durch Verarbeitung präkeramischer Vorstufen, wie Silazane oder Ormocere (14).

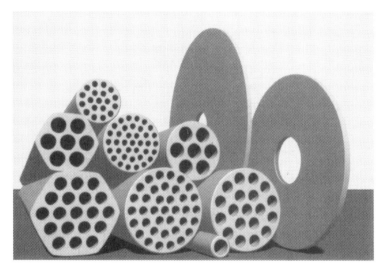

Bild 1: Auswahl kommerziell erhältlicher Trägergeometrien für die Flüssigfiltration

Neue nanoporöse Membranmaterialien

Derzeitig lassen sich zwei Forschungstrends auf dem Gebiet der porösen keramischen Membranen erkennen. Zum einen preisgünstige Membranen mit einem hohen Membranflächen- zu Modulvolumenverhältnis (z.B. Hohlfasern), zum anderen Nanofiltrationsmembranen mit Porengrößen im Bereich 0.5 - 4 nm. Bei der Herstellung von Membranen für die Nanofiltration wurde bislang von Materialsystemen ausgegangen, die nur eine Metallkomponente enthalten (γ-Al_2O_3, TiO_2). Der Ansatz der Herstellung von nanoporösen Membranen aus Al_2O_3-TiO_2-Mischoxiden wurde bislang nicht verfolgt. Wir haben eine Cohydrolyse von Al- und Ti-Alkoxiden (gelöst in Isopropanol) im molaren Verhältnis von 2:1 mit einem großen Wasserüberschuß bei Raumtemperatur durchgeführt und die milchige Flüssigkeit mit 1.6 molarer HNO$_3$ peptisiert. Bei einer spezifischen Säuremenge wurde ein klares, bläulich-opaliszierendes Sol erhalten, dessen Partikelgrößenverteilung mittels der quasielastischen Lichtstreuung bestimmt und in Bild 2 dargestellt ist. Die durchschnittliche Partikelgröße des Sols bleibt auch nach längerer Alterungszeit nahezu unverändert (Bild 3). Dieses Ergebnis ist wichtig, um auch nach längeren Beschichtungspausen Membranen mit gleichbleibender Porengröße herzustellen.

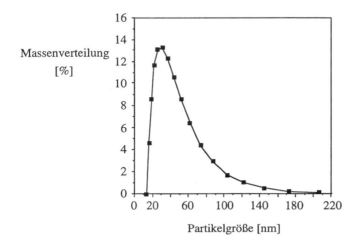

Bild 2: Partikelgrößenverteilung des Al$_2$O$_3$-TiO$_2$-Sols

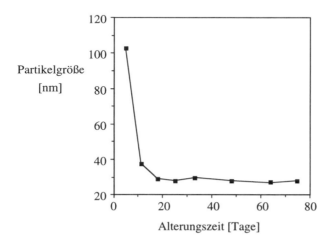

Bild 3: Abhängigkeit der durchschnittlichen Partikelgröße des Al$_2$O$_3$-TiO$_2$-Sols von der Alterungszeit

Für die Herstellung von Membranmaterial wurde Sol herangezogen, das mindestens 20 Tage gealtert ist. Die Untersuchung des Partikelwachstums und der Porenstruktur erfolgte derart, daß Sol-Proben bei 50 °C getrocknet und bei 600 bzw. 800 °C für zwei Stunden gesintert wurden. Transmissionselektronische Aufnahmen der beiden Pulver lassen Primärteilchen im Größenbereich von wenigen Nanometern erkennen (Bild 4 und 5). Die 800 °C-Probe zeigt größere Primärteilchen und belegt das stattgefundene Partikelwachstum. Über BET-Messungen erhaltene Ergebnisse zur Porenstruktur sind in Bild 6 dargestellt. Die bei 600 °C gesinterte Probe besitzt ein signifikantes Porenvolumen im Bereich 0.8 - 2 nm. Eine schärfere Porenradienverteilung um 1.5 nm liegt bei der 800 °C-Probe vor. Die gemessenen offenen Porositäten betragen 28 bzw. 25 %.

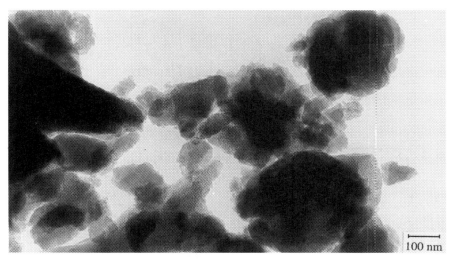

Bild 4: TEM-Aufnahme des bei 600 °C gesinterten Membranmaterials

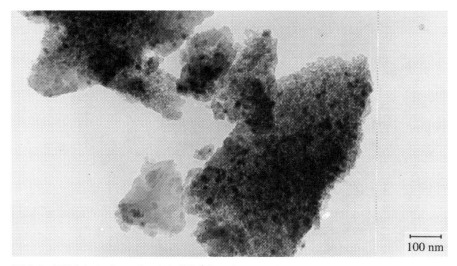

Bild 5: TEM-Aufnahme des bei 800 °C gesinterten Membranmaterials

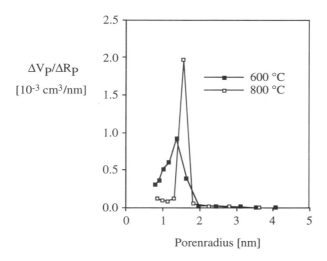

Bild 6: Porenradienverteilung des für 2 h bei 600 und 800 °C gesinterten Membranmaterials, erhalten aus BET-Messungen

Neben der strukturellen Charakterisierung des Membranmaterials wurden Beschichtungsversuche des Sols auf α-Al$_2$O$_3$-Rohrträgern mit einem mittleren Porendurchmesser von 0.2 μm durchgeführt. Hierzu wurde das Sol mit Additiven (Methylcellulose, Polyethylenglykol 400) modifiziert und der Träger für unterschiedliche Zeiten mit dem modifizierten Sol benetzt. Daran schloß sich das Tempern des beschichteten Trägers an. Bild 7 zeigt eine REM-Aufnahme der Bruchfläche eines Trägers, der für eine Minute mit dem modifizierten Sol benetzt und für zwei Stunden bei 700 °C gesintert wurde. Die ca. 1 μm dicke Schicht ist von Rissen durchsetzt und hebt sich teilweise vom Substrat ab. Versuche zur Herstellung völlig defektfreier Schichten werden zur Zeit durchgeführt und beinhalten die Variation der Metall-Konzentration im Sol sowie der Additivzusammensetzung.

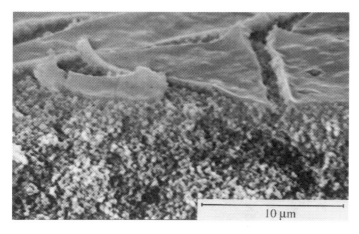

Bild 7: REM-Aufnahme der Bruchfläche eines Trägers, der für eine Minute mit dem Sol beschichtet und getempert wurde

Die Ergebnisse zeigen, daß durch Cohydrolyse von Al- und Ti-Alkoxiden und einem spezifischen Peptisationsschritt klare Sole herstellbar sind, die sich zu nanoporösen Materialien weiterverarbeiten lassen. Aufgrund ihrer Porenstruktur eignen sich diese Materialien für Anwendungen in der Nanofiltration.

Literatur

(1) R.R. Bhave: Inorganic Membranes: Synthesis, Characteristics and Applications. Van Nostrand Reinhold, New York, 1991
(2) Interne Information, Fraunhofer-Institut für Grenzflächen- und Bioverfahrenstechnik, 1996
(3) Interne Arbeit, Xiong G., Fraunhofer-Institut für Grenzflächen- und Bioverfahrenstechnik, 1991
(4) Butler E.P., Landham R.R., Thomas M.P., Composite Membrane, Eur. Pat. Appl. 0242208 A1, 1987
(5) Alami-Younssi S., Larbot A., Persin M., Sarrazin J., Cot L., Gamma Alumina Nanofiltration Membrane Application to the Rejection of Metallic Cations, J. Membr. Sci., 91, 87-95, 1994
(6) Chang C.-H., Gopalan R., Lin Y.S., A Comparative Study on Thermal and Hydrothermal Stability of Alumina, Titania and Zirconia Membranes, J. Membr. Sci., 91, 27-45, 1994
(7) Moosemiller M.D., Hill C.G., Anderson M.A., Physicochemical Properties of Supported γ-Al_2O_3 and TiO_2 Ceramic Membranes, Separ. Sci. Technol., 24(9&10), 641-657, 1989
(8) Gieselman M.J., Anderson M.A., Moosemiller M.D., Hill C.G., Physico-Chemical Properties of Supported and Unsupported γ-Al_2O_3 and TiO_2 Ceramic Membranes, Separ. Sci. Technol., 23(12&13), 1695-1714, 1988
(9) Anderson M.A., Gieselmann M.J., Xu Q., Titania and Alumina Ceramic Membranes, J. Membr. Sci., 39, 243-258, 1988
(10) Xu Q., Gieselmann M.J., Anderson M.A., The Colloid Chemistry of Ceramic Membranes, Polym. Mater. Sci., Eng., 6, 889-893, 1989
(11) Zaspalis V.T., Van Praag W., Keizer K., Ross J.R.H., Burggraaf A.J., Synthesis and Characterization of Primary Alumina, Titania and Binary Membranes, J. Mater Sci., 27, 1023-1035, 1992
(12) Gallaher G.R., Liu P.K.T., Characterization of Ceramic Membranes. Part 1: Thermal and Hydrothermal Stabilities of Commercial 40 Å Membranes, J. Membr. Sci., 92, 29-44, 1994
(13) a) Rennebeck K., Mikrohohlfaser aus keramischem Material, ein Verfahren zu deren Herstellung sowie deren Verwendung, DE Pat. 19701751 A1, 1997, b) Terpstra R.A., Van Eijk J.P.G.M., Feenstra F.K., Method for the Production of Ceramic Hollow Fibres, in particular Hollow Fibre Membranes for Microfiltration, Ultrafiltration and Gas Separation, WO Pat. 94/23829, 1993
(14) Hayashida A., Takamizawa M., Takeda Y., (Shin-Etsu Chemical Co., Ltd., Tokyo), Preparation of Hollow Ceramic Fibers, US Pat. 4948763, 1990

Keramische Nanofiltrationsmembranen

C. Siewert, H. Richter, A. Piorra, G. Tomandl
TU Bergakademie Freiberg, Institut für Keramische Werkstoffe, Freiberg

Einleitung
In den letzten Jahren wurde am Institut für Keramische Werkstoffe der TU Bergakademie Freiberg verstärkt die Entwicklung von keramischen Membranen betrieben. Die keramischen Membranen haben auf Grund ihrer guten chemischen, thermischen und mechanischen Eigenschaften ein breiteres Anwendungsfeld als die polymeren Membranen.
Es konnten Ultrafiltrationsmembranen aus ZrO_2, TiO_2, γ-Al_2O_3 und TiN mit einer mittleren Porengrröße von 5 - 20 nm hergestellt werden. Durch Anwendung eines polymeren Sol-Gel-Prozesses konnte mit den Systemen TiO_2 und ZrO_2 eine weitere, feinere Schicht auf der Ultrafiltrationsschicht abgeschieden werden. Durch Filtrationstests mit „Orange G" und „Direct Red" konnten Nanofiltrationseigenschaften nachgewiesen werden.

Präparation
Ein Metallalkoholat wird mit wenig Wasser teilweise hydrolysiert (Gleichung 1). Sofort nach Beginn der Hydrolyse setzt eine Polykondensation zwischen teilhydrolysierten Alkoholaten ein, wobei unter Abgabe von Wasser und Alkohol ein dreidimensionales Netzwerk entsteht (Gleichung 2.1 und 2.2) (1-2). Die Viskosität des Systems steigt durch die Polykondensation und es kann nun als „polymeres Sol" bezeichnet werden. Das in Folge der weiterhin ablaufenden Reaktionen entstehende Gel wird als „polymeres Gel" bezeichnet.

Hydrolyse

$$Me(OR)_n + H_2O \rightarrow Me(OR)_{n-1}OH + ROH \qquad \text{Glg. 1}$$

Polykondensation

$$Me(OR)_{n-1}OH + Me(OR)_{n-1}OH \rightarrow (RO)_{n-1}Me-O-Me(RO)_{n-1} + H_2O \qquad \text{Glg.2.1}$$

$$Me(OR)_{n-1}OH + Me(OR)_n \rightarrow (RO)_{n-1}Me-O-Me(RO)_{n-1} + ROH \qquad \text{Glg.2.2}$$

Die zur Solherstellung verwendeten Zr- und Ti-Alkoholate neigen sehr stark zur Hydrolyse. Um die Polykondensationsreaktionen ablaufen lassen zu können, muß daher jeglicher zusätzliche Kontakt mit Wasser während der Solpräparation vermieden werden. Durch Verwendung von organischen Additiven - Acetylaceton, Essigsäure und Diethanolamin - können Hydrolyse und Polykondensation gesteuert werden. Dem mit Ethanol oder Isopropanol verdünnten Alkoholat-Additiv-Gemisch wird eine definierte Menge an Wasser zugesetzt. Die für die Beschichtung optimale Viskosität (gemessen mit einem Rotationsviskosimeter - Brookfield Viskometer Model DV-II+ -) kann durch Variation des Wasseranteils und durch Lösungsmittelart und -anteil eingestellt werden.
Zur Herstellung von rohrförmigen Nanofiltrationsmembranen wird das Sol auf den rohrförmigen Trägerkörper (Ultrafiltrationsmembran) aufgetragen - Abbildung 1 -. Durch die wirkenden Kapillarkräfte wird dem Sol Lösungsmittel entzogen. In unmittelbarer Nähe der Trägeroberfläche kommt es dadurch verstärkt zum Ablauf von Polykondensationsreaktionen und zur Ausbildung einer

polymeren Gelschicht. Das überschüssige Sol kann verworfen werden. Die Umwandlung in eine keramische Schicht erfolgt durch Trocknung und Pyrolyse der Gelschicht.

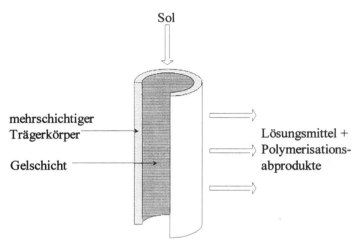

Abbildung 1: Prinzip der Trägerbeschichtung mit polymeren Sol

Ergebnisse
Es wurden Gelierungsversuche mit Gemischen folgender molarer Zusammensetzung durchgeführt: Metallalkoholat : Additiv : Lösungsmittel : Wasser = 1 : 2 (1) : 10 : x.
Bei Gemischen die 2 Mol Acetylaceton enthielten, war keine Gelierung durch Zugabe von Wasser zu beobachten. Dagegen konnten Gemische mit 2 Mol Essigsäure, durch Zugabe von 2 bis 3 Mol Wasser geliert werden. Es entstanden leicht bläuliche Gele, was auf die Entstehung kleiner Partikel schließen läßt. Die Gelierung der Gemische mit Diethanolamin führte zu klaren Gelen. Hier war deutlich ein Zusammenhang zwischen Gelierungszeitpunkt und Lösungsmittelanteil im Gemisch festzustellen. Stark verdünnte Sole gelieren wesentlich langsamer, als hoch konzentrierte Sole. Diese Eigenschaft führte zu guten Beschichtungsmöglichkeiten.
An freitragenden Membranen wurden Röntgendiffraktometrie-Untersuchungen durchgeführt. Es zeigte sich, daß nach Sinterung bei 500 °C reines tetragonales ZrO_2 und im Fall von TiO_2 Anatas mit einem geringen Rutilanteil vorlag.
Die Schichtdicke und Qualität der Nanofiltrationsmembranen wurde mittels Rasterelektronenmikroskopie (REM) und hochauflösender Rasterelektronenmikroskopie (FESEM) überprüft. Die REM-Untersuchungen gaben lediglich Aufschluß über die Fehlerfreiheit (Risse) der Schichten, da hier die Auflösungsgrenze des Gerätes erreicht wurde. Angaben zur Schichtdicke konnten nur durch FESEM-Untersuchung gemacht werden. Für die NF-Schichten wurde eine Schichtdicke von etwa 50 nm ermittelt. Die Abbildung 2 zeigt eine ZrO_2-NF-Membran.

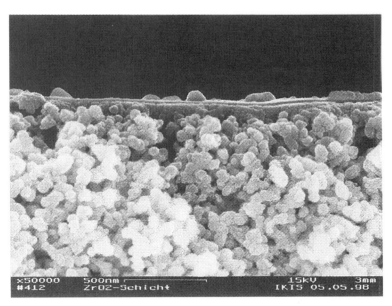

Abbildung 2: FESEM-Aufnahme von der Bruchkante einer ZrO_2-NF-Membran

Die Porengrößen wurden durch Stickstoff-Adsorptions-Desorptionsmessungen (ASAP 2000/Micromeritics) an freitragenden Schichten ermittelt. Auch bei dieser Untersuchungsmethode muß eng am Meßbereich des Gerätes gearbeitet werden. Je nach gewählter Auswertungsmethode differieren die ermittelten mittleren Porendurchmesser zwischen 1 und 2 nm. Die Abbildung 3 zeigt die Porengrößenverteilung der TiO_2- und der ZrO_2-NF-Membran ausgewertet nach der BJH-Methode und nach Dubinin/Astakhov. Für die TiO_2-Membran wurde eine etwas größere mittlere Porengröße sowie eine etwas breitere Porengrößenverteilung ermittelt als für die ZrO_2-Membran. Über die MP-Methode konnten Mikroporenvolumen und offene Porosität dieser Schichten bestimmt werden. Für die TiO_2-Schicht wurde ein Mikroporenvolumen von 0,3 cm³/g und eine offene Porosität von 54 % ermittelt. Die ZrO_2-Schicht hat im Vergleich dazu ein sowohl geringeres Mikroporenvolumen (0,07 cm³/g) als auch eine geringere offene Porosität (30 %).
An fehlerfreien Einkanalmembranen (14 cm lang, Filterfläche ca. 20 cm²) erfolgten Filtrationsversuche im Crossflowverfahren. Die Tabelle 1 enthält die ermittelten Daten der Filtrationsversuche.

	ZrO_2 NF-Membran		TiO_2-NF-Membran	
	Fluß l/(m²·h·bar)	Rückhalt %	Fluß l/(m²·h·bar)	Rückhalt %
Wasser	80	-	82	-
"Direct Red"	66	99,2	44	97,5
"Orange G"	45	30,0	41	47,3

Tabelle 1: Permeatflüsse und Rückhalte der ZrO_2- und TiO_2-NF-Membran nach 60minütiger Filtration im Crossflowbetrieb

Zur Aufnahme der Wasserpermeatflüsse wurde mit einer Tangentialgeschwindigkeit von 1,5 m/s und einem Transmembrandruck von etwa 2 bar gearbeitet. Die Cut-off-Werte wurden wie in (3-4) beschrieben, durch Filtration mit je 200 mg/l „Orange G" (452,4 g/mol) und „Direct Red" (990,8 g/mol) ermittelt. Die Rückhalte wurden durch Messungen mit einem UV-VIS-Spektrometer bestimmt.

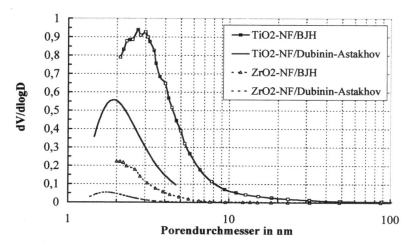

Abbildung 3: Porengrößenverteilung einer TiO_2- und ZrO_2-NF-Membran nach Sinterung bei 500 °C

Zusammenfassung

Durch Anwendung eines polymeren Sol-Gel-Verfahrens konnten keramische Nanofiltrationsmembranen aus ZrO_2 und TiO_2 hergestellt werden. Die Untersuchung dieser Membranen hinsichtlich Porengröße, Porosität und Schichtdicke erwies sich als schwierig, da die Grenzen der einzelnen Untersuchungsverfahren erreicht wurden. Durch Aufnahme von Wasserpermeatflüssen und durch Filtertests mit Farbmolekülen konnte die Eignung der Membranen zur Nanofiltration nachgewiesen werden.

Literatur

(1) Yoldas, B.E.: „Zirconium oxide formed by hydrolytic condensation of alkoxides and parameters that effect their morphology", J. Mat. Sci., 21, S. 1080-1086, 1986

(2) Yamasa, K., Chow, T.Y., Horihata, T., Nagata, M.: "Low temperature synthesis of zirconium oxide using chelating agents", J. Non-cryst. Solids, 100, S. 316-320

(3) Larbot, A., Alami-Younssi, S., Persin, M., Sarrazin, J., Cot, L.: "Preparation of a γ-alumina nanofiltration membrane", J. Membr. Sci. 97, S. 167-173, 1994

(4) Alami-Younssi, S., Larbot, A., Persin, M., Sarrazin, J. Cot, L.: „Rejection of mineral salts on a gamma alumina nanofiltration membrane - Application to environmental process", J. Membr. Sci. 102, S. 123-129, 1995

Herman Riedel
(Herausgeber)

Band VII

**Symposium 14
Simulation Keramik**

I.

Umformen, Pressen und Sintern

Modellierung der Spannungsentwicklung und des Verformungsverhaltens beim Co-Firing von Anode-Elektrolyt-Verbunden für Hochtemperatur-Brennstoffzellen

R. Vaßen, D. Stöver, Institut für Werkstoffe und Verfahren der Energietechnik 1, Forschungszentrum Jülich GmbH, Jülich,
A. Ullrich, M. Bobeth, W. Pompe, Institut für Werkstoffwissenschaft, Technische Universität Dresden, Dresden

Kurzfassung

Die Herstellung von Komponenten für Festkörperbrennstoffzellen (solid oxide fuel cells - SOFC) nach dem Substratkonzept enthält einen Prozeßschritt, bei dem der Elektrolytfilm gemeinsam mit der als Substrat vorliegenden Anode gesintert wird. Während des Co-Firing des Elektrolytfilms (Y_2O_3-stabilisiertes ZrO_2 (YSZ)) und der dickeren porösen NiO/YSZ-Anode (Substrat) verursachen die verschiedenen Schwindungen eine Biegeverformung des Substrat-Elektrolyt-Schichtverbundes. Es ist das Ziel, über eine Modellierung der Verformung im Co-Firing-Prozeß die relevanten Mechanismen zu identifizieren, um daraus ein Konzept für eine biegefreie Schwindung des Verbundes über ein geeignetes Sinterregime abzuleiten.

In dem ausgearbeiteten Modell wird der gesamte Sinterprozeß einschließlich der Aufheiz- und Abkühlphase beschrieben. Einer Idee von Suresh folgend wird die Gesamtverformung als Überlagerung eines elastischen, eines Kriechanteils und der freien Sinterschwindung modelliert, wobei auch inhomogene Kriechverformungen über den Schichtquerschnitt berücksichtigt werden. In die Berechnungen gehen experimentelle Werte für die freien Schwindungen von Elektrolyt- und Anodenmaterial ein. Die Einflüsse des Temperatur-Zeit-Regimes und der geometrischen Abmessungen des Schichtverbundes auf die zeitliche Entwicklung der Spannungen in den einzelnen Komponenten sowie auf die Krümmung des Schichtverbundes werden untersucht. Für die Identifizierung der relevanten Teilprozesse werden experimentelle Ergebnisse zur zeitlichen Entwicklung der Krümmung des Schichtverbundes herangezogen.

Einleitung

Das Substratkonzept für ebene Brennstoffzellengeometrien, wie es vom Forschungszentrum Jülich entwickelt wurde, geht von einer planaren Ni/ZrO_2-Anode als Substrat aus. Dieses Konzept hat gegenüber den Entwicklungen, die den Elektrolyten als tragende Komponente verwenden, ein Reihe von Vorteilen. Es erlaubt z.B. die Verwendung von sehr dünnen Elektrolyten und damit die Verringerung Ohmscher Verluste. Eine Reduzierung der Arbeitstemperatur auf 800°C und darunter bei ausgezeichneten elektrochemischen Kennwerten konnte demonstriert werden. Leistungsdichten über 0.25 W/cm² wurden erreicht (1). Das Konzept bedingt jedoch auch eine Reihe von spezifischen Problemen, die z.T. durch den unsymmetrischen Aufbau der Einheiten verursacht werden. Während des sogenannten Co-Firings von Elektrolyt und Anodensubstrat entwickeln sich aufgrund unterschiedlicher Schwindungsraten und unterschiedlicher Ausdehnungskoeffizienten Spannungen in den Schichten, die wiederum zu einer Verbiegung der Brennstoffzellen-Einheiten führen. Da bereits geringfügige Abweichungen von der Ebenheit die Assemblierung der Einheit zu großen Stacks erschweren, muß eine Verbiegung weitgehend vermieden werden.

Gelingt es nun, die Prozesse beim Co-Firing hinreichend genau zu beschreiben, sollte es auch möglich sein, Sinterregime zu ermitteln, die möglichst geringe Verformungen nach sich ziehen.

Eine näherungsweise Berechnung unter Vernachlässigung des elastischen Spannungsfeldes ist von einer Reihe von Autoren bereits durchgeführt worden, z. B. beim Sintern von Glasskörpern (2), Vielschicht-Verbunden für die Halbleiterassemblierung (3) oder keramischen Kondensatoren. Mit Hilfe dieses Ansatzes konnte auch das Verformungsverhalten beim Co-Firing von Elektrolyt und Substrat einer Hochtemperaturbrennstoffzelle beschrieben werden (4).

Eine Verbesserung dieses Modells erscheint jedoch aus mehreren Gründen sinnvoll. So wurde zum einen das elastische Verhalten während der Abkühlphase bisher nicht berücksichtigt und zum anderen ist unklar, in welchem Maße die räumliche Abhängigkeit der lateralen Kriechverformung die Schichtdurchbiegung beeinflußt. In vorliegender Arbeit wird das Co-Firing im Rahmen eines viskoelastischen Modells analysiert. In der Literatur existieren Modellierungen ähnlicher Probleme wie die Verdichtung von Al_2O_3/ZrO_2-Laminaten (5) oder das Kriechen von Metall-Keramik Vielschichtsystemen (6). Insbesondere der Zugang von Shen und Suresh (6) diente als Grundlage für die eigenen Spannungsberechnungen. Für die Beschreibung des freien Sinterverhaltens wird ein empirischer Ansatz verwendet, der an experimentelle Daten angefittet wird.

Experimentelles

Anodensubstrate der Geometrie $2*140*140$ mm³ wurden mit dem Coat-Mix® Verfahren (7) hergestellt und bei 1280°C 3h vorgesintert. Anschließend erfolgte die Beschichtung mit dem Elektrolyten mit Hilfe des Vakuumschlickergußverfahrens (8). Die Elektrolytdicke wurde zwischen 8 und 35 µm variiert, wobei die Standarddicke 17 µm betrug. Die Sinterung erfolgte bei 1400°C für 5h, wobei zum Teil SiC-Auflagen zur Reduzierung der Durchbiegung benutzt wurden. Die Durchbiegung der gesinterten Einheiten wurde anschließend mit einem Profilometer bestimmt.

Mit Hilfe eines Videosystems konnten die Konturänderungen auch während der Sinterung beobachtet werden. Details der Anordnung finden sich in (4, 9).

Die freie Sinterschwindung wurde an Coat-Mix® Anodensubstraten und dicken, über Schlickerguß hergestellten Elektrolytproben in einem Netzsch 402E-Dilatometer bei verschiedenen Temperaturen bestimmt.

Modell

Das dem Modell zugrunde liegende Schichtsystem ist in Bild 1 wiedergegeben. Zur Berechnung der Durchbiegung aus dem Krümmungsradius wird nach der Sinterung von einer Anodenlänge von 100 mm ausgegangen.

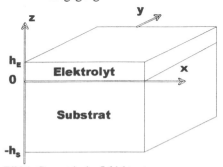

Bild 1: Geometrie des Schichtsystems

Unter der Annahme, daß Substrat und Elektrolyt isotrope Materialien sind, gilt für die Spannungen und die Dehnungen:

$$\sigma_{zz} = \sigma_{xz} = \sigma_{yz} = 0, \tag{1}$$

$$\sigma_{xx} = \sigma_{yy} = \sigma, \tag{2}$$

$$\varepsilon_{xx} = \varepsilon_{yy} = \varepsilon. \tag{3}$$

Entsprechend der klassischen Plattentheorie ist die Dehnung in der Schichtebene eine lineare Funktion der z-Koordinate:

$$\varepsilon = \varepsilon(z) = \varepsilon_0 + \kappa z, \tag{4}$$

wobei ε_0 die Dehnung in der Grenzfläche und κ die Krümmung des Schichtsystems ist. Die Gesamtdehnung ε setzt sich aus vier Anteilen zusammen, einem elastischen ε^{el}, einem durch die Sinterschwindung hervorgerufenen und einem thermischen Anteil sowie einer spannungsinduzierten Kriechdehnung ε^c. Sinterschwindung und thermische Dehnung werden summarisch als ε^s berücksichtigt, da diese auch experimentell als Summe bestimmt werden. Die Dehnung in z-Richtung und in der x,y-Ebene läßt sich somit folgendermaßen darstellen:

$$\varepsilon_{ii}(z) = \varepsilon_{ii}^{el}(z) + \varepsilon_{ii}^{s} + \varepsilon_{ii}^{c}(z) \text{ mit } i = x, y, \text{ oder } z. \tag{5}$$

Für den Fall eines ebenen Spannungszustandes gilt für die elastischen Dehnungen:

$$\varepsilon^{el}(z) = \frac{1-\nu}{E}\sigma(z), \tag{6}$$

$$\varepsilon_{zz}^{el}(z) = -\frac{2\nu}{E}\sigma(z), \tag{7}$$

wobei E der Elastizitätsmodul und ν die Poisson-Zahl ist. Die Kriechrate in der Ebene wird durch

$$\dot{\varepsilon}^c(z) = \frac{1}{\eta_{eff}}\sigma(z) = \frac{E}{\eta_{eff}(1-\nu)}\varepsilon^{el}(z) = \frac{E}{\eta_{eff}(1-\nu)}(\varepsilon_0 + \kappa z - \varepsilon^s - \varepsilon^c(z)) \tag{8}$$

beschrieben, wobei η_{eff} eine effektive Viskosität ist (10) und zur Umformung (5) und (6) benutzt wurde. Das Gleichgewicht von Kräften und Momenten führt weiterhin zu folgenden Gleichungen:

$$\int_{-h_S}^{h_E} \sigma(z)dz = 0 \tag{9}$$

$$\int_{-h_S}^{h_E} \sigma(z)z\,dz = 0 \tag{10}$$

Die Integrationsgrenzen (s. Bild 1) sind dabei aufgrund der Schwindung in z-Richtung und der Querkontraktion zeitlich veränderlich.

Die Gleichungen beschreiben das System vollständig, eine Lösung erfordert jedoch noch Annahmen über die Materialkennwerte. Die Dichteabhängigkeit der elastischen Moduli E und ν wurde durch eine Effektive-Medium-Näherung erfaßt (11) und die Temperaturabhängigkeit von E durch einen linearen Ansatz (Tab. 1). Für die Dichteabhängigkeit der Viskositäten wurde die Näherung von Skorokhod benutzt (12):

$$\eta_{eff} = 6\rho^3 \eta, \tag{11}$$

wobei ρ die relative Dichte und $\eta = \eta_0 \exp(Q/kT)$ die Scherviskosität des verdichteten Materials ist. Die Sinterschwindungen des freien Anodensubstrates und des Elektrolyten wurden durch folgenden Ansatz beschrieben, im weiteren als Mastergleichung bezeichnet:

$$\frac{\dot{\rho}}{\rho} = c\exp(-U_a/kT)(1-\rho)^n, \tag{12}$$

wobei c, U_a und n Fitparameter sind.

Ergebnisse und Diskussion

Die für Berechnungen verwendeten Daten finden sich in Tab. 1. Die im Folgenden angegebenen theoretischen Durchbiegungen wurden in den meisten Fällen mit den experimentellen

Schwindungskurven berechnet. Die Mastergleichung zur Beschreibung der Schwindung wurde verwendet, um den Einfluß abgewandelter Sinterschemen auf die Durchbiegung zu untersuchen.

Größe	Einheit	Anode	Elektrolyt
E_0	[GPa]	$64*[1 - 2 * 10^{-4}(T\,[K]-300K)]$	$200*[1 - 2*10^{-4}(T\,[K]-300K)]$
v_0		0.2	0.2
η	[GPa s]	$7.0\exp(1.8eV/kT)$	$0.9\exp(1.6eV/kT)$
α	[K^{-1}]	$12.2 * 10^{-6}$	$10.8 * 10^{-6}$
ρ_0		0.34	0.6
c	[s^{-1}]	$2.58 * 10^{12}$	$8.45\,10^6$
n		5.72	5.30
U_a	[eV]	4.6	2.67

Tabelle 1: Zusammenstellung der Daten, die in der Modellierung verwendet wurden.

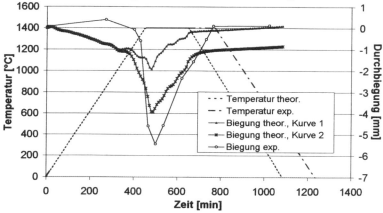

Bild 2 Vergleich der in-situ Messung der Durchbiegung für Anodensubstrate mit 100 mm Kantenlänge und einer Dicke von 2.3 mm sowie einer 17 µm Elektrolytschicht mit theoretischen Ergebnissen (Kurve 2 wurde für eine verdoppelte Elektrolyt-Viskosität erhalten, negative Durchbiegung entspricht einer verlängerten Anode).

Bild 2 zeigt den Vergleich der in-situ beobachteten Biegung und der berechneten. Die Durchbiegung hängt äußerst empfindlich von der Differenz der freien Schwindung von Elektrolyt und Anode ab. Die anfänglichen Unterschiede in der Durchbiegung zwischen Theorie und Experiment deuten auf ein unterschiedliches freies Schwinden von Einzelschichten (Anode und Elektrolyt für sich) und im Schichtverbund an. Ansonsten zeigen experimenteller und theoretischer Verlauf eine große Ähnlichkeit. Der Wert des Durchbiegungsminimums reagiert empfindlich auf Änderungen der Viskositäten. Es muß auch angemerkt werden, daß eine einfache Arrhenius-Temperaturabhängigkeit der Viskositäten wahrscheinlich eine grobe Näherung darstellt. Inwieweit die Abweichungen der Kurven für größere Zeiten auf eine kompliziertere Temperaturabhängigkeit der Viskosität oder auf Unterschiede in den freien Schwindungen verschiedener Proben zurückzuführen sind, kann nur durch weitere experimentelle und theoretische Untersuchungen beantwortet werden. Bei der berechneten Kurve und abgeschwächt auch bei der experimentellen Kurve stellt man beim Abkühlen eine Verbiegung in Richtung Anode aufgrund der Differenz im thermischen Ausdehnungskoeffizienten fest. Dieser Effekt ließ sich mit dem alten Modell (4) nicht beschreiben.

Bild 3 zeigt eine Auftragung des Minimums der Durchbiegung sowie der Restdurchbiegung am Ende der Sinterzyklen für verschiedene Elektrolyt- und Anodendicken. Die dargestellte lineare

Abhängigkeit von Elektrolytdicke/Anodendicke² spiegelt den Einfluß der Fehlpassungsspannung im Elektrolyten sowohl bei hohen Temperaturen als auch nach der Abkühlung wider.
In Bild 4 ist die Durchbiegung für ein Standard- und ein modifiziertes Sinterregime dargestellt, bei dem in der Abkühlphase eine Haltezeit eingefügt wurde. Sinn dieser Haltezeit ist es, die thermischen Spannungen aufgrund der unterschiedlichen Ausdehnungskoeffizienten zu relaxieren und damit die Gesamtbiegung nach dem Abkühlen zu reduzieren. Tatsächlich zeigt die Rechnung eine deutliche Abnahme der verbleibenden Durchbiegung. Eine gezielte Optimierung des Sinterzyklus zur Reduzierung der bleibenden Durchbiegung verlangt jedoch eine verbesserte Beschreibung der Sinterkinetik und eine genauere Kenntnis temperaturabhängiger Materialkenngrößen.

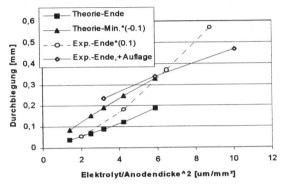

Bild 3 Berechnete und experimentelle Durchbiegung im Minimum und am Ende des Sinterzyklus von Elektrolyt-Anoden-Einheiten von 100 mm Kantenlänge in Abhängigkeit von Elektrolyt-/Anodendicke².

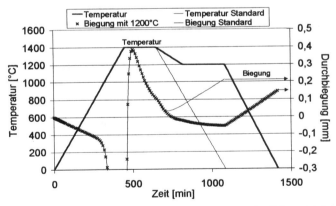

Bild 4 Verringerung der Durchbiegung von Elektrolyt-Substrateinheiten durch eine zusätzliche Haltezeit während des Abkühlens.

Zusammenfasung und Ausblick

Das Co-Firing von Elektrolyt-Anoden-Einheiten für die Hochtemperatur-Brennstoffzelle wurde im Rahmen eines viskoelastischen Modells beschrieben und die Ergebnisse mit experimentellen Befunden verglichen. Es wurde eine qualitative Übereinstimmung von Theorie und Experiment gefunden, eine bessere quantitative Übereinstimmung erfordert eine genauere Beschreibung der Sinterkinetik sowie zuverlässigere Materialkennwerte. Wenn diese Voraussetzungen erfüllt sind, läßt das beschriebene Modell wertvolle Hinweise für eine Optimierung des Sinterzyklus während des Co-Firings erwarten, insbesondere auch für das optimale Vorsintern der Anode. Erste Hinweise auf eine

Verbesserung lassen sich aber bereits mit den hier gemachten vereinfachten Annahmen ableiten, z.B. der Einbau einer zusätzlichen Haltezeit während der Abkühlphase.

Danksagung
Die Autoren sind folgenden Mitarbeitern des Instituts für Werkstoffe und Verfahren der Energietechnik dankbar für ihre experimentellen Beiträge: Dr. Tietz für die Dilatometermessungen, Dr. Steinbrech für die in-situ Experimente zum Krümmungsverhalten beim Co-Firing und Herrn Blaß für die Sinter-Experimente zur Krümmung von Anodensubstraten.

Literatur:
(1) H.P. Buchkremer, U. Diekmann, L.G.J. de Haart, H. Kabs, U. Stimming, D. Stöver, *Advances in the anode supported planar SOFC technology*, Electrochemical Proceedings 18 (1997) 160.
(2) G.W.Scherer, *Sintering inhomogeneous glasses: application to optical waveguides*, J. Non-Cryst. Solids 34 (1979) 239.
(3) G.-Q. Lu, R.C. Sutterlin, T.K. Gupta, *Effect of mismachted sintering kinetics on in a low-temperature cofired ceramic package*, J. Am. Ceram. Soc. 76, 8 (1993) 1907.
(4) R. Vaßen, R.W. Steinbrech, F. Tietz, D. Stöver, *Modelling of stresses and bending behaviour during co-firing of anode-electrolyte components*, Proc. of the 2nd Eur. SOFC Forum, ed. by Philippe Stevens, p. 557, U. Bossel, Morgenacherstrasse 2F, CH-5452, Oberrohrdorf (1998).
(5) P.Z. Cai, D.J. Green, G.L. Messing, *Constrained sintering of Alumina/Zirconia hybrid laminates, II.: viscoelastic stress compuation*, J. Am. Cer. Soc, 80, 8 (1997) 1940.
(6) Y.-L. Shen, S. Suresh, *Steady creep of metal-ceramic multilayered materials*, Acta mater. 4 (1996) 1337.
(7) H.P. Buchkremer, U. Diekmann, D. Stöver, Proc. 2nd Eur. SOFC Forum 1996, ed. B. Thorstensen, pp. 221, U. Bossel, Morgenacherstrasse 2F, CH-5452, Oberrohrdorf, Switzerland (1996).
(8) H.P. Buchkremer, U. Diekmann, L.G.J. de Haart, H. Kabs, U. Stimming, D. Stöver, *Advances in the anode supported planar SOFC technology*, Proc. of the 5th Int. Symp. on Solid Oxide Fuel Cells ed. U. Stimming, S.C. Singhal, H. Tagawa, W. Lehnert, The Electrochemical Society, NJ., 1997, p. 160.
(9) R.W. Steinbrech, A. Caron, G. Blaß, F. Dias, *Influence of sintering characteristics on component curvature of electrolyte-coated anode substrates*, Proc. of the 5th Int. Symp. On Solid Oxide Fuel Cells, ed. U. Stimming, S.C. Singhal, H. Tagawa, W. Lehnert, The Electrochemical Society, NJ., 1997, p. 727.
(10) R.K. Bordia, G.W. Scherer, *On constrained sintering-I. constitutive model for a sintering body*, Acta Metall. 36 (1988) 2393.
(11) W. Kreher, W. Pompe, *Internal stresses in heterogeneous solids*, Akademie-Verlag, Berlin, 1989.
(12) V.V. Skorokhod, Poroshk. Metall. 2 (1961) 14.

Formgenaue, rißfreie und kostengünstige Bauteile aus Keramik - Numerische Simulation des Pressens und Sinterns

H. Riedel, T. Kraft, Fraunhofer Institut für Werkstoffmechanik, Freiburg; P. Stingl, CeramTec AG, Lauf; J. Greim, Elektroschmelzwerk Kempten GmbH, Kempten

Einleitung

Eine der wirtschaftlichsten Methoden zur Herstellung von Großserienteilen aus Keramik ist das einachsige Matrizenpressen mit anschließendem Sintern. Beim Pressen erreicht man wegen der Wandreibung bei langen schlanken oder komplizierteren Formen keine gleichmäßige Gründichteverteilung. Als Folge verzieht sich das Teil beim Sintern. Daneben können auch Risse entstehen. Die oft geforderten geringen Toleranzen der Teile und die Kosten der Fertigbearbeitung gesinterter Teile stellen eine große Herausforderung an das Pressen dar.

Ziel der numerischen Simulation ist es, den Sinterverzug vorherzusagen und so weit wie möglich durch Optimierung des Preßablaufs und Änderung der Werkzeugform zu kompensieren, so daß beim Sintern formgenaue Teile entstehen. Die Vorhersage der Rißbildung ist ein ebenso wichtiges aber noch anspruchsvolleres Ziel. Meist werden dazu geeignete Materialgesetze für das Pressen und das Sintern in Finite-Element-Programmen implementiert. Aber erst durch die Entwicklung expliziter FEM-Codes wie z. B. ABAQUS/Explicit können auch dreidimensionale Probleme des Pressens in angemessenen Rechenzeiten gelöst werden. Die Anwendung dieser Simulationstechniken ermöglicht dann die Reduzierung der Entwicklungszeiten von neuen Teilen durch rechnerische Optimierung der Geometrie, von Preßplänen oder der Ofensteuerung während des Sinterns. Eine Zusammenfassung einiger Simulationsmethoden im Bereich Matrizenpressen wird z. B. in (1,2) gegeben. Ein Überblick über die Simulation des Sinterns ist in (3) zu finden. In der vorliegenden Arbeit werden am Beispiel eines komplexen Bauteils die einzelnen Simulationsschritte beschrieben.

Simulation des Matrizenpressens

Die Grundlage für realistische Vorhersagen von Sinterverzügen oder der Gefahr durch Rißbildung sowohl beim Pressen als auch beim anschließenden Sintern ist eine möglichst genaue Gründichteverteilung. Dies bedingt die Verwendung eines zuverlässigen konstitutiven Gesetzes, welches das mechanische Verhalten während der Verdichtung beschreibt. In der Literatur werden dazu meist phänomenologische Stoffgesetze aus der Bodenmechanik verwendet, die das Verhalten des Pulvers unter Druck- und Schubbelastung beschreiben. Ein häufig verwendetes Modell ist das Drucker-Prager-Cap Modell, welches standardmäßig in dem Finite-Element-Programm ABAQUS implementiert ist. Es beschreibt einen Körper als elastisch-plastisches, kompressibles Kontinuum. In dieser Arbeit wird eine Erweiterung des Drucker-Prager-Cap Modells verwendet, das in ABAQUS/Explicit als *user subroutine* implementiert wurde (2).

Bild 1 zeigt die Fließfläche in der Ebene des hydrostatischen Drucks p und der von Mises Vergleichsspannung q. Innerhalb der Fließfläche ist das Pulver elastisch. Wenn der Spannungszustand die Fließfläche erreicht, verformt sich das Pulver plastisch. Die Kappe der Fließfläche hat eine elliptische Form, die durch den Schnittpunkt mit der Druckachse p_b und der Exzentrizität R gekennzeichnet ist. Wenn der Spannungszustand auf der Kappe liegt, wird das Pulver verdichtet.

Die Versagenslinie wird durch den Achsenabschnitt d und die Steigung tan β beschrieben. In der Standardformulierung des Drucker-Prager-Cap Modells in ABAQUS hängt nur die Verfestigungsvariable p_b von der Dichte des Pulvers ab. Für die realistische Vorhersage der Rißbildung müssen jedoch auch d und tan β als dichteabhängig betrachtet werden. Des weiteren wird im Modell assoziiertes Fließen im Bereich der Kappe angenommen, während die Fließregel auf der Versagenslinie nicht assoziiert ist. In (2,4) wird das Modell ausführlich beschrieben.

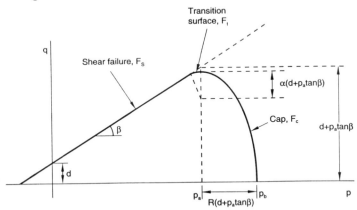

Bild 1: Drucker-Prager-Cap Fließfläche in der p-q Ebene (p = Druck, q = von Mises Vergleichsspannung)

Für ein gegebenes Pulver kann die Versagenslinie, die als linear angenommen wird, mit Hilfe einiger einfacher Modellexperimente wie Druckversuch, Scheibendruckversuch oder Vierpunktbiegung bestimmt werden. Zur Bestimmung der Kappe sind aufwendigere Triaxialversuche notwendig. Allerdings hat die genaue Kenntnis der Kappe nur einen geringen Einfluß auf die berechnete Gründichteverteilung. Weiterhin muß der Reibungskoeffizient zwischen Pulver und Werkzeug gemessen werden. Er spielt vor allem bei schlanken Teilen eine wichtige Rolle.

Zur Demonstration der gegenwärtigen Möglichkeiten der Simulation wird das Pressen und Sintern einer komplexen dreidimensionalen Dichtscheibe aus Al_2O_3 vorgestellt, die von der CeramTec AG hergestellt wird. Bild 2 zeigt das Netz der Pulverschüttung. Die Stempel und die Matrize, die im Bild nicht dargestellt sind, werden als *rigid bodies* definiert. Die Größe des gesinterten Teils beträgt ungefähr 30x30x10 mm. Der verwendete Preßplan ist in Tabelle 1 angegeben. Änderungen am Preßplan führen zu Unterschieden in der Gründichteverteilung und damit des Verzugs. Auch die Gefahr einer Rißbildung hängt stark vom angewendeten Preßplan ab. Die sich ergebende Gründichteverteilung zeigt Bild 3. Die Rechenzeiten betrugen 20 h auf einer IBM RS6000 Workstation für das Pressen und 2 h für die anschließende Sintersimulation.

Preßwinkel	Matrize	Oberstempel	Oberteilraste	Sackstift	Unterstempel
130 °	22.1	22.1	22.1	14.1	0
140 °	22.1	22.1	22.1	14.1	0
146 °	22.1	22.1	22.1	14.1	0
149 °	22.1	22.1	18.4	14.1	0
159 °	22.1	17.6	13.9	14.1	0
180 °	15.9	11.1	7.4	7.9	0

Tabelle 1: Preßplan (die Höhenangaben beziehen sich auf Bild 3)

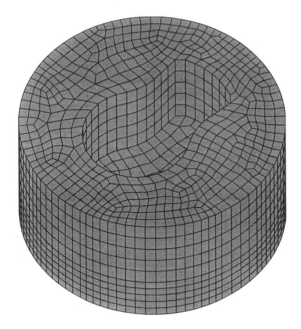

Bild 2: Finite-Element-Netz der Pulverschüttung der Dichtscheibe (von unten gesehen).

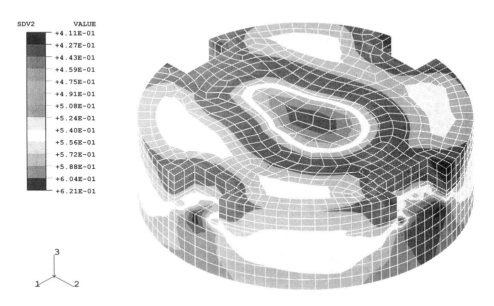

Bild 3: Gründichteverteilung nach dem Pressen (SDV2 = relative Dichte bezogen auf die theoretische Dichte) (im Vergleich mit Bild 2 ist die Dichtscheibe nun umgedreht).

Simulation des Sinterns

Die nach dem Pressen erhaltene Gründichteverteilung ist der Startwert für die anschließende Sintersimulation. Das Sintermodell, das ebenfalls als *user subroutine* in ABAQUS/Standard implementiert ist, berechnet den Verzug während des Sinterns. Für die Sintersimulation ist im allgemeinen ein neues FEM-Netz notwendig, da das Preßnetz aufgrund des komplexen Pulvertransports insbesondere im Bereich von Ecken und Kanten meist stark deformiert ist.

Die treibende Kraft für die Verdichtung während des Sinterns ist in erster Linie die Verminderung der Oberflächenenergie. Daneben kann eine äußere Kraft während des Sinterns die erreichbare Enddichte erhöhen bzw. den Prozeß beschleunigen. Die konstitutiven Gesetze der meisten Sintermodelle sind als linear viskose Gesetze mit der Kompressionsviskosität K, der Scherviskosität G und der Sinterspannung σ_s formuliert,

$$\dot{\varepsilon}_{ij} = \frac{\sigma'_{ij}}{2G} + \frac{\sigma_m - \sigma_s}{3K} \delta_{ij}$$

Der Strich bezeichnet den Spannungsdeviator. Des weiteren ist σ_m die mittlere oder hydrostatische Spannung and δ_{ij} das Kronecker Symbol. Die Parameter G, K, und σ_s hängen von der Temperatur, der Dichte und anderen Zustandsvariablen wie z. B. der Korngröße ab. Für nähere Einzelheiten über das verwendete Sintermodell siehe Sun und Riedel (5).

Bild 4 zeigt die simulierte Dichtscheibe nach dem Sintern. Der Dichtegradient nach dem Pressen zwischen dem höher verdichteten Bereich am Boden zum niedriger verdichteten Bereich oben (siehe Bild 3) führt zu der in Bild 4 dargestellten Endform. Der Verzug entlang der Linie AB in Bild 4 ist in Bild 5 für zwei unterschiedliche Vorhaltungen des Sackstifts beim Einfüllen des Pulvers gezeigt. Die Planheit, die eine wichtige Kenngröße für die Güte der Dichtscheibe darstellt, ist also im ersten Fall etwas günstiger. In beiden Fällen ist die Planheit deutlich besser als für einen ursprünglich verwendeten Preßplan, bei dem ein maximaler Verzug von 0.55 mm auf dieser Linie auftrat. Der Verzug der gesamten Fläche ist in Bild 6 dargestellt. Durch Verwendung eines der beiden neuen Preßpläne kann somit der Aufwand für die Fertigbearbeitung deutlich reduziert werden.

Schlußfolgerungen und Ausblick

Es wurde eine Simulationsmethode für das Pressen und Sintern von Pulverkörpern vorgestellt. Durch Verwendung eigenentwickelter Module für beide Prozesse in Verbindung mit dem FE-Programm ABAQUS sind quantitative Vorhersagen der Verformung möglich. Durch rechnerische Optimierung der einzelnen Fertigungsschritte können Vorschläge zur Verbesserung der Fertigteile gemacht werden. Neben diesen Möglichkeiten gibt es eine Reihe offener Fragen wie z. B. der quantitativen Vorhersage der Rißbildung.

Danksagung

Die Autoren danken dem BMBF für finanzielle Unterstützung im Rahmen des MATECH-Programms (Förderkennzeichen 03N8009A).

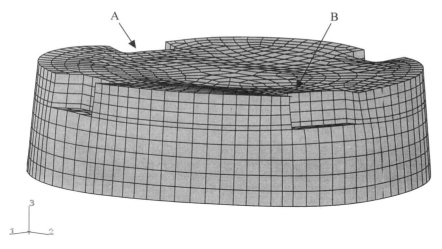

Bild 4: Sinterverzug aufgrund von Dichteinhomogenitäten des Grünlings (zweifach überhöht)

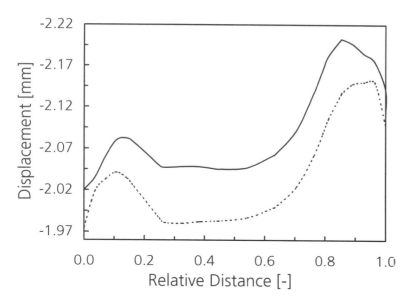

Bild 5: Sinterverzug entlang der Linie AB in Bild 4 für zwei Anfangspositionen des Sackstifts (durchgezogen: Sackstift befindet sich 14.1 mm über dem Unterstempel, gestrichelt: Sackstift befindet sich 14.0 mm über dem Unterstempel; letzteres ergibt eine höhere Gründichte in der Mitte der Dichtscheibe)

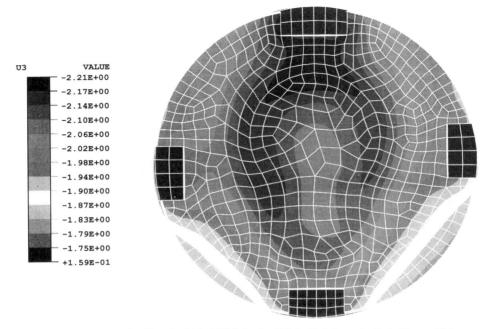

Bild 6: Vertikaler Verzug der Oberseite (siehe Bild 4) für den Fall der Vorhaltung des Sackstifts von 14.1 mm

Literatur
(1) Häggblad, H.A., Oldenburg, M., Modelling Simul. Mater. Sci. Eng. 2 (1994) 893
(2) Coube, O., Modelling and Numerical Simulation of Powder Die Compaction with Consideration of Cracking, Thèse de l'Université Pierre et Marie Curie Paris 6, Paris (1998)
(3) Exner, H.E., Kraft, T., in: Powder Metallurgy 1998, Granada (1998) (im Druck)
(4) Coube, O., Riedel, H., Fax, D., Ernst, E., Kynast, W., in: Werkstoffwoche 98, DGM Informationsgesellschaft, Frankfurt (1998) (im Druck)
(5) Sun, D.Z., Riedel, H., in: Simulation of Materials Processing: Theory, Methods and Applications, S.F. Shen, P.R. Dawson (eds.), Balkema, Rotterdam (1995) 881

II.

Werkstoffeigenschaften

UniMoG: Eine universelle Homogenisierungsmethode zur Generierung von Werkstoffmodellgleichungen für keramische Verbundwerkstoffe

Jürgen Pleitner, Institut für Flugzeugbau und Leichtbau, TU Braunschweig;
Horst Kossira, Institut für Flugzeugbau und Leichtbau, TU Braunschweig

Einleitung

Für die mathematische Modellierung und numerische Simulation von langfaserverstärkten Keramiken unter komplexen thermomechanischen Belastungen benötigt man geeignete Werkstoffmodelle zur Beschreibung des Werkstoffverhaltens. Die makroskopisch beobachtbaren Materialeigenschaften werden durch den mikrostrukturellen Aufbau des Werkstoffes bestimmt. Um den Einfluß der Mikrostruktur auf die makroskopischen Eigenschaften von Verbundwerkstoffen mikromechanisch fundiert beschreiben zu können, haben die Autoren im Rahmen eines von der der Deutschen Forschungsgemeinschaft im Schwerpunktprogramm "Höchsttemperaturbeständige Leichtbauwerkstoffe - insbesondere keramische Verbundwerkstoffe" geförderten Vorhabens die universelle Homogenisierungsmethode UniMoG (**Uni**verselle Werkstoff**mo**dell-**G**enerierung) entwickelt. Diese ist nicht auf die Modellierung keramischer Verbundwerkstoffe beschränkt, sondern allgemein einsetzbar. Mit ihrer Hilfe wurden mikromechanische Werkstoffmodelle sowohl für unidirektional als auch für gewebeverstärkte Keramiken [1], [2], [3] entwickelt.

Das mechanische Verhalten von faserverstärkten Keramiken beeinflussen zahlreiche Größen. Zu diesen gehören die thermischen und die thermoelastischen Eigenschaften der Werkstoffkomponenten, die Festigkeit der Verbundbestandteile, deren geometrische Anordnung, Faserdurchmesser, Faservolumengehalt, Faserbündelstärke, die Rißgröße und -verteilung, die Porenform, -größe und -verteilung, die Interfaceeigenschaften, die Beanspruchungsart, usw..
Ziel der Werkstoffmodellierung war es daher, die wesentlichen mikromechanischen Einflußgrößen zu identifizieren und das makroskopische Werkstoffverhalten ausgehend von einer vorliegenden Werkstoffmikrostruktur und den thermophysikalischen Eigenschaften der Werkstoffkomponenten realistisch wiederzugeben. Mit der Homogenisierungsmethode UniMoG lassen sich Stoffgleichungen ungeachtet der Kompliziertheit des zu beschreibenden Werkstoffes in mathematisch geschlossener Form angeben und zwecks Nutzung vorhandener numerischer Methoden so formulieren, daß ihre mathematische Struktur, denen bekannter Werkstoffmodelle für inelastische Werkstoffe, z.B. Metalle, entspricht.

Besondere Eigenschaften der Homogenisierungsmethode

UniMoG basiert auf der Idealisierung des Werkstoffs durch zwei- oder dreidimensionale Werkstoffvolumeneinheiten (RVE), die für die Werkstoffmikrostruktur repräsentativ sind. Die Mikrostruktur kann, soweit rechentechnisch vertretbar, beliebig genau nachgebildet werden. Im Gegensatz zu anderen Homogenisierungsstrategien [4], bietet UniMoG die Möglichkeit, Werkstoffgleichungen sowohl für Materialien mit statistisch homogener oder periodischer Mikrostruktur zu generieren als auch für Gradientenwerkstoffe mit makroskopisch variablen Eigenschaften. Darüberhinaus kann man mit UniMoG die für das Materialverhalten faserverstärkter Keramiken typischen Wechselwirkungen zwischen Faser und Matrix in geschädigten Verbundbereichen erfassen, was beispielsweise mit der weit verbreiteten generalisierten Zellenmethode (GMC) von Aboudi [4] nicht gelingt. Die von Aboudi gewählten konstanten Spannungsansätze führen in Verbindung mit den formulierten Spannungskontinuitäts- und Periodizitätsbedingungen zu einer vollständigen Entkopplung von Schub- und Normalspannungen im Zellenmodell. Deshalb ist das Zellenmodell von Aboudi für die Beschreibung des mechanischen Verhaltens keramischer Werkstoffe ungeeignet. Denn deren mechanisches Verhalten hängt wesentlich von den Spannungsübertragungsmechanismen von geschädigten zu ungeschädigten Zonen und der damit verbundenen Kopplung von Schub- und Normalspannungen ab.

Für die Werkstoffmodellgenerierung kann die beschreibende RVE, wie man es von der Anwendung der Finite-Elemente-Methode gewohnt ist, aus Subzellen beliebiger Geometrie zusammengesetzt werden. Jede Subzelle ist eineindeutig einem bestimmten Materialgebiet zugeordnet und kann beispielsweise Faser, Matrix, Interface oder bei einer mehrstufigen Homogenisierung auch Teile eines Faserbündels repräsentieren. Zur Charakterisierung der Materialeigenschaften jeder Subzelle dienen rheologische Werkstoffmodelle, die auch physikalisch nichtlineare Effekte infolge innerer Reibung, Rißbildung oder Kriechen durch sogenannte innere Variablen berücksichtigen.

Homogenisierung

Ist die Nachbildung der Mikrostruktur als Geometriemodell abgeschlossen und sind die Wechselwirkungen zwischen den Werkstoffkomponenten in Form von Kontaktbedingungen festgelegt, kann die Homogenisierung durchgeführt werden. Ausgehend vom Prinzip der virtuellen Leistung werden die orts- und zeitabhängigen physikalischen Feldgrößen der RVE in volumetrische Mittelwerte und die Schwankungen um diese Mittelwerte aufgeteilt. Die Mittelwerte der Feldgrößen in der RVE entsprechen den makroskopischen Feldgrößen des zu beschreibenden Werkstoffs. Diese neuen Feldvariablen werden gebietsweise durch Legendre- oder Lagrange-Polynome approximiert. Die Zahl der Stützstellen ist variabel. Als Ergebnis dieser Approximation erhält man ein algebraisches Gleichungssystem für die Feldgrößenmittelwerte und deren Schwankungen an den Kollokationspunkten. Kontinuitäts- oder Periodizitätsbedingungen werden entweder direkt eingearbeitet oder aber als Nebenbedingungen mit Hilfe Lagrangescher Faktoren im Prinzip der virtuellen Leistung berücksichtigt. Im resultierenden Gleichungssystem können alle Kollokationswerte der Mittelwertsschwankungen durch statische Kondensation für vorgegebene homogenisierende Randbedingungen eliminiert werden.

Als Ergebnis des Homogenisierungsprozesses erhält man das gesuchte globale dreidimensionale Stoffgesetz für die RVE in geschlossener Form:

$$\dot{\bar{\sigma}} = \underline{\bar{C}} \left(\dot{\bar{\varepsilon}} - \dot{\bar{\varepsilon}}_{in} - \dot{\bar{\varepsilon}}_{\theta} \right) .$$

Der Querstrich über den Formelsymbolen kennzeichnet sie als homogenisierte Größen. In dieser globalen konstitutiven Beziehung zwischen den sechs im Vektor $\dot{\bar{\sigma}}$ zusammengefaßten makroskopischen Spannungsraten und den Gesamtverzerrungsraten $\dot{\bar{\varepsilon}}$ bezeichnet $\underline{\bar{C}}$ die globale Elastizitätsmatrix, $\dot{\bar{\varepsilon}}_{in}$ den Vektor der inelastischen Gesamtverzerrungsraten und $\dot{\bar{\varepsilon}}_{\theta} = \bar{\alpha} \cdot \dot{\theta}$ die thermischen Verzerrungsraten als Produkt aus dem Vektor der globalen Wärmedehnungskoeffizienten $\bar{\alpha}$ und der Temperaturrate $\dot{\theta}$. Die inelastischen Verzerrungsraten und gegebenenfalls auch die thermischen Verzerrungen sind im Gegensatz zur Elastizitätsmatrix zeitveränderliche Größen, die vom momentanen lokalen Verzerrungs- und Spannungszustand sowie von den lokalen inneren Werkstoffvariablen abhängen. Die inneren Variablen berücksichtigen das "Werkstoffgedächtnis". Sie beschreiben inelastische Vorgänge im Inneren der RVE. Das sind die mikromechanischen Vorgänge und Versagensmechanismen, die für die gegebene Mikrostruktur, die Werkstoffkomponenten und deren Interaktion charakteristisch sind. Auf diese Weise bleibt der Bezug zwischen mikromechanischen Vorgängen und dem daraus resultierenden Verbundverhalten erhalten.

Modellierung von unidirektional verstärkten Verbunden

Eine erste Anwendung der Homogenisierungsmethode UniMoG war die Generierung von Werkstoffgleichungen für unidirektional verstärkte Keramikschichten, als Bestandteil faserverstärkter Keramiklaminate, die im Rahmen des DFG-Schwerpunktprogramms "Höchsttemperaturbeständige Leichtbauwerkstoffe - insbesondere keramische Verbundwerkstoffe" von anderen Wissenschaftlern experimentell untersucht wurden. In das auf diese Weise abgeleitete Werkstoffmodell wurden sukzessive versagensbestimmende mikromechanische Effekte, wie das Reißen von Fasern, Ablösung von Faser und Matrix, Haftung und Reibung im Interface, multiple Matrixrißbildung sowie Faser-Pullout eingearbeitet [2].

Ergebnis ist ein komplexes analytisches stochastisches Werkstoffmodell [3], mit dem sich die sukzessive Ausbreitung einer mikrostrukturellen Schädigung in einer unidirektional verstärkten Keramikschicht infolge monotoner Zugbeanspruchung, thermischer Belastung und zyklisch mechanischer Beanspruchung beschreiben läßt.

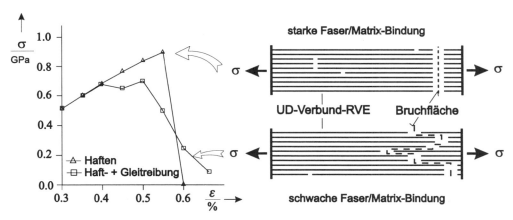

Abb. 1: Simulation der Schadensakkumulation in einer UD-verstärkten C/C-Keramik für starke und schwache Faser-/Matrix-Bindung.

Das Modell erfaßt den stochastischen Schadensakkumulationsprozeß bis zum Zugversagen, in dem es die Wechselwirkungen mehrerer Fasern in einer statistisch repräsentativen Volumeneinheit wiedergibt, Abbildung 1. Dabei wird eine statistische Verteilung von Fehlerpopulationen in die Berechnung einbezogen. Das entwickelte stochastische Versagensmodell berücksichtigt im Gegensatz zu den in der Literatur veröffentlichten Modellen die Anisotropie der Materialkomponenten, thermische Eigenspannungen, thermische und durch chemische Prozesse hervorgerufene Fehlpassungen zwischen Faser und Matrix, multiple Matrixrisse, Ablösung von Faser und Matrix, Rauhigkeiten in der Faser-/Matrix- Grenzschicht, Coulombsche Reibung in den Ablösezonen und alle Querkontraktionseffekte. Die begleitende Spannungsanalyse erfolgt mit einem dreidimensionalen Submodell.

Die Abbildung 1 zeigt anhand einer Beispielrechnung für einen C/C-Verbund, den großen Einfluß der Kontaktverhältnisse in der Grenzschicht zwischen Faser und Matrix auf das Zugversagen. Dargestellt sind nur die Fasern in der Elementarzelle. Ist die Bindung zwischen Faser und Matrix stark, tritt ein sprödes Verbundversagen auf. Die Bruchfläche ist glatt. Die maximale Zugspannung wird unmittelbar vor dem abrupten vollständigen Versagen erreicht. Wird die Schubspannungsübertragung zwischen Faser und Matrix verringert und Haft-/Gleitreibung zwischen Faser und Matrix berücksichtigt, finden nach Auftreten lokaler Faserbrüche Gleiteffekte statt, die eine Verminderung des momentanen Elastizitätsmoduls des Verbundes bewirken. Es ergibt sich ein pseudoplastisches Versagensverhalten. Die maximale Zugspannung ist niedriger als im Fall der starken Faser-/Matrixbindung. Die Bruchfläche ist zerklüftet.

Die für einige faserverstärkte Keramiken berechneten Zugspannungs-Dehnungskurven und Zugfestigkeiten stimmen gut mit Meßergebnissen überein [3]. Sensitivitätsanalysen haben gezeigt, daß die Stärke der Hysterese und die Größe der bleibenden Dehnungen bei zyklischer Zugschwellbelastung besonders stark von den thermischen Ausdehnungskoeffizienten von Faser und Matrix abhängen. Rauhigkeitseffekte im Faser-Matrix-Interface können Querkontraktionseffekte kompensieren.

Modellierung von Geweben

Wegen ihrer vorteilhaften mechanischen Eigenschaften bei gleichzeitig leichterer Handhabkeit während des Herstellungsprozesses werden keramische Verbundwerkstoffe häufig aus Gewebeschichten aufgebaut. Die richtige und vollständige Charakterisierung dieser wegen ihrer textilen Struktur von Natur aus anisotropen und inhomogenen Werkstoffe ist für den Konstruktions- und Entwicklungsprozeß zunehmend wichtig. Es erhebt sich die Frage, wie die textile Struktur und die Geometrie- und Werkstoffparameter der Verbundkomponenten die thermomechanischen Eigenschaften eines textilen Verbundes beeinflussen und welche Parameter für die Beschreibung des Werkstoffverhaltens wesentlich sind. Zur Klärung dieser Frage wurde ein parameterisiertes Gewebemodell entwickelt, das eng und weitmaschig gewebte Leinen-, Köper- und Satingewebe beschreibt. Bei der Wahl der Elementarzellengeometrien wurde vereinfachend angenommen,

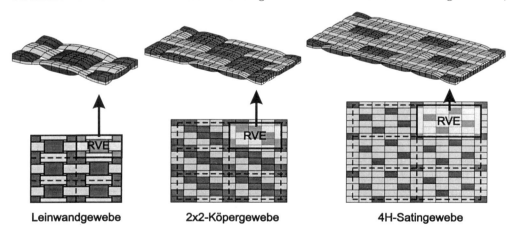

Abb. 2: Periodisch fortsetzbare Elementarzellen (RVE) für Leinen- Köper- und Satingewebe.

daß das Gewebe eine ideale periodische Mikrostruktur entsprechend der Periodizität der Faserverschlingungen besitzt. Unter dieser Voraussetzung lassen sich die thermomechanischen Eigenschaften einer Gewebeschicht aus dem thermomechanischen Verhalten der kleinsten periodisch wiederholbaren Volumeneinheit erschließen. Die verwendeten Elementarzellen sind in Abbildung 2 dargestellt. Die Eigenschaften der Faserbündel im Gewebe werden mit den vorstehend beschriebenen Werkstoffmodellen für unidirektionale Verbunde beschrieben.

Durch Anwendung der vorgestellten Homogenisierungsstrategie UniMoG konnten aufschlußreiche Parameterstudien und Sensitivitätsanalysen zum Einfluß des Gewebetyps, der Gewebegeometrie und der Materialeigenschaften der Gewebekomponenten auf die mechanischen und thermischen Eigenschaften von Leinengeweben durchgeführt werden [3]. Die Sensitivitätsanalysen zeigen, daß Gewebeparameter, wie z.B. die Welligkeit bzw. die Webdichte die resultierenden thermomechanischen Eigenschaften des Gewebes gerade im Bereich relevanter Steifigkeitsverhältnisse der Gewebekomponenten faserverstärkter Keramiken besonders empfindlich beeinflussen. Davon sind besonders die Gewebequerkontraktion und die Materialeigenschaften senkrecht zur Gewebeebene betroffen, die von herkömmlichen, meist zweidimensionalen Gewebemodellen gar nicht erfaßt werden können. Diese Materialkennwerte sind aber gerade für die Beurteilung interlaminarer Schädigungsmechanismen wichtig. Die Geometrieparameter beeinflussen ebenfalls in hohem Maße den Ort und die Verteilung versagensrelevanter Spannungskonzentrationen. Im Bereich der stärksten Faserkrümmungen sind die lokalen Spannungen bis zu 3.5 mal größer als die mittleren Spannungen im Gewebe.

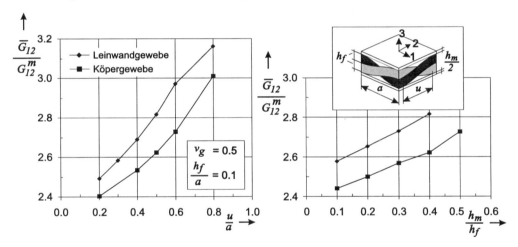

Abb. 3: Inplane-Schubmodul als Funktion der Wellenlänge u/a und des Quotienten aus Matrixdeckschicht- zu Faserbündeldicke h_m/h_f für Leinen- und 2x2-Köpergewebe.

Abbildung 3 zeigt den Einfluß der Welligkeit und den Einfluß des Verhältnisses der Matrixdeckschichtdicke zur Faserbündeldicke auf den Inplane-Schubmodul $\overline{G}_{12}$ eines C/C-Verbundes bezogen auf den Matrixschubmodul G_{12}^m. Der Schubmodul wurde jeweils für einen Gewebefaservolumengehalt von 50% berechnet. Da der Gewebefaservolumengehalt vorgegeben ist, muß der Fasergehalt der Faserbündel im Gewebe mit zunehmender Dicke h_m der Matrixdeckschicht bei gleichbleibender Faserbündeldicke h_f ansteigen. Gleiches gilt bei der Abnahme der Wellenlänge des Faserbündelverschlingungsbereichs, für die das Geometrieverhältnis u/a charakteristisch ist.

Das in Abbildung 3 dargestellte Anwachsen des Schubmoduls mit u/a bzw. h_m/h_f ist damit auf die Zunahme des Fasergehaltes und der resultierenden Steifigkeit der Faserbündel im Gewebe zurückzuführen.

Abbildung 3 zeigt ferner deutlich den Einfluß des Gewebetyps auf den Schubmodul. Der Inplane-Schubmodul des Köpergewebes ist bei gleichen Materialeigenschaften der Gewebekomponenten geringer als der des Leinwandgewebes. Beim Köpergewebe ist die Zahl der Überkreuzungen der Faserbündel pro Flächeneinheit geringer, was zu einer geringeren Schubsteifigkeit führt. Dies ist bei der Verbundauslegung zu beachten.

Zusammenfassung

Es wurde eine universelle Homogenisierungsmethode entwickelt, die es erlaubt, Werkstoffmodellgleichungen in geschlossener Form für faserverstärkte Keramiken mit nahezu beliebiger Mikrostruktur zu generieren und deren thermisches und thermomechanisches Verhalten mikromechanisch fundiert zu beschreiben. Spezielle Werkstoffgleichungen wurden für unidirektional und gewebeverstärkte Keramiken aufgestellt. Das entwickelte stochastische Versagensmodell erfaßt den Schadensakkumulationsprozeß in unidirektional faserverstärkten Keramikschichten bis zum Bruch und berücksichtigt dabei statistisch verteilte Fehlerpopulationen. In Sensitivitätsanalysen und Parameterstudien mit dem entwickelten generischen Gewebemodell konnte der Einfluß gewebetypischer Parameter wie der Webart, der Welligkeit und der Webdichte auf die thermomechanischen Eigenschaften faserverstärkter Keramiken ermittelt werden.

Die geschaffenen Werkzeuge sind Grundlage zur Ermittlung des mikro- und makromechanischen Verhaltens faserverstärkter Keramiken und damit zu einem besseren Verständnis des Werkstoffverhaltens. Durch Modifikation und Kombination der entwickelten Werkstoffmodelle können weitere Einblicke in den Zusammenhang zwischen Mikro- und Makromechanik gewonnen und neue Anwendungsfelder im Hinblick auf eine Optimierung des Werkstoffdesigns erschlossen werden.

Literatur

(1) Pleitner, J. und Kossira, H.: Micromechanical Analysis of Continuous Fibre Reinforced Ceramic Matrix Composites at Elevated Temperatures. *HT-CMC1, 6th European Conference on Composite Materials, Bourdeaux*, pages 565–572, 1993.

(2) Pleitner, J. und Kossira, H.: Thermomechanische Berechnungsmodelle für faserverstärkte hochtemperaturbelastete Werkstoffe und deren Validierung. DFG-Jahresberichte Ko 776/6-1 bis Ko 776/6-3 , TU BS, Inst. für Flugzeugbau und Leichtbau, 1991–94. IFL-IB 92-02 bis IFL-IB 94-02.

(3) Pleitner, J. und Kossira, H.: Thermomechanische Berechnungsmodelle für faserverstärkte hochtemperaturbelastete Werkstoffe. DFG-Jahresberichte Ko 776/6-5 bis Ko 776/6-6 , TU BS, Inst. für Flugzeugbau und Leichtbau, 1994–96. IFL-IB 95-02 bis IFL-IB 96-02.

(4) J. Aboudi: Micromechanical Analysis of composites by the method of cells - Update. *Applied Mechanics Review*, 49(10):83–91, October 1996.

Optimierung der Porenstruktur von Porenbeton durch numerische Modellierung

Thomas Schneider und Peter Greil
Universität Erlangen–Nürnberg, Institut für Werkstoffwissenschaften, Glas und Keramik, Erlangen

Georg Schober
Hebel AG, Materialtechnische Entwicklung, Fürstenfeldbruck

Abstract

Die Festigkeit von Porenbeton wird im wesentlichen durch die Menge der eingebrachten Luftporen bestimmt. Dabei beeinflußt die Wahl der verwendeten Al-Pulver deren Porenradienverteilung. Eine Steigerung der Porosität ist aufgrund erhöhter Anforderungen an die Wärmedämmung von Porenbeton erwünscht und möglich. Jedoch muß ein Verlust an mechanischer Festigkeit in Kauf genommen werden, der durch die Optimierung der eingebrachten Porenstruktur minimiert werden soll.

Zur Berechnung der Festigkeit von Porenbeton wird die komplexe Struktur auf die makroskopischen Luftporen und eine spröde Matrix mit mikroskopischen Fehlern vereinfacht. Mit Hilfe der Finite-Elemente-Methode und der multiaxialen Weibull Theorie erfolgt daraus die Bestimmung der Versagenswahrscheinlichkeit und damit der Festigkeit der porösen Struktur.

Die Berechnungen für geordnete und zufällig verteilte Poren ergaben einen Einfluß der Porenradienverteilung auf die Festigkeit von Porenbeton ab einer Porosität von ca. 0.3. Der Einfluß ist dabei stark vom Weibull-Parameter m des Matrixmaterials abhängig. Experimentelle Ergebnisse zeigen eine gute Übereinstimmung mit berechneten Festigkeits-Porositäts Verläufen.

Einleitung

Der Produktionsprozeß von Porenbeton aus [1] i) Erzeugen eines Gemisches aus Zement oder Kalk, Sand, Wasser und Al-Pulver, ii) Erzeugung der Porenstruktur mittels H_2-Gas aus der Reaktion von Al-Pulver und $Ca(OH)_2$ im plastischen Zustand, iii) Dampfhärten bei hohen Temperaturen und hohen Drücken, bietet zwei Möglichkeiten der Produktverbesserung: Eine Veränderung der im wesentlichen aus Tobermorit bestehenden Matrix [2] und eine Veränderung der durch das Al-Pulver eingebrachten Porenstruktur.

Um die Wettbewerbsfähigkeit des Produkts zu gewährleisten sollten entsprechende Veränderungen im Produktionsprozess kostenneutral sein. Die Veränderung der Porenstruktur hinsichtlich einer Steigerung der Festigkeit von Porenbeton kann auf einfache Weise durch eine Anpassung der verwendeten Al-Pulver durchgeführt werden.

Ziel der vorgestellten Arbeit ist es den Einfluß einer veränderten Porenstruktur auf die Festigkeit des Porenbeton mit Hilfe numerischer Berechnungen vorherzusagen.

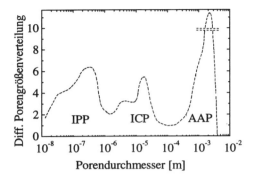
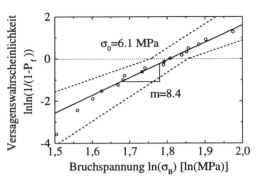

Abbildung 1: *Porengrößenverteilung in Porenbeton nach Prim und Wittman [3], modifiziert.*

Abbildung 2: *Weibullplot der Bruchspannungen von Matrixmaterial mit Angabe des 90% Vertrauensintervalls (gestrichelt).*

Mikrostruktur

Bei der Herstellung von Porenbeton wird Porosität während des Dampfhärtens durch das Al-Pulver (ca. 70% der Gesamtporosität) und während der Autoklavierung (ca. 30% der Gesamtporosität) eingebracht.

Eine Einteilung der Gesamtporosität kann bezüglich ihrer Porengröße in drei Klassen erfolgen [3], Abbildung 1: i) die „inter particle pores" (IPP) mit einer Porengröße zwischen 0.01 und 1 μm, ii) die „inter cluster pores" (ICP) mit einer Porengröße von ca. 10 μm und iii) die durch die Aluminium-Pulver eingebrachten „artificial air pores" (AAP) mit einer Porengröße von 0.5 bis 3 mm. Eine Veränderung der Größe und des Volumens der um mehrere Dekaden größeren AAP führt dabei zu einer nur geringen Variation der Größe der IPP und ICP.

Um den Einfluß der AAP auf die Festigkeit numerisch zu ermitteln kann eine Einteilung der Mikrostruktur von Porenbeton in die makroskopischen AAP und eine mikroskopische, die ICP und IPP und die festen Phasen umfassende Matrix durchgeführt werden. Die so definierte Matrix wird als mechanisch homogen betrachtet. Das mechanische Verhalten des Matrixmaterials läßt sich durch eine Weibull-Verteilung der Streuung der Festigkeiten beschreiben, Abbildung 2. Die dabei ermittelten Parameter sind m = 8.4 und σ_0 = 6.1 MPa.

Eine Vorhersage des Versagens des Matrixmaterials ist somit mit Hilfe des erweiterten „weakest link" Modells nach Batdorf [4] möglich.

Berechnungen

Die Anwendung der Weibull-Theorie zur Vorhersage des Versagens einer porösen Struktur mit spröder Matrix erfordert die Kenntnis der Spannungsverteilung in dem betrachteten Volumen. Diese wird durch die Porenradienverteilung der AAP beeinflußt, wobei nur kreisförmige, sich nicht überschneidende Poren betrachtet werden sollen.

Mit Hilfe der Finite Elemente Methode werden durch eine explizite Modellierung der Poren Spannungen sowie unter Spannung stehende Volumina in den porösen Strukturen berechnet. Für die zweidimensionalen Betrachtungen erzeugen die verwendeten 6 Knoten „plain strain"

Dreiecke und die periodischen Randbedingungen zylindrische unendlich ausgedehnte Poren. Das verwendete E-Modul des Matrixmaterials ist 7250 MPa, die Poisson-Zahl der Matrix ist 0.2.

In einem anschließenden Schritt wird die Versagenswahrscheinlichkeit P_f der porösen Strukturen nach Gleichung 1 berechnet,

$$P_f = 1 - exp\left[-\frac{1}{V_0}\int_V \frac{1}{4\pi}\int_\Omega \left(\frac{\sigma_{eq}}{\sigma_0}\right)^m d\Omega dV\right] \quad (1)$$

mit dem Einheitsvolumen V_0 und den Weibull-Parametern σ_0 und m. Dazu wird mit Hilfe des Programms STAU [5] der H-Wert der porösen Struktur berechnet

$$H = \left[\frac{1}{V_0}V_{eff}\right]^{\frac{1}{m}} \quad (2)$$

mit

$$V_{eff} = \int_V \frac{1}{4\pi}\int_\Omega \left(\frac{\sigma_{eq}}{\sigma^*}\right)^m d\Omega dV \quad (3)$$

wobei als Bezugsspannung σ^* die äußere Belastung der porösen Struktur gewählt wird. Die Equivalentspannung σ_{eq} ist dabei die von der Orientierung eines Risses abhängige Belastung. Mit Anwendung des Normalspannungskriteriums werden nur positive Normalspannungen zur Berechnung von σ_{eq} berücksichtigt.

Mit der Kenntnis des H-Wertes lassen sich die Versagenswahrscheinlichkeit P_f, Gleichung 1, und die bei einer vorgegebenen Versagenswahrscheinlichkeit zulässige Bezugsspannung σ^*_{zul}

$$\sigma^*_{zul} = \frac{\sigma_0}{H}\left[ln\frac{1}{1-P_{f,zul}}\right]^{\frac{1}{m}} \quad (4)$$

angeben. Die für eine Versagenswahrscheinlichkeit von 0.632 notwendige Bezugsspannung soll die Festigkeit der porösen Struktur charakterisieren.

Diese Ergebnisse können für unterschiedliche Porenstrukturen hinsichtlich des Einflusses der AAP auf die Festigkeit ausgewertet werden. Durch eine entsprechende Variation der FE-Modelle kann damit die Abhängigkeit der Festigkeit von den Parametern der Porenradienverteilung ermittelt werden.

Ergebnisse

Für Matrices, die eine Weibull-Verteilung ihrer Festigkeit aufweisen ist, im Gegensatz zu den klassischen Modellen [6, 7], zur Vorhersage des Versagens des Matrixmaterials die Gewichtung der Equivalentspannung σ_{eq} durch den Weibull-Parameter m zu berücksichtigen. Das Modell einer zwei Poren Anordnung mit unterschiedlichem normiertem Mittelpunktsabstand $d^* = d_{c-c}/r_{Pore}$ der Poren, Abbildung 3, zeigt die Abhängigkeit der normierten Festigkeit $\sigma^* = \sigma^*_{zul}/\sigma^*_{zul,d^*=22}$ vom verwendeten Weibull-Parameter m. Während bei hohen Weibull-Parametern eine deutliche Abhängigkeit der normierten Festigkeit σ^* vom Porenabstand festzustellen ist, ändert sich bei niedrigen m-Werten die Festigkeit nicht mit dem Porenabstand.

Die Abnahme der Festigkeit der Anordnung um $\Delta\sigma^* = 0.01$ oder $\Delta\sigma^* = 0.1$ ist daher vom m-Wert des Matrixmaterials abhängig, Abbildung 4. Für den m-Wert des Matrixmaterials von

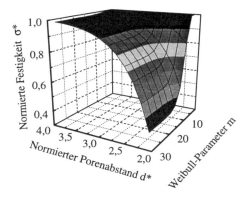
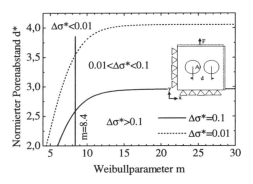

Abbildung 3: *Für den jeweiligen m-Wert normierter Festigkeitsverlauf eines zwei Poren Modells in Abhängigkeit vom normierten Porenabstand d*.*

Abbildung 4: *Normierter Porenabstand d^* für einen Festigkeitsabfall von $\Delta\sigma^* = 0.01$ und $\Delta\sigma^* = 0.1$ in Abhängigkeit vom Weibull-Parameter m.*

Porenbeton vom m=8.4 ergibt sich eine Abnahme der Festigkeit von 0.01 bei $d^* = 0.36$. Mit der Gleichung $f_P = \left(\frac{1}{d^*}\right)^2 \cdot \pi$ [8] ergibt sich eine entsprechende Porosität von $f_P = 0,24$. Der Einfluß der Porenradienverteilung bei $f_P \ll 0.3$ und niedrigen m-Werten kann somit vernachlässigt werden.

In Übereinstimmung mit diesen Ergebnissen ist die normierte Festigkeit $\sigma^* = \sigma^*_{\text{zul}}/\sigma^*_{\text{zul,r}_{\text{Pore}}=\text{min}}$ von Modellen mit zufällig verteilten Poren und monomodalen Porenradien bei $f_P = 0.1$ nicht vom normierten Porenradius $r^* = r_{\text{Pore}}/r_{\text{Pore,min}}$ abhängig, Abbildung 5. In diesen Modellen wird der Porenradius bei gleichbleibender Porosität variiert. Experimentelle Daten aus Druckversu-

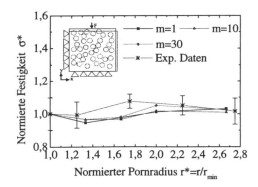
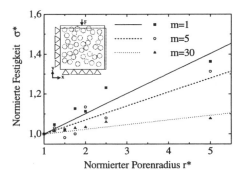

Abbildung 5: *Experimentelle und berechnete Festigkeiten für monomodale Porenradienverteilungen in Abhängigkeit vom normierten Porenradius, $f_P = 0.1$.*

Abbildung 6: *Berechnete Festigkeiten für monomodale Porenradienverteilungen in Abhängigkeit vom normierten Porenradius r^* für eine Porosität $f_P = 0.4$.*

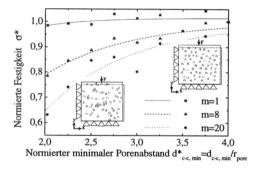
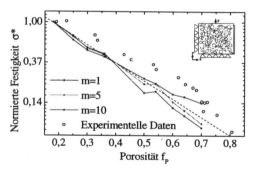

Abbildung 7: *Berechnete normierte Festigkeiten für monomodale Porenradien in Abhängigkeit vom kleinsten zulässigen Porenabstand.*

Abbildung 8: *Normierte berechnete und experimentelle ermittelte Festigkeiten für multimodale Porenradienverteilungen in Abhängigkeit von f_P.*

chen an Proben mit künstlich eingebrachten zylindrischen Poren zeigen eine gute Übereinstimmung mit den berechneten Werten. Im Gegensatz dazu steigen die berechneten Festigkeiten für entsprechende Porenstrukturen mit einer Porosität von 0.4 mit dem normierten Porenradius an. Ein um den Faktor fünf größerer Porenradius erhöht für eine Porosität von 0.4 die normierte Festigkeit $\sigma^\star$ um ca. 0.3, Abbildung 6.

Die Abhängigkeit der Festigkeit vom Porenabstand führt zu einer optimalen Anordnung der Poren in einem porösen Gefüge. Anordnungen mit kleinem normierten minimalen Porenabstand $d^\star_{c-c,min} = d_{c-c,min}/r_{Pore}$ führen bei zufälliger Verteilung der Poren zu Porenklustern und damit zu niedrigeren Festigkeiten als Anordnungen mit gleichmäßig verteilten Poren, Abbildung 7. Der Einfluß der Klusterbildung auf die Festigkeit ist jedoch abhängig vom Weibull-Parameter m. Die berechneten Ergebnisse wurden für eine Porosität von 0.1 ermittelt und zeigen damit, daß trotz der niedrigen Porosität der Porenabstand von entscheidender Bedeutung für die Festigkeit der porösen Strukturen ist.

Zur Berechnung des Porositäts-Festigkeitsverlaufs für eine poröse Struktur mit multimodalen Porenradien werden Porenstrukturen mit unterschiedlichen Porositäten f_P erzeugt. Die Porenradienverteilung repräsentiert eine Gaußverteilung mit einem Mittelwert von 0.5 und einer Standardabweichung von 0.2. Die normierte Festigkeit $\sigma^\star = \sigma^\star_{zul}/\sigma^\star_{zul,f_P=min}$ dieser Modelle zeigt für alle Weibull-Parameter m eine exponentielle Abhängigkeit von der Porosität. Diese Ergebnisse werden durch experimentell ermittelte Festigkeiten an Porenbetonproben bestätigt. Diese Ergebnisse sind im Einklang mit dem von Ryshkewitch [9] vorgeschlagenen exponentiellen Zusammenhang zwischen Festigkeit und Porosität. Ein exponentieller Fit der berechneten Daten ergibt $\sigma^\star = C \cdot e^{-B \cdot f_P}$ mit C=2.2 und B=4.5.

Folgerungen

Unter Berücksichtigung der hierarchischen Struktur des Gefüges von Porenbeton kann ein vereinfachtes Matrix-Poren Modell gewonnen werden. Experimentelle Untersuchungen ergeben ein sprödes Materialverhalten der Matrix was die Modellierung der Festigkeit der porösen Strukturen mit Hilfe des „weakest link" Modells ermöglicht. Die Ergebnisse zeigen einen Einfluß der Parameter der Porenradienverteilung auf die Festigkeit poröser Gefüge, der stark von den Weibull-Parametern des Matrixmaterials abhängig ist. Dabei hat die Festigkeit des Matrixmaterials σ_0 eine skalierende Wirkung auf die Festigkeit der porösen Struktur. Der Weibull-Parameter m beeinflußt in starkem Maße den Verlauf der Porositäts-Festigkeits Beziehungen.

Die berechneten Festigkeiten für das zwei Poren Modell ergeben eine untere Schranke der Porosität für den Einfluß der Porenradienverteilung auf die Festigkeit. Eine Veränderung der Porengrößenverteilung in einem Porositätsbereich $f_P \ll 0.3$ wird keine Steigerung der Festigkeit des Porenbeton Materials zur Folge haben. Eine Verbesserung der Produktqualität ist in diesem Porositätsbereich nur durch eine sehr gleichmäßige Verteilung der Poren zu erreichen.

Literatur

[1] Aroni, S., Groot, G.J., Robinson, M.J., Svanholm, G. und Wittman, F.H.: Autoclaved Aerated Concrete, Properties, Testing and Design, Rilem Recommended Practice Chapman Hall, London, 1993.

[2] Grundlach, H.: Dampfgehärtete Baustoffe, Bauverlag GmbH, Wiesbaden und Berlin, 1973.

[3] Prim, P. und Wittmann, F.H.: Structure and Water Absorbtion of Aerated Concrete. In *Autoclaved Aerated Concrete, Moisture and Properties*, Hrsg. Wittman, F.H. Elsevier, Amsterdam, 1983, S. 55–69.

[4] Batdorf, S.B. und Crose, J.G.: A Statistical Theory for the Fracture of Brittle Structures Subjected to Nonuniform Stress, *Journal of Applied Mechanics 41* (1974) S. 459–461.

[5] Heger, A.: Berwertung der Zuverlässigkeit mehrachsig belasteter keramischer Bauteile, *Dissertation, Universität Karlsruhe,* 1993.

[6] Sawin, G.N.: Spannungserhöhung am Rande von Löchern, deutsche Übersetzung, VEB Verlag Technik Berlin, 1956.

[7] Sadowsky, M.A. und Sternberg, E.: Stress Concentration Around a Triaxial Ellipsoidal Cavity, *J. Appl. Mech. 1* (1949) S. 149–155.

[8] Schiller, K.K.: Porosity and Strength of Brittle Solids (with Particular Reference to Gypsum). In *Mechanical Properties of Non-Metalic Brittle Materials*, Hrsg. Walton, W.H. Buttenworth Sc. Publ., London, 1958, S. 35–49.

[9] Ryshkewitch, E.: Compression Strength of Porous Sintered Alumina and Zirconia, *Journal of the American Ceramic Society 36, No.2* (1953) S. 65–68.

Berechnung der Verteilungsfunktion von Relaxationszeiten zur strukturfreien Modellierung der Hochtemperatur-Festelektrolyt-Brennstoffzelle SOFC

H. Schichlein, A. Müller, F. Zimmermann, A. Krügel, E. Ivers-Tiffée, Institut für Werkstoffe der Elektrotechnik (IWE) der Universität Karlsruhe (TH)

Motivation

Brennstoffzellen sind eine zukunftsweisende Technologie für eine umweltfreundliche und wirtschaftliche Energieversorgung. Die Hochtemperatur-Festelektrolyt-Brennstoffzelle SOFC (*Solid Oxide Fuel Cell*) wandelt die chemische Energie von Wasserstoff oder Erdgas direkt in elektrische Energie um — ohne den Umweg über thermische und mechanische Energieformen. Damit kann ein elektrischer Netto-Wirkungsgrad von bis zu 70 % erreicht werden. Bei der Material- und Technologieentwicklung für die SOFC stehen zwei Gesichtspunkte im Vordergrund: *minimale elektrische Verluste* und *minimale Alterungsraten der Zellkomponenten* (1). Für beide Punkte sind die elektrochemischen Reaktionen und Transportvorgänge bestimmend, die in der Einzelzelle, dem keramischen Kernstück der SOFC, ablaufen. Daher müssen diese physikalischen Prozesse und ihr jeweiliger Anteil an der Zellreaktion möglichst genau verstanden werden.

Während statische Spannungs-/Strom-Kennlinien den pauschalen Spannungsverlust über der Zelle bzw. den Elektroden angeben und ein Kriterium für Leistungsfähigkeit und Alterungsrate der Zelle sind, können mit *impedanzspektroskopischen Messungen* weitergehende Informationen über die physikalischen Prozesse und den jeweiligen Anteil der daraus resultierenden Polarisationsverluste am Gesamtverlust der Zelle gewonnen werden. Dazu wird die Impedanz, d.h. der komplexe differentielle Innenwiderstand der SOFC-Einzelzelle, im Betrieb unter realistischen Bedingungen gemessen (2).

Es ist ein naheliegender Gedanke, die Impedanz von elektrochemischen Systemen durch ein elektrisches Ersatzschaltbild zu interpretieren. Um die Größen der Ersatzschaltbildelemente zu bestimmen, verwendet man üblicherweise ein Approximationsverfahren, bei dem die Ersatzschaltbildelemente derart variiert werden, daß die Impedanzwerte des Ersatzschaltbildes möglichst gut mit den gemessenen Impedanzwerten übereinstimmen (3). Häufig werden die Impedanzwerte als Ortskurven in der komplexen Widerstandsebene dargestellt, wobei die Polarisationen als Halbkreise hervortreten.

Eine grundlegende Arbeit auf diesem Gebiet stammt von Bauerle (4). Während sich dieses Verfahren der Ortskurvenapproximationen gut für die Charakterisierung „einfacher" Systeme eignet, bei denen wenige, im Frequenzbereich „nichtüberlappende" Polarisationen auftreten, ergeben sich bei der Anwendung auf die SOFC-Einzelzelle schwerwiegende Nachteile:

Aufgrund der *Vielzahl der in der SOFC-Einzelzelle auftretenden Polarisationsmechanismen* ist es nahezu ausgeschlossen, diese allein aus der Ortskurvenapproximation eindeutig zu bestimmen, da sich Polarisationen überlappen, deren Zeitkonstanten um weniger als 1,5 Dekaden auseinanderliegen. Zudem ist das *elektrochemische Ersatzschaltbild mehrdeutig*, d.h. ein und dieselbe Ortskurve läßt sich aus unterschiedlichen Anordnungen von Ersatzelementen erzeugen. Daraus folgt, daß eine gute Übereinstimmung zwischen der Meßkurve und der theoretischen Kurve noch keine hinreichende Bedingung für die Richtigkeit des angenommenen Ersatzschaltbildes und damit für die physikalische Interpretation der Meßwerte ist. Dies ist nur möglich, wenn zusätzlich genügend „physikalisches Wissen" über die zu erwartenden Polarisationen vorliegt, was bei der SOFC jedoch nicht der Fall ist.

Die vorliegende Arbeit stellt ein Verfahren vor, mit dem die in der Zelle auftretenden dynamischen Prozesse charakterisiert werden können, ohne daß irgendeine Annahme über die innere Struktur des Systems gemacht werden muß. Das Verfahren erzielt zudem eine höhere Auflösung der Zeitkonstanten physikalischer Prozesse als es mit der Ortskurvenapproximation möglich ist.

Idee des Verfahrens
Ein Polarisationsmechanismus in einem homogenen, isotropen Medium läßt sich durch zwei Größen charakterisieren: die Dielektrizitätskonstante ϵ_r und die Relaxationszeit τ. Eine solche Beschreibung bedeutet eine Idealisierung, die in der Realität nicht gerechtfertigt ist. Statt einer einzigen „scharfen" Relaxationszeit beobachtet man, daß sich der makroskopisch gemessene Relaxationsvorgang aus einer großen Anzahl von molekularen Relaxationen zusammensetzt, von denen jede eine Relaxationszeit τ_i und einen Beitrag zur dielektrischen Verschiebung $\epsilon_{r,i}$ besitzt. In der Summe ergibt sich daraus eine „Verschmierung" der Relaxationszeit um einen Hauptwert herum.
Warum treten verteilte Relaxationen in der SOFC auf? Mögliche Ursachen dafür sind *Inhomogenitäten* oder *Gradienten* bestimmter Werkstoffeigenschaften. So ist z.B. in den Gaskanälen und Elektroden der SOFC eine inhomogene Verteilung der Reaktionsgase zu erwarten. Ebenso wird die Stromverteilung in der porösen Elektrodenstruktur nicht homogen sein. Lokale Temperaturunterschiede bewirken Inhomogenitäten bei thermisch aktivierten Prozessen (z.B. Reaktionen und Ladungstransport).

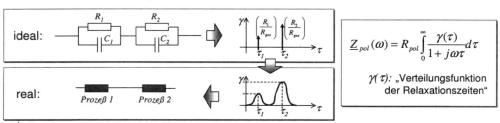

Bild 1: Das Konzept der verteilten Relaxationszeiten

Das Konzept der *Verteilung von Relaxationszeiten* wurde durch von Schweidler im Zusammenhang mit Relaxationen in Dielektrika eingeführt (5). In (6) wird erstmals ein prinzipielles Verfahren angegeben, mit dem aus dem Imaginärteil der komplexen Dielektrizitätszahl $\epsilon''(\omega)$ eine Verteilungsfunktion von Relaxationszeiten berechnet werden kann. In (7) wird ein analoger Rechenweg für den Realteil $\epsilon'(\omega)$ angegeben. Schließlich wird in (8) diese Rechnung für künstlich erzeugte Impedanz-Daten durchgeführt. In der vorliegenden Darstellung wird das Verfahren numerisch implementiert und für die Auswertung von Impedanzspektren von SOFC-Einzelzellen verwendet.
Um das Konzept der verteilten Relaxationen mathematisch faßbar zu machen, führt man eine *Verteilungsfunktion der Relaxationszeiten* $\gamma(\tau)$ ein, die angibt, wie sich die Relaxationszeiten der im System auftretenden Polarisationen verteilen. $\gamma(\tau)$ ist eine normalisierbare Verteilungsfunktion analog der aus der Statistik bekannten Wahrscheinlichkeitsdichteverteilung $p(x)$. Am Ort nichtverteilter „scharfer" Relaxationen besitzt $\gamma(\tau)$ einen δ-Puls, der mit dem ohmschen Widerstand der Relaxation bewertet ist. Damit folgt für die Parallelschaltung zweier RC-Glieder in Bild 1 oben $\gamma(\tau) = \frac{R_1}{R_1+R_2}\delta(\tau - \tau_1) + \frac{R_2}{R_1+R_2}\delta(\tau - \tau_2)$. Für den Fall verteilter Relaxationen *verbreitert* sich die Verteilungsfunktion um einen Hauptwert der Zeitkonstanten der Relaxation. Der entsprechende Prozeß ist durch folgende Größen charakterisiert: die Lage des k-ten Hauptwertes τ_k, seine Höhe $\gamma(\tau_k)$ und die von $\gamma(\tau_k)$ eingeschlossene Fläche (Bild 1 unten).

Beschreibung des Verfahrens
Wir stellen nun die Forderung, die Verteilungsfunktion $\gamma(\tau)$ zu bestimmen, wenn das Impedanzspektrum gegeben ist. Allgemein gelte für die komplexe Impedanz einer Reihenschaltung von N

nichtverteilten RC-Gliedern folgender Ausdruck:

$$\underline{Z}_{pol}(\omega) = \sum_{k=1}^{N} \frac{R_k}{1+j\omega\tau_k} = R_{pol} \sum_{k=1}^{N} \frac{\gamma_k}{1+j\omega\tau_k} \,; \quad \sum_{k=1}^{N} \gamma_k = 1 \qquad (1)$$

Dabei bezeichnet $R_k = \gamma_k R_{pol}$ den ohmschen Widerstand und τ_k die Relaxationszeit des k-ten RC-Glieds. Statt einer endlichen Anzahl von Gliedern der Form $R_{pol}\frac{\gamma_k}{1+j\omega\tau_k}$ nehmen wir nun eine unendliche Anzahl an, deren Relaxationszeiten τ_k kontinuierlich von 0 bis ∞ reichen. An Stelle von Gl. (1) tritt dann ein Integral, das die Impedanz des Systems in Form einer Reihenschaltung von *differentiellen* nichtverteilten RC-Gliedern wiedergibt.

$$\underline{Z}_{pol}(\omega) = R_{pol} \int_0^\infty \frac{\gamma(\tau)}{1+j\omega\tau} d\tau \,; \quad \int_0^\infty \gamma(\tau) d\tau = 1 \qquad (2)$$

Dabei gibt der Term $\frac{\gamma(\tau)}{1+j\omega\tau}d\tau$ an, welcher Bruchteil der Gesamtimpedanz auf jene Polarisationen entfällt, deren Relaxationszeiten in den Grenzen τ und $\tau + d\tau$ liegen.
Es läßt sich zeigen, daß ein beliebiges Ersatzschaltbild auf eine Reihenschaltung von RC-Gliedern nach Bild 1 oben zurückgeführt werden kann (3). Das bedeutet, daß sich beliebige kapazitive und induktive Verläufe der Zellimpedanz $\underline{Z}_{pol}(\omega)$ in Form von Gl. (1) ausdrücken lassen, wenn negative Werte für R und C zugelassen werden. Gl. (1) und das zugehörige Ersatzschaltbild können folglich als „strukturfreie" allgemeine Form der Menge aller möglichen Ersatzschaltbilder für einen gegebenen Impedanzverlauf angesehen werden, was im Grunde darauf hinausläuft, eine empirisch gegebene Funktion $\underline{Z}_{pol}(\omega)$ durch beliebig viele Konstanten $\gamma_1, \tau_1, \ldots, \gamma_N, \tau_N$ bzw. die Funktion $\gamma(\tau)$ auszudrücken. Entscheidend für den Wert des hier vorgestellten Verfahrens ist daher, daß eine physikalische Interpretation von $\gamma(\tau)$ möglich ist, die Informationen liefert, die aus den Ausgangsdaten $\underline{Z}_{pol}(\omega)$ nicht evident sind. Das soll im folgenden gezeigt werden.
Nach Kramers und Kronig (3) sind Real- und Imaginärteil von $\underline{Z}_{pol}(\omega)$ nicht unabhängig voneinander, sondern über eine Integralgleichung verknüpft. Daher genügt es, zur Bestimmung von $\gamma(\tau)$ nur eine dieser Komponenten auszuwerten. Wir benutzen hier den Imaginärteil von $\underline{Z}_{pol}(\omega)$, prinzipiell kann dazu auch mit dem Realteil gerechnet werden (7). Es ist

$$\text{Im}\{\underline{Z}_{pol}(\omega)\} = Z''(\omega) = -R_{pol} \int_0^\infty \frac{\omega\tau}{1+(\omega\tau)^2} \gamma(\tau) d\tau \qquad (3)$$

Wir substituieren nun mit logarithmischen Variablen $x = \ln\frac{\omega}{\omega_0}$; $y = \ln\omega\tau$; $dy = \frac{1}{\tau}d\tau$ und erhalten

$$Z''(x) = -\frac{R_{pol}}{2} \int_{-\infty}^{\infty} \text{sech}(y) g(y-x) dy = -\frac{R_{pol}}{2} \text{sech}(x) * g(x) \,; \quad g(y-x) = \gamma(\tau)\tau \qquad (4)$$

*: Faltungssymbol

ω_0 ist hier eine frei wählbare Normalisierungsfrequenz, wir legen ω_0 in die Mitte des gemessenen Frequenzbereichs $\omega_0 = \sqrt{\omega_{min}\omega_{max}}$. Die gesuchte Verteilung $\gamma(\tau)$ geht nun über in $g(x)$. $g(x)$ gibt die Verteilung der Relaxationszeiten an für den logarithmisch abgetasteten Frequenzbereich $x = \ln\frac{\omega}{\omega_0}$ mit $\tau = \frac{1}{\omega} = \frac{1}{2\pi f}$.
Die Faltungsgleichung (4) kann mit Hilfe der Fouriertransformation gelöst werden (9). Dazu wird Gl. (4) so diskretisiert, daß die Meßwerte auf das frequenzdiskrete Spektrum $Z''(x); x = x_1, \ldots, x_N$

übergehen. Gl. (4) wird nun der diskreten Fouriertransformation unterzogen. Damit wird die Faltungsoperation in eine elementweise Multiplikation im Bildbereich überführt, so daß nach der Bildfunktion von $g(x)$ aufgelöst werden kann (8):

$$\tilde{z}(n) = -NT\frac{R_{pol}}{2}\tilde{g}(n) \cdot \tilde{s}(n) \Rightarrow \tilde{g}(n) = -\frac{2}{NTR_{pol}}\frac{\tilde{z}(n)}{\tilde{s}(n)} \qquad (5)$$

$\tilde{z}(n)$: Bildfunktion von $Z''(x)$
$\tilde{s}(n)$: Bildfunktion von $\text{sech}(x)$
$\tilde{g}(n)$: Bildfunktion der gesuchten Verteilung $g(x)$
N: Anzahl der Meßpunkte
n: $1, \ldots, N$
$T = \frac{1}{N-1}\ln\frac{\omega_{max}}{\omega_{min}}$: Abtastintervall

Durch inverse diskrete Fouriertransformation von $\tilde{g}(n)$ erhalten wir schließlich die gesuchte Verteilung $\mathcal{F}^{-1}\{\tilde{g}(n)\} = g(x) = g(\ln\frac{\omega}{\omega_0})$.

Implementierung des Verfahrens
Zur Entwicklung und Erprobung des Verfahrens wurden Ersatzschaltbilder vorgegeben. Anhand dieser *synthetischen Daten* war es möglich, beliebige Meßsituationen zu simulieren und z.B. die Anzahl der Meßpunkte, die Anzahl der gemessenen Dekaden und die Lage und Art der Polarisationen festzulegen. Weil damit die gesuchte Verteilung $\gamma(\tau)$ gegeben ist, konnte so der Einfluß der oben genannten Faktoren auf das Verfahren untersucht werden. Das Verfahren wurde mit der numerischen Analyse-Software MATRIXx und in C programmiert.
In Bild 2 sind ein Ersatzschaltbild und die zugehörige Ortskurve und Verteilungsfunktion dargestellt. Die Ersatzbildgrößen sind hier so gewählt worden, daß beide Relaxationszeiten in derselben Dekade liegen. In der Ortskurve sind keine getrennten Halbkreise mehr erkennbar, beide Polarisationen überlagern sich zu einem „deformierten" Halbkreis. Mit der Ortskurvenapproximation können diese zwei Prozesse nicht aufgelöst werden. Die Verteilungsfunktion $\gamma(\tau)$ zeigt dagegen zwei deutlich getrennte Peaks bei den vorgegebenen Frequenzen. Die Peakhöhen korrespondieren mit den Größen R_1 und R_2 im Ersatzschaltbild.
Die numerische Hauptschwierigkeit des Verfahrens liegt darin, daß die Meßdaten nur in einem beschränkten Meßbereich an endlich vielen diskreten Punkten vorliegen. Selbst bei einer fehlerfreien Messung werden durch die Diskretisierung und den endlichen Meßbereich des an sich kontinuierlichen Spektrums Verzerrungen eingeführt. Die logarithmische Variablensubstitution bringt zudem

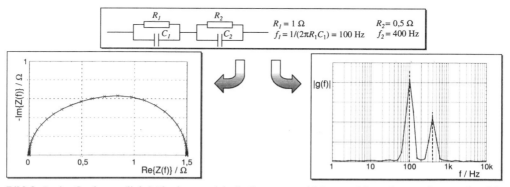

Bild 2: In der Ortskurve (links) überlappen sich die Prozesse und können nicht mehr separiert werden. Die Verteilungsfunktion (rechts) löst die Prozesse deutlich auf.

Exponentialfunktionen in die Rechnung, die dazu führen, daß in Gl. (5) $\tilde{s}(n)$ mit steigendem n sehr viel schneller gegen Null strebt als $\tilde{z}(n)$. Die Folge ist, daß $\tilde{g}(n)$ oberhalb eines „Schwellenwertes" von n plötzlich um mehrere Größenordnungen ansteigt, so daß durch Rücktransformation von Gl. (5) die Information vom Rauschen überdeckt wird. Es war daher nötig, $\tilde{g}(n)$ mit einem Hamming-Filter derart zu *filtern*, daß die störenden Werte ohne Informationsverlust unterdrückt werden. Um den Diskretisierungsfehler zu verringern, wurde der Impedanzverlauf zwischen den gemessenen Werte interpoliert. Die Verzerrungen konnten außerdem durch eine Extrapolationsfunktion verringert werden, die an den gemessenen Impedanzverlauf Werte anfügt.

Für gesicherte quantitative Aussagen anhand der Verteilungsfunktionen müssen die Filterung, Interpolation und Extrapolation der Meßwerte weiterentwickelt werden, um einzelne Prozesse besser aufzulösen und den Einfluß von Verzerrungen und Meßfehlern weiter zu verringern.

Anwendung auf Impedanzmessungen an SOFC-Einzelzellen

In diesem Abschnitt wird exemplarisch dargestellt, wie durch Berechnung der Verteilungsfunktion von Relaxationszeiten eine Serie von Impedanzmessungen physikalisch interpretiert werden kann.

Die Messungen wurden in einem Frequenzbereich von 100 mHz bis 1 MHz mit einem Solartron 1260 Impedanzanalysator bei gezielter Variation jeweils eines Betriebsparameters wie z.B. der Temperatur, der Gaszusammensetzung oder des Laststroms ausgeführt, mit logarithmisch über das Frequenzband verteilten Meßpunkten. Die hier diskutierten Impedanzmessungen wurden bei Variation des Sauerstoffpartialdrucks an der Kathode ($p_{O_2,K}$) im Betriebspunkt $T = 900\,°C$, Laststromdichte $j = 300\,\frac{mA}{cm^2}$ und mit reinem H_2 als Brenngas ausgeführt. In Bild 3 sind die aus dem Messungen berechneten Verteilungsfunktionen $g(f)$ in willkürlichen Einheiten aufgetragen.

Es zeigen sich mehrere Peaks. *Unterhalb von 10 Hz* tritt ein Peak auf, der mit steigendem $p_{O_2,K}$ abnimmt und in reinem Sauerstoff eine Aufweitung zeigt. Der Vergleich mit entsprechenden $g(f)$-Verläufen bei Variation des Wasserstoffpartialdrucks an der Anode $p_{H_2,A}$ zeigt, daß sich der Peak

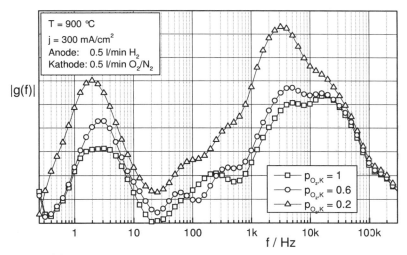

Bild 3: $g(f)$-Schar bei Variation des Sauerstoffpartialdrucks an der Kathode $p_{O_2,K}$. Die Peaks können aufgrund ihrer jeweiligen $p_{O_2,K}$-Abhängigkeit physikalischen Prozessen zugeordnet werden.

aus einem Kathodenprozeß bei ca. 1 Hz und einem Anodenprozeß bei ca. 7 Hz ergibt. Die starke Gaspartialdruck-Abhängigkeit deutet auf Adsorptions- oder Diffusionsprozesse hin. Im Bereich zwischen *1 kHz und 100 kHz* treten zwei weitere Prozesse auf, wobei der Prozeß bei ca. 4 kHz deutlich vom $p_{O_2,K}$ abhängt und an der Kathode auftritt, während der Prozeß bei ca. 20 kHz nicht $p_{O_2,K}$-abhängig ist und damit wahrscheinlich an der Anode auftritt. Der Vergleich mit den entsprechenden $g(f)$-Verläufen im Leerlauf ($j = 0$) deutet auf Ladungstransportprozesse hin (O^{2-} an der Grenzfläche Kathode/Elektrolyt, O^{2-}, H^+, H_2O an der Grenzfläche Anode/Elektrolyt). Über die Prozesse im Bereich von *10 Hz bis 1 kHz* können keine Aussagen gemacht werden, da sie gegenüber den anderen zumindest in diesem Betriebspunkt zu schwach sind.

Zusammenfassung und Ausblick

Mit dem vorliegenden Verfahren kann direkt aus dem Impedanzspektrum der SOFC-Einzelzelle eine Verteilungsfunktion der im System auftretenden Relaxationszeiten berechnet werden. Die beiden Hauptvorteile des Verfahrens gegenüber der Ortskurvenapproximation sind die *Strukturfreiheit des Ansatzes* und die *höhere Auflösung dynamischer Prozesse*. Anhand von Verteilungen, die aus einer Serie von Impedanzmessungen bei gezielter Variation eines Zellparameters berechnet wurden, wurde gezeigt, daß es sich um eine geeignete Methode zur Analyse von Impedanzspektren handelt. Einer weiteren Verbreitung der Methode in der Elektrochemie stehen zur Zeit noch mathematische Schwierigkeiten entgegen.

Langfristiges Ziel der Arbeiten ist ein *experimentelles Modell* der SOFC, mit dem simuliert werden kann, wie sich die Änderung von Zellparametern auf die elektrische Leistungsfähigkeit und das Langzeitverhalten der Zelle auswirkt. Aus den Verteilungsfunktionen können Parameter für ein solches experimentelles Modell der SOFC ermittelt werden. Es bildet den Rahmen für die systematische Erfassung von Parameterabhängigkeiten und bietet damit Ansatzpunkte für die Einordnung physikalischer Teilmodelle in eine umfassende systemtheoretische Beschreibung der Zelle.

Literatur

(1) *Müller, A., Weber, A., Krügel, A., Gerthsen D., Ivers-Tiffée, E.*: Degradationsprozesse in Nickel-YSZ-Cermet-Anoden für die Hochtemperatur-Festelektrolyt-Brennstoffzelle SOFC (Solid Oxide Fuel Cell). Vorliegender Tagungsband.

(2) *Weber, A., Männer, R., Waser, R., Ivers-Tiffée, E.*: Interaction between Microstructure and Electrical Properties of Screen Printed Cathodes in SOFC Single Cells, Denki Kakagu, **64**, 582 (1996)

(3) *McDonald, J. R.*: Impedance Spectroscopy, John Wiley & Sons, New York (1987)

(4) *Bauerle, J.E.*: Study of Solid Electrolyte Polarization by a Complex Admittance Method, J. Phys. Chem. Solids **30**, 2657-2670 (1969)

(5) *von Schweidler, E.*: Studien über die Anomalien im Verhalten der Dielektrika, Ann. d. Physik **24**, 711-770 (1907)

(6) *Fuoss, R.M., Kirkwood, J.G.*: Dipole Moments in Polyvinyl Chloride-Diphenyl Systems, J. Am. Chem. Soc. **63**, 385-394 (1941)

(7) *Misell, D.L., Sheppard, R.J.*: The Application of Deconvolution Techniques to Dielectric Data, J. Phys. D: Appl. Phys., **6**, 379-89 (1973)

(8) *Franklin, A. D., de Bruin, H. J.*: The Fourier Analysis of Impedance Spectra for Electroded Solid Electrolytes, phys. stat. sol. (a) **75**, 647-656 (1983)

(9) *Bracewell, R.N.*: The Fourier Transform and Its Applications, McGraw-Hill, New York (1978)